沸石分子筛与催化：合成、反应和应用

Zeolites and Catalysis: Synthesis, Reactions and Applications

[捷克] 伊里尔·扎卡(Jiri Cejka)

[西] 艾弗里诺·科玛(Avelino Corma)

[美] 斯塔赛·佐内斯(Stacey Zones) 编

中国石化催化剂有限公司 译

中国石化出版社

著作权合同登记　图字 01-2012-9145

图书在版编目（CIP）数据

沸石分子筛与催化：合成、反应和应用 / (捷克)伊里尔·扎卡(Jiri Cejka)，(西)艾弗里诺·科玛(Avelino Corma)，(美)斯塔赛·佐内斯(Stacey Zones)编；中国石化催化剂有限公司译. ——北京：中国石化出版社，2019.2
　　ISBN 978-7-5114-5217-7

　　Ⅰ. ①沸… Ⅱ. ①伊… ②艾… ③斯… ④中… Ⅲ. ①沸石—分子筛—高等学校—教材 Ⅳ. ①TQ424.23

中国版本图书馆CIP数据核字(2019)第025484号

中国石化出版社出版发行

地址：北京市朝阳区吉市口路9号
邮编：100020　电话：(010)59964500
发行部电话：(010)59964526
http://www.sinopec-press.com
E-mail:press@sinopec.com
北京科信印刷有限公司印刷
全国各地新华书店经销
*
787×1092毫米 16开本 35.25印张 886千字
2019年3月第1版　2019年3月第1次印刷
定价：170.00元

编译委员会

主　　任：顾松园

副主任：刘志坚　　曹光伟

委　　员：刘志坚　　曹光伟　　殷喜平　　胡学武

译者序

催化技术是现代石油炼制和石油化工的核心技术,催化剂是催化技术的核心,而沸石分子筛是大多数炼油化工催化剂的重要组成部分。沸石分子筛无毒、无污染、可再生,是理想的催化材料和吸附材料,在石油炼制、石油化工和精细化工中发挥着越来越重要的作用。中国石化催化剂有限公司的产品涵盖炼油催化剂、化工催化剂、基本有机原料催化剂、环保催化剂以及吸附剂,含沸石分子筛的催化剂和吸附剂占大多数,是沸石分子筛催化剂行业的引领者。为更加深入地了解国外在沸石分子筛合成、表征、反应及应用方面的最新技术进展,为沸石分子筛研发、生产以及技术服务人员提供参考,中国石化催化剂有限公司与中国石化出版社合作,选择并引进了国外新近出版的《沸石分子筛与催化:合成、反应和应用》一书,由催化剂有限公司负责组织编译,中国石化出版社出版发行。

这是一本介绍有关沸石分子筛合成、表征、反应及应用等方面知识的好书,它既可为在校学生和初级从业者提供沸石分子筛领域的入门介绍,也可作为具有一定经验的科技工作者和资深从业者的极具参考价值的沸石分子筛专著。

参与本书翻译的人员虽然都是相关专业人士,但由于限于自身专业知识结构,翻译过程并没有想象中那样顺利。为了使译文更加准确、文字表达符合专业要求,译者们查阅了大量的文献和资料,个人从中也收获颇丰。

本书由刘志坚、殷喜平组织翻译,执笔翻译人员有文建军、蔡卫、刘志坚、殷喜平、苏海霞、石勤志,全书由殷喜平统稿、审校。

限于译者的水平,不妥和错误之处在所难免,敬请读者批评指正。

译 者
2018年10月

前　言

可以有把握地说，在材料和催化领域，沸石在近50年对科学技术的影响是没有先例的。尽管首次对沸石分子筛的介绍可追述至250年前，但近50年的沸石研究活动却经历了惊人的繁荣，成功合成了近200种不同结构类型的沸石分子筛，产生了大量优秀的有关沸石分子筛合成及其性质表征方面的论文。沸石分子筛在吸附和催化领域的应用使石油化工工业发生了革命性的变化。此外，基于沸石分子筛的知识，多孔材料领域最近出现了其他新的研究成果，包括介孔材料、分层级系统、金属有机骨架(周期性阳离子聚合物)和介孔有机硅。上述这些材料真实地充实了新奇多孔材料的"文件包"。这些材料有着新颖的令人感兴趣的性质，但未包含在本书中。

由P. Cubillas和M.W.Anderson编著的第1章开始，讨论沸石合成的机理和沸石的种类，包括成核和晶体生长，以及所使用的各种微观技术。接着是由K.Strohmaier编写的第2章，详细介绍了合成新型沸石和将不同金属离子结合到骨架中的不同分层前驱体，并应用越来越多的结构导向剂。R.Morris提出了合成沸石和其他多孔材料的新方法，即离子热合成法，将离子液体作为溶剂和结构导向剂结合起来用于合成(第3章)。J.Perez-Pariente研究团队论述了同时使用两种不同的模板剂作为创造性化学的新工具，以控制沸石的合成(第4章)。在第5章中，S.-E. Park和N.Jiang阐述了沸石结晶机理的关键问题，即沸石晶体的形貌控制，以及沸石在各种应用中的性能控制。C.Y.Chen和S.I.Zones在第六章中描述了将硅以外的其他元素引入骨架的方法，不仅可以通过合成方法，而且可以通过后合成步骤，比如着重强调的先脱除硼再接着插入铝的方法。P.A.Weight和C.Y.Chen介绍了如何将二次结构单元组装成独特的分子筛结构，不仅聚焦在沸石结构普遍的方面，而且描述了最新测定的沸石结构(第7章)。

沸石的结构与孔道网络方面的内容从第8章开始，由E.Stavitski和B.M.Weckhuysen负责编写。该章介绍了关于应用振动光谱的很好的实例，静态条件下的振动光谱可以直接引入原位催化研究。K.de Jong的研究团队(第9章)努力对不同的物理化学方法在孔道网络表征方面的应用进行了评估。该章详细地介绍了气体吸附、压汞法、电子显微镜(包括3D实验)、各种NMR技术以及原位光学和荧光显微技术。骨架铝的定位、配位和可接近性在沸石中酸催化反应的关键问题，J.A. van Bokhoven和N.Danilina在第10章中强调了这些问题的重要性。E.A.Pidko和R.A.van Santen在第11章中使用不同的计算方法和模型，全面论述了沸石反应性理论基础。S.Caliro Diaz概要地描述了沸石中传递和可达性建模的最新进展，展示了一些最新的已用于环境系统和工业系统的模型和模拟方法。第13章由F.Kapteijn的研究团队完成。从扩散的基础模型到扩散在吸附和催化过程中的作用，该章全面地阐述了沸石中的扩散问题。J.Coronas的研究团队编写的第14章主要介绍沸石的特殊应用领域，包括绿色化学、混合材料、医药、兽医药、基于光学和基于电子学的应用、多功能纤维以及纳米技术。接着，K.B.Yoon介绍了将沸石微晶组装成二维和三维组装结构，并将组装物应用于膜、抗菌功能纤维、超分子光捕获系统以及非线型光学薄膜等方面的内容(第15章)。后面的其余各章主要介绍沸石在催化中的应用。G.Bellussi对目前工业过程中使用沸石作为关键组分的催化剂及其本领域内进一步的挑战展开了广泛的综述(第16章)。M.Hunt深入地讨论了催化活性中心的产生、定位和表征，阐述了形状选择性和结构效应对活性中心性质的不同影响(第17章)。M.Rigutto在第18章中强调了沸石的重要性以及应用于催化裂化和加氢裂化中的主要原因，而这些大型的工业过程使用沸石作为催化剂。进一步，C.Perego和他的同事们主要关注催化重整和柴油馏分升级，而汽油是炼油厂最重的且最有价值的关键馏分(第19章)。芳烃化合物的转化成为了石油化工反应过程中的中心过程，其中以沸石作为所有催化剂的关键组分。S.Al-Khattaf、M.A.Ali和J.Cejka介绍了近年来沸石在芳烃的各种反应应用方面最重要的进展，包括烷基化、异构化、歧化和烷基转移反应(第20章)。随着石油供应的减少，天然气得到了越来越多的关注。A.Martenez等在第21章中讨论了将甲烷作为有价值的燃料和化学品的不同途径。利用天然气得到的甲醇，可能是未来具有战略意义的原料之一。M.Stocker在第22章中讨论了将甲醇转化为低碳烯烃或汽油的新工艺。T.Tatsumi在第23章中介绍了在沸石骨架中或孔道系统内加入催化活性物种并将其用于氧化反应，这主要涉及Ti-硅沸石。G.Centi和S.Perathoner主要关注提高沸石在环境催化作用中的可用性，特别介绍了氧化氮的转化(第24章)。K.L.Yeung和W.Han介绍了沸石在燃料电池中的应用，例如沸石在氢的生产、提纯、调节和储存方面起到重要的作用(第25章)。在最后一章，A.Corma的研究团队介绍了沸石作为催化剂在精细化学品合成中的应用。其中讨论的实例包括酰化反应、羟烷基化反应、缩醛化反应、异构化反应、迪尔斯-阿尔德(Diels-Alder)反应和费舍尔(Fischer)糖苷化反应等。

　　本书将上述这些优秀的篇章组合在一起介绍了沸石研究与实际应用方面的顶级成果，为沸石的光明未来提供了乐观的前景。新合成的沸石数量在不断增加，特别是新颖的超大孔沸石和手性沸石材料，必将应用于绿色催化过程，将大宗的原料物质转化为需要的产品。同样，在吸附或分离中的应用也是沸石最重要的应用领域之一，特别是在更复杂的分离过程中，与不使用沸石相比，使用沸石大幅节省所需要的能量。得益于实验技术的快速发展，人们能够更深入地观察沸石的结构与孔道网络性质，特别是借助光谱方法，人们能够获得关于沸石体相内部可达性以及活性中心定位和配位等新信息。催化作用仍然是沸石应用中最具潜力的领域。其中，择形性能的沸石催化剂将在众多领域提高反应活性和选择性。这些领域不仅包括传统领域(如石油化工领域)，而且还包括环境保护、污染控制、绿色化学、生物质转化等领域。近年来直接用于燃料电池、膜和传感器的新颖处理和改性方法，清楚地见证了沸石在这些新领域内的巨大应用潜力。在沸石的研究中，唯一的局限在于缺乏我们的想象力，这减慢了我们获取令人兴奋的新成就的速度。

　　很荣幸与众多的朋友们和优秀的研究者们一起编写这本书。我们诚挚地感谢针对所选主题进行认真撰写和尽最大努力组合起这本书的所有人员。我们相信这本关于沸石的书可作为有用的参考书，不仅对经验丰富的研究者有所助益，而且更能作为学生和新来者的参考资料。

原著编著者名单

Sulaiman Al-Khattaf
King Fahd University of Petroleum & Minerals (KFUPM), Chemical Engineering Department, Research Institute
Dhahran, Saudi Arabia

Mohammad Ashraf Ali
King Fahd University of Petroleum & Minerals (KFUPM), Center of Excellence in Refining & Petrochemicals, Research Institute
Dhahran, Saudi Arabia

Giuseppe Bellussi
Enitecnologie, San Donato Milanese Research Centre, Refining & Marketing Division, Research & Technological Development
Via F. Maritano 26, 20097 San Donato Milanese (MI), Italy

Vincenzo Calemma
Eni S.p.A., Refining & Marketing Division
20097 San Donato Milanese (MI), Italy

Angela Carati
Enitecnologie, San Donato Milanese Research Centre, Refining & Marketing Division, Research & Technological Development
Via F. Maritano 26, 20097 San Donato Milanese (MI), Italy

Clara Casado
Universidad de Zaragoza, Chemical and Environmental Engineering Department and Nanoscience
Institute of Aragón
María de Luna 3, 50018 Zaragoza, Spain

Jiří Čejka
Academy of Sciences of the Czech Republic, Heyrovský Institute of Physical Chemistry Dokjškova
Dolejskova 3, 182 23 Prague 8, Czech Republic

Gabriele Centi
Universita di Messina, Dip. Di Chimica Industriale ed Ingegneria dei Materiali
Salita Sperone 31, 98166 Messina, Italy

Maria J. Climent
Universidad Politécnica de Valencia, Instituto de Tecnología Química, UPV-CSIC
Avda. de los Naranjos s/n, 46022 Valencia, Spain

Avelino Corma
University Politecnica de Valencia, Institute de Tecnologia Quimica
Avenida de los Naranjos s/n, 46022 Valencia, Spain

Joaquín Coronas
Universidad de Zaragoza, Chemical and Environmental Engineering Department and Nanoscience Institute of Aragón
María de Luna 3, 50018 Zaragoza, Spain

Andrés García-Trenco
UPV-CSIC, Instituto de Tecnología Química
Avenida de los Naranjos s/n, 46022 Valencia, Spain

Wei Han
The Hong Kong University of Science and Technology, Department of Chemical and Biomolecular Engineering
Clear Water Bay Kowloon, Hong Kong, PR China

Michael Hunger
University of Stuttgart, Institute of Chemical Technology
70550 Stuttgart, Germany

Sara Iborra
Universidad Politécnica de Valencia, Instituto de Tecnología Química, UPV-CSIC
Avda. de los Naranjos s/n, 46022 Valencia, Spain

Agustín Martínez
Universidad Politécnica de Valencia, Instituto de Tecnología Química, UPV-CSIC
Avda. de los Naranjos s/n, 46022 Valencia, Spain

Roberto Millini
Enitecnologie, San Donato Milanese Research Centre, Refining & Marketing Division, Research & Technological Development
Via F. Maritano 26, 20097 San Donato Milanese (MI), Italy

Carlo Perego
Eni S.p.A., Istituto Eni Donegani
Via Fauser 4, 28100 Novara, Italy

Ernest Peris
UPV-CSIC, Instituto de Tecnología Química
Avenida de los Naranjos s/n, 46022 Valencia, Spain

Siglinda Perathoner
Universita di Messina, Dip. Di Chimica Industriale ed Ingegneria dei Materiali
Salita Sperone 31, 98166 Messina, Italy

Paolo Pollesel
Eni S.p.A., Refining & Marketing Division
20097 San Donato Milanese (MI), Italy

Gonzalo Prieto
UPV-CSIC, Instituto de Tecnología Química
Avenida de los Naranjos s/n, 46022 Valencia, Spain

Marcello Rigutto
Shell Technology Centre Amsterdam
Grasweg 31, 1031 HW Amsterdam, The Netherlands

Víctor Sebastián
Universidad de Zaragoza, Chemical and Environmental Engineering
Department and Nanoscience Institute of Aragón
Mar'ıa de Luna 3, 50018 Zaragoza, Spain

Michael Stöcker
SINTEF Materials and Chemistry, Department of Hydrocarbon Process
Chemistry
P.O. Box 124 Blindern, 0314 Oslo, Norway

Takashi Tatsumi
Tokyo Institute of Technology, Chemical Resources Laboratory, Division
of Catalytic Chemistry
4259-R1-9 Nagatsuta-cho, Midori-ku, Yokohama 226–8503, Japan

King Lun Yeung
The Hong Kong University of Science and Technology, Department of
Chemical and Biomolecular Engineering
Clear Water Bay Kowloon, Hong Kong, PR China

Kyung Byung Yoon
Sogang University, Department of Chemistry, Center for Microcrystal
Assembly
Seoul 121–742, Korea

目　录

1 合成机理：晶体生长和成核

Pablo Cubillas, Michael W. Anderson

1.1 引言

晶体生长贯穿固态材料化学的所有方面和依赖于这些材料功能的工业。在向更环保、更有效过程的驱动中，晶体工程在材料合成中扮演越来越重要的角色。这些材料包括催化剂、半导体、药品、储气材料、光电晶体和放射性废物储存材料。为了赋予这种所需的功能，关键是控制晶体性质，例如晶体完整性、晶体尺寸、形态、共生、手性和合成成本[1]。

涉及纳米多孔材料的晶体生长问题与所有晶体生长是类似的。晶体习性和晶体大小对晶体的有效功能，以及实际应用都是至关重要的。在极端情况下，单晶纳米多孔膜将需要与正常界限大大偏离的习性和大小。这对于沸石目前不可能，但在某种程度上，金属有机骨架(MOF)材料可以实现。比较不极端的情况是晶体纵横比的改变。例如，在六方晶系中，孔结构通常是一维的，与更常见的针状晶体相比，片状晶体的生长通常是优先选择，特别是当分子扩散较重要时。所有晶体包括内在和外在缺陷，后者的存在可以容易地通过合成条件的纯化来控制，而前者的控制需要对晶体生长的基本机理深入了解。"缺陷"的定义是周期性晶体结构中的非周期性中断。首先，了解缺陷的性质很重要，这通常需要一种形式的显微镜。透射电子显微镜(TEM)是研究缺陷的主要方法。此外，扫描探针显微镜也是有用的。由于晶体骨架结构的复杂性，每个晶体系统倾向于表现独特的缺陷结构特征，这需要单独表征。同样现象是共生和孪生结构。这种缺陷在晶体生长阶段中引入，通常是能量相近的结晶途径竞争的结果。通过理解生长机理，应该可能确定控制晶体生长中分枝路径的关键步骤，确定能量的因素，并预测对生长条件的修改以增强形成一种特定晶体而不是另一种晶体的可能性。这是至关重要的，例如对于由非螺旋单元的螺旋堆叠组装的手性晶体的制备[2, 3]。

原子力显微镜(AFM)的出现(见图1.1)，为考察在晶体生长和溶解/重结晶期间发生的分子事件提供了可能性。该技术可以用于原位(in situ)和非原位(ex situ)，每种方法适合于特定的问题。非原位操作允许改变大量合成参数，不需要担心AFM操作的精确性。在这方面，结晶表面的纳米级特征可以通过在转移到AFM操作之前快速冷冻的淬火实验得到保存。这对于避免由晶体冷却和从母液中提取等生长条件变化造成的二次过程至关重要。通过非原位实验模拟晶体拓扑结构和形态，能够确定晶体生长过程的速率和能量。原位AFM给出了更直接的方法,来确定生长和溶解速率。此外,固有的较不稳定的表面结构在非原位分析中可能看不到。因此,在可能的情况下,应优先选择原位分析。结构细节导致观察到的晶体生长、缺陷和共生结构,也可以使用电子显微镜探查,并通过晶体切片展示晶体中心决定的结构性增长的结果。为了探测晶体演变的溶液化学,核磁共振(NMR)的形态描述与质谱的速度和灵敏度结合正在实质上增加我们的知识。这两种技术也可以考察晶核形成过程中的低聚程度,也可以使用低温(cryo)-TEM方法进一步探测。

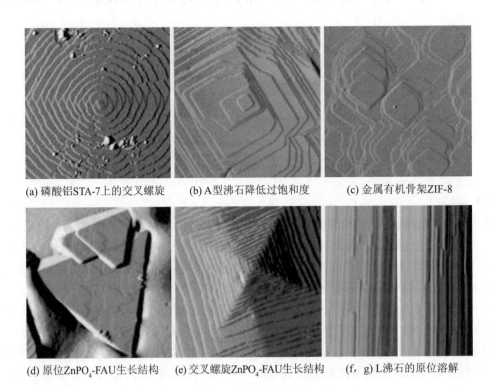

(a) 磷酸铝STA-7上的交叉螺旋   (b) A型沸石降低过饱和度   (c) 金属有机骨架ZIF-8

(d) 原位ZnPO₄-FAU生长结构   (e) 交叉螺旋ZnPO₄-FAU生长结构   (f, g) L沸石的原位溶解

图1.1 晶体生长和溶解/重结晶期间发生的分子事件

1.2 成核和生长的理论

1.2.1 成核

从溶液形成新的结晶实体始于成核过程。成核被定义为系列原子或分子过程,其中的反应物原子或分子重排为足够大的产物簇,具有不可逆增长的能力,并达到宏观上较大的尺寸。簇被定义为核[4]或临界核。

成核可以是均匀的(在溶液中不存在外来颗粒或晶体的情况下),或者是非均匀的(在溶液中存在杂质颗粒的情况下)。这两种类型的成核被统称为初始成核。当存在相同晶体引发成核时,发生二次成核。

1.2.2 过饱和度

晶体的成核和生长所需的驱动力被称为过饱和度,并且被定义为溶液分子和晶体之间的化学势差:

$$\Delta\mu=\mu_s-\mu_c \tag{1.1}$$

式中:μ_s是溶液中分子的化学势;μ_c是分子在块状晶体中的化学势。

根据热力学公式[式(1.1)],学势差可以表示为:

$$\Delta\mu = kT\ln S \tag{1.2}$$

式中：k为玻耳兹曼常数；T为绝对温度；S为过饱和比。

当$\Delta\mu$大于0时，该溶液被认为是过饱和的，意味着成核和/或生长是可能的；而当$\Delta\mu$小于0时，溶液将欠饱和并将发生溶解。过饱和比的形式将根据所考虑的系统而改变(即气体/固体、溶液/固体、熔体/固体)。对于溶液中的成核和生长，过饱和比采取以下形式：

$$S = \frac{\prod a_i^{n_i}}{\prod a_{i,e}^{n_i}} \tag{1.3}$$

式中：n_i是晶体分子中的第i个离子的数目；a_i和$a_{i,e}$是晶体中的第i个分子的实际活度和平衡活度。

1.2.3 能量学

根据成核理论，形成n个分子的簇所需要的功是由系统最终状态的自由能与初始状态自由能之差加上与晶核和溶液之间形成的界面相关的项。这可以由(假设球形核)以下公式表示：

$$\Delta GT = -n\Delta\mu + 4\pi \cdot r^2\sigma \tag{1.4}$$

式中：r为晶核的半径；σ为表面自由能。

如果晶体中的每个分子所占的体积为V，则每个晶核将包含$(4/3)\pi \cdot r^3/V$个分子。式(1.4)将变为以下形式：

$$\Delta G_T = -\frac{4}{3}\pi \cdot \frac{r^3}{V}\Delta\mu + 4\pi \cdot r^2\sigma \tag{1.5}$$

图1.2a给出了作为r的函数的ΔG_T的曲线；它可以看出曲线达到最大值，这代表了实现成核需要超过的能垒(ΔG^*)。该最大值(r^*)处的r值定义为临界半径或晶核尺寸[4, 5]。其值由定义为：

$$r^* = \frac{2\sigma \cdot V}{kT\ln S} \tag{1.6}$$

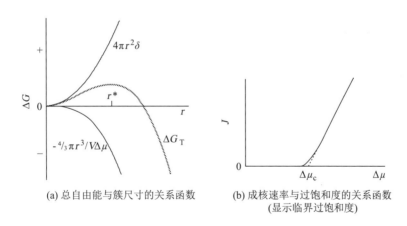

(a) 总自由能与簇尺寸的关系函数　　(b) 成核速率与过饱和度的关系函数
(显示临界过饱和度)

图1.2 总自由能与簇尺寸的关系函数和成核速率与过饱和度的关系函数

已经证明，随着过饱和度增加，r^*值(以及ΔG^*的值)减小[6]，这意味着过饱和度越高，体系中成核概率越高。

1.2.4 成核速度

成核速率(即每单位时间、每单位体积形成的晶核的数量)可以通过阿伦尼乌斯(Arrhenius)型方程[5]表示：

$$J = A\exp\left(\frac{-\Delta G^*}{kT}\right) \tag{1.7}$$

其中，A也取决于过饱和度。作为过饱和度(S)的函数，典型的曲线J如图1.2b所示。可以看出，初期的成核速率几乎为零，直至达到过饱和度的临界值，成核速率呈指数增长。这个临界过饱和度($\Delta\mu$)定义了所谓的"亚稳区"。在此期间，晶体生长不会有成核伴随发生。

1.2.5 非均相和二次成核

式(1.5)和式(1.6)表明ΔG^*和r^*都在很大程度上取决于表面自由能(σ)，所以任何改变这个值的过程都可能会对成核过程的活力有影响。已经证明，在恒定的过饱和度条件下，异物的存在可减小σ值，并因此减小ΔG^*和r^*值[6]，也就是说，使成核更有利。σ的减小也将降低临界过饱和度($\Delta\mu_c$)，因为成核速率也取决于表面能[式(1.7)]。这将使得与均相成核相比，非均相成核在低过饱和度条件下更可行。当异物和结晶物质之间匹配最好时，表面能降低最多。这种情况发生在异物和结晶物质相同的情况下，被称为二次成核。这个机理将比非均相和均相成核更有利，可以在较低的过饱和度下发生。

1.2.6 诱导期

诱导期定义为达到过饱和度溶液和出现晶体所经历的时间。它的数值取决于$t=0$的设置和用于检测到晶体形成的技术。诱导期可能受到诸如过饱和度、搅拌、杂质的存在、黏度等因素的影响。Mullin[5]定义了诱导时期：

$$t_i = t_r + t_n + t_g \tag{1.8}$$

诱导时期分为三个时期：t_r是弛豫时间，即体系中分子簇达到亚稳态分布所需的时间；t_n是形成核所需的时间；t_g是核生长到可检测大小所需要的时间。

1.2.7 晶体成长

晶体生长是原子或分子结合到晶体表面并使晶体尺寸增加的系列过程。这些不同过程可以总结为四个步骤[7, 8]，如图1.3所示：①通过溶液传递原子；②原子附着到表面；③原子在表面上移动；④原子附着到边缘和弯折处。

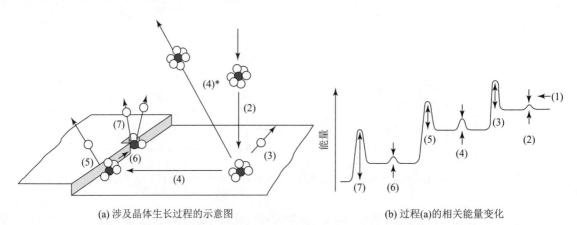

(a) 涉及晶体生长过程的示意图　　　　　(b) 过程(a)的相关能量变化

图1.3 晶体生长过程(根据文献[7]修改)

(1)将溶质传输到晶体表面附近的位置；(2)扩散进入边界层；(3)吸附到晶体表面；
(4)在晶体表面上扩散；(4)*从晶体表面脱附；(5)附着到台阶或边缘；
(6)沿着台阶或边缘扩散；(7)并入弯折处或台阶空位

第一个过程是所谓的传质过程，而(2)~(4)是表面过程(可以包括几个子步骤)。因为这些不同步骤通常串联发生，最慢的过程将控制整个晶体生长。因此，晶体生长可以是传质控制[当步骤(1)是最慢时]或表面控制[当步骤(2)~(4)是最慢时]。

1.2.8 晶体表面结构

晶体生长理论是基于晶体表面结构的见解。最常用的模型之一是由Kossel提供[9]。这个模型是假设晶体表面由具有单原子厚度的立方单元组成(见图1.4),受台阶(或边缘)限制。这些台阶在沿着长度方向包含一些弯折。台阶之间的区域被称为台面,并且它可以包含单个吸附的生长单元、簇或空位。根据这个模型,生长单元附着到表面将形成一个键,而那些附着到台阶和弯折处的生长单元将分别形成两个或三个键。因此,弯折缺陷可以提供最稳定的构型。然后,生长单元附着到台阶中的弯折位点继续生长。弯折将沿着台阶移动,直到台阶到达晶面边缘。然后,晶面上的单层厚度[或二维(2D)核]成核形成新的台阶。这个生长机理通常称为层生长或单个晶核生长,如图1.5所示。当成核速率较快,其所需时间较台阶覆盖整个晶面所需时间短时,生长机理发生变化。在这种情况下,2D核将在整个表面和其他晶核顶部形成。这些晶核将扩散和接合形成层。这种增长机理通常被称为多核多层生长或产生和扩散机理[10]。

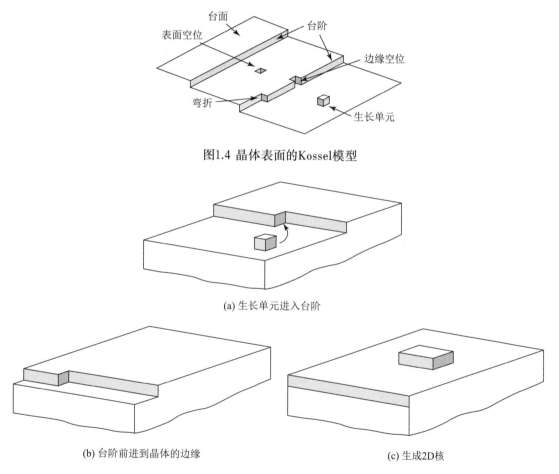

图1.4 晶体表面的Kossel模型

(a) 生长单元进入台阶

(b) 台阶前进到晶体的边缘

(c) 生成2D核

图1.5 层生长的示意图

1.2.9 二维成核能

由于高度h和半径r的2D晶核形成,总的自由能变化可以通过式(1.9)计算:

$$\Delta G_{T-2D} = -\pi \cdot \frac{hr^2}{V}\Delta\mu + 2\pi \cdot rh\sigma \tag{1.9}$$

该函数的最大值定义了临界半径值,由以下公式给定:

$$r_{2D}^* = \frac{\sigma \cdot V}{kT \ln S} \tag{1.10}$$

可以看出，r_{2D}^*的值是均相晶核尺寸的一半。

1.2.10 螺旋生长

通过能量预测可知，层生长发生在相对高过饱和度的条件下(需要克服与2D成核相关的能量势垒)。已经观察到晶体可以在低于预测的过饱和度情况下生长[11]。这个问题由Frank[12]解决了，他认为晶体表面被位错截断。这些位错将在表面中产生台阶，消除了2D成核的必要性。图1.5显示了螺旋生长的形成和发展的示意图。在初始阶段，位错产生一个台阶(见图1.6a)。生长单元附着在台阶上，使其前进，产生第二个台阶(见图1.6b)。第二个台阶将不会前进，直到其长度等于$2r_{2D}^*$；这是因为任何具有较小尺寸的台阶生长不是热力学有利的。一旦第二个台阶开始前进，它将产生第三个台阶，而第三个台阶不会开始移动，直到其长度等于$2r_{2D}^*$(见图1.6c)；然后，将出现第四个台阶等等(见图1.6d)。这将产生围绕位错核心的螺旋图案，这种自我永续的台阶来源其生长需要比层生长机理更少的能量，因此可以在较低过饱和度下进行。在弯曲台阶的情况下，螺旋将被圆化，并且其曲率在晶体生长的特定过饱和度条件下是由r_{2D}^*确定的。通过螺旋位错的晶体生长理论由Burton、Cabrera和Frank提出[13]，即是所谓的BCF理论。

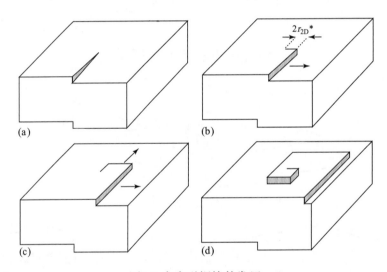

图1.6 多边形螺旋的发展

1.2.11 交错螺旋

交错螺旋是不同取向生长层的周期性堆叠的结果，每个层的台阶速率具有侧向各向异性[14]。换句话说，在这种类型的螺旋中，单位晶胞的台阶可以解离为更小的单元，它们对称相关但晶体学上不同。这是由于不同的晶体，每个台阶的生长各向异性造成的。图1.7给出了van Enckevort画出的螺旋形成示意图[14]。图中的表面由两种不同类型的台阶生成(Ⅰ和Ⅱ)，高度为$1/2d_{hkl}$，从中心点O发出。类型Ⅰ的层由台阶a和b限定，类型Ⅱ的层由台阶限制c和d限定。台阶a和d快速移动，台阶b和c缓慢移动。这导致层Ⅰ中的台阶a追上层Ⅱ中的台阶c，生成了单元高度的双台阶。在连接缓慢移动台阶b的台阶d中也观察到相同的过程。结果是形成了单胞高度台阶与高度为$1/2d_{hkl}$的较低台阶交错交叉的图案。交错螺旋在大量的系统中观察到，包括重晶石[15]、分子晶体[16,17]、碳化硅[18]、GaN[19]和层状硅酸盐[20]。

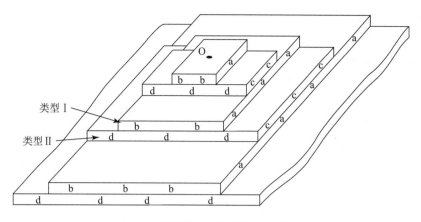

图1.7 交错螺旋形成(改编自文献[14])

1.2.12 生长机理：粗糙和光滑表面

生长机理根据界面结构分为三种类型：如果晶体表面粗糙，生长机理为黏附类型；如果晶体表面平滑，则通过产生和扩散或螺旋方式生长。表面在高驱动力(高过饱和度)条件下，将从平滑转变为粗糙。图1.8显示了作为过饱和度的函数的不同生长机理。在低过饱和度时，界面平滑，螺旋生长是生长机理。达到临界过饱和度生成2D核时，产生和扩散是主要的生长机理。在这两个区域中，晶体由结晶学上的平面所限定并呈现为多面体形貌。在高过饱和度下，表面转变为粗糙界面，黏附生长占主导地位。在黏附成长的情况下，生长单元附着的能量是相同的，不论结晶方向如何，将生成由圆形非结晶学表面界定的晶体，或者生成球形、不规则碎片形和树枝状等形状。

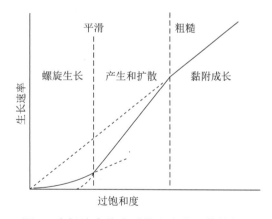

图1.8 生长速率作为过饱和度的函数的机理

1.3 沸石分子筛的成核和成长

1.3.1 概述

沸石和类沸石的合成是众所周知的复杂过程。结晶速率、形成产物的类型和它们的颗粒性质(形态、形貌和晶粒尺寸分布)取决于大量的参数[21]。这些参数包括结晶条件(温度、搅拌、晶种和凝胶老化)和组成依赖性参数(pH值、水含量、骨架组成元素之间的比例、模板剂浓度和离子强度)。典型的沸石/类沸石合成将涉及以下步骤[22]：

① 无定形反应物的混合物包括碱性介质中(尽管少数沸石合成也可以在酸性介质中进行

7

的骨架组成离子(例如Si、Al、P、Ga、Zn等)[23]。这些将形成非均相的部分反应相,被称为初始无定形相[22, 24]。该无定形相的性质从凝胶状到胶体状,在所谓的"透明溶液"中合成[25, 26]。

② 在金属高压釜中和自生压力下加热反应混合物(高于100℃)。在反应之前,可以使反应混合物老化一段时间(数小时到几天)。

③ 形成"二次无定形相"的亚平衡溶液相[22]。有证据表明,由于阳离子在溶液中的结构化效应,这一阶段生成短程有序结构。

④ 在诱导期后,形成晶核。诱导时间与式(1.8)中给出的简单、系统的定义相关[31]。弛豫时间(t_r)是步骤①~③发生所需的时间,即形成亚稳态无定形固体,而t_n和t_g具有相同的含义。

⑤ 在无定形固体消耗时,沸石材料生长。

这些步骤对于大量沸石和类沸石合成是明确的,但在许多情况下可能很难区分。这可能是因为一些步骤重叠或者是因为合成试验中的困难过多[22]。在过去几年中,步骤①~③已由许多研究者研究过。本章的目的不是详细讨论这一点,但读者可直接从Cundy和Cox[22]的评论中获得另外的信息和参考文献。

图1.9显示了沸石合成晶化曲线的典型形状。其中,体系中的成核速率和晶体长度或结晶度的演变是合成时间的函数。可以看出,成核仅在诱导期之后发生,即发生在步骤①~③之后。成核速率快速提高,然后减小到零。在形成一定数量的晶核之后,开始晶体生长。最初,生长速率呈指数增长,但很快达到稳定状态;当营养物耗尽时,生长速率降低到零。合成过程也可以根据理论过饱和度曲线进行(叠加在图1.9中)。过饱和度开始增加,引发成核和生长阶段,然后达到平衡,生长速率达到稳定状态。最终,随着溶液中的所有营养物加入到生长相中,速率降低至零。

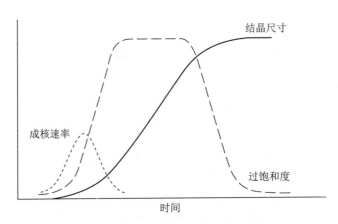

图1.9 沸石合成过程示意图

1.3.2 沸石成核

沸石成核是一个复杂的问题,因为它意味着初始无定形或无规结构转化为晶体骨架。如之前观察所见,在形成二次无定形相期间,出现了短程有序结构。然后,随机个数的结构化区域可以达到晶核的尺寸,开始生长为宏观晶体。

过去,人们使用传统的成核理论研究沸石成核,例如计算成核速率作为诱导期的倒数[32]。但是沸石结晶与凝聚相之间有重要的差异,而差异之一在于沸石具有较高的内表面积。

沸石成核的过程难以研究和分析,这是由于原位测量中的实验困难。研究们通过使用粒度分布和数学模型获得相关信息[34],从而推断生长和成核速率[21, 35, 36]。其他文献研究考察了老化和晶种对沸石成核的影响。初始溶液的老化已经证明对最终晶体分布具有影响[22]，因此它可以提供有关成核机理的有价值信息，这已经在A型沸石[37]和硅沸石[38]的实验中得到证实。使用晶种可用于区分初级成核和二次成核[22]。

一些关于沸石和类沸石成核研究的最热烈争论，主要集中在成核机理上，不论是均相[36, 39]或非均相[40]（初级成核），甚至是二次成核[41]（晶体诱导）。辨别一种模式或其他模式的困难，部分可归结于凝胶相的特性，特别是在所谓的透明溶液体系中。其中实际上的困难主要是难以分离液相中胶体大小的凝胶颗粒[22]。然而，似乎有逐渐增加的研究支持成核主要发生在凝胶相，特别是在溶液-凝胶界面的说法[29, 42]，这里的原料浓度梯度可能是最高的。最近对透明溶液合成的研究也证明成核实际上发生在胶体尺寸的凝胶颗粒内部[26, 43~45]。

成核过程的机理方面也已有广泛讨论。被广泛接受的是凝胶内部渐进排序的过程，通过由氢氧根离子催化骨架中化学键的"打碎"和再形成的可逆过程进行[46, 47]。阳离子和有机结构导向剂在成核过程中也具有关键作用：在优选的几何形状中，通过静电和范德华相互作用，用金属氧化物物种包围它们[48, 49]。

1.3.3 沸石和类沸石的晶体成长

关于沸石和类沸石如何生长人们也进行了大量的研究。令人惊讶的是，在大量的结构类型、骨架组成和合成方法中，沸石生长在大多数结晶过程中呈线性增加。这在凝胶合成[1, 50~55]和透明溶液合成[56~59]的情况下是真实的。关于后一种体系的研究已经显示出生长速率依赖于小于15~20nm的晶体[60]。已经发现沸石生长受多种参数影响，例如温度、凝胶组成、搅拌和老化，并且已经有许多研究致力于这些课题[1, 22]。一般来说，沸石的测量生长速率始终低于致密相（例如离子晶体），被认为是由于具有开放聚合结构的沸石和类沸石及其复杂的组装机理造成的[22]。

生长速率呈线性分布直至晶化完成的事实已被用于支持表面控制机理[21, 61]。这个理论由生长过程活化能的测量值支持，其值在45~90kJ/mol之间变化[21, 62~64]，这些值高于扩散控制机理的活化能[21]。

理解真实的生长机理及其基本原理的探索，最近得到了新型高分辨率表面敏感技术的帮助，例如AFM[65~67]、高分辨率扫描电子显微镜（HRSEM）[68]和高分辨率透射电子显微镜（HRTEM）[69, 70]。此外，液态和固态NMR以及质谱技术的新发展，揭示了生长单元的物理和化学性质[70]。而且，高级模拟技术和理论研究已被用于进一步验证实验，并提供更多关于晶体生长分子方面的理解[67]。

关于类沸石和沸石的AFM研究最初局限于研究天然沸石[71~75]。在最近几年，许多关于合成材料的研究已经公开[65~67, 76~82]，包括一些类沸石[83~85]。大多数研究采用非原位技术分析，即从溶液中取出晶体，而少数几个研究采用原位溶解研究[86, 87]。

初始AFM研究集中于天然沸石。通过这些研究可以看到沸石表面的高分辨率图像，因此其多孔结构可以在表面观察到[71, 72, 75]。然而，在1998年，Yamamoto等[73]发表的天然片沸石晶体图像显示了台阶的存在，表明了可能的出生和扩散机理。Anderson等[88]发表了Y型沸石的第一次AFM研究，显示了晶体表面的台阶和平台的形成。这些研究随后被应用于A型沸石[67, 77, 87, 89]、X/Y型沸石[78, 90]和硅沸石[81]。从这些详细的表面信息可以推出生长模式、溶解以及可能识别的生长单元。直到最近，大多数AFM研究只揭示了台阶和平台的存在，使一些研究者得出出生和扩散可能是这些材料的优先生长模式的结论[22]。但是，最近关于A型沸石[91]和辉沸石[74]的研究显示了螺旋的形成。而且,本章强调类沸石的螺旋生长可能比原来想象得更加普遍。

1.4 表征技术

1.4.1 固态晶体

1.4.1.1 AFM

AFM是Binning等[92]在1986年发明的表面扫描技术。该技术是从扫描隧道显微镜(STM)发展而来的一种新技术[93]。AFM通过监测样品与非常锋利的尖端(几纳米宽)之间的力来提供表面的三维图像。这与STM形成鲜明对比,STM依赖于样品与尖端之间隧道电流的形成。因此,AFM实质上可以用于扫描任何种类材料的表面。通常,将样品安装在压电扫描器上,沿着x-y和z方向移动。横向分辨率受限于尖端半径,其通常在$10\sim30$nm之间变化(也可以低至3nm);垂直分辨率约为1Å(1Å=0.1nm,下同),可以观察小的表面细节,例如台阶或2D晶核。尖端的另一端部附接到悬臂,当样品与尖端之间的力改变时,悬臂弯曲。通过在悬臂顶部表面上照射激光来监测悬臂的偏转,激光被反射回光电二极管检测器,然后将光电二极管的输出信号传输到计算机。一个反馈控制系统将尖端与样品之间的力的变化传给压电扫描器,允许其改变尖端与样品之间的分离间隙,以将力保持在恒定值。

在使用AFM时,根据尖端在样品表面上的移动方式,有不同的成像模式可用。在接触模式中,尖端是屏面扫描样品,悬臂偏转使用反馈保持恒定控制;在间歇接触模式中,使用振荡尖端并监测相位和振幅的悬臂[94]。在这种模式下,尖端与样品之间的接触最小化,有利于较软样品(例如生物样品)的测定。一些AFM可以监测垂直和侧向力(摩擦)[95],被称为摩擦力显微镜(FFM)。在这种情况下,可以得到样品的黏附性、摩擦或其他机械性能的信息[96]。

AFM的使用彻底改变了近几年的晶体生长研究,不仅是因为其高垂直分辨率,而且是因为它在流体中的扫描能力,这使AFM可以原位监测晶体的溶解和生长过程。AFM已广泛用于晶体的生长研究,例如大分子晶体[97]、矿物[98~100]、离子晶体[101, 102]、有机半导体[103]、薄膜[104]、多级孔材料[105]和许多其他晶体系统。AFM在研究沸石和类沸石合成中的应用一直很慢,主要是由于以下两方面原因:①研究微米级晶体的局限性,即使用常规顶部低放大倍率(<20倍)的光学器件进行定位非常耗时;②大多数沸石在温度高于100℃的条件下结晶。尖端扫描AFM的发展,加上高倍率(高达100倍)的倒置光学显微镜以及温控流体池的新发展,已经大大增加了可观察范围,可以应用于以上这些体系。这将在本章介绍的六个案例研究中得到说明。

1.4.1.2 HRSEM

扫描电子显微镜是用于表征微孔材料的主要技术手段。长期以来,AFM与X射线衍射(XRD)一直联合使用,并作为沸石晶体生长研究的主要工具之一[1, 22]。其主要用于研究合成材料的形态、形貌和尺寸,但不能表征表面的细节。这是由于晶体表面台阶的过多电荷引起的分辨率限制造成的。近年来,用于SEM的低压场发射电子源(FE-SEM)的发展明显解决了这个问题。例如,2005年Wakihara等[89]报道了A型沸石的SEM图像,其中台阶是可以被观察到的。这种新型的SEM已经被称为HRSEM,并且已被证明能够轻松地观察到1.2nm的台阶[68]。这个技术的使用在纳米多孔材料的晶体生长研究中开辟了新的篇章,弥补了AFM尖端不容易接近区域(例如孪晶、共生体和粗糙表面)的纳米级分辨率差的缺陷。这种技术的潜力在以下案例研究中可以突出地显现。

1.4.1.3 共聚焦显微镜

在晶体生长期间,经常形成宏观缺陷结构,导致共生、孪晶和其他扩展结构。这些晶体的内部结构提供了许多关于生长机理的信息。通常，这些宏观生长特征可以在光学显微镜的分辨率下观察到。通过使用共焦光学器件，来自探针分子的额外荧光可以选择性吸附在其纳米多孔晶体内部，这些宏观特征可以被观察得到[106, 107]。

1.4.2 溶液化学——低聚物和纳米颗粒

1.4.2.1 核磁共振

为了理解晶体如何生长，不仅需要理解固相如何生长，而且需要理解溶液相中的化学。与分子晶体不同，例如在药物工业中用到的晶体，纳米多孔材料的组成单元与溶液发生不断交换。物种的短暂存在特性，使理解晶体生长成为了非常艰巨的任务，不仅要知道溶液中存在什么，而且要说明不断交换的动力学中的速率控制步骤。区分溶液物种的最强大工具是NMR，可以通过监测硅酸盐中的^{29}Si[108~119]、磷酸盐中的^{31}P和氟化物中的^{19}F在[120]得到良好效果。这些是自旋1/2的核，往往产生适合于一维和二维的高分辨率谱。通过INADEQUATE和COSY NMR确定连接，现在已经鉴定了大量的物种(见图1.10)。

图1.10 通过^{29}Si-^{29}Si COSY NMR测定浓缩碱性水溶液中的硅酸盐结构[116]

必须仔细设计实验以确保定量[121]，并通过插入化学探针利用NMR监测pH值，以跟踪结晶过程[122]。^{29}Si只有大约4%丰度，二维谱可能需要一些时间来获取，阻碍了跟随快速瞬时变化的能力。此外，在溶液中，自旋1/2核通常需要较长的弛豫时间，这也大大减慢了数据采集速度。不管怎样，硅酸盐溶液的^{29}Si谱可以揭示大量物种的巨量信息。多核方式操作，可以跟踪结晶过程的全部化学，例如硅铝磷酸盐SAPO-34[123]。四极核(如^{27}Al[124]和^{17}O[125])也可以在理解溶液化学中起作用。这些核磁谱虽然在揭示多种形态方面不能提供有效信息，但是它可以非常快速地收集信息，甚至是提取动态信息。同时，必须注意物质的缩合程度，因为一旦纳米颗粒/胶体形成，运动受限的物种就开始阻止光谱平均化，这对于高分辨率是至关重要的。缺乏运动不仅使谱峰宽化，而且络合物种稍微不同的T−O−T角也将导致化学位移连续变宽，即使通过魔角旋转也不能被消除。然而，NMR的这种明显缺点也可以用于获得良好的优势，对于自旋1/2核，例如^{29}Si谱拓宽通常不太大，致使共振不可见。因此，很容易区分由小的低聚物引起的尖锐共振特征峰和由纳米颗粒引起的宽共振特征峰。此外，由于自旋1/2核磁谱的定量是直接的，因此确定低聚物和纳米颗粒物质的相对浓度非常简单[118, 119](见图1.11)。

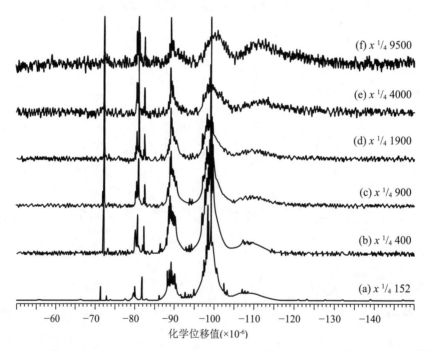

图1.11 TEOS∶TPAOH∶H$_2$O摩尔比为25∶9∶x的透明溶液的归一化^{29}Si NMR谱图[119]

1.4.2.2 质谱

为了提高灵敏度和时间分辨率，质谱越来越多地用于溶液形态的研究。现代质谱利用软电离程序，例如电喷雾电离可以容易地以相对高的质量/电荷比产生母离子。虽然物种形成不如NMR确定，但是通过同位素分布分析，可能性范围可以大大减小。质谱超越NMR的最大优势是灵敏度和快速数据收集，允许原位动态分析[126~132]。这种技术最典型的应用案例，是最近关于硅酸盐低聚物之间的相互转换研究[132]。在一个巧妙的实验中，富含^{29}Si的溶液与天然富含^{28}Si的立方八聚体溶液混合，质谱清楚地表明第一交换物种含有等量的两种同位素，表明一种协调的交换机理涉及四个硅核。使用三角棱柱六聚体的类似实验显示协同交换三个硅核(见图1.12)。这种协调的交换机理在硅酸盐化学中无处不在，并且很可能在沸石晶体成核和生长中起到重要作用。

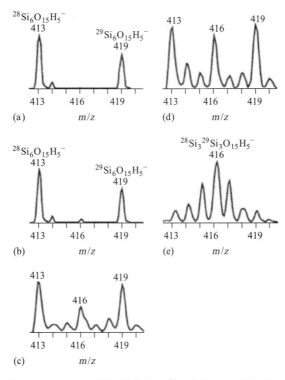

图1.12 天然丰富的硅棱柱六聚体浓缩溶液与^{29}Si富集的硅溶液混合均匀的质谱[132]

1.4.2.3 低温TEM

从溶液到晶核，最后再到晶体的转变是一个复杂的过程，需要实验监测。散射技术，诸如动态光散射和X射线或中子散射能够动态地确定在晶体生成的关键早期阶段存在重要的纳米颗粒。最近，一项新的强大技术也添加到表征技术手段中，即低温(cryo)-TEM。通过快速冷冻生长介质，成核和成长过程停止，并在其保持低温的同时转移样品，可以通过电子显微镜进行分析。这可以允许高分辨率电子显微镜在或多或少无扰动的结晶介质上进行分析。最近，在TEOS和TPA制备的硅沸石系统[133]上的研究结果显示，初始形成的5nm纳米颗粒在性质上是无定形的，然后通过颗粒内的重排组织而聚集和结晶。通过在电子显微镜，而不是通过X射线散射技术进行这些实验，有可能辨别在早期是否存在有序结构。

1.4.3 建模

自AFM和高分辨率扫描电子显微镜出现以来，我们有了一个可以跟踪晶体生长纳米级细节的新窗口。为了解释这些数据，需要新的工具来模拟晶体形貌和表面拓扑结构细节。蒙特-卡洛(Monte-Carlo)技术提供了一种可能的路线来模拟晶体形貌和拓扑结构，该结构根据一组热力学原则开发。第一个问题是决定选择哪个单元作为生长单元。对于分子晶体，例如尿素[134~136]，答案是直接的，由于生长中不可分的元素是单个分子，蒙特-卡洛技术可以被成功使用。对于纳米多孔材料(如沸石)，必须粗糙化，以使计算可可控。这很容易通过晶体生长过程中的速率控制步骤来实现，这与表面上的Q_3基团覆盖的闭合笼结构有关。开放笼结构暴露Q_2基团和Q_1基团是易于溶解的，因此不会在表面残留。选择粗粒作为闭合笼结构，闭合笼的网络结构被建立，其生长和溶解的可能性取决于每个位点的能量。所选择的方法基本上是Boerrigter等[137]的方法，其中晶体表面上的每个位点的能量与体相能量有关(对于能级的描述参见图1.13)。然后，通过活化的复合物从溶液中生长，基本上是在吸附后去溶剂化。但是，相对于体相、$(\Delta U_{i2j} - \Delta U)$和过饱和度$\Delta \mu$[式(1.11)][138~140]，定义生长和溶解的相对速率或概率P的能量$(P^{growth}_{i2j}/P^{etch}_{i2j})$是位点能量的组合(在Meekes术语中称为位点i2j)。能级到第一近似(first approximation)的排序遵循最近邻连接的顺序，其中第二级连接导致更小的能量差。

$$\frac{P^{growth}_{i2j}}{P^{etch}_{i2j}} = \exp(\beta(\Delta U_{i2j} - \Delta U) + \beta\Delta\mu) \tag{1.11}$$

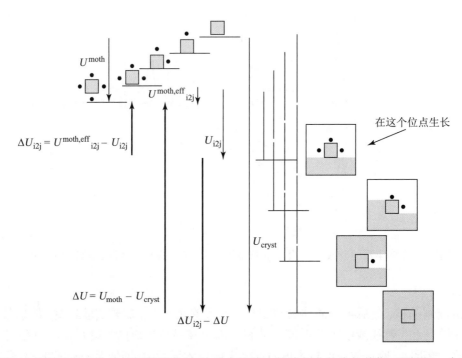

图1.13 溶液中晶体生长的能级描述(左边是在溶液中的溶剂化的生长单位，顶部是一个在真空中完全脱溶剂的生长单元，底部是生长单元完全凝结在块状晶体中；给出了对应于文献[137]的能量命名法，其涉及由式(1.11)给出的生长和溶解的概率)

通过计算机采用数字化处理这个问题，过饱和度和平衡的真正意义立刻变得明显起来。蒙特-卡洛处理方法使生长和溶解事件按照式(1.11)所示的方式进行描述，过饱和度可以被视为常数或变量。通过建立虚拟溶液相，用于蚀刻时浓度增加和用于生长时浓度降低，过饱和度随着晶体生长降低。当晶体停止生长以及生长数目和蚀刻事件不变时，就建立了溶液平衡，此时确定$\Delta \mu$的值。通常，$\Delta \mu$在平衡时为零，因为过饱和度的常规定义是溶液浓度与平衡浓度之间的差值。然而，更有利的平衡定义是考虑了相对于每个生长部位能量的$\Delta \mu$值$(\Delta U_{i2j} - \Delta U)$。平衡时，一些位置将处于不饱和状态(低坐标位置)，另一些位置将处于过饱和度状态(高坐标位置)。所有位置的能量达到平衡时，平衡点就是重心。蒙特-卡洛方法发现这个重心平衡状态总是在该范围内的弯折位置。这个问题还没有分析解决方案，因为每种类型的位置数量取决于晶体的特殊连接性，本质上取决于晶体学。对于纳米多孔材料的研究，可以通过实验来研究问题，不用担心难于确定的溶液过饱和度问题。晶体可以达到平衡条件，然后在相同条件下与蒙特-卡洛计算进行比较。图1.14显示了在不同条件下模拟的晶体实例。

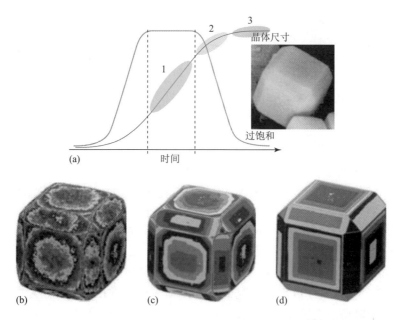

图1.14 A型沸石合成,作为时间的函数的典型晶体尺寸和过饱和度曲线[138][插图SEM照片(图像尺寸为2.5μm)显示了合成中生成A型沸石晶体;(b)~(d)显示了$(0.3×0.3×0.3)μm^3$尺寸的A型沸石晶体分别在时间间隔1、2和3的模拟]

1.5 实例研究

1.5.1 A型沸石

由于离子交换能力强,A型沸石是最广泛使用的沸石之一[141]。A型沸石具有Linde A型(LTA)的骨架结构[142],包括通过四元环连接的方钠石(SOD)笼,Si/Al比为1:1。SOD单元连接生成了直径为11.4Å的α笼(结构中心有大的空腔),以及连接的两个孔道系统,允许Na^+离子和水分子自由进出。它的经验式是$Na_{12}[Al_{12}Si_{12}O_{48}]·216H_2O$。对A型沸石的研究已经很多,研究多集中在不同参数对生长的影响,例如向合成混合物中加入有机分子[143, 144]、晶种[145]、老化剂[37]和透明溶液[25]。

A型沸石也是AFM研究的对象[67, 146, 147],包括在沸石中的第一次原位溶解研究[87]。这些研究仅限于合成末期提取晶体的{100}面(即低过饱和度条件)的信息,没有关于在不同条件下晶体生长机理的信息。

人们已经通过AFM和HRSEM对不同合成时间的A型沸石的表面特征变化进行了深入研究。A型沸石是根据Thompson和Huber的方法制备的[148],合成在60℃和一定合成时间(2.5h、4h、8h、20h、30h和50h)条件下进行。也可以按照Petranovskii等[144]的方法进行制备,该方法添加了二乙醇胺(DEA)。有机分子的主要作用是为了增加晶体的尺寸,对晶体形貌也有影响。在该实验中,反应在90℃下进行,合成时间分别为12h、16h、20h、24h、28h、32h、36h、40h、44h、48h、72h、96h、120h、168h、336h和504h。在更长实验时间下,可以观察到晶体在长"平衡时间"下表面形貌可能发生的变化和表面形态的重排。

1.5.1.1 汤普森(Thompson)合成

图1.15显示了作为时间的函数的合成A型沸石曲线。可以看出,8h后结晶几乎完成。在2.5h和4h,晶体的生长速率处于最大值,对应系统中最高的过饱和度(见图1.9)。在8h,生长速率开始下降;20h后,生长速率为零。

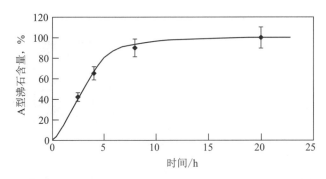

图1.15 作为时间的函数,A型沸石的结晶度曲线(叠加的是这种体系的理论增长曲线)

图1.16显示了晶体在2.5h、4h、8h和20h的HRSEM图,图1.17显示了4h、8h和20h的AFM图像。当比较这两个图像时,可以看到更详细的晶化过程。在2.5h(见图1.16a),可以看出晶体很小(几纳米到400nm)并呈圆形,也可以看到共晶形成和晶体聚集。虽然在这些圆形晶粒上没有获得AFM图像,HRSEM分辨率允许我们看到晶体表面非常粗糙。所有这些特征都表明在高过饱和度条件下典型的生长黏附机理。

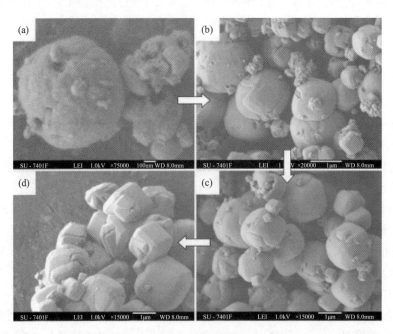

图1.16 合成的A型沸石晶体在不同时间后的HRSEM显微照片: (a)为2.5h;
(b)为4h; (c)为8h; (d)为20h

4h的HRSEM图像(见图1.16b)和AFM图像(见图1.17a)显示了相似的情况。在这个时间点上,晶体大得多(高达1μm)且仍然显示圆形,并开始显示小晶面的形成。这也可以从AFM图像看出(见图1.17a),尽管活性2D晶核也存在,台阶开始可见。8h后合成晶体已经增长到高达1.5μm的尺寸。HRSEM图像(见图1.16c)显示出,虽然晶体仍然具有圆形边缘,但比以前更多面。相应的AFM图像(见图1.17b)显示了明确的台阶和平台。这表明过饱和度开始下降,并且通过层生长或单成核机理生长(参见第1.2.12节)。20h时,晶体生长完成(见图1.16d),并显示了这种合成的典型晶面形态[149],以{100}、{110}和{111}面为界。在这些样品上,{100}面的AFM图像(见图1.16d)与之前发表的内容非常一致[67, 89]，并在成长的晶面中心显示，单个正方形平台通过台阶向晶体边缘的前进，台阶几乎是完美的直线。图1.16c显示{110}面的AFM图像。从图1.16c可以看见，在这个晶面上，平台是矩形的，沿{100}方向显示出较快的增长速度，而在{110}方向较慢。这种情况表明过饱和度非常低，已经采用蒙特-卡洛模拟成功地重复。

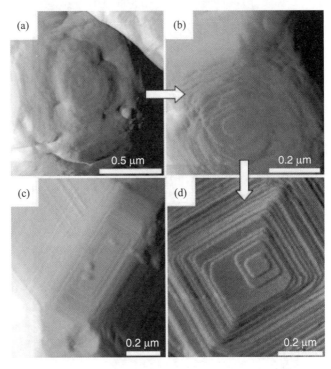

图1.17 合成A型沸石晶体在不同时间后的AFM偏转图像[(a)、(b)和(d)显示出{100}面，
而(c)则显示出{110}面]：(a)为4h；(b)为8h；(c)为20h；(d)为20h

1.5.1.2 Petranovskii合成

图1.18显示了在DEA存在和90℃下合成A型沸石最终产品的两个SEM显微照片。在这种情况下，最终产品具有大得多的尺寸(高达15μm)，并且晶体仅存在{100}和{110}界面。此外，与{100}面相比，{110}面的相对尺寸更大。

图1.18 合成120h后提取A型沸石晶体的SEM显微照片

AFM研究详细地给出了所有合成样品的表面形貌。图1.19显示了在晶化开始44h、48h、72h、96h、120h、168h、336h和504h后提取的晶体上得到的8个AFM图像。

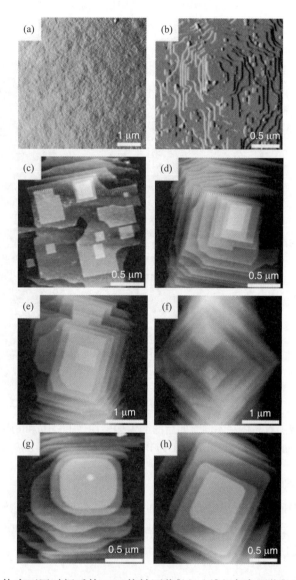

图1.19 A型沸石晶体在不同时间后的AFM偏转图像[(a)、(b)]和高度图像[(c)~(h)]: (a)为44h; (b)为48h; (c)为72h; (d)为96h; (e)为120h; (f)为168h; (g)为336h; (h)为504h

在44h(见图1.19a),可以看出晶体表面仍然相当粗糙,表明2D成核仍然以较快的速率发生。晶体长度随晶化时间演变的SEM分析显示,此时反应几乎完全,因此过饱和度已经开始降低。这可以通过以下结果证实: 晶化48h时,2D成核速率已经开始降低,这使台阶和生长的晶核容易用AFM(见图1.19b)分辨,虽然成核仍然发生在狭窄的平台上。在72h,AFM分析(见图1.19c)显示,在晶体表面较少的晶核与预期的过饱和度逐渐降低一致。请注意,所有的平台都是以直线为边界且具有尖锐的拐角。图1.19d~f显示了不同{100}面的中心区域。在3个图像中观察到类似的情况。其中,成核几乎停止,但是平台仍然拥有尖锐的棱角。在336h,平台的形状发生变化,如图1.19g所示。现在,正方形平台的棱角不再尖锐,而是有点儿弯曲。在

504h，发现平台在拐角处也弯曲(见图1.19h)。这个效果可以通过蒙特-卡洛模拟来解释，并且对应于1.4.3.1节中解释的平衡情况。由于"重心"平衡状态位于弯折位置的能量周围，台阶将向主要由这些位点组成的形状"演变"，导致一些溶解和圆角平台。

A型沸石在温和的氢氧化钠溶液中原位溶解[87, 150]。在原位条件下，通常可以捕获不太稳定的表面。如果从母液中除出晶体，则次稳定表面不存在。在沸石上的所有非原位测量显示1.2nm的平台高度。这些台阶根据不同的机理和不同的时间尺度在两个步骤中溶解。图1.20显示了从原位系列中选出的捕获两个结构的AFM图像。在相同的时间尺度上，0.9nm的平台通过退缩被溶解，而0.3nm的平台不溶解。这是由于相互连接的SOD笼(0.9nm高)通过平台退缩的相关方式溶解，一个笼必须在溶解之后下一个笼才能溶解。单个四元环(0.3nm)在不同时间尺度上以不相连的方式溶解，因为它们没有互相连接。这些结果进一步揭示了闭合笼结构的重要性，其中的SOD笼和双四元环在本实验中可见。

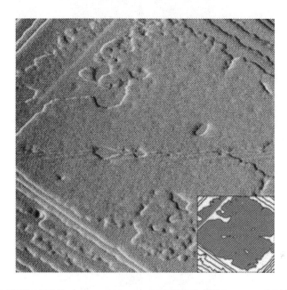

图1.20 A型沸石晶体在0.5mol/L NaOH溶液中静置33min后原位测量的
(4.3×4.3)mm²偏差AFM显微照片: 右下的小图显示的
是0.9nm平台(深色)和0.3nm平台(白色)

1.5.2 硅沸石

硅沸石(silicalite)经常用于沸石的基础研究，这是因为MFI结构以ZSM-5沸石分子筛形式应用于催化的重要性，以及硅沸石具有无电荷补偿离子的纯硅骨架简化形式。从晶体生长的角度来看，采用硅沸石可以研究模板剂的作用(这是由于四丙基铵阳离子具有强大的结构导向作用)和生成共生体MEL(Silicalite-2)结构的规律。

MFI和MEL结构都是由相互连接的五硅链(pentasil)组成，可以经由镜面或反转中心对称的方式连接。不同的连接方式生成两种结构，这可以通过结构导向剂控制，得到不同的孔道系统。到目前为止，在任一系统上的所有AFM测量都显示基本生长台阶高度为1nm，与五元环硅链单元一致，从而赋予了这种封闭结构在生长机理上的重要性。

在过饱和度影响的研究中，一系列硅沸石样品在半连续合成中制备[151]。母液中的非孪晶晶种置于连续进料反应器中。在浆液达到平衡后，加入营养原料并进行调整，以维持恒定的晶体生长速度(0.4μm/h)，反应持续64h。在反应期间，分别在4.3h、9.6h和16.4h时停止原料加入各16h，以使过饱和度下降，并使晶体的生长或多或少停止。这些晶体的AFM记录如图1.21所示。在恒定生长期间，过饱和度水平相对较高，表面具有高密度的生长晶核。晶体完全通过出生和扩散机理生长。原料停止加入时，随着过饱和度下降，平台继续扩展，表面成核或多或少停止。其原因是表面成核需要最高能量或过饱和度的最高值[见式(1.11)]。接近平衡时，生长对溶解的相对速率$(P^{growth}_{i2j}/P^{etch}_{i2j})$将会小于1，因此一旦晶体在表面上生长，它就会立即溶解回溶液中。相反，台阶扩展依赖于较低的坐标，边缘和弯折位点的$P^{growth}_{i2j}/P^{etch}_{i2j}$将更接近或大于1，允许台阶继续扩展。这个过程是可逆的，在过饱和度提高之后，表面成核和晶体生长会继续。

图1.21 硅沸石(Silicalite)样品{010}晶面的AFM偏转图像(图中的标尺代表1mm)[151]：(a)为晶种；
(b~h)和(j~m)是从连续进料反应器中回收的晶体；当停止加入原料，16h后，从反应器中
回收(i)和(n)中所示的晶体

这个过饱和度控制实验证明了特定晶体生长过程开启和停止的可控性。这种现象可以用来控制沸石的缺陷和共生。沸石中的共生通常是通过层生长造成的，新生长层在相同能量下有多种选择(例如ABA堆叠，而不是ABC堆叠)。如果给定的表面上存在高密度晶核，一些略微不利的堆积序列出现的可能性较高。现在，一个与A层混合的多个C层，当台阶扩展时，它们合并将产生不相容缺陷。克服这些缺陷的可能途径是降低成核速率。通过降低过饱和度以使平台扩展依然较快，但低成核密度意味着具有不同堆叠序列晶核的可能性最小化。因此，缺陷密度减少。相反，在非常高的过饱和度条件下，成核密度较高，堆叠序列不相容的可能性较高，导致高缺陷密度。纳米多孔材料(如八面沸石FAU、BEA和ETS-10)根据这样的规则生长。

在硅沸石(silicalite)中，当五元环硅链以反演中心对称而不是镜面对称连接时，产生了堆叠序列问题。当发生在(100)晶面，将导致从MFI到MEL结构的转变;当发生在(010)晶面，五元环硅pentasil链不能连接随后的晶体，延缓了晶体生长，大型平台正面沿着外部五元环硅pentasil链堆叠，直到最终缺陷过度生长，留下高密度的欠配位Q_3硅物种在结构中[81]。

通过竞争导向可以了解模板剂作用。TPA被认为是MFI结构的强大结构导向剂。通过增加烃链的长度一个单位，四丁基铵(TBA)阳离子可以导向MEL结构。然而，TBA阳离子太大不适合每个孔道交叉点，因此在生长的晶体表面存在拓扑稀释的模板剂。这样的效果在混合TPA/TBA制备中非常明显。需要大于90%的TBA，合成产物相应地从MFI改变到MEL。事实上，即使在98%TBA和2%TPA的条件下，MEL的生长仍然基本受到抑制(见图1.22)。为达到从MFI到MEL的平滑过渡，需要较小的模板剂，N, N-二乙基-3, 5-二甲基哌啶鎓碘化物(DEDMPI)起到了这种作用。DEDMPI可以被容纳在每个孔道交叉处，生成对堆叠序列问题和固有缺陷不太敏感的MEL晶体。

1.5.3 LTL

L型沸石是具有一维孔道结构的长六角棱柱晶体，其中通道沿着长轴延伸。从催化观点来看，因为晶体内部路径长度对于反应物和产物最大化，导致限制性扩散，这是不利的。目前已经有很多方法来改变正常的晶体形态，产生具有短c轴尺寸的片状晶体。L型沸石的AFM研究[152]揭示了形成这种晶体形态的原因。图1.23显示了晶体的六边形(001)面和侧壁(100)面上的AFM图像。在顶部(001)晶面，晶体生长通过层生长，平台的最小高度相当于一个钙霞石笼的高度。侧壁显示了更有趣的行为:长、薄、直的平台在晶体的c轴方向上延伸。这些平台具有两个明显不同的高度，最窄的平台始终是1.2nm的高度，较宽的平台始终是1.6nm的高度。这是由于所有最狭窄的平台对应于单一的钙霞石柱，它沿着晶体的c轴方向快速增长，但在侧壁a轴或b轴方向上的生长缓慢。较宽的平台是1.6nm的高度，因为相邻的钙霞石柱之间的连接通过另一个像"桥"一样横跨十二元环通道的钙霞石柱才能连接。这个结果说明了大孔晶体生长的通常问题。围绕大孔产生非常不利的过程，类似于新的成核。起桥连作用的钙霞石柱更可能溶解回溶液中而不是持续，直到它被在另一侧的钙霞石柱固定[式(1.11)]。存在问题是需要两个而不是一个笼状结构才能绕过大的十二元环孔道。在溶解一个之前生长两个钙霞石柱结构是不太可能的，因此动力学缓慢。在过大的孔隙空间构建纳米孔结构的传统方法是添加模板剂;换句话说，改进该过程的动力学。在没有有机结构导向剂的条件下，L沸石是一种容易生长的大孔沸石。因此，L沸石是不需要昂贵有机添加剂合成的大孔沸石的实例，同时该体系也说明动力学在这个过程中受到严重限制。这种不利的增长也导致了典型的长棱柱晶体，动力学过程需要调整来成功生长低缺陷的片状晶体。大多数方法提到在高过饱和度条件下生成较短c轴L沸石晶体，其中晶体具有高密度的缺陷，并且纵横比仅仅由于宏观缺陷的中断生长而改变。在保持低缺陷密度的同时，小心地调整晶体纵横比尚待努力。

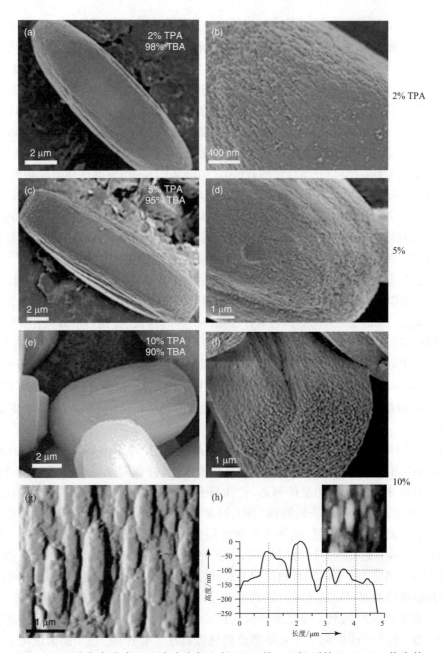

图1.22 通过在高浓度TBA溶液中加入低至2%的TPA得到的MFI/MEL共生体
的HRSEM图像和AFM图像

　　L沸石也是一个非常有趣的体系,可以通过AFM原位研究溶解机理。图1.24显示了一系列在温和的碱性条件下晶体随着时间溶解的图像。显微照片已经以横向偏转模式记录,以监测扫描期间悬臂的横向扭转。此模式通常用于纳米摩擦学研究,这是由于局部摩擦将导致悬臂的扭曲。从图像中可以看到三件事情:首先,平台沿着晶体的c轴方向迅速溶解,在横向方向缓慢;第二,晶体溶解的地方是明亮的白色,表明高横向扭转的程度(实质上,AFM说明晶体上发生了化学反应,在纳米多孔晶体的生长期间也观察到这种扭曲);第三,当AFM尖端向下扫描时,在平台的顶部,溶解平台上明亮的白色区域更大,反之亦然。这表明尖端有助于溶解。尖端实际上加热晶体。通过不同悬臂上负载和温度的图像可以绘制出一系列阿伦尼乌斯曲线,当外推至零负荷(即没有尖端的作用)时, 产生该基本溶解过程的活化能为(23±6)kJ/mol。原因不是完全清楚的, 这可能是由于当晶体快速溶解时摩擦发生了变化。也可能是由于在溶解期间, 向尖端施加高的局部能量或从尖端施加高的局部能量的变化。后一种解释与在生长和溶解期间观察到的现象一致。

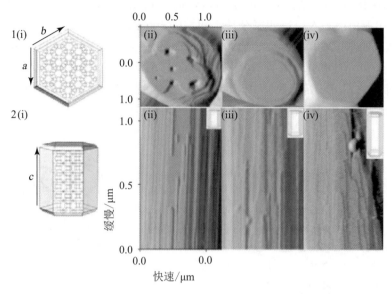

图1.23 具有不同纵横比的L沸石的误差信号AFM图像: (1)代表六边形面朝下[001]方向; (2)代表侧壁向下[100]方向; 对于每个晶面, (i)给出了晶体骨架示意图, (ii)、(iii)和(iv)中的晶体的长宽比分别为1.5、2.3和5.1

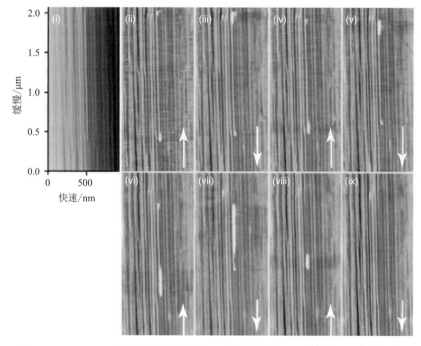

图1.24 在0.2mol/L NaOH溶液中溶解的L沸石的100)面的原子力显微照片: (i)为实验开始垂直偏转显微照片; (ii)~(ix)为晶体表面上横向偏移显微照片; 每个图像之间的时间约为4min; 白色 "光" 表示AFM尖端摩擦力的变化, 在图像上显示为高对比度变化; 白色箭头表示扫描的方向

1.5.4 STA-7

STA-7是具有SAV结构类型[142]的SAPO[153]，它属于四种骨架结构的组，由双六环(D6Rs)组成，也包括CHA、AEI和KFI骨架。这些结构之间的唯一区别在于D6R沿x、y和z轴的排列[154]。SAPO STA-7结构属于空间群组P 4/n，并且包含通过八元环窗口三维连接的两种类型的A笼和B笼。较大的B笼由1, 4, 8, 11-四氮杂环十四烷(cyclam)导向，而较小的A笼被协同模板四乙基铵导向(TEA)，如图1.25所示。在该结构中，D6R单元具有四个不同的取向，并且通过四重对称轴和垂直于<001>方向的n滑移面彼此相关。因此，沿着<001>和<010>方向，可以发现交替的D6R单元。相比之下，D6Rs沿着<001>方向形成链。因此，晶胞包括沿着x和y轴的两个D6R，以及一个沿着z轴的D6R，如图1.25b所示(以粗体突出显示)。

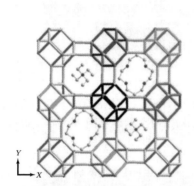
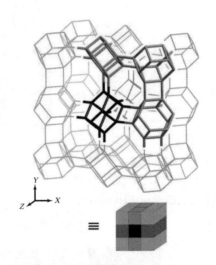

(a) STA-7结构的{001}面(cyclam和TEA分子在两种不同的笼中)

(b) STA-7结构的3D图(D6R的四种可能取向；结构单元沿x和y方向的方向变化，而不是沿z方向)

图1.25 STA-7结构

STA-7晶体由SAPO凝胶水热制备而成(190℃下反应3天和10天)。关于表征的更多细节可以参见Castro等[153]的研究。重要的是，STA-7的形成依赖于两种模板剂(cyclam和TEA)的存在。在合成结束时，通过SEM可观察到晶体具有四方棱柱形貌和30~35mm的典型尺寸(见图1.26a)。因此，STA-7晶体是由两个结晶学不同的{100}面和{001}面(分别为图1.26b和c)结合而成。两种类型的晶面可采用非原位AFM表征。

1.5.4.1 {001}晶面

图1.27a显示{001}面的代表性AFM图像。从图1.27a可以看出：表面被多个几乎各向同性的螺旋覆盖，所有的扫描表面显示出大约每$10\ \mu m^2$有1~2个位错；没有观察到2D成核的迹象，表明提取晶体时该体系接近平衡。螺旋的各向同性形貌表示在低过饱和度的条件下没有优先的生长方向。高度分析显示在位错处的台阶高度核心(Burgers矢量)总是$0.9\pm0.1nm$(见图1.27b、c)，其对应到d_{001}间距，即沿着<001>方向的D6R的高度。图1.27d显示了STA-7结构的简化框图。类似取向的D6R平行于z方向延伸。假设位错也平行于z轴，Burgers延伸向量为0.9nm。可以看出，D6Rs在两侧的序列相对于正常序列，即通过D6R之间的位错键合单元与未受干扰(无缺陷)晶体相同。因此，生长单元(假定为D6R)可以附加到生长的台阶而不改变沿任何方向的D6R单元的交替序列，通过螺旋生长永久保持STA-7结构。

图1.26 STA-7晶体结构: (a)为晶体合成结束后的STA-7晶体扫描电子显微照片;
(b)为STA-7晶体{100}面光学显微照片; (c)为{001}面的光学显微照片

1.5.4.2 {100}晶面

　　{100}晶面的AFM图像揭示了两种非常不同类型的螺旋形成。第一种类型是较多的一种, 具有细长的形状, 长轴或更快的生长方向平行于<001>方向。高度分析表明, 这种类型的螺旋是由一个位错与Burgers向量(约为0.9nm)产生的(见图1.28a)。第二种类型对应于交错螺旋(见图1.28b, c)。在这种交错螺旋中的台阶分裂产生特征"锯齿"图案(参见1.2.11节), 并从位错扩展, 平行于<100>方向(见图1.28c)。沿着这个图案的高度分析揭示了台阶高度为半个单位晶胞, 即0.9±0.1nm。相反, 位错中心的交叉部分截面平行于<001>方向, 揭示了最常见的台阶高度是一个晶胞, 即1.8±0.1nm(即两个单层)。图1.28b显示了螺旋中心的更高分辨率图像。从图1.28b可以看出位错发出的两个台阶(0.9±0.1nm), 因此位错的Burgers向量等于一个单位晶胞, 即1.8±0.1nm。如1.2.11节所述, 交错螺旋是从位错发出的不同单层产生的, 单层具有不同的速度各向异性。在STA-7的情况下, 这种各向异性生长是对称诱导的, 这是由于存在垂直于{100}面的n-滑移平面。最近, van Enckevort和Bennema[14]证明了当螺杆轴和/或滑移平面垂直于生长表面时, 预期交错会出现。n-滑移面的存在也决定了螺旋形状在<100>方向的两侧是对称的, 这为n-滑移面与{100}面的相交留下了标记。此外, 螺旋是沿着<001>方向对称轴对称。通过考虑这些对称约束, 有可能解构各个次级台阶的生长各向异性。有研究表明, 两个次级台阶显示出沿[001]和[00 ī]方向的生长速率差异。一个次级台阶沿[001]方向比沿[00 ī]方向增长更快, 另一个则相反。这个情况总结如图1.29所示。图1.29a、b显示了简化图的两个次级台阶, 因为如果没有干扰发生, 它们将继续增长。每个次级台阶沿着<001>方向的各向异性生长是清楚明显的。在图1.29c中, 两个螺旋的轨迹是叠加的, 清楚地说明了它们是如何形成观察到的交错图案(见图1.28c)。

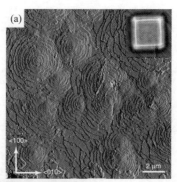

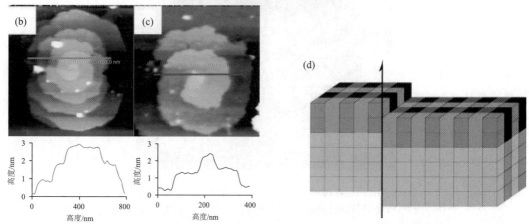

图1.27 STA-7结构的{001}晶面AFM图像: (a)为STA-7晶体{001}晶面AFM幅度图像(各向同性螺旋在表面清晰可见,右上插图显示了相应的光学显微镜图片); (b)为下部螺旋和横截面AFM高度图像; (c)为上部螺旋和横截面的高度图像; (d)为两个新层生长后的简化螺旋结构(新生长层的结构匹配下面的衬底)

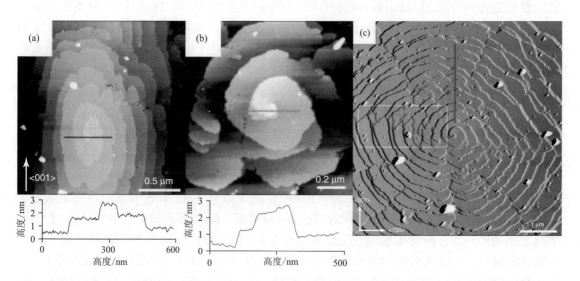

图1.28 螺旋中心的更高分辨率图像: (a)为椭圆形螺旋及截面的AFM高度图像; (b)为高度图像,显示了(c)中所示的交错螺线中心区域的细节,从位错出发的两个次级台阶清晰可见,横截面确认单层(即0.9nm高)性质的台阶; (c)为交错型螺旋的幅度图像(突出显示框包含这些类型的螺旋中的特征"锯齿"模式)

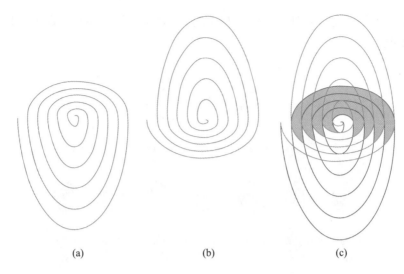

(a)   (b)   (c)

图1.29 交错螺旋形成的简化图: 如果它们可以自由成长, (a)和(b)是每个次级台阶的假定
形状; (c)两个次级台阶的重叠(在这里, 交错模式很容易观察到)

各向异性生长可以通过D6R单元关于<001>方向的倾斜来解释。这种倾斜可以更清楚地从图1.30a中看出,它显示了垂直于<100>方向的STA-7结构的横截面。在一层中,D6R单元朝[001]方向倾斜;而在下面,它们将全部在相反的方向上倾斜[00 ī]。这种倾斜产生两个不同的台阶形状,一个锐角和一个钝角。其中,一个比另一个更有利于模板剂优先地连接/对接,促进了晶体沿一个方向的生长。类似的情况已经在方解石晶体中出现。其中,台阶也不等价,并且离子吸附取决于它们的几何形状[155]。

为了测试这个假设,采用适当版本的ZEBEDDE程序[156]将"蒙特-卡洛模拟退火(MCSA)[157]"模拟模板剂吸附在表面。模拟的模板剂吸附能(非键合)表明,虽然TEA可以在所有吸附位点以大致相等的能量吸附,较大的cyclam优先吸附到台阶的"锐角"侧的大笼。因此,推测生长将在锐角台阶侧,相对于仅有TEA机理的钝角台阶,cyclam加速了生长单元的吸附速率。随着{100}面的增长,锐角台阶的位置在两层之间交替,而最快的增长方向造成了隔交错模式。图1.30b显示了台阶结构的横截面。其中,cyclam分子连接在其更有利的位置。

1.5.5 锌磷酸盐(Zincophosphates)

锌磷酸盐开放骨架材料是一类类沸石材料。在一些情况下,它们显示出与沸石骨架类型相同,例如SOD[158]和FAU[159]。一些独特的骨架类型,例如手性磷酸锌(CZP)骨架,没有相应的铝硅酸盐结构。具有SOD和FAU结构的磷酸锌由Nenoff等[158]在非常温和的pH值和温度条件下首次合成。但是,合成条件在磷酸锌的情况下更温和[160]。与铝硅酸盐沸石相比,这些较温和的条件特别适合于AFM原位实验。以下为ZnPO-SOD和ZnPO-FAU的原位生长实验结果讨论。

1.5.5.1 ZnPO₄-方钠石(sodalite)

SOD磷酸锌在室温至50℃温度范围内合成[158],具有简单立方骨架,晶胞常数$a=0.882$nm,属P-43n空间群,四面体锌与磷单元之间交替存在的1:1的混合骨架。SOD磷酸锌化学计量式为$Na_6(ZnPO_4)_6 \cdot 8H_2O$[158]。ZnPO-SOD根据Nenoff的原始室温配方合成[158],产生了不适合AFM实验的高度共生晶体。为了解决这个问题,合成在6℃进行,目的是降低生长和成核速率,可以生成更好质量的单晶。合成产生了单晶、共生和ZnPO-CZP。SOD晶体具有从几微米到15μm的尺寸。晶体由{100}、{110}和{111}晶面界定。将这些晶体黏附在树脂上并与低过饱和溶液接触。

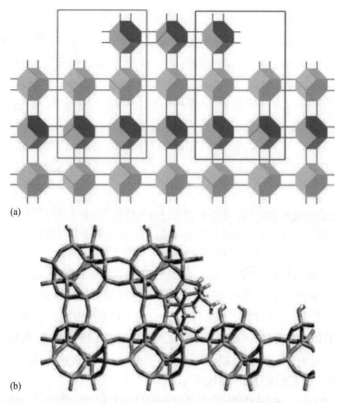

图1.30 各向异性生长的原因: (a)为垂直于<100>方向的简化横截面, 示出{100}晶面的台阶结构; (b)为cyclam分子模拟显示台阶横截面最稳定的对接方式

在与低过饱和度溶液接触的条件下, 对{100}面进行的原位实验揭示了螺旋的生成。图1.31a呈现了这些螺旋中的一个。台阶之间的角有些扭曲, 这是由于生长速率太快, 扫描速度难以跟上。观察到的总体形貌为正方形。还可以观察到螺旋为交错型, 与ATA-7相同, 从位错点扩展出两个单层。然而, 在这种情况下, 分裂具有四重轴对成性, 这当然与所研究的ZnPO-SOD相一致。另外, 它具有多角形状, 与STA-7的圆形轮廓形成对比。幅度分析表明, 单层高度为0.45nm, 相当于ZnPO-SOD单胞的一半。图1.31b给出了ZnPO-SOD的简化的3D结构, 其中的一个单层开始生长。

晶体生长过程可以通过原位监测来实现(见图1.32)。从图1.32可以看出, 一系列的横向力AFM图像显示两个交错螺旋生长, 可以清楚地观察到每个次级台阶的交织诱导生长各向异性。在图1.32a中, 两个螺旋中心由白色圆圈突出显示。因为两个螺旋相互作用的方式, 在其间创建两个清晰的方形区域。图1.32a中的白色箭头表示可以看到的台阶位置, 在后面的图像中前进。这一台阶沿<010>方向比沿<100>方向的前进速度高得多。相反, 下一台阶在顶部增长(用图1.32c中的白色箭头突出显示)沿着<100>方向比沿<010>方向的前进速度更快, 如图1.32d~f所示。

图1.33显示每个台阶的两个交错模式, 好像它们可以自由成长(类似于STA-7的图1.29中的方式)。可以看出, 每个台阶的形状是矩形的, 这是因为各向异性生长, 以及台阶在快和

慢方向之间如何交替生长。由两个这样的次级台阶产生的干扰模式是在实验中观察到的实际模式。

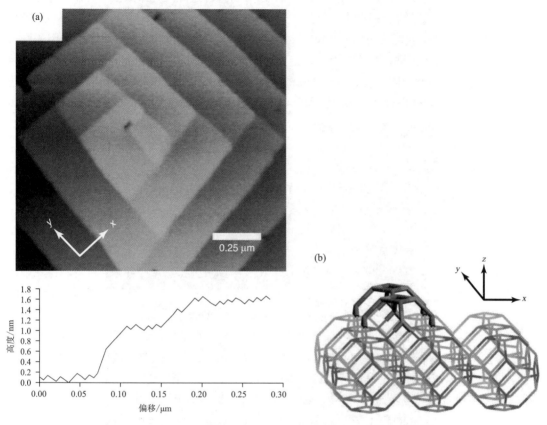

图1.31 螺旋的生成：(a)为ZnPO-SOD晶体上以及相关交叉部分交错螺旋生长的AFM偏转图像；(b)为1/2单元步长的ZnPO-SOD简化3D结构

这种各向异性生长背后的原因尚未完全理解，但它可能与ZnPO-SOD中的Zn和P位置的交替以及两种不同元素进入结构的凝聚速率有关。图1.33b给出了ZnPO-SOD结构中三个单层已生长的示意图。图1.33c示出了该结构的横截面，突出了每个单层具有半个单位晶胞高度的事实。从图1.33b中的顶部单层可以看出，顶部Zn四面体在单层(内部白圆圈)中沿<100>方向生长，而在下面的单层沿平行于<010>的方向生长。与之相应的是每个单层顶部的P四面体也交替生长。如果速率确定步骤中形成半SOD笼(台阶推进所必需的)取决于结构中的原子，那么生长速率的差别作为方向的函数是可以预期的。

1.5.5.2 ZnPO$_4$-八面沸石(faujasite)

FAU结构锌磷酸盐由Gier和Stucky首次合成[161]。ZnPO-FAU属于空间群Fd-3，晶胞常数 a=25.1991Å。其晶胞组成为Na$_{67}$TMA$_{12}$Zn(ZnPO$_4$)·192H$_2$O，其中TMA代表四甲基铵。该研究使用4℃原始合成的晶体[161]。所产生的晶体具有典型的八面体形貌[83]，尺寸为几微米。实验中用于晶体生长的溶液是合成晶体的澄清母液，在合成4h后取出。在低过饱和度条件下，FAU型ZnPO晶体的原位观察显示出一个"诞生和传播"的生长机理(见图1.34)。根据，形成的2D核是三角形，与先前的离线观察相一致[147]。在高过饱和度条件下，生长以大台阶进行，高度为的纳米的十分之几。

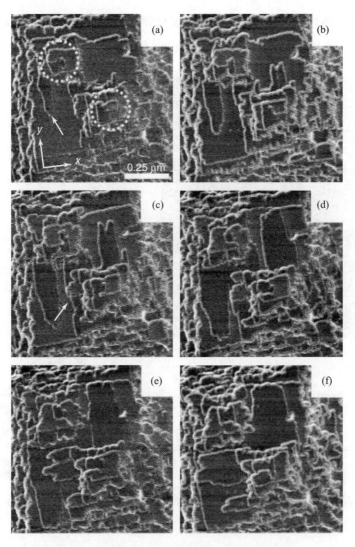

图1.32 生长的两个交错螺旋的横向力AFM图像

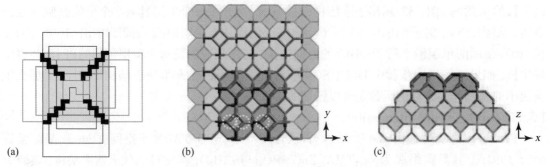

图1.33 每个台阶的两个交错模式：(a)为无干扰台阶理论上的自由发展；(b)和(c)显示了
ZnPO-SOD简化结构的三个不同的发展台阶

1.5.6 金属有机骨架材料(metal organic frameworks)

纳米多孔MOF晶体具有分子晶体中弱氢键与沸石中强共价键之间的键。报道的生长纳米多孔晶体的第一个原位AFM图像是关于MOF的,因为与沸石相比,MOF的生长条件对显微镜的侵蚀性小。图1.35显示了铜-苯三甲酸(trimesate)的系列AFM图像,其化学式为$Cu_3(C_9H_3O_6)_2(H_2O)_3$(HKUST-1)[162],它是由$Cu_2(H_2O)_2$单元和苯-1,3,5-三羧酸酯(BTC)基团组成的结晶纳米多孔MOF[163],并用于形成三维纳米多孔通道的立方骨架。晶体仅显示(111)晶面,并且样品在室温下生长,在金基板上定向生长。金基板由16-巯基-1-十六醇的自组装单层(SAM)功能化[162]。这为原位AFM研究提供了一个独特的平台,因为晶体通过直接附着牢固锚定在镀金玻璃基板上。更重要的是,晶体的取向可以通过使用不同的表面官能团来调节,使得{111}晶面的生长可以被直接监测。

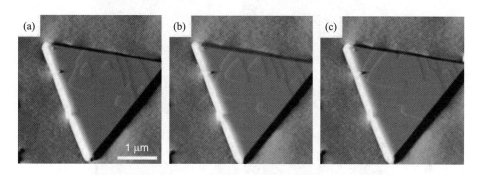

图1.34 显示ZnPO-FAU晶核生长顺序的AFM偏转图像

在注入用于生长的溶液之后的56min,可以清楚地监测到晶体生长。56min的图像(见图1.35a)揭示了一个非常平坦和相对无缺陷的晶体表面,例证了使用这种合成方案可以生产高质量的晶体表面。在接下来的图像中,通过2D晶体生长机理看到表面的生长,其中每个新晶体层在晶体表面上的相同点成核。这可能是晶面上的这个缺陷作为成核中心。横截面分析的高度图像在每个时间的增长期间,揭示了绝大多数的增长台阶具有对应于HKUST-1结构1.5nm d_{111}晶体间距的(1.5 ± 0.1)nm的高度,也观察到半台阶d_{222}晶体间距。有趣的是,三角形的平台形状呈现出线性增长,直到顶点到达晶体的边缘。在那一点上,增长显著减慢,说明在三角形的顶点附近的弯折位点是丰富的,主导平台的传播。

结果表明,晶体的生长通过BTC初始附着和铜物种附着在稳定终点的晶体表面上形成小体积的d_{222}台阶和亚稳态终点。附加试剂吸附在晶体表面,在新产生的亚稳终点处更快地发生,产生新的d_{111}台阶与稳定终点的表面。

1.6 结论和展望

通过对纳米多孔材料的晶体生长的问题应用许多新技术,现在可以理解其中的分子尺度水平上的机理,特别是AFM的出现在此课题上开启了一个新的窗口,观察到晶体通过出生和扩散机理上涨以及通过螺旋生长。过饱和度、温度、化学形态和结构在这个基本尺度上变得明显。希望可以在不久的将来通过仔细控制这些生长参数来控制晶体的形状、形态、缺陷和共生。

此外,可以预期扫描探针显微镜将会快速发展。大多数AFM在溶液条件下以及1atm压力和温度变化适中的条件下操作。水热AFM已实现在P=10bar和T=150℃条件下监测[164]。但是,目前的设计不允许通过光学显微技术观察微米尺寸的晶体,因此需要开发一些技术来实现这个目标。然而,我们可以预期在不久的将来,AFM将扩大范围,适用于更多沸石系统。

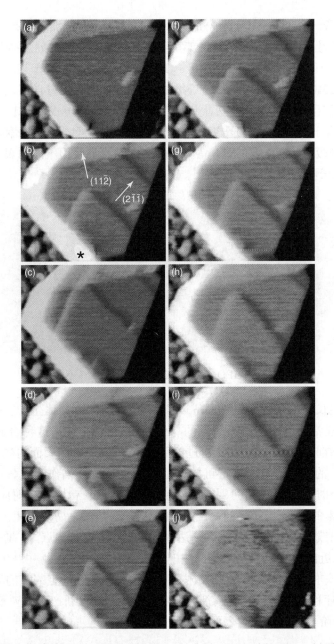

图1.35 在注射生长溶液56min(a)、77min(b)、79min(c)、82min(d)、85min(e)后的HKUST-1
晶体生长{111}面的实时偏转AFM图像[时间参考每次扫描的结束,图像尺寸
为$(0.763 \times 0.613) \mu m^2$]

在AFM中,使用激光光源以光学方式确定悬臂偏转,其从悬臂表面的背面反射。对于晶体生长测量,这提出了许多困难的选择。最明显的是在解决方案中必须不存在浊度。溶液可以是有色的,但不应该包含任何散射光的颗粒。许多结晶操作的化学体系,其中可以预期一定程度的光散射。另外,为了监测微米级晶体上的结晶,必须结合AFM和高分辨率光学显微镜来定位悬臂在所需的晶面上。现代AFM设计考虑了一些长度,以便按顺序组织AFM/光学显微镜串联布置的几何形状,以适应AFM的激光路径和光学显微镜的光路。如果可以通过测量悬臂上的压电材料的电阻变化来确定尖端位移或力,则可以克服这些问题。由于Tortonese等

记录了第一批图像，因此有许多团体正在开发这种技术。如果能够在晶体生长条件下实现用于悬臂检测的非光学方法，这将大大扩展AFM在该领域的应用。

最近，第一个在溶液条件下的视频速率AFM记录已被报道[166]。这项工作是基于共振扫描系统，通过光学确定的悬臂偏转获得形状信息。虽然这项工作目前仅限于研究空气中的样品，但这一新进展对于晶体生长或溶解的研究特别有意义，但是在现有帧速率下很难将动力学包括在内。

最后，近来已经有研究来改善侧向原子力显微镜的分辨率，甚至达到亚原子分辨率[167]。这可应用于晶体生长研究，可能允许直接观察晶体表面的模板剂分子。

参考文献

[1] Subotic, B. and Bronic, J. (2003) in Handbook of Zeolite Science and Technology (eds S.M. Auerbach, K.A. Carrado, and P.K. Dutta), Marcel Dekker, New York, p. 1184.
[2] Anderson, M.W., Terasaki, O., Ohsuna, T., Philippou, A., Mackay, S.P., Ferreira, A., Rocha, J., and Lidin, S. (1994) Nature, 367, 347–351.
[3] Newsam, J.M., Treacy, M.M.J., Koetsier, W.T., and De Gruyter, C.B. (1988) Proc. R. Soc. London Ser. A: Math. Phys. Eng. Sci., 420, 375–405.
[4] Kashchiev, D. (2000) Nucleation: Basic Theory with Applications, Butterworth-Heinemann, Oxford.
[5] Mullin, J.W. (2001) Crystallization, 4th edn, Butterworth-Heinemann, Oxford.
[6] Kashchiev, D. and van Rosmalen, G.M. (2003) Cryst. Res. Technol., 38, 555–574.
[7] Elwell, D. and Scheel, H.J. (1975) Crystal Growth from High-temperature Solutions, Academic Press, New York.
[8] Lasaga, A.C. (1998) Kinetic Theory in the Earth Sciences, Princeton University Press, Princeton, p. 811.
[9] Kossel, W. (1934) Annal. Phys., 21, 457–480.
[10] Ohara, M. and Reid, R.C. (1973) Modeling Crystal Growth Rates from Solution, Prentice-Hall International Series in the Physical and Chemical Engineering Sciences, Prentice-Hall, p. 272.
[11] Volmer, M. and Schultz, W. (1931) Z. Phys. Chem., 156, 1–22.
[12] Frank, F.C. (1949) Discuss. Faraday Soc., 5, 48–54.
[13] Burton, W.K., Cabrera, N., and Frank, F.C. (1951) Philos. Trans. R. Soc. London, A243, 299–358.
[14] van Enckevort, W.J.P. and Bennema, P. (2004) Acta Crystallogr., Sect. A, 60, 532–541.
[15] Pina, C.M., Becker, U., Risthaus, P., Bosbach, D., and Putnis, A. (1998) Nature, 395, 483–486.
[16] Astier, J.P., Bokern, D., Lapena, L., and Veesler, S. (2001) J. Cryst. Growth, 226, 294–302.
[17] Aquilano, D., Veesler, S., Astier, J.P., and Pastero, L. (2003) J. Cryst. Growth, 247, 541–550.
[18] van der Hoek, B., van der Eerden, J.P., and Tsukamoto, K. (1982) J. Cryst. Growth, 58, 545–553.
[19] Zauner, A.R.A., Aret, E., van Enckevort, W.J.P., Weyher, J.L., Porowski, S., and Schermer, J.J. (2002) J. Cryst. Growth, 240, 14–21.
[20] Baronnet, A., Amouric, M., and Chabot, B. (1976) J. Cryst. Growth, 32, 37–59.
[21] Barrer, R.M. (ed.) (1982) Hydrothermal Chemistry of Zeolites, Academic Press, London, p. 360.
[22] Cundy, C.S. and Cox, P.A. (2005) Microporous Mesoporous Mater., 82, 1–78.
[23] Flanigen, E.M. and Patton, R.L. (1978) Silica polymorph 76-726744 4073865, 19760927.
[24] Nicolle, M.A., Di Renzo, F., Fajula, F., Espiau, P., and Des Courieres, T. (1993) 1, 313–320.
[25] Mintova, S., Olson, N.H., Valtchev, V., and Bein, T. (1999) Science, 283, 958–960.
[26] Mintova, S. and Valtchev, V. (1999) Stud. Surf. Sci. Catal., 125, 141–148.
[27] Walton, R.I. and O'Hare, D. (2001) J. Phys. Chem. Solids, 62, 1469–1479.
[28] Yang, H., Walton, R.I., Antonijevic, S., Wimperis, S., and Hannon, A.C. (2004) J. Phys. Chem. B, 108, 8208–8217.
[29] Kosanovic, C., Bosnar, S., Subotic, B., Svetlicic, V., Misic, T., Drazic, G., and Havancsak, K. (2008) Microporous Mesoporous Mater., 110, 177–185.
[30] Wakihara, T., Kohara, S., Sankar, G., Saito, S., Sanchez-Sanchez, M., Overweg, A.R., Fan, W., Ogura, M., and Okubo, T. (2006) Phys. Chem. Chem. Phys., 8, 224–227.
[31] Cundy, C.S. and Forrest, J.O. (2004) Microporous Mesoporous Mater., 72, 67–80.
[32] Cundy, C.S. and Cox, P.A. (2003) Chem. Rev., 103, 663–701.
[33] Pope, C.G. (1998) Microporous Mesoporous Mater., 21, 333–336.
[34] Bransom, S.H., Dunning, W.J., and Millard, B. (1949) Discuss. Faraday Soc 83–95.
[35] Giaya, A. and Thompson, R.W. (2004) AIChE J., 50, 879–882.
[36] Thompson, R.W. and Dyer, A. (1985) Zeolites, 5, 202–210.
[37] Gora, L. and Thompson, R.W. (1997) Zeolites, 18, 132–141.
[38] ?i?mek, A., Suboti?, B., Kralj, D., Babi?-Ivan?i?, V., and Tonejc, A. (1997) Microporous Mesoporous Mater., 12, 267.
[39] Brar, T., France, P., and Smirniotis, P.G. (2001) Ind. Eng. Chem. Res., 40, 1133–1139.
[40] Bronic, J. and Subotic, B. (1995) Microporous Mesoporous Mater., 4, 239–242.
[41] Warzywoda, J., Edelman, R.D., and Thompson, R.W. (1991) Zeolites, 11, 318–324.
[42] Cundy, C.S., Lowe, B.M., and Sinclair, D.M. (1990) 100, 189–202.
[43] Kajcsos, Z., Kosanovic, C., Bosnar, S., Subotic, B., Major, P., Liszkay, L., Bosnar, D., Lazar, K., Havancsak, H., Luu, A.T., and Thanh, N.D. (2009) Mater. Sci. Forum, 607, 173–176.
[44] Erdem-Senatalar, A. and Thompson, R.W. (2005) J. Colloid Interface Sci., 291, 396–404.
[45] Mintova, S., Fieres, B., and Bein, T. (2002) Stud. Surf. Sci. Catal., 142A, 223–229.
[46] Chang, C.D. and Bell, A.T. (1991) Catal. Lett., 8, 305.
[47] Flanigen, E.M., Bennett, J.M., Grose, R.W., Cohen, J.P., Patton, R.L., Kirchner, R.M., and Smith, J.V. (1978) Nature, 271, 512–516.

[48] Burkett, S.L. and Davis, M.E. (1995) Chem. Mater., 7, 920–928.
[49] Wakihara, T. and Okubo, T. (2005) Chem. Lett., 34, 276–281.
[50] Zhdanov, S.P. and Samulevich, N.N. (1980) Proceedings of the 5th International Conference on Zeolites, pp. 75–84.
[51] Bosnar, S. and Subotic, B. (1999) Microporous Mesoporous Mater., 28, 483–493.
[52] Iwasaki, A., Hirata, M., Kudo, I., Sano, T., Sugawara, S., Ito, M., and Watanabe, M. (1995) Zeolites, 15, 308–314.
[53] Cundy, C.S., Henty, M.S., and Plaisted, R.J. (1995) Zeolites, 15, 353–372.
[54] Cundy, C.S., Henty, M.S., and Plaisted, R.J. (1995) Zeolites, 15, 400–407.
[55] Bosnar, S., Antonic, T., Bronic, J., and Subotic, B. (2004) Microporous Mesoporous Mater., 76, 157–165.
[56] Gora, L., Streletzky, K., Thompson, R.W., and Phillies, G.D.J. (1997) Zeolites, 18, 119–131.
[57] Kalipcilar, H. and Culfaz, A. (2000) Cryst. Res. Technol., 35, 933–942.
[58] Schoeman, B.J. (1997) Progress in Zeolite and Microporous Materials, Parts A-C, pp. 647–654.
[59] Caputo, D., Gennaro, B.D., Liguori, B., Testa, F., Carotenuto, L., and Piccolo, C. (2000) Mater. Chem. Phys., 66, 120–125.
[60] Schoeman, B.J. (1997) Zeolites, 18, 97–105.
[61] Cundy, C.S., Lowe, B.M., and Sinclair, D.M. (1993) Faraday Discuss., 95, 235–252.
[62] Schoeman, B.J., Sterte, J., and Otterstedt, J.E. (1994) Zeolites, 14, 568–575.
[63] Kacirek, H. and Lechert, H. (1975) J. Phys. Chem., 79, 1589–1593.
[64] Kacirek, H. and Lechert, H. (1976) J. Phys. Chem., 80, 1291–1296.
[65] Anderson, M.W. (2001) Curr. Opin. Solid State Mater. Sci., 5, 407–415.
[66] Anderson, M.W., Ohsuna, T., Sakamoto, Y., Liu, Z., Carlsson, A., and Terasaki, O. (2004) Chem. Commun., 907–916.
[67] Anderson, M.W., Agger, J.R., Meza, L.I., Chong, C.B., and Cundy, C.S. (2007) Faraday Discuss., 136, 143–156.
[68] Stevens, S.M., Cubillas, P., Jansson, K., Terasaki, O., Anderson, M.W., Wright, P.A., and Castro, M. (2008) Chem. Commun (Camb.), 3894–3896.
[69] Terasaki, O. and Ohsuna, T. (2003) Top. Catal., 24, 13–18.
[70] Slater, B., Ohsuna, T., Liu, Z., and Terasaki, O. (2007) Faraday Discuss., 136, 125–141.
[71] Komiyama, M. and Yashima, T. (1994) Jpn. J. Appl. Phys., 33, 3761–3763.
[72] Komiyama, M., Tsujimichi, K., Oumi, Y., Kubo, M., and Miyamoto, A. (1997) Appl. Surf. Sci., 121-122, 543–547.
[73] Yamamoto, S., Sugiyama, S., Matsuoka, O., Honda, T., Banno, Y., and Nozoye, H. (1998) Microporous Mesoporous Mater., 21, 1–6.
[74] Voltolini, M., Artioli, G., and Moret, M. (2003) Microporous Mesoporous Mater., 61, 79–84.
[75] Yamamoto, S., Matsuoka, O., Sugiyama, S., Honda, T., Banno, Y., and Nozoye, H. (1996) Chem. Phys. Lett., 260, 208–214.
[76] Sugiyama, S., Yamamoto, S., Matsuoka, O., Honda, T., Nozoye, H., Qiu, S., Yu, J., and Terasaki, O. (1997) Surf. Sci., 377, 140–144.
[77] Sugiyama, S., Yamamoto, S., Matsuoka, O., Nozoye, H., Yu, J., Zhu, G., Qiu, S., and Terasaki, I. (1999) Microporous Mesoporous Mater., 28, 1–7.
[78] Wakihara, T., Sugiyama, A., and Okubo, T. (2004) Microporous Mesoporous Mater., 70, 7–13.
[79] Anderson, M.W., Agger, J.R., Hanif, N., and Terasaki, O. (2001) Microporous Mesoporous Mater., 48, 1–9.
[80] Agger, J.R., Hanif, N., and Anderson, M.W. (2001) Angew. Chem. Int. Ed., 40, 4065–4067.
[81] Agger, J.R., Hanif, N., Cundy, C.S., Wade, A.P., Dennison, S., Rawlinson, P.A., and Anderson, M.W. (2003) J. Am. Chem. Soc., 125, 830–839.
[82] Dumrul, S., Bazzana, S., Warzywoda, J., Biederman, R.R., and Sacco, A. Jr. (2002) Microporous Mesoporous Mater., 54, 79–88.
[83] Singh, R., Doolittle, J., George, M.A., and Dutta, P.K. (2002) Langmuir, 18, 8193–8197.
[84] Meza, L.I., Agger, J.R., Logar, N.Z., Kaucic, V., and Anderson, M.W. (2003) Chem. Commun., 2300–2301.
[85] Warzywoda, J., Yilmaz, B., Miraglia, P.Q., and Sacco, A. Jr. (2004) Microporous Mesoporous Mater., 71, 177–183.
[86] Yamamoto, S., Sugiyama, S., Matsuoka, O., Kohmura, K., Honda, T., Banno, Y., and Nozoye, H. (1996) J. Phys. Chem., 100, 18474–18482.
[87] Meza, L.I., Anderson, M.W., Slater, B., and Agger, J.R. (2008) Phys. Chem. Chem. Phys., 10, 5066–5076.
[88] Anderson, M.W., Agger, J.R., Thornton, J.T., and Forsyth, N. (1996) Angew. Chem. Int. Ed., 35, 1210–1213.
[89] Wakihara, T., Sasaki, Y., Kato, H., Ikuhara, Y., and Okubo, T. (2005) Phys. Chem. Chem. Phys., 7, 3416–3418.
[90] Agger, J.R. and Anderson, M.W. (2002) Impact of Zeolites and Other Porous Materials on the New Technologies at the Beginning of the New Millennium, Parts A and B, pp. 93–100.
[91] Walker, A.M., Slater, B., Gale, J.D., and Wright, K. (2004) Nat. Mater., 3, 715–720.
[92] Binnig, G., Quate, C.F., and Gerber, C. (1986) Phys. Rev. Lett., 56, 930–933.
[93] Binnig, G., Rohrer, H., Gerber, C., and Weibel, E. (1982) Phys. Rev. Lett., 49, 57–61.
[94] Zhong, Q., Inniss, D., Kjoller, K., and Elings, V.B. (1993) Surf. Sci., 290, L688–L692.
[95] Mate, C.M., McClelland, G.M., Erlandsson, R., and Chiang, S. (1987) Phys. Rev. Lett., 59, 1942–1945.
[96] Szlufarska, I., Chandross, M., and Carpick, R.W. (2008) J. Phys. D Appl. Phys., 41, 123001.
[97] McPherson, A., Malkin, A.J., and Kuznetsov, Y.G. (2000) Annu. Rev. Biophys. Biomol. Struct., 29, 361–410.
[98] Bose, S., Hu, X., and Higgins, S.R. (2008) Geochim. Cosmochim. Acta, 72, 759–770.
[99] Higgins, S.R., Boram, L.H., Eggleston, C.M., Coles, B.A., Compton, R.G., and Knauss, K.G. (2002) J. Phys. Chem. B, 106, 6696–6705.
[100] Teng, H.H., Dove, P.M., and De Yoreo, J.J. (2000) Geochim. Cosmochim. Acta, 64, 2255–2266.
[101] Maiwa, K., Nakamura, H., Kimura, H., and Miyazaki, A. (2006) J. Cryst. Growth, 289, 303–307.
[102] Radenovic, N., van Enckevort, W., Kaminski, D., Heijna, M., and Vlieg, E. (2005) Surf. Sci., 599, 196–206.
[103] Moret, M., Campione, M., Caprioli, S., Raimondo, L., Sassella, A., Tavazzi, S., and Aquilano, D. (2007) J. Phys., 61, 831–835.
[104] Richter, A. and Smith, R. (2003) Cryst. Res. Technol., 38, 250–266.
[105] Loiola, A.R., da Silva, L.R.D., Cubillas, P., and Anderson, M.W. (2008) J. Mater. Chem., 18, 4985–4993.
[106] Karwacki, L., Stavitski, E., Kox, M.H.F., Kornatowski, J., and Weckhuysen, B.M. (2008) Stud. Surf. Sci. Catal., 174B, 757–762.
[107] Kox, M.H.F., Stavitski, E., Groen, J.C., Perez-Ramirez, J., Kapteijn, F., and Weckhuysen, B.M. (2008) Chem. Eur. J., 14, 1718–1725.
[108] Harris, R.K., Knight, C.T.G., and Hull, W.E. (1981) J. Am. Chem. Soc., 103, 1577–1578.
[109] Harris, R.K. and Knight, C.T.G. (1983) J. Chem. Soc. Faraday Trans. 2: Mol. Chem. Phys., 79, 1525–1538.
[110] Harris, R.K. and Knight, C.T.G. (1983) J Chem. Soc. Faraday Trans. 2: Mol. Chem. Phys., 79, 1539–1561.
[111] Knight, C.T.G. (1988) J. Chem. Soc. Dalton Trans. Inorg. Chem., 1457–1460.
[112] Kinrade, S.D., Knight, C.T.G., Pole, D.L., and Syvitski, R.T. (1998) Inorg. Chem., 37, 4278–4283.

[113] Kinrade, S.D., Donovan, J.C.H., Schach, A.S., and Knight, C.T.G. (2002) J. Chem. Soc., Dalton Trans., 1250–1252.

[114] Knight, C.T.G. and Kinrade, S.D. (2002) J. Phys. Chem. B, 106, 3329–3332.

[115] Knight, C.T.G., Wang, J., and Kinrade, S.D. (2006) Phys. Chem. Chem. Phys., 8, 3099–3103.

[116] Knight, C.T.G., Balec, R.J., and Kinrade, S.D. (2007) Angew. Chem. Int. Ed., 46, 8148–8152.

[117] Haouas, M. and Taulelle, F. (2006) J. Phys. Chem. B, 110, 22951.

[118] Aerts, A., Follens, L.R.A., Haouas, M., Caremans, T.P., Delsuc, M.-A., Loppinet, B., Vermant, J., Goderis, B., Taulelle, F., Martens, J.A., and Kirschhock, C.E.A. (2007) Chem. Mater., 19, 3448–3454.

[119] Follens, L.R.A., Aerts, A., Haouas, M., Caremans, T.P., Loppinet, B., Goderis, B., Vermant, J., Taulelle, F., Martens, J.A., and Kirschhock, C.E.A. (2008) Phys. Chem. Chem. Phys., 10, 5574–5583.

[120] Serre, C., Corbiere, T., Lorentz, C., Taulelle, F., and Ferey, G. (2002) Chem. Mater., 14, 4939–4947.

[121] Gerardin, C., Haouas, M., Lorentz, C., and Taulelle, F. (2000) Magn. Reson. Chem., 38, 429–435.

[122] Gerardin, C., In, M., Allouche, L., Haouas, M., and Taulelle, F. (1999) Chem. Mater., 11, 1285–1292.

[123] Vistad, O.B., Akporiaye, D.E., Taulelle, F., and Lillerud, K.P. (2003) Chem. Mater., 15, 1639–1649.

[124] Shi, J., Anderson, M.W., and Carr, S.W. (1996) Chem. Mater., 8, 369–375.

[125] Egger, C.C., Anderson, M.W., Tiddy, G.J.T., and Casci, J.L. (2005) Phys. Chem. Chem. Phys., 7, 1845–1855.

[126] Bussian, P., Sobott, F., Brutschy, B., Schrader, W., and Schuth, F. (2000) Angew. Chem. Int. Ed., 39, 3901–3905.

[127] Schuth, F., Bussian, P., Agren, P., Schunk, S., and Linden, M. (2001) Solid State Sci., 3, 801–808.

[128] Schuth, F. (2001) Curr. Opin. Solid State Mater. Sci., 5, 389–395.

[129] Pelster, S.A., Schrader, W., and Schuth, F. (2006) J. Am. Chem. Soc., 128, 4310–4317.

[130] Pelster, S.A., Kalamajka, R., Schrader, W., and Schuth, F. (2007) Angew. Chem. Int. Ed., 46, 2299–2302.

[131] Pelster, S.A., Schueth, F., and Schrader, W. (2007) Anal. Chem., 79, 6005–6012.

[132] Pelster, S.A., Weimann, B., Schaack, B.B., Schrader, W., and Schuth, F. (2007) Angew. Chem. Int. Ed., 46, 6674–6677.

[133] Kumar, S., Wang, Z., Penn, R.L., and Tsapatsis, M. (2008) J. Am. Chem. Soc., 130, 17284–17286.

[134] Piana, S., Reyhani, M., and Gale, J.D. (2005) Nature, 438, 70–73.

[135] Piana, S., and Gale, J.D. (2005) J. Am. Chem. Soc., 127, 1975–1982.

[136] Piana, S., and Gale, J.D. (2006) J. Cryst. Growth, 294, 46–52.

[137] Boerrigter, S.X.M., Josten, G.P.H., van de Streek, J., Hollander, F.F.A., Los, J., Cuppen, H.M., Bennema, P., and Meekes, H. (2004) J. Phys. Chem. A, 108, 5894–5902.

[138] Umemura, A. (2009) PhD thesis, The University of Manchester, Manchester.

[139] Anderson, M.W., Meza, L.I., Agger, J.R., Att?eld, M.P., Shoaee, M., Chong, C.B., Umemura, A., and Cundy, C.S. (2008) Turning Points in Solid-State, Materials and Surface Science, 95–122.

[140] Umemura, A., Cubillas, P., Anderson, M.W., and Agger, J.R. (2008) Stud. Surf. Sci. Catal., 174A, 705–708.

[141] Breck, D.W. (1974) Zeolite Molecular Sieves, John Wiley & Sons, Ltd, New York.

[142] Baerlocher, C., Meier, W.M., and Olson, D.H. (2007) Atlas of Zeolite Structure Types, 7th edn, Elsevier, Amsterdam.

[143] Charnell, J.F. (1971) J. Cryst. Growth, 8, 291–294.

[144] Petranovskii, V., Kiyozumi, Y., Kikuchi, N., Hayamisu, H., Sugi, Y., and Mizukami, F. (1997) Stud. Surf. Sci. Catal., 105A, 149–156.

[145] Gora, L. and Thompson, R.W. (1995) Zeolites, 15, 526–534.

[146] Agger, J.R., Pervaiz, N., Cheetham, A.K., and Anderson, M.W. (1998) J. Am. Chem. Soc., 120, 10754–10759.

[147] Wakihara, T. and Okubo, T. (2004) J. Chem. Eng. Jpn., 37, 669–674.

[148] Thompson, R.W. and Huber, M.J. (1982) J. Cryst. Growth, 56, 711–722.

[149] Yang, X.B., Albrecht, D., and Caro, E. (2006) Microporous Mesoporous Mater., 90, 53–61.

[150] Meza, L.I., Anderson, M.W., and Agger, J.R. (2007) Chem. Commun (Camb.), 2473–2475.

[151] Meza, L.I., Anderson, M.W., Agger, J.R., Cundy, C.S., Chong, C.B., and Plaisted, R.J. (2007) J. Am. Chem. Soc., 129, 15192–15201.

[152] Brent, R. and Anderson, M.W. (2008) Angew. Chem. Int. Ed., 47, 5327–5330.

[153] Castro, M., Garcia, R., Warrender, S.J., Slawin, A.M.Z., Wright, P.A., Cox, P.A., Fecant, A., Mellot-Draznieks, C., and Bats, N. (2007) Chem. Commun., 3470–3472.

[154] Cubillas, P., Castro, M., Jelfs, K.E., Lobo, A.J.W., Slater, B., Lewis, D.W., Wright, P.A., Stevens, S.M., and Anderson, M.W. (2009) Crys. Growth Des.

[155] Paquette, J. and Reeder, R.J. (1995) Geochim. Cosmochim. Acta, 59, 735–749.

[156] Lewis, D.W., Willock, D.J., Catlow, C.R.A., Thomas, J.M., and Hutchings, G.J. (1996) Nature, 382, 604–606.

[157] Jelfs, K.E., Slater, B., Lewis, D.W., and Willock, D.J. (2007) Zeolites to Porous MOF Materials, Vol. 170B, Elsevier B.V., pp. 1685–1692.

[158] Nenoff, T.M., Harrison, W.T.A., Gier, T.E., and Stucky, G.D. (1991) J. Am. Chem. Soc., 113, 378–379.

[159] Harrison, W.T.A., Gier, T.E., and Stucky, G.D. (1991) J. Mater. Chem., 1, 153–154.

[160] Nenoff, T.M., Harrison, W.T.A., Gier, T.E., Calabrese, J.C., and Stucky, G.D. (1993) J. Solid State Chem., 107, 285–295.

[161] Gier, T.E., and Stucky, G.D. (1991) Nature, 349, 508–510.

[162] Shoaee, M., Agger, J.R., Anderson, M.W., and Att?eld, M.P. (2008) Cryst EngComm, 10, 646–648.

[163] Chui, S.S.Y., Lo, S.M.F., Charmant, J.P.H., Orpen, A.G., and Williams, I.D. (1999) Science, 283, 1148–1150.

[164] Higgins, S.R., Eggleston, C.M., Knauss, K.G., and Boro, C.O. (1998) Rev. Sci. Instrum., 69, 2994–2998.

[165] Tortonese, M., Barrett, R.C., and Quate, C.F. (1993) Appl. Phys. Lett., 62, 834–836.

[166] Picco, L.M., Bozec, L., Ulcinas, A., Engledew, D.J., Antognozzi, M., Horton, M.A., and Miles, M.J. (2007) Nanotechnology, 18, 044030-1–044030-4.

[167] Giessibl, F.J. and Quate, C.F. (2006) Phys. Today, 59, 44–50.

2 合成方法

Karl G. Strohmaier

2.1 引言

　　沸石是具有独特物理吸附性能的天然矿物,早期科学家们尝试着通过还原天然沸石形成的地质条件来合成沸石。1845~1937年,许多科学家研究了采用水热转化合成法合成硅酸盐沸石。尽管有大量的研究报道已经合成出沸石,但是由于化学分析和光学分析手段的限制,无法鉴定是否存在沸石。后来,科学家们重复早期的实验方法并尝试着合成沸石,但是仍然无法鉴定是否合成出沸石。直到19世纪40年代,Richard M. Barrer教授发现了合成沸石的必要条件,成功地合成出沸石,并且他通过X射线粉末衍射(powder X-ray diffraction)鉴定出沸石的存在。他利用氯化钡(barium chloride)水溶液与粉末沸石(leucite)和方沸石(analcime)的混合物,在180~270℃温度下反应2~6天,合成出了菱沸石分子筛(chabazite)。在1948年,Barrer教授能够利用铝酸钠(sodium aluminate)、硅酸(silicic acid)和碳酸钠(sodium carbonate)溶液合成出沸石分子筛[1]。首先,在110℃下干燥混合物,得到干凝胶粉,随后凝胶与水溶液在高温下晶化,从而合成出丝光沸石(mordenite)。19世纪50年代,Donald Breck和联合碳化物有限公司(Union Carbide Company)的科学家,分别采用活性铝硅酸盐凝胶(aluminosilicate gels)和铝酸钠(sodiumaluminate)、硅酸钠(sodium silicate)溶液合成出了两种新型沸石分子筛,即A型沸石分子筛(Linde A)[2]和X型沸石分子筛(Linde X,硅铝比为1.0~1.5)[3]。这两种沸石分子筛有不同的骨架结构,即LTA型和FAU型。研究发现,A型沸石分子筛具有很好的离子交换和气体分离特性。之后,又合成了FAU型的高硅Y型沸石分子筛(Linde Y,硅铝比为1.5~3.0)[4]。Y型沸石分子筛具有非常好的裂化性能,可以作为原油催化裂化生产汽油产品的催化剂。这两种在工业生产中十分重要的沸石分子筛的发现,受到了许多科学家的广泛关注,并且带动了沸石分子筛合成研究领域的发展。

　　到目前为止,所有沸石分子筛均采用无机溶剂合成,并且很多实验都围绕着确定各种各样的 碱和碱土金属对分子筛合成的影响来进行的。1961年,Barrer教授开始采用有机阳离子来代替碱土阳离子(alkali earth cations),例如四甲基铵(TMA⁺)(tetramethylammonium)[5],并且该时期分子筛的合成取得了突破性的进展,通过使用四甲基铵合成出N-A型沸石(硅铝比为1.2)和高硅A型沸石(硅铝比为1.0)。美孚(Mobil)石油公司的许多化学家也开始使用有机阳离子来合成分子筛。1967年，他们成为利用有机阳离子合成新型结构沸石分子筛的第一个团队。这些有机阳离子被称为模板剂和结构导向剂(SDAs)。β沸石和ZSM-5沸石这两种具有重要商业价值的新型沸石分子筛，就是分别以四乙基铵(tetraethylammonium)和四丙基铵(etrapropylammonium)有机阳离子为模板剂合成出来的。因为大多数的天然沸石的硅铝比在1~5之间，并且早期的科学家也没有发现硅含量较高的凝胶，所以β沸石和ZSM-5沸石也是合成出的第一批硅铝比高于5的沸石分子筛。在以后的20年里，美孚公司的和其他的科学团队采用有机结构导向剂和高硅含量溶胶合成出了大量的新型结构沸石分子筛，如 ZSM-11(MEL)、ZSM-12(MTW)、ZSM-22(TON)、ZSM-23(MTT)、ZSM-48(MRE)、ZSM-57(MFS)、EU-1(EUO)和NU-87(NES)等非常重要的沸石分子筛。目前，发现新的结构导向剂仍然是合成新型结构沸石分子筛的主要策略。

2.2 磷酸铝分子筛

磷酸铝(AlPOs)分子筛是分子筛合成史上的另一重大突破，不久，人们又发现了磷酸硅铝分子筛(SAPOs)。许多科学家认识到磷酸铝分子筛的骨架结构是磷和铝原子的四配位，与沸石中铝和硅原子之间的配位方式类似。人们一直在努力合成AlPOs材料，但是在20世纪80年代美国联合碳化物有限公司的科学家发现了比较容易合成该分子筛的正确的试剂[拟薄水铝石(pseudoboehmite alumina)、磷酸和有机结构导向剂]和条件(不存在无机阳离子)[6]。尽管微孔的磷酸铝材料具有与分子筛相似的结构，但是从技术上讲，它们不是真正的意义上的分子筛，因为没有分子筛铝硅酸盐的组成。在合成出SAPOs材料之后，磷酸铝金属盐(metalloaluminophosphates)(MeAPOs, Me=金属，如镁、钛、铬、锰、铁、钴、镍、锌、硼和锗都具有配位能力)和磷酸硅铝金属盐材料(metallosilicoalumino-phosphates)得到了广泛的关注。

磷酸铝(AlPOs)和磷酸硅铝分子筛(SAPOs)骨架中的硅原子和磷原子是交替配位，同样遵循着适用于沸石分子筛的Lowenstein规则，即硅原子和铝原子不可以与相同原子直接配位，同时也发现磷原子和硅原子也不可以直接配位。基于Lowenstein规则，可以推断出在磷酸盐材料结构中只存在原子数为偶数的环，即包含4、6、8和12个原子的环，从而导致了AlPOs材料缺少类似ZSM-5、丝光沸石、β类似和其他类似分子筛所具有的奇数原子的环结构。类似于ERI、FAU和CHA型骨架结构仅具有原子数为偶数环的结构，只存在于同时具有硅酸铝盐和磷酸盐组成的分子筛中。直到合成出了ECR-40分子筛，在磷酸盐组成的分子筛的结构中同样才发现了具有奇数的环数。通过使用$(C_2H_5OH)_x(CH_4)_{4-x}NOH(x=2, 3)$作为结构导向剂，并且在磷酸铝中加入硅来合成该分子筛，发现在相对较长的晶化时间可以得到少量的具有MEI型结构的SAPO材料分子筛[7]。如上文所述，在五元环的结构中肯定包含相同的Al-Al配位或者P-P配位。由于铝原子和硅原子不可以和相同原子配位的原则，所以合成不出骨架中包含了3、5和7个原子环的结构MEI型分子筛骨架结构。在ECR-40分子筛的结构中，发现硅、铝和磷原子之间的配位顺序中不存在Si-P配位和反Lowenstein规则的Al-Al配位。由于这个原因，SAPO材料具有区别于其他SAPO分子筛的$Al_{16}P_{12}Si_6O_{72}$组成的特殊结构。制备的过程可以把硅铝比降低到零，这就合成了AlPO材料分子筛[8]。综上所述，使用组成为$Al_{16}P_{12}Si_6O_{72}$结构可以优化合成路线，提高了凝胶合成过程中分子筛的产率。上述这个例子阐述了通过利用结构的信息来优化分子筛合成方法。

2.3 矿化剂

使用高浓度的碱是合成传统的分子筛的最重要特点，高浓度的碱有利于硅铝酸盐在溶胶中矿化。由于系统中液相和固相存在一定的相平衡，所以适中的碱浓度是十分重要的。较高的碱浓度可以改变平衡，使系统向液相方向转变，这是因为在高浓度的碱中硅铝酸盐的溶解性很高。另外，低浓度的碱对硅铝酸盐的溶解性较低，所以导致其晶相增长过快，易得到非晶型的材料。

在沸石分子筛合成过程中，不合适的碱浓度会促使形成的亚稳相向密相转化。在大多数沸石分子筛的合成过程中，首先是形成亚稳相，随着时间的延长，沸石分子筛的亚稳相能够转化为不希望得到的密相，例如P型沸石、方石钠、方沸石和石英。因此，为了在形成密相之前得到理想的亚稳相，合适的碱浓度是十分重要的。

另外，碱浓度对晶化速率、晶体尺寸、产物硅铝比和最终的产物形成都有着很大的影响。最近，一个非常受关注的实验使用1,4-双(二苯基膦基)丁烷[1,4-bis(N-methylpyrrolidinium)butane]作为结构导向剂来研究碱浓度对沸石分子筛合成的影响[9]。在恒定硅铝比为30的情况下，ZSM-12(MTW)分子筛是在碱硅比小于0.6的情况下合成的，TUN-9分子筛(TUN，具有类似于ZSM-5十元环，三维孔道结构)是在碱硅比为0.73的条件下合成的，TUN-10[一种新型的高硅辉沸石(stilbite)]分子筛是在碱硅比为0.73的条件下合成，另一种新型分子筛IM-5是在碱硅比为1.0条件下合成的。最近，Jackowski等[10]使用一系列的杂环取代季铵盐(heterocyclic-substituted diquaternary ammonium)为模板剂来研究碱浓度对分子筛合成的影响，发现在合成新沸石分子筛时范围较大碱硅比是十分重要的。

除了碱之外，氟化物同样可以作为合成沸石分子筛和磷酸盐材料的矿化剂。Flanigen和Patton[11]首次使用氟化物来合成全硅分子筛(silicalite)。加入氟化物可以减少全硅分子筛中的缺陷位，从而提高了稳定性。在使用氟化物合成分子筛之前，Guth和Kessler[12]最早把氟化物用做磷酸盐材料合成的矿化剂。研究发现，许多新磷酸盐材料合成体系中添加了氟化物，磷镓分子筛就是以喹核碱(quinuclidine)为结构导向剂，并且在磷酸镓体系中加入了氟化物[13]。另一种具有LTA骨架的磷酸镓材料是通过加入HF合成的[14]。研究发现，LTA型磷酸镓分子筛在缺少氟化物的情况下是没法合成的，氟化物位于双四元环结构(D4R)的中心位置[15]。虽然通过氟化物已经合成了其他结构的磷酸镓分子筛，例如ULM型[16]和$Ga_5(PO_4)_5F_{42}[N_2C_4H_{12}]$结构[17]的分子筛，但同时发现沸石分子筛中通常还存在GaO_4F三角双锥(trigonal bipyramids)和GaO_4F_2正八面体(octahedra)结构。除了合成新型磷酸镓分子筛之外，氢氟酸在合成AlPO材料分子筛过程中也是十分有效的，例如$AlPO_4$-CHA[18, 19]、UiO-6(OSI)[20]和UiO-7(ZON)[21]分子筛等。

研究发现，加入氟化物有利于硅取代物在SAPO材料中的分布。硅取代物对通过磷或者磷酸铝合成的AlPO材料分子筛的最终酸性有显著影响。这因为硅主要提供B酸，在硅含量较低时，硅周围配位了四个铝原子形成($Si-Al_4Si_0$)结构，而铝原子电负性较大，所以硅原子产生了较弱的酸中心[22]。随着骨架中硅原子的增加，硅的配位可能变为3个铝原子和1个在角落的硅原子形成($Si-Al_3Si_1$)结构、2个铝原子和2个在边沿硅原子形成($Si-Al_2Si_2$)结构，以及1个铝原子和3个在内部角落的硅原子形成($Si-Al_1Si_3$)结构。由于硅具有较高的电负性，所以硅配位较多的硅原子有较强的酸强度。如果硅原子周围配位四个硅原子，就不会产生酸性，所以全硅分子筛不存在酸性中心。因此，为了提高SAPO分子筛材料的酸性(浓度和强度)，最好的方法就是在分子筛的角落和边沿加入更多的硅原子，而不是在分子筛中心加入硅原子，形成没有酸性的$Si-Al_0Si_4$结构。事实上，在pH值接近中性的条件下不容易使更多的硅原子配位到分子筛骨架结构中，所以需要做大量的研究工作，把更多硅原子配位到AlPO材料骨架中，使用氟化物作为矿化剂或者络合剂是最好的方法之一。

美孚公司的G.H. Kuehl[23]首次使用氟化物来合成SAPO分子筛,通过控制硅浓度在结晶过程中逐渐释放硅原子来实现晶核的增长。他使用氟化铵合成出骨架中具有高硅替代物的SAPO-20材料,并且通过核磁确定了其中的硅含量。

2.4 干胶转换合成

传统的分子筛合成需要一种反应媒介,该媒介是可以溶解溶剂和固体物质的含水相,并且以胶体粒子悬浮液的形式存在。最近,研究发现了一种固相与水相隔离合成分子筛的新方法,固相不会与水相直接接触,这种方法就是所谓的干胶转换合成法(DGC)[24],包括气相输运法(VPT)[25]和气相辅助转换法(SAC)[26]。Xu等[27]首次通过干胶与水蒸气和挥发性氨气接触合成了ZSM-5沸石,在这个气相输运法中,通过干燥各种组分的钠铝硅酸盐凝胶得到了无定形粉末,这些粉末通过与氨气和水或者单独和水相接触之后转化成ZSM-5沸石。研究发现,氨气通过吸附在水相中参与分子筛的晶化过程,提高了系统的pH值。因此,VPT方法中的结构导向剂与硅酸铝溶胶可以达到物理分离。在SAC方法中,在干燥之前溶胶中包含了结构导向剂,干胶被压碎并且悬浮在特殊设计的高压容器中。通过这种方法,Rao等[28]仅仅晶化12h就合成了自黏的高硅β沸石小球(硅铝比可以达到365)。最近,SAC方法被用来合成纯硅的MCM-68分子筛(MSE)[29]。在150℃下加热5天之后,包含结构导向剂的干胶可以转化为含硅的Y型沸石UN-2P。XRD谱图显示已经合成出MCM-68分子筛,但是发现焙烧之后分子筛的结晶度(crystallinity)下降。Retveld分析了硅的核磁共振谱,发现了一些四面体骨架结构没有完全被占据,从而导致了结构的缺陷。采用硅酸甲酯(tetramethyl orthosilicate)和盐酸可以后合成出特定的且很少缺陷的YUN-2产品,改进了分子筛在焙烧脱除模板剂过程的稳定性。

2.5 低水硅比合成

虽然利用氟化物来合成含硅分子筛已经研究了很多年[11],但直到瓦伦西亚理工大学(Polytechnic University of Valencia)的Corma教授经过几年的研究才发现氟化物用于分子筛合成的全部价值。Corma和他的团队通过把HF和高浓度的溶胶混在纯硅中,合成了低骨架密度的分子筛。在这个方法中,溶胶区别于干胶合成法,不与水相分离。在传统的合成方法中,在水硅比大于25的条件下可以较容易地合成均相分子筛和溶胶。当水硅比小于10时,在氟化物的存在下可以合成出β沸石,其中不添加晶化剂(seed)。在之前的分子筛合成专利中,只能合成出硅铝比在5~100之间的β沸石[31],通过硅的核磁共振谱图可以看出β沸石不存在连接部位的缺陷。那时,低骨架密度(low-framework density)的沸石分子筛仅仅存在于高铝骨架的沸石分子筛中,例如菱沸石、八面沸石和A型沸石。几年之后,人们采用氟化物合成了β沸石、纯硅的菱沸石[32]。与β沸石相比,菱沸石结构中包含了更少Si(OSi)₃OH结构缺陷。Camblor等[33]发表的综述描述了水硅比对在氟化物存在和低水硅比条件下合成大量全硅和高硅分子筛有很大的影响。相同的溶胶和不同的水硅比可以合成出不同的分子筛。研究发现,低水硅比下合成的沸石分子筛具有较低的骨架密度。在HF存在、以TMA⁺为结构导向剂、水硅比为3的条件下,可以合成出低骨架密度的CHA型沸石;在水硅比为7.5时,可以合成出中等密度的SSZ-23分子筛(SST);在水硅比为15时,可以合成出高密度的SSZ-31分子筛(*STO)[34],见图2.1。

雪佛龙(Chevron)公司研究实验室科学家Zones等[35, 36]在氟化物存在的条件下,通过采用低水硅比合成出许多其他骨架结构的全硅分子筛。通过以上新方法不但合成了硅酸铝和硼硅酸盐分子筛,同时还合成了新型分子筛骨架结构,见表2.1。

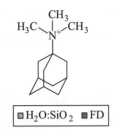
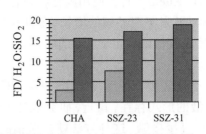

图2.1 水硅比对骨架密度的影响(以TMAda⁺为结构导向剂)

表2.1 氟化物合成路线下的新型硅骨架分子筛

分子筛	骨架代号	骨架密度	水硅比(H₂O/SiO₂)	参考文献
Octadecasil	AST	16.7	8.3	[37]
ITQ-3	ITE	16.3	7.7	[38]
ITQ-4	IFR	17	15	[39]
ITQ-7	ISV	15.4	5.4	[40]
ITQ-12	ITW	16.3	7	[41]
ITQ-13	ITH	17.8	7	[42]
ITQ-27	ITV	15.7	3	[43]
SSZ-74	-SVR	17.1	3~7	[44]

A型沸石(LTA)是具有双四元环结构(D4R)的硅酸铝分子筛，距其首次合成已经50多年了。在很长一段时间内，人们都没有合成出具有D4R结构的硅和硅酸铝分子筛，然而，现在发现了很多磷酸盐骨架结构的分子筛(AST)，例如ACO、AFY、AST、CLO和DFO分子筛也都具有D4R结构[45]。不久，研究者们合成出具有D4R结构的高硅骨架分子筛，其中AST、ITQ-7、ITQ-12和ITQ-13分子筛是典型代表。在上述所有沸石分子筛的合成过程中都采用了氟化物。利用X射线衍射和核磁共振表征，可以确定氟离子对D4R结构的合成起结构导向的作用，同时使二级结构单元具有高密度的四元环[33]。在一些材料中发现氟化物与硅原子之间产生强烈的作用，可以产生五配位的[SiO₄F]⁻物种[46]。在D4R结构的分子筛中，氟离子位于立方体的中心。

2.6 锗沸石分子筛

Yaghi[47]首次利用新方法合成了ASU-7分子筛。之后，斯德哥尔摩大学(Stockholm University)、瓦伦西亚理工大学(Polytechnic University of Valencia)和上阿尔萨斯大学(University de Haute Alsace)的科学家们继续研究了利用锗(Ge)来改进分子筛的D4R结构。氟化物的引入，有利于晶化出高硅骨架和具有D4R结构的分子筛。分析纯硅分子筛的骨架结构发现，Si-O-Si键的键角为148°，比平均值154°±9°略小[48]。由于D4R立方结构的影响，从而导致D4R中内部原子的键角更小。研究发现，引入锗原子可以增加形成D4R骨架结构的可能性，因为Ge-O-Ge的键角比Si-O-Si略小。理论计算显示，用Ge代替Si有利于提高SBU分子筛的稳定性[49, 50]。利用这个新方法，Corma教授和其他团队已经合成了大量的新型骨架分子筛，许多分子筛都产生了希望得到的多级孔(multidimensional)和大孔。

这些新结构在表2.2中进行了总结。虽然一些人认为合成D4R骨架结构的作用力是很强的，但力场计算显示作用力是很小的[51]，这也说明不添加锗和氟化物合成这些材料是可行的。

表2.2 含锗原子的新型骨架结构分子筛

分子筛	骨架代号	骨架密度	孔道	参考文献
ASU-7	ASV	17.9	一维十二元环	[47]
ITQ-17/FOS-5	BEC	13.9	二维十二元环	[52, 53]
ITQ-15/ITQ-25/IM-12	UTL	15.5	十四×十二元环	[54~56]
ITQ-21		13.6	三维十二元环	[57]
ITQ-22	IWW	16.6	十二×十×十元环	[58]
ITQ-24	IWR	15.6	十二×十×十二元环	[59]
ITQ-26	IWS	14.4	三维十二元环	[60]
ITQ-33		12.9	十八×十×十元环	[61]
ITQ-34	ITR	17.4	十×十×九元环	[62]
SU-15	SOF	16.4	十×九×九元环	[63]
SU-32	STW	15.2	二维八元环	[63]
IM-10	UOZ	16.7	六元环	[64]
IM-16	UOS	17.9	一维十元环	[65]

锗是从锌矿中开采出来的副产品,价格十分昂贵,2007年的世界产量大约在100t[66]。在过去的10年中,它的价格为400~1400美元/kg,大量应用于石油化工领域是不可能的。除了昂贵价格之外,锗的存在会降低分子筛的稳定性。在某些分子筛的合成过程中,Corma实验室正在研究不添加锗作为晶化剂,通过在含硼的凝胶中加入含锗的ITQ-24晶体作为晶化剂合成骨架中不含有锗ITQ-24分子筛,但是最终的产品中包含了大量的锗[67]。因为新合成的具有D4R结构的分子筛具有独特的多级孔和大孔结构,这是其他材料所不具备的,所以不加锗来合成理想的分子筛是未来的挑战。

合成出不含锗分子筛的可能方法就是选择一种合适的模板剂。A型沸石是在低硅铝比下合成的具有D4R结构的分子筛,使用超分子作模板剂合成出了纯硅的LTA材料ITQ-29分子筛[68]。研究发现,π-π键的共轭作用使两种久洛利定络合离子(julolidine-derived cations)之间有合适的作用力,同时引起极性变化,从而有利于形成LTA结构。成功合成具有方钠石笼(sod cages)的LTA型沸石的关键,是添加了第二个结构导向剂TMA+[45]。

2.7 同晶型取代

科学家们已经研究了一价、二价和三价金属元素的取代,例如三价的铝元素。研究发现,元素周期表中大量的元素都可以作为取代元素,至少有少量的元素可以取代MFI分子筛骨架中的铝元素。然而,详细讨论所有元素的取代已经超越本章的内容,所以本章主要讨论的是铝元素的同晶取代来合成型骨架结构的分子筛。与铝元素(Al-O键长大概有1.74Å)相比,其他元素具有不同的键长、键角和电荷,从而能够提高SUB分子筛的稳定性,引导形成新型分子筛骨架结构。

元素镓在元素周期表中与铝元素同一主族。对于大多数的分子筛骨架结构,元素镓也是很容易发生同晶取代的。具有D4R结构的A型沸石具有较长Ga-O键(键长大约1.82Å),使结构更加稳定。另外,Newsam和Vaughan[69]研究发现,在许多分子筛中,镓元素同晶取代之后T-O-T键角变小,类似于锗元素加入分子筛一样可以提高D4R的结构的稳定性。采用镓元素的同晶取代合成的分子筛有两种骨架结构,分别为CGS和ETR分子筛。1985年,Krutskaya[70]采用钾镓硅溶胶(gallosilicate gels)合成的TsG-1分子筛中不存在硅酸铝盐。在1999年,有研究发现TsG-1分子筛和钴镓磷酸盐(CoGaPhosphate-6)分子筛具有同样的结构[71]。Strohmaier和

Vaughan[72]发现合成出的第二个ETR镓硅分子筛同样不存在硅酸盐结构。研究发现，ETR型分子筛的合成过程中需要三种阳离子Na[+]、K[+]和TEA[+]，其中ECR-34和ITQ-33是含硅分子筛中仅有的具有十八元环孔道的分子筛[61]。研究发现，CGS和ETR骨架都是可以由SBU骨架合成的，而在其他硅酸盐中不存在SBU型骨架结构，因此可以推断镓和钾对合成SUB骨架结构分子筛具有导向作用(见图2.2)。

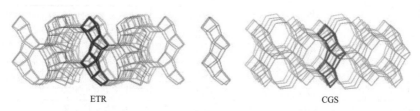

ETR   CGS

图2.2 开孔的六方柱连接成链结构——镓硅分子筛ETR和CGS独特的二级结构单元

硼可以取代铝构成硼硅酸盐分子筛。B−O键的长度(1.46Å)比Al−O键(1.74Å)小很多，同时在四面体的骨架结构中，B−O−Si的平均键角比Si−O−Si或者Al−O−Si要更小，因此可以推断硼取代铝可以形成新型骨架结构的分子筛[73]。然而，早期的研究并没有发现硼同晶取代的重要性[74]。之后，发现了硼可以插入到分子筛骨架中合成新型分子筛，例如MFI、*BEA、MWW(ERB-1)和MTW等分子筛[75]。帝国化学工业公司(ICI)在1977年初次合成了Nu-1硅酸铝分子筛[76]，同时也发现可以通过加入硼元素合成[77]，随后Gies和Rius[78]解析出该分子筛RUT结构。Zones等[79]通过采用六甲基螺桨烷联(hexamethyl[4.3.3.0]propellane-8,11-diammonium)为结构导向剂合成了硅铝酸盐SSZ-26分子筛[80]，随后他们使用N, N, N-三甲基-8-三环氨基癸烷(N, N, N-trimethyl-8-ammoniumtricyclo[5.2.1.0]decane)为结构导向剂合成了硼硅酸盐分子筛SSZ-33。XRD衍射谱图显示SSZ-33与SSZ-26有相似的衍射峰。在一段时间之后，Lobo和Davis采用N, N, N-三甲基-顺-桃金娘基氢氧化铵(N, N, N-trimethylcis-myrtanylammonium)为结构导向剂合成了硼硅酸盐分子筛CIT-1[81]。研究发现，CIT-1分子筛具有12×12×10环的硼的包体变形(end-memberpolymorph)的孔结构(CON)，同时发现SSZ-26和SSZ-33两个十分接近的同质异形体在合成中的交互生长[82]。在过去的10年里，雪佛龙公司、鲁尔大学(Ruhr University,)、埃克森−美孚(ExxonMobil)公司和斯德哥尔摩大学的科学家通过采用硼同晶取代铝获得了许多新型骨架结构的分子筛，这些新结构的分子筛如表2.3所示。最近，有研究者新合成了SSZ-82分子筛，但其结构没有被解析出来[83]。Millini等[75]在1999年重新合成了SSZ-82分子筛并且确定了结构。

除了类似三价的硼和镓可以作为硅酸铝盐分子筛的取代元素外，二价的锌、铍和一价的锂也都可以作为取代元素来合成分子筛。研究发现，通过锌可以合成三种新型分子筛VPI-8(VET)[93]、VPI-9(VNI)[94]和RUB-17(RSN)[95]，这三种分子筛都是使用TEA[+]为结构导向剂合成的。其中，Zn−O键的键长较长(大概1.94Å)，所以锌有利于形成低密度、三元骨架结构的分子筛，目前只有VNI和RSN型的锌硅酸盐分子筛具有三元环结构。和锌一样，铍二价离子同样具有形成四面体配位能力。在自然界存在着大量有三元环结构的铍硅酸盐分子筛，例如铍硅钠石(lovdarite)和钠沸石(nabesite)。这两种具有三元环结构的分子筛都是通过铍合成的[96]。研究发现，锂离子的半径(0.73Å)大概和锌离子的半径相同，但是锂离子取代将会比二价离子四面体原子取代产生更高的电荷。尽管已经采用锂同晶取代合成了具有三元环四面体骨架结构的锂硅酸盐分子筛(RUB-23[97]和RUB-29[98])，但目前还没有被国际沸石协会结构委员会

(International Zeolite Association Structure Commission)所认同。

表2.3 新型骨架结构硼酸盐分子筛

代号	材料类型	骨架构成	参考文献
CON	CIT-1	$B_2Si_{54}O_{112}$	[81]
RTH	RUB-13	$B_2Si_{30}O_{64}$	[84]
RUT[①]	RUB-10	$B_4Si_{32}O_{72}$	[78]
	MCM-70[②]	$B_{0.6}Si_{11.4}O_{24}$	[85]
SFE	SSZ-48	$Si_{13.8}B_{0.2}O_{28}$	[86]
SFG	SSZ-58	$Si_{72}B_2O_{148}$	[87]
SFH	SSZ-53	$Si_{62.4}B_{1.6}O_{128}$	[88]
SFN	SSZ-59	$Si_{15.6}B_{0.4}O_{32}$	[88]
SFS	SSZ-56	$Si_{54.7}B_{1.3}O_{112}$	[89]
SOS	SU-16	$B_8Ge_{16}O_{148}$	[90]
SSF	SSZ-65	$B_{1.5}Si_{52.5}O_{108}$	[91]
SSY	SSZ-60	$Si_{27}BO_{56}$	[92]

① RUT骨架结构是第一个发现的硅酸铝分子筛 UN-1;
② MCM-70的骨架结构已经确定,但是没有被国际沸石协会认证。

2.8 结构导向剂

前面提到了使用有机结构导向剂是合成新型结构分子筛的主要方法,因此如何设计结构导向剂是合成新型多孔骨架结构的关键。结构导向剂的尺寸、几何形貌、硬度和疏水性都决定了其是否能合成分子筛,小球型的结构导向剂易于合成出较小的笼和无孔的材料,而尺寸较大一些结构导向剂易于形成多孔、大孔的分子筛。例如,较长的季铵盐离子线型分子可以形成一维孔的分子筛(如EU-1和ZSM-48分子筛)。即使它们尺寸较长,但是这些分子都极容易弯曲形成一维分子筛。研究发现,硬度较大的模板剂是合成大孔、三维骨架结构分子筛的重要因素,如CIT-1(CON)[99]和MCM-68(MSE)[100]分子筛。随着大孔和超大孔分子筛需求增多,对更大尺寸的结构导向剂的需求也逐渐增多。随着有机分子尺寸的增加,它们的疏水性也逐渐增加,从而限制了它们在水介质中的溶解性和生成可溶解离子的能力。可溶解的离子和正在凝结的硅物种之间的相互作用对产品的结晶有着深远的影响,产品的结晶主要受有机离子的结构导向作用。Zones等[101]已经研究了有机分子中C/N$^+$比对多孔分子筛晶化的影响。研究发现,C/N$^+$比在11~15之间对合成高硅分子筛是有利的,合适的疏水性能够使有机结构导向剂和硅前驱体(silica precursors)更好地结合形成分子筛结构单元[102]。当结构导向剂有很强的疏水性时,硅物种之间的作用力也不够强,不会干扰到结构导向剂周围区域的水合作用。为了研究亲水性和疏水性结构导向剂对分子筛合成的影响,Zones等[101]已经研究了带电荷的有机分子在水相和氯仿相的分配能力。当有机分子在水溶液和有机相分配的较好时,说明有机分子的亲水性和疏水性已经达到了平衡,是较好的结构导向剂。通过研究结构导向剂的特点和所形成硅酸盐分子筛的类型,Lobo等[73]已经总结了高硅酸盐分子筛的合成规律,见表2.4。

例如,TMA$^+$、TEA$^+$、TPA$^+$和TBA$^+$(四丁胺)这些简单的有机分子起初都被用做合成新型结构分子筛的促进剂,均是商业有机试剂。随后,研究发现诸如N, N, N, N, N, N-六乙基己烷-1, 6-二胺(N, N, N, N, N, N-hexamethylhexane-1, 6-diammonium)这种简单的波勒式的链式离子,同样也是比较合适的结构导向剂。为了设计和制造更复杂的结构导向剂,早期科学家采用现成的伯胺、仲胺和叔胺，并且通过简单的烷基化使有机分子发生变形，例如通过烷基化来取代哌啶(piperidines)和金刚烷(adamantanes)。Nakagawa等[103]合成了大量的新型分子筛，例如SSZ-23、SSZ-35、SSZ-39和SSZ-44等。为了合成更复杂的线性波勒式的分子，一些科学家开始使用吡咯烷(pyrrolidine)和哌啶取代二元胺(diamines)尾部的甲基、乙基等来合成新型结构分子筛，如前面提到的IM-5、TNU-9和TNU-10分子筛。除了吡咯烷(pyrrolidine)和哌啶之外，Jackowski[10]也研究了采用n-甲基高哌啶(n-methylhomopiperidine)、间甲基托烷(m-methyltropane)和喹核碱(quinuclidine)作为线型二元胺的取代物。前面提到在分子筛合成中加入HF(见表2.1)，并且以六亚甲基-1,6-双(N-甲基-N-吡咯烷鎓)[hexamethylene-1, 6-bis(N-methyl-N-pyrrolidinium)]为模板剂合成了一种二维介孔SSZ-74分子筛，同时研究了咪唑类(imidazoles)烷基化取代物，并且发现了可以合成出主要为一维孔道的分子筛MTW、TON和MTT[104]。之后，研究发现咪唑类烷基化取代物合成了三种新结构分子筛，在HF存在条件下合成ITQ-12(ITW)[41]，在硼的存在下合成了SSZ-70(结构未定)[105]，在锗的存在下合成了IM-16(UOS)[65]。CoAPO和SIZ-7分子筛也是用咪唑鎓盐为模板剂合成的[106]。

表2.4 结构导向剂和分子筛结构的关系[73]

SDA类型	分子筛类型
无	密集阶段
小球状分子	笼 形
多余的碱金属阳离子	分层结构,丝光沸石
线型分子	一维中孔分子筛
分枝的分子	三维中孔分子筛
大型多环分子	三维大孔分子筛
大的球状分子	一维大孔分子筛
大球状分子+Al	三维大孔分子筛
大球状分子+B	三维大孔分子筛
大的球状分子+Zn	VPI-8一维大孔分子筛

为了合成新型结构的分子筛，需要设计较为复杂的有机分子模板剂，而不是通过现成胺类烷基化来获得。通过狄尔斯-阿尔德(Diels-Alder)反应，Zones等[107]制备了许多四氢双环戊二烯衍生物(tricyclodecane derivatives)，合成了MOR、MTW、CON、SSZ-31和SSZ-37分子筛。Calabro等[100]通过Diels-Alder反应制备了N, N, N′, N′-四烷基-外, 外-双环[2, 2, 2]-辛-7-烯-2, 3: 5, 6-双吡咯烷鎓(N, N, N′, N′-tetraalkyl-exo, exo-bicyclo[2.2.2]oct-7-ene-2, 3: 5, 6-dipyrrolidinium)离子，首次合成了具有12×10×10交叉孔道的MCM-68(MSE)分子筛[108]。通过贝克曼(Beckmann)重排反应，Lee等[109]制备了具有多环结构的导向剂，并合成出许多新型分子筛，其中包括具有RTH骨架结构的SSZ-50分子筛。同时，还包括了一些其他多步骤的有机合成反应，例如用烷基腈还原来制备合成SSZ-53和SSZ-55分子筛的模板剂[110]；用取代物喹啉的催化加氢来制备合成SSZ-56分子筛的双环的结构导向剂[111]；用酮的还原氨化来制备合成SSZ-57[112]和SSZ-59[87]分子筛的模板剂；用酰卤(acylhalide)的氨化来制备合成SSZ-59[88]和SSZ-65[91]分子筛的模板剂。研究发现，SSZ-53和SSZ-59分子筛的合成都受到广泛的关注，因为它们都具有超大环十四元环孔道。上述复杂的有机物在合成新型骨架结构分子筛中都是十分成熟的，但是作为商业催化剂其成本都是十分昂贵的，所以，目前面临的挑战是找

到便宜的结构导向剂来合成分子筛。

除了使用有机季铵阳离子作为结构导向剂之外，其他类型的有机物也被用来合成多孔结构的分子筛。研究发现，一些小的胺类对于分子筛的合成是十分有效的，虽然可能导致骨架结构的不稳定[113]。利用环醚类有机物合成分子筛已经受到许多科学家的关注。De Writte等[114]采用二氧杂环已烷作为结构导向剂合成了MAZ分子筛，同时采用三氧杂环已烷为结构导向剂合成了ECR-1分子筛[115]。15-冠-5和18-冠-6较大的环冠状醚能有效地与碱金属离子配位分别合成高硅分子筛FAU和EMC-2[116]。与季铵阳离子结构导向剂一样，这些冠状醚作为模板剂来合成FAU和EMC-2分子筛也是十分昂贵的，所以一般采用TPA[117]和三乙基甲基铵(triethylmethylammonium)[118]作为模板剂来合成分子筛。UTD-1分子筛是第一个采用有机金属离子双(五甲基环戊二烯基)钴离子[bis(pentamethylcyclo-pentadienyl)cobalt]为模板剂合成的十四元环分子筛[119]。研究发现，四烷基磷盐(Tetraalkylphosphonium)模板剂也是十分有效的结构导向剂，新型多级大孔ITQ-26[120]和ITQ-27[43]分子筛是以磷盐作为模板剂合成的，因为两种分子筛中的D4R结构需要加入前面提到的氟化物或者锗元素来合成。

2.9 结构导向剂模拟

除了研究合成有机分子结构导向剂之外，人们也对结构导向剂分子和分子筛结构之间的作用能级作了大量的研究。研究的目的是为了确定不同的有机分子能否合成特定结构的分子筛，然后通过结构导向剂来预测所合成的分子筛的结构。通过使用Monte-Carlo和能级最小化计算，Lewis等[121]已经计算了大量分子筛中结构导向剂的稳定性和位置。Sastre等[122]通过(GULP)能级最小化原则研究了铝原子对结构导向剂和分子筛之间作用的影响，同时还研究了结构导向剂之间的相互作用对分子筛孔道的影响。他们解释了通过结构导向剂可以确定合成的分子筛骨架中硅铝比的范围。通过在EUO、ITH、IWW和IWR分子筛中引入锗原子，并且利用GULP原则确定了结构导向剂和骨架之间相互作用对分子筛合成的影响，研究发现以上四种分子筛都是以HM为结构导向剂合成的。低强度的HM和相对较低的结构导向剂与骨架结构的作用力降低了合成层状分子筛的选择性，同时发现不同的模板剂致使EUO和EU-1分子筛骨架结构不同，从而导致催化性能的差异。通过使模型分子插入到HM和二苯基二甲基胺(DBDMA)两种模板剂中，可以确定EUO分子筛中两种模板剂的位置。当结构导向剂的正电荷位于铝原子附近时，适当的静电作用是非常有利的，从而能确定活性铝的位置。通过以上信息能够解释癸烷裂解试验产物的选择性。研究发现，HM合成的EU-1分子筛中的活性中心同时分布在十二元环孔道和较大的侧袋中(side pockets)，然而采用DBDMA为模板剂合成的分子筛的活性中心仅仅位于侧袋中。ZSM-18(MEI)最初是采用昂贵的三季铵盐结构导向剂合成的一维十二元环分子筛。通过分子动力学原理，Schmitt等[123]可以预测出易于合成该分子筛的结构导向剂的结构，这是首次成功的使用分子模型为合成特定的骨架结构来设计模板剂。

前文介绍了利用结构导向剂预测已知或者假设分子筛结构的重要性。早期科学家通过观察分子筛的链、层和多面体得到假设的结构，并且通过这些不同方式连接的结构单元或者应用对称性算子来得到成千上万的分子筛新结构。芝加哥大学(University of Chicago)的Joe Smith计算并且保存了这些分子筛的骨架结构[124]。最近，一些科研团队已经开发了自动产生新分子筛结构的方法。随着计算速度的发展，成千上万的假设分子筛结构已经被鉴定出来。采用对称性限制的点间键的搜索方法，Treacy等[125]已经得到了超过10万种似乎合理的分子筛结构。Earl和Deem[126]采用模拟退火算法得到了超过400万种假设分子筛结构。其中，通过对比GULP程序计算的晶格能和已知分子筛结构的能级，可以发现存在45万种似乎合理的分子筛假设结构[127]。其他科学家使用瓷砖理(tiling theory)论得到了新型分子筛结构,并且系统计算了1761种单节、拟单的、简单双节和三节的分子筛骨架[128]。他们通过计算晶格能、骨架密度和其他的骨架参数,发现了176种骨架结构在化学合成中是可行的[129]。在重要的化工生产中,这些分子筛骨架结构的数据,为选择分离分子所需的吸附剂或择型催化剂提供了重要的参考依据,尤其是鉴别多面的、超大孔(开孔大于12原子的四面体)的骨架结构[130]。获得这些具有确定孔尺寸的分子筛骨架结构最直接的方法是限制原子的聚集,通过规定一个骨架原子不可以存在的禁区,就可以得到一个特定的孔尺寸和维度的分子筛骨架。虽然这些新结构已经得到了广泛的关注,但这些科学家们仍然进行思想实验以寻找一种合成该分子筛的方法。

多年来,很少发现不使用结构导向剂来合成分子筛的。最近发现在K-Al-Si的体系中可以合成出具有十元环结构的MCM-71分子筛[131]。科学研究的最终目是设计一种结构导向剂,以促进特定假设结构分子筛的晶化。其中,有机分子的尺寸、形状和分子筛孔道的有效匹配有利于结晶的稳定。如果有机分子的数据库能够评估结构导向剂和分子筛骨架相互作用的能量,那么之前提到的分子模拟是很有帮助的。但这种方法所筛选出的结构导向剂要受到分子筛能量最小化构象和孔或者笼尺寸合理匹配的限制。Lewis等[132]已经发现了一种创新策略,在分子筛孔道中模拟有机分子适当的生长。初始,从一个在目标分子筛内部的小种子分子开始生长,接下来数据库中的有机碎片被系统地连接到骨架分子筛上,使模板剂的孔尺寸、大小与分子筛的孔尺寸、大小相匹配。其中,范德华尔斯球重叠的成本函数被用来控制新模板剂生长的速率。虽然研究者能够预测出已知结构的LEV分子筛的模板剂,但是能否通过ZEBEDDE这个新的计算机算法来预测出一种模板剂来合成上述假设分子筛是不确定的。

2.10 模板剂的协同作用

采用模板剂的协同作用的想法已经存在一段时间了,即使用两个结构导向剂,每一个模板剂在合成目标分子筛中都存在不同SUB结构。这项技术最初是Flanigen等[133]在合成SAPO-37分子筛时采用的。他们研究发现,合成分子筛SAPO-37需要两种结构导向剂TPA⁺和TMA⁺,很明显较大的TPA⁺离子能够使FAU型超笼更稳定,并且促使形成较小的方钠石笼,而TMA⁺离子同样可以使ITQ-29分子筛中的方钠石笼更稳定。在最近的研究当中,圣安德鲁斯大学(University of St. Andrews)的Wright等[134]采用分子模拟合成了两种新的SAPO材料分子筛STA-7(SAV)和STA-14(KFI)。它们的骨架中都存在两种类型的笼,是由两种不同的结构导向剂合成的。在之前的例子中,SAV型的SAPO分子筛是首次采用环拉胺和TEA⁺作为模板剂合成的。在之后的例子中,KFI结构的分子筛采用的是氮杂氧杂穴醚(azaoxacryptand template)和TEA⁺为模板剂,并在磷原子存在的条件下合成。通过单独的晶体结构发现了TEA⁺离子位于较小的mer笼内,认为一些较大的azaoxocrypd和分子在较大的α笼中。研究者的工作暗示了在两种模板剂的协同作用下,合成多笼结构的分子筛成为可能。

采用双模板剂不但可以合成出多笼的分子筛骨架,而且可以提高合成分子筛的经济性。Zones和Nakagawa[135]采用少量昂贵模板剂离子来合成特定结构的分子筛,同时在分子筛晶化过程中引入第二种便宜的胺类模板剂来提高笼和孔道结构的稳定性。他们采用少量的昂贵模板剂和胺类模板剂(异丙胺和异丁胺)合成了大量的分子筛,如SSZ-25、SSZ-28、SSZ-32和SSZ-35分子筛。该技术的关键是胺类模板剂比有机模板剂具有更小的结构,同时有机模板剂的量应小于不用胺类模板剂时的量。Zones和Huang[136]发现混合模板剂体系可以提高分子筛的晶化速率,同时合成了新型分子筛SSZ-47。模板剂在分子筛合成过程中的作用将在第13章阐述。

UOP公司发展了模板剂协同的作用,其中一种类型被称作电荷密度失配(CMD)[137]。在这项技术中,凝胶前驱物是在有机离子(低密度)和期望合成的硅酸铝材料(低硅铝比高密度)的电荷密度失配情况下形成的。目前,分子筛的合成方法有两种:一是尝试使用现有的便宜结构导向剂,另一种方法是使用两种结构导向剂的混合物。混合物在合适的温度加热一段时间,但在电荷密度失配的溶液中发生晶化是很难的,这些溶液在100~150℃恒温几天甚至是几周都是稳定存在。在放置足够长的时间之后,加入高电荷密度的离子,如钠离子或者钾离子,或者很少量的有机结构导向剂离子,都会使混合物结晶形成分子筛。UZM-5(UFI)[138]分子筛就是采用电荷密度失配的方法以TMA⁺和TEA⁺为模板剂合成的,具有D4R结构和α笼的二维骨架与LTA的骨架有一定的类似性。采用电荷密度失配法合成的分子筛到目前为止都是已知分子筛的变形结构,但这种方法仍然是合成新骨架结构材料的有效方法。然而,大量已知结构的分子筛已经被作为吸附剂进行了大量的研究。例如,新合成的MEI和BPH型分子筛在焙烧时具有一定的稳定性(见图2.3)。

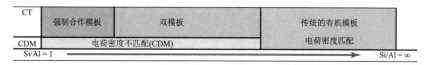

图2.3 采用电荷密度失配法合成沸石分子筛的区域[137]

2.11 层状前体

分子筛是含有四面体骨架结构的三维晶体材料,而黏土是同时具有八面体和四面体骨架结构的二维材料。分子筛的二维结构单元被称作层状结构,这些层状结构是通过离子和氢键作用沿着第三维方向排列的。19世纪70年代,科学家已经意识到蒙脱石黏土(smectite clays)内层的无机离子可以被交换,同时也可被类似聚合氧化铝[Al₁₃O₄(OH)₂₄(H₂O)₁₂]⁷⁺低聚物的聚阳离子(oligomeric polycations)[139, 140]所取代。焙烧后,这些离子转化为氧化铝柱,层与层之间发生了分离形成了微孔的网状结构。研究发现,较大分子的多聚物氧化锆(zirconia)和二氧化钛(titania)对于黏土层结构的支撑是十分有效的。

一些分子筛是由硅铝四面体氧化物的层状结构构成的。然而,这些层之间完全是通过Si—O或Al—O共价键连接而成。有时,人们发现在分子筛的合成过程中,在分子筛层中形成的层状前驱体没有与共价键连接,而是与氢键或者有机结构导向剂连接,使层状结构保持支撑打开状。在一些分子筛合成实例中,前驱体以单独、稳定的固体形式存在,在焙烧的情况下可以完全不可逆地转化成连接分子筛骨架的四面体结构。首个被认定的合成MWW结构的前驱体是MCM-22(P)[141]。之后,该前驱体被用来合成第一个柱形并具有高活性的微孔、介孔分子筛MCM-36[142, 143]。通过MCM层状结构的不同堆积可以合成出更多不同族的分子筛。通过添加氟化物和大体积的4-氨基-2, 2, 6, 6-四甲基哌啶模板剂(4-amino-2, 2, 6, 6-tetramethylpiperidine template),Schreyeck等[144]能够合成出镁碱沸石(ferrierite)中的PREFER层状硅酸铝微孔结构。当层状结构凝结成FER结构时,层与层之间以平行平面immm型对称的形式排列。同时,研究发现,其他结构导向剂可以使层与层之间以一种不同方式排列,从而形成新型的结构CDO。MCM-65分子筛是在钠存在下以奎宁环(quinuclidinium)和TMA⁺为模板剂合成的[145]。从XRD衍射谱图中可以看出,合成的分子筛中具有C中心斜方晶系的骨架结构。在焙烧之后,XRD谱图中显示在沿着长轴方向减少了4.5Å的长度,这表明很可能是前驱体凝聚合成出新结构的分子筛。焙烧后的MCM-65 骨架结构是通过电子衍射建模所得到的具有Cmcm对称结构和与FER型结构类似的层结构,但是没有平行平面对称的结构(见图2.4)[146]。对ZSM-52和ZSM-55分子筛进行XRD粉末衍射和电子衍射对其结构进行分析。这两种分子筛都以胆碱(choline)为结构导向剂,而MCM-47是以双(N-吡咯烷鎓)-1,4丁烷(bis(N-methylpyrrolidinium)-1,4 butane)为模板剂,表明这些分子筛的结构和已经合成的MCM-65分子筛有着相似的结构。Burton等[147]通过从XRD数据中使用FOCUS和ZEFSaⅡ算法对MCM-47分子筛进行结构分析。研究发现模板剂的位置是在FER层之间,然而MCM-65分子筛可以在焙烧的情况下形成晶体结构,而MCM-47不能。以二氧杂环己烷和TMA+为模板剂合成的CDS-1分子筛[148]和以乙基三甲基铵或二甲基二乙基铵(ethyltrimethylammonium dimethyldiethylammonium)为模板剂合成的UZM-25分子筛[149]都具有CDO结构。

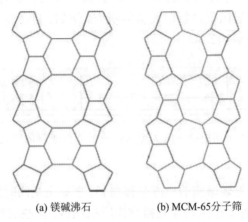

(a) 镁碱沸石   (b) MCM-65分子筛

图2.4 镁碱沸石和MCM-65分子筛以不同方式排列的层状结构

有研究发现了一些其他的分子筛也是通过层状前驱体合成的。具有NSI结构的Nu-1分子筛是通过以4,4′-双吡啶(4,4′-bipyridyne)[150]为模板剂和以Nu-6(1)为层状前驱体合成的。另一种相关的材料EU-20b是通过焙烧它的前驱体合成的。EU-19分子筛是以哌嗪(piperazinium)为结构导向剂合成出具有NSI和CAS交互生长的层状结构[151]。研究发现,使用醋酸处理可以减少RUB-15分子筛层之间的距离(从14Å减少到7.7Å),焙烧之后使材料转化为纯硅的SOD骨架结构[152]。醋酸处理的成功关键是使层之间距离沿着c轴转变一半单元细胞长度来排列层状结构,然而使用盐酸处理的分子筛就不会发生这样的变化。研究发现,RUB-18层状分子筛可以转换为具有二维八元环RWR结构的RUB-24分子筛[153]。虽然RUB-24分子筛没有完全结晶,并且其中骨架还存在一定的缺陷,但是它的结晶度保持的还足够完好,可以被表征出来[154]。具有10×8环状RRO骨架孔道结构的RUB-41分子筛是通过焙烧其前驱体合成的,同时RUB-39是以二甲基二丙基铵(dimethyldipropylammonium)为结构导向剂合成的。在1984年,巴斯夫(BASF)公司通过层状前驱体合成了比较重要的分子筛MCM-22,其中带有一定的不纯相PSH-3结构[155]。随后,美孚石油公司发现了不含有不纯相MCM-22分子筛的合成方法[156]。在1994年,Leonwicz等[157]确定了焙烧之后的骨架结构为MWW型具有二维十二元环孔道,但是在催化剂的表面具有十二元环的超笼。研究发现,MCM-22分子筛适于作为苯和丙烯烷基化生产异丙苯的催化剂,主要是因为其在催化剂表面具有十二元环的超笼结构[158]。

在合成了MCM-22分子筛并实现了其突出表面化学性能之后,大量的分子筛合成中都采用层状前驱体这种新的方法来合成分子筛，目的是为了使材料的表面化学能最大化。通过增大孔的尺寸或者使之前孔内部的活性中心暴露在晶体的表面，使得较大的活性分子可以接触到催化剂的活性中心。其中的一种方法是使用制备柱撑黏土的合成方法来膨胀和支撑层状结构，Kresge等[159]通过用十六烷基三甲基铵硝酸盐(cetyltrimethylammonium)和TPAOH溶液来加热，使MCM-22分子筛的层状前驱体膨胀。被D4R结构硅酸盐和原硅酸四乙酯(tetraethylorthosilicate)支撑的MCM-36分子筛，在焙烧之后膨胀生成多孔的材料[160]。随后，以同样的方式，Chica等[161]采用膨胀和支撑PREFER材料合成ITQ-36分子筛，即一个被支撑层状镁碱沸石。Wu等[162]最近研究了通过分子筛薄片前驱体烷氧基硅烷后处理(postalkoxysilyation)反应来合成分子筛新方法。通过使用二乙氧基二甲基硅烷(diethoxydimethylsilane)处理，能够直接扩大MWW、FER和CDO层间的孔径。MCM-47分子筛的骨架结构在低pH值的条件下无需层状结构的膨胀就可以扩大其孔道。经过扩孔骨处理骨架中带有Si-O-Si键，使分子筛焙烧时或者水洗时具有一定的稳定性。IZEs(内部层扩大的分子筛)这些新材料具有较高的催化活性，表明具有较大孔道的结构分子筛比直接焙烧无硅前驱体获得的材料有较高的催化活性。

第二种增加分子筛表面积的方法是使层结构之间发生层离生成更细的层结构。Kresge等[159]首次采用了层离的方法合成了分子筛，然后来自瓦伦西亚理工大学、PQ公司和壳牌(Shell)国际化学品公司的科学家使MCM-22分子筛的MWW结构发生膨胀，然后通过1h的超声处理使层状结构发生层离[163]。通过TEM图片、氮吸附可以确定层结构发生了层离现象，同时在红外光谱发现了分子筛表面羟基数量增多，从而证明了层离现象的存在。研究发现，使用上述方法合成的ITQ-2新材料在很大程度上增加了二异丙苯(diisopropylbenzene)和减压瓦斯油(vacuum gas oil)的裂解活性。利用这项层离技术，Corma等[164]对PREFER结构分子筛的处理也得到了同样的结果。ITQ-6分子筛的二异丙苯的裂解活性是常规镁碱沸石的4倍。在正己烯(1-hexene)和过氧化氢(hydrogen peroxide)环氧化(epoxidation)过程中使用钛原子合成的ITQ-6分子筛的活性，比TiFER或者Ti-β沸石活性都要高。同样，NU-6(2)骨架结构发生层离得到MCM-39-Si[165]和ITQ-18[166]分子筛，通过氮吸附、硅的核磁共振和红外光谱确定了层离现象。而另一种材料ITQ-20[167]分子筛是通过层结构前驱体PREITQ-19的层离得到的，在焙烧时前驱体PREITQ-19可以产生CDO结构分子筛。通过改变分子筛MCM-22的合成方法可以合成出新材料MCM-56[168]分子筛。该分子筛的结构与MCM-22相似，但是层结构间是以一种不一样的方式连接而成的。对分子筛MCM-56活性表征评价之后发现表面积和催化活性介于ITQ-2和MCM-22分子筛之间。

在表2.5中总结了上述的层状前驱体和与它们相关的分子筛材料。随着新层状分子筛前驱体的持续发现以及长期知晓的FER和SOD型骨架结构，我们可以推测出合成微孔结构分子筛的两个基本的原则，即分子筛的合成有两种途径：一是直接形成三维骨架结构，二是间接的通过二维的层状前驱体来合成[142]。

2.12 非水溶剂合成

合成分子筛过程中通常选择水作溶剂，因为水溶剂可以溶解形成多孔材料的组分。使用酒精、胺类、氨水和离子液体作溶剂来合成分子筛和MeAlPOs材料是很少有成功的。在1985年，Bibby和Dale[179]首次报道了使用有机溶剂合成了分子筛。他们使用乙二醇和丙醇作溶剂并以TMA为结构导向剂首次合成了硅钠分子筛。随后，他们使用乙二醇、丁醇和丙三醇合成了硅质岩(MFI)、ZSM-39(MTN)和ZSM-48(*MRE)分子筛[180]。Kuperman等[181]使用吡啶/HF和三乙胺作为溶剂合成了较大孔体积的分子筛MTN、FER和MFI。Huo和Xu等[182]使用乙二醇作溶剂合成了AFI、AEI和AWO结构的AlPO材料。几年之后，Huo等[183]使用乙二醇为溶剂合成了一种新材料JDF-20。该材料具有类似磷镓分子筛的二十元环孔道结构，骨架中的铝磷比为5:6。在1997年，Morris和Weigel[184]重新合成了不含水溶剂的分子筛，研究发现乙二醇是合成具有CGF和CGS骨架结构的新型磷镓分子筛十分重要的溶剂[71]。

表2.5 层状前驱体与分子筛

材料		描述	参考文献
分层前体	PREFER	Ferrierite(FER)前驱体	[144]
	MCM-22(P)	MCM-22(MWW)前驱体	[156]
	SSZ-25 as syn	SSZ-25煅烧(MWW)前驱体	[169]
	ERB-1 as syn	ERB-1煅烧(MWW)前驱体	[170]
	NU-6(1)	NU-6(2)(NSI)前驱体	[150]
	EU-19	EU-20b(CAS-NSI共生)前驱体	[151]
	RUB-15	Silica SOD前驱体	[152]
	RUB-18	RUB-24(RWR)前驱体	[153]
	RUB-39	RUB-41(RRO)前驱体	[154]
	PREITQ-19	ITQ-19(CDO)前驱体	[171]
	MCM-65 as syn	MCM-65煅烧(CDO)前驱体	[145]
	PLS-1	CDS-1(CDO)前驱体	[148]
	UZM-13	UZM-25(CDO)前驱体	[149]
	UZM-17	UZM-25(CDO)前驱体	[149]
	UZM-19	UZM-25(CDO)前驱体	[149]
	HLS	Ga-SOD前驱体	[172]
	[F, Tet-A]-AlPO-1	AlPO-41(AFO)前驱体	[173]
	SAPO-34前驱体	SAPO-34前驱体	[174]
分层沸石	ITQ-2	分层MWW	[163]
	MCM-56	无规/分层MWW	[175]
	ITQ-6	分层FER	[164]
	ITQ-18	分层NSI	[166]
	ITQ-20	分层CDO	[167]
柱撑/膨胀沸石	MCM-36	柱状MWW	[159]
	ITQ-36	柱状FER	[161]
	IEZ	膨胀MWW、FER、CDO、MCM-47	[162]
其他	PSH-3	不纯净的MWW	[155]
	ZSM-52	不完全凝聚的CDO前驱体	[176]
	ZSM-55	不完全凝聚的CDO前驱体	[177]
	MCM-47	不完全凝聚的CDO前驱体	[147]
	MCM-49	MWW直接合成	[178]

美孚公司的科学家研究了在反应系统中加入两种溶剂(水相和与其不相容的有机相)来缓慢地在结晶SAPO材料中引入硅[185]。正硅酸乙酯有机溶剂可以从有机己醇相中发生相转移。同时，在水的界面上发生的水合作用是使硅原子插入骨架结构合成MCM-9(VFI)分子筛的重要环节[186]。最近的研究工作表明，使用可溶性有机溶剂比不溶性的己醇溶剂具有很大

的优势, 使用乙醇溶剂和有机硅原正硅酸乙酯可以合成出高活性的SAPO-11材料, 即ECR-42分子筛。研究发现, 采用单体硅原把硅引入到AlPO材料中是比较合适的[187]。通过Si的核磁共振谱图可以发现, 在合成SOPO-11材料ECR-42分子筛中, 较高的硅原子分布有利于提高正癸烷的异构化速率和己烷的裂解速率[188]。

由于液体和氨水可以溶解碱金属离子, 所以Vaughan和Strohmaier[189]研究了在分子筛的合成中使用液氨。研究发现, 在纯氨中不能合成出晶体材料, 但在氨水中使用硅铝溶胶和氢氧化钠可以合出具有高硅的钙霞石(CAN)沸石, 其硅铝比可以达到1.96。通过Si的核磁共振谱图可以确定高硅分子筛骨架结构。研究发现, 通过锂离子可以合成出具有ABW、EDI和PHI/MER结构的分子筛, 而通过钾离子也可以合成出具有EDI、GIS和PHI/MER结构的分子筛, 但在分子筛的骨架中没有发现更大孔的骨架结构。随后, 他们在氨水中使用氢氧化钾和硅铝裂化催化剂作为溶剂合成出纳米LTL结构的分子筛(<200Å)[190]。不久之后, 来自陶氏(Dow)化学公司的Garces等[191]采用液氨($NH_3/H_2O=9$)而合成出Na-P1(GIS)、正纯硅3C(MTN)、AST和DSM-8纯硅分子筛(*BEA)。

最近, 斯德哥尔摩大学的Andrews[192]研究了把离子液体和溶解性混合物作为替代溶剂来合成类似AlPO结构的分子筛。离子液体在常温下是可溶的液体, 其中存在大量的离子, 然而可溶性混合物是溶解性较高的有机盐, 在其中加入其他混合物可以降低它们的熔点。普通离子液体是二烷基咪唑盐(dialkylimidazolium salts)、氯化胆碱(choline chloride)和尿素(urea)的混合物可以作为是可溶性混合物的一个实例。离子液体具有较低的蒸气压, 其主要的优势在普通晶化温度(100~200℃)下常压反应器就可以正常通过水热合成出分子筛和AlPO材料。研究发现, 离子液体不但可以溶解试剂, 而且还可以作为模板剂。通过新溶剂系统, Andrews的团队合成出三种已知结构的AlPO材料, 即SIZ-3(AEL)、SIZ(CHA)和SIZ-5(AFO)分子筛。在含钴AlPO材料中, 他们合成了两种已知结构的SIZ-8(AEI)和SIZ(SOD)分子筛, 其中还有一种新型结构分子筛SIZ-7(SIV)。SIZ-7分子筛的结构与PHIMER和GIS三维八元环骨架结构有一定的相似性。最近, Parnham和Morris[193]最近研究了离子热合成或者使用离子液体和溶剂、模板剂合成分子筛类似物和有机金属骨架(MOFs)结构, 在本书的第6章详细描述了该合成方法。

2.13 总结和展望

上述讨论了合成新型分子筛材料的主要的方法。早期的合成工作主要围绕碱金属对分子筛合成的影响, 随后的研究的主要工作转向了有机结构导向剂对分子筛合成的影响。之后, 研究发现B、Ga、Ge、P、Zn和Be等新骨架原子有利于合成新型结构分子筛, 同时这些新型结构的分子筛具有独特的孔道结构, 特别是骨架中包含锗原子的ITQ型材料。但采用上述元素作为骨架原子合成分子筛, 其价格比较昂贵, 并且与常规的硅铝分子筛相比, 其稳定性也不是很好。所以, 上述元素的引用可能限制了催化剂的推广使用, 需要发现合成类似硅铝组成、新型骨架结构分子筛的方法。研究发现了一些分子筛的合成过程中形成了层状前驱体, 通过骨架支撑、骨架膨胀和层结构的层离技术合成了一些新结构、高活性的分子筛。同时, 可以得到一个普遍的现象, 即分子筛的骨架可以通过两种方法合成, 一是直接合成三维骨架结构, 二是间接地形成层状前驱体再转变成分子筛。这两种方法被大家所熟知并且一直被广泛研究。在最近几年, 采用氟化物作为矿化剂、低水硅比和新溶剂系统对合成分子筛的影响作了大量的工作。通过这些技术合成了大量的新型结构材料, 特别是新型高硅分子筛和新型低骨架密度的多级孔分子筛, 同时, 对超分子模板剂来合成介孔和大孔分子筛也作了大量的工作。然而，这些发现对合成新型结构分子筛并没很大的作用，因此本章没有进行详细说明。搅拌和结晶对分子筛晶化过程中也是十分重要的影响因素，其中对分子筛的纯度、晶格尺寸和形态都有较大的影响。当发现这些影响影响分子筛合成的因素之后，在分子筛的合成中可以通过调节变量优化合成方法。

在分子筛的合成过程中有大量的影响因素需要去考虑，同时在合成一个新型分子筛之前需要作出大量的实验。在过去的10年里，新型的、自动的和高通量的分子筛合成技术已经逐渐发展成熟，从而使在特定时间内完成更多的实验成为可能。挪威科技工业研究院(Researchers at Sintef)[194]、普渡大学(Purdue University)[195]、马普研究所(Max Planck Institute)[196]、吉林大学(Jilin University)[197]、瓦伦西亚理工大学[198]和其他地方的科学家都对合成微孔材料的高通量设备进行了详细的描述。虽然许多团队都具有高通量设备，但是在过去的10年里新型结构分子筛的合成速率并没有很大的提升。

新型结构的分子筛和多孔材料的合成受到了新思维和新合成方法的开拓，所以，这些新思想、新方法无疑将成为开发合成新型骨架、新型构成和已知材料的改性的新方法，高通量技术将会使这些新想法以很快的速度实现。随着我们持续对分子筛的结晶、结构解析和新方法对其进行改性的了解，我们也将会继续开发出这些材料的实用性和新的应用领域。

致谢

非常感谢在写这篇文章时WielawJ.Roth给予的帮助。感谢埃克森-美孚研究工程公司的支持，同时也感谢企业战略研究实验室提供的帮助。

参考文献

[1] Barrer, R.M. (1948) J. Chem. Soc., 2158.
[2] Reed, T.B. and Breck, D.W. (1956) J. Am. Chem. Soc., 78, 5972–5977.
[3] Milton, R.M. (1959) US Patent 2,882,244.
[4] Breck, D.W. (1974) US Patent 3,130,007.
[5] Barrer, R.M. and Denny, P.J. (1961) J. Chem. Soc., 971–982.
[6] Wilson, S.T., Lok, B.M., Messina, C.A., Cannan, T.R., and Flanigen, E.M. (1982) J. Am. Chem. Soc., 104, 1146–1147.
[7] Vaughan, D.E.W. (1999) US Patent 5,976,491.
[8] Afeworki, M., Dorset, D.L., Kennedy, G.J., and Strohmaier, K.G. (2004) Stud. Surf. Sci. Catal., 154, 1274–1281.
[9] Hong, S.B. (2008) Catal. Surv. Asia, 12, 131–144.
[10] Jackowski, A., Zones, S.I., Hwang, S.-J., and Burton, A.W. (2009) J. Am. Chem. Soc., 131, 1092–1100.
[11] Flanigen, E.M. and Patton, R.L. (1978) US Patent 4,073,865.
[12] Guth, J.L., Kessler, H., Higel, J.M., Lamblin, J.M., Patarin, J., Seive, A., Chezeau, J.M., and Wey, R. (1989) in Zeolite Synthesis, ACS Sympoium Series, Vol. 398 (eds M. Occelli and H. Robson), Oxford Univ. Press, New York, p. 176.
[13] Estermann, M., McCusker, L.B., Baelocher, Ch., Merrouche, A., and Kessler, H. (1991) Nature, 353, 320–323.
[14] Merrouche, A., Patarin, J., Kessler, H., and Anglerot, D. (1992) European Patent Application 0 497 698.
[15] Simmen, A., Patarin, J., and Baerlocher, Ch. (1993) in Proceedings of 9th International Zeolite Conference (eds R. von Ballmoos, J.B. Higgins, and M.M.J. Treacy), Butterworth-Heinemann, Boston, pp. 443–440.
[16] Loiseau, T., Retoux, R., Lacorre, P., and Férey, G. (1994) J. Solid State Chem., 111, 427–436.
[17] Bonhomme, F., Thomas, S.G., Rodriguez, M.A., and Nenoff, T. (2001) Microporous Mesoporous Mater., 47, 185–194.
[18] Guth, F. (1989) PhD thesis, Synthesis and Characterizations of Crystallized Microporous Solids Containing AL, P and Sl, University de Haute Alsace, Mulhouse.
[19] Halvorsen, E.N. (1996) PhD thesis, Synthesis and Characterization of Aluminophosphate Molecular Sieves, University of Oslo, Norway.
[20] Akporiaye, D.E., Fjellv?g, H., Halvorsen, E.H., Haug, T., Karlsson, A., and Lillerud, K.P. (1996) Chem. Commun., 1553.
[21] Akporiaye, D.E., Fjellv?g, H., Halvorsen, E.H., Hustveit, J., Karlsson, A., and Lillerud, K.P. (1996) Chem. Commun., 601.
[22] Barthomeuf, D. (1994) Zeolites, 14, 394–401.
[23] Keuhl, G.H. (1988) US Patent 4,786,487.
[24] Matsukata, M., Nishiyama, N., and Ueyama, K. (1993) Microporous Mesoporous Mater., 1, 219.
[25] Kim, M.H., Li, H.X., and Davis, M.E. (1993) Microporous Mesoporous Mater., 1, 191.
[26] Matsukata, M., Ogura, M., Osaki, T., Rao, P.R.H.P., Nomura, M., and Kikuchi, E. (1999) Top. Catal, 9, 77.
[27] Xu, W., Dong, J., Li, J., Li, W., and Wu, F. (1990) J. Chem. Soc., Chem. Commun., 755.
[28] Rao, P.R.H.P., Ueyama, K., and Matsukata, M. (1998) Appl. Catal. A: Gen., 166, 97–103.
[29] Koyama, Y., Ikeda, T., Tatsumi, T., and Kubota, Y. (2008) Angew. Chem. Int. Ed. Engl., 47, 1042–1046.

[30] Camblor, M., Corma, A., and Valencia, S. (1996) Chem. Commun., 2365.

[31] Wadlinger, R.L., Kerr, G.T., and Rohrbaugh, W.J. (1967) US Patent 3,308,069.

[32] Díaz-Caban?s, M.J., Barrett, P.A., and Camblor, M.A. (1998) Chem. Commun., 1881.

[33] Camblor, M.A., Villaescusa, L.A., and Díaz-Caban?s, M.J. (1999) Top. Catal., 9, 59–76.

[34] Lobo, R.F., Tsapatsis, M., Freyhardt, C.C., Chan, I., Chen, C.-Y., Zones, S.I., and Davis, M.E. (1997) J. Am. Chem. Soc., 119, 3732–3744.

[35] Zones, S.I., Hwang, S.-J., Elomari, S., Ogino, I., Davis, M.E., and Burton, A.W. (2005) C. R. Chim., 8, 267–282.

[36] Zones, S.I., Burton, A.W., Lee, G.S., and Olmstead, M.M. (2007) J. Am. Chem. Soc., 129, 9096–9079.

[37] Caullet, P., Guth, J.L., Hazm, J., Lamblin, J.M., and Gies, H. (1991) Eur. J. Solid State Chem., 28, 345.

[38] Camblor, M.A., Corma, A., Lightfoot, P., Villaescusa, L.A., and Wright, P.A. (1997) Chem. Commun., 2659–2661.

[39] Barrett, P.A., Camblor, M.A., Corma, A., Jones, R.H., and Villaescusa, L.A. (1997) Chem. Mater., 9, 1713–1715.

[40] Villlaescusa, L.A., Barrett, P.A., and Corma, A. (1999) Angew. Chem. Int. Ed. Engl., 38, 1997–2000.

[41] Barrett, P.A., Boix, T., Puche, M., Olson, D.H., Jordan, E., Koller, H., and Camblor, M.A. (2003) Chem. Commun., 2114–2115.

[42] Corma, A., Puche, M., Rey, F., Sankar, G., and Teat, S.J. (2003) Angew. Chem. Int. Ed. Engl., 42, 1156–1159.

[43] Dorset, D.L., Kennedy, G.J., Strohmaier, K.G., DíazCaban?s, M.J., Rey, F., and Corma, A. (2006) J. Am. Chem. Soc., 128, 8862–8867.

[44] Zones, S.I., Burton, A.W., and Ong, K. (2007) International Patent WO 2007/079038.

[45] Baerlocher, Ch., McCusker, L.B., and Olson, D.H. (2007) Atlas of zeolite framework types, IZA Structure Commission, 6th edn, Elsevier, Amsterdam. 16–111

[46] Koller, H., W?lker, A., Eckert, H., and Panz, C. (1997) Angew. Chem. Int. Ed. Engl., 36, 2823.

[47] Li, H. and Yaghi, O.M. (1998) J. Am. Chem. Soc., 120, 10569–10570.

[48] Wragg, D.S., Morris, R.E., and Burton, A.W. (2008) Chem. Mater., 20, 1561.

[49] Blasco, T., Corma, A., Díaz-Caban?s, M.J., Rey, F., Vidal-Moya, J.A., and Zicovich-Wilson, C.M. (2002) J. Phys. Chem. B, 106, 2634–2642.

[50] Zwijnenburg, M.A., Bromley, S.T., Jansen, J.C., and Maschmeyer, T. (2004) Microporous Mesoporous Mater., 73, 171.

[51] Sastre, G. and Corma, A. (2006) J. Phys. Chem. B, 110, 17949–17959.

[52] Corma, A., Navarro, M.T., Rey, F., Rius, J., and Valencia, S. (2001) Angew. Chem. Int. Ed. Engl., 40, 2277–2280.

[53] Conradsson, T., Dadachov, M.S., and Zou, X.D. (2000) Microporous Mesoporous Mater., 41, 183–191.

[54] Corma, A., Díaz-Caban?s, M.J., Rey, F., Nicolopoulus, S., and Boulahya, K. (2004) Chem. Commun., 1356–1357.

[55] Corma, A., Díaz-Caban?s, M.J., and Rey, F. International (2005) Patent Application 2005/108526.

[56] Paillaud, J.-L., Harbuzaru, B., Patarin, J., and Bats, N. (2004) Science, 304, 990–992.

[57] Corma, A., Díaz-Caban?s, M.J., Martinez-Triguero, J., Rey, F., and Ruiz, J. (2002) Nature, 418, 514–517.

[58] Corma, A., Rey, F., Valencia, S., Jorda, J.L., and Rius, J. (2003) Nat. Mater., 2, 493–497.

[59] Castaneda, R., Corma, A., Fornes, V., Rey, F., and Ruiz, J. (2003) J. Am. Chem. Soc., 125, 7820–7821.

[60] Dorset, D.L., Strohmaier, K.G., Kliewer, C.E., Corma, A., Díaz-Caban?s, M.J., Rey, F., and Gilmore, C.J. (2008) Chem. Mater., 20, 5325–5331.

[61] Corma, A., Díaz-Caban?s, M.J., Jordá, J.L., Martíez, C., and Moliner, M. (2006) Nature, 443, 842.

[62] Corma, A., Díaz-Caban?s, M.J., Jordá, J.L., Rey, F., Sastre, G., and Strohmaier, K.G. (2008) J. Am. Chem. Soc., 130, 16482–16483.

[63] Tang, L., Shi, L., Bonneau, C., Sun, J., Yue, H., Ojuva, A., Lee, B.-L., Kritikos, M., Bell, R.G., Bacsik, Z., Mink, J., and Zou, X. (2008) Nat. Mater., 7, 381–385.

[64] Mathieu, Y., Paillaud, J.-L., Caullet, P., and Bats, N. (2004) Microporous Mesoporous Mater., 75, 13–22.

[65] Lorgouilloux, Y., Dodin, M., Paillaud, J.-L., Caullet, P., Michelin, L., Josien, L., Ersen, O., and Bats, N. (2009) J. Solid State Chem., 182, 622–629.

[66] U.S. Geological Survey (2008) Germanium-Statistics and Information, U.S. Geological Survey, Mineral Commodity Summaries.

[67] Cantin, A., Corma, A., Diaz-Cabanas, M.J., Jorda, J.L., and Moliner, M. (2006) J. Am. Chem. Soc., 128, 4216–4217.

[68] Corma, A., Rey, F., Rius, J., Sabater, M.J., and Valencia, S. (2004) Nature, 431, 287–290.

[69] Newsam, J.M. and Vaughan, D.E.W. (1986) Stud. Surf. Sci. Catal., 28, 457.

[70] Krutskaya, T.M., Kolyshev, A.N., Morozkova, V.E., and Berger, A.S. (1985) Russ. J. Inorg. Chem., 30, 438–442.

[71] Chippendale, A.M. and Cowley, A.R. (1998) Microporous Mesoporous Mater., 21, 271–279.

[72] Strohmaier, K.G. and Vaughan, D.E.W. (2003) J. Am. Chem. Soc., 125, 16035–16039.

[73] Lobo, R.F., Zones, S.I., and Davis, M.E. (1995) J. Inclusion Phenom. Mol. Recognit. Chem., 21, 47–78.

[74] Breck, D.W. (1974) Zeolite Molecular Sieves, John Wiley & Sons, Ltd, New York, p. 370.

[75] Millini, R., Perego, G., and Bellussi, G. (1999) Top. Catal, 9, 13–34.

[76] Whittam, T.V. and Youll, B. (1977) US Patent 4,060,590.

[77] Bellussi, G., Millini, R., Catati, A., Maddinelli, G., and Gervasini, A. (1990) Zeolites, 10, 642.

[78] Gies, H. and Rius, J. (1995) Z. Kristallogr., 210, 475–480.

[79] Zones, S.I., Santilli, D.S., Ziemer, J.N., Holtermann, D.L., Pecoraro, T.A., and Innes., R.A. (1990) US Patent 4,910,006.

[80] Zones, S.I. (1990) US Patent 4,963,337.

[81] Lobo, R.F. and Davis, M.E. (1995) J. Am. Chem. Soc., 117, 3766–3779.

[82] Lobo, R.F., Pan, M., Chan, I., Li, H., Medrud, R.C., Zones, S.I., Crozier, P.A., and Davis, M.E. (1993) Science, 262, 1543–1546.

[83] Burton, A.W. (2009) US Patent Application 2009/0060813.

[84] Vortmann, S., Marler, B., Gies, H., and Daniels, P. (1995) Microporous Mesoporous Mater., 4, 112–121.

[85] Dorset, D.L. and Kennedy, G.J. (2005) J. Phys. Chem. B., 109, 13891–13898.

[86] Wagner, P., Terasaki, O., Ritsch, S., Nery, J.G., Zones, S.I., Davis, M.E., and Hiraga, K. (1999) J. Phys. Chem. B, 103, 8245–8250.

[87] Burton, A., Elomari, S., Medrud, R.C., Chan, I.Y., Chen, C.-Y., Bull, L.M., and Vittoratos, E.S. (2003) J. Am. Chem. Soc., 125, 1633–1642.

[88] Burton, A., Elomari, S., Chen, C.-Y., Medrud, R.C., Chan, I.Y., Bull, L.M., Kibby, C., Harris, T.V., Zones, S.I., and Vittoratos, E.S. (2003) Chem. Eur. J., 9, 5737–3748.

[89] Elomari, S., Burton, A., Medrud, R.C., and Grosse-Kunstleve, R. (2009) Microporous Mesoporous Mater., 118, 325–333.

[90] Li, Y. and Zou, X. (2005) Angew. Chem. Int. Ed. Engl., 44, 2012–2015.

[91] Elomari, S., Burton, A.W., Ong, K., Pradhan, A.R., and Chan, I.Y. (2007) Chem. Mater., 19, 5485–5492.

[92] Burton, A. and Elomari, S. (2004) Chem. Commun., 2618–2619.

[93] Freyhardt, C.C., Lobo, R.F., Khodabandeh, S., Lewis, J.E. Jr., Tsapatsis, M., Yoshikawa, M., Camblor, M.A., Pan, P., Helmkamp, M.W., Zones, S.I., and Davis, M.E. (1996) J. Am. Chem. Soc., 118, 7299–7310.

[94] McCusker, L.B., Grosse-Kunstleve, R.W., Baerlocher, Ch., Yoshikawa, M., and Davis, M.E. (1996) Microporous Mesoporous Mater., 6, 295–309.

[95] R?hrig, C. and Gies, H. (1995) Angew. Chem. Int. Ed. Engl., 34, 63–65.

[96] Cheetham, A.K., Fjellv?g, H., Gier, T.E., Kongshaug, K.O., Lillerud, K.P., and Stucky, G.D. (2001) Stud. Surf. Sci. Catal., 135, 158.

[97] Park, S.H., Daniels, P., and Gies, H. (2000) Microporous Mesoporous Mater., 37, 129–143.

[98] Park, S.-H., Parise, J.B., Gies, H., Liu, H., Grey, C.P., and Toby, B.H. (2000) J. Am. Chem. Soc., 122, 11023–11024.

[99] Kubota, Y., Helmkamp, M.M., Zones, S.I., and Davis, M.E. (1996) Microporous Mesoporous Mater., 6, 213–229.

[100] Calabro, D.C., Cheng, J.C., Crane, R.A. Jr., Kresge, C.T., Dhingra, S.S., Steckel, M.A., Stern, D.L., and Weston, S.C. (2000) US Patent 6,049,018.

[101] Zones, S.I., Nakagawa, Y., and Rosenthal, J.W. (1994) Zeoraito, 11, 81.

[102] Goretsky, A.V., Beck, L.W., Zones, S.I., and Davis, M.E. (1999) Microporous Mesoporous Mater., 28, 387–393.

[103] Nakagawa, Y., Lee, G.S., Haris, T.V., Yuen, L.T., and Zones, S.I. (1998) Microporous Mesoporous Mater., 22, 69–85.

[104] Zones, S.I. (1989) Zeolites, 9, 483.

[105] Zones, S.I. and Burton, A.W. Jr. (2006) US Patent 7,108,843.

[106] Parnham, E.R. and Morris, R.E. (2006) J. Am. Chem. Soc., 128, 2204–2205.

[107] Zones, S.I., Nakagawa, Y., Yuen, L.T., and Haris, T.V. (1996) J. Am. Chem. Soc., 118, 7558–7567.

[108] Dorset, D.L., Weston, S.C., and Dhingra, S.S. (2006) J. Phys. Chem. B, 2045–2050.

[109] Lee, G.S. and Zones, S.I. (2002) J. Solid State Chem., 167, 69–85.

[110] Elomari, S.A. and Zones, S.I. (2001) Stud. Surf. Sci. Catal., 135, 479.

[111] Elomari, S.A., Burton, A., Medrud, R.C., and Grosse-Kunstleve, R. (2009) Microporous Mesoporous Mater., 118, 325–333.

[112] Elomari, S. (2003) US Patent 6,616,911.

[113] Rollman, L.D., Schlenker, J.L., Lawton, J.L., Kennedy, C.L., Kennedy, G.J., and Doren, D.L. (1999) J. Phys. Chem. B, 103, 7175–7183.

[114] De Witte, B., Patarin, J., Guth, J.L., and Cholley, T. (1997) Microporous Mater., 10, 247–257.

[115] Keijsper, J.J. and Mackay, M. (1994) US Patent 5,275,799.

[116] Delprato, F., Delmottte, L., Guth, J.L., and Huve, L. (1990) Zeolites, 10, 546–552.

[117] Vaughan, D.E.W. and Strohmaier, K.G. (1990) US Patent 4,931,267.

[118] Vaughan, D.E.W. (1989) US Patent 4,879,103.

[119] Freyhardt, C.C., Tsapatsis, M., Lobo, R.F., Balkus, K.J., and Davis, M.E. (1996) Nature, 381, 295–298.

[120] Dorset, D.L., Strohmaier, K.G., Kliewer, C.E., Corma, A., Díaz-Caban?s, M.J., Rey, F., and Gilmore, G.J. (2008) Chem. Mater., 20, 5325–5331.

[121] Lewis, D.W., Freeman, C.F., and Catlow, C.R.A. (1995) J. Phys. Chem. B, 99, 11194.

[122] Sastre, G., Leiva, S., Sabater, M.J., Gimenez, I., Rey, F., Valencia, S., and Corma, A. (2003) J. Phys. Chem. B, 107, 5432–5440.

[123] Schmitt, K.D. and Kennedy, G.J. (1994) Zeolites, 14, 635.

[124] Han, S. and Smith, J.V. (1999) Acta Crystallogr., A55, 332–382.

[125] Treacy, M.M.J., Rivin, I., Balkovski, E., Randall, K.H., and Foster, M.D. (2004) Microporous Mesoporous Mater., 74, 121–132.

[126] Earl, D.J. and Deem, M.W. (2006) Ind. Eng. Chem. Res., 45, 5449–5454.

[127] Deem, M.W. (2008) ICMR Workshop on Design and Synthesis of New Materials, August 1-2, Santa Barbara.

[128] Friedrichs, O.D., Dress, A.W.M., Huson, D.H., Klinowski, J., and Mackay, A.L. (1999) Nature, 400, 644.

[129] Majda, D., Almeida Paz, F.A., Friedrichs, O.D., Foster, M.D., Simperler, A., Bell, R.G., and Klinowski, J. (2008) J. Phys. Chem. C, 112, 1040–1047.

[130] Li, Y., Yu, J., Liu, D., Yan, W., Xu, R., and Xu, Y. (2003) Chem. Mater., 15, 2780–2785.

[131] Dorset, D.L., Roth, W.J., Kennedy, G.J., and Dhingra, S.S. (2008) Z. Kristallogr., 223, 456–460.

[132] Lewis, D.W., Willock, D.J., Catlow, C.R.A., Thomas, J.M., and Hutchings, G.J. (1996) Nature, 382, 604.

[133] Lok, B.M., Messina, C.A., Patton, R.L., Gajec, R.T., Cannan, T.R., and Flanigen, E.M. (1984) J. Am. Chem. Soc., 106, 6092–6093.

[134] Castro, M., Garcia, R., Warrender, S.J., Slawin, A.M.Z., Wright, P.A., Cox, P.A., Fecant, A., Mellot-Draznieks, C., and Bats, N. (2007) Chem. Commun., 3470–3472.

[135] Zones, S.I. and Nakagawa, Y. (1998) US Patent 5,785,947.

[136] Zones, S.I. and Hwang, S.-J. (2002) Chem. Mater., 14, 313–320.

[137] Lewis, G.J., Miller, M.A., Moscoso, J.G., Wilson, B.A., Knight, L.M., and Wilson, S.T. (2004) Stud. Surf. Sci. Catal., 154, 364–372.

[138] Blackwell, C.S., Broach, R.W., Gatter, M.G., Holmgren, J.S., Jan, D.-Y., Lewis, G.J., Mezza, B.J., Mezza, T.M., Miller, M.A., Moscoso, J.G., Patton, R.L., Rohde, L.M., Schoonover, M.W., Sinkler, W., Wilson, B.A., and Wilson, S.T. (2003) Angew. Chem. Int. Ed. Engl., 23, 1737–1740.

[139] Vaughan, D.E.W., Lussier, J., and Magee, J.S. (1979) US Patent 4,176,090.

[140] Pinnavaia, T.J. (1983) Science, 220, 365–371.

[141] Lawton, S.L., Fung, A.S., Kennedy, G.J., Alemany, L.B., Chang, C.D., Hatzikos, G.H., Lissy, D.N., Rubin, M.K., and Timken, K.C. (1996) J. Phys. Chem., 100, 3788.

[142] Roth, W.J. (2007) Stud. Surf. Sci. Catal., 168, 221.

[143] Roth, W.J. (2005) Stud. Surf. Sci. Catal., 158, 19–26.

[144] Schreyeck, L., Caullet, P., Mougenel, J.C., Guth, J.L., and Marler, B. (1996) Microporous Mesoporous Mater., 6, 249.

[145] Dhingra, S., Kresge, C.T., and Casmer, S.G. (2005) US Patent 6,869,587.

[146] Dorset, D.L. and Kennedy, G.J. (2004) J. Phys. Chem. B, 108, 15216–15222.

[147] Burton, A., Accardi, R.J., Lobo, R.F., Falconi, M., and Deem, M.W. (2000) Chem. Mater., 12, 2936.

[148] Ikeda, T., Akiyama, Y., Oumi, Y., Kawai, A., and Mizukami, F. (2004) Angew. Chem. Int. Ed. Engl., 43, 4892–4896.

[149] Lewis, G.J., Knight, L.M., Miller, M.A., and Wilson, S.T. (2005) US Patent Application 2005/0065016.

[150] Zanardi, S., Alberti, A., Cruciani, G., Corma, A., Forne?, V., and Brunelli, M. (2004) Angew. Chem. Int. Ed. Engl., 43, 4933–4937.

[151] Marler, B., Camblor, M.A., and Gies, H. (2006) Microporous Mesoporous Mater., 90, 87–101.

[152] Moteki, T., Chaikittisilp, W., Shimojima, A., and Okubo, T. (2008) J. Am. Chem. Soc., 130, 15780–15781.

[153] Marler, B., Str?ter, N., and Gies, H. (2005) Microporous Mesoporous Mater., 83, 201–211.
[154] Wang, Y.X., Gies, H., and Lin, J.H. (2007) Chem. Mater., 19, 4181–4188.
[155] Puppe, L. and Weisser, J. (1984) US Patent 4,439,409.
[156] Rubin, M.K. and Chu, P. (1990) US Patent 4,954,325.
[157] Leonowicz, M.E., Lawton, J.A., Lawton, S.L., and Rubin, M.K. (1994) Science, 264, 1910–1913.
[158] Degnan, T.F. Jr. (2003) J. Catal., 216, 32–46.
[159] Kresge, C.T., Roth, W.J., Simmons, K.G., and Vartuli, J.C. (1993) US Patent 5,229,341.
[160] Roth, W.J., Kresge, C.T., Vartuli, J.C., Leonowicz, M.E., Fung, S.B., and McCullen, S.B. (1995) Catal. Microporous Mater. Stud. Surf. Sci. Catal., 94, 301.
[161] Chica, A., Corma, A., Forne?, V., and Díaz, U. (2003) US Patent 6,555,090.
[162] Wu, P., Ruan, J., Wang, L., Wu, L., Wang, Y., Liu, Y., Fan, W., He, M., Terasaki, O., and Tatsumi, T. (2008) J. Am. Chem. Soc., 130, 8178–8187.
[163] Corma, A., Forne?, V., Pergher, S.B., Maesen, Th.L.M., and Buglass, J.G. (1998) Nature, 396, 353.
[164] Corma, A., Diaz, U., Domine, M.E., and Forne?, V. (2000) Angew. Chem. Int. Ed. Engl., 38, 1499–1501.
[165] Kresge, C.T. and Roth, W.J. (1993) US Patent 5,266,541.
[166] Corma, A., Fornes, V., and Diaz, U. (2001) Chem. Commun., 2642–2643.
[167] Corma, A., Díaz, U., and Fornes, V. (2006) US Patent 7,008,611.
[168] Fung, A.S., Lawton, S.L., and Roth, W.J. (1994) US Patent 5,363,697.
[169] Zones, S.I., Hwang, S.J., and Davis, M.E. (2001) Chem. Eur. J., 7, 1990.
[170] Millini, R., Perego, G., Parker, W.O. Jr., Bellussi, G., and Carluccio, L. (1995) Microporous Mesoporous Mater., 4, 221.
[171] Corma, A., Díaz, U., and Fornes, V. (2006) US Patent 7,008,651.
[172] Kiyozumi, Y., Ikeda, T., Hasegawa, Y., Nagase, T., and Mizukami, F. (2006) Chem. Lett., 35, 672.
[173] Wheatley, P.S. and Morris, R.E. (2006) J. Mater. Chem., 16, 1035.
[174] Vistad, ?.B., Akporiaye, D.E., and Lillerud, K.P. (2001) J. Phys. Chem. B, 105, 12437–12447.
[175] Fung, A.S., Lawton, S.L., and Roth, W.J. (1994) US Patent 5,362,697.
[176] Chu, P., Herbst, J.A., Klocke, D.J., and Vartuli, J. (1991) US Patent 4,985,223.
[177] Rubin, M.K. (1991) US Patent 5,063,037.
[178] Bennett, J.M., Chang, C.D., Lawton, S.L., Leonowicz, M.E., Lissy, D.N., and Rubin, M.K. (1993) US Patent 5,236,575.
[179] Bibby, D.M. and Dale, M.P. (1985) Nature, 317, 157–158.
[180] Huo, Q., Feng, S., and Xu, R. (1988) J. Chem. Soc., Chem. Commun., 1486–1487.
[181] Kuperman, A., Nadimi, S., Oliver, S., Ozin, J.A., Garce?, J.M., and Olken, M.M. (1993) Nature, 365, 239–242.
[182] Huo, Q. and Xu, R. (1990) J. Chem. Soc., Chem. Commun., 783.
[183] Huo, Q., Xu, R., Li, S., Ma, Z., Thomas, J.M., Jones, R.H., and Chippindale, A.M. (1992) J. Chem. Soc., Chem. Commun., 875.
[184] Morris, R.E. and Weigel, S. (1997) J. Chem. Soc. Rev., 26, 309–317.
[185] Derouane, E.G., Valyocsik, E.W., and Von Ballmoos, R. (1990) European Patent 146384.
[186] Derouane, E.G., Maistriau, L., Gabelica, Z., Tuel, A., Nagy, J.B., and Von Ballmoos, R. (1989) Appl. Catal., 51, L13–L20.
[187] Strohmaier, K.G. and Vaughan, D.E.W. (2001) US Patent 6,303,534.
[188] Strohmaier, K.G., Afeworki, M., Chen, T.J., and Vaughan, D.E.W. (2007) 15th International Zeolite Conference, Bejing, Recent Research Reports. R-09–03.
[189] Vaughan, D.E.W. and Strohmaier, K.G. (1992) in Proceedings of 9th International Zeolite Conference (eds R. von Ballmoos, J.B. Higgins, M.M.J. Treacy), Butterworth-Heinemann,Boston, pp. 197–206.
[190] Vaughan, D.E.W. and Strohmaier, K.G. (1994) US Patent 5,318,766.
[191] Garces, J.M., Millar, D.M., and Howard, K.E. (1996) US Patent 5,589,153
[192] Cooper, E.R., Andrews, C.D., Wheatley, P.S., Webb, P.B., Wormald, P., and Morris, R.E. (2004) Nature, 430, 1012–1016.
[193] Parnham, E.R. and Morris, R.E. (2007) Acc. Chem. Res., 40, 1005–1013.
[194] Akporiaye, D.E., Dahl, I.M., Karlsson, A., and Wendelbo, R. (1998) Angew. Chem. Int. Ed. Engl., 37, 609–611.
[195] Choi, K., Gardner, D., Hilbrandt, N., and Bein, T. (1999) Angew. Chem. Int. Ed. Engl., 38, 2891–2894.
[196] Klein, J., Lehmann, C.W., Schmidt, H.-W., and Maier, W.F. (1998) Angew. Chem. Int. Ed. Engl., 37, 3369–3372.
[197] Song, Y., Yu, J., Li, G., Li, Y., Wang, Y., and Xu, R. (2002) Chem. Commun., 1720
[198] Moliner, M., Serra, J.M., Corma, A., Argente, E., Valero, S., and Botti, V. (2005) Microporous Mesoporous Mater., 78, 73–81.

3 离子热合成沸石分子筛和
其他多孔材料

Russell E. Morris

3.1 引言

探索新的合成方法一直是沸石分子筛材料科学的重要研究方向，不仅是为了合成新结构、新性能的沸石分子筛，也是为研究其合成机理开辟新途径，从而能最终明白如何控制它们的体系结构[1]。鉴于沸石(以及其他多孔固体材料，比如金属有机骨架材料)的应用性质和它们的结构紧密相关，因此发展新的合成方法来了解如何控制它们的结构是非常重要的。

最近几年的核心战略是开发可以用做结构导向剂(SDAs或模板)的新的有机化合物。近年来，简单的SDAs可以导致沸石分子筛结构数量显著增加。这也是一种可以产生一些奇异的新材料(如IM-12)的方法[2]。然而，其他更具创新的方法也有其影响，既包括利用新方法来回收模板[3]，也包括使用氟化物矿化剂和电荷密度不匹配解决方法这种全新的合成概念[4~7]。

近年来，几个研究小组使用氟化物作为矿化剂来改善初始反应物的溶解性，并促进目标结构骨架的成键来制备新材料[4~6]。UOP的研究者开发了电荷密度不匹配方法用于制备新材料[7]。在此过程中，由于有机阳离子的电荷和无机骨架的化学组成不匹配，因此利用导向作用较弱的有机阳离子来制备稳定的无机初始溶液。然后，加入另一种少量SDA将会导向骨架材料结晶。高通量方法的应用也在一些方面取得了成功，特别是Valencia的Corma研究小组[8]。在我们实验室，我们开创利用离子液体(ILs)同时用做溶剂和SDA[9]。与溶剂分子(如水或有机分子)中的电荷相比，离子液体中的电荷显著改变了化学合成体系。我们用离子热合成来定义这种方法，以区别于水热法合成和溶剂热法合成。

在过去的几年中，离子液体已在许多领域引起高度重视[10]。大多数的研究集中在绿色化学[11]，特别注重在均相催化反应中代替有机溶剂[12]。离子液体低蒸气压的特定属性使其具有环境友好的特征[13]，特别在更换高挥发性有机溶剂时有巨大的优势。然而，离子液体在不同科学领域还有许多其他用途，包括电解质电池和燃料电池[14]，作为电沉积溶剂[15]和用负载的离子液体作为催化剂载体[16]。在一些反应中，离子液体只是作为惰性溶剂，或者是作为活性更好的反应物。

离子液体更加广泛的定义是包含大量离子的任何液体材料[10]。任何可熔的离子盐可以定义为"IL"，假定在熔体状态下离子成分依然保持不变。熔化盐被用做介质来来制备无机材料有很多报道[17]。通常情况下，这些合成过程需要较高的温度来制备密相固体。例如，碱金属氢氧化物熔盐可以用做熔融相，将其密封在惰性(如银)容器中，可以用于许多无机固体的合成。一般来说，这种熔盐的合成方法可用于直接替换传统的固相合成技术[17]。然而，现在的离子液体的定义趋向于在相对较低的温度下即表现为液体以及包含有机组分的这些化合物[18]。室温离子液体(RTILs)，顾名思义，即在室温下表现为液体，而近室温离子液体(nRTILs)通常定义为在低于某一温度(常为100℃)表现为液体的物质，虽然这取决于设想中的应用。在离子热合成中，nRTILs通常定义为在温度低于200℃(传统水热合成[9]中使用的温度)为液体的物质。在现今的用法中，术语"离子液体(ionic liquid)"几乎完全是指含至少一种有机离子液体的物质。离子液体中的有机组分倾向于含有较大和相当不对称的组分，这些组分通过规避固态的有效堆积而有助于降低熔点[10]。

离子液体展现出来的一系列属性使它们适合用做制备无机和有机-无机杂化材料的介质。它们可以是相对极性的溶剂，确保了合理并良好的无机前驱体的溶解性[19, 20]。许多(但不是全部)离子液体具有良好的热稳定性，可以在较高温度下的使用。

深度共晶溶剂(DESs)是一类离子液体，这种两种或多种化合物的混合物具有比其单独组分更低的熔点[21]。共晶混合物表现出不寻常的溶剂特性，同时其表现出与离子液体相似的溶解行为。无机盐、难溶于水的盐类、芳香酸、氨基酸和几种金属氧化物都在共晶溶剂中具有很高的溶解度(取决于所用的共晶混合物)[22]。共晶混合物相比其他的离子液体的优势，在于其易于通过纯态制备和其对水的相对惰性。很多共晶混合物都是可生物降解的，并且其组分的毒理学也可能较好的表征。可用于制备共晶混合物的组分(如尿素和氯化胆碱)也远比其他的离子液体便宜。

从根本上说，离子液体和熔融盐之间并没有实质差别，只不过离子液体的有机组分可以在溶剂中引入更多的功能化物种。在下面几节内容中，重点是介绍含有机组分的nRTILs作为一些材料合成中的介质，尤其是诸如沸石和金属有机框架等模板法合成的晶体材料。在此过程中，离子液体起到直接导向形成无机或无机-有机杂化材料的作用。

3.2 水热法、溶剂热法和离子热合成

从广义上讲，结晶的固体材料的合成可以分为两个种类型：固体状态的合成反应和溶液中的合成反应。固态方法通常要求非常高的反应温度，从而在高温下克服反应物到达反应位点的扩散困难。固态反应的高温也往往趋向于提供热力学更"青睐"的阶段。通常，这种方法是用于制备固体氧化物。在液相中的扩散明显比在固体中容易得多，而且合成需要的温度也低得多(通常低于200℃)。当反应溶剂是水时，最常使用的是水热合成[23]。水热合成最常用的方法是将反应物密封在特氟龙自增压容器中，这常会伴随产生显著的自动水热压力，常可达到15bar(1.5MPa)。水热合成中较低的温度往往会导致产品的动力学控制形成。与传统的固态方法相比，这种方法很容易制备亚稳相。水热合成中的重要反应和结晶过程虽然不一定必然发生在溶液中(尽管它们当然可以)，但可以发生在混合物中的凝胶的表面上。

溶剂热合成方法是指在材料的合成过程中使用溶剂进行合成[24]。当然，水是目前为止最重要的溶剂，因此，长期使用水热合成这个词来描述这一方法。然而，也存在许多其他的溶剂。醇、烃类、吡啶和许多其他有机溶剂也用到了水热合成过程中，并且取得了不同程度的成功[24]。

像水一样，这些溶剂分子会在较高温度下产生显著的自增压力。在溶剂热合成过程中，溶剂根据其性质有很大的不同，可以表现为非极性、疏水性，也可以表现为极性和亲水性。水热、溶剂热合成过程中的溶剂，从根本上不同于离子液体，因为它们的分子性质不同。离子液体的离子性质赋予其独特的性能，包括较低的蒸气压(极少会在高温下产生自增压力)[25]。

3.3 离子热合成磷酸铝

许多离子液体与在水热合成沸石和其他多孔材料中常用的SDA(有时也被称为模板)具有非常相似的化学结构[26]。认识到这一点后,我们就能尝试用离子液体同时作为溶剂和模板剂来制备沸石型框架结构。这一方法的潜在优点是当溶剂和模板是同一种物质时,溶剂和模板在生长固体作用时消除了两者的相互竞争。原则上,这可能会更有利于模板导向沸石晶体结构的生长。在此领域的第一篇论文,出版于2004年,研究者使用1-乙基-3-甲基咪唑鎓溴化物(EMIM Br)和尿素/氯化胆碱DESS在不同的条件下制备了若干不同的材料[10]。

之后,有很多进一步的尝试来制备沸石型材料。迄今为止,最成功的是离子热合成磷酸铝沸石。许多常见的离子液体都可作为制备这些材料的合适溶剂,包括制备已知[27~30]和未知[31]的材料,以及相关的低维材料[32, 33]也已成功合成。需要指出是,离子热方法绝不是只能简单地制备铝磷酸碱金属盐结构,离子热方法也可以在分子筛框架中掺入杂原子,以提高材料的化学活性。硅(所谓的SAPO)[34]和许多不同四面体金属(钴、镁等),都可以用离子热合成的方法掺入铝磷酸盐沸石中,以改变它们的催化活性[35]。若使用另外的模板剂[36],可表现出一些更有价值的结果。本章剩余部分将会讨论一些磷酸铝合成过程中的不寻常概念。

图3.1显示了几个从一种特殊的IL-EMIM溴离子液体来制备的一系列SIZ-n(ST.Andrews离子热沸石)材料。一些材料的结构众所周知,但是也有一些材料的结构为未知。SIZ-1的结构是由双六元环连接形成的层,通过4个四面体中心(二磷和二铝)为单位组成的四元环连接到一个三维框架形成的六角棱柱单元组成。该材料的结构式为$Al_8(PO_4)_{10}H_3 \cdot 3C_6H_{11}N_2$,$Al-O-P$为交替结构。因此,该框架常被一些骨架外氢键中断。骨架上的负电荷(由$P-O$键末端产生)平衡了孔道中模板剂1-甲基-3-乙基咪唑鎓的电荷。SIZ-1的整体结构表现出与a和b晶轴平行的二维孔道。SIZ-3、SIZ-4、SIZ-5、SIZ-8和SIZ-9都表现为已知的骨架结构,分别为AEL、菱沸石(CHA)、AFO、AEI和方钠石(SOD)的骨架结构。SIZ-7是一种新的钴磷铝材料,国际沸石协会(IZA)的代码为SIV。然而,SIZ-7具有新颖的骨架结构,与相关沸石分子筛PHI、GIS和merlinoite(MER)等同属一种结构类型。这类沸石分子筛的特点是结构中含有双曲轴链。

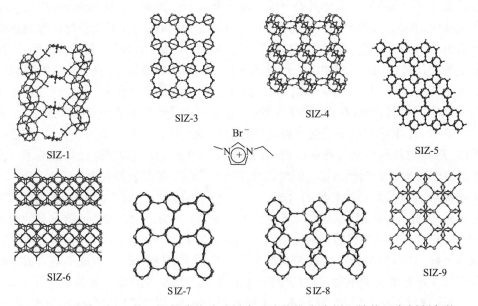

图3.1 几种使用1-乙基3-甲基溴化咪唑鎓离子液体作为溶剂和结构导向剂制备的
SIZ-n系列磷酸铝沸石结构

在SIZ-7分子筛中,这些链具有平行于晶体a轴的结构,并且相互连接形成具有一维小孔结构的分子筛,孔内含有由8个四面体原子环形成的窗口(称为八环窗口)。在a轴方向重复单元长度是10.2959(4)Å,并且等于双曲轴链的重复单元。这些链通过与4个环的b和c方向首尾相连形成八元环窗口。相邻链的相对取向意味着有两种类型的八元环通道。这两种不同的窗口大小相似(3.66Å×3.26Å和3.40Å×3.52Å),但形状不同。在b轴方向重复有相同类型的八元环通道,从而导致在此方向具有14.3715(5)Å的重复单元;同时,在c轴方向两种通道互相交替,导致这一方向上具有两倍于前者的重复单元长度[28.599(1)Å]。

图3.1中也给出了SIZ-6的整体结构。这是一种包含一层化学组成为$Al_4(OH)(PO_4)_3(HPO_4)(H_2PO_4)$、厚度为13.5Å的阴离子磷铝层的特殊的材料。图层含有4个、6个和7个节点(铝或磷原子)组成的环。八元环的窗口足够大,从而使小分子可以通过不同层次的多级孔道。这些层通过一些相对较强的氢键结合在一起。这是因为两个H_2PO_4基团存在相互作用,跨越2.441Å的氧键O—O形成的二聚体。此外,层上的负电荷由层间的1-乙基-3-甲基咪唑(EMIM)阳离子所平衡。

3.4 离子热合成硅基沸石

离子热合成AlPOs是相对简单的。虽然使用离子液体法合成介孔硅材料取得了成功,但是用离子热法合成硅基沸石仍然面临很大挑战[37]。离子热合成沸石的问题是硅基材料在离子液体中的溶解性较低,不能有效地生成硅酸盐及铝硅酸盐材料。在 2009年之前,仅有一篇论文报道了用离子液体合成硅多晶型物[38],以及一篇论文合成方钠石的实例[39]。合成沸石要求制备出对硅酸盐溶解度更好的离子液体。最近,在我们的实验室,我们用卤化物和氢氧阴离子制备的离子液体可以作为制备纯硅和硅铝沸石的优良溶剂。氢的存在增加了初始硅酸盐的溶解度,并促使沸石在一定的时间尺度内结晶(见图3.2)。然而,尽管这种方法是可行的,但了解硅物种在离子液体中的化学状态还很困难。如果要实现大规模制备硅基分子筛,我们还需要在离子液体合成方面花费很大的精力。

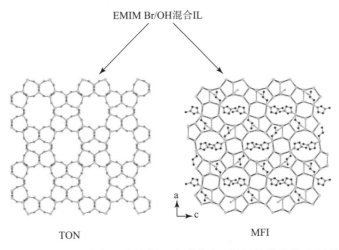

图3.2 使用1-丁基3-甲基咪唑鎓离子液体与混合溴化氢-氢氧化物抗衡离子的纯二氧化硅沸石(TON和MFI)的离子热合成(从MFI的单晶X射线衍射结构可以清楚地看到BMIM阳离子)

3.5 离子热合成金属有机骨架和配位聚合物

类似于沸石分子筛的合成,离子液体也可以作为溶剂和模板来制备许多其他类型的固体材料。其中,最有趣和最重要的一类材料是最近开发出的金属有机骨架材料(也被称为配位聚合物)[40, 41]。这些材料有望在很多方面得到应用,特别是在气体储存方面[42~45]。通常,这些材料是采用溶剂热反应制备的,如醇和二甲基甲酰胺等有机溶剂。在过去的几年里,离子热合成已广泛用于制备这些类型的固体材料[46~55]。

与沸石不同的是,配位聚合物的热稳定性较差,导致去除模板剂困难。在脱除模板剂的过程中必然会导致结构的坍塌。然而,用DESs来制备多孔材料是一种可行的方法,Bu等[56]证实了这项研究。

采用离子热法制备的材料常常是低维固体,这也是一种很容易实现量产的方法。因此离子热作为化学溶剂很可能在这一领域实现广泛应用。

3.6 常压离子热合成

也许,离子热合成最显著的特征是具有非常低的蒸气压。这意味着不同于溶剂(如水分子),离子液体可以被加热到比较高的温度而无自压产生。这样,高温反应就不需要一定在诸如具有特氟龙内衬的压力容器内进行,而可以选择在简单容器(如圆底烧杯)内进行。高温无自生压力也使得微波加热液体成为一种安全的热点研究。假定离子液体保持稳定而不分解为小分子,则不会由于压力过度增加发生与此相关联的爆炸危险[57, 58]。图3.3给出了使用微波加热合成一种磷酸铝分子筛的过程中(SIZ-4)测得的压力变化曲线[59]。图3.3a是纯离子液体溶剂,显然在整个过程中不产生自压。然而,图3.3b表明即使只有少量的水添加到体系中,即可产生显著的压力。

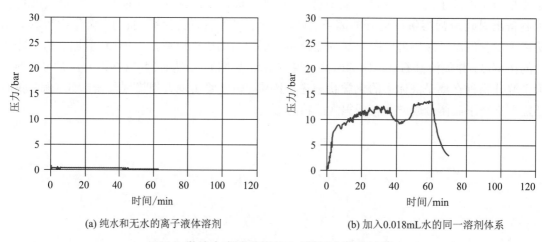

(a) 纯水和无水的离子液体溶剂   (b) 加入0.018mL水的同一溶剂体系

图3.3 微波合成磷酸铝SIZ-4的压力演变过程

常压合成沸石的一种最有趣的潜在用途是涂层防腐。Yushan Yan[60, 61]发现离子热制备的沸石可以用做几种不同类型合金的优良防腐涂料。鉴于目前的涂料技术大量使用对环境不友好的铬,所以寻求替代材料成为目前的研究热点。使用常压离子热合成,无需笨重的耐压容器,可以使用这种方法制得优秀涂料,这是一种潜在的重要替代技术。

3.7 阳离子模板、共模板或无模板的作用

离子热合成的初衷是通过溶剂和模板剂"合二为一"来简化传统水热合成中模板导向的过程。模板分子通常是通过阳离子携带的正电荷与沸石骨架的负电荷相互作用来影响沸石的合成过程。常用的模板离子结构与离子液体的结构非常相似。因此,离子液体中的阳离子可以很好地与分子筛的骨架结合,其结合方式与传统的沸石分子筛合成中的结合方式完全相同[9]。

同样,离子液体也可以同时作为溶剂和模板用于金属有机骨架的合成。大多数溶剂热制

备的MOFs具有中性的骨架结构,但当模板是一种阳离子时,分子筛骨架会表现为负电荷,这种行为与传统的沸石合成过程相似。当然,使用模板的总体目标是通过改变模板剂阳离子的大小来实现对材料的结构控制。以上虽已众所周知,然而,除了与阳离子的大小有一定相关作用外,模板并不能实现对于最终产品结构非常精确的控制。图3.4显示了离子热合成所共有的一般特征。在这项工作中,改变离子液体阳离子的大小对最终产品的结构有一定影响,由于骨架结构会倾向于适应模板剂,所以较大的阳离子模板会产生更加开阔的骨架结构。然而,这并不是在合成MOF结构中所特有的结构,表明模板仅仅起到一种填充物的作用,而没有模板-骨架相互作用(Lin, Morris,未发表的作品)。

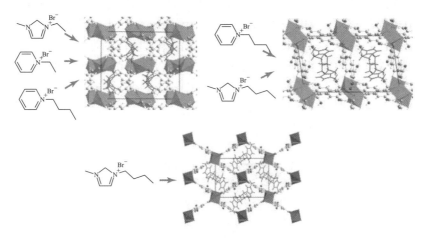

图3.4 改变IL阳离子的尺寸对所得金属有机骨架结构的影响

在水热合成中,也有可能加入替代阳离子作为模板。同样,离子热合成的情况也是完全相似的,加入模板剂为合成提供了巨大的机遇。最近,Xing等[62]发现,当把甲基咪唑(MIA)加入一种咪唑离子液体(EMIM Br)可以形成协同模板作用,最终可以将MIA和EMIM Br一起封于固体材料中。这种材料有趣的特点是它似乎是由两个不同的层所组成。MIA位于其中的一层,而EMIM Br则接近另外一层,这似乎表明每一种模板各自在导向不同结构形成过程中起到不同的作用。可是,在弄清全部机理之前,我们还不能完全确定这种作用。但是,之前以EMIM为模板制备的SIZ-1和SIZ-4的结构与EMIM模板的结构紧密相关,则在一定程度上间接证实了这一机理。

迄今为止,离子液体的阳离子在合成中仅起到模板剂的作用。然而,就如其他任何溶剂,包括水,也有可能与分子筛骨架结合而产生相互作用。大多数基于二烷基咪唑阳离子的离子液体并没有连接到金属的位点。然而,一些离子液体,在特定条件下,可以断键离开烷基化咪唑物种,从而与金属配位[63]。在水热合成条件下,如何控制溶剂与骨架材料的相互作用,对决定材料的最终性能有非常重要的作用。在这方面有一个相似的例子,当使用氯化胆碱/尿素类DES离子液体时,在有机金属骨架中溶剂可与金属发生相互作用。通常这类溶剂并不稳定,特别是尿素部分可以分解成小分子模板。然而,在尿素稳定的条件下,依然有可能发生这种相互作用,比如在离子热合成镧基MOFs的过程中,尿素可与金属发生相互作用[64]。

离子液体除了含有模板阳离子外,也含有阴离子,而阴离子在控制离子液体溶解性能方面起到非常重要的作用。阴离子在某些情况下也可以封闭在结构中作为模板。在这种情况下,阴离子常常是和离子液体的阳离子一起发挥作用。Bu等[56]最近发现,在一系列的MOFs材料(称为ALF-n)中,离子液体表现出不同的行为,即仅仅阳离子起到模板作用或者阴阳离子同时起到模板作用。这也表明不同离子液体在相同的体系中也可能会起到不同的作用。

当然，离子液体也会仅仅作为溶剂而并未被封闭在最终的结构中。对于磷铝分子筛和MOFs材料，若所用的离子液体为常规的模板，可以得知它们将被封闭于最终的结构中。但是在某些情况下，这种现象却不会发生。造成这种情况最重要的原因也许是离子液体的疏水作用。在磷铝分子筛和MOFs材料的合成过程中，离子液体的疏水性越强，其越难被封闭在沸石的结构中[32]。当然，如果体系的化学性质发生变化(例如，通过尝试制备不同类型的无机材料)，离子液体的溶剂和模板之间相互作用的平衡关系也会发生变化。

3.8 阴离子的结构诱导作用

在前文已知，离子液体中常用的有机阳离子与分子筛模板剂的化学组成非常相似。但是离子液体中也包含阴离子，阴离子在调控离子液体性质方面具有非常重要的作用。图3.5说明了这种离子液体对阴离子的依赖作用。两种在室温下是固体的低熔点的离子液体，具有相同的阳离子(EMIM)，但阴离子不同，即溴和三酰亚胺(NTf$_2$)。这两种离子液体具有非常不同的性质，尤其是它们与水的相互作用。图3.5表明了在空气中暴露20min后两者发生的变化。(EMIM)NTf$_2$是一种相对疏水性物质，暴露于空气中并没有发生变化。而(EMIM)Br则具有很强的亲水性，会与空气中的水分发生反应。

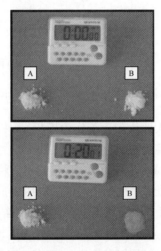

图3.5 湿空气对疏水EMIM三酰亚胺(样品A)和亲水(EMIM)Br(样品B)的影响[在室温下暴露于正常空气20min后，(EMIM)Br从大气中吸收了足够的水分从固体转变为液体]

显然，这种离子液体中阴离子的存在会显著影响在溶剂中的反应。这方面的一个例子如3.7节所示，在合成磷酸铝时，(EMIM)Br 溶剂会使得EMIM阳离子掺杂入分子筛骨架中，而(EMIM)NTf$_2$离子液体则并不会导致阳离子掺杂现象的发生[32]。更有趣的是，混合使用这两种不同的离子液体具有潜在应用价值。图3.6给出了合成钴苯三甲酸MOFs材料的过程。两种离子液体(EMIM)Br和(EMIM)NTf$_2$，经过50∶50混合可以形成第三种结构类型。这一结果开创了两种不同结构的离子液体混合来控制溶剂结构的可能。一个类似的例子是将一种阴离子离子液体(含50%溴和50%三酰亚胺)用于离子热合成可以来制备多孔配位聚合物。但是如果离子液体仅包含一种阴离子(溴或者三酰亚胺)，则并不能产生任何结晶固体。

显然，在上述的例子中，阴离子决定了材料的最终性质。然而，阴离子本身却一般不会被插入到分子筛的结构中。在这种情况下，阴离子以感应作用而不是以模板的结构导向作用影响合成。改变溶剂的化学性质会使产品的化学性质发生变化也许并不奇怪，这也许是并不太令人惊讶的化学变化。图3.6中，阴离子的性质和最终产品性能之间并没有明显的对应关系。然而，在2007年，我们发表了一例利用包含手性阴离子的离子液体诱导形成的非手性嵌段基团的配位聚合物[67](见图3.7)。在这个例子中，由丁基甲基咪唑(BMIM)阳离子结合L-天冬氨酸为阴离子制备的手性离子液体用来制备手性的钴苯三甲酸MOFs材料。所有迹象表明，最终形成了纯手性的材料。最终的材料中保留了离子液体阴离子的部分特殊属性，尽管它并没有包含在分子筛骨架中，这种潜在的感应设计能力非常有趣。可以期待离子热合成的这种性质将来一定会得到更深入的探索和更彻底的利用。

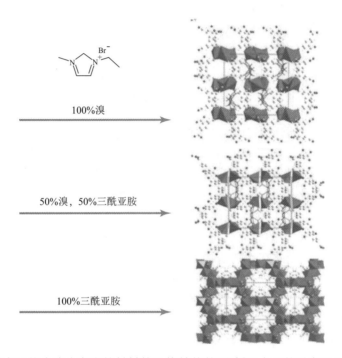

100%溴

50%溴，50%三酰亚胺

100%三酰亚胺

图3.6 阴离子对离子热合成中产生的材料的最终结构的影响[最上面的反应显示使用(EMIM)Br作为溶剂，并产生一种特定的钴-均苯三甲酸MOF；使用(EMIM)Br与EMIM三氟甲酰胺按50∶50的比例混合的混合物产生不同的MOF，而仅使用EMIM三氟甲酰胺产生另一种材料]

3.9 水和矿化剂的作用

离子热合成的首要问题是离子液体是否具有足够的促进沸石分子筛和其他无机材料形成的能力，特别是在用水来催化金属氧化物缩合成键的合成过程中。离子热合成过程中需要强调的第一点，是如果水浓度太高，则对沸石的形成是有害的。在低浓度的水的情况下，沸石是主要产品，但如果在离子液体中加入更高浓度的水，以至于两者达到相同的摩尔浓度，则只能得到致密相。Wragg等[63]通过几百组高通量反应研究了这种效果，发现大量的水确实会导致致密相。这种效应的起源仍在进行研究，但众所周知，水在离子液体中的微观结构会随着浓度的变化而变化。在低浓度时，水和阴离子通过相对较强的氢键作用键合到一起，以孤立的水分子或非常小的簇存在[68]。然而，随着水含量的增加，形成更大的集群，并最终形成氢键键合的网络结构，这样会强烈的改变混合液体的性质。最终，由于加入更多的水，它成为占主导地位的化学成分(即成为溶剂)，系统成为水热体系，而不是离子热体系。

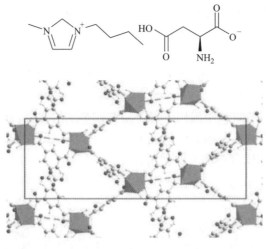

图3.7 使用带手性阴离子的离子液体诱导手性MOF结构(使用非手性阴
离子产生非手性结构)

离子液体水分子强烈的键合作用会导致另一个有趣的效果,即可用于离子热合成过程中的所谓的水失活。在低浓度的水的情况下,这种强的氢键作用会导致水反应活性低于相同水量的其他溶剂。这种效果非常强大,以至于水解敏感的化合物,例如PCl₃可以在此条件下存在相对较长的时间。与此相反,在其他"湿"溶剂中它们会迅速反应,并且非常剧烈[69]。水的失活效果可能导致为什么有些离子液体制备的材料具有与众不同的特点。例如SIZ-13,一种与沸石类似的含有Co—Cl键的具有层状结构的钴磷铝酸盐材料。通常在水热条件下,这样的键会由于水解而不稳定,因此在水热条件下,它是不可能稳定存在的[27]。

在沸石(和其他材料)的合成过程中,适当数量的矿化剂(如氟或氢氧根离子)加入到反应混合物中,往往对所需沸石的结晶有重要影响。近来发现,特别是氟,在磷酸铝[70]和硅材料[71, 72]的合成过程中是非常有用的矿化剂。除了在反应条件下帮助溶解原料外,有证据表明氟本身可以发挥结构导向作用[73]和在某些材料的合成中起到诱导模板有序的作用[74, 75]。在离子热合成过程中,氟的加入有助于优化反应中反应相的选择性[9]。Camblor等[71]认为它也有助于催化沸石合成化学键的形成。例如,在磷铝合成过程中,氟的添加会导致结构为四个完全连接的分子筛骨架SIZ-3和SIZ-4形成,以及具有中断的未连接的P—OH键的SIZ-1。

Tian等[76]最近研究了加入水和氟对离子热系统动力学的影响。从他们的研究结果可知,少量的水,特别是氟的存在都会显著提高结晶速率。如果在反应过程中尽可能的排除水分,整个结晶过程则会变得异常缓慢,这表明少量的水(可以是离子液体中的水)对于离子热合成过程的成功非常重要。

3.10 不稳定的离子液体

在许多专著和论文中,我们常常可以看到高水热稳定性和高化学稳定性的离子液体。纵然不可能对所有的离子液体都进行概括,但这是在大多数情况下离子液体都表现出来的性质。然而,在离子热合成条件下,一些常见的离子液体也会被破坏,尤其是氟离子存在的情况下[77]。一个可能的反应是烷基转移反应,从而形成二甲基咪唑阳离子,并以此作为模板导向沸石的形成。

氯化胆碱/尿素混合物类的DES离子液体在离子热状态下也是不稳定的。离子液体的尿素部分破裂释放铵离子,铵离子作为模板导向SIZ-2磷铝材料的形成,而且离子液体的这种不稳定性实际上重复性非常好。官能化脲制备的共晶离子液体也以同样的方式断裂来分解产生官能化的铵或二铵阳离子，然后作为模板导向产生许多不同的结构[78]。这样，离子液体在反应混合物中产生少量模板剂成为可能，而不是整个离子液体都作为模板剂。

3.11 总结和展望

通常，离子液体可替代挥发性的有机溶剂，被人们认为是"绿色"的化学品。当离子液体替代水用于合成无机骨架材料如沸石时，离子热合成并不能被称为绿色技术。当离子液体用于替换有机溶剂时，例如，在合成金属有机骨架材料的时候，才更适合使用"绿色"标签。然而，即使在这些合成体系中，这种方法是否有效取决于能否在离子热合成中引入在其他系统中无效的新的化学体系。幸运的是，近年来，离子热合成作为一种非常灵活的方法，确实引入了新的化学体系。比如一些水失活和手性诱导等特征，提供了许多在其他溶剂中不可能成功制备的材料的可能性。

离子液体离子热合成最有趣的特性之一是可用液体的数量。可用的离子液体数量估计有100万的平方，相比之下，溶剂分子筛只有几百种。大量的可用液体种类，为反应物匹配化学溶剂体系提供巨大的机遇。然而，也提出了巨大的挑战——如何预测溶剂性质以及它们会怎样与反应物结合。到目前为止，对离子液体的研究还仅限于少数的容易获得的离子液体，也留下了许多潜在完全未开发的离子液体等待进行进一步研究。离子热合成中的一个特别有趣的特点是使用混合离子液体制备新的不同性质的溶剂(参见3.8节)。如何预测混合离子液体的性质又成为一个新的问题。然而，这种方法特别适合于使用高通量的方法进行预测，因为通过高通量方法制备的新溶剂可以通过高通量的仪器来分析，至少会得到我们感兴趣的混合物组成领域。

用离子液体来合成固体材料，当然，这不仅限于新的杂化和固体骨架材料。在纳米材料领域和其他领域，甚至如有机固体领域，离子液体应用也在稳步增加。然而，在合成方法方面仍然有进一步发展空间。

在分子筛科学领域，所面临的显而易见的挑战仍然是硅基分子筛的合成。如何了解硅物种在离子液体中的形态，特别是硅物种在离子液体中的溶解状态，这依然是我们面临的挑战。显然，从分子水平到离子液体溶剂的性质显著影响其化学性质，离子液体合成将无疑会产生新的沸石结构。我们希望，当我们发现更多的关于离子液体的一些有趣的性质以后，离子热合成将会成为沸石合成的一种有力工具。

参考文献

[1] Davis, M.E. (2002) Nature, 417, 813–821.
[2] Paillaud, J.L., Harbuzaru, B., Patarin, J., and Bats, N. (2004) Science, 304, 990–992]
[3] Lee, H., Zones, S.I., and Davis, M.E. (2003) Nature, 425, 385–388.
[4] Caullet, P., Paillaud, J.L., Simon-Masseron, A., Soulard, M., and Patarin, J. (2005) C. R. Chim, 8, 245–266.
[5] Villaescusa, L.A., Lightfoot, P., and Morris, R.E. (2002) Chem. Commun, 2220–2221.
[6] Villaescusa, L.A., Wheatley, P.S., Bull, I., Lightfoot, P., and Morris, R.E. (2001) J. Am. Chem. Soc, 123, 8797–8805.
[7] Blackwell, C.S., Broach, R.W., Gatter, M.G., Holmgren, J.S., Jan, D.Y., Lewis, G.J., Mezza, B.J., Mezza, T.M., Miller, A.M., Moscoso, J.G., Patton, R.L., Rohde, L.M., Schoonover, M.W., Sinkler, W., Wilson, B.A., and Wilson, S.T. (2003) Angew. Chem, 42, 1737–1740.
[8] Corma, A., Diaz-Cabanas, M.J., Jorda, J.L., Martinez, C., and Moliner, M. (2006) Nature, 443, 842–845.
[9] Cooper, E.R., Andrews, C.D., Wheatley, P.S., Webb, P.B., Wormald, P., and Morris, R.E. (2004) Nature, 430, 1012–1016.
[10] Rogers, R.D. and Seddon, K.R. (2003) Science, 302, 792–793.
[11] Blanchard, L.A., Hancu, D., Beckman, E.J., and Brennecke, J.F. (1999) Nature, 399, 28–29.
[12] Cole-Hamilton, D.J. (2003) Science, 299, 1702–1706.
[13] Earle, M.J., Esperanca, J., Gilea, M.A., Lopes, J.N.C., Rebelo, L.P.N., Magee, J.W., Seddon, K.R., and Widegren, J.A. (2006) Nature, 439, 831–834.
[14] Chou, S.L., Wang, J.Z., Sun, J.Z., Wexler, D., Forsyth, M., Liu, H.K., MacFarlane, D.R., and Dou, S.X. (2008) Chem. Mater, 20, 7044–7051.
[15] Abbott, A.P. and McKenzie, K.J. (2006) Phys. Chem. Chem. Phys, 8, 4265–4279.
[16] Miao, W.S. and Chan, T.H. (2006) Acc. Chem Res, 39, 897–908.

[17] Mugavero, S.J., Bharathy, M., McAlum, J., and zur Loye, H.C. (2008) Solid State Sci, 10, 370–376.
[18] Wasserscheid, P. and Welton, T. (2003) Ionic Liquids in Synthesis, Wiley-VCH Verlag GmbH, Weinheim.
[19] Reichert, W.M., Holbrey, J.D., Vigour, K.B., Morgan, T.D., Broker, G.A., and Rogers, R.D. (2006) Chem. Commun, 4767–4779.
[20] Nockemann, P., Thijs, B., Pittois, S., Thoen, J., Glorieux, C., Van Hecke, K., Van Meervelt, L., Kirchner, B., and Binnemans, K. (2006) J. Phys. Chem. B, 110, 20978–20992.
[21] Abbott, A.P., Capper, G., Davies, D.L., Rasheed, R.K., and Tambyrajah, V. (2003) Chem. Commun, 70–71.
[22] Abbott, A.P., Boothby, D., Capper, G., Davies, D.L., and Rasheed, R.K. (2004) J. Am. Chem. Soc, 126, 9142–9147.
[23] Cundy, C.S. and Cox, P.A. (2003) Chem. Rev, 103, 663–701.
[24] Morris, R.E. and Weigel, S.J. (1997) Chem. Soc. Rev, 26, 309–317.
[25] Luo, H.M., Baker, G.A., and Dai, S. (2008) J. Phys. Chem. B, 112, 10077–10081.
[26] Lobo, R.F., Zones, S.I., and Davis, M.E. (1995) J. Mol. Incl. Phen. Mol. Rec. Chem, 21, 47.
[27] Drylie, E.A., Wragg, D.S., Parnham, E.R., Wheatley, P.S., Slawin, A.M.Z., Warren, J.E., and Morris, R.E. (2007) Angew. Chem. Int. Ed, 46, 7839–7843.
[28] Liu, L., Kong, Y., Xu, H., Li, J.P., Dong, J.X., and Lin, Z. (2008) Microporous Mesoporous Mater, 115, 624–628.
[29] Han, L.J., Wang, Y.B., Li, C.X., Zhang, S.J., Lu, X.M., and Cao, M.J. (2008) AIChE, 54, 280–288.
[30] Hu, Y., Liu, Y.J., Yu, J.Y., Xu, Y.P., Tian, Z.J., and Lin, L.W. (2006) Chin. J. Inorg. Chem, 22, 753–756.
[31] Parnham, E.R. and Morris, R.E. (2006) J. Am. Chem. Soc, 128, 2204–2205.
[32] Parnham, E.R. and Morris, R.E. (2006) J. Mater. Chem, 16, 3682–3684.
[33] Parnham, E.R., Wheatley, P.S., and Morris, R.E. (2006) Chem. Commun, 380–382.
[34] Xu, Y.P., Tian, Z.J., Xu, Z.S., Wang, B.C., Li, P., Wang, S.J., Hu, Y., Ma, Y.C., Li, K.L., Liu, Y.J., Yu, J.Y., and Lin, L.W. (2005) Chin. J. Catal, 26, 446–448.
[35] Wang, L., Xu, Y.P., Wang, B.C., Wang, S.J., Yu, J.Y., Tian, Z.J., and Lin, L.W. (2008) Chemistry, 14, 10551–10555.
[36] Wang, L., Xu, Y.P., Wei, Y., Duan, J.C., Chen, A.B., Wang, B.C., Ma, H.J., Tian, Z.J., and Lin, L.W. (2006) J. Am. Chem. Soc, 128, 7432–7433.
[37] Wang, T.W., Kaper, H., Antonietti, M., and Smarsly, B. (2007) Langmuir, 23, 1489–1495.
[38] Parnham, E.R. and Morris, R.E. (2007) Acc. Chem. Res, 40, 1005–1013]
[39] Ma, Y.C., Xu, Y.P., Wang, S.J., Wang, B.C., Tian, Z.J., Yu, J.Y., and Lin, L.W. (2006) Chem. J. Chin. Univ, 27, 739–741.
[40] Kitagawa, S., Kitaura, R., and Noro, S. (2004) Angew. Chem. Int. Ed, 43, 2334–2375.
[41] Ferey, G. (2008) Chem. Soc. Rev, 37, 191–214.
[42] Morris, R.E. and Wheatley, P.S. (2008) Angew. Chem. Int. Ed, 47, 4966–4981.
[43] Rosi, N.L., Eckert, J., Eddaoudi, M., Vodak, D.T., Kim, J., O'Keeffe, M., and Yaghi, O.M. (2003) Science, 300, 1127–1129.
[44] Banerjee, R., Phan, A., Wang, B., Knobler, C., Furukawa, H., O'Keeffe, M., and Yaghi, O.M. (2008) Science, 319, 939–943.
[45] Xiao, B., Wheatley, P.S., Zhao, X.B., Fletcher, A.J., Fox, S., Rossi, A.G., Megson, I.L., Bordiga, S., Regli, L., Thomas, K.M., and Morris, R.E. (2007) J. Am. Chem. Soc, 129, 1203–1209.
[46] Chen, S.M., Zhang, J., and Bu, X.H. (2008) Inorg. Chem, 47, 5567–5569.
[47] Hogben, T., Douthwaite, R.E., Gillie, L.J., and Whitwood, A.C. (2006) CrystEngComm, 8, 866–868.
[48] Ji, W.J., Zhai, Q.G., Hu, M.C., Li, S.N., Jiang, Y.C., and Wang, Y. (2008) Inorg. Chem. Commun, 11, 1455–1458.
[49] Liao, J.H. and Huang, W.C. (2006) Inorg. Chem. Commun, 9, 1227–1231.
[50] Liao, J.H., Wu, P.C., and Bai, Y.H. (2005) Inorg. Chem. Commun, 8, 390–392.
[51] Liao, J.H., Wu, P.C., and Huang, W.C. (2006) Cryst. Growth Des, 6, 1062–1063.
[52] Lin, Z.J., Li, Y., Slawin, A.M.Z., and Morris, R.E. (2008) Dalton Trans, 3989–3994.
[53] Shi, F.N., Trindade, T., Rocha, J., and Paz, F.A.A. (2008) Cryst. Growth Des, 8, 3917–3920.
[54] Xu, L., Choi, E.Y., and Kwon, Y.U. (2007) Inorg. Chem, 46, 10670–10680.
[55] Zhang, J., Chen, S.M., and Bu, X.H. (2008) Angew. Chem. Int. Ed, 47, 5434–5437.
[56] Zhang, J., Wu, T., Chen, S.M., Feng, P., and Bu, X.H. (2009) Angew. Chem. Int. Ed., 48, 3486–3490.
[57] Lin, Z.J., Wragg, D.S., and Morris, R.E. (2006) Chem. Commun, 2021–2023.
[58] Xu, Y.P., Tian, Z.J., Wang, S.J., Hu, Y., Wang, L., Wang, B.C., Ma, Y.C., Hou, L., Yu, J.Y., and Lin, L.W. (2006) Angew. Chem. Int. Ed, 45, 3965–3970.
[59] Wragg, D.S. and Morris, R.E. Solid State Sci, in press.
[60] Cai, R., Sun, M.W., Chen, Z.W., Munoz, R., O'Neill, C., Beving, D.E., and Yan, Y.S. (2008) Angew. Chem. Int. Ed, 47, 525–528.
[61] Morris, R.E. (2008) Angew. Chem. Int. Ed, 47, 442–444.
[62] Xing, H.Z., Li, J.Y., Yan, W.F., Chen, P., Jin, Z., Yu, J.H., Dai, S., and Xu, R.R. (2008) Chem. Mater, 20, 4179–4181.
[63] Byrne, P.J., Wragg, D.S., Warren, J.E., and Morris, R.E. (2009) Dalton Trans, 795.
[64] Himeur, F., Wragg, D.S., Stein, I., and Morris, R.E. Solid State Sci., doi: 10.1016/j.solidstatesciences.2009.05.023.
[65] Lin, Z., Wragg, D.S., Warren, J.E., and Morris, R.E. (2007) J. Am. Chem. Soc, 129, 10334.
[66] Hulvey, Z., Wragg, D.S., Lin, Z., Morris, R.E., and Cheetham, A.K. (2009) Dalton Trans, 1131.
[67] Lin, Z., Slawin, A.M.Z., and Morris, R.E. (2007) J. Am. Chem. Soc, 129, 4880.
[68] Hanke, C.G. and Lyndon-Bell, R.M. (2003) J. Phys. Chem. B, 107, 10873.
[69] Amigues, E., Hardacre, C., Keane, G., Migaud, M., and O'Neill, M. (2006) Chem. Commun, 72.
[70] Morris, R.E., Burton, A., Bull, L.M., and Zones, S.I. (2004) Chem. Mater, 16, 2844–2851.
[71] Camblor, M.A., Villaescusa, L.A., and Diaz-Cabanas, M.J. (1999) Top. Catal, 9, 59–76.
[72] Zones, S.I., Darton, R.J., Morris, R., and Hwang, S.J. (2005) J. Phys. Chem. B, 109, 652–661.
[73] Villaescusa, L.A., Lightfoot, P., and Morris, R.E. (2002) Chem. Commun, 2220–2221.
[74] Bull, I., Villaescusa, L.A., Teat, S.J., Camblor, M.A., Wright, P.A., Lightfoot, P., and Morris, R.E. (2000) J. Am. Chem. Soc, 122, 7128–7129]
[75] Villaescusa, L.A., Wheatley, P.S., Bull, I., Lightfoot, P., and Morris, R.E. (2001) J. Am. Chem. Soc, 123, 8797–8805.
[76] Ma, H.J., Tian, Z.J., Xu, R.S., Wang, B.C., Wei, Y., Wang, L., Xu, Y.P., Zhang, W.P., and Lin, L.W. (2008) J. Am. Chem. Soc, 130, 8120.
[77] Parnham, E.R. and Morris, R.E. (2006) Chem. Mater, 18, 4882.
[78] Parnham, E.R., Drylie, E.A., Wheatley, P.S., Slawin, A.M.Z., and Morris, R.E. (2006) Angew. Chem. Int. Ed, 45, 4962.

4 共模板法合成沸石分子筛

Joaquin Pérez-Pariente, Raquel Garćia, Luis Góomez-Hortigüela, Ana Belén Pinar

4.1 引言

基于Barrer等[1]的开创性工作,客体分子占据沸石腔体而在沸石结晶中发挥作用已成为共识。这里不讨论无机阳离子对沸石结晶的影响,水和不同类型的有机分子可以稳定低密度沸石骨架的固有的不稳定性,但是以牺牲更稳定的致密结晶相为代价。

在这种特定情况下,Aiello等[2]首先采用了模板的概念,可参考在菱钾沸石和欧米茄沸石的合成中,四甲基铵(TMA)阳离子可驻留于钠菱沸石笼子内而辅助合成。从那时起,"模板[3]"这个概念一直在新沸石分子筛的合成过程中非常富有成效[4, 5]。虽然在这个领域有很多种实验方法,但仅仅只有一种类型的有机分子可在所述合成凝胶中作为结构导向剂(SDA),也有一些沸石结构要至少两种不同的模板同时存在才能形成沸石晶体。本章将综合分析沸石型材料,包括基于二氧化硅和铝系的沸石结构材料。

多年积累的实验证据显示,有机分子除了结构导向作用,还与无机客体物种,诸如阳离子以及水和F⁻离子结合,对沸石结构的结晶施加引导作用。此外,这种结构导向概念应该被扩展至无机原子骨架,而不仅是Si、Al或P这些可以被插入微孔骨架中的原子。例如锗,对于几种含锗或者是非纯硅的同类材料,在锗存在时,合成凝胶更容易结晶[6, 7]。然而,鉴于本章我们主要讨论有机化合物对微孔沸石合成的影响,所以我们只在无机物质与有机化合物具有化学相互作用促进沸石结晶的情况下,才会考虑讨论无机物质。

4.2 双重孔道结构模板

20世纪80年代初,利用有机分子合成沸石得到了很大发展,许多新型高硅材料可以从含有许多不同类型的有机分子为模板的合成凝胶中进行结晶[8]。这些研究结果大部分为专利报道,专利中也描述了所得沸石的性能。有文献对所有这些专利进行了全面的回顾和分析工作,现在仍然是研究沸石材料的宝贵资源[9]。在一些早期的工作中,已有关于我们称之为共模板的混合模板使用的报道。在高硅沸石的合成中,共模板已经被成功地应用于当时的沸石合成中,并可实现沸石结构中不同大小的通道的制备。

美孚公司的研究人员报道了这类研究的第一个例子。1980年,他们报道利用含TMA的阳离子和丙胺凝胶,合成了沸石ZSM-39和ZSM-48[10~12]。随后,他们合成了ZSM-39[13]和相似的dodecasil-3c结构(MTN结构类型)。它是由两种不同大小的笼子组成,一个较小的五角十二面体和较大的十六面体。当时,没有确定有机分子在分子筛中位置,但是,随后的X射线衍射(XRD)表明,用吡啶丙胺混合物为模板合成的材料,两个有机分子会在笼中占据分子大小位置,相对较大的吡啶分子(或TMA阳离子)占据大笼位置,而小分子丙胺占据小笼位置[14]。因此,这种材料的合成需要不同大小的模板来稳定两个不同大小的笼子。后来,用TMABr混合物(而不是TMACl)和乙胺作为模板来合成ZSM-39[15]。

同样,虽然没有明确的证据表明有机分子确实占据了分子筛的某些位置,但有研究者于1980年,在TMA和正丙胺的存在下也成功合成出了ZSM-48[16]。后来,有研究者基于TMABr和辛胺对其合成进行了改进[17]。

研究人员最初使用镁碱沸石层模型来解释ZSM-48的合成过程。两个不同构象产生的层结构的共生可能是产生实际无序结构的原因[18]。最近,ZSM-48被描述为一种新的无序的材料家族,其由包含10个T-原子的硅酸盐管组装而成(T是指四面体)。这种连接是通过四环或通过锯齿形曲轴链条,从而形成叠片而直接连接。这种方案给出了几个有序的模型,相当于早些时候提出的基于镁碱沸石层模型[19]。

镁碱沸石框架具有二维孔道结构,由平行于c轴平行于b轴的十二元环通道和八元环通道组成。八元环通道与较小的六元环通道的交叉口,沿着c轴,形成镁碱沸石的空腔。镁碱沸石的结构即是合适的探针双模板的概念,有机分子可以驻留在小笼子里和十二元环通道里。

1981年,研究者报道了共模板存在下镁碱沸石的合成[20]。在这篇镁碱沸石合成专利中,采用TMA与不同的叔胺的几种组合制备出了FU-9(见表4.1)。在TMA$^+$三甲胺合成的产物中,Si/Al=10.5,C/N为3.6(3.6是C/N的自由分子之间的比率),从而表明导向剂成功掺入了沸石。用三丁胺或三乙醇胺替代三乙胺同样可导向FU-9结晶。

表4.1 共模板体系合成FER和MWW型材料

	SDA1	SDA2	相	F$^-$①	T/℃	参考文献
FER型材料	丙胺	TMA	ZSM-48	–		[16]
	三乙醇胺	TMA	FU-9	–		[20]
	三正丁胺	TMA	FU-9	–		[20]
	三乙醇胺	TMA	FU-9	–		[20]
	丙胺	吡啶	FER	+		[14]
	bmp	TMA	FER	+	135, 150	[21]
	bmp	奎宁环盐酸盐	FER分层	+	135	[22]
	bmp	TEA	FER分层	+	135, 150	
	bmpm	TMA	FER分层	+	135	
	bmp	奎宁环盐酸盐	FER+MWW	+	150	[22]
	bmpm	TMA	FER+MWW	+	150	
	奎宁环	TMA	MCM-65(CDO)	–	180	
MWW型材料	TMAda$^+$	二丙胺	ITQ-1	–	150	[24]
	TMAda$^+$	六亚甲基亚胺	ITQ-1	–	150	[24]
	TMAda$^+$	异丁基胺	SSZ-25	–	170	[25]
	TMAda$^+$	哌啶	SSZ-25	–	170	[25]
	多环胺	异丁基胺	SSZ-25	–	170	[25]

① 在列中数据中,"+"表示凝胶中存在该阴离子,"-"表示凝胶中不存在该阴离子。

XRD衍射表明,在合成凝胶中的不同有机分子模板均可导向镁碱沸石晶体的生成。在HF/吡啶溶剂中,利用吡啶、丙胺可以制备FER沸石[14]。单晶体的XRD研究表明,吡啶位于镁碱沸石腔和十二元环通道中,而少量的丙胺则位于通道中。丙胺似乎在镁碱沸石的合成中起到成核作用,因为我们可以在最终产品发现部分小分子,而且提高凝胶中的丙胺量,晶体尺寸会减小。相反,在没有丙胺的情况下可以合成出ZSM-39(MTN),这进一步表明了这些小分子在镁碱沸石结晶过程中的关键作用。在两种结构导向剂存在条件下,更高的加热温度或较长的加热时间都能得到这种竞争相。在这种情况下,丙胺驻留在分子筛的小空腔内,而吡啶则由于其体积太大,无法占据小笼而位于大笼内。

此外,已证明同时使用较大的1-苄基-1-甲基吡咯烷鎓(bmp,见图4.1)和较小的TMA阳离子都可以导向这种沸石结晶结构的形成[21]。当结构导向剂的大小增加至与奎宁环和四乙胺(TEA)分子大小相同时,就可以合成镁碱沸石材料。这种相的结构是由镁碱沸石层堆叠而成,有机分子位于该层间。这种MWW结构其实是与镁碱沸石相关的层状材料家族,它包含许多不同的种类,比如MCM-47、硼硅酸盐ERS-12或UZM材料系列[26~28]。在用奎宁合成镁碱沸石过程中,随着晶化时间的延长,层状相减少,这是由于在结晶过程中用奎宁取代了bmp[22]。当较大的有机分子,如TEA作为共模板,层间距离则并不随着晶化时间变化。

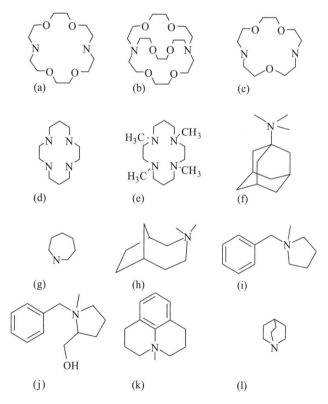

图4.1 在合成沸石中用做共结构导向剂的一些有机分子的结构

(a)Kryptox22; (b)Kryptox222; (c)Kryptox21; (d)1, 4, 8, 11-四氮杂环十四烷(环拉胺); (e)1, 4, 8,
11-四甲基-1, 4, 8, 11-四氮杂环十四烷(Tetramethylcyclam); (f)N, N, N-三甲基-1-金刚烷(TMAda[+]);
(g)六亚甲基亚胺(HMI); (h)N, N-二甲基-3-氮鎓二环[4.2.1]壬烷; (i)1-苄基-1-甲基吡咯烷(BMP);
(j)2-羟甲基-1-苄基-1-甲基-吡咯烷(bmpm); (k)4-甲基-2, 3, 6, 7-四氢-1H,
5H-吡啶并[3.2.1-IJ]喹啉; (l)奎宁环

分子力学计算表明，结构导向剂在镁碱沸石结构中占据特殊的位置，表明共同结构导向作用，并可以此来解释实验结果：较大的bmp分子占据十二元环通道，较小的结构导向剂占据镁碱沸石笼(见图4.2)。这些计算表明，TMA的阳离子强烈倾向于驻留镁碱沸石笼内，而奎宁环太大，不适应镁碱沸石空腔而需要驻留在一个较大的空腔内。对于TEA，其驻留在镁碱沸石的空腔将导致结构不稳定，说明由TEA得到的层状FER结构不能够转化得到完全致密的FER结构；奎宁则与此相反。此外，XRD研究表明，TMA的阳离子位于FER笼，而bmp占据十二元环通道(Pinar等手稿)。

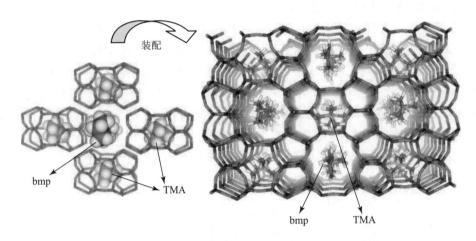

图4.2 在bmp分子周围自组装TMA填充腔得到最终的镁碱沸石结构的方案

若利用相关的手性阳离子——2-羟甲基-1-苄基-1-甲基吡咯烷鎓(bmpm，见图4.1)替换较大的bmp，使用TMA作为共模板可直接合成镁碱沸石，这证明了阳离子具有产生镁碱沸石的趋势。值得注意的是，上述许多生成镁碱沸石的过程，MWW族共结晶相只有在较高的合成温度下才可以合成(150℃，见表4.1)。

另一种含镁碱沸石层的材料MCM-65，也可由奎宁环和TMA作为共模板而合成。该前体的镁碱沸石层叠层经煅烧后形成一个新的笼形结构。煅烧后的MCM-65结构，即CDO结构，包括八元环通道形成的二维网络[23]。两种结构导向剂(奎宁环和TMA)最后都存在于MCM-65前体的孔隙中。

在两种结构导向剂的存在下，经常得到沸石的结构即是MWW，而且其常与结晶镁碱沸石共存。这种沸石的结构是由两个独立的通过十元环相互连通的孔道形成，一种为由十元环窗口互相连接的十二元环超笼，另一种为相互联通的二维正弦波形通道(18Å)。三维的MWW结构通常是通过层状MCM-22(P)前体得到的，煅烧时形成独具特色的三维沸石。有一类与MWW结构非常相关的材料，如MCM-22、MCM-56和MCM-49，它们之间的差异主要是由于层的堆叠程度不同[29]。MCM-49和煅烧后的MCM-22、MCM-56保持相同的层状结构。相关的材料还有硅铝酸盐SSZ-25[30]，以及含硼的ERB-1[31]和纯硅沸石ITQ-1[32]。

Camblor等[32]报道了利用N, N, N-三甲基-1-金刚烷铵(TMAda$^+$，见图4.1)作为唯一的结构导向剂来合成纯硅沸石ITQ-1。然而，合成过程很难得到重复。他们发现，当在系统内添加一个有机组分，如六亚甲基亚胺(HMI)或二丙胺(DPA)，这样就能更快和更可重复地合成[24]。他们指出，因为TMAda$^+$太大而不能适应正弦通道系统，从而稳定了十二元环的笼子，而胺的添加可填充在十元环的正弦通道系统，从而有利于ITQ-1的结晶。事实上，较大的胺，例如二异丁胺，在与HMI和DPA相同的条件下，并不能导向ITQ-1的结晶。此外，胺似乎对结晶的pH值产生了一定的影响，因为生成的盐酸盐会导向MCM-35，而不是ITQ-1[33]。在这种情况下，有机分子仅能占据沸石结构的笼。

SSZ-25作为一种MWW材料，也是在使用季铵阳离子TMAda+和不同的胺作为孔道填充剂双组分体系合成的。Zones等[25]研究了SSZ-25的结晶行为，不同的是两个组分都更换了。该体系具有较高的灵活，其他金刚烷衍生物，如游离胺或醇，都可用来代替TMAda+，并且在低浓度时就可导向SSZ-25。此外，在相同的条件下，其他的多环烃的阳离子与异丁胺和哌啶组合也可以导向SSZ-25，所有这些分子都拥有不适应十元环的正弦通道的尺寸，所以，其最有可能占据沸石的大笼。结果表明，降低凝胶合成过程中的金刚烷含量，可增加异丁胺的消耗量。然而，我们仍然需要一定量的该组分来合成沸石，因为如果在合成沸石过程中没有金刚烷，就会生成其他沸石。

混合模板剂体系，包括简单的和常用的季铵盐阳离子，在适宜的合成条件下，利用不同的独特组合，仍然具有发现新沸石结构的潜力。几年前，一个研究小组报告了UOP公司利用TMA/TEA混合体系合成了Si/Al<10的开放骨架结构材料，即UZM-4和UZM-5沸石[34]。前者具有一个十二元环形通道，具有BPH骨架拓扑结构，初始组成为磷酸铍；后者是与A型沸石相关的一个新的八元环沸石。合成UZM-4的凝胶中还含有锂和有机分子，其合成体系中TEA/TMA比UZM-5高得多。

在某些情况下，混合模板剂体系也会导致失败[35]。Zones等研究了几种不同链长的长对称的双季铵盐在不同反应条件下结构导向作用。合成中使用了不同含量的另一种导向剂，即一种小的TMA阳离子和一种双季铵盐化合物。但是，在TMA阳离子存在下，仅能获得clathrasil相，这极有可能是TMA阳离子模板的作用。

4.3 磷酸铝类材料的结晶

共模板的合成策略也被应用到合成不同的磷酸铝类材料。一个例子就是利用TMA和四丙基(TPA)凝胶合成硅铝磷酸盐SAPO-37[36~38]。SAPO-37具有八面沸石结构，TMA阳离子位于方钠石笼内，而较大的TPA阳离子占据超笼。只有在相对较窄范围的TMA/TPA比的凝胶内才能合成这种材料。一方面，比例不平衡，例如TMA过量，将会产生SAPO-20(SOD结构)；另一方面，TPA过量则会有利于SAPO-5的结晶，其具有单向十二元环通道，但没有超笼产生。

这个例子说明了怎么通过混合模板剂来合成沸石，利用每种模板剂的不同结构与其含量的不同比值，可以成功的合成沸石，因为每一种模板剂都分别倾向于稳定各自的孔隙结构，从而形成稳定的双孔隙结构。

通常，可以通过不同结构导向剂的组合来获得LTA结构的沸石。这种结构类型由四个环相互连接，包含一个大型α笼、较小的方钠石笼骨架(见图4.3)。这种大环的氮杂双穴醚4, 7, 13, 16, 21, 24-六氧杂-1, 10-二氮杂双环[8.8.8]二十六烷(K222)(见图4.1)导向形成了LTA结构和其取代衍生物[39]。

在TMA的阳离子和氟化物存在的情况下，可以得到LTA结构的变种。在F-和TMA阳离子存在的情况下，使用其他的超级大环化合物可以得到LTA拓扑结晶结构。在所有的情况下，该大分子最有可能位于α笼内，F-位于D4Rs内，TMA的阳离子位于方钠石笼内[40]。这说明，复合模板剂在沸石合成中发挥了协同作用。类似的情况也在其他模板剂组合中存在。Cu-1, 4, 8, 11-四吖环四癸烷复合物也可以与氟和三甲胺共同导向磷酸铝凝胶合成LTA型沸石[41]。Cu-1, 4, 8, 11-四吖环四癸烷复合物位于α笼内，三甲胺位于方钠石笼内，F-位于D4R。同样，二乙醇胺、F-和TMA阳离子也可以导向相同的沸石。其中，每一种模板剂都导向形成一种三多面体[42]。二乙醇胺位于α笼中，氮原子位于空腔的八元环中，乙醇分子连接到相邻的方钠石腔，而氟离子和TMA分别位于D4R内和方钠石笼内。有趣的是，8个水分子另外位于接近六元环的α笼内，极有可能是通过氢键连接到末端OH基团，所以它们也可被认为起到了模板作用。此合成体系中，小分子胺被替换成较大的TPA阳离子，导致形成了具有十二元环的大孔隙结构，当然具体是合成FAU或AFR结构还取决于特定的合成条件[43]。

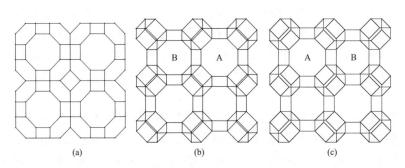

图4.3 (a)LTA的结构，显示了四个大型α笼中心的较小方钠石笼；(b)SAV框架显示结构
较大的笼(标记为A)和较小的笼(标记为B)；(c)KFI结构显示α-笼(A)
[例如LTA中的那些α-笼和较小的MER笼(B)]

LTA结构也可以通过混合模板来制备。4-methyl-2, 3, 6, 7-tetrahydro-1H, 5H-pyrido[3.2.1-ij]吡啶阳离子在氟离子存在下可以用来导向LTA结构的形成。阳离子被证实自组装而存在于结构中的α笼内。有趣的是，在合成凝胶中添加TMA和喹啉衍生物可以得到纯硅的材料，并且二种模板都驻留在材料中[44]。

大环(1, 4, 8, 11-tetramethyl-1, 4, 8, 11-tetraazacyclotet tetramethylcyclam-radecane)是已知的直接合成二金属磷铝化合物STA-6和STA-7(SAS结构型)的模板剂，所含金属常有镁、锰、硅和锡和钴[45]。虽然笼型结构的形状并不相同，所有的这类结构都是基于6R作为次级结构单元的笼型结构，特别是对STA-7骨架具有两个三维通道组成的八元环的开口和两种不同大小的笼而言。SAV结构大笼子通过平面八元环沿c轴堆叠，形成一种通道。同时，这种笼还具有由较小的笼子组成的四椭圆八元环的开口的第二信道(见图4.3)。

当在合成凝胶中加入TEA阳离子后，虽然无STA-6产生，但也可以导向合成STA-7[46]。单晶衍射表明大环驻留在结构的大笼子里，同时TEA阳离子位于小笼内。此外，结合TEA阳离子，四甲基硅烷也可以被换为较为便宜的环十四四氮烷来导向生成STA-7，从而减小了生成成本(见图4.1)

在上述大环化合物研究的基础上，共模板的方法也被用于制备硅铝ZK-5沸石材料(KFI沸石结构型)[46]。该结构具有两种笼：大型α笼(和LTA结构相同)和一个较小的笼，这种结构也可以在麦钾沸石(MER)结构中发现发现。计算机模拟表明，TEA可以作为MER笼很好的结构导向剂。因此，通过K222这种导向形成α笼的强结构导向剂，结合TEA作为共模板剂就可以形成KFI结构，而不是形成LTA结构。晶体衍射研究表明，TEA阳离子存在于KFI结构的MER笼内，同样计算机模拟也证实了这一点[46]。

共模板概念应用并不局限于水热合成。离子热合成分子筛材料，特别是磷酸铝材料，也在这方面存在许多合成前景，离子液体的有机阳离子部分本身就会形成模板。这方面的第一个例子是用钴离子热合成一种新的开放骨架磷酸铝JIS-1材料，其所用的溶剂为芳香胺

(MIA)1-甲基咪唑和溴化离子液体(EMIMBr)[47]。结构中包括Al/P比为6/7的阴离子开放骨架，具有沿三晶轴立体交叉的十元环、十元环和八元环状通道，其中质子化的胺和阳离子同时存在于孔道交叉处。

4.4 模板剂和造孔剂的共同使用

导向剂的成本通常很高，并且其很难从沸石的微孔中分离，从而促使我们寻找新的沸石合成体系以降低在合成沸石时需要的导向剂的量。这里，我们探索采用结合另一种有机分子用做导向剂来研究对沸石合成的影响[48, 49]。Zones等[48]提出了一个新的沸石合成体系，其中仅用少量的SDA用于选择性地形成成核物种，然后加入大量便宜的、选择性较弱的小分子提供孔填充和维持沸石晶体的持续增长能力的碱度。这一新合成系统提供了一种成本经济的沸石合成材料，同时在这一合成过程中也有利于发现新的沸石结构。在此过程中除了减少了昂贵的导向剂的使用，同时也加快了沸石的结晶速率。有趣的是，孔隙填充剂在合成过程中的使用具有很高的灵活性。此外，较小尺寸的孔隙填充剂使得它更容易从合成沸石中分离，甚至可以通过简单的抽提来实现。其中的一个例子是：SSZ-25的结晶可以通过加入少量的N, N, N-三甲金刚烷基铵盐来形成沸石的前驱体，而后可以加入异丁基胺作为封闭在分子筛中的填充物。另外一种属于NES/EUO/NON家族的新的共生材料SSZ-47是通过使用大量的异丁胺和少量的bicycloorgano阳离子来实现的，这也表明这种方法也可以用来探索新的沸石材料。

这方面比较特别的是可以用可降解的有机分子用做结构导向剂。结构导向剂分子必须在沸石用于吸附和催化的时候有效移除。而通常由于模板剂分子具有较大的尺寸，因此其去除通常需要高温燃烧、破坏，而此过程中相关联的水对分子筛结构的稳定相当不利。为了避免这种情况，Lee等[50~52]提出了一类可降解的有机分子，这样它们就可以在较温和的条件下从沸石结构中移除，避免了必要的高温焙烧过程。此外，分子片段的提取将可使其通过重新组合而重用(回收)，这可能降低沸石的合成成本，因为通常结构导向剂是沸石合成凝胶中最昂贵的物种。其中一种可降解的有机分子为含有缩酮的化合物，这类化合物在较高的pH值条件下保持稳定，而在较低的pH值条件下会降解为酮类和二醇。所以，这些缩酮分子可以在高pH值条件的沸石合成过程中保持完好，而后在低pH值条件下分散成碎片(水解)。在这些条件下，水分子对缩酮分子的可接近性是水解翻译发生的必要条件，否则，这些结构导向剂将保持完好。这时利用第二种有机分子来充当填充物的作用，第二种有机分子的尺寸小于主结构导向剂，有利于通过萃取脱除。这样如果如果在主导向剂酸处理之前不经过小分子填充物的萃取脱除，主导向剂也就不能被成功脱除。这表明，双组分导向剂的使用，是模板剂脱除和可降解有机分子模板成功应用的关键。

4.5 有机分子和矿化阴离子的协同结构导向作用

在上述的一些例子中，氟离子被发现位于分子筛结构中，它们起到一种额外的稳定作用，并且倾向于驻留在分子筛的小笼中，比如LTA结构中的D4R单元中。然而，我们注意到其实是矿化阴离子，例如氟离子和氢氧根离子与有机客体分子相互作用而一起提供了模板作用。这样的协同导向作用已经在全硅EUO结构在氟介质中结晶过程中得到证实，包含具有侧口的十二元环的一维通道，此过程中使用的结构导向剂是含氟的有机分子o-fluorobenzyl-benzyl-dimethylammonium[53]。结合XRD和计算机模拟研究发现，结构中的氟阴离子与通道中含氟有机分子之间具有强烈的相互作用，这实际上导致最大化了带正电荷的分子的N原子和F离子之间的静电引力，同时减小了氟离子和含氟导向剂之间的排斥力，导致氟化的芳香环位于分子筛的通道中，而不是分布于空腔中(见图4.4)。这表明了两种化学物种在稳定分子筛晶体过程中的一种协同效应,如果导向剂中不含氟离子,则仅能得到β沸石。在这种情况下,氟离子和导向剂中的氟离子具有强烈的排斥力,导致不能得到相应沸石的成核物种,而只能形成β沸石[54]。

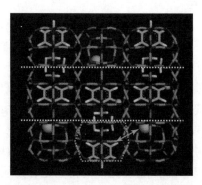

图4.4 EUO结构中邻氟苄基-苄基-二甲基铵的位置(氟化环总是位于十元环通道中)

在氟和低价的杂原子的缺失的情况下,由于需要对有机SDA分子的正电荷进行补偿,所以会形成带负电荷的结构缺陷;当然,在某些情况下,可以引入氢氧根阴离子对分子筛骨架的电荷进行补偿[55],以此来在微孔沸石骨架中有效插入中性的结构导向剂SDA$^+$…OH$^-$。在前述的利用o-fluorobenzyl-benzyl-dimethylammonium来合成EUO分子筛过程中,有机结构导向剂中活性基团(F原子)的存在和用于AFI结构的合成中bis(o-fluorobenzyl)-dimethylammonium会导致几种有机分子之间的强相互作用,结合其他物种(如氢氧根阴离子),这样会形成有机-无机强键合作用。这些结构单位是由氢氧化物的阴离子和有机分子的N原子正电荷之间的静电相互作用而实现稳定,特别是通过邻近F原子与羟基之间的氢键的形成(邻位,即空间上接近的铵基团)。这样一个稳定的超分子结构实际是有机导向剂的AFI结构,两种物种都最终插入了分子筛骨架。其中,氢氧根阴离子配位键合的铝离子骨架,连接了有机分子和分子筛骨架(见图4.5)。

图4.5 十二元环(12MR)通道中氢氧根阴离子取向模型,桥接邻氟有机SDA和骨架

这种协同作用具体为:有机分子模板的导向形成稳定的微孔结构,另外稳定了结构中的非键合的相互作用,而氢氧根阴离子作为电荷补偿单元,帮助插入中性分子,这样就防止形成不稳定微孔结构的负电荷的结构缺陷。

4.6 有机分子与水分子的协同导向作用

到本章为止,我们只讨论了共模板对分子筛合成的影响,而共模板是指有机分子和/或阴离子(氟或氢氧跟)。然而,在沸石合成过程中还有一种重要物质,即水,原则上也在导向过程中发挥重要作用。在传统意义上,水热合成一般是用水来做溶剂(虽然新合成的发展也提出了诸如醇或其他溶剂如离子液体做为溶剂)。然而,最近的研究表明水除了溶剂作用外,其与有机分子一起在结构导向方面也发挥着重要的作用[56~58]。对于亲水性沸石型尤其如此，其很容易与水分子发生强相互作用。

对于高硅沸石，由于其是疏水性的，因此，没有发现这类材料具有吸水的能力。但是，对于AlPO骨架的材料，由于骨架包括Al^{3+}和PO_4^{3-}离子结合单元，铝和磷离子严格交替使这种材料具有高亲水性，因此，亲水性的磷酸铝骨架更容易与水发生强相互作用。

我们组最近的工作已经证明，水与有机分子之间在导向合成大孔的AlPO-5(AFI结构型)过程中具有明显的协同作用。水模板本身可以形成小的次级结构单元，例如在AFI结构中形成6-MR通道，其形状和对称性都和主客体之间的相互作用有关(见图4.6a)。然而，水分子本身并不能导向形成大孔隙拓扑结构，如十二元环通道，这是因为水分子之间的氢键网络还不够强大到在高合成温度下可以支撑大孔结构。在这方面，不可避免地需要更大的有机分子来导向合成具有大孔结构的微孔材料。尽管如此，水在亲水微孔磷酸铝合成过程中可以发挥协同作用，这取决于结构导向剂的作用和其中有机分子的亲水性。在有机SDA分子和分子筛微孔骨架结构不是很强的情况下，水可以在结晶过程占据部分骨架，并通过氢键与微孔分子筛骨架氧原子的相互作用有力地促成了分子筛微孔结构的稳定。在这种情况下，水分子对有机分子表现出协同导向作用，水和有机分子都不是真正的结构导向剂，而水-有机分子的聚集体才是真正的结构导向剂。这样的相互协作体现了两种物质的协同效应：有机SDA分子的大尺寸为大孔结构提供了模板作用，与分子筛骨架产生了非键合作用，而水分子的强偶极提供了与分子筛骨架氧原子的强相互作用，稳定了分子筛的骨架。这种协同作用都不能通过单独的物种来实现：尽管水分子具有强相互作用，但是它们无法支撑微孔结构中的大孔结构，而有机分子结构导向剂由于与分子筛骨架的相互作用较弱，也不可能起到稳定稳定分子筛结晶结构的作用。这种协作作用在三乙胺存在下合成AlPO-5过程中得到了很好的说明[56](见图4.6)，在此过程中我们可以清楚观察到水分子由于氢键作用键合到三乙胺有机分子周围的，与骨架氧原子发生强相互作用而定位于分子筛通道壁上。由此可见，水和有机分子的结构导向作用发生于相互作用较弱的有机分子，在这种情况下，这种较弱的相互作用必须通过水分子的强相互作用进行补偿。类似的水分子的协同作用也在苄基吡咯烷导向合成AFI和SAO结构或甲胺导向合成IST-1和IST-2的过程中被发现[58]。事实上，另外一个关于水分子协同作用的例证是在很久之前，用LTA结构来合成硅和金属取代的$AlPO_4$材料，如已在本章前面提到的，水分子通过氢键与胺化合物的OH基团键合[42]。相反，分子会与分子筛骨架发生强烈的相互作用，像是带有苄基吡咯烷和甲醇分子结合，而这种键合结构可以导向分子筛骨架结晶，阻止了水的进入。

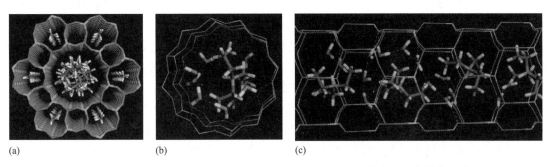

(a)   (b)   (c)

图4.6 三乙胺和水分子在AFI结构合成中的协同结构导向效应：(a)客体物质在AFI
框架中的封闭；(b)和(c)三乙胺周围的H-键合水链

4.7 晶体的大小和形态控制

在上面讨论的例子中，共模板的使用严重改变了合成凝胶的合成路径，并使得沸石可以被成功合成。有一些例子中，共模板的引入对分子筛的成核和晶体生长的影响并不严重，但是却会显著影响所得沸石的沸石的尺寸和形状，以及它的化学成分。

冠醚，诸如18-冠醚-6和15-冠醚-5需添加乙二醇和1，3，5-三恶烷为共模板来合成立方八面沸石六边EMT[59]。添加后两者有机分子的原因是它们可以实现高硅方钠石的结晶。当方钠石在FAU和EMT的结构中存在时，冠醚中性有机物有助于进一步提高这两种大孔材料的Si/Al比。从大的冠醚和小的冠醚中分别可得到纯EMT和FAU沸石。在两种情况下，所得到的材料的晶粒尺寸都可以增加到$3 \sim 5 \mu m$，这是由于体系的过饱和度降低，因为硅铝酸盐在共模板存在的体系下溶解度并不好，证明模板存在对晶体具有较大影响。然而，尽管有一些乙二醇在EMT晶体被发现，两种材料的硅铝比与用冠醚获得的材料基本相似，这表明通过使用共模板并不能改变材料的硅铝比。

利用双(2-羟乙基)二甲基氯化铵(TCL)和三乙醇胺为共模板可以得到非常大的晶体(Y型沸石的Si/Al=1.7)，晶体直径达$245 \mu m$。在这种情况下，胺作为合成凝胶中Al^{3+}的螯合剂以延缓八面沸石成核而形成更大晶体。然后在这种情况下容易形成P型沸石杂质[60]。在此情况下，试图通过添加Y型沸石晶种而改进合成工艺也不能完全消除P型沸石的形成[61]。尽管如此，这些作品为使用共模板控制微孔分子筛晶体生长提供了新的思路。

最后，双模板的方法也已被提出在含有TMA和铜胺配合物$[Cu(NH_3)_4]^{2+}$混合物的凝胶中用来制备纳米尺度的钡型沸石(EDI拓扑结构)[62]。此外，如果只有铜阳离子或氨的存在，将只能得到纯纳米FAU沸石。TMA和铜配合物两种物种都存在于晶体中，在某些情况下通道交叉口82%的位置都被其两者占据，除其对晶体大小的影响外，说明两者同时导向结构形成的协同作用。

4.8 膜系统

共模板剂在分子筛的合成过程中对晶体的尺寸和形状的控制在生成高性能沸石膜过程中特别有用。混合模板剂也常用来改变MFI晶体的形貌结构，从而来提高在分离过程中膜的性能[63]。这里的目标是获得具有b轴的择优取向沸石晶体，这对于分离过程是最有效的[64]。

以n-ethyl-hexamethylenetetrammonium作为第一模板和以正丙胺、正丁胺或乙胺作为第二模板，可用于纯硅结晶的MFI的合成。研究发现正丙胺是促进MFI各向异性生长的最有效的一种物种。胺和铵阳离子都存在于沸石晶体内，在晶体b-轴取向生长过程中起到了共模板的作用。

SAPO-34(CHA结构型)膜可以方便地用于CO_2/CH_4混合物的分离，并且有报道称当利用组合的结构导向剂，并通过在多孔不锈钢支撑体上散播晶种来合成SAPO-34分子筛膜，其具有高通量和高选择性的特性[65]。在以TEAOH作为主模板，以二丙胺和环己胺作为辅助模板的情况下，两种胺的加入都可以使晶粒尺寸变小，但前者更有效。在这种情况下，立方晶体具有$(0.7 \pm 0.06) \mu m$的窄分布尺寸，从而更有效实现CO_2和CH_4的分离。因为较小的晶体粒度比大晶分布堆叠更好，导致晶间孔的尺寸减小，从而可以得到更高的CO_2/CH_4的选择性。

4.9 利用共模板实现对微孔材料催化活性的控制

沸石催化的一个关键问题是控制骨架铝原子的分布，从而控制与其相关联的酸性中心。不同模板剂在分子筛骨架中的位置和分布可以对分子筛骨架进行一些意想不到的控制，从而可以实现对铝原子的有效控制，这些分子可以驱使铝原子分布于不同的T部位。这一假设最近在镁碱沸石FER的实验合成中得到了证实[66~68]。镁碱沸石的沸石晶体(Si/Al=15)在无碱金属离子的氟介质中，通过采用不同的导向剂(吡咯、吡咯烷+TMA和TMA+bmp)中进行了合成。

X射线晶体衍射发现，吡咯驻留在两种笼和十二元环通道中，如果TMA也存在于合成凝胶中，其会位于FER笼中，而非十二元环通道中。如果使用TMA+bmp共模板，TMA则会位于FER笼中，同时bmp位于十二元环通道中。已经证实，随着TMA沸石中FER数量的增加，吡啶对于分子筛中活性位点的增加能力变强。而只有吡咯烷合成的样品表现出最低的可接近性。由于吡啶分子太大而不能通过八元环窗口进入笼子，所以这些结果表明通过改变不同模板剂的使用可以改变笼子中B酸的数量。这些催化材料在间二甲苯异构化和正丁烯骨架异构化催化过程中，活性随这酸性中心的可接近性表现出增加的趋势。

与以往FER沸石的论点相似，类似的方法也可以用来调节SAPO材料的催化活性。在这种情况下，使用不同的模板来在沸石的骨架中掺入杂原子，而不是像以往来控制它们的空间。硅能通过不同的取代机制来插入$AlPO_4$骨架中，SM2可以形成孤立的$Si(OAl)_4$，导致每个Si离子上具有较低的酸强度；而SM2+SM3可以形成较强的酸强度，但具有较低的酸浓度。实验证据表明，不同的有机SDA分子可以导向Si原子在$AlPO_4$中不同的插入方式，从而改变了SAPO催化剂的酸性质和催化活性。例如，在SAPO-5中，三乙胺倾向于通过SM2方式插入分子筛中，导致分子筛形成更丰富的但较弱的酸位；而苄基吡咯烷则通过形成孤立硅插入，形成低浓度但较高酸强度的酸位。使用两种导向剂的组合可以调节产生不同Si分布的SAPO，同时调整酸性和催化性能。因此，这些材料在不同的反应中需要的酸强度可以通过条件不同有机分子的组合而实现杂原子在分子筛骨架中的替代作用[69]。

不同模板剂混合而影响Si在SAPO材料中分布的例子也已有报道。与两种模板单独使用相比，二乙胺(DEA)和二异丙胺混合物在SAPO-11分子筛的合成中的使用可以使得Si原子通过SM2方式更好地在SAPO-11中分散，这使得催化材料在十四烷加氢异构化中表现出更好的异构化选择性[70]。在合成SAPO-11和SAPO-34(CHA结构)中，通过在二丙胺(DPA)和TEAOH凝胶中添加少量的甲胺作为共模板，也有类似的现象。这种情况下，甲胺通过防止硅酸在凝胶中聚合，有利于Si的低聚物种插入，增加了骨架中的负电荷数，然后可用少量甲基铵阳离子来补偿[71]。在合成一维十二元环通道的SAPO-41中，通过两种不同链长的仲胺(DPA和DEA)可以得到小晶粒尺寸和较强的酸性的产物，并且两种模板都包裹于通道内部。在这种情况下，加入的DEA除了增加了Si物种的平均大小以外，得到的催化剂也更活跃，但在正辛烷异构化反应中的选择性较差[72]。

我们试图在本章中突出两种导向剂在合成凝胶中协同作用的重要性，包括不同类型的有机分子之间，以及有机分子与矿化剂和水的作用，从而带来复杂的拓扑结构的控制、晶体生长以及材料催化活性的调剂。这种合成策略开辟了新沸石材料合成的可能性，这在传统只有一种导向剂合成体系中是不可行的。

4.10 总结与展望

通过对分子筛合成凝胶中采用两种不同的有机结构导向剂进行了综述，揭示了这种合成策略适合于合成具有不同大小和形状的通道的分子筛结构。根据这种方法，每个模板通常根据主模板和客体模板的几何大小孔隙体积而被安置在一个特定的位点上。

双模板的作用机理先已被公认，但表征两种或甚至只有一个模板形成的晶体更具挑战性。与阳离子相比，无机物种，比如水分子和阴离子(如氢氧根离子和氟离子)，也可以与有机物分子发生相互作用而稳定沸石晶体。所有这些都像一份丰富的"化学汤"而营养了分子筛的成核过程，同时也在此过程中吸取了有助于分子筛生长的任何元素。在某些情况下，这些小分子起到稳定那些由于太小而不能由有机分子占据的笼子，并且以不小的数量稳定了分子筛骨架，另外，它们实际上参与了有机物种导向促进分子筛成核的过程。这种化学协作作用提供了额外稳定的化学能，这可反映在所得分子筛晶体的成核和结晶过程中，最后得到的分子筛晶体尺寸和形状都与分子筛的催化和性能密切相关。

不同模板剂具有不同的结构导向作用，每种模板都实际上位于不同的沸石笼内，这会对杂原子(比如铝)在分子筛骨架中的位置产生一定的影响。这里的假设是每个模板都将独立地影响在其附近铝原子的位置，因此铝的位置可以通过不同模板分子的组合来实现。只要实现不用的模板剂分布在不同的分子筛笼内，这种合成策略就会导致相应的铝原子也被不同地分布于不同的笼内。此外，如果这些空腔可以容纳超过一种类型的有机分子，改变相应的有机分子的化学性质可进一步影响铝的位置，因为每个笼内模板-铝的相互作用都可以实现独立的调变。

这一改变分子筛骨架中铝的位置的方法，在镁碱沸石已经得到了成功应用，但是它可以扩展到包含不同笼和通道大小的多种结构中。

综合考虑到所有这些因素，我们可以得出结论，共模板方法易于产生特殊的结构，从而使其易于开发具有新特性的分子筛材料。虽然这种方法可以追溯到早期的高硅沸石和磷酸铝材料合成方法中，当它被用来作为一个有价值的工具来发现新的分子筛结构，不过在新沸石结构的合成探索中却几乎没有应用。

近年来，已经采用这种合成方法发现了几种有趣的结构，不过这都是采用了一种类型的模板。现在我们不是没有兴趣重新利用共模板法来稳定小笼和通道，结合孔隙的实际拓扑结构，最终会使得低密度具有很高的复杂度，或者具有全新的结构。但是，这需要认真探讨合成参数来克服通常由小模板导向形成的笼状结构。这项工作借助于使用先进的建模技术来筛选最合适的模板组合。

通过巧妙的选择结构导向剂可以实现杂原子的精妙控制，并且这一策略可以扩展到一系列沸石材料，从分子筛到含金属铝磷酸盐，再到杂原子沸石(或其他三价元素或四价的锗、锡或钛)、硅、钴、锡、锌、镁等等。

在"共模板"标题的化学现象下，为已经复杂的分子筛结晶过程中增加了新的元素，这有助于经典场景重塑而更加丰富多彩，也有助于为化学创造更新的资源。

致谢

作者感谢西班牙科学与教育部(SpanishMinistry of Science and Education)的资金支持(项目CTQ2006-06282)。A. B. P和L. G. H.感谢西班牙科学与创新部(Spanish Ministry of Science and Innovation)的资助和博士后奖金。R. G.感谢CSIC的J.A.E. 合同资助。

参考文献

[1] Barrer, R.M. (1982) Hydrothermal Chemistry of Zeolites, Academic Press, New York.

[2] Aiello, R. and Barrer, R.M. (1970) J. Chem. Soc. A, 1470.

[3] Flanigen, E.M. (1973) Adv. Chem. Ser, 121, 119.

[4] Davis, M.E. and Lobo, R.F. (1992) Chem. Mater, 4, 756.

[5] Pérez-Pariente, J. and Gómez-Hortigüela, L. (2008) Zeolites: From Model Materials to Industrial Catalysts, Chapter 3 Transworld Research Network, pp. 33–62.

[6] Corma, A., Navaro, M.T., Rey, F., and Valencia, S. (2001) Chem. Commun, 1486.

[7] Corma, A., Díaz-Caban?s, M.J., Jorda, J.L., Martinez, C., and Moliner, M. (2006) Nature, 443, 842.

[8] Lok, B.M., Cannan, T.R., and Messina, C.A. (1983) Zeolites, 3, 282.

[9] Jacobs, P.A. and Martens, J.A. (1987) Synthesis of High-silica Aluminosilicate Zeolites, Elsevier, Amsterdam.

[10] Pelrine, B.P. (1981) US Patent 4,259, 306.

[11] Dwyer, F.G. and Jenkins E.E. (1981) US Patent 4,287,166.

[12] Casci, J.L. Lowe, B.M., and Whittam, T.V. (1981) UK Patent Application GB 2 077 709.

[13] Schlenker, J.L., Dwyer, F.G., Jenkins, E.E., Rohrbaugh, W.J., and Kokotailo, G.T. (1981) Nature, 294, 340.

[14] Weigel, S.J., Gabriel, J.C., Gutiérrez-Puebla, E., Monge-Bravo, A., Henson, N.J., Bull, L.M., and Cheetham, A.K. (1996) J. Am. Chem. Soc, 118, 2427.
[15] Ref 9, recipe 3.b, p. 11.
[16] Chu, P. (1980) EPA 0023089.
[17] Ref 9, p. 22.
[18] Schlenker, J.L., Rohrbaugh, W.J., Chu, P., Valyocsik, E.W., and Kokotailo, G.T. (1985) Zeolites, 5, 355.
[19] Kirschhock, C.E.A., Liang, D., Van Tendeloo, G., Fécant, A., Hastoye, G., Vanbutsele, G., Bats, N., Guillon, E., and Martens, J.A. (2009) Chem. Mater, 21, 371.
[20] Seddon, D. and Whittam, T.V. (1981) EPA 55,529.
[21] Pinar, A.B., Gómez-Hortigüela, L., and Pérez-Pariente, J. (2007) Chem. Mater, 19, 5617.
[22] Gar??a, R., Gómez-Hortigüela, L., Díaz, I., Sastre, E., and Pérez-Pariente, J. (2008) Chem. Mater, 20, 1099.
[23] Dorset, D.L. and Kennedy, G.J. (2004) J. Phys. Chem. B, 108, 15216.
[24] Camblor, M.A., Corma, A., Díaz-Caban?s, M.J., and Baerlocher, C. (1998) J. Phys. Chem. B, 102, 44.
[25] Zones, S.I., Hwang, S.-J., and Davis, M.E. (2001) Chem. Eur. J, 7 (9), 1990.
[26] Burton, A., Accardi, R.J., Lobo, R.F., Falcioni, M., and Deem, M.W. (2000) Chem. Mater, 12, 2936.
[27] Millini, R., Carluccio, L.C., Carati, A., Bellussi, G., Perego, C., Cruciani, G., and Zanardi, S. (2004) Microporous Mesoporous Mater, 74, 59.
[28] Knight, L.M., Miller, M.A., Koster, S.C., Gatter, M.G., Benin, A.I., Willis, R.R., Lewis, G.J., and Broach, R.W. (2007) Stud. Surf. Sci. Catal, 170, 338.
[29] Roth, W.J. (2005) Stud. Surf. Sci. Catal, 158, 19.
[30] Zones, S.I. (1987) US Patent 4 665 110.
[31] Millini, R., Perego, G., Parker, W.O., Bellussi, G., and Carluccio, L. (1995) Microporous Mesoporous Mater, 4, 221.
[32] Camblor, M.A., Corell, C., Corma, A., Diaz-Caban?s, M.J., Nicolopoulos, S., Gonzalez-Calbet, J.M., and Vallet-Regi, M. (1996) Chem. Mater, 8, 2415.
[33] Barrett, P.A., Diaz-Caban?s, M.J., and Camblor, M.A. (1999) Chem. Mater, 11 (10), 2919.
[34] Blackwell, C.S. et al. (2003) Angew. Chem. Int. Ed, 42, 1737.
[35] Jackowski, A., Zones, S.I., Hwang, S.-J., and Burton, A. (2009) J. Am. Chem. Soc, 131, 1092.
[36] Lok, P.M., Messina, C.A., Patton, R.L., Gajek, R.T., Cannan, T.R., and Flanigen, E.M. (1984) US Patent 4 440 871.
[37] Edwards, G.C., Gilson, P.J., and Mc Daniel, V. (1987) US Patent 4 681 864.
[38] de Saldarriaga, L.S., Saldarriaga, C., and Davis, M.E. (1987) J. Am. Chem. Soc, 109, 2686.
[39] Schreyeck, L., D'agosto, F., Stumbe, J., Caullet, P., and Mougenel, J.C. (1997) Chem. Commun, 1241.
[40] Paillaud, J.-L., Caullet, P., Schreyeck, L., and Marler, B. (2001) Microporous Mesoporous Mater, 42, 177.
[41] Wheatley, P.S. and Morris, R.E. (2002) J. Solid State Chem, 167, 267.
[42] Sierra, L., Deroche, C., Gies, H., and Guth, J.L. (1994) Microporous Mesoporous Mater, 3, 29.
[43] Sierra, L., Patarin, J., Deroche, C., Gies, H., and Guth, J.L. (1994) Stud. Surf. Sci. Catal, 84, 2237.
[44] Corma, A., Rey, F., Rius, J., Savater, M.J., and Valencia, S. (2004) Nature, 431, 287.
[45] Wright, P.A., Maple, M.J., Slawin, A.M.Z., Patinec, V., Aitken, R.A., Welsh, S., and Cox, P.A. (2000) J. Chem. Soc., Dalton Trans, 8, 1243.
[46] Castro, M., Garcia, R., Warrender, S.J., Slawin, A.M.Z., Wright, P.A., Cox, P.A., Fecant, A., Mellot-Draznieks, C., and Bats, N. (2007) Chem. Commun, 3470.
[47] Xing, H., Li, J., Yan, W., Chen, P., Jin, Z., You, J., Dai, S., and Xu, R. (2008) Chem. Mater, 20, 4179.
[48] Zones, S.I. and Hwang, S.-J. (2002) Chem. Mater, 14 (1), 313.
[49] Lee, G.S., Nakagawa, Y., and Zones, S.I. (2000) US Patent 6,156,290.
[50] Lee, H., Zones, S.I., and Davis, M.E. (2003) Nature, 425, 385.
[51] Lee, H., Zones, S.I., and Davis, M.E. (2005) J. Phys. Chem. B, 109, 2187.
[52] Lee, H., Zones, S.I., and Davis, M.E. (2006) Microporous Mesoporous Mater, 88, 266.
[53] Arranz, M., Pérez-Pariente, J., Wright, P.A., Slawin, A.M.Z., Blasco, T., Gómez-Hortigüela, L., and Cora, F. (2005) Chem. Mater, 17, 4374.
[54] Arranz, M., Gar??a, R., and Pérez-Pariente, J. (2004) Stud. Surf. Sci. Catal, 154, 257.
[55] Gómez-Hortigüela, L., Corà, F., Márquez-?lvarez, C., and Pérez-Pariente, J. (2008) Chem. Mater, 20, 987.
[56] Gómez-Hortigüela, L., Pérez-Pariente, J., and Corà, F. (2009) Chem. Eur. J, 15, 1478.
[57] Gómez-Hortigüela, L., López-Arbeloa, F., Corà, F., and Pérez-Pariente, J. (2008) J. Am. Chem. Soc, 130, 13274.
[58] Fernandes, A., Ribeiro, M.F., Borges, C., Louren?o, J.P., Rocha, J., and Gabelica, Z. (2006) Microporous Mesoporous Mater, 90, 112.
[59] Chatelaine, T., Patarin, J., Soulard, M., and Guth, J.L. (1995) Zeolites, 15, 90.
[60] Ferchiche, S., Valcheva-Traykova, M., Vaughan, D.E.W., Warzywoda, J., and Sacco, A. Jr. (2001) J. Cryst. Growth, 222, 801.
[61] Berger, C., Gl?ser, R., Rakoczy, R.A., and Weitkamp, J. (2005) Microporous Mesoporous Mater, 83, 333.
[62] Kecht, J., Mintova, S., and Bein, T. (2008) Microporous Mesoporous Mater, 116, 258.
[63] Yu, H., Wang, X.-Q., and Long, Y.-C. (2006) Microporous Mesoporous Mater, 95, 234.
[64] Lai, Z.P., Bonilla, G., Díaz, I., Nery, J.G., and Tsapatsis, M. (2003) Science, 300, 456.
[65] Carreon, M.A., Li, S., Falconer, J.L., and Noble, R.D. (2008) Adv. Mater, 20, 729.
[66] Pinar, A.B., Pérez-Pariente, J., and Gómez-Hortigüela, L. (2008) WO2008116958A1.
[67] Pinar, A.B., Márquez-?lvarez, C., Grande-Casas, M., and Pérez-Pariente, J. (2009) J. Catal, 263, 258. References 129
[68] Márquez-Alvarez, C., Pinar, A.B., Gar??a, R., Grande-Casas, M., and Pérez-Pariente, J. (2009) Top. Catal, 52, 1281.
[69] Gómez-Hortigüela, L., Márquez-?lvarez, C., Grande-Casas, M., Gar??a, R., and Pérez-Pariente, J. (2009) Microporous Mesoporous Mater, 121, 129.
[70] Liu, P., Rien, J., and Sun, Y. (2008) Microporous Mesoporous Mater, 114, 365.
[71] Fernandes, A., Ribeiro, F., Louren?o, J.P., and Gabelica, Z. (2008) Stud. Surf. Sci. Catal, 174A, 281.
[72] Li, L. and Zhang, F. (2007) Stud. Surf. Sci. Catal, 170A, 397.

5 不同形貌的沸石分子筛合成

Sang-Eon Park, Nanzhe Jiang

5.1 引言

沸石分子筛是具有独特微孔的结晶无机材料。从分子水平上看,这些微孔具有一维至三维的结构,这是由分子筛的笼和孔道之间相互连接形成的。这些笼或孔道的组装类型决定了微孔的大小、孔道的走向和分子筛颗粒的形貌。毋庸置疑,分子筛的形貌与其结构、微孔大小、晶体大小、形状密切相关,并且直接影响分子筛的物化性质。

沸石分子筛广泛应用于多相催化化学、分离、离子交换、化学分离、吸附、主客体化学、微电子器件、光纤和膜化学等领域[1~4]。分子筛的孔径、孔道类型、形貌决定了其应用方向[5~9]。合成不同形貌的分子筛在催化领域显得尤为重要,这是因为不同形貌的分子筛,会造成催化反应中传质/扩散和反应速率的差异,从而影响产物的分布。目前,科学领域的兴趣是运用纳米技术直接控制单个分子筛晶粒的形貌。因此,开发能控制晶粒大小和分子筛形貌的合成方法,引起了科学家的极大兴趣[9~11]。

改变分子筛前驱体混合物的组成(包括添加剂,例如盐),可以微调分子筛晶粒尺寸和形貌[12]。然而,随着新的合成技术和装备的开发,一些合成因素,比如合成温度、合成压力、搅拌速率,甚至地心引力等都可以得到控制。

本章将简明介绍不同形貌的分子筛的合成方法,例如微波法。我们将讨论制备规整形貌和控制颗粒大小的方法,以及微波合成法。

5.2 大颗粒分子筛的形貌

大颗粒分子筛的合成之所以引起人们的兴趣,是因为它可以满足许多研究的要求,例如单晶结构分析、精细结构分析,以及晶体生长机理的研究、吸附和扩散的研究,以确定电性各向异性、磁学和光学性质[13~16]。比如说,尽管小的分子筛颗粒具有很高的比表面积,在多相催化中表现出优异的性质,但是在分子筛的择形催化中,大颗粒的分子筛能够表现出更好的选择性。这是因为分子筛的内表面积在总比表面积中占有较大的比例[17]。

分子筛可以通过四面体初级结构单元(BBUs)周期性的连接组成不同的结构类型。这些四面体初级结构单元可以通过不间断的连接组成更加复杂的复合结构单元(CBUs),例如环。这些环可以进一步构成笼(见图5.1)。结构单元的类型和连接方式是决定分子筛形貌的基本因素,特别是单个分子筛的形貌。了解结构单元的另一个重要的意义是理解分子筛晶体,也就是说可以控制晶体形貌和晶粒大小。

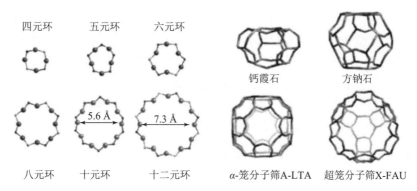

图5.1 分子筛结构中常见的环和笼结构

5.2.1 大晶粒的天然沸石

在自然界中,在火山沉积岩中可以找到大的分子筛,这一般被认为是火山玻璃石再熔化所形成的。图5.2和表5.1所示的是为人所熟知的天然沸石,典型的形貌为大小为几厘米的棱形多面体或者针状纤维沸石。在自然界中,沸石一般是在地壳中的水热条件下生长,这也被称为封闭的水热环境。同时,天然的分子筛经常与其他的硅酸盐矿物伴生,如黏土和致密的硅物种,并且它们的化学组成也随产地而异。

图5.2 一些天然沸石: (a)铵白榴石(富士冈,日本); (b)方沸石(魁北克,加拿大);
(c)毛沸石(俄勒冈,美国); (d)钠沸石(加利福利亚,美国);
(e)丝光沸石(华盛顿,美国)(www.iza-online.org)

5.2.2 大晶粒分子筛的合成

通过一些好的方法可以合成大的单晶粒分子筛[20]。目前,已经可以详细研究分子筛的晶体结构、结晶机理和相关的形貌学。因此,合成大的单晶粒分子筛对于分子筛结构的确定和机理的研究显得尤为重要。尽管最近利用X射线粉末衍射联合灵敏的光谱学方法[如核磁共振(NMR)]开发了新的分析方法，使得测定的多晶粉末的结构能够经受起检验(的确，大多数分子筛的结构表征都是通过X射线粉末衍射测定的)[20]，X射线粉末衍射能够准确表征分子筛的结构特征，包括分子筛中骨架原子和非骨架原子的位置[21~28]。因此，重复合成亚微米结构的分子筛[29~33]和大晶粒分子筛[34~37]已经成为可能。在亚微米结构分子筛的合成过程中，成核速率较快，一般的合成条件是单体硅源、铝源，以及较高的碱度和较低的晶化温度。合成大颗粒分子筛的条件一般是：水溶性低的硅源、以氟离子作为矿化剂和较高的晶化温度。这些方法主要是降低成核速率或者晶化速度，可以通过往体系中添加化学试剂或者应用新的合成条件来实现。在下节中，我们将介绍一些典型的例子。

表5.1 一些天然沸石的材料数据(来自www.iza-online.org的数据)

沸石	成分	骨架类型	CBUs	形态
铵白榴石	$|NH_4K|[AlSi_2O_6]$	ANA	6-2或6或4-[1, 1]或1-4-1或4(SBUs)	四方体
方沸石	$|Na(H_2O)|[AlSi_2O_6]$	ANA		等轴测或伪轴测单晶体的尺寸从几毫米到几厘米
毛沸石	$Ca|K_2(Ca_{0.5}, Na)_8(H_2O)_{30}|$ $[Al_{10}Si_{26}O_{72}]$	ERI	d6r, can	六角形, 6/m2/m2/m单晶是六边形棱柱，其终止于尺寸小于3mm的纤维状、纤维状和羊毛状
钠沸石	$|Na_2(H_2O)_2|[Al_2Si_3O_{10}]$	NAT	nat	斜方晶系mm2单晶是由四角锥尺寸范围从几毫米到几厘米终止的假四棱柱棱镜
丝光沸石	$|Na_2, Ca, K_2)_4(H_2O)_{28}|$ $[Al_8Si_{40}O_{96}]$	MOR	mor	斜角mmm或mm2单晶体为0.1~10mm长的细纤维

应用不同的成核抑制剂来减缓成核速度，可以合成外形匀称的大颗粒分子筛。使用成核抑制剂(比如叔胺)可以合成具有LTA和FAU拓扑结构的大颗粒分子筛(见图5.3)。大颗粒分子筛的形貌具有与其骨架类型相同的外观[38]。通过单个晶体的形貌可以很容易地了解它们的晶胞和晶体结构。

阴离子是最有趣的矿化试剂。在分子筛的合成过程中，用阴离子来代替氢氧根离子作为矿化剂，可以合成具有MFI、TER、MTT、MTN、TON等拓扑结构的大颗粒分子筛。与传统的合成方法相比，通过这种方法，不仅可以合成大晶型的分子筛，而且还可以合成具有高硅含量的分子筛，而分子筛骨架的缺陷位少[39, 40]。尽管F⁻与初始反应物会形成复合物，但复合物会向体系中慢慢释放氟化的硅物种，为分子筛生长过程中提供物种，从而可以得到大晶型的分子筛[41~43]。在低饱和度的条件下，分子筛的生长是将消耗一部分成核的物种，从而得以生长为较少的大颗粒分子筛。分子筛的大小和形貌可以通过不同的化学组成来调控(见图5.4b)。

在合成体系中加入邻苯二酚作为络合剂，可以合成晶体大小在$9\mu m \times 3\mu m \times 2\mu m$到$165\mu m \times 30\mu m \times 30\mu m$的Si-MFI分子筛(也称全硅MFI)。总之，向合成体系中加入邻苯二酚作为络合剂，比未加的体系合成的全硅分子筛的晶型要大，并且它们的大小和晶型与体系中加入的邻苯二酚的量有很大关系(见图5.5)。特别要指出的是，随着邻苯二酚含量的增加，分子筛的长度随之增加，而对其宽度影响不大[46]。

有趣的是，新的晶化技术，诸如块状原料溶解法，通过同时控制有机水热体系中的反应溶液的物种溶解和释放，可以合成晶粒大小在几个毫米的大分子筛[47]。利用该技术可以合成出晶粒大小为3mm的Si-MFI分子筛、方沸石(ANA)和JBM(见图5.6)。具有不同拓扑结构、晶型规整的分子筛，可以从晶型看出其结构类型。

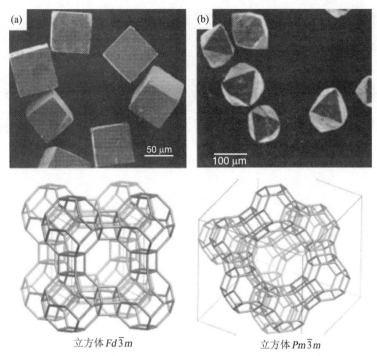

立方体 $Fd\overline{3}m$　　　　　　　　立方体 $Pm\overline{3}m$

图5.3 LTA(a)和FAU(b)的大单晶[38]

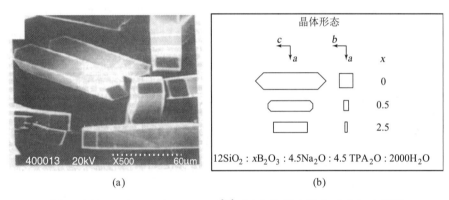

(a)　　　　　　　　　　　　　　(b)

图5.4 (a)(B, Al)-MFI(B-ZSM-5)[44]; (b)在常规水热合成中加入硼酸
改性硅质岩形态[45]

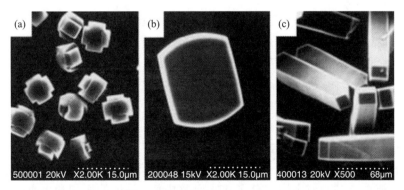

图5.5 在180℃合成的Si-MFI沸石的晶体尺寸与摩尔组成: SiO_2-0.2TPABr-xR-0.5NaOH-30H_2O
(R为苯-1, 2-二醇)[(a)x=0; (b)x=0.2; (c)x=0.4][46]

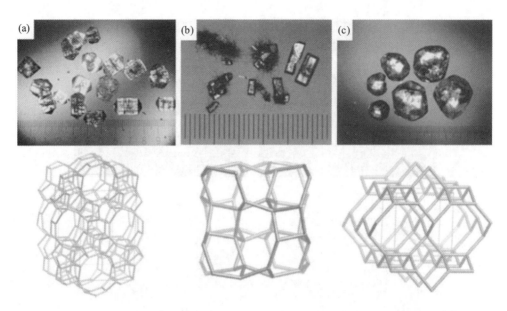

图5.6 (a)Si-MFI沸石的巨晶体；(b)ANA沸石的巨晶体；(c)JBW沸石的巨晶[47]

除上述的合成方法外，水热合成法在合成不同配比和条件下的Al-MFI分子筛(ZSM-5)得到了广泛的研究，这有利于人们更进一步研究MFI拓扑结构。对于含Na+-TPA(四丙基氢氧化铵)、Li+-TPA以及NH4+-TPA合成的单晶Al-MFI分子筛，这些合成的样品拥有规整的结构和完美晶型，并且分子筛的大小达420μm[48]。在无碱金属的NH4+-TPA体系中，结构规整的纯相Al-MFI分子筛的长度可达350μm[49]。研究表明，分子筛的晶型大小和收率由开始反应的混合物中水含量和铝源决定。大晶粒的Si-MFI分子筛在含有胆碱阳离子、1, 4-二氮杂二环[2.2.2]辛烷以及四甲基氢氧化铵(TMA)的无碱金属的体系中可以成功合成。结构导向模板剂TPA+在高温(300℃)和高压(100MPa)是比较稳定的，水解的正硅酸四乙酯可以在TPA+导向下生产毫米尺寸的Si-MFI[51]。高温和高压有利于具有良好品质的大颗粒分子筛的生长。由TMA-硅溶液、TPABr、六氟硅酸钠组成的凝胶在250℃和80MPa合成条件下可以合成具有大小为0.7mm×0.2mm×0.2mm的棱形Si-MFI分子筛(见图5.7)。通过改变晶化温度、晶化压力和凝胶合成组成等因素对晶粒大小的影响进行了系统的研究。在250℃和80MPa合成条件下，反应起始凝胶中的F/Si摩尔比与分子筛晶型大小与直接关联。因此，可以通过改变起始凝胶中的组成合成预设的分子筛大小尺寸[51]。

一般而言，可以通过控制分子筛的成核和结晶阶段实现对大颗粒、单个分子筛晶体的调变。然而，不同的试剂可以抑制分子筛的成核和降低晶体的生长。在这种低的结晶速率下，一般很难将成核阶段和结晶阶段清楚地分开。因此，像F−、四乙基氢氧化铵(TEA)，以及不同的胺、醇等都会对这两个阶段产生影响。合成条件的变化可以通过控制合成前体的pH值来改变，或者通过高温、高压，甚至重力来实现。与此同时，具有完美晶型的A型和X型分子筛合成见诸报道[12]。所有合成的单晶大颗粒分子筛直接反映了其纳米层面晶胞结构的对称性。

5.3 MFI分子筛颗粒形貌的控制(粒径小于100μm)

根据分子筛的晶体形貌，一个特定孔道体系中的开孔可以在一定程度上在晶型表面显现出来，因此，可能会有利于或者阻碍分子进入晶体内部。晶体的形貌和大小同时也决定了分子在孔道内部的扩散途径，这会对分子筛的应用(比如化学动力学)有很大的影响。客体分子在分子筛内部的扩散与分子筛的孔径直接相关,同时也是由分子筛的形貌决定的。特别是对于择型分子筛,其择型的效果与催化剂的形貌(形状和大小)直接相关。比如说,大颗粒的分子筛有较高的选择性,然而底物较长的扩散路径影响了其催化效果。因此,催化剂的选择性和催化效果需要通过分子筛的大小和形状来优化[37, 52]。

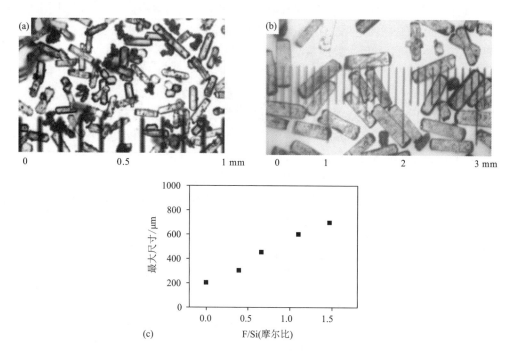

图5.7 (a)在300℃和100MPa下合成的Si-MFI分子筛晶体的光学显微照片;
(b)在250℃和80MPa下合成的Si-MFI分子筛晶体的光学显微照片;
(c)在250℃和80MPa下合成Si-MFI分子筛晶体尺寸与
用Na_2SiF_6调节的试剂F/Si比之间的相关性[51]

时至今日,尽管科学家发现了超过130种不同的分子筛,然而仅仅只有少数的几种成为工业催化剂。在三维孔道体系结构的分子筛,比如说FAU和LTA型沸石,其形貌对催化性能的影响不大。相反,具有一维或者二维孔道体系的分子筛,其形貌的不同对催化性能影响较大。在这些分子筛中,我们着重介绍具有不同形貌的MFI型分子筛的合成。

MFI型分子筛具两个交叉的十二元环孔道。直通孔道与b轴平行,Z字型孔道与a轴平行(见图5.8),并且有孔径为0.51nm×0.55nm的开口。分子筛中的b孔道和a孔道相互交叉,因此分子沿c轴方向的扩散成为可能。据报道,球型、六角型、棒状等不同晶型的分子筛均已合成出来[53~68]。有人系统地研究了影响Al-MFI沿分子筛轴线生长的因素[69],Singh等[70]归纳了金属离子、导向模板剂、硅铝物种的化学来源、凝胶组成等对Al-MFI形貌的单一影响情况。

5.3.1 结构导向剂的单因素影响

合成MFI型分子筛典型的结构导向剂是四丙基铵根离子(TPA+)。除了TPA+,有人报道了在合成体系中加入dC6作为结构导向剂也可以合成出MFI型分子筛[72, 73]。TPA-Si-MFI典型结构特征形状是六边棱柱型,更常见的是一般指的是"棺材"形状,其晶型边长顺序为$L_c > L_a > L_b$(L_i指晶型沿i轴方向)。Tsapatsis等[74]用TPA二聚体(dC6,见图5.9)合成出晶型边长顺序为$L_c > L_a = L_b$的Si-MFI分子筛,用TPA三聚体(tC6)合成出晶型边长顺序为$L_c > L_b > L_a$的Si-MFI分子筛。

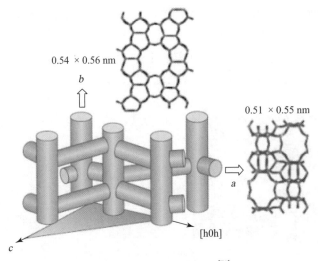

图5.8 AL-MFI的孔结构[71]

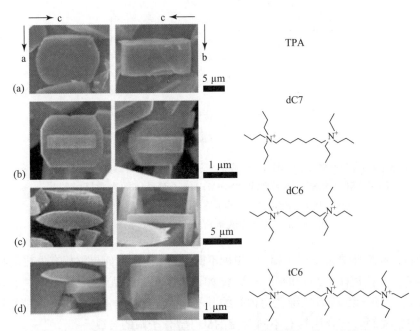

图5.9 Si-MFI的SEM图像: (a)使用TPA的丸状或棺材状晶体; (b)使用dC7具有
双共生的八角形晶体; (c)来自dC6的叶状晶体; (d)来自tC6的b伸长的
叶状(或板状)晶体[74]

　　有学者报道在合成Si-MFI分子筛的体系中加入胺和TPABr可以改变分子筛的形貌特征[75]。含有TPABr的合成体系中, 合成的分子筛更加长[$a \times b \times c = (80 \times 40 \times 20) \mu m^3$]。然而在上述合成体系中分别加入三丙胺(TPA)和二丙胺(DPA)后分子筛的大小较小[分别为$(30 \times 25 \times 20)$ μm^3和$(6 \times 5 \times 4) \mu m^3$](见图5.10)。

　　在水解的凝胶中加入四氢吡咯, 可以合成出立方晶型的Al-MFI型分子筛, 其粒径分布不太均匀, 一般在$0.5 \sim 4 \mu m$之间。

　　通过改变体系中TPABr的含量, Si-MFI分子筛一般呈棒状构型。这是因为在较低的TPABr浓度下, 分子筛晶核较少。因此, 单个晶体的大小与起始凝胶里面TPABr浓度成反比[77]。

图5.10 用结构导向剂制备的MFI型沸石的SEM图像：(a)TPABr；(b)三丙胺；(c)二丙胺

有学者研究了当Si/TPA比分别为10、24、48时Si-MFI分子筛的形状特征[78]。当Si/TPA比为10时，Si-MFI分子筛是带有把手的平板晶型；当Si/TPA比为24时，Si-MFI分子筛具有类似边角锐化的长棒状，并且比之前方法合成的分子筛要大得多，是合成体系中TPA浓度的直接反映，较低的TPA浓度降低了分子筛的成核速率；当Si/TPA比为48时，分子筛的大小和形状仍然与Si/TPA为24的类似，但是在分子筛晶体表面有较多的固体颗粒。

5.3.2 碱金属离子的单因素影响

有研究表明，Al-MFI分子筛的形貌与体系中的碱金属离子有直接的关系[79]。含Li和Na的分子筛分别是由$2\sim5\mu m$和$8\sim15\mu m$的球形聚集颗粒组成，而这些球形聚集颗粒是由类似小的薄片单元组成。含K、Rb的分子筛由孪生圆形晶体组成，而含Cs的分子筛是由边缘锋利的柱状晶体组成。(NH_4)-Al-MFI由晶型良好的板条片状晶体组成。

含(Li、Na)、Na以及(Na，K)-Al-MFI的分子筛呈圆形和蛋壳型的多晶，类似的结构也出现在含Na和K的Al-MFI分子筛中[81]。

在含有Na、K-TPA的体系中，Al-MFI分子筛的形貌由体系中Na、K的含量控制。当$K/(K+Na)=0.75$时，所合成的Al-MFI分子筛是由粒径分布在$5\sim10\mu m$的棒状结构聚集体[82, 83]。

因此，有科学家研究了一些凝胶组成配比：$XNa_2O:8TPABr:100SiO_2:1000H_2O$和$XTPA_2O:(8-2X)TPABr:100SiO_2:1000H_2O$（其中，$X$的值在$0.5\sim4$之间）。当合成体系中的碱含量从$X=4$降到$X=0.5$，分子筛长与宽的比例从0.9增至6.7。然而，在含Na体系中，成核过程和晶化过程比其他几种体系表现得更快。最近，有学者报道了以丙三醇作溶剂合成Al-MFI分子筛[84]，其形貌表现为六方柱型[84]。在$(NH_4)_2O/Al_2O_3=38$的合成体系中加入Li_2O可以得到大小为$(140\pm10)\mu m$呈薄片状的Al-MFI分子筛[85]。

5.4 微波合成法下的分子筛晶体形貌

可以借助微波加热法快速且高效地合成分子筛[86]。微波合成法的优点：成核比较均匀，加热迅速，可以对混合物进行选择性活化，通过调整合成条件对相态选择性合成。所合成的分子筛粒径分布均匀、晶粒大小、形貌可控，可以合成小晶粒分子筛，可以提高分子筛的结晶度等等[87]。

5.4.1 微波合成法例子

AlPO-5和SAPO-5等AFI型磷铝分子筛具有直径0.73nm微孔的一维孔道，通过微波法可以合成出不同形貌的晶体[88~91]。可以通过调节合成条件和向合成体系中加入氟离子或者不同的硅源来控制分子筛的形貌（见图5.11）。向合成体系中加入氟离子或者增加模板剂用量，可以得到棒状分子筛；在碱性条件下，向合成体系中加入适量的硅溶胶，可以合成出片状分子筛。在这种条件下，硅物种可能阻碍了晶体在c轴方向的生长，氟离子可能延迟了体系中晶核的形成。

图5.11 典型AFI分子筛的SEM图像[87]: (a)片状晶体; (b)棒状晶体

最近, Xu等[92]通过向体系中加入二醇(乙二醇、二甘醇、三甘醇和四甘醇), 在微波辅助下的溶剂热体系中合成出了不同形貌的Si-MFI分子筛[92]。通过微波法合成Si-MFI分子筛, 可以实现对分子筛大小、形状的调变(见图5.12)。

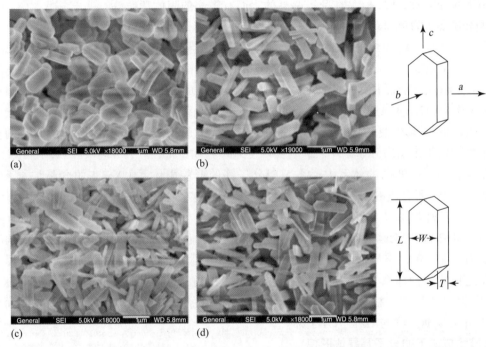

图5.12 在二醇[(a)EG; (b)DEG; (c)TEG; (d)tEG]存在下从微波辅助溶剂热合成系统
结晶的Si-MFI晶体的SEM图像[在图的右侧显示了识别晶面的示意图; 凝胶组成,
即SiO : TPAOH : EtOH : 二醇 : H_2O(摩尔比)为1 : 0.357 : 4.0 : 7 : 21.55][92]

5.4.2 形貌合成

纳米结构分子筛的合成引起了科学家们的注意。这主要是为了以下几方面考虑: ①优化分子筛的催化性能(没有孔阻塞和分子筛黏结剂的稀释)、易操作和抗磨性; ②有二次孔, 可以最大限度地减小扩散限制; ③纳米分子筛可以应用于非传统领域, 如对客体分子进行封装、生物分离、酶固定等等[33]。通过选择不同的模板剂和纳米技术可以合成出分子筛膜、仿生或者多级孔结构、微孔或者介孔分子筛材料[33]。使用化学胶可以制备纳米级和微米级的分子筛多孔材料。到目前为止, 化学胶包括无机胶[93]、纳米胶[94]、有机联结剂[95]。最近, 我们报道了利用微波法、使用纳米胶直接将过渡金属插入分子筛的骨架[96]。

在Ti-MFI(TS-1)分子筛的微波合成中,分子筛表面的Ti-OH基团就起到了无机胶的作用,并且可以将Ti-MFI分子筛堆叠成纤维状。这种技术可以延伸到合成分子筛膜和分子筛涂料[96]。纯Si-MFI或者含过渡金属的MFI分子筛都可以通过微波加热法来合成。我们将这些样品标记为M-MFI-MW,其中M代表插入的金属(包括Ti、Fe、Zr和Sn),MW表示微波法;不含金属的MFI分子筛用Si-MFI-MW表示[96]。微波使得分子筛的形貌有很大的改变。Si-MFI-MW和Ti-MFI-CH表现出晶型生长良好的微球状。微波法可以合成出与传统水热法所合成的分子筛具有类似形貌的含杂原子(Ti、Sn)的分子筛。然而,在这种情况下分子筛沿着b轴方向堆叠成棒状或者纤维状形貌结构(见图5.13c和图5.13d)。即使经过1h的超声处理,这种形态也不会被破坏,这也证明了这种堆叠方式不是简单的聚集而是通过晶体间很强的化学键所连接的。只要分子筛的Si/Ti比在70~230之间,这种纤维状的结构就会存在。然而,当Ti含量升高(Si/Ti小于50),产物是由单个的椭圆形晶粒组成。这可能是因为含Ti量高,影响了晶体的生长,并且分子筛上缺少平面使得分子筛不能进行堆叠。然而,其他的含杂原子的分子筛(Fe、Zr和Sn)同样具有纤维形貌。

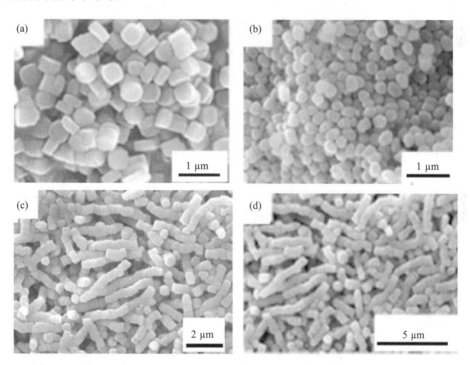

图5.13 (a)Si-MFI-MW; (b)Ti-MFI-CH(Si/Ti=70); (c)Ti-MFI-MW(Si/Ti=70);
(d)Sn-MFI-MW(Si/Sn=70)[96]

高分辨透射电镜(HR-TEM)和电子衍射(ED)可以用来观察晶体之间的边界。从图5.14可以清楚看到分子筛具有结晶良好的结构。我们假设那些晶体的边界大部分与直行孔道相互连接,这就使得分子筛形成介孔。尽管还不清楚插入的金属在微波合成中怎么形成晶体堆叠的形貌,但是可以确定的是M-O键的偶极矩的大小与插入金属原子的电负性直接相关。绝缘材料通过偶极子的振动来吸收微波能量,同时吸收能量的大小随着偶极矩的增大而增大。偶极矩的大小主要由两个原子之间的电负性差来决定($\Delta\chi$)。因此,Ti-O键的电负性差是2.18,比Si-O键的1.76要高,所以说Ti-O在微波条件下吸收更多的能量。分子筛表面的Ti-

O键在微波条件下被活化,同时晶体之间发生聚合反应生成Ti－O－Ti键或者Ti－O－Si键。这种解释同样适用于Fe-MFI-MW和Zr-MFI-MW分子筛,这是因为Fe-O键和Zr-O键的$\Delta\chi$值更大。就Sn-MFI-MW而言,Sn－O键的$\Delta\chi$(1.78)与Si－O键的$\Delta\chi$很接近。然而,由于Sn原子半径较大,Sn－O键的电子密度被转移到O这一边,使得比只通过$\Delta\chi$估计的更具有极性,也就是说单极子对偶极矩的贡献较多[96]。总体来说,上述对于通过极性键吸收微波的解释可以应用到Sn-MFI上。不过,还有待继续开展工作,深入认识插入的金属原子在晶型堆叠中所起到的作用。

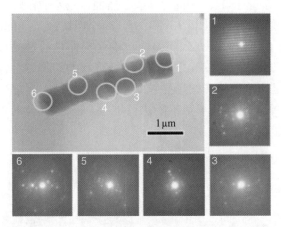

图5.14 Ti-MFI-MW的HRTEM图像和ED图谱[87]

有学者研究了在不同微波功率下合成的纳米层状的Ti-MFI分子筛[97]。Ti-MFI的场发射扫描电镜(FE-SEM)图谱如果5.15所示。所列的样品为堆叠形貌,晶体沿(010)方向堆叠成棒状或者纤维状。堆叠层的平均数量随着微波功率的增加而增加。从以上的讨论可以看出,微波的功率对纳米堆叠形貌有很大的影响。这是因为较高的功率可以使得分子筛表面的更多的羟基进一步脱水缩合,从而使得堆叠结构越大。

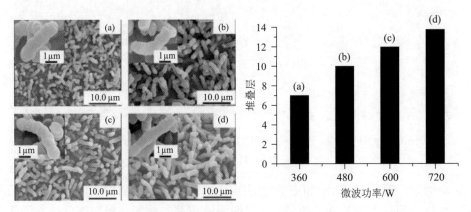

图5.15 在不同微波功率下合成的堆叠Ti-MFI-MW的堆叠层的SEM图像和平均数目: (a)360W; (b)480W; (c)600W; (d)720W[87]

5.4.3 堆叠形貌的合成

通过不同的微波合成时间对应的Ti-MFI分子筛的SEM图谱可以清楚看到堆叠形貌的形成过程。在微波合成的第一阶段(见图5.16a~c),小晶粒长成均匀的分子筛;在40min后,这些均一的分子筛开始形成堆叠结构;到60min,有更多的分子筛形成堆叠结构(见图5.16d~f)。在微波合成中,液相中的硅物种在第一步先形成结晶均匀的球形。然后,这些小的晶体在b轴方向连接在一起形成堆叠结构。分子筛表面的Ti-OH在微波下被活化,同时加速了晶体间表面的Ti-OH的缩合反应(见图5.17)。

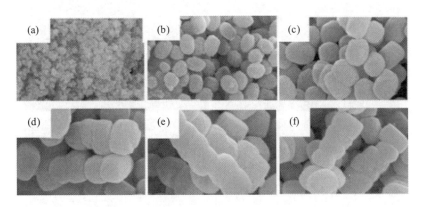

图5.16 不同微波辐射时间的Ti-MFI扫描电镜: (a)10min; (b)20min; (c)30min; (d)40min; (e)50min; (f)60min[87]

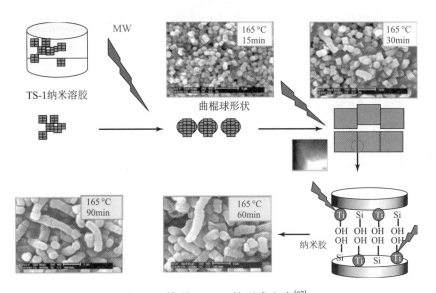

图5.17 堆叠Ti-MFI的形成方案[87]

微波合成法可以通过双金属插入生成三维堆叠结构的分子筛[98]。微波法合成的(Al、Ti)-MFI分子筛具有纤维状排列的形貌。均一的分子筛颗粒堆叠形成长条状,然后这些长条状的分子筛进一步组成三维的层状结构(见图5.18)。同样,这些微米级的分子筛在(010)面上堆叠形成球状(见图5.18c)。微波合成双金属插入的分子筛同样也在(010)方向堆叠(见图5.18a~c)。由SEM可以看出,这些堆叠成的分子筛有空心存在(见图5.18d)。

Xu课题组通过微波法合成出全硅分子筛(Si-MFI)(见图5.19)。在没有金属参与的条件下,仍然可以通过调控极性溶剂的方式合成出具有纤维状形貌的分子筛[99]。低极性(也可用介电常数表示)共溶剂有利于晶化初期纳米晶体表面形成Si-OH基团,在微波条件下,Si-OH键可以进一步缩合成自身堆叠的晶体。这些呈纤维状的分子筛经长时间和高强度的超声也不会遭到破坏,这也证明了在单个晶体之间存在较强的化学键。

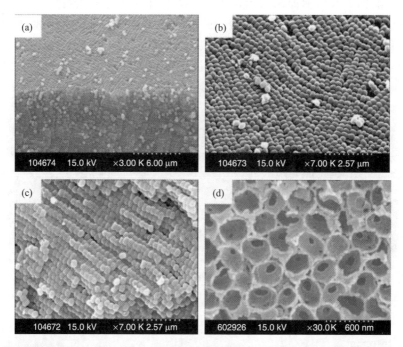

图5.18 纳米喷射(Al, Ti)-MFI的SEM图像:(a)交叉视图;(b)顶部图;(c)侧视图;(d)碳复制品

图5.19 在微波辐射条件下使用不同醇共溶剂结晶的Si-MFI晶体的SEM图像(x是介电常数):(a)乙二醇($x=37$);(b)甲醇($x=32.6$);(c)乙醇($x=24.3$);(d)1-丙醇($x=20.1$);(e)异丙醇($x=18.3$);(f)正丁醇($x=17.8$);(g)己醇($x=13.3$)[99]

5.5 总结与展望

本章总结了大颗粒FAU、LTA和MFI分子筛的代表性合成方法。为了合成完美晶型的分子筛,我们要准确理解成核机理和晶体生长的历程,这样可以控制分子筛合成的过程。同时,大颗粒分子筛的形貌反映了结构单元的基本构型。

为了调控分子筛的生长过程,科学家系统的研究了小晶粒分子筛的形貌。他们研究了碱金属离子、醇类化合物以及胺类等添加剂对形貌的影响,结论如下:不同种类的碱金属离子得到不同的形貌;多种碱金属离子的混合合成体系得到均一板状分子筛(大约140 μm);不同的结构导向剂同样得到不同的晶体形貌,这种结果与在合成体系中添加不同的胺是一致的;

氢氧根的浓度对晶体形貌有很大的影响；TPA⁺离子用量同样对晶体形貌有很大影响；在较低的模板剂浓度下，得到较大的晶体分子筛，这可能是因为晶核较少的缘故；在混合溶剂或者非水溶剂中合成出的晶体与在水溶液中合成的形貌差别较大。

在微波合成中，向合成前体中加入金属、有机试剂或者无机添加剂可以控制分子筛的形貌。这些添加剂起到了吸收微波能量的作用，也被称为纳米胶。使用纳米胶可以合成纤维状的分子筛。这种择型取向有利于选择性吸附何大分子的传质或者扩散，可以合成出优良的择型分子筛。

分子筛的形貌合成仍然是一个不断发展的领域，对于合成出高品质的分子筛显得尤为重要。为了更加充分地利用分子筛的催化性质，深入研究分子筛的形貌特征非常重要，特别是对于不同孔的利用。许多科研工作者通过原位光谱技术研究了形貌良好的分子筛的基本特征[100]。应用新技术，可以合成出具有独特的扩散性能、催化性能的共生结构分子筛，这也是为特殊的反应设计合适的催化剂或者研究分子筛催化的反应机理的途径[101]。

另外，分子筛的催化性能取决于分子筛初始粒子的形貌特征，特别对于分子筛晶体的各向异性。这就需要分子筛晶体形貌上具有特殊的性质。分子筛的晶体形貌和大小决定了分子在孔道里面的扩散路径，这对化学反应的动力学有很大的影响[102]。因此，控制分子筛的形貌对于合成性能良好的催化剂显得非常重要。

此外，控制给定结构的分子筛的形貌，对于合成分子筛膜、传感器，特别是多级孔纳米结构材料显得非常重要。

最后，控制分子筛的形貌，对于研究分子筛的结晶机理及其应用是非常重要的。开发控制分子筛形貌的有效方法，也是学术研究和工业应用领域的重大挑战，但这种研究将使分子筛未来的应用前景更加光明。

致谢

本课题得到了韩国科学与工程基金(国家重点实验室研究项目)、BK21和韩国纳米中心的支持。

参考文献

[1] Davis, M.E. (1991) Ind. Eng. Chem. Res., 30, 1675.

[2] Davis, M.E. (2002) Nature, 417, 813.

[3] Corma, A. (1995) Chem. Rev., 95, 559.

[4] Yu, J. and Xu, R. (2006) Chem. Soc. Rev., 35, 593.

[5] Csicsery, S.M. (1984) Zeolites, 4, 202.

[6] Weitkamp, J. and Puppe, L. (1999) Catalysis and Zeolites: Fundamentals and Applications, 1st edn, Springer, Berlin.

[7] Wojciechowski, B.W. and Corma, A. (1986) Catalytic Cracking: Catalysis, Chemistry, and Kinetics, Dekker, New York.

[8] Lai, Z., Bonilla, G., Diaz, I., Nery, J.G., Sujaoti, K., Amat, M.A., Kokkoli, E., Terasaki, O., Thompson, R.W., Tsapatsis, M., and Vlachos, D.G. (2003) Science, 300, 456.

[9] Kuperman, A., Nadimi, S., Oliver, S., Ozin, G.A., Garces, J.M., and Olken, M.M. (1993) Nature, 365, 239.

[10] Feng, S. and Bein, T. (1994) Science, 265, 1839.

[11] Shi, F., Chen, X., Wang, L., Niu, J., Yu, J., Wang, Z., and Zhang, X. (2005) Chem. Mater., 17, 6177.

[12] (a) Singh, R. and Dutta, P.K. (2003) in Handbook of Zeolite Science and Technology (eds S.M.Auerbach, K.A. Carrado, and P.K. Dutta), Marcel Dekker, New York, p. 21; (b) Cundy, C.S. (2005) in Zeolites and Ordered Mesoporous Materials: Progress and Prospects, Studies in Surface Science and Catalysis, Vol. 157 (eds J. ?ejka and H. van Bekkum), Elsevier, Prague, The 1st FEZA School on Zeolites, p. 101.

[13] (a) Beschmann, K., Kokotailo, G.T., and Reikert, L. (1988) Stud. Surf. Sci. Catal., 39, 355; (b) Muller, U. and Unger, K.K. (1988) Stud. Surf. Sci. Catal., 39, 101.

[14] Terasaki, O., Yamazaki, K., Thomas, J.M., Ohsuna, T., Watanabe, D., Saunders, J.V., and Barry, J.C. (1987) Nature, 330, 58.

[15] Cox, S.D., Gier, T.E., Stucky, G.D., and Bierlein, J. (1988) J. Am. Chem. Soc., 110, 2987.

[16] Qiu, S., Yu, J., Zhu, G., Terasaki, O., Nozue, Y., Pang, W., and Xu, R. (1998) Microporous Mesoporous Mater., 21, 245.

[17] (a) DiRenzo, F. (1998) Catal. Today, 41, 37; (b) Coker, E.N., Jansen, J.C., DiRenzo, F., Fajula, F., Martens, J.A., Jacobs, P.A., and Sacco, A. (2001) Microporous Mesoporous Mater., 46, 223.

[18] Mumpton, F.A. (1991) Proc. Natl. Acad. Sci. U.S.A., 96, 3463.

[19] Langella, A., Cappelletti, P., and de Gennaro, M. (2001) in Hydrologic Natural Zeolite Growth, Reviews in Mineralogy and Geology 45 (eds D.L.Bish and D.W. Wing), Geoscienceworld p. 235.

[20] Lethbridge, Z.A.D., Williams, J.J., Walton, R.I., Evans, K.E., and Smith, C.W. (2005) Microporous Mesoporous Mater., 79, 339.

[21] St?cker, M. (1993) Acta Chem. Scand., 47, 935.

[22] Terskikh, V.V., Moudrakovski, I.L., Du, H.B., Ratcliffe, C.I., and Ripmeester, J.A. (2001) J. Am. Chem. Soc., 123, 10399.

[23] Binder, G., Scandella, L., Kritzenberger, J., Gobrecht, F., Koegler, J.H., and Prins, R. (1997) J. Phys. Chem. B, 101, 483.

[24] Megelski, S., Lieb, A., Pauchard, M., Drechsler, A., Glaus, S., Debus, C., Meixner, A.J., and Calzaferri, G. (2001) J. Phys. Chem. B, 105, 25.

[25] Jackson, K.T. and Howe, R.F. (1994) Zeolites and Microporous Crystals, Studies in Surface Science and Catalysis, Vol. 83 (eds H.T.Hattori and T. Yashima), Elsevier p. 187.

[26] Heink, W., K?rger, J., Pfeifer, H., Salverda, P., Datema, K.P., and Nowak, A. (1992) J. Chem. Soc., Faraday Trans., 88, 515.

[27] Snurr, R.Q., Hagen, A., Ernst, H., Schwarz, H.B., Ernst, S., Weitkamp, J., and K?rger, J. (1996) J. Catal., 163, 130.

[28] Schwarz, H.B., Ernst, S., K?rger, J., Knorr, B., Seiffert, G., Snurr, R.Q., Staudte, B., and Weitkamp, J. (1997) J. Catal., 167, 248.

[29] Karge, H.G. and Weitkamp, J. (1998) Zeolite Synthesis, Vol. 1, Springer-Verlag, Berlin.

[30] Cundy, C.S., Lowe, B.M., and Sinclair, D.M. (1990) J. Cryst. Growth, 100, 189.

[31] Persson, A.E., Schoeman, B.J., Sterte, J., and Ottesstedt, J.E. (1994) Zeolites, 14, 557.

[32] Mintova, S., Olson, N.H., Valtchev, V., and Bein, T. (1999) Science, 283, 958.

[33] Tosheva, L. and Valtchev, V.P. (2005) Chem. Mater., 17, 2494, and references therein.

[34] Charnell, J.F. (1971) J. Cryst. Growth, 8, 291.

[35] Sun, Y.Y., Song, T., Qiu, S., Pang, W., Shen, J., Jiang, D., and Yue, Y. (1995) Zeolites, 15, 745.

[36] Shimizu, S. and Hamada, H. (2001) Microporous Mesoporous Mater., 48, 39.

[37] DiRenzo, F. (1998) Catal. Today, 41, 37.

[38] Qiu, S., Yu, J., Zhu, G., Tarasaki, O., Nozue, Y., Pang, W., and Xu, R. (1998) Microporous Mesoporous Mater., 21, 245.

[39] Camblor, M.A., Villaescusa, L.A., and Diaz-Cabanas, M. (1999) Top. Catal, 9, 59.

[40] Axon, S.A. and Klinowski, J. (1992) Appl. Catal. A, 81, 27.

[41] Qiu, S., Pang, W., and Xu, R. (1997) Stud. Surf. Sci. Catal., 105, 301.

[42] Qui, S., Yu, J., Zhu, G., Terasaki, O., Nozue, Y., Pang, W., and Xu, R. (1998) Microporous Mesoporous Mater., 21, 245.

[43] Guth, J.L., Kessler, H., Higel, J.M., Lamblin, J.M., Patarin, J., Seive, A., Chezeau, J.M., and Wey, R. (1989) ACS Symp. Ser., 398, 176.

[44] Qiu, S., Pang, W., and Yao, S. (1989) Stud. Surf. Sci. Catal., 49, 133.

[45] Jansen, J.C., Engelen, C.W.R., and van Beckkum, H. (1989) ACS Symp. Ser., 398, 257.

[46] Shao, C., Li, X., Qiu, S., Xiao, F.-S., and Terasaki, O. (2000) Microporous Mesoporous Mater., 39, 117.

[47] Shimizu, S. and Hamada, H. (1999) Angew. Chem. Int. Ed. Engl., 38, 2725.

[48] Kornatowski, J. (1988) Zeolites, 8, 77.

[49] Mueller, U. and Unger, K.K. (1988) Zeolites, 8, 154.

[50] Zhang, D., Qiu, S., and Pang, W. (1990) J. Chem. Soc. Chem. Commun., 1313.

[51] Wang, X. and Jacobson, A.J. (2001) Mat. Res. Soc. Symp., 658, GG8.1.

[52] Coker, E.N., Jansen, J.C., DiRenzo, F., Fajula, F., Martens, J.A., Jacobs, P.A., and Sacco, A. (2001) Microporous Mesoporous Mater., 46, 223.

[53] Ghamami, M. and Sand, L.B. (1983) Zeolites, 3, 155.

[54] Tuel, A. (1997) Stud. Surf. Sci. Catal., 105, 261.

[55] Iwasaki, A., Sano, T., and Kiyozumi, Y. (1998) Microporous Mesoporous Mater., 25, 119.

[56] Persson, A.E., Schoeman, B.J., Sterte, J., and Otterstedt, J.-E. (1994) Zeolites, 14, 557.

[57] Kalipcilar, H. and Culfaz, A. (2000) Cryst. Res. Technol., 35, 933.

[58] Cizmek, A., Subotica, B., Kralj, D., Babil-Ivancic, V., and Tonejc, A. (1997) Microporous Mesoporous Mater., 12, 267.

[59] Gao, F., Zhu, G., Li, X., Li, B., Terasaki, O., and Qiu, S. (2001) J. Phys. Chem. B, 105, 12704.

[60] Franklin, K.R. and Lowe, B.M. (1988) Zeolites, 8, 501.

[61] Burchart, E.V., Janse, J.C., van der Graaf, B., and van Bekkum, H. (1993) Zeolites, 13, 216.

[62] Beck, L.W. and Davis, M.E. (1998) Microporous Mesoporous Mater., 22, 107.

[63] de Moor, P.-P.E.A., Beelen, T.P.M., van Santen, R.A., Beck, L.W., and Davis, M.E. (2000) J. Phys. Chem. B, 104, 7600.

[64] Hussein, M.Z., Zainal, Z., and Masdan, S.A. (2001) Res. J. Chem. Environ., 5, 21.

[65] Dwyer, J. and Zhao, J. (1992) J. Mater. Chem., 2, 235] 66] Ke, J.-A. and Wang, I. (2001) Mater. Chem. Phys., 68, 157.

[67] Aiello, R., Crea, F., Nigro, E., Testa, F., Mostowicz, R., Fonseca, A., and Nagy, J.B. (1999) Microporous Mesoporous Mater., 28, 241.

[68] Derouane, E.G. and Gabelica, Z. (1986) J. Solid State Chem., 64, 296.

[69] Ban, T., Mitaku, H., Suzuki, C., Matsuba, J., Ohya, Y., and Takahashi, Y. (2005) J. Cryst. Growth, 274, 594–602.

[70] Auerbach, S.M., Carrado, K.A., and Dutta, P.K. (2003) Handbook of Zeolite Science and Technology, Marcel Dekker Inc., New York, p. 43.

[71] Lai, Z., Tsapatsis, M., and Nicolich, J.P. (2004) Adv. Funct. Mater., 14, 716.

[72] Beck, L.W. and Davis, M.E. (1998) Microporous Mesoporous Mater., 22, 107.

[73] de Moor, P., Beelen, T.P.M., van Santen, R.A., Beck, L.W., and Davis, M.E.J. (2000) Phys. Chem. B, 104, 7600.

[74] Bonilla, G., Diaz, I., Tsapatsis, M., Jeong, H.K., Lee, Y., and Vlachos, D.G. (2004) Chem. Mater., 16, 5697.

[75] Patarin, J., Soulard, M., Kessler, H., Guth, J.-L., and Baron, J. (1989) Zeolites, 9, 397.

[76] Suzuki, K., Kiyozumi, Y., Shin, S., Fujisawa, K., Watanabe, H., Saito, K., and Noguchi, K. (1986) Zeolites, 6, 290.

[77] Crea, F., Nastro, A., Nagy, J.B., and Aiello, R. (1988) Zeolites, 8, 262.

[78] Ahmed, S., El-Faer, M.Z., Abdillahi, M.M., Siddiqui, M.A.B., and Barri, S.A.I. (1996) Zeolites, 17, 373.

[79] Gabelica, Z., Blom, N., and Derouane, E.G. (1983) Appl. Catal., 5, 227.

[80] Crea, F., Aiello, R., Nastro, A., and Nagy, J.B. (1991) Zeolites, 11, 521.

[81] Aiello, R., Crea, F., Nastro, A., and Pellegrino, C. (1987) Zeolites, 7, 549.

[82] Erdem, A. and Sand, L.B. (1979) J. Catal., 60, 241.

[83] Lowe, B.M., Nee, J.R.D., and Casci, J.L. (1994) Zeolites, 14, 610.

[84] Kanno, N., Miyake, M., and Sato, M. (1994) Zeolites, 14, 625.

[85] Nastro, A. and Sand, L.B. (1983) Zeolites, 3, 57.

[86] (a) Cundy, C.S. (1998) Collect. Czech. Chem. Commun., 63, 1699; (b) Cundy, C.S., Plaisted, R.J., and Zhao, J.P. (1998) Chem. Commun., 1465.

[87] Park, S.-E. and Jiang, N. (2008) in Zeolites: From Model Materials to Industrial Catalysis (eds J. ?ejka, J. Perez-Pariente, and W.J. Roth), Transworld Research Network, Kerala, p. 81.

[88] Carmona, J.G., Clemente, R.R., and Morales, J.G. (1997) Zeolites, 18, 340.

[89] (a) Yates, M.Z., Ott, K.C., Birnbaum, E.R., and McCleeskey, T.M. (2002) Angew. Chem. Int. Ed. Engl., 41, 476; (b) Ganschow, M., Schulz-Ekloff, G., Wark, M., Wendschuh-Josties, M., and W?hrle, D. (2001) J. Mater. Chem., 11, 1823.

[90] Mintova, S., Mo, S., and Bein, T. (1998) Chem. Mater., 10, 4030.

[91] Jacobsen, C.J.H., Madsen, C., Houzvicka, J., Schmidt, I., and Carlsson, A. (2000) J. Am. Chem. Soc., 122, 7116.

[92] Chen, X., Yan, W., Cao, X., Yu, J., and Xu, R. (2009) Microporous Mesoporous Mater., 119, 217.

[93] Che, M., Masure, D., and Chaquin, P. (1993) J. Phys. Chem., 97, 9022.

[94] Morris, C.A., Anderson, M.L., Stroud, R.M., Merzbacher, C.I., and Rolison, D.R. (1999) Science, 284, 622.

[95] Kulak, A., Park, Y.S., Lee, Y.J., Chun, Y.S., Ha, K., and Yoon, K.B. (2000) J. Am. Chem. Soc., 122, 9308.

[96] Hwang, Y.K., Chang, J.-S., Park, S.-E., Kim, D.S., Kwon, Y.-U., Jhung, S.H., Hwang, J.-S., and Park, M.-S. (2005) Angew. Chem. Int. Ed. Engl., 44, 446.

[97] Jin, H., Jiang, N., and Park, S.-E. (2008) J. Phys. Chem. Solids, 69, 1136.

[98] Choi, K.-M., David, R.B., Han, S.-C., and Park, S.-E. (2007) Solid State Phenom., 119, 167.

[99] Chen, X., Yan, W., Shen, W., Yu, J., Cao, X., and Xu, R. (2007) Microporous Mesoporous Mater., 104, 296.

[100] Roeffaers, M.B.J., Ameloot, R., Baruah, M., Uji-I, H., Bulut, M., De Cremer, G., Müller, U., Jacobs, P.A., Hofkens, J., Sels, B.F., and De Vos, D.E. (2008) J. Am. Chem. Soc., 130, 5763.

[101] Schoonheydt, R.A. (2008) Angew. Chem. Int. Ed. Engl., 47, 9188.

[102] Larlus, O. and Valtchev, V.P. (2004) Chem. Mater., 16, 3381.

6 沸石分子筛的合成后处理与改性

Cong-Yan Chen, Stacey I. Zones

6.1 引言

由于沸石及其他分子筛材料具有独特的择形性能和较高的内比表面积,在催化、吸附及离子交换等领域得到了广泛地应用[1, 2]。这些材料的晶体结构(例如八元环、十元环、十二元环,甚至更大的孔道结构,以及一维、二维和三维通道体系)和骨架组成(例如硅铝比、酸性及亲/疏水性),是其在上述领域得到广泛应用的主要决定因素。截至2009年7月,国际沸石协会(IZA)结构专业委员会确认的沸石及沸石类材料的骨架结构类型已经有191种[3~5]。理论研究表明,这个数字只是沸石分子筛可能的结构中很少的一部分[6~11]。开发具有适宜结构及骨架组成的分子筛制备新方法,已成为设计和应用适用于特定领域的沸石分子筛的主要挑战。原则上,实现此目标有两种途径:直接合成法;后处理法与改性法。在本章,首先对直接合成法进行简要讨论,然后重点阐述沸石分子筛的后处理法与改性这两个方法,即在酸性条件下将$Al(NO_3)_3$溶液中的Al原子重新插入分子筛骨架,以及使用醋酸对分子筛进行水热脱铝处理以获得纯硅分子筛。

6.2 分子筛的直接合成法

直接合成法是分子筛制备的主要途径[12~28]。在晶化过程中,有诸多因素影响分子筛产物的结构,主要包括合成体系的组成、晶化温度、晶化时间以及合成体系的制备过程,例如老化及引晶技术。此外,根据文献报道,结构导向剂(SDAs)的选取对分子筛骨架的选择性形成起着至关重要的作用。

根据分子筛自身性质及其化学组成,一些合成的分子筛具有较宽的骨架组成,例如具有波状的一维十二元环通道结构的IFR型分子筛。由国际沸石协会结构专业委员会确认的ITQ-4、SSZ-42及MCM-58分子筛均为IFR型结构[3, 4]。据文献报道,可以直接合成的IFR型结构的分子筛包括ITQ-4(通过含F介质可以获得纯硅型)[29, 30]、Si-SSZ-42(通过常规的含氢氧根介质可以获得纯硅型)[31]、B-SSZ-42(硼硅酸盐)[22, 32~34]、Al-MCM-58(硅铝酸盐)[22, 34~37]、Fe-MCM-58(铁硅酸盐)[37, 38]和Zn-SSZ-42(锌硅酸盐)[31]。

与IFR型分子筛相反的是,一些分子筛只能在合成溶液中含有某种杂原子X(X可以是B、Ga、Ge或者Al;或者对于纯硅型而言,X为不含有任何前述几种元素)并随之进入分子筛骨架的条件下才能成功合成。通常，只有在较窄的Si/X比值范围内或者在特定的结构导向剂存在下，才能合成出含有特定杂原子的分子筛结构。SSZ-33型硼硅酸盐分子筛(含有十元环/十二元环通道且具有CON型拓扑结构[3, 4])可以在以N, N, N-三甲基-8-三环-[5.2.1.02, 6]-癸烷铵离子(N, N, N-trimethyl-8-tricyclo-[5.2.1.02, 6]decane ammonium cations)为结构导向剂的条件下制得[39, 40]。迄今为止，使用该结构导向剂尚未直接合成出SSZ-33型硅铝酸盐分子筛。此外，以N, N, N, N', N', N'-六甲基[4.3.3.0]螺桨烷-8, 11-二铵离子为结构导向剂可以获得SSZ-26型硅铝酸盐分子筛(具有与SSZ-33分子筛相似的晶体结构)[39, 41]。然而，该结构导向剂较难制取，并且比用于合成B-SSZ-33所使用的N, N, N-三甲基-8-三环-[5.2.1.02, 6]-癸烷铵离子更加昂贵。

此外，表6.1列出了不同结构导向剂对合成含铝、硼和锌等杂原子分子筛的影响。我们考察了合成体系中不同硅与杂原子的摩尔比Si/X(X代表Al、B或Zn)。表6.1中的结果说明在直接合成过程中，分子筛结构、骨架组成和结构导向剂具有错综复杂的关系。

表6.1 铝、硼和锌在使用不同结构导向剂的条件下对合成的影响

SDA	SiO₂(纯硅)	SiO₂(纯硅)	SiO₂/B₂O₃<30	SiO₂/ZnO<100
(结构式)	ZSM-12	β沸石	β沸石	VPI-8
(结构式)	ZSM-12	β沸石	β沸石	VPI-8
$(CH_3)_3N^+$ (结构式)	ZSM-12	丝光沸石	β沸石	分层
(结构式)—$N^+(CH_3)_3$	SSZ-24	SSZ-25	SSZ-33	
(结构式) $N^+(CH_3)_3$	SSZ-31	丝光沸石	SSZ-33	VPI-8
(结构式) N^+	SSZ-31	SSZ-37	SSZ-33	

简而言之，采用直接合成法往往不能获得在特定应用中具有适宜性质的分子筛材料，在下一节中将要讨论的分子筛后处理法与改性法为这一目标的实现提供了强有力的工具。

6.3 沸石分子筛的后处理法与改性

除直接合成法以外，合成后处理法为获得满足需要的骨架组成及其他性质的分子筛提供了一条更加切实可行的途径。Kuhl[42]和Szostak[43]已经发表了两篇关于分子筛改性的综述文章，概述了关于合成后处理与改性的许多重要方面，例如离子交换、负载金属分子筛的制备、脱铝、杂原子重新插入分子筛骨架以及其他的改性方法。读者可以查阅这两篇综述文章及其中的参考文献以获得不同合成后处理法的细节。在本节，我们将阐述分子筛合成后处理与改性来实现晶格取代的两种新方法。这两种方法遵循相同的原则：希望Al或者Si原子优于其他的杂原子(如B)进入晶格位置。这两种方法为：在酸性条件下将Al(NO₃)₃溶液中的Al原子重新插入分子筛骨架[44, 45]；使用醋酸对分子筛进行水热脱铝处理以获得纯硅分子筛[46]。

6.3.1 在酸性条件下将Al(NO₃)₃溶液中的Al原子重新插入分子筛骨架

正如第6.2节所述，许多硼硅酸盐分子筛可以通过直接合成法获得。然而，硼硅酸盐分

子筛不具有许多烃类反应所需的较高的酸性。因此,采用合成后处理法可以获得具有较硼硅酸盐更高催化活性的硅铝酸盐分子筛。

将Al原子重新插入分子筛骨架的方法有多种[42, 43],概括其中的两种如下:将铝酸钠水溶液中的Al原子插入分子筛的四配位空穴和/或取代骨架中的Si原子[47];在高于773K的条件下,用含有$AlCl_3$蒸气的氮气处理,将Al原子插入到分子筛骨架中[48~50]。这恰恰与使用$SiCl_4$蒸气进行脱铝反应相反[51~55]。

与上述的使用铝酸钠溶液不同,在酸性条件下使用$Al(NO_3)_3$水溶液将Al原子重新插入分子筛骨架是最新的方法[44, 45]。该方法在较低的pH值下进行,可以减少分子筛骨架中的硅原子溶出,此方法将会在下一部分讨论。

6.3.1.1 实验步骤

此合成后处理技术包含两步:在酸性条件下对硼硅酸盐分子筛进行脱硼处理;使用$Al(NO_3)_3$水溶液将Al原子重新插入脱硼的分子筛的晶格中。通常情况下,该实验可以通过两种方法实施[44, 45]:

① 两步法,即依次完成上述两个步骤。首先,在室温下,将经过煅烧的硼硅酸盐分子筛在0.01mol/L的HCl溶液中进行脱硼处理24h,其中分子筛与盐酸溶液的质量比为1:40。经洗涤、干燥后获得脱硼分子筛。然后,将脱硼分子筛置于一定量的$Al(NO_3)_3$水溶液中[如将1g分子筛与100g浓度为1mol/L的$Al(NO_3)_3$水溶液进行混合],在不同条件下(如回流100h)进行处理。处理温度为363~443K之间。经洗涤、过滤和在空气中干燥获得最终的分子筛产品,所获得的硅铝酸盐分子筛已是H型。

② 一步法,即脱硼和再插入铝在一步中同时进行。直接将硼硅酸盐分子筛与$Al(NO_3)_3$水溶液混合,即脱硼是在较低pH值(<3.5)的$Al(NO_3)_3$水溶液中进行,其他的条件与两步法的相似。

该技术的重要实验参数包括:$Al(NO_3)_3$水溶液与分子筛的比例、混合溶液的pH值、反应时间及温度(参见上文)。

6.3.1.2 一步法与两步法的对比

与众多包含多步反应的有机合成类似,两步法是将脱硼和再插入铝分开进行。通过该方法可以证明两个单独步骤是如何进行的,以帮助我们科学地认识其中所包含的化学过程。其优点是将两个步骤结合起来进行,为铝原子重新插入分子筛骨架提供了有效的途径。

通过X射线衍射(XRD)、氮气/烃类吸附实验、元素分析、[11]B魔角旋转核磁共振技术(MAS NMR)等对B-SSZ-33及其他沸石分子筛的分析可知:通过两步法脱硼获得的脱硼分子筛中不含硼元素,并且其晶体结构和微孔体积保持不变[44, 45]。同样,通过一步法获得的最终产品与脱硼分子筛具有相似的性质,换句话说,这些产品也是不含硼的。这些结果表明,一步法中所使用的$Al(NO_3)_3$水溶液具有足够低的pH值(<3.5),可以提供与两步法中所使用的HCl溶液相当的硼的有效脱除所需的酸性环境。

表6.2列出了由B-SSZ-33分别经两步法和一步法获得的两个Al-SSZ-33分子筛样品的对比结果。其中体积Si/B摩尔比(Si/B)体积和体积Si/Al摩尔比(Si/Al)体积是通过元素分析测得,而表示骨架组成的骨架Si/Al摩尔比(Si/Al)骨架是通过[27]Al MAS NMR获得。

由[27]Al MAS NMR表征结果可以看出,所得到的Al的含量超过了可以取代的晶格B的含量,说明并不是所有的Al都进入了分子筛骨架位。结合其他文献(Chen、Zones和Wilson,结果尚未发表)中[27]Al MAS NMR表征结果,可以确定在采用本节所描述的合成后处理方法得到的硅铝酸盐分子筛中,大多数的Al原子进入了分子筛骨架,并占据了四配位骨架位置。最初,我们推测一些"中间体Al物种"首先附着于通过脱硼产生的硅羟基空穴位(或缺陷位)，然后需要经历高温(如大于623K)煅烧才能将这些"中间体Al物种"转化为四配位铝而进入分子筛骨架。然而，在我们的实验中，并没有检测到这些"中间体Al物种"。因此，需要增加一些额外的步骤(如煅烧)来达到将铝重新插入分子筛骨架的目的。起始原料B-SSZ-33、脱硼的SSZ-33和合成的Al-SSZ-33样品的微孔体积均高达0.2mL/g(由在室温及P/P_0=0.3下环己烷的吸附试验测得)，表明这三个样品并没有发生孔口被堵塞的现象。XRD、氮气/烃类吸附实验及元素分析的结果均表明，不管是采用两步法还是一步法，最终均可以获得相同的硅铝酸盐产品。从实用的角度来讲，了解了Al(NO$_3$)$_3$和HCl溶液在脱硼过程中的化学作用，在实际操作中就可以省去使用HCl溶液脱硼的步骤。由于步骤简单，一步法被认为是优先选择使用的方法。

表6.2 由B-SSZ-33分别经两步法和一步法获得的Al-SSZ-33分子筛样品的对比结果

方 法		两步法	一步法
起始材料：B-SSZ-33	(Si/B)$_{体积}$	18.1	18.1
	微孔体积/(mL/g)	0.19	0.19
中间材料：脱硼酸SSZ-33	(Si/B)$_{体积}$	>200(低于检测限)	
	微孔体积/(mL/g)	0.18	
最终产品：Al-SSZ-33	(Si/B)$_{体积}$	13.1	12.9
	(Si/Al)$_{骨架}$	16.6	16.3
	微孔体积/(mL/g)	0.21	0.21

6.3.1.3 Al(NO$_3$)$_3$与分子筛比例的影响

在第6.3.1节中，我们提到在碱性条件下使用铝酸钠可以将Al原子再插入分子筛的骨架[47]。同样，众所周知的是，分子筛骨架中的Al可以在酸性条件下通过脱铝而抽提出来[42, 43]。例如，我们将Al-SSZ-33样品[体相硅铝比(Si/Al)体积为13.1]在盐酸溶液中(pH值约为0.8)回流处理32h。XRD和N$_2$吸附结果显示，经此酸性条件处理后，产品分子筛的骨架结构保持完好，但是其体相硅铝比(Si/Al)体积增加至36.9。这说明在酸性条件下使用Al(NO$_3$)$_3$溶液将Al原子重新插入分子筛骨架时，其平衡并不有利于Al的重新插入。在酸性条件下，为了使平衡向Al重新插入骨架的方向移动，我们需要提高混合液中Al(NO$_3$)$_3$的浓度来产生过量的Al离子以推动其转化。表6.3中的结果说明了Al重新插入和Al(NO$_3$)$_3$与分子筛比例的趋势及关系[45]。当Al(NO$_3$)$_3$溶液与分子筛的质量比增加时，产品的硅铝比降低，表明更多的Al原子重新插入分子筛骨架。值得一提的是，虽然在此方法中需要使用大量的Al(NO$_3$)$_3$溶液，但是过量的Al(NO$_3$)$_3$溶液往往可以被回收和再次使用。

表6.3 在不同的Al(NO$_3$)$_3$溶液与分子筛的比条件下，通过两步法由B-SSZ-33制备的Al-SSZ-33结果

沸 石	(Si/B)体积	(Si/Al)体积	备 注
B-SSZ-33	18.1		起始材料
脱硼SSZ-33	>200(低于检测限)		通过在0.01mol/LHCl中脱硼B-SSZ-33制备
Al-SSZ-33		24.7	S/Z=16∶1[①]
Al-SSZ-33		20.1	S/Z=25∶1
Al-SSZ-33		17.0	S/Z=50∶1
Al-SSZ-33		13.1	S/Z=100∶1

① S/Z表示1mol/L Al(NO$_3$)$_3$溶液与脱硼SSZ-33的质量比。

6.3.1.4 pH值、时间、温度及其他因素的影响

铝盐的溶解度在更高的pH值条件下会更低,这会增加铝物种的沉淀。在Al原子重新插入分子筛骨架的过程中,当使用1mol/L的$Al(NO_3)_3$溶液时,其分子筛/$Al(NO_3)_3$混合物的最终pH值低于1。在采用上述两种制备方法时,我们通过添加醋酸铝和水来提高分子筛/$Al(NO_3)_3$混合物的pH值[44,45]。其最终的pH值分别为3.34和4.10,而所得的硅铝酸盐产物具有非常低的体相硅铝比,分别为5.5和7.5。这两个样品具有非常高的Al含量,然而其活性却比在较低pH值下获得的Al-SSZ-33分子筛材料更低。显然,其原因就是铝物种在更高的pH条件下产生沉淀。因此,为了确保Al原子的有效插入,必须将分子筛/$Al(NO_3)_3$混合物的pH值保持在3.5以下。

Al原子的重新插入并不会立即发生。较短的反应时间使得Al原子重新插入分子筛骨架的效率较低。在相应的反应条件下,为了达到反应平衡,我们通常将实验持续至少24h[44,45]。反应温度可以扩展至363~443K,这也是分子筛合成的典型温度范围。更高的温度会使反应更快的达到平衡。因此,相同的反应装置可以用于直接合成和用$Al(NO_3)_3$进行后处理合成。实验也可以很容易地在回流的条件下和在加热的玻璃烧瓶中进行。尽管在静态条件下(如简易的带有聚四氟内衬的自生压力反应釜)进行反应非常简单和方便,但是为了提高传质和传热效果,最好是在搅拌、翻转或者回流的条件下进行。

6.3.1.5 能否应用至中孔分子筛

含水的铝离子由于太大而无法进入中孔分子筛的孔道。因此,此方法并不适用于中孔分子筛。在我们实验室进行的两组平行实验证实了这个结论[44,45]。首先,合成B-ZSM-11和Al-ZSM-11,然后尝试将B-ZSM-11转化为其硅铝酸盐形式,将其在$Al(NO_3)_3$溶液中进行合成后处理。所获得的材料被标记为B-(Al)-ZSM-11。利用正己烷/3-甲基戊烷的裂化反应来对比B-(Al)-ZSM-11和Al-ZSM-5沸石的催化性能。结果表明,B-(Al)-ZSM-11的催化活性低于Al-ZSM-5。元素分析结果表明,B-(Al)-ZSM-11中只有很少的铝。由于B-(Al)-ZSM-11和Al-ZSM-5沸石具有相似的归属于ZSM-11的XRD特征衍射峰和相同的微孔体积(0.17mL/g,由N_2吸附实验测得),所以B-(Al)-ZSM-11的低活性并不是由孔道堵塞造成的。我们推测,其真正的原因是由于中孔分子筛(如ZSM-11)相对小的孔道尺寸与较大的含水铝离子不匹配所引起的。

此外,基于中孔分子筛与使用$Al(NO_3)_3$进行后处理合成的这一特性,当我们获得一个新型的未知结构的分子筛时,我们可以此方法为手段,结合其他的物理化学性质和催化方法来区分是中孔分子筛,还是大孔分子筛,或者是超大孔分子筛。

6.3.2 使用醋酸通过水热处理合成疏水分子筛

疏水的纯硅分子筛是从亲水混合物中分离疏水化学合物的非常有用的材料[56]。无缺陷位或者仅有少量缺陷位的纯硅分子筛,非常适宜于表征材料特性和确定分子筛的结构[57]。目前,已经开发了多种方法来制备这类材料[42,43]。众所周知,目前使用的分子筛脱铝制备纯硅分子筛的三种方法是$SiCl_4$蒸气[51~55]、六氟硅酸[54,58,59]反应及蒸汽处理[60]。

如第6.3.1.2节所述,硼硅酸盐分子筛中的硼很容易水合并从骨架中移除。与前面讨论的Al原子重新插入分子筛骨架相似,由脱硼所产生的硅羟基空穴(或者被称作空位或者缺陷)也可以重新插入Si原子。Jones等[46]开发了一种通过在醋酸溶液中对硼硅酸盐分子筛进行合成后处理来制备疏水纯硅分子筛的新方法。采用此一步法,在酸性条件下硼从硼硅酸盐分子筛中脱除,随后由分子筛晶体其他部分溶解出来的Si原子重新插入由于硼的脱除所产生的缺

陷位。使用此方法,首次合成出了高结晶度的疏水纯硅CIT-1和SSZ-23(CON型拓扑结构)。下面,我们将论述此方法的特点,并讨论我们实验室的一些实验结果。

6.3.2.1 实验步骤

在373~458K条件下,用醋酸反应处理6天。把煅烧后的硼硅酸盐分子筛放入内衬聚四氟的自生压力反应釜中,然后再置于60r/min的转动烘箱中进行处理。代表性的实验条件是将0.2g分子筛加入到装有25g水和10g冰醋酸的45mL自生压力反应釜中(pH值约为1.65)。在经过加热6天之后,用大量的水和丙酮洗涤、过滤,从而获得固体产品。可以看出,该实验过程与分子筛直接合成的过程相似。

6.3.2.2 采用该法合成高结晶度的纯硅分子筛

据报道,Jones等在适宜条件下成功合成出高结晶度的疏水纯硅分子筛CIT-1及SSZ-33(两者为CON型拓扑结构[3, 4])、ERB-1(MWW型拓扑结构)和β沸石(*BEA型拓扑结构,最初是在含F-介质中合成)[46]。他们使用XRD、^{29}Si BD NMR、元素分析和N_2及H_2O吸附实验考察了母体分子筛和醋酸处理过的产品分子筛。XRD和N_2吸附结果显示,经醋酸处理过的样品依然保持其结晶度。^{29}Si BD NMR表征结果表明,母体分子筛及醋酸处理过的分子筛具有明显的不同结构。^{29}Si BD NMR光谱中非常尖锐的Q^4峰可以用来区分结晶学不同的T位。Q^3硅物种数量的减少及水的吸附容量的降低,表明醋酸处理提高了样品的疏水性。

此方法对含有十元环和十二元环孔道的CIT-1、SSZ-33和ERB-1分子筛非常有效。值得一提的是,ERB-1分子筛的十二元孔道的开口并没有开向晶体的表面。此方法对ZSM-5沸石没有效果,这可能表明此分子筛较小的孔口限制了可溶硅物种的迁移。Jones等[46]也发现,在所考察的条件范围内,一些β沸石样品同样对该方法不敏感(如没有明显的改变其疏水性),或者过于敏感(如孔道破坏或结构坍塌)。显而易见,需要进一步的研究来处理这些问题。

6.3.2.3 酸类型、pH值、温度和其他因素的影响

Jones等[46]对比了醋酸和其他无机酸(HCl、HNO_3和H_2SO_4)对此方法的影响。他们发现,与使用醋酸相比,使用无机酸处理会破坏材料的孔结构。他们推测无机酸比有机酸更容易将硅溶解,因此,对该方法而言,醋酸是最合适的。

该方法在二氧化硅的等电点(pH值为0~2)时处理效率最高。在此条件下,分子筛的溶解速率很慢,足以防止分子筛的微孔结构损失太大;同时,二氧化硅还可以充分地溶解来提供可以填补缺陷位的硅物种,而不需再额外添加硅源。

温度也是一个非常重要的因素,通常在373~458K之间。对于不含F-离子的分子筛,例如CIT-1、SSZ-33和ERB-1分子筛(在碱性介质中合成),高温(443~458K)更有利于限制由于结构破坏而引起的孔隙损失。相反,在含F-离子的介质中合成分子筛时,则需要较低的温度来使硅有效地占据缺陷位,这可能是由于当温度较高时,痕量的F-离子会导致结构破坏。

据报道,Jones等[46]在醋酸溶液中添加Al源或者Ga源时,当硅重新插入硅羟基缺陷位时,其Al或者Ga并不进入。因此,有可能获得更加疏水的含金属杂原子的分子筛,而不是只含有内部硅羟基缺陷的分子筛。

6.3.2.4 我们实验室的实验结果

我们制备了如下三种SSZ-33分子筛样品,并考察了它们的物理化学性质和催化性能[61]:

① 以N, N, N-三甲基-8-三环-[5.2.1.0$^{2, 6}$]-癸烷氢氧化铵为结构导向剂合成了一个SSZ-33硼硅酸盐分子筛[40]。该分子筛经标准方法煅烧后除去堵塞孔道的结构导向剂。煅烧后的样品命名为B-SSZ-33。

② 将B-SSZ-33分子筛在室温、分子筛与溶液的质量比为1:40的条件下置于HCl溶液中搅拌24h,可获得脱硼的SSZ-33分子筛。该脱硼过程可以在硼原子所在的T位生成SiOH空穴,并将该样品命名为SiOH-SSZ-33。

③ 参照Jones等的报道[46],将B-SSZ-33分子筛在458K、分子筛与溶液的质量比为1:25的条件下置于醋酸溶液(28.6%)中搅拌6天,从而制得纯硅的SSZ-33分子筛。所获得的纯硅分子筛被命名为Si-SSZ-33。

B-SSZ-33、SiOH-SSZ-33和Si-SSZ-33均浸渍0.5%的Pt,所获得的Pt负载的催化剂分别命名为Pt/B-SSZ-33、Pt/SiOH-SSZ-33和Pt/Si-SSZ-33。然后,分别对其进行XRD、元素分析、热重量分析(TGA)、N_2物理吸附、H_2化学吸附(若适用的话)、^{11}B MAS NMR、^{29}Si BD NMR、正辛烷的加氢裂化及其他表征。

所有的样品(B-SSZ-33、SiOH-SSZ-33、Si-SSZ-33、Pt/B-SSZ-33、Pt/SiOH-SSZ-33和Pt/Si-SSZ-33)均具有SSZ-33分子筛的XRD特征衍射峰,表明均具有高结晶度。通过N_2吸附实验测定了它们的微孔体积均为0.2mL/g。这些结果表明经HCl脱硼、醋酸处理和Pt负载之后样品的SSZ-33结构均保留完好。由元素分析和11BMASNMR结果可以证明SiOH-SSZ-33和Si-SSZ-33样品中的硼已经完全除去。

图6.1为B-SSZ-33、SiOH-SSZ-33和Si-SSZ-33的^{29}Si BD NMR谱图。作为硼硅酸盐分子筛的典型代表,B-SSZ-33在-110×10^{-6}处存在一个宽的Q^4硅物种振动峰,表明SSZ-33中7个结晶学不同的T原子位并没有分辨清晰,这是由于晶格硼原子和骨架缺陷位的存在而引起的化学位移分布不同造成的。与此相一致的是位于-100×10^{-6}处的Q^3硅原子。SiOH-SSZ-33具有较多的Q^3硅原子,这是伴随着采用HCl进行脱硼处理时在骨架中产生的SiOH空穴而产生的。使用醋酸处理可以除去分子筛中的硼原子,并且其脱硼所产生的缺陷位被随后晶体其他部分溶解的硅所占据。对于Si-SSZ-33,经醋酸处理后Q^3硅基团减少,致使^{29}SiBDNMR谱图更清晰,表明Si-SSZ-33中具有较少的内部缺陷。

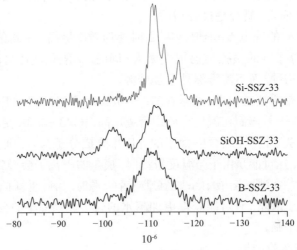

图6.1 B-SSZ-33、SiOH-SSZ-33和Si-SSZ-33的^{29}Si BD NMR谱图[61]

TGA结果也可以为B-SSZ-33、SiOH-SSZ-33和Si-SSZ-33的疏水性、脱水性和脱羟基作用提供有用的信息。如图6.2所示,这些样品均有两个不同阶段的失重:第一处失重(约298~373K)是由于脱水所产生的,第二处失重(约高于573K)是由于脱羟基作用导致的。与

B-SSZ-33相比，SiOH-SSZ-33在约298~373K之间失重较少说明B-SSZ-33和SiOH-SSZ-33的疏水性有所不同；而在约高于573K失重更多，这是由于SiOH-SSZ-33中大量的硅羟基基团发生脱羟基作用所引起。Si-SSZ-33具有更高的疏水性(较低的脱水量)和更少的骨架缺陷(较低的脱羟基量)。负载金属的Pt/B-SSZ-33和Pt/SiOH-SSZ-33的失重量与其母体分子筛B-SSZ-33和SiOH-SSZ-33的基本上相同。与Si-SSZ-33相比，Pt/Si-SSZ-33中含有更多的水，这可能是由于存在Pt粒子造成的。

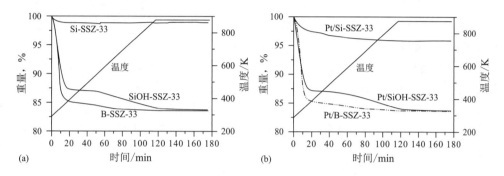

图6.2 (a)B-SSZ-33、SiOH-SSZ-33和Si-SSZ-33的TGA曲线；(b)Pt/B-SSZ-33、
Pt/SiOH-SSZ-33和Pt/Si-SSZ-33的TGA曲线(所有的样品均在常压下
进行水分的吸附饱和)[61]

可通过H_2化学吸附来表征Pt在Pt/B-SSZ-33、Pt/SiOH-SSZ-33和Pt/Si-SSZ-33催化剂中的分散度。据报道[61]，Pt/B-SSZ-33具有更优异的Pt分散性，这很可能是由于Pt-B的作用力比Pt/SiOH-SSZ-33中的Pt-SiOH的作用力更强。Pt/Si-SSZ-33中Pt的分散度更低表明需要骨架缺陷位来锚定和分散分子筛中起催化作用的Pt，尽管与之相反的无缺陷位的分子筛样品更适合用于结构的表征[57]。

众所周知，正构烷烃(如正辛烷)加氢裂化更适于获得异构烷烃(如异丁烷)。随着催化剂酸强度的降低，从正辛烷加氢裂化生成正丁烷成为主反应。硫化处理可降低Pt负载催化剂的加氢裂化活性。我们通过所谓的酸度指数来表征催化剂的弱酸酸强度。酸度指数的定义为：在硫化的催化剂上正辛烷(包含$20\mu g/g$的硫)的加氢裂化反应C_{5+}的产率达到95%时，异丁烷产率与正丁烷产率的比值[61, 62]。酸度指数值越小，说明其酸强度越低。Pt/B-SSZ-33和Pt/SiOH-SSZ-33的酸度指数分别为0.049和0.010。在正辛烷加氢裂化反应中C_{5+}的产率达到95%时，Pt/B-SSZ-33的反应温度为661K，Pt/SiOH-SSZ-33的反应温度为672K。两者反应温度的不同，表明了Pt/SiOH-SSZ-33的催化活性比Pt/B-SSZ-33的催化活性更低。作为参考，Pt/丝光沸石作为具有较高酸强度的硅铝酸盐分子筛，其活性指数正如预期的大于3。与Pt/SiOH-SSZ-33相比，Pt/B-SSZ-33具有更高的Pt分散性、更高的活性指数及更优异的催化活性，表明其在SSZ-33分子筛通道系统中锚定和分散Pt的能力更强，其酸位表现出更强的酸强度。两个因素均与骨架硼原子有关。由于Pt/Si-SSZ-33缺乏酸性及Pt的团聚而导致其催化活性低，其酸性指数较难作出有意义的确定。

6.4 结论与展望

Kuhl和Szostak[42, 43]已经发表了两篇关于分子筛改性方面的全面的综述。这两篇综述概述了关于合成后处理与改性的多方面的重要内容，如离子交换、负载金属分子筛的制备、脱铝、杂原子重新插入分子筛骨架以及其他的改性方法。作为这两篇文章的补充，在此我们总结了两种最新的后处理晶格取代的方法。这两种方法是: 在酸性条件下将Al(NO₃)₃溶液中的Al原子重新插入分子筛骨架; 使用醋酸对分子筛进行水热脱铝处理, 以获得纯硅分子筛。两种方法均是以硼硅酸盐为起始原料且以相同的原则的为基础, 换句话说, 希望得到的原子如Al或者Si插入B原子先前所占据的晶格位置。反应条件均与典型的直接合成法条件类似。

Al重新插入分子筛骨架是条件是采用Al(NO₃)₃溶液, 并且pH值低于3.5。然而, 众所周知, 在酸性条件下, 反应平衡更倾向于铝的脱除, 而不是Al重新插入分子筛骨架。因此, 在酸性条件下, 为了使平衡向Al重新插入骨架的方向移动, 我们需要提高混合液中Al(NO₃)₃溶液的浓度来产生过量的Al离子, 以推动其转化。值得一提的是, 虽然在此方法中需要使用大量的Al(NO₃)₃溶液, 但是过量的Al(NO₃)₃溶液往往可以被回收和再次使用。此外, 在酸性条件下, Si物种从骨架中的溶解将降低至最小程度, 克服了在碱性条件下使用铝酸钠将Al重新插入分子筛骨架的固有缺点。使用Al(NO₃)₃溶液将Al重新插入分子筛骨架的方法并不适用于中孔分子筛, 这是由于水合的铝离子太大, 而不能进入中孔分子筛的孔道。将B-SSZ-33、B-UTD-1和其他的硼硅酸盐分子筛转化为相应的具有更高催化活性的硅铝酸盐分子筛, 证明该法是制备大孔或者超大孔硅铝酸盐分子筛的有效方法, 这些大孔或者超大孔硅铝酸盐分子筛很难或者不可能通过直接合成法获得。在未来, 在更加经济的直接合成硅铝酸盐分子筛的新方法没有开发出来之前, 该法将是制备这些硅铝酸盐分子筛既实用又有效的工具。

使用醋酸溶液在接近二氧化硅的等电点(pH值为0~2)的条件下水热处理经煅烧的硼硅酸盐分子筛, 可以非常有效地制备具有较少骨架缺陷位的疏水性纯硅分子筛。在此, 硼原子从分子筛中脱除, 所产生的缺陷位被随后晶体其他部分溶解的硅原子所占据。采用该法, 高结晶度的疏水性纯硅CIT-1和SSZ-33分子筛首次被合成。该法应该是替代其他合成后处理方法, 诸如蒸汽处理、与SiCl₄蒸气和六氟硅酸反应等方法的强有力的方法。它为合成用于分子筛结构表征和确定的高质量分子筛提供了新的途径。

致谢

非常感谢雪佛龙能源科技公司(Chevron Energy Technology Company), 特别是C. R. Wilson博士和G. L. Scheuerman博士为我们沸石分子筛研究所提供的支持。

参考文献

[1] Weitkamp, J. and Puppe, L. (eds) (1999) Catalysis and Zeolites–Fundamentals and Applications, Springer, p. 564.

[2] ?ejka, J., van Bekkum, H., Corma, A., and Schüth, F. (eds) (2007) Introduction to Zeolite Science and Practice, Studies in Surface Science and Catalysis, Vol. 168, 3rd revised edn, Elsevier, p. 1058.

[3] http://www.iza-structure.org/ (last accessed February 03, 2010).

[4] Baerlocher, Ch., McCusker, L.B., and Olson, D.H. (2007) Atlas of Zeolite Framework Types, 6th revised edn, Elsevier, p. 398.

[5] McCusker, L.B. and Baerlocher, Ch. (2007) in Introduction to Zeolite Science and Practice, Studies in Surface Science and Catalysis, Vol. 168, 3rd revised edn (eds J. ?ejka, H. van Bekkum, A. Corma, and F. Schüth), Elsevier, pp. 13–37.

[6] Treacy, M.M.J., Rao, S., and Rivin, I. (1993) in Proceedings of the 9th International Zeolite Conference, Montreal, 1992 (eds R. von Ballmoos, J.B. Higgins, and M.M.J. Treacy), Butterworth-Heinemann, pp. 381–388.

[7] Treacy, M.M.J., Randall, K.H., Rao, S., Perry, J.A., and Chadi, D.J. (1997) Z. Krist., 212, 768–791.

[8] Treacy, M.M.J., Randall, K.H., and Rao, S. (1999) in Proceedings of the 12th International Zeolite Conference, Baltimore, 1998 (eds M.M.J.Treacy, B.K. Marcus, M.E. Bisher, and J.B. Higgins), Materials Research Society, pp. 517–532.

[9] Falcioni, M. and Deem, M.W. (1999) J. Chem. Phys., 110, 1754–1766.

[10] Le Bail, A. (2005) J. Appl. Cryst., 38, 389–395.

[11] Foster, M.D. and Treacy, M.M.J. A Database of Hypothetical Zeolite Structures, http://www.hypotheticalzeolites.net (last accessed February 03, 2010).

[12] Zones, S.I. and Nakagawa, Y. (1994) Microporous Mesoporous Mater., 2, 543–555.

[13] Lobo, R.F., Zones, S.I., and Davis, M.E. (1995) J. Inclusion Phenom. Mol. Recognit. Chem., 21, 47–78.

[14] Zones, S.I. and Davis, M.E. (1996) Curr. Opin. Solid State Mater. Sci., 1, 107–117.

[15] Zones, S.I. and Maxwell, I.E. (1997) Curr. Opin. Solid State Mater. Sci., 2, 55–56.

[16] Davis, M.E. and Zones, S.I. (1997) in Synthesis of Porous Materials: Zeolites, Clays and Nanostructures, (eds M.L. Occelli and H.

Kessler), Marcel Dekker, pp. 1–34.

[17] Nakagawa, Y., Lee, G.S., Harris, T.V., Yuen, L.T., and Zones, S.I. (1998) Microporous Mesoporous Mater., 22, 69–85.
[18] Zones, S.I., Nakagawa, Y., Lee, G.S., Chen, C.Y., and Yuen, L.T. (1998) Microporous Mesoporous Mater., 21, 199–211.
[19] Millini, R., Perego, G., and Bellussi, G. (1999) Top. Catal., 9, 13–34.
[20] Camblor, M.A., Villaescusa, L.A., and Díaz-Caban?s, M.J. (1999) Top. Catal., 9, 59–76.
[21] Lee, G.S., Nakagawa, Y., Hwang, S.J., Davis, M.E., Wagner, P., Beck, L.W., and Zones, S.I. (2002) J. Am. Chem. Soc., 124, 7024–7034.
[22] Zones, S.I. and Hwang, S.J. (2003) Microporous Mesoporous Mater., 58, 263–277.
[23] Corma, A. and Davis, M.E. (2004) Chem. Phys. Chem., 5, 304–313.
[24] Corma, A. (2004) in Book of Abstracts of the 14th International Zeolite Conference, Cape Town, 2004 (eds E. van Steen, L.H. Callanan, and M. Claeys), pp. 25–41] Also available on CD.
[25] Burton, A.W., Zones, S.I., and Elomari, S.A. (2005) Curr. Opin. Colloid Interface Sci., 10, 211–219.
[26] Burton, A.W. and Zones, S.I. (2007) in Introduction to Zeolite Science and Practice, Studies in Surface Science and Catalysis, Vol. 168, 3rd revised edn (eds J. ?ejka, H. van Bekkum, A. Corma, and F. Schüth), Elsevier, pp. 137–179.
[27] Wilson, S.T. (2007) in From Zeolites to Porous MOF Materials, Proceedings of the 15th International Zeolite Conference, Beijing, 2007, Studies in Surface Science and Catalysis, Vol. 170 (eds R. Xu, Z. Gao, J. Chen, and W. Yan), Elsevier, pp. 3–18.
[28] Robson, H. and Lillerud, K.P. (2001) Veri?ed Syntheses of Zeolitic Materials, 2nd revised edn, Elsevier on behalf of the Synthesis Commission of the International Zeolite Association, p. 266.
[29] Camblor, M.A., Corma, A., and Villaescusa, L.A. (1997) J. Chem. Soc., Chem. Commun., 749–750.
[30] Barrett, P.A., Camblor, M.A., Corma, A., Jones, R.H., and Villaescusa, L.A. (1997) Chem. Mater., 9, 1713–1715.
[31] Chen, C.Y., Zones, S.I., Hwang, S.J., Burton, A.W., and Liang, A.J. (2007) in From Zeolites to Porous MOF Materials, Proceedings of the 15th International Zeolite Conference, Beijing, 2007, Studies in Surface Science and Catalysis, Vol. 170 (eds R. Xu, Z. Gao, J. Chen, and W. Yan), Elsevier, pp. 206–213.
[32] Chen, C.Y., Finger, L.W., Medrud, R.C., Crozier, P.A., Chan, I.Y., Harris, T.V., and Zones, S.I. (1997) J. Chem. Soc., Chem. Commun., 1775–1776.
[33] Chen, C.Y., Finger, L.W., Medrud, R.C., Kibby, C.L., Crozier, P.A., Chan, I.Y., Harris, T.V., Beck, L.W., and Zones, S.I. (1998) Chem. Eur. J., 4, 1312–1323.
[34] Chen, C.Y., Zones, S.I., Yuen, L.T., Harris, T.V., and Elomari, S.A. (1999) in Proceedings of the 12th International Zeolite Conference, Baltimore, 1998 (eds M.M.J. Treacy, B.K. Marcus, M.E. Bisher, and J.B. Higgins), Materials Research Society, pp. 1945–1952.
[35] Valyocsik, E.W. (1995) US Patent 5,441,721.
[36] Ernst, S., Hunger, M., and Weitkamp, J. (1997) Chem. Ing. Tech., 68, 77–79.
[37] Kos?vá, G., Ernst, S., Hartmann, M., and ?ejka, J. (2005) Eur. J. Inorg. Chem., 1154–1161.
[38] Kos?vá, G., Ernst, S., Hartmann, M., and ?ejka, J. (2004) in Book of Abstracts of the 14th International Zeolite Conference Cape Town, 2004, (eds E. van Steen, L.H. Callanan, and M. Claeys), pp. 362–363] Also available on CD.
[39] Lobo, R.F., Pan, M., Chan, I.Y., Medrud, R.C., Zones, S.I., Crozier, P.A., and Davis, M.E. (1994) J. Phys. Chem., 98, 12040–12052.
[40] Zones, S.I., Holtermann, D.L., Santilli, D.S., Jossens, L.W., and Kennedy, J.V. (1990) US Patent 4,963,337.
[41] Zones, S.I., Santilli, D.S., Ziemer, J.N., Holtermann, D.L., and Pecoraro, T.A. (1990) US Patent 4,910,006.
[42] Kühl, G.H. (1999) in Catalysis and Zeolites–Fundamentals and Applications (eds J. Weitkamp and L. Puppe), Springer, pp. 81–197.
[43] Szostak, R. (2001) in Introduction to Zeolite Science and Practice, Studies in Surface Science and Catalysis, Vol. 137, 2nd completely revised and expanded edn (eds H. van Bekkum, P.A. Jacobs, E.M. Flanigen, and J.C. Jansen), Elsevier, pp. 261–297.
[44] Chen, C.Y. and Zones, S.I. (2002) US Patent 6,468,501.
[45] Chen, C.Y. and Zones, S.I. (2001) in Zeolites and Mesoporous Materials at the Dawn of the 21st Century, Proceedings of the 13th International Zeolite Conference, Montpellier, 2001, Studies in Surface Science and Catalysis, Vol. 135 (eds A. Galarneau, F. Di Renzo, F. Fajula, and J. Vedrine), Elsevier, pp. 211–218.
[46] Jones, C.W., Hwang, S.J., Okubo, T., and Davis, M.E. (2001) Chem. Mater., 13, 1041–1050.
[47] Sulikowski, B., Rakoczy, J., Hamdan, H., and Klinowski, J. (1987) J. Chem. Soc., Chem. Commun., 1542–1543.
[48] Jacobs, P.A., Tielen, M., Nagy, J.B., Debras, G., Derouane, E.G., and Gabelica, Z. (1983) in Proceedings of the 6th International Zeolite Conference, Reno, 1983 (eds D.H.Olson and A. Bisio), Butterworth, pp. 783–792.
[49] Anderson, M.W., Klinowski, J., and Liu, X. (1984) J. Chem. Soc., Chem. Commun., 1596–1597.
[50] Dessau, R.M. and Kerr, G.T. (1984) Zeolites, 4, 315–318.
[51] Beyer, H.K., Belenykaya, I. (1980) in Catalysis by Zeolites, Studies in Surface Science and Catalysis, Vol. 5 (eds B. Imelik et al.), Elsevier, pp. 203–210.
[52] Beyer, H.K., Belenykaya, I., Hange, F., Tielen, M., Grobet, P.J., and Jocobs, P.A. (1985) J. Chem. Soc., Faraday Trans. I, 81, 2889–2901.
[53] Grobet, P.J., Jacobs, P.A., and Beyer, H.K. (1986) Zeolites, 6, 47–50.
[54] Weitkamp, J., Sakuth, M., Chen, C.Y., and Ernst, S. (1989) J. Chem. Soc., Chem. Commun., 1908–1910.
[55] Li, H.X., Annen, M.J., Chen, C.Y., Arhancet, J.P., and Davis, M.E. (1991) J. Mater. Chem., 1, 79–85.
[56] Weitkamp, J., Kleinschmit, P., Kiss, A., and Breke, C.H. (1993) in Proceedings of the 9th International Zeolite Conference, Montreal, 1992, Vol. 2 (eds R. von Ballmoos, J.B. Higgins, and M.M.J. Treacy), Butterworth-Heinemann, pp. 79–87.
[57] Fyfe, C.A., Gies, H., Kokotailo, G.T., Marler, B., and Cox, D.E. (1990) J. Phys. Chem., 94, 3718–3721.
[58] Skeels, G.W. and Breck, D.W. (1983) in Proceedings of the 6th International Zeolite Conference, Reno, 1983 (eds D.H.Olson and A. Bisio), Butterworth, pp. 87–96.
[59] Garralon, G., Fornes, V., and Corma, A. (1988) Zeolites, 8, 268–272.
[60] McDanial, C.V. and Maher, P.K. (1968) in Molecular Sieves (ed. R.M.Barrer), Society of Chemical Industry, p. 186.
[61] Chen, C.Y., Zones, S.I., Hwang, S.J., and Bull, L.M. (2004) in Book of Abstracts of the 14th International Zeolite Conference, Cape Town, 2004 (eds E. van Steen, L.H. Callanan, and M. Claeys), pp. 1547–1554] Also available on CD.
[62] Chen, C.Y., Rainis, A., and Zones, S.I. (1997) in Proceedings of Materials Research Society Symposium on "Advanced Catalytic Materials–1996", vol. 454 (eds P.W. Lednor, M.J. Ledoux, D.A. Nagaki, and L.T. Thompson), Materials Research Society, pp. 205–215.

7 沸石分子筛的结构化学

Paul A. Wright, Gordon M. Pearce

7.1 引言

　　沸石分子筛是通过硅氧四面体和铝氧四面体形成的三维骨架结构。其拥有足够大的孔道和笼结构形成的复杂结构，可以让一些超大的阳离子和尺寸小于1nm的分子在表面发生吸附和脱附。它们的物化性能直接由分子筛本身的结构决定，所以分子筛在离子交换、分离和催化领域里有着大量的应用，所以很多学术界的科学家对此有着浓厚的兴趣。运用最广泛的A型沸石(球棍模型)如图7.1所示。从图7.1可以看出，硅氧四面体和铝氧四面体由氧桥键连接，钠离子用来平衡骨架负电荷。

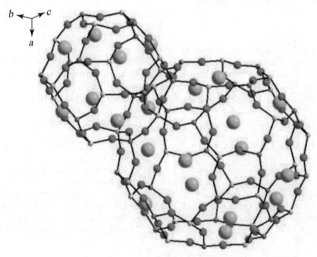

图7.1 钠型的A型沸石球棍模型

　　沸石分子筛最早起源于硅铝型的矿物质。沸石分子筛可以通过不同组分的调变用来满足不同的催化效果。一些经典的文章、综述和教材都详细的介绍了这种固体酸的结构，参考文献[1~3]和网上资源[4]都详细点地介绍了这一点，这里我们首先从大家最熟悉且应用最广泛的A型沸石和Y型沸石的特征开始概述一下分子筛的结构化学特征。除了介绍一下大家熟悉的特征，其他像多级孔等特性对其催化性能也具有重要影响，所以也会在我们的介绍范围里。这里介绍的一些重要的沸石分子筛类型的结构化学特性都是20世纪90年代以前用无机或简单的有机阳离子合成的。

在过去的20多年里，在新结构分子筛(主要用于吸附剂和催化剂)合成领域，世界上的科学家们付出了大量的努力，人们将研究的重点放在了使用以复杂的烷基阳离子作为合成模板剂的探索上，得到了一些高硅或纯硅的分子筛。除了硅铝元素，其他杂原子的引入增加了新结构分子筛的数量。另外，大量假想的分子筛结构有可能存在，这就促使了越来越多的人把聚焦点放在了新结构材料的研究上[5, 6]。一些具有标志性的新结构分子筛的出现，让人们认识到新分子筛的结构特征仍然十分新颖且具有潜在的重要价值：越来越复杂的晶体形貌使得新分子筛在孔大小、尺寸和连接方式进行组合；四配位的不同骨架元素的组合；手性和介孔组合；有序缺陷样品的合成；层状的前身物样品的合成。本章的第二个主要内容是关注最新发现的一些新结构的分子筛的结构化学和其重要性。

本章描述的一些沸石分子筛的结构和结构化学都是建立在一些衍射方法的基础上，一般很难合成出一些单晶或合适尺寸或比较适合衍射的单晶样品，所以在做衍射实验时要尽量小心。同时，与电镜实验的结合显得十分重要，这种理念在其他书中也有介绍。同样，只有对合成条件和机理非常了解，才能将一些分子筛结构的形成过程描述清楚。下面首先介绍一些分子筛合成的过程。

7.2 以方钠石笼为例的一些分子筛结构类型

7.2.1 引言

从严格定义上说，沸石分子筛是由硅氧四面体(SiO_4)和铝氧四面体(AlO_4)之间通过共享顶点而形成的三维四连接骨架。从概念上描述，应该是先形成纯硅骨架结构，之后被铝原子取代，这种异价取代($Al^{3+} \rightarrow Si^{4+}$)使得分子筛骨架带一个负电，所以在孔道类需要一个额外的带正电的离子来平衡整个分子筛的负电荷，这也使得分子筛能够吸附一些中性的原子和分子进入孔道内。

一般分子筛的经验组成可以表示成：$M^{n+}_{x/n}Al_xSi_{1-x}O_2 \cdot yX$。其中，$M^{n+}$代表有机或无机阳离子，X代表包含或吸附的物种

分子筛的骨架组成由一些基本的四面体搭建而成。$Al-O$和$Si-O$之间的键长分别为1.73Å和1.61Å，其中OTO(T代表四价元素)之间的键角接近于四面体的键角109.4°[7]，但TOT之间的键角变化范围更大，平均键角在145°左右(其中有大量的色散力)。近期的一篇综述报道的纯硅分子筛的晶体数据为：键角范围为133.6°~180°，标准键角为148°，键角平均值为154°±9°[8]。由于分子筛表现出来的不同结构的多样性，所以TOT键角会有很大的变化。大部分的文献报道TOT的键角接近180°，其原因在于在骨架结构的不同位置的氧原子的分数是基本一致的。最近一篇关于纯硅分子筛SSZ-24的电子衍射研究表明，在该固体酸上观察到了180°的TOT键角。除了沿着孔道方向(平行于线型键)晶相会反复出现，也会重复观察到一些不对称的结构。这表明TOT的键角中氧原子从180°移至平均位置时，会有一个较大范围的偏差。

在水热法合成硅铝型的分子筛时，很难观察到$Al-O-Al$的链接关系，其原因在于相邻的带负电荷的铝氧四面体之间很难发生作用。这种现象简称为"路易斯坦(Lowenstein)"规则。相似的规则适用于镓硅分子筛结构的$Ga-O-Ga$的链接关系。在高含量Al(或Ga)的情况下，路易斯坦规则会导致短程有序(通过固体核磁可以确定)及最终的长程无序。当硅铝比达

接近1时，以A型沸石为例，硅原子与铝原子之间会有严格的交替。

除了铝原子，其他的原子也可以通过同晶取代的方式来取代骨架中的硅原子，这些原子包括二价的Be^{2+}和Zn^{2+}，三价原子B^{3+}、Ga^{3+}和Fe^{3+}，四价原子Ti^{4+}和Ge^{4+}。这些元素要么去取代少量，其不会影响最终分子筛的结构的形成；或者大量地取代硅原子，比如Zn^{2+}、Be^{2+}或Ga^{3+}。大面积的取代有可能会产生新的结构，其中的原因可能是这些原子具有不同离子半径（Be^{2+}，0.27Å；Zn^{2+}，0.60Å；B^{3+}，0.11Å；Al^{3+}，0.39Å；Ga^{3+}，0.47Å；Fe^{3+}，0.49Å；Ti^{4+}，0.42Å；Ge^{4+}，0.39Å；而硅原子的离子半径为0.26Å）[10]，在一些合适的条件下会形成一些特殊的结构单元。在硅原子的骨架嵌入Ge原子，容易形成一些四元环的结构[11]。

各种不同方式的四面体的内组装可以通过拓扑结构检查来确定，即使将能量稳定原则考虑在内，但实际所有可能的对称空间群表明拓扑结构的总数可能是无限的。截至目前，人们共发现了144种不同的拓扑结构，包括天然的矿物或者是人工合成的材料[4]。图7.2显示了第一次不同硅铝结构分子筛的合成趋势，同时也将合成过程中使用无机或有机阳离子作为结构导向剂的情况作了一个比较。从图7.2中的数据也可以看出，使用有机阳离子作为结构导向剂逐渐开始被人们重视，特别是烷基铵阳离子，能够指导新分子筛的合成，其原因在于这些分子都是分子尺寸比较大的分子。与金属阳离子相比，这些大尺寸的有机阳离子在孔道中心时，要求硅酸盐骨架具有较低的负电荷密度，所以在硅铝分子筛的合成过程中，往往使用有机模板剂来导向分子筛的合成，会得到一些高硅铝比的分子筛。

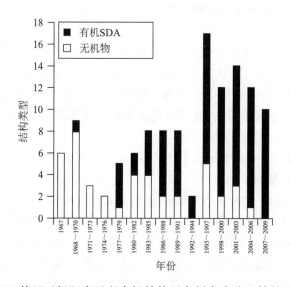

图7.2 使用无机阳离子和有机结构导向剂合成分子筛的历史

世界上所有已合成分子筛结构类型的详细描述都可以在国际沸石协会(IZA)的网站上可以看到[4]。其中，每一种拓扑结构都会一个3个字母的编号(比如MFI结构的ZSM-5沸石)；同时，每一种新分子筛的详细信息(包括对称性、原子坐标、二级结构单元、四面体节点、孔道的连接、孔道尺寸)都可以在网站上找到。一般来说，具有孔径在4Å的八元环的一般认为是小孔径的分子筛，中孔一般认为是孔径在5~5.5Å左右的十二元环分子筛，大孔被认为是孔径在7~8Å的十二元环分子筛，超大孔被认为是十四元至十八元环的分子筛。不同拓扑结构的分子筛具有不同的化学组成，相关的信息保存在文献里。无论化学组成怎样，沸石分子筛结构图集含有所有拥有四连接单元的多孔固体酸，包括一些磷酸盐、锗、氮化物，甚至硫化物都能满足这些几何要求。这个数据库经过了严格的审查，同时不断更新，包含有许多最相关文献的引用，所以其对于了解分子筛的结构信息是一个重要的参考来源。

7.2.2 骨架：分子筛次级结构单元的结构化学

　　硅酸盐、铝酸盐、硼酸盐、镓酸盐、锗酸盐和钛酸盐等四面体，是沸石分子筛结构构建的重要基本单元。在考虑这些已知的结构类型时，很容易想到那些次级结构单元都是这些四面体的特定组合。无论是简单重复，还是与其他四面体组合，其都是自组装产生的周期性结构。但是，这些结构单元，比如说是否独立存在于在溶液里，其结论仍然不是很清楚。这些次级结构单元如图7.3所示。

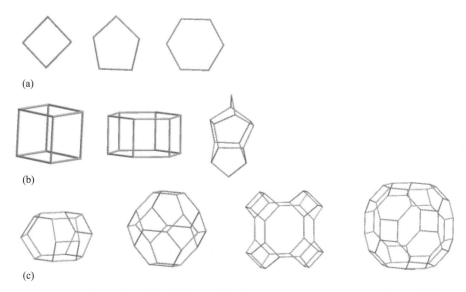

图7.3 分子筛二级结构单元实例：(a)单环；(b)双四元环、双六元环和五元环链；
(c)从左到右分别为钙霞石、方钠石、方碱沸石、α笼

　　给出的拓扑结构的四面体的连接，事实上一般都是由氧原子连接，而次级结构单元由大量不同四面体(三元环、四元环等)连接的环组成：双四元环(其中包括两个由四面体组成的环)、双六元环和一系列多面体单元的阵列、含有大量面数的笼。其中，包括钙霞石笼、方碱沸石笼、方钠石或β-笼和α-笼。一种表示这些笼的方式来自于它们不同的边(或者说是来自于每条边上面的数量)。用这种方式，一个双四元环可以表示为$[4^6]$，双六元环可以表示为$[4^6 6^2]$，方钠石笼表示为$[6^8 4^6]$。除了这些多面体，许多高硅沸石含有五元环这种二级结构单元(包括所谓的五元环沸石ZSM-5和ZSM-11)。除了看到的这些多面体结构，在分子筛结构中也发现一些特征链，比如双之字链、双锯齿链、双机轴链、钠沸石链和五元环链(见图7.4)。不管是单链，还是双链，曲轴链在分子筛结构里面都是非常重要的结构单元。而在曲轴链的旁边，一般要么就是一个镜面(产生双曲轴链)，要不就是一个反演中心(产生方钠石链，这种结构特别容易在磷铝分子筛结构中观察到)。钠沸石分子筛家族中重要是包含有4=1结构链和类似于ZSM-5的这种五元环链。

　　在所有的次级结构单元中，方钠石笼，或β笼是非常重要的，因为这两个次级结构单元在最重要的A型沸石和Y型沸石里是最重要的。因此，接下来我们会用方钠石笼来说明分子筛结构化学里的一些重要特征。

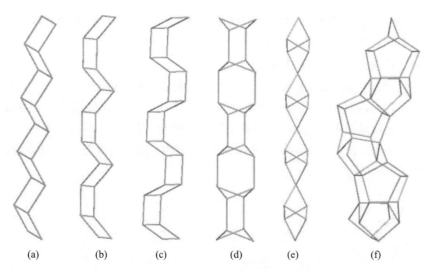

图7.4 分子筛结构里面发现的链结构: (a)双之字链; (b)双锯齿链; (c)双曲轴链; (d)短柱石链; (e)钠沸石链; (f)五元环链(为清楚可见, 在途中结构代表中, 单线连接处都是四连接原子, 氧原子省略)

7.2.3 方钠石笼的组装

天然的方钠石就是所谓的长石, 这种沸石完全由共面的方钠石笼(β笼)(见图7.5a)形成的半开放结构构成。该方钠石笼通过六元环连接, 这种六元环允许水分子通过, 而不能让其他的分子穿过孔道[4]。然而, 方钠石笼具有容纳能产生鲜艳颜色的带自由基的硫化物, 而这些自由基能产生重要的蓝色和紫色或类似宝石(群青和青金石等)的色彩[3]。如果这些方钠石能够通过双四元环来连接其四元环, 那么就会形成A型沸石(拓扑结构为LTA, 见图7.5b)。除了双四元环和β笼, A型沸石中还含有α笼。这种笼共享八元环大小的孔口, 从而可容纳尺寸达到4Å的分子。在富铝的A型沸石(硅铝比为1)中, 许多骨架离子都需要电荷匹配。这些电荷会在β笼与α笼之间分配。那些在α笼里的电荷靠近孔口处, 这样会影响最终孔口的尺寸。对于钠型的A型沸石有效的孔径大约在4Å(4A沸石); 而对于钾形式, 较大的阳离子限制了孔口的有效尺寸(3A型沸石)。但如果钠离子由一半的钙离子进行离子交换, 其孔口的有效尺寸也增加了(5A型的沸石)。

方钠石笼可以采用双六元环相连接方式而将其组装到结构骨架中去(见图7.5c、d)。尽管方钠石笼和A型沸石只有一种排列方式, 但是通过双六元环把方钠石笼的层状结构连接后却有很多种结果。当方钠石笼层状结构两个末端的堆叠方式不同时, 会形成FAU形式的立方晶系[12]。其中, FAU指的是那些八面和多种类型的六角形EMC-2(结构为EMT)[4], 而八面体材料的硅铝比可以从1.1到无穷大(X型的硅铝比为1.1~1.8, Y型的为1.8到无穷大)。同时, 也可以观察到无序堆放的排列[13]。除了形成的双六元环和β笼, 更大的空腔结构或超笼结构得以形成。一般来说, 多结晶分子筛的结构由合成凝胶的阳离子和其他模板剂物质决定。

7.2.4 以X型和Y型八面体沸石作为典型例子

上面谈到的X型和Y型的八面体沸石, 为许多重要的分子筛结构化学类型提供了极好的例子, 可以直接制备硅铝比为1.1~5的样品。另外, 可以通过后期合成条件的调变来提高其硅铝比, 甚至可以合成纯硅的固体酸样品。在含铝的X型和Y型沸石合成过程或之后的离子交换处理过程中, 骨架外阳离子的引入是非常重要的, 并且已经被广泛研究。一些在研究中发现的点在图7.6可以看到, 这些引入点包括在双六元环、方钠石笼、超笼中。如果将Y型沸石在合适控制的条件下进行氨交处理，则会形成氢型的Y型沸石。中子衍射研究显示，该质子位于硅原子和氧原子的氧桥键上(即Si—OH—Al)，产生了强烈的B酸中心[14]。

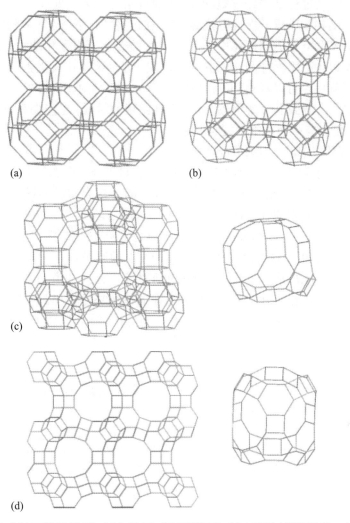

(a)

(b)

(c)

(d)

图7.5 方钠石笼的排列：(a)方钠石；(b)A型沸石；(c)八面体(超笼结构，右边)；
(d)EMC-2结构(超笼结构，右边)

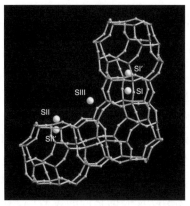

图7.6 X型沸石和Y型沸石的阳离子位(SI、SI′、SII、SII、SII′和SIII)[3]

Y型沸石的最大用途之一是用做固体酸催化剂,对石油进行催化裂化反应。然而,在实际过程中,对水热稳定性和酸性的要求,需要分子筛具有非常高的硅铝比。这可以通过超稳化过程处理来获得。其过程是先经过氨交换,再通过水蒸气老化处理。其结果就是得到氨化后的样品及在骨架结构中以质子形式桥接的B酸。在这些条件下,铝会从骨架中脱去从而形成超晶格铝,同时也产生空置的四面体中心点。同时,硅会留下格子状的中心和迁移到这些空的中心,结果导致其硅铝比上升和二级介孔的出现,进而导致其有更强的水热稳定性[3]。这种现象在其他分子筛中也可以观察到(例如分子筛Rho)。但是对于高硅的分子筛来说,没有足够的硅来填充空穴,会导致其骨架坍塌。当有介孔出现的时候,它能提高分子进入晶体内部的机会,这样在催化反应中会产生有益的作用。

7.2.5 在20世纪90年代以前以无机离子合成分子筛

早期合成沸石分子筛的一些科学家认为在实验室可以合成出类似于A型沸石的硅铝酸盐沸石。通过调查发现,使用无机离子作为结构导向剂的方法是多种多样的,其中包括改变阳离子的用量以及调节反应物的硅铝比、晶化时间、温度等。在这些方法制备的丝光沸石、L型沸石、菱沸石和相关的沸石,以及ZK-5和Rho等沸石是最重要的例子。

丝光沸石是典型的用含钠并且硅铝比在5~10左右的凝胶体系合成。它具有四元环和五元环的骨架结构,这样就形成了一维的以侧袋相连的十二元环孔道,同时有八元环和十二元环的交错孔道(见图7.7a)。骨架外阳离子主要分布在这些侧袋结构里。丝光沸石水热稳定性非常好,同时可以引入次级孔隙,能够提高大的孔道间的扩散。当以质子的形式再具有强酸性时,这样的丝光沸石在石油化工反应的转化过程中具有较多应用。

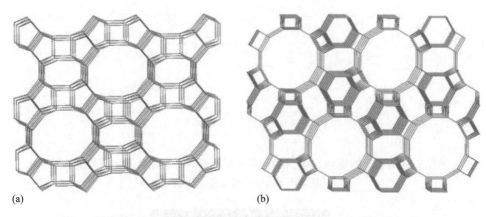

(a)   (b)

图7.7 丝光沸石和L型分子筛的拓扑骨架结构(从十二元环的视角看)

L型沸石是在钾离子的存在下合成的一种典型产品,其硅铝比在3左右(见图7.7b)。骨架中关键的结构元素是钙霞石笼柱与双六元环相互连接形成的一维十二元环六边形沸石。在十二元环之间的开口处,其通道会通向一个较大的尺寸。钾离子会在钙霞石笼处、交叉笼的区域及大的通道处占据位点(暗示着钾离子具有较强的模板作用)。

菱沸石也可以通过含钾离子的凝胶制备。锂离子交换后的菱沸石在非低温空气中进行氧气与氮气的分离方面有重要的应用。在结构上,菱沸石是所有自然存在和人工合成沸石分子筛的一种,其可以认为是完全通过六元环搭建起来的结构,在一个六角形单元x、y方向的位置$(0, 0)$、$(2/3, 1/3)$、$(1/3, 2/3)$以及根据它们的位置(A, B, C)堆叠起来的有序序列(见图7.8a)。在菱沸石中,所有六元环都是双六元环的一部分:堆叠顺序是AABBCC。所有双六元环具有相同的方向，并且连接到其他的双六元环，得到一个含菱沸石笼的结构。每个菱沸石笼通过6个八元环窗口形成的三维高度多孔的八元环结构。不同方向的六元环堆叠的序列形成了不同尺寸的笼和孔道：毛沸石和菱钾沸石笼和通道。这两个家族的分子筛分别通过钾离子和钠离子来制备，其堆叠序列为AABAAC和AAB，见图7.8b和图7.8c。

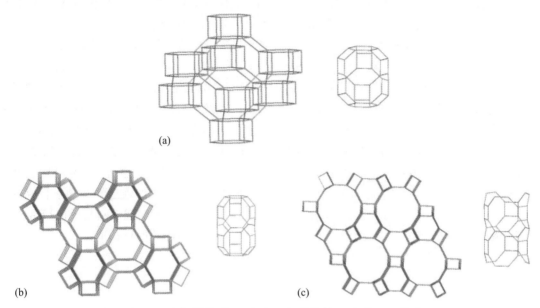

图7.8 六元环次级结构单元(右边是相关的笼和孔道)：(a)菱沸石；
(b)毛沸石；(c)菱钾沸石拓扑结构

　　ZK-5和Rho沸石都是包含α笼的两种大孔容的立方体型和小孔结构的沸石(见图7.9)，二者都是通过碱金属阳离子制备而成，包括钾离子和铯离子。在ZK-5沸石中，例如菱沸石，其结构可以认为是完全在六元环的基础上搭建而成，从而以交替沿着平面连接的晶轴形成α笼和pau笼，形成一种八元环相互连接的笼型结构。Rho沸石的结构可以设想是通过双八元环形成的α笼，二者孔穴相互穿插。每一个孔穴自身通过八元环相连，但是两个不同的孔穴系统是不相互连接的。

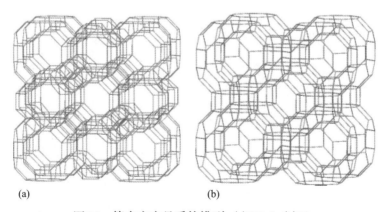

图7.9 α笼在立方晶系的排列：(a)ZK-5；(b)Rho

　　在Rho沸石结构中没有可接近的孔隙空间，所以其有一个较高的孔容，当以CS$^+$的形式时，双八元环扭曲，以便更好地与CS$^+$结合。其在脱水方面显示了一个较好的结构灵活性。

7.2.6 以简单烷基铵离子为模板剂合成的分子筛的结构

曾经以碱金属阳离子为模板剂合成分子筛获得了明显的成功。没过多久，人们开始以有机烷基阳离子来考察在合成中的作用。在20世纪90年代前期，人们主要是采用一些商业化的离子，特别是季铵盐离子NR$_4^+$[R=CH$_3$、C$_2$H$_5$、C$_3$H$_7$、C$_4$H$_9$(TMA$^+$、TEA$^+$、TPA$^+$和TBA$^+$)]。结合使用季铵盐，同时与碱金属离子结合，合成了一系列高硅铝比的新分子筛[4]。

以四甲基铵离子TMA$^+$为模板剂，除了合成具有LTA拓扑结构的ZK-4沸石(硅铝比大于1)，还合成出重要结构EAB、含钠菱沸石和ZSM-4(其具有矿物针沸石的结构)。这些沸石中都包含一个笼，骨架结构(菱沸石笼在菱沸石和ZSM-4沸石中都可见)见7.10图。以四乙基胺离子合成最新的沸石是β沸石和ZSM-12沸石。尽管β沸石是最早合成出来的，但β沸石由于比较复杂，直到1988年其结构才解析出来[16]。该结构通过具有四方对称性的层状结构堆叠而成。这些层状结构由偏移±a/3和±b/3构成。在β沸石中，这些偏移发生紊乱的程度较高[16]，但这并没有阻止十二元环孔道平行于层状结构(见图7.11)，或者让其与垂直于这些十二元环的交叉孔道错位。高硅β沸石一般具有很高的稳定性，并且借助于其具有三维的连通性和易于合成等特点，所以β沸石也是用于催化反应中最重要的一类沸石分子筛。ZSM-12沸石易于在TEA$^+$的存在下合成，其具有一维的十二元环孔道，这种孔道有点类似于β沸石的直孔道。

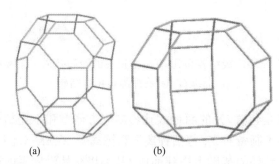

(a)   (b)

图7.10 EAB结构或菱沸石中的笼: (a)EAB结构中的笼; (b)菱沸石(或ZSM-4及针状沸石)的笼

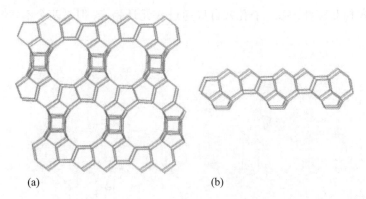

(a)   (b)

图7.11 β沸石的拓扑结构: (a)从十二元环直孔道方向投影; (b)B分子筛的单层结构

在沸石合成过程中一个重大的发现在于使用四丙基铵阳离子作为模板剂合成ZSM-5沸石。ZSM-5沸石具有三维十二元环孔道，同时，孔道具有直线交叉中孔孔道[17]。高硅铝比的ZSM-5(对于纯硅，其硅铝比达到无穷)使得其具有合适的孔结构、高稳定性、强酸性，是具有高活性和选择性的催化剂，特别是用于单环芳烃的转化。ZSM-5沸石的结构是从基本的五元环搭建起来的(见图7.12)。利用这些五元环形成链状结构,之后形成片状结构。当这些片状的结构通过一个反转的中心连接时最终形成ZSM-5沸石结构,如图7.12所示,而TPA⁺阳离子位于反转的中心。直十二元环孔道与这些片状的结构平行,并且与平行于错位的孔道相连接。尽管只有两组通道,但是仍然相互连接,所以在晶体内任何部分的孔隙空间可以相互连接。如果相同片状结构堆叠,这样通过一个镜像可以让相邻的片状结构相互关联。另外一个不同结构的ZSM-11也是一类三维十元环结构分子筛,其在四丁基胺阳离子(TBA⁺)的存在下进行制备。观察ZSM-11的不同结构可以看到,ZSM-11都是由相同片状结构堆叠而成,但是具有不同的堆叠顺序。ZSM-11采用的是一种常用的堆叠方式,下面"Atlas"列出了这种类型的几个家族[4]。

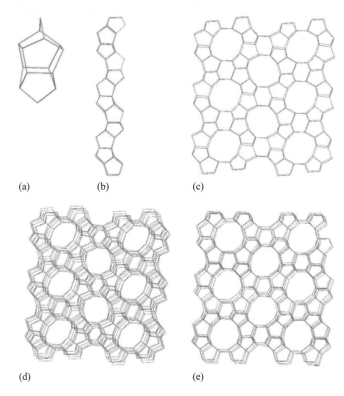

(a)   (b)   (c)

(d)   (e)

图7.12 ZSM-5(MFI)结构建立的先后顺序: (a)五元环单元; (b)五元环的链单;
(c)链层结构; (d)层状通过反演中心连接; (e)ZSM-12

  在使用有机阳离子作为模板剂来合成分子筛的初期,起初的努力在于使用更复杂的烷基铵离子。Casci使用了一系列的仲胺阳离[$(H_3C)N(CH_2)_nN(CH_3)_3$]$^{2+}$(其中, $n=3\sim10$),并且发现了一维的高硅沸石EU-1[17]。这是使用复杂有机模板剂合成分子筛的一个例子。

7.2.7 大自然的启示

  从1930年第一次阐明天然矿物钠石的结构到今天为止,天然矿物石给了沸石化学家许多灵感。目前,许多商业上重要的沸石都可以看做是矿物沸石,这些沸石都已在实验室合成出来,并且这些材料很合适进行单晶衍射。镁碱沸石、丝光沸石、八面沸石、针状沸石的结构均从矿物中确定,而MFI、BEA、ECR-1(EON)晶体结构的沸石结构解析都是从合成的样品中发现的。

  对于沸石合成的科学家来说,是希望能够观察到具有矿物沸石结构的分子筛,从而可以表明它们的合成应该是可行的。此外,这也是表明不使用有机模板剂来合成是具有可能性的,但这是在没有考虑到地下的地质参与条件下作出的假想。比如矿物boggsite,首次在1990年发现并具有二维的十元和十二元环交叉孔道,这种结构的沸石可能在择形性方面具有较大的优势。随后的合成研究中也发现,在其他新结构的沸石中也具有这种十元×十二元环的孔道特征。最近,人们新发现了硅铝矿物沸石direnzoite、有序的共生丝光沸石和针状沸石[19],这些事实有力地证明可以不采用合成ECR-1沸石的复杂模板剂来进行制备,最近的研究表明可能是这种情况[21]。

最后,一些自然界中的沸石结构仍然无法人工合成,例如boggsite、terranovaite(具有二维十二元环孔道)和TSC。TSC有点像CHA和KFI结构,完全由双六元环组成(见图7.13)[4],具有显著的含有相互连接的孔体系的β笼、α笼和更大的超笼,所以它的合成仍然是一个引人注意的方向。

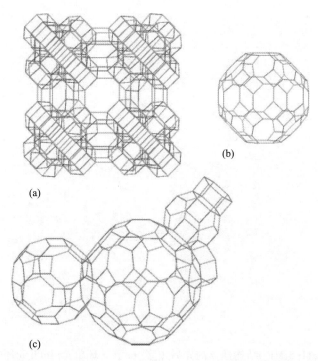

图7.13 boggsite、terranovaite和TSC沸石: (a)tschortnerite的矿物骨架结构;
(b)tschortnerite的超笼; (c)一个双六元环、β笼、α笼和超笼的组合体

7.3 沸石分子筛结构扩展库: 新结构、新形貌
7.3.1 引言

经过采用一些特别的制备方法,单、双、三季铵盐烷基铵阳离子的发现能够导向新分子筛结构结晶,促使许多研究团队来制备各种新结构烷基阳离子,并筛选它们在各种凝胶组分中作为结构导向剂,并且这种方法已经被延伸到季鏻盐离子的使用[22]。Zones研究团队(雪佛龙公司)和Corma研究团队(ITQ,瓦伦西亚大学)作为这项研究的先锋,意识到专业有机合成化学是研究中不可或缺的一部分。其他学术和工业研究团队也在这方面作出了重要、持续的贡献,包括Davis(美国加州理工学院)、Hong(韩国大田大学)和Xou(瑞典斯德哥尔摩大学)和埃克森-美孚公司、UOP、米卢斯(Mulhouse)公司和法国石油研究院(Institut Francais du Petrole)。他们工作的实例将在下文中与其已发现的一些结构一起引用。与此同时,使用有机碱的组合

作为潜在的共模板的混合物的策略,也已经在分子筛和其他相关固体物质的合成中取得了重大进展,特别是Blackwell研究团队(UOP)近期的高通量研究[23]。

除了使用设计的潜在结构导向剂,改性的无机凝胶组分也已经在相选择性中起到关键作用。Camblor的研究工作是在ITQ上将氟离子引入低水的合成凝胶,这使得许多新的多孔多晶硅分子筛具有大的孔体积。其中,氟离子具有协助硅酸盐缩合、结晶和平衡骨架正电荷的双重作用[24]。这种新结构的早期成功范例包括高度多孔狭小孔隙分子筛ITQ-3(二维八环孔结构)、大孔一维孔道结构分子筛ITQ-4(现在有很多已知的一维十二元环孔道结构)和三维十二元环结构ITQ-7分子筛[25]。这种方法随后被该领域众多研究学者应用且十分富有成效。氟元素的结构作用讨论见7.3.3节。

改变骨架形成阳离子的成分和元素比值,对分子筛相的形成有很大的影响。Zones研究了在使用新潜在结构导向剂时,凝胶中Si/Al比和Si/B比作为额外因素变化的影响[26]。Corma(和米卢斯公司、瑞典斯德哥尔摩研究团队)发现元素锗的夹杂物具有很强的结构导向作用,这是因为其倾向于双四元环[11, 27, 28]的形成。此外,无机阳离子的添加和碱度(OH-/T)的变化也显示出对分子筛结构的形成有重要影响[29]。

这些创新合成策略的结合,一直影响了自1990年以来报道的新合成分子筛类型的热潮(见图7.2)。由于最先进的结构特征的需要,在一个非常广泛的合成变量里,将专业的有机合成与高通量筛选潜在结构导向剂和混合结构导向剂相结合,这意味着合成更加复杂结构的分子筛将成为一个专业化的事业。在过去数十年时间里,这种方法带来了许多显著的结构性亮点,其中包括大孔径、孔性的连通性、增加了结构的复杂性、扩大了已知结构类型的组成范围和手性结构。

7.3.2 新结构和孔的几何构成

新结构化学最明显的进步之一就是已经制备出超大孔分子筛,其孔径比十二元环的八面沸石和十二元环的β沸石还要大(见表7.1)。

表7.1 超大孔硅酸盐分子筛孔尺寸

分子筛(代码)	骨架组成	连通性(MRs)	最大孔尺寸/Å	参考文献(年份)
UTD-1(DON)	SiO_2	14	(8.2×8.1)	[30](1999)
CIT-5(CFI)	SiO_2	14	(7.5×7.2)	[31](1998)
SSZ-53(SFH)	$Si_{0.97}B_{0.03}O_2$	14	(8.7×6.4)	[32](2003)
SSZ-59(SFN)	$Si_{0.98}B_{0.02}O_2$	14	(8.5×6.2)	[32](2003)
IM-12(UTL)	$Si_{0.82}Ge_{0.18}O_2$	14×12	$(9.5 \times 7.1) \times (8.5 \times 5.5)$	[33](2004)
OSB-1(OSO)	$Si_{0.66}Be_{0.33}O_2$	14×8×8	$(7.3 \times 5.4) \times (3.3 \times 2.8) \times (3.3 \times 2.8)$	[34](2001)
ECR-34(ETR)	$Si_{0.75}Ga_{0.24}Al_{0.01}O_2$	18×8×8	$(10.1) \times (6.0 \times 2.5)$	[35](2003)
ITQ-33	$Si_{0.66}Al_{0.04}Ge_{0.30}O_2$	18×10×10	$(12.2) \times (6.1 \times 4.3) \times (6.1 \times 4.3)$	[36](2006)
ITQ-37	$Si_{0.58}Ge_{0.42}O_2$	30×30×30	$(19.3 \times 4.9) \times (19.3 \times 4.9) \times (19.3 \times 4.9)$	[37](2009)

首个十四元环分子筛——UTD-1分子筛[30](美国得克萨斯大学),已经使用全甲基二茂钴离子制备出来(见图7.14)。制备出其他十四元闭环纯硅和锗硅酸盐分子筛的有加州理工学院(CIT-5)[31]、雪佛龙公司(SSZ-53和SSZ-59)[32]、米卢斯公司(IM-12)[33]。此外,一种十四元开环骨架的铍硅酸盐分子筛(OSB-1)也被合成出来[34]。十八元环孔道有限的两种硅酸盐分子筛已经

被报道——镓硅酸盐ECR-34[35]和最近制备出来的锗硅酸盐ITQ-33[36]。孔开口的尺寸所限定的晶体见表7.1。天然大孔分子筛ECR-34已经通过大量烃类(如全氟三正丁胺)的吸附被证明。分子筛中镓、锗的含量在指导分子筛结构形成中有重要作用。例如，镓、锗有利于在ITQ-33分子筛中形成双四元环，并趋向于减少其整体水解稳定性。然而，这些结构将方法指向通过水热合成可再生超大孔酸催化剂。最后，一个具有高度非圆形三十元环锗硅酸盐分子筛ITQ-37最近被报道(参见7.3.5小节)。

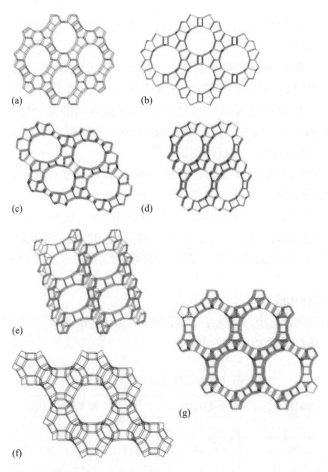

图7.14 推测的四元环超大孔隙通道：(a)UTD-1；(b)CIT-5；(c)SSZ-53；(d)SSZ-59；
(e)IM-12和十八元环分子筛；(f)ECR-34；(g)ITQ-33

　　许多三维孔道连通的新结构类型是由自身结构造成的，其中包括通过十二元环或是更大元环的所有维度上的连通(见表7.2)。由于这类分子筛可以增强原子传输性质并具有抗孔道堵塞的特性，很适合用做吸附剂和催化剂。例如，TNU-9[38]和SSZ-74[39]现在属于具有三维十二元环孔道系统的一类重要分子筛，之前这类分子筛中主要是ZSM-5和ZSM-11。这类分子筛结构复杂，还将在7.3.4小节中与二维十二元环分子筛IM-5一同进一步观察和讨论。此外，新的三维连通十二元环硅酸盐分子筛ITQ-17[25]，以及锗硅酸盐分子筛ITQ-17[41]、ITQ-21[42]和ITQ-26[43]已经加入了这种先前已知的连通结构，以及八面沸石和β结构(见图7.15)。ITQ-17在有序正方排列和双四元环方面与最初制备的无序β结构相关联，其都具有相同的骨架层，但堆叠方式有区别。在该结构中，最初推测并命名为β多形体C(Beta C)，3个正交十二元环孔道系统相交于同一点。最初制备的锗酸盐分子筛为FOS-5[44]，而最近已经制备出锗硅酸盐分子筛ITQ-17。分子筛ITQ-21、ITQ-26也具有三维十二元环孔道系统，并且其中典型含锗基硅酸盐的双四元环是一个关键结构单元。

表7.2 近年(1990年后)和ZSM-5，Y和β沸石相比较，经由至少十元开环连通的
三维的四面体连接分子筛结构

分子筛(代码)	骨架组成	空间群	孔系统(MR)	尺寸/Å	参考文献(年份)
Faujasite(FAU)	$Si_{1-x}Al_xO_2(x=0\sim0.4)$	Fd3m	$12\times12\times12$	$(7.4)\times(7.4)\times(7.4)$	[12](1958)
Beta(*BEA)	$Si_{1-x}Al_xO_2(x=0\sim0.05)$	P4122	$12\times12\times12$	$(6.7\times6.6)\times(6.7\times6.6)\times(5.6\times5.6)$	[16](1988)
ZSM-5(MFI)	$Si_{1-x}Al_xO_2(x=0\sim0.05)$	Pnma	10×10[1]	$(5.1\times5.5)\times(5.3\times5.6)$	[17](1978)
ITQ-7(ISV)	SiO_2	P4$_2$/mmc	$12\times12\times12$	$(6.5\times6.1)\times(6.5\times6.1)\times(6.6\times5.9)$	[25](1999)
CIT-1(CON)	$Si_{0.96}B_{0.04}O_2$	C2/n	$12\times12\times10$	$(7.0\times6.4)\times(7.0\times5.9)\times(5.1\times4.5)$	[45](1995)
ITQ-17(BEC)	$Si_{0.64}Ge_{0.36}O_2$	P4$_2$/mmc	$12\times12\times12$	$(6.7\times6.6)\times(6.7\times6.6)\times(5.6\times5.6)$	[41](2001)
ITQ-21(nocode)	$Si_{0.66}Ge_{0.34}O_2$	Fm-3c	$12\times12\times12$	$(7.5)\times(7.5)\times(7.5)$	[42](2002)
ITQ-24(IWR)	$Si_{0.89}Ge_{0.09}Al_{0.06}O_2$	Cmmm	$12\times10\times10$	$(5.8\times6.8)\times(4.6\times5.3)\times(4.6\times5.3)$	[46](2003)
MCM-68(MSE)	$Si_{0.90}Al_{0.10}O_2$	P4$_2$/mnm	$12\times10\times10$	$(6.8\times6.4)\times(5.8\times5.2)\times(5.2\times5.2)$	[47](2006)
ITQ-33(nocode)	$Si_{0.66}Al_{0.04}Ge_{0.30}O_2$	P6/mmm	$18\times10\times10$	$(12.2)\times(6.1\times4.3)\times(6.1\times4.3)$	[36](2006)
TNU-9(TUN)	$Si_{0.95}Al_{0.05}O_2$	C2/m	$10^2\times10$[1]	$(5.6\times5.5),(5.5\times5.1)\times(5.5\times5.4)$	[38](2006)
SSZ-74(-SVR)	$Si_{0.96}\square_{0.04}O_2$[2]	Cc	10×10[1]	$(5.9\times5.5)\times(5.6\times5.6)$	[39](2008)
ITQ-26(IWS)	$Si_{0.8}Ge_{0.2}O_2$	I4/mmm	$12\times12\times12$	$(7.05)\times(7.3\times7.0)\times(7.3\times7.0)$	[43](2008)
ITQ-37(nocode)	$Si_{0.58}Ge_{0.42}O_2$	P4$_3$32或P4$_3$32	$30\times30\times30$	$(19.3\times4.9)\times(19.3\times4.9)\times(19.3\times4.9)$	[37](2009)

① 表示三维连通经由两个孔道系统的交叉点来实现的。
② 表示四面体阳离子空位。

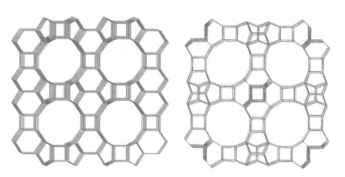

图7.15 具有十二元环孔道的ITQ-17(BEC)(左)和ITQ-26(右)

其中，最重要的新类别的三维连通孔道结构就是已制备出来的含有十二元环和与十二元环相交的孔道结构。分子筛CIT-1[45]、ITQ-24[46]和MCM-68[47]是这种结构类型的典型例子，都是用复杂结构导向剂制备出的。在这种结构类型中有可能实现的新择形催化性能，值得我们重点研究。其他具有三维连通性的新分子筛还包括ITQ-33(18×10×10)。除了这些三维孔道连通的分子筛之外，几种新的二维孔道连通分子筛(MCM-22、ITQ-3、ITQ-13、ITQ-22、SSZ-56等)已制备出来，并且其结构已经得到解析[4]。除焙烧的分子筛具有气体吸附和催化性质外，后期合成处理是一条形成二次介孔并增加分子运输维度的可能途径。最后，已经被制备出来的新结构手性分子筛将在7.3.5小节中详细介绍，例如手性介孔分子筛ITQ-37。

通过这些合成研究取得的另一个主要成果,是拓宽了已知结构分子筛的可用组成范围。纯硅类型的A型沸石(ITQ-29)[48]在合成中已经使用低电荷密度的有机物种制备出来,而不是用Na+阳离子。这种纯硅分子筛显示出比A型沸石更高的水解稳定性。类似结果也在UZM-4(BPH)[23]研究中取得。这是一种比Linde Q(BPH, Si/Al=1.1)含硅更高(Si/Al>1.5)且更稳定的分子筛[4]。以类似的方法,最初制备为锗酸盐或磷酸铝类型的分子筛,现在已经可以制得其纯硅类型的结构。其中,SSZ-16、SSZ-24、SSZ-55和SSZ-73分别是AlPO$_4$-56、AlPO$_4$-5、AlPO4-36和STA-6的纯硅类型[4]。其他没有分子筛类似物的磷酸铝分子筛的纯硅类型也将可能被制得:具有大孔且三维孔道连通的DAF-1(DFO)和STA-14(SAO)[4]特别值得关注。

7.3.3 骨架原子配位层的扩展

虽然分子筛是受四面体连接形式的骨架限定,但是有一些例子,它们的骨架阳离子具有较高的配位数。例如,由Si原子在合成中通过结合氟而扩展其配位数,或是当骨架Ti原子在水或过氧化氢中吸收时扩展其配位数。然而,首先观察并理解氟化物的合成是很重要的[24],其次是观察重要的催化影响[49]。

氟离子在纯硅分子筛合成中具有高效的矿化作用[24]。氟离子可催化硅物种的水解,并使其在pH值7~9的环境中形成硅酸盐骨架。若缺少氟离子,将不能发生上述反应。一系列的结晶和核磁共振研究显示,在利用氟化物介质制备二氧化硅的过程中,F$^-$离子存在于所制备的固体内,起到配位晶格硅原子的作用,可将硅原子的配位数提高到5(SiO$_4$F)[50]。氟离子被发现经常在狭小的笼里出现,并分布在多个不同的部分占用的硅部位。例如,它被发现在[46]笼(LTA, AST)中,也被发现在nonasil[4^{1}5^{4}6^2]笼、EU-1[4^{1}5^{4}6^2]笼、硅酸盐分子筛(MFI[4^{1}5^{2}6^2]、ITQ-4(IFR[4^{2}6^4])、SSZ-23[4^{3}5^4])等中。F$^-$离子在EU-1的[4^{1}5^{4}6^2]笼中的示意图如图7.16所示[51]。

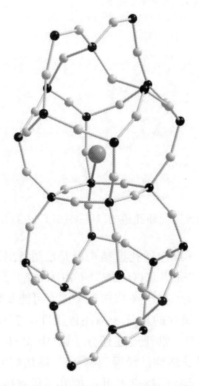

图7.16 在氟介质中所制备的部分EU-1(氟离子位于一个小笼子之内,
连接到一个Si原子,并将其配位数提高了5倍)[50]

在这种方法中，F⁻离子充当无机结构导向剂。在其与硅原子配位的部位，四面体结构的 SiO_4 群被扭曲，以至于靠近F-离子的3个O-T-O键角变大，从而减小了O-F键的斥力[8]。一旦 F⁻离子进入分子筛结构中，其将平衡烷基铵离子模板剂的正电荷。通过焙烧同时除去有机阳离子和F⁻离子，留下有极少骨架缺陷的 SiO_2 骨架。这样的材料是疏水性的，直接的结果是其具有潜在的吸附应用。

Ti在低浓度下的纯硅分子筛中可以替代Si，并可采用一次制备的固体进行焙烧四面体配位和脱水。例如，暴露于过氧化氢水溶液中[52]，Ti作为Lewis酸，扩展其配位数，并且局部构型被扭曲。以这种方式，钛硅酸盐分子筛能作为重要的氧化催化剂，特别是其活化过氧化氢[49]的反应。

7.3.4 当前沸石分子筛结构复杂性的限制

上述正在进行的合成工作造成了分子筛结构复杂性的增加，主要表现在其晶体描述方面和其骨架体系结构多样性方面。在本节中，我们将详细讨论当前结构复杂性的限制。正如由晶体数所不同而产生限定，不同的四面体阳离子环境(T原子位)存在于重复的结构单元中。就结晶复杂性而言，A型沸石和Y型沸石的结构都非常简单，因为尽管每个骨架的单位晶胞内有许多四面体，但它们都与两种结构中存在的许多对称元素有关，所以在每种情况下只有一个独特的位置。相比之下，ZSM-5的结构要复杂得多，其骨架结构是由具有12个不同晶体T原子位的层构建的。如在第7.3.1节中所述，每一层通过对称中心被链接到对称等效层。事实上，具有这种结构的高硅材料在低温时对称性下降，这使它们具有24个不同原子位，但所有位保持它们最初配位顺序，并且只是轻微扭曲[53, 54]。

最近，TNU-9[38]和IM-5[40]两个分子筛结构已被解析。其结构中包含24个不同晶体位，并且每个都有不同的配位顺序。第三个报道的结构——SSZ-74[39]，同样复杂，有23个不同的T原子位和有序空位。无形式单晶及其复杂性证明了在结构解析方面有重大的挑战。幸运的是，McCusker、Baerlocher和Terasaki研究团队(解析TNU-9)，与McCusker、Baerlocher和Zou研究团队(解析IM-5和SSZ-74)在结合XRD和晶体计算算法的帮助下，并使用高分辨率电子显微镜技术进行晶体相表征，已经成功解析出这些材料的结构。他们结合高分辨率粉末衍射(XRD)和高分辨率透射电子显微技术(HRTEM)，再利用FOCUS程序分析四面体原子的电子密度分布图，已成功解析出TNU-9分子筛的结构。对于TNU-9分子筛，从电子显微镜照片中获得充足、正确的晶体相信息已经成为可能。对于IM-5和SSZ-74，相似类型的衍射实验和成像数据已经与改编自其他应用程序的数据被称为"charge flipping"晶体学算法。这种"charge flipping"晶体学算法能在没有应用结构限制的情况下使用，并获得结构解析方案；同时，不管骨架的连接情况，"charge flipping"晶体学算法普遍适用。

TNU-9的结构与所观察到的ZSM-5结构具有非常相似的投影(沿着[010]方向)，但TNU-9有两组不同的直十二元环通道，而不是一个，分别标为A和B，见图7.17。垂直于[010]方向，B类型孔道通过短十二元环相连，而A类型孔道通过十元闭环相连。研究像TNU-9分子筛这样复杂的结构怎样构建重复单元是一件很有意义的事情。研究结果可能表明在有机结构导向剂存在时，它是如何从溶液中组装结构单元[55]。TNU-9的骨架可以通过一种单一链建立起来，这类似于ZSM-5骨架的建立。这些链通过晶面给出一个不对称连接(即一面的结构不同于另一面的结构)。这些平面只能被它们相似的边连接，因而存在两个不同的面间区域。这个构型表示该有机结构导向剂是能够在两个不同的位置由良好的互相作用。这表明层堆叠机制在合成中是有利的[55]。

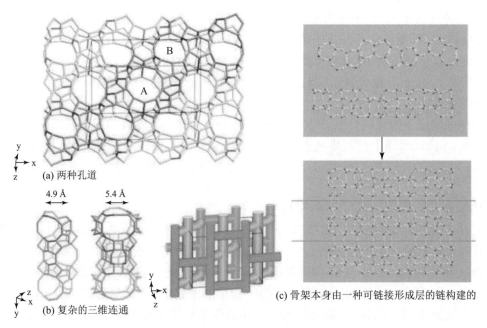

(a) 两种孔道

4.9 Å   5.4 Å

(b) 复杂的三维连通

(c) 骨架本身由一种可链接形成层的链构建的

图7.17 TNU-9复杂的拓扑结构包含两种孔道复杂的三维连通[38, 52]

像ZSM-5和TNU-9一样，高硅分子筛IM-5具有较高的热稳定性，并且在烃分子转化和NO还原方面表现出了值得关注的性能[40]。这个结构具有二维连通的十二元环孔道系统。像TNU-9一样，它在结构投影上与ZSM-5类似，但不是具有完整的三维连通性。IM-5分子筛在第三维方向上具有一个有限厚度的孔道(厚度25Å)，但可以与其他二维孔道相连通。每个有限的孔道被晶体内的硅片层所隔离而未连通。一旦这种孔道连接形式被了解，那么催化性能就能被合理解释了。由于"charge flipping"晶体学解析方法不需要使用对称性，因而这项工作还介绍了它是如何算出了每个晶胞中的288个硅原子和576个氧原子的位置。IM-5分子筛结构的成功解析是很令人鼓舞的工作，而在之前像类似复杂的结构被合成出来后，由于其不能成长为单晶，便很难做结构的解析工作。TNU-9和IM-5晶体中存在着相同的结构导向剂——1, 4-双-N-甲基吡咯烷丁烷。这种结构导向剂通过改变溶液pH值、Si/Al比和引入额外的阳离子，也有利于合成其他结构的分子筛[29]。一个明确的迹象表明，水热反应混合物的特定组成对复杂分子筛的合成起着关键的影响作用。

最后，介绍第三个结构高度复杂的分子筛——SSZ-74。SSZ-74分子筛由与TNU-9和IM-5所用模板剂(1, 4-双-N-甲基吡咯烷丁烷)类似的模板剂所制备出来。其结构也已经通过XRD、TEM和已成功应用到IM-5上的"charge flipping"晶体学算法的相互结合而解析出来。该结构具有23个不同的T原子位和有序四面体空位(实际上第24个T原子位是空的)。该结构包含由直十二元环孔道连接的"波浪起伏"的十二元环孔道，其孔道三维连通性被类似于ZSM-5的十二元环孔道所限制，观察到的空位的影响在7.3.6小节中详细讨论。

7.3.5 手性和介孔性

如上所述，在合成不同连通性和大孔径尺寸的分子筛结构方面已经取得重大进展，至少12.2Å的圆形开环孔径在ITQ-33中被观察到。剩余的重要关键挑战之一，就是研究出一批包含完全结晶对映体的手性分子筛。这些分子筛可应用于对映选择性和催化领域。众所周知，很少有硅酸盐分子筛具有潜在的手性多孔结构，最重要的例子描述如下。

在第7.3.3节中所述，β沸石属于典型的具有堆叠层错且作为非结晶的有序多形体。理论上，虽然有一个规律的堆叠顺序可能将使多形体(β-A)具有手性，并且已经通过使用手性模板剂来获得此手性多形体，但是还没有完全有序的手性多形体A被制备出来。其困难之一就是在这种多形体可能具有的长螺旋节距的通道上实现手性识别，而这种结构不是由单分子组成，就是由有序分子组成。

最近，有两种分子筛的硅酸盐已经作为手性晶体混合物而制备。硅钴锗酸盐分子筛SU-32是通过非手性铵离子$(CH_3)_2CHNH_3^+$起模板作用而制备的骨架完全由四面体连接形的分子筛家族中的一员。其结构由包含"4-1"重复四面体单元的十二元开环的手性层搭建起来。在"4-1"重复四面体单元中，顶点原子上下交替(见图7.18)[56]。

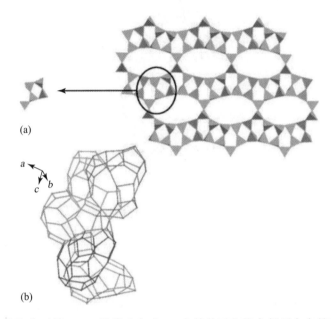

图7.18 手性锗硅酸盐分子筛SU-32结构由包含4-1交替单元和指向相反方向的四面体片层建立：
(a)这些叠层形成一种具有螺旋笼的手型结构；(b)用不同颜色描述相邻的笼

在反转中心之间关联这种类型的相邻层导致非手性十二元环结构的SU-15分子筛，而在相邻的片层之间具有±60Å旋转的堆叠层(偶然的巧合)导致产生手性多晶型的SU-32(空间群为$P6_122$或$P6_522$)。值得注意的是，晶体在纯对映体混合物中形成，并且不同于在β沸石中所观察到的形成方式。所得结构仅包括双四元环和$4^65^88^210^2$笼。在$4^65^88^210^2$笼中共用十元开环且组成螺旋通道，这些通道通常为左旋或右旋。其沿着通道的开孔尺寸为5Å×5.5Å，且被与孔道轴线平行的八元环孔道(4.7Å×3Å)分割。现在面临的挑战是制备一个更稳定的硅酸盐或硅铝酸盐分子筛，以及制备只有两个对映体之一的分子筛。

第二种在手性形式中结晶的分子筛固体类型是硅钴锗酸盐分子筛ITQ-37。它结晶于手性空间群$P4_132$和$P4_332$，并具有于螺旋形(G)周期性最小表面相关的结构。这个G-表面被胶束模板的介孔无定形二氧化硅所占据。在这些介孔固相中，相反旋的互相连接的两孔道系统被位于G-表面上的硅层所分离，而ITQ-37可以被认为是这种结构。在这些孔隙系统中，其中一个是空的，另一个被手性分子筛骨架填满。这种显著的结构由Sun等[37]完美地进行了阐明，并且这种结构的空腔和进入窗口的描述见图7.19。

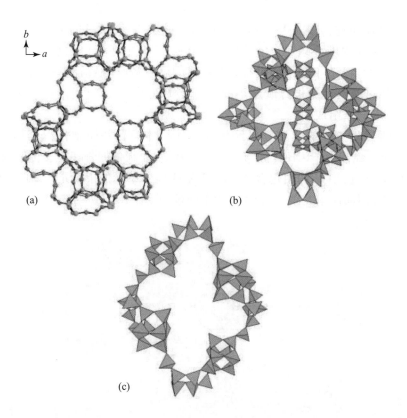

图7.19 硅钴锗酸盐分子筛ITQ-37空腔和进入窗口的描述：(a)为从[100]方向看到的部分复杂
ITQ-37的结构；(b)显示该结构包含介孔腔；(c)为通过强非圆窗口进入；在(b)和(c)中，锗硅酸盐
四面体可以是4个、3个或2个连接到其他四面体上，注意双四元环在这种结构中的优势

除了具有手性孔道，这种结构具有在所观察的分子筛中最低的骨架密度(10.2T/1000Å³)
和在介孔中大于20Å的空腔尺寸。在其他锗硅酸盐分子筛结构中，双四元环是重要的次级结
构单元。在分子筛ITQ-37中，这些双四元环有一个或两个末端羟基，并且这种骨架的本质关
键是形成大笼结构。

一种既具有内在手性，又具有介孔空腔的材料的产生是非常有意义的。但在此之前，手
性分子筛想要找到应用场合，就必须制备出仅含一个对映体的大量结晶的样品。这可以通过
在仅有一个对映体的手性晶体中加入手性模板剂或手性扩增表面改性剂而得到。

7.3.6 有序空位和生长缺陷

早就有关于分子筛骨架中孤立的结构缺陷的假定。例如，超稳化过程中的中间相和Y
型沸石中产生的二次介孔(见7.2.4小节)。在碱性介质(无氟)中合成纯硅多晶型相时，有机阳
离子来平衡骨架电荷，精确的固体核磁共振研究先前已经确定了来源于T原子空位的内含物
缺陷。测量成分表明，一个包括两个硅羟基和两个指向内部的硅氧基的空位与氢结合，从而
在10×10^{-6}位置观察到特征^{1}H MAS NMR信号[57]。因此，近期在纯硅多晶型物SSZ-74(孔结
构描述见7.3.4小节)观察到的有序空位引起了研究学者的很大兴趣。这种固体所制备的结晶
结构的空位原子图以及其如何与有机阳离子相互作用见图7.20。T原子空位被四个骨架氧原
子形成扭曲的四面体包围。其中的两个氧原子与带电荷模板剂的氮原子连接紧密，硅氧基
(Si-O-)中剩下的两个氧原子作为硅羟基，其中的氢原子都与硅氧基中的氧形成氢键。虽然
这种缺陷的排序很罕见，但是当氟和硅的配位数一定时，这种类型的中间相很可能是电荷平

衡纯硅多晶型物包含的模板剂中有机阳离子的普遍机制。这从而使SSZ-74中的T原子空位被用做模型系统。在焙烧除去有机模板剂后，很可能至少有一些空位仍然保留。如果是这样的情况，空位有可能具有附加功能(例如空位上是钛原子)，这可以制备出具有位点选择性的催化剂，并允许这些催化活性位的结构晶体进行定量分析。

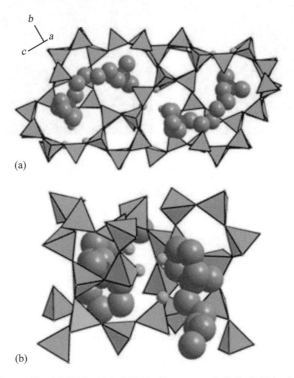

图7.20 从两种视角观察所制备的SSZ-74中的有序骨架空位

纯硅β沸石的高分辨率电子显微镜图像已经确定出第二类型缺陷[58]，其也与高硅分子筛结晶具有相关联性。β沸石骨架由层状堆叠构成，这种层堆叠结构中三分之一的晶胞载体在某一方向上被取代。在β沸石近期的研究中，TEM图像可以显示出以相对位移被堆叠的两个结构域在给定层上的大孔缺陷(见图7.21)。而这种大孔缺陷以前只能被解释为成核作用所造成。在结构中，第三层生长以后，这些大孔变得一致，并且缺陷愈合。这种观察指出，β沸石晶体由层生长，并导致额外的非周期性孔隙和扩大的缺陷存在。据本书其他处AFM研究报道，Anderson和Cubillas认为层生长是一个普遍机制，并可以进行原子化建模。

7.3.7 层状前驱体分子筛

如上文所述，最近的微观研究表明，分子筛的生长遵循一种"层层递进"的机理。目前，已发现一类分子筛可以通过水热合成层状硅酸盐前体和合成后冷凝两个步骤制备。初次的晶化产生层状的硅酸盐，单层的硅酸盐每条边都以$(SiO)_3SiOH$的Si-OH基团、"Q^3"和硅原子为终止，层与层之间以有机模板剂分隔开来。焙烧后有机物被除去，邻层的硅羟基基团发生缩合($2SiOH \rightarrow SiOSi$)，从而生成四配位的多孔四面体骨架结构。这方面的例子包括已知的镁碱沸石(FER)和MCM-22(MWW)的合成。这两种分子筛分别由层状硅酸盐前体PREFER和MCM-22(P)合成[59, 60]。后者的转化过程如图7.22所示。此外，我们还分别由层状硅酸盐前体PLS-1、RUB-18和RUB-39合成了新的结构类型CDS-1[61]、RUB-24[62]和RUB-41[63]。为了引入催化活性物种并合成具有新型催化特点的层状多微孔固体，我们通过对层状相的细致处理实现对上述体系的调控，尤其是MCM-22(P)-MCM-22的化学控制。

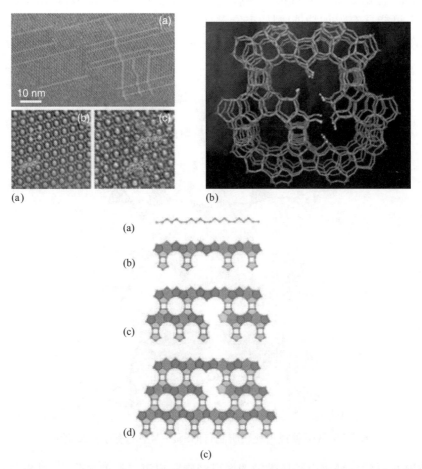

图7.21 β沸石沿其一组十二元环通道的高分辨率电子显微镜图像[55]: (a)揭示了能建模的
"双重孔隙缺陷"; (b)为两个不同方向上的层堆叠，三层之后趋于一致; (c)为在同一层具有
不同堆叠偏移的结构域上一层接一层的一致生长模型

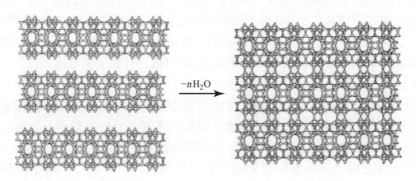

图7.22 层状的分子筛前驱物MCM-22(P)经过加热脱水后形成四配位连接的MCM-22分子筛[3]

7.3.8 骨架氧原子的取代

如上文所述，分子筛中的骨架硅原子可以广泛地被其他金属阳离子(二价的铍、锌; 三价
的硼、铝、镓、铁; 四价的锗和钛)所取代。除了对结晶结构类型有很大影响以外，这也对分子

筛的稳定性和催化性能造成很大的影响。目前,骨架氧原子取代的研究进展缓慢,但已逐渐有证据表明,在保留结构的基础上进行部分取代是可行的。研究的热点在于用CH_2或NH基团对氧原子进行等电子取代。初期,人们采用向原料凝胶中加入氨丙基聚硅氧烷和正硅酸乙酯的方法将有机基团引入骨架中,但是这种方法会导致连接性缺陷并使有机基团排列到孔道中[64]。为了引入亚甲基基团,最有可能的方法是在制备过程中采用双-(三乙氧基)甲烷——$(EtO)_3Si-CH_2-Si(OEt)_3$作为硅源,这样如果能完全进入四面体结构中,7个结构氧原子中就会有一个被亚甲基基团取代。Yamamotoet等[65]研究发现用这种硅氧烷前体可以合成A型沸石、β沸石、ZSM-5沸石及其他类似的分子筛,但是最终产物中会混有该硅氧烷水解产生的$Si-CH_3$、$Si-OH$以及$Si-CH_2-Si$基团。

有研究尝试将胺基引入骨架位点,以制备稳定的具有择形性的碱性催化剂。目前最受关注的引入NH基团的方法是合成后在高温下用氨气处理。研究表明,向分子筛中引入NH基团对结晶度没有影响,固体产物的核磁硅谱在-67×10^{-6}和-86×10^{-6}处各有一个峰,根据理论计算分别对应$Al-NH_2-Si-NH_2-Al$和$Al-NH_2-Si$物种($Si-NH-Si$键很难生成)[66]。如果正确的话,这种方法在合成固体碱性催化剂方面具有巨大的潜力。

7.4 结论与展望

7.4.1 结论

从上述讨论中不难发现,由于结构与功能直接相关,人们对在离子交换、吸附和催化方面广泛应用的分子筛(如A型、X型、Y型沸石、菱沸石、丝光沸石、ZSM-5沸石、β沸石等)的结构特征进行了详细的研究。晶体结构给出了原子基于时间和空间的位置分布,而具体的骨架和非骨架阳离子无序特征由衍射,光谱(核磁,红外等)以及计算机模拟联合给出。分子筛的结构稳定性和活性能够在很宽的条件范围,尤其是在吸附和催化反应中的原位条件下确定。以一个早期分子筛催化剂活性的研究为例,人们通过原位衍射和X射线吸收光谱对Ni^{2+}离子在Ni-Y上的迁移进行了跟踪表征[67]。此外,还通过衍射和非弹性散射的方法测定了结构稳定性的温度上限,并建立了分子筛结构的无定形模型[68, 69]。研究还发现,分子筛的低频声子特征是分子筛结构不稳定和坍塌的重要原因,并与硅酸盐从低密度向高密度无定形相的转移有关。

随着对重要分子筛材料结构化学理解的加深,数十种结构更加复杂的新分子筛已经通过新的合成方法制备,其结构也通过更先进的晶体学方法得到解析。对结构复杂程度不超过近期观察到的可行的假想四面体连接结构(一个晶胞内有24个拓扑学上不同的位点)的数量进行研究发现,目前已知的结构仅仅是可获得总量的一个很小的子集。很多新结构的发现是因为合成过程中引入了杂原子(不包含铝)。在这方面,至少部分由于极易形成次级结构单元D4R的特点,锗受到广泛关注并已经合成新结构。还有少量研究表明,可以引入碳原子和氮原子到骨架结构中,以代替连接作用的氧原子。

因此,通过合成方法与结构分析的结合,自1990年以来已知的分子筛结构化学范围得到了极大的扩展。然而,与此同时,微孔金属有机结构(MOF)[70]、共价键有机结构(COF)[71]以及介孔二氧化硅[72]也得到了长足的发展。从化学和结构多样性上来看,这些多孔固体中的新类型已经超出了分子筛领域的范畴,这里不便展开详述,只能举一个例子:制备的介孔二氧化硅可以控制其孔径分布在4~100Å的狭窄范围内,具有多孔性、高稳定性和可功能性的表面;制备的微MOF材料可以达到极高的结晶度,并且与分子筛相比,具有更广泛的化学范围、更高的比表面积、更好的灵活性、无机和有机功能性以及可设置的手性。因此,对多孔固体材料研究的展望从未如此有趣。这里的关键问题在于,在未来的学术和工业研究中,与近期发现的相似结构相比,分子筛结构将起到怎样的作用?

7.4.2 展望

尽管最近新型多孔固体材料引起了极大的关注,但不得不承认的是,分子筛在应用中仍占有压倒性的优势。虽然这可能与分子筛是最早发现、合成并研究的材料有关,与介孔二氧化硅和MOF材料相比,分子筛具有的关键结构及稳定性优势也是主要原因。与这两种材料相比,分子筛的优势包括:生产成本,尤其是无模板剂(铝)硅酸盐体系的成本较低;更强的阳离子交换能力,这是因为晶体结构直接造成的更强的B酸中心,以及容纳L酸骨架钛位点(有利于过氧化反应活性及选择性氧化)的能力;具有更好的热稳定性和水热稳定性。此外,研究还表明,分子筛具有生物相容性[73]。因此,分子筛结构化学的发展,对于推动分子筛作为功能材料,尤其是在其传统领域中的应用具有重要意义。我们同时还要关注另外两个与结构化学广泛相关领域的发展:新结构的类型和化学;形态和微观结构的控制。

目前发现新分子筛结构主要是通过新型有机模板剂的合成以及无机凝胶组成的改变。目前,有机化合物的合成已经有了完善的方法指导,而对于水热条件下无机合成中的诱导期、成核以及生长等过程,我们还是知之甚少。因此,可以考察较宽组成比例和不同反应条件的高通量技术,将在研究中起到重要作用。在制备分子筛过程中同时使用两种或两种以上有机模板剂也可能取得重大进展。这种方法已经成功应用于结构中具有不同笼的分子筛类型[如STA-7(SAV)和STA-14(KFI)][74]以及镁碱沸石中的孔道、笼位点[75]。复杂结构可能具有不同尺寸和形状的模板剂位点(如TNU-9的情况),这可以适用于不同的模板剂。通过引入锗、硅等元素制备新拓扑结构,将仍是卓有成效的一种方法,并且随着锗硅比的升高,结构将更具有多样性,但是与其硅酸盐或硅铝酸盐同系物相比,其水热稳定性有所下降。含铝的新结构类型有望成为固体酸催化剂,如果引入钛原子,则有可能成为选择性氧化催化剂。在这些情况下,这种新结构都将具有不同的择形性。

本章中提到的大多数晶体结构例子中,都假设分子筛骨架是无限延伸的。但是,实际上这些颗粒具有一定的尺寸和形状,并可能具有诸如孪生晶面、堆垛层错等微观结构特征。近期,人们正尝试控制这些特征,以使材料更适合某些特定的应用,例如增强催化过程中沿一维孔道的扩散性,为传感技术校准晶体,亦或是控制薄膜的晶体取向性[76]。

就尺寸而言,典型水热法制备的分子筛晶体通常为微米量级,但近来人们正尝试制备纳米级别的分子筛[77](例如可用做薄膜生长的前体),或制备某些维度上接近毫米尺寸的单晶,以便测量其各向异性扩散、机械性能等[78]。不同面上不同生长速率直接决定了分子筛的形貌,并且随着原料组成、晶化条件,包括使用的模板剂的不同,分子筛形貌都会发生很大的改变。Tsapatsis团队的通过选择模板剂控制硅膜中晶体取向性的研究就是一个很好的例子[79]。近年来,在晶体生长机理[80]方面取得的研究进展最终也有可能实现分子筛形貌,乃至裸露表面的控制。分子筛晶体表面的性质和大小非常重要,因为无论是在分子筛的晶化过程中,还是在用做吸附剂、离子交换剂、催化剂或者医用的分子筛产品中,分子筛表面都是与外部环境直接接触的部分。表面显微镜、透射电镜、表面光谱、表面电荷量测量精度的增加,都将为增进人们对分子筛表面结构的了解提供有力的支持。

参考文献

[1] McCusker, L.B. and Baerlocher, Ch. (2007) in Introduction to Zeolite Science and Practice, 3rd edn, Studies in Surface Science and

Catalysis, Vol. 168 (eds J. ?ejka, H. van Bekkum, A. Corma, and F. Schuth), Elsevier, pp. 13–37.

[2] Lobo, R.F. (2004) in Handbook of Zeolite Science and Technology (eds S.Auerbach, K. Carrado, and P. Dutta), Marcel Dekker, New York.

[3] Wright, P.A. (2007) Microporous Framework Solids, RSC Publishing, Cambridge.

[4] Database of Zeolite Structures, Structure Commission of the International Zeolite Association, http://www.izastructure.org/databases/ (last accessed February 03, 2010).

[5] Delgado-Friedrichs, O., Dress, A.W.M., Huson, D.H., Klinowski, J., and Mackay, A.L. (1999) Nature, 400, 644–647.

[6] Foster, M.D., Simperler, A., Bell, R.G., Delgado-Friedrichs, O., Paz, F.A.A., and Klinowski, J. (2004) Nat. Mater., 3, 234–238.

[7] Liebau, F. (1985) Structural Chemistry of Silicates: Structure, Bonding and Classi?cation, Springer-Verlag, Berlin, pp. 14–30.

[8] Wragg, D.S., Morris, R.E., and Burton, A.W. (2008) Chem. Mater., 20, 1561–1570.

[9] Liu, Z., Fujita, N., Terasaki, O., Ohsuna, T., Hiraga, K., Camblor, M.A., Diaz-Cabanas, M.-J., and Cheetham, A.K. (2002) Chem. Eur. J., 8, 4549–4556.

[10] Shannon, R.D. (1976) Acta Cryst., A32, 751–767.

[11] (a) Li, H. and Yaghi, O.M. (1998) J. Am. Chem. Soc., 120, 10569–10570; (b) O'Keeffe, M. and Yaghi, O.M. (1999) Chem. Eur. J., 5, 2796–2801.

[12] Baur, W.H. (1964) Am. Mineral., 49, 697–704.

[13] Newsam, J.M., Treacy, M.M.J., Vaughan, D.E.W., Strohmaier, K.G., and Mortier, W.J. (1989) Chem. Commun., 493–495.

[14] Czjzek, M., Jobic, H., Fitch, A.N., and Vogt, T. (1992) J. Phys. Chem., 96, 1535–1540.

[15] Parise, J.B., Gier, T.E., Corbin, D.R., and Cox, D.E. (1984) J. Phys. Chem., 88, 1635–1640.

[16] (a) Higgins, J.B., LaPierre, R.B., Schlenker, J.L., Rohrman, A.C., Wood, J.D., Kerr, G.T., and Rohrbaugh, W.J. (1988) Zeolites, 8, 446–452; (b) Newsam, J.M., Treacy, M.M.J., Koetsier, W.T., and de Gruyter, C.B. (1988) Proc. R. Soc. Lond. A, 420, 375–405.

[17] Kokotailo, G.T., Lawton, S.L., Olson, D.H., and Meier, W.M. (1978) Nature, 272, 437–438.

[18] Casci, J.L. (1994)in Zeolites and Related Microporous Materials : State of the Art 1994, Studies in Surface Science and Catalysis, Vol. 84 (eds J.Weitkamp, H.G. Karge, H. Pfeifer, W. Holderich), Elsevier, pp. 133–140.

[19] Galli, E. and Gualtieri, A.F. (2008) Am. Mineral., 93, 95–102.

[20] Chen, C.S.H., Schlenker, J.L., and Wentzek, S.E. (1996) Zeolites, 17, 393–400.

[21] Song, J.W., Dai, L., Ji, Y.Y., and Xiao, F.S. (2006) Chem. Mater., 18, 2775–2777.

[22] Corma, A., Diaz-Cabanas, M.J., Jorda, J.L., Rey, F., Sastre, G., and Strohmaier, K.G. (2008) J. Am. Chem. Soc., 130, 16482–16483.

[23] Blackwell, C.S., Broach, R.W., Gatter, M.G., Holmgren, J.S., Jan, D.Y., Lewis, G.J., Mezza, B.J., Mezza, T.M., Miller, M.A., Moscoso, J.G., Patton, R.L., Rohde, L.M., Schoonover, M.W., Sinkler, W., Wilson, B.A., and Wilson, S.T. (2003) Angew. Chem. Int. Ed., 42, 1737–1740.

[24] Camblor, M.A., Villaescusa, L.A., and Diaz-Cabanas, M.-J. (1999) Top. Catal., 9, 59–76.

[25] Villaescusa, L.A., Barrett, P.A., and Camblor, M.A. (1999) Angew. Chem. Int. Ed., 38, 1997–2000.

[26] e.g. Jackowski, A., Zones, S.I., Hwang, S.-J., and Burton, A.W. (2009) J. Am. Chem. Soc., 131, 1092–1100.

[27] Corma, A. (2004)in Recent Advances in the Science and Technology of Zeolites and Related Materials, Proceedings of the 14th International Zeolite Conference, Studies in Surface Science and Catalysis, Vol. 154 (eds E. van Steen, M. Claeys, and L.H. Callanan), Elsevier, Amsterdam, pp. 25–40.

[28] Sastre, G., Vidal-Moya, J.A., Blasco, T., Rius, J., Jorda, J.L., Navarro, M.T., Rey, F., and Corma, A. (2002) Angew. Chem. Int. Ed., 41, 4722–4726.

[29] Hong, S.B., Lear, E.G., Wright, P.A., Zhou, W., Cox, P.A., Shin, C.-H., Park, J.-H., and Nam, I.-S. (2004) J. Am. Chem. Soc., 126, 5817–5826.

[30] Wessels, T., Baerlocher, Ch., McCusker, L.B., and Creyghton, E.J. (1999) J. Am. Chem. Soc., 121, 6242–6247.

[31] Yoshikawa, M., Wagner, P., Lovallo, M., Tsuji, K., Takewaki, T., Chen, C.Y., Beck, L.W., Jones, C., Tsapatsis, M., Zones, S.I., and Davis, M.E. (1998) J. Phys. Chem. B, 102, 7139–7147.

[32] Burton, A.W., Elomari, S., Chen, C.Y., Medrud, R.C., Chan, I.Y., Bull, L.M., Kibby, C., Harris, T.V., Zones, S.I., and Vittoratos, E.S. (2003) Chem. Eur. J., 9, 5737–5748.

[33] Paillaud, J.L., Harbuzaru, B., Patarin, J., and Bats, N. (2004) Science, 304, 990–992.

[34] Cheetham, A.K., Fjellvag, H., Gier, T.E., Kongshaug, K.O., Lillerud, K.P., and Stucky, G.D. (2001) Stud. Surf. Sci. Catal., 135, 158.

[35] Strohmaier, K.G. and Vaughan, D.E.W. (2003) J. Am. Chem. Soc., 125, 16035–16039.

[36] Corma, A., Diaz-Cabanas, M.J., Jorda, J.L., Martinez, C., and Moliner, M. (2006) Nature, 443, 842–845.

[37] Sun, J., Bonneau, C., Cantin, A., Corma, A., Diaz-Cabanas, M.J., Moliner, M., Zhang, D., Li, M., and Zou, X. (2009) Nature, 458, 1154–1157.

[38] Gramm, F., Baerlocher, C., McCusker, L.B., Warrender, S.J., Wright, P.A., Han, B., Hong, S.B., Liu, Z., Ohsuna, T., and Terasaki, O. (2006) Nature, 444, 79–81.

[39] Baerlocher, Ch., Xie, D., McCusker, L.B., Hwang, S.-J., Chan, I.Y., Ong, K., Burton, A.W., and Zones, S.I. (2008) Nat. Mater., 7, 631–635.

[40] Baerlocher, Ch., Gramm, F., Massüger, L., McCusker, L.B., He, Z., H?vmuller, S., and Zou, X. (2007) Science, 315, 1113–1116.

[41] Corma, A., Navarro, M.T., Rey, F., Rius, J., and Valencia, S. (2001) Angew. Chem. Int. Ed., 40, 2277–2280.

[42] Corma, A., Diaz-Cabanas, M.J., Martinez-Triguero, J., Rey, F., and Rius, J. (2002) Nature, 418, 514–517.

[43] Dorset, D.L., Strohmaier, K.G., Kliewer, C.E., Corma, A., Diaz-Cabanas, M.J., Rey, F., and Gilmore, C.J. (2008) Chem. Mater., 20, 5325–5331.

[44] Conradsson, T., Dadachov, M.S., and Zou, X.D. (2000) Microporous Mesoporous Mater., 41, 183–191.

[45] Lobo, R.F. and Davis, M.E. (1995) J. Am. Chem. Soc., 117, 3764–3779.

[46] Castaneda, R., Corma, A., Fornes, V., Rey, F., and Rius, J. (2003) J. Am. Chem. Soc., 125, 7820–7821.

[47] Dorset, D.L., Weston, S.C., and Dhingra, S.S. (2006) J. Phys. Chem. B, 110, 2045–2050.

[48] Corma, A., Rey, F., Rius, J., Sabater, M.J., and Valencia, S. (2004) Nature, 431, 287–290.

[49] Perego, C., Carati, A., Ingallina, P., Mantegazza, M.A., and Bellussi, G. (2001) Appl. Catal. A, 221, 63–72.

[50] Koller, H., Wolker, A., Villaescusa, L.A., Diaz-Cabanas, M.J., Valencia, S., and Camblor, M.A. (1999) J. Am. Chem. Soc., 121, 3368–3376.

[51] Arranz, M., Pérez-Pariente, J., Wright, P.A., Slawin, A.M.Z., Blasco, T., Gómez-Hortiguela, L., and Corà, F. (2005) Chem. Mater., 17,

4374–4385.

[52] Bonino, F., Damin, A., Ricchiardi, G., Ricci, M., Spano, G., D'Aloisio, R., Zecchina, A., Lamberti, C., Prestipino, C., and Bordiga, S. (2004) J. Phys. Chem. B, 108, 3573–3583.

[53] Fyfe, C.A., Gobbi, G.C., Klinowski, J., Thomas, J.M., and Ramdas, S. (1982) Nature, 296, 530–533.

[54] Fyfe, C.A., Kennedy, G.J., Kokotailo, G.T., Lyeria, J.R., and Fleming, W.W. (1985) J. Chem. Soc., Chem. Commun., 740–742.

[55] Hong, S.B., Min, H.K., Shin, C.-H., Cox, P.A., Warrender, S.J., and Wright, P.A. (2007) J. Am. Chem. Soc., 129, 10870–10885.

[56] Tang, L., Shi, L., Bonneau, C., Sun, J., Yue, H., Ojuva, A., Lee, B.-L., Kritikos, M., Bell, R.G., Bacsik, Z., Mink, J., and Zou, X. (2008) Nat. Mater., 7, 381–385.

[57] Koller, H., Lobo, R.F., Burkett, S.L., and Davis, M.E. (1995) J. Phys. Chem., 99, 12588–12596.

[58] Wright, P.A., Zhou, W., Perez-Pariente, J., and Arranz, M. (2005) J. Am. Chem. Soc., 127, 494–495.

[59] Schreyeck, L., Caullet, P., Mougenel, J.C., Guth, J.L., and Marler, B. (1996) Microporous Mater., 6, 259–271.

[60] Leonowicz, M.E., Lawton, J.A., Lawton, S.L., and Rubin, M.K. (1994) Science, 264, 1910–1913.

[61] Ikeda, T., Akiyama, Y., Oumi, Y., Kawai, A., and Mizukami, F. (2004) Angew. Chem. Int. Ed., 43, 4892–4896.

[62] Marler, B., Str?ter, N., and Gies, H. (2005) Microporous Mesoporous Mater., 83, 201–211.

[63] Wang, Y.X., Gies, H., Marler, B., and Müller, U. (2005) Chem. Mater., 17, 43–49.

[64] Tsuji, K., Jones, C.W., and Davis, M.E. (1999) Microporous Mesoporous Mater., 19, 339–349.

[65] Yamamoto, K., Nohara, Y., Domon, Y., Takahashi, Y., Sakata, Y., Ple`vert, J., and Tatsumi, T. (2005) Chem. Mater., 17, 3913–3930.

[66] Hammond, K.D., Dogan, F., Tompsett, G.A., Agarwal, V., Conner, W.C., Grey, C.P., and Auerbach, S.M. (2008) J. Am. Chem. Soc., 130, 14912–14913.

[67] Dooryhee, E., Catlow, C.R.A., Couves, J.W., Maddox, P.J., Thomas, J.M., Greaves, G.N., Steel, A.T., and Townsend, R.P. (1991) J. Phys. Chem., 95, 4514–4521.

[68] Greaves, G.N., Meneau, F., and Sankar, G. (2002) Nucl. Instr. Methods Phys. Res. B, 199, 98–105.

[69] Greaves, G.N., Meneau, F., Majerus, O., Jones, D.G., and Taylor, J. (2005) Science, 308, 1299–1302.

[70] Férey, G. (2007)in Introduction to Zeolite Science and Practice, 3rd revised edn, Studies in Surface Science and Catalysis, Vol. 168 (eds J. ?ejka, H. van Beckkum, A. Corma, F. Schüth), Elsevier, pp. 327–374.

[71] El-Kaderi, H.M., Hunt, J.R., Mendoza-Cortes, J.L., Co?té, A.P., Taylor, R.E., O'Keeffe, M., and Yaghi, O.M. (2007) Science, 316, 268–272.

[72] Zhao, D. and Wan, Y. (2007)in Introduction to Zeolite Science and Practice, 3rd revised edn, Studies in Surface Science and Catalysis, Vol. 168 (eds J. ?ejka, H. van Beckkum, A. Corma, and F. Schüth), Elsevier, pp. 241–300.

[73] Schainberg, A.P.M., Ozyegin, L.S., Kursuoglu, P., Valerio, P., Goes, A.M., and Leite, M.F. (2005)in Bioceramics 17, Key Engineering Materials, Vol. 284–286 (eds P.Li, K. Zhang, and C. W. Colwell), Trans Tech Publications, pp. 561–564.

[74] Castro, M., Garcia, R., Warrender, S.J., Wright, P.A., Cox, P.A., Fecant, A., Mellot-Draznieks, C., and Bats, N. (2007) Chem. Commun., 3470–3472.

[75] Pinar, A.B., Gomez-Hortiguela, L., and Pérez-Pariente, J. (2007) Chem. Mater., 19, 5617–5626.

[76] Drews, T.O. and Tsapatsis, M. (2005) Curr. Opin. Colloid Interface Sci., 10, 233–238.

[77] Tosheva, L. and Valtchev, V.P. (2005) Chem. Mater., 17, 2494–2513.

[78] Lethbridge, Z., Williams, J.J., Walton, R.I., Evans, K.E., and Smith, C.W. (2005) Microporous Mesoporous Mater., 79, 339–352.

[79] Choi, J., Ghosh, S., Lai, Z.P., and Tsapatsis, M. (2006) Angew. Chem. Int. Ed., 45, 1154–1158.

[80] Brent, R. and Anderson, M.W. (2008) Angew. Chem. Int. Ed., 47, 5327–5330.

8 沸石分子筛中催化反应的
振动光谱及相关原位研究

Joaquin Pérez-Pariente, Raquel Garćıa, Luis Góomez-Hortigüela, Ana Belén Pinar

8.1 引言

催化领域的科学家们一直致力于优化现有工艺过程的活性和选择性,并不断开发新的工艺。在许多情况下,尽管现代的科学和技术提供了丰富的知识水平,反复试验法依然是一种最常用的实验方法。为了改变这种情况,催化科学家们需要更深刻地理解反应过程及催化剂制备过程的关键步骤。在此基础上,才有可能设计和制备出所需要的具有优异反应性能的催化剂。但是,只有实时监测催化剂在反应中的性能才能得到可靠的信息。为了实现这一目标,采用合适的反应器和(或)光谱/散射技术来实时研究催化反应过程显得极其重要,这种方法就是原位光谱[1, 2]。

一个催化循环由一系列的反应步骤组成,用于描述反应物分子在催化活性位点上转变为最终的反应产物。尽管科学家们数十年来一直致力于诠释这样的过程,仅有少数的反应能够解释清楚。想要获得这样的信息,需要关于催化材料在其寿命周期中每一步骤的详细信息:合成—焙烧—活化—反应—失活—再生(根据需要)。传统的表征方法(这里指非原位表征)主要在室温和常压的环境条件下,而不是实际的反应器中研究催化材料的这些步骤。尽管这样的方法也能得到有用的信息,但不能提供催化剂在反应过程中发生的变化的直接信息。这促使催化科学家们开发能够连续监测反应中的催化剂的分析设备。但是,反应过程的原位分析方法也有不利之处,催化剂周围的气相和/或液相同时也被探测到,包括催化材料的活性表面和非活性体相,使得解释变的模糊不清。

催化反应中的原位光谱可以追溯到1954年Eischens团队发表了两篇开创性的论文[3, 4]。他们通过红外光谱研究了CO与Cu、Pt、Pd、Ni负载的SiO_2之间的相互作用,以及氨与裂解催化剂之间的相互作用。值得注意的是,从现在的观点来看,这一研究在多大程度上可被认为是原位研究是有争议的,因为其反应条件与实际催化过程有很大差异。但是这是向原位方法迈出的重要一步,这是第一次考虑到存在吸附物的催化剂表面动力学的重要性。事实上,这可能是第一个用于测试非均相催化剂红外光谱的光谱-反应池。自此开创性研究后,原位光谱技术的使用不断取得进步。图8.1显示了过去几十年在沸石分子筛研究中使用原位光谱发表的论文数量的变化。

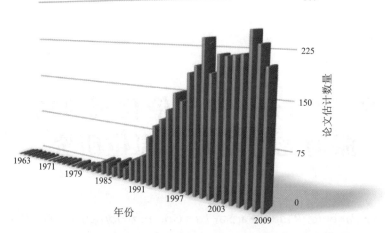

图8.1 在催化材料原位表征方面发表的论文估计数量
(使用"in situ"和"zeolite"在ISI和化学文摘数据库的检索结果)

在通常使用的原位技术中,红外光谱有最长的使用历史,并且经常应用于沸石分子筛研究中。在发展初期,红外测试使用自支撑镜片(简单的透射/吸附测试)。自此之后,红外光谱有了长足发展,从而能够更快地获得更好质量的光谱。由于更灵敏的检测系统的发展以及制样方法的提高,使得红外光谱测试能够在相关反应条件下进行。在20世纪80年代早期,通过引入傅立叶红外变换技术,缩短了记录时间(数秒到数分钟),提高了分辨率($0.5 \sim 4cm^{-1}$),可以通过调整获得所需的信噪比,因此红外光谱技术取得了巨大发展。如今在费用方面,傅立叶红外变换光谱相对比较便宜,是大学及工业异质催化实验室中常规实验设备之一。

众所周知,红外光谱用来探测吸附物在$0.0496eV<E<0.496eV$($4000 \sim 400cm^{-1}$通常称为中红外)和$1.24 \times 10^{-3}eV<E<0.0496eV$($400 \sim 10cm^{-1}$通常称为远红外)能量范围的振动态的转变。因此,这一技术能够探测吸附分子(通过分子偶极矩的变化)和固体(通过晶格振动和/或声模态的变化)的化学和几何结构,从而获得催化剂的全部光谱特征。通常,红外光谱有三种常用模式来原位探测催化反应。第一种是红外透射,包括用于催化剂样品自支撑晶片的制备,这是最常用的模式。第二种是通过漫反射红外傅立叶变换(DRIFT)收集红外光谱数据,测定光的散射和吸附现象。这种模式不需要复杂的样品制备方法,并且通常很接近真实反应条件,因而有很大的吸引力。另外,DRIFT的解释是基于Kubelka和Munk的现象学理论,在比较透射红外光谱和DRIFT时需要谨慎。

这一章的目的是向读者介绍目前红外光谱技术的一些背景知识,以及相关的用于监测在分子筛中进行的催化反应的物理化学现象的光谱技术。本章的第一节介绍利用红外光谱通过相关的探针分子研究沸石分子筛的酸碱性;第二节介绍沸石分子筛合成工艺的研究;第三节讨论NO_x的消除及甲醇制烯烃(MTO)工艺这两个分子筛催化的典型反应;第四节探讨利用红外光谱解释模板分解现象、吸附、探针分子排列及在大的分子筛晶体中发生的催化过程;最后是本章结语。

8.2 通过红外光谱探针分子确定酸性

在沸石分子筛基材料中进行的酸碱反应可能是非均相催化工艺中最技术相关的一类。与其他固体酸类似,沸石分子筛具有Brønsted(B)酸和Lewis(L)酸位点,分别是羟基和配位不饱和阳离子所致。每一个B酸或L酸都可以占主要地位,这与化学含量、晶体结构、合成后处理条件及反应条件下的羟基状态有关。为了获得分子筛的酸性和催化性质之间的关系,需要获得酸性位点的数量、性质、位置及强度的定量信息。

通常,有两种理论来描述固体材料的酸碱性质,布朗斯特(Brønsted)理论和路易斯(Lewis)理论。在Brønsted理论中,基本的酸碱反应是质子从酸(AH)转移到碱(B): AH+B→A+BH。在这种情况下,酸强度定义为给出质子的倾向,例如可以通过确定水溶液中的平衡态来量化。在Lewis理论中,任何有空轨道的物质都可以认为是酸。酸碱反应A+B→A-B就是B的孤对电子和A的空轨道的成键过程。需要强调的是,基于这一理论的酸性的确定仅在酸分子溶解在均相介质(溶剂)中才严格有效。很显然,催化固体表面的酸基团不能以这一方式认定,因为均相介质的概念在此失去了有效性,特别是当酸(或碱)基团位于催化剂微孔的孔道或空腔时,而这些位置是高度非均相的。

红外光谱是研究分子间相互作用(例如氢键和配位键)的重要工具。沸石分子筛酸性最有价值的信息可以通过吸附的探针分子与酸性位点的相互作用获得。由于表面基团与探针分子相互作用导致的其红外光谱的扰动,如强度变化和波数位移,可以转变为相关酸性位点的性质。合适的探针分子的一般选择标准已有详细的规则[5~7]。一般来说,建议用小的和有弱相互作用的分子来探测酸碱固体的表面性质。其他的标准包括:①与具体表面位点相互作用的选择性;②低的反应活性,即使在催化反应条件下;③能够检测相互作用的光谱响应;④有较高的并且实验上可测的消光系数;⑤如果可能的话,用反应物本身作为探针分子。

活化的沸石分子筛红外光谱在羟基光谱波段通常有两个或更多的主要波段特征(在一些情况下,可以观察到更多基团的波段,如在SSZ-33分子筛中[8])。表8.1概述了一些典型波段的位置。

表8.1 在不同分子筛结构中羟基的红外光波段位置[①]

分子筛	硅烷醇OH基团位置/(cm⁻¹)	桥接OH基团位置/(cm⁻¹)	参考文献
SM-5	3747	3612	[12]
丝光沸石	3745	3605(3612, 3585)	[13, 14]
	3740	3640, 3550	[15]
ZSM-2	3714	3667	[16]
镁碱沸石	3746	3602(3609, 3601, 3587, 3565)	[17]
UZ-4	3746	3602(3565, 3592, 3610)	[17]
SAPO-34	3710(肩部)	3610(3631, 3617, 3600)	[18, 19]
SZ-13	3740	3616	[20]

① 仅选择与本章内容有关的分子筛列于表中。想进一步理解这些数据,请检索参考文献[22]。

首先,硅羟基的波段发生在3710~3760cm⁻¹(见图8.2)。在去卷积谱中,外部和内部羟基(四个单独组分)可以被区分开[9]。在大的分子筛晶体中,独立的贡献可以在光谱中解析出来[10]。第二,约3600cm⁻¹附近的光谱区归属于Si(OH)Al桥连基团中O-H的伸缩振动。Si(OH)Al是非常重要的化学基团,这些羟基是典型的强B酸位点。

由于这些位点位于分子筛晶胞中不同的晶格位点,这一非均匀性使这一波段可能会出现不对称性。在此情况下,当分子筛晶体有很多缺陷时,在光谱中3460cm⁻¹处会出现一个较宽的带,属于晶体内部硅羟基形成的氢键[10]。

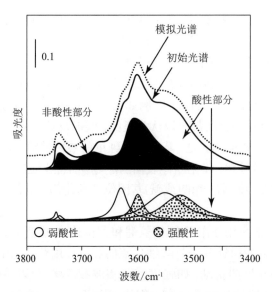

图8.2 超稳定Y型沸石及解析成单个组分的羟基红外光谱[11]

几种探针分子已成功应用于分子筛酸性的表征中,如双原子分子(CO、N_2)、含氮有机碱(吡啶及其衍生物、腈)和碳氢化合物(乙烯、苯)。CO可以和羟基形成氢键,可以用来确定C－O和O－H光谱区。由于氢键的形成,O－H的伸缩波段发生红移并变宽,红移大小与位点的酸性有关。同时,与气相中CO的振动频率相比,C－O带发生蓝移。对于氮气,由于分子的缠绕,释放了分子的反转中心,使得分子的振动红外光谱变的活跃。N_2分子由于其小的分子直径,化学惰性及弱酸性,使其成为非常有用的探针。吡啶早在1963年就首次被用做探针分子[21],导致对O－H带类似的效应,而在1600~1400cm^{-1}区域的环的振动则用于确定吡啶吸附在不同的表面位点(见表8.2和图8.3)。一个非常有益的方法是使用两种探针分子:一种是弱碱性的,如CO用来确定位点的酸强度,另一种是强碱,如吡啶,用来获得它们在分子筛骨架中的性质和位置信息。几篇比较全面的综述论述了分子筛酸性与探针分子的研究见参考文献[23]。因此,这一章我们的目的是从过去几十年的研究工作中突出红外光谱技术的一些主要应用。

表8.2 固体酸中检测到的不同吡啶物种的红外光谱波段[24]①

带位置/(cm^{-1})	分配	酸性部位
1397	PyH^+	B
1455	Py	L
1490	$Py+PyH^+$	B+L
1545	PyH^+	B
1576	Py	L
1621	Py	L
1635	PyH^+	B

① Py=吡啶; PyH^+=吡啶盐离子; B=B酸位点; L=L酸位点。

当一些酸性位点具有不同的性质和强度,但共存于沸石分子筛材料中,可以用一个或多个探针分子来区分它们。如丝光沸石中有两种类型的B酸位点,即羟基位于主要孔道和侧面孔中两种位置[25, 26]。前者具有更强的酸性,CO探针吸附后发生红移,并且更容易吸附吡啶。Buzzoni等[27]用吡啶比较了几种酸性分子筛的酸性。在所研究的材料中,吡啶与可用的酸性位点定量作用形成吡啶盐,同时也检测到了吡啶二聚物的形成。与拥有三维孔道(ZSM-5和β沸石)结构沸石分子筛不同,丝光沸石在吸附吡啶后孔道发生堵塞。并且位于丝光沸石孔道侧边孔的酸性位点是不起作用的。另一研究也证明了这一结论,仅观察到了吡啶在丝光沸石上的部分质子化[11]。由此可以推断仅有很少的吡啶分子可以进入侧边孔中,由于空间位阻使其不可能质子化。

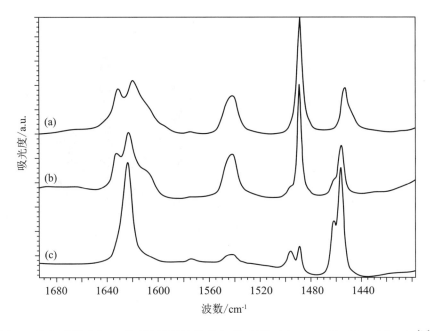

图8.3 吡啶吸附后及在不同温度下演化的红外光谱:(a)373K;(b)623K;(c)773K[24]

由于吡啶衍生物的强碱性及与L酸位点的弱亲和力(由于甲基引起的空间位阻),在探测弱B酸位点时比吡啶更有优势。而且吸附的甲基吡啶的几个红外光谱区对酸性位点的强度更灵敏。例如,2,6-二甲基吡啶(2,6-DMP)光谱既可以通过(NH)波段的位置(类似吡啶盐),也可以通过v_{8a}波段的位置更直接地给出B酸位点的强度信息。吸附CO后的光谱位移,以及吸附2,6-DMP后的*(NH)和v_{8a}波段的位置与酸性之间的灵敏相关性如表8.2所示[28]。

大的吡啶衍生物的一个应用是评估酸性位点的可接近程度。我们通过几个例子来说明这一点。沸石分子筛催化剂的一个重要方面就是克服迁移限制,这是源于这些材料通过引入可控量的介孔而具有的独特微孔结构。这一处理不可避免地会影响酸性。目前已开发出一种表征并量化具有不同可接近程度的酸性位点的方法,并应用于一系列脱铝丝光沸石。这些材料用大的分子尺度的烷基吡啶作为探针,并通过红外光谱表征,然后用CO为探针表征那些不可接近的位点[29],从而逐步获得具有不同可接近性的位点的强度和性质。这种方法的结果如图8.4所示。对于这种脱铝的丝光沸石,由于脱铝引起的部分侧边孔的破坏,吡啶分子能够进入侧边孔的酸性位点。因此,由于进一步脱铝形成的二级介孔结构使得相对较大的分子(如二甲基吡啶、三甲基吡啶和2,6-二叔丁基吡啶)能够完全进入分子筛晶体中。

在另一相关研究中,脱硅的ZSM-5用CO和2,4,6-三甲基吡啶作探针进行了表征。CO的低温吸附表明脱硅后B酸没有发生明显变化。2,4,6-三甲基吡啶由于太大而不能进入ZSM-5的微孔中,而用来表征介孔表面,在此表面上由于骨架铝的脱落会产生L酸位点。通过2,4,

6-三甲基吡啶及随后的CO吸附使分子筛达到吸附饱和，结果显示L酸位点与2，4，6-三甲基吡一致，而B酸被保护在微孔结构中。这些结论排除了较高的B酸性及两种酸性位点的协同作用提高了脱硅材料的催化活性这一解释[10]。

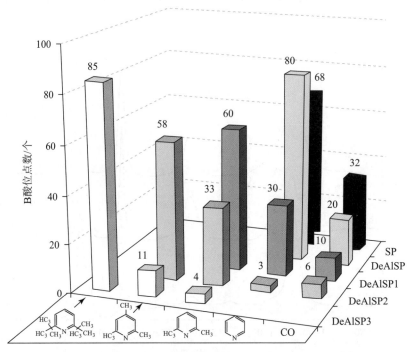

图8.4 丝光沸石样品中不同可接近性的B酸位点分布[28]

Thibault-Starzyk等[30]确定了具有多级结构的沸石分子筛中的酸性位点的可接近性。由于本身的微孔所具有的催化性质与通过介孔网络促进的扩散的综合作用，与相对应的微孔材料相比，这些材料表现出更好的催化性能，在过去几十年中被广泛研究。由于合成后的脱硅，高达40%的ZSM-5的酸性位点能够使像2，4，6-三甲基吡啶这样的大分子进入。可达性指数(ACI)定义为在测定的铝含量下，能够检测到吸附的探针分子的酸性位点的数量与分子筛中总酸性位点数量的比值。ACI是评价制备具有多级结构的分子筛合成步骤的有效性的定量指标。

在沸石分子筛中引入介孔的另一路线是将沸石分子筛部分溶解在高碱性介质中，然后重结晶形成介孔结构。重结晶后的β沸石的酸位点强度通过CO吸附红外光谱进行了研究[31]。在重结晶后的样品中发现了两种具有不同酸强度的B酸位点，一种是高度结晶区域的强酸位点，另一种是结晶度较差区域的弱酸位点，这是由于Si—O和Al—O键的部分破坏造成的。随后，又用吡啶和2,6-二异丁基吡啶作为探针分子估测了B酸位点的可接近性。在母体分子筛中的吡啶含量最高，而在温和条件下重结晶的样品中的2,6-二异丁基吡啶的含量最高。在更苛刻条件下重结晶得到的沸石分子筛的酸性与介孔MCM-41类似。

Datka等[15]报道了脱铝对Y型沸石酸性的影响。蒸发导致出现两个新的红外波段，分别为与Al外部骨架相互作用的强酸性羟基和Al—OH基团。两种Al—OH可以区分开，即苯分子能够进入的羟基及难进入的羟基。脱铝处理后可以通过KOH处理恢复，使Al离子重新进入骨架中，重建母体材料的羟基红外光谱。吡啶吸附光谱表明，在铝重构及非脱铝样品中，一部分羟基对大分子探针是难以接近的。对脱铝后的HY沸石进行酸处理也了使Al重新嵌入分子筛结构中：取决于所采用的条件，大约60%的Al可以重建，几乎所有与Al外部骨架相关的L酸位点转变为B酸位点。

最近开发的沸石分子筛结构也落入了酸性测定的范围。例如，Zholobenko等[17]研究了在结构上与镁碱沸石相关的SUZ-4分子筛。由于能够催化烯烃的选择性转变，镁碱沸石家族引起了很大关注。在镁碱沸石光谱的羟基波段，能够识别出4种不同性质的主要羟基类型，分别归属于：位于十元环孔道中的桥连羟基；八元环孔道中的大笼中羟基；另外两个分别位于八元环和六元环中的羟基。在八元环和六元环孔道交叉处的扩展环中富集了取代的铝，导致了在八元环孔道的大笼中有高浓度的羟基。在SUZ-4分子筛的去卷积谱中有三个红外波段。与镁碱沸石相比，SUZ-4的六元环中的羟基波段强度降低，表明不可交换的钾离子集中在小笼或双六元环中。十元环中的羟基组成了约50%的Si(OH)Al基团，正己烷和异丁烷均容易接近此羟基。八元环孔道中的羟基振动峰在$3592cm^{-1}$(40%)，易受正己烷的影响但不受异丁烷影响。比较正己烷吸附后羟基振动光谱的位移，显示了如下的分子筛酸强度顺序：H-ZSM-5>H-SUZ-4≥H-镁碱沸石。另一种相对而言没有开发催化应用的分子筛结构是ZSM-2，其孔大小约0.74nm。Covarrubias等[16]合成并表征了纳米大小的ZSM-2粒子。通过吡啶吸附试验，B酸和L酸位点均被识别出。蒸发此分子筛导致L酸位点的增多，对应的是消耗了B酸位点，可能是由于脱铝处理所致。

在沸石分子筛中，硅铝磷酸盐的酸性也通过红外光谱技术进行了研究。例如，由于孔较小(4.4Å)，SAPO-34不能用吡啶探测。但用氨作探针分子，SAPO-34中的L酸和B酸位点均可探测到[18]。后者占酸性位点的大部分，表现出中等酸性，加上其择型性，使其催化形成烯烃反应具有很高的选择性。当用CO和乙烯作探针分子研究SAPO-34，酸性位点的性质可以进一步清晰化[19]。三种不同的羟基被识别出：两种是由于处于不同的晶体位置，第三种表现出的酸性与在硅岛边缘或硅酸铝域内形成的羟基所表现出的酸性具有可比性(CO吸附后有$330cm^{-1}$的位移)。一种相关的材料，称为高硅菱沸石H-SSZ-13，有四种羟基，具有类似的酸强度，但对CO探针分子有不同的可接近性[20]。总体来说，在这种材料和SAPO-34的酸性相差无几。

8.3 沸石分子筛合成工艺

沸石分子筛是从四面体状的SiO_4和AlO_4单元构建而成。这些基本构建单元的连接方式决定了最终的孔道网络的孔结构，即孔径和微孔道的相互连接。即使这些参数的微小变化，也可极大地影响这些材料的化学活性和催化性能。由于合成条件直接决定着最终得到的分子筛的结构，研究者们在分子筛制备过程中的详细工艺方面进行了大量研究。详细来说，成核和生长行为与铝源和硅源性质、合成时间、温度和压力的变化有关。尽管已有大量研究致力于研究影响合成的潜在因素，由于对工艺缺乏基本的理解，在尝试设计新的沸石分子筛结构及对现有结构修饰方面还是采用经验方法。下面我们将对原位技术在研究沸石分子筛合成工艺方面的大量应用进行简要论述。

在一个开创新研究中，Engelhardt及合作者[33]用^{29}Si和^{27}Al MAS NMR谱研究了A型沸石合成中的中间体的性质。最初的凝胶是由四面体状的$Si(OAl)_4$和$Al(OSi)_4$组成，形成了Al-Si顺序可变的无定形网络结构。这一结构随时间转变为高度结晶的分子筛。初始的Si/Al比与硅铝酸盐凝胶中间体组成之间没有直接的关系。这些变化可用所用的不同铝源和硅源来解释[34]。这一方法被扩展到其他体系，如丝光沸石和方钠石。但是在这些试验中，固体和液相是分离的。Shi等[34]证明MAS NMR技术可用于原位研究物种形成随时间的演变。在A型沸石合成中的主要物种是无定形的$Al(OSi)_4$，随着晶相生长，有少量的$Si(OH)_4$和硅物种的生成。高浓度的凝胶由于形成了更多数量的晶核，结晶速率会更快。这一实验结果给出了一个结晶模型，晶核生长通过Si(OH)$_4$和Al(OH)$_4^-$在表面的快速沉积进行。小角X射线散射(SAXS)实验表明在A型沸石开始结晶前，形成了约10nm的均一大小的前驱体粒子[35]。

Vistad等[36]用原位X射线散射和NMR研究了SAPO-34的结晶过程。加热速率对这一过程有重要影响，例如慢的加热速率产生前驱体相，这对获得SAPO-34非常重要。通过层状相的部分溶解，层状相向菱沸石结构发生转变。由于没有观察到其他衍射峰宽的变化，排除了其他的重排机理。NMR实验结果表明随着温度的升高，SAPO-34的结晶有四个阶段：初始凝胶的溶解；四环结构的形成；层状AlPO4-F前体相的形成；最后，层状相溶解和四环结构浓缩形成三斜菱沸石结构(见图8.5)。硅的掺入被认为是工艺的限速步骤。

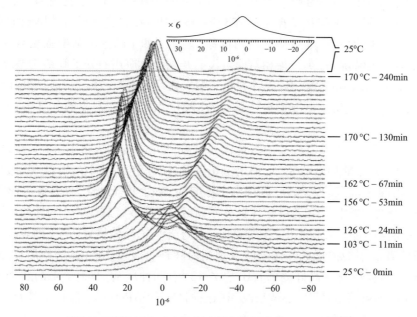

图8.5 三斜SAPO-34合成过程中的原位^{27}Al NMR谱[37]

磷酸铝(AlPOs)的合成过程引起很大关注。例如，含钴的AlPO$_4$-5(COAPO-5)的结晶过程通过拉曼(Raman)/SAXS/UV-vis/X射线吸收(XAS)联合装置进行了研究。

拉曼光谱确认了凝胶中Al—O—P键的瞬时形成，SAXS显示溶胶具有较宽的粒子大小分布[35]。具有可调Al-P排列的一维链最有可能是由四元环单元形成的。一维链凝结在一起形成大的一维棒状结构，经重排后形成二维，随后形成三维网络结构。原位UV-vis数据显示在前驱体凝胶中的八面体配位的Co离子在结晶过程中逐渐转变为最终材料中的四面体配位。这些结果也通过XAS数据证实。通过拉曼光谱研究了在AlPO-5及金属取代的APO-34合成中结构导向剂分子的构象[39]。模板分子和含有过渡金属离子的无机网络结构间强的相互作用使得模板结构发生变形；在无金属的AlPO基分子筛合成中没有发生这一变化，如图8.6所示。

由于反应混合物具有较强的荧光，拉曼光谱用于研究分子筛合成通常面临挑战。采用UV激光源可以避免产生荧光并提高灵敏性。Fan等[40]成功应用UV拉曼光谱研究了X型沸石的水热结晶。研究表明，无定形的固相最初溶解在液相中形成单体硅物种，而主要由四元环组成的无定形硅酸铝物种在成核早期阶段形成。四元环通过双六元环及液相中的单体硅物种相互连接在一起，形成结晶X型沸石的骨架。

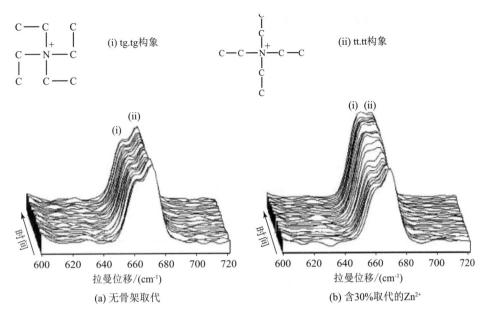

图8.6 合成过程中凝胶的时间分辨的原位拉曼光谱(两种四乙基氨氢氧化物
模板的构象显示在图中)[39]

实验中的另一困难是开发出合适的反应池。允许激光激发的水热反应容器成功开发的例子已有报道[38],包括变焦设计以独立研究液相也固相[40]。此外,Tompsett等[41]已开发出能够同时进行SAXS/WAXS和拉曼光谱测试的微波辅助分子筛合成装置。

8.4 基于沸石分子筛的催化反应的选择

8.4.1 氮氧化物的催化分解

对含氮化合物(NO$_x$)排放越来越严格的控制促使广泛寻找能有效减少氮氧化物的催化材料,通常称之为DeNO$_x$。大量氧化物催化剂用于这一工艺。质子化的及含金属的沸石分子筛在各种DeNO$_x$路线中均表现出活性,如通过烃类和氨的直接分解和选择性催化还原(SCR)。下面将讨论利用原位光谱研究分子筛中DeNO$_x$机理。

研究发现,含Cu的ZSM-5对NO分解有活性。然而,尽管进行了大量的表征,活性中心的本质并未确定。研究发现,在预处理及反应条件下,二价及单价的铜离子,以及双核和多核配合物,存在于催化材料中。通过对CuHZSM-5和CuZSM-5催化NO和NO/O$_2$的红外光谱研究,认为Cu^{I}位点是催化活性位点[42]。在这一假设的支持下,光致发光测定表明Cu^{I}浓度与NO分解活性之间存在相关性[43,44]。结合红外光谱和分子模拟的结果,NO在Cu^{I}上的单加成产物认为是反应中的关键中间体,在Cu配位和气相NO分子相互作用下形成N−N键[45]。

相比之下,基于电子顺磁共振谱(EPR)结果,Kucherov等报道了NO与Cu^{II}中心间有较强的相互作用[46]。这一技术证实在脱水的CuZSM-5上形成了三种不同的顺磁性的Cu^{II}离子。其中只有一种与吸附的NO作用形成Cu^{II}−NO,其他两种没有活性,如图8.7所示。Cu^{I}被认为与两个NO分子作用形成配合物,随后转变为Cu^{II}(NO)O$^-$。吸附的物种通过Cu^{II}O$^-$与NO相互作用产生。据此推测了包括上述中间体的反应机理。

Mathisen等[48]比较了在CuZSM-5中丙烯选择性催化还原NO$_x$反应中铜离子的氧化-还原行为。通过离子交换制备的CuZSM-5,在丙烯和NO$_x$分别作用下,Cu^{II}与Cu^{I}之间可以可逆转变,如XAS结果所示。没有检测到铜的氧化物及金属铜簇的形成。在这些实验结果的基础上，研究者推测了氧化-还原机理，认为SCR活性不是由铜的二聚体所致。对于CuAPO-5材料，认为是酸性位点而非骨架铜离子对NO_x还原有催化活性。

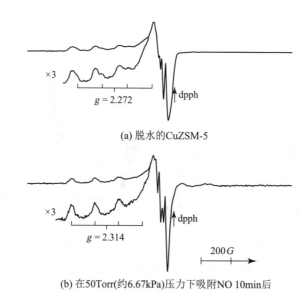

(a) 脱水的CuZSM-5

(b) 在50Torr(约6.67kPa)压力下吸附NO 10min后

图8.7 脱水的CuZSM-5在50Torr(约6.67kPa)压力下吸附NO 10min后的EPR谱图[47]

Ganemi等[49]研究了用高硅化的铜经离子交换制备的ZSM-5用于NO直接分解反应，确定了优化的Si/Al比，使每个孔道交叉处有一个离子交换位点；200%的Cu交换表现出最好的性能。在红外光谱中检测到了单齿和双齿NO_3^-。在后者中，NO_3结合在桥联的$Cu^{2+}-O^{2-}-Cu^{2+}$位点，研究者推测了这些配合物NO分解位点的活性。在理论研究的基础上预测了另一种可能的双核铜中间体——bis(μ-oxo)dicopper[双(μ-氧代)二铜][50]，之后在过量交换的CuZSM-5材料中在反应条件下通过UV-vis和扩展X射线吸收精细结构谱(EXAFS)得到证实[51]。这一配合物能够连续产生O_2并释放，使得催化循环能持续进行。除了双核铜配合物外，在EPR和UV-vis光谱表征结果的基础上，在交换速率为75%~100%的CuZSM-5中也证实有链状的铜氧化物结构[52]。由于这些物种很容易被氧化和还原，它们很可能参与了反应。

另一种对NO_x的催化还原有活性的分子筛基催化剂是FeZSM-5。若采用$FeCl_3$升华的方法将金属引入到分子筛中，铁含量可高达Fe/Al=1[53]。氧桥连的双核铁配合物被认为是反应中的关键中间体[53]。EPR光谱表明，在氧化催化条件下，有反应活性的铁以Fe^{3+}存在[54]。在反应条件下存在不同的铁物种，即在八面体和四面体配位的Fe^{3+}及铁氧化物簇，它们有不同的氧化-还原行为[55]。图8.8给出的红外光谱表明形成的NO_2/NO_3物种与铁离子形成配合物。这些配合物被丁烷还原产生氰化物和异腈基团，进一步分解成N_2和CO_2[56]。通过结合红外光谱/动力学研究NO辅助的N_2O分解反应，强调了吸附的NO_2的重要性[57]。基于EPR和UV-拉曼光谱结果，认为一种过氧化物离子是反应中另一种活性中间体[58]。据此推测了一个机理，分子氧作为过氧化物离子进行配位，并进一步转变成侨联的双氧。

对于过量交换的FeZSM-5催化材料，EXAFS谱证实了双核铁离子配合物的存在[59]。配合物中扭曲的八面体Fe^{III}位点具有高活性，可能是由于破坏了N-O键[59]，如用异丁烯研究NO的SCR结果[60]所示。用异丁烯处理仅使铁发生轻微还原。与之相反，用NO和氧与催化材料作用使得铁的平均氧化态从2.3提高到2.8。与Fe邻近的原子数多，表明双核位点的部分氧化-

还原或形成了N配位的物种。在SCR条件下，铁发生了完全的氧化-还原，表明反应起源于氧空缺。不幸的是，由于EXAFS不能区别光散射成分，因而不能恢复反应配合物的精确结构。在另一EXAFS研究中，发现催化剂与N_2O反应前后的光谱是一致的，表明只有很少的位点具有活性，这些位点不能用EXAFS检测到[61]。

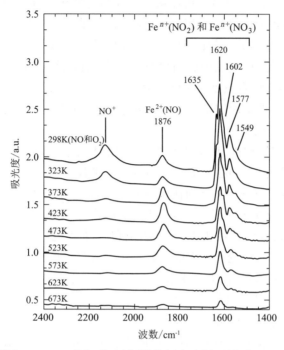

图8.8 升温过程中FeZSM-5的红外光谱(催化剂在室温下暴露于$5000\,\mu L/L$的NO和1%的O_2气氛下，20min后在此混合气流通过催化剂的条件下升温)[56]

原位穆斯堡尔(Mössbauer)谱也能给出形成双核铁配合物的证据。活性物种的谱图与酶催化的Fe-Fe配合物的谱图具有相似性，这些物种占总金属含量的60%以上。N_2O能够将还原后的Fe^{2+}离子可逆的氧化成Fe^{3+}，并产生具有氧化活性的α-氧物种[62]。

有趣的是，两种铁原子都能产生α-氧，因此Dunbkov等认为α-位点实际上是成对排列的单原子体，光谱上显示出双核配合物。

与烃类不同，当用氨作还原剂时，红外光谱显示形成了亚硝酸铵[63]。在高温下，亚硝酸根分解成N_2和H_2O。水对反应速率的影响是合理的。在低温下，水与氨和NO_x竞争吸附位点，降低了亚硝酸根的形成。此外，Pérez-Ramírez等[64]报道了一氧化碳对N_2O的SCR行为。结合UV-vis和EPR光谱数据，推测了反应机理。根据这一机理，CO将氧从Fe—O—Fe配合物上移除，释放出活性位用于N_2O的吸附，从而确立了孤立的Fe^{3+}浓度与N_2O转化之间的关系。

Schwidder等[65]研究了B酸在NO的SCR中的作用。他们发现几种具有类似的Fe位点的Fe-MFI催化剂在异丁烷和NH_3对NO的SCR中表现出极其不同的性能。通过吡啶作探针的红外光谱表征，这种不同性能是由于它们具有截然不同的酸性。这种变化表明B酸位点在反应中有重要作用。

与铜和铁之外的金属(如镍和钴)交换制备的分子筛，在$DeNO_x$过程中也表现出活性[66, 67]。Mihaylov等[68]研究了在NiY和NiZSM-5沸石上NO的吸附过程。在NiY型沸石中仅形成了单亚硝酰基，而在NiZSM-5中还检测到了双亚硝酰基。在NiZSM-5上NO/O_2共吸附形成的亚硝酸根和硝酸根,对甲烷参与的SCR有很高的反应活性。这一发现可以用Ni离子在分子筛上的亲电性和配位饱和观点得到合理的解释。Ni^{2+}在ZSM-5骨架中的低配位数使得硝酸根和还原的烃类分子能够同时配位。

8.4.2 甲醇到烯烃的转变

甲醇是一种有价值的化学药品,可以从合成气制得并进一步转变成低碳烯烃和汽油组分范围的烃类。根据所需要的产品,通过分子筛催化剂催化的甲醇到烃类的转变(MTH)通常称为MTO和MTG(甲醇到汽油)。对MTH化学及其商业潜力的认识已经有几十年。1986年,新西兰建立了一套MTG设备,但是由于原油价格的下降,在流程中仅留下了甲醇合成步骤。以H-ZSM作催化剂的Topsøe综合汽油合成(TIGAS)建立了中试装置,但从未放大。后来,更多的注意放到了MTO反应上,即采用UOP/Norsk hydro技术在硅铝磷酸盐分子筛H-SAPO-34上由甲醇制备聚合级的乙烯和丙烯。

在简化的MTO反应路线中,甲醇脱水生成二甲醚和水,随后生成烯烃。长期以来存在的问题是从含氧化合物(甲醇/二甲醚)生成C-C键这一步的反应机理。在第一个用原位红外光谱研究MTO化学的研究中,ZSM-5催化剂在苛刻温度下加入到甲醇和二甲醚中[69]。有机分子通过分子筛羟基发生质子化生成甲氧基,随后两种反应物脱除水。这些物种对形成第一个C-C键非常重要。甲氧基的反应活性取决于C-O键的强度,而此键的强度是由分子筛羟基的强度决定的。研究者注意到这一结论与反应的初始步骤有关[69]。通过比较含有不同浓度的骨架中和骨架外铝的各种HZSM-5沸石,发现甲醇吸附后形成了几种吸附物种,即甲醇与B酸位点形成氢键,在B酸位点、硅羟基和骨架外AlOH位点上形成了甲氧基形式的化学吸附的甲醇[70]。

固态MAS NMR也是一种研究参与MTO反应的活性中间体的优异方法。在大量的非原位研究中,催化剂加入到甲醇中,经加热处理后降温。在Anderson和Klinowski[71]的开创性研究工作中,检测到在分子筛孔道中形成了芳烃。有趣的是,在研究中发现多甲基苯的分布极大地偏离了热力学平衡。反应生成了大量的1,2,4,5-四甲基苯,而非热力学有利的1,2,3,5-四甲基苯。研究者对此的解释是,前者分子较小(二者分别为6.1Å和6.7Å),与ZSM-5孔道交叉处的尺寸相匹配。此外还形成了其他芳烃种类,包括二甲苯和少量的三、五和六甲基苯。

通过原位NMR直接观察到了反应的诱导期(当甲醇、二甲醚和水建立平衡后)及主要产物为乙烯的烃类合成的发端[72]。这些结果表明乙烯是形成的“第一个”烯烃,或者换句话说第一个C-C键。活泼的表面甲氧基能够生成氢化物,从而导致大量甲烷的生成。当多核固态NMR用于研究甲醇在H-ZSM-5沸石上的吸附时,发现中性的甲醇分子间形成了氢键,以及三个甲醇分子通过桥连的羟基形成部分质子化团簇[73]。在Y型沸石中还观察到了四个甲醇分子形成的团簇[74]。但是在H-β沸石中,硅羟基也参与到甲醇吸附中,形成弱的氢键。在此情况下,吸附物形成了较大的配合物,每个SiOHAl或SiOH基团有多达7个分子。

研究发现,在初始进料中加入烯烃能够减少诱导期,通过形成芳烃提高催化活性[75]。Haw等[76]在脉冲淬灭催化反应器中用MAS NMR研究了乙烯与ZSM-5的相互作用。在诱导期,出现了环戊烯基碳正离子的信号。作为很容易甲基化的环二烯烃的前体,它们被认为是MTO催化剂反应中的关键中间体。

进一步的NMR工作对分子筛孔道中形成的催化结构的化学性质进行了直接研究,发表在专利文献中[77, 78]。这些研究发现在分子筛孔道中发生了C-C键的形成和断裂,生成的烃类包括苯、萘及它们的甲基衍生物。Song等[79]报道了在SAPO-34分子筛中生成甲基化的芳烃的直接证据。每个芳环中的平均甲基数达到了约为4的最大值,之后在反应中消耗掉(见图

8.9)[80]。当用甲醇脉冲预处理催化剂后，没有观察到诱导期，但形成了芳烃。在随后的研究中，发现四甲基化的萘基团是反应过程的主要参与者[81]。Wang等[82]研究表明，在连续流动实验中，表面甲氧基活性很高，能够使甲苯和环己烷甲基化，生成烃类化合物。富含[13]C的甲醇进料在实验中转变成含[12]C的甲醇，也证明了烷基化的芳烃与反应有关[83]。在这一转变中，烷基的[13]C NMR信号降低，表明其参与了烷基化和分拆反应。

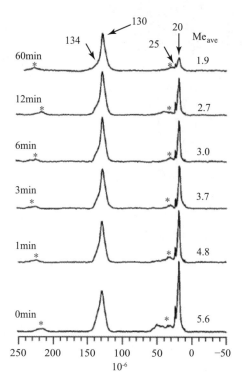

图8.9 SAPO-34笼中的甲基苯在673K下，甲基随时间损失的[13]C CP-MAS NMR(75MHz)谱图[81]
(每种情况下，新鲜催化剂床层用于转化0.1mL甲基苯，图中给出了每个芳环中的平均甲基数)

Hunger等[84]将NMR与光纤UV-vis光谱结合在一起，在低至413K的温度下在300~400nm有吸收峰，证明了环状化合物和碳正离子的形成。同样的方法用于研究H-SAPO-34的积炭和再生[85]。在623K的温度下，从NMR和UV-vis光谱中分别发现了多烷基芳烃和烯炔碳正离子的存在。平均来说，反应中形成的每个菱沸石笼约有0.4个芳环，根据反应温度每个芳环有1~4个甲基。在673K，反应很明显地形成了多甲基化的蒽，这是在反应条件下催化剂失活的原因。需要在773K下用空气处理以除去催化剂中生成的取代芳烃和多环芳烃。

UV-vis和共聚焦荧光显微镜是另一种有效手段，不仅能够给出导致MTO催化剂失活的碳物种的性质，还能够给出它们在分子筛中的优先位置[86]。Mores等研究发现，在ZSM-5中积炭最初形成在催化剂近表面，然后逐渐扩散至粒子中(见图8.10)。对于SAPO-34，在MTO反应中形成的芳烃类积炭前驱体局限在SAPO-34晶体的近表面区域，由此产生扩散限制使得积炭向晶体中部移动。根据光谱及空间分辨数据，对于ZSM-5，形成的石墨状积炭沉积在晶体的外表面，而芳香类积炭位于分子筛孔道内部(两种催化剂均如此)。

红外光谱也用于研究酸性位点密度对MTO反应性能的影响[87]。研究发现，对于Si/Al比在5~1×10⁵范围的一系列丝光沸石样品，多环芳烃化合物的迅速累积发生在富含Al的催化材料中。有3~4个环的稠环芳烃的生成导致活性烷基苯中间体的损失,堵塞丝光沸石孔道。另外,高硅样品中酸性位点的稀疏分布抑制了烷基苯在孔道中的累积,延长了催化剂寿命。

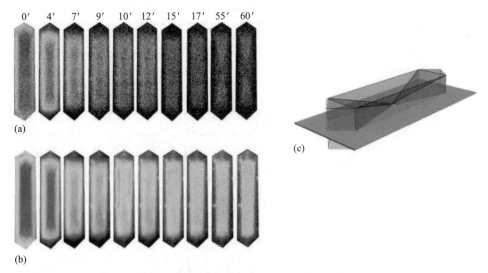

图8.10 在MTO反应期间,进料在H-ZSM-5晶体中随时间变化形成的碳物种的荧光显微镜照片:
(a)激发波长为488nm;(b)激发波长为561nm;(c)荧光共聚焦实验切片位置

在Park等[88]的工作中,对具有不同孔结构和酸性的几种分子筛进行了对比,分别为SAPO-34、ZSM-5、H-β、丝光沸石和HY沸石。所有的沸石分子筛对甲醇都表现出较高的初始转化率,但它们的失活速率变化很大。详细来说,SAPO-34、ZSM-5和H-β沸石的活性即使在反应几小时后仍保持较高,而丝光沸石失活很快。红外光谱用于跟踪芳烃中间体的形成。研究发现,甲苯在1465cm^{-1}处的强度与强酸位点的数量有很强的相关性,从而得出只有这些位点与MTO反应有关的结论。在1589cm^{-1}左右的吸收证明了多环芳烃的形成,在HY沸石中占主要地位,如图8.11所示。催化剂失活是由于在催化剂的大空腔中形成的烷基苯转变成较大的分子并累积,随后堵塞孔道。相反,SAPO-34、ZSM-5及H-β沸石较小的空腔抑制了多环芳烃的形成(见图8.11),因而催化剂有较长的寿命。基于光谱和动力学数据,研究者推断孔道和空腔的几何形状、产物分布与失活行为有关。

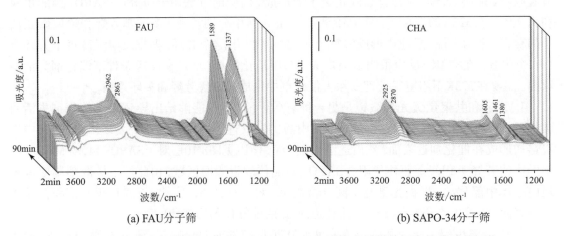

(a) FAU分子筛   (b) SAPO-34分子筛

图8.11 在MTO反应过程中,在FAU和SAPO-34分子筛中吸附并闭塞的物质的原位
红外光谱(反应温度为623K)[88]

8.5 红外微光谱

微光谱是当前催化剂领域出现的一种新的研究方法,包括UV-vis、拉曼、X射线、荧光及磁共振成像(MRI)技术。其中一种是红外微光谱,可以从小至几个微米的样品区域获得振动光谱。大的(高达数百微米)沸石分子筛晶体通常用红外微光谱来研究其分子扩散、模板分解和催化活性。

据我们所知,在沸石分子筛领域用红外微光谱研究的开创者是van Bekkum等。他们分析了含硼ZSM-5的元素分布。稍后,第一个原位研究致力于研究ZSM-5晶体的模板分解过程[89],分为三个步骤:①提高四丙基铵阳离子的灵活性;②模板碎片的部分齐聚反应(两者都高达613K);③在633K以上,模板经霍夫曼(Hoffman)消除反应分解,根据沸石分子筛中铝浓度的不同形成二丙胺或二丙基铵离子。

Schüth[90]利用偏光红外显微镜研究了吸附质在硅质晶体中的分子取向,发现吸附的对二甲苯的红外光谱取决于光的偏振。通过分析红外光谱和其偏振依赖性发现,吸附的对二甲苯分子沿ZSM-5的孔道直线方向排列。这一方法也很好地揭示了不同的孔取向区域。但是这些发现没有很好的解释,因为ZSM-5孔道的共生格局没有认识清楚。分子筛的酸性也可以以吡啶作为探针用空间分辨法来研究[91]。OH和吡啶环的振动光谱表明,在ZSM-5晶体的中心有大量的酸性位点。有趣的是,没有观察到酸性与用X射线微探针得到的Al浓度之间的关系(见图8.12)。

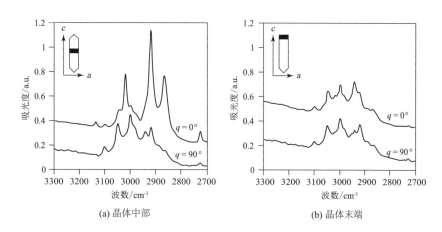

(a) 晶体中部　　　　　　　　(b) 晶体末端

图8.12 吸附于硅I晶体上的对二甲苯的空间分辨偏振红外光谱[$\theta=0°$ 对应于偏振光垂直于晶体的长轴,晶体的(010)面与光轴平行][89]

红外微光谱是研究有机分子在沸石分子筛中分布的有效手段,特别是结合干涉显微镜。首次应用这一方法是根据红外光谱测定分子筛中吸附质的浓度[92, 93]。利用红外显微镜,测定了具有不同共生度的单个ZSM-5晶体中甲苯的扩散系数[94]。严重共生晶体的扩散系数比完美的单晶小三个数量级。这一显著效应是由于单晶和共生晶体不同的孔道取向。

Chmelik等[95]报道了MFI晶体的表面修饰的影响。为了试图理顺表面和体相扩散壁垒的影响,晶体用甲基硅烷处理,甲基硅烷可以堵塞孔道,有效提高了表面壁垒。扩散进入晶体及从晶体扩散出的速率与表面阻力的强度有很大的关系,没有用甲基硅烷处理的样品表现出很快的吸附/脱附速率,而用三丙基氯硅烷处理的晶体表现出很低,甚至没有吸附,表明孔道几乎完全被堵塞。在最近的研究中,红外微光谱用于研究烷烃在金属有机骨架配合物(MOFs)

中的扩散和吸附[96]。

　　需要注意的是，传统的红外显微镜的最大局限性是它的空间分辨率。用传统的光源，其分辨率不会超过20μm。克服这一问题的一种方法是用同步辐射光源，其亮度比碳硅棒光源高100~1000倍。用同步辐射光源的设备能将表征的分辨率提高至衍射限制的值。利用这种方法首次原位研究了分子筛催化的苯乙烯齐聚反应。根据空间分辨的红外光谱，确定了碳阳离子反应中间体的形成[97]。苯乙烯齐聚反应过程中的一些典型的红外光谱及相关的二维红外图像展示在图8.13中。此外，利用固有的偏振同步辐射光，确定了产物分子在分子筛孔道中的取向。具体来说，碳正离子的氟代苯乙烯二聚体位于ZSM-5晶体的直孔道中。

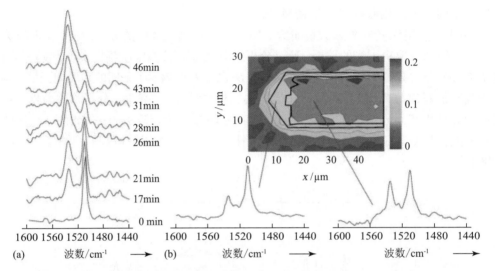

图8.13 苯乙烯齐聚反应过程中的一些典型的红外光谱及相关的二维红外图像：
(a)为4-氟代苯乙烯齐聚反应过程单个H-ZSM-5晶体(5μm×5μm区域)的空间分辨
红外光谱[96]，1534cm⁻¹处的峰是由于碳正离子的氟代苯乙烯二聚体的形成；(b)为反应后
晶体在1534cm⁻¹波段的红外光谱强度及图像，以及晶体边缘和内部的红外光谱，
表明此波段处的强度比不同

8.6 结语与展望

　　目前已普遍认为，要向想解反应机理中的关键催化步骤，用原位表征技术研究催化材料是至关重要的[96]。理解了这些步骤，可以对反应过程进行重要的改进，使其更有效率。光谱仪器性能的不断提高(如由更强光源带来的更好的时间/空间分辨率及更好的检测系统)，新的(通常是互补的)光谱技术的应用，以及新的光谱-反应设备的开发，意味着我们比之前有更多的机会对发生在沸石分子筛中的催化反应过程深入了解。这对于催化剂科学家来说，是令人兴奋的时代。振动光谱对研究非均相催化剂的结构-活性关系具有特殊的重要作用，这是少数几种能够给出吸附质在催化剂表面的详细分子信息的表征手段，包括反应中间体及失活产物。如本章内容所示，在表征沸石分子筛的酸性和氧化-还原活性中心方面取得了丰硕的成果。如果振动光谱信息能够限制在沸石分子筛的纳米尺度，从而能够从电子显微镜方法中获得详细的补充信息，这将是非常令人高兴的。其中一种方法是将振动光谱与近场光学方法结合起来。这就是扫描近场光学显微镜(SNOM)，包括针尖强化的拉曼光谱和扫描近场红外显微镜(SNIM)。尽管这些方法仍处于初期，并且由于反射针尖的不稳定性，还没有开发出合适

的原位反应池，将催化剂固体中的空间非均匀性与具体的反应活性和失活形式关联起来将变得可能。将这些知识融合起来，设计具有先进的纳米结构的催化固体将变得触手可及。

致谢

E.S.和B.M.W.感谢荷兰科学研究团队织(NOW-CW)的资助(Veni、Vici和Top grants)。

参考文献

[1] Banares, M.A. and Wachs, I.E. (2002) J. Raman Spectrosc., 33, 359.
[2] Weckhuysen, B.M. (2003) Phys. Chem. Chem. Phys., 5, 4351.
[3] Eischens, R.P., Plisken, W.A., and Francis, S.A. (1954) J. Chem. Phys., 24, 1786.
[4] Eischens, R.P. and Pliskin, W.A. (1958) in Advances in Catalysis and Related Subjects, Vol. 10 (eds D.D. Eley, W.G. Frankenburg, and V.I. Komarewsky), Academic Press, New York, p. 2.
[5] Paukshtis, E.A. and Yurchenko, E.N. (1983) Russ. Chem. Rev., 52, 242.
[6] Lercher, J.A., Gründling, C., and Eder-Mirth, G. (1996) Catal. Today, 27, 353.
[7] Knozinger, H. and Huber, S. (1998) J. Chem. Soc., Faraday Trans., 94, 2047.
[8] Gil, B., Zones, S.I., Hwang, S.J., Bejblova, M., and ?ejka, J. (2008) J. Phys. Chem. C, 112, 2997.
[9] Hoffmann, P. and Lobo, J.A. (2007) Microporous Mesoporous Mater., 106, 122.
[10] Holm, M.S., Svelle, S., Joensen, F., Beato, P., Christensen, C.H., Bordiga, S., and Bjorgen, M. (2009) Appl. Catal. A: Gen., 356, 23.
[11] Makarova, M.A. and Dwyer, J. (1993) J. Phys. Chem., 97, 6337.
[12] Zecchina, A., Spoto, G., and Bordiga, S. (2005) Phys. Chem. Chem. Phys., 7, 1627.
[13] Bevilacqua, M., Alejandre, A.G., Resini, C., Casagrande, M., Ramirez, J., and Busca, G. (2002) Phys. Chem. Chem. Phys., 4, 4575.
[14] Zholobenko, V.L., Makarova, M.A., and Dwyer, J. (1993) J. Phys. Chem., 97, 5962.
[15] Datka, J., Sulikowski, B., and Gil, B. (1996) J. Phys. Chem., 100, 11242.
[16] Covarrubias, C., Quijada, R., and Rojas, R. (2009) Microporous Mesoporous Mater., 117, 118.
[17] Zholobenko, V.L., Lukyanov, D.B., Dwyer, J., and Smith, W.J. (1998) J. Phys. Chem. B, 102, 2715.
[18] del Campo, A.E.S., Gaybo, A.G., Aguayo, A.T., Tarrio, A., and Bilbao, J. (1998) Ind. Eng. Chem. Res., 37, 2336.
[19] Martins, G.A.V., Berlier, G., Coluccia, S., Pastore, H.O., Superti, G.B., Gatti, G., and Marchese, L. (2007) J. Phys. Chem. C, 111, 330.
[20] Bordiga, S., Regli, L., Cocina, D., Lamberti, C., Bjorgen, M., and Lillerud, K.P. (2005) J. Phys. Chem. B, 109, 2779.
[21] Parry, E.R., (1963) J. Catal., 2, 371.
[22] Karge, H.G. and Geidel, E. (2004) in Molecular Sieves: Characterization I (eds H.G. Karge and J. Weitkamp), Springer, Berlin.
[23] Lavalley, J.C. (1996) Catal. Today, 27, 377.
[24] Barzetti, T., Selli, E., Moscotti, D., and Forni, L. (1996) J. Chem. Soc., Faraday Trans., 92, 1401.
[25] Maache, M., Janin, A., Lavalley, J.C., and Benazzi, E. (1995) Zeolites, 15, 507.
[26] Datka, J., Gil, B., and Kubacka, A. (1997) Zeolites, 18, 245.
[27] Buzzoni, R., Bordiga, S., Ricchiardi, G., Lamberti, C., Zecchina, A., and Bellussi, G. (1996) Langmuir, 12, 930] References 235
[28] Oliviero, L., Vimont, A., Lavalley, J.C., Sarria, F.R., Gaillard, M., and Mauge, F. (2005) Phys. Chem. Chem. Phys., 7, 1861.
[29] Nesterenko, N., Thibault-Starzyk, F., Montouillout, V., Yuschenko, V., Fernandez, C., Gilson, J., Fajula, F., and Ivanova, I. (2004) Microporous Mesoporous Mater., 71, 157.
[30] Thibault-Starzyk, F., Stan, I., Abelló, S., Bonilla, A., Thomas, K., Fernandez, C., Gilson, J., and Pérez-Ramírez, J. (2009) J. Catal., 264, 11.
[31] Ordomsky, V.V., Murzin, V.Y., Monakhova, Y.V., Zubavichus, Y.V., Knyazeva, E.E., Nesterenko, N.S., and Ivanova, I.I. (2007) Microporous Mesoporous Mater., 105, 101.
[32] Oumi, Y., Takahashi, J., Takeshima, K., Jon, H., and Sano, T. (2007) J. Porous Mater., 14, 19.
[33] Engelhardt, G., Fahlke, B., Magi, M., and Lippmaa, E. (1983) Zeolites, 3, 292.
[34] Engelhardt, G., Fahlke, B., M?gi, M., and Lippmaa, E. (1985) Zeolites, 5, 49.
[35] Sankar, G., Okubo, T., Fan, W., and Meneau, F. (2007) Faraday Discuss., 136, 157.
[36] Vistad, O.B., Akporiaye, D.E., and Lillerud, K.P. (2001) J. Phys. Chem. B, 105, 12437.
[37] Vistad, O.B., Akporiaye, D.E., Taulelle, F., and Lillerud, K.P. (2003) Chem. Mater., 15, 1639.
[38] Grandjean, D., Beale, A.M., Petukhov, A.V., and Weckhuysen, B.M. (2005) J. Am. Chem. Soc., 127, 14454.
[39] O'Brien, M., Beale, A., Catlow, C., and Weckhuysen, B.M. (2006) J. Am. Chem. Soc., 128, 11744.
[40] Fan, F., Feng, Z., Li, G., Sun, K., Ying, P., and Li, C. (2008) Chem. Eur. J., 14, 5125.
[41] Tompsett, G., Panzarella, B., Conner, W., Yngvesson, K., Lu, F., Suib, S., Jones, K., and Bennett, S. (2006) Rev. Sci. Instrum., 77, 124101.
[42] Szanyi, J. and Paffett, M.T. (1996) J. Catal., 164, 232.
[43] Dedecek, J., Sobalik, Z., Tvaruzkova, Z., Kaucky, D., and Wichterlova, B. (1995) J. Phys. Chem., 99, 16327.
[44] Wichterlova, B., Dedecek, J., and Vondrova, A. (1995) J. Phys. Chem., 99, 1065.
[45] Pietrzyk, P., Gil, B., and Sojka, Z. (2007) Catal. Today, 126, 103.
[46] Kucherov, A.V., Gerlock, T.L., Jen, H.W., and Shelef, M. (1995) Zeolites, 15, 9.
[47] Park, S.K., Kurshev, V., Luan, Z.H., Lee, C.W., and Kevan, L. (2000) Microporous Mesoporous Mater., 38, 255.
[48] Mathisen, K., Nicholson, D.G., Beale, A.M., Sanchez-Sanchez, M., Sankar, G., Bras, W., and Nikitenko, S. (2007) J. Phys. Chem. C, 111, 3130.
[49] Ganemi, B., Bjornbom, E., and Paul, J. (1998) Appl. Catal. B: Environ., 17, 293.
[50] Goodman, B.R., Schneider, W.F., Hass, K.C., and Adams, J.B. (1998) Catal. Lett., 56, 183.
[51] Groothaert, M.H., van Bokhoven, J.A., Battiston, A.A., Weckhuysen, B.M., and Schoonheydt, R.A. (2003) J. Am. Chem. Soc., 125, 7629.
[52] Yashnik, S., Ismagilov, Z., and Anufrienko, V. (2005) Catal. Today, 110, 310.

[53] Chen, H. and Sachtler, W.M.H. (1998) Catal. Today, 42, 73.
[54] Kucherov, A., Montreuil, C., Kucherova, T., and Shelef, M. (1998) Catal. Lett., 56, 173.
[55] Schwidder, M., Grunert, W., Bentrup, U., and Bruckner, A. (2006) J. Catal., 239, 173.
[56] Lobree, L.J., Hwang, I.C., Reimer, J.A., and Bell, A.T. (1999) Catal. Lett., 63, 233.
[57] Pirngruber, G.D. and Pieterse, J.A.Z. (2006) J. Catal., 237, 237.
[58] Gao, Z.X., Kim, H.S., Sun, Q., Stair, P.C., and Sachtler, W.M.H. (2001) J. Phys. Chem. B, 105, 6186.
[59] Battiston, A.A., Bitter, J.H., and Koningsberger, D.C. (2000) Catal. Lett., 66, 75.
[60] Battiston, A.A., Bitter, J.H., and Koningsberger, D.C. (2003) J. Catal., 218, 163.
[61] Pirngruber, G.D., Roy, P.K., and Weiher, N. (2004) J. Phys. Chem. B, 108, 13746.
[62] Dubkov, K.A., Ovanesyan, N.S., Shteinman, A.A., Starokon, E.V., and Panov, G.I. (2002) J. Catal., 207, 341]
[63] Sun, Q., Gao, Z.X., Wen, B., and Sachtler, W.M.H. (2002) Catal. Lett., 78, 1.
[64] Perez-Ramirez, J., Kumar, M.S., and Bruckner, A. (2004) J. Catal., 223, 13.
[65] Schwidder, M., Kumar, M.S., Bentrup, U., Perez-Ramirez, J., Brueckner, A., and Gruenert, W. (2008) Microporous Mesoporous Mater., 111, 124.
[66] Li, Y.J. and Armor, J.N. (1993) Appl. Catal. B: Environ., 2, 239.
[67] Brosius, R. and Martens, J.A. (2004) Top. Catal, 28, 119.
[68] Mihaylov, M., Hadjiivanov, K., and Panayotov, D. (2004) Appl. Catal. B: Environ., 51, 33.
[69] Forester, T. and Howe, R. (1987) J. Am. Chem. Soc., 109, 5076.
[70] Campbell, S.M., Jiang, X.Z., and Howe, R.F. (1999) Microporous Mesoporous Mater., 29, 91.
[71] Anderson, M. and Klinowski, J. (1989) Nature, 339, 200.
[72] Munson, E.J., Kheir, A.A., Lazo, N.D., and Haw, J.F. (1992) J. Phys. Chem., 96, 7740.
[73] Hunger, M. and Horvath, T. (1996) J. Am. Chem. Soc., 118, 12302.
[74] Hunger, M. and Horvath, T. (1997) Catal. Lett., 49, 95.
[75] Dahl, I.M. and Kolboe, S. (1994) J. Catal., 149, 458.
[76] Haw, J.F., Nicholas, J.B., Song, W.G., Deng, F., Wang, Z.K., Xu, T., and Heneghan, C.S. (2000) J. Am. Chem. Soc., 122, 4763.
[77] Song, W.G., Fu, H., and Haw, J.F. (2001) J. Am. Chem. Soc., 123, 4749.
[78] Xu, T. and White, J.L. (2004) US Patent 6,734,330.
[79] Xu, T. and White, J.L. (2004) US Patent 6,743,747.
[80] Song, W.G., Haw, J.F., Nicholas, J.B., and Heneghan, C.S. (2000) J. Am. Chem. Soc., 122, 10726.
[81] Song, W.G., Fu, H., and Haw, J.F. (2001) J. Phys. Chem. B, 105, 12839.
[82] Wang, W., Buchholz, A., Seiler, M., and Hunger, M. (2003) J. Am. Chem. Soc., 125, 15260.
[83] Seiler, M., Wang, W., Buchholz, A., and Hunger, M. (2003) Catal. Lett., 88, 187.
[84] Hunger, M. and Wang, W. (2004) Chem. Commun., 584.
[85] Jiang, Y., Huang, J., Marthala, V.R.R., Ooi, Y.S., Weitkamp, J., and Hunger, M. (2007) Microporous Mesoporous Mater., 105, 132.
[86] Mores, D., Stavitski, E., Kox, M.H.F., Kornatowski, J., Olsbye, U., and Weckhuysen, B.M. (2008) Chem. Eur. J., 14, 11320.
[87] Park, J.W., Kim, S.J., Seo, M., Kim, S.Y., Sugi, Y., and Seo, G. (2008) Appl. Catal. A: General, 349, 76.
[88] Park, J.W. and Seo, G. (2009) Appl. Catal. A: Gen., 356, 180.
[89] Nowotny, M., Lercher, J., and Kessler, H. (1991) Zeolites, 11, 454.
[90] Schuth, F. (1992) J. Phys. Chem., 96, 7493.
[91] Schuth, F. and Althoff, R. (1993) J. Catal., 143, 388.
[92] Niessen, W. and Karge, H.G. (1993) Microporous Mesoporous Mater., 1, 1.
[93] Karge, H.G. and Niessen, W. (1991) Catal. Today, 8, 451.
[94] Muller, G., Narbeshuber, T., Mirth, G., and Lercher, J.A. (1994) J. Phys. Chem., 98, 7436.
[95] Chmelik, C., Varmla, A., Heinke, L., Shah, D.B., Karger, J., Kremer, F., Wilczok, U., and Schmidt, W. (2007) Chem. Mater., 19, 6012.
[96] Chmelik, C., Kaerger, J., Wiebcke, M., Caro, J., van Baten, J.M., and Krishna, R. (2009) Microporous Mesoporous Mater., 117, 22.
[97] Stavritski, E., Kox, M.H.F., Swart, I., de Groot, F.M.F., and Weckhuysen, B.M. (2008) Angew. Chem. Int. Ed., 47, 3543]

9 介孔分子筛的物化表征

Lei Zhang, Adri N. C. van Laak, Petra E. de Jongh, Krijn P. de Jong

9.1 简介

由于具有分子尺寸大小且规则有序的孔道结构,分子筛催化材料在炼油和石油化工过程中表现出了独特的择形性能。因此,作为催化剂和吸附剂,分子筛以及类分子筛类材料在工业应用中具有重要地位[1~5]。虽然如此,分子筛催化材料的微孔结构也存在抑制客体分子扩散的副作用[6, 7]。在微孔结构中,构型扩散,即活性中心附近的传质,要慢于分子扩散与Knudsen扩散,这会降低分子筛的利用率,而且有时由于结焦会使分子筛快速失活。为减轻分子筛内的扩散限制并提高内部活性中心的可接近性,目前已提出多种不同解决途径[8~21]。一个策略是合成新的具有更大孔径的分子筛。现在已经合成出多种大孔分子筛和类分子筛材料,比如VPI-5[22]、UTD-1[23]、SSZ-53[24]、SSZ-59[24]、ITQ-15[25]、ITQ-21[26]、ITQ-33[27]和ITQ-37[28]。然而,尽管目前已对分子筛的合成机理有了较为深刻的认识,而且已经提出多种分子筛的理论结构用于指导分子筛的合成,但是通过设计新的分子筛结构来指导合成新分子筛仍然是一个具有挑战性的课题,大部分的新结构仍然是通过"试错"过程发现的。

另一个策略是降低晶内扩散的有效路径,这就生成了所谓的多级孔分子筛,即具有多级孔道结构而不仅仅是微孔结构的分子筛[12, 15]。这可以通过晶内造孔或者减小分子筛的颗粒大小以增加晶间的孔结构的方法来实现。在众多的典型例子中,通过蒸汽老化脱铝制备的具有典型介孔结构的超稳Y型沸石(USY)系列催化材料已为大家所熟知,且其已被广泛应用于石油化工过程中。在过去的几十年里,大量方法已被应用于多级孔分子筛的合成,并被证明可有效地在分子筛材料中引入二次介孔和大孔结构。晶间的孔结构可通过纳米分子筛的组装或者将其负载于介孔硅材料等多孔性的载体表面等途径来调节[31~33]。引入晶内孔结构的方法通常分为两类,即模板法[10]和后改性处理的方法[11, 21]。对于模板法来说,已经有很多种材料被用做分子筛合成过程中的空间填充物,包括表面活性剂[34~36]、聚合物[37, 38]和淀粉[39]等软模板以及碳材料(碳纳米纤维[40]、炭黑[41]、碳纳米管[42]和碳溶胶[43~45])和纳米CaCO3[46]等硬模板。后改性处理的方法则通常是指脱金属,即通过选择性脱除骨架原子从而在分子筛颗粒中引入空穴结构,比如通过蒸汽老化和/或酸处理脱铝[21, 47~59]、碱处理脱硅[11, 60~65]以及双氧水脱钛[66~69]。但与分子筛的骨架结构和元素组成密切相关的是,不同方法在引入二次孔结构的过程中会表现出不同的特征，从而引入不同孔径、孔的形貌、孔体积、弯曲程度和连接方式的孔结构。以上方法也可以互补。最近，结合两种方法(模板法和碱处理)来造孔的新的合成途径已有报道[70]。而由于多级孔结构的引入，分子筛的扩散性能和催化性能都有一定程度的改善[59, 71~76]。

虽然构造二次孔结构的方法越来越多，但是这些孔结构详细而精确的表征分析则并未受到相应多的关注。虽然现在已经有很多现成的方法可用于孔结构的评价，其中气体吸附(氮气吸脱附和氩气吸脱附)和透视电子显微镜(TEM)仍然是与分子筛相关的主要的表征方法，这两种方法可提供孔径、孔体积的有关信息，也可提供有限的关于孔的形貌和连接方式的信息。多级孔的意思并不仅仅是微孔结构与介孔或者大孔结构的简单组合，而是这些孔道结构在三维尺度方向如何有层次的相互组织与关联[12, 15]，因为这通常决定了这些材料在实际应用中的表现[78]。其他一些专门开发以用于孔材料，特别是介孔材料表征的方法则被极大的忽视而并没有应用于介孔分子筛材料的表征分析。而这一章节的主要目的则是详细介绍这些表征方法以及其他一些新的技术，并希望将它们应用于多级孔分子筛的表征分析。在下面将要讲到的是，通过这些表征方法已经获得了前所未有的关于多级孔分子筛孔道结构的相关信息，这有效的补充了通过常规的气体吸附和TEM分析所得到的结果。我们首先总结了构造二次孔结构的多种方法，然后着重介绍已经用于多级孔分子筛的表征的几种方法。虽然这些方法中有一些具有相似的原理，但是根据所使用的不同的方法，仍将分别进行介绍。

9.2 在分子筛中构造介孔/大孔结构的方法

近些年来，构造具有二次孔结构分子筛的方法数量呈现快速增长的趋势，而且这些方法也被广泛应用于不同骨架结构多级孔分子筛的合成。有关这些合成方法的非常优秀的综述性文章也已经出版[8~21]。这一小节将简单概括构造具有介孔和/或大孔结构的多级孔分子筛的合成方法。

9.2.1 后改性处理合成

后改性处理通常是指通过蒸汽老化、酸处理、碱处理或使用其他复杂试剂处理的方法来选择性脱除骨架原子，并在分子筛中引入二次孔结构的方法。这一般可以通过脱铝、脱硅或者选择性脱除其他骨架原子的方法来实现。

9.2.1.1 脱铝

在众多的后改性处理方法中，通过蒸汽老化和/或酸处理脱铝可能是最为大家所熟知的方法之一。蒸汽处理通常是在500℃以上的高温下使铵型分子筛或氢型分子筛与蒸汽相接触。在该改性处理的过程中，Al−O−Si键会断裂，而铝则从骨架结构脱出，从而在分子筛中留下一定的孔穴骨架缺陷(硅羟基窝)并使分子筛的骨架结构发生部分无定形化。一些稳定性稍差以及可移动的硅物种则可迁移至其他硅羟基窝处，并与其发生缩合反应。由于铝物种的脱除和硅物种的迁移而引起的这一自愈过程，可以修复一部分骨架缺陷并产生大的空穴[79, 80]，如图9.1所示。在高浓度骨架缺陷区域，球形的介孔可相互连接形成圆柱形孔结构。由于无定形物种可沉积在改性的分子筛颗粒中的介孔表面或外表面，从而使部分微孔结构发生堵孔，因此后续进行酸处理以移除这些无定形物种是十分必要的。稀的无机酸(硝酸或者盐酸)或有机酸(比如草酸)可以用于这一过程。根据这一机理，介孔结构的形成与分子筛中的铝原子的浓度以及铝在水解过程中的稳定性密切相关。因此，现有的大部分蒸汽老化制备多级孔分子筛的工作主要是对低硅铝比的分子筛进行处理，比如Y型沸石[29, 30, 48, 51, 80~88]和丝光沸石[82, 89~91]。其他例子则包括针沸石[92, 93]、Ω沸石[50]、镁碱沸石[94]和ZSM-5[94, 95]。

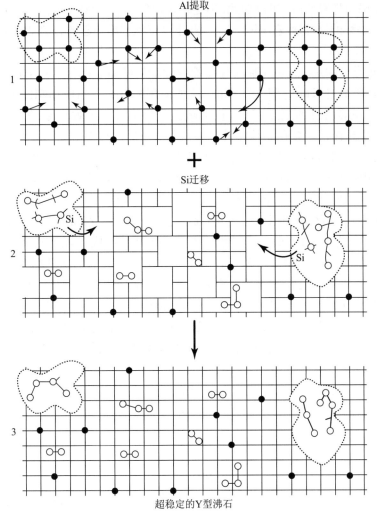

图9.1 介孔结构形成的示意图(图中的方格表示分子筛的骨架结构, 黑点表示骨架铝原子,
空心圆表示铝原子被脱除, 虚线部分则是介孔结构)

    只使用浓酸溶液进行酸处理时, 也可以实现脱铝。与上述所说的原因相同的是, 这一方法的有效性也取决于所用分子筛的骨架结构的类型和元素组成。在处理具有近似一维孔道结构的丝光沸石的例子中, 酸处理特别有效, 并且已经进行了深入研究[59, 91, 96~99]。目前, 已经发现产生介孔的程度与被称为对称指数[X射线衍射(XRD)结果中峰强度的比值([111]+[241]/[350])]具有一定的相关性[100]。该对称指数是为了说明分子筛骨架中堆垛层错的程度而引入的。一般认为, 丝光沸石的脱铝更容易在这些堆垛层错位置发生。通过酸处理制备的具有介孔结构的丝光沸石则具有三维孔道结构, 并已经成功应用于二异丙基苯和苯的歧化反应制备异丙基苯和异构烷烃的工业生产。

    脱铝除了可在分子筛中引入介孔结构之外, 还可提高分子筛的骨架硅铝比, 从而提高其憎水性和(水)热稳定性。众所周知, 通过脱铝制备的具有介孔结构的分子筛之一是超稳Y型沸石及系列材料, 它们是非常重要的工业用催化裂化催化剂。与此同时, 随着骨架硅铝比的增加, 分子筛中的酸中心密度减小, 而酸中心的酸强度则增加, 这都会对分子筛的催化活性产生显著的影响。除了酸之外, $SiCl_4$[83, 101]、$(NH_4)_2SiF_6$[83, 102]和乙二胺四乙酸二钠(EDTA)[57, 103]等其他一些化学物质也可用于分子筛的骨架抽铝。虽然如此，但是使用EDTA或者(NH₄)₂SiF₆进行抽铝处理时，其抽铝速度要快于硅物种的迁移速度，因此应注意防止过度抽铝而引起的骨架结构坍塌[104]。

9.2.1.2 脱硅

与骨架铝相类似的是，也可以通过选择性脱除骨架硅原子在分子筛中构造介孔结构。这通常是通过对分子筛进行碱处理来实现的，比如使用NaOH、KOH、LiOH、NH₄OH和Na₂CO₃等碱，或者使用HF等特殊的酸来实现。虽然碱处理通常被用于脱除分子筛颗粒中的无定形硅胶等杂质，但是其在构建介孔结构中的潜力长期以来都被忽视了。Dessau在1992年报道，将大颗粒ZSM-5晶体置于Na₂CO₃溶液中进行回流处理，可以制备出具有空心结构的分子筛[60]。这说明分子筛的颗粒内部被高选择性的溶解破坏，而分子筛的外表面则基本保持稳定。这一结果说明在碱处理的过程中，铝可抑制脱硅，而这也直接证明使用包含有季铵根结构导向剂合成的大颗粒ZSM-5中存在富铝区域。Subotić等进一步考察了ZSM-5沸石中的铝在碱处理过程中的作用[105, 106]。虽然如此，研究者并没有对孔性结构的形成过程进行详细的研究。Ogura等首先报道了在用NaOH处理时，ZSM-5颗粒中介孔结构形成的确切证据[62]。Groen等则在一系列文章中详细报道了碱处理的条件对介孔结构形成的影响[11, 107~122]。其结果表明，ZSM-5沸石中存在优选的硅铝比(摩尔比)范围，即当其硅铝比在50~100之间时，可以在分子筛的晶体结构和酸性质基本保持稳定的前提下，通过碱处理构建出最优的介孔面积高达235m²/g的介孔结构，如图9.2所示[119]。虽然脱硅处理的主要研究对象仍然是ZSM-5[39, 63~65, 123~128]，但其也被应用于多级孔丝光沸石[74, 112]、β沸石[113, 129]和ZSM-12分子筛[75]的研究。特别是近期以来，有研究者使用四丙基氢氧化铵溶液处理制备了具有纳米空心结构的ZSM-5和TS-1。而溶解-重排机理的提出则解释了独特纳米空心结构的形成原因[130, 131]。

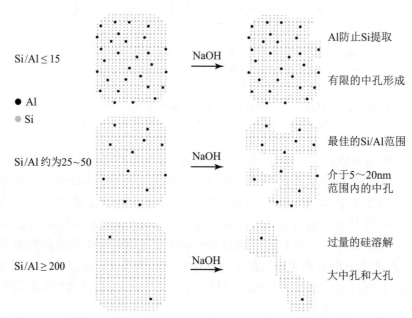

图9.2 在脱硅处理制备多级孔MFI结构分子筛过程中，
Al含量对介孔结构形成机理的影响的示意图

与脱铝处理类似的是，脱硅处理也会改变分子筛的骨架硅铝比。但是，在脱硅处理时，骨架硅铝比是减小的。此外，脱硅处理后，通常会产生一些非骨架铝物种[132]。因此，需进一步进行酸处理或者离子交换，以洗脱这些物质，从而防止微孔结构和介孔结构的堵塞。

9.2.1.3 脱钛

对于含有其他骨架金属的分子筛来说,也可以通过选择性脱除的方法来引入介孔结构。Schmidt等[67~69]报道使用双氧水进行后改性处理,可以获得具有介孔结构的钛硅分子筛ETS-10。而且,改性后的分子筛具有更大的基质面积,在环己酮肟贝克曼(Beckmann)重排制备己内酯的反应中,其活性也有一定程度的提高。

以上所说的各种不同的后改性处理方法都被证明可有效地在分子筛中引入介孔结构。由于介孔结构的引入,晶内扩散的路径缩短,由此通常可以观察到传质的改善[59, 74, 75]以及催化活性的提高[39, 67, 112~114, 123~125, 133]。虽然如此,但是仍然很难通过可控的方式来控制二次孔结构的形貌、孔体积及其连接方式。此外,后改性处理不可避免地会改变分子筛的骨架组成,并使分子筛的骨架结构发生一定程度的无定形化。因此,在实际应用中,通常很难解决分子筛物化性质的改善与骨架元素组成的变化这一矛盾。另一个被忽视的影响则是后改性处理后分子筛形貌及其表面性质的变化[62, 97],这也会对分子筛的吸附性能产生显著的影响。

9.2.2 模板法

模板法是一种更直接的构建介孔结构的方法,它也已经被广泛应用于介孔材料的合成[16, 134, 135]。而与后改性处理方法不同的是,模板是在分子筛晶化过程中加入并随后被选择性脱除。因此,分子筛的骨架结构的组成可以由前驱体凝胶的组成决定。目前,已有多种不同的模板被应用于多级孔分子筛的合成,而根据结构及其刚性,这些模板主要可分为硬模板和软模板[10, 15]。

9.2.2.1 硬模板

这里所说的硬模板是指在分子筛合成过程中不会发生变形的,并且具有相对刚性结构的材料。从这一方面考虑,碳材料是构建介孔结构的理想选择,因为它具有较好的惰性、刚性、强度、分散性以及可通过燃烧而脱除等优点[8, 12, 15, 16]。虽然如此,碳材料却首先被应用于纳米尺寸分子筛的合成,因为碳颗粒之间的空间可抑制分子筛的生长[136~138]。随后,通过控制分子筛颗粒的生长发现,碳模板可被包覆于分子筛颗粒中[41]。而进一步焙烧处理将碳材料脱除后,则可制备出具有晶内介孔的分子筛,如图9.3所示。

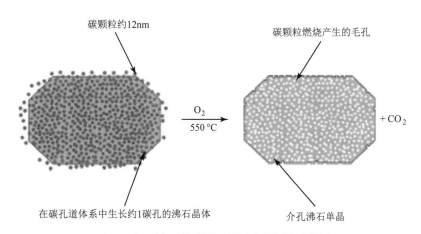

图9.3 分子筛颗粒在碳颗粒周围生长示意图

碳模板路线已受到广泛的关注并在近些年来得到了快速的发展。多种不同的碳材料,比如炭黑[40, 139~146]、碳纳米纤维[40]、碳纳米管[42, 147]、碳溶胶[43~45, 148~150]、糖类分解得到的碳物种[151, 152]、有序介孔碳材料[153, 154]和碳气凝胶(CIC)[155~158]，已经被用于多种不同骨架结构的多级孔分子筛的合成，比如MFI[40~45, 136~140, 142~144, 148~159]、FAU[44, 138, 150]、MEL[72, 140, 145, 159, 160]、BEA[138, 159]、MTW[140, 146, 161]、CHA[159]、LTA[138]和AFI[159]结构的分子筛。当使用具有有序纳米孔结构的CIC为模板时，Fan等[158]合成出了具有序晶内介孔的MFI结构的分子筛单晶。近年来，根据相同的机理，具有纳米尺寸的CaCO₃和间二甲酚–甲醛树脂气凝胶也被用于多级孔分子筛的合成。与之类似的是，具有多级孔结构的分子筛也可以通过使用聚苯乙烯小球[164, 165]、树脂小球[166, 167]，聚氨酯泡沫[168]等大分子模板，甚至是细菌[169]、木材[170]和树叶[171, 172]等生物质材料来合成。然而，在大部分情况下，合成分子筛的溶液只是覆盖于模板的表面，从而形成纳米尺寸分子筛颗粒组装形成的多晶产物。另外，这种宏观结构也可以通过在模板周围组装事先制备的分子筛前驱体凝胶的方法而制得。

9.2.2.2 软模板

软模板的概念来源于以胶束为模板合成介孔材料的方法[173, 174]。以胶束为模板，对分子筛晶种进行组装可合成出有序的介孔材料。分子筛晶种则可通过对分子筛前驱体凝胶进行晶化[175~191]或根据所谓的"从上至下"的合成路线，对分子筛进行降解[192~195]而制备。虽然这些有序的介孔材料大部分都不具备可辨别的沸石物相，但与常规的由无定形孔壁组成的介孔材料相比，它们都具有更好的热稳定性、水热稳定性和催化活性[175, 176, 180~187, 189, 192~196]。在一些受扩散控制的反应中，它们都表现出与相应的微孔分子筛相当，甚至更好的催化活性[175, 185, 186, 189, 193, 194, 197]。在分子筛合成过程中直接使用大分子胶束来构建介孔结构的尝试几乎没有成功的，而且在大部分情况下，晶化产物会出现沸石晶体物相和由无定形孔壁组成的介孔材料的相分离[198~200]。这突出说明了调控介孔结构分子筛的合成与孔壁的晶化之间相互关系的重要性。最近，通过使用含有烷氧基团的表面活性剂或者聚合物作为新的模板剂，这一问题得到了很好的解决[34, 35, 38]。烷氧基团的出现增加了模板剂与孔壁之间的相互作用，并有助于孔壁晶化过程中介孔结构的保持，如图9.4所示。

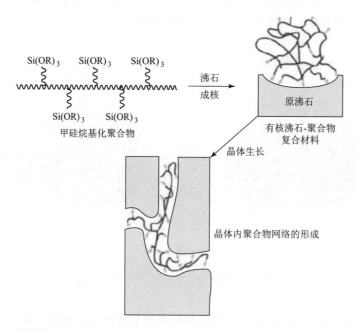

图9.4 以硅烷化处理的聚合物为模板时，具有晶内介孔分子筛的理论合成模型

由此制备的分子筛则具有高度晶化的骨架结构以及有序的介孔结构。此外，可通过合成常规介孔材料时的类似方式来实现此种介孔分子筛中介孔尺寸大小的调控，比如合成MCM-41时，可通过使用具有不同链长的表面活性剂分子或者不同重量的聚合物而实现其孔径的调变。从这一角度来考虑，通过此法制备的介孔分子筛是协同作用的产物，而不仅仅是微孔分子筛与介孔材料的混合物。其他模板剂，比如淀粉[39, 201]和具二烯丙基二甲基氯化铵[37]，也已经被用于介孔分子筛的合成。

与后改性处理的方法相比，模板法表现出了几方面的优势。首先，可在不影响骨架组成的前提下在分子筛中引入介孔结构，因此，通过模板法可分别研究分子筛孔结构和骨架结构特性。其次，原则上通过选择合适的模板剂可更有效地调节分子筛的孔体积、孔的形貌及其相互连接方式。虽然如此，但是在晶化过程以及脱除模板剂的过程中，这些模板对分子筛的化学组成和最终产品物相纯度的影响也不应该被忽视。

9.2.3 其他方法

在无模板存在时也可合成出介孔分子筛。如前所述，除了晶内的孔结构之外，纳米尺寸分子筛之间的堆积也可产生晶间介孔。然而，常规的胶体和纳米尺寸的分子筛存在分离困难的问题。为解决这一问题，可通过调节分子筛的成核及晶核的生长而制备纳米尺寸分子筛自组装形成的聚合物[202, 203]。

此外，也可将小粒径的分子筛颗粒负载于具有介孔结构的载体上[32, 33]，从而生成具有介孔结构的复合材料。Gagae等[204]和Stevens等[205]报道通过对分子筛晶种或前驱体溶液进行酸化处理而制备了负载于介孔基质上的分子筛纳米颗粒。最近，Wang及其同事[206~209]则通过结合溶胶-凝胶间的转换与分子筛的晶化而开创了多级孔分子筛合成的新途径。通过对预晶化处理制备的前驱体凝胶进行蒸汽助晶化处理后，可制得包含ZSM-5纳米颗粒组合物的复合介孔材料TUD-C[207]。作为合成微孔分子筛的常用结构导向剂，四丙基氢氧化铵也被认为是可以制备介孔的基本物质。此后，根据相同的原理，但采用相反的制备过程，即首先对前驱体凝胶进行水热处理后，再进行溶胶-凝胶间的转换，则可以制备出另一种复合介孔材料TUD-M[208]。

对这一部分内容进行总结分析，我们可以看到目前现在已经有相当多的方法可用于合成介孔和大孔结构的分子筛材料。每一种方法都具有其他方法所没有的优势，而且它们之间也可以互补。另一个与制备多级孔分子筛的各方法密切相关的重要问题则是大规模应用的潜力及其相应的成本，但是这一问题几乎没有在公开文献中提及。对于蒸汽老化脱铝等常规方法来说，工程师们开创了从实验室的克级到工业过程中所需的吨级的工业化放大的方法。而对于脱硅处理来说，30min的快速反应时间很难保证分子筛都被均匀处理，因此处理时间就是难以解决的问题。模板法则存在模板本身带来的额外的成本的缺陷，这不仅仅是针对原材料来说的(比如对于胶束路线)，而且还需要额外的合成步骤来制备所需的模板(比如在使用碳纳米管的方法中)。尽管事实上随着生产规模的增加，生产成本会降低，但是分子筛生产时产能的扩大与成本都是不可忽视的重要因素。

虽然如此，但是为了进一步深化对各种方法的有效性及其制备机理的理解，并明确分子筛在实际应用时，二次孔结构的引入对其活性的影响，需对多级孔分子筛的物化性质与结构有更清晰的认识。在接下来的内容中，我们将详细说明用于评价多级孔分子筛的孔结构的多种不同表征方法，并主要介绍一些新的表征技术[电子辐射断层扫描(ET)和光学显微]以及一些众所周知但并未引起重视的方法(热孔计法、压汞分析等)。

9.3 介孔分子筛的物化表征

9.3.1 气体吸附

在众多现有的孔结构表征分析的方法中,气体吸附仍然是标准方法而且最被广泛应用的技术[210]。这是由于气体吸附的理论成熟,而且此法还具有实验仪器易得且可操作性强等优点。在一定的温度和压力下,气体吸附可精确地确定固体材料吸附的气体量,从而可拟合出孔体积、比表面积、孔径分布(PSD)以及孔的表面性质等孔结构相关的重要参数。氮气和氩气是最重用的吸附质。通常情况下,吸附等温线是在以下条件下测定:液氮温度下,压力从真空增加至标准大气压。而根据吸附等温线的类型,则可以精确地区别不同孔径的孔结构。对于分子筛等微孔材料来说,氩气要优于氮气,这是因为氮气分子中存在的四级矩会强化其与分子筛骨架结构中非均匀表面的相互作用,从而增加孔径和孔形貌的评估难度[211]。由于气体吸附结果的分析都是建立在简化模型的基础上,吸附模型的各种假设的有效性则决定了分析结果的准确性[210]。举例说明,分子筛相关的分析报告中通常都会给出BET(Brunauer-Emmett-Teller)比表面积[212]。然而,由于BET拟合的基础是多层吸附,但微孔填充的实际情况并不完全符合多层吸附的条件,因此报告给出的BET数据并不能代表真实的物理表面积。特别是对于具有多级孔道结构的材料来说,介孔结构对多层吸附的影响使数据分析更为复杂。虽然如此,但是对于规律性研究来说,BET比表面积也可作为一个与吸附量成比例关系的数据。关于分子筛气体吸附表征分析的详细描述,请参照文献[213]。在此,我们只讨论与具有二次孔结构的分子筛相关的一些特殊现象。

NaY分子筛及通过不同后改性处理所制备的样品的典型氮气吸脱附曲线如图9.5所示[214]。样品的相关信息及由N_2吸脱附等温线拟合的相应比表面参数见表9.1。

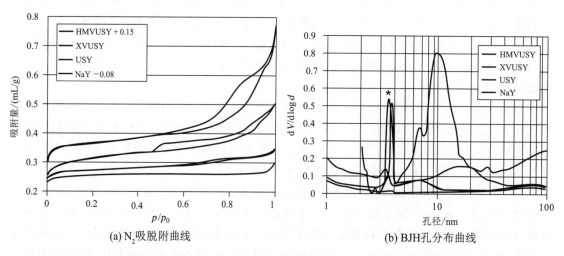

(a) N_2吸脱附曲线　　　　　　　　　(b) BJH孔分布曲线

图9.5 几种Y型沸石样品的N_2吸脱附曲线及其从脱附分支拟合的BJH孔分布曲线(为了便于比较
分析,NaY型沸石的吸附曲线下移0.08cm³/g,而HMVUSY的吸附曲线则上移0.15cm³/g)

对于NaY来说,它具有典型的I型氮气吸脱附等温线,而这通常是无孔材料化学吸附或只有微孔结构的材料物理吸附的表现形式。经过后改性处理后,则样品具有IV型氮气吸脱附等温线,这说明分子筛中生成了介孔结构。此外,不同改性方法所制备的样品具有不同形状的滞后环。在多层物理吸附等温线区域出现滞后环,通常与介孔结构中的毛细凝聚有关。虽然目前为止,仍不是很清楚影响吸附滞后环的各个因素,但是滞后环的形状通常被认定与特殊的孔的构型有关。高介孔化的超稳Y型沸石(HMVUSY)所表现的陡峭的滞后环,说明分子筛中具有孔径分布相对均匀的类圆柱形介孔,而特别的超稳Y(XVUSY)所表现的宽泛而扁平的滞后环则更为复杂,这可归属于裂隙孔或者具有小开口的墨水瓶型孔,或者是一系列孔结构的综合表现。这将在下面进行更为详细的分析。

表9.1 NaY以及USY、XVUSY、HMVUSY等多级孔Y型沸石的物化性质[214]①

项 目	Si/Al (体积比)	Si/Al (XPS)②	a_0/nm	Y型沸石③, %	$V_{微孔}$④/ (cm^3/g)	$V_{介孔}$④/ (cm^3/g)	S_{ext}⑤/ (m^2/g)
NaY	2.6	2.8	2.469	100	0.34	0.05	8
USY	2.6	1.1	2.450	87	0.26	0.11	63
XVUSY	39.3	71.3	2.423	72	0.28	0.25	120
HMVUSY	5.0	1.4	2.427	71	0.15	0.47	146

① 超稳Y(USY)是通过蒸汽老化处理制备,特别的超稳Y型沸石(XVUSY)是通过两次蒸汽老化以及酸处理制备,高介孔化的超稳Y型沸石(HMVUSY)是通过水热老化处理制备。
② Si/Al比是由XPS的表征结果计算而来。
③ 相对结晶度。
④ 根据t曲线分析拟合得到的微孔体积$V_{微孔}$以及介孔体积$V_{介孔}$。
⑤ 根据t曲线分析拟合得到的基质面积和介孔面积的总和。

对于具有多级孔结构的材料,特别是分子筛类的微孔材料来说,通过对比所研究样品的等温线与参比样的等温线,并进一步使用t曲线分析[215]、a_s曲线分析[213]以及θ曲线分析[216]等相对分析方法对样品的孔体积以及不同孔径孔结构的比表面积进行表征分析。以t-曲线分析为例,多层吸附吸附质的厚度(t值)取决于具有与所研究样品相似表面性质的无孔固体参比样。另外,也可以使用标准的参比图,比如对于硅材料和铝材料来说,可以使用Harkins-Jura方程:

$$t = 0.1\left[\frac{13.99}{0.0341 - \log\left(\frac{p}{p_0}\right)}\right]^{1/2} \tag{9.1}$$

在t曲线分析中,不同压力下被研究样品的吸附量与t值作图,而相应的多层吸附的厚度的统计平均值则可以从无孔固体参比样的标准吸附等温线计算出来。对于无孔的样品,原则上可以得到过原点的直线。而当t曲线偏离该直线时,则说明样品中具有一定尺寸的孔结构。通过这一方式,则可以计算出微孔体积、介孔体积、大孔体积以及介孔面积和基质面积。与t曲线分析类似的是,也可以使用a_s曲线分析来计算样品的物化参数,其中a_s是一定的相对压力下被研究样品的吸附量与固体参比样的吸附量的比值[217]。对于微孔结构的分析来说,多层吸附的厚度则与此无关,而且一般建议使用修正的吸附量来代替t值[210]。虽然如此,在微孔分析中,两种方法给出的结果基本相同。

使用t曲线分析的方法分析后改性处理对Y型沸石孔结构的影响,结果如图9.1所示。从表9.1可以看出,经过蒸汽老化处理和酸处理之后,分子筛中的介孔体积显著增加,但是其微孔体积则显著减小。这被认为是由水热处理过程产生的非骨架物种堵塞微孔结构和/或部分骨架结构的无定形化所引起的。

根据吸附等温线,可以拟合出孔分布曲线。对于介孔材料来说,以计算半球形曲面蒸气压的Kelvin方程为基础的BJH(Barret-Joyner-Halenda)拟合方法仍然是最常用的方法。介孔结构中的吸附过程一般都与毛细凝聚有关。由于吸脱附等温线中的脱附曲线已基本达到热力学平衡,它优先被用于分析孔径分布[219]。根据吸脱附等温线的脱附曲线进行的BJH拟合所得到的孔径分布结果如图9.5b所示。不出意料的是,NaY分子筛中并没有介孔。而HMVUSY则在10nm处有一个尖峰,这与吸脱附等温线中的陡峭的滞后环相对应。所有后改性处理制备的样品都在3~4nm之间有峰,这是与吸脱附等温线中相对压力在0.4~0.5之间突然出现的滞后环的闭合是相对应的。所有样品都在该处出峰并不意味着后改性处理制备的样品具有相似的孔结构。介孔材料,特别是有介孔结构的分子筛基本都在该范围内出峰,但确并不能将其归属于真实的具有3~4nm尺寸的孔结构。事实上,这不仅仅是与吸附剂的性质相关,而是与吸附质的性质有关的。这一现象通常被称为"气蚀效应",而且Neimark与同事已对该现象进行了分析讨论[220, 221]。

如图9.6所示,对于具有小于4nm的窄的开口的球形孔来说,气蚀通常发生在与4nm左右的孔径相对应的一个压力下[222]。在氮气吸脱附的表征分析中,小于4nm的孔结构并不会产生滞后环,而且吸附等温线和脱附等温线是可逆重合的。这是因为在脱附过程中,孔壁化学势会增加,与此同时化学势的增加可促进孔中液体形成气泡,因此具有4nm左右的临界尺寸的孔中的半球形液面是不稳定的。如图9.6所示,在墨水瓶型的孔中,由于瓶颈处的弯曲液面被严重弯曲,从而会阻止液体的挥发,因此脱附过程中,孔中液体的挥发被延迟。孔穴中的凝析液的表面张力具有最大值,对于N_2来说,它正好是其饱和蒸气压的0.4~0.5倍[223~224]。当外压低于此极限值时,其与凝析液的表面张力的平衡被破坏,凝析液发生挥发,从而产生气蚀。因此,在0.4~0.5的相对压力下出现的陡峭的滞后环可以说明有尺寸大于4nm的孔结构存在,而且其瓶颈要小于4nm。因此,非常有必要通过其他表征来确定介孔的尺寸及其形貌。可以预见的是,在只能通过小尺寸的孔与更大尺寸的孔相接触的孔结构中,也会有类似的现象[225]。而为了区别气蚀和毛细脱附,则氩气吸脱附可以提供有价值的信息。在氩气吸脱附中,气蚀发生在不同的相对压力下,比如在77K时为0.35。总之,虽然BJH拟合的脱附曲线中的峰被认为没有太大的价值,但在一些情况下,它们也可以说明在分子筛颗粒中存在介孔结构。事实上,在可以获得电子辐射断层扫描或热孔计的独立数据的情况下,4nm处的峰可用来估算这些介孔结构的孔体积。

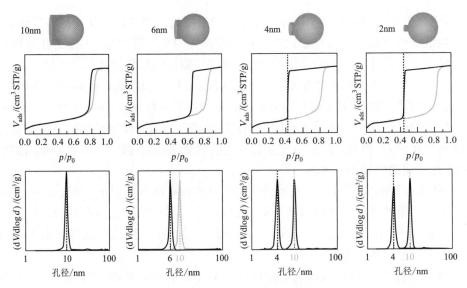

图9.6 开口大小在2~10nm之间的10nm孔穴结构在液氮温度下的氮气吸脱
附曲线和由BJH拟合得到的相应的孔分布曲线

近期的研究结果说明,由于BJH拟合的方法并没有考虑毛细凝聚时的固液相互作用[228],使用BJH拟合得到的孔尺寸一般偏小[226, 227]。在大部分情况下,分子筛中的介孔结构是无序的,因此,需要用更完善的拟合方法。近年来发展的一些新方法,比如BJH-BdB法(Brockhoff-deBoer)[226]、BdB-FHH法(Frenkel-Halsey-Hill)[229],KJS法(Kruk-Jaroniec-Sayari)[230]以及NLDFT法(Non-Local Density Functional Theory)[231],或许可以为介孔分子筛提供更为精确的孔结构计算结果。除了以上讨论的晶内介孔结构之外,纳米尺寸分子筛颗粒之间也可堆积产生晶间介孔。晶间的介孔结构一般也具有与晶内介孔相似的滞后环。因此,要采用其他表征分析方法来进行数据的分析。

9.3.2 热孔计法

热孔计法是评价介孔结构的另一个方法[232]。与气体吸附表征方法相同的是,此法也是以固体样品的表面对相邻介质相转移的影响为基础的。热孔计法取决于孔材料中填充液体时对三相点的抑制作用。这些体系下的三相点温度则与固液和气液的表面相互作用有关。一般来说,三相点温度的降低是由微孔结构中固液表面的较强的弯曲所引起的。因此,根据固液相变时的热力学平衡温度的变化,可以用来确定孔径分布(比如以水为吸附质时的2~60nm的孔)和孔体积[233~241]。另外,通过与相应的晶化热分析曲线和熔化热分析曲线进行比较,也可以使用热孔计法来推断介孔结构的形状。Brun等[232]对这一现象的热力学进行了详细分析。原则上,只要与孔材料的孔壁的相互作用在适宜的范围内,任何热力学性质已知的液体吸附质都可用于热孔计法分析。这意味着与其他表征方法相比,热孔计分析具有一个重要的优势:在实际应用中与孔材料有关的分子可以用来作为吸附质[234]。虽然如此,但是目前为止,水和苯仍然是使用最多的吸附质,因为其他吸附质的相关信息非常有限。虽然热孔计分析被证明是表征介孔材料的非常有效的方法,但是将其用于介孔分子筛的表征分析的报道却非常少。目前为止,仅知的一个例子是Janssen等[242]报道的具有介孔结构的Y型沸石的热孔计表征分析。

以水为探针分子,使用差热扫描量热分析分析了一系列不同的Y型沸石样品。典型的分析方法是,首先快速冷却样品后,在监测逐渐加热过程中热流与温度的关系。Brun等报道,根据修正的Gibbs-Thomson方程,水熔点温度的降低值ΔT(K)与孔径r(nm)的关系如式(9.2)所示:

$$r = A - B/\Delta T \tag{9.2}$$

对于加热扫描,$A=0.68$nm,而$B=32.33$nm·K;而对于冷却扫描来说,$A=0.57$nm,而$B=64.67$nm·K。在式(9.2)中,还包括了0.8nm的非凝结层的修正值。因为在冷却扫描过程中经常会碰到成核延迟,而这可影响根据冰点降低值计算出的孔径大小;而熔点的降低值则具有更好的重复性,也是最常用的[235]。

图9.7所示的是水、MCM-41分子筛以及NaY、USY、XVUSY和HMVUSY等多种不同的Y型沸石(样品代号的描述见表9.1)等在加热和冷却过程中的差热扫描分析曲线。

表9.2中所示的比表面参数就是根据热孔计分析法计算的。所用的水的量是根据气体吸脱附计算的总孔体积的3倍。

在监测加热过程和冷却过程的热流之前,为了使体系中的所有水都结冰,首先需将样品冷却至-60℃。在-60~-2℃的加热扫描过程中,纯水并不出峰。而其他样品则由于晶间孔结构的冰的融化而在-2℃左右出峰。与NaY相比,USY、XVUSY以及HMVUSY在-10℃左右,而MCM-41在-40℃左右都分别出现了额外的峰,这说明在这些样品中存在介孔结构。对于MCM-41来说，基于Gibbs-Thomson方程，从其在-50℃的恒温曲线中的出峰位置拟合得到的孔径大小为2.7nm，而根据峰高的最大值计算的孔径则为3.0nm，两个结果都非常接近根据氮气吸脱附计算的孔径(2.8nm)。对于包含有介孔结构的分子筛，则其峰宽要明显大于MCM-41的相应值，这说明这些分子筛的孔径分布范围较宽，这也与氮气吸脱附表征的结果(见表9.2)相一致。扣除背景信号后，可使用与冰密度和融化熵相关的加热速率和温度对峰进行积分处理，从而可计算出孔体积[232]。而其结果也包含在表9.2中。更重要的是，在多级孔Y型沸石样品的放热曲线中，还有两个峰。在相对高的温度下的峰可以归属于与外表面相连的圆柱型孔中的非均匀成核。而由于在等温曲线中并没有相对应的峰，-40℃左右出现的峰则被归属于被局限于只能通过微孔结构与外表面相连的孔穴中的超冷水的均匀成核。这部分水不与任何可以作为晶核的冰颗粒相接触。根据从-35~-2℃的等温线计算得到的孔体积(0.028mL/g)要小于根据从-60~-2℃的等温线计算得到的相应值(-0.033mL/g)，这一现象进一步支持了以上解释。因此，根据此法，可以使用热孔计分析方法来区别出圆柱型孔以及孔穴结构。而且，也可计算不同孔结构(即与外表面相连的圆柱型孔结构以及只能通过微孔结构与外面相连的孔穴结构)对总孔体积的贡献大小。其中，根据热孔计分析法计算的USY中孔穴结构的相对孔体积为15%[(1-0.028/0.033)×100%，如表9.2所示]，这与氮气吸脱附的表征结果所得到的相应值(20%)相当吻合。

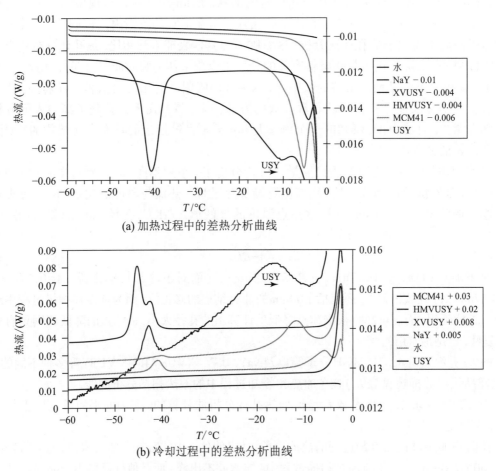

(a) 加热过程中的差热分析曲线

(b) 冷却过程中的差热分析曲线

图9.7 水、NaY、XVUSY、HMVUSY和MCM-41(左纵坐标)和USY(右纵坐标)的差热分析曲线
(热流与温度的相关曲线)[为了便于比较分析，有些曲线上移或下移，右边方框中的样品顺序
(从上往下)与左图中的曲线顺序相一致]

表9.2 含水USY、XVUSY、HMVUSY以及MCM-41的
加热和冷却差热曲线中的峰位置、峰高以及峰面积

项目		$T_{起始}$ (± 2℃)/℃	孔径D①/nm	T_{max}/℃	孔径D①/nm	峰面积/(J/g)	孔体积②/(cm³/g)	介孔孔径D③/nm	孔穴④,%
加热(吸热),氮气物理吸附	USY⑤	-34	3	-10.5	7.5	2.3	0.033	4~20	20
	USY⑥	-28	4	-10.4	7.6	2.0	0.028		
	XVUSY⑤	-32	3	-4.1	17.1	14.7	0.18	4~40	29
	XVUSY⑥	-30	4	-4.1	17.1	12.0	0.14		
	HMVUSY⑤	-25	4	-5.3	13.6	18.5	0.24	4~25	7
	HMVUSY⑥	-25	4	-5.3	13.6	18.0	0.23		
	MCM-41	-50	2.7	-40.3	3.0	16.3	0.62	2.8	
冷却(放热)	USY	-9.08	>15.5	-16.5	9.0	n.d.⑨			
		-40.1	n.p.⑧	-42.7	n.p.⑧	0.3			
	XVUSY	>-3.9⑦	>34.3	-5.9	23.1	n.d.⑨			
		-38.2	n.p.⑧	-40.7	n.p.⑧	2.1			
	HMVUSY	>-7.0⑦	>19.6	-11.8	12.1	n.d.⑨			
		-38.2	n.p.⑧	-40.2	n.p.⑧	0.6			
	MCM-41	-38.5	4.5	-42.5	4.2	15.9			

① 根据式(9.2)计算而来;
② 根据冰密度及其融化焓与峰面积的相关性计算而来;
③ 根据氮气吸脱附中的脱附等温线计算的介孔孔径;
④ 孔穴结构的孔体积在总孔体积中的比值;
⑤ 从-60℃到-2℃的加热过程;
⑥ 从-2℃冷却到-35℃后,再从-35℃到-2℃的加热过程;
⑦ 并不是根据与-2℃的峰的叠合计算而来;
⑧ n.p.代表均匀成核并不是根据式(9.2)计算而来;
⑨ n.d.代表并不是与-2℃的峰叠合而计算得到。

从这个例子中,我们可以发现热孔计分析非常适用于多级孔分子筛的表征分析。与气体吸脱附相比,热孔计分析的样品制备更为简单而其测试速度则更为快速,而且包含有快速样品控制的自动进样器也可以安装在全自动化的装置中。虽然如此,气体吸脱附是标准方法,但热孔计分析仍然不是。对于易碎的样品,也需要考虑在液体凝固过程中由于膨胀而导致的可能出现的样品变形甚至孔结构崩塌等现象。一些与表征数据的分析解释相关的问题仍然没有得到很好的解决,比如:非凝结层液体的厚度的不确定性[241];低温下的融化焓[242];孔的形貌因素和孔径大小对等温曲线和放热曲线之间滞后环的起源与宽度的不同贡献值[233]。更为重要的是,大部分的数据都是与水和苯有关的,这限制了热孔计分析的应用[237]。虽然如此,但是如上所述,但是使用热孔计分析可以辨别多级孔分子筛中的孔穴结构(在分子筛内部,且可在里面均匀成核)和圆柱型孔结构(与外表面直接相连,且在里面非均匀成核)。此外,可简单计算出不同孔结构对总孔体积的贡献的相对大小。将热孔计分析应用于多级孔分子筛的表征的巨大潜力仍需进一步研究,特别是使用分子筛实际应用中相关的物质为吸附质的研究[234]。

9.3.3 压汞法

压汞法(MP)是广为接受的包含有介孔和大孔的孔材料的表征方法[77]。孔结构的半径r与汞可以进入孔结构时的流体平衡压力P的相互关系是压汞法的基础。对于汞这样的非浸润流

体来说,附加压力ΔP是正值,而且它与r成反比关系。随着外压的增加,汞可以进入尺寸更小的孔结构。根据这一关系,可以使用Washburn方程[243]来计算孔径:

$$r=2\gamma \cdot \cos\theta / P \tag{9.3}$$

式中:r是等效圆柱形孔的半径;γ是汞的表面张力;θ是汞与样品的接触角;P则是所用压力。

大部分情况下,γ的值是484 mN/m,而θ的值则是141°。在实验中,常用的压力是在0.01~200 MPa的范围内变化,相应地对应于半径在3.5 nm~75 μm之间的孔。此外,与氮气吸脱附曲线相结合时,则可以区别与外表面直接相连的介孔,以及只能通过微孔而与外表面相连的孔穴。氮气吸脱附表征能同时用来分析微孔结构和介孔结构,而压汞法则只能用来分析孔径大于3.5 nm的介孔。虽然压汞法是非常完善的介孔和大孔分析方法,但是有关具有介孔结构分子筛的压汞法分析表征的文献报道则特别少。Lohse等[244]和Janssen等[214]使用压汞法对脱铝制备的多级孔Y分子筛进行了表征分析。结果表明,在大于4 nm介孔的孔体积以及孔径分布的表征中,压汞法给出的结果基本与氮气吸脱附的分析结果一致。近年来,压汞法也被用于脱硅处理制备的多级孔ZSM-5沸石的分析表征[245]。

使用压汞法和氮气吸脱附对未改性样品(Z-200-nt)和碱改性样品(Z-200-at)进行表征分析得到的孔径分布曲线如图9.8所示。

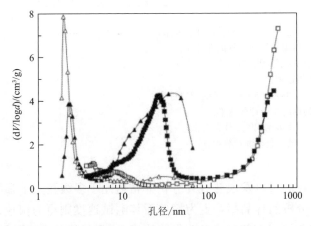

图9.8 由氮气吸脱附和压汞法拟合得到的母体分子筛Z-200-nt(空心标志)
以及碱处理所得分子筛Z-200-at(实心标志)的孔径分布图

需要注意的是,氮气吸脱附曲线拟合得到的孔径分布曲线中,2 nm左右的峰并不与特定孔径的孔结构相关联,而是由MFI结构中吸附的物相产生的所谓的液固相变化所引起的[246],这一现象经常可在实验中观察到。对于尺寸大于100 nm的孔结构,未改性样品和改性样品都表现出相似的孔径分布,这说明碱改性处理并没有改变分子筛的形貌。在介孔区域,两种表征方法给出的结果基本一致。在氮气吸脱附的表征结果中,4~100 nm之间的介孔体积为0.41 cm³/g,而压汞法测得的相应值为0.31 cm³/g。压汞法给出的孔体积偏低被认为是由高压下测量时样品的弹性压缩所引起的。压汞法拟合得到的孔径分布曲线集中分布于25 nm处,而根据氮气吸脱附的脱附等温线进行的BJH拟合则得到集中于45 nm处且更为宽泛的孔径分布曲线。压汞法得到的孔径分布曲线的孔径更小且其分布更为集中,可能是与孔结构效应有关。因为在压汞分析中,汞逐渐进入孔径更小的孔,这意味着孔的连续填充主要决定于孔结构的相互连接方式。虽然如此,压汞法给出的结果能够说明通过脱硅处理所引入的介孔结构大部分都能直接与分子筛的外表面相连,这对于改善分子筛中的传质作用是非常重要的。从这个角度考虑,压汞法可以很好地估算直接与外表面相连的介孔结构的量,而这部分介孔结构比分子筛颗粒内部的孔穴更有利于改善分子筛中的传质。上面所讲的例子也提醒我们在研究弹性样品或易碎样品时,需更加谨慎。

9.3.4 电子显微镜

9.3.4.1 SEM和TEM

电子显微镜是对孔材料进行表征分析的最为直观的方法之一,而且此法已被广泛用于直接分析样品的表面性质相关的信息(在一些情况下,与氮气吸脱附结合使用)[247]。虽然目前有相当多的工作方式可供选择,但扫描电子显微镜(SEM)和透射电子显微镜(TEM)则是孔材料表征分析最为常用的方法。SEM的工作方式如下:通过光栅将一束电子束打到样品表面后,监测不同位置反射电子或者次级电子的强度。由此,则可以获得样品的形貌或化学组成等表面信息。而对于具有介孔和大孔等二次孔结构的分子筛来说,不出意外的是样品的表面粗糙度会增加。与SEM相比,TEM则取决于透射电子和衍射电子的强度。当电子波穿过样品后,样品与电子波的相互作用使得电子波的振幅和相位发生改变。而整体的变化则与样品的厚度和化学组成有关。高孔隙率的区域由于具有低的密度而在TEM图片中呈现出相对发白的图像。因此,通过TEM可直接获得孔结构的图像。

Ogura等[62]报道使用0.2mol/L的NaOH水溶液对分子筛进行碱处理而制备了具有介孔结构的ZSM-5沸石。碱处理后,氮气吸脱附曲线的表征结果说明分子筛的微孔体积有所降低(从0.17cm³/g降低至0.13cm³/g),而相应的其介孔体积则显著增加(从0.07cm³/g增加至0.28cm³/g)。SEM图片则显示在改性样品的表面有一些沟和空穴(见图9.9),这说明碱溶液处理对分子筛产生了一定的溶解破坏。通过后改性处理[97]以及模板法[143, 151, 159]制备的具有介孔结构的分子筛上一般都可以看到表面粗糙度增加的形貌。

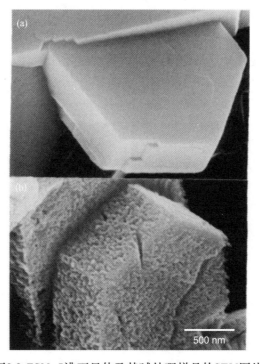

图9.9 ZSM-5沸石母体及其碱处理样品的SEM图片

ZSM-5沸石颗粒中铝的非均匀分布一直是饱受争议的问题。Dessau等[60]使用0.5mol/L的Na$_2$CO$_3$溶液对硅铝比在35~115之间的ZSM-5沸石样品进行了后改性处理,并获得了一系列具有空心结构的ZSM-5沸石。通过此法获得的典型的改性样品的SEM图片如图9.10所示。

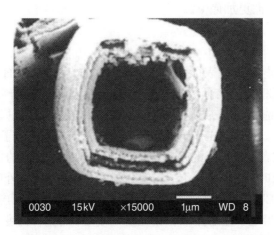

图9.10 Na$_2$CO$_3$溶液处理后的ZSM-5沸石颗粒(Si/Al=62)的SEM图片

碱处理后,分子筛的硅铝比从开始的62降低至8。这一结果说明,在碱性条件下,硅物种比铝物种更容易被溶解破坏。带有负电的四配位铝中心被认为在氢氧根的进攻中呈现惰性。空心结构的形成则明确说明ZSM-5沸石中存在富铝区域,而且分子筛外表面的铝浓度要更高。随后,Groen等[110]在使用0.2mol/L的NaOH溶液对硅铝比为41、尺寸约为20μm的ZSM-5沸石颗粒进行改性处理的过程中也观察到类似的现象。通过SEM-EDX(能量色散X射线光谱)分析,可以获得分子筛颗粒上的元素的空间分布情况。如图9.11所示,可以看出母体分子筛颗粒上的铝浓度具有一定的梯度,而硅则分布得非常均匀。对多个颗粒进行的点分析则说明分子筛颗粒边缘上的铝浓度比分子中的铝浓度高30倍。因此,通过碱处理可以获得内部具有大孔结构,但外表面基本无变化的空心分子筛。氮气吸脱附的分析结果说明,这样的大的空心结构只能适度提高分子筛的介孔面积(在改性处理前后,其介孔面积从5m^2/g增加至30m^2/g)。

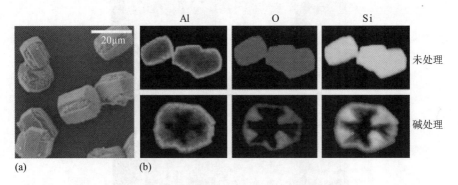

图9.11 大颗粒ZSM-5沸石的SEM图片,以及未处理和碱处理(0.2mol/L NaOH)的
ZSM-5沸石颗粒(17μm)的SEM-EDX图片

以碳材料为模板已被证明是在分子筛中引入有序介孔的有效方法之一。Cheristensen等[41,143]以炭黑为模板制备了具有介孔结构的ZSM-5沸石。常规分子筛(合成中未使用炭黑)

和具有介孔结构的分子筛的SEM图片如图9.12所示。虽然两种分子筛都具有典型的"棺材型"形貌，但是多级孔分子筛样品则具有表面更为粗糙的不一样的形貌。从TEM照片则可以看出样品中确实存在大量的介孔结构，如图9.12所示。

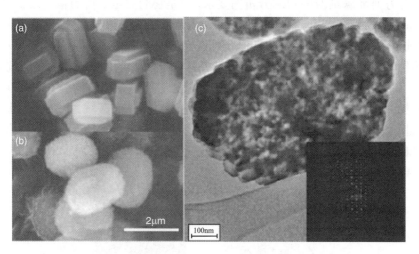

图9.12 常规分子筛(合成中未使用炭黑)和具有介孔结构的分子筛的SEM图片: (a)为常规分子筛；
(b)为相同ZSM-5分子筛颗粒的TEM图片及其电子衍射结果(插图)；(c)为多级孔分子筛

　　根据SEM和TEM的分析结果，具有介孔的分子筛似乎是由小颗粒堆积形成的聚合体。然而，在覆盖整个分子筛颗粒的区域进行的电子衍射的表征分析则说明样品确实是单晶结构，如图9.12c中的插图所示。这也进一步证明了炭黑颗粒是起模板作用，并且其在合成过程中被包覆于分子筛颗粒的假设是正确的。下面将进一步说明以碳材料为模板的方法的优势，即碳材料来源的多样性以及此法在其他分子筛中也具有广泛的适用性。根据使用硬模板时的合成机理可知，在优选的合成条件下，介孔结构的孔径、形状及其曲率都与模板材料的形貌十分吻合。因此，可以通过使用合适的具有不同形貌的模板材料来控制介孔结构的尺寸大小及其形状。而这也确实可以在以多层碳纳米管为模板合成的具有晶内圆柱形介孔的多级孔Silicalite-1颗粒中观察到此现象[42]。如图9.13所示，分子筛颗粒具有界面清晰的类单晶形貌。此外，贯穿分子筛中颗粒的完整的圆柱形孔结构似乎就是碳纳米管产生的印记，这进一步说明碳纳米管起了模板的作用。

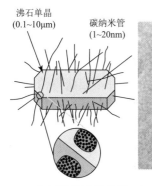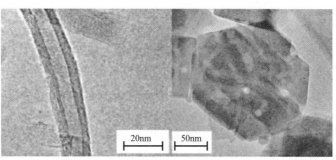

(a) 多级孔分子筛单晶　　　　　(b) 多层碳纳米管的TEM图片　　　(c) 以多层碳纳米管为模板
　　形成机理的描述　　　　　　　　　　　　　　　　　　　　　制备的多级孔silicalite-1颗粒

图9.13 分子筛颗粒具有界面清晰的类单晶形貌

为了深化对介孔结构的表征分析以及介孔结构形成机理的研究, 则有必要采用高分辨的、甚至是原子范围的详细的结构分析方法。从这一角度考虑, 高分辨透射电子显微分析(HRTEM)则是合适的表征方法之一。然而, 虽然很多分子筛, 特别是多级孔分子筛, 在尺寸大小以及厚度等方面都满足(HR)TEM分析的要求, 但是它们对电子束的辐射过于敏感。为解决这一问题, Sasaki等[88]在电子显微镜上安装了高灵敏度的SSC(慢速扫描CCD)相机, 这可以使HRTEM测试可以在只相当于常规HRTEM分析1/50倍电子量的条件下进行。图9.14所示的是蒸汽老化脱铝制备的Y型沸石在[110]方向的HRTEM分析结果, 其中偏白的区域则是分子筛中的介孔孔道。而对该照片进行详细分析后, 研究者发现沿着介孔结构的方向存在孪晶结构。由此可以推断, 分子筛颗粒中事先存在稳定性更差的孪晶界面区域, 而介孔结构则是从此处生成的。因此, 可以通过控制分子筛母体中的孪晶界面的密度而实现介孔结构密度的调控。而结合SEM和HRTEM对交叉生长的EMT/FAU分子筛进行的表征分析, Terasaki等[248]发现脱铝更容易在高密度的堆垛层错区域进行。

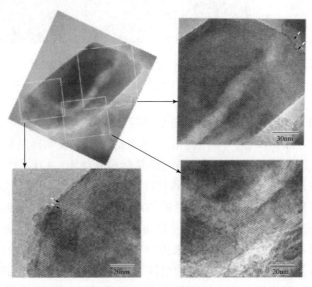

图9.14 脱铝Y型沸石沿[110]轴方向的HRTEM图片(图中的柱状的白色区域即为介孔结构)

9.3.4.2 3D TEM

TEM分析是目前最为主要的分析方法之一, 而且此法在分子筛的介孔结构分析中提供了相当多的直观信息。通过TEM分析, 可以直接看到单个分子筛颗粒上的介孔结构的尺寸及其形状, 这补充了氮气吸脱附等宏观的表征方法所能得到的所有宏观信息。虽然如此, 但是常规的TEM照片只是具有三维结构物体在二维方向的投影, 因此并不能获得清晰的有关介孔结构的形状、连接方式、位置以及三维走向等方面的信息。比如, 在蒸汽老化处理制备的Y型沸石中, 经常可以看到球形和圆柱形的介孔, 而实际上在二维图像上, 圆柱形孔结构也可以球形的形式出现。但是, 常规的TEM表征分析并不能解决这一矛盾之处[249, 250]。为了观察脱铝Y型沸石中的内部孔道结构, 切片技术已应用超薄样品(大约为20～50nm)的表征分析[85, 87]。然而, 在切片过程中, 样品发生了破碎, 这使得表征结果的分析更为困难。以上情况使得完整样品的三维成像分析成为必然。为实现这一目的, 立体TEM分析已用于多级孔分子筛的表征[48]。通过使蒸汽老化制备的Y型沸石样品按照10°的间隔从0°逐渐倾斜至50°,

Sasaki等[88]观察到在一个方向为圆形的孔在样品倾斜50°后变为圆柱形孔。立体-TEM分析也已经被用于以碳纳米管为模板制备的多级孔ZSM-5沸石颗粒的三维成像[147]。

电子辐射断层扫描技术的进一步发展是开发三维成像技术[251]。使用电子辐射断层扫描可以获得一系列的分子筛样品在大角度范围内倾斜时的二维图片。随后围绕固定的原点和倾斜轴将这些图片连续的组合在一起,即可以用来模拟被研究样品的三维图像。目前,使用最先进的设备,采用1°的间隔可以在-70°~7°之间连续收集141张系列图片。为了便于这一系列图片的组合,经常需使用纳米金属颗粒作为标记物(比如可以使用5nm左右的金颗粒)。而对标记物的位置进行最小二次方的拟合则可以成功地实现系列图片的组合。根据投影-切片原理,样品二维投影的傅立叶变化等同于其三维投影中过中心的一个切片的傅立叶变化[252]。取得一系列不同倾斜角度的投影后,在进行逆向的傅立叶变化即可以获得样品的三维(3D)图像,如图9.15所示。这一过程,也被称作重构,可提供样品在不同角度的虚拟切面的二维图像。若想详细了解电子辐射断层扫描的基本原理和工作流程,请参照Deans等[252]的著作。在最近的一篇综述下文献中,探讨并强调了电子辐射断层扫描在催化材料中的应用[253]。

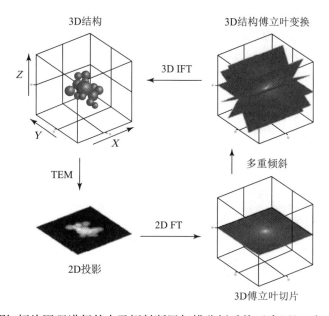

图9.15 根据投影-切片原理进行的电子辐射断层扫描分析重构示意图(FT表示傅立叶变换,
而IFT则表示反傅立叶变换;通过一系列不同角度的旋转投影可得到样品的三维傅立叶
变化结果,再进一步进行反傅立叶变换即得到样品的三维重构图像)

在分子筛的表征方面,电子辐射断层扫描分析已应用于后改性处理[110, 214, 254~256]以及以碳材料为模板[40]所制备的具有介孔结构的分子筛的成像分析。其中,Koster等[254, 256]首先将电子辐射断层扫描应用到了分子筛的表征中,而且他们还最先将此技术应用于多相催化剂的分析中。丝光沸石是最具有工业应用价值的分子筛之一,而图9.16所示的是酸处理改性后的氢型丝光沸石颗粒的常规TEM图片和通过电子辐射断层扫描分析获得的单薄切片(0.6nm)的数学模型。图中的黑点是为了图片组合而设置的金颗粒标记物。电子辐射断层扫描的分析结果以前所未有的清晰度说明在分子筛颗粒中存在介孔结构,而由于样品的厚度不均匀和/或孔结构的不同与相互叠加,常规的TEM图片中的孔结构信息非常模糊。

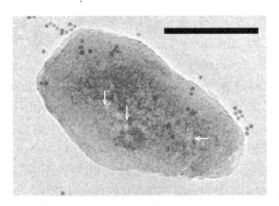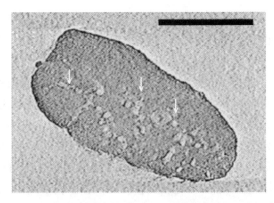

(a) 分子筛颗粒的常规TEM图片，可以说明分子筛中存在介孔(见图中箭头所指的白点)以及为了组合方便的几个金颗粒(见图中5nm左右的黑点)

(b) 通过三维重构而得到的分子筛颗粒的0.6nm厚的切片的数学模型，这直接说明分子筛颗粒中存在介孔(箭头所示)

图9.16 酸处理改性后的氢型丝光沸石颗粒的常规TEM图片和通过电子辐射断层扫描分析获得的单薄切片(0.6nm)的数学模型(图中的标尺都为100nm)

电子辐射断层扫描技术也已经对另一系列重要的工业用分子筛, 即Y型沸石及其相应的脱铝分子筛进行了分析表征[255]。NaY分子筛及通过蒸汽老化、二次蒸汽老化后再酸处理等不同改性方式所制备的USY、XVUSY等的常规二维TEM图片以及电子辐射断层扫描图片如图9.17所示。

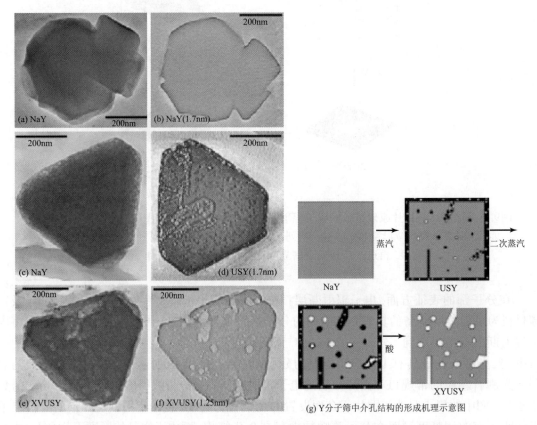

图9.17 NaY型沸石以及通过蒸汽老化、二次蒸汽老化和酸处理等不同改性方式所制备的USY、XVUSY等的常规二维TEM图片和电子辐射断层扫描图片

与预想的一致的是，在NaY分子筛样品中没有观察到介孔结构。而与常规的TEM图片相比，使用电子辐射断层扫描分析可以更好的分析介孔结构。根据电子辐射断层扫描分析的表征结果估算出的USY和XVUSY的介孔结构的直径分别是3~20nm和4~34nm；而氮气吸脱附的表征结果则表明USY在4~20nm之间，而XVUSY在4~40nm之间，两种方法得到的结果相当一致。此外，对一系列分子筛颗粒进行的电子辐射断层扫描的分析结果表明，虽然在USY和XVUSY中有一些直接与分子筛外表面相连的圆柱形介孔，但是两种分子筛中都有相当一部分的介孔是孔穴结构。氮气吸脱附的表征结果也说明分子筛中存在这两种构型的介孔。而更为重要的是，蒸汽老化所制备的USY样品的电子辐射断层扫描分析结果显示一些暗的孔穴结构和暗的边带围绕在分子筛颗粒周围，而这些是无法通过二维的TEM图片来分辨清楚的。结合氮气吸脱附和XPS(可测的硅铝原子比)的分析表征，这些区域被归属于富铝的无定形物种(根据XPS的结果，其硅铝比为1.1)。在这些分析结果的基础上，提出了蒸汽老化和酸处理过程中介孔结构形成的机理，如图9.17所示。这不仅支撑了之前的一些研究结果[79]，更补充了关键的介孔形成方面的内容。因此，介孔结构从孔穴位置开始形成并在该处产生一些无定形物种。在二次蒸汽老化和酸处理的过程中，小的孔穴结构会坍塌并形成大的孔穴结构和圆柱形孔。而对于非骨架铝物种，USY的图片中的可清晰辨别的暗色区域，则可在后续处理制备XVUSY的过程中脱除。通过电子辐射断层扫描分析提供的详细信息，对单个分子筛颗粒进行定量的结构解析成为可能。比如，根据电子辐射断层扫描分析进行的定量分析得到的孔径分布曲线，如图9.18所示。这与氮气吸脱附表征得到的宏观结果相当吻合[257]。因此，两种分析方法所得到的结果可互相补充。然而与气体吸脱附不同的是，电子辐射断层扫描分析不需要建立有关孔的构型的模型，并且可以直接提供有关孔的形状、尺寸大小以及介孔结构的相互连接方式等方面的信息。

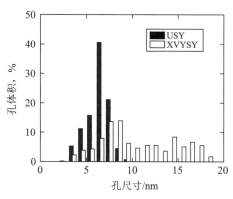 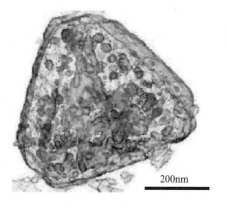

(a) 电子辐射断层扫描分析定量分析得到的　　　(b) XVUSY分子筛颗粒中的介孔
USY和XVUSY分子筛中的介孔尺寸分布图　　　　　　结构的三维示意图

图9.18 根据电子辐射断层扫描分析进行的定量分析得到的孔径分布曲线

电子辐射断层扫描分析也已经被用于研究通过其他方法所制备的具有介孔结构的分子筛。对颗粒尺寸在400~700nm之间的小的ZSM-5沸石颗粒进行碱处理脱硅后，电子辐射断层扫描分析的结果表明，虽然分子筛颗粒的外表面并没有显著的变化，但在分子筛颗粒内部形成了非常有序并且相互连接的介孔结构[110]。这些结果进一步说明了在小的ZSM-5颗粒中存在富铝区域，在碱处理的过程中，介孔结构的生成与这些区域有直接的关系。

最后一个例子是电子辐射断层扫描分析在以碳材料为模板制备的多级孔分子筛中的应用[40]。以碳纳米纤维和炭黑聚集体为模板制备的Silicalite-1样品中，从分子筛颗粒的外表面开始形成了圆柱形的介孔。然而，以炭黑聚集体为模板制备的分子筛颗粒中的介孔结构的曲率，要远远大于以碳纳米纤维为模板所引入的圆柱形孔的相应值。而对于更大粒径的分子筛颗粒，则分子筛中可包覆更高含量的碳聚集体，并形成墨水瓶型介孔。

从以上所讲的例子中，我们可以看到，与常规的TEM分析相比，电子辐射断层扫描分析可以对单个颗粒内部的孔形、孔径大小以及孔的相互连接方式等进行定性和定量分析，从而获得前所未有但清晰的孔结构信息。因此，电子辐射断层扫描分析可进一步充实其他宏观表征方法所得到的分析结果，并有助于深入分析介孔结构的形成机理以及分子筛物化性质的优化。

9.3.5 NMR 技术

9.3.5.1 ^{129}Xe NMR谱图

核磁共振(NMR)谱图是用于分子筛材料结构表征的有效方法之一，它包括一系列的表征技术。比如，通过^{27}Al、^{1}H和^{29}Si NMR谱图可以获得包括常规分子筛的元素组成、骨架缺陷以及孔的表面性质等在内的相当丰富的结构信息。而在分子筛的孔结构表征方面，^{129}Xe NMR分析则被证明是重要而有价值的表征方法[258~260]。^{129}Xe是惰性、非极性且具有大的电子云的球形原子，而且它对周围环境的变化非常敏感。基于已经发展成熟的Xe NMR谱图分析方法，可以获得其与周围环境的不同作用相关的大范围内的化学位移。对于吸附于固体孔材料中的Xe，其^{129}Xe NMR谱图中的化学位移是在NMR的时间尺度范围内的不同类型相互作用的质量平均值[260]。而分子筛中Xe的化学位移则是包括Xe-Xe间的碰撞、阳离子的电场作用以及与孔穴或孔道的表面、尺寸大小和结构等的相互作用相关的一系列可对Xe的电子云产生扰动的各种作用的总和。一般来说，孔径越小，气相Xe的化学位移越高，这是因为孔径过小对Xe的扩散产生较为严重的限制。Xe的化学位移与孔径大小相关，而其吸附等温线则可以提供孔体积相关的信息。虽然通过^{129}Xe NMR已经积累了相当多的与分子筛的骨架结构、化学组成以及阳离子位置等相关的知识，但是将此法应用于具有介孔结构分子筛的表征分析的报道仍然较少。对于脱铝的Y型沸石[261]、丝光沸石[261, 262]以及CSZ分子筛[263]，^{129}Xe NMR中Xe的化学位移降低，这是由于介孔或大孔结构的形成增加了Xe扩散的平均自由程。最近以来，Liu等[201]应用激光极化^{129}Xe NMR的二维变化谱图分析方法对以淀粉为模板制备的多级孔ZSM-5沸石进行了表征分析。激光脉冲光束的引入可以产生激光极化的Xe，并使^{129}Xe NMR分析可在非常低的Xe浓度的(约为1%)连续气流中进行[264]。因此，此法所监测到的^{129}Xe NMR的化学位移主要是由Xe原子与固体表面的相互作用所引起的。激光极化^{129}Xe NMR的二维变化谱图分析是研究Xe在固体孔材料中的吸附过程动力学的非常有效的方法，而且在表征多级孔分子筛中孔结构的相互连接方式方面，此法也表现出了较大的潜力。

在不同温度的连续气流下，硅铝原子比是50的多级孔ZSM-5沸石的激光极化^{129}XeNMR谱图如图9.19所示。

图9.19中，化学位移为0的峰是气相的Xe。当温度从293K降到153K时，Xe逐渐被吸附于微孔结构中，从而在高化学位移处产生信号a。随着温度的降低，该处的化学位移强度呈现增加的趋势，这是因为在低温下，Xe与表面的相互作用以及Xe与Xe的相互作用都有所增强。在153K时，则^{129}Xe NMR谱图中又在低化学位移处出现了信号b，这说明在多级孔ZSM-5沸石中还具有其他的孔径分布较宽的孔结构，而且当温度高于153K时，Xe在这些孔结构中可快速交换。图9.19b所示的是相同样品在143K以及混合时间τ_{mix}=1ms时的^{129}Xe NMR二维变化谱

图。二维变化谱图通常是通过调节在一个所谓的混合时间τ_{mix}前后的频率而测得的,而在这一混合时间内则可能发生自旋变化和/或分子的再定位。由于二维谱图中强度的非对称分布,可以观察到核磁共振频率的变化。在一个τ_{mix}的周期内,^{129}Xe NMR二维变化谱图的对角线上的交叉峰则说明Xe原子与相应的环境有交互作用。图9.19b中所看到的交叉峰充分说明Xe原子可在微孔结构和介孔结构中相互交换。当混合时间小于0.2ms时,则观察不到这样的交叉峰。而当混合时间延长到5ms时,则交叉峰的强度增加。因此,Xe在两种类型的孔道结构内的相互交换主要发生在1ms的时间范围内。为了更好地理解这一结果,研究者还将常规ZSM-5沸石和具有与多级孔ZSM-5沸石相似介孔结构的商用SiO$_2$混合并制备了对比样品。结果表明,这一混合样品具有与多级孔ZSM-5沸石样品相似的比表面性质。比如,两者的微孔体积都是0.10cm^3/g,而混合样品和多级孔分子筛的介孔体积则分别是0.30cm^3/g和034cm^3/g,BET比表面积分别是373m^2/g和350m^2/g。所不同的是,在混合时间为1ms时,相同实验条件下测得的二维交换谱图中并没有观察到常规ZSM-5沸石与硅胶的Xe交换。而只有当混合时间大于5ms时,才能观察到交换信号。这说明在混合样品中的实质是颗粒间的扩散交换的Xe交换的速度,要低于多级孔ZSM-5样品中的交换速度。因此,与物理混合样品相比,多级孔分子筛中的微孔区域和介孔区域连接更为紧密,而且其连接方式更好。这一结果说明,通过^{129}Xe NMR二维变化谱图可以获得前所未有的微孔结构与介孔结构相互连接与交流的信息。^{129}Xe NMR分析在多级孔分子筛表征分析中的巨大潜力仍有待开发,特别是在定量分析方面。

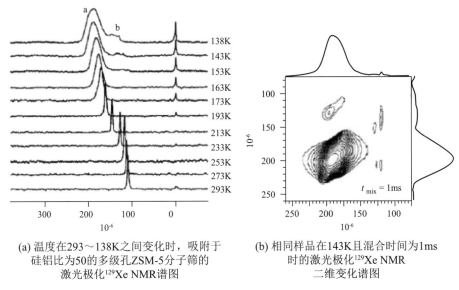

(a) 温度在293～138K之间变化时,吸附于硅铝比为50的多级孔ZSM-5分子筛的激光极化^{129}Xe NMR谱图

(b) 相同样品在143K且混合时间为1ms时的激光极化^{129}Xe NMR二维变化谱图

图9.19 在不同温度的连续气流下,硅铝原子比为50的多级孔ZSM-5沸石的激光极化^{129}XeNMR谱图

9.3.5.2 PFG NMR

在分子筛中引入晶内介孔的最主要的目的是缓解扩散控制,因此,使用探针分子,特别是与分子筛实际应用中相关的分子,对扩散进行直接的表征分析是十分有意义的。对多种多级孔分子筛进行的宏观扩散表征结果确实说明,由于扩散路径的缩短,介孔结构的引入明显改善了分子筛的扩散性能[71, 72, 74~76]。虽然如此,但为了深入研究晶内介孔结构的引入对分子筛扩散性能的影响,需要对分子筛中的扩散进行微观分析。在这一方面,脉冲梯度场(PFG)NMR

是可选的方法之一, 而且此法已广泛应用于孔材料, 特别是分子筛材料的晶间扩散的研究。

PEG NMR方法是基于自旋的拉莫尔(Larmor)频率与所用磁场的振幅的相关性来进行表征分析的[6]。在一个高磁场强度的恒定磁场上附加一个梯度变化的磁场, 则可以通过拉莫尔频率标记出自旋的位置, 从而可以生成在特定磁场中随特定的拉莫尔频率而自旋产生的累积相。如果在扩散分析的时间范围内, 发生自旋的分子的位置不改变, 则核磁信号会一直保持在高水平位置。然而, 如果在实验所取的时间范围内, 分子的位置发生变化, 则核磁信号会产生一定程度的衰减。通过13次梯度变化的PFG NMR分析测得的由于正常扩散而引起的核磁信号的衰减值(Ψ)可以用式(9.4)表示[265]:

$$\Psi = e^{-4\gamma^2\delta^2g^2Dt} \tag{9.4}$$

式中: D是扩散系数; t是有效的扩散时间; δ是所用的梯度磁场的持续时间; g是磁场的振幅; γ则是回磁比。

因此, 通过监测核磁信号的衰减值, 并将其与所用磁场的振幅以及其他的一些参数相关联, 则可以确定扩散系数D。

Kortunov等[266]以正辛烷和1, 3, 5-三异丙基苯为探针分子, 并使用PFG NMR分析对超稳Y型沸石进行了分析表征。超稳Y型沸石是通过对颗粒大小约为3μm的铵型Y型沸石进行蒸汽老化处理而制得。氮气吸脱附的表征结果说明, 蒸汽老化处理后, 分子筛的微孔体积有所降低(从028cm³/g降低至0.24cm³/g), 而其介孔体积则有较为显著的增加(从0.07cm³/g增加至0.17cm³/g)。通过PEG NMR分析得到的铵型Y型沸石和超稳Y型沸石中的正辛烷的有效扩散系数与均方根位移$\langle r^2 \rangle^{1/2}$($\langle r^2(t)\rangle = 6Dt$)的相关性如图9.20所示。

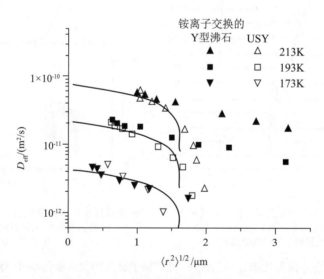

图9.20 通过PEG NMR分析得到的正辛烷的有效扩散系数与均方根位移的相关性(点)以及
相应的通过Monte-Carlo动力学拟合得到的尺寸为(2.3×2.3×2.3)μm³的立方体的
相应值(线)(图中拟合曲线的边界被认为是无法通过扩散分子)

然而, 当$\langle r^2(t)\rangle^{1/2}$小于1.5μm(颗粒尺寸的一半)时, 两种分子筛的扩散系数的相关性并没有明显的区别, 这说明通过蒸汽老化处理所引入的介孔对于正辛烷的晶内扩散并没有显著的影响。为了深化对这一观点的认识, 进一步使用1, 3, 5-三异丙基苯为探针分子, 其分子尺寸大于微孔孔径, 因而无法进入微孔孔道。其结果则表明, 母体分子筛和蒸汽老化样品的扩散系数相关性仍然基本一致，即在两种分子筛中都是晶间扩散为主。此外，从USY型沸石的3D TEM的拟合结果可以看出，其介孔结构中有相当一部分只能通过与其相连的微孔而与外表面相连的孔穴。而与此相一致的是，PEG NMR表征的结果说明USY型沸石中的晶内扩散几乎不受介孔结构的影响。孔穴的存在只能在一定程度上增加晶内扩散系数，而整个过程仍然受控于最慢速率步骤，即微孔内的扩散。以上结果突出说明，为改善分子筛内的扩散限制，不仅介孔结构的孔径大小和孔体积非常重要，其形状及其相互连接方式也可产生重大影响。

当将NMR的表征方法与一系列不同的探针分子相结合时，则可以提供与分子筛的介孔结构相关的重要信息，特别是介孔结构的形状和相互连接方式。另外，不能忽视的是，为研究介孔材料而开发的其他的具有较大潜力的NMR表征方法，仍然未能应用于多级孔分子筛的表征分析。其中，基于吸附于固体样品的孔道结构中的探针分子的相变与其孔径大小的相关性而开发的NMR cryoporosimetry表征方法可以提供相当多的孔结构信息。比如，利用吸附于介孔结构中的水的^{1}H NMR谱图对介孔的全硅MCM-41分子筛进行表征分析[267]，由此发现了水的冰点降低与孔径大小的简单关系。

9.3.6 原位光谱和荧光显微分析

原位荧光显微技术已被广泛应用于细胞生物学，而由于具有高的时空分辨率和灵敏度，此法在近年来也在原位分析多相催化剂方面展现出了一定的潜力[268, 269]。结合原位光谱和荧光显微技术，可揭示大尺寸的ZSM-5沸石和SAPO-34分子筛颗粒的催化活性不稳定的原因[270~272]。对脱模板剂过程进行显微分析的结果则可以推测大颗粒CrAPO-5、SAPO-34、SAPO-5和ZSM-5沸石的次级结构单元的结构[273]。最近，Kox等[133]报道通过结合光谱和荧光显微技术，可以对不同苯乙烯化合物聚合过程中的多级孔ZSM-5沸石的催化活性的空间分布进行分析，其结果则可直接证明介孔结构在催化过程中的作用。

图9.21所示的是母体ZSM-5沸石以及脱硅处理所制得的多级孔ZSM-5沸石的SEM图片。从图9.21中可以看出，脱硅处理后，在多级孔ZSM-5沸石表面并没有凸起的棱角。而若在分子筛中加入4-甲氧基苯乙烯并将其加热至373K，则从图9.21所示的光学显微照片可以看出，母体ZSM-5沸石主要在凸起的棱角处显色，而多级孔ZSM-5沸石的颜色分布则更为均匀。由此可以推测，在ZSM-5沸石的凸起部分，其孔结构的取向与分子筛颗粒的其他部分有所不同，而且这一个特殊的孔道结构会抑制探针分子进一步扩散进入分子筛颗粒内部。而脱硅处理后，则分子筛的颗粒内部具有更好的可接近性。此外，图9.21还显示了分子筛的光学吸收光谱。其中，波长为595nm和650nm处的吸收峰分别归属于二聚和三聚(或者聚合度更高的)聚合物。脱硅处理后，可以限制三聚的或者聚合度更高的碳正离子的生成。这是因为多级孔分子筛中的扩散路径缩短可降低在Brønsted酸中心处进行连续反应的几率。在共焦荧光显微分析中，也是用相同的反应对两种分子筛进行了表征分析。而与上述结果相一致的是，荧光显微的分析结果也说明在多级孔分子筛颗粒上，颜色分布更为均匀，如图9.22所示。此外，多级孔分子筛的共焦荧光信号也比常规分子筛的强，结合光学吸收光谱则可以对这一现象作出解释。因为激发波长为561nm处的光学吸收正好与分子筛颗粒的荧光强度相对应。更为重要的是，基于以上结果，提出了新的ZSM-5颗粒的构型图，如图9.22c所示。

这一例子直接说明了介孔结构的引入对于分子筛催化反应的影响。对ZSM-5沸石进行脱硅处理后，大尺寸分子筛颗粒内部的微孔结构的可接近性更好。然而，由于光学和荧光显微分析的分辨率过低(只有几个微米)，目前仍然不能通过此法获得分子筛中的介孔结构的详细信息。虽然如此，但是在典型的催化反应条件下，使用此法进行原位分析可以为这些多级孔分子筛的实际应用提供更多有用的信息。

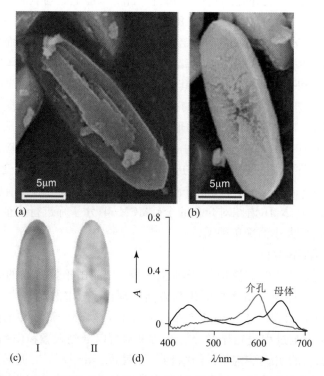

图9.21 (a)母体H-ZSM-5沸石的SEM图片；(b)相应的多级孔分子筛的SEM图片；(c)使用
4-甲氧基苯乙烯聚合后的母体分子筛(Ⅰ)和多级孔分子筛(Ⅱ)颗粒的显微图片；(d)使用
4-甲氧基苯乙烯聚合后的母体分子筛(Ⅰ)和多级孔分子筛(Ⅱ)颗粒的光学吸收光谱[133]

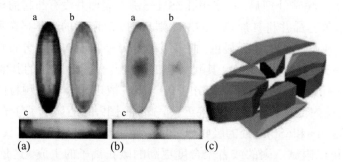

图9.22 (a)4-甲氧基苯乙烯聚合后的母体分子筛和原位荧光分析的共焦荧光图片；
(b)4-甲氧基苯乙烯聚合后的 多级孔分子筛的原位荧光分析的共焦荧光图片；(c)清晰
描述独立组成单元的ZSM-5沸石颗粒的示意图(373K下，激发波长561nm，检测范围
580~640nm；a~c分别指的是上水平面、与上水平面平行的中水平面以及与中间平面
垂直的中水平面；检测是在分子筛催化苯乙烯聚合5min后进行)

9.4 总结和展望

在分子筛颗粒中构建多级孔道结构的益处已经获得了学术界和工业催化应用过程的一
致认同。目前，已经发展了一系列的在分子筛中构建二次孔结构的方法，而且这些方法也进
一步被应用于不同结构以及不同组成的多级孔分子筛的合成。与此同时，具有更好的可操作
性和灵活性的新方法也陆续被开发出来。这些不同的方法都具有不同的合成机理，从而可以

制备出具有不同表面性质和组成的多级孔分子筛产品。然而，在实际应用中，无论哪种方法都可以被选择应用，而分子筛结构性质及其形成机理的清晰描述都是为了更深入地认识分子筛中介孔结构的形成机理，及其在催化应用中对反应过程的影响，以及为了改善分子筛的催化性能而需要进行的结构参数的优化。此外，还需注意的是，虽然孔径大小和孔体积这些文献经常报道的评价参数对于分子筛的催化性能会有十分重要的影响，但介孔的形貌、位置及其相互连接方式等参数的影响也同样不容忽视。

在此，我们总结了应用于分子筛，特别是多级孔分子筛的结构性质表征的多种分析方法。当氮气吸脱附和TEM等常规方法已经发展完善，并在分子筛的分析表征中占据主导地位时，其局限性也逐渐显现出来。本文中总结的其他表征方法，特别是在表征介孔结构的形貌及其相互连接方式等方面具有潜力的一些方法，应该进一步应用于多级孔分子筛的分析表征。其中，电子辐射断层扫描(ET)分析是较好的方法之一，此法可直接对分子筛的骨架结构进行详细的定性和定量分析。其他方法，比如热孔计法和压汞法等方法，虽然具有较好的可操作性，但是仍然没有大范围地应用于多级孔分子筛的表征分析。其原因之一则是表征结果的分析的不确定性，而这则是由多级孔分子筛中介孔结构的不规则形貌以及宽泛的孔径分布等复杂的介孔性质所引起的，特别是对于后处理改性所制备的多级孔分子筛来说。因此，为了进一步扩展这些方法的应用，它们在理论模型等机理方面的进步则显得更为迫切。在此方面，根据MCM-41等有序介孔结构分子筛的表征结果则可以对这些方法进行优化，并进一步将这些方法应用于多级孔分子筛的表征分析。此外，还需注意的是，目前仍有较多的在孔材料的结构解析方面具有较大潜力的方法，仍然未应用于多级孔分子筛的表征分析，比如准平衡热脱附分析、光谱椭偏仪、光透视以及中子衍射和X射线衍射等。总之，实验上和理论上的表征方法的进步都可有利于并促进多级孔分子筛的"设计合成"。

致谢

感谢国际联合催化研究机构(NRSCC)和荷兰科学研究团队织(NWO-CW)ACTS/ASPECT项目的资金支持。

参考文献

[1] Breck, D.W. (1974) Zeolite Molecular Sieves, Structure, Chemistry and Uses, Wiley-Intersciences, New York.
[2] Barrer, R.M. (1978) Zeolites and Clay Minerals as Sorbents and Molecular Sieves, Academic, London.
[3] van Bekkum, H., Flanigen, E.M., Jansen, J. C. (eds) (1991) Introduction to Zeolite Science and Practice, Elsevier, Amsterdam.
[4] Corma, A. (1995) Chem. Rev., 95, 559–614.
[5] van Steen, E., Claeys, M., and Callanan, L.H. (eds) (2005) Recent Advances in the Science and Technology of Zeolites and Related Materials, vol. 154B, Elsevier, Amsterdam.
[6] Kärger, J. and Ruthven, D.M. (1992) Diffusion in Zeolites and Other Microporous Solids, John Wiley & Sons, Inc., New York.
[7] Kärger, J. and Freude, D. (2002) Chem. Eng. Technol., 25, 769–778.
[8] Čejka, J. and Mintova, S. (2007) Catal. Rev.-Sci. Eng., 49, 457–509.
[9] Drews, T.O. and Tsapatsis, M. (2005) Curr. Opin. Colloid Interface Sci., 10, 233–238.
[10] Egeblad, K., Christensen, C.H., Kustova, M., and Christensen, C.H. (2008) Chem. Mater., 20, 946–960.
[11] Groen, J.C., Moulijn, J.A., and Pérez-Ramírez, J. (2006) J. Mater. Chem., 16, 2121–2131.
[12] Hartmann, M. (2004) Angew. Chem. Int. Ed., 43, 5880–5882.
[13] Kirschhock, C.E.A., Kremer, S.P.B., Vermant, J., Van Tendeloo, G., Jacobs, P.A., and Martens, J.A. (2005) Chem. Eur. J., 11, 4306–4313.
[14] Meynen, V., Cool, P., and Vansant, E.F. (2007) Microporous Mesoporous Mater., 104, 26–38.
[15] Pérez-Ramírez, J., Christensen, C.H., Egeblad, K., Christensen, C.H., and Groen, J.C. (2008) Chem. Soc. Rev., 37, 2530–2542.
[16] Schüth, F. (2003) Angew. Chem. Int. Ed., 42, 3604–3622.
[17] Schüth, F. (2005) Annu. Rev. Mater. Res., 35, 209–238.
[18] Tao, Y.S., Kanoh, H., Abrams, L., and Kaneko, K. (2006) Chem. Rev., 106, 896–910.
[19] Tosheva, L. and Valtchev, V.P. (2005) Chem. Mater., 17, 2494–2513.
[20] Tosheva, L. and Valtchev, V.P. (2005) C. R. Chim., 8, 475–484.
[21] van Donk, S., Janssen, A.H., Bitter, J.H., and de Jong, K.P. (2003) Catal. Rev.-Sci. Eng., 45, 297–319.
[22] Davis, M.E., Saldarriaga, C., Montes, C., Garces, J., and Crowder, C. (1988) Nature, 331, 698–699.

[23] Freyhardt, C.C., Tsapatsis, M., Lobo, R.F., Balkus, K.J., and Davis, M.E. (1996) Nature, 381, 295–298.
[24] Burton, A., Elomari, S., Chen, C.Y., Medrud, R.C., Chan, I.Y., Bull, L.M., Kibby, C., Harris, T.V., Zones, S.I., and Vittoratos, E.S. (2003) Chem. Eur. J., 9, 5737–5748.
[25] Corma, A., Díaz-Caban?s, M.J., Rey, F., Nicolooulas, S., and Boulahya, K. (2004) Chem. Commun., 1356–1357]
[26] Corma, A., Díaz-Caban?s, M., Martinez-Triguero, J., Rey, F., and Rius, J. (2002) Nature, 418, 514–517.
[27] Corma, A., Díaz-Caban?s, M.J., Jordá, J.L., Martínez, C., and Moliner, M. (2006) Nature, 443, 842–845.
[28] Sun, J.L., Bonneau, C., Cantín, A., Corma, A., Díaz-Caban?s, M.J., Moliner, M., Zhang, D.L., Li, M.R., and Zou, X.D. (2009) Nature, 458, 1154–1157.
[29] Choifeng, C., Hall, J.B., Huggins, B.J., and Beyerlein, R.A. (1993) J. Catal., 140, 395–405.
[30] Beyerlein, R.A., ChoiFeng, C., Hall, J.B., Huggins, B.J., and Ray, G.J. (1997) Top. Catal., 4, 27–42.
[31] Mavrodinova, V., Popova, M., Valchev, V., Nickolov, R., and Minchev, C. (2005) J. Colloid Interface Sci., 286, 268–273.
[32] On, D.T. and Kaliaguine, S. (2002) Angew. Chem. Int. Ed., 41, 1036–1040.
[33] On, D.T. and Kaliaguine, S. (2003) J. Am. Chem. Soc., 125, 618–619.
[34] Choi, M., Cho, H.S., Srivastava, R., Venkatesan, C., Choi, D.H., and Ryoo, R. (2006) Nat. Mater., 5, 718–723.
[35] Choi, M., Srivastava, R., and Ryoo, R. (2006) Chem. Commun., 4380–4382.
[36] Srivastava, R., Choi, M., and Ryoo, R. (2006) Chem. Commun., 4489–4491.
[37] Xiao, F.S., Wang, L.F., Yin, C.Y., Lin, K.F., Di, Y., Li, J.X., Xu, R.R., Su, D.S., Schl?gl, R., Yokoi, T., and Tatsumi, T. (2006) Angew. Chem. Int. Ed., 45, 3090–3093.
[38] Wang, H. and Pinnavaia, T.J. (2006) Angew. Chem. Int. Ed., 45, 7603–7606.
[39] Mei, C.S., Wen, P.Y., Liu, Z.C., Liu, H.X., Wang, Y.D., Yang, W.M., Xie, Z.K., Hua, W.M., and Gao, Z. (2008) J. Catal., 258, 243–249.
[40] Janssen, A.H., Schmidt, I., Jacobsen, C.J.H., Koster, A.J., and de Jong, K.P. (2003) Microporous Mesoporous Mater., 65, 59–75.
[41] Jacobsen, C.J.H., Madsen, C., Houzvicka, J., Schmidt, I., and Carlsson, A. (2000) J. Am. Chem. Soc., 122, 7116–7117.
[42] Schmidt, I., Boisen, A., Gustavsson, E., St?hl, K., Pehrson, S., Dahl, S., Carlsson, A., and Jacobsen, C.J.H. (2001) Chem. Mater., 13, 4416–4418.
[43] Fang, Y.M., Hu, H.Q., and Chen, G.H. (2008) Microporous Mesoporous Mater., 113, 481–489.
[44] Tao, Y.S., Kanoh, H., and Kaneko, K. (2003) J. Phys. Chem. B, 107, 10974–10976.
[45] Tao, Y.S., Tanaka, H., Ohkubo, T., Kanoh, H., and Kaneko, K. (2003) Adsorpt. Sci. Technol., 21, 199–203.
[46] Zhu, H., Liu, Z., Wang, Y., Kong, D., Yuan, X., and Xie, Z. (2008) Chem. Mater., 20, 1134–1139.
[47] Meyers, B.L., Fleisch, T.H., Ray, G.J., Miller, J.T., and Hall, J.B. (1988) J. Catal., 110, 82–95.
[48] Cartlidge, S., Nissen, H.U., and Wessicken, R. (1989) Zeolites, 9, 346–349.
[49] Horikoshi, H., Kasahara, S., Fukushima, T., Itabashi, K., Okada, T., Terasaki, O., and Watanabe, D. (1989) Nippon Kagaku Kaishi, 398–404.
[50] Chauvin, B., Massiani, P., Dutartre, R., Figueras, F., Fajula, F., and Descourieres, T. (1990) Zeolites, 10, 174–182.
[51] Guisnet, M., Wang, Q.L., and Giannetto, G. (1990) Catal. Lett., 4, 299–302.
[52] Wang, Q.L., Giannetto, G., and Guisnet, M. (1991) J. Catal., 130, 471–482.
[53] Wang, Q.L., Giannetto, G., Torrealba, M., Perot, G., Kappenstein, C., and Guisnet, M. (1991) J. Catal., 130, 459–470.
[54] Zholobenko, V.L., Kustov, L.M., Kazansky, V.B., Loef?er, E., Lohse, U., and Oehlmann, G. (1991) Zeolites, 11, 132–134.
[55] Beyerlein, R.A., Choifeng, C., Hall, J.B., Huggins, B.J., and Ray, G.J. (1994) in Fluid Catalytic Cracking Ⅱ–Materials and Processes, vol. 571 (eds M.L.Occelli and P. Oconnor), ACS, Washington, D.C., pp. 81–97.
[56] Nesterenko, N.S., Thibault-Starzyk, F., Montouillout, V., Yuschenko, V.V., Fernandez, C., Gilson, J.P., Fajula, F., and Ivanova, I. (2004) Microporous Mesoporous Mater., 71, 157–166]
[57] Katada, N., Kageyama, Y., Takahara, K., Kanai, T., Begum, H.A., and Niwa, M. (2004) J. Mol. Catal. A: Chem., 211, 119–130.
[58] van Bokhoven, J.A., Tromp, M., Koningsberger, D.C., Miller, J.T., Pieterse, J.A.Z., Lercher, J.A., Williams, B.A., and Kung, H.H. (2001) J. Catal., 202, 129–140.
[59] van Donk, S., Broersma, A., Gijzeman, O.L.J., van Bokhoven, J.A., Bitter, J.H., and de Jong, K.P. (2001) J. Catal., 204, 272–280.
[60] Dessau, R.M., Valyocsik, E.W., and Goeke, N.H. (1992) Zeolites, 12, 776–779.
[61] Lietz, G., Schnabel, K.H., Peuker, C., Gross, T., Storek, W., and V?lter, J. (1994) J. Catal., 148, 562–568.
[62] Ogura, M., Shinomiya, S.Y., Tateno, J., Nara, Y., Kikuchi, E., and Matsukata, H. (2000) Chem. Lett., 882–883.
[63] Ogura, M., Shinomiya, S.Y., Tateno, J., Nara, Y., Nomura, M., Kikuchi, E., and Matsukata, M. (2001) Appl. Catal. A: Gen., 219, 33–43.
[64] Suzuki, T. and Okuhara, T. (2001) Microporous Mesoporous Mater., 43, 83–89.
[65] Su, L.L., Liu, L., Zhuang, J.Q., Wang, H.X., Li, Y.G., Shen, W.J., Xu, Y.D., and Bao, X.H. (2003) Catal. Lett., 91, 155–167.
[66] Goa, Y., Yoshitake, H., Wu, P., and Tatsumi, T. (2004) Microporous Mesoporous Mater., 70, 93–101.
[67] Pavel, C.C., Palkovits, R., Schüth, F., and Schmidt, W. (2008) J. Catal., 254, 84–90.
[68] Pavel, C.C., Park, S.H., Dreier, A., Tesche, B., and Schmidt, W. (2006) Chem. Mater., 18, 3813–3820.
[69] Pavel, C.C. and Schmidt, W. (2006) Chem. Commun., 882–884.
[70] Holm, M.S., Egeblad, K., Vennestrom, P.N.R., Hartmann, C.G., Kustova, M., and Christensen, C.H. (2008) Eur. J. Inorg. Chem., 5185–5189.
[71] Cavalcante, C.L., Silva, N.M., Souza-Aguiar, E.F., and Sobrinho, E.V. (2003) Adsorption, 9, 205–212.
[72] Christensen, C.H., Johannsen, K., T?rnqvist, E., Schmidt, I., Tops?e, H., and Christensen, C.H. (2007) Catal. Today, 128, 117–122.
[73] Hoang, V.T., Huang, Q.L., Malekian, A., Eic, M., Do, T.O., and Kaliaguine, S. (2005) Adsorption, 11, 421–426.
[74] Li, X.F., Prins, R., and van Bokhoven, J.A. (2009) J. Catal., 262, 257–265.
[75] Wei, X.T. and Smirniotis, P.G. (2006) Microporous Mesoporous Mater., 97, 97–106.
[76] Xu, B., Bordiga, S., Prins, R., and van Bokhoven, J.A. (2007) Appl. Catal. A: Gen., 333, 245–253.
[77] Rouquerol, J., Avnir, D., Fairbridge, C.W., Everett, D.H., Haynes, J.H., Pernicone, N., Ramsay, J.D.F., Sing, K.S.W., and Unger, K.K. (1994) Pure Appl. Chem., 66, 1739–1758.
[78] Gheorghiu, S. and Coppens, M.O. (2004) AICHE J., 50, 812–820.
[79] Marcilly, C. (1986) Pet. Technol., 328, 12–18.
[80] Kerr, G.T. (1967) J. Phys. Chem., 71, 4155–4156.
[81] Morin, S., Gnep, N.S., and Guisnet, M. (1998) Appl. Catal. A: Gen., 168, 63–68.
[82] Coster, D., Blumenfeld, A.L., and Fripiat, J.J. (1994) J. Phys. Chem., 98, 6201–6211.

[83] Trianta?llidis, C.S., Vlessidis, A.G., and Evmiridis, N.P. (2000) Ind. Eng. Chem. Res., 39, 307–319.

[84] Boréave, A., Auroux, A., and Guimon, C. (1997) Microporous Mater., 11, 275–291.

[85] Patzelová, V. and Jaeger, N.I. (1987) Zeolites, 7, 240–242.

[86] Zukal, A., Patzelová, V., and Lohse, U. (1986) Zeolites, 6, 133–136.

[87] Lynch, J., Raatz, F., and Dufresne, P. (1987) Zeolites, 7, 333–340.

[88] Sasaki, Y., Suzuki, T., Takamura, Y., Saji, A., and Saka, H. (1998) J. Catal., 178, 94–100.

[89] Hong, Y., Gruver, V., and Fripiat, J.J. (1994) J. Catal., 150, 421–429.

[90] Meyers, B.L., Fleisch, T.H., Ray, G.J., Miller, J.T., and Hall, J.B. (1988) J. Catal., 110, 82–95.

[91] Lee, K.H. and Ha, B.H. (1998) Microporous Mesoporous Mater., 23, 211–219.

[92] Dutartre, R., de Ménorval, L.C., Di Renzo, F., McQueen, D., Fajula, F., and Schulz, P. (1996) Mesoporous Mater., 6, 311–320.

[93] McQueen, D., Chiche, B.H., Fajula, F., Auroux, A., Guimon, C., Fitoussi, F., and Schulz, P. (1996) J. Catal., 161, 587–596.

[94] Pellet, R.J., Casey, D.G., Huang, H.M., Kessler, R.V., Kuhlman, E.J., Oyoung, C.L., Sawicki, R.A., and Ugolini, J.R. (1995) J. Catal., 157, 423–435.

[95] Rozwadowski, M., Komatowski, J., Wloch, J., Erdmann, K., and Golembiewski, R. (2002) Appl. Surf. Sci., 191, 352–361.

[96] Tromp, M., van Bokhoven, J.A., Oostenbrink, M.T.G., Bitter, J.H., de Jong, K.P., and Koningsberger, D.C. (2000) J. Catal., 190, 209–214.

[97] Giudici, R., Kouwenhoven, H.W., and Prins, R. (2000) Appl. Catal. A: Gen., 203, 101–110.

[98] van Donk, S., Bitter, J.H., Verberckmoes, A., Versluijs-Helder, M., Broersma, A., and de Jong, K.P. (2005) Angew. Chem. Int. Ed., 44, 1360–1363.

[99] Olken, M.M. and Garce?, J.M. (1992) in Proceedings of 9th International Zeolite Conference, vol. 2, Butterworth-Heinemann, Boston, p. 559.

[100] Lee, G.-S.J., Garce?, J.M., Meima, G.R., and van der Aalst, M.J.M. (1989) US Patent 5243116.

[101] Sulikowski, B., Borbély, G., Beyer, H.K., Karge, H.G., and Mishin, I.W. (1989) J. Phys. Chem., 93, 3240–3243.

[102] Le van mao, R., Vo, N.T.C., Sjiariel, B., Lee, L., and Denes, G. (1992) J. Mater. Chem., 2, 595–599.

[103] Datka, J., Kolidziejski, W., Klinowski, J., and Sulikowski, B. (1993) Catal. Lett., 19, 159–165.

[104] Kerr, G.T., Chester, A.W., and Olson, D.H. (1994) Catal. Lett., 25, 401–402.

[106] ?i?mek, A., Suboti?, B., Sˇmit, I., Tonejc, A., Aiello, R., Crea, F., and Nastro, A. (1997) Microporous Mater., 8, 159–169.

[105] ?i?mek, A., Suboti?, B., Aiello, R., Crea, F., Nastro, A., and Tuoto, C. (1995) Microporous Mater., 4, 159–168.

[107] Groen, J.C., Peffer, L.A.A., Moulijn, J.A., and Pérez-Ramírez, J. (2005) Chem. Eur. J., 11, 4983–4994.

[108] Groen, J.C., Moulijn, J.A., and Pérez-Ramírez, J. (2007) Ind. Eng. Chem. Res., 46, 4193–4201.

[109] Groen, J.C., Maldonado, L., Berrier, E., Bruckner, A., Moulijn, J.A., and Pérez-Ramírez, J. (2006) J. Phys. Chem. B, 110, 20369–20378.

[110] Groen, J.C., Bach, T., Ziese, U., Paulaime-Van Donk, A.M., de Jong, K.P., Moulijn, J.A., and Pérez-Ramírez, J. (2005) J. Am. Chem. Soc., 127, 10792–10793.

[111] Groen, J.C., Moulijn, J.A., and Pérez-Ramírez, J. (2005) Microporous Mesoporous Mater., 87, 153–161.

[112] Groen, J.C., Sano, T., Moulijn, J.A., and Pérez-Ramírez, J. (2007) J. Catal., 251, 21–27.

[113] Groen, J.C., Abello, S., Villaescusa, L.A., and Pérez-Ramírez, J. (2008) Microporous Mesoporous Mater., 114, 93–102.

[114] Groen, J.C., Bruckner, A., Berrier, E., Maldonado, L., Moulijn, J.A., and Pérez-Ramírez, J. (2006) J. Catal., 243, 212–216.

[115] Groen, J.C., Pérez-Ramírez, J., and Peffer, L.A.A. (2002) Chem. Lett., 94–95.

[116] Groen, J.C., Zhu, W.D., Brouwer, S., Huynink, S.J., Kapteijn, F., Moulijn, J.A., and Pérez-Ramírez, J. (2007) J. Am. Chem. Soc., 129, 355–360.

[117] Groen, J.C., Caicedo-Realpe, R., Abello, S., and Pérez-Ramírez, J. (2009) Mater. Lett., 63, 1037–1040.

[118] Groen, J.C., Hamminga, G.M., Moulijn, J.A., and Pérez-Ramírez, J. (2007) Phys. Chem. Chem. Phys., 9, 4822–4830.

[119] Groen, J.C., Jansen, J.C., Moulijn, J.A., and Pérez-Ramírez, J. (2004) J. Phys. Chem. B, 108, 13062–13065] 105.

[120] Groen, J.C., Peffer, L.A.A., Moulijn, J.A., and Pérez-Ramírez, J. (2004) Microporous Mesoporous Mater., 69, 29–34.

[121] Groen, J.C., Peffer, L.A.A., Moulijn, J.A., and Pérez-Ramírez, J. (2004) Colloids Surf. A, 241, 53–58.

[122] Groen, J.C., Peffer, L.A.A., Moulijn, J.A., and Pérez-Ramírez, J. (2005) in Nanoporous Materials, IV vol. 156 (eds A.Sayari and M. Jaroniec), Elsevier, Amsterdam, pp. 401–408.

[123] Gopalakrishnan, S., Zampieri, A., and Schwieger, W. (2008) J. Catal., 260, 193–197.

[124] Bjorgen, M., Joensen, F., Holm, M.S., Olsbye, U., Lillerud, K.P., and Svelle, S. (2008) Appl. Catal. A: Gen., 345, 43–50.

[125] Jin, L.J., Zhou, X.J., Hu, H.Q., and Ma, B. (2008) Catal. Commun., 10, 336–340.

[126] Choi, D.H., Park, J.W., Kim, J.H., Sugi, Y., and Seo, G. (2006) Polym. Degrad. Stab., 91, 2860–2866.

[127] Zhao, L., Shen, B.J., Gao, F.S., and Xu, C.M. (2008) J. Catal., 258, 228–234.

[128] Song, Y.Q., Zhu, X.X., Song, Y., Wang, Q.X., and Xu, L.Y. (2006) Appl. Catal. A: Gen., 302, 69–77.

[129] Pérez-Ramírez, J., Abello, S., Bonilla, A., and Groen, J.C. (2009) Adv. Funct. Mater., 19, 164–172.

[130] Wang, Y.R., Lin, M., and Tuel, A. (2007) Microporous Mesoporous Mater., 102, 80–85.

[131] Wang, Y.R. and Tuel, A. (2008) Microporous Mesoporous Mater., 113, 286–295.

[132] Holm, M.S., Svelle, S., Joensen, F., Beato, P., Christensen, C.H., Bordiga, S., and Bj?rgen, M. (2009) Appl. Catal. A: Gen., 356, 23–30.

[133] Kox, M.H.F., Stavitski, E., Groen, J.C., Pérez-Ramírez, J., Kapteijn, F., and Weckhuysen, B.M. (2008) Chem. Eur. J., 14, 1718–1725.

[134] Ciesla, U. and Schüth, F. (1999) Microporous Mesoporous Mater., 27, 131–149.

[135] He, X. and Antonelli, D. (2002) Angew. Chem. Int. Ed., 41, 214–229.

[136] Jacobsen, C.J.H., Madsen, C., Janssens, T.V.W., Jakobsen, H.J., and Skibsted, J. (2000) Microporous Mesoporous Mater., 39, 393–401.

[137] Madsen, C. and Jacobsen, C.J.H. (1999) Chem. Commun., 673–674.

[138] Schmidt, I., Madsen, C., and Jacobsen, C.J.H. (2000) Inorg. Chem., 39, 2279–2283.

[139] Chou, Y.H., Cundy, C.S., Garforth, A.A., and Zholobenko, V.L. (2006) Microporous Mesoporous Mater., 89, 78–87.

[140] Kustova, M.Y., Rasmussen, S.B., Kustov, A.L., and Christensen, C.H. (2006) Appl. Catal. B: Environ., 67, 60–67.

[141] Kustov, A.L., Hansen, T.W., Kustova, M., and Christensen, C.H. (2007) Appl. Catal. B: Environ., 76, 311–319.

[142] Schmidt, I., Krogh, A., Wienberg, K., Carlsson, A., Brorson, M., and Jacobsen, C.J.H. (2000) Chem. Commun., 2157–2158.

[143] Christensen, C.H., Johannsen, K., Schmidt, I., and Christensen, C.H. (2003) J. Am. Chem. Soc., 125, 13370–13371.

[144] Christensen, C.H., Schmidt, I., Carlsson, A., Johannsen, K., and Herbst, K. (2005) J. Am. Chem. Soc., 127, 8098–8102.

[145] Kustova, M.Y., Hasselriis, P., and Christensen, C.H. (2004) Catal. Lett., 96, 205–211.

[146] Wei, X.T. and Smirniotis, P.G. (2006) Microporous Mesoporous Mater., 89, 170–178.
[147] Boisen, A., Schmidt, I., Carlsson, A., Dahl, S., Brorson, M., and Jacobsen, C.J.H. (2003) Chem. Commun., 958–959.
[148] Tao, Y.S., Kanoh, H., and Kaneko, K. (2003) J. Am. Chem. Soc., 125, 6044–6045.
[149] Tao, Y., Hattori, Y., Matumoto, A., Kanoh, H., and Kaneko, K. (2005) J. Phys. Chem. B, 109, 194–199.
[150] Tao, Y.S., Kanoh, H., Hanzawa, Y., and Kaneko, K. (2004) Colloids Surf. A, 241, 75–80.
[151] Zhu, K., Egeblad, K., and Christensen, C.H. (2007) Eur. J. Inorg. Chem., 3955–3960.
[152] Kustova, M., Egeblad, K., Zhu, K., and Christensen, C.H. (2007) Chem. Mater., 19, 2915–2917.
[153] Fang, Y.M. and Hu, H.Q. (2006) J. Am. Chem. Soc., 128, 10636–10637.
[154] Fang, Y.M. and Hu, H.Q. (2007) Catal. Commun., 8, 817–820.
[155] Li, H.C., Sakamoto, Y., Liu, Z., Ohsuna, T., Terasaki, O., Thommes, M., and Che, S.N. (2007) Microporous Mesoporous Mater., 106, 174–179.
[156] Kim, S.S., Shah, J., and Pinnavaia, T.J. (2003) Chem. Mater., 15, 1664–1668]
[157] Yoo, W.C., Kumar, S., Wang, Z.Y., Ergang, N.S., Fan, W., Karanikolos, G.N., McCormick, A.V., Penn, R.L., Tsapatsis, M., and Stein, A. (2008) Angew. Chem. Int. Ed., 47, 9096–9099.
[158] Fan, W., Snyder, M.A., Kumar, S., Lee, P.S., Yoo, W.C., McCormick, A.V., Penn, R.L., Stein, A., and Tsapatsis, M. (2008) Nat. Mater., 7, 984–991.
[159] Egeblad, K., Kustova, M., Klitgaard, S.K., Zhu, K.K., and Christensen, C.H. (2007) Microporous Mesoporous Mater., 101, 214–223.
[160] Christensen, C.H., Schmidt, I., and Christensen, C.H. (2004) Catal. Commun., 5, 543–546.
[161] Kustova, M.Y., Kustov, A., Christiansen, S.E., Leth, K.T., Rasmussen, S.B., and Christensen, C.H. (2006) Catal. Commun., 7, 705–708.
[162] Li, W.C., Lu, A.H., Palkovits, R., Schmidt, W., Spliethoff, B., and Schüth, F. (2005) J. Am. Chem. Soc., 127, 12595–12600.
[163] Tao, Y.S., Kanoh, H., and Kaneko, K. (2005) Langmuir, 21, 504–507.
[164] Holland, B.T., Abrams, L., and Stein, A. (1999) J. Am. Chem. Soc., 121, 4308–4309.
[165] Rhodes, K.H., Davis, S.A., Caruso, F., Zhang, B.J., and Mann, S. (2000) Chem. Mater., 12, 2832–2834.
[166] Naydenov, V., Tosheva, L., and Sterte, J. (2003) Microporous Mesoporous Mater., 66, 321–329.
[167] Naydenov, V., Tosheva, L., and Sterte, J. (2002) Chem. Mater., 14, 4881–4885.
[168] Lee, Y.J., Lee, J.S., Park, Y.S., and Yoon, K.B. (2001) Adv. Mater., 13, 1259–1263.
[169] Zhang, B.J., Davis, S.A., Mendelson, N.H., and Mann, S. (2000) Chem. Commun., 781–782.
[170] Dong, A.G., Wang, Y.J., Tang, Y., Ren, N., Zhang, Y.H., Yue, J.H., and Gao, Z. (2002) Adv. Mater., 14, 926–929.
[171] Valtchev, V., Smaihi, M., Faust, A.C., and Vidal, L. (2003) Angew. Chem. Int. Ed., 42, 2782–2785.
[172] Valtchev, V.P., Smaihi, M., Faust, A.C., and Vidal, L. (2004) Chem. Mater., 16, 1350–1355.
[173] Beck, J.S., Vartuli, J.C., Roth, W.J., Leonowicz, M.E., Kresge, C.T., Schmitt, K.D., Chu, C.T.W., Olson, D.H., and Sheppard, E.W. (1992) J. Am. Chem. Soc., 114, 10834–10843.
[174] Zhao, D.Y., Huo, Q.S., Feng, J.L., Chmelka, B.F., and Stucky, G.D. (1998) J. Am. Chem. Soc., 120, 6024–6036.
[175] Bagshaw, S.A., Baxter, N.I., Brew, D.R.M., Hosie, C.F., Nie, Y.T., Jaenicke, S., and Khuan, C.G. (2006) J. Mater. Chem., 16, 2235–2244.
[176] Bagshaw, S.A., Jaenicke, S., and Khuan, C.G. (2003) Catal. Commun., 4, 140–146.
[177] Liu, Y. and Pinnavaia, T.J. (2002) Chem. Mater., 14, 3–5.
[178] Liu, Y. and Pinnavaia, T.J. (2002) J. Mater. Chem., 12, 3179–3190.
[179] Liu, Y. and Pinnavaia, T.J. (2004) J. Mater. Chem., 14, 1099–1103.
[180] Liu, Y., Zhang, W.Z., and Pinnavaia, T.J. (2000) J. Am. Chem. Soc., 122, 8791–8792.
[181] Liu, Y., Zhang, W.Z., and Pinnavaia, T.J. (2001) Angew. Chem. Int. Ed., 40, 1255–1258.
[182] Ooi, Y.S., Zakaria, R., Mohamed, A.R., and Bhatia, S. (2004) Appl. Catal. A: Gen., 274, 15–23.
[183] Zhang, Z.T., Han, Y., Zhu, L., Wang, R.W., Yu, Y., Qiu, S.L., Zhao, D.Y., and Xiao, F.S. (2001) Angew. Chem. Int. Ed., 40, 1258–1262.
[184] Han, Y., Xiao, F.S., Wu, S., Sun, Y.Y., Meng, X.J., Li, D.S., Lin, S., Deng, F., and Ai, X.J. (2001) J. Phys. Chem. B, 105, 7963–7966.
[185] Han, Y., Wu, S., Sun, Y.Y., Li, D.S., and Xiao, F.S. (2002) Chem. Mater., 14, 1144–1148.
[186] Xiao, F.S., Han, Y., Yu, Y., Meng, X.J., Yang, M., and Wu, S. (2002) J. Am. Chem. Soc., 124, 888–889.
[187] Sun, Y.Y., Han, Y., Yuan, L.N., Ma, S.Q., Jiang, D.Z., and Xiao, F.S. (2003) J. Phys. Chem. B, 107, 1853–1857.
[188] Di, Y., Yu, Y., Sun, Y.Y., Yang, X.Y., Lin, S., Zhang, M.Y., Li, S.G., and Xiao, F.S. (2003) Microporous Mesoporous Mater., 62, 221–228.
[189] Lin, K.F., Sun, Z.H., Sen, L., Jiang, D.Z., and Xiao, F.S. (2004) Microporous Mesoporous Mater., 72, 193–201]
[190] Xia, Y.D. and Mokaya, R. (2004) J. Mater. Chem., 14, 863–870.
[191] Agu? ndez, J., Díaz, I., Márquez-?lvarez, C., Pérez-Pariente, J., and Sastre, E. (2003) Chem. Commun., 150–151.
[192] Wang, S., Dou, T., Li, Y.P., Zhang, Y., Li, X.F., and Yan, Z.C. (2005) Catal. Commun., 6, 87–91.
[193] Ivanova, I.I., Kuznetsov, A.S., Yuschenko, V.V., and Knyazeva, E.E. (2004) Pure Appl. Chem., 76, 1647–1658.
[194] Goto, Y., Fukushima, Y., Ratu, P., Imada, Y., Kubota, Y., Sugi, Y., Ogura, M., and Matsukata, M. (2002) J. Porous Mater., 9, 43–48.
[195] Wang, H., Liu, Y., and Pinnavaia, T.J. (2006) J. Phys. Chem. B, 110, 4524–4526.
[196] Liu, Y. and Pinnavaia, T.J. (2004) J. Mater. Chem., 14, 3416–3420.
[197] Han, Y., Li, N., Zhao, L., Li, D.F., Xu, X.Z., Wu, S., Di, Y., Li, C.J., Zou, Y.C., Yu, Y., and Xiao, F.S. (2003) J. Phys. Chem. B, 107, 7551–7556.
[198] Prokesova-Fojokova, P., Mintova, S., ?ejka, J., Zilkova, N., and Zukal, A. (2006) Microporous Mesoporous Mater., 92, 154–160.
[199] Karlsson, A., St?cker, M., and Schmidt, R. (1999) Microporous Mesoporous Mater., 27, 181–192.
[200] Huang, L.M., Guo, W.P., Deng, P., Xue, Z.Y., and Li, Q.Z. (2000) J. Phys. Chem. B, 104, 2817–2823.
[201] Liu, Y., Zhang, W.P., Liu, Z.C., Xu, S.T., Wang, Y.D., Xie, Z.K., Han, X.W., and Bao, X.H. (2008) J. Phys. Chem. C, 112, 15375–15381.
[202] Majano, G., Mintova, S., Ovsitser, O., Mihailova, B., and Bein, T. (2005) Microporous Mesoporous Mater., 80, 227–235.
[203] Fang, Y.M., Hu, H.Q., and Chen, G.H. (2008) Chem. Mater., 20, 1670–1672.
[204] Gagea, B.C., Liang, D., van Tendeloo, G., Martens, J.A., and Jacobs, P.A. (2006) Stud. Surf. Sci. Catal., 162, 259–266.
[205] Stevens, W.J.J., Meynen, V., Bruijn, E., Lebedev, O.I., van Tendeloo, G., Cool, P., and Vansant, E.F. (2008) Microporous Mesoporous Mater., 110, 77–85.
[206] Wang, J., Groen, J.C., and Coppens, M.O. (2008) J. Phys. Chem. C, 112, 19336–19345.
[207] Wang, J., Groen, J.C., Yue, W., Zhou, W., and Coppens, M.O. (2007) Chem. Commun., 4653–4655.

[208] Wang, J., Groen, J.C., Yue, W., Zhou, W., and Coppens, M.O. (2008) J. Mater. Chem., 18, 468–474.
[209] Wang, J., Yue, W.B., Zhou, W.Z., and Coppens, M.O. (2009) Microporous Mesoporous Mater., 120, 19–28.
[210] Sing, K.S.W., Everett, D.H., Haul, R.A.W., Moscou, L., Pierotti, R.A., Rouquerol, J., and Siemieniewska, T. (1985) Pure Appl. Chem., 57, 603–619.
[211] Storck, S., Bretinger, H., and Maier, W.F. (1998) Appl. Catal. A: Gen., 174, 137–146.
[212] Brunauer, S., Emmett, P.H., and Teller, E. (1938) J. Am. Chem. Soc., 60, 309–319.
[213] Gregg, S.J. and Sing, K.S.W. (1982) Adsorption, Surface Area and Porosity, 2nd edn, Academic Press, London.
[214] Janssen, A.H., Koster, A.J., and de Jong, K.P. (2002) J. Phys. Chem. B, 106, 11905–11909.
[215] Lippens, B.C., Linsen, B.G., and de Boer, J.H. (1964) J. Catal., 3, 32–37.
[216] Jaroniec, M., Madey, R., Choma, J., McEnaney, B., and Mays, T.J. (1989) Carbon, 27, 77–83.
[217] Jaroniec, M., Kruk, M., and Olivier, J.P. (1999) Langmuir, 15, 5410–5413.
[218] Barret, E.P., Joyner, L.G., and Halenda, P.H. (1951) J. Am. Chem. Soc., 73, 373–380.
[219] Ball, P.C. and Evan, R. (1984) Langmuir, 5, 714–723.
[220] Ravikovitch, P.I. and Neimark, A.V. (2002) Langmuir, 18, 9830–9837.
[221] Ravikovitch, P.I. and Neimark, A.V. (2002) Langmuir, 18, 1550–1560.
[222] Groen, J.C. (2007) Mesoporus Zeolites Obtained by Desilication, PhD thesis, Technische Universiteit Delft.
[223] Kadlec, O. and Dubinin, M.M. (1969) J. Colloid Interface Sci., 31, 479–489.
[224] Burgess, C.G.V. and Everett, D.H. (1970) J. Colloid Interface Sci., 33, 611–614.
[225] Seaton, N.A. (1991) Chem. Eng. Sci., 46, 1895–1909]
[226] Ojeda, M.L., Esparza, J.M., Campero, A., Cordero, S., Kornhauser, I., and Rojas, F. (2003) Phys. Chem. Chem. Phys., 5, 1859–1866.
[227] Ravikovitch, P.I., Wei, D., Chueh, W.T., Haller, G.L., and Neimark, A.V. (1997) J. Phys. Chem. B, 101, 3671–3679.
[228] Ravikovitch, P.I. and Neimark, A.V. (2001) J. Phys. Chem. B, 105, 6817–6823.
[229] Lukens, W.W., Schmidt-Winkel, P., Zhao, D.Y., Feng, J.L., and Stucky, G.D. (1999) Langmuir, 15, 5403–5409.
[230] Kruk, M., Jaroniec, M., and Sayari, A. (1997) Langmuir, 13, 6267–6273.
[231] Neimark, A.V. (1995) Langmuir, 11, 4183–4184.
[232] Brun, M., Lallemand, A., Quinson, J.-F., and Eyraud, C. (1977) Thermochim. Acta, 21, 59–88.
[233] Denoyel, R. and Pellenq, R.J.M. (2002) Langmuir, 18, 2710–2716.
[234] Robens, E., Benzler, B., and Unger, K.K. (1999) J. Therm. Anal. Calorim., 56, 323–330.
[235] Cuperus, F.P., Bargeman, D., and Smolders, C.A. (1992) J. Membr. Sci., 66, 45–53.
[236] Iza, M., Woerly, S., Danumah, C., Kaliaguine, S., and Bousmina, M. (2000) Polymer, 41, 5885–5893.
[237] Ferguson, H.F., Frurip, D.J., Pastor, A.J., Peerey, L.M., and Whiting, L.F. (2000) Thermochim. Acta, 363, 1–21.
[238] Jallut, C., Lenoir, J., Bardot, C., and Eyraud, C. (1992) J. Membr. Sci., 68, 271–282.
[239] Faivre, C., Bellet, D., and Dolino, G. (1999) Eur. Phys. J. B, 7, 19–36.
[240] Ishikiriyama, K., Todoki, M., and Motomura, K. (1995) J. Colloid Interface Sci., 171, 92–102.
[241] Endo, A., Yamamoto, T., Inagi, Y., Iwakabe, K., and Ohmori, T. (2008) J. Phys. Chem. C, 112, 9034–9039.
[242] Janssen, A.H., Talsma, H., van Steenbergen, M.J., and de Jong, K.P. (2004) Langmuir, 20, 41–45.
[243] León y León, C.A. (1998) Adv. Colloid Interface Sci., 76-77, 341–372.
[244] Lohse, U. and Mildebrath, M. (1981) Z. Anorg. Allg. Chem., 476, 126–135.
[245] Groen, J.C., Brouwer, S., Peffer, L.A.A., and Pérez-Ramírez, J. (2006) Part. Part. Syst. Char., 23, 101–106.
[246] Groen, J.C., Peffer, L.A.A., and Pérez-Ramírez, J. (2003) Microporous Mesoporous Mater., 60, 1–17.
[247] Gai, P.L. and Buyes, E.D. (2003) Electron Microscopy in Heterogeneous Catalysts, Institute of Physics, Bristol.
[248] Ohsuna, T., Terasaki, O., Watanabe, D., Anderson, M.W., and Carr, S.W. (1994) Chem. Mater., 6, 2201–2204.
[249] Ersen, O., Hirlimann, C., Drillon, M., Werckmann, J., Tihay, F., Pham-Huu, C., Cruci?x, C., and Schultz, P. (2007) Solid State Sci., 9, 1088–1098.
[250] de Jong, K.P. and Koster, A.J. (2002) ChemPhysChem, 3, 776–780.
[251] Midgley, P.A. and Weyland, M. (2003) Ultramicroscopy, 96, 413–431.
[252] Deans, S.R. (1983) The Radon Transform and Some of its Applications, John Wiley & Sons, Inc., New York.
[253] Friedrich, H., de Jongh, P.E., Verkleij, A.J., and de Jong, K.P. (2009) Chem. Rev., 109, 1613–1629.
[254] Koster, A.J., Ziese, U., Verkleij, A.J., Janssen, A.H., and de Jong, K.P. (2000) J. Phys. Chem. B, 104, 9368–9370.
[255] Janssen, A.H., Koster, A.J., and de Jong, K.P. (2001) Angew. Chem. Int. Ed., 40, 1102–1104.
[256] Koster, A.J., Ziese, U., Verkleij, A.J., de Graaf, J., Gues, J.W., and de Jong, K.P. (2000) Stud. Surf. Sci. Catal., 130, 329–334.
[257] Ziese, U., Gommes, C.J., Blacher, S., Janssen, A.H., Koster, A.J., and de Jong, K.P. (2005) Stud. Surf. Sci. Catal., 158, 633–638.
[258] Springuel-Huet, M.A., Bonardet, J.L., Gédéon, A., and Fraissard, J. (1999) Magn. Reson. Chem., 37, S1–S13.
[259] Dybowski, C., Bansal, N., and Duncan, T.M. (1991) Annu. Rev. Phys. Chem., 42, 433–464.
[260] Fraissard, J. and Ito, T. (1988) Zeolites, 8, 350–361.
[261] Kneller, J.M., Pietrass, T., Ott, K.C., and Labouriau, A. (2003) Microporous Mesoporous Mater., 62, 121–131.
[262] Springuel-Huet, M.A. and Fraissard, J.P. (1992) Zeolites, 12, 841–845]
[263] Cotterman, R.L., Hickson, D.A., Cartlidge, S., Dybowski, C., Tsiao, C., and Venero, A.F. (1991) Zeolites, 11, 27–34.
[264] Raftery, D., MacNamara, E., Fisher, G., Rice, C.V., and Smith, J. (1997) J. Am. Chem. Soc., 119, 8746–8747.
[265] Cotts, R.M., Hoch, M.J.R., Sun, T., and Markert, J.T. (1989) J. Magn. Reson., 83, 252–266.
[266] Kortunov, P., Vasenkov, S., K?rger, J., Valiullin, R., Gottschalk, P., Elía, M.F., Perez, M., St?cker, M., Drescher, B., McElhiney, G., Berger, C., Gl?ser, R., and Weitkamp, J. (2005) J. Am. Chem. Soc., 127, 13055–13059.
[267] Schmidt, R., Hansen, E.W., St?cker, M., Akporiaye, D., and Ellestad, O.H. (1995) J. Am. Chem. Soc., 117, 4049–4056.
[268] Roeffaers, M.B.J., Hofkens, J., de Cremer, G., de Schryver, F.C., Jacobs, P.A., de Vos, D.E., and Sels, B.F. (2007) Catal. Today, 126, 44–53.
[269] Roeffaers, M.B.J., Sels, B.F., Uji-i, H., de Schryver, F.C., Jacobs, P.A., and de Vos, D.E. (2006) Nature, 439, 572–575.
[270] Mores, D., Stavitski, E., Kox, M.H.F., Kornatowski, J., Olsbye, U., and Weckhuysen, B.M. (2008) Chem. Eur. J., 14, 11320–11327.
[271] Stavitski, E., Kox, M.H.F., and Weckhuysen, B.M. (2007) Chem. Eur. J., 13, 7057–7065.
[272] Kox, M.H.F., Stavitski, E., and Weckhuysen, B.M. (2007) Angew. Chem. Int. Ed., 46, 3652–3655.
[273] Karwacki, L., Stavitski, E., Kox, M.H.F., Kornatowski, J., and Weckhuysen, B.M. (2007) Angew. Chem. Int. Ed., 46, 7228–7231.

10 沸石分子筛中铝的位置及其结构

Jeroen A. van Bokhoven,Nadiya Danilina

10.1 背景

处于分子筛中骨架位置的铝原子使分子筛骨架呈现负电性,并需要阳离子与之配对以达到电荷平衡。这也使得分子筛具有一系列特殊的性能,比如离子交换能力以及催化反应活性等。一般来说,活性中心的数量与骨架铝原子数相一致。分子筛的亲水性和憎水性也与骨架铝含量密切相关,它可影响分子筛吸附极性分子和非极性分子的能力[1, 2]。因此,分子筛的性能不仅与其骨架结构有关,还与骨架硅铝比有关。通过结合^{29}Si和^{27}Al魔角自旋核磁共振(MAS NMR)以及元素分析等物化分析方法,可精确地计算出分子筛的骨架硅铝比。通过^{27}Al MAS NMR图谱也可以鉴别出骨架铝物种和非骨架铝物种。铝物种的配位与分子筛预处理的条件密切相关。比如,将酸性分子筛进行蒸汽老化处理可使其发生部分脱铝[3, 4]。在很大程度上来说,这样的结构变化是可逆的,并可对分子筛的催化性能产生显著的影响。蒸汽老化是在工业上大规模应用的一种可改善分子筛性能的处理方法,它可使分子筛脱铝并形成新的铝物种、在分子筛中引入Lewis酸中心以及二次介孔结构。这一改性处理成功改善了分子筛在催化裂化、烷基化和酰基化等反应中的活性和稳定性等性能[5]。

此外,铝的分布也是影响分子筛性能的重要因素。而其对分子筛性能的影响则可从两个不同的角度来分析:首先是单个分子筛晶粒上的富铝区域,其次是铝在晶格位置T上的分布。分子筛的晶格位置T通常都是由四配位的硅原子或铝原子所占据。而分子筛中的晶格位置T的数量及其简并度,以及铝的空间分布则与分子筛的骨架结构的相关[6, 7]。

对于大多数具有不同拓扑结构的分子筛来说,铝的空间分布情况仍然是未知的。下面将通过文献报道的一些例子来详细说明上面所提及的几个方面的最新进展。

10.2 分子筛中的骨架铝物种

骨架铝物种都是四配位的,而且在水合条件下,该物种在^{27}Al MAS NMR图谱中的特征峰是化学位移为60×10^{-6}左右的窄的共振峰。而其准确的化学位移则取决于铝的骨架位置并可随Al-O-Si键的键角的平均值而变化,如式(10.1)所示:

$$\delta_{iso} = -0.5\theta + 132 \tag{10.1}$$

目前,已成功使用这一实验式对不同分子筛的^{27}Al MAS NMR结果进行分析解释。而且,在有些情况下, 还可辨别占据不同晶格T位置的铝物种, 这将在随后进行介绍。

预处理的条件可对铝的配位产生非常显著的影响。高温蒸汽活化或使用蒸汽对分子筛进行处理会导致分子筛的骨架结构发生部分坍塌。与此同时, 四配位骨架铝则转变成其他铝物种。这些铝物种可以是三配位、五配位、歪曲的四配位或者八配位的铝。而利用NMR、X射线光电子能谱(XPS)以及X射线吸收光谱(XAS)等不同的物化表征方法, 则可以鉴别出这些不同的铝物种[12~14]。其中, 由于具有高的分辨率以及来源丰富的磁源, NMR是最常用的方法。高的磁场强度以及诸如多通道NMR等先进的脉冲方案, 可以给出高分辨率的数据, 从而明确地辨别铝的配位状态[15, 16]。

在进行NMR测试前, 通常需要对分子筛样品进行水化处理, 这是因为水合分子筛的四配位铝在NMR谱图中产生60×10^{-6}处的窄的共振信号。非水合的或者干燥的分子筛样品则通常显示宽的且可能叠合的共振信号, 这是因为铝原子具有四级核, 且其对三维方向的环境变化非常敏感。而若共振信号过宽时, 则也可能超出NMR的检测限度, 而相应的铝物种则被称为NMR不可测物种。虽然如此, 最新的表征技术与正确的实验条件设置相结合, 则原则上可以对样品中的所有铝物种进行定量分析[15]。而目前为止, 通过^{27}Al MAS NMR对脱水分子筛进行分析则确定了所有硅结构的信息。而通过采用自旋回转方案, 则确定了硅铝比为2.7且经过蒸汽处理的非水合Y型沸石中的骨架铝物种和非骨架铝物种[16]。多种铝物种都分别被检测到, 比如由质子和/或钠配对而保持电荷平衡的四配位骨架铝, 以及以非骨架铝阳离子和中性的非骨架氧化铝簇中的八配位铝等形式存在的非骨架铝。

而其中的铝物种的种类和相对量, 则与水汽处理后的分子筛中的相对值有显著差异。在该样品中, 既有典型的四配位骨架铝物种, 也有大量的歪曲的四配位铝物种、两种不同对称性的八配位铝物种以及少量的五配位铝物种[17]。由此可知, 水汽可显著影响分子筛中铝物种的配位状态。在Al K边带上进行的原位XAS分析明确表明, 处理温度对铝的配位有强烈影响[18]。在室温以及水汽存在条件下测定的蒸汽老化Y型沸石(USY)中的八配位铝物种的量, 随处理温度的增加而降低[3, 19]。当将温度升高至400℃时, 约50%的八配位铝物种转化为四配位铝物种。将分子筛升温至400℃以上时, 其骨架结构几乎不变。即使在存在少量水汽的条件下, 也可以检测到大部分是三配位的低配位的铝物种[20]。因此, 当在高温下进行催化反应时, 实际通过^{27}Al MAS NMR测得到铝的结构也不能完全代表真实反应条件下的催化剂中铝的结构。这可能也是长期以来依然无法明确非骨架铝物种对催化反应性能影响的原因之一。

10.2.1 可逆和非可逆的结构变化

在很多分子筛中, 铝物种的配位状态变化都被证明是可逆的[3, 21~23]。分析结果表明, β沸石中的电荷配对阳离子可显著影响铝的配位状态。当氢型β沸石与碱金属离子进行离子交换或者铵交换之后, 高达25%的八配位铝物种转换成了四配位铝物种[21]。在Al K边带上进行的原位XAS分析[18]以及^{27}Al MAS NMR分析[21~23]的结果表明, 室温下氢型分子筛中的部分四配位骨架铝物种可转化成八配位铝物种。而这部分八配位铝物种则是不稳定的, 当将分子筛升温至100℃以上后, 其可以可逆地转化成四配位铝物种。虽然如此, 但若需完全使骨架结构复原, 则需使用定量的碱性氨水来处理[21, 22]。由于铝原子具有可逆的配位状态转化能力, 八配位铝物种也被称为是与骨架相关的铝物种。而分子筛中形成的与骨架结构相关的铝物种的量则取决于分子筛的骨架结构以及硅铝比[3]。铝含量越高, 形成的八配位铝的量也越多。而当分子筛的构型不同时, 则相对来说, β沸石中的铝转化成八配位状态的趋势更强。

10.2.2 注意事项

不同的物化表征方法需要对分子筛进行不同的预处理。比如，红外谱图需要将样品高温脱水后再进行测量，^{27}Al MAS NMR则需要先将样品进行水化处理后才能得到高分辨率的谱图，而XPS则需要在真空条件下测试。因此，不同方法所测得的骨架结构也会有所不同。

10.2.3 酸性以及铝的配位变化

八配位的与骨架相关的铝物种的形成与催化活性的降低有关[24, 25]。将分子筛中铝物种配位状态的变化与其高温丙烷裂解活性进行对比。而硅铝比为2.6的Y型沸石的处理条件如流程图10.1所示。

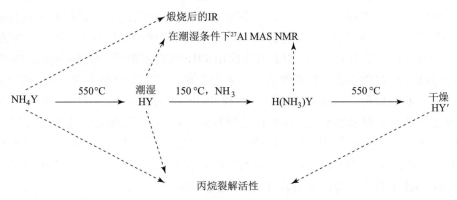

图10.1 动力学分析以及物化表征前Y型沸石的处理示意图

由此可得到四个分子筛样品，而其NMR、红外光谱、X射线衍射和N_2吸脱附的表征结果则如图10.2～图10.4和表10.1所示。

NH_4Y型沸石中只有四配位铝存在，因为^{27}Al MAS NMR图谱中只有$60×10^{-6}$处的窄的共振峰。然而，高温处理后再将分子筛置于潮湿环境中，则可生成八配位的铝物种，如图10.1中的0处的共振峰所示。而且即使在室温下，四配位骨架铝物种也可以转化成八配位的铝物种[18, 19, 23]。在高温下脱氨后，再进行红外骨架的表征分析，则可从红外谱图分别在$3640cm^{-1}$和$3550cm^{-1}$处具有超笼和方钠石笼结构中典型的羟基伸缩振动的特征峰，如图10.3中的所示。而XRD的表征结果说明，在改性处理后，分子筛的衍射峰的峰宽发生宽化，如图10.4所示。这说明改性处理降低了结晶度。虽然如此，但是在150℃的温度下使用氨气处理后在对分子筛进行红外、^{27}Al MAS NMR以及XRD的表征分析，其结果与母体分子筛的结果基本相同。这说明分子筛的骨架结构可完全复原，而且八配位的铝物种也可完全重新进入分子筛的骨架。虽然如此，但若在氨处理前先对HY分子筛进行热处理则可使其骨架结构发生一定程度的坍塌，而且此种结构损坏并不能通过氨处理而修复，如图10.3所示。母体NH_4Y型沸石和氨处理分子筛样品$H(NH_3)Y$具有基本相同的催化活性，而且其活性都高于HY分子筛的活性。从红外谱图(见图10.3)中可以发现，HY分子筛中的Brønsted酸中心的数目明显较低，这则可能是其催化活性偏低的原因。在红外表征前所进行的预处理加热过程以及催化反应过程，都可显著破坏分子筛的骨架结构。在550℃的高温下对HY分子筛进行预处理后再对其进行氮气吸脱附的物化表征，则分子筛的微孔体积和BET比表面积分别为$0.09cm^3/g$和$230m^2/g$，而相应的NH_4Y型沸石的相应值则为$0.32cm^3/g$和$810m^2/g$，如表10.1所示。

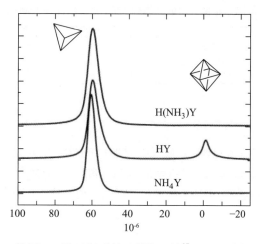

图10.2 按图10.1处理得到的Y型沸石的^{27}Al MAS NMR谱图

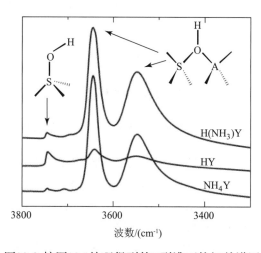

图10.3 按图10.1处理得到的Y型沸石的红外谱图

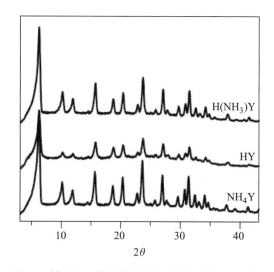

图10.4 按图10.1处理得到的Y型沸石的XRD谱图

表10.1 按图10.1处理得到的Y型沸石的N$_2$吸脱附结果

样 品	BET比表面积/(m^2/g)	微孔体积/(cm^3/g)
NH$_4$Y	810	0.32
HY	450	0.18
H(NH$_3$)Y	770	0.31
HY′	230	0.09

明显的情况是,将分子筛暴露于湿气中而形成的骨架缺陷是导致加热过程中分子筛进一步发生结构坍塌的重要原因。而与初始形成的八配位铝物种所不同的是,该过程中的结构变化更为严重而且是不可逆的。图10.5总结了各种处理过程中所引发的骨架结构变化[26]。

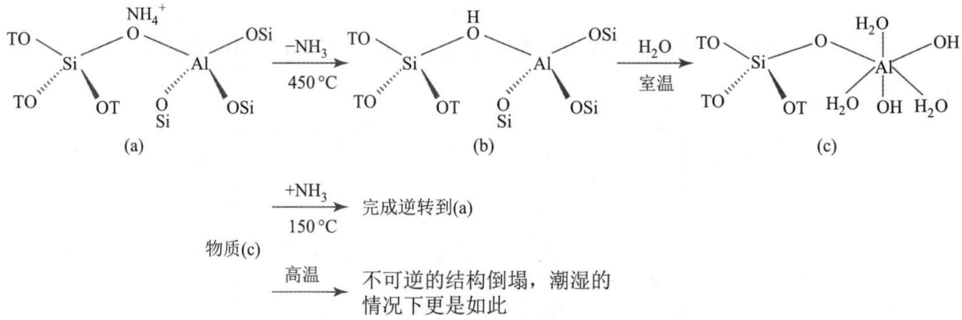

图10.5 不同处理条件下分子筛骨架结构的变化

近几十年来,文献报道对在蒸汽处理制备高活性和高选择性的催化剂过程中,蒸汽处理的作用进行了分析总结[13, 27~29]。由于过去无法在近似催化反应条件下对分子筛的结构进行表征分析,很多分子筛催化的反应体系都没有构建结构与活性的相关性。而由于分子筛催化反应的复杂性,蒸汽处理对不同反应似乎有不同的影响。

非骨架物种对反应物分子的活化[30],介孔结构对缓解扩散限制[31]以及Brønsted酸中心的孤立化[32]等影响的程度,则与所进行的反应种类以及所需要的反应条件有关。

10.3 分子筛中铝的位置

分子筛的催化活性受很多因素的影响,主要包括分子筛的骨架结构、硅铝比以及铝的分布等。在具有特定拓扑结构的单个分子筛颗粒上,铝并不一定是均匀分布在整个颗粒上,而可能是富集于某些区域。而铝的空间分布则一般与硅和铝在整个分子筛骨架结构中晶格位置上的分布有关[33~35]。虽然近年来已在此领域取得了一定的进展,但硅和铝在晶格位置T上的归属分布仍然是分子筛结构表征中的最大挑战之一。

10.3.1 富铝区域

硅铝分子筛的物化性质及其催化活性,与分子筛颗粒以及骨架结构上的铝的含量及其空间分布密切相关。众所周知,铝在不同分子筛上通常都是非均匀分布的[36, 37],而富铝区域则在调节分子筛的催化活性中心及其可接近性方面有重要意义。分子筛中的富铝区域的位置及其种类与多种因素相关,比如分子筛的骨架结构[38, 39]、硅铝比[40]、颗粒大小[39]和合成条件[35, 41~43]等。

目前,已对ZSM-5沸石表面或整个颗粒上的铝分布进行了详细的研究,但是其结果却经常互相矛盾。通过微区电子探针分析可知,在大颗粒ZSM-5沸石上,铝是非均匀分布的[36, 39]。

　　该大颗粒ZSM-5沸石是以四丙基铵根离子为结构导向剂而制备的，其尺寸约为40μm，硅铝比在50～100之间。使用金刚石研膏对该分子筛进行打磨，以脱除分子筛颗粒外表面层。而对打磨后的体积约为2μm^{3}的样品进行物化分析的结果说明，该分子筛颗粒具有富硅的内核和富铝的外壳，并且分子筛颗粒上各区域是对称分布的，其表面铝浓度也基本一致。ZSM-5沸石的晶化机理则可解释铝非均匀分布的原因。在分子筛晶化初期，可在反应器底部形成富铝凝胶，而MFI物相则首先从富硅溶液中成核。随后，铝从富铝凝胶中析出，并逐渐晶化进入ZSM-5沸石骨架。对于尺寸约为1μm的小颗粒ZSM-5沸石，文献报道其晶化过程也基本类似[37, 44]。而当使用不同的结构导向剂时，则可以控制ZSM-5沸石颗粒中铝的空间分布。以四丙基铵根离子为结构导向剂时，可强烈导向生成外表面富铝的分子筛颗粒。而相对来说，以1, 6-己二醇为结构导向剂或者完全使用无机反应体系，则可制备出铝均匀分布的分子筛。而不同结构导向剂所引起的差异，则可能是由反应物分子与结构导向剂分子的不同作用引起的。当晶化体系中有碱金属离子时，四丙基铵根离子倾向于与硅物种相互作用，因此，在分子筛生长过程中可促进这些物种进入分子筛骨架。而若晶化体系中无四丙基铵根离子时，则钠离子与铝物种有强烈的相互作用，并被认为具有结构导向作用。虽然如此，但也有文献报道确认在使用四丙基铵根离子所制备的不同尺寸的分子筛颗粒上，铝是均匀分布的[38, 42]，甚至分子筛颗粒外表面是富硅的而颗粒内部是富铝的[45]。在这些研究中，俄歇(Auger)电子光谱以及微区电子探针分析等具有高灵敏度的表面分析技术被应用于分子筛的物化表征，以获取更深层次的表征结果。根据文献报道，当晶化体系具有不同的Si/Na比、Si/四丙基铵根离子比以及Si/H$_2$O比时，可生成具有完全不同硅铝比分布的分子筛颗粒[41]。其中，当晶化体系的Si/Na比和Si/四丙基铵根离子比较低而水含量很高时，则可以制备出具有富铝晶核的分子筛。此外，文献还对碱金属离子的用量对于铝分布的影响及其产生影响的机理进行了研究[46]。结果表明，锂、钠、钾、铷和铯等碱金属配对离子对表面铝浓度及其分布并无影响。而对于尺寸在0.4～100μm之间的具有不同颗粒大小的分子筛，则文献也对其进行了比较分析。其中，表面分析使用的是X射线荧光光谱和能量散射X射线光谱，而宏观组成分析使用的则是质子诱发的γ射线。这几种表征方法的穿透深度分别为10nm、1μm和10μm[41]。

　　虽然ZSM-5沸石相关的文献报道很多，但仅有少量文献对其他分子筛颗粒上的铝分布进行了研究。以四乙基氢氧化铵为结构导向剂合成的β沸石具有富铝的内核以及富硅的外表面，这与通常情况下ZSM-5沸石上的元素分布情况正好相反[47]。

　　而在Na-X分子筛中，其元素分布则与ZSM-5相似[48]。文献报道的理论计算结果则说明，Y型沸石颗粒的表面是富铝的[49]。但是，通过俄歇电子光谱[38]、次级离子质谱[7]以及快原子轰击质谱[50]等分析方法所得到的分析结果却说明，在Y型沸石、A型沸石、X型沸石以及ZSM-5沸石上，铝是均匀分布的。由此可知，合适表征方法的选择对于富铝区域的表征分析至关重要。其中，具有能量散射X射线能谱功能的扫描电子显微分析是可靠的分析方法之一[30, 32]。由于此法的电子束的穿透深度约为1μm，因此，需切开分子筛颗粒或将分子颗粒的外表面层剥离以确保可，以对整个颗粒进行表征分析，而不仅仅是局限于分子筛的外表面。将分子筛的外表面擦除或对分子筛颗粒进行抛光，都可使分子筛的外表面变得粗糙或者使分子筛颗粒破裂甚至完全粉碎，而这最终将影响表征结果。使用聚焦离子束对分子筛颗粒进行处理可以获得光滑的切面。图10.6所示的是使用聚焦离子束切割的大颗粒ZSM-5沸石及其能量散射X射线分析所得的铝、硅和氧的分布情况(暂未公开发表的结果)。该分子筛是以四丙基铵根离子为结构导向剂而制备的。从图10.6中可以看出，铝集中分布于颗粒边缘2~3μm之间。

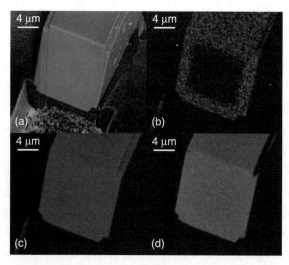

图10.6 (a)聚焦电子束切割的分子筛颗粒的SEM图片；(b)铝的EDX映射结果；
(c)硅的EDX映射结果；(d)氧的EDX映射结果

文献报道还对脱硅处理后的分子筛进行了扫面电子显微分析，以构建分子筛中的铝分布图[41, 51]。碱处理可改变分子筛中的元素分布情况并可影响分子筛中的骨架缺陷浓度。图10.7所示的是经过碱处理后的ZSM-5沸石的扫描电子显微分析的结果，而相应的母体分子筛的分析结果则如图10.6所示。而从图10.7中可以看出，处理后的分子筛具有空心结构，这说明该分子筛内部是富硅的，而外表面是富铝的，而在碱处理过程中，硅被选择性地溶解破坏。

图10.7 NaOH处理后的ZSM-5沸石颗粒夫人SEM结果

10.3.2 铝在分子筛颗粒晶格位置的分布

铝原子在^{27}Al MAS NMR图谱中的化学位移取决于其所处的环境。式(10.1)所示的是T－O－T键角的平均值与化学位移相互关系的经验方程。在某些情况下，^{27}Al MAS NMR中的骨架铝原子只能部分被解析[52]。图10.8所示的是β沸石的^{27}Al MAS NMR结果。图10.8中两个重叠的共振信号，分别为Td1和Td2，表示的是四配位骨架铝。而Td1和Td2具有不同的化学位移则是由铝原子占据的不同的骨架晶格位置上的不同立体结构,即T−O−T键角的平均值所引起的。

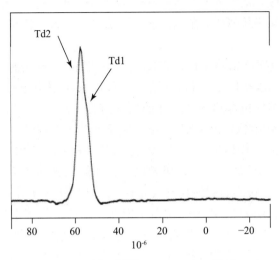

图10.8 β沸石的[27]Al MAS NMR结果

此外,也可以制备具有不同硅铝比的β沸石。而对[27]Al MAS NMR的结果进行定量分析,则可得到两种不同结构铝原子的相对强度的变化情况,如图10.9所示。分子筛中的硅铝比越高,则Td2的信号强度越高。这说明与骨架铝含量密切相关的是铝倾向于占据不同的晶格位置。在ZSM-5沸石[53]、丝光沸石[54]和NH4Y型沸石[55]中,铝的分布也类似。在本文的前一部分,我们提到在氢型分子筛中,骨架铝原子是不稳定的。而当对β沸石进行处理使其转化为氢型分子筛后,则分子筛中也产生大量的八配位铝物种,如图10.9a所示。而与此同时,只有一种四配位铝,即Td2的信号有所减弱。若处理条件更为苛刻时,则也可以使与Td2相关的骨架铝完全脱除,而相应的是,Td1的共振信号强度则基本保持稳定。这说明,骨架铝原子的稳定性与其所处的骨架晶格位置有关。此外,硅铝比越高,由与Td2相关的骨架铝产生的八配位铝物种的量越少,如图10.9a所示。如上所述,当骨架铝原子越少时,分子筛在蒸汽处理过程中则越稳定。具有高硅铝比的分子筛是憎水性的,这可抑制分子筛的孔结构对水的吸附,从而可以避免骨架铝与水相接触。

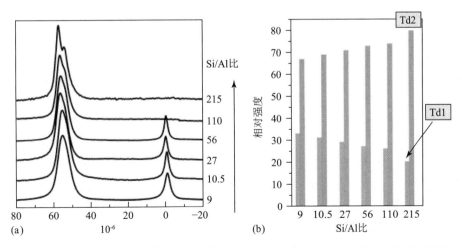

图10.9 (a)具有不同硅铝比的β沸石的[27]Al MAS NMR结果;(b)Td1和Td2的相对强度

近期,使用不同方法制备的ZSM-5沸石的^{27}Al MAS NMR结果说明,分子筛中的铝分布取决于合成条件[53]。而使用混合量子力学或分子筛动力学进行计算,则可得到更精确的关联化学位移与铝所占据的晶格位置[56]。在这一系列样品中,可以确定10个共振信号,但目前只有4个共振信号已归属。

因此,使用此法可更精确地将铝原子归属到晶格位置上。与之前的研究相比,这意味着在^{27}Al MAS NMR谱图的解析中已取得显著进步。近来,文献报道还对在镁碱沸石合成中,不同有机物为结构导向剂对铝的晶格位置分布的影响进行了研究[57, 58]。以1-苯基-1-甲基吡咯烷鎓、四甲基铵根离子和吡咯烷为结构导向剂,在无钠体系中制备了一系列不同的镁碱沸石样品。分子筛中的酸中心分布则与铝的分布有关。而其酸性则可使用FTIR光谱以及吡啶吸附进行分析表征,并可进一步将酸性与邻二甲苯以及正丁烯的异构化活性相关联。随着合成中所用结构导向剂的不同,镁碱沸石中的具有八元环孔口的笼中或十元环孔道中的桥连接羟基基团的分布也可发生一定的改变。ZSM-5沸石中铝在骨架晶格位置上的分布与硅铝比以及硅源、铝源的关系,可使用二价钴离子为探针分子,以构建所谓的"铝原子配对"[Al－O－(Si－O)$_{1,2}$－Al],并进行表征分析[34, 35, 39]。通常认为,在脱水处理的分子筛中,Co^{2+}离子只能与骨架氧原子配对,并与两个四配位骨架铝单元[AlO$_2^-$]匹配也达到电荷平衡。因此,Co交换的分子筛中Co^{2+}的浓度可与分子筛骨架结构中的铝原子配对的浓度相一致,从而可以根据UV-Vis谱图估算出Co^{2+}在阳离子位置的分布情况。

在丝光沸石[54, 60, 61]、β沸石[60]、Ω分子筛[62]、八面沸石[55]、镁碱沸石[57, 58]以及麦钾沸石[63]等分子筛中,也存在铝的非均匀分布现象。NMR谱图是常用的用来确定分子筛中硅、铝分布的方法。CD$_3$CN和苯吸附的实验结果以及DFT量子化学计算的结果都表明,铝更倾向于占据丝光沸石直筒形孔隙底部的晶格位置[60, 61]。将模拟计算的结果与^{27}Al和^{29}Si MAS NMR的实验结果进行比较则说明,在Ω分子筛中,铝更倾向于占据六元环中的四配位位置[62]。虽然大部分的实验结果都认为铝在分子筛骨架中是非均匀分布的,但是也有少数科研团队通过结合^{27}Al MQ、^{29}Si以及^{1}H MAS NMR等分析方法而得出铝随机分布的结论[64~67]。

以上所述的研究结果说明分子筛中的铝分布情况可以部分地解析,但有待进一步的深入研究。近来,已提出表征分析分子筛晶格位置上硅和铝的分布情况的新方法[33]。此法是以分子筛单晶中产生的X射线标准波谱为基础的。当衍射X-射线束时,入射光与衍射光可相互作用,从而产生与d轴平行的标准光谱。因此,从垂直d平面的方向可以看到晶胞中的某些特定位置。其中,X射线强度高的是正干涉的位置,而强度低,甚至没有信号的区域则是负干涉的位置。图10.10所示的即是沿晶胞的标准光谱的示意图。

在图10.10中,平面表示的是入射的X射线与钙沸石中[040]平面的衍射X射线相互干涉而生成的标准光谱的最大强度位置,而这是有两种晶格位置的分子筛的常见现象。当元素在X射线强度高的位置,该原子可被激发并产生荧光辐射,而其能量则与原子的原子序数Z有关。通过能量分散的方式检测荧光辐射的强度,则可以鉴别出硅原子和铝原子。而若改变入射的X射线的能量大小,则可以使入射光与衍射光的干涉发生改变,并使标准光谱的最大强度位置沿垂直于d平面的方向移动。此外,若改变入射的X射线与d平面的入射角,则也可以使穿过晶胞的标准光谱发生改变。在该实验中,通过经典衍射理论计算峰强度模型,可以清晰地辨别骨架晶格中硅和铝。目前,该同步实验已应用于钙沸石的解析。而其结果则明确说明,铝倾向与占据一个单独的骨架晶格位置。模拟计算的结果则说明,此法不能应用于硅铝比约为25的ZSM-5等具有复杂结构分子筛的表征分析的根本原因,仍不明确。此外,此法最大的局限性在于,分析所需的最小的颗粒大小取决于现有的同步辐射装置状态。

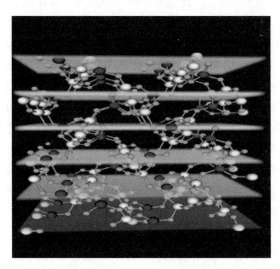

图10.10 钙沸石骨架结构中的X射线标准光谱示意图

从模拟计算还可以得到铝所处晶格位置的结构环境的重要信息[68~72]。目前,基于统计力学和复合优化方法[73],模拟退火法和标准Monte-Carlo精细温度控制技术都已用于解析Ω沸石中的铝分布情况[62]。

通过^{27}Al MAS NMR谱图分析可得到Ω分子筛中两种不同骨架晶格位置的铝的相对含量大小,进一步将该结果与模拟计算的结果进行试错比较分析,则说明分子筛骨架中的铝并不是随机分布的,这与上述实验结果非常吻合。结合原子力场的模拟分析以及FTIR表征,可推断出ITQ-7分子筛中铝和质子的可能位置[74]。通常认为铝的分布是受合成过程中的热力学控制的,而且模型也需考虑结构导向剂和分子筛骨架结构间的相互作用。根据这一推论,可通过变换结构导向剂来实现分子筛中骨架负电荷的分布。而结合^{29}Si MAS NMR分析以及模拟计算对FAU和EMT结构的分子筛进行表征分析,也可得到类似的结果[6]。最近的一些实验结果进一步确认了以上发现的正确性[57, 58]。近来,文献报道了确定分子筛骨架结构中铝分布的另一种理论方法[68]。可以通过实验测得的吸附、扩散等分子筛的性能与分子筛中铝的分布以及相应的配对离子的分布密切相关,并可将两者相关联。目前,已使用分子模拟的方法对具有不同骨架结构和不同铝原子位置的分子筛进行计算分析,以获取分子筛的烷烃吸附和扩散性能。对于硅铝比一定,但是铝分布不同的MOR、FER和TON结构的分子筛,计算模拟已得到直链烷烃的亨利(Henry)系数。直接将此结果与实验测得的系数进行比较,则基本可以确定铝更倾向于占据的骨架晶格位置。虽然如此,但是量子化学计算[75]或者Monte-Carlo模拟[76~79]等理论计算方法都具有很大的局限性。用于量子化学计算的小的原子簇并不能用来描述铝的空间分布情况。而Monte-Carlo模拟则是以铝在分子筛中是随机分布的这一假设为基础的。此外,理论计算并不能真实反应分子筛合成过程中的热力学效应。

总之,分子筛骨架结构中的铝分布并不是随机的,也不仅仅受单个因素控制,而是取决于分子筛的合成条件。铝的分布主要由分子筛的合成条件控制,而不是不同位置的相对稳定性决定的。这些结论为调控分子筛的催化活性及其选择性等提供了可能。

10.4 总结与展望

分子筛中的铝对其性能至关重要。这使得铝的结构分析、其在晶体中的位置及其所占据的骨架晶格位置的分析都非常重要。分子筛的结构与预处理的条件以及表征条件都密切相关。

而且，分子筛的骨架结构对水汽非常敏感。在室温下，氢型分子筛中的部分四配位骨架铝原子就可以转化成八配位的铝物种，而其转化的多少则与分子筛的拓扑结构和硅铝比有关。若使用氨水等碱对分子筛进行处理，则铝物种的转化是完全可逆的。蒸汽处理活化分子筛可极大地改变分子筛的结构。而铝物种的种类及其相对量则决定于水化处理的程度和温度。水化处理可增加高配位铝物种的量。而脱水处理和/或增加处理温度则可使八配位铝转化为四配位铝。此外，当处理温度大于400℃时，还可生成三配位的铝物种。而由此产生的骨架缺陷以及与骨架相关的八配位铝物种可降低分子筛的稳定性，并使分子筛在后续热处理过程中更易发生结构的变化。铝物种对不同预处理条件的敏感性增加了其对催化活性影响研究的困难。为了明确催化反应过程中，铝物种的结构与催化活性的关系，需使用原位表征分析方法。

目前，铝的非均匀分布已有广泛的报道。而分子筛的合成条件则决定了非均匀分布的程度。以四丙基铵根离子合成ZSM-5沸石，可制备具有富硅内核以及富铝外壳的分子筛。而若使用其他结构导向剂时，则可以制备出具有不同铝分布的分子筛。这位调节分子筛中的铝分布提供了可能。为了对富铝区域进行表征分析，则正确的表征方法的选择至关重要。

在硅和铝所占据的骨架晶格位置的表征分析中，目前已取得了巨大的，但仍不完全的进步。其中，硅和铝占据的骨架晶格位置是由合成条件控制的，而不是由晶格位置的热稳定性控制的。NMR、X射线衍射光谱(X射线标准光谱)以及模拟计算都已应用于分子筛的物化表征，并在晶格位置的鉴别中表现了巨大的潜力。

调控分子筛中铝分布的及其能占据的晶格位置的可能性，为合成具有特定性能以及高活性、高选择性的分子筛材料提供了可能。

在分子筛的结构分析领域，催化活性中心，即Lewis酸中心的结构，以及铝在骨架晶格中的位置仍然是两大亟需解决的问题。而硅铝分子筛的物化性质和催化活性都取决于铝含量、铝物种的结构以及铝在分子筛骨架结构中的分布情况。通过元素分析的方法可以确定分子筛中的铝含量，但是铝物种的结构的表征分析，特别是在实际催化反应条件下，仍然是一个巨大的挑战。其中，富铝区域的分析，以及最为重要的铝在骨架晶格位置的明确归属，仍然具有挑战性。在NMR的表征分析中，表征方法一直都在发展进步，比如二维多量子通道魔角自旋NMR、^{27}Al魔角自旋/多量子通道 MAS、^{27}Al-^{14}N量转移双频NMR[80]以及二维^{27}Al-^{29}Si旋转助量转移和Carr-Purecell-Meiboom-Gill异核相关NMR[81]，这为进一步明确铝的结构提供了可能。

由于预处理条件可极大地改变铝的配位，因此原位分析非常重要。原位Al K边带(XANES)X射线近边吸收结构分析[20]和原位NMR[82]则使之成为了可能。而似乎在不久的将来，在预处理或者反应条件下，分子筛中铝物种结构的确切解析是非常可能的。因此，在反应条件下，催化活性中心的结构及其与反应物和中间物的相互作用的情况是可以获得的。对于Lewis酸中心的结构，则应更为谨慎。为了准确分析铝物种的Lewis酸的酸量以其强度，最好能结合红外和NMR谱图分析等多种表征方法。

铝在分子筛骨架晶格位置的分布情况以及催化活性中心的位置方面的认识，可更好地关联硅铝分子筛的酸性、选择性和稳定性等催化性能。目前已应用或发展了多种表征技术，以分析分子筛中铝的骨架晶格位置分布情况。基于NMR、X射线标准光谱、UV-Vis光谱以及理论计算等的多种不同方法，应该还可以进一步发展，而复合分析则也具有较大的发展潜力。

致谢

感谢瑞士国家科学基金会(Swiss National Science Foundation)的资金支持。

参考文献

[1] Barthomeuf, D. (1980) Stud. Surf. Sci. Catal., 5, 55.
[2] Llewellyn, P.L., Grillet, Y., and Rouquerol, J. (1994) Langmuir, 10, 570.
[3] Omegna, A., van Bokhoven, J.A., and Prins, R. (2003) J. Phys. Chem. B, 107, 8854.
[4] Xu, B., Rotunno, F., Bordiga, S., Prins, R., and van Bokhoven, J.A. (2006) J. Catal., 241, 66.
[5] Szostak, R. (1991) Stud. Surf. Sci. Catal., 58, 153.
[6] Feijen, E.J.P., Lievens, J.L., Martens, J.A., Grobet, P.J., and Jacobs, P.A. (1996) J. Phys. Chem., 100, 4970.
[7] Dwyer, J., Fitch, F.R., Machado, F., Qin, G., Smyth, S.M., and Vickerman, J.C. (1981) J. Chem. Soc., Chem. Commun., 422.
[8] Pfeifer, H., Freude, D., and Hunger, M. (1985) Zeolites, 5, 274.
[9] Anderson, M.W. and Klinowski, J. (1989) Nature, 339, 200.
[10] Ramdas, S. and Klinowski, J. (1984) Nature, 308, 521.
[11] Collignon, F., Jacobs, P.A., Grobet, P., and Poncelet, G. (2001) J. Phys. Chem. B, 105, 6812.
[12] Joyner, R.W., Smith, A.D., Stockenhuber, M., and van den Berg, M.W.E. (2004) Phys. Chem. Chem. Phys., 6, 5435.
[13] van Bokhoven, J.A., Kunkeler, P.J., van Bekkum, H., and Koningsberger, D.C. (2002) J. Catal., 211, 540.
[14] van Bokhoven, J.A., Sambe, M., Ramaker, D.E., and Koningsberger, D.C. (1999) J. Phys. Chem. B, 103, 7557] References 299
[15] Kraus, H., Müller, M., Prins, R., and Kentgens, A.P.M. (1998) J. Phys. Chem. B, 102, 3862.
[16] Jiao, J., Kanellopoulos, J., Wang, W., Ray, S.S., Foerster, H., Freude, D., and Hunger, M. (2005) Phys. Chem. Chem. Phys., 7, 3221.
[17] van Bokhoven, J.A., Roest, A.L., Koningsberger, D.C., Miller, J.T., Nachtegaal, G.H., and Kentgens, A.P.M. (2000) J. Phys. Chem. B, 104, 6743.
[18] van Bokhoven, J.A., van der Eerden, A.M.J., and Koningsberger, D.C. (2002) Stud. Surf. Sci. Catal., 142, 1885.
[19] Omegna, A., Prins, R., and van Bokhoven, J.A. (2005) J. Phys.Chem. B, 109, 9280.
[20] van Bokhoven, J.A., van der Eerden, A.M.J., and Koningsberger, D.C. (2003) J. Am. Chem. Soc., 125, 7435.
[21] Bourgeatlami, E., Massiani, P., Direnzo, F., Espiau, P., Fajula, F., and Courieres, T.D. (1991) Appl. Catal., 721, 139.
[22] van Bokhoven, J.A., Koningsberger, D.C., Kunkeler, P., van Bekkum, H., and Kentgens, A.P.M. (2000) J. Am. Chem. Soc., 122, 12842.
[23] Wouters, B.H., Chen, T.H., and Grobet, P.J. (1998) J. Am. Chem. Soc., 120, 11419.
[24] Katada, N., Kanai, T., and Niwa, M. (2004) Microporous Mesoporous Matter., 75, 61.
[25] Xu, B., Sievers, C., Hong, S.B., Prins, R., and van Bokhoven, J.A. (2006) J. Catal., 244, 163.
[26] Xu, B. (2007) Structure-performance relationships in solid-acid aluminosilicates, Doctoral thesis, ETH, 16922.
[27] Kung, H.H., Williams, B.A., Babitz, S.M., Miller, J.T., Haag, W.O., and Snurr, R.Q. (2000) Top. Catal, 10, 59.
[28] Beyerlein, R.A., Choi-Feng, C., Hall, J.B., Huggins, B.J., and Ray, G.J. (1997) Top. Catal, 4, 27.
[29] Zholobenko, V.L., Kustov, L.M., Kazansky, V.B., Loef?er, E., Lohse, U., and Oehlmann, G. (1991) Zeolites, 11, 132.
[30] Lukyanov, D.B. (1991) Zeolites, 11, 325.
[31] Williams, B.A., Babitz, S.M., Miller, J.T., Snurr, R.Q., and Kung, H.H. (1999) Appl. Catal. A, 177, 161.
[32] Xu, B., Bordiga, S., Prins, R., and van Bokhoven, J.A. (2007) Appl. Catal. A, 333, 245.
[33] van Bokhoven, J.A., Lee, T.-L., Drakopoulos, M., Lamberti, C., Thiess, S., and Zegenhagen, J. (2008) Nat. Mater., 7, 551.
[34] Dedecek, J., Kaucky, D., and Wichterlova, B. (2001) Chem. Commun., 970.
[35] Gabova, V., Dedecek, J., and ?ejka, J. (2003) Chem. Commun., 1196.
[36] von Ballmoos, R. and Meier, W.M. (1981) Nature, 289, 782.
[37] Derouane, E.G., Gilson, J.P., Gabelica, Z., Mousty-Desbuquoit, C., and Verbist, J. (1981) J. Catal., 71, 447.
[38] Suib, S.L. and Stucky, G.D. (1980) J. Catal., 65, 174.
[39] Chao, K.-J. and Chern, J.-Y. (1988) Zeolites, 8, 82.
[40] Sklenak, S., Dedecek, J., Lo, C., Wichterlova, B., Gabova, V., Sierka, M., and Sauer, J. (2009) Phys. Chem. Chem. Phys., 11, 1237.
[41] Debras, G., Gourgue, A., and Nagy, J.B. (1985) Zeolites, 5, 369.
[42] Lin, J.-C. and Chao, K.-J. (1986) J. Chem. Soc., Faraday Trans. 1, 82, 2645.
[43] Althoff, R., Schulz-Dobrick, B., Schüth, F., and Unger, K. (1993) Microporous Mater., 1, 207.
[44] Dessau, R.M., Valyocsik, E.W., and Goeke, N.H. (1992) Zeolites, 12, 776.
[45] Hughes, A.E., Wilshier, K.G., Sexton, B.A., and Smart, P. (1983) J. Catal., 80, 221.
[46] Nagy, J.B., Bodart, P., Collette, H., El Hage-Al Asswad, J., and Gabelica, Z. (1988) Zeolites, 8, 209.
[47] Perez-Pariente, J., Martens, J.A., and Jacobs, P.A. (1986) Appl. Catal., 31, 35.
[48] Weeks, T.J. and Passoja, D.E. (1977) Clays Clay Miner., 25, 211.
[49] Corma, A., Melo, F.V., and Rawlence, D.J. (1990) Zeolites, 10, 690.
[50] Dwyer, J., Fitch, F.R., Qin, G., and Vickerman, J.C. (1982) J. Phys. Chem., 86, 4574.
[51] Groen, J.C., Bach, T., Ziese, U., Paulaime-van Donk, A.M., de Jong, K.P., Moulijn, J.A., and Perez-Ramirez, J. (2005) J. Am. Chem. Soc., 127, 10792.
[52] Abraham, A., Lee, S.H., Shin, C.H., Hong, S.B., Prins, R., and van Bokhoven, J.A. (2004) Phys. Chem. Chem. Phys., 6, 3031.
[53] Han, O.H., Kim, C.S., and Hong, S.B. (2002) Angew. Chem. Int. Ed. Engl., 41, 469.
[54] Lu, B., Kanai, T., Oumi, Y., and Sano, T.J. (2007) Porous Mater., 14, 89.
[55] Koranyj, T.I. and Nagy, J.B. (2007) J. Phys. Chem. C, 111, 2520.
[56] Sklenak, S., Dĕdeček, J., Li, C., Wichterlová, B., Gábová, V., Sierka, M., and Sauer, J. (2007) Angew. Chem. Int. Ed. Engl., 46, 7286.
[57] Pinar, A.B., Marquez-Alvarez, C., Grande-Casas, M., and Perez-Pariente, J. (2009) J. Catal., 263, 258.
[58] Marquez-Alvarez, C., Pinar, A.B., Garcia, R., Grande-Casas, M., and Perez-Pariente, J. (2009) Top. Catal, 52, 1281.

[59] Dedecek, J., Kaucky, D., Wichterlova, B., and Gonsiorova, O. (2002) Phys. Chem. Chem. Phys., 4, 5406.

[60] Koranyj, T.I. and Nagy, J.B. (2005) J. Phys. Chem. B, 109, 15791.

[61] Bodart, P., Nagy, J.B., Debras, G., Gabelica, Z., and Jacobs, P.A. (1986) J. Phys. Chem., 90, 5183.

[62] Li, B., Sun, P., Jin, Q., Wang, J., and Ding, D. (1999) J. Mol. Catal. A, 148, 189.

[63] Kennedy, G.J., Afeworki, M., and Hong, S.B. (2002) Microporous Mesoporous Mater., 52, 55.

[64] Smith, J.V. (1971) in Molecular Sieve Zeolites-1 (eds E.M.Flaningen and L.B. Sand), American Chemical Society, Washington, DC, p. 171.

[65] Sarv, P., Fernandez, C., Amoureux, J.-P., and Keskinen, K. (1996) J. Phys. Chem., 100, 19223.

[66] Jarman, R.H., Jacobson, A.J., and Melchior, M.T. (1984) J. Phys. Chem., 88, 5748.

[67] Raatz, F., Roussel, J.C., Cantiani, R., Ferre, G., and Nagy, J.B. (1987) in Innovation in Zeolite Materials Science (eds P.J.Gorbet, W. Morties, W.J. Vansant and E.F. Schultz-Ekloff), Elsevier Science Publishers B.V., Amsterdam, p. 301.

[68] Garcia-Perez, E., Dubbeldam, D., Liu, B., Smit, B., and Calero, S. (2007) Angew. Chem. Int. Ed. Engl., 46, 276.

[69] (a) Ehresmann, J.O., Wang, W., Herreros, B., Luigi, D.P., Venkatraman, T.N., Song, W.G., Nicholas, J.B., and Haw, J.F. (2002) J. Am. Chem. Soc., 124, 10868; (b) Brandle, M., Sauer, J., Dovesi, R., and Harrison, N.M. (1998) J. Chem. Phys., 109, 10379.

[70] Eichler, U., Brandle, M., and Sauer, J. (1997) J. Phys. Chem. B, 101, 10035.

[71] Beerdsen, E., Smit, B., and Calero, S. (2002) J. Phys. Chem. B, 106, 10659.

[72] Beerdsen, E., Dubbledam, D., Smit, B., Vlugt, T.J.H., and Calero, S. (2003) J. Phys. Chem. B, 107, 12088.

[73] Kirkpatrick, S., Gelatt, C.D., and Vecchi, M.P. Jr. (1983) Science, 220, 671.

[74] Sastre, G., Fornes, V., and Corma, A. (2002) J. Phys. Chem. B, 106, 701.

[75] Derouane, E.G. and Fripiat, J.G. (1985) Zeolites, 5, 165.

[76] Takaishi, T. and Kato, M. (1995) Zeolites, 15, 689.

[77] Takaishi, T., Kato, M., and Itabashi, K. (1995) Zeolites, 15, 21.

[78] Feng, X. and Hall, W.K. (1997) Catal. Lett., 46, 11.

[79] Rice, M.J., Chakraborty, A.K., and Bell, A.T. (1999) J. Catal., 186, 222.

[80] Abraham, A., Prins, R., van Bokhoven, J.A., van Eck, E.R.H., and Kentgens, A.P.M. (2009) Solid State Nucl. Magn. Reson., 35, 61.

[81] Kennedy, G., Wiench, J.W., and Pruski, M. (2008) Solid State Nucl. Magn. Reson., 33, 76.

[82] Hunger, M. (2004) Catal. Today, 97, 3.

11 沸石分子筛反应性能的
理论化学研究

Evgeny A. Pidko, Rutger A. van Santen

11.1 引言

如今,理论化学的进步在很大程度上取决于计算。直接从实验中产生的新的理论概念通常需要使用计算模型作进一步研究。这对所观察到的实验现象描绘确定的分子水平图景来说是有必要的。因此,计算方法在化学、物理、生物医学和工程科学中得到了广泛而深入的应用。它们被用于解释实验数据,并越来越多地在原子水平上预测物质的性质和行为。

计算模拟技术可分为两大类。第一类是基于原子间相互作用势能(力场)的使用。这些方法通常是经验性的方法,且不考虑体系中的任何电子。体系所关心的性质用函数(一般地分析)来描述,其中用核坐标的函数来表示能量。然后,根据最小化方法,这些函数被用来计算结构和能量,根据蒙特-卡洛(Monte-Carlo)模拟,这些函数可以用来计算系综平均,或通过基于经典的牛顿运动定律的分子动力学来模拟动态过程。在由Woodley和Catlow[1]以及Smit和Maesen[2, 3]最近发表的优秀论文中,综述了相应计算方法的计算能力及所面临的挑战。

第二类是基于体系电子结构计算的量子化学方法。这种方法对依赖于成键或断键的过程特别重要,其中当然包括催化反应。HartreeFock(HF)、密度泛函理论(DFT)以及后HF从头算方法(post-HF ab initio)已被用于分子筛的建模。其中,DFT方法最近应用较多。

本章着重讲述现代量子化学技术的实力和功能,旨在突出理论化学在分子筛和微孔材料领域的关键和挑战。本章的架构如下所述。首先,我们简要讨论一下分子筛量子化学建模的方法(第11.2节)。这部分将简要回顾用于研究微孔材料及其反应性能的传统的电子结构方法和结构模型的优势及局限性。第11.3节将阐明分子筛催化烃类转化的量子化学计算方面的研究进展。这部分讨论能够更好地描述弱范德华相互作用的改进的DFT方法。在11.4节中,甲醇制烯烃(MTO)这种重要的工业过程,将被用来说明计算方法在揭示这种复杂催化反应的分子机理上的作用。第11.5和11.6节将展示理论计算如何合理解释实验现象,并从中得到新的反应特性和结构特征。在这些小节中,我们将讨论微孔材料约束诱导反应的最新的化学概念(第11.5节)和分子筛中骨架外阳离子的非定域电荷补偿(第11.6节)。后面的小节也综述了从头算法揭示分子筛局部结构的研究进展。最后,本文总结了计算化学在分子筛领域中面临的挑战和前景。

11.2 方法

量子化学电子结构方法在研究分子筛结构和反应性能方面有着悠久的历史。一般来说，量子化学方法的目标是预测包含许多粒子的体系的结构、能量和性质。体系的能量表示为所有原子的确切位置和作用于每个原子的电子和原子核的力的直接函数。只有在体系含有的原子数非常有限的情况下，电子结构的精确的量子力学计算才是可能的。因此，对于较大的体系，在不同的量子化学方法中需要做一些简化近似，以便求解函数。下面，我们简单概述了各种应用于分子筛化学的量子化学方法的局限性。可以在一些很好的参考文献[4~9]中找到对电子结构计算更详细和深入的讨论。

电子结构方法可分为基于波函数的从头算方法、从头算密度泛函或半经验方法。所有这些都可以应用于解决分子筛化学中的不同问题。波函数方法始于HF方程的求解，可以使用更好的方法来提高其准确性。HF理论的不足之处之一是它不能处理动态电子相关，动态电子相关是指电子的运动是相关的，一个电子避免与另一个电子相撞。如果忽略这种影响，在计算能量、几何形状、振动和其他分子特性时，可能会导致非常严重的错误。

11.2.1 从头算方法

有许多所谓的后HF方法来处理电子之间的相关运动。最广泛使用的方法之一是基于相关能定义的微扰理论。换句话说，组态相互作用被视为对汉密尔顿函数(Hamiltonian)的小的微扰。使用这种扩展，HF能量等于零阶和一阶项的总和，而相关能只作为一个二阶项出现。二阶Møller - Plesset微扰理论(MP2)基本上包含了80%~90%的相关能，而MP4为大部分体系提供了一个可靠准确的解决方法。

另一种处理电子相关的方法是组态相互作用法(CI)。这种方法总的解决策略是构建由基态波函数和激发态波函数线性组合而成的试探波函数。试探波函数可以包含1个、2个或3个电子从价电子带交换到空轨道上；这些被称为单激发组态相互作用(CIS)、双激发组态相互作用(CID)和三激发组态相互作用；这些组态相互作用分别允许单、单/双、单/双/三重激发。

耦合簇(CC)理论与微扰理论不同之处在于前者包含对特定类型无穷阶波函数的具体修正。因此，CC理论必须被截断。最低水平截断通常是在双激发(CCSD)处，因为单激发没有扩展HF方程。CC理论可以将热力学计算精度提高到1kcal/mol以内。

尽管使用这些方法可以实现非常高的精度，但几乎所有的后HF方法对于分子筛可靠模型的计算都是望而却步的，这是因为这些计算需要非常高的计算成本。目前，只有计算最便宜的后HF方法可以用于研究分子筛。因此，在分子筛化学中，后HF方法的应用仅限于MP2方法，而且只能应用于相对小的分子筛模型的计算中。然而，值得注意的是，当使用分解恒等积分近似时[10]，产生的RI-MP2方法原则上可以应用于含有超过100个原子的体系的计算。

11.2.2 DFT方法

一个更有吸引力的方法是密度泛函理论(DFT)。DFT在某种意义上说也是"从头算"，它来源于第一性原理，一般不需要可调的参数。这些方法的计算规模随着基函数(电子)数量(N)的增加而增大，计算量是N^3。因此，与更高水平的后HF方法[MP2方法的计算量达到N^5，MP4和CCSD(T)的计算量上升到N^7]相比，允许使用更接近现实的模型。另外，DFT的理论精度并没有高水平从头算波函数方法的精度高。

DFT归功于Hohenberg和Kohn的工作[11]，他们正式证明了体系的基态能量仅仅是电子密度的泛函。Kohn和Sham[12]把这个理论推广到了实践，他们把能量划分为电子运动的动能、核与电子相互吸引的势能、电子与电子的排斥能(包括库仑作用和自相互作用)、交换相关能(包括所有其他的电子与电子间的相互作用)。含有N个粒子体系的能量可以表示为：

$$E[\rho]=T[\rho]+U[\rho]+E_{xc}[\rho] \qquad (11.1)$$

Kohn和Sham证明，N个粒子体系可以表示为一组N个电子的问题(类似于波函数方法中的分子轨道)，它们可以自洽求解[12]。

尽管DFT原则上是一个精准的方法，但不幸的是，电子密度泛函以及交换相关能的精确表达还不为人知，通常做了许多的假设和近似。其中，最基本的近似求解方法是局域密度近似(LDA)。它假定每个电子的交换相关能与在一个均匀电子气中的交换相关能相等。均匀电子气是指在一个特定的点r处具有相同的电子密度。LDA明显将实际密度分布过于简单化了，往往导致计算得到的键能和结合能偏高。

对LDA泛函进行非局部梯度校正来提高描述电子密度的精度。在这种情况下，相关和交换能是密度和梯度的泛函。梯度校正采用不同的泛函，如B88[13]、PW91[14]、PBE[15]。然而，这些泛函的精度一般还是低于高水平从头算方法。

值得注意的是，HF理论为单行列式体系的交换能提供了一个更精确的匹配。因此，开发了众多的杂化泛函。杂化泛函中，交换泛函是精确的HF交换能和从纯DFT计算得到的交换相关能的线性组合。用这种方法(如B3LYP和B3PW[16]，MPW1PW91[17]，PBE0泛函[18]等)计算的几何结构和能量往往可以与实验值以及用后HF方法计算得到的数值很好地吻合。然而，杂化泛函仍然无法描述主要基于电子和电子相关的诸如色散和其他弱相互作用的化学效应[19, 20]。

11.2.3 基组

如前所述，DFT方法中的能量是电子密度的函数。然而，实际上体系的密度ρ(r)可以写作Kohn-Sham轨道平方的总和：

$$\rho(r) = \sum |\psi_i(r)|^2 \qquad (11.2)$$

这使得通常在DFT和基于波函数的方法中都会使用另一种近似。它由一个特定的正交基组表示的每个分子轨道组成。一个体系的真正的电子结构原则上可以在数学上用无穷多个基函数来表示。然而，由于计算的限制，这些泛函在实际中都会被截断，并且由有限数量的基组来描述，这样就导致精度上的一些潜在损失。目前存在的各种不同的基组中，我们选择的特定基组强烈依赖于所使用的计算方法、所考虑的问题的类型以及在每个特定的情况下所需的精度。这些函数可以采取几种形式中的一种。最常用的方法是使用定域原子轨道线性组合，通常由高斯型函数(GTO)来表示，或使用平面波的线性组合(PWs)作为基组。GTO基组广泛应用于分子体系的计算，其中包括本章第11.2.4节中详细讨论的分子筛的簇模型。GTO基组已经应用在各种量子化学软件(Gamess-UK[21]、Gaussian03[22]、Tubomole[23]等)中。多年以来，它们已经应用于HF、后HF以及DFT中。PWs在固体(比如分子筛晶体)模拟中更受欢迎。这主要是因为它们在周期性体系中的应用是简单明确的。与采用GTO基组的方法相比，PWs在计算能量和梯度时，相应的计算速度都要更快。因此，PW方法广泛应用于电脑程序(诸如CASTEP[24]、CPMD[25]和VASP[26]等等)中，纯DFT方法(没有精确的HF交换能)在研究各种周期性体系中的应用也很广泛。除了PW代码用于开发模拟凝聚相体系外，利用GTO基组的CRYSTAL 06[27]程序也可以用于研究不考虑体系维度形式的周期性体系和分子体系。非常值得注意的是，一般而言，当采用了足够大数量的基函数，无论采用的是GTO还是PW基组，所得到的计算结果本质上是相同的[28]。

当采用了PW基组展开的电子波函数时，要正确描述原子核附近波函数的行为所需要的PW基函数的数量是非常庞大的。为了解决这个问题，在PW方法中，核电子使用赝势近似描述。这种情况下,它是假定核电子不会显著影响原子的电子结构和性质,因此,从核电荷和冻结核电子密度产生的离子势由一个有效的赝势来取代。在GTO方法中,核电子可以明确处理,赝势近似也可以用来减少计算中所需的基函数的数量,且不会有巨大的精度损失。这对于描述重原子是非常有用的。

11.2.4 分子筛模型

由不同的量子化学方法计算能量所做的近似以及描述分子轨道所使用的有限基组并不是导致精度有限的唯一因素。在进行分子筛建模时,很难考虑体系的所有原子(见图11.1a、b)。通常情况下,分子筛原子的一个有限子集被用来构建一个原子模型。描述反应环境的模型的大小对于得到可靠的结果来说是至关重要的。事实上,尽管诸如CO、CH_4、H_2O、孤立阳离子这些小分子的坐标可以研究得非常精确,但即使是使用CC理论,这样得到的结果也显然不能代表分子筛中可交换阳离子的吸附。这是一个"模型"与"方法"精度竞争的例子。

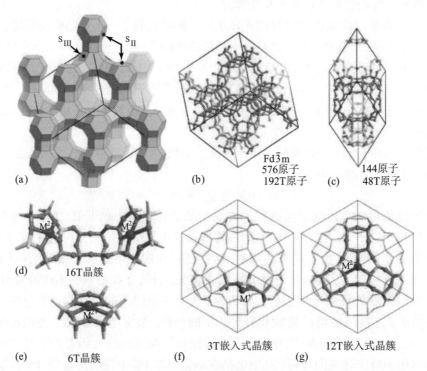

图11.1 (a)分子筛八面沸石的结构模型;(b)具有Fd3m对称性的晶体晶胞;(c)对称性较低的较小的菱形晶胞;(d)16T的簇模型;(e)6T的簇模型;(d)八面沸石中有两个S_{II}位的交换阳离子的局部结构;(e)八面沸石中有一个S_{II}位的交换阳离子的局部结构;(f)3T簇模型,代表阳离子位点S_{III}嵌入到八面沸石中的菱形六面体中;(g)12T簇模型,代表阳离子位点S_{II}嵌入到八面沸石中的菱形六面体中

计算化学的进展也使得人们有可能在固体的DFT计算中有效使用周期性边界条件。在对拥有相对小晶胞的一些分子筛的结构和性质进行理论DFT研究时,通常使用一个真正的晶体结构作为模型(见图11.1c)。然而,这样的分子筛周期性密度泛函理论计算多限于使用LDA和GGA密度泛函。

分子筛建模的另一种方法就是所谓的簇方法。这里只考虑了一部分含有有限原子数的分子筛骨架,而分子筛晶格的其余原子的影响被忽略了(见图11.1d、e)。分子筛模型的最低要求是它要包含反应位点或吸附位点及相关的环境。在这种情况下，该模型建立了几个TO4单元来模拟分子筛的一部分局部结构。虽然这种方法会导致一些"模型"精度的损失，但是在分析分子筛不同局部性质(比如基元反应步骤、吸附等)时非常有用。此外，在簇模型的情况下，可以成功地使用更高水平的从头算方法以及杂化密度泛函方法。

　　杂化量子化学嵌入方案成为一种计算分子筛模型的广泛流行的分子模拟方法。它们允许在一个计算中使用两个或两个以上的计算技术进行组合，使得高精度研究像分子筛这样体系的化学性质成为可能。体系中发生化学过程的区域(类似于簇模型的处理方式)是用适当准确的方法来处理的，而该体系的其余部分是用较低水平的理论方法来处理的(见图11.1f、g)。主要的困难是把两个不同的区域连接起来。连接的区域通常被定义为内部和外部区域提供足够的信息传输的部分。该体系能量的计算公式如下：

$$E_{杂化}(体系)=E_{高}(模型)+E_{低}(体系)-E_{低}(模型) \qquad (11.3)$$

　　其中，$E_{高}$(模型)是指高水平方法计算的内部核心区域的能量。$E_{低}$(体系)$-E_{低}$(模型)是指用低水平理论方法计算整个体系的能量与用低水平理论方法计算核心区域的能量之差。虽然通常用量子化学方法(QM)来描述核心区域，但该体系的其余原子是用分子力学处理的。与用于处理核心区域的方法相比，它可以是任何更低水平的方法且速度更快。因此，使用簇嵌入可以相对准确地研究局部分子筛化学，而且考虑到了长程作用的影响。

11.3 分子筛中烃类的活化：色散作用的影响

　　模拟分子筛中化学反应的主要挑战之一，是准确预测吸附能和微孔材料中烃类转化的反应历程图。对于模拟这种复杂催化材料(如沸石)反应活性的方法，目前的选择是DFT。然而，常用的密度泛函不能正确描述长程色散相互作用[20]。烃类化合物与分子筛内壁之间占主导地位的相互作用是与色散性质相关的弱范德华作用，因此用常规DFT方法不能正确计算。这不仅可能会导致计算的化学反应的能量不准确，还会错误地预测体系的稳定性或反应的趋势。其中，色散作用对反应中间体和过渡态的总稳定能的影响沿反应坐标方向不均匀分布。值得注意的是，色散是分子间的相关效应。正如上面所提到的，最简单的能够明确描述电子相关的电子结构方法是MP2理论。然而，在利用MP2计算周期性体系时，只有在使用小基组且只包含几个原子的非常小的单胞的情况下才是可行的。

　　最近，提出了一个将后HF水平的局部修正引入到DFT计算中的嵌入方案来计算周期性分子筛模型[29, 30]。这种方法允许采用周期性DFT计算方法，对分子筛反应环境的结构和静电性质进行准确的模拟。已经实现了对吸附的反应物与分子筛内壁之间的自相互作用和范德华相互作用的改进。这是通过应用分解恒等积分近似MP2方法(RI-MP2)和嵌入到分子筛周期性模型中的、能够代表分子筛骨架本质部分的簇模型来实现的。这样设计的MP2：DFT方法适合于研究中小吸附质分子与像分子筛晶体一样非常大的化学体系之间的反应，也能够在近化学精度级别上定量计算微孔基质中烃类转化的反应能量分布。

　　为了说明这一点，我们研究异丁烯与分子筛B酸中心的作用(见图11.2)来作为B酸催化烃类化合物转化的案例。这个反应由于关系到丁烯骨架异构化反应，不仅从实用角度来看是很有意义的[31]，而且它也吸引了许多理论研究者的关注。这是因为它涉及到一个基本问题，即是否有可能在分子筛微孔基质中形成稳定的反应中间体——叔丁基碳正离子[32]。

　　有一些研究报道了用DFT方法计算异丁烯质子化反应，并采用相当小的簇模型来模拟分子筛B酸中心的局部环境[33, 34]。研究发现，质子化产物的相对稳定性非常依赖于计算水平，更重要的是簇模型的大小。在采用簇模型方法时，势能面上的唯一极小点对应的是共价键结合的烷氧基,而碳正离子是以寿命非常短暂的过渡态形式存在的。

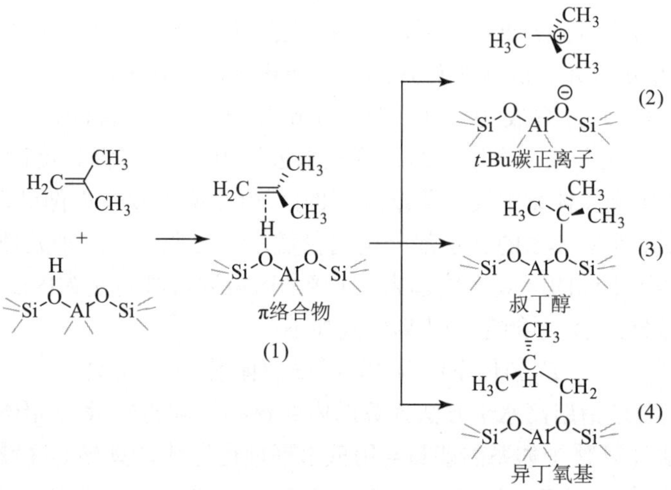

图11.2 异丁烯在分子筛B酸位点上的质子化

另外,当与分子筛骨架的长程相互作用和分子筛结构细节被明确列入在嵌入式团簇方法(该方法采用分子筛晶体的一个非常大的部分作为一个低级别的模型[35])或周期性DFT方法[36, 37]的计算中时,势能面上的局部最小点对应的是叔丁基碳正离子,并可以在各种不同的分子筛拓扑结构中定位。

事实上,在周期性边界条件下,运用DFT计算包括异丁烯在镁碱沸石上的吸附这样的真实体系时,与采用小的团簇模型来模拟分子筛活性中心的情况[34]相比,二者所观察到的是截然不同的"画面"[37]。只发现了分子筛B酸位点上丁烷的π络合物[参见图11.2中的(1)],并且比与分子筛分开的孤立的烯烃更稳定[37]。然而,这种稳定的差别相当小(PBE/PW, FERpbc,见表11.1)。DFT计算的吸附能不超过几千焦每摩尔,对这样一个体系来说,吸附能的值比预期的要低得多。研究指出,势能面上存在的局部极小点对应的是叔丁基碳正离子[参见图11.2中的(2)]。其稳定性被证明至少与共价结合的叔丁氧基[参见图11.2中的(3)]相当。与共价结合的叔丁氧基相比,零点振动和有限温度的影响会进一步稳定碳正离子。得出的结论是:在120K时,已经在H-镁碱沸石上形成了叔丁基碳正离子,与形成共价结合的物种相比,前者在热力学上更有利[37]。然而,这一理论预测缺乏实验支持,因为从未通过核磁共振或红外光谱观察到烯烃在氢型分子筛上的吸附所形成的简单碳正离子[38]。这种不一致可能不能归因于计算研究中采用的分子筛模型的不足,因此,肯定是由于计算方法(DFT)的不准确,即对自相互作用效应和色散相互作用的描述不够准确。

Tuma和Sauer[30]用MP2:DFT杂化方法计算了异丁烯与H-镁碱沸石相互作用的可能产物的相对稳定性。他们定义了在H-FER分子筛八元环与十元环交叉的孔道处、包含16T原子以及B酸中心的簇模型,在全周期模型下采用MP2级别方法计算,然后也采用了DFT方法计算。他们用MP2方法计算簇模型,采用的是从高斯型函数构成的局部基组。为了避免使用有限大小局部基组可能导致的误差,计算结果用基组重叠误差(BSSE)和外推到完整基组(CBS)的极限进行校正。此外,用嵌入团簇方法得到的结果被外推到无限大的团簇(即周期极限)。为了比较计算分子筛中烃类反应所用的理论方法的可靠性,将计算结果与CCSD(T)计算的结果进行了比较。得出的结论是MP2方法可以在化学精度上描述该体系。

表11.1 计算在酸性分子筛中形成异丁烯π络合物、叔丁基碳正离子、叔丁氧基
和异丁氧基的反应能(ΔE)　　　　　　　　kJ/mol

B3LYP/DZ, 3T[34]	PBE/CBS, 16T[39]	M06–L/CBS, 16T[39]	MP2/CBS, 16T[39]	B3LYP: MM, FER$_{pbe}$[40]	MP2/B3LYP: MMFER$_{pbe}$[40]	PBE/PW, FER$_{pbe}$[30]	PBE+D, FER$_{pbe}$[41]	MP2: DFTFER$_{pbe}$[30]	FER$_{pbe}$[30] 最佳估计值
−28	−13	−61	−63	−49	−79	−16(−10)①	−92	−77(−44)②	−78
	57	8	41			8(36)①	−67	−13(−8)②	−21
−35	10	−67	−67	−62	−67	19(17)①	−78	−66(20)②	−48
−54	10	−59	−67	−145	−94	−3(5)①	−94	−80(−27)②	−73

① 标注的括号里的值来自于文献[37]。

② 标注的括号里的值是经过BSSE校正过的。

事实上，可以清楚地知道，后HF方法对用纯DFT(PBE交换相关泛函)方法计算得到的反应能分布作出的修正是巨大的(见表11.1)。更重要的是，对于分子筛孔道内形成的不同结构，这种修正是不均匀的。当MP2中包含色散作用时，异丁烯的吸附能从−16kJ/mol变为真实值−78kJ/mol。由于分子筛内壁的范德华作用，共价结合的烷氧基稳定性更强(最佳预估，见表11.1)。令人惊讶的是，发现色散相互作用对质子化物种稳定性的影响最低的是叔丁基碳正离子。相关反应能仅仅降低了30kJ/mol。结果表明，碳正离子结构被证明是所有考虑的结构中最不稳定的物质，而周期性PBE计算预测这个物质只比异丁氧基物种的能量高15kJ/mol。当考虑了色散作用时，这个能量差变大了三倍，达到52kJ/mol[30]。不幸的是，尽管作了所有努力以达到较高的计算精度，但报道的MP2：DFT的结果没有对有限温度效应的影响作修正。因此，不能对异丁烯在镁碱沸石中形成的质子化物种的相对稳定性作出明确的结论。然而，这个大的能量差异表明，虽然在较高的温度下，平衡可能会向生成叔丁基碳正离子的方向移动，但在室温下，与实验观测的一致，共价结合的烷氧基物种优先生成。

最近，用MP2：DFT方法计算分子筛反应性能的研究，已经扩展到在HZSM-5沸石上甲醇与小分子烯烃甲基化的研究[42]。在这项研究中，应用了高度复杂的理论方法。据我们所知，这是第一次用从头算方法研究诸如MFI这样复杂结构的微孔材料的反应活性。与上述烯烃质子化的考虑类似，分子筛骨架已经由一个周期性重复的MFI单胞来表示，而限制在微孔空间的反应物种的相互作用以及其在B酸中心转换反应的能量已经得到了改进。这种改进是通过对嵌入在周期性结构中的团簇模型引入MP2校正来实现的(见图11.3)。

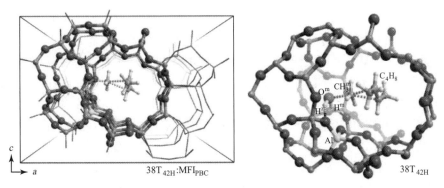

图11.3 t-2-丁烯与甲醇在HZSM-5沸石上的甲基化反应的过渡态结构：(a)显示了沿着直孔道的相应的周期性MFI模型；在文献[42]中，着重突出的原子对应于最大的38T嵌入簇模型[放大图如(b)所示，为了清晰表示，忽略了边界上的H原子]用MP2处理(文献[42]许可使用的补充材料的链接为：http://pubs.acs.org/doi/suppl/10.1021/ja807695p)

计算研究所选择的反应与工业上重要的MTO工艺有较高的相关性。HZSM-5沸石上小分子烯烃的甲基化反应的反应速率和活化能是直接从实验研究得到的[43, 44]。因此，这个反应和相应的实验数据可以用来比较目前广泛使用的纯DFT方法和更先进的量子化学方法(如DFT+D和MP2方法)的性能、精度和预测能力。图11.4是这个反应简化的能量示意图[42]。在这个步骤中，为了比较实验值和计算值，必须作几个假设。动力学实验研究表明，烯烃甲基化相对于烯烃浓度是一阶反应，相对于甲醇浓度是零阶反应。实验的能垒值[43, 44]代表相应状态下的表观活化能，其中甲醇吸附在分子筛的B酸中心，烯烃在气相中(见图11.4a)。其次，甲基化反应被假定是通过一步机理发生的，而不是一个涉及到与分子筛内壁共价结合形成的甲氧基基团的两步连续反应的过程。

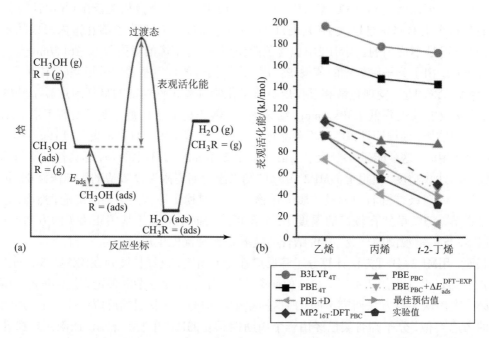

图11.4 (a)酸性分子筛上烯烃与甲醇甲基化反应的反应能量简图；(b)用各种计算方法
得到的相应的表观活化能[42]

虽然以往的理论研究用的是一个小的4T簇模型[45]，对这一催化过程机理细节在分子水平上的理解有突出贡献，但这样计算出的表观活化能明显偏高，甚至无法重现实验中观察到的它们对烯烃链长依赖程度的趋势(见图11.4b中B3LYP4T和PBE4T)。前者的影响主要是由众所周知的簇模型的缺点造成的，簇模型的缺点主要是没有考虑分子筛晶格对极性过渡态静电稳定作用的影响[46~48]。实际上，用周期性重复的MFI晶胞单元计算的表观活化能会大幅降低(见图11.3b中的PBEPBC)。对乙烷来说，计算的能垒比实验得到的能垒只高15kJ/mol。有趣的是，这个值几乎完全与实验和DFT计算的乙烯在HZSM-5沸石上吸附能的差异相对应。因此，用DFT方法计算的表观活化能缺少对烯烃链长依赖程度的关系，这主要是因为DFT对色散效应的描述不够准确。实际上，MP2:DFT方法中的局部后HF校正显著改进了定性功能，虽然得到的结果还是与实验值偏离了8~20kJ/mol。在进行了周期性和CBS限制的高级别校正外推后，这种计算与实验值的不匹配度会进一步降低(见图11.4b中"最佳预估值")，而随后ZPE和有限温度影响的修正可以再现实验表观熵的近化学精度(偏差在0~13kJ/mol之间)。有人指出,这些偏差是由计算和实验结果的不确定性造成的。有研究已经令人信服地证明[42],用于理论研究的各种拟合和建模程序相关的误差与来自实验数据的能量的不确定性在一个数量级上。这意味着,由Sauer等[29, 30, 42]开发的MP2:DFT方法可以计算分子筛中各种反应的能量参数,并且这些定量的值与实验数据符合。

然而,尽管提出的DFT:MP2方法可以精确计算微孔空间里的吸附和反应能,但相关计算的要求太高,不能对影响分子筛催化剂选择性和反应性的各种因素进行全面研究和深入地理论分析。文献[42]的研究者认为,杂化DFT:MP2方法在计算上是昂贵的,对许多体系的常规研究都不适合。因此,对一个强大的计算工具仍然有强烈的需求,而这个计算工具要能为分子筛中烃类转化反应提供可靠的预测,要在适当考虑范德华色散作用基础上,综合考虑DFT方法的计算效率和化学精度。这反映了一个事实,即改进DFT方法以更好地描述非键相互作用,是目前理论化学的一个研究热点区域。

对于这个问题,最务实的解决方案是在计算中引入基于经验拟合的原子间相互作用势的力场。关于这些的最新例子显示出定量品质的很好结果,可以对微孔材料的结构性能进行预测,也可以很好地描述主要受非键相互作用影响的化学过程[1~3]。力场方法计算简单,甚至可以对由超过1×10^6个原子组成的化学体系在纳秒时间尺度上对其动力学性质进行模拟。然而,还是由于原子间相互作用势的简单形式,它们不能直接用来描述断键和成键的过程,即化学反应。因此,有许多方法以某种方式利用经验得出的非键原子间的相互作用势,结合电子结构计算,以更好地描述范德华相互作用来对DFT的结果进行修正。

从图11.4呈现的结果可以看到,周期性DFT计算(DFTPBE)的结果可以通过增加在初始状态得到的范德华相互作用的贡献而大幅改善,范德华作用是被低估的DFT预测的吸附能和从实验得到的吸附能之间的差($\Delta E_{ads}^{DFT-EXP}$)。Demuth等[49]和Vos等[48]提出了一个相关的计算程序。这个程序涉及对周期性DFT结果范德华相互作用的校正,这种校正使用一个附加的经验6~12 Lennard-Jones势[式(11.4)]。Lennard-Jones势能在受限烃分子的原子和微孔基质之间起作用。这种校正应用于确定的DFT优化后的结构的情况。

$$E_{vdW}(r_m) = \sum \left(\frac{A_{ij}}{r_{ij}^{12}} - \frac{B_{ij}}{r_{ij}^6} \right) \tag{11.4}$$

一个相似的方法为包含范德华相互作用的结构优化提供了可能,这个方法是密度泛函理论加阻尼分散(DFT+D)的方法[50]。该方法包括在DFT能量E(DFT)中增加一个半经验项E(D),得到色散校正的能量E(DFT+D)。这种情况下的E(D)表示为成对原子间的相互作用的总和,相互作用是用从第一项之后截断的类似力场的势函数来计算的[式(11.5)]。

$$E(D) = -s_6 \sum \frac{c_{ij}}{r_{ij}^6} f_D(r_{ij}) \tag{11.5}$$

其中,c_{ij}是色散系数,阻尼函数$f_D(r_{ij})$消除了短程相互作用的贡献,全局缩放参数s_6依赖于交换相关函数的特定选择。DFT+D的方法已为许多原子和多种泛函作了参数化处理,可以用于与流行的量子化学程序[41]相结合。当用于研究微孔材料的化学过程时,这种方法已被证明能够为烃类在全硅分子筛中的吸附提供真实的吸附能[41]。尽管DFT+D方法显著提高了用纯DFT计算分子筛中烃类转化的反应能(见表11.1)和活化能(见图11.4b)的结果,但此结果仍然明显偏离高水平从头算MP2:DFT方法的结果或实验结果。虽然DFT+D的表观活化能被系统性地低估了约20~30kJ/mol(见图11.4b),但能够完美预测烃类分子链长依赖程度的定性趋势。然而,由此计算的异丁烯质子化产物的相对稳定性与MP2:DFT方法的最佳估计值有很大差异(见表11.1)。

所有上述考虑的计算技术在对一个大的分子筛晶胞单元(作为中间体和过渡态几何结构优化的基础)进行周期性DFT计算时，都需要相当苛刻的计算条件。虽然这样得到的结果不受模型准确性人为因素的影响，但这些方法在对分子筛催化剂的催化性能进行计算筛选时，可能是不可行的。在这种情况下，一个杂化的量子力学：分子力学(QM：MM)方法可能有助于降低相关的计算要求。这种方法可以看作是一个"低水平"的MP2：DFT方法。在这种情况下，从头算部分(通常由DFT方法处理)描述分子筛活性中心的键重排时，是有意限制为仅描述分子筛的一小部分，而剩下的与分子筛晶格间的范德华和静电作用是用计算要求不高的力场方法来描述的。这种方法可以快速和准确地计算分子筛中各种烃类化合物的吸附热和反应能[40, 51, 52]。然而，当使用常规DFT作为"高水平"方法时，正确描述色散作用对长链烃类吸附能的贡献，需要使用非常小的、通常只包含3T原子的簇模型[40]。可以通过单点MP2计算来校正DFT结果，从而大大改善计算的能量值。由此计算异丁烯在H-FER分子筛中质子化的能量(MP2//B3LYP：力场)与使用MP2：DFT方法计算得到的值具有很好的一致性(见表11.1)。

DFT本身的性能也可以通过交换-相关泛函的参数化大幅提高。Zhao和Truhlar最近报道了一系列meta-GGA泛函(M05[53]、M06[54]及相关泛函)，与以往使用的GGA和杂化泛函相比，这些泛函描述非键相互作用(见表11.1)以及预测反应热和活化能的性能显著提高了。这样的密度泛函和参数化力场结合的杂化方法，用于研究分子筛催化反应将是非常有效和准确的[39]。

然而，对上述方法所作的简化(如范德华相互作用两两相加的假设，在力场和参数化密度泛函中存在经验拟合参数)，可能导致得到不可靠的与训练集不同的结果。最近提出的非局域范德华密度泛函(vdW-DF)[55]完全来源于第一性原理。它以一种全面、天衣无缝的方式描述了色散作用，并正确预测其渐近行为。有报道[57]指出，这种方法与PW[56]和高斯基组实现了自洽。直到现在，vdW-DF方法已成功地应用于以弱相互作用结合的分子复合物、聚合物晶体和分子在表面的吸附[56, 57]。然而，据我们所知，该方法在模拟分子筛孔道内化学反应方面，还没有适用性研究。

总之，对于能够有效和准确地研究分子筛的化学反应，并且能够正确预测微孔基质中非键相互作用影响的计算工具，人们有非常强烈的需求。目前大部分计算技术都包含许多近似和经验拟合参数。从某种意义上说，由Tuma和Sauer[29, 30, 37]提出的杂化MP2：DFT方法，对研究分子筛中各种化学过程且得到可靠的数据集是有用的。在此基础上，可以对参数化的力场、QM：MM方法以及各种交换相关泛函和各种色散校正方案进行性能评估。对烃类在分子筛中催化转化的中间体和过渡态之间的弱非键相互作用的正确描述是很重要的。不仅对这些过程的基本认识而言很重要，而且对产生可靠的能够预测各种反应中微孔催化剂的活性和选择性模式的微观动力学模型也是很重要的。

11.4 复杂催化反应分子水平上的认识：MTO工艺

仅仅基于实验来研究分子筛复杂催化转化反应的分子水平反应机理，通常是一个非常具有挑战性的任务。与此相反，基于量子化学计算的理论方法适合于揭示分子机理以及确定这些过程的基元反应步骤。本节讲述了根据量化计算，从分子水平上认识MTO这一重要工业过程的最新进展。

前人已对酸性分子筛中催化MTO工艺进行了广泛的实验研究，这些研究由几乎任何含碳原料(例如天然气、煤、生物质)转化为重要的石油化工原料(如乙烯和丙烯)的可能性所驱动。这个过程的实际反应机理一直是过去30年中激烈辩论的话题[58, 59]。最初的研究主要集中在第一个C-C键的形成，而这个C-C键是在通过结合两个或两个以上的甲醇分子来制备烯烃和水的过程中形成的[58, 59]。这样的"直接"机理只涉及甲醇和C_1衍生物。Dahl和Kolboe[60]提出了另一种机理,假定形成了一些"烃池"的物种,不断增加和裂解反应物和产物。最近,Hawet等[61, 62]的实验结果和Lesthaegheet等[63, 64]的量子化学研究,都为这种机理提供了证据。

事实上,Lesthageet等[63, 64]筛选了在分子筛B酸中心上几乎所有可能的直接C-C偶联反应路线,其中采用的模型是一个小的5T簇模型,并在B3LYP/6-31G(d)理论水平下计算。整个反应路径得到的结果和计算的势垒以及速率常数,三者结合表明,没有一条成功的路径可以形成乙烯或任何含有仅从甲醇形成的C-C键的中间体。这些结果与实验观察一致,即在HZSM-5沸石上,缺乏有机杂质作为烃池物种时,甲醇和DME(二甲醚)活性很低[61, 62]。结果表明,直接C-C耦合机理的失败主要是由于这些机理涉及到的内鎓盐中间体的稳定性低,以及C-C键形成和C-H键断裂的高活性协同作用引起的。这些影响都归因于分子筛骨架氧碱性低,不能有效稳定各自的物种。

更可能的途径涉及被困在分子筛孔道中的有机反应中心,其行为像助催化剂。特别是实验研究已经证明了在MTO工艺中,在微孔空间中存在各种环状共振稳定的碳正离子(见图11.5)。各种光谱方法已经检测到在HZSM-5沸石中存在稳定的二甲基环戊烯阳离子[图11.5中的(5)]和五甲基苯阳离子[图11.5中的(6)][59, 65],在HBEA型沸石中存在六甲基苯阳离子[图11.5中的(7)]和七甲基苯阳离子[图11.5中的(8)][66, 67]。显然,烃池物种的性质和分子筛骨架的拓扑结构会影响催化活性,这决定了这些大物种转化时优先选择的途径。

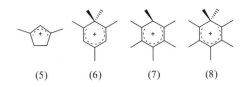

(5)　　(6)　　(7)　　(8)

图11.5 分子筛中环状稳定碳正离子的实验检测

有人试图使用量子化学计算分解这些影响[68],采用5T簇模型模拟了在分子筛B酸中心上各种甲苯类物种与甲醇发生重复的甲基化反应(见图11.6a)。值得注意的是,这样一个小团簇可以被看作是任何硅铝酸盐的一般表示。它不模仿任何特定分子筛的结构特点,因此完全忽略了位阻和微孔空间静电作用的所有影响。虽然活化能计算过于偏高,但得到的结果表明,更大的多甲基苯的反应活性增强了(见图11.6b)。

扩大计算的簇模型,包含44T或46T原子,可以把分子筛拓扑结构的影响考虑进去。其中,催化活性中心和反应物仍然使用嵌入5T簇模型,在DFT水平下进行计算,而簇模型的其余部分是在HF水平下处理的[68]。可以得出结论:分子筛骨架的结构特征在反应动力学中扮演了重要角色。六甲基苯双甲基化的反应速率顺序如下:CHA≫MFI>BEA(见图11.6c)。这些反应活性的显著差异可以归因于分子筛笼中的分子识别功能(见图11.6d~f)。事实上,CHA分子筛笼的大小和形状对这步反应来说是理想的。β沸石(BEA)的孔径更大,不能为有机物种提供有效的静电稳定作用。另外,HZSM-5沸石(MFI)的孔径较小,限制大的碳正离子的形成,这表明,在这种情况下烃池包含体积较小的物种。将MFI分子筛骨架结构对这样过渡态的择形效应的影响以及由烃池物种的性质造成的影响结合起来,预测反应活性最高的是对空间需求较少的1,2,4-三甲基苯和五甲基苯。这与Svelle等[70]的实验观测一致,即HZSM-5沸石中,甲基苯类分子越小,反应活性越高。

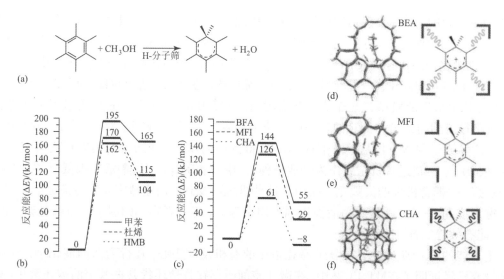

图11.6 (a)酸性分子筛中多甲基苯甲基化反应；(b)基于有机分子的性质计算得到的活化能和反应熵；
(c)基于分子筛拓扑结构计算得到的活化能和反应熵；(d)BEA中六甲基苯甲基化反应过渡态
结构的示意图；(e)MFI中六甲基苯甲基化反应过渡态结构的示意图；(f)CHA中六甲基苯
甲基化反应过渡态结构的示意图[68, 69]

最后，McCann等[71]结合理论和实验结果，得到了在HZSM-5沸石中甲醇制烯烃(MTO)转换反应的一个完整的催化循环过程(见图11.7)。计算了每个基元反应的活化能和反应速率。完整的路径令人信服地解释了实验中检测到的阳离子(5)和(6)是如何通过甲苯一步步形成的，解释了从甲醇原料到烃池物种。标记C的位置不断变换的现象，也解释了HZSM-5沸石在催化MTO过程中，对异丁烯选择性的本质。

最近，有人用周期性DFT计算深入研究了磷酸铝HSAPO-34的菱沸石笼中包缚的六甲基苯物种发生MTO反应的反应机理[72]。得到的结果表明，该体系的催化反应性能在很大程度上由分子筛催化剂的固有酸性控制。研究者提出了水的合理作用，其可以作为受限有机物种和分子筛骨架之间H^+转移的助剂，以促进烯烃的消除。计算得到的形成乙烯的速控步骤的表观活化能是230kJ/mol，形成丙烯的表观活化能是206kJ/mol。研究者因此认为，六甲基苯/HSAPO-34催化剂的MTO工艺对丙烯是有选择性的。报道的活化能值似乎过于偏高，这可能是由于本次研究中实际选择的烃池物种或所使用的计算方法不足导致的。

应注意到，分子筛MTO工艺烃池机理涉及一个被紧紧束缚在微孔空间里的烃分子。它们在催化过程中的转化，大大改变了它们的构象、大小和侧链的长度等。因此，包覆的有机分子与分子筛内壁之间的分子间范德华相互作用，对不同反应的中间体和过渡态稳定性的影响，可能随着反应坐标的变化而变化。这反过来不仅对计算的熵和基元反应活化能的值的准确性有很大影响，而且也对MTO催化过程热力学定性趋势有很大影响。这些影响已经被上面讨论的计算研究完全忽略了，因此，色散作用对分子筛MTO工艺的各种基元反应步骤的影响仍然有待研究。

总之，计算工作进行到现在，已大大改善了我们对在酸性分子筛上MTO工艺中，从芳烃反应中心生成低碳烯烃的基元反应步骤的基本认识。然而，为了使实验观察到的选择性模式合理化，有必要对局限在分子筛孔道里的其他可能的烃池物种的稳定性和反应性进行深入研究。由于不同几何结构的约束和不同酸性性质，可能导致主要催化循环过程不同，因此对具有不同拓扑结构和骨架组成的其他分子筛催化剂的理论研究也很重要。此外，在分子筛孔道内的烃池助催化剂初始形成的机理以及第一个C−C键怎样形成的相关问题还没有得到解决。对于创建酸性分子筛上MTO工艺完整的分子水平的图景而言，这些问题的合理化解释是有必要的。由此产生的对MTO工艺中分子筛反应性能的各种影响因素的基本认识，使得最终可能会合理设计出一种有特定局部空间环境和骨架组成的催化剂，使其具有最优催化性能和理想的产物选择性。

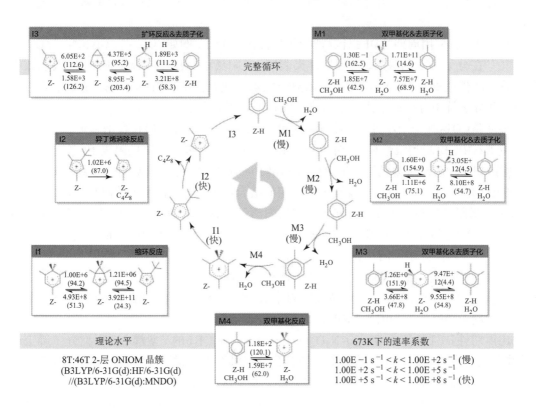

图11.7 碳原子位置变换以及通过在HZSM−5沸石中组合的甲苯/环戊烯阳离子池机理经由甲醇生成异丁烯的完整的催化循环[在673K下计算的速率常数的单位s⁻¹，0K时的反应势垒(括号内)的单位是kJ/mol][71]

11.5 分子识别和限制驱动反应性

分子筛的化学反应活性主要来自理想全硅骨架中的各种"缺陷"位点。这种缺陷可以是分子筛晶格中用其他离子(Sn^{4+}、Ti^{4+}等)同晶取代Si形成的骨架位点，也可以是因为骨架中低价离子(Al^{3+}、Ga^{3+}等)的存在，用来平衡骨架负电荷的骨架外阳离子。基于这些位点的类型和属性产生的催化剂化学可以发生显著变化。众所周知，除了内在化学属性，择形选择性形式的空间位阻效应对分子筛材料的反应性能十分重要[3, 73, 74]。根据分子筛空腔和孔道的大小，只有低于一定大小或特定形状的分子才能到达活性位点或离开分子筛基质。此外，分子筛结构对特定的反应中间体或过渡态所施加的空间位阻限制可以决定某些产物分子的形成。分子筛拓扑结构对在微孔空间中形成的不同反应中间体的相对稳定性的影响已在前面第11.3和11.4节中阐述过。应该指出的是，在所有这些情况下，假设化学反应是由分子筛拓扑结构和活性物种的内在属性所控制，而往往忽视了活性物种在分子筛内的排布。

对于低硅沸石,后者的因素是至关重要的。这些材料中可交换离子的密度很高,可以使吸附分子与分子筛间形成多个非共价相互作用,从而使得这些分子在分子筛笼中有特定的取向并被活化。这与酶激活底物的方式相似[75]。它们使用分子识别功能使受限分子定位于活性位点,导致其受到特定的化学激活。在配位化学和均相催化的大量例子中,类似的效果也有报道[76]。本节讲述分子识别功能在分子筛吸附性能和反应性能研究中的重要性。

"分子识别"这个术语通常应用在特定的活性配合物的选择性结合和生成中,这是多个有吸引力的非共价相互作用的结果。因此,人们预计相关效应对微孔材料的吸附性能有显著影响。

近年来,已采用周期性DFT计算研究了各种探针分子,例如CO[77~79]、CH_3CN[80]、CO_2[81]和N_2O_4[82, 83]在分子筛上的吸附。得到的结果表明,在阳离子交换富Al分子筛中,绝大多数吸附络合物不能仅根据一个特定类型单个阳离子位点的相互作用来描述。相反,它们通常涉及受限分子和分子筛中可交换阳离子之间的大量分子间相互作用。

即使是CO这样一个小分子,采用计算和光谱结合的方法,可以在含钠和钾、Si/Al 比为8的镁碱沸石中,检测到线性桥连接的CO吸附络合物[78]。与单一可交换阳离子配位相比,双位点吸附的相互作用被认为稍微更有利(约$5\sim10kJ/mol$)。此外,最近有研究[79]已经报道,在高硅Na-ZSM-5和K-ZSM-5沸石中,发现了形成相似络合物的证据。较系统的研究指出,含钾分子筛中的CO吸附能较低。这与预计较大的碱性阳离子具有较低的Lewis酸性相一致。CO与多个阳离子位点特定相互作用的概率被证明取决于Al含量、微孔基质中可交换阳离子的密度、它们的离子半径以及分子筛的拓扑结构。

同样的情况是,通过结合变温红外光谱和周期性DFT计算,表明CO_2在高浓度可交换阳离子的Na-FER分子筛中优先形成桥连吸附络合物[81]。然而,得出的结论是CO_2的最大负载量显然不依赖于镁碱沸石中的Na^+浓度。

用周期性DFT计算也研究了N_2O_4分子在含Na、K、Rb的Y型沸石和X型分子筛上的吸附[82, 83]。连接非极性分子N_2O_4在碱金属交换的八面沸石上吸附形成的吸附络合物的键很弱,这与骨架外阳离子对吸附物质的诱导极化相对应。这种相互作用的强度与碱离子的大小有关。阳离子越小,极化能力越大,Lewis酸强度越强。因此,与CO和H_2在碱金属交换的分子筛上的吸附类似[79, 84],预计随着分子筛阳离子的离子半径增大,N_2O_4的吸附能降低。然而,计算结果表明,这个趋势正好相反(见表11.2)。

表11.2 N_2O_4分子在碱离子交换的X型分子筛[82]和Y型沸石[83]的S_{II}和S_{III}阳离子①位点处的吸附能
    kJ/mol

离子	S_{II}/X	S_{III}/X	S_{II}^{a}/Y	S_{II}^{b}/Y	S_{III}/Y
Na^+	−10	−11	−11	−11	−33
K^+	−10	−15	−11	−10	−16
Rb^+	−21	−26	−18	−16	−29

① 八面沸石的S_{II}和S_{III}阳离子位点如图11.1a所示。

这种现象可以用低硅改性的八面沸石(即X分子筛)的例子合理化解释[82]。在X分子筛笼中的高密度骨架外阳离子,使吸附的N_2O_4分子与可交换的离子之间形成多重相互作用(见图11.8a~c)。分子筛内阳离子的大小强烈影响着这种多中心结合的可能性。的确,在NaX分子筛情况下,与初始吸附位点相邻的较小的钠离子所在的位置太远,使其不能与吸附分子之间形成很强的原子间接触力,只能使其轻微极化。另外,阳离子的离子半径增加,可以形成许多额外的吸附质-吸附剂相互作用。然而,在NaX和KX分子筛情况下(分别如图11.8a、b所示),可以区分相应的吸附络合物的一级和二级相互作用,受限于RbX分子筛笼中的N_2O_4分子与骨架外Rb^+阳离子之间各个触点的原子间距离变得非常相似(见图11.8c)。在后者情况下,不仅可交换阳离子距主要吸附位点最近,而且几乎所有的在八面沸石超笼中的Rb^+都会与吸附的N_2O_4作用。因此,尽管软阳离子的极化能力预期较低,并且在吸附时它们与吸附质的原子间的接触力较弱,但整体相互作用能却随着可交换阳离子的离子半径的增加而增加。

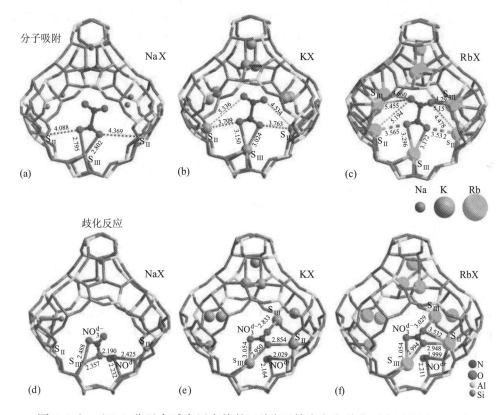

图11.8 (a~c)N_2O_4分子在碱金属交换的X型分子筛中发生歧化反应过程中N_2O_4分子的吸附;(d~f)$NO_3^{\delta-}\cdots NO^{\delta+}$离子对的形成[85]

　　除了多中心吸附络合物形成的概率较高,是由稳定在分子筛阳离子位点的那些吸附络合物有效屏蔽的差异导致的,较大的可交换阳离子的相互作用能意料之外地增强,也是基于这个原因。事实上,在八面沸石S_{II}位点(六元环,图11.1a)处较大的碱金属或碱土金属阳离子(K^+、Rb^+、Ca^{2+}等)只是被周围的骨架氧轻微屏蔽。因此,与在八面沸石S_{II}位点处被强烈屏蔽的较小的可交换阳离子(Li^+、Mg^{2+}等)相比,吸附分子的有效极化增强。最近有学者采用红外光谱和簇模型从头算方法研究了轻质烷烃在碱土金属交换的Y型沸石上的吸附,也证实了这一点[86, 87]。此外,已证明分子筛中可交换阳离子有效屏蔽的差异可能间接影响所产生的吸附络合物的优势构象。其中,吸附络合物优势构象是通过吸附分子与阳离子位点的骨架氧之间的有利的额外二次范德华相互作用形成的。在N_2O_4分子吸附的情况下,有效屏蔽的影响和可交换阳离子形成的多元相互作用的影响,二者结合起来,使得当稳定在Y型沸石S_{III}位点(四元环, 图11.1a)的弱屏蔽碱性阳离子发生一级吸附质-吸附剂作用时, 吸附能的预期趋势能够部分恢复(见表11.2)。

当在阳离子交换的分子筛基质中形成极性物种时, 这些影响更为显著。在碱交换的八面沸石中, N_2O_4发生歧化反应生成具有一定极性的$NO_3^{\delta-}\cdots NO^{\delta+}$物种。带电碎片与分子筛基质中带相反电荷的离子之间的相互作用促进了接触离子对的裂解。周期性DFT计算[82, 83]显示了在N_2O_4歧化反应中, 可交换阳离子在碱性分子筛反应活性中起了主导作用。反应产物的稳定性与分子筛中可交换阳离子的大小、在分子筛内的排布以及迁移性有很好的相关性。结果表明, 在含钠的八面沸石中, 较小的钠离子尺寸和它们有限的迁移性不允许活性位点形成合适构型来稳定带负电荷的$NO_3^{\delta-}$(见图11.8d)。相反, 较大的和可移动的Rb^+离子为硝基的稳定存在塑造了一个完美的环境(见图11.8f)。因此, 得出的结论是, 微孔基质的分子识别功能像极性溶剂一样促进N_2O_4歧化反应的电荷分离。在这个反应中, 骨架外阳离子的协同效应、它们在分子筛内部的排布、由吸附诱导产生的迁移以及分子筛笼的空间特性, 对阳离子交换的分子筛的反应活性而言是至关重要的。

最近提出的约束诱导反应的概念, 是与上述讨论的分子筛内间隙空间的分子识别功能相关联的。这个概念合理解释了在烯烃氧化过程中, 八面沸石中惰性碱土金属的光催化活性问题[85, 88]。这种情况下的化学反应是由可见光诱导电子在吸附的烯烃和氧气之间转移而引发的。实验研究表明, 当反应物载入到含有碱性或碱土阳离子的分子筛基质中时, 这样的电子激发的能量显著减少[89~91]。这种影响最初归因于稳定的烃·O_2电荷转移状态, 这种稳定状态由分子筛笼中强烈的静电场与激发时产生的大偶极矩相互作用形成。相反, 对2, 3-二甲基-2-丁烯(DMB)光化学活化的初始步骤以及O_2共吸附在代表钙、镁、锶部分交换的Y型沸石超笼的16T簇模型上(见图11.1d)的理论分析表明, 分子筛空腔的静电场对这些微孔材料反应性能的影响是很小的[88]。有人提出, 烯烃与氧分子的光氧化反应中, 分子筛的作用是使反应物与骨架外阳离子在预过渡状态构型下形成络合作用。这导致这些分子限制在特定方向上。由此而形成了一个π-π分子间络合物(见图11.9), 大幅提高了氧化反应的光引发概率。被吸附反应物的相对取向以及相互之间的距离在很大程度上取决于吸附位点可交换阳离子的大小, 且对这些体系的化学反应性是至关重要的。已经得出结论, 分子筛中高密度、具有特定位置和大小的可交换阳离子, 导致对吸附物种的分子识别和化学活化。

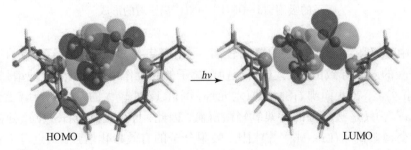

图11.9 在CaY分子筛中涉及到分子间电子激发的DMB·O_2吸附络合物的分子前线轨道[85]

因此, 分子筛内间隙空间的分子识别功能对微孔材料的吸附性能和化学活性是很重要的。分子筛笼中的多重相互作用位点的存在, 可以控制吸附分子及其化学转化的优势构象。为了更好地了解常规分子筛催化反应中多重相互作用位点的影响和作用, 需要更深入的理论研究。事实上，到目前为止讨论的计算研究表明，在距离较远的活性物种与在分子筛孔道里形成的大的反应中间体之间存在相互作用的可能性。我们预计，当考虑分子筛催化剂真实的化学组成时，计算研究对其反应性和选择性的趋势预测可能会有重大的改变。

11.6 分子筛的结构特性：骨架Al分布和结构以及骨架外阳离子的电荷补偿

催化活性物种，即质子、金属离子或更复杂的阳离子聚集体，补偿了微孔硅铝骨架的负电荷。相应的带负电荷的铝氧四面体（$[AlO_4]^-$）的晶体学位置在很大程度上决定了活性中心的位置，也因此可能对分子筛催化活性和选择性有着显著影响[92, 93]。因此，非常迫切地需要了解确切的铝的位置和影响其在分子筛中分布的因素。相关的问题是铝分布如何影响受限阳离子物种的结构和化学性质，以及它们在分子筛基质中的位置。本书第8章对分子筛中Al位置的问题进行了深入地讨论。因此，在这一节中我们只简要说明采用光谱和量子化学研究高硅分子筛中骨架Al位置的最新进展，主要重点将集中在骨架外阳离子结构的最新的理论概念上。

最近，基于高分辨率^{27}Al 3Q MAS(魔角自旋)NMR光谱和DFT计算互补使用的一个工具，被提出用于研究骨架$[AlO_4]^-$单元的局部几何结构和高硅分子筛中Al位置的识别[94~96]。相应的实验技术允许^{27}Al共振的识别和量化，这与分子筛骨架中个别的T位点相对应。利用杂化DFT：力场的方法对不同骨架铝分布的高硅分子筛模型进行了优化，其中更高水平的方法被应用到至少被五个配位层所包围的含有Al原子的簇模型中。分子筛的剩余部分由力场方法描述。ZSM-5沸石(MFI拓扑结构)的一个既不包括阳离子，也不包括水分子的裸露带电骨架结构被作为基本模型。每种模型只包含一种类型的Al取代。结构确定后，采用了规范不变的原子轨道(GIAO)方法计算了优化簇模型原子的NMR屏蔽张量[97]。由此计算出各向同性的^{27}Al NMR位移用于归属和解释实验观察的结果。

这样得到的结果可以将观察到的^{27}Al共振MFI分子筛骨架特定的T位点[94~96]。虽然^{27}Al各向同性化学位移随平均T—O—T角度的增大而减小的趋势[95]，已经被提出作为识别分子筛中Al位置的一个工具[98]，但相应的相关性被证明是不适合用于确定位置的。得到了一个非常重要的结论：骨架$[AlO_4]^-$四面体的局部几何结构不能直接从NMR实验数据推导出来，这些信息只能从理论计算得到[95]。

关于骨架中阴离子$[AlO_4]^-$位点的相对位置，Dědček等[96]在最近的研究中表明，在骨架中次邻近点或次次邻近点位置处的第二个Al位点对^{27}Al的各向同性位移的影响是不均匀的。因此，已得出结论，这种结合NMR和DFT的方法只适用于测定Al的局部密度非常低的分子筛中Al的位置。也就是说，骨架中Al—O—$(SiO)_n$—Al($n=1$或2)序列的浓度必须是可以忽略掉的。

揭示在高硅分子筛中Al分布和支配Al位置的规律，对于认识受限于微孔基质中阳离子物种的分子结构和化学反应性具有重要意义。对一价阳离子，一个被广泛接受的模型是其位于带负电荷$[AlO_4]^-$四面体骨架单元邻近处[99]。对于较高电荷的阳离子，该模型需要在分子筛骨架邻近位置处用铝取代。这一要求并不总能满足，特别是对高硅分子筛而言。事实上，即使是最靠近的$[AlO_4]^-$四面体也未必面临同样的分子筛环，甚至孔道不允许这样的多价阳离子的直接电荷补偿(例如文献[96]中所述)。

另一种模型是在分子筛晶格较远的地方放置负电荷，以对多电荷阳离子的电荷进行间接补偿。这个概念已经被提出用以说明锌改性的ZSM-5沸石在烷烃活化中的高反应活性[100, 101]。在这种情况下，部分可交换阳离子Zn^{2+}位于一个骨架阴离子$[AlO_4]^-$位点附近，而整体电中性要求所需的其他负电荷位点位于较远处,它不直接与骨架外正电荷相互作用。这样物种的存在已经被光谱[100~103]和理论研究[104, 105]所证实。然而,关于结构模型坚实的理论证据还尚未出现。例如,分子筛中多价阳离子的位置不是由单核M^{2+}阳离子和骨架电荷间的直接相互作用所控制。

一个有用的结构模型包括骨架外含氧阴离子的存在,以便与金属(M)配位,从而形成带有+1形式电荷的多核阳离子配合物(诸如$[M^{3+}=O^{2-}]^+$、$[M^{2+}=OH^-]^+$等等)。例如,提出孤立的GaO^+离子形成,是因为实验观察到,在用化学计量的N_2O处理时,Ga^+改性的ZSM-5沸石脱氢催化活性增强[106]。然而,对轻质烷烃脱氢可能反应路径进行全面的计算分析表明,孤立的GaO^+离子不是催化活性高的原因[107]。另一种解释是由于形成了骨架外多电荷低聚体$(GaO)_n^{n+}$阳离子。已采用周期性DFT计算研究了高硅丝光沸石中这样的物种的稳定性和反应性[108, 109]。已经表明,孤立的氧化镓离子倾向于低聚化,形成氧桥连的Ga^{3+}离子对。所得到的阳离子配合物的稳定性不需要骨架中邻近的铝取代来稳定(见图11.10)。理论计算表明,具有较高聚集度的低聚物,原则上可以在氧化的Ga交换的分子筛中形成[109]。

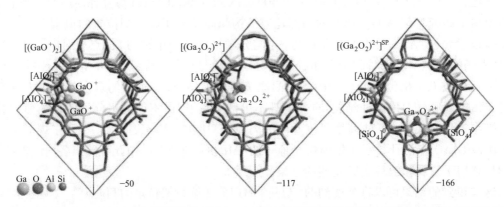

图11.10 高硅(Si/Al=23)丝光沸石模型中$(GaO)_2^{2+}$异构体的结构[结构下面的数字是DFT计算的N_2O分别与两个可交换Ga^+位点的化学计量氧化反应的反应能(ΔE,单位为kJ/mol)][109]

已经得出结论,通过与碱性氧阴离子相互作用形成的金属中心的有利配位环境,主导着直接电荷补偿,并且导致骨架外物种聚集。分子筛中多电荷的双核或低聚核的金属氧化物物种的存在不需要同等数量紧邻的骨架负电荷来平衡。非定域电荷补偿预计是金属离子改性的高硅沸石的共同特征。相应的理论概念被认为对开发涉及多金属中心的分子筛内活性位点的新结构模型是有用的。

最后,非定域电荷补偿的概念意味着,可以考虑在高硅分子筛基质中形成其他可能的多核含Ga物种。用周期性DFT计算分析了轻质烷烃脱氢过程中,不同的含氧和硫的Ga簇模型的性能[110]。从结果得到的结构-反应性能关系具有显著的预测能力,已用来推导它们的催化性能。已证明,计算出的催化乙烷脱氢循环的重要基元反应步骤的活化自由能以及自由能变化,与活性位点再生的自由能变化值呈线性关系(见图11.11)。后一参数已被选为反应性能的描述符,因为它反映了相关的活性Lewis酸-碱对的强度。提出的关系表明了轻质烷烃催化脱氢反应的分子筛内Ga团簇$[H-Ga(O)(OH)Ga]^{2+}$的最优组成和结构[110]。此前提出的类似活性物种使得有水共进料时,Ga改性的ZSM-5沸石脱氢活性增强[109, 111]。

然而,到目前为止,分子筛中非定域电荷补偿的倾向,只在单一分子筛拓扑结构中含稳定Ga物种的情况下,得到令人信服的证明。虽然预期这些结果对不同微孔基质中的其他金属离子也是有效的，但还是需要将理论研究扩展到其他含金属且具有不同拓扑结构和骨架组成的分子筛上，以推广这一理论结构的概念。在认识主导分子筛骨架中Al定位及其相对分布的本质因素上，还需要进一步的理论研究，以创建这些微孔材料结构性质在分子水平上的清晰图景。

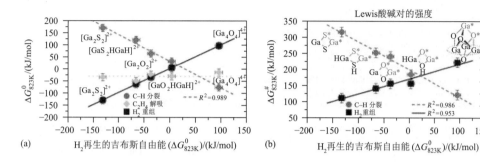

图11.11 (a)C_2H_6脱氢基元反应步骤的吉布斯自由能(ΔG_{823k}^0)与H_2再生吉布斯自由能值(G_{823k}^0)之间对应关系的曲线；(b)C–H键活化的吉布斯自由能($\Delta G_{823k}^\#$)与H_2再生吉布斯自由能值(G_{823k}^0)之间对应关系的曲线[110]

11.7 总结与展望

计算模拟已成为分子筛科学的主要贡献者之一。理论方法在协助解释实验数据、揭示微孔材料结构和化学性质，以及提高受限空间中催化反应力学的分子水平认识方面，发挥了举足轻重的作用。显然，这里短短的几页纸不可能综述所有的计算方法及其在分子筛学科领域的应用。在这一章中，我们试图说明应用于分子筛学科的有前途的量子化学方法当前的功能和局限性。量子化学技术在合理化解释微孔基质中的复杂化学过程和开发新的有用的化学和结构概念方面的作用很突出。

分子筛计算化学研究方面，在未来有两大挑战。随着理论方法的巨大发展和硬件性能的快速增长，我们现在能够准确地模拟发生在分子筛孔道空间的化学过程的各个方面。也使得我们能够解开许多已知过程的分子细节，并了解确定和控制微孔催化剂化学反应性的基本因素。下一步是开发基于从头算方法的计算方法，将作为一个工具用于预测分子筛催化剂的化学反应性。然而，这并不是一个简单的任务，尤其是考虑到相关化学过程的高度复杂性，并且其中许多方面还没有得到很好地理解。

第二个挑战是开发全新的方法，这种方法将各级别理论集成到一个多尺度模拟中，能够涵盖不同空间长度和时间尺度，并且能够对使用中的催化剂进行全面的理论动力学描述。本章中讨论的从头算法的电子结构计算提供了催化过程中涉及的基元反应细节方面重要的分子水平信息。将这样的计算结果和统计模拟(例如动力学蒙特卡洛)相结合来解释微观尺度上催化循环中涉及到的所有基元反应过程，与描述传质传热影响的宏观理论之间的相互作用，将最终能够对分子筛催化作用进行完整的描述。

参考文献

[1] Woodley, S.M. and Catlow, R. (2008) Nat. Mater., 7, 937.
[2] Smit, B. and Maesen, T.L.M. (2008) Chem. Rev., 108, 4125.
[3] Smit, B. and Maesen, T.L.M. (2008) Nature, 451, 671.
[4] Jensen, F. (1999) Introduction to Computational Chemistry, Wiley-Interscience, New York.
[5] Levine, I.N. (1983) Quantum Chemistry, Allyn and Bacon, Boston.

[6] Leach, A.R. (1996) Molecular Modeling: Principles and Applications, Pearson Education, Harlow.

[7] Foresman, J.B. and Frish, A. (1996) Exploring Chemistry with Electronic Structure, 2nd edn, Gaussian, Pittsburg.

[8] Parr, R.G. and Yang, W. (1989) Density Functional Theory of Atoms in Molecules, Oxford University Press, New York.

[9] Young, D.C. (2001) Computational Chemistry: A Practical Guide for Applying Techniques to Real-World Problems, Wiley-Interscience, New York.

[10] Feyereisen, M., Fitzgerald, G., and Komornicki, A. (1993) Chem. Phys. Lett., 208, 359.

[11] Hohenberg, P. and Kohn, W. (1964) Phys. Rev., 136, B864.

[12] Kohn, W. and Sham, L. (1965) Phys. Rev., 140, A1133.

[13] Becke, A.D. (1988) Phys. Rev. A, 38, 3098.

[14] Perdew, J.P., Chevary, J.A., Vosko, S.H., Jackson, K.A., Pederson, M.R., Singh, D.J., and Fiolhais, C. (1992) Phys. Rev. B, 46, 6671.

[15] Perdew, J.P., Burke, K., and Ernzerhof, M. (1996) Phys. Rev. Lett., 77, 3865.

[16] Becke, A.D. (1993) J. Chem. Phys., 98, 5648.

[17] Adamo, C. and Barone, V. (1998) J. Chem. Phys., 108, 664.

[18] Adamo, C. and Barone, V. (1999) J. Chem. Phys., 110, 6158.

[19] Johnson, E.R. and DiLabio, G.A. (2006) Chem. Phys. Lett., 419, 333.

[20] Zhao, Y. and Truhlar, D.G. (2005) J. Chem. Theory Comput., 1, 415.

[21] Guest, M.F., Bush, I.J., van Dam, H.J.J., Sherwood, P., Thomas, J.M.H., van Lenthe, J.H., Havenith, R.W.A., and Kendrick, J. (2005) Mol. Phys., 103, 719.

[22] Frisch, M.J., Trucks, G.W., Schlegel, H.B., Scuseria, G.E., Robb, M.A., Cheeseman, J.R., Montgomery, J.A. Jr., Vreven, T., Kudin, K.N., Burant, J.C., Millam, J.M., Iyengar, S.S., Tomasi, J., Barone, V., Mennucci, B., Cossi, M., Scalmani, G., Rega, N., Petersson, G.A., Nakatsuji, H., Hada, M., Ehara, M., Toyota, K., Fukuda, R., Hasegawa, J., Ishida, M., Nakajima, T., Honda, Y., Kitao, O., Nakai, H., Klene, M., Li, X., Knox, J.E., Hratchian, H.P., Cross, J.B., Bakken, V., Adamo, C., Jaramillo, J., Gomperts, R., Stratmann, R.E., Yazyev, O., Austin, A.J., Cammi, R., Pomelli, C., Ochterski, J.W., Ayala, P.Y., Morokuma, K., Voth, G.A., Salvador, P., Dannenberg, J.J., Zakrzewski, V.G., Dapprich, S., Daniels, A.D., Strain, M.C., Farkas, O., Malick, D.K., Rabuck, A.D., Raghavachari, K., Foresman, J.B., Ortiz, J.V., Cui, Q., Baboul, A.G., Clifford, S., Cioslowski, J., Stefanov, B.B., Liu, G., Liashenko, A., Piskorz, P., Komaromi, I., Martin, R.L., Fox, D.J., Keith, T., Al-Laham, M.A., Peng, C.Y., Nanayakkara, A., Challacombe, M., Gill, P.M.W., Johnson, B., Chen, W., Wong, M.W., Gonzalez, C., and Pople, J.A. (2003) Gaussian 03, Revision B.05, Gaussian, Inc., Pittsburgh.

[23] Ahlrichs, R. (1989) Chem. Phys. Lett., 162, 165.

[24] Segall, M.D., Lindan, P.J.D., Probert, M.J., Pickard, C.J., Hasnip, P.J., Clark, S.J., and Payne, M.C. (2002) J. Phys. Condens. Matter., 14, 2717.

[25] (a) Marx, D. and Hutter, J. (2000) Modern Methods and Algorithms of Quantum Chemistry, NIC, FZ Jülich, p. 301; (b) Andreoni, W. and Curioni, A. (2000) Parallel Comput., 26, 819.

[26] (a) Kresse, G. and Hafner, J. (1994) Phys. Rev. B, 49, 14251; (b) Kresse, G., and Furthmüller, J. (1996) Comput. Mater. Sci., 6, 15; (c) Kresse, G. and Furthmüller, J. (1996) Phys. Rev. B, 54, 11169.

[27] Dovesi, R., Saunders, V.R., Roetti, C., Orlando, R., Zicovich-Wilson, C.M., Pascale, F., Civalleri, B., Doll, K., Harrison, N.M., Bush, I.J., D'Arco, Ph., and Llunell, M. (2006) CRYSTAL2006 User's Manual, Universita di Torino, Torino, (2008) http://www.crystal.unito.it.

[28] Tosoni, S., Tuma, C., Sauer, J., Civalleri, B., and Ugliengo, P. (2007) J. Chem. Phys., 127, 154102.

[29] Tuma, C. and Sauer, J. (2004) Chem. Phys. Lett., 387, 388.

[30] Tuma, C. and Sauer, J. (2006) Phys. Chem. Chem. Phys., 8, 3955.

[31] de Ménorval, B., Ayrault, P., Gnep, N.S., and Guisnet, M. (2005) J. Catal., 230, 38.

[32] Kato, T. and Reed, C.A. (2004) Angew. Chem. Int. Ed. Engl., 43, 2907.

[33] Boronat, M. and Corma, A. (2008) Appl. Catal. A Gen., 336, 2.

[34] Correa, R.J. and Mota, C.J.A. (2002) Phys. Chem. Chem. Phys., 4, 375.

[35] Boronat, M., Viruela, P.M., and Corma, A. (2004) J. Am. Chem. Soc., 126, 3300.

[36] Rozanska, X., van Santen, R.A., Demuth, T., Jutschka, F., and Hafner, J. (2003) J. Phys. Chem. B, 107, 1309.

[37] Tuma, C. and Sauer, J. (2005) Angew. Chem. Int. Ed. Engl., 44, 4769.

[38] Haw, J.F., Nicholas, J.B., Xu, T., Beck, L.W., and Ferguson, D.B. (1996) Acc. Chem. Res., 29, 259.

[39] Zhao, Y. and Truhlar, D.G. (2008) J. Phys. Chem. C, 112, 6860.

[40] de Moor, B.A., Reyniers, M.-F., Sierka, M., Sauer, J., and Marin, G.B. (2008) J. Phys. Chem. C, 112, 11796.

[41] Kerber, T., Sierka, M., and Sauer, J. (2008) J. Comp. Chem., 29, 2088.

[42] Svelle, S., Tuma, C., Rozanska, X., Kerber, T., and Sauer, J. (2009) J. Am. Chem. Soc., 131, 816.

[43] Svelle, S., Rønning, P.O., and Kolboe, S. (2004) J. Catal., 224, 115.

[44] Svelle, S., Rønning, P.O., Olsbye, U., and Kolboe, S. (2005) J. Catal., 234, 385.

[45] Svelle, S., Arstad, B., Kolboe, S., and Swang, O. (2003) J. Phys. Chem. B, 107, 9281.

[46] Rozanska, X., Saintigny, X., van Santen, R.A., and Hutschka, F. (2001) J. Catal., 202, 141.

[47] Rozanska, X., van Santen, R.A., Hutschka, F., and Hafner, J. (2001) J. Am. Chem. Soc., 123, 7655.

[48] Vos, A.M., Rozanska, X., van Santen, R.A., Hutschka, F., and Hafner, J. (2001) J. Am. Chem. Soc., 123, 2799.

[49] Demuth, T., Benco, L., Hafner, J., Toulhoat, H., and Hutschka, F. (2001) J. Chem. Phys., 114, 3703.

[50] (a) Grimme, S. (2004) J. Comput. Chem., 25, 1463; (b) Grimme, S. (2006) J. Comput. Chem., 27, 1787.

[51] Joshi, Y.V. and Thomson, K.T. (2008) J. Phys. Chem. C, 112, 12825.

[52] de Moor, B.A., Reyniers, M.-F., Sierka, M., Sauer, J., and Marin, G.B. (2009) Phys. Chem. Chem. Phys., 11, 2939.

[53] Zhao, Y., Schultz, N.E., and Truhlar, D.G. (2005) J. Chem. Phys., 123, 161103.

[54] Zhao, Y. and Truhlar, D.G. (2008) Theor. Chem. Acc., 120, 215.

[55] (a) Dion, M., Rydberg, H., Schröder, E., Langreth, D.C., and Lundqvist, B.I. (2004) Phys. Rev. Lett., 92, 246401; (b) Dion, M., Rydberg, H., Schröder, E., Langreth, D.C., and Lundqvist, B.I. (2005) Phys. Rev. Lett., 95, 109902(E).

[56] Thonhauser, T., Cooper, V.R., Li, S., Puzder, A., Hyldgaard, P., and Langreth, D.C. (2007) Phys. Rev. B, 76, 125112.

[57] Vydrov, Q.A., Wu, Q., and van Voorhis, T. (2008) J. Chem. Phys., 129, 014106.

[58] Stocker, M. (1999) Microporous Mesoporous Mater., 29, 3.

[59] Haw, J.F., Song, W.G., Marcos, D.M., and Micholas, J.B. (2003) Acc. Chem. Res., 36, 314.

[60] (a) Dahl, I.M. and Kolboe, S. (1993) Catal. Lett., 20, 329; (b) Dahl, I.M. and Kolboe, S. (1994) J. Catal., 149, 458.

[61] Song, W.G., Marcus, D.M., Fu, H., Ehresmann, J.O., and Haw, J.F. (2002) J. Am. Chem. Soc., 124, 3844.

[62] Marcus, D.M., McLachlan, K.A., Wildman, M.A., Ohresmann, J.O., Kletnieks, P.W., and Haw, J.F. (2006) Angew. Chem. Int. Ed. Engl., 45, 3133.

[63] Lesthaeghe, D., van Speybroeck, V., Marin, G.B., and Waroquier, M. (2006) Angew. Chem. Int. Ed. Engl., 45, 1714.

[64] Lesthaeghe, D., van Speybroeck, V., Marin, G.B., and Waroquier, M. (2007)

[65] Ind. Eng. Chem. Res., 46, 8832] Sassi, A., Wildman, M.A., Ahn, H.J., Prasad, P., Nicholas, J.B., and Haw, J.F. (2002) J. Phys. Chem. B, 106, 2294.

[66] Bjorgen, M., Bonino, F., Kolboe, S., Lillerud, K.-P., Zecchina, A., and Bordiga, S. (2003) J. Am. Chem. Soc., 125, 15863.

[67] Song, W.G., Nicholas, J.B., Sassi, A., and Haw, J.F. (2002) Catal. Lett., 81, 49.

[68] Lesthaeghe, D., van Speybroeck, V., Marin, G.B., and Waroquier, M. (2007) Angew. Chem. Int. Ed. Engl., 46, 1311.

[69] Lesthaeghe, D., van Speybroeck, V., Marin, G.B., and Waroquier, M. (2007) Stud. Surf. Sci. Catal., 170, 1668.

[70] Svelle, S., Joensen, F., Nerlov, J., Olsbye, U., Lillerud, K.-P., Kolboe, S., and Bjorgen, M. (2006) J. Am. Chem. Soc., 128, 14770.

[71] McCann, D.M., Lesthaeghe, D., Kletnieks, P.W., Guenther, D.R., Hayman, M.J., Van Speybroeck, V., Waroquier, M., and Haw, J.F. (2008) Angew. Chem. Int. Ed. Engl., 47, 5179.

[72] Wang, C.-M., Wang, Y.-D., Xie, Z.-K., and Liu, Z.-P. (2009) J. Phys. Chem. C, 113, 4584.

[73] Corma, A. (2003) J. Catal., 216, 298.

[74] Degnan, T.F. Jr. (2003) J. Catal., 216, 32.

[75] Ringe, D. and Petsko, G.A. (2008) Science, 320, 1428.

[76] Das, S., Brudvig, G.W., and Crabtree, R.H. (2008) Chem. Commun., 413.

[77] OteroAreán, C., Rodrígue Delgado, M., López Bau?à, C., Vrbka, L., and Nachtigall, P. (2007) Phys. Chem. Chem. Phys., 9, 4657.

[78] Garrone, E., Bulánek, R., Frolich, K., Otero Areán, C., Rodrígues Delgado, M., Turnes Palomino, G., Nachtigallová, D., and Nachtigall, P. (2006) J. Phys. Chem. B, 110, 22542.

[79] Otero Areán, C., Rodrígues Delgado, M., Frolich, K., Bulánek, R., Pulido, A., Fiol Bibiloni, G., and Nachtigall, P. (2008) J. Phys. Chem. C, 112, 4658.

[80] Nachtigallová, D., Virbka, L., Budsk?, O., and Nachtigall, P. (2008) Phys. Chem. Chem. Phys., 10, 4189.

[81] Pulido, A., Nachtigall, P., Zukal, A., Domínguez, I., and ?ejka, J. (2009) J. Phys. Chem. C, 113, 2928.

[82] Pidko, E.A., Mignon, P., Geerlings, P., Schoonheydt, R.A., and van Santen, R.A. (2008) J. Phys. Chem. C, 112, 5510.

[83] Mignon, P., Pidko, E.A., van Santen, R.A., Geerlings, P., and Schoonheydt, R.A. (2008) Chem. Eur. J., 14, 5168.

[84] Otero Areán, C., Nachtigallová, D., Nachtigall, P., Garrone, E., and Rodrígues Delgado, M. (2007) Phys. Chem. Chem. Phys., 9, 1421.

[85] Pidko, E.A. and van Santen, R.A. (2010) Int. J. Quantum Chem., 110, 210.

[86] Pidko, E.A. and van Santen, R.A. (2006) ChemPhysChem, 7, 1657.

[87] Pidko, E.A., Xu, J., Mojet, B.L., Lefferts, L., Subbotina, I.R., Kazansky, V.B., and van Santen, R.A. (2006) J. Phys. Chem. B, 110, 22618.

[88] Pidko, E.A. and van Santen, R.A. (2006) J. Phys. Chem. B, 110, 2963.

[89] Frei, H. (2006) Science, 313, 209.

[90] Vasenkov, S. and Frei, H. (1997) J. Phys. Chem. B, 101, 4539.

[91] Blatter, F., Sun, H., Vasenkov, S., and Frei, H. (1998) Catal. Today, 41, 297.

[92] Bhan, A., Allian, A.D., Sunley, G.J., Law, D.J., and Iglesia, E. (2007) J. Am. Chem. Soc., 129, 4919.

[93] Bhan, A. and Iglesia, E. (2008) Acc. Chem. Res., 41, 559.

[94] Sklenak, S., Děde?ek, J., Li, C., Wichterlová, B., Gábová, V., Sierka, M., and Sauer, J. (2007) Angew. Chem. Int. Ed. Engl., 46, 7286.

[95] Sklenak, S., Děde?ek, J., Li, C., Wichterlová, B., Gábová, V., Sierka, M., and Sauer, J. (2009) Phys. Chem. Chem. Phys., 11, 1237.

[96] Děde?ek, J., Sklenak, S., Li, C., Wichterlová, B., Gábová, V., Brus, J., Sierka, M., and Sauer, J. (2009) J. Phys. Chem., 113, 1447.

[97] Wolinski, K., Hinton, J.H., and Pulay, P. (1990) J. Am. Chem. Soc., 112, 8251.

[98] Lippmaa, E., Samson, A., and Magi, M. (1986) J. Am. Chem. Soc., 108, 1730.

[99] Centi, G., Wichterlova, B., and Bell, A.T. (eds) (2001) Catalysis by Unique Metal Ion Structures in Solid Matrices, NATO Science Series, Kluwer Acadamic, Dordrecht.

[100] Kazansky, V.B. and Serykh, A.I. (2004) Phys. Chem. Chem. Phys., 6, 3760.

[101] Kazansky, V. and Serykh, A. (2004) Microporous Mesoporous Mater., 70, 151.

[102] Kazansky, V.B., Serykh, A.I., and Pidko, E.A. (2004) J. Catal., 225, 369.

[103] Kazansky, V.B. and Pidko, E.A. (2005) J. Phys. Chem. B, 109, 2103.

[104] Zhidomirov, G.M., Shubin, A.A., Kazansky, V.B., and van Santen, R.A. (2005) Theor. Chem. Acc., 114, 90.

[105] Pidko, E.A. and van Santen, R.A. (2007) J. Phys. Chem. C, 111, 2643.

[106] Rane, N., Overweg, A.R., Kazansky, V.B., van Santen, R.A., and Hensen, E.J.M. (2006) J. Catal., 239, 478.

[107] Pidko, E.A., Hensen, E.J.M., and van Santen, R.A. (2007) J. Phys. Chem. B, 111, 13068.

[108] Pidko, E.A., Hensen, E.J.M., Zhidomirov, G.M., and van Santen, R.A. (2008) J. Catal., 255, 139.

[109] Pidko, E.A., van Santen, R.A., and Hensen, E.J.M. (2009) Phys. Chem. Chem. Phys., 11, 2893.

[110] Pidko, E.A. and van Santen, R.A. (2009) J. Phys.Chem. B, 113, 4246.

[111] Hensen, E.J.M., Pidko, E.A., Rane, N., and van Santen, R.A. (2007) Angew. Chem. Int. Ed. Engl., 46, 7273.

12 沸石分子筛的传递和可达性模型

Sofia Calero Diaz

12.1 引言

建模在沸石和相关的多孔材料研究领域中起着重要的作用。使用分子模拟可以预测这些材料的吸附和扩散系数，同时也提供了这些材料多孔结构内部发生相关过程在分子水平上的重要信息[1~10]。因此，对于理解多孔结构内部分子层面的行为来说，分子模拟是对实验的一个很好的补充。尽管沸石有很大的适用性，并且人们对其保持了极大的兴趣，但是对于一个给定的反应来说，在多孔结构内部所发生的分子作用的许多机理还是知之甚少。这些分子作用的机理具有很大重要性，例如：①沸石吸附、扩散，并在特定的活性位附近集中吸附物的方式；②沸石与吸附物之间的相互作用，以及系统自身的电子性质作用；③活性部位发生的化学转化；④最终产品在沸石中分散的方式。细致地了解上文所提到的分子作用的机理，最终将有利于提高反应的效率。 这个章节的主要内容是关于沸石传递和可达性分子建模。本章节描述了模拟如何有利于更好地理解这些材料，并且进行了很好总结，阐述了当前所面临的挑战。该章节的主要内容为：首先简要介绍了常用的模型和电位；然后概述了目前的模拟计算吸附、扩散、自由能、表面积和孔体积的方法，并且阐述了一些分子模拟在工业与环境中的应用例子；最终本章进行了总结，并对未来所面临的挑战提出了一些建议。

12.2 分子模型

对沸石进行分子模拟，同时需要适当模型，其要求能包含系统中所有原子和分子，以及能描述分子间以及分子内相互作用的势能。本节讨论了目前文献中最常用的模型和势能，其中包括了沸石的框架、框架外的阳离子和客体分子。

12.2.1 沸石和框架外的阳离子建模

沸石的框架通常是由硅、铝和氧组成晶体结构脱水形成[11]。在考虑脱铝所带来的结构变化[12,13]或不考虑脱铝所带来的结构变化[14~18]的情况下，硅铝比大于1的沸石都可通过"脱铝补硅"得到。一般来说，铝原子可以被分配到活性点和熵优先位置[19~24]，也可通过铝原子和相关的阳离子分布使用的理论方法来确定实验的可达性性能[25,26]。脱铝补硅使得沸石的框架产生一个负电荷，需要通过外质子或阳离子补偿来使沸石的电荷显中性。一些模型明确区分了硅铝分配着不同电荷，同时区分了氧原子桥接两个硅原子，以及氧原子的桥接一个硅和一个铝原子的电荷分布[16, 27]。在氧框架内的电荷分布常常视为静态,因为被框架附近额外的阳离子极化的氧被忽略不计。框架额外的阳离子可以通过它们与系统的相互作用调整自己的位置,可以保持固定或移动[16, 27, 30]。后者需要势能来预测阳离子在沸石或负载沸石上的分布。阳离子的运动必须使用移位和随机插入采样,这样可以环绕能量势垒。

一个力场被描述为一组来定义分子系统相互作用的功能。各种各样力场领域可应用于存在的分子筛。其中,我们发现的通用力场,包括(UFF)[31]、Discover(CFF)[32]、MM2[33]、MM3[34, 35]、MM4[36, 37]、Dreiding[38]、SHARP[39]、VALBON[40]、AMBER[41]、CHARMM[42]、OPLS[43]、Tripos[44]、ECEPP/2[45]、GROMOS[46]、MMFF[47]、Burchart[48]、BKS[48]、预测形态[49]或计算吸附[50]的特殊力场。有一个方法,其力场的设计是通用的,范围广泛,覆盖元素周期表,包括无机化合物、金属、过渡金属。这些力的常数矩阵的对角项或这些力场通常是使用简单的形式定义。由于参数化的共性,这些力场通常预期可以合理地预测分子结构。尽管如此,广泛应用于元素周期表的同时,重点是要提高预测分子性质的准确性。为了实现这一目标,力场需要复杂的功能模式[32, 34 ~ 37, 47],参数需通过实验拟合或从头计算的数据得到。

令人惊讶的是,这些广泛应用的力场在处理特殊体系(如分子筛)吸附和扩散时的效果很差。正是因为这一原因,针对纯硅沸石以及非框架的钠、钙和质子,已通过优化得到了新的力场[51~53]。新的力场参数给这些系统中的吸附和分子传递提供了定量预测[16, 51~58]。大多数分子筛分子模拟研究采用了Kiselev-type势,原子在沸石晶体的位置保持刚性。尽管如此,一些研究者还研究了动态的影响,对框架原子使用了各种各样的电势[60~62],将计算所得的吸附[63, 64]、扩散[62, 65, 66]、红外光谱[60, 61]或结构参数[67, 68]与实验数据比较,来测试准确性和可行性。

12.2.2 客体分子建模

刚性的或动态的模型都可以模拟客体分子。对于简单的分子,例如二氧化碳、氮、氢、氧,甚至水分子,倾向于使用多极或极化刚性模型[30, 56, 57, 69~78]。复杂的分子,诸如烃类通常需要动态的模型。文献中涵盖了多种动态的模型,包括简单有效的联合原子模型和复杂但更准确的全原子模型。这些模型通常包括所有原子的电荷分数,描述键的伸缩、弯曲和扭转运动的表达式,以及通过从开头计算[47, 87, 88]或气-液平衡实验数据[53, 80, 89]拟合得到的Lennard-Jones和Buckingham势能参数。乙烯[90]、丙烯[90]、二氧化碳[91]和氩气[92]的气-液平衡实验数据曲线(液体分支)与目前文献中已有的模拟计算数据对比[53, 56, 64, 69, 93, 94]如图12.1所示。

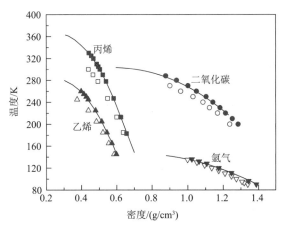

图12.1 乙烯、丙烯、二氧化碳和氩气的气-液平衡曲线的液相支线[64]

"——"文献[90~92]; ▲文献[53]; □文献[93]; ■文献[53]; ○文献[69]; ●文献[56]; ▽文献[94]; ▼文献[64]

客体分子与沸石框架外的阳离子之间的相互作用必须用高效、准确的势能导出。一些研究者虽然选择了更复杂的模型[4],但Kiselev-type模型仍是一个可供选择的简单有效的计算模型[59]。该模型是基于范德华(van der Waals)作用的Lennard-Jones势能和忽略了非极性客体分子库仑作用的所有原子的电荷分数。客体分子与沸石间的相互作用是由结构中的客体与氧原子之间的耗散力主导[59],因此客体分子与Si或Al原子的范德华相互作用往往被忽视。

发展可转移势能以准确地模拟表达出实验系统的相互作用,仍然是一个挑战。

准确的参数可以预测拓扑特性的吸附和传递性质,同时这是可以解决实验数据集差异的有效工具。模型优化的重点是集中在Lennard-Jones参数的优化[16, 52~55]。Dubbeldam等[51]基于拟合与实验等温线的拐点,发表了精确获得联合原子模型参数的方法。最近的研究还强调,沸石原子的电荷分数对于重现包含极性分子的实验值体系是十分必要的[56, 57, 70, 95]。例如,Desbiens等[96]使用主-客Kiselev-type势能和水的TIP4P模型来计算水在MFI型分子筛中的吸附。他们发现,只有硅原子的部分电荷保持在低于1.7Å单位,该沸石才具有疏水性。这与实验吸附数据的一致性得到了很好的验证,硅原子电位的变化是从1.2~1.4Å单位(见图12.2)。

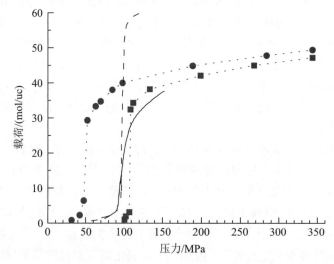

图12.2 300K时液相水在MFI型分子筛中的实验和模拟吸附等温线[96][实验数据通过实线和
条状虚线表示; 模拟使用了TIP4P水模型, 硅原子的电荷分数分别为1.4Å(圆形)和
1.2Å(方形); 拟合得到点状虚线]

12.3 模拟的方法

本节总结了沸石中吸附自由能、比表面积、孔体积、扩散的具体计算方法,并简短介绍来最常见的模拟技术。关于更详细的介绍见文献[97, 98]。与催化相反,分子筛的吸附和扩散建模通常是基于经典力学,这是因为通过量子化学计算统计力学性能的代价仍然是太大了。另外,沸石上的吸附是由扩散作用主导,众所周知,该作用很难通过量子力学处理。扩散使用MP2限制原子量很频繁,在大多数情况下,不能用它来计算一个分子与沸石的整个周期晶胞的结合能。这些属性可以用基于GGA和LDA型基组的平面波代码(例如VASP)表征,但是这些结果对小分子的结合能计算的有效性仍有争论。本章重点介绍了以经典力场为基础的吸附扩散的计算方法,不包括催化和量子方法[88, 99, 100]。

12.3.1 吸附的计算

吸附等温线、亨利系数和等量的吸附热是关于分子筛中的气体分离、催化、采集和储存的应用的重要参数,可以利用分子模拟计算。模拟产生的绝对值,在与实验数据比较前,必须转化成热力学数据[101, 102]。

吸附等温线通常是在巨正则系综(GCMC)的体系下通过蒙特-卡洛(Monte-Carlo)模拟得到的。在这个系综下,温度、体积和吸附分子的化学势是强行添加上去的。在这个模拟过程中,在相同的温度下和化学势下,分子与储层相互交换。因此,需要计算分子波动的数量和模拟中吸附分子的平均数。化学势与逸度直接相关,是通过压力的平衡方程计算得到的[23, 97]。最近,有研究者提出,蒙特-卡洛过渡矩阵已有效地替代了GCMC模拟[103, 104]。

亨利系数与吸附分子的过剩自由能(或超额化学势)直接相关。分子的自由能不能通过蒙特-卡洛或分子动力学(MDs)分子模拟技术直接得到。在低到中等负荷下,使用了特殊的模拟手段,例如Widom测试粒子的方法。关于其他模拟自由能的手段可参考文献[97]。

在零覆盖范围的限制下,吸附热Q_{st}通过基于克劳修斯-克拉贝龙(Clausius-Clapeyron)方程亨利常数的导数得出[105],但实践中通过能量系统导出则更有效率[106]。

因此,亨利系数和等量吸附热一般通过在固定的分子数量(N)、给定的体积(V)和温度条件(T)下的正则系综的系统总能量计算得到。这需要提供两个单独的模拟:分子筛中单个原子的能量和理想气体的能量状态[81, 106, 107]。这种能量差的方法对纯硅结构很有效,但不适合于计算具有非框架离子的结构中的吸附热。当离子移动在阳离子-离子能级之间时,离子结构的能量是非常大的,最终的结果是减去两个非常大的能量值。这样一个系统标准错误是很难减少的。在2008年,Vlugt等[108]提出了一种新方法,旨在尽可能消除能量方面的障碍。这种方法提供了更好的和可靠的结果。图12.3展示了采用三种方法在493K温度下计算直链烷烃分子在每个晶胞含有32个钠离子和32个钙离子的lta5a沸石上的等量吸附热。所有用来比较的力场和模型都来自于文献[16, 52, 55]。

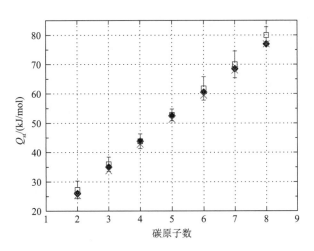

图12.3 直链烷烃分子在LTA5A型沸石上零覆盖度的等量吸附热[493K时吸附热分别由基于克劳修斯-克拉贝龙方程得出的亨利常数模型[105](◆)、能量差值模型[81, 107](□)、Vlugt等[108]报道的模型(×)计算所得;除了基于能量差的模型的方法外,误差棒(error bar)是远远小于符号大小,该方法误差棒是包含在里面的]

蒙特-卡洛模拟包括随机运动构成一个给定的系综样本。这些运动包括NVT系综下分子的平移和旋转以及GCMC系综下分子的插入和删除,并且它们是根据适当的标准针对相应的系综来接受或拒绝采样概率。NVT系综是具有固定粒子(N)、固定体积(V)和固定温度(T)的系统。通常所用的蒙特-卡洛模型对小分子非常有效，但在插入大分子(如长链碳氢化合物)上却缺乏效率。构型偏倚蒙特-卡洛技术(CBMC)使得插入中等密度液体的分子成为可能，其最初是晶格模型，随后扩展到连续模型[110~112]。它优化了分子的构象取样，并提高了链插入效率，需计算多个数量级的吸附等温线、自由能和亨利系数。在CBMC模拟中，与向主体上随机插入分子不同，是一个一个原子的插入，以避免与沸石重叠。接受或拒绝生长分子的规则是这样一种方式，它们完全除去了由生长体系引起的偏差[97]。近几年来，关于CBMC体系的优化已经陆续被提出[113~115]。

在过去的几年中，出现了很多关于沸石中吸附模拟的研究。详细的关于沸石中吸附分子模拟的研究的综述在2001年由Fuchs和Cheettham所发表[4]，最近的综述则是由Smit和Maesen发表[10]。一些关于沸石分子吸附模拟的研究在12.3节中着重提到。

12.3.2 自由势垒的计算

获取的亨利系数的自由能量法也可以应用于计算分子筛中定位功能的自由能，从而获得分子从一个到另一个位置必须越过的自由能量势垒的信息。计算分子筛中定位功能的自由能，有必要把该位置与沸石通道或笼反应坐标q联系起来。计算在一个给定的位置q的自由能，需包含势能和熵贡献，该势能和熵贡献与位置q分子出现的概率直接相关。通过这些模型获取大量信息的一个好例子，是Dubbeldam等[116~119]在ERI型沸石中研究。图12.4[119]为乙烷在ERI型沸石中多种载荷下自由能的计算值。自由能的最大值出现在$q=0$的位置，与分割窗口q^*对应。自由能的最小值在笼的深处(如图笼中a和b所示)。得到的自由的能垒表明在xy方向的跳跃发生在六方晶格位置，xy方向的跳跃先于z方向的跳跃[119]。该分析是关于负载功能。扩散主要方向的逆转是通过检查自由能和剖面发现的，其与跳跃的相互作用与单个分子偏好相关。

12.3.3 容积呈现图、沸石的比表面积和孔体积的计算

容积呈现(见图12.4)、化学等量线图、比表面积和孔容是表征沸石的重要参数。ITW、IWS、LTA和IHW型沸石的化学等量线图如图12.5所示。

为了获得这些图，晶胞通过每个网格分开，然后需要计算所有网格点试验粒子的自由能。为了获得能量面，选择能量值的三维数据集需要进行可视化处理，并且沸石的框架是可穿透的，以避免重叠。通常，使用一个高的能量值来生成孔和框架壁。

比表面积和孔容可以直接使用BET理论通过试验等温线获得，或者通过饱和负荷间接获得。这些参数同样可以通过蒙特-卡洛模拟得到[20]。比表面积很容易通过沸石框架表面上的滚动试验粒子计算得到。假如这个球形的试验粒子随机投射到沸石里，可以跟踪这些不与结构重叠的组分，并且在几何上计算孔容。这些方法可以应用于刚性和柔性框架，同时也可以应用于纯硅沸石以及含有其他框架离子的沸石。因为这些方法取决于使用的试验粒子，为了合理地计算孔容和比表面积，这个过程必须针对很多任意大小的粒子(包括原子)重复。表12.1编制了各种沸石使用上述方法计算所得的孔容。

12.3.4 扩散过程的计算

分子在沸石孔道中的扩散行为强烈地影响到了该结构中的吸收、分离和催化过程。近几年中，由于高效算法和计算机计算能力的进步，关于沸石吸收分子扩散的模拟取得了巨大的发展。从仿真技术发展的角度，计算扩散系数将是一个挑战，最近研究者们发表了很多关于这个议题的综述[7~9, 121, 122]。

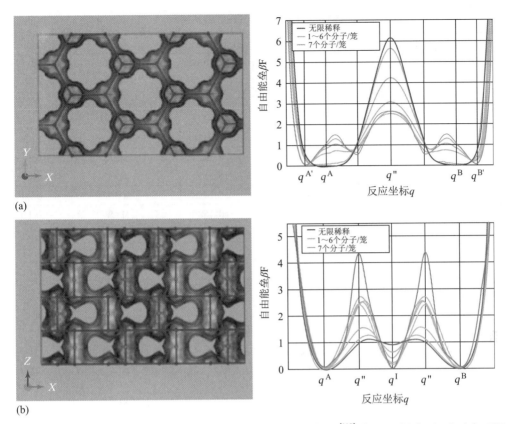

图12.4 (a)ERI型沸石xy方向拓扑图；(b)ERI型沸石z方向拓扑图[119](在600K温度下，以及在无限
稀释和每晶胞分别有1、2、3、4、5、6和7个分子的条件下，乙烷分子在ERI型沸石中的自由
能量分布；xy-平面上的自由能量分布通过笼中心q^A和另一个相邻的笼中心q^B获得，穿过笼z
方向的自由能量分布是通过q^A笼顶部、q^I笼中心、q^B笼底部获得)

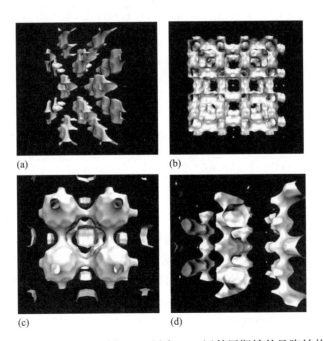

图12.5 ITW(a)、IWS(b)、LTA(c)和IHW(d)的周期性的晶胞结构

表12.1 分子模拟得到的沸石孔容积[①]

沸石	孔体积/(cm³/g)	沸石	孔体积/(cm³/g)	沸石	孔体积/(cm³/g)
ABW	0.0211	DOH	0.1665	MER	0.1133
AEL	0.0902	DON	0.1661	MFI	0.1642
AET	0.1424	EAB	0.1945	MFS	0.1321
AFG	0.1287	ECR	0.2275	MON	0.0326
AFI	0.1620	EDI	0.0535	MOR	0.1501
AFO	0.0875	EMT	0.3423	MTN	0.1704
AFR	0.2386	ERI	0.2227	MTT	0.0733
AFS	0.2897	EUO	0.1458	MWW	0.2033
AFT	0.1823	FAU	0.3680	MTW	0.1109
AFX	0.2199	FAU(NaX)	0.3268	NAT	0.0025
AFY	0.3300	FAU(NaY)	0.3050	OFF	0.2238
AHT	0.0459	FER	0.1469	PAU	0.1620
ANA	0.0150	GME	0.2384	RHO	0.2517
APC	0.0331	IHW	0.1310	RON	0.0930
APD	0.0031	ISV	0.2863	SAS	0.2575
AST	0.2274	ITE	0.2271	SAT	0.1779
ATN	0.0938	ITW	0.0957	SBE	0.3408
ATO	0.0810	IWS	0.2443	SFF	0.2036
ATT	0.1170	JBW	0.0338	SFG	0.1390
ATV	0.0279	KFI	0.2327	SGT	0.1782
AWW	0.1801	LEV	0.2191	SOD	0.1314
BEA(pol. A)	0.2763	LIO	0.1811	SOF	0.1451
BEA(pol. B)	0.2721	LOS	0.2060	STF	0.2017
BEC	0.3289	LOV	0.0323	STT	0.1916
BOG	0.2407	LTA(ITQ-29)	0.2854	STW	0.2045
BPH	0.3235	LTA4A	0.2568	THO	0.0185
CAN	0.1278	LTA5A	0.2605	TON	0.0913
CAS	0.0155	LTL	0.1685	TSC	0.3702
CHA	0.2425	LTN	0.1894	VFI	0.2967
CHI	0.0069	MAZ	0.1718	VSV	0.0544
CLO	0.3279	MEI	0.2912	WEN	0.0735
DDR	0.1400	MEL	0.1546		
DFO	0.2915	MEP	0.1357		

① 在分子模拟中超笼和封闭的腔被阻断。

第一个在受限系统中扩散模拟的研究[123]，主要是关于单组分自扩散系数的平衡分子动力学模拟计算。随着计算能力的进步，分子模拟的研究已经转向混合物的自扩散系数[124~126]和与技术应用相关的传递扩散系数[127~134]的研究。传递扩散系数可以通过Fick公式、Onsager公式、Maxwell Stefan公式三个等效的方式计算得到[129, 135, 136]。首次尝试计算沸石中的扩散系数，是使用非平衡分子动力学(MD)方法计算甲烷在MFI 型沸石[130]和LTA型沸石[131]中的扩散。最近，计算能力的发展使得使用平衡分子动力学(MD)方法计算传递扩散系数成为可能[132~134, 137, 138]，同时也扩展到了负载扩散系数的计算，对揭示沸石孔隙中分子传递的机理起到了很好的作用[139, 140]。

通过构建理论模型从单组分的数据来预测多组分的扩散系数, 分子模拟在理解沸石中多组分扩散取到了非常重要的作用[136, 141, 142]。这些知识对于工业化应用是非常必要的。关于多组分扩散和吸收实验测试的数据是很难得到的, 在文献中仅有少量数据。一个关于分子模拟很好的应用的例子是Skoulidas和Sholl[143]发表的。通过使用平衡分子动力学(MD)方法, 他们分析了分子组合在MFI、MTW、ISV和ITE四种沸石中, 分子负载和孔结构拓扑影响自扩散系数和传递扩散系数的作用。在这个基础上, Beerdsen等[144]通过将分子的自由能与沸石的结构配对可以对孔隙拓扑进行分类。

作为能在分子水平分析分子运动的模块, 分子模拟在解决一些复杂问题上发出了光芒, 例如单一[145~147]和共振扩散[145~147]、窗口[116, 117]和悬浮[9]效应、分子传递控制[139, 149~151]或分子轨迹控制[119, 152]。这些特殊的关于模拟计算时间尺度达不到分子动力学(MD)要求的扩散过程技术的发展, 是一个普遍存在的难点, 在近十年吸引了大家的注意。因此, 基于一序列稀有事件的方法, 如Bennet-Chandler[153]、Ruiz-Montero[154]、或过渡路径取样[155], 最近出现的过渡层界面取样[156]、温度加速动力学[157]或长时间尺度动力学蒙特-卡洛方法[157]都可称作为稀有事件(RES)取样模型。早期沸石中RES的研究[2]可追溯到20世纪70年代, 多年来, 它们已经变得更复杂化。在20世纪90年代, RES方法被用来计算MFI[158~160]和八面型沸石[161~163]在无限稀释条件下的分子扩散。随后, 这些研究开始向一些复杂拓扑结构扩展, 例如LTA法、LTL法、ERI法和CHA法, 并且不仅仅局限于无限稀释条件[119, 152, 164~166], 而是向低负载、中等负载和高负载扩展[119, 152, 166~171]。

12.4 沸石应用过程的建模

如以上章节所述, 分子模拟已成为在分子层次下研究沸石孔道中吸收和扩散的一个非常有用的工具。因为沸石在工业和环境中得到了非常广泛的应用, 这一节分别对分子模拟在工业技术和绿色化学应用中取到积极作用的一些实例进行了重点描述。

12.4.1 在工业技术过程中的应用

对于一个给定的沸石, 吸收、扩散、分离和催化性质取决于多种因素, 如拓扑结构、结构的表面性质(疏水性、亲水性)、孔道的形状和尺寸、Si/Al比、数量、位置、其包含的非结构离子的种类、水化的程度。分子模拟被应用于研究这些因素和性质, 目的是预测沸石在工业过程中的特征和性能。

12.4.1.1 沸石中承压水的分子建模

当前面临的一个挑战是在分子层面解释承压在沸石孔道中水的复杂的行为特征。这是理解工业技术过程中上述水的作用第一步, 例如通过离子交换来降低水的硬度、水与乙醇的分离过程、水的去除过程。分子模拟不仅可以解释承压在一个给定沸石孔道中水的行为特征, 同时可以解释水影响结构性质的方式。承压水对沸石性质的影响不仅取决于水化的程度, 同时取决于拓扑和结构的化学组成。纯硅的沸石疏水性非常强, 在硅同构置换铝后, 离子中性化的沸石框架具有亲水性[172]。

当前, 亲水沸石的分子模拟研究被用来分析水化水平对框架稳定性的影响, 沸石框架中离子的位置和迁移性, 以及水和沸石框架以及框架中的离子的配位作用。亲水沸石的分子模拟研究的焦点主要集中在沸石的结构、沸石中承压水的动力学性质、水存在的条件下稳定结构分子筛的气体分离作用[57, 70, 76, 95, 173~176]。在过去的数年间, 有很多关于亲水沸石(主要是MFI型)的研究, 其中水与水的相互作用明显优于水与沸石的相互作用。因此, 沸石的拓扑结构大大影响了水的性质，因为它影响了分子在孔道中聚集的形态。Puibasset和Pellenq[177]报道的在4个不同大气压下MFI型沸石中的水构型快照如图12.6所示。在相对较低的压力时，吸收的水被分成分离成包含少量分子的小团聚。随着压力的增加，分离的分子开始聚合形成一个更大团聚，直到在更高的压力下形成一个(无限大)的团聚。关于亲水和疏水沸石的中承压水的分子模拟研究的综述可见Bougeard和Smirnov发表[178]的文章，最近的综述见文献[57, 177, 179, 180]。

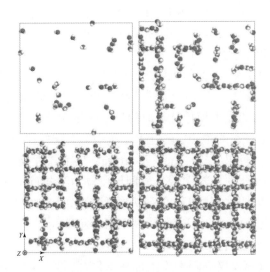

图12.6 在300K温度，以及P/P_0分别为0.0886、0.1477、0.2045和0.3409的相对大气压条件下，MFI型沸石中的水构型快照(为了使图表更加清晰，研究者将沸石的框架移除)[177]

12.4.1.2 沸石中碳氢化合物分子建模

沸石在大量的工业实践中得到应用，例如它们被广泛应用于石油化工中碳氢化合物的异构化和裂解[181~183]。沸石在框架中通过抽铝补硅来提高活性。每一个替换都会产生一个负极，同时补充一个阳离子或质子。这些阳离子的位置影响了这些材料的吸收和催化性能[25, 26]。同时，沸石作为一种形状可调控的催化剂具有高选择性和高收率。它们孔道的形状和大小控制了反应物进入催化活性中心的方式，同时控制了反应产物离开沸石的方式。因为沸石的催化和结构性质取决于所吸收分子的扩散性，现在很多模拟的研究集中在碳氢化合物的吸附和扩散[10]。如12.2节所述，随着时间的推移，这些研究开始使用速度和效率都提高的更先进的模拟技术。很大数量的研究集中在烷烃在沸石上的吸附和扩散。这些工作包括最新的关于形状可调控催化剂的分子建模的发展[10]。

很多关于碳氢化合物分子在沸石中吸附和转换的例子可参见文献[10]。其中，所谓的"窗口效应(window effect)"是一个很有意思的例子。分子建模在揭示催化异构的微观机理方面帮助是非常大的。大多数加氢裂化的产品分布仅有一个最大值的峰。尽管如此，Chen等[184]在ERI型沸石上发现了出现两个峰值的产品分布。窗口效应与烷烃在沸石上的相对分散率有关，但目前大多数的测试方法对重现分散值无关[185, 186]。2003年，分子模拟计算表明了存在争议的窗口效应的存在，当烷烃链增长时扩散率可以呈数量级的增长，所以烷烃的形状不再是与沸石的笼相称[116, 118]。第一个分子模拟的研究是针对槽形结构(OFF)以及笼状结构，笼状结构的这些笼被小的窗口分开，并且具有不同的尺寸和形状，以及不同的笼的窗口定位(ERI、CHA和LTA)。与槽形结构不同的是，笼状结构是非单调周期性地依赖亨利常数和吸附热。另外，当分子与笼状结构不相称时，分散系数呈数量级的增长。分子模拟研究表明，与ERI、CHA和

LTA型沸石一个笼相称的最大的碳氧化物数量分别是13个、11个和23个碳原子。这个值与局部最小亨利常数、最小吸附热以及局部最大亨利常数有关[118]。数据表明，对于链与沸石笼大小相似或大于的烷烃具有异常的低吸附，提供了一个选择性的裂解动力学机理，可以通过笼的尺寸预测选择性，并且可以预测催化裂化长度的选择性。在这里，需要的分布通过选择具有合适笼尺寸的沸石得到[116~118]。

12.4.1.3 沸石中混合物的分子建模

大部分吸附的工业应用包括了混合物。尽管如此，与沸石单组分吸附实验研究相关的论文的数量要远远高于混合物吸附实验研究的论文[187~189]。这是因为通过实验很难判断所吸附相的分子组成[190]。当得不到实验数据时，分子建模对于预测沸石中混合物的吸附和沸石中孔道内部分离机理的一个有力的工具。沸石中混合物的分子分离不仅仅取决于吸附的选择性，同时取决于混合物中组分的扩散系数。对于一个给定沸石的吸附选择性来说，可以通过变更品种和非框架结构的离子来优化[15, 23, 55, 58, 191]。第一个关于这个主题的分子模拟研究是由Beerdsen等发表。他们的研究表明，线型烷烃(MFI)和支链烷烃(MOR)型结构中硅阳离子的增加使得相应的MFI和MOR的吸附性增加[23]。进一步的关于MFI型沸石中的分子模拟表明，随着非结构离子质量的减少，对碳氢化合物的吸附增加[15]。

基于沸石的分离过程同时包括吸附和扩散过程。为了解释这个过程，我们计算了在500K时ITW型沸石中丙烷和丙烯的自由能谱图(见图12.7)。三个自由能垒的区别表明，在沸石之中丙烯被吸收的位置，同时也是丙烷被排除的位置，这也验证了实验的结果。自由能是通过目前通用的模型、力场和方法计算[52, 53, 116]。

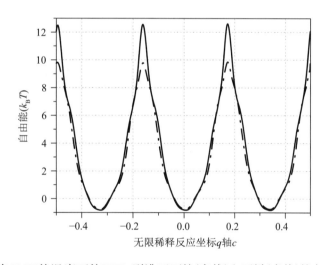

图12.7 在500K的温度下的ITW-型沸石丙烷(实线)和丙烯(虚线)的自由能谱图

沸石分离过程的模拟研究目前主要应用于沸石中碳氢化合物混合物、乙醇-水溶液、天然气提纯中的分离效率。这一章总结了针对碳氢化合物、乙醇-水溶液混合物目前所做的工作，关于天然气提纯的工作可参见12.4.2.2节。

碳氢化合物混合物的分离是很多技术和石油化工过程重要的环节。对于一个给定的分离过程，通过CBMC模拟可以基于选择性吸附对沸石的拓扑结构进行有效筛选，并可利用焓变和熵变作用开发新型的分离过程[192~196]。因此，对于线型烷烃的混合物，更小的分子总是倾向于高负载吸附，因为少量的孔隙很容易被填充(尺寸熵效应)。对于由线型和支化的烷烃异构体混合物而言, 在沸石孔道中选择性更高(构型和长度熵效应)。对于最近详细的关于沸石中碳氢化合物混合物分子模拟的综述, 可参见Smit和Maesen所发表的论文[10]。

关于混合物的分离最主要由焓作用主导的一个实例是由Ban等[197]发表的。他们计算了苯与丙烯的混合物在多种沸石中的吸附等温曲线, 发现在有孔道结构组成的沸石对苯有很高的选择性, 例如MOR、BEA和MWW型沸石。具有大腔结构如NaY对苯的选择性降低, 尤其在由交叉孔道组成的MFI型沸石中选择性更低。在373K时, MFI型沸石对丙烯的选择性有一个逆转点。这个选择性的表现可以通过焓作用来解释。在 MOR型沸石中, 苯和丙烯都适合于其主要的孔道。尽管如此, 苯一般被优先吸附, 因为它的吸附热更大。同样的现象出现在BEA和MWW型沸石中, 其也倾向于吸附苯, 与温度无关。NaY型沸石可以看出大腔结构使得苯的吸附热降低, 这使得其能吸附一部分丙烯, 同时对苯的吸附选择性降低。MFI型沸石对苯的吸附表现出了同样的性质。苯一般倾向于吸附在交叉处, 而丙烯一般倾向于吸附在孔道中。在无苯存在的情况下, 丙烯也可吸附在交叉处和孔道中(见图12.8)。

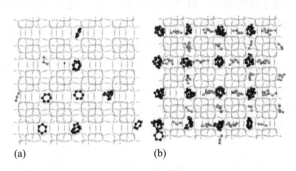

(a)   (b)

图12.8 在低负载率(a)和高负载率(b)条件下的MFI型沸石中苯/丙烯等分子混合物吸附的快照图[197]

苯在交叉处的定位是催化作用的一个决定性的因素("传递枢纽作用")[198]。Hansen等[199]结合了量子化学以及MC和MD模拟来预测使用MFI型催化剂时苯和丙烯反应的表现。这些模拟对于解释实验数据很有作用。

沸石也广泛应用于溶剂脱水, 因为它们的极性性质使得其结构能将水从有机物中分离出来。由于沸石膜具有高的水对乙醇的选择透过性, 在技术领域有着良好的前景, 使得很多研究者使用分子模拟来研究水和酒精分离[71, 200, 201], 同时还研究了沸石中水-乙醇体系的吸附和扩散行为。针对水-乙醇混合物体系, Lu等[20]MFI、MOR、CFI、DON型沸石中使用了GCMC模拟手段, Yang[71]使用了平衡分子动力学技术分析了其中的扩散行为。虽然在这个课题上取得了一定的进步, 但仍需要开发更高效、更可靠的模型, 这是因为与平衡实验数据相符合的模型依然只能定性分析。关于最近的和前期可用的模型可参见文献[202]。

12.4.2 绿色化学中的应用

绿色化学可以定义为使用化学来减少或消除有害物质。沸石有很多的应用实例, 例如作为二氧化碳有效的"捕捉器"以及用于天然气的提纯。这一章节阐述了分子模拟在分子层面上理解这些过程中的机理所起的作用。

12.4.2.1 二氧化碳捕集

预测二氧化碳在多孔材料上的吸附是一个当前急需的工作, 这不仅仅是为了开发低价的二氧化碳捕集技术, 同时也是为了改善气体的分离过程, 例如天然气的提纯。

目前的研究表明, 很多沸石都对二氧化碳具有很强的吸附能力, 并且这个吸附能力取决于沸石的种类和组成[56, 203~205]。例如，沸石的碱度和电场是决定二氧化碳吸附的必要因素，因为沸石孔隙中离子的性质和密度可诱发或控制对二氧化碳的吸附[206]。此时，分子模拟对于系统分析结构的性能(如大小、形状、孔的种类、铝组分、非框架结构离子的性质)非常有用。尽管如此，本课题却由于缺乏好的可通用的力场模型而被严重限制。大多数关于沸石中二氧化碳的吸附模拟研究的文章是关于全硅结构的，仅有少数是关于含有铝原子的沸石，而该结构含有净负电极的框架和非框架结构的硅阳离子[28~30, 56]。尽管研究非硅、非框架离子力场是一项开放式的任务，但Garcia-Sanchez等[56]研究了一个胜过以往力场的广义的力场。它对于各种沸石结构更准确、更通用，并且可以适合于所有的Si/Al比。使用有效的力场计算的二氧化碳吸附等温线与实验数据的比较如图12.9所示。

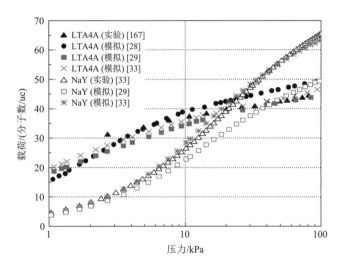

图12.9 在298K温度条件下的LTA4A型沸石(每晶胞96个铝原子和硅离子)和NaY型沸石
(每晶胞54个铝原子和硅离子)的实验[56, 207]二氧化碳吸附等温线图和模拟
(使用有效的力场)[28, 29, 56]二氧化碳吸附等温线图

12.4.2.2 天然气提纯

天然气含有95%左右的甲烷，以及痕量的重碳氢化合物气体(如乙烷和丙烷)和轻气体(如二氧化碳和二氧化氮)。天然气中二氧化碳的存在降低了燃烧的能量效益并导致温室气体的释放。因此，从天然气中生产便宜纯净的燃料取决于高效的分离过程。沸石是存储、提纯、分离天然气的最适合的物质，这是因为它们具有热力学稳定性、机械性质稳定性、高的二氧化碳吸收能力、高的传递效率和高的选择性。尽管如此，关于天然气提纯的特性和性能的机理还没有确定，因此分子模拟开始在这个过程中得到应用。

目前发表了很多关于天然气组分吸附和扩散的论文。它们探讨分析了很多影响混合物吸附[204, 208~214]和传递[124, 203, 205, 215~218]的因素，如温度、压力、化学组成、沸石的拓扑结构、孔径尺寸。例如，Krishna等[205]发表了关于在DDR、CHA、MFI结构沸石中纯二氧化碳以及等摩尔混合的二氧化碳与甲烷混合物的自扩散的分子模拟结果。在随后的研究中，他们使用了MC和MD模拟方法对12种沸石的拓扑结构进行筛选，以发现最优化的分离混合物的结构。最终，他们发现了具有最高渗透选择性的DDR和CHA结构沸石[214]。更重要的是，他们发现这两种结构分离的选择性是通过他们称为"吸附过程中混合物的偏析性质"来实现的。这个偏析作用使得二氧化碳更容易吸附在窗口区域，以制约甲烷在笼之间的扩散，从而提高选择性[218]。这些研究将引导未来开发进一步的措施来优化天然气的分离过程。

12.5 展望

分子建模已经是准确预测沸石中传递和可达性的一个很有力的工具。尽管如此,基于这个目的,开发能再现所有沸石中理想实验条件的有效的方法和好的力场依然是非常必要的。目前,研究者们发表了不少关于解决实际问题模拟的研究论文。MC模拟预测了吸附等温线、亨利系数、吸附热、阳离子分布、倾向吸附点、孔隙中分子的定位,预测结果与实验能较好的吻合。对于扩散来说,分子模拟的结果与目前可用的实验数据还是能较好地吻合,但目前的工作大部分都集中在自扩散上面,几对于慢速扩散系统中计算修正扩散的方法还是很少。

对于开发快速高效的方法和准确通用的力场,已经取得了很大的进步。尽管如此,这个领域依然面临着巨大的挑战。未来的工作主要集中在发展精确的势能模型,特别是针对不同种类的非框架结构阳离子和复杂的吸附物。另外面临的一个挑战是结合量子力学和经典力学来研究化学吸附和催化。充分综合扩散、吸附和反应机理方法的发展,将会导致对高效高速的新型高性能材料预测的发展。从分子模拟得到的微观的信息,将得到分子层面上的知识,从而有利于发展更高效系统,除了发现好孔道具有特殊应用的沸石外,还可以给实验指出更好方向。

致谢

这项工作得到了西班牙的"Ministerio de Educaci'ony Ciencia(MEC)"(CTQ 2007-63229)和Junta de Andalucıa(P07-FQM-02595)的支持。感谢J. M. Castillo、E. Garcia-Perez、A. Garcia-Sanchez、J. J. Gutierrez-Sevillano和A. Martin-Calvo在图表方面的帮助,特别是他们参与到表12.1中数据的计算。作者同样感谢T.J. H. Vlugt和S. Ban提供图12.8,感谢 D. Dubbeldam、T. J. H. Vlugt、J. A.Anta、R. Krishna对本文提供了严格的校正。

参考文献

[1] Karger, J. and Ruthven, D.M. (1992) Diffusion in Zeolites, John Wiley & Sons, Ltd, New York.
[2] Theodorou, D.N., Snurr, R.Q., and Bell, A.T. (1996) Molecular dynamics and diffusion in microporous materials,in Comprehensive Supramolecular Chemistry: Solid-state Supramolecular Chemistry–Two-and Three-dimensional Inorganic Networks, vol. 7, Pergamon, Oxford, p. 507–548.
[3] Keil, F.J., Krishna, R., and Coppens, M.O. (2000) Rev. Chem. Eng., 16, 71.
[4] Fuchs, A.H.and Cheetham, A.K. (2001) J. Phys. Chem. B, 105, 7375.
[5] Ramanan, H.and Auerbach, S.M. (2006)in Conference of the NATO-Advanced-Study-Institute on Fluid Transport in Nanoporous Materials (eds W.C.Conner and J. Fraissard), La Colle sur Loup, France, p. 93.
[6] Auerbach, S.M. (2006)in Conference of the NATO-Advanced-Study-Institute on Fluid Transport in Nanoporous Materials (eds W.C.Conner and J. Fraissard), La Colle sur Loup, France, p. 535.
[7] Dubbeldam, D.and Snurr, R.Q. (2006)3rd International Conference on Foundations of Molecular Modeling and Simulation (FOMMS), Blaine, p. 305.
[8] Jobic, H.and Theodorou, D.N. (2007) Microporous Mesoporous Mater., 102, 21.
[9] Yashonath, S.and Ghorai, P.K. (2008) J. Phys. Chem. B, 112, 665.
[10] Smit, B.and Maesen, T.L.M. (2008) Chem. Rev., 108, 4125.
[11] Baerlocher, C., Meier, W.M., and Olson, D.H. (2007) Atlas of Zeolite Structure Types, 6th revised edn, Elsevier, London.
[12] Auerbach, S.M., Bull, L.M., Henson, N.J., Metiu, H.I., and Cheetham, A.K. (1996) J. Phys. Chem., 100, 5923.
[13] Buttefey, S., Boutin, A., and Fuchs, A.H. (2002) Mol. Simul., 28, 1049.
[14] Dempsey, E., Kuehl, G.H., and Olson, D.J. (1969) Phys. Chem., 73, 387.
[15] Beerdsen, E., Dubbeldam, D., Smit, B., Vlugt, T.J.H., and Calero, S. (2003) J. Phys. Chem. B, 107, 12088]
[16] Calero, S., Dubbeldam, D., Krishna, R., Smit, B., Vlugt, T.J.H., Denayer, J.F.M., Martens, J.A., and Maesen, T.L.M. (2004) J. Am. Chem. Soc., 126, 11377.
[17] L?wenstein, W. (1954) Am. Mineral., 39, 92.
[18] Garcia-Perez, E., Torrens, I.M., Lago, S., Dubbeldam, D., Vlugt, T.J.H., Maesen, T.L.M., Smit, B., Krishna, R., and Calero, S. (2005) Appl. Surf. Sci., 252, 716.
[19] Sastre, G., Fornes, V., and Corma, A. (2002) J. Phys. Chem. B, 106, 701.
[20] Sastre, G., Fornes, V., and Corma, A. (2002) J. Phys. Chem. B, 106, 701.
[21] Sklenak, S., Dedecek, J., Li, C., Wichterlova, B., Gabova, V., Sierka, M., and Sauer, J. (2009) Phys. Chem. Chem. Phys., 11, 1237.

[22] Macedonia, M.D., Moore, D.D., and Maginn, E.J. (2000) Langmuir, 16, 3823.

[23] Beerdsen, E., Smit, B., and Calero, S. (2002) J. Phys. Chem. B, 106, 10659.

[24] Mellot-Draznieks, C., Buttefey, S., Boutin, A., and Fuchs, A.H. (2001) Chem. Commun., 2200.

[25] Garcia-Perez, E., Dubbeldam, D., Liu, B., Smit, B., and Calero, S. (2007) Angew. Chem. Int. Ed., 46, 276.

[26] Liu, B., Garcia-Perez, E., Dubbeldam, D., Smit, B., and Calero, S. (2007) J. Phys. Chem. C, 111, 10419.

[27] Jaramillo, E.and Auerbach, S.M. (1999) J. Phys. Chem. B, 103, 9589.

[28] Jaramillo, E.and Chandross, M. (2004) J. Phys. Chem. B, 108, 20155.

[29] Maurin, L.P.and Bell, R.G. (2005) J. Phys. Chem. B, 109, 16084.

[30] Akten, E.D., Siriwardane, R., and Sholl, D.S. (2003) Energy Fuels, 17, 977.

[31] Rappe, A.K., Casewit, C.J., Colwell, K.S., Goddard, W.A., and Skiff, W.M. (1992) J. Am. Chem. Soc., 114, 10024.

[32] Hagler, A.T.and Ewig, C.S. (1994) Comput. Phys. Commun., 84, 131.

[33] Allinger, N.L. (1977) J. Am. Chem. Soc., 99, 8127.

[34] Allinger, N.L., Yuh, Y.H., and Lii, J.H. (1989) J. Am. Chem. Soc., 111, 8551.

[35] Allinger, N.L., Li, F.B., Yan, L.Q., and Tai, J.C. (1990) J. Comput. Chem., 11, 868.

[36] Allinger, N.L., Chen, K.S., and Lii, J.H. (1996) J. Comput. Chem., 17, 642.

[37] Allinger, N.L. (2002) Abstr. Pap. Am. Chem. Soc., 223, 97.

[38] Mayo, S.L., Olafson, B.D., and Goddard, W.A. (1990) J. Phys. Chem., 94, 8897.

[39] Allured, V.S., Kelly, C.M., and Landis, C.R. (1991) J. Am. Chem. Soc., 113, 1.

[40] Root, D.M., Landis, C.R., and Cleveland, T. (1993) J. Am. Chem. Soc., 115, 4201.

[41] Weiner, S.J., Kollman, P.A., Case, D.A., Singh, U.C., Ghio, C., Alagona, G., Profeta, S., and Weiner, P. (1984) J. Am. Chem. Soc., 106, 765.

[42] Brooks, B.R., Bruccoleri, R.E., Olafson, B.D., States, D.J., Swaminathan, S., and Karplus, M. (1983) J. Comput. Chem., 4, 187.

[43] Jorgensen, W.L.and Tiradorives, J. (1988) J. Am. Chem. Soc., 110, 1657.

[44] Clark, M., Cramer, R.D., and Vanopdenbosch, N. (1989) J. Comput. Chem., 10, 982.

[45] Momany, F.A., McGuire, R.F., Burgess, A.W., and Scheraga, H.A. (1975) J. Phys. Chem., 79, 2361.

[46] Hermans, J., Berendsen, H.J.C., Vangunsteren, W.F., and Postma, J.P.M. (1984) Biopolymers, 23, 1513.

[47] Halgren, T.A. (1992) J. Am. Chem. Soc., 114, 7827.

[48] Burchart, E.D., Jansen, J.C., and Vanbekkum, H. (1989) Zeolites, 9, 432.

[49] Lifson, S., Hagler, A.T., and Dauber, P. (1979) J. Am. Chem. Soc., 101, 5111.

[50] Momany, F.A., Carruthe, L.M., McGuire, R.F., and Scheraga, H.A. (1974) J. Phys. Chem., 78, 1595.

[51] Dubbeldam, D., Calero, S., Vlugt, T.J.H., Krishna, R., Maesen, T.L.M., Beerdsen, E., and Smit, B. (2004) Phys. Rev. Lett., 93, 8.

[52] Dubbeldam, D., Calero, S., Vlugt, T.J.H., Krishna, R., Maesen, T.L.M., and Smit, B. (2004) J. Phys. Chem. B, 108, 12301.

[53] Liu, B., Smit, B., Rey, F., Valencia, S., and Calero, S. (2008) J. Phys. Chem. C, 112, 2492.

[54] Calero, S., Lobato, M.D., Garcia-Perez, E., Mejias, J.A., Lago, S., Vlugt, T.J.H., Maesen, T.L.M., Smit, B., and Dubbeldam, D. (2006) J. Phys. Chem. B, 110, 5838.

[55] Garcia-Perez, E., Dubbeldam, D., Maesen, T.L.M., and Calero, S. (2006) J. Phys. Chem. B, 110, 23968.

[56] Garcia-Sanchez, A., Ania, C.O., Parra, J.B., Dubbeldam, D., Vlugt, T.J.H., Krishna, R., and Calero, S. (2009) J. Phys. Chem. C, 113, 8814–8820.

[57] Castillo, J.M., Dubbeldam, D., Vlugt, T.J.H., Smit, B., and Calero, S. (2009) Mol. Simul., 35, 1067–1076.

[58] Garcia-Sanchez, A., Garcia-Perez, E., Dubbeldam, D., Krishna, R., and Calero, S. (2007) Adsorption Sci. Technol., 25, 417.

[59] Bezus, A.G., Kiselev, A.V., Lopatkin, A.A., and Du, P.Q. (1978) J. Chem. Soc. Faraday Trans. 2, 74, 367.

[60] Demontis, P., Suffritti, G.B., Quartieri, S., Fois, E.S., and Gamba, A. (1988) J. Phys. Chem., 92, 867.

[61] Nicholas, J.B., Hop?nger, A.J., Trouw, F.R., and Iton, L.E. (1991) J. Am. Chem. Soc., 113, 4792.

[62] Leroy, F., Rousseau, B., and Fuchs, A.H. (2004) Phys. Chem. Chem. Phys., 6, 775.

[63] Vlugt, T.J.H.and Schenk, M. (2002) J. Phys. Chem. B, 106, 12757.

[64] Garcia-Perez, E., Parra, J.B., Ania, C.O., Dubbeldam, D., Vlugt, T.J.H., Castillo, J.M., Merkling, P.J., and Calero, S. (2008) J. Phys. Chem. C, 112, 9976.

[65] Zimmermann, N.E.R., Jakobtorweihen, S., Beerdsen, E., Smit, B., and Keil, F.J. (2007) J. Phys. Chem. C, 111, 17370.

[66] Bouyermaouen, A.and Bellemans, A. (1998) J. Chem. Phys., 108, 2170.

[67] Hill, J.R.and Sauer, J. (1994) J. Phys. Chem., 98, 1238.

[68] Hill, J.R.and Sauer, J. (1995) J. Phys. Chem., 99, 9536.

[69] Harris, J.G.and Yung, K.H. (1995) J. Phys. Chem., 99 (31), 12021.

[70] Di Lella, A., Desbiens, N., Boutin, A., Demachy, I., Ungerer, P., Bellat, J.P., and Fuchs, A.H. (2006) Phys. Chem. Chem. Phys., 8, 5396.

[71] Yang, J.Z., Chen, Y., Zhu, A.M., Liu, Q.L., and Wu, J.Y. (2008) J. Memb. Sci., 318, 327.

[72] Guillot, B.and Guissani, Y. (2001) J. Chem. Phys., 114, 6720.

[73] Pellenq, R.J.M., Roussel, T., and Puibasset, J. (2008) J. Int. Adsorp. Soc., 14, 733–742.

[74] Darkrim, F.and Levesque, D. (1998) J. Chem. Phys., 109, 4981.

[75] Garberoglio, G., Skoulidas, A.I., and Johnson, J.K. (2005) J. Phys. Chem. B, 109, 13094.

[76] Trzpit, M., Soulard, M., Patarin, J., Desbiens, N., Cailliez, F., Boutin, A., Demachy, I., and Fuchs, A.H. (2007) Langmuir, 23, 10131.

[77] Cailliez, F., Stirnemann, G., Boutin, A., Demachy, I., and Fuchs, A.H. (2008) J. Phys. Chem. C, 112, 10435.

[78] Wender, A., Barreau, A., Lefebvre, C., Di Lella, A., Boutin, A., Ungerer, P., and Fuchs, A.H. (2006) Adsorpt. Sci. Technol., 24, 713.

[79] Nath, S.K., Escobedo, F.A., and de Pablo, J.J. (1998) J. Chem. Phys., 108, 9905.

[80] Martin, M.G.and Siepmann, J.I. (1998) J. Phys. Chem. B, 102, 2569.

[81] Smit, B.and Siepmann, J.I. (1994) J. Phys. Chem., 98, 8442.

[82] Jorgensen, W.L.and Swenson, C.J. (1985) J. Am. Chem. Soc., 107, 1489.

[83] Vlugt, T.J.H., Zhu, W., Kapteijn, F., Moulijn, J.A., Smit, B., and Krishna, R. (1998) J. Am. Chem. Soc., 120, 5599.

[84] Lubna, N., Kamath, G., Potoff, J.J., Rai, N., and Siepmann, J.I. (2005) J. Phys. Chem. B, 109, 24100.

[85] Zeng, Y.P., Ju, S.G., Xing, W.H., and Chen, C.L. (2007) Sep. Purif. Technol., 55, 82.

[86] Zeng, Y.P., Ju, S.G., Xing, W.H., and Chen, C.L. (2007) Ind. Eng. Chem. Res., 46, 242.

[87] Maple, J.R., Hwang, M.J., Stock?sch, T.P., and Hagler, A.T. (1994) Isr. J. Chem., 34, 195.

[88] Zhao, Y.and Truhlar, D.G. (2008) J. Phys. Chem. C, 112, 6860.

[89] Martin, M.G.and Siepmann, J.I. (1999) J. Phys. Chem. B, 103, 4508.

[90] Smith, B.D.and Srivastava, R. (1986) Thermodynamic Data for Pure Compounds: Part A, Hydrocarbons and Ketones, Elsevier, Amsterdam.

[91] Stoll, J., Vrabec, J., and Hasse, H. (2003)GVC/DECHEMA Annual Meeting, Mannhein, Germany, p. 891.

[92] Vrabec, J., Stoll, J., and Hasse, H. (2001) J. Phys. Chem. B, 105, 12126.

[93] Wick, C., Martin, M., and Siepmann, J.I. (2000) J. Phys. Chem. B, 104, 8008.

[94] Skoulidas, A.I.and Sholl, D.S. (2002) J. Phys. Chem. B, 106, 5058.

[95] Desbiens, N., Boutin, A., and Demachy, I. (2005) J. Phys. Chem. B, 109, 24071.

[96] Desbiens, N., Demachy, I., Fuchs, A.H., Kirsch-Rodeschini, H., Soulard, M., and Patarin, J. (2005) Angew. Chem. Int. Ed., 44, 5310.

[97] Frenkel, D.and Smit, B. (2002) Understanding Molecular Simulations: From Algorithms to Applications, 2nd edn, Academic Press, San Diego.

[98] Allen, M.P.and Tildesley, D.J. (1987) Computer Simulations of Liquids, Clarendon Press, Oxford.

[99] Bussai, C., Fritzsche, S., Haberlandt, R., and Hannongbua, S. (2004) J. Phys. Chem. B, 108, 13347.

[100] Schroder, K.P.and Sauer, J. (1996) J. Phys. Chem., 100, 11043.

[101] Talu, O.and Myers, A.L. (2001) AIChE J., 47, 1160.

[102] Myers, A.L.and Monson, P.A. (2002) Langmuir, 18, 10261.

[103] Chen, H.B.and Sholl, D.S. (2006) Langmuir, 22, 709.

[104] Shen, V.K.and Errington, J.R. (2005) J. Chem. Phys., 122, 8.

[105] Karavias, F.and Myers, A.L. (1991) Langmuir, 7, 3118.

[106] Vlugt, T.J.H., Krishna, R., and Smit, B. (1999) J. Phys. Chem. B, 103, 1102.

[107] Woods, G.B., Panagiotopoulos, A.Z., and Rowlinson, J.S. (1988) Mol. Phys., 63, 49.

[108] Vlugt, T.J.H., Garcia-Perez, E., Dubbeldam, D., Ban, S., and Calero, S. (2008) J. Chem. Theory Comput., 4, 1107.

[109] Harris, J.and Rice, S.A. (1988) J. Chem. Phys., 89 (9), 5898.

[110] Depablo, J.J., Laso, M., and Suter, U.W. (1992) J. Chem. Phys., 96, 6157.

[111] Siepmann, J.I.and Frenkel, D. (1992) Mol. Phys., 75, 59.

[112] Frenkel, D., Mooij, G., and Smit, B. (1992) J. Phys. Condens. Matter, 4, 3053.

[113] Consta, S., Vlugt, T.J.H., Hoeth, J.W., Smit, B., and Frenkel, D. (1999) Mol. Phys., 97, 1243.

[114] Consta, S., Wilding, N.B., Frenkel, D., and Alexandrowicz, Z. (1999) J. Chem. Phys., 110, 3220.

[115] Houdayer, J. (2002) J. Chem. Phys., 116, 1783.

[116] Dubbeldam, D., Calero, S., Maesen, T.L.M., and Smit, B. (2003) Phys. Rev. Lett., 90, 245901.

[117] Dubbeldam, D., Calero, S., Maesen, T.L.M., and Smit, B. (2003) Angew. Chem. Int. Ed., 42, 3624.

[118] Dubbeldam, D.and Smit, B. (2003) J. Phys. Chem. B, 107, 12138.

[119] Dubbeldam, D., Beerdsen, E., Calero, S., and Smit, B. (2005) Proc. Natl. Acad. Sci. U.S.A., 102, 12317.

[120] Walton, K.S.and Snurr, R.Q. (2007) J. Am. Chem. Soc., 129, 8552.

[121] Auerbach, S.M. (2000) Int. Rev. Phys. Chem., 19, 155.

[122] Sholl, D.S. (2006) Acc. Chem. Res., 39, 403.

[123] Demontis, P.and Suffritti, G.B. (1997) Chem. Rev., 97, 2845.

[124] Snurr, R.Q.and Karger, J. (1997) J. Phys. Chem. B, 101, 6469.

[125] Gergidis, L.N.and Theodorou, D.N. (1999) J. Phys. Chem. B, 103, 3380.

[126] Jost, S., Bar, N.K., Fritzsche, S., Haberlandt, R., and Karger, J. (1998) J. Phys. Chem. B, 102, 6375.

[127] Krishna, R.and van Baten, J.M. (2008) Chem. Eng. Sci., 63, 3120.

[128] Krishna, R.and van Baten, J.M. (2008) Microporous Mesoporous Mater., 109, 91.

[129] Krishna, R.and van Baten, J.M. (2009) Chem. Eng. Sci., 64, 870.

[130] Maginn, E.J., Bell, A.T., and Theodorou, D.N. (1993) J. Phys. Chem., 97, 4173.

[131] Fritzsche, S., Haberlandt, R., and Karger, J. (1995) Z. Phys. Chem.: Int. J. Res. Phys. Chem. Chem. Phys., 189, 211.

[132] Arya, G., Chang, H.C., and Maginn, E.J. (2001) J. Chem. Phys., 115, 8112]

[133] Sholl, D.S. (2000) Ind. Eng. Chem. Res., 39, 3737.

[134] Hoogenboom, J.P., Tepper, H.L., van der Vegt, N.F.A., and Briels, W.J. (2000) J. Chem. Phys., 113, 6875.

[135] Krishna, R.and Baur, R. (2003) Sep. Purif. Technol., 33, 213.

[136] Krishna, R.and van Baten, J.M. (2005) J. Phys. Chem. B, 109, 6386.

[137] Sastre, G., Catlow, C.R.A., Chica, A., and Corma, A. (2000) J. Phys. Chem. B, 104, 416.

[138] Sastre, G., Catlow, C.R.A., and Corma, A. (1999) J. Phys. Chem. B, 103, 5187.

[139] Derouane, E.G.and Gabelica, Z. (1980) J. Catal., 65, 486.

[140] Krishna, R., van Baten, J.M., and Dubbeldam, D. (2004) J. Phys. Chem. B, 108, 14820.

[141] Krishna, R.and van Baten, J.M. (2006) Chem. Phys. Lett., 420, 545.

[142] Skoulidas, A.I., Sholl, D.S., and Krishna, R. (2003) Langmuir, 19, 7977.

[143] Skoulidas, A.I.and Sholl, D.S. (2003) J. Phys. Chem. A, 107, 10132.

[144] Beerdsen, E., Dubbeldam, D., and Smit, B. (2006) Phys. Rev. Lett., 96, 4.

[145] Hahn, K., Karger, J., and Kukla, V. (1996) Phys. Rev. Lett., 76, 2762.

[146] Kukla, V., Kornatowski, J., Demuth, D., Gimus, I., Pfeifer, H., Rees, L.V.C., Schunk, S., Unger, K.K., and Karger, J. (1996) Science, 272, 702.

[147] Gupta, V., Nivarthi, S.S., Keffer, D., McCormick, A.V., and Davis, H.T. (1996) Science, 274, 164.

[148] Tsekov, R.and Evstatieva, E. (2005) Adv. Colloid Interface Sci., 114, 159.

[149] Brauer, P., Brzank, A., and Karger, J. (2003) J. Phys. Chem. B, 107, 1821.

[150] Clark, L.A., Ye, G.T., and Snurr, R.Q. (2000) Phys. Rev. Lett., 84, 2893.

[151] Harish, R., Karevski, D., and Schutz, G.M. (2008) J. Catal., 253, 191.

[152] Dubbeldam, D., Beerdsen, E., Calero, S., and Smit, B. (2006) J. Phys. Chem. B, 110, 3164.

[153] Chandler, D. (1978) J. Chem. Phys., 68, 2959.

[154] RuizMontero, M.J., Frenkel, D., and Brey, J.J. (1997) Mol. Phys., 90, 925.

[155] Dellago, C., Bolhuis, P.G., and Geissler, P.L. (2002) Adv. Chem. Phys., 123, 1.
[156] van Erp, T.S., Moroni, D., and Bolhuis, P.G. (2003) J. Chem. Phys., 118, 7762.
[157] Sorensen, M.R.and Voter, A.F. (2000) J. Chem. Phys., 112, 9599.
[158] June, R.L., Bell, A.T., and Theodorou, D.N. (1991) J. Phys. Chem., 95, 8866.
[159] Forester, T.R.and Smith, W. (1997) J. Chem. Soc., Faraday Trans., 93, 3249.
[160] Maginn, E.J., Bell, A.T., and Theodorou, D.N. (1996) J. Phys. Chem., 100, 7155.
[161] Jousse, F.and Auerbach, S.M. (1997) J. Chem. Phys., 107, 9629.
[162] Mosell, T., Schrimpf, G., and Brickmann, J. (1997) J. Phys. Chem. B, 101, 9476.
[163] Mosell, T., Schrimpf, G., and Brickmann, J. (1997) J. Phys. Chem. B, 101, 9485] 164] Ghorai, P.K.R., Yashonath, S., and Lynden-Bell, R.M. (2002) Mol. Phys., 100, 641.
[165] Schuring, A., Auerbach, S.M., Fritzsche, S., and Haberlandt, R. (2002) J. Chem. Phys., 116, 10890.
[166] Dubbeldam, D., Beerdsen, E., Vlugt, T.J.H., and Smit, B. (2005) J. Chem. Phys., 122, 22.
[167] Nagumo, R., Takaba, H., and Nakao, S.I. (2008) J. Phys. Chem. C, 112, 2805.
[168] Gupta, A.and Snurr, R.Q. (2005) J. Phys. Chem. B, 109, 1822.
[169] Tunca, C.and Ford, D.M. (1999) J. Chem. Phys., 111, 2751.
[170] Tunca, C.and Ford, D.M. (2003) Chem. Eng. Sci., 58, 3373.
[171] Beerdsen, E., Smit, B., and Dubbeldam, D. (2004) Phys. Rev. Lett., 93, 24.
[172] Bowen, T.C., Noble, R.D., and Falconer, J.L. (2004) J. Memb. Sci., 245, 1.
[173] Channon, Y.M., Catlow, C.R.A., Gorman, A.M., and Jackson, R.A. (1998) J. Phys. Chem. B, 102, 4045.
[174] Demontis, P., Stara, G., and Suffritti, G.B. (2003) J. Phys. Chem. B, 107, 4426.
[175] Fleys, M.and Thompson, R.W. (2005) J. Chem. Theory Comput., 1, 453.
[176] Fleys, M., Thompson, R.W., and MacDonald, J.C. (2004) J. Phys. Chem. B, 108, 12197]
[177] Puibasset, J.and Pellenq, R.J.M. (2008) J. Phys. Chem. B, 112, 6390.
[178] Bougeard, D.and Smirnov, K.S. (2007) Phys. Chem. Chem. Phys., 9, 226.
[179] Ockwig, N.W., Cygan, R.T., Criscenti, L.J., and Nenoff, T.M. (2008) Phys. Chem. Chem. Phys., 10, 800.
[180] Demontis, P., Gulin-Gonzalez, J., Jobic, H., Masia, M., Sale, R., and Suffritti, G.B. (2008) Acs Nano, 2, 1603.
[181] Maesen, T.L.M., Krishna, R., van Baten, J.M., Smit, B., Calero, S., and Sanchez, J.M.C. (2008) J. Catal., 256, 95.
[182] Maesen, T.L.M., Beerdsen, E., Calero, S., Dubbeldam, D., and Smit, B. (2006) J. Catal., 237, 278.
[183] Maesen, T.L.M., Calero, S., Schenk, M., and Smit, B. (2004) J. Catal., 221, 241.
[184] Chen, N.Y., Lucki, S.J., and Mower, E.B. (1969) J. Catal., 13, 329.
[185] Magalhaes, F.D., Laurence, R.L., and Conner, W.C. (1996) AIChE J., 42, 68.
[186] Cavalcante, C.L., Eic, M., Ruthven, D.M., and Occelli, M.L. (1995) Zeolites, 15, 293.
[187] Talu, O., Li, J.M., and Myers, A.L. (1995) Adsorpt. J. Int. Adsorpt. Soc., 1, 103.
[188] Denayer, J.F., Ocakoglu, A.R., De Jonckheere, B.A., Martens, J.A., Thybaut, J.W., Marin, G.B., and Baron, G.V. (2003) Int. J. Chem. Reactor Eng., 1, A36.
[189] Denayer, J.F.M., Ocakoglu, R.A., Huybrechts, W., Dejonckheere, B., Jacobs, P., Calero, S., Krishna, R., Smit, B., Baron, G.V., and Martens, J.A. (2003) J. Catal., 220, 66.
[190] Ruthven, D.M. (1984) Principles of Adsorption and Adsorption Processes, Wiley-Interscience, New York.
[191] Lachet, V., Boutin, A., Tavitian, B., and Fuchs, A.H. (1999) Langmuir, 15, 8678.
[192] Krishna, R., Smit, B., and Vlugt, T.J.H. (1998) J. Phys. Chem. A, 102, 7727.
[193] Calero, S., Smit, B., and Krishna, R. (2001) Phys. Chem. Chem. Phys., 3, 4390.
[194] Krishna, R., Calero, S., and Smit, B. (2002) Chem. Eng. J., 88, 81.
[195] Krishna, R., Smit, B., and Calero, S. (2002) Chem. Soc. Rev., 31, 185.
[196] Calero, S., Smit, B., and Krishna, R. (2001) J. Catal., 202, 395.
[197] Ban, S., Van Laak, A., De Jongh, P.E., Van der Eerden, J., and Vlugt, T.J.H. (2007) J. Phys. Chem. C, 111, 17241.
[198] Krishna, R.and van Baten, J.M. (2008) Chem. Eng. J., 140, 614.
[199] Hansen, N., Krishna, R., van Baten, J.M., Bell, A.T., and Kew, F.J. (2009) J. Phys. Chem. C, 113, 235.
[200] Kuhn, J., Castillo, J.M., Gascon, J., Calero, S., Dubbeldam, D., Vlugt, T.J.H., Kapteijn, F., and Gross, J. (2009) J. Phys. Chem. C, 113, 14290–14301.
[201] Lu, L.H., Shao, Q., Huang, L.L., and Lu, X.H. (2007)11th International Conference on Properties and Phase Equilibria for Product and Process Design, Crete, Greece, p. 191.
[202] Rutkai, G., Csanyi, E., and Kristof, T. (2008) Microporous Mesoporous Mater., 114, 455.
[203] Krishna, R., van Baten, J.M., Garcia-Perez, E., and Calero, S. (2007) Ind. Eng. Chem. Res., 46, 2974.
[204] Garcia-Perez, E., Parra, J.B., Ania, C.O., Garcia-Sanchez, A., Van Baten, J.M., Krishna, R., Dubbeldam, D., and Calero, S. (2007) Adsorpt. J. Int. Adsorpt. Soc., 13, 469.
[205] Krishna, R., van Baten, J.M., Garcia-Perez, E., and Calero, S. (2006) Chem. Phys. Lett., 429, 219.
[206] Bonenfant, D., Kharoune, M., Niquette, P., Mimeault, M., and Hausler, R. (2008) Sci. Technol. Adv. Mater., 9.
[207] Ahn, H., Moon, J.H., Hyun, S.H., and Lee, C.H. (2004) Adsorpt. J. Int. Adsorpt. Soc., 10, 111.
[208] Goj, A., Sholl, D.S., Akten, E.D., and Kohen, D. (2002) J. Phys. Chem. B, 106, 8367.
[209] Yue, X.P.and Yang, X.N. (2006) Langmuir, 22, 3138.
[210] Heuchel, M., Snurr, R.Q., and Buss, E. (1997) Langmuir, 13, 6795.
[211] Jia, Y.X., Wang, M., Wu, L.Y., and Gao, C.J. (2007) Sep. Sci. Technol., 42, 3681.
[212] Babarao, R., Hu, Z.Q., Jiang, J.W., Chempath, S., and Sandler, S.I. (2007) Langmuir, 23, 659.
[213] Ghou?, A., Gaberova, L., Rouquerol, J., Vincent, D., Llewellyn, P.L., and Maurin, G. (2009) Microporous Meso
[214] Krishna, R.and van Baten, J.M. (2007)
[215] Sanborn, M.J.and Snurr, R.Q. (2000) Sep. Purif. Technol., 20, 1.
[216] Papadopoulos, G.K., Jobic, H., and Theodorou, D.N. (2004) J. Phys. Chem. B, 108, 12748.
[217] Babarao, R.and Jiang, J.W. (2008) Langporous Mater., 119, 117] muir, 24, 5474.
[218] Krishna, R.and van Baten, J.M. (2008) Chem. Eng. J., 133, 121] Sep. Purif. Technol., 61, 414.

13 沸石分子筛中的扩散对
催化作用的影响

Johan van den Bergh, Jorge Gascon, Freek Kapteijn

13.1 引言

沸石吸附剂和催化剂在工业中被广泛的采用。在1948年就有商业化的吸附剂合成铝硅酸盐A型沸石和X型沸石[1], 以及FCC催化剂Z型沸石[2]。

含铝沸石在各方面天生就具有催化活性。同构取代铝原子的沸石框架中含有一个负极, 它通过一个反离子中和。当这个反离子是一个质子时, 就会产生一个B酸(Brønsted酸)中心。此外, 框架的氧原子可产生L酸(Lewis酸)活性。制备后, 贵金属离子可通过与阳离子离子交换引入。在框架中掺入Ti、V、Fe和Cr金属可以使沸石具有催化氧化-还原反应的活性。后一种催化剂的一个很好的例子是钛硅沸石-1(TS-1), 这是一种氧化-还原分子筛催化剂[3]。

不只是催化活性使得沸石得到了各方面特别的关注, 同时沸石活性中心的位置具有清楚的几何界面。基于沸石的几何约束性, 沸石化学反应的选择性可以通过三个机理来提高: 反应物选择性、产物选择性和中间体选择性。在考虑反应物的选择性的情况下, 进料中体积大的组分不能进入沸石中, 将不能进行反应。当很多反应产物在沸石中生成后, 仅有一些可以离开沸石或者一些能更快地离开沸石, 这个过程称作为产物选择性。沸石反应活性中心的几何约束性阻止了产物的生成或中间体生成特定的产物, 这就是中间体的选择性[4, 5]。

沸石催化剂扩散的重要性是因为反应物需要到达催化活性的中心, 而产物需要离开这个活性点。填料床面形态如图13.1所示, 反应物需要从本体到活性中心。按照通常在催化剂中的应用, 填料床高度的大孔颗粒($d_孔 > 50nm$)包含更小的颗粒化粒子的(沸石晶体), 这些粒子一般为中孔($2nm < d_孔 < 50nm$)或更小的孔($d_孔 < 2nm$)。对于优化催化作用, 外部阻力来源于粒子附近的膜层, 它可导致外部传热和传质障碍。另外, 颗粒状粒子中的大孔和中小粒子或晶体中的中小孔将导致外部(扩散)传质限制。更进一步的是, 外部的传热限制可能因为差的(颗粒)粒子热的导出。

大部分传递的限制和相关的催化性能的难点在于催化粒子中的反应-扩散问题。控制差分方程的转化产生一个无因次参数和梯尔模数(Thiele modulus), 表示着粒子的动力学比值和扩散系数。催化粒子中的反应-扩散难题和梯尔概念是教材中的资料[7], 所以没有在本章中涉及。因为沸石催化剂孔隙较小, 扩散限制可能马上就会发生。本章重点在于沸石催化粒子中的外扩散(限制)，其显然与中孔和大孔材料的扩散有偏差。考虑到建立催化有效性的梯尔概念的应用，对这些偏差进行了评价。更进一步的是目前介绍的空间分辨测量技术的结果是在亚晶水平上探讨沸石催化剂的性能。最后介绍了克服利用扩散限制的理想模型。

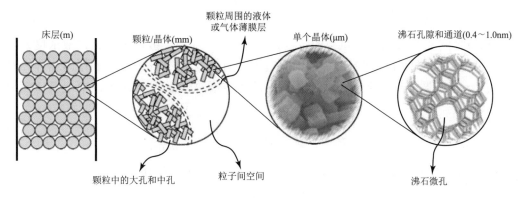

图13.1 包含本体到活性中心扩散过程的反应路径宽床中的普通催化过程[6]

13.2 沸石中扩散和反应的基本概念

气相或相对较大的孔隙中(>100nm[8])的扩散是由内部分子碰撞控制的，组分i通量可以通过麦斯威尔-斯特凡(Maxwell-Stefan, MS)方程描述。按此方法，固体多孔材料作用在分子上的力(在扩散过程中热力学势能的梯度)通过分子间的摩擦平衡。在后面这种情况下被称为"尘气模型(dusty gas model)"。这个模型由Krishna[10]扩展到沸石中的。常用的Fich法则是理想热力学系统简化的广义的MS方程[9]。在多孔材料的情况下，需要对孔隙度(ε)和弯曲率(τ)的计算作一个修正，从而产生"有效"扩散。

$$N_i = -\frac{\varepsilon}{\tau} D_i \nabla C_i = -D_i^{\mathrm{eff}} \nabla C_i \tag{13.1}$$

在多孔材料中，分子的平均自由程在与孔隙尺寸(约10~100nm[8])相当或大于孔隙尺寸时，分子壁的碰撞开始主导，并且扩散可以通过Knudsen扩散机理描述。在如此小的孔隙中，通量可表示为:

$$N_i = -\frac{\varepsilon}{\tau} D_{kn,i} \nabla C_i, \ D_{kn,i} = \frac{d_0}{3} \sqrt{\frac{8RT}{\pi M_i}} \tag{13.2}$$

在沸石的情况下，孔隙与分子的尺寸(约0.3~0.74nm)接近，沸石孔隙中的传质是由分子与沸石孔隙壁相互作用决定的。分子被沸石吸附后，其丧失了它们的气体特性，其传递通常与表面或沸石扩散有关[8]。其通量可以通过菲克(Fickian)方式表示。其中，内浓度(q_i)代表着沸石的吸附量或负载率。负载的单位是mol/kg，通过沸石密度(ρ)可得到:

$$N_i = \rho D_i \nabla q_i \tag{13.3}$$

式(13.1)中的迂曲度和孔隙度没有在式(13.3)中特别指定，这些是扩散的内在性质。每个沸石有它自己特殊的孔隙网络，其具有自有的迂曲度和孔隙度:一些沸石通过孔道和交叉口来表征(如MFI);其他一些类似的笼系统通过窗口连接[如八面沸石(FAU)和林德类A型沸石(LTA)];更重要的是，这个孔道网络可以是一维、二维或三维的，具有不同的孔隙尺寸或不同方向的连接，使得扩散各向异性(在三维空间内各个方向上弥散运动的快慢不同)。因为沸石是晶态材料，一些晶面比其他晶面更容易接近，在沸石中非常显著地影响着局部传递和产生潜在的浓度分布。

13.2.1 吸附的重要性

式(13.3)中的(q_i)吸附相与吸附等温线中的气相逸度相关, 其中一个经典算例是朗格缪尔(Langmuir)吸附等温线:

$$q_i = \frac{q_i^{sat} K_i f_i}{1 + K_i f_i} \tag{13.4}$$

气相与吸附相扩散的一个重要的区别是浓度水平, 气相扩散比吸附相扩散浓度水平要高很多。当化学势中的梯度被当做扩散中的最主要的推动力时[8, 9], 需要对式(13.3)作一些修正。引入了一个所谓的热力学修正因子(Γ_i), 扩散系数通过修正的麦斯威尔-斯特凡(MS)修正方程表示:

$$N_i = -\rho Đ_i \nabla \ln f_i = -\rho Đ_i \Gamma_i \nabla q_i, \Gamma_i = \frac{d \ln f_i}{d \ln q_i} \tag{13.5}$$

对于一个单中心的langmuir吸附等温线, 热力学修正因子(Γ_i)如下式:

$$\Gamma_i = \frac{d \ln f_i}{d \ln q_i} = \frac{1}{1 - \theta_i}, \theta_i = \frac{q_i}{q_i^{sat}} \tag{13.6}$$

在低负载的限制下, 热力学修正因子方法1、MS扩散系数和菲克扩散系数是相等的。虽然MS扩散系数在物理学上显得更正确, 但菲克扩散系数依然很重要, 因为扩散系数可以直接通过扩散测量得到。

13.2.2 自扩散系数

在以往的文献中, 仅仅考察了传递的扩散系数, 即扩散通过浓度梯度主导。虽然如此, 在没有浓度梯度的情况下, 分子同样移动, 这个性质被称为布朗运动(Brownian motion)或自扩散。在3D空间的示踪或-自扩散(D_{self})通常通过式(13.7)定义, 其中均方位移$\langle r^2(t) \rangle$与时间(t)成比例:

$$\langle r^2(t) \rangle = 6 D_{self} t \tag{13.7}$$

依靠测量技术可得到自扩散系数或传递扩散系数, 或两者都能得到。其中, 传递扩散系数是设计中需要的。将两者联系起来是经常需要的, 故提出了一个两者之间的直接联系, 细节见下一小节。

13.2.3 混合扩散

混合物的扩散显然通过传质的MS方法被很好地处理[8, 9, 11]。由于沸石吸附浓度相对较高, 因此分子间的作用在"加速"或"降低"其他成分的扩散速度方面起到了非常重要的作用。不考虑单个分子与沸石间的相互作用(或"摩擦"), 考虑不同的扩散分子间的作用, 在MS方法下, 与传质的原动力平衡的是:

$$\rho \theta i \nabla \ln f = \sum_{j=1}^{n} \frac{q_j N_i - q_i N_j}{q_i^{sat} q_j^{sat} Đ_{ij}} + \frac{N_i}{q_i^{sat} Đ_i}; \ i = 1, 2, ..., n \tag{13.8}$$

在这个方法中, 参数$Đ_{ij}$的估算是非常困难的。尽管如此, 一个合理的估算通过基于单组分交换的扩散系数和狭窄沸石孔隙中分子约束[13]的修正因子F的对数(Vignes)插值[9, 12]得到。

对于标记和未标记种类的一个单组分, 饱和度容量是相等的, 表明单组分交换系数[13]与自扩散系数和MS扩散系数相关:

$$\frac{1}{D_{Self, i}} = \frac{1}{Đ_i} + \frac{1}{Đ_{ii}} \tag{13.9}$$

$$\mathcal{D}_{ij} = F \cdot \mathcal{D}_{ii}^{\frac{\theta_i}{\theta_i + \theta_j}} \mathcal{D}_{jj}^{\frac{\theta_i}{\theta_i + \theta_j}}$$ (13.10)

在介孔材料的系统中，F等于1；在微孔沸石中，F小于1。这个因子对于沸石相对恒定，并取决于孔的尺寸[13]。

很显然，在混合扩散中，这个系统下的满意的模型需要沸石中单组分负载的精确估算和原动力。对于沸石系统，理想吸附溶液理论(IAST)[14]提供了一个可接受的基于单组分等温曲线的混合预测[8, 15]，但是当吸附非均质性的时候，IAST不能预测[16~18]。

在明显的负载中，分子间的相互作用起到了一个非常重要的作用，显著地影响着反应物和产物的浓度分布。当这个负载相对低时，交叉相关常常可以忽略不计[19]。

13.2.4 扩散测量技术

对于气体分子和克努森(Knudsen)扩散，扩散系数可以通过以下方式进行合理的预测：克努森扩散可以通过式(13.2)预测，而气体分子扩散可以通过Fuller等[20]发表的方法预测。沸石扩散系数可以通过它们的种类(如笼形状的)和孔的尺寸[21]进行一些推广，简单的方法不可能得到精确的预测。因此，研究者们在发展定量分析沸石中吸附和扩散性质的新的实验技术[22]、计算机模拟技术[巨正则Monte-Carlo模拟(GCMC)和分子动力学(MDs)][5, 23]等方面付出了显著的努力。在最近的10年间，随着实验技术和方法的改进，沸石中很多现象特征被区分开来，同时还有很多关于新的沸石扩散的特点被发现。后者强调了在"简单"和通用工程方法中捕获沸石中扩散的困难，这是工艺设计所需要的。

目前关于扩散测量技术的优秀综述[22, 24, 25]有不少，在本文中不作重复。本文的重点是新的、动态的和时空分辨的技术[26~28]，以及对沸石中传质的很多现象提供了新的鼓舞意义和直接证明，例如界面势垒、扩散各向异性和在亚晶态水平的催化活性。

虽然这些动态的方法有很明显的价值，但是并不是说其他的技术失去了它们的意义[29]。解决宏观技术(如瞬时吸附量、膜实验或零长色谱法)和微观技术[如准弹性中子散射(QENS)和脉冲梯度场核磁共振(PFG-NMR)]得到的扩散系数差异的争议是一个非常显著的需求。同样系统测量的扩散系数，可能数量级不同[22, 30]，通过宏观技术测量的扩散值很显然低很多。这个差异可以通过测量的长度标尺解释，因此实际上在宏观技术中，内部和表面势垒都是研究领域的一部分。在微观技术中，测量范围可以更小，仅仅探索沸石内部的孔隙结构。

这些发现的结果有两重性：通过宏观技术测量的扩散系数一般不能代表真实的晶内扩散系数；通过宏观技术测量的扩散系数只能是一个先验估计，不能代表可能包含内部和表面势垒的真实系统。因此，扩散系数数据的解读和应用需要慎重。

13.2.5 扩散和催化的联系

在经典的反应工程方法中，为了得到内部扩散限制的比例，需引入一个催化剂效率因子的概念，表示在一定体积浓度和温度下所观察到的反应速率与所期望(本征)反应速率的比值：

$$\eta = \frac{r_{observed}}{r_{intrinsic}}$$ (13.11)

为了解决平面和球面几何上一级不可逆反应的质量平衡，两个描述催化剂效率的简单关系式分别如下：

$$\eta = \frac{\tan h(\phi)}{\phi}; \quad \eta = \frac{3}{\phi}\left[\frac{1}{\tan h(\phi)} - \frac{1}{\phi}\right]$$ (13.12)

它变成了只有一个函数的梯尔模数[31]，可以通过粒子的扩散特征长度(L，即体积和外部比表面积的比值)、基于粒子体积的本征反应速率常数(k)和有效扩散系数(D_{eff})来计算。梯尔模数可以定义为扩散和反应特征时间的比值的平方根：

$$\phi = L\sqrt{\frac{k}{D_{eff}}} = \sqrt{\frac{kL^2}{D_{eff}}} = \sqrt{\frac{\tau_{diff}}{\tau_{reaction}}}, L = \frac{V}{A} \tag{13.13}$$

对于圆柱几何和球面几何，得到相同的关系式见式(13.12)，因此发现了一个简单强大的能精确描述催化剂效率的方法。一个教科书式的成功应用的例子，是Post等[32]利用效率因子和梯尔模数对扩散限制进行建模。利用这个概念，他们同时可以对具有不同孔隙和粒子尺寸的钴基费-托(Fischer Tropsch)催化剂进行建模。

在沸石催化剂中，扩散有时通过吸附相浓度来描述，而反应速率通过本体气相浓度或压力来描述。在这个例子中，在梯尔模数中添加了一个吸附常数(K)，以保证其无量纲特性[33]：

$$\phi = L\sqrt{\frac{k}{KD_{eff}}} \tag{13.14}$$

以上阐述了沸石与中/大孔材料扩散系数值最大的不同。Post等[25, 33]对梯尔概念在H-ZSM5催化剂上的应用提供了一个2, 2-甲基丁烷转换的实验验证：在673~803K的反应温度之间，测试所得到的效率因子与通过梯尔概念预测所得的效率十分接近。

图13.2给出了在不同梯尔模值下沸石晶体剖面的浓度分布与针对平面几何的梯尔模值和效率因子关系的具体个案[式(13.12)]。催化剂颗粒全利用($\eta \to 1$)仅仅在非常低的梯尔模值下存在($\varphi \to 0$)。与上面对应的是$\varphi = 10$导致$\eta = 0.1$，表示仅仅只有10%的催化剂体积用量得到利用。传递限制不仅仅影响活性，同样影响选择性和稳定性[7, 34]。特别在连续反应中，假如需要中间体的话，扩散限制最好避免。梯尔概念的扩展是应用在沸石中，详细的叙述参见13.3.4节。

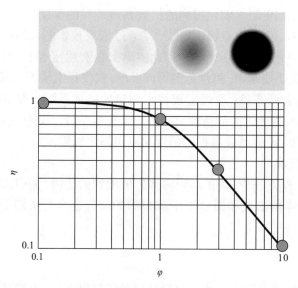

图13.2 在不同梯尔模值下的沸石晶体剖面的浓度分布(球几何)以及梯尔模值与效率因子关系曲线[34][低的梯尔模值导致催化剂的全利用($\varphi \to 0$, $\eta \to 1$)，高的梯尔模值导致催化剂的低利用($\varphi \to \infty$, $\eta \to 1/\varphi$)；在$\varphi = 10$时，沸石晶体剖面的反应物浓度与表面的反应物浓度非常($c/c_s = 0$)接近；在$\varphi = 0.1$时，沸石晶体剖面的反应物浓度分布很均匀，并且与表面浓度相似($c/c_s = 1$)]

13.3 沸石中的扩散：面临的问题

目前在情景设定的情况下解决了沸石中发生的一些典型问题，例如对催化有什么影响。在可能的情况下，还应考虑如何评价建模研究的影响。

13.3.1 浓度和扩散的关系

与中孔和大孔材料中的气相反应不同，在沸石中相对较高的浓度是常见情况，而传递系数取决于沸石的负载率。Kärger等[35]已经区分出了5种类型的自扩散负载关系。作为负载功能的一些典型的传递扩散特性如图13.3所示。这张图原则上采用了由Kärger最先提出的一些关系，考虑了接近饱和吸附时扩散系数一般表现的非常低的情况。Kärger没有说明不是每个扩散-浓度的关系符合4个分布中的1个，这里是一个广谱变化。

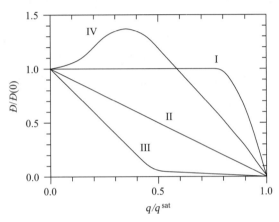

图13.3 当归一化到零负载时，沸石中负载的Maxwell-Stefan扩散系数的一般关系图

图13.3中类型I可以通过式(13.5)表示，除了非常高的占位的情况，与负载无关的扩散系数。虽然如此，经常发现扩散系数随负载递减而递减，并且当沸石变得饱和时，扩散系数达到一个非常小的值。这个可以理解为扩散可用的自由容积减少，此外也可加入扩散系数的建模来修正。这个情况下扩散系数遵循所谓的"强约束"场景，它可以由图13.3中的类型II表示，其计算式如下：

$$Đ_i = Đ_i(0)(1 - \theta_i) \tag{13.15}$$

值得注意的是，在这种情况下，扩散系数遵循强约束场景[式(13.15)]，等温曲线可以通过单中心的朗格缪尔等温曲线表示，建立了热力学修正因子[式(13.6)]，发现了约束项取消和菲克类型扩散[式(13.3)]。不管在有或无强力约束修正的情况下，大部分沸石-主体都可以通过式(13.6)解决。很多轻气体在笼状沸石中的扩散系数随负载的增加急剧增加，当达到饱和负载后，扩散系数最终变成一个非常小的值(见图13.3中类型III)。虽然这个现象的很多证据来源于计算机分子模拟(如MD)[21, 36]，但清晰的实验证据[22, 37, 38]也是有的。文献给出了两个可能性解释。第一个解释将这个现象与内部分子相斥联系起来[39, 40]，当负载增加时，相斥作用增加，同时扩散的活化能垒降低，导致扩散系数增加[41]。第二个可选择的解释是在沸石中的非均质吸附发现的[42, 43]。在多孔介质的气体扩散中，气体被设定为连续介质。但是在沸石中，吸附相可以被很好地偏析。烷烃在MFI沸石中的吸附就是一个很好的例证。丁烷和己烷的吸附产生一个清晰的两步等温曲线，这两个步骤可以分别与MFI沸石中孔道和交叉口的吸附联系起来[44, 45]。在类似的方式中，针对由窗口连接笼的小孔沸石中的强力约束分子，在笼与连接窗口的吸附中心之间发现了偏析吸附[17]。基于沸石孔中的传质由窗口中的分子决定的假设下，可以解释观察到的负载的决定项[42]。

最后一种扩散行为，即图13.3中第Ⅳ种，如针对MFI型沸石中的线型碳氢化合物[46]。在此沸石系统中存在两个独立的吸附中心，并且当两个活性中心的第一个被饱和占有后，吸附系数将急剧降低。

13.3.2 单行扩散

另外一个非常有兴趣的现象是单行扩散。目前，Kärger[47]对该议题进行了充分综述。这种扩散的特征是分子不能通过彼此在时间上保持原来的次序，它可以在被一维(1D)沸石孔中很容易地设想。这个系统有强力的正相关，这个扩散过程与原来的扩散有很大的不同。

均方位移($\langle r^2(t) \rangle$)与迁移率因子以及足够长的观察时间和无限长度的时间的平方根成比例[48]：

$$\langle r^2(t) \rangle = 2F\sqrt{t} \qquad (13.16)$$

在这个类型的扩散中，很直观的是分子可以严重第阻碍彼此，因此，与一般的自扩散相比，其扩散系数较低。其量化形式见式(13.16)。一段时间后，均方位移最终随着时间的平方根增长而增长，而不是一开始就是随着时间的平方根增长而增长。普通的自扩散如式(13.17)所示。

在最简单的例子中，对于等距的吸附中心，这个迁移率因子[48]如式(13.17)所示：

$$F = \lambda^2 \frac{1-\theta}{\theta} \frac{1}{\sqrt{2\pi\tau}} \qquad (13.17)$$

这是吸附位置的平均停留时间(τ)和跳跃距离(λ)的函数。然而，真正的沸石催化剂具有有限的尺寸和开口端，已经发现这种系统的均方位移最终与时间成比例，并与取决于管道特征长度的有效扩散系数相关[式(13.18)][49]。这种类型的扩散被称为质量扩散中心，可以看做普通扩散的一种，虽然更慢。这个模型应用得好坏取决于孔道的长度。

$$\langle r^2(t) \rangle = 2D \frac{1-\theta}{\theta} \frac{\lambda}{L} t = 2D_{\text{eff}} t \qquad (13.18)$$

单行扩散的实验验证通过微观方法得到。第一个直接的实验验证是由Gupta等[50]提供的。他们通过PFG-NMR测试了乙烷在大的AlPO4-5晶体(AFI拓扑结构、1D孔系统)中的扩散系数。这些晶体足够大，可以测量均方位移与时间平方根的关系。同样，针对QENS，也提出了直接的验证。Jobic等[51]描述了高负载下环丙烷在AlPO4-5中和甲烷在ZSM-48(一种无序的1D多孔系统)中的QENS光谱。

单行扩散影响着催化剂中的浓度分布，以至于影响催化剂的效率。Kärger等[48]介绍了一种特征扩散时间，以将它的使用范围扩张到单行扩散中：

$$\phi = \sqrt{3k\tau_{\text{intra}}} \qquad (13.19)$$

单行扩散晶体内的扩散时间(τ_{intra})由式(13.20)给出[48]：

$$\tau_{\text{intra}} = \frac{L^2}{12D} \qquad (13.20)$$

通过对梯尔模数中的扩散系数[式(13.18)]插入合适的描述，可得到单行扩散动态中的一级不可逆反应模型系统的定性描述。必须强调的是，与普通扩散比较，在相同的扩散系数下，得到一个更高的梯尔模数[比较式(13.13)和(13.20)]，在单行扩散中导致一个更为明显的扩散限制。

虽然单行扩散的存在在很多理想情况下得到了重复,但是结构晶体缺陷和晶内势垒可抵消单行扩散的影响。对于乙烷在AlPO4-5中的扩散,Gupta等[50]使用PFG-NMR扩散测量方法发现了单行扩散,但是Jobic等[51]通过QENS扩散测量方法发现了普通扩散。造成这个区别的原因,可能是由于晶体结构的批次不同[51]。此外,催化剂中使用的晶粒通常很小,它们内部的传递通常可以通过中心质量扩散来解释,这也是一种普通的扩散方式[式(13.18)]。更进一步的是在相应的催化条件下,沸石中吸附相浓度通常很低(高温),单行扩散将会很不明显。

催化条件下单行扩散的例证都是间接得到的。丝光沸石是一种众所周知的催化剂,它具有一维的孔结构,以及催化过程中的单行扩散作用[52, 53]。

结论是,除了催化过程中存在负面影响外,还存在试图利用单行扩散得益的尝试。利用单行扩散提高反应性能的理论基础,是在一定条件下通过分子传递控制来实现的[54]。多孔材料[55]和沸石催化剂[56]中的选择性可以通过沸石涂层得到大幅提高。

13.3.3 表面能垒

本节讨论了沸石系统中的表面能垒(surface barriers),并利用它解释了后期扩散系数结果[57]。目前测量技术,特别是干预显微镜的发展,对很多沸石吸附系统中表面势垒的存在提供了直接且不容分辩的例证[26, 58]在这种情况下,通常应用的假设是晶体边界处的吸附浓度与气相浓度平衡。如图13.4所示,异丁烷在钛硅分子筛TS-1(MFI型)中没有表面势垒(见图13.4b),而甲醇在镁碱沸石(FER)的吸收过程中,晶体边界的吸附浓度与气相浓度不平衡(见图13.4a)。

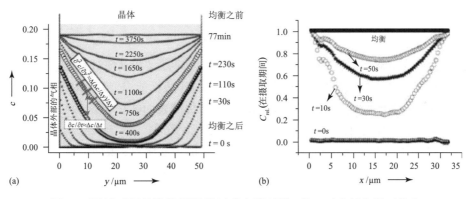

图13.4 通过干预显微镜测量的甲醇在镁碱沸石(FER)中(a)和异丁烷在
钛硅分子筛TS-1(MFI型)(b)的瞬态晶内浓度分布

表面能垒的确切性质并不是完全清楚。部分的解释来自于这个观念,即当进入沸石孔隙中时,分子收到了约束。从这个观点出发,分子并不直接进入沸石孔隙,其吸附过程包括一个非常弱的表面吸附过程[60]。同时,这个过程也被Barrer[61]所提及。这种类型的传递势垒的影响被Reitmeier等[62]通过在ZSM-5表面涂了一层非晶态硅层(约1~1.5nm)降低。在涂层的作用下,局部吸附进入孔中,因此提高了沸石的吸收速率。

这仅仅是"故事"的一部分,因为在解吸过程中,同样发现了表面能垒[63],表明它不仅仅是进入晶体的问题。Tzoulaki等[64]等发现痕量的水构成了一个异丁烷进入硅分子筛-1的表面能垒,表明其他的吸附物可能构成一个表面能垒。

虽然很多通过干预显微研究的沸石-客体系统表明具有表面能垒,但是并不清楚何时表面能垒重要或不重要。展现出表面能垒的晶体可以通过处理来去除它们[59]。

有两个概念被引入来描述表面能垒作用: 表面黏附几率和表面渗透性[65]。表面渗透性描述了分子从表面到沸石孔中的传递,黏附系数则表示分子命中和吸附在表面的机会。

表面渗透性(α)将通过表面的通量和跨越能垒的浓度差联系起来,可以看做一个传质系数:

$$N_i^{\text{surf}} = \alpha_i(C_{i,\text{eq}} - C_{i,\text{surf}}) \tag{13.21}$$

使用这个方法,表面渗透性的估算可以通过干预显微得到的时间分辨浓度分布得到。与扩散系数相同,表面渗透性同样取决于浓度[66],到目前为止还不能进行精确的预测。

黏附系数可以呈数量级的变化。它可以与1非常接近,如正丁烷在硅沸石[67]中的情况;或者低几个数量级,如Jentys等[68]发现苯、甲苯、二甲苯在ZSM-5中的情况。那个系统具有低的黏附系数还没有提供明确的指引。黏附几率很清楚是一个揭示沸石中传质限制的现象。

不管表面能垒是否明显,它都取决于晶内扩散系数。类比多孔催化剂粒子的Biot质量数(Bi),可推理出一个相似的参数。它表示多孔催化剂颗粒中的有效扩散阻力与穿过围绕粒子的虚拟液膜传递的比值。对沸石粒子采用相类似的方法,可以得出晶内扩散系数的特征时间与表面渗透性的比值[69]:

$$\frac{\tau_{\text{intra}}}{\tau_{\text{surf}}} = \frac{L\alpha}{D} = Bi_{\text{zeolite}} \tag{13.22}$$

与反应关联起来,除了内部扩散阻力外,还有一个附加的阻力,即表面能垒。显然,最佳的催化过程满足下列标准(假设各参数都基于相同的浓度):

$$\tau_{\text{intra}}, \tau_{\text{surf}} \ll \tau_{\text{rxn}}$$
$$\frac{L^2}{D}, \frac{L}{\alpha} \ll \frac{1}{k} \tag{13.23}$$

根据能垒性质,在个别情况下是可以降低表面能垒的。按先前所述,Reitmeijer等[62]通过在晶体顶涂覆了非晶态二氧化硅薄膜顶层成功地降低了表面能垒。Tzoulaki等[59]通过碱处理得到了一个没有表面能垒的硅沸石-1,移除了一个疑似的表面能垒无定形二氧化硅层。这两个例子构成了一个很好的对比,需要进一步的阐明。

表面能垒对于催化效率的影响同样是一个外在的传质限制:表面浓度的降低将会导致催化效率的降低。外部能垒的作用很容易就被扩展到晶内能垒。更详细关于亚晶水平催化剂的讨论见13.4节。

13.3.4 梯尔(Thiele)概念:一种沸石催化剂中有效的工具

梯尔概念,如10.2.6节所述,是非常有用和受欢迎的,因为它概念简单。按以前章节中沸石系统特点的观点,它很显然与中、大孔催化剂有区别。这个概念是否对沸石催化剂有效,仍然存在着疑惑。这个重要的特点是与负载有关的扩散系数、单行扩散、表面能垒和混合物扩散。

当连续扩散时,与浓度有关的扩散系数(参见13.3.1节)对预测影响很大。Ruthven[70]对梯尔模数中的负载依赖性进行评价,得出了一些负载依赖性的分析解。尽管如此,针对每种负载依赖性的分析表达式显得并不实际或可行。

尽管如此,负载依赖性的作用是否阻止了梯尔概念的应用是存在疑问的。当在实际情况下测量扩散系数时,采用平均扩散系数将更能代表系统。更重要的是,当沸石中的负载量很低时(这在温度增高中的催化转化中很常见),负载作用并不显著,其充分地满足连续扩散。

在不考虑单行扩散的情况下,通过一个修正的梯尔模数,可以给催化剂效率进行一个定性描述(参见13.3.2节)。

表面能垒可以看做一个外在的传质阻力。尽管如此，表面黏附几率和表面渗透性仅仅能通过有限的技术来检测。宏观的技术不能判别表面能垒和内部扩散[26]。通过宏观技术测量的扩散系数很显然是定量的，但是可以基于工程的目的评价来沸石性能。

在13.2.3节中，混合物中的扩散与纯组分的扩散有显著的不同。在梯尔方法中，仅仅使用了单组分反应物扩散系数，忽略了小孔中其他吸附物和逆扩散的相互作用。竞争性扩散和吸附作用将会负面地影响催化剂效率[15]。目前关于这些作用详细的研究由Hansen[71]等提出。他们结合了不同的模拟手段，分析了烷基化苯在H-ZSM-5中的扩散限制。测量多孔材料中反应的效率因子的通常的方法，是在假设连续有效扩散的前提下，可能会导致实质性的偏差。测量实际中有效的扩散系数将可能是一个可行的解决方法。

作为一个一般性的结论，在很多情况下，梯尔概念都可在沸石催化剂中得到很好的应用，其依然是一个解释反应数据非常有价值的工具，有很多研究[72~75]很成功地应用了这个方法。在使用这种方法时，需要慎重，这是因为在很多显著浓度水平下的沸石中，偏差常常是存在的。

13.4 亚晶水平下的孔结构、扩散和活性

沸石中分子传递的一个最主要的挑战，仍然是将通过不同技术测试的扩散系数与催化剂性能数据匹配。这个困难有两面性。

首先，对于相同客-主系统通过不同技术测量(宏观和微观)的扩散系数值的数量级的差别经常被报道。因此，它很难直接将扩散数据溶入催化剂的研究中去。虽然催化剂的定量值仍然不清楚，纯扩散实验没有新的进展[76]。

第二个困难来自于相同催化剂批次的不同。在20世纪70年代早期，有研究者就提出了"你的ZSM-5不是我的"这样的看法。在这些最近的研究基础上，这个引用可以扩展到其余的沸石拓扑结构：之前认为单晶沸石已被证明是由几个共生的构造块组成的。这些亚基界面包含很多扩散边界，因为这个势与微孔网络的定位不匹配或具有不同的孔导向。对于每种晶体和每个批次的沸石，都可能不匹配。这个事实对于催化剂有很重要的影响，因为沸石晶体的某些区域反应物分子不能到达[28]。

在过去的数年间，有很多通过区分不同建筑模块来选择复杂沸石[主要是 MFI、AFI和菱沸石(CHA)]孔道网络导向的优秀论文发表[77~79]。很多技术，诸如AFM、光学和荧光显微镜、电子背散射衍射仪/聚焦离子束显微镜、FTIR和拉曼光谱得到了应用(参见第8章)。另外，通过时空分辨技术研究了这个晶体的催化特性，以作为对结构行为的研究，并论证了这个沸石晶体的非均匀催化特性[28, 80~85]。这些研究表明了一种趋向：沸石晶体越大，孔结构越不完善。

包含在ZSM-5沸石晶体生长建筑单元的第一篇文献发表于20世纪90年代早期[86]。通过结合透射电子显微镜(TEM)和扫描电子显微镜(SEM)，Hay等发现ZSM-5沸石晶体最大多数毗连的方式是以生长晶体面的(010)小区为核心，围绕一个普通的连生体c轴旋转90°。在大晶体的(100)面，与杂质相联系，匹连同样被观察到。与这些观察一致，研究者们提出了第一个晶体生长的模型。

在过去的10年中，随着的光学技术的发展，在沸石晶体研究中的应用也开始增多。Koricik等[87, 88]进行了一些开拓的工作，使用了光学显微镜来研究沸石中的吸附和传质现象，并使用了碘指示剂着色研究了沸石晶体中晶体形貌特征。一些年之后，Kärger的团队使用了干扰显微镜[89]结合FTIR[58]来探索宏观的吸附分布和晶体生长。在这个方法中，干扰显微镜的高空间分辨率可通过红外光谱的能力得到补充，吸附物可通过特征红外谱带精确定位。未知

质量的二维的浓度分布被第一次报道，显示出吸附物呈非均匀分布[58]。这些非均匀分布引起了CrAPO-5(AFI结构)中规律交互生长作用。

室温过程中的时空分辨研究展示了一个测试交互生长结构的有力工具。其基础是单一沸石晶体中模板移除过程中的原位映射。在加热过程中，光的吸收和发射种类的形成是通过光学和激光共聚焦荧光显微镜控制。虽然亚基中的多孔网络的可达性是变化的，但单一的建筑模块已经通过监测模板移除过程观察到了。这一概念已经被成功地应用到四种不同的催化剂晶体中去：CrAPO-5(AFI结构)、SAPO-34(CHA结构)、SAPO-5(AFI结构)和ZSM-5(MFI结构)[78]。所提及的交互生长的结构如图13.5和图13.6所示。

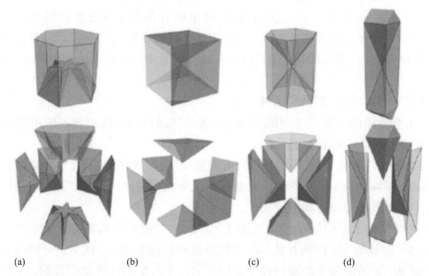

(a)   (b)   (c)   (d)

图13.5 正常和"爆炸"的不同沸石中晶体交互生长结构的表征[78]: (a)CrAPO-5(前端亚基没有被表示出来); (b)SAPO-34; (c)SAPO-5(前端亚基没有被表示出来); (d)ZSM-5

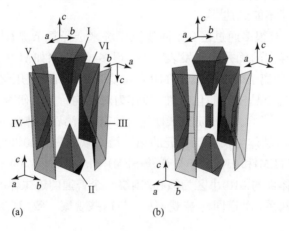

(a)   (b)

图13.6 蹄槽形状的ZSM-5晶体在双分量模型(a)和三分量模型(b)中的"爆炸"的表征[77](给出了单亚基中晶轴的导向; 双分量模型中的亚晶被标记为Ⅰ~Ⅵ; 这个直的孔与b晶轴对齐, 锯齿形的孔扩展到a晶轴)

因为与工业高度相关，ZSM-5早已被广泛地研究了，目的是揭示蹄槽形状的晶体是否是双或三交互生长的晶体(双-和三分量模型，图13.6)。这个两分量的模型可以看做围绕一个普通c轴旋转90°的两交互生长的晶体[87, 90~92]。这个模型包括两个中心和四个副的锥体亚基。在这个所谓的三分量模型中,晶轴在横越整个晶体中保持相同的导向[93]。从催化剂工程学的角度来看,孔的可达性产生一个重要的后果:因为根据两分量模型且因锥形分量导向的变化,正弦孔道不止在晶体的(100)面上,同样在六角(010)面,表明很难从沸石表面外接近直孔道。

不同研究团队[77, 79]发表的实验结果清楚地表明差异来源于沸石批次,其本质的不同验证了"你的沸石不是我的"的传言。据研究例子中相异孔导向的观点,可能与晶体中的Al原子分布的不同一起,可以预见催化和扩散性能的不同。

与表面科学光谱技术相对应的是,荧光显微镜可以在高三维(3D)时空分辨情况下研究晶体内沸石孔中的扩散和催化作用。假如选择在化学转化时平滑的转化成荧光分子的荧光探针,可以在时空分辨的方式下跟踪反应和扩散[27, 28, 81, 82, 84, 85, 94, 95]。

第一个应用这项技术的例子是HZSM-5[84]和H-MOR[94]酸催化糠醇低聚的反应。糠醇低聚反应是以糠醇亲电芳烃烷基化开始的(EAS)。经过后续的酸催化反应步骤,一类荧光复合物就生成了。特别有趣的是H-MOR的结果,荧光时间推移测量(见图13.7)很清楚地从两个相反的晶面给出了催化活性的评价,在其余沸石表面外部没有光线发色出来。透射图像表明晶体反应活性面是是(001)平面。随着反应的进行,荧光随着(001)方向传播,与丝光沸石中的十二元环孔道对应。

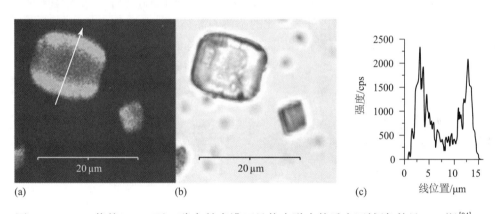

图13.7 1, 3-二苯基-1, 3-丙二醇在丝光沸石晶体中脱水的反应区域(条件见13.6节)[94]:
(a)彩色荧光图;(b)透射图像;(c)沿(a)中箭头方向的荧光强度的线性分布

如果糠醇太大不能进入八元环环孔的话,没有荧光从晶体的其他面发出。这个结果代表着与MOR中一维孔系统相关的扩散限制的一个优秀的图。

另外,使用光学显微镜、荧光显微镜和偏振光研究一个液相反应,例如ZSM-5沸石晶体孔隙中酸催化苯乙烯衍生物低聚的反应[28, 81, 83],在晶体的扩散能垒和孔导向中得到了相似的视角。

所有的这些结果都证实了所研究的沸石样品具有空间非均匀性催化性能,一些特殊的晶体部分很难被反应物所接触,并且孔的导向与所期望的晶体导向不一样。

13.5 沸石晶体中传递的优化

限制进入、慢传递性、扩散能垒的局限性引起了低效的催化剂利用率。在很多情况下,沸石是受害和凋亡者。当尺寸选择性成为了过程的关键时,一般倾向于选择大的沸石晶体,目的是为了减少外部表面反应的贡献。在ZSM-5沸石上甲苯的甲基化过程[56]是一个很清楚的例子,它在很严重的扩散限制的条件下可以提高过程的总选择性。这个事实是给极限和限制级的工业装置带来了可达性的难题,以至于在远远低于饱和生产能力下运作,虽然它们同样被用来提高过程的选择性。例如,Van Vu等[56]给H-ZSM-5沸石晶体涂上了不同硅铝比的多晶硅沸石-1层。当应用于甲苯与甲醇烷基化时,硅沸石涂层在所有的反应条件下很显著地将对位选择性提高到99%。对位选择性的提高源于H-ZSM-5上无活性硅沸石层的扩散阻力,导致了扩散长度的增长。

在13.3.4节中提及的在多孔媒质中测试效率因子的经典方法应用于沸石时,可能不准确。尽管如此,从定性的观点看,它们的应用将可以有利于了解沸石催化反应中的性能和限制,从而应用于设计中选择扩散限制阻碍少的沸石类型。根据式(13.13),假如需要一个小的梯尔模数,则需要遵从两个不同的策略:在沸石孔隙中减少扩散长度L和/或提高有效扩散系数D_{eff}。第二个策略导致了有序中孔材料(OMMs)[96]的发展,在那里扩散是由克努森(Knudsen)或本体模式控制。这个方法在本体分子超越沸石中孔隙和笼尺寸,或尺寸选择性不是优先级的时是有效的。尽管如此,OMMs由于壁薄,热稳定性很差。更重要的是,它们活性中心的性能通常远远低于沸石,因为它们壁面的非晶态特征[96~98]。

与OMMs发展同步的是在保持材料其他内在特性的同时提高沸石的扩散性能方面,研究者们付出了很大的努力(见图13.8)。最通常采用的方法[127]包括:通过大孔和特大孔[99~103]合成新结构;通过合成[104, 105]或后合成方法[主要是酸(脱铝)或碱(脱硅)浸][106~111]创建中孔来修改已知框架的结构特性;具有适当内外表面比的小沸石晶体[112];使用混合模板系统[114, 115]或重结晶的方法[116~119]合成微中孔复合材料[113];层状结晶结构的层离[120~126]。

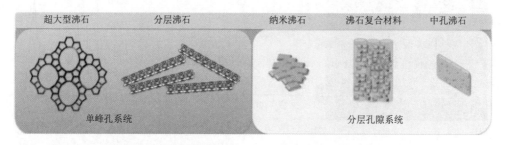

图13.8 具有增强的传递特性的不同沸石种类[超大孔沸石(通常是12MR)代表着一个增强效率的扩散系数,而纳米沸石、复合沸石、中孔沸石代表着一个更短的扩散距离]

超大孔沸石比普通沸石结构具有更宽的微孔,增强了有效扩散性。而在其他方法中,反应物和产物的扩散路径长度更短:纳米级沸石除了纳米级沸石孔外,还具有晶间孔或孔隙;沸石复合物由支撑在通常为中孔或大孔的材料上的沸石晶体组成。中孔沸石晶体展现出晶内中孔,脱层材料由单层组成形成"类层离"结构形式。在这里反应可以认为发生在孔口,实际上不用再区分孔隙。因此,特大孔和脱层沸石具有单峰系统,其他的材料由分层孔系统特征表征,因为它们将晶内微孔和晶内或晶间的大孔融合在一起。由于这种优化,在这些情况下的扩散阻力主要取决于较长距离的较大孔隙中的传输。

超大孔沸石(如 SSZ-53[102]和脱层沸石如ITQ-2[123])已经被成功地应用到在温和条件下大分子的加氢裂化。因为分子传递和酸性的提高,超大孔沸石表现出很突出的性能。中孔材料TUD-1部分转化为BEA或Y-型沸石,其在烷基化或加氢裂化中的应用中表现出效率扩散得到大幅提高(15倍)[128]。

一些破坏性的方法，诸如酸浸或蒸（脱铝）对传递的改进比预想得要低。在脱铝超稳Y(USY)颗粒(FCC催化剂)的情况下，催化剂粒子间分子交换的速率和它们的环境是由粒子内的扩散系数决定的。在反应温度下，扩散是由大孔，而不是由中孔或小孔控制的[129]。此外，催化剂颗粒由脱铝晶体替代时，这些中孔并没有组成一个相互之间联系的网络，客体分子仅仅通过中孔扩散来通过晶体是不可能的[130]。

另外一种方法脱硅[131]，显得更有效率，显著改善了在沸石晶体中的物理传递产，正如以下实验所揭示的一样：新戊烷在ZSM-5沸石晶体[108]中的瞬态吸附实验；ZSM-12沸石中的[132]庚烷、1, 3-二取代环己烷、正十一烷扩散研究；异丙苯在中孔结构ZSM-5[133]中的吸附和扩散研究。与其纯微孔前体相比，由于改善了可接近性和明显缩短了微孔，因此在分层系统中得出了高达3个数量级的扩散速率。另外，与脱铝比较，B酸中心被保存下来了。在液相条件下，很多中孔沸石的催化性能的测试表明了脱硅的催化效率，例如在脱硅ZSM-5[34]沸石上HDPE的降解、异丙苯裂解和甲醇生成石油。目前，苯乙烯衍生物低聚的显微原位光谱研究揭示了脱硅分层ZSM-5沸石中微孔可达性的提高[81]，依然发现了一个非均匀的催化性能，因为铝原子在沸石晶体表面的非均匀分布，它是这种材料本质的现象。

介孔材料沸石和负载在不同载体上的沸石纳米粒子被广泛地应用于催化剂领域。苯乙基烷基化反应生成乙苯的挥发活化能，在模板碳沸石中(77kJ/mol)要比纯微孔沸石中(59kJ/mol)更高。实际上，这是因为在中孔晶体中缓解的扩散限制。由有机铝盐和阳离子聚合物混合物为模板的分层中孔BEA沸石，在相同的Si/Al比下比微孔BEA沸石在苯的丙烷-2-醇烷基化反应中表现出了更高的活性。在TS-1、Ti-涂层的 MCF和涂覆了(TS-1)纳米粒子的MCF材料上发生1-萘酚氧化的催化测试反应揭示出，与TS-1比较，Ti-涂层的MCF材料有更高的1-萘酚氧化的转化率和活性，这是主要因为中孔存在。另外，与Ti-涂层的MCF相比，在TS-1-涂层的MCF材料中展现出了高的选择性、水热稳定性和无二氧化钛浸出，这是因为嵌入沸石框架的二氧化钛在TS-1纳米粒子中存在[135]。MAS-7和MTS-9(由β沸石和TS-1分子筛前驱体组成的中孔材料)在裂解和羟基化不同小分子和大分子[如异丙基苯、苯酚、三甲基膦(TMP)]的催化测试中表现出了很高的活性。不同的氨基酸衍生物的脂肪酸酰化作用在"绿色条件"下于UL-MFI型的催化剂(中孔ZSM-5材料)中平缓地进行[136]。

13.6 综述和展望

沸石是通常使用的多功能催化剂，但是因为它们孔隙小，常常遇到扩散限制的问题。因为它们孔隙的尺寸小，传质通常是由吸附相扩散(沸石扩散)来表征。因为每个沸石有它独特的孔道连接和结构，所以大部分工作集中在测量和理解这些系统的传质现象。目前，研究者们引入了很多时空分辨测量技术，诸如干涉、红外和荧光显微镜，并且在亚晶水平上对沸石扩散和催化提供了大量的新认识。

与气体分子和克努森(Knudsen)扩散不同，沸石扩散包括了非常窄的限制和高浓度，导致了负载-依赖性扩散。另外，在高浓度条件下，客体分子间将发生显著的竞争性吸附和阻碍("摩擦"和"交换")作用。当一个沸石的孔结构是一维的，并且分子不能穿越彼此，单行扩散将是主导的传递机理，它比原始的扩散慢很多。尽管如此，这些现象在低负载的时候不是很显著，并且常常发生在温度增高的催化作用的情况下，但是在液相反应中却常常是主导因素。

特别应指出的是，微观技术已经揭示了很多沸石中表面和内部势垒的存在。在十年以前就提出了这种方法，它已经被各种沸石清楚地证明了。关于预计何时沸石-客体系统的势垒出现的方法还没有得到，但是很清楚它们出现的概率随晶体尺寸的增加而增加。低效率的扩散和大的颗粒尺寸的组合对于催化剂效率是双重的不利因素。

新的实验技术可以揭示"单个晶体"复杂沸石孔道网络的导向问题，这与基于的构型的预期背离。它们通常包含有自己孔导向的亚基，这也阐明了不同批次的相同沸石拓扑结构的最重要的差异。因为这些技术允许在空间和时间上进行扫描，晶体中局部浓度对于定量沸石颗粒中的表面势垒和扩散系数作用很大。

因此，从250年前创立沸石这个单词和这种材料的第一次工业应用50多年后的今天，在亚晶水平依然有很多新发现，影响了"孔结构-扩散-活性"之间的关系。

一个广为采用的评价多孔催化剂粒子内扩散和其在催化剂性能上表现的方法是梯尔(Thiele)方法。该应用在催化方面非常成功，并且在低浓度下似乎可以很好地扩展到沸石催化剂。尽管如此，在更高的浓度下，扩散的负载依赖性、竞争的吸附作用、很强的阻碍（"摩擦"）在描述催化剂效率时可能会导致一些偏差。

减短沸石晶体中的扩散距离是充分利用沸石内部特性的一个最好的办法。为了实现这个目的，开发了很多合成和后处理的方法。将纳米沸石结构负载到中大孔的本体上去，将可以缓解沸石上的扩散阻力，但是在催化剂粒子上可能保持不变，所以扩散的测量手段依然非常重要。

改善传递的沸石材料的进化是一个重要的研究领域，一些原理已得到证实。沸石是一种可继续开发利用的材料。与扩散相关的在催化剂颗粒中的各种现象（反应，沸石、微孔、中孔和大孔中的扩散，传递能垒）的特征时间的细致分析，将可指导实际应用中的催化剂颗粒优化分层结构组成的方式。这意味着结合分子建模，对所有这些方面进行仔细的实验和解释，包括扩散。

参考文献

[1] Corma, A. (2003) J. Catal., 216, 298–312.
[2] Plank, C.J., Hawthorne, W.P., and Rosinski, E.J. (1964) Ind. Eng. Chem. Prod. Res. Dev., 3, 165–169.
[3] Taramasso, M., Perego, G., and Notari, B. (1983) Preparation of porous crystalline synthetic material comprised of silicon and titanium oxides. US Patent 4,410,501.
[4] Song, C. (2002) Cattech, 6, 64–77.
[5] Smit, B. and Maesen, T.L.M. (2008) Chem. Rev., 108, 4125–4184.
[6] Ruthven, D.M. (1984) Principles of Adsorption and Adsorption Processes, John Wiley & Sons, Inc., New York.
[7] Froment, G.F. and Bischoff, K.B. (1990) Chemical Reactor Analysis and Design, John Wiley & Sons, Inc., New York.
[8] Kapteijn, F., Zhu, W., Moulijn, J.A., and Gardner, T.Q. (2005) Zeolite membranes: modeling and application, in Structured Catalysts and Reactors, Chapter 20 (eds A. Cybulski and J.A. Moulijn), Taylor & Francis Group, Boca Raton, pp. 701–747.
[9] Krishna, R. and Wesselingh, J.A. (1997) Chem. Eng. Sci., 52, 861–911.
[10] Krishna, R. (1993) Gas Sep. Purif., 7, 91–104.
[11] Kapteijn, F., Moulijn, J.A., and Krishna, R. (2000) Chem. Eng. Sci., 55, 2923–2930.
[12] van de Graaf, J.M., Kapteijn, F., and Moulijn, J.A. (1999) AIChE J., 45, 497–511.
[13] Krishna, R. and van Baten, J.M. (2009) Chem. Eng. Sci., 64, 870–882] doi: 10.1016/j.ces.2009.03.047.
[14] Myers, A.L. and Prausnitz, J.M. (1965) AIChE J., 11, 121–127.
[15] Baur, R. and Krishna, R. (2005) Catal. Today, 105, 173–179.
[16] Murthi, M. and Snurr, R.Q. (2004) Langmuir, 20, 2489–2497]
[17] Krishna, R. and van Baten, J.M. (2008) Sep. Purif. Technol., 60, 315–320.
[18] Krishna, R. and van Baten, J.M. (2007) Chem. Phys. Lett., 446, 344–349.
[19] Habgood, H.W. (1958) Can. J. Chem. Rev. Can. Chim., 36, 1384–1397.
[20] Fueller, W.N., Schettler, P.D., and Giddings, J.C. (1966) Ind. Eng. Chem. Res., 58, 19–53.
[21] Krishna, R. and van Baten, J.M. (2008) Microporous Mesoporous Mater., 109, 91–108.
[22] K?rger, J. and Ruthven, D.M. (1992) Diffusion in Zeolites, John Wiley & Sons, Inc.
[23] Coppens, M.O., Keil, F.J., and Krishna, R. (2000) Rev. Chem. Eng., 16, 71–197.
[24] Karger, J. (2003) Adsorpt. J. Int. Adsorpt. Soc., 9, 29–35.
[25] Ruthven, D.M. (2008) in Introduction to Zeolite Science and Practice (eds J. ?ejka, H. van Bekkum, A. Corma, and F. Schueth), Elsevier, pp. 737–786.
[26] Karger, J., Kortunov, P., Vasenkov, S., Heinke, L., Shah, D.R., Rakoczy, R.A., Traa, Y., and Weitkamp, J. (2006) Angew. Chem. Int. Ed., 45, 7846–7849.
[27] Roeffaers, M.B.J., Sels, B.F., Uji-I, H., De Schryver, F.C., Jacobs, P.A., De Vos, D.E., and Hofkens, J. (2006) Nature, 439, 572–575.

[28] Kox, M.H.F., Stavitski, E., and Weckhuysen, B.M. (2007) Angew. Chem. Int. Ed., 46, 3652–3655.
[29] Post, M.F.M. et al. (1991) in Introduction to Zeolite Science and Practice (eds H. van Bekkum, E.M. Flanigen, and J.C. Jansen), Elsevier, Amsterdam, pp. 391–443.
[30] Jobic, H., Schmidt, W., Krause, C.B., and Karger, J. (2006) Microporous Mesoporous Mater., 90, 299–306.
[31] Thiele, E.W. (1939) Ind. Eng. Chem., 31, 916–920.
[32] Post, M.F.M., Vanthoog, A.C., Minderhoud, J.K., and Sie, S.T. (1989) AIChE J., 35, 1107–1114.
[33] Post, M.F.M., van Amstel, J., and Kouwenhoven, H.W. (1984) in Proceedings 6th International Zeolite Conference, Reno, 1983 (eds D. Olson and A. Bisio), Butterworth, Guildford.
[34] Perez-Ramirez, J., Christensen, C.H., Egeblad, K., Christensen, C.H., and
[35] Groen, J.C. (2008) Chem. Soc. Rev., 37, 2530–2542] Karger, J. and Pfeifer, H. (1987) Zeolites, 7, 90–107.
[36] Skoulidas, A.I. and Sholl, D.S. (2003) J. Phys. Chem. A, 107, 10132–10141.
[37] Xiao, J.R. and Wei, J. (1992) Chem. Eng. Sci., 47, 1143–1159.
[38] Pantatosaki, E., Papadopoulos, G.K., Jobic, H., and Theodorou, D.N. (2008) J. Phys. Chem. B, 112, 11708–11715.
[39] Krishna, R., van Baten, J.M., Garcia-Perez, E., and Calero, S. (2007) Ind. Eng. Chem. Res., 46, 2974–2986.
[40] Xiao, J.R. and Wei, J. (1992) Chem. Eng. Sci., 47, 1123–1141.
[41] Beerdsen, E. and Smit, B. (2006) J. Phys. Chem. B, 110, 14529–14530.
[42] van den Bergh, J., Ban, S., Vlugt, T.J.H., and Kapteijn, F. (2009) J. Phys.
[43] Chem. C. 17840–17850] Coppens, M.O. and Iyengar, V. (2005) Nanotechnology, 16, S442–S448.
[44] Vlugt, T.J.H., Krishna, R., and Smit, B. (1999) J. Phys. Chem. B, 103, 1102–1118.
[45] Vlugt, T.J.H., Zhu, W., Kapteijn, F., Moulijn, J.A., Smit, B., and Krishna, R. (1998) J. Am. Chem. Soc., 120, 5599–5600.
[46] Krishna, R. and van Baten, J.M. (2005) Chem. Phys. Lett., 407, 159–165.
[47] Kaerger, J. (2009) Mol. Sieves, 7, 329–366.
[48] Karger, J., Petzold, M., Pfeifer, H., Ernst, S., and Weitkamp, J. (1992) J. Catal., 136, 283–299.
[49] Hahn, K. and Karger, J. (1998) J. Phys. Chem. B, 102, 5766–5771.
[50] Gupta, V., Nivarthi, S.S., Mccormick, A.V., and Ted Davis, H. (1995) Chem. Phys. Lett., 247, 596–600.
[51] Jobic, H., Hahn, K., Karger, J., Bee, M., Tuel, A., Noack, M., Girnus, I., and Kearley, G.J. (1997) J. Phys. Chem. B, 101, 5834–5841.
[52] de Gauw, F.J.M.M., van Grondelle, J., and van Santen, R.A. (2001) J. Catal., 204, 53–63.
[53] Lei, G.D., Carvill, B.T., and Sachtler, W.M.H. (1996) Appl. Catal. A: Gen., 142, 347–359.
[54] Neugebauer, N., Braeuer, P., and Kaerger, J. (2000) J. Catal., 194, 1–3]
[55] Nishiyama, N., Ichioka, K., Park, D.H., Egashira, Y., Ueyama, K., Gora, L., Zhu, W.D., Kapteijn, F., and Moulijn, J.A. (2004) Ind. Eng. Chem. Res., 43, 1211–1215.
[56] van Vu, D., Miyamoto, M., Nishiyama, N., Egashira, Y., and Ueyama, K. (2006) J. Catal., 243, 389–394.
[57] Kocirik, M., Struve, P., Fiedler, K., and Buelow, M. (1988) J. Chem. Soc., Faraday Trans. 1: Phys. Chem. Condens. Phases, 84, 3001–3013.
[58] Lehmann, E., Chmelik, C., Scheidt, H., Vasenkov, S., Staudte, B., Karger, J., Kremer, F., Zadrozna, G., and Kornatowski, J. (2002) J. Am. Chem. Soc., 124, 8690–8692.
[59] Tzoulaki, D., Heinke, L., Schmidt, W., Wilczok, U., and Karger, J. (2008) Angew. Chem. Int. Ed., 47, 3954–3957.
[60] Reitmeier, S.J., Mukti, R.R., Jentys, A., and Lercher, J.A. (2008) J. Phys. Chem. C, 112, 2538–2544.
[61] Barrer, R.M. (1990) J. Chem. Soc., Faraday Trans., 86, 1123–1130.
[62] Reitmeier, S.L., Gobin, O.C., Jentys, A., and Lercher, J.A. (2009) Angew. Chem. Int. Ed., 48, 533–538.
[63] Kortunov, P., Heinke, L., Vasenkov, S., Chmelik, C., Shah, D.B., Karger, J., Rakoczy, R.A., Traa, Y., and Weitkamp, J. (2006) J. Phys. Chem. B, 110, 23821–23828.
[64] Tzoulaki, D., Schmidt, W., Wilczok, U., and Kaerger, J. (2008) Microporous Mesoporous Mater., 110, 72–76.
[65] Karge, H.G. and Karger, J. (2009) Mol. Sieves, 7, 135–206.
[66] Heinke, L., Kortunov, P., Tzoulaki, D., and Karger, J. (2007) Phys. Rev. Lett., 99, 228301–228304.
[67] Simon, J.M., Bellat, J.P., Vasenkov, S., and Karger, J. (2005) J. Phys. Chem. B, 109, 13523–13528.
[68] Jentys, A., Mukti, R.R., and Lercher, J.A. (2006) J. Phys. Chem. B, 110, 17691–17693.
[69] Heinke, L., Kortunov, P., Tzoulaki, D., and Karger, J. (2007) Adsorpt. J. Int. Adsorpt. Soc., 13, 215–223.
[70] Ruthven, D.M. (1972) J. Catal., 25, 259–264.
[71] Hansen, N., Krishna, R., van Baten, J.M., Bell, A.T., and Keil, F.J. (2009) J. Phys. Chem. C, 113, 235–246.
[72] Christensen, C.H., Johannsen, K., Toernqvist, E., Schmidt, I., and Topsoe, H. (2007) Catal. Today, 128, 117–122.
[73] Haag, W.O., Lago, R.M., and Weisz, P.B. (1981) Faraday Discuss., 72, 317–330.
[74] Al-Sabawi, M., Atias, J.A., and de Lasa, H. (2008) Ind. Eng. Chem. Res., 47, 7631–7641.
[75] Wang, G. and Coppens, M.O. (2008) Ind. Eng. Chem. Res., 47, 3847–3855.
[76] Wloch, J. and Kornatowski, J. (2008) Microporous Mesoporous Mater., 108, 303–310.
[77] Stavitski, E., Drury, M.R., de Winter, D.A.M., Kox, M.H.F., and Weckhuysen, B.M. (2008) Angew. Chem. Int. Ed., 47, 5637–5640.
[78] Karwacki, L., Stavitski, E., Kox, M.H.F., Kornatowski, J., and Weckhuysen, B.M. (2007) Angew. Chem. Int. Ed., 46, 7228–7231.
[79] Roeffaers, M.B.J., Ameloot, R., Baruah, M., Uji-I, H., Bulut, M., De Cremer, G., Muller, U., Jacobs, P.A., Hofkens, J., Sels, B.F., and De Vos, D.E. (2008) J. Am. Chem. Soc., 130, 5763–5772.
[80] Stavitski, E., Kox, M.H.F., Swart, I., de Groot, F.M.F., and Weckhuysen, B.M. (2008) Angew. Chem. Int. Ed., 47, 3543–3547.
[81] Kox, M.H.F., Stavitski, E., Groen, J.C., Perez-Ramirez, J., Kapteijn, F., and Weckhuysen, B.M. (2008) Chem. Eur. J., 14, 1718–1725.
[82] Roeffaers, M.B.J., Ameloot, R., Bons, A.J., Mortier, W., De Cremer, G., de Kloe, R., Hofkens, J., De Vos, D.E., and Sels, B.F. (2008) J. Am. Chem. Soc., 130, 13516–1351.
[83] Stavitski, E., Kox, M.H.F., and Weckhuysen, B.M. (2007) Chem. Eur. J., 13, 7057–7065.
[84] Roeffaers, M.B.J., Sels, B.F., Uji-I, H., Blanpain, B., L'hoest, P., Jacobs, P.A., De Schryver, F.C., Hofkens, J., and De Vos, D.E. (2007) Angew. Chem. Int. Ed., 46, 1706–1709.
[85] Roeffaers, M.B.J., Sels, B.F., Loos, D., Kohl, C., Mullen, K., Jacobs, P.A., Hofkens, J., and De Vos, D.E. (2005) Chemphyschem, 6, 2295–2299.
[86] Hay, D.G., Jaeger, H., and Wilshier, K.G. (1990) Zeolites, 10, 571–576.
[87] Kocirik, M., Kornatowski, J., Masarì`k, V., Novak, P., Ziknov?, A., and Maixner, J. (1998) Microporous Mesoporous Mater., 23,

295–308.

[88] Geus, E.R., Jansen, J.C., and van Bekkum, H. (1994) Zeolites, 14, 82–88.

[89] Geier, O., Vasenkov, S., Lehmann, E., Karger, J., Schemmert, U., Rakoczy, R.A., and Weitkamp, J. (2001) J. Phys. Chem. B, 105, 10217–10222.

[90] Price, G.D., Pluth, J.J., Smith, J.V., Bennett, J.M., and Patton, R.L. (1982) J. Am. Chem. Soc., 104, 5971–5977.

[91] Weidenthaler, C., Fischer, R.X., Shannon, R.D., and Medenbach, O. (1994) J. Phys. Chem., 98, 12687–12694.

[92] Weidenthaler, C., Fischer, R.X., and Shannon, R.D. (1994) Zeolites and Related Microporous Materials: State of the Art 1994, Elsevier Amsterdam, New York. vol. 84, pp. 551–558.

[93] Agger, J.R., Hanif, N., Cundy, C.S., Wade, A.P., Dennison, S., Rawlinson, P.A., and Anderson, M.W. (2003) J. Am. Chem. Soc., 125, 830–839.

[94] Roeffaers, M.B.J., Hofkens, J., De Cremer, G., De Schryver, F.C., Jacobs, P.A., De Vos, D.E., and Sels, B.F. (2007) Catal. Today, 126, 44–53.

[95] Mores, D., Stavitski, E., Kox, M.H.F., Kornatowski, J., Olsbye, U., and Weckhuysen, B.M. (2008) Chem. Eur. J., 14, 11320–11327.

[96] Meynen, V., Cool, P., and Vansant, E.F. (2007) Microporous Mesoporous Mater., 104, 26–38.

[97] Ciesla, U. and Schueth, F. (1999) Microporous Mesoporous Mater., 27, 131–149.

[98] Taguchi, A. and Schueth, F. (2005) Microporous Mesoporous Mater., 77, 1–45.

[99] Lobo, R.F., Tsapatsis, M., Freyhardt, C.C., Khodabandeh, S., Wagner, P., Chen, C.Y., Balkus, K.J., Zones, S.I., and Davis, M.E. (1997) J. Am. Chem. Soc., 119, 8474–8484.

[100] Barrett, P.A., Diaz-Cabanas, M.J., Camblor, M.A., and Jones, R.H. (1998) J. Chem. Soc., Faraday Trans., 94, 2475–2481.

[101] Wessels, T., Baerlocher, C., McCusker, L.B., and Creyghton, E.J. (1999) J. Am. Chem. Soc., 121, 6242–6247.

[102] Tontisirin, S. and Ernst, S. (2007) Angew. Chem. Int. Ed., 46, 7304–7306.

[103] Shvets, O.V., Kasian, N.V., and Ilyin, V.G. (2008) Adsorpt. Sci. Technol., 26, 29–35.

[104] Egeblad, K., Kustova, M., Klitgaard, S.K., Zhu, K., and Christensen, C.H. (2007) Microporous Mesoporous Mater., 101, 214–223.

[105] Zhu, K., Egeblad, K., and Christensen, C.H. (2007) Eur. J. Inorg. Chem., 25, 3955–3960.

[106] Chauvin, B., Boulet, M., Massiani, P., Fajula, F., Figueras, F., and Descourieres, T. (1990) J. Catal., 126, 532–545.

[107] Chauvin, B., Massiani, P., Dutartre, R., Figueras, F., Fajula, F., and Descourieres, T. (1990) Zeolites, 10, 174–182.

[108] Groen, J.C., Zhu, W.D., Brouwer, S., Huynink, S.J., Kapteijn, F., Moulijn, J.A., and Perez-Ramirez, J. (2007) J. Am. Chem. Soc., 129, 355–360.

[109] Groen, J.C., Abello, S., Villaescusa, L.A., and Perez-Ramirez, J. (2008) Microporous Mesoporous Mater., 114, 93–102.

[110] Perez-Ramirez, J., Abello, S., Villaescusa, L.A., and Bonilla, A. (2008) Angew. Chem. Int. Ed., 47, 7913–7917.

[111] Perez-Ramirez, J., Abello, S., Bonilla, A., and Groen, J.C. (2009) Adv. Funct. Mater., 19, 164–172.

[112] Wang, X., Qi, G., and Li, G. (2007) Method for Preparing Nano Zeolite Catalyst and its Use in Methylbenzene and Trimethyl Benzene Transalkylation Reaction, CN1850337-A. croporous Mesoporous Mater., 77, 1–45] 99.

[113] ?ejka, J. and Mintova, S. (2007) Catal. Rev., 49, 457–509]

[114] Wang, J., Groen, J.C., Yue, W., Zhou, W., and Coppens, M.O. (2008) J. Mater. Chem., 18, 468–474.

[115] Wang, J., Groen, J.C., Yue, W., Zhou, W., and Coppens, M.O. (2007) Chem. Commun., 4653–4655]

[116] Liu, Y., Zhang, W.Z., and Pinnavaia, T.J. (2000) J. Am. Chem. Soc., 122, 8791–8792.

[117] Zhang, Z.T., Han, Y., Xiao, F.S., Qiu, S.L., Zhu, L., Wang, R.W., Yu, Y., Zhang, Z., Zou, B.S., Wang, Y.Q., Sun, H.P., Zhao, D.Y., and Wei, Y. (2001) J. Am. Chem. Soc., 123, 5014–5021.

[118] Zhang, Z.T., Han, Y., Zhu, L., Wang, R.W., Yu, Y., Qiu, S.L., Zhao, D.Y., and Xiao, F.S. (2001) Angew. Chem. Int. Ed., 40, 1258–1258.

[119] Mazaj, M., Stevens, W.J.J., Logar, N.Z., Ristic, A., Tusar, N.N., Arcon, I., Daneu, N., Meynen, V., Cool, P., Vansant, E.F., and Kaucic, V. (2009) Microporous Mesoporous Mater., 117, 458–465.

[120] Corma, A., Diaz, U., Domine, M.E., and Fornes, V. (2000) J. Am. Chem. Soc., 122, 2804–2809.

[121] Corma, A., Fornes, V., and Diaz, U. (2001) Chem. Commun., 2642–2643.

[122] Corma, A., Fornes, V., MartI`nez-Triguero, J., and Pergher, S.B. (1999) J. Catal., 186, 57–63.

[123] Corma, A., Martinez, A., and Martinez-Soria, V. (2001) J. Catal., 200, 259–269.

[124] Galletero, M.S., Corma, A., Ferrer, B., Fornes, V., and Garcia, H. (2003) J. Phys. Chem. B, 107, 1135–1141.

[125] Nguyen, C.T., Kim, D.P., and Hong, S.B. (2008) J. Polym. Sci. A: Polym. Chem., 46, 725–732.

[126] Wu, P., Nuntasri, D., Ruan, J.F., Liu, Y.M., He, M.Y., Fan, W.B., Terasaki, O., and Tatsumi, T. (2004) J. Phys. Chem. B, 108, 19126–19131.

[127] Shan, Z., Jansen, J.C., Yeh, Y.T., Koegler, J.H., and Maschmeyer, T. (2003) Catalyst containing microporous zeolite in mesoporous support and method for making same. International WO 03/045548 A1.

[128] Waller, P., Shan, Z.P., Marchese, L., Tartaglione, G., Zhou, W.Z., Jansen, J.C., and Maschmeyer, T. (2004) Chem. Eur. J., 10, 4970–4976.

[129] Kortunov, P., Vasenkov, S., Karger, J., Elia, M.F., Perez, M., Stocker, M., Papadopoulos, G.K., Theodorou, D., Drescher, B., McElhiney, G., Bernauer, B., Krystl, V., Kocirik, M., Zikanova, A., Jirglova, H., Berger, C., Glaser, R., Weitkamp, J., and Hansen, E.W. (2005) Chem. Mater., 17, 2466–2474.

[130] Kortunov, P., Vasenkov, S., Karger, J., Valiullin, R., Gottschalk, P., Elia, M.F., Perez, M., Stocker, M., Drescher, B., McElhiney, G., Berger, C., Glaser, R., and Weitkamp, J. (2005) J. Am. Chem. Soc., 127, 13055–13059.

[131] Groen, J.C., Caicedo-Realpe, R., Abello`, S., and Pérez-Ramírez, J. (2009) Mater. Lett., 63, 1037–1040.

[132] Wei, X. and Smirniotis, P.G. (2006) Microporous Mesoporous Mater., 97, 97–106.

[133] Zhao, L., Shen, B., Gao, J., and Xu, C. (2008) J. Catal., 258, 228–234.

[134] Xiao, F.S., Wang, L.F., Yin, C.Y., Lin, K.F., Di, Y., Li, J.X., Xu, R.R., Su, D.S., Schlogl, R., Yokoi, T., and Tatsumi, T. (2006) Angew. Chem. Int. Ed., 45, 3090–3093.

[135] Trong-On, D., Ungureanu, A., and Kaliaguine, S. (2003) Phys. Chem. Chem. Phys., 5, 3534–3538.

[136] Musteata, M., Musteata, V., Dinu, A., Florea, M., Hoang, V.T., Trong-On, D., Kaliaguine, S., and Parvulescu, V.I. (2007) Pure Appl. Chem., 79, 2059–2068.

14 沸石的特殊应用

Víctor Sebastián, Clara Casado, Joaquín Coronas

14.1 引言

沸石是具有微孔和规则结构的晶型水合硅酸铝。沸石微孔是分子尺寸大小的。这些微孔的存在，使得沸石拥有吸附、催化[1]和离子交换等特性[2]，这些特性在化学工业领域具有极其重要的意义。当前，人们对新型沸石应用研究的兴趣不断增加，所涉及到的领域包括工艺集成[3]、绿色化学[4]、复合材料[5]、药品[6,7]、动物食品应用[8]、基于光学或电学的应用[9]、多功能纤维[10]和纳米技术[11]等。此外，沸石的概念可以扩展到所谓多孔的定制材料。这些材料包括氧化物分子筛、多孔性的络合物固体、多孔性的碳材料、溶胶-凝胶法制备的氧化物和多孔的杂多酸盐[12]等。因此，沸石材料这一术语在非常广泛的意义上被频繁地使用。本章准备介绍的是关于涂层和膜，主客相互作用，医药和曾药应用，以及有诸如消旋分离、磁性沸石和氢储存等可以归结为沸石特殊应用方面的内容。

14.2 沸石膜

沸石是多功能的材料，制备成涂层或选择性膜可用于分子的分离；也可将反应与分离集成于单一台设备上，这包括微型反应器和传感器的应用。尽管市场上可以得到性能与其他种类膜匹敌的全蒸发法分子筛膜[13]，但总体上来说，沸石膜的重复制备仍是非常困难的[14]：由不同实验室制备的具有MFI结构的沸石膜，不仅表现出不同的渗透值和选择性，而且有不同的性质。造成所有这些差异的原因，不仅与厚度变化、某些不确定数量结晶缺陷的存在、膜的晶相定向有关，也与沸石合成所依附的载体的渗透性和化学组成的影响有关[15]。通常，沸石会在载体的孔道内合成[16]，因而载体常常会受到沸石凝胶前体的侵蚀，其化学组成和传输特性都会受到影响[17]。合成于载体孔道内的沸石膜，会比合成于某些特定载体提供的平面上的连续膜有更好的机械强度。而这些特定载体的优势，是微晶便于处理以获得不同晶相取向[18,19]。获得不同晶相取向是很重要的，因为沸石膜的晶相取向对其性能有很大影响，这已经在邻二甲苯或间二甲苯与对二甲苯的分离中得到了证明[18~20]。

沸石膜通常是通过单层涂覆的方式来制备的，譬如在防腐涂层、抗菌剂涂层以及分子筛包履的催化剂颗粒上[23]。此外，离子液体(离子液体的蒸气压低，拥有溶剂和导向剂两种功能)的沸石合成技术，已经用来获得新的沸石晶型，也可能用于在常压下制备沸石涂层[24]。这就意味着在相对温和的条件下,不需要传统的高压釜来实现大规模制备沸石涂层是可能的。

最近发明的沸石膜制备方法应用到了微波辐射[25, 26]、连续[27]或半连续[28]合成系统,涉及到营养物质分离[29]、低温活化条件[26, 30]等方面。关于沸石膜的合成及在气体分离、渗透汽化、膜反应器中的应用已有深入的论述[31~38],因此,本章仅关注前面提到的新的应用。

14.2.1 膜反应器与微型反应器

在受热动力学平衡限制的工艺过程中存在的挑战之一,就是如何获得高的目的产物产率,同时避免副反应。由于将反应与分离过程组合到了一个单元内,沸石膜反应器在一系列反应(脱氢、不完全氧化、异构化、酯化等)中显示出良好的应用前景。膜反应器能通过移动反应平衡或者选择性移除掉抑制反应速率的物质[38]来增加转化率。拥有MFI、MOR或LTA晶型的沸石膜反应器的应用集中于脱氢[39, 40]、甲基叔丁基醚(MTBE)[41]合成和酯化[42]等反应。例如,在采用全硅膜的乙苯脱氢制苯乙烯工艺中,610℃时的乙苯转化率可达74.8%,苯乙烯的选择性可达97%;而在固定床反应器上对应的乙苯转化率和苯乙烯的选择性分别为67.5%和93%。此外,醋酸与乙醇在连续管状丝光沸石膜反应器上酯化,也能观察令人感兴趣的结果:转化率约为92%,而这一转化率维持了5d,并且水/醇分离系数维持高达192,表现出了对酸性反应介质的强烈阻止作用[42]。

膜反应器与工艺小型化两种概念的组合,使得一些新的更高效、更清洁、更安全的化学合成路线成为可能。是传统的膜反应器(构成多管反应器的模管)与微型反应器系统的比较如图14.1所示。与传统的膜管反应器系统相比,微型反应器系统可以允许更高的传热和传质速率,本质上更安全,通过数量增加更容易实现规模化。

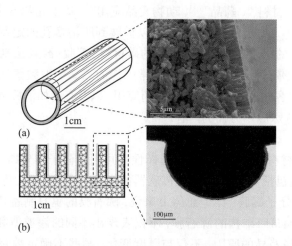

图14.1 MFI-型沸石膜反应器(a)和MFI-型沸石微反应器(b)

在微型反应器中,沸石将催化剂与膜等功能结合,导致了选择性的改善和活性的增强(见表14.1)。然而,也迫切需要解决沸石催化剂的黏着强度和稳定性,以及反应器压降与单层厚度控制等问题。直接在微反应器通道表面生成沸石薄晶似乎是克服多数上述问题的合适办法[45]。关于新一代反应器具有优势的典型例子是Knoevenagel缩聚反应,其通过ZSM-5微型反应器选择性脱除副产物水,使得转化率提高了25%[46]。

14.2.2 基于沸石的气体探测器

化学探测器测量某种化学物质的浓度并将量级大小转化成电信号,这样就能在非常短的时间探得该物质的存在。沸石既可以成为化学探测器的基本组成元件,也可以用于增强探测器的选择性和灵敏度。近期备受关注的是沸石作为敏感元素所起的作用[49]。事实上，沸石可以是一种功能元件，具有离子导通、吸附或者催化作用(见表14.2)。在其他情况下，沸石充当辅助元件，起过滤、模板或载体的作用。

表14.1 沸石微型反应器的性能与应用

沸石	反应	沸石的作用	微反应器的优势
CsNaX[43]	Knoevenagel缩聚反应	脱水与催化剂	传质速度快；停留时间分布窄；接触增强
Pt-ZSM-5[47]	一氧化碳的选择性氧化(SELOX)	负载Pt和纳米空间反应器	克服温度梯度和压降
Co-β沸石[48]	乙烯氨氧化	负载Co和纳米空间反应器	高效传热

表14.2 基于沸石的气体探测器(AlPO$_4$是假沸石)

探测器类型	动作原理	所测定的特性	沸石举例	沸石的作用
石英晶体微天平，表面声波微悬臂	压电性	共振频率	全硅沸石-1[50~52]，A型沸石[53, 54]，AlPO$_4$-18[54]	吸附
电容器	介电性	复阻抗	Y型沸石[55]，	离子传导
反应性半导体气体探测器	化学吸附，催化作用	电阻	镁碱沸石[57]，Y型沸石[57]，全硅沸石-1[58]，A型沸石[58, 59]	过滤

在最先被沸石改进的气体装置中，有一类叫石英晶体微天平(QCM)。在这些压电活性装置上，某种样品的吸附致使质量增加，质量增加又被转化成共振频率的变化。在一项前瞻性工作[51]中，Silicate-1晶体被连结到一台探测乙醇的QCM的表面。结果发现，沸石规则的微孔道有效控制了接近装置的分子，因而增强了装置的灵敏度和选择性。另外，QCM探测器也可以用其他沸石材料(如AlPO$_4$-18和A型沸石等)改进以用于气体探测[54]。表面声波探测器也利用了某种特定全硅沸石-1(silicate-1)吸附导致的质量变化[52]。与QCM探测器类似，质量变化被转换成频率的变化。基于相同的压电原理的另一类传感器，是以谐振模式工作的微悬臂梁。当某种组分被固定于微悬臂梁一端的沸石选择性地吸附时，振动频率就会发生特定的变化[50, 60]。另一方面，沸石吸附某些分子后介电常数改变的现象，也被应用到沸石涂覆的相嵌式电容器上以探测各种气体。浓度仅10 μL/L的丁烷就能被PtNaY沸石涂覆的电容器检测出来，而该电容探测器对CO和H$_2$无响应[55]。通过在金交叉电极与沸石导电层间引入铬氧化物薄层，可进一步提高这种探测器对于烃类物质的选择性[56]。

上述探测器的响应都是基于物理变化的。反应型半导体气体探测器的工作原理主要是依据导电性的变化，而这种变化是因为暴露于某种还原性气氛后发生的。通过用事先合成的沸石层作为吸附壁垒消除其他分子的干扰[57]，或者通过在半导体(Pd涂覆的SnO$_2$)气体探测器表面涂覆薄层沸石，可以改善这些探测器的性能。为了这一目的，MFI结构或LTA结构的沸石都可以用水热合成的办法培植于灵敏的SnO$_2$表面，起到防止干扰物质[58]的作用。如图14.2所示，沸石薄膜的存在强烈地减弱甚至抑制(LTA型沸石膜)了探测器对H$_2$、CH$_4$或丙烷的响应，而对CO和乙醇的灵敏度维持不变[61]。在这些探测器中，连同所选定的沸石一并考虑，沸石薄层本身的质量是极其重要的，而它又取决于SnO$_2$的制备条件，这是因为沸石将直接在SnO$_2$这一敏感层的表面合成。通过用事先制备的沸石悬浮液微滴的方法也可以实现在控测器响应速度方面的改进[59]，也就是说，不再需要经历危及探测元件完整性的原位水热合成步骤。

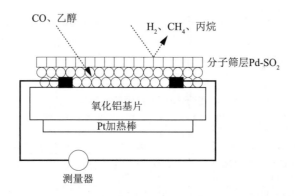

图14.2 沸石改进的反应性半导体气体探测器功能示意图

14.2.3 混合基质膜

上面提及的制造无机膜的困难,使得近期的文献增加了对沸石膜替代物的关注[38]。本着将聚合物的可加工性与沸石可筛选分子的特性相结合的目的,将沸石粒子与聚合物混合制得了混合基质膜(MMMs)[38]。近来,在细颗粒沸石和玻璃态聚亚胺两方面的进展,为进行多种重要的混合气体的研究提供了机会。这些混合气体包括空气[62~67]、H_2/CH_4[68, 69]和天然气[64, 70~72]。最近的文献还涉及到CO_2/N_2[65, 71, 73]。这些研究的目的,是取得气体分离在渗透性和选择性方面的协同作用,以克服聚合物膜上存在的所谓"上限"[74]。该上限可用关系式表示[式(14.1)]:

$$P_i = k\alpha_{ij}n \tag{14.1}$$

式中:i为渗透性最好的气体组分;α_{ij}为两种气体的分离系数;k为对应的式前因子;n为这一关系式对数函数图的斜率。

图14.3为上述几种混合气体在纯聚合物膜上的最新数据的对数图。对纯聚合聚合物膜而言,渗透性−选择性的平衡值将在相应上限以内,而对应于MMM膜而言,其值将落在直线以上的范围。

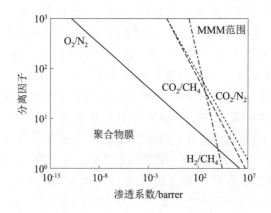

图14.3 聚合物膜分离常规混合气体的罗伯逊(Robeson)上限

气体通过某种膜的渗透性(P)与气体在该膜中的溶解度(S)以及扩散性成正比($P = D \cdot S$)。向聚合物膜中加入无机纳米填充剂,可能在两方面影响气体分离:①聚合物链与纳米填充剂间相互作用会干扰聚合物的聚集状态,从而增加一些空隙,进而增加气体的扩散;②无机填充剂表面的官能团可能与如CO_2等极性气体作用,从而改善气体在膜中的渗透溶解度[76]。向聚合物膜中加入无机填充剂或分子筛的作用可以用关于模型气体在MMMs上的渗透性的Maxwell公式来描述,气体行为的变化是气体在聚合物基质中空间关系的函数:

$$P_{eff} = P_c \left[\frac{P_d + 2P_c - 2\Phi_d(P_c - P_d)}{P_d + 2P_c + \Phi_d(P_c - P_d)} \right] \tag{14.2}$$

式中:P_{eff}、P_d和P_c分别为有效相、分散相和连续相的渗透性;Φ_d为分散相或填充剂的体积分数。

Maxwell公式存在的问题,是忽略了纳米填充剂与聚合物分子链之间以及纳米填充剂与渗透物之间的相互作用,因此在分散相与连续相间黏结性较差时,就会出现与公式[式(14.2)]较大的非理想的偏离。当存在大于渗透分子的非选择性界面空隙时,就会减小表观选择性并增加渗透性,这就被称为sieve-in-a-cage形态[68, 77]。即使当聚合物与沸石间黏结性好,在分子筛表面附近也会出现自由体积的减少,这就是基质的硬化[78]。一种考虑到组分在含分子筛相的膜中扩散的模型被称作Maxwell-Stefan模型[79],该模型被广泛应用于预测通过无机膜材料扩散传输。

为改善MMMs中分子筛与聚合物间的黏结性,提出了几个步骤。首先就是聚合物的选择。如果由于聚合物链的高流动性致使无机填充剂与胶状聚合物间相容性变好,获得的选择透过性不会比纯聚合物膜高太多[71]。多数研究者关注到类似聚亚胺之类的刚性高分子材料[69, 80, 81],并且采取一系列措施改性沸石分子筛的表面,以改善黏结性和减少过度的基质硬化。已经探索过用氨基硅烷作偶联剂来将A型沸石混入聚亚胺基质中。因为这样做减小了聚合物与沸石间的空隙,透过性将会显著降低。为此,提出了用由刚性聚亚胺与柔性的聚二甲基硅氧烷(PDMS)组成的嵌段共聚物包埋L型沸石制成气体分离膜[81],而不使用偶合剂。萜烯类树脂能提高混入A型沸石前玻璃态的聚醚醚酮的柔性[65]。填充剂粒子的长宽比会影响分散性和黏结性[71]。Maxwell公式已经成功修正用来预测通过片状分子筛颗粒的气体分离性能[82]。另一项研究是将介孔的ZSM-5纳米粒子应用于聚亚胺基质[81]。在这种情况下,良好的接触性有益于聚合物分子链向介孔中渗透,而微孔则提供了形状和尺寸的选择性,H_2/CH_4的分离系数达到了168。已经获得了具有足够好接触性的小孔的Nu-6(2)与聚砜混合膜,并在H_2/CH_4分离系统中避免了旁路效应[68]。

14.3 主-客体相互作用

对于分子筛而言,主-客体相互作用指的是由一定分子筛结构(主体)和一种分子或者离子(客体)构成的络合物,两者之间的连结通常不同于那些由完全共价键的连结(氢键、范德华力、π-堆叠、静电相互作用)。除了客体受限制的情况之外(事实上,客体在沸石骨架中是不能移动的),沸石常规的微孔结构确保了客体化学和物理稳定性的改善;同时,主体的渗透性使客体对周边环境而言是可接近的。这不仅在光子应用中,而且在多相催化中,都是至关重要的。多相催化中常用到一个术语"模拟多相系统",该术语描述的是封装有金属的络合物模仿活性中心的角色,而沸石"外衣"则代替含金属酶的蛋白质部分的情形[85]。此外,沸石及相关材料的孔道尺寸与化学组成的无限组合,赋予了这些主-客混合体适应多种用途的可能性,这些用途包括药物缓释系统、催化剂、发色团、存储设备等。另一个议题涉及到在纳米孔道内获取超分子组织或客体分子结构的能力。特别要说明的是,应用于捕光的沸石晶体中含有模拟植物捕光信息系统的定向荧光基团。要获取这种沸石晶体,L型沸石的平行孔道是至关重要的。图14.4是关于主-客体相互作用的示意图,内容涉及其合成、优势与下文要提到的潜在应用的概况。

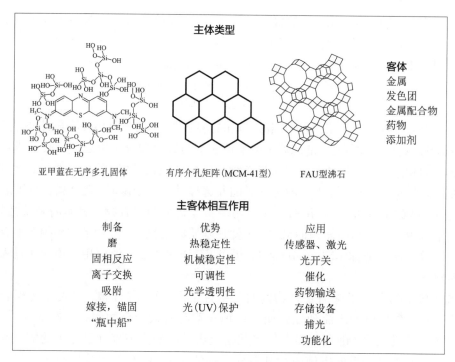

主体类型

亚甲蓝在无序多孔固体　　　有序介孔矩阵(MCM-41型)　　FAU型沸石

客体
金属
发色团
金属配合物
药物
添加剂

主客体相互作用

制备	优势	应用
磨	热稳定性	传感器、激光
固相反应	机械稳定性	光开关
离子交换	可调性	催化
吸附	光学透明性	药物输送
嫁接，锚固	光(UV)保护	存储设备
"瓶中船"		捕光
		功能化

图14.4 多孔性主体与主-客体相互作用的例子

　　一项用来封装不同种类活性组分的开拓性工作，就是将有机化合物捕集到溶胶-凝胶基质中[87, 88]。在相对低的温度(<100～150℃)下，可采用溶胶-凝胶工艺制备涂覆了有机化合物的凝胶固体(SiO_2、Al_2O_3、TiO_2等)。在这样的温度下，希望得到的客体不会因受热而破坏。在溶胶-凝胶工艺中，待封装的化合物与制备胶体悬浮液的前体能溶解在一起；悬浮液凝结后，将诸如罗丹明(一种染料)[89]或不同对映异构体[90]之类的客体分子捕获(封装)。常见的前体是无机盐，也有机物则(如烷氧基化合物)，后者也是在溶胶-凝胶研究中应用最广泛的物质。所得到的材料通常是无序的，除非将阳离子表面活性剂引入到合成溶胶，并按类似于获取M41S这种有序的介孔氧化硅的方法来进行处理[91]。

　　与无序的硅基多孔性材料相比，基于拥有微孔或者介孔的分子筛和相关有序材料的主-客复合材料具有许多优点。这些优点要归因于后者拥有轮廓清晰而且尺寸统一的笼和通道系统。在这种情况下，沸石与客体的复合材料能够通过多种方法成功制得。通过离子交换(当客体是有机或有机金属阳离子[92]时，离子交换本身也是一种封装方法)可将NaY沸石制成CoY沸石，然后在200℃下与过量联吡啶络合剂[93]混合，可将钴和钌的络合物包埋入Y型沸石的超笼中。该方法其实是所谓的"瓶中造船(ship in the bottle)"方法。在该方法中，由对应前体在沸石微孔道内合成客体。这些前体小到可以扩散到沸石主体的内部，并形成所希望的具有大体积且不能扩散出来的物质。例如，钴-萨伦(salen)络合物(萨伦是由两分子邻羟基苯甲醛与乙二胺缩合成的螯合剂)大致通过两步程序被封装：Co离子交换，接着与萨伦螯合剂($C_{16}H_{16}N_2O_2$)接触[94]。所获多相催化剂用于苯胺氧化羰基化。循环使用5次后，其活性无明显损失。封装也可以在沸石合成阶段完成，例如NaY沸石水热合成时混入亚甲蓝($C_{16}H_{18}N_3S^+$)[95]。

　　将ZSM-5与B_2O_3机械混合，然后在700℃下进行热处理，获得了封装有发光氮化硼纳米粒子的ZSM-5[96]。如果客体分子尺寸比沸石自由通道的直径要小，气相或液相客体分子在清空了通道的沸石上吸附是可行的，例如约1nm长、0.6nm宽的尼罗红(nile red，化学式为

$C_{20}H_{18}N_2O_2$)在NaY沸石上的情形[97]。另外，由于NaX沸石高度的灵活性，尽管客体的直径超过了八面沸石(FAU-type zeolite)0.74nm的标称孔径，在180℃下大分子(最小直径0.90~0.95nm)仍可能进入[98]。固体吸附貌似也是一种可用的捕陷方法，NaX沸石封装硫靛染料(thioindigo，化学式为$C_{16}H_8O_2S_2$)就是沸石与染料在300℃下发生固相反应来制备的。因为该分子(大致尺寸0.6nm×1.3nm)在350℃才熔化，吸附是在固态下发生的。XRD检测结果揭示出染料分子的位置是在八面沸石的骨架上。最后，将客体共价接枝或锚定到主体的孔壁上以增加客体的键合强度，对于介孔分子筛和沸石都是有用的[100]。

综上所述，主-客体相互作用已应用于均相催化剂的多相化[94]、光化学传感器[97]、激光[101]以及其他与光有关的系统，如光开关(optical switches)。在后一种情形中，一种吸附了偶氮苯的八面沸石膜的气体渗透性随光导开关而变化，其反式状态的N_2/CO_2和CH_4/CO_2分离系数要比顺式状态要高[39]。药物缓释(后面将讨论，也许与有序介孔材料的应用更密切相关[102])和那些可定义为官能化的应用(例如Ag-交换和Zn-交换的沸石用于抗菌纺织品[103])，将是与主-客体相互作用有关的具有发展潜力的领域。

14.4 医药与兽医药应用

天然沸石材料和合成沸石材料的各种应用均是基于其拥有吸附、离子交换、分子筛选、无毒与催化特性。近几十年来，涌现出了沸石在兽医药和医药领域的许多种应用[6, 104]。这些新的应用的原理就是已经成熟的主-客体协同作用理论，这在前面已经作了介绍。

14.4.1 医药应用

考虑到沸石的特殊结构，也就是孔道、相互联通的笼、各种孔尺寸与形状[105]以及其基本结构属生物中性的事实，沸石在从生物化学、农用工业、洗涤剂、土壤改良到核工业[106]的诸多领域中有着广泛的应用。

作为其结构的一部分，分子筛会含有水。通过加热将水除去后，留下完整的分子筛骨架，而其他溶液就可以进入其结构，因此，沸石就能充当新进入溶液的缓释剂。这种选择性吸附和随后的控制不同离子释放的能力，能够被存在于外表面的表面活性剂所增强或改善[104]。这种能力也引发了将其作为药物缓释剂的想法。例如，在肠胃系统应用时，X型沸石或ZSM-5微球在胃中低pH值条件下是稳定的，二者分别用来释放酮洛酚(keoprofen)和生物素/抗体(biotin/antibody)；而四环素抗酸剂——最早的能控制胃中pH值的广谱药物之一，则用CAN型沸石来储存和释放[109, 110]。另外，有人提出了用CuX沸石来控制抗肿瘤药物的释放。最近的磁性药物缓释，在亚德里亚霉素(Doxorubin，一种抗肿瘤药)的储存与释放中也显示出了其应用潜力[112]。在该应用中，沸石充当保护磁性内核的外壳。

鉴于NO作为生物试剂对于心血管、神经系统和免疫系统的重要性，外源NO的缓释对许多疾病是一种可选择的疗法。由于其具有多种效果和广泛的适应范围，开发能储存足够量的NO并在可控状态下释放到身体的某一特定部位的材料，成了一个主要的研究领域[113]。人们已经探索了许多材料，例如，有一项研究[114]是关于钴交换A型沸石在心血管中枢储存并释放NO，以防止在人造表面形成血栓。这种钴交换沸石能在干燥空气中储存NO达数天之久，然后当潮湿气体存在时，可以在身体的特定部位释放。小到用Ag离子交换沸石为呼吸问题患者提供富氧空气的医用氧发生器，再到大规模的氢气生产装置，都可观察到均压步骤对变压吸附(PSA)中吸附剂恢复的促进作用[115]。在麻醉方面，沸石对诸如CO_2等气体的吸附效率也引起了人们浓厚的兴趣[117]。核磁共振(MRI)[118]也是沸石在医学方面的另一项应用。核磁共振靠向患者施用造影剂来提高共振图像的判别值。造影剂含有高自旋金属，而这些金属键合水分子,造成其质子自旋驰豫比那些自由的水分子高数倍。然而,由于具有毒性,这些造影剂不能直接使用。沸石是具有生物适应性的非毒材料,这些有毒的试剂可以"寄居"于其中,并以合适的速率释放。Gd^{3+}被认为是良好的顺磁驰豫剂,因为其具有大的磁矩和纳秒级的自旋时间。因此,有多位研究者将其作为与沸石交换的阳离子,从而获得在放射性核素成像和抗癌治疗方面具有应用潜力的Cd沸石[119]。Eu^{3+}和Tb^{3+}被涂覆在Y型沸石上[120]以改善光致荧光强度与X射线照射剂量间的线性关系。如上文所述,沸石可用于检测体液中少量特殊物质的探测器,这在医学上也具有重要的应用价值[121~123]。沸石表面蛋白质的固化对于制备用于外科植入的生物相容材料方面也发挥了其中要的作用。细胞色素c是最具特征的蛋白质之一,其在FAU-型沸石、BEA-型沸石和MFI-型沸石上的吸附已得到了充分研究[124]。近来,有文献报道,可将沸石用于失血控制,这是因为沸石可以吸收血液中的自由水并促进凝结,同时避免了与伤口的直接接触,具有聚胺基葡萄糖等生物相容材料同样的优点[125]。另据报道,Ga交换的磷酸铝用于凝固血液,与传统材料相比,可减少50%的能量释放[7],减轻了组织的炎症以及由此引起的疼痛。

14.4.2 兽医药应用

菌霉毒素是来自多种真菌的二次代谢产物,人们已经知道这些菌霉毒素会影响动物和人类的健康,例如致癌和致突变。最新的一种防止牲畜菌霉毒素中毒的方法,就是在其食物中添加无营养的吸附剂,这种吸附剂能固定住胃肠道内的菌霉毒素从而减少其生物毒性[126,127]。最知名的菌霉毒素就是黄曲霉毒素,是饲料中最主要的毒素[128]。沸石的吸附特性、低成本及在多数国家都易得到,使得其具有吸引力。在本文中,天然沸石、黏土和膨润土加入到动物饲料中,是防止牲畜菌霉毒素中毒的简易方法(见图14.5)[8,127]。吸收效果取决于吸附剂的物理化学结构,也取决于其剂量、总电荷数及其电荷分布、孔径和比表面,并且与菌霉毒素的理化性质有关。

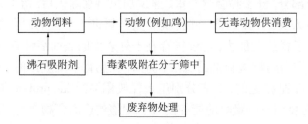

图14.5 沸石在动物生产中的周转

14.5 其他应用

以下讨论的是除了有关膜和主-客体相互作用方面的应用之外,沸石在消旋分离、磁性沸石氢储存、太阳能吸收等方面的新应用。

14.5.1 消旋分离

鉴于"手性(chirality)"在生物过程(biological processes)中的重要性,许多研究工作纷纷以手性沸石和相关多孔性固体的合成为研究目标[131~134]。在迄今获得的广泛的合成沸石品种中,仅β沸石多晶A(beta polymorph A)[135]和微孔钛硅材料ETS-10[136]是手性的。不仅如此,这些纯粹手性材料也是非常难以得到的。手性表面活性剂能将硅-表面活性剂排列成手性结构,依赖手性表面活性剂来合成手性沸石的尝试却注定是失败的。这主要是因为高温焙烧破坏了这种手性形态,得到的只是手性沸石和消旋体的混合物[137]。

另外,在手性技术应用中,催化剂性质的微小变化会导致对映体选择性的丧失[137,138]。因为沸石具有明确的晶体结构，经手性改性的沸石正应用于这类研究。例如，经氧化二噻烷(dithiane oxide)手性改性的Y型沸石可制得一种催化剂，这种催化剂可以催化消旋2-丁醇的对映体选择性脱水[139]。尽管在相同反应条件下两种异构体都存在于微孔中，手性改性明显选择性地增强了2-丁醇一种对映体脱水的速率，因为对映异构体中的一种比另一种更易于反应(S-2-丁醇的转化率为70%，而R-2-丁醇的转化率低于2%)。

14.5.2 磁性沸石

沸石这种特殊的材料拥有等间隔、分子大小空间的完美排列，这使其具有约束电子的吸引力。通过碱金属在脱水的沸石上的附着，不同类型的阳离子簇会在沸石骨架孔道内形成。当拥有S电子轨道的原子簇以合适的相互作用方式排列时，可观察到一些诸如自然产生的磁性或电子导电性的整体效应：LTA沸石中的K原子簇的铁磁性[140]和SOD沸石中Na原子簇的反铁磁性[141]。这些现象要归因于沸石不仅包含有彼此分开的笼，同时有使笼相互联通的孔径较小的窗口。吸附原子的电子的相互作用，不仅可在笼内发生，也可以通过窗口发生[142]。

磁改性的沸石具有易于回收与分离的优点，因此，用于催化反应或环境补救后的粉末态沸石借助于合适磁场就能实现分离与回收[143]。主要有两种获得磁性沸石的方法：第一种是先进行离子交换，随后将阳离子还原成金属状态；第二种是将沸石用胶质磁性粒子改性。此外，顺磁物质(如NO)在沸石上的吸附不仅直接与施用的磁场有关，也与沸石的孔隙有关[144]。这一结果也能够支持顺磁沸石膜在空气分离上的应用。因为顺磁材料能够被磁化，基于与顺磁的O_2分子和反磁的N_2分子的特定相互作用，一种选择性透过的顺磁膜就能够构成一个高效的空分系统。

14.5.3 氢储存

能够按需要吸收、储存并释放H_2的材料的开发，对于所谓"氢经济"的发展是至关重要的[146, 147]。当将氢用做燃料时，迫切需要的是安全并以高能量密度的方式储存氢。吸附过程(物理吸附与化学吸附)特别需要非常多孔的材料，这种材料拥有最大化的氢可接触的表面，因而允许氢能容易地在材料表面吸附或者释放。如此说来，沸石应当是一种颇具潜力的储氢材料[148, 149]。沸石笼和孔道的直径可以通过离子交换过程改变交换离子的尺寸和价态来控制。这些可调节的改性方法可以对可能的吸附中心、空间、沸石的氢可接近程度产生直接影响[150]。

沸石在氢吸附方面表现出不同的特性[151, 152]，这取决于沸石的骨架结构和补偿阳离子的性质。此外，对氢分子而言，阳离子也可起吸附中心的作用。2.19%的最高质量储存容量是在CaX沸石上获得的，其体积储存密度为31.0kg H_2/m^3(每个晶胞可储存143个氢分子)[151]。然而，该值却低于在其他材料(金属氢化物、MOF、活性炭等)上获得贮氢容量(见图14.6)。

通过吸附甲醇[156]，可以令沸石单层变得对于氢在20℃下不可渗透，甚至在高达6.6MPa的压力下也是如此。在更高温度下，甲醇脱附，同时氢气流通量增加。氢气的渗透可以通过进料端的甲醇的比例来控制。这可以作为在涂有薄沸石单层的小球内储存高压氢的一个例子，沸石单层能允许小球内部高压而外部低压。

最后，沸石的另一应用是吸收太阳能用于制冰或空调系统[157, 158]。太阳能制冷是太阳能重要的应用，因为太阳能的供应和冷量的需求都是在同一季节达到最大。作为一项有良好应用前景的环境友好且成本低廉的技术，太阳能驱动的固体吸附制冷系统已经出现，人们对多种无机材料/制冷流对已经进行了大量研究。这项应用基于一个事实，即热吸附比冷凝成液相的趋势更强。因此，吸附质通过蒸气形态从液相转移到吸附剂上，导致液相温度下降而吸附剂温度上升。可见,优化制冷工艺的一个重要因素,就是基于"吸附剂/吸附质工作对"的热动力学平衡。就沸石而言,"沸石/水工作对"正是最为广泛研究的工作对之一,显示出了一些制冷效果[158]。

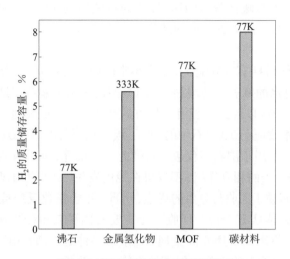

图14.6 不同材料的质量储氢能力

14.6 总结与展望

在沸石膜和其他材料合成与应用方面,尽管近几年取得了显著的进步,但仍面临重现性方面的问题。膜的制备已通过多种方法得以改进,特别是微波搅动能明显减少合成时间,与传统加热方式相比,也会导致在晶相、结晶取向和组成方面的变化。沸石膜制备的其他新方法包括连续与半连续合成系统、母液的分离方法、低温活化条件以及离子液体的应用。关于工业应用,目前仅有几座实验工厂用沸石膜来操作,主要用于醇的脱水。沸石膜用于气体分离的试验工厂成为可行,似乎只是个时间问题。

沸石膜也可应用于膜反应器。在这种反应器中,反应和分离组合在一起,从而通过平衡的偏离或选择性移除阻碍反应速率的物质来提高转化率。从工艺集成度的观点来看,微反应器是化学反应器的新概念。对于多种类型的反应,我们已经知道沸石是一种有效的催化剂,并且沸石微反应器可以提供比传统系统更高效、更清洁和更安全的化学合成路线。然而,开发具有均相分布、机械性能稳定、可重复的并且催化能力足可以实现所期望产能的微反应器,仍然是一个挑战。

物理探测器是基于响应的变化,如回声频率、声波或者由于某种样品吸附于探测器表面引起的质量变化导致的任何振动频率变化。与此类似,反应型半导体气体探测器的工作原理依赖于暴露于某种还原气氛后发生的导电性的变化。总之,沸石应用于探测器的意义在于其用做为敏感组元或附加元件起过滤作用。涉及微型化、解决复杂问题所需的高通过性、模板和成本方面,还存在许多挑战。

对广泛的主-客体相互作用而言,沸石拥有非常有用的结构。当沸石孔道敞开允许客体接触到周边环境时,主-客体相互作用能改善客体的物理和化学稳定性。加之孔道尺寸与化学组成间实际上可以有无限的组合,使得沸石成为了一种非常有价值的材料,可以广泛应用于药物释放、储存、磁性、光子和多相催化等方面。

手性在生物与药物合成与分离工艺中是一个重要的领域,因此,许多研究工作都集中于手性沸石的合成上。因为合成纯手性沸石的尝试还没有完全成功，一项基于手性表面活性剂和结构导向剂的新方法正被用于制备对映异构选择性的材料。

近几十年来，利用纯沸石和聚合物膜开发混合基质膜(MMM)，改善了气体分离、膜性能和可加工性。沸石作为纳米填充剂被引入到聚合物基质中。具有不同形状、结构的沸石和不同的聚合物，已经应用于当前主流的一些重要气体(如O_2/N_2、H_2/CH_4、CO_2/CH_4)的分离工艺，最近还有关于在CO_2/N_2分离方面应用的报道。有些研究结果呈现出了在克服聚合物膜透过选择性上限方面的潜力，但纳米粒子与聚合物链间的黏结性方面还有待深入研究，以制备稳定、耐久且无缺陷的混合基质膜；同时，也需要能够预测混合基质膜透过过程的更加精确的传质模型。

鉴于沸石的特殊结构，即其孔道和空穴相互连接，孔尺寸和形状的不同，加之其基本结构为生物中性的事实，沸石长期以来一直备受医药应用领域的关注。这些应用包括消化系统药物缓释、抗肿瘤药物的控制释放和磁性药物的释放。因此，沸石的应用研究与开发似乎已成为未来几年的热门课题。无论如何，这些前沿应用要真正实现，必须先经过活体试验。

关于沸石在兽医药方面的应用，尽管已取得了许多有关预防霉菌毒素方面的研究成果，食物和饲料的霉菌毒素污染仍是一个世界性的问题，并且似乎不可避免。已经开展了多项研究，致力于用沸石从鸡、猪的饲料中吸附霉菌毒素，以将其从食物链中移除。虽然有数项活体研究显示出了可喜的结果，但活体实验还有待进一步加强。

尽管由于结构阳离子可起到氢分子连结中心的作用，沸石显示出了氢吸附能力，但其质量储存容量比其他材料(金属氢化物、MOF、活性炭等)要低。然而，令人感兴趣的是吸附了甲醇的沸石单层可以调节氢气的流通量，能使其随温度变化而变化。

参考文献

[1] Corma, A., Rey, F., Rius, J., Sabater, M.J., and Valencia, S. (2004) Nature, 431, 287–290.
[2] Kuznicki, S.M., Bell, V.A., Hillhouse, H.V., Jacubinas, R.M., Braunbarth, C.M., Toby, B.H., and Tsapatsis, M. (2001) Nature, 412, 720–724.
[3] Stankiewicz, A. (2003) Chem. Eng. Process., 42, 137–144.
[4] Anastas, P.T., Kirchhoff, M.M., and Williamson, T.C. (2001) Appl. Catal. A: Gen., 221, 3–13.
[5] Choi, S., Coronas, J., Jordan, E., Oh, W., Nair, S., Okamoto, F., Shantz, D.F., and Tsapatsis, M. (2008) Angew. Chem.Int. Ed., 47, 552–517.
[6] Danilczuk, M., Dlugopolska, K., Ruman, T., and Pogocki, D. (2008) Mini Rev. Med. Chem., 8, 1407–1417.
[7] Galownia, J., Martin, J., and Davis, M.E. (2006) Microporous Mesoporous Mater., 92, 61–63.
[8] Oguz, H. and Kurtoglu, V. (2000) Br. Poult. Sci., 41, 512–517.
[9] Schwenn, H.J., Wark, M., Schulz-Ekloff, G., Wiggerss, H., and Simon, U. (1997) Colloid Polym. Sci., 275, 91–95.
[10] Grancaric, A.M., Markovic, L., and Tarbuk, A. (2007) Tekstil, 56, 533–542.
[11] Tsapatsis, M. (2002) AIChE J., 48, 654–660.
[12] Barton, T.J., Ull, L.M.B., Klemperer, W.G., Loy, D.A., McEnaney, B., Misono, M., Monson, P.A., Pez, G., Scherer, G.W., Vartuli, J.C., and Yaghi, O.M. (1999) Chem. Mater., 11, 2633–2656.
[13] Urtiaga, A.M., Gorri, E.D., G'omez, P., Casado, C., Ib'a¯nez, R., and Ortiz, I. (2007) Drying Technol., 25, 1819–1828.
[14] Navajas, A., Mallada, R., Tellez, C., Coronas, J., Menendez, M., and Santamaria, J. (2007) J. Membr. Sci., 299, 166–173.
[15] Bernal, M.P., Coronas, J., Menendez, M., and Santamar'ıa, J. (2003) Microporous Mesoporous Mater., 60, 99–110.
[16] Miachon, S., Landrivon, E., Aouine, M., Sun, Y., Kumakiri, I., Li, Y., Prokopova, O.P., Guilhaurne, N., Giroir-Fendler, A., Mozzanega, H., and Dalmon, J.A. (2006) J. Memb. Sci., 281, 228–238.
[17] Geus, E.R., Denexter, M.J., and Vanbekkum, H. (1992) J. Chem. Soc., Faraday Trans. 1, 88, 3101–3109.
[18] Lai, Z.P., Bonilla, G., Diaz, I., Nery, J.G., Sujaoti, K., Amat, M.A., Kokkoli, E., Terasaki, O., Thompson, R.W., Tsapatsis, M., and Vlachos, D.G. (2003) Science, 300, 456–460.
[19] Choi, J., Ghosh, S., Lai, Z.P., and Tsapatsis, M. (2006) Angew. Chem. Int. Ed., 45, 1154–1158.
[20] Lai, Z.P., Tsapatsis, M., and Nicolich, J.R. (2004) Adv. Funct. Mat., 14, 716–729.
[21] Cheng, X.L., Wang, Z.B., and Yan, Y.S. (2001) Electrochem. Solid State, 4, B23–B26.
[22] McDonnell, A.M.P., Beving, D., Wang, A.J., Chen, W., and Yan, Y.S. (2005) Adv. Funct. Mat., 15, 336–340.
[23] Nishiyama, N., Ichioka, K., Park, D.H., Egashira, Y., Ueyama, K., Gora, L., Zhu, W.D., Kapteijn, F., and Moulijn, J.A. (2004) Ind. Eng. Chem. Res., 43, 1211–1215.
[24] Morris, R.E. (2008) Angew. Chem. Int. Ed. Engl., 47, 442–444.
[25] Motuzas, J., Heng, S., Lau, P., Yeung, K.L., Beresnevicius, Z.J., and Julbe, A. (2007) Microporous Mesoporous Mater., 99, 197–205.

[26] Motuzas, J., Julbe, A., Noble, R.D., van der Lee, A., and Beresnevicius, Z.J. (2006) Microporous Mesoporous Mater., 92, 259–269.

[27] Pera-Titus, M., Bausach, M., Llorens, J., and Cunill, F. (2008) Sep. Puri. Technol., 59, 141–150.

[28] Pina, M.P., Arruebo, M., Felipe, A., Fleta, F., Bernal, M.P., Coronas, J., Menendez, M., and Santamaria, J. (2004) J. Membr. Sci., 244, 141–150.

[29] Mateo, E., Lahoz, R., de la Fuente, G.F., Paniagua, A., Coronas, J., and Santamaria, J. (2007) Chem. Mater., 19, 594–599.

[30] Heng, S., Lau, P.P.S., Yeung, K.L., Djafer, M., and Schrotter, J.C. (2004) J. Membr. Sci., 243, 69–78.

[31] Coronas, J. and Santamaria, J. (1999) Sep. Purif. Methods, 28, 127–177.

[32] Bein, T. (1996) Chem. Mater., 8, 1636–1653.

[33] Coronas, J. and Santamar'ıa, J. (2004) Top. Catal., 29, 29–44.

[34] Tavolaro, A. and Drioli, E. (1999) Adv. Mater., 11, 975–996.

[35] Caro, J., Noack, M., Kolsch, P., and Schafer, R. (2000) Microporous Mesoporous Mater., 38, 3–24.

[36] Bowen, T.C., Noble, R.D., and Falconer, J.L. (2004) J. Membr. Sci., 245, 1–33.

[37] McLeary, E.E., Jansen, J.C., and Kapteijn, F. (2006) Microporous Mesoporous Mater., 90, 198–220.

[38] Caro, J. and Noack, M. (2008) Microporous Mesoporous Mater., 115, 215–233.

[39] Weh, K., Noack, M., Hoffmann, K., Schroder, K.P., and Caro, J. (2002) Microporous Mesoporous Mater., 54, 15–26.

[40] Kong, C., Lu, J., Yang, J., and Wang, J. (2007) J. Membr. Sci., 306, 29–35.

[41] Salom'on, M.A., Coronas, J., Men'endez, M., and Santamar'ıa, J. (2000) Appl. Catal. Gen., 200, 201–210.

[42] de la Iglesia, 'O., Mallada, R., Men'endez, M., and Coronas, J. (2007) Chem. Eng. J., 131, 35–39.

[43] Cai, H., Zhang, X., Liu, H., and Yeung, K.L. (2007) Chinese J. Catal., 28, 758–760.

[44] Chau, J.L.H., Leung, A.Y.L., and Yeung, K.L. (2003) Lab Chip, 3, 53–55.

[45] Sebasti'an, V., de la Iglesia, O., Mallada, R., Casado, L., Kolb, G., Hessel, V., and Santamar'ıa, J. (2008) Microporous Mesoporous Mater., 115, 147–155.

[46] Lai, S.M., Martin-Aranda, R., and Yeung, K.L. (2003) Chem. Commun., 218–219.

[47] de la Iglesia, O., Sebasti'an, V., Mallada, R., Nikolaidis, G., Coronas, J., Kolb, G., Zapf, R., Hessel, V., and Santamar'ıa, J. (2007) Catal. Today, 125, 2–10.

[48] Rebrov, E.V., Seijger, G.B.F., Calis, H.P.A., de Croon, M.H.J.M., van den Bleek, C.M., and Schouten, J.C. (2001) Appl. Catal. Gen., 206, 125–143.

[49] Sahner, K., Hagen, G., Sch..onauer, D., Reis, S., and Moos, R. (2008) Solid State Ionics, 179, 2416–2423.

[50] Zhou, J., Li, P., Zhang, S., Long, Y.C., Zhou, F., Huang, Y.P., Yang, P.Y., and Bao, M.H. (2003) Sens. Actuators, B Chem., 94, 337–342.

[51] Yan, Y.G. and Bein, T. (1992) Chem. Mater., 4, 975–977.

[52] Yan, Y.G. and Bein, T. (1992) J. Phys. Chem., 96, 9387–9393.

[53] Mintova, S., Mo, S.Y., and Bein, T. (2001) Chem. Mater., 13, 901–905.

[54] Vilaseca, M., Yague, C., Coronas, J., and Santamaria, J. (2006) Sens. Actuators, B Chem., 117, 143–150.

[55] Kurzweil, P., Maunz, W., and Plog, C. (1994) 5th International Meeting on Chemical Sensors, Rome.

[56] Hagen, G., Dubbe, A., Rettig, F., Jerger, A., Birkhofer, T., Muller, R., Plog, C., and Moos, R. (2006) Sens. Actuators, B Chem., 119, 441–448.

[57] Fukui, K. and Nishida, S. (1997) Sens. Actuators, B Chem., 45, 101–106.

[58] Vilaseca, M., Coronas, J., Cirera, A., Cornet, A., Morante, J.R., and Santamaria, J. (2002) 5th International Conference on Catalysis in Membrane Reactors (ICCMR-2002), Dalian, Peoples R China.

[59] Vilaseca, M., Coronas, J., Cirera, A., Cornet, A., Morante, J.R., and Santamaria, J. (2008) Sens. Actuators, B Chem., 133, 435–441.

[60] Wakayama, T., Kobayashi, T., Iwata, N., Tanifuji, N., Matsuda, Y., and Yamada, S. (2006) Sens. Actuators, A Phys., 126, 159–164.

[61] Vilaseca, M., Coronas, J., Cirera, A., Cornet, A., Morante, J.R., and Santamaria, J. (2007) Sens. Actuators, B Chem., 124, 99–110.

[62] Moore, T.T. and Koros, K.J. (2005) J. Mol. Struc., 739, 87–98.

[63] Moore, T.T. and Koros, W.J. (2008) Ind. Eng. Chem. Res., 47, 591–598.

[64] Funk, C.V. and Lloyd, D.R. (2008) J. Membr. Sci., 313, 224–231.

[65] Clarizia, G., Algieri, C., Regina, A., and Drioli, E. (2008) Microporous Mesoporous Mater., 115, 67–74.

[66] Wang, H., Holmberg, B.A., and Yan, Y. (2002) J. Mater. Chem., 12, 3640–3643.

[67] Widjojo, N., Chung, T.-S., and Kulprathipanja, S. (2008) J. Membr. Sci., 325, 326–335.

[68] Gorgojo, P., Uriel, S., T'ellez, C., and Coronas, J. (2008) Microporous Mesoporous Mater., 115, 85–92.

[69] Zhang, Y., Musselman, I.H., Balkus, K.J.Jr., and Ferraris, J.P. (2008) J. Membr. Sci., 325, 28–39.

[70] Husain, S. and Koros, W.J. (2007) J. Membr. Sci., 288, 195–207.

[71] Jha, P. and Way, J.D. (2008) J. Membr. Sci., 324, 151–161.

[72] Perez, E.V., Balkus, K.J.Jr, Ferraris, J.P., and Musselman, I.H. (2009) J. Membr. Sci., 328, 165–173.

[73] Pechar, T.W., Tsapatsis, M., Marand, E., and Davis, R. (2002) Desalination, 146, 3–9.

[74] Robeson, L.M. (1991) J. Membr. Sci., 62, 165–185.

[75] Robeson, L.M. (2008) J. Membr. Sci., 320, 390–400.

[76] Cong, H., Radosz, M., Towler, B.F., and Shen, Y. (2007) Sep. Purif. Methods, 55, 281–291.

[77] Moore, T.T. and Koros, K.J. (2005) J. Mol. Struct., 739, 87–98.

[78] Hillock, A.M.W., Miller, S.J., and Koros, W.J. (2008) J. Membr. Sci., 314, 193–199.

[79] Sheffel, J.A. and Tsapatsis, M. (2009) J. Membr. Sci., 326, 595–607.

[80] Mahajan, R., Burns, R., Schaeffer, M., and Koros, W.J. (2002) J. Appl. Polym. Sci., 86, 881–890.

[81] Pechar, T.W., Kim, S., Vaughan, B., Marand, E., Tsapatsis, M., Jeong, H.K., and Cornelius, C.J. (2006) J. Membr. Sci., 277, 195–202.

[82] Guseva, O. and Gusev, A.A. (2008) J. Membr. Sci., 325, 125–129.

[83] Zhang, L., Gilbert, K.E., Baldwin, R.M., and Way, J.D. (2004) Chem. Eng. Commun., 191, 665–681.

[84] Schulz-Ekloff, G., Wohrle, D., van Duffel, B., and Schoonheydt, R.A. (2002) Microporous Mesoporous Mater., 51, 91–138.

[85] Bennur, T.H., Srinivas, D., and Ratnasamy, P. (2001) Microporous Mesoporous Mater., 48, 111–118.

[86] Calzaferri, G. and Lutkouskaya, K. (2008) Photochem. Photobiol. Sci., 7, 879–910.

[87] Levy, D. (1997) Chem. Mater., 9, 2666–2670.

[88] Pagliaro, M., Ciriminna, R., and Palmisano, G. (2007) Chem. Soc. Rev., 36, 932–940.

[89] Avnir, D., Levy, D., and Reisfeld, R. (1984) J. Phys. Chem., 88, 5956–5959.

[90] Fireman-Shoresh, S., Avnir, D., and Marx, S. (2003) Chem. Mater., 15, 3607–3613.
[91] Beck, J.S., Artuli, J.C.V., Roth, W.J., Leonowicz, M.E., Kresge, C.T., Schmitt, K.D., Chu, C.T.W., Olson, D.H., Sheppard, E.W., McCullen, S.B., Higgins, J.B., and Schlenker, J.L. (1992) J. Am. Chem. Soc., 114, 10834–10843.
[92] Salavati-Niasari, M. (2008) Polyhedron, 27, 3207–3214.
[93] Briot, E., Bedioui, F., and Balkus, K.J. (1998) J. Electroanal. Chem., 454, 83–89.
[94] Li, G., Chen, L., Bao, J., Li, T., and Mei, F. (2008) Appl. Catal. A: Gen., 346, 134–139.
[95] Hoppe, R., Schulz-ekloff, G., Wohrle, D., Kirschhock, C., Fuess, H., and Uuytterhoeven, L. (1995) Adv. Mater., 7, 61–64.
[96] Li, X.T., Shao, C.L., Qiu, S.L., Xiao, F.S., Zheng, W.T., Ying, P.L., and Terasaki, O. (2000) Microporous Mesoporous Mater., 40, 263–269.
[97] Pellejero, I., Urbiztondo, M., Izquierdo, D., Irusta, S., Salinas, I., and Pina, M.P. (2006) Conference on Advanced Membrane Technol III Membrane Engineering for Process Intensification, Cetraro.
[98] Coker, E.N., Roelofsen, D.P., Barrer, R.M., Jansen, J.C., and van Bekkum, H. (1998) Microporous Mesoporous Mater., 22, 261–268.
[99] Hoppe, R., Schulz-Ekloff, G., Woehrle, D., Kirschhock, C., and Fuess, H. (1994) Langmuir, 10, 1517–1523.
[100] Comes, M., Marcos, M.D., Martinez-Manez, R., Millan, M.C., Ros-Lis, J.V., Sancenon, F., Soto, J., and Villaescusa, L.A. (2006) Chem.-Eur. J., 12, 2162–2170.
[101] Vietze, U., Krauss, O., Laeri, F., Ihlein, G., Schuth, F., Limburg, B., and Abraham, M. (1998) Phys. Rev. Lett., 81, 4628–4631.
[102] Wang, S. (2009) Microporous Mesoporous Mater., 117, 1–9.
[103] Takai, K., Ohtsuka, T., Senda, Y., Nakao, M., Yamamoto, K., Matsuoka, J., and Hirai, Y. (2002) Microbiol. Immunol., 46, 75–81.
[104] Rivera, A., Far'ias, T., Ruiz-Salvador, A.R., and M'enorval, L.Cd. (2003) Microporous Mesoporous Mater., 61, 249–259.
[105] Davis, M.E. (2002) Nature, 417, 813–829.
[106] Pavelic, K. and Hadzija, M. (2003) Medical Applications of Zeolites in Handbook of Zeolite Science and Technology (eds S.M. Auerbach, K.M. Carrado, and P.K. Dutta), Marcel Dekker, New York, pp. 1141–1173.
[107] Rimoli, M.G., Rabaioli, M.R., Melisi, D., Curcio, A., Mondello, S., Mirabelli, R., and Abignente, E. (2007) J. Biomed. Mater. Res. A., 87A, 156–164.
[108] Wong, L.W. (2006) Molecular delivery system based on the nanoporous zeolite microstructures, Doctoral thesis, Hong Kong University of Science and Technology.
[109] Linares, C.F. and Brikgi, M. (2006) Microporous Mesoporous Mater., 96, 141–148.
[110] Linares, C.F., Solano, S., and Infante, G. (2004) Microporous Mesoporous Mater., 74, 105–110.
[111] Uglea, C.V., Albu, I., Vatajanu, A., Croitoru, M., Antoniu, S., Panaitescu, L., and Ottenbrite, R.M. (1994) J. Biomater. Sci. Polym. Ed., 6, 633–637.
[112] Arruebo, M., Fern'andez-Pacheco, R., Irusta, S., Arbiol, J., Ibarra, M.R., and Santamar'ıa, J. (2006) Nanotechnology, 17, 4057–4064.
[113] Miller, M.R. and Megson, I.L. (2007) Br. J. Pharmacol., 151, 305–321.
[114] Wheatley, P.S., Butler, A.R., Crane, M.S., Fox, S., Xiao, B., Rossi, A.G., Megson, I.L., and Morris, R.E. (2006) J. Am. Chem. Soc., 128, 502–509.
[115] Santos, J.C., Cruz, P., Regala, T., Magalhaes, F.D., and Mendes, A. (2007) Ind. Eng. Chem. Res., 46, 591–599.
[116] 116. Shin, H.-S., Kim, D.-H., Koo, K.-K., and Lee, T.-S. (2000) Adsorption, 6, 233–240.
[117] Juniot, A., Seltzer, S., Louvier, N., Milesi-Defrance, N., and Cros-Terraux, N. (1999) Ann. Fr. Anesth. R⊠eanim., 18, 319–331.
[118] Cleveland, Z.I. and Meersmann, T. (2007) Magn. Reson. Chem., 45, S12–S23.
[119] Chaudhary, R. (2008) Next Generation Larthanide–based Contrast Agents for Applications in MRI, Multimodel Imaging, and Anti-cancer Therapies, MSc, University of Toronto.
[120] Chen, W., Wang, S., Westcott, S.L., and Zhang, J. (2005) J. Appl. Phys., 97, 083506-1–8.
[121] Gillett, S.L. (1996) Nanotechnology, 7, 177–182.
[122] Huang, H., Zhou, J., Chen, S., and Huang, Y. (2004) Sens. Actuators B, Chem., 101, 316–321.
[123] Lin, L. and Guthrie, J.T. (2006) J. Membr. Sci., 278, 173–180.
[124] Tavolaro, P., Tavolaro, A., and Martino, G. (2009) Colloid Surf. B, 70, 98–107.
[125] Devlin, J.J., Kircher, S., Kozen, B.G., Littlejohn, L.F., and Johnson, A.S. (2009) J. Emerg. Med., 1–9. doi: 10.1016/j.jemermed.2009.02.017.
[126] Shariatmadari, F. (2008) World. Poultry Sci. J., 64, 76–84.
[127] Kabak, B., Dobson, A.D.W., and Var, I. (2006) Crit. Rev. Food Sci., 46, 593–619.
[128] Thieu, N.Q. (2008) Mycotoxins in Vietnamese Pig Feeds, Doctoral thesis, Swedish University of Agricultural Sciences.
[129] Pallesen, A., Pallesen, F., Jorgensen, R.J., and Thilsing, T. (2008) Vet. J., 175, 234–239.
[130] Ndegwa, P.M., Hristov, A.N., Arogo, J., and Sheffield, R.E. (2008) Biosyst. Eng., 100, 453–469.
[131] Takagi, Y., Komatsu, T., and Kitabata, Y. (2008) Microporous Mesoporous Mater., 109, 567–576.
[132] Treacy, M.M.J. and Newsam, J.M. (1988) Nature, 332, 249–251.
[133] Burton, A.W., Elomari, S., Chan, I., Pradhan, A., and Kibby, C. (2005) J. Phys. Chem. B, 109, 20266–20275.
[134] Dartt, C.B. and Davis, M.E. (1994) Catal. Today, 19, 151–186.
[135] Lobo, R.F. and Davis, M.E. (1992) Chem. Mater., 4, 756–768.
[136] Anderson, M.W., Terasaki, O., Ohsuna, T., Philippou, A., Mackay, S.P., Ferreira, A., Rocha, J., and Lidin, S. (1994) Nature, 367, 347–351.
[137] Kesanli, B. and Lin, W.B. (2003) Coord. Chem. Rev., 246, 305–326.
[138] Feast, S., Rafiq, M., Siddiqui, H., Wells, R.P.K., Willock, D.J., King, F., Rochester, C.H., Bethell, D., Page, P.C.B., and Hutchings, G.J. (1997) J. Catal., 167, 533–542.
[139] Wells, R.P.K., Tynjala, P., Bailie, J.E., Willock, D.J., Watson, G.W., King, F., Rochester, C.H., Bethell, D., Page, P.C.B., and Hutchings, G.J. (1999) Appl. Catal. Gen., 182, 75–84.
[140] Nozue, Y., Kodaira, T., and Goto, T. (1992) Phys. Rev. Lett., 68, 3789–3792.
[141] Srdanov, V.I., Stucky, G.D., Lippmaa, E., and Engelhardt, G. (1998) Phys. Rev. Lett., 80, 2449–2452.
[142] Igarashi, M., Kodaira, T., Shimizu, T., Goto, A., and Hashi, K. (2006) J. Phys. Chem. Solids, 67, 1063–1066.
[143] Bourlinos, A.B., Zboril, R., and Petridis, D. (2003) Microporous Mesoporous Mater., 58, 155–162.
[144] Ozeki, S., Uchiyama, H., and Kaneko, K. (1992) J. Colloid Interface Sci., 154, 303–304.
[145] Reich, S. and Cabasso, I. (1989) Nature, 338, 330–332.

[146] Marb'an, G. and Vald'es-Sol'ıs, T. (2007) Int. J. Hydrogen Energy, 32, 1625–1637.

[147] McDowall, W. and Eames, M. (2007) Int. J. Hydrogen Energy, 32, 4611–4626.

[148] Regli, L., Zecchina, A., Vitillo, J.G., Cocina, D., Spoto, G., Lamberti, C., Lillerud, K.P., Olsbye, U., and Bordiga, S. (2005) Phys. Chem. Chem. Phys., 7, 3197–3203.

[149] Kayiran, S.B. and Darkrim, F.L. (2002) Surf. Interface Anal., 34, 100–104.

[150] Fraenkel, D. (1981) J. Chem. Soc., Faraday Trans. 1, 77, 2029–2039.

[151] Langmi, H.W., Book, D., Walton, A., Johnson, S.R., Al-Mamouri, M.M., Speight, J.D., Edwards, P.P., Harris, I.R., and Anderson, P.A. (2005) J. Alloys Compd., 404, 637–642.

[152] Langmi, H.W., Walton, A., Al-Mamouri, M.M., Johnson, S.R., Book, D., Speight, J.D., Edwards, P.P., Gameson, I., Anderson, P.A., and Harris, I.R. (2003) J. Alloys Compd., 356, 710–715.

[153] Graham, D.D., Culnane, L.F., Sulic, M., Jensen, C.M., and Robertson, I.M. (2007) J. Alloys Compd., 446, 255–259.

[154] Forster, P.M., Eckert, J., Heikem, B.D., Parise, J.B., Yoon, J.W., Jhung, S.H., Chang, J.S., and Cheetham, A.K. (2006) J. Am. Chem. Soc., 128, 16846–16850.

[155] Jorda-Beneyto, M., Suarez-Garcia, F., Lozano-Castello, D., Cazorla-Amoros, D., and Linares-Solano, A. (2007) Carbon, 45, 293–303.

[156] Yu, M., Wyss, J.C., Noble, R.D., and Falconer, J.L. (2008) Microporous Mesoporous Mater., 111, 24–31.

[157] Dieng, A.O. and Wang, R.Z. (2001) Renewable Sustainable Energy Rev., 5, 313–342.

[158] Sumathy, K., Yeung, K.H., and Yong, L. (2003) Prog. Energy Combust., 29, 301–327.

15 沸石微晶的组织

Kyung Byung Yoon

15.1 引言

由不同尺寸的分子单元合理地组装出复杂结构的能力是生命的根本要素,也是在新千年中材料化学通往成功的关键[1, 2]。化学科学家和材料科学家已经掌握了将小于或等于1nm的原子或小分子组装成复杂结构的技能。在21世纪,化学家已经开始将纳米级的"砌块"(1~10nm)放入其砌块库中。然而,微米尺寸的单元还没被认为是一种新的砌块,如果能组装这类砌块,将会使化学和材料科学更加辉煌。

人们已经进行了许多研发,尝试将沸石微晶作为微型砌块,然后将微晶组装成二维(2D)和三维(3D)的有序结构[3~23]。将沸石微晶作为微砌块有许多额外的优势,这是因为每一颗沸石微晶拥有数以百万计的规则的纳米通道和数十亿计的纳米孔隙。这些通道和孔隙可以用各种不同功能的分子或纳米粒子来填充。因此,由拥有控制取向晶体单元的沸石微晶构成的二维或三维阵列或超晶,能够应用于诸如分子分离、材料科学、非线性光学、电化学、能量和光的捕集等众多的领域。本章主要介绍"沸石微晶的组织"这一新领域以及组装体的应用。

15.2 通过自组装将沸石微晶组织成功能材料

在化学界和自然界中,原子、分子、酶、蛋白质、DNA、RNA和纳米粒子通常会通过自组装形成更大的组装体。像这些较小的砌块一样,微晶也可以组合成类似单层、多层及其他功能材料的组装体。本节将介绍沸石微晶通过自组装形成各种组装体的各种例子。

15.2.1 在固体基体上的单层组装

作为一种改善电极表面[24~26]和通过二次生长生成连续沸石薄膜[27, 28]的手段,已经许多学者对微晶在基体上单层组装进行了研究。然而,由于用的是大小不均一且没有宽而平的接触面的微晶,组合晶体的覆盖率、紧密程度、取向一致性都不能令人满意。事实上,当微晶大小均匀并且有宽而平的接触面时,组合体的覆盖率、紧密程度和取向一致性会显著提高。此外,已经有研究表明,微晶可以通过不同类型键合方式附着到不同的基体表面。在单层组装中,键合类型和附着方法对附着速度、组装块的覆盖率、晶体间的致密程度(DCP, the degree of close packing)、与基体表面间的键合强度等方面的影响极其敏感。此外,还有许多令人感兴趣的与微晶在不同基体表面单层组装的相关特征[3~23, 29, 30]。

15.2.1.1 连接的类型

人们已经研究了多种键合方式,并且每种方式都有其各自的特征。

① 共价键连接。通过烷基胺与环氧化物反应(见图15.1a~c)[3]、与C₆₀反应(见图15.1d)[4]、与乙醛反应(见图15.1e)[5]、与卤代烷反应(见图15.1f)[6]、与异氰酸烷基酯反应(见图15.1g)[7],通过沸石表面羟基与卤代烷反应(见图15.1h)[6]、与异氰酸烷基酯反应(见图15.1i)[7],形成了不同的共价键连接方式。就烷基胺来说,也已经用到了聚乙烯亚胺(PEI,图15.1b)和树枝状多聚胺(见图15.1c)[8]。这些多胺使沸石微晶与基体间有了更强的结合,这将在本章的后续部分描述。在众多的共价连接方式[4~9]中,由沸石表面的羟基与系链于基体表面的卤丙基反应形成的醚连接(见图15.1h)[6]比较简单,因而应用得最为广泛。尽管脲烷化反应[7]也能用来取代硅烷化,但在上述官能团中,多数是通过硅烷化[3~6, 8~20]连接到固体表面上的。对沸石微晶与基体间的共价连接的表征是困难的。然而,X射线反射(一种分析负载于基体上的薄膜的厚度、粗糙度和密度的技术)已经表明能依据密度、厚度及每种连接方式的粗糙度来分析连接方式的差别[29]。

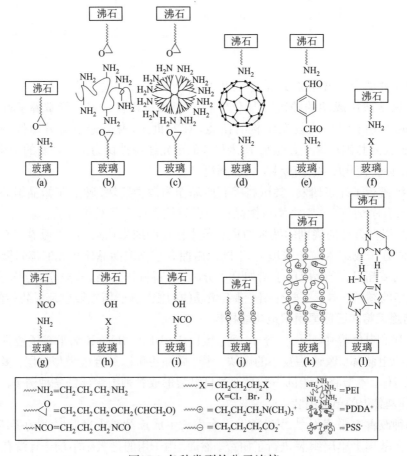

图15.1 各种类型的分子连接

② 离子键连接。丁酸钠(Na⁺Bu⁻)和三甲基丙基碘化胺在沸石微晶和固体基体间形成离子键连接(见图15.1j)[10]。前者是通过将基体上缚定的3-氰丙基转化成丁酸基团,随后转化成丁酸钠而制得的。后者是通过用碘代甲烷处理沸石缚定的胺丙基团,使之完全甲烷化成季胺盐而得到的。在乙醇中,将系链于基体的Na⁺Bu⁻和系链于沸石微晶的TMPA⁺混合,沸石微晶就能在基体上形成单层。高分子电解质,如聚4-苯乙烯磺酸基的钠盐(Na⁺PSS⁻,图15.2a)和聚二

烯丙基二甲胺的盐酸盐(PDDA⁺Cl⁻, 图15.2b)也可以充当沸石微晶与基体间的中间层。PSS⁻与PDDA⁺多层交替也能够应用于带电荷的固体表面之间(见图15.1k)。由于异丙胺基团在酸性环境下因质子化而转变成带正电荷，通过酸性环境下"异丙胺基/PSS⁻/异丙胺基"的链接，也可以在基体上形成沸石微晶的单层膜。然而，采用这种方法产生的沸石微晶单层都没有令人满意的覆盖率和致密度(DCP)[10]。

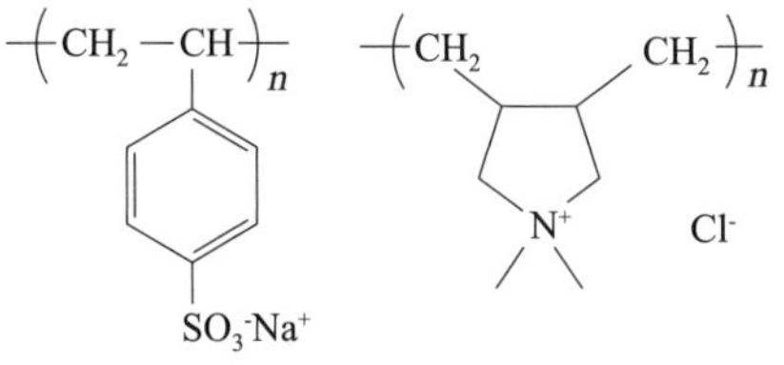

(a) Na⁺PSS⁻   (b) PDDA⁺Cl⁻

图15.2 Na⁺PSS⁻和PDDA⁺Cl⁻的结构

③ 氢键连接。虽然氢键比共价键和离子键要弱得多，沸石微晶仍可通过氢键连接到基体上。在室温和水溶液环境，系链有胸腺嘧啶的沸石晶体(2.5μm)在系链有腺嘌呤的玻璃片上形成了致密的单层(见图15.11)[11]。最令人感兴趣的是，在退火温度(55℃)下，表面系链的互补DNA碱基对间的键断裂与重组变得非常快，由于晶体在表面迁移更快，组装的速率及致密度(DCP)都明显增加。

④ 物理吸附。借助于微粒子物理吸附于基体上，也能在基体上形成沸石微晶的单层。方法包括溶液缓慢蒸发[31]、浸渍涂布[28, 31]、对流组装(垂直沉降)[33]。聚苯乙烯也可应用于更强的黏附[27]。尽管不选择物理吸附作为在基体上组装沸石微晶单层的方法，但其仍被认为是在基体上沸石膜成长的重要工序[34]。

15.2.1.2 基体的类型

最广泛试用过的基体就是玻璃[3, 4, 7~11, 13, 16~21, 23]。除玻璃外，玻璃纤维[8]、二氧化硅[6]、氧化铝[6]、大沸石[6]、植物纤维(棉、亚麻和大麻等)[14]、人造纤维(尼龙和聚酯)[35]、导电性基体[Pt、Au和纳米锡铟氧化物导电玻璃(ITO glass)][9]、塑料(聚碳酸酯)[35]、负载于多孔氧化铝上的介孔氧化硅[36, 37]和硅晶片[38]都已经试验过。事实上，任何固体材料，无论其形状大小，都可用来当作基体。

15.2.1.3 方法

进行广泛试验的4种方法是单纯回流(RO, reflux only)、回流加搅拌(RS)、单纯超声处理(SO, sonication only)和超声处理并在玻璃片间加堆叠(SWS, sonation with stacking)(见图15.3)[3~23, 29, 30]。

在RO和RS方法中，聚四氟乙烯支架下面有四根支撑脚(见图15.3a和15.3b)。涂覆有官能团的基体正常垂直放置，一片一片地固定在支架上的凹槽中。聚四氟乙烯支架浸入圆柱形反应器，反应器充装了分散着沸石微晶的溶液(通常是甲苯)。溶液回流不搅拌(RO)，或者在回流的同时利用置于四脚聚四氟乙烯支架下的磁力搅拌子来进行搅拌(RS)。

在SO和SWS方法中，用到了梳状的聚四氟乙烯支架(见图15.3c和图15.3d)。支架下没有支撑脚，这样插入间隙的薄基片就能直接接触到圆底烧瓶的底部，让尽可能大的超声能量传递到玻璃片上。在SO方法中，基体是一片一片地分别插入梳形支架上的间隙中的(见图15.3c)。在SWS方法中，一片表面功能化了的玻璃基体(FG, functionalized glass)夹在两片洁净的玻璃片(BG, bare glass)之间，三片构成的叠片(BG/FG/BG)一叠一叠地分别插入梳形支架上的间隙中(见图15.3d)。反应器的超声处理通常在底部装有两台超声波发生器(每台95W，28kHz)的超声浴上进行。超声处理总是会引进声波浴内水温的升高，在形成共价键连接的情况下，温度的升高会导致附着速度的增加。因此，声波浴中的水温应当用浸入式的温控冷却器控制一致，以消除温度对考察结果的影响。

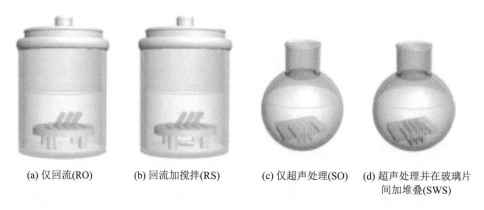

(a) 仅回流(RO)　　　(b) 回流加搅拌(RS)　　　(c) 仅超声处理(SO)　　(d) 超声处理并在玻璃片
间加堆叠(SWS)

图15.3 研究的四种不同类型反应装配[30]

令人感兴趣的是，在SWS方法试验过程中(见图15.4)，沸石微晶从FG和BG间缝隙的底部流向顶部。此外，与其他方法比，SWS方法在覆盖率、致密度方面有许多优势，这将在本章后面的内容中讨论。

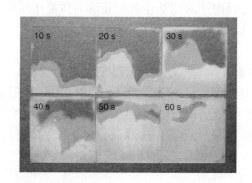

图15.4 在全硅沸石-1微晶的甲苯分散液($[C]_F$=0.9×10⁻¹²mol/L)中和在不同时间下
处理叠片(BG/FG/BG)的数码照片

无论用什么方法，在化学连接的单层上总会有些物理吸附或者黏着得很弱的微晶的存在。因此，为了从单层沸石上去除弱吸附的微晶，通常将新制得的附着于基体上的沸石单层置于纯甲苯中，并在装有较弱超声发生器的声波浴上进行30s温和的超声处理，然后再进行扫描电镜(SEM)分析和用微量天平测定附着量。

15.2.1.4 表征单层质量的特征点

① 覆盖率与覆盖率-时间曲线。覆盖率的定义为：

$$覆盖率=(W_A/W_{A,max})×100\% \tag{15.1}$$

式中：W_A和$W_{A,max}$分别为在一片基体(两面)上的附着量和最大附着量。

每一种单层的覆盖率-时间曲线能给出更详细的关于组装速率与组装过程机理的信息。

② 致密度(DCP)。DCP代表微粒子互相接近的程度。目前，还没有直接方法来赋予DCP数量值。SEM图像对比能提供DCP相对的概念。

③ %R-t曲线。当前阶段，还没有测定单个微晶与基体间附着强度的方法。因此，通常通过在新鲜溶剂中超声诱导剥离一定时间后，以剩余沸石微晶量(%R)与最初附着量的比例来间接估计附着强度[8]。%R与时间的关系曲线反映出更多微晶与基体间附着强度分布的信息。通过比较不同单层的%R-t曲线，就能对单层的附着强度及其微晶与基体间附着强度的分布进行对比。为此，单层的超声诱导剥离必须在同一的条件进行，即同一超声波浴、同样的水量、单层置于超声浴中的同一位置以及相同的温度。

15.2.1.5 单层组装的四个关键步骤

单层组装过程中的4个关键步骤如图15.5所示[30]。它们分别是：微晶在溶液中分散；微晶附着到系链有3-氯丙基玻璃(CP-G)上；随机附着的微晶迁移，以使微晶间边缘互相贴近；附着于基体表面的微晶与分散于溶液中的微晶互相替换。

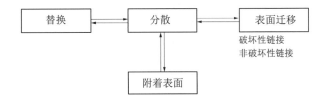

图15.5 溶液中沸石微晶单层组装过程出现的4个主要步骤

(1) 分散

由于沸石微晶会很迅速地沉积，所以其分散是很重要的[30]。一旦发生沉积，微晶就没有与基体反应的机会。为了维持微晶的分散状态，溶液必须采用搅拌、摇动或超声波照射等方式保持在扰动状态。分散的微晶自动获得了平移能量。借助于这种能量，微晶能够撞向基体表面，进而通过沸石微晶与基体表面的官能团的结合而完成附着。溶液中微晶与附着于基体表面的微晶间的碰撞帮助了附着微晶的表面迁移，也有助于溶液中的微晶替代附着的微晶。正如15.2.1.6节中所要叙述的那样，扰动的类型，或者说是扰动的强度，在单层组装过程中起着至关重要的作用。

基于沸石微晶加入量，可简单地将沸石微晶的浓度定义为表观浓度$[C]_F$。由于微晶没有完全分散，不能像均相溶液一样，将$[C]_F$等同于沸石微晶分散于溶液中的浓度。因此，实际分散的微晶浓度应当另行定义为$[C]_D$。分散浓度$[C]_D$等于$[C]_F$乘以一个比例系数f_{method}，该系数是关于RO、RS、SO及SWS等方法的函数[式(15.2)]。

$$[C]_{D, method} = f_{method}[C]_F \tag{15.2}$$

f_{RO}估计值区间为：$0.25 < f_{RO} < 0.5$。f_{RS}、f_{SO}与f_{SWS}的估计值为1[30]。

(2) 表面附着

为了让微晶附着于基体的表面，沸石微晶与基体上的官能团应该首先相遇并发生形成连接的反应。要发生共价键的连接，两个官能团必须以高于临界值的速度并以某种角度碰撞。热能也会促进连接的形成[3~9, 17, 21]。由于离子键型的连接的形成是全方位的(无论两基团以什么方向接近都会形成)，并且带有相反电荷的中心不管距离远近都会相互吸引，离子键型连接的形成比共价键型连接要容易得多[10]。相应的，离子键型连接的个数也远大于共价键型连接的个数，导致晶体与基体间产生更高强度的束缚。

(3) 表面迁移

要发生表面迁移，附着的沸石微晶会断裂其表面少部分官能团与基体间形成的分子连接(即"链断裂")；随后，系链于微晶表面的没发生过作用的新鲜官能团，与存在于基体新表面的官能团间形成新的分子连接(即"新链形成")[4, 11, 18]。因此，要发生表面迁移，附着的沸石微晶必须被非常强烈地搅动。这就是在SO与SWS条件下高效发生表面迁移的原因。

微晶表面与基体间只形成少部分连接的原因是：表面粗糙度值大于系链于微晶与基体表面的分子的长度(见图15.6)[8, 29]。在共价键连接的情形下，经过大面积的表面迁移，表面系链的基团数目，甚至最终在微晶与基体之间的连接数目都会减少，并将导致结合强度(或者%R)的降低[18]，这将在后文中详细讨论。

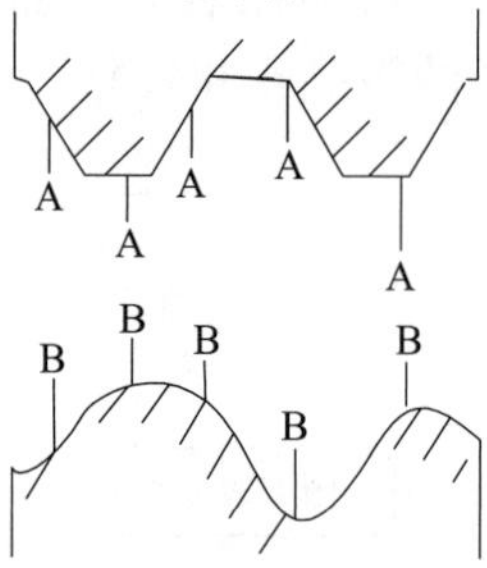

图15.6 沸石和玻璃表面不平导致二者表面基团之间结合数目受限[8]

表面迁移分为两种类型：表面破坏性迁移和非表面破坏性迁移[39, 40]。当连接为共价键型时，发生表面破坏性迁移；而当连接为离子键型或者氢键型时，发生非表面破坏性迁移。因此，连接的性质及搅动方法会显著影响覆盖率-时间曲线和%R-t曲线的形状。例如，对于共价键连接的情形，在SO和SWS条件下，表面迁移非常迅速地发生，覆盖率和结合强度都会随时间延长而逐步减小。相反，对于氢键和离子键的情形，即使在SO与SWS条件下，连接数目与结合强度都不随时间发生变化[40]。

在玻璃片上制备3种不同连接方式的硅晶[尺寸为$(1.3 \times 0.6 \times 1.8)\mu m^3$]单层，其覆盖率-时间曲线与%R-t曲线如图15.7所示(搅动方法均为SWS)。图15.7很好地说明了上段描述的显著差别：以裸露的硅晶(Z)与CP-G片反应形成的共价键连接(见图15.7a)；通过系链于硅晶(Z^-)的(Na^+Bu^-)，与系链于玻璃(G^+)片[尺寸为$(1.8 \times 1.8)cm^2$]的($TMPA^+I^-$)反应得到直接离子键型连接(见图15.7b)；(Na^+PSS^-)和($PDDA^+Cl^-$)在Z^-与G^+间形成间接离子键连接(见图15.7c)。

在反应时间为0~8min和0~5h的条件下，覆盖率与时间的关系曲线分别为图15.8a和图15.8b所示。与实际情况一致，结合强度按A<B<C(见下文)的顺序增加[10, 40]。图15.8a中的曲线图形不同的原因，是其表面迁移速度不同，并且迁移速度随结合强度的增强而降低。这个例子清楚地说明，单层组装速度随表面迁移速度的增大和结合强度的减小而增大。

在5h的反应时间内，曲线A的覆盖率随从100%减小到64%(见图15.8b)。与之相反，曲线B和C的覆盖率仅分别减小到96%和97%。者表明曲线B和C的初始覆盖率在反应时间内基本维持不变。换句话说，即使经过了超长时间的表面迁移，由Z^-、G^+和$PDDA^+$/PSS^-/G^+形成的离子中心数目基本保持不变。

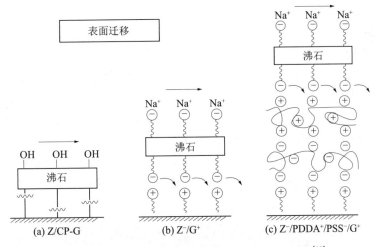

(a) Z/CP-G   (b) Z⁻/G⁺   (c) Z⁻/PDDA⁺/PSS⁻/G⁺

图15.7 键断裂和电荷迁移两种类型反应示意图[40]

与上述推断一致，当曲线A的%R-t图随时间由约70%逐渐减少到约30%时，曲线B和C的起始达到约94%并且在试验的5h内保持恒定(见图15.8c)。这一结果表明，尽管其晶体经历了超长时间的表面迁移(以及链定的晶体与溶液中晶体发生了替换，这将下一节中叙述)，曲线B和C的初始结合强度(离子键连接的初始数量)保持恒定。相反，上述结果证明共价键链定的微晶在基体表面的迁移是通过重复进行链断裂和新链形成的循环来完成的。那么，离子键链定的微晶的迁移是通过"电荷转移(charge shift)"来完成的(见图15.7b和c)。因此，微晶表面迁移也可以依据其连接类型—共价型或者离子型分为"连接破坏型"和"非连接破坏型"。

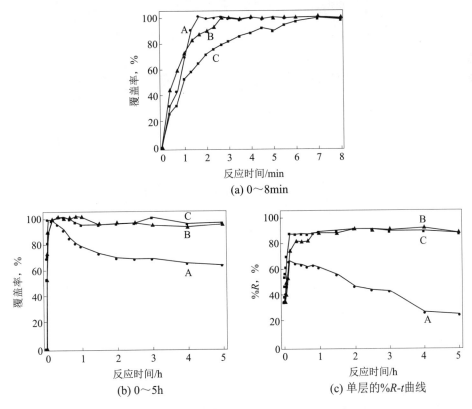

(a) 0～8min

(b) 0～5h   (c) 单层的%R-t曲线

图15.8 图15.7中3种不同连接的覆盖率–时间曲线

(4) 置换

让已经布满沸石微晶的基体用结合了荧光分子的同种微晶继续进行单层组装过程，已经观察到了表面附着的微晶与溶液中分散的微晶发生置换的现象[18]。这里，表面覆盖满裸沸石微晶的玻璃片(BZ-G)，通过玻璃缚定的3-氯丙基与沸石微晶表面的羟基结合形成共价连接而制得，接着让其在分散有荧光沸石微晶(^{FL}Z)的溶液中，在RO、RS、SO和SWS条件下继续进行一定时间(t)的单层组装。所得玻璃片标记为$(^{FL}Z/BZ-G)_{method}-t$。注意：荧光化的沸石记作^{FL}Z，以区别于官能团涂覆的沸石(FZ)(见15.2.1.3节)。

图15.9分别给出了$(^{FL}Z/BZ-G)_{RO}-6h$、$(^{FL}Z/BZ-G)_{RO}-24h$、$(^{FL}Z/BZ-G)_{RS}-6h$、$(^{FL}Z/BZ-G)_{RS}-24h$、$(^{FL}Z/BZ-G)_{SO}-30s$、$(^{FL}Z/BZ-G)_{SO}-300s$、$(^{FL}Z/BZ-G)_{SWS}-30s$和$(^{FL}Z/BZ-G)_{SWS}-300s$的荧光照片。

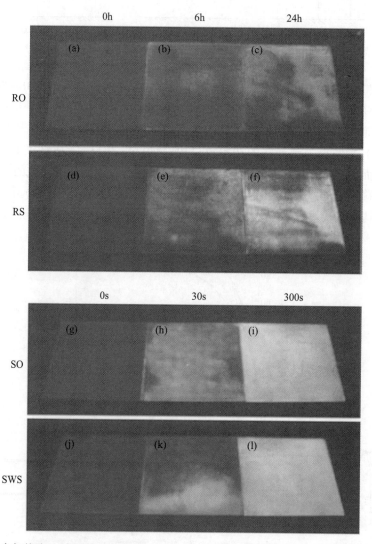

图15.9 各种组合与状态下单层的荧光图像：(a)BZ/G; (b)$(^{FL}Z/BZ-G)_{RO}-6h$; (c)$(^{FL}Z/BZ-G)_{RO}-24h$;
(d)BZ/G; (e)$(^{FL}Z/BZ-G)_{RS}-6h$; (f)$(^{FL}Z/BZ-G)_{RS}-24h$; (g)BZ/G; (h)$(^{FL}Z/BZ-G)_{SO}-30s$;
(i)$(^{FL}Z/BZ-G)_{SO}-300s$; (j)BZ/G; (k)$(^{FL}Z/BZ-G)_{SWS}-30s$; (l)$(^{FL}Z/BZ-G)_{SWS}-300s$

图15.10为实验所得玻璃片与参比玻璃的荧光光谱图，参比玻璃片完全被^{FL}Z覆盖(^{FL}Z-G)。基于^{FL}Z-处理的BZ-G基片对参比^{FL}Z-G的相对荧光强度，测定出了其置换度。置换度分别为

4%(RO, 6h)、7%(RO, 24h)、10%(RS, 6h)、33%(RS, 24h)、20%(SWS, 0.5min)、76%(SWS, 5min)、24%(SO, 0.5min)、106%(SO, 5min)。可见，无论用何种搅动方法，都发生了置换，置换度按RO<RS<<<SWS<SO的顺序增加。

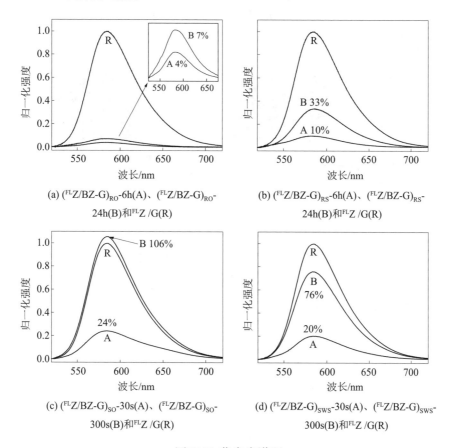

(a) $(^{FL}Z/BZ\text{-}G)_{RO}\text{-}6h(A)$、$(^{FL}Z/BZ\text{-}G)_{RO}\text{-}$
24h(B)和$^{FL}Z/G(R)$

(b) $(^{FL}Z/BZ\text{-}G)_{RS}\text{-}6h(A)$、$(^{FL}Z/BZ\text{-}G)_{RS}\text{-}$
24h(B)和$^{FL}Z/G(R)$

(c) $(^{FL}Z/BZ\text{-}G)_{SO}\text{-}30s(A)$、$(^{FL}Z/BZ\text{-}G)_{SO}\text{-}$
300s(B)和$^{FL}Z/G(R)$

(d) $(^{FL}Z/BZ\text{-}G)_{SWS}\text{-}30s(A)$、$(^{FL}Z/BZ\text{-}G)_{SWS}\text{-}$
300s(B)和$^{FL}Z/G(R)$

图15.10 荧光光谱图

令人感兴趣的是，在SO条件下已经发现置换速度明显高于剥离速度，这说明由表面缚着的微晶与溶液中的微晶间碰撞导致的剥离速度，明显高于自行剥离的速度[18]。因此，置换以及引发置换的表面缚着的微晶与溶液中的微晶间碰撞，也是微晶在基体上单层组装过程中发生的重要过程，该过程明显影响单层组装和所组装出单层的质量。

15.2.1.6 组装方法对速度、致密度(DCP)、覆盖率和黏结强度的影响

组装方法对上述要素有极大的影响[18]。例如，在初始的10min时间时的覆盖率-t曲线(见图15.11)表明，通过玻璃缚定的3-氯丙基与沸石微晶表面羟基间共价键形成，微晶在玻璃表面的单层组装速度大小顺序为RO<RS<<SO<SWS。SEM照片显示，覆盖率和致密度(DCP)也有类似规律。因此可以看出，组装方法对组装速度、覆盖率和致密度(DCP)有显著的影响。从图15.11可以看出，在RO和SWS条件下，表观浓度$[C]_F$也对单层组装的组装速度有显著的影响。在RO条件下，由于低的比例系数f_{RO}导致低的分散微晶浓度$[C]_D$，引发了组装速度在很大程度上取决于表观浓度$[C]_F$的现象。在SWS条件下，因为$[C]_F=[C]_D$，观察到组装速度与$[C]_F$的相关性，表明微晶嵌入BG与FZ之间缝隙的速度也取决于$[C]_D$。

在SO与SWS情况下，超声引发的强力搅动导致了基体表面缚定的晶体的迁移现象增多，从而导致组装速度、覆盖率和DCP在超声诱发下出现显著增长，这种强力搅动还引起了

微晶与基体间连接断裂与重组速度的增加。因此，对表面缚定的微晶的强力搅动，对于加速单层组装过程和增加覆盖率与致密度(DCP)都是至关重要的。此外，在SWS条件下，沸石粒子从底部快速流入玻璃叠片内部，引起了玻璃叠片内部由下到上的粒子快速流动，从而有效提高了组装速度、覆盖率和DCP。粒子在玻璃叠片内部一致向上的运动可以称作是矢量表面迁移，致使晶粒间非常紧密地接触[18, 40]。

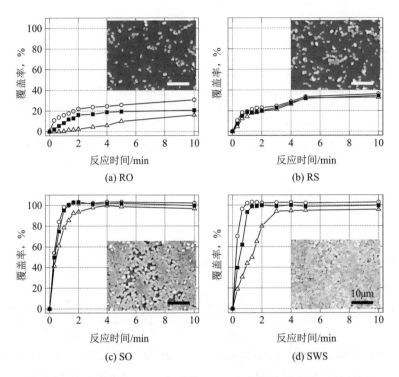

图15.11 沸石微晶在CP-G上附着10min内获得的覆盖率-时间曲线
(插图是各条件下当$[C]_F=0.9\times10^{-12}$mol/L处理2min后的SEM照片，尺标均为$10\mu m$)[30]
○ $[C]_F=0.45\times10^{-12}$mol/L；■ $[C]_F=0.90\times10^{-12}$mol/L；△ $[C]_F=1.80\times10^{-12}$mol/L

同一单层组装在较长时间内(RO与RS为24h, SO与SWS为6h)的覆盖率-t与%R-t曲线(见图15.12)，清楚地表明了组装方法对覆盖率和%R的决定性作用，同时也反映出了结合的强度。

在RO和RS条件下，覆盖率和%R于24h内分别逐步增大到100%和43%，表明附着的晶体数目和每个晶粒与玻璃基体间的分子连接数目，在实验时间内都逐渐增加(见图15.12a和15.12b)。在SO和SWS条件下，覆盖率和%R在组装开始的5min内分别快速增大到了100%和60%(见图15.12c和15.12d)，并在接下来的1h内维持不变，然后在6h的实验过程中却分别下降到约80%和20%~30%。这表明晶体与基体间的连接数目逐渐减少，这正是大量进行连接破坏性迁移和表面连接的晶体与溶液中晶体置换的结果。这一现象与15.2.1.5中描述的一样(见图15.8b和15.8c)。如前所述，在RO与RS条件下，%R增加的时间段要比在SWS与SO条件下长得多。这就表明在超声条件下，连接断裂与重组循环的频率要比在RO和RS条件下快很多。总的重复频率的顺序是：RO≤RS<SWS<SO。

15.2.1.7 影响结合强度的因素

影响结合强度的两个重要因素是连接的数量和每个连接的强度。总体来说，离子键连接时，每一颗微晶与基体间连接的数量比共价键连接时要高，这是因为离子键是全方向的，并且无论正负电荷间的远近，都会发生作用，连接的形成也不需要动能。无论连接类型如何，采用高分子连接会大大增加晶体与基体间的连接数目，这是因为高分子连接具有很大的灵活性，可以调节自身以适应微晶与基体的粗糙表面形成的沟谷(见图15.13)。例如，3-氨丙基涂覆的沸石微晶(AP-Z)在末端环氧化物涂覆的玻璃(EP-G)基体上的单层组装，当两者直接联接时%R减少到5%；当在二者之间涂上树枝状聚酰胺时(见图15.1c)，只减少到45%；当在二者之间涂上聚醚酰亚胺(PEI)(见图15.1b)，则只减少到75%。尽管不是很明显，在图15.8a中也有同样的现象，即：在SWS条件下，当有PDDA$^+$/PSS$^-$存在时，Z在G$^+$上的单层组装速度较慢，这是因为高分子物质致使晶体和基体间连接数大幅增加。

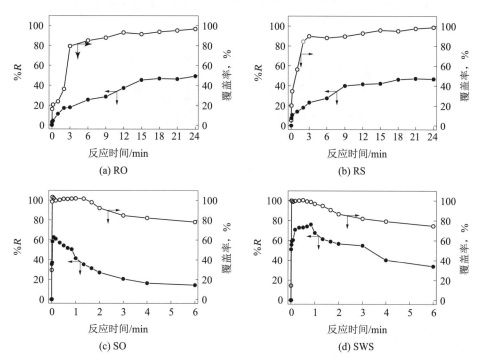

图15.12 覆盖率-时间曲线和对应的%R-t曲线(全硅沸石-1在涂有3-氯丙烷的玻璃片上的单层组装；$[C]_F=0.9×10^{-12}$mol/L)[30]

○ 覆盖率-时间曲线；● %R-t曲线

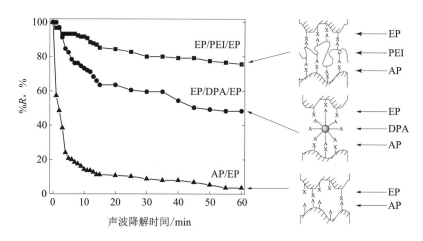

图15.13 A型沸石单层的%R-t曲线[8]

如15.2.1.6节中所述，单层组装方法对结合强度有很大影响。例如，在1h的时间内，晶体与基体间结合强度按RO≈RS<<SO<SWS的顺序增大(见图15.12)。如前所述，在SO与SWS条件下并在玻璃上组装单层时，由于反复进行连接破坏性表面迁移，以及在基体上连接的微晶与溶液中分散微晶发生置换，从而使结合强度减小。

令人感兴趣的是，当每颗晶体与基体间连接数不变，相邻晶体发生横向连接时，晶体与基体间结合强度会显著增加(见图15.14)[17]。基于此现象，当相邻的AP拴定(AP-tethering)微晶(见图15.14a)通过TPDA(terephthaldicarboxyaldehyde, 对苯二甲醛)(见图15.14b)产生横向连接时，%R明显增大(见图15.14c)。无论连接的类型和采用何种组装方法，当在玻璃或其他金属氧化物基体上组装的单层在空气流中高温焙烧后，沸石微晶都几乎牢固地黏附在基体上。

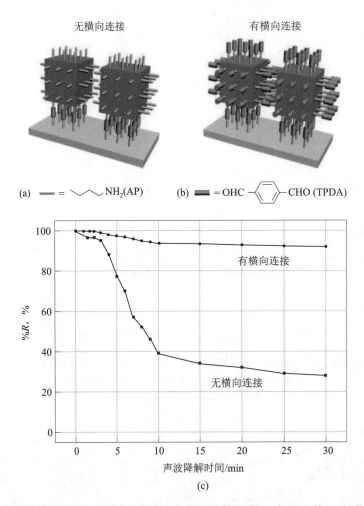

图15.14 邻近微晶间无横向连接(a)和有横向连接(b)的示意图及其%R-t曲线(c)

15.2.1.8 同向致密排列的推动力

全硅-1型(silicalite-1)或MFI型晶体能从a和b两个不同方向附着于基体上，也就是分别以a轴或b轴指向基体。其中，b轴方向占绝大多数(99%)，a轴方向仅在初始阶段有发现。方向一致性高的原因主要有方面：首先，附着的晶体连续不断地被分散于溶液中的晶体置换；其次，每颗微晶与基体间结合强度随接触面积的增加而增大。结果是，当附着的微晶拥有最大的接触面积时，其被溶液中分散的晶体置换的可能性就减小。因此，具有最大面积的"面"决定晶体最后的附着方向。这种现象也导致了在全硅-1型膜形成过程中生成b轴方向的连续膜。

L沸石能合成出两种不同的晶相: 圆柱形和六棱柱形[41]。圆柱形L沸石会组装成垂直向的单层(见图15.15a),而六棱柱形L沸石会组装出水平向的单层(见图15.15b)[19]。出现前一种情况是因为晶体仅在两端具有平面;而后一种情况的出现,是因为晶体的侧平面面积明显大于其端面面积。组装方法也影响方向一致性的程度。例如,长宽比(长度与底面直径之比)大于2的圆柱形L沸石晶体的垂直向一致程度,按RS<SO=SWS的顺序增加;当长宽比小于1时,用SWS方法也会产生出c向晶体的单层[42]。

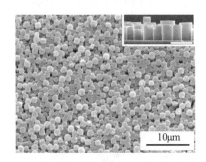

(a) 竖直排列的圆柱状L沸石晶体   (b) 水平排列的六棱柱状L沸石晶体
(插图为横截面,标尺为2μm)

图15.15 沸石在3-氯丙烷涂覆的玻片上的密堆积单层

就上述内容而言,已经有研究者[43]阐明了长的ZSM-5晶体在电场控制下的排列情况。该物理方法仅限于那些有较大内在偶极矩的晶体。用阳极化处理过的氧化铝盘片制作垂直取向的磷铝分子筛,也已有研究者对其进行了研究[44]。然而,其覆盖率、致密度和取向一致性都不能与图15.15所示的情形相媲美。

15.2.2 基体上模式化的单层组装

微模式化的沸石微晶单层具有作为低介电材料应用于组合催化剂和集成电路包装的潜力[45, 46],例如可应用于微接触印刷技术[21]或者光模式化[13, 20],在基体上制备官能团单层。应用于微接触印刷术而制备的ZSM-5晶体的微模式化单层,其典型SEM图片如图15.16a所示。多个研究小组[47~49]制备了微孔和介孔的微模式化硅晶膜。

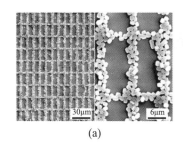
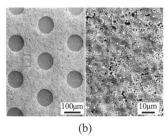
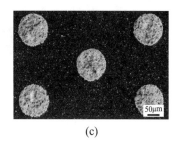

(a)   (b)   (c)

图15.16 微模式单层的SEM照片[13, 21]

栓定于玻璃表面的有机连接基团的光化学降解,具有非常广泛的用途,并且是高效制备具有模式化有机连接基团的玻片的方法[13]。例如,当栓定有3-卤代丙基的玻璃(XP-G)片置于带有遮光罩的紫外光下,暴露于紫外光下的卤丙基会选择性地被降解。以模式化的XP-G

片作基体，栓定有3-卤丙基的沸石(XP-Z)晶体就只会在紫外线曝光过的区域形成单层(见图15.16b)，而沸石裸晶只会在没有曝光过的区域形成单层(见图15.16c)。

将光模式化的玻璃片浸入合成凝胶[13]中制得了模式化的连续全硅-1沸石薄膜。胶态晶种与金之间较弱的吸引力，也被用来在硅晶片上制备模式化连续全硅-1沸石薄膜[38]。缚定于玻璃上的丁酸银的光诱导脱羧基反应，是沸石微晶通过离子键组装微模式化单层的有效方法[20]。

15.2.3 基体上的多层组装

组装了单层以后，重复采用相同的方法可以组装多层。随着层数的增加，多层更容易从基体上脱落，因此，多层组装必须有强有力的连接。离子型连接加上多层的聚合电解质，可以用于多层组装以增强结合强度[10]。实际上，已有实例用PSS⁻/PDDA⁺/PSS⁻作为重复的连接单元，在玻璃上完成了五层沸石微晶的组装(见图15.17)。因为沸石微晶的大小和形状不很一致，单层的表面变得粗糙。表面粗糙程度也会随层数的增加而增大。因此，随层数的增加，上面一层的取向一致性和DCP会因下面一层粗糙度增加而减小。

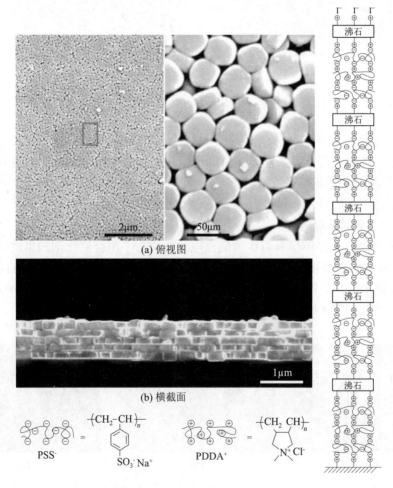

(a) 俯视图

(b) 横截面

图15.17 五层全硅沸石晶体的SEM照片(用PSS⁻/PDDA⁺/PSS⁻作为连接媒介，
通过离子键组装于玻片上)[10]

15.2.4 在水相中组装二维阵列

除通过特定化学连接在固态基体上沸石微晶以特定取向组装出单层或多层以外[4~23, 30,

[39, 40]，人们探索了一种在水相中，通过表面连接有疏水性烃(HC)链的相互嵌合，将微砌块组装成单层的方法。事实上，这一方法作为组装纳米晶体的手段，已被多个研究小组采纳[50~55]。Whitesides等[1]广泛地研究了介观尺寸(10μm~5mm)疏水性砌块在水相中的自组装。

通过表面连接的烃链的相互嵌合，表面涂覆有烃的沸石立方微晶很容易在空气与水的界面形成密堆积的单层，这种单层可以通过浸涂转移到玻璃片上[56]。令人感兴趣的是，当烃的水接触角小于77°时，成网模式是"面与面(FTF)"接触的(见图15.18a)；当烃的水接触角大于102°时，成网模式则变为"棱与棱(ETE)"接触模式(见图15.18b)。当烃的水接触角为中间值(82°)时，单层中会出现两种接触模式，并且数量大致相当(见图15.18c)。"棱与棱"接触的密堆积模式的出现，是为了减少沸石微晶与水接触的表面积，以降低沸石表面的疏水链与下层水之间的排斥力。所得的立方沸石微晶单层以其三次轴垂直于基体，将在沸石单层作为新材料的应用中十分有益。

(a) 以FTF接触方式载于玻片，烃链为正辛基
或者正十二烷基(θ≤77°)

(b) 以ETE接触方式载于玻片，烃链为正十八烷基
或者正十七烷氟代癸基(θ≥102°)

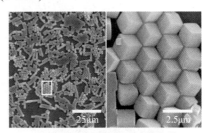

(c) 两种接触方式的数量大致相等，
烃链为甲基十一烷酸盐(θ=82°)

图15.18 立方A型沸石微晶(1.7μm)的单层的SEM照片[56]

可见，立方微晶能通过棱与棱接触模式，被组装成每个微晶的三次轴垂直于基体平面的方向形成的密堆积单层。而且，通过沿六条棱方向的疏水链间的相互嵌合，不仅可以在水面上形成互相连续的立方微晶体，甚至在没有下层水施加的浮力支撑的情况下，也可以在玻片上形成连结的立方微晶，每个微晶以其顶点为支撑竖立排列。值得一提的是，在棱对棱接触模式的紧密堆积单层内部的立方微晶，与六个相邻微晶有接触；而处在边缘的那些微晶，甚至只与3个相邻晶体接触。这表明由于非常短的疏水链间的相互嵌合，导致范德华力增大的程度要比想像的大得多。这一现象让人联想到有较大质量的壁虎能够黏附于任何光滑的表面，靠的就是大量(约500000)的角蛋白茸毛(30~130μm长)或者刚毛的范德体华力的作用[57]。

15.2.5 组装成表面对齐的沸石微球

以分散于甲苯的水滴为模板，沸石纳米微晶(150nm)可组装成自支撑的1~20μm尺寸的沸石微球[22](见图15.9a)。水滴通过向预先分散有沸石纳米晶粒的甲苯中加入少量水，随即进行激烈地超声处理来制得。在超声处理过程中，表面羟基间发生脱水反应从而在沸石微晶间形成直接的硅氧连接,导致在沸石裸晶间形成了强力的结合。

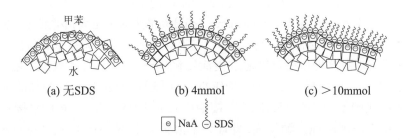

甲苯

(a) 无SDS (b) 4mmol (c) >10mmol

□ NaA ⊖ SDS

图15.19 甲苯中水滴作为模板吸引亲水性沸石晶体;阴离子表面活性剂(SDS)在中等浓度时
A型沸石排列情况;高浓度SDS引起水滴变形的情况[22]

  在纯水中,形成了随机取向的纳米微晶的微球(见图15.19a)。十二烷基磺酸钠(SDS)诱使微球最外面的两层沸石微晶整齐地排列(见图15.19b、15.20a和15.20b)。表面排列之所出现,是因为十二烷基磺酸根离子在水与甲苯界面以负电荷极指向水滴的方向自行排列(见图15.19b)。于是,为了减小与负极端的静电排斥,沸石纳米晶体也整齐排列以减小表面积。在更高的SDS浓度下,沸石微晶会组装成异形的(非球形)结构(见图15.9c和15.20c),以降低表面能。在超声化的初始阶段制备出了多孔的沸石微球(见图15.20d)。图15.20a中的暗点代表被薄层(通常为单层)覆盖的内部空隙。多孔球状的3D网状结构如图15.20d所示。高孔隙率的沸石纳米微晶微球可以用做高效的吸附剂和催化剂。微球也显示出了乳状的结构。

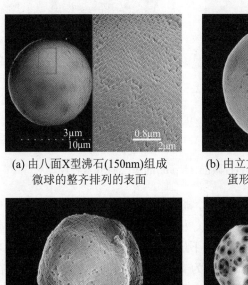
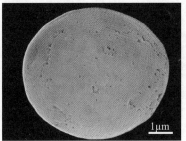
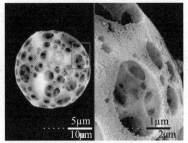

(a) 由八面X型沸石(150nm)组成
微球的整齐排列的表面

(b) 由立方A型沸石(150nm)组成的
蛋形球的整齐排列的表面

(c) 严重变形的球的排列表面

(d) 带孔隙球的孔隙三维结构

图15.20 纳米微球的SEM图片[22]

15.2.6 用蛋白质进行基体栓定沸石晶体的自组装
  蛋白质在水相缓冲溶液中是最活跃的,通过在水相缓冲溶液中搅拌D-葡萄糖栓定的沸石微晶和α糖苷酶(见图15.21a)，或D-生物素栓定的沸石微晶和抗生物素蛋白(见图15.21b)，分别自组装成了细(2~20μm)而长(>1cm)的纤维(见图15.21c)。纤维的形貌在很大程度上受蛋白质/沸石比率的控制。在D-生物素链定的沸石微晶和抗生物素蛋白的情形中，当蛋白质/沸石比率为0.1时，产生了尺寸为5~10μm的分散的沸石晶簇(见图15.21d)。蛋白质与其基体栓定的无机微晶自组装成一定结构的聚集体，这一现象是没有先例的。尽管机理尚不清楚，尤其不清楚为什么两个单元会沿轴向对称的方向增长，但这个方法仍不失为用蛋白质组装沸石微晶的方法。

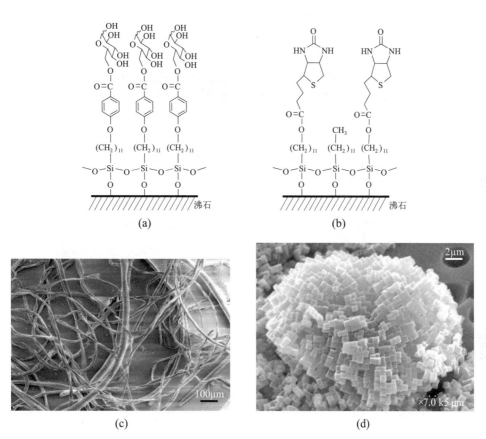

图15.21 A型沸石-α-糖苷酶组装的材料(a)和D-生物素栓定的A型沸石微晶的
独立晶簇(b)的SEM照片[12, 15]

15.2.7 合成过程中沸石晶体原位自组装成阵列

人们对于在不同基体上组装沸石微晶单层的方法已进行了充分的探索研究。然而，正如在15.2.1.8节中所述，晶体在基体上的取向取决于以最大面积接触基体的现象。因此，以垂直于其他轴的取向立于基体上，一直以来都是不可能的。相反，已经有研究揭示出沸石微晶在其合成过程中可以自组装成单层；而且，以晶体的三个轴平行于模板表面都可以整齐排列。

这种原位自组装的方法是由聚氨酯海绵向自支撑的硅沸石-1号泡沫的转变演化而来的[58, 59]。基于这一发现，整齐排列的聚氨酯薄片被用做定向控制合成二维和三维排列的硅沸石晶体的模板，晶体的取向由聚氨酯变化的性质来调节[23]。例如，整齐排列的聚氨酯薄片是通过在玻璃基体上反复交替引入PDI(见图15.22a)和BDO(见图15.22b)或者PDI和TBE(见图15.22c)达500次后制得的。制得的聚氨酯薄片分别用(PDI/BDO)500/G和(PDI/

TBE)500/G表示。

在(PDI/BDO)500/G存在时,硅沸石-1进行水热反应,在玻璃基体上会形成密堆积的c轴向的二维排列(见图15.22d)。某些区域覆盖了第二层c轴向排列的晶体(见图15.22d),表明通过条件优化,形成整齐排列的三维硅沸石晶体也是可能的。采用(PDI/TBE)500/G时,在玻璃基体形成了密堆积的a轴向的二维排列(见图15.22e)。

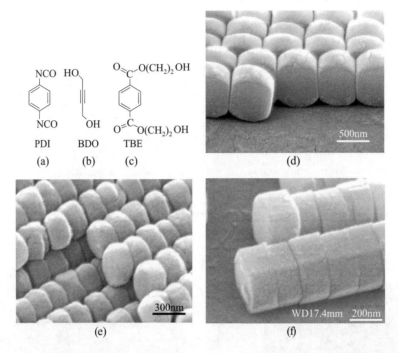

图15.22 (PDI/BDO)$_{500}$/G上c轴方向全硅沸石-1晶体的单层(a)和双层(b)密堆积,以及在(PDI/TBE)$_{500}$/G上a轴方向全硅沸石-1晶体的单层(c)[23]

水解有机产物与活性硅类物质的超分子组合似乎是解释上述现象的原因。已经知道,在合成溶胶中的有机物质(如TPA$^+$),是沸石中纳米孔道按一定形状、尺寸和网络形成的"结构导向剂"。原位自组装的现象证明了这些有机物也在晶体形成过程中发挥了"方向导向剂"的作用。与此相关,随机分散的磷酸锌和AlPO$_4$-5晶体在磷酸烷基脂涂覆的金片上定向生长已经实现[60]。

15.3 通过干式手工组装实现沸石的单层组装

前文所述的微晶单层组装方法均依赖于溶液中的自组装(通常命名为"湿自动法")。事实上,湿自组装是进行纳米级砌块单层组装时选择的方法[61~65];而干砌块通过手工附着于黏性覆盖的基体上(通常命名为"干手工组装"),是微米至厘米级砌块单层组装于基体(水平面或竖立面)的方法。因此,当砌块的尺寸增加到一定程度时,砌块在基体上单层附着的方法就由湿自组装变成了干手工组装。已有研究阐明,对于单层组装,湿自动法的尺寸上限为约3μm,而干手工法的下限为约0.5μm;并且在重叠部分(约0.5~3μm),就速率、晶间致密程度、微晶的方向一致性、基体面积、生态方面考虑,干手工法都优于湿自动法。

通过干手工法在基体上组装单层时,离子键搭接和氢键搭接是最有效的。在氢搭接的情形中,沸石表面羟基/PEI/BG与基体表面的羟基的组合是非常比较奏效的。壳聚糖(chitosan)

也可用做中间层代替PEI[35]。表面羟基间的氢键搭接也用来替代聚合物连接剂[38]。

实际上,可用一个手指将沸石粉末在基体[(18×18)mm²]上摩擦10~20s(见图15.23),来实现离子键拴定的全硅沸石在玻璃上的手工组装。为避免玻璃和微晶被手指上的湿气和盐分污染,操作时可戴上软胶乳手套。对于大面积的基体,用聚二甲基硅氧烷(PDMS)的软片代替手指更为有效。制得的硅沸石-1单层的覆盖率、晶间致密度与用SWS方法制得的相似,后者是在TMPA⁺与Bu⁻间形成离子键搭接(见图15.24)。然而,干手工法具有声波法无法比拟的操作简单的优点,并且不需要溶剂、反应器或者其他设备(如声波浴)。此外,单层组装形成的时间也较短,摩擦仅需要10~20s,而声波处理需要180s。当用摩擦方法时,在单层上没有物理吸附的第二层,因为弱吸附的微晶在摩擦过程中被从化学吸附的晶体上除去。

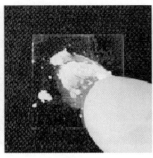

图15.23 以离子键拴定的全硅沸石在玻璃上通过外力手工(摩擦)组装的演示示意图

有趣的是,在SWS法制备的单层中,许多晶体在其010面上带有以90°伴生的寄生晶体[66, 67](见图15.24b);而用摩擦法制备的单层却没有这种晶体,因为寄生部分在组装过程中从母体上脱落了(见图15.24a)。这一现象进一步证明了寄生晶体与母晶间在结合部位的强度,比微晶与基体间的结合强度弱。

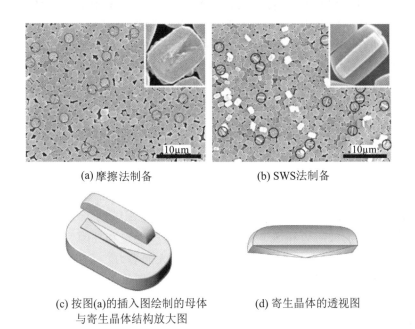

(a) 摩擦法制备   (b) SWS法制备

(c) 按图(a)的插入图绘制的母体   (d) 寄生晶体的透视图
与寄生晶体结构放大图

图15.24 TMPA⁺I⁻涂覆的全硅沸石-1微晶在涂覆有Na⁺Bu⁻的玻片上组装成的单层SEM照片[19]

尽管硅沸石-1的晶相可以由结构导向剂控制[68]，成批制备出不带有90°交叉伴生寄生体的晶体通常是困难的。相应的，无90°交叉互生寄生晶体的硅沸石单层的制备和无a向斑点的连续硅沸石-1膜的制备一直是困难的。现在，干手工法使得无寄生晶体的硅沸石-1单层成为了可能。

干手工法对于尺寸在0.5~12μm的微晶的单层组装非常凑效。人们期望该方法也适用于更大晶体的组装。干手工法在大面积基体上快速组装单层的效率也很高。例如，在(150×150)mm²的玻璃片上(见图15.25)可以在1min内覆盖上平均大小为2μm的硅沸石-1晶体的高质量单层。我们相信，通过优化步骤，速度还可进一步增加。这一特性使微晶涂覆的大基体的批量生产成为可能，将为多种应用提供负载的沸石微晶单层。

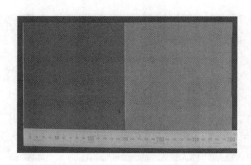

图15.25 大玻璃片上全硅沸石-1微晶(1.3nm×0.5nm×1.7nm)单层组装前(左)和
组装后(右)的照片(PEI作为氢键媒介)

15.4 当前与未来的应用

整齐排列的沸石单层是分子筛膜最好的前体[37]。它们也能用来表征沸石中的顺磁物质[16]。Ag^+交换的沸石晶体涂覆的天然或人造纤维和纸张，可用做所谓抗菌功能纤维和纸张(见图15.26)[14]。光导纤维用沸石微晶涂覆后，可用做高效的光催化剂[69]。混有荧光基团的柱状L沸石垂直取向的单层，提供了各向异性的光致发光性能，双色比为8.9。这一数值值高于从混有荧光聚合物的介孔氧化硅得到的双色比值(4.5)[70]。因此，整齐排列的沸石晶体单层或多层也可以应用于产生各向异性的光致发光的介质[19]、超分子组合的光能捕获系统[42,71]和非线性光学膜[72]。微型的单层能应用于高处理能力的组合催化剂和用于集成电路包装的低介电性的包装材料[45,46]。纳米沸石晶粒构成的多孔微球能用做高效催化剂或吸附剂。尽管将沸石微晶组装成3D的超晶体仍是一项挑战，但我们相信这是沸石微晶组装的发展方向，因为所得到的超级晶体在光学和其他领域会有许多意义重大的应用。沸石微晶组装被认为是未来沸石研究的方向之一[73,74]。

15.5 总结与展望

本章总结了将沸石微晶组装成二维(2D)和三维(3D)组织结构[3~23]的方法。因为每颗沸石微晶有数百万规则的纳米通道和数十亿纳米孔隙，这些通道和孔隙又能填充各种功能的分子或者纳米粒子。组装的沸石微晶作为新材料拥有巨大的潜力。

预先成型的沸石微晶可以在基体上组装成单层、微型单层、多层，可在水中组装成单层和表面整齐排列的微球。甚至在合成阶段的溶胶中，通过自组装沸石微晶可以按控制的晶轴方向成排地排列。

沸石微晶在固态基体上组装成单层已经得到了最为广泛的研究。各种连接方式，包括共价键、离子键、氢键以及物理吸附都被应用于在基体与沸石晶体的功能基团间建立连接。试验得最广泛的基体是玻璃[3, 4, 7~11, 13, 16~21, 23]。玻璃纤维[8]、氧化硅[6]、氧化铝[6]、大沸石[6]、植物纤维(棉、亚麻和大麻)[14]、合成纤维(尼龙,聚酯)、导电性基体(Pt、Au和ITO导电玻璃)[9]、塑料(聚碳酸酯)[35]多孔氧化铝上负载的介孔氧化硅[36, 37]和硅晶片都曾试验过。事实上,任何固体材料无论其形状和大小,都可以充当基体。

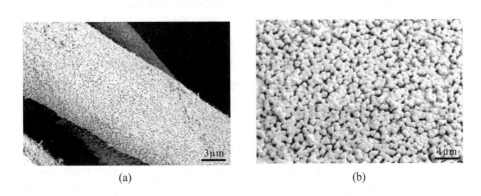

图15.26 纳米Y型沸石涂覆的棉纤维的两种不同放大倍数的SEM照片

组装方法可分为两类:"湿自动法"(晶体在溶液中自动实现组装)和"干手工法"(干晶体在基体上摩擦)。湿自动法的微晶尺寸上限为约$3\mu m$,而干手工法的尺寸下限为约$0.5\mu m$。干手工法似乎应当应用于大于$3\mu m$的组装。在两种方法重叠的范围($0.5\sim3\mu m$)内,就速率、晶间致密程度、微晶的方向一致性、基体面积、生态方面考虑,干手工法都优于湿自动法。

在用湿自动法进行单层组装时,有4种方法得到了广泛研究,分别是RO、RS、SO和SWS[3~23, 29, 30]。在这种情况下,为了提高组装速率、结合强度和晶间致密度,激烈地搅动微晶是非常必要的。搅动的强度取决于采用的方法种类。因此,方法种类对速率、结合强度和晶间致密度有很大的影响。SWS是在玻璃上快速制备致密单层的最好的方法。

单层组装过程中有4个关键步骤:微晶在溶液中的分散;微晶附着到系链有3-氯丙基玻璃(CP-G)上;随机附着的微晶迁移,以使微晶间边缘互相贴近;附着于基体表面的微晶与分散于溶液中的微晶互相替换。当连接是共价型时,发生的表面迁移和附着晶体与溶液中晶体间的置换是"连接破坏性的";当连接是离子型或者氢键型时,则是"非连接破坏型的"。因此,通过共价型连接实现微晶在基体上单层组装时,覆盖率和基体上剩余沸石微晶比例($\%R$)随时间延长而减小。显示单层质量的指标是覆盖率、覆盖率-时间曲线、晶间致密程度、结合强度以及基体上剩余晶体比例R%-时间曲线。附着晶体的最终取向在很大程度上取决于晶体的附着面积。

沸石微晶可以在水相中通过表面连接有疏水性烃(HC)链的相互嵌合组装成单层。当烃的水接触角小于77°时,成网模式是"面与面(FTF)"接触的;当烃的水接触角大于102°时,则变为"棱与棱(ETE)"接触模式。这一结果表明,立方沸石微晶能通过"棱与棱(ETE)"接触方式以其三次轴(C_3)垂直于载体平面组装成密堆积的单层。

以分散于甲苯中的水滴作模板,沸石纳米晶粒(150nm)能组装成自支撑的$1\sim20\mu m$沸石微球[22]。在纯水中产生的是晶体随机取向的微球。加入十二烷基磺酸钠(SDS)诱使微球最外面的两层沸石纳米晶粒整齐地排列。表面排列之所出现,是因为十二烷基磺酸根离子在水与甲苯界面以负电荷极指向水滴的方向自行排列，以减少负极端与带有负电的沸石纳米晶粒间的静电排斥，因为表面排列导致沸石球的表面积最小化。

以整齐排列的聚脲烷膜为模板剂，可以实现硅沸石-1的2D和3D定向合成[23]。采用这一方法，能够制备出分别按a轴和c轴方向紧密排列的二维硅沸石阵列。

迄今为止，在平面基体上进行单层或多层组装时，沸石微晶只有一个轴能整齐排列。除上述的一些应用例子之外，所得单层在许多应用领域有着很大的应用前景。然而，要将单层应用于高精度要求的领域，就必须开发出精确控制微晶的所有三个轴向方法。此外，还应当借助于高度一致排列沸石微晶开发出制备非常薄的自支撑沸石薄片的方法，以开发出具有高处理能力和选择性的沸石膜。我们相信，本章介绍的将沸石微晶组装成各种有序结构的方法，将极大地推动沸石科学技术向新领域的拓展。

致谢

感谢本章所附参考文献中的研究生和博士后研究者，是他们的艰苦工作才使得本章的完成成为可能。同时感谢韩国教育与科技部的创意研究启动与加速项目(Creative Research Initiatives and Acceleration Research)和西江大学(Sogang University)内部研究基金对本工作的支持。感谢Yong Su Park和Nak Cheon Jeong在本章准备过程中提供的帮助。

参考文献

[1] Bowden, N.B., Weck, M., Choi, I.S., and Whitesides, G.M. (2001) Acc. Chem. Res., 34, 231–238.
[2] Ozin, G.A. (2000) Chem. Commun., 419–432.
[3] Kulak, A., Lee, Y.-J., Park, Y.S., and Yoon, K.B. (2000) Angew. Chem. Int. Ed. Engl., 39, 950–953.
[4] Choi, S.Y., Lee, Y.-J., Park, Y.S., Ha, K., and Yoon, K.B. (2000) J. Am. Chem. Soc., 122, 5201–5209.
[5] Lee, G.S., Lee, Y.-J., Ha, K., and Yoon, K.B. (2000) Tetrahedron, 56, 6965–6968.
[6] Ha, K., Lee, Y.-J., Lee, H.J., and Yoon, K.B. (2000) Adv. Mater., 12, 1114–1117.
[7] Chun, Y.S., Ha, K., Lee, Y.-J., Lee, J.S., Kim, H.S., Park, Y.S., and Yoon, K.B. (2002) Chem. Commun., 1846–1847.
[8] Kulak, A., Park, Y.S., Lee, Y.-J., Chun, Y.S., Ha, K., and Yoon, K.B. (2000) J. Am. Chem. Soc., 122, 9308–9309.
[9] Ha, K., Park, J.S., Oh, K.S., Zhou, Y.S., Chun, Y.S., Lee, Y.-J., and Yoon, K.B. (2004) Microporous Mesoporous Mater., 72, 91–98.
[10] Lee, G.S., Lee, Y.-J., and Yoon, K.B. (2001) J. Am. Chem. Soc., 123, 9769–9779.
[11] Park, J.S., Lee, G.S., Lee, Y.-J., Park, Y.S., and Yoon, K.B. (2002) J. Am. Chem. Soc., 124, 13366–13367.
[12] Lee, G.S., Lee, Y.-J., Choi, S.Y., Park, Y.S., and Yoon, K.B. (2000) J. Am. Chem. Soc., 122, 12151–12157.
[13] Ha, K., Lee, Y.-J., Chun, Y.S., Park, Y.S., Lee, G.S., and Yoon, K.B. (2001) Adv. Mater., 13, 594–596.
[14] Lee, G.S., Lee, Y.-J., Ha, K., and Yoon, K.B. (2001) Adv. Mater., 13, 1491–1495.
[15] Um, S.H., Lee, G.S., Lee, Y.-J., Koo, K.K., Lee, C., and Yoon, K.B. (2002) Langmuir, 18, 4455–4459.
[16] So, H., Ha, K., Lee, Y.-J., Yoon, K.B., and Belford, R.L. (2003) J. Phys. Chem. B, 107, 8281–8284.
[17] Park, J.S., Lee, Y.-J., and Yoon, K.B. (2004) J. Am. Chem. Soc., 126, 1934–1935.
[18] Lee, J.S., Ha, K., Lee, Y.-J., and Yoon, K.B. (2005) Adv. Mater., 17, 837–841.
[19] Lee, J.S., Lim, H., Ha, K., Cheong, H., and Yoon, K.B. (2006) Angew. Chem. Int. Ed. Engl., 45, 5288–5292.
[20] Park, J.S., Lee, G.S., and Yoon, K.B. (2006) Microporous Mesoporous Mater., 96, 1–8.
[21] Ha, K., Lee, Y.-J., Jung, D.Y., Lee, J.H., and Yoon, K.B. (2000) Adv. Mater., 12, 1614–1617.
[22] Kulak, A., Lee, Y.J., Park, Y.S., Kim, H.S., Lee, G.S., and Yoon, K.B. (2002) Adv. Mater., 14, 526–529.
[23] Lee, J.S., Lee, Y.-J., Tae, E.L., Park, Y.S., and Yoon, K.B. (2003) Science, 301, 818–821.
[24] Li, Z., Lai, C., and Mallouk, T.E. (1989) Inorg. Chem., 28, 178–182.
[25] Yan, Y. and Bein, T. (1992) J. Phys. Chem., 96, 9387–9393.
[26] Li, J.-W., Pfanner, K., and Calzaferri, G. (1995) J. Phys. Chem., 99, 2119–2126.
[27] Mintova, S., Schoeman, B., Valtchev, V., Sterte, J., Mo, S., and Bein, T. (1997) Adv. Mater., 9, 585–589.
[28] Boudreau, L.C., Kuck, J.A., and Tsapatsis, M. (1999) J. Membr. Sci., 152, 41–59.
[29] Lee, H., Park, J.S., Kim, H., Yoon, K.B., Seeck, O.H., Kim, D.H., Seo, S.H., Kang, H.C., and Noh, D.Y. (2006) Langmuir, 22, 2598–2604.
[30] Lee, J.S., Ha, K., Lee, Y.-J., and Yoon, K.B. (2009) Top. Catal., 52, 119–139.
[31] Lainé, P., Seifert, R., Giovanoli, R., and Calzaferri, G. (1997) New J. Chem., 21, 453–460.
[32] Ban, T., Ohwaki, T., Ohya, Y., and Takahashi, Y. (1999) Angew. Chem. Int. Ed. Engl., 38, 3324–3326.
[33] Lee, J.A., Meng, L., Norris, D.J., Scriven, L.E., and Tsapatsis, M. (2006) Langmuir, 22, 5217–5219.
[34] Li, S., Li, Z., Bozhilov, K.N., Chen, Z., and Yan, Y. (2004) J. Am. Chem. Soc., 126, 10732–10737.
[35] Zhou, M., Liu, X., Zhang, B., and Zhu, H. (2008) Langmuir, 24, 11942–11946.
[36] (a) Wang, X., Zhang, B., Liu, X., and Lin, J.Y.S. (2006) Adv. Mater., 18, 3261–3265; (b) Zhang, B., Zhou, M., and Liu, X. (2008) Adv. Mater., 20, 2183–2189; (c) Lang, L., Liu, X., and Zhang, B. (2009) Appl. Surf. Sci., 255, 4886–4890.
[37] Lai, Z.P., Bonilla, G., Diaz, I., Nery, J.G., Sujaoti, K., Amat, M.A., Kokkoli, E., Terasaki, O., Thompson, R.W., Tsapatsis, M., and Vlachos,

D.G. (2003) Science, 300, 456–460.

[38] Öztürk, S., and Akata, B. (2009) Microporous Mesoporous Master., 126, 228–233.

[39] Yoon, K.B. (2007) Acc. Chem. Res., 40, 29–40.

[40] Lee, J.S. and Yoon, K.B. (2010) J. Nanosci. Nanotechnol., 10, 191–194.

[41] Lee, Y.-J., Lee, J.S., and Yoon, K.B. (2005) Microporous Mesoporous Mater., 80, 237–246.

[42] Ruiz, A.Z., Li, H., and Calzaferri, G. (2006) Angew. Chem. Int. Ed. Engl., 45, 5282–5287.

[43] Caro, J., Finger, G., Kornatowski, J., Richter-Mendau, J., Werner, L., and Zibrowius, B. (1992) Adv. Mater., 4, 273–276.

[44] Tsai, T.G., Shih, H.C., Liao, S.J., and Chao, K.J. (1998) Microporous Mesoporous Mater., 22, 333–341.

[45] Li, S., Demmelmaier, C., Itkis, M., Liu, Z., Haddon, R.C., and Yan, Y. (2003) Chem. Mater., 15, 2687–2689.

[46] Wang, Z., Mirta, A., Wang, H., Huang, L., and Yan, Y. (2001) Adv. Mater., 13, 1463–1466.

[47] Yang, P., Deng, T., Zhao, D., Feng, P., Pine, D., Chmelka, B.F., Whitesides, G.M., and Stucky, G.D. (1998) Science, 282, 2244–2246.

[48] Huang, L., Wang, Z., Sun, J., Miao, L., Li, Q., Yan, Y., and Zhao, D. (2000) J. Am. Chem. Soc., 122, 3530–3531.

[49] Yang, H., Coombs, N., and Ozin, G.A. (1997) Adv. Mater., 9, 811–814.

[50] Li, M., Schnablegger, H., and Mann, S. (1999) Nature, 402, 393–395.

[51] Pileni, M.P. (2001) J. Phys. Chem. B, 105, 3358–3371.

[52] Wang, Z.L. (1998) Adv. Mater., 10, 13–30.

[53] Wang, Z.L., Harfenist, S.A., Whetten, R.L., Bentley, J., and Evans, N.D. (1998) J. Phys. Chem. B, 102, 3068–3072.

[54] Kiely, C.J., Fink, J., Brust, M., Bethell, D., and Schiffrin, D.J. (1998) Nature, 396, 444–446.

[55] Viau, G., Brayner, R., Chakroune, N., Lacaze, E., Fiévet-Vincent, F., and Fiévet, F. (2003) Chem. Mater., 15, 486–494.

[56] Park, J.S., Jeong, N.C., Lee, Y.-J., Kim, M.J., and Yoon, K.B. (2010) J. Nanosci. Nanotechnol., 10, 370–374.

[57] Autumn, K., Liang, Y.A., Hsieh, S.T., Zesch, W., Chan, W.P., Kenny, T.W., Fearing, R., and Full, R.J. (2000) Nature, 405, 681–685.

[58] Lee, Y.-J., Lee, J.S., Park, Y.S., and Yoon, K.B. (2001) Adv. Mater., 13, 1259–1263.

[59] Lee, Y.-J. and Yoon, K.B. (2005) Microporous Mesoporous Mater., 88, 176–186.

[60] Feng, S. and Bein, T. (1994) Nature, 368, 834–836.

[61] (a) Petty, M.C. (1996) Langmuir–Blodgett Films: An Introduction, Cambridge University Press; (b) Ulman, A. (1996) Chem. Rev., 96, 1533–1554; (c) Riklin, A. and Willner, I. (1995) Anal. Chem., 67, 4118–4126.

[62] (a) Shen, G., Tercero, N., Gaspar, M.A., Varughese, B., Shepard, K., and Levicky, R. (2006) J. Am. Chem. Soc., 128, 8427–8433; (b) Katz, E., Weizmann, Y., and Willner, I. (2005) J. Am. Chem. Soc., 127, 9191–9200; (c) Liu, D., Gugliotti, L.A., Wu, T., Dolska, M., Tkachenko, A.G., Shipton, M.K., Eaton, B.E., and Feldheim, D.L. (2006) Langmuir, 22, 5862–5866.

[63] Keegan, N., Wright, N.G., and Lakey, J.H. (2005) Angew. Chem. Int. Ed. Engl., 117, 4879–4882.

[64] Haddour, N., Cosnier, S., and Gondran, C. (2005) J. Am. Chem. Soc., 127, 5752–5753.

[65] Bigioni, T.P., Lin, X.-M., Nguyen, T.T., Corwin, E.I., Witten, T.A., and Jaeger, H.M. (2006) Nat. Mater., 5, 265–270.

[66] Hay, D.G., Jaeger, H., and Wilshier, K.G. (1990) Zeolites, 10, 571–576.

[67] (a) Price, G.D., Pluth, J.J., Smith, J.V., Bennett, J.M., and Patton, R.L. (1982) J. Am. Chem. Soc., 104, 5971–5977; (b) Weidenthaler, C., Fischer, R.X., Shannon, R.D., and Medenbach, O. (1994) J. Phys. Chem., 98, 12687–12694; (c) Geier, O., Vasenkov, S., Lehmann, E., KOrger, J., Schemmert, U., Rakoczy, R.A., and Weitkamp, J. (2001) J. Phys. Chem. B, 105, 10217–10222.

[68] Bonilla, G., DPaz, I., Tsapatsis, M., Jeong, H.-K., Lee, Y., and Vlachos, D.G. (2004) Chem. Mater., 16, 5697–5705.

[69] Pradhan, A.R., Macnaughtan, M.A., and Raftery, D. (2000) J. Am. Chem. Soc., 122, 404–405.

[70] Nguyen, T.-Q., Wu, J., Doan, V., Schwartz, B.J., and Tolbert, S.H. (2000) Science, 288, 652–656.

[71] Calzaferri, G., Bossart, O., Bruhwiler, D., Huber, S., Leiggener, C., Van Veen, M.K., and Ruiz, A.Z. (2006) C. R. Chim., 9, 214–225.

[72] (a) Kim, H.S., Lee, S.M., Ha, K., Jung, C., Lee, Y.-J., Chun, Y.S., Kim, D., Rhee, B.K., and Yoon, K.B. (2004) J. Am. Chem. Soc., 126, 673–682; (b) Kim, H.S., Lee, M.H., Jeong, N.C., Lee, S.M., Rhee, B.K., and Yoon, K.B. (2006) J. Am. Chem. Soc., 128, 15070–15071; (c) Kim, H.S., Sohn, K.W., Jeon, Y., Min, H., Kim, D., and Yoon, K.B. (2007) Adv. Mater., 19, 260–263; (d) Kim, H.S., Pham, T.T., and Yoon, K.B. (2008) J. Am. Chem. Soc., 130, 2134–2135.

[73] Bein, T. (2005) MRS Bull., 30, 713–720.

[74] Schüth, F. and Schmidt, W. (2002) Adv. Mater., 14, 629–638.

16 沸石的工业潜力

Giuseppe Bellussi, Angela Carati, Roberto Millini

16.1 引言

在最近的30年中，多个工业过程引入了沸石催化剂，由此带来了显著的经济和环境效益。通过沸石的应用，可以淘汰许多无机酸或者含氯的催化剂，提高工业过程的产率和选择性，从而改善产品质量，同时降低能耗。超过90%的工业沸石催化剂应用于石油化工和炼油工业等技术成熟的领域。在这些领域，过去已经有了许多突破性的成就，未来可期望的创新将是进行优化和渐进式的改进。近期多篇优秀综述强调了这些领域中发生的工业革新的趋势[1~5]。

近几年来，一些划时代的事件改变了这种形势。媒体的快速发展推进了市场的全球化，同时，许多国家加快增长，全球能源与物资消耗比之前的几十年加快得多得多。相应的，我们也观察到了在最近5年中，不仅人类活动对环境的影响加剧，而且能源和原材料价格也增长迅速。

上述这些景象，给减少环境影响形成了巨大压力，因此，许多国家采取了更加严厉的法规以限制废弃物的产生和CO_2的排放。例如，在欧洲导致后果之一，就是乘用车需求的巨大变化：相对汽油发动机而言，由于柴油发动机的更低的CO_2排放，其普及程度得到了提升。此外，欧洲法规要求到2020年时，按能源标准向化石料中掺混10%的生物燃料。这些变化将在未来几年内对欧洲炼厂操作产生极大影响，同时会给新工艺和产品研究造就机会与需求。目前人们所面临的最重要的问题是能源消耗，CO_2和废弃物排放的减少，以及更清洁和可再生能源的生产。本章中，我们将重点关注沸石在支持技术革新，特别是在炼油工业中的潜力。

16.2 沸石在淤浆工艺中的应用

许多工业转化过程在催化剂的存在下发生，催化剂能加快转化速度，增加目的产物的选择性。过程的效率取决于反应器的选择、工艺流程和反应条件，换句话说，取决于所谓"反应工程"知识的总和，也取决于催化剂的质量。催化剂总是工艺过程的核心。

在多种需要择形选择性[5]的石油化工和炼油工艺中，沸石作为固体酸催化剂是非常重要的。通常，所需的沸石择形选择性是以减慢接近和脱离位于沸石微孔内部活性中心的传质速度为代价获得的。气相反应对扩散有利，而在淤浆反应中扩散会变得慢得多。然而，基于以下

几方面因素,淤浆反应能使择形选择性达到最好效果:

① 增加孔的充盈度和分子与孔道内活性中心的接触时间。

② 降低反应温度。

③ 可以精确控制反应温度,这对于放热反应尤其重要。

④ 改善吸附特性,从晶体结构的亲水-疏水性质和底物/产物的溶解性考虑,吸附特性可通过选择合适的溶剂来调节。

因此,在许多反应中,淤浆条件能彰显沸石的特性并提高过程的效率。然而,在淤浆条件下操作,必须考虑所有有利于增加沸石上活性中心可接近性的办法。一般来说,为了减小进入沸石孔道的扩散限制,至少应当采取以下一些手段中的一种[6]:纳米晶粒沸石、具有分级孔结构的材料、超大孔的沸石、剥层沸石。

因为这一话题将在16.6节中详细讨论,本节关注点将放在控制用于液浆反应的成型催化剂的孔道的可能性上。

工业沸石基催化剂实际上是由不同"砌块"组成的复杂材料。这些"砌块"包括:沸石、黏结剂、甚至还有金属氧化物和添加剂。黏结剂是催化剂成型的基础,在晶间扩散的限制上作用密切。黏结剂组分的孔道控制是开发对大分子传输起作用的催化剂的重要手段。

最近的例子是由Grace Davison和Engelhard(现在的BASF)开发的技术,该技术可以让黏结剂有特定的孔隙度,以便使重质原料分子能灵活地通过,所开发的产品应用于渣油裂化催化剂[7, 8]。

多年以前,为用于淤浆相氧化过程的沸石催化剂开发了一种介孔硅质黏结剂。这种催化剂被认为是一种"ante litteram"分层有序的催化剂,由具有微孔的晶型钛硅-1(TS-1)的纳米粒子构成,分散于介孔无定形氧化硅基质上。该催化剂自1985年起被用于工业淤浆相氧化过程。

在TS-1基催化剂方面所进行的研究工作,可以说是在可用于淤浆相催化过程的新型或改进催化剂应用方面至关重要的进展,以下将予详细讨论。

16.2.1 用于液相氧化过程的TS-1基催化剂

几种液相氧化过程是用可溶的金属氧基化合物(oxometallic compound)作为催化剂来完成的[9]。这些催化剂主要存在三大主要限制:①某些金属氧基化合物有齐聚倾向,可生成无催化活性的氧基络合物;②配位体的氧化破坏导致催化剂的破坏;③高的环境因子(E-factor),E-factor定义为废物与目的产物的质量比[9]。

在一个从几何学和吸附角度而言合适的环境中,理想的催化剂应当拥有许多互相隔离的相同且稳定的中心。合适的同晶替代的沸石具有孔道和空穴,可以成为优良的无机基质:能引起空间效应,在某些情况下,当金属原子一旦结合到骨架上,就会保持稳定而不被脱除。

钛硅分子筛-1(TS-1)[10]是迄今应用最多、了解最深且具有择形氧化特性的沸石。TS-1具有由0.53nm×0.56nm与0.51nm×0.51nm两种孔道构成的三维通道系统MFI结构。正如多项物理化学研究[11]所阐明的那样,Ti(IV)原子进入到四面体位置的骨架中,取代了不相邻的Si原子。钛硅分子筛TS-1是一种疏水材料,适合做为大量以双氧水为氧化剂的反应中的氧化催化剂。

与其他几种沸石催化剂一样,钛硅分子筛TS-1的性能与其晶相形态,尤其是其晶体的大小和形状密切相关[12]。典型的例子是:最好的性能是用由非常细的晶粒的聚集体(0.1~0.3μm)组成的钛硅分子筛TS-1样品获得的,这些细晶粒可通过Clerici等报道的合成工艺[13]获得。形成这种晶相形态较合适的Si/Ti摩尔比为40(见图16.1b),而拥有Si/Ti>65(摩尔比)的样品则类似于硅的六角形单晶(见图16.1a)[14]。

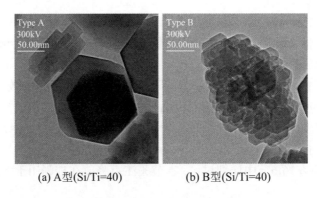

(a) A型(Si/Ti=40)　　　　(b) B型(Si/Ti=40)

图16.1 不同硅钛比的TS-1样品的形貌

在工业催化剂中,亚微米级的TS-1聚集体由黏结剂黏合在一起,成型步骤通过优化,以保证介孔网络的形成和足够的机械强度[15~17]。介孔网络的形成是由于在成形过程中采用了四丙基胺离子(TPA+)。在水溶液中,TPA+倾向于形成平均直径由合成条件决定的簇[18]。TPA+周边的硅低聚体的进一步重组排列,并经过焙烧,形成了固体无定形的"海绵"。其中的孔道平均直径,在某种程度上由形成孔道的有机物簇的直径决定。

在TPA+簇存在下获得的无定形硅的N$_2$吸/脱附等温线如图16.2所示。不可逆的Ⅳ+(Ⅰ)型等温线是介孔MSA-型材料、无定形硅酸(铝)的典型特征。无定形硅(铝)是在四烷基氢氧化胺存在下,通过溶胶-凝胶法从无碱金属的混合物制得的[19]。

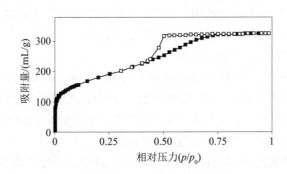

图16.2 在TPA+簇存在下获得的无定形硅的N$_2$吸/脱附等温线

因此,TS-1的亚微米晶体及其聚集体有利于晶粒内和晶粒间的扩散,而硅黏结剂的介孔促进了聚集体间的扩散(见图16.3)。TS-1催化剂的上述特性增加了活性淤浆相的可接近性。同时,相对于活性相而言,黏结剂含量低也增加了比活性。这是一个从微孔到介孔多层有序的工业催化剂的第一例,也是一些重要工艺发展的关键基础。这些工艺包括苯酚的羟基化[20]、环己酮的氨肟化[21, 22]和丙烯的环氧化[13, 23, 24]。

自30年前发明钛硅分子筛TS-1以来,TS-1在相当多的催化应用领域进行过评价。这些应用包括除丙烯以外的链烯烃的环氧化、链烷烃氧化成醇和酮、醇的氧化、芳烃的羟基化、胺氧化以及硫化合物和醚的氧化[25~33]。

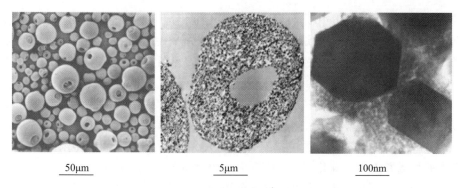

50μm   5μm   100nm

图16.3 TS-1催化剂的层级孔结构

含钛沸石的完全工业开发,无论是在催化剂制备方面,还是在工艺技术开发方面,都还面临着许多挑战。消耗过氧化氢的成本影响着这些工艺的可变成本,因此,为了补偿这一缺点,需要比较高的工艺性能。

大的改进措施可以由分子氧原位(in situ)生成过氧化氢入手[34],例如文献报道的Lyondell直接氧化丙烯技术。也有其他研究[35, 36]考虑过其他氧化剂,如有机过氧化物和氮氧化物。

16.2.2 沸石催化剂用于淤浆反应的新进展

制约钛硅分子筛TS-1在有大分子参加的反应中广泛应用的因素,主要是MFI孔道的自由尺寸。因此,人们在将钛包裹到大孔分子筛方面做出了许多努力,结果合成了多种含钛的沸石,包括Ti-Beta、Ti-ZSM-12(MTW)、Ti-ITQ-7(ISV)和TI-MCM-22(MWW)[6, 37~43];也制备了有微孔-介孔的Ti-沸石[44]和负载于介孔硅组分上的Ti-沸石(见表16.1)。

表16.1 近3年在Ti沸石方面的部分研究

研究课题	参考文献
丙烯环氧化,在Pt-TS-1存在下用H_2O_2做氧化剂	[46]
用Ti分子筛进行氮氧化物还原	[47]
Ti-SSZ-70的合成	[48]
SSZ-71及其在部分氧化、氮氧化物还原、酰化反应中的应用	[47, 49]
在至少一种球形聚合物作为成孔剂存在的情况下,纳米TS-1晶体的晶化	[51]
在前期生成的不经洗涤和纯化的H_2O_2存在下,丙烯环氧化	[52]
以胶态TS-1前体与表面活性剂组合合成的介孔钛硅进行α-蒎烯环氧化	[53]
通过在介孔氧化硅上沉积Ti-Beta纳米颗粒合成Ti-Beta/介孔氧化硅材料	[54, 55]
Ti-YNU-1的合成(具有扩大的层间距的类似于MWW-型结构并层纹状结构)	[56]
Ti-MWW上的氨氧化反应	[57, 58]
Ti-MWW上的环氧化反应	[59, 60]
BEC多形体的钛硅材料合成	[61]

其他过渡金属取代的沸石也已经被合成出来,并且这些沸石对于以过氧化氢或者有机过氧化物作催化剂的液相氧化反应表现出了活性和选择性[45]。

该领域的科技文献和专利非常丰富,所以只选取了近3年来发表的一些研究成果并列于表16.1中。

除氧化反应外,在淤浆条件下用沸石作催化剂还涉及其他两种反应类型:

① 链烷烃基化。壳牌(Shell)公司报道了用沸石催化剂(Beta-沸石)催化,在充分搅拌的淤浆反应器进行正丁烯与异丁烷的烷基化反应来生产异辛烷[62]。采用淤浆相可以增加催化剂在高烯烃转化率下的寿命。其他关键影响因素是采用高活性/稳定性和高酸中心密度的沸石,以及采用较低的烯烃浓度。

② 苯甲醚的酰化。由于反应物通过微孔的扩散很慢,因此失活成了沸石在芳烃酰基化反应中应用的主要障碍。最近一些论文报道了纳米晶粒沸石在苯甲醚与醋酐酰基化中的应用。Beta[63, 64]和ZSM-5[65]的纳米晶粒具有外表面大、粒子内孔道迁移距离短的特征,因而有大的活性表面暴露并可用于催化反应,这样失活程度也就得到了减轻。

由包含大量介孔面积的Beta和Y型沸石可得到在苯甲醚与辛酸酰化反应中具有高活性的催化剂。这些沸石涂覆于堇青石陶瓷上,形成了活性与选择性集成的催化剂-反应器组合[66]。

16.3 炼油厂产品构成的再平衡

炼油厂可根据其复杂度来分类。炼厂复杂指数(NCI,纳尔森复杂性指数)是由纳尔森(W. L. Nelson)于1960年代提出的,其目的是为了量化构成炼油厂的各单元的相对成本,或者说是量化炼油厂产生的产品的价值:越复杂的炼厂,可生产价值越高的产品。事实上,低、中、高转化率的炼厂的典型产率可以用以下方法来表征:

① 低转化率(NCI=2~3):20%汽油、35%中间馏分、30%燃料油、10%其他产品(包括炼厂气、液化气、溶剂、焦炭、润滑油、石蜡和沥青)和5%的损耗;

② 中等转化率(NCI=5~6):30%汽油、30%中间馏分、30%燃料油、15%其他产品和5%的增收;

③ 高转化率(NCI≥9~10):50%汽油、30%中间馏分、15%燃料油、15%其他产品、10%增收。

上述增收和损耗分数的计算是基于最终产品总体积和原油体积的数值。由于进行裂化,在复杂炼厂,石油产品体积能超过总原油体积的5%~10%;相反,一个纳尔森复杂指数为3~5的炼厂其产品体积将是缩小的。

增加炼厂复杂度的最重要的操作单元是裂化单元,其中最关键的技术就是流化催化裂化(FCC)。FCC单元能够将减压蜡油转化成汽油,因而可增加产品体积并增产汽油。在过去的30年中,人们将大量注意力都集中在增加汽油产量上,但近来这种势头似乎比过去有所减弱。特别在欧洲,从2000年起,对柴油的需求稳定增长,而对汽油的需求正在下降。欧洲清洁空气与水保护联盟(Conservation of Clean Air and Water in Europe, CONCAWE)的一份关于2000~2020年欧洲石油产品需求评估计划如图16.4所示。时下,欧洲燃料产出与需求间有明显的不平衡:汽油出口到美国而柴油从俄罗斯进口。调节这种不平衡的需要,强烈刺激着改进炼油技术,即通过减少过剩的汽油产量并增产(粗)柴油来平衡产品构成,同时保持体积大致平衡或略增加产品体积。由于FCC是注重于将减压蜡油转化成汽油的技术,设法提搞FCC的产出是很有意义的。

FCC装置典型产品分布及其最终用途如图16.5所示。其中,轻烃被用做燃料气或者LPG;烯烃中的丙烯主要用于化工,而C_4烯烃和C_5烯烃通过烷基化或醚化用于生产汽油产品;裂化石脑油用于生产汽油;轻循环油部分用于生产低质量柴油,部分用做馏分的流动改进剂;重循环油用于生产供热燃料、船用燃料油或者沥青。对燃料油的需求总体上是下降的,并且除了汽、柴油需求比例的再平衡之外,另一项重要的需求就是改善轻循环油转化。

炼厂可以借助于一些方法来朝这个方向推进,这类方法主要有优化操作条件、改变轻循环油与汽油的切割点、打回流、改善原料和预处理操作以及优选催化剂等。

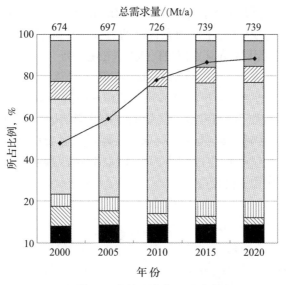

图16.4 欧洲石油产品需求的发展

□LPG；■汽油；☑石化产品；░中间馏分；▥船用渣油；

▨陆用渣油；■其他；◆中间馏分/汽油

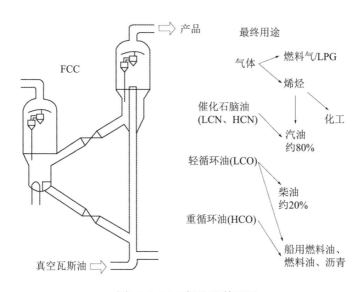

图16.5 FCC产品及其用途

在不影响转化率的前提下，其他可能的、更能从根本上改善轻循环油与汽油比的方法，包括通过限制焦炭和气体的生成来改善轻循环油的裂化，以及改善轻循环油升级工艺以保证更高的效率和更高的质量，例如，当轻烯烃不用于化工用途时，可通过齐聚将其用于中间馏分产品。以下，我们将考虑综合这三种手段，在这里沸石科学与技术能作出重要贡献。

16.3.1 塔底油转化

增加FCC塔底的油转化率，是多年来困扰炼油厂、技术公司和催化研究人员的一项挑战。沸点高于430℃的FCC原料是不能被传统FCC催化剂中的沸石组分所裂化的，因为其分子直径太大，以致不能通过沸石的孔径。利用分子模拟工具，可以计算出沸程为430～700℃的链烃的平均碳原子数约为25~35, 动态分子大小为1.2~2.0nm; 而对于含杂原子的聚合芳烃, 则可以计算出其平均碳原子数为12~25, 平均动态直径约为1.2~1.5nm[69]。按Spry和Sawyer[70]提出的假设模型, 分子在固态多孔材料的孔道中的有效扩散速率为:

$$D_{eff}=D_{bulk}(1-d_{分子}/d_{孔})^4$$

对于孔道尺寸的要求, 通常约为扩散分子尺寸的10~20倍。然而, 为了寻找一种适合于提高塔底油转化率的催化剂, 我们应当考虑一些其他方面的影响因素。一些研究者认为重油分子的裂化经历了三个步骤(见图16.6)[70]。在每一步中, 积炭的形成都是竞争路径, 当发生预裂化、脱烷基、多环芳烃转化过程时, 生成积炭的可能性将增大。很明显, 这是个简化的模型, 考虑的仅仅是与重馏分裂化相关的反应。

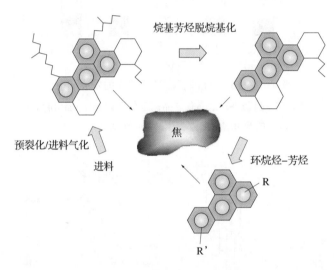

图16.6 重质分子的裂化

过去60年来, 为了改善转化FCC进料中各种分子的能力, FCC催化剂得到了不断的改进。最早的裂化催化剂是三氯化铝, 是由海湾炼油公司(Gulf Refining Company)的Almer McAfee于1920年左右发明的[71]。几年后, Eugene Houdry发现了活性白土[72]以及后来的硅酸铝[73]的催化性能。催化裂化的一个主要问题是催化剂上的积炭, 为此催化剂必须频繁地再生。这同时也是新反应器与新工艺开发的原动力, 半连续裂化工艺(Thermofor Catalytic Cracking, TCC)[74]和流化床反应器上的连续裂化(FCC)工艺陆续出现[75], 后者是1942~1943年开发的。仅20年后, 几乎在Donald W. Breck取得晶型Y沸石合成专利[77]的同时, 出现了将沸石应用到FCC催化剂的专利[76]。从那以后, 沸石成了FCC催化剂中至关重要的组分, 不仅是作为活性组分[例如焦炭选择性的稀土HY沸石(Re-HY)以及高焦炭选择性的超稳Y沸石(US-Y)和稀土超稳Y沸石(RE-US-Y)], 而且也是具有促进多产烯烃和提高辛烷值功能的FCC添加剂(例如ZSM-5沸石)。当今的FCC催化剂由多种不同材料的复杂结合体构成, 不同材料具有各自不同的功能: 无定形和晶体基质上的酸功能、金属杂质陷阱、助燃、SO_x陷阱、辛烷值促进剂以及多产烯烃添加剂[78]。本章的讨论只涉及酸功能。FCC催化剂的酸功能是由晶型或者无定形硅酸铝的局部结构产生的。由于择形选择性, 沸石晶体骨架上的酸中心具有较低的生焦趋势。另外, 晶体骨架中铝的含量会影响酸中心的性质: 高硅铝比趋向于降低氢转移, 因而可减少烯烃的饱和、芳烃生成以及积炭的形成[79]。

沸石孔道的尺寸限制了其只对能接近活性中心的分子有活性。硅铝基质的孔道能通过制备工艺调整,其孔道可以从微孔到中孔,甚至到大孔。图16.7为一张表示FCC催化剂孔道结构的有趣图形[79]。

在过去的40年中,沸石相经历多次优选,以获得最大的转化率和最优的产品质量。从这一观点看来,最好的产品仍是改性的Y型沸石。基于以上叙述和图16.7 所表示概念,实际的塔底油裂化添加剂是通过优化基质来制备的,优化基质是为了提高重油分子在基质介孔中的转化率。尽管有所改善,但这一方法仍有问题,主要问题是由于缺乏择形选择性,生焦的倾向不可避免地增大。很清楚,为了允许反应物分子扩散进孔道,合成平均孔径比反应物分子大10~20倍的晶态硅酸铝是不可能的,然而,也可能是不需要的。事实上,晶型沸石表面的半笼或者孔口就足可以转化部分大分子。例如,裂化环烷烃上的内环C-C键生成多核芳烃分子,就可以让塔底油的其余部分选择性地进行转化。从这种合成方法来看,合成具有超大孔的沸石,并在FCC条件下稳定,似乎仍有重要的现实意义,并且在当前的情况下比早些年更加重要[80]。

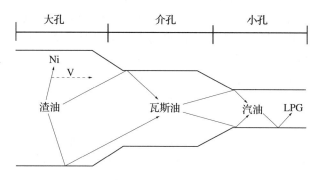

图16.7 FCC催化剂的孔结构

16.3.2 轻循环油质量升级

轻循环油(LCO)是质量很差的中间馏分。其典型组成与性质见表16.2。

表16.2 LCO的典型组成与性质

密度(15℃)/(kg/m³)	950~1050
馏程(<90%)/℃	350~400
芳烃含量,%	70~80
双环以上芳烃,%	40~60
硫含量/(μg/g)	2000~7000
氮含量/(μg/g)	200~600
十六烷值	20~25

通常大部分轻循环油都是与其他油品一起进入脱硫装置,最终被用来生产柴油。轻循环油的存在降低了柴油的品质,必须受到限制。轻循环油的另一部分用来改善燃料油和桶中重质部分的流动性。为了增大转化轻循环油的可能性,应该寻找一种技术,能够用最小氢耗通过加氢将这类化合物性能指标达到期望值,即密度达到约845kg/m³,十六烷值提升到45以上。达到这一目的最好的方法是通过加氢裂化路线,最大限度地生成烷基苯(见图16.8)。

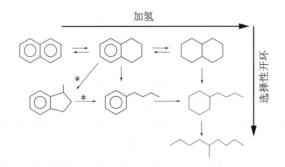

图16.8 奈加氢的可能路径

烷基苯进一步加氢会生成环烷烃，进而生成链烷烃，这将是很好的柴油组分，但完全加氢需要非常高的氢耗。另一方面，烷基苯有比相应的烷基萘高得多的十六烷值和更低、更可接受的密度；因此，让这类分子产量最大化似乎是合适的。按图16.8中标"*"的反应路径反应，Brønsted酸(以下简称"B酸")中心和金属中心的存在是必要的。事实上，内环C-C键的断裂开环通过金属催化也能够进行。已经发现Pt、Pd、Ir、Ru和Rh等金属对环烷烃具有选择性开环活性，然而，这些金属对本质上更加稳定的六元环开环缺乏活性。必须要有B酸中心来引发正碳离子中间体的生成，正碳离子中间体异构成五元环，即具备了后续在金属中心上进行开环反应的条件[81]。酸中心的数量、强度及与金属中心之间的距离都关系到催化剂的选择性和稳定性。金属功能提供的氢溢流对于防止在对应的酸中心上生成和聚集积炭是非常重要的[82]。

具有可控的孔径、酸中心分布和金属中心分布的双功能催化剂，成为了沸石科技的挑战与机遇。近年来在芳香烃选择性开环方面出现了多篇报道[83~89]，尽管如此，对经济上可行的工艺的工业需求依然存在，使得这个课题成了多相催化的重要领域。

16.3.3 烯烃齐聚

FCC石脑油(LCN)是一股高烯烃含量的馏分。表16.3列出了石脑油的典型组成，从其中可以看出烯烃含量随沸点的变化[90]。与期望的相一致，较轻的馏分的烯烃含量远比较重的馏分要高。

表16.3 FCC石脑油的典型组成

性 质		IBP~75℃	75~125℃	125~150℃	150℃~FBP	全馏分
馏分比例, %		22	30	16	32	(100)
硫含量/(μg/g)		15	20	40	120	50
氮含量/(μg/g)		5	6	20	75	35
溴价/(g/100mL)		100	75	45	25	70
PONA[①], %	P+N	33	38	30	20	30
	烯烃	65	50	30	20	45
	芳烃	2	12	40	60	25

① P指烷烃, O指烯烃, N指环烷烃, A指芳香烃。

烯烃馏分由C_4(±10%)、C_5(±50%)、C_6(±40%)和1%~2%的C_7组成。这是一种令人感兴趣的原料，可以做为以生产喷气燃料或柴油为目的的齐聚(oligomerization)工艺的进料。早期应用于该工艺的催化剂是一种负载于硅藻土上的磷酸(SPA)，是由Ipatieff于1935年开发的[91]。

从1950年开始，多种固体酸催化剂被证实对齐聚反应有活性，这些催化剂包括：硅酸铝、黏土、磺酸树脂、硅酸锆、硅酸钛、介孔硅酸铝和沸石。该课题已经在法国石油研究院(Institute Francais du Petrole)的一份近期出版物上得到了广泛讨论和评述[92]。C₃~C₄烯烃齐聚产物的支链度随沸石孔口尺寸按如下顺序增大：菱钾铝石<ZSM-5<氢型丝光沸石<H-Y<Mazzite沸石<介孔硅酸铝。

因为齐聚是基于离子机理的反应，其产物带有支链，除非有空间效应，否则不会减少支链。介孔硅酸铝是上述举出的固体酸之一，其可最大程度地促进支链化，因而更适合于生产喷气燃料[93]。为了生产柴油，必须使用具有高择形选择性的催化剂，例如ZSM-5沸石。ZSM-5的孔道非常理想，能保证催化剂的稳定性并促进含低支链度齐聚物的中间馏分的合成[94, 95]。较长链的烯烃，例如C₄~C₅的加入会减少最终产物的进一步支链化，最终将提高十六烷值。向ZSM-5上加入Ni能改善活性并有可能降低反应温度，因而可进一步降低齐聚物的支链度[96]。今天，烯烃齐聚工艺已在南非进行应用。位于赛昆达(Secunda)的萨索尔(Sasol)合成燃料炼厂采用的是基于SPA的技术，而南非国家石油公司(PetroSA)位于莫塞尔湾(Mossel-Bay)的炼厂采用的是基于ZSM-5的技术[97]。烯烃齐聚还不是一项很流行的炼厂技术，但它能在不久的将来成为平衡产品结构和改善产品质量的有益选择。

16.4 先进的分离技术

在化学工业和炼油行业中，分离占到了总能耗的40%以上[98]，因而在加工成本中占据了很大比例。分离技术的改进是改善投资效果，以及努力重组工艺技术使有害物排放和对环境的影响最小化的关键[99]。当待分离的组分间在挥发度上存在一点差异，或者有某种组分总是呈气态或者是不挥发的液体时，在固体上的吸附被应用于从气态或液态混合物中去除某种组分。吸附分离的作用机理是基于物质通过富集或浓缩现象从气相或者液相到达固态基体表面的倾向的差异。

物理吸附主要是被吸附物分子与构成吸附剂表面的原子之间的范德华力和静电引力引起的。因此，吸附剂首要性质是其比表面积和极性等表面特性。

有关沸石对化学物质吸附的最基本的考虑，是基于对分子的筛选作用。微孔尺寸决定了被吸附分子进入吸附剂内表面的可接近性：动态直径太大的物质就不能通过孔道，因而被有效地"筛出"，这种"筛"的效果能实现按分子的尺寸和形状对分子进行精确分选。

这种分子"筛选效果"或者"空间效应"能由晶体本身的孔口形状产生，但可交换的阳离子也能发挥类似作用。这些阳离子位于笼内，主要起平衡沸石骨架上铝所带负电荷的作用。阳离子能有效地堵塞孔道开度，并会减小孔体积[100]。因此，沸石能按精确的孔分布来设计，并可以在后续进行调整，这些都得益于沸石结构与骨架外阳离子的组合。

除了阳离子的存在能在笼内引起的高电场梯度外，骨架本身也拥有酸碱特性。除了空间效应，沸石对特定吸附质的选择性也取决于分子的极性、磁敏感性和可极化性。因此，即使不存在空间障碍，通过沸石也能取得完美的分离效果[101, 102]。

沸石的亲水/疏水性可通过硅铝比调整。在高铝沸石(例如A型、LTA型、X型、Y型或者八面沸石、丝光沸石以及其他天然沸石)中，孔穴内的强静电场导致与类似水之类的极性分子间发生强相互作用，而高硅沸石(如全硅沸石和ZSM系列沸石)是典型的无极性吸附剂。

基于分子筛选、静电场和可极化性的吸附，理论上都是可逆的，而实际上通常也是可逆的。通过循环进行吸附与脱附，沸石可多次反复使用。这为沸石在吸附方面的应用增添了巨大经济价值。沸石在吸附与分离领域应用的经济意义不亚于其在炼油与石油化工领域的催化作用[104]。

　　沸石在多个工业领域应用于分离与提纯,如石油炼制、石油化工、天然气加工、工业气体制备与提纯、专用化学品与精细化学品以及制药等。沸石吸附在环境保护方面,尤其是在废物减排方面(例如工业废气中溶剂的回收,放射性废弃物的处理,无磷洗涤剂中的增洁剂)也发挥着重要作用[99, 105]。应用沸石的有代表性的工业吸附分离应用见表16.4。

表16.4 有代表性的工业吸附分离[①]

大批量的气体分离(进料中被吸附物浓度为10%或更高)	正构烷烃、异构烷烃、芳烃
	N_2/O_2
	CO、CH_4、CO_2、N_2、NH_3/H_2
	水/乙醇
气体净化(进料中被吸附气体浓度通常在3%以下)	水/含烯烃的裂解气、天然气、空气、合成气等
	CO_2/C_2H_4、天然气等
	硫化合物/天然气、氢、液化气等
	NO_x/N_2
	SO_2/外排气流
	汞/氯-碱性电池废气
大批量液体分离(进料中被吸附物浓度为10%或更高)	正构烷烃、异构烷烃、芳烃
	对二甲苯/邻二甲苯、间二甲苯
	洗涤剂范围的烯烃/烷烃
	对二乙苯/其他异构体混合物
	果糖/葡萄糖
液体净化(进料中被吸附气体浓度通常在3%以下)	水/有机物、有机氧化物、有机氯化物等
	硫化合物/有机物

　　① 来源: http://ias.vub.ac.be/what%20is%20adsorption.html。

　　由于沸石对类似于水、一氧化碳、硫化氢、硫醇、有机氯化物等极性分子的超强亲合力,因此在炼油厂,沸石常被用来提纯原料或者产品。主要分离工艺涉及到各种油品中二氧化碳、氯化物和汞的脱除;液体或者气体的干燥与提纯;对烷基化装置进料进行处理以减少酸耗、减轻再生器使用损耗和腐蚀,净化炼厂H_2以减少对下游设备的腐蚀,油品的干燥与脱硫;异构化装置上进料与循环氢的干燥与净化[105]。

　　石油化学工业中,沸石吸附主要用来干燥和净化原料(如烃类、氢、乙烷、丙烷、乙烯、丙烯和丁二烯)。在天然气生产与净化过程中,沸石被用来在空气液化与低温蒸馏分离前脱除其中的水分和二氧化碳;从天然气和液化石油气中脱除硫化合物,以防止在燃烧器中的腐蚀[105]。

　　吸附分离工艺可以由工艺设备特征来区分。应用到的设备主要有两类:固定床和流化床系统。

　　流化床系统最早的例子是Molex[TM]工艺,该工艺用5A分子筛作吸附剂,用轻石脑油作脱附介质,用于直链烃与支链烃的分离。首套应用Molex[TM]工艺的Sorbex装置于1964年投入运行。

　　Molex[TM]工艺是一系列类似工艺中的一种,该系列工艺模仿一个移动的吸附剂床,液相进料连续逆向流经过吸附剂床层。该系列工艺是由UOP公司为解决一系列困难的工业分离问题而开发的,并被统一命名为Sorbex工艺[106]。它们代表了沸石化学在吸附应用领域的最主要用途。Sorbex™分离技术被广泛地用来与各种催化工艺相结合。

应用于炼油与石油化工行业的重要Sorbex分离工艺主要有以下几项：

① Parex™工艺，应用阳离子形态的X沸石或Y沸石作吸附剂，以甲苯或对二乙基苯作脱附介质。首套Parex™装置于1971年投入运行，使对二甲苯的生产方法发生了彻底的变化，使原来的结晶法成了次要的选择[104]。

② Molex™工艺，使用5A分子筛作吸附剂，以轻石脑油作脱附介质，用于直链烷烃和支链烷烃的分离。分离出的直链烷烃用于生产直链烷基苯(LABs)以制成清洁剂。无论是Iso-Sieve™工艺还是Molex™工艺，直链烷烃都首先被吸附和分离，然后送到转化成单烯的催化过程和烷基化装置的催化过程。

③ Ebex™工艺，用阳离子形态的X和Y型沸石作吸附剂，以甲苯作脱附介质，用于乙苯的回收。

④ Olex™工艺，用CaX沸石作吸附剂，以轻石脑油作脱附介质，用于从饱和烃异构体中分离烯烃。

⑤ Cresex™工艺，用于从甲酚异构体中分离出邻甲酚或间甲酚。

⑥ Cymex™工艺，用于从甲基异丙苯中分离出对甲基异丙苯或间甲基异丙苯。

使用固定床的吸附分离工艺可分为两类：第一类是必须移除吸附剂进行再生的；第二类是允许现场再生的，如变压吸附(PSA)和变温吸附(TSA)。

PSA被用来在有压力的情况下从气体混合物中分离出某种气体。压力越高，吸附的气体就越多；当压力减小时，吸附的气体就被释放或解吸出来。典型的情况是，所需要的气体是不被吸附的，能得到高的纯度。

1970年代，得益于一种沸石吸附剂(NaX)的使用，第一套用于生产氧气的经济上可行的PSA装置被开发出来了。进一步的改进来自于两方面：一方面是新一代吸附剂(CaX、LiX、LiCaX等)的出现；另一方面是开发出了改进的工艺(VSA)，大大降低了投资、运行成本以及对电力的需求[99]。

PSA装置早期的工业应用之一是一氧化碳的脱除，这是炼油厂和合成氨生产中大规模合成氢气的最后一个步骤。炼油厂常将PSA技术用于加氢处理和加氢裂化装置中新氢和循环氢的脱硫化氢。

在天然气行业，PSA工艺主要应用于净化过程。例如，Sorbead™ Quick-Cycle Process(巴斯夫吸附再生法)可以从天然气中同时脱除重质烃、硫醇和水，其采用的是以优质的硅胶为基础的吸附剂[107]。多床层PSA系统被应用到甲烷的净化，净化后的甲烷用于石油化学品的生产。

天然气从其他气体组分(主要是N_2、CO_2和H_2S中的大体积分离，通常是以干天然气为前提的，通过低温处理(液氮)和用合适的化学物质抽提(酸性气体用胺吸附)来完成的。60多年来，基于胺的吸附/汽提工艺一直用于天然气和烟道气的净化。尽管得到了广泛的工业应用，该技术还有不少缺陷，包括二氧化碳负载容量低，设备腐蚀严重，胺易被烟气中的SO_2、NO_2、HCl、HF和O_2等降解，溶剂再生过程能耗高等。由于以上方面的原因，基于胺吸附处理工艺的成本是比较高的。借助于高效率和高选择性的固体吸附剂，以及采用PSA和TSA工艺，将可以得到大幅改善。特别是应用于提升小体积填埋场气体质量和在近海的应用，PSA将会是比较经济的选择。

当天然气与二氧化碳分离时，二氧碳优先吸附，而天然气会流过吸附剂床层。与此相反，进行氮气与天然气分离时，吸附剂总是显示出对甲烷比对氮气更强的亲合力，甲烷被优先吸附而氮气则流过吸附剂。

Nitrex工艺(UOP)[108]和Nitrotec技术(Nitrotec集团)是从天然气中脱除氮气的工艺,是最先进行商业化的。它们都用活性炭作吸附剂,甲烷优先吸附并通过降低吸附床层压力回收。如此获得的天然气压力低,并且浓缩天然气的工艺效率不高。

采用能选择性吸附杂质分子的吸附剂可以大幅改善提纯工艺。在这种情况下,甲烷可以维持压力不变,而杂质在低压下解吸,避免了气体的重复压缩,因此保证了能耗和成本的可靠。

恩格哈德公司(Engelhard Corporation,2006年被BASF收购)的Molecular Gate™技术是基于一种特殊的优先吸附氮气而不是甲烷的吸附剂。该吸附剂基于ETS-4,是一种混有八面体和四面体的钛、硅骨架结构[109]。

高效的ETS-4孔径可以通过阳离子交换和热处理控制。在其收缩形态(CTS材料)上,可获得约0.37nm的孔口直径。这样的孔口允许氮(分子直径0.36nm)进入并被吸附,而排除了甲烷(分子直径0.38nm)。对于这种吸附剂,有过关于二氧化碳(分子直径0.34nm)发生明显共吸附的报道。Molecular Gate™技术可以用来从甲烷中脱除氮[110, 111]或二氧化碳[112]。

也有报道[113]称,用斜发沸石可以对天然气中的氮气进行选择性吸附,斜发沸石是片沸石系列中的一种。ERS-7(ESV)沸石是一种原生的小孔沸石,用这种沸石可获得非常高的CO_2/CH_4分离选择性。其特征是存在一维孔道系统,其截面孔径为0.35nm×0.42nm[114, 115]。沿这些小的孔道,有一些大的孔穴存在。CO_2分子可以非常容易地通过这些通道,而比它大一些的CH_4分子通过这些通道却比较困难。因此,在一定条件下,仅CO_2可以在大孔穴中积累。这就可以让积累于大孔穴中的CO_2释放出来并使两种不同分子得以有效分离[116]。此外,在吸附材料的改进方面,仍在朝新工艺方法方面作出巨大努力,这里列举了一些实例:

① QuestAir™技术,将Questair 旋转阀专利技术和常规的珠状吸附剂与优化的PSA周期相结合,得到比常规PSA系统更高的甲烷收率[117]。

② UOP声称用高压旋转吸附剂收缩体(整体轮状)对高压力的气流进行提纯。整体轮状吸附剂一般采用薄层的吸附材料。其优点是吸附剂需要量减少、高传质效率和低压降[118]。

③ 整体吸附剂可以由包含有聚合物纤维的类似纸一样的薄片制成。在制造过程中,给这些薄片中包埋进诸如沸石和其他多孔材料的活性吸附剂[119~123]。

为了改善可再生的固体床吸附工艺,需要包含多种技能的合成方法,以减少能量需求和增加分离选择性。

16.5 沸石与环境保护: 地下水治理

在沸石的各种不同新颖应用当中,地下水污染的治理确实值得特别关注。地下水的质量取决于污染物(有机的和/或者无机的)的性质和浓度,这些污染物应当除去,以提供可供人类使用的水源。

按传统方法,治理是用"抽出-处理(p&t)"技术来完成的,其过程包括:将地下水抽出,在地面上进行处理,然后重新注入地下。尽管已广泛应用,该技术仍有许多缺陷,由于操作时间长、抽水需要大量能量,因而成本很高。为克服这些限制,已有另一项新技术,该技术以所谓可渗透的反应栅栏(PRBs)为基础,地下水可直接治理而无需抽到地面[124]。

不管采用什么技术,最关键的就是用于水处理的材料。只考虑有机污染物时,p&t技术主要采用粒状活性炭(GAC)这种便宜、高效且广泛起作用的材料。然而GAC也存在一些明显的缺陷,最严重的是会对通常存在于地下水中的腐植物和有机物质进行吸附,降低了脱除污染物的效力,并且严重影响用过材料的再生。此外,GAC对脱除高溶解度的污染物或类似于醇、醚(最重要的是甲基叔丁基醚, MTBE)、糖类、淀粉等极性物质的效率不高。在更新颖的系统中, GAC被由负载于聚合物载体上的离子树脂和/或其他特殊吸附剂[125]代替。

依据于处理的类型, PRB可分为不同品种:

① 吸附剂栅栏, 使用的材料是一种类似于GAC的吸附剂;

② 生物栅栏, 利用原生的细菌群来破坏有机污染物, 不留下有毒的物质(生物治理);

③ 化学栅栏, 基于使用能将有机污染物转化成毒害性较小的物质(例如Fe、Sn、Zn或Pd/Fe、Ni/Fe等零价的金属), 或能将某些重金属还原成无毒害物种(例如将四价铬还原成三价铬)的材料。

相对于吸附剂栅栏, 生物栅栏和化学栅栏二者更具优势, 因为从原理上二者都不需要再生处理。然而, 在使用化学栅栏的情况下, 存在一些主要缺陷, 这与其应用范围的受限(限制在某些重金属离子和氯化脂肪化合物方面)、相对较慢的降解反应动力学(意味着滞留时间的增加及由此要求栅栏厚度增加)和材料的总寿命等关。材料的总寿命取决于溶解在地下水中的化学物质的性质与浓度[126]。

在这种情况下, 沸石因其特殊的离子交换和吸附性质, 可能是一种有吸引力的选择。例如, 便宜且丰富的天然沸石(斜发沸石、片沸石、菱沸石)被广泛用于从水中去除有机污染物。它们还在多个重要领域得到应用, 例如在对产生于核电厂或受核事故污染的放射性废物的处理上; 此外, 它们还可以应用于一些前瞻性领域, 例如在先进设备开发方面[如美国宇航局(NASA)利用斜发沸石开发的生命保障污水系统]或者将放射性废料贮藏于丝光沸石和斜发沸石的沉积层中[127]。

另一方面, 由于这些天然沸石的高亲水性, 其孔道中的平衡离子及水分子的存在, 最终减小了可提供给所吸附有机分子的自由空间, 因而在有机污染物去除方面不会有巨大潜力。由新墨西哥采矿技术学院的R·S·Bowman带领的研究小组开辟出来的将天然沸石应用于环境治理的途径, 是一条令人感兴趣且有前途的路线。他们能通过用表面活性剂改性来"活化"天然沸石[128]。他们声称用一种有机表面活性剂(十六烷基三甲基铵盐, HDTMA)改性沉积沸石[产自新墨西哥温斯顿的圣云矿(St.cloud deposit)的富含斜发沸石的沸石凝灰岩, 斜发沸石含量为74%]表面, 生产所谓表面活性剂改性沸石(SMZ)。从斜发沸石的表面活性剂负载量大约是其外表面阳离子交换容量的2倍这一现象出发, 建立了如图16.9所示的双层模型。在这一模型中, 第一层表面活性剂阳离子是由它们与位于晶体表面的碱金属或碱土金属离子发生交换形成的, 而第二层的形成是由于表面活性剂长链之间的范德华力作用(见图16.9)。按这个方法, 沸石晶体外表性质在如下几个方面发生了深度改性[128]:

① 现在的表面是呈正电性的, 因为表面活性剂的亲水基立团暴露在外部, 因此SMZ获得了阴离子交换性质。

② 改性并不改变沸石孔道内的阳离子交换性质。

③ 长的烷基链形成一个疏水区域, 该区域可溶解一些小的非极性的有机分子。

换句话说, 表面活性剂的功能化使材料拥有了各种不同的特性, 适合应用于高效处理有机物或是无机物污染的废水。例如, 实验室试验[129]表明, SMZ可以有效脱除CrO_4^{2-}和Pb^{2+}离子并能滞留住苯和四氯乙烯[128]。已经证明, SMZ对脱除污染油田废水中的有机分子甚至是病原体(病毒和细菌)都非常有效[130]。令人感兴趣的是, SMZ可以与一些反应活性的材料组合使用。例如, SMZ可与零价铁(ZVI)组合, 在试验装置上对于脱除铬离子和四氯乙烯有效; 而由组分改性的工业沸石制备的SMZ与微生物组合可用于消除甲苯[129]。总之, 在污水治理方面,用表面活性剂改性的天然沸石肯定是令人感兴趣的选择。

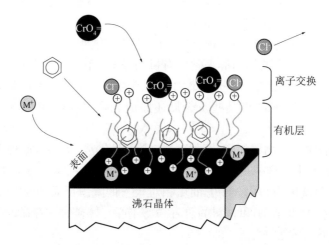

图16.9 表面活性剂改性沸石(SMZ)的示意图

尽管已有大量的材料和技术方法,当需要脱除某些特殊的污染物时问题依然存在,特别是从地下水中脱除污染物时,因为法律法规为地下水设定的限定值非常低。类似于MTBE的分子正是这种情形。MTBE显示出与水有一定亲和力,它既不易被GAC吸附,也如同所预见的那样,不会在SMZ的有机双层中有占优势的分配系数。正如由埃尼公司(Eni)最近完成的试验所表明的那样,沸石可能是有效备选材料。

早在2005年就有人提出,可将具有不同特性的无极性沸石用于处理被不同烃类物质污染的地下水[131]。该工艺采用高硅铝比(摩尔比>50)的沸石,以减小其亲水性和交换容量。最好的效果是采用两种具有不同孔径的沸石串联获得的。例如,一种可能的组合包括:第一级采用的沸石的孔径大于0.7nm,并具有能将污染物浓度降到中等偏低水平所必需的高吸附容量(如Y型沸石);随后,地下水通过孔径范围为0.5~0.7nm的第二种沸石(如ZSM-5、丝光沸石),使污染物完全脱除。

采用两列不同的呈挤出柱状的沸石,无论是采用抽出/处理(p&t)方式,还是做为可渗透反应栅栏(PRB),都可以完成这种处理。PRB以垂直于地下水流的方向置于现场。在任何情况下,实验室试验已经证明了以两种处理方法串联处理的方式对去除几乎全部污染物的重要性(见表16.5)。特别值得注意的是,在所有情形中,用两种沸石相继处理的方式的效果都比用两种沸石混合物处理的效果要好得多。

表16.5 在实验室以Y型沸石、ZSM-5以及二者的混合物和二者串联方式进行吸附时的污染物吸附率[①]

污染物	Y, %	ZSM-5, %	混合, %	串联, %
苯(70μg/g)	70	15	20	98
甲苯(60μg/g)	62	20	30	99
对二甲苯(40μg/g)	86	72	75	99.95
氯代苯(40μg/g)	96	77	83	99.98
三氯乙烯(40μg/g)	92	80	82	99.5
四氯乙烯(80μg/g)	94	90	92	99.94

① 试验条件:20mL水用5mg(单独或混合时)或2.5mg(串联)沸石处理,接触时间为1h。

这种方法的灵活性是其最大的优点。实际上，可以根据待脱除的污染物的性质选择合适的沸石组合。例如，当有MTBE存在，使用丝光沸石与ZSM-5的组合是首选[131]。这一点已由在加油站和炼油厂进行的两项现场试验所证实[132]。在前一个案例中，一座完全开工的抽出/处理装置运行了2年，该装置采用一列GAC后接一列丝光沸石的配置，处理目标是除去MTBE、苯系物(BTEX)以及$C_6 \sim C_{28}$的烃类。其中，GAC适于脱除所有的烃和部分MTBE，而丝光沸石被用来将MTBE脱至强制指标($10 \mu g/L$)之下，在整个运行过程都维持在这一水平。

用于炼油厂的示范可渗透反应性栅栏(PRB)是采用在ZSM-5后接丝光沸石的配置。这个系统被证实在整个实验过程中对于将全部污染物维持在目标值以下非常有效。ZSM-5可有效脱除苯系物质(>99%)和汽油馏程内有机物(GRO's, $C_6 \sim C_9$, 96%)，但仅脱除部分柴油馏程内有机物(DRO's, $C_{10} \sim C_{28}$, 41%)和MTBE。从ZSM-5"逃脱"的烃类和MTBE最终被丝光沸石吸附，从而将相应的浓度维持在阈限值以下[132]。

这些正面经验也说明了采用沸石的优点。这些优点包括：具有高吸附容量；对存在于地下水中的高相对分子质量的物质(例如腐植酸)和有机阳离子呈惰性；即使在水中长期浸泡，仍保持良好的结构稳定性；具有通过简单热处理就可实现其初始吸附容量再生的可能性[133]。这些优点足可以部分抵消与传统材料(如GAC)相比的高成本，使得基于沸石的技术可望在将来的获得更广泛应用。

16.6 应用于新兴领域的新材料

如果不提及沸石科学技术革新配方中最重要的"组分"——材料，那么就无法总结出本章的内容。一般认为，大量的具有不同组成和孔特性的材料是拓展其实际应用的基础。基于这一假设，在过去20年里，多个研究小组(学术性的和工业化的都有)作出了许多努力，并且在多孔材料的合成方面取得了令人瞩目的成就。

以下主要介绍晶体多孔材料并试图描绘出实际的应用状况，重点关注最新的成果并展望新材料合成情况。

16.6.1 沸石

具有新颖的拓扑结构的材料的合成，是沸石科学最重要的研究领域之一。之所以在这一领域不断努力，本质上与对具有特定择形选择性和在石油化工与炼油工艺中能有更高产能的催化剂的需求增加有关，也与对在一些新兴领域应用的新材料的需求增加有关。

今天，人们已经认识了191种沸石和类沸石(zeotype)[2009年3月国际分子筛联合会(IZA)的结构数据库所列]，22个无序结构家族，以及几种有序或无序的但没包含在数据库中的沸石。这就意味着目前的"名单"中已经包含了数百种具有不同特性的材料，这些材料主要来自于研究者们改变沸石骨架中Si/Al比例，添加杂原子，合成类似于AlPO结构的硅铝结构等方面的研究工作。

对于发生于沸石成核与长大过程中的现象的认识，特别是对有机物作用更深的认识，导致了沸石合成方面的技术进步[134]。事实上，越来越复杂的(有时是奇特的)有机阳离子的应用，是多种新型结构成晶的关键因素。最近，Burton和Zones[135]对这个课题进行了综述，他们重点关注了在沸石合成中使用有机结构导向剂(SDAs)的主要历史趋势。

通过分析文献可以发现，有机添加物很少起真正的模板剂的作用，因为它在不同合成条件下，对不同晶体结构的晶化都是有利的。在结构导向剂(SDA)的分子形状和尺寸与孔的形状和尺寸之间，缺乏严格的对应关系(换句话说，有机添加物具有低选择性特征)，这使得通过理性选择最适于某种目的结构的SDA来合成新材料的可能性变得渺茫。事实上，尽管SDA

必须拥有的最重要特性已经非常清楚，其他一些参数也可能影响结晶材料的性质。例如，杂原子的存在与杂原子的性质就是一个这样的因素，它能稳定有明确定义的次级构建单元(Secondary Building Units, SBUs)，并有利于在经典的硅铝体系中不能获得的沸石结构的形成。在有锗(Ge)存在时进行的合成就是这种情况，Ge稳定了双四元环(D4R)的结构单元。这就导致了几种新的微孔相的结晶，其中包括3种令人感兴趣的超大孔沸石：①IM-12(IZA代码为UTL)，拥有交叉的十四元环和十二元环通道[136]；②ITQ-33，以交叉的十八元环通道和十元环通道为特征[137]；③ITQ-37，一种拥有前所未有的三十元环的窗口的沸石[138]。

具有超大孔系统的沸石的合成，被认为是一项重要的任务，因为其提供了大有机基体进行择形催化反应的可能性。在20世纪90年代末，人们对硅基的十四元环的材料就已经有认知了，当时CIT-5(IZA代码CFI)[139]和UTD-1(有序形态的IZA代码为DON)[140]的合成已见诸报道。后来，Strohmaier和Vaughan[141]报道了ECR-34(IZA代码为ETR)的合成，这是首个拥有十八元环孔口的硅基材料(准确地说是硅酸铝镓)。与其他大孔沸石比较，IM-12和ITQ-33都是不太致密的，因为其十四元环和十八元环通道分别通过十二元环和十元环的开口与其他系统相连。在苯与丙烯烷基化生成异丙苯，尤其是在减压蜡油(VGO)催化裂化方面的初级催化试验表明，ITQ-33是可用于酸催化反应的非常有潜力的备选材料[138]。然而，如所有含Ge的沸石相同的原因，妨碍ITQ-33工业应用的最主要因素之一是Ge的高成本，如果能合成出无Ge的类似沸石，这个缺陷可以克服。还在另一个缺陷限制着超大孔沸石的应用潜力：它们具有本质上较差的热/水热稳定性，稳定性随骨架密度(通常用每1nm^{3}里四面体原子数来表示)的减小而降低。材料的稳定性可以通过优化骨架的硅/铝组成来改善，但其应用的工艺涉及到非常高的温度环境，如FCC技术中催化剂的再生，因而稳定性仍然存在问题。

关于合成具有足够大的孔径的沸石，以允许大分子吸附和在有空间控制的条件下反应的问题，随超大孔沸石的获得，仅有部分得到解决。事实上，孔口尺寸(例如ECS-34为1.01nm，ITQ-33为1.22nm，ITQ-37为0.47×1.97nm)仍在微孔范围内。如所预料的一样，其对反应速度的扩散控制依然存在。

16.6.2 层级分子筛

有序且具有2~10nm通道孔径的介孔材料的发现，被认为是上述问题的答案。但由于多种原因(例如酸强度、热-水热稳定性、成本[143])，还没发现这些材料有任何实际应用。这就给沸石领域提出了一个如何克服仅有微孔存在导致的限制的有趣课题：制备具有层级孔构架沸石的合成路线的开发。在这种沸石上，微孔和介孔同时存在[144, 145]。期待从层级孔道组织获得的主要优点，就是可能在同一种材料上耦合在沸石晶体上常规微孔所具有的优点和由介孔提供的良好传质效率。为使这种效果最大化，两种孔道系统必须严格地连接，以使所有微孔晶体都可参与催化反应。

在沸石颗粒上分层级地组织孔道的概念是比较新的，尽管具有这种特性的催化剂自1980年代开始已经应用到工业化水平。第16.2节中阐述的钛硅沸石-1就属这种情况。

另一个应用到工业化过程的催化剂的例子就是脱铝丝光沸石。脱铝丝光沸石被陶氏化学(DOW)公司应用到异丙苯工艺中[146]。在这的应用案例中，晶内的介孔由酸浸和蒸汽处理产生，这正是应用于丝光沸石深度脱铝的主要工艺，其目的是增加B酸中心强度；同时，更加有趣的是，可连接一维的十二元环孔道，以产生二维或三维的孔道结构。值得注意的是，这种方法主要产生晶内的介孔，未必都与外表面相通。因而，并不能期望在传质方面得到重大变化，但催化性能明显改善[146]。

同样，传质效率的改善可通过减小沸石晶粒尺寸来实现。应用于欧洲聚合体公司(Polimeri Europa)在1990年代早期开发的异丙苯和乙苯技术中的β沸石催化剂，就是一个明显的例子。采用合适的由埃尼集团(Eni)研究实验室开发的合成路线，已经可以将β沸石晶化成由10~20nm的细晶粒团聚成的类似"黑梅"的聚积体(见图16.10)。介孔和大孔的存在保证了反应物和产物分子在聚积体内的传输效率，这正是导致该催化剂的高性能的因素之一。

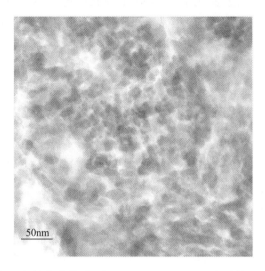

图16.10 应用于欧洲聚合体公司(Polimeri Europa)异丙苯和乙苯技术中的
β沸石催化剂的TEM照片

　　此处举例说明的概念最近被拓展到新材料的制备上。在这些新材料中，层级孔结构以一种更合理的方法产生。这个课题已经由Egeblad等[148]和Pérez-Ramirez等[149]分别进行了广泛的述评；因此，我们重点关注最令人感兴趣且有前途的路线，这些路线可能产生具有工业价值的材料。

　　按照图16.11所示的路线，层级沸石材料可分为三类：层级沸石晶体、纳米尺寸的沸石晶体和负载的沸石晶体。这些类型材料中的每一种都能通过不同的合成方法制备，这些方法可能用到，也可能不用模板剂。

　　考虑到无模板剂工艺时，提出的合成方法实质上都基于完整的大晶粒沸石，通过酸浸或碱浸或蒸汽处理进行脱金属(脱铝、脱硅和脱钛)，制得的材料具有晶内层级孔结构(层级沸石晶体，图16.11)，或者在优化的晶化条件下生成非常小的晶粒的聚集体，小晶粒堆积产生晶间的介孔(纳米尺寸的沸石晶体，图16.11)。

　　脱金属路线固有的问题是控制介孔性质的难度，包括控制孔的数量和尺寸的难度。另外，与已经介绍过的陶氏化学(DOW Chemicals)公司的丝光沸石催化剂的脱铝一样，仅在晶体内部产生介孔，不与外表面连通的负面作用明显。

　　关于纳米尺寸沸石晶体制备这一令人感兴趣的课题，最近由Tosheva和Valtchev[150]进行了述评。这里采用了"纳米沸石(nanozeolites)"这一术语，是指由晶体尺寸小于1000nm，特别是晶体尺寸小于200nm的稳定胶体悬浮液组成的材料。这些材料适用于一系列新的应用。总之，纳米晶粒在有利于晶核生成而不是晶粒长大的合成条件下制备。这些条件随沸石的不同而不同，目前还没有发现统一的规律。这就意味着每一种沸石材料必须开发一条明确的合成路线，才能制成纳米结晶形态。最初的制备多层纳米晶体的办法，是采用有机硅烷以防止晶粒的生长。这个方法包括在低温下用洁净的反应混合物预晶化以制备晶种，在水热处理前，晶种表面通过硅烷化来钝化。苯胺基异丙基三甲氧基硅烷(Phenylaminopropyl-trimethoxysilane, PHAPTMS)是用于ZSM[152]、β沸石[153]和丝光沸石[154]纳米晶粒制备的最有效的硅烷化试剂。晶种的平均尺寸和由此得到的纳米沸石晶粒尺寸，甚至是材料的层级孔结构，都可以通过改变预结晶温度和PHAPTMS浓度来进行有效控制。在所有情况下，层级纳米晶粒沸石材料在聚乙烯的裂化反应中显示出比常规沸石更好的催化性能。

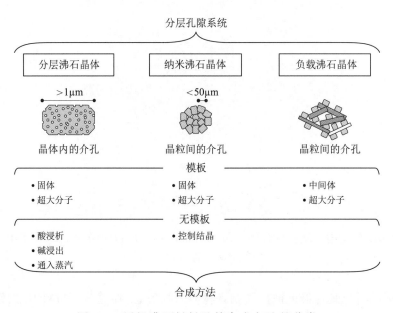

图16.11 层级沸石材料及其合成方法的分类

无论如何，这类材料(特别是那些具有较小的晶粒尺寸的材料)的获得，可能引发在传统领域和新兴领域的新的应用[151~157]。化学探测器的改进、新光学系统、低介电常数的薄膜(low-k films)、医学诊断系统的开发正是新涌现领域的一部分，纳米分子筛可望在这些领域的新设备与新技术开发中发挥作用。

相反，作为多相催化剂，由于有更大的包含有活性中心的外表面，纳米沸石提供了催化有大分子参与的反应的机会。可以肯定，这是一个优点，部分弥补了择形选择性方面的损失。造成这种损失是因为除非活性中心位于(或接近)孔口才可能发生的特定的择形选择现象(如鸟巢效应[157])。另一方面，即使对于小分子参与的反应，纳米沸石催化剂也表现出明显的优点，这是由反应物与产物分子在沸石孔道内停留时间较短引起的。因此，串联反应发生的可能性较小，导致由于重分子物质在孔道内形成引起的活性降低的影响减小。同时，由晶间介孔提供的传质效率的提高，保证了产物以更快的速度离开，结果，晶体外表面的积炭不再明显[147, 158]。

层级孔结构合成的其他方法是以"第二"模板剂的使用为基础的。令人感兴趣的是由托普索公司(Haldor Topsøe)研究人员开发的层级沸石晶体的合成路线[44, 159, 160, 161]。该路线包括用反应混合物浸渍一种碳源，接着进行水热处理以生成混合有碳颗粒的大沸石晶体。在最后的焙烧步骤，SDA分子和碳颗粒都被烧掉，在沸石晶体上留下晶内的微孔-介孔并存的层级孔结构(见图16.12)。最早的例子是关于是以炭黑为模板剂制备具有晶内介孔的ZSM-5[159]和

TS-1[44]大晶体。除了通过使用明确粒度的模板剂和所需的模板剂量使孔隙度能更好控制以外，这些材料与用酸浸法制备的材料相似(譬如，介孔主要限定在晶体内部，不暴露在外部)。通过改变碳源和选择合适的合成条件，可以对介孔的大小、形状和连通性进行精细调节。例如，当使用纳米碳管或纳米碳纤维时，介孔多数会与外部连通，能改善沸石大晶粒内部的传质效率[161~163]。此外，根据采纳的合成条件是有利于晶粒长大还是有利于晶核形成，结晶出大晶粒层级沸石或者纳米尺寸的沸石晶粒都是可能的[160]。

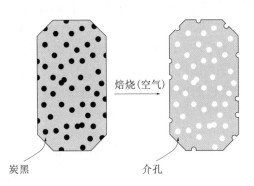

图16.12 利用炭黑形成晶间介孔的方法示意图(采用其他碳源时同样的概念也适用)

该合成路线已经成功应用于制备ZSM-5[159, 164, 165]、TS-1[44]、β沸石[165]、ZSM-11[166]和ZSM-12[167]，这似乎是一条万能的普遍适用的路线。通过进行有关反应的试验，这些材料也显示出了增强的催化性能。相关反应包括：正己烷和正庚烷的异构化[168]，1-辛烯和环己烯的环氧化[169]，苯与乙烯的烷基化[170]。然而，应当强调的是，主要是拿沸石晶粒度与层级多孔材料接近的催化剂来进行比较的，并没有拿当前工艺水平的催化剂来比较。例如，Christensen等[170]比较了用炭黑制备的ZSM-5层级沸石晶体和通过常规方法制备的ZSM-5的催化性能。两种样品都是由平均粒径非常接近(约2μm)的马蹄槽形颗粒构成的，所不同的是，一种是由单片的晶体构成的(常规沸石)，而另一种则是由类似于"黑梅"由微晶构成的聚集体(层级沸石晶体)。因此可以预见，与传统大晶体相比，在层级沸石晶体内部的传质会有明显的区别，并且分子会以更快的速度扩散离开粒子。出现的一个疑问是：与纳米尺寸的ZSM-5比较，其真实的优势是什么？原则上，人们不能期望在催化性能上的明显差异。与之相反，在沸石制备过程可以发现其优势，特别是在过滤过程中，当沸石在母液中呈胶体分散时，该过程通常是比较困难的。

其他合成方法也值得更加重视，这些方法是关于诸如M41S系列的介孔分子筛的。在这些分子筛中，整个颗粒上有序排列着常规尺寸的介孔，而围绕这些孔道的孔壁是由无定形的硅基材料构成的。这些材料一经发现，不仅在多相催化领域，而且在作为载体用以锚定活性相或者用于制备层级孔道材料的中间体方面，发挥出了巨大潜力。例如，令人感兴趣的合成路线是那些可归类为间接模板剂法的方法(见图16.11)。在这类方法中，制备好的介孔材料转变(至少部分转变)成一种层级沸石材料，转变方式就是无定形孔壁的部分晶化或者小的沸石晶粒(如晶种)受控制地沉积于孔壁表面。

一般来说，晶化无定形介孔材料的尝试并没得到令人鼓舞的结果，原因是孔道壁的厚度太薄。Kloetstra等[171]通过在甘油中晶化TPA+交换的介孔材料，成功将MCM-41的孔壁转变成原始的ZSM-5沸石结构，但这一结论是以在550cm^{-1}的红外谱带来推断出来的，并没有经过XRD分析的验证。另一方面，在无定形孔壁上植入即使是很小的沸石晶粒，也必然意味着对无定形骨架非常强的改性，就像在MCM-41/MFI[172]和SBA-15/MFI[173, 174]中的情形，最糟时会完全坍塌[175]。

另一具备潜力但没完全探明的路线，涉及到在预制好的介孔材料上沉积沸石晶粒。仅有为数不多的几个例子，包括类似SBA-15[176, 177]和MCM-41[178]的介孔分子筛，或者介孔结构的多孔泡沫体，通常用沸石晶种浸渍后，再进行水热处理。合成似乎是成功了，但这种材料的优势却仍是个有待解决的问题。

基于超分子模板机理的方法正引起更多的关注(见图16.11)。其思路是：在加普通模板剂的同时加入超分子模板剂(亦即表面活性剂)，以形成介孔(包括晶内和晶间的)，这样沸石晶化与介孔形成同时发生；或者将超分子模板剂加入预制好的沸石晶种溶液中，晶种围绕表面活性剂胶束进行组装产生层级孔结构[145, 148]。可以肯定的是，这些方法比此前描述的直接方法要有效得多。这是由于分子模板剂和表面活性剂分别扮演了不同角色：前者促进沸石晶化成晶种或者纳米晶粒，而后者有利于其在胶束周围的组装。

在形形色色的方法中，值得一提的是由Ryoo的研究小组[韩国高等科技院(KAIST)，韩国大田]提出的一种方法。该方法阐述了一种可很好地调节介孔尺寸，同时避免由于使用更多的常规表面活性剂引起的限制的办法。所谓限制是指表面活性剂在沸石晶化温度下会发生分解。特别的是，他们使用一般化学式为$[(CH_3O)_3Si(CH_2)_3N(CH_3)_2C_nH_{n+1}]Cl$($n$=12，16，18)的双亲性有机硅烷作为超分子模板剂[180]。通过这一方法，他们能晶化出具有可控介孔的MFI和LTA[180]，甚至AlPO和CoAPO(AFI，AEL)[181]结构。

当用做催化剂时，层级的MFI-型沸石与用常规方式合成的类似结构材料相比，拥有更高的催化活性[182, 183]和更强的活性稳定性[184]。另外，介孔壁表现出了更高浓度的硅烷醇基团，为用不同有机硅烷进行功能化提供了锚定中心[185]。

麻省理工学院(MIT)最近声称，他们开发了另一种用超分子模板制备层级孔道分子筛的方法[186, 187]。该方法包括将预制好的Y型、ZSM-5或者丝光沸石等晶体悬浮于NH_4OH或TMA-OH的碱性溶液中，加入必要量的表面活性剂(如十六烷基三甲基溴化铵)。混合物于150℃水热处理必要长的时间。所得的层级多孔沸石晶体同时表现出沸石晶体和有序介孔材料(如MCM-41)的特征。据称，这些材料作为有机化合物裂化和聚合物降解[186, 187]的催化剂时，拥有优异的性能。据最近出版《MIT Technology Insider》上的通告称，一家小公司——Rive Technology将这些材料用于开发新的改良的FCC催化剂。一旦成功，这将是用超分子模板法制备层级多孔沸石的首次工业应用。

16.6.3 结晶型硅基有机-无机混合材料

以上叙述总结了合成与现有材料相比，具有新的和/或更佳特性的沸石的主要趋势。然而，还有另一个令人感兴趣的课题，在固有领域和新兴领域都具有巨大应用潜力，这就是结晶型硅基有机-无机混合材料的制备。

在微孔骨架上结合上有机基团，被视作是制备孔道内表面具有增强的亲油/疏水特性，在吸附和催化过程中大有用处的材料的机会。事实上，这些多孔材料对极性分子的亲合性越低，将对骨架与吸附的有机分子间的主客体相互作用提供越有效的控制，有利于使极性反应产物在与表面进一步反应前流出。另外，通过同样方法，可能结合新的化学功能作为新催化过程的活性中心。

合成结晶硅基多孔材料有3种方法可循，所有方法都利用了有机硅烷：

① 通过一价有机侧基(pendant organic groups)来实现功能化；

② 用桥接的有机硅烷作硅源在骨架上结合进有机基团；

③ 利用复杂的桥接有机硅烷作硅源，直接合成新的非沸石结构的多孔材料。

一价有机侧基功能化是第一个通过对预制好的沸石进行合成后处理的方法。这一众知的过程适应于用于色谱和催化目的的无定形硅和周期性介孔的材料，但对预制好的沸石无效，因为功能化主要发生在晶体的介孔区域内[188~191]。

更有希望的是直接合成路线。在该路线中，有机硅烷加入到反应混合物中。Davis的小组[192~195]首先声称可以直接合成他们称之为硅基有机功能化分子筛(OFMSs)的材料。然而，这一方法有一个极大的限制，那就是：为了保持最终产品中的有机功能，必须避免对所合成沸石进行任何的高温热处理。因此，备选的沸石必须从那些不需要结构导向剂(SDA)的沸石(如X型、Y型、A型沸石)中选择，或者从那些所用结构导向剂可以通过抽提的方法除去的情形中选择。纯硅β沸石就属于这种情况，通过向反应混合物中加入很小比例的苯乙基三甲氧基硅烷(PETMS)，其合成步骤得到了轻微的改进[192]。合成产物含有5%原子数的硅，产物首先用浓碱液除去晶体外表面的有机基团，接着用醋酸/水溶液在140℃重复处理以除去SDA(氟化四乙基铵)。最后，苯基团用SO_2在室温下磺化，产生在乙二醇与环己酮作用下生成环戊烷-1，3-二氧环戊烷的反应有活性，但对与大体积的1-芘碳醛的反应无活性的催化剂[192]。其他具有极性(如胺丙基三甲氧基硅烷、巯丙基三甲氧基硅烷[193])或者非极性[如3-丁烯基三乙氧基硅烷、2-(3-乙基环己烯基)三甲氧基硅烷]有机基团的有机功能化分子筛(OFMSs)也已经成功合成，表明该方法可能引发新的择形选择性催化剂的制备。然而，在原始文献之后，没有其他信息的跟进，原因很简单，就是具有可抽提的SDA的沸石太不普遍，因而缺乏进行这种功能化的候选分子筛。

下一个合乎逻辑的步骤就是二价有机基团在骨架上的结合，最简单的就是骨架上氧原子$(-O-)$用亚甲基$(-CH_2-)$来替代。Yamamoto等[196, 197]声称这种替代是可能的，他们报道了一组新的称之为ZOL(zeolites with organic groups as lattice)的无机-有机混合材料，这些材料包含有某些已知的沸石结构(MFI、LTA和β沸石)。乙硅烷存在产生的当即的影响就是晶化时间的剧增(例如，ZOL-A晶化时间为14d，而不是在相同条件下晶化LTA的时间)，而C含量明显低于理论值(分别为2.2%和4.3%)。

Diaz等[198]报道了晶化出具有ITQ-21、MFI和β结构，且具有前所未有的高有机含量的混合有机沸石的可能性。作为硅源，这些研究者采用了一种乙硅烷[双(三甲硅烷基)甲烷(BTEM)或1，2-二(三甲硅烷基)乙烷(BTEE)]与正硅酸乙酯(TEOS)在不同摩尔比下的混合物，合成中使用了沸石晶化过程需要的三种典型结构导向剂，并且在HF存在下进行。使用BTEM时仅优先获得了ZSM-5和β沸石，ITQ-21则始终没观察到，产品都是无定形的。该工作的关键在于涉及到了有机基团在骨架上的有效结合。事实上，如果关于完全结晶的ZSM-5和β沸石的数据(C含量分别为3.6和4.9%)是合理的，在某些β沸石样品中检测到的高C含量则没那么令人信服，因为它们参照的样品仅有中等的结晶度(35%~50%)。

对将次甲基结合进骨架的可能性的怀疑最近被其他一些研究者承认[199]。他们报道了ZOL-X的合成，这是一种具有FAU结构的混合沸石。据发现，这种材料中的C含量比较低(1.3%~1.5%)，Si-C键与$-CH_2-$片断的存在也被光谱所确认。然而，这些研究者承认不能够明确地证实C结合进入了骨架，因为他们不能排除材料中无定形杂质的存在，在这些杂质上$-CH_2-$有可能被浓缩。

目前还没有肯定的答案，这正是所关注的重点之所在。甚至密度泛函理论(DFT)计算也对解决这一问题无能为力。事实上,骨架中的氧被次甲基取代是可能的[200, 201],但是强加于骨架的局部扭曲[由于Si－C－Si的键夹角(120°~125°)比Si－O－Si的键夹角(140°~170°)小],意味着对系统缺陷能量的小但明显的贡献,这一贡献在有效的替代水平上估计最大为0.2eV[200]。

综上所述,以上论文中报道的亚甲基基团(并且还有后续的更大的有机片断)在沸石骨架上的结合是不容易的,并且还得到没有确切的证实。

让我们考虑一些证据:

① 当双硅烷作为唯一的硅源时,与使用常规硅源(例如TEOS)观察到的情形相比,晶化速度变得非常慢。

② 在接近中性的反应条件下,不发生晶化。

③ 迄今所报道的所有晶相的C含量明显低于理论值。

这些事实表明,晶化只有当[SiO₄]基团存在时才发生,[SiO₄]基团可以是以第二种(常规)硅源的方式加入的,也可以是由乙硅烷水解生成的。乙硅烷的水解是一个非常慢的反应,需要强碱性的介质。

报道的结构与光谱数据仍存在一定的不确定性,本质上是因为无定形相存在的可能性(或者说肯定存在),即使很少量的无定形相也能容纳有机片断。可以肯定,对完美结晶材料的详细结构表征可能会对这个问题给出一个明确的答案。

关于有机物片断是否结合进沸石骨架的不确定性并没有妨碍制备非沸石晶体多孔材料的可能性,最近埃尼(Eni)实验室的研究小组就有这方面的报道,他们能合成一组新的晶型多孔混合材料,被命名为埃尼硅酸碳(ECS)[202]。

这个概念是由Inagaki等[203]的基础性工作开始发展而来的,他们报道了周期性介孔有机硅(PMO)的制备:使用1,4-二(三甲硅烷基)苯(BTEB),以十八烷基三甲烷基氯化铵作表面活性剂,通过加氢氧化钠和水制得。这种材料显示出六角形阵列的介孔,并因此可被认为是类似于MCM-41结构的有机-无机混合材料。与MCM-41不同,其特征为孔壁完全为无定形,PMO显示出沿通道方向0.76nm的结构周期,这正是对应于[O₃Si－C₆H₄－SiO₃]片断的尺寸的一个空间。

根据上述的结果,首次测试了表面活性剂和乙硅烷作用。表面活性剂不存在时,获得了一种名叫ECS-4的介孔材料。其XRD图谱显示了在PMO中观察到的0.76nm的周期,但在低角区域无反射,表明缺乏有序的介孔。当常规的硅源(TEOS)加入合成时,没有得到真正的晶体材料;相反,当加入偏铝酸钠作铝源时,得到了出乎意料意料的结果:通过改变硅/铝比和用KOH代替NaOH,分别获得了3种不同的晶相(ECS-1、ECS-2和ECS-3)。

用不同的乙硅烷,其他几种晶相被相继合成出来:用4,4'-二(三乙硅烷基)联苯(BETBP)合成ECS-5,用1,4-二(三乙硅烷基乙基)苯(BTEEB)合成了ECS-6,用1,3-二(三甲硅烷基)丙烷(BTMP)合成ECS-7。

所有这些材料都由一个结晶相构成,只在某些情况下伴随有无定形组分或者痕量的方钠石。所有的光谱和分析证据表明,在四面体配位位置不仅有铝,而且有乙硅烷片断的存在。然而,当这些材料中的两种晶体结构被弄清楚(ECS-2)或者推断明白(ECS-7)时,才获得了有关这些材料性质的确切证据。在ECS-2的情形中,结构由次苯基(苯撑)连结在一起的硅酸铝层构成(见图16.13)。各层都由[AlO₄]四面体构成,每个铝氧四面体通过氧原子与4个不同的[O₃SiC]四面体相连。值得注意的是,结构中不存在任何硅氧四面体单元,表明在水热处理条件下,乙硅烷不发生明显的水解。小部分的水解乙硅烷参与了方钠石的生成,包含在痕量物质中。ECS-2无开放的孔道,只有被6个次苯基环围绕的空穴,以一种足以阻止任何小分子接触的方式排列着。这些空穴中存在着由三乙氧基水解产生的乙醇分子; 相反, 钠离子位于有机层内。

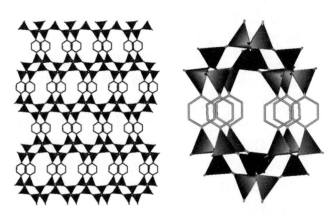

图16.13 ECS-2的晶体结构(左)和由6个苯撑形成的笼(右)
(为了清晰, 省略了乙醇分子、氢原子和钠离子)

至于其他ECS材料, 迄今未弄清其晶体结构, 然而, 通过高分辨率透射电镜(HRTEM)分析, 已经表明所有材料都显示出由有机和无机层交替堆栈的结构, 层与层间距离随有机片断的尺寸增加。然而, 其他材料也由与ECS-2一样的无机层由不同的有机片断连结而成的假说仅在ECS-7上得到证实, 在ESC-7上, 三亚甲基基团取代了次苯基基团。ECS-5的情况特别令人感兴趣, 因为它由更复杂且更厚的有机层组成, 该有机层的形成需要由乙硅烷前体完全水解产生的$[SiO_4]$单元的存在。

ECS材料的合成仅处在初始阶段, 因为更多乙硅烷和多硅烷前体越来越容易得到, 可以预计会有更有趣的进展。

当前, 这些结果确认了合成晶态硅基有机-无机混合材料的可能性, 但是为了其在常规领域和新领域的应用, 验证其性能的广泛研究仍在进行之中。

16.7 总结与展望

今天, 沸石构成了应用于多相催化、离子交换、分子筛和吸附剂等有关工业领域最重要的材料之一。表面上看, 这一研究领域似乎已经成熟, 没有任何未来发展的明显空间。实际上, 这不是真实的, 因为世界范围内的研究连续地提供了新材料和技术方案, 这些都适合于改善现有工艺或者开发新的应用。

环境、经济和市场因素正推动炼油厂、石油化工工业和化学工业的革新。毋庸置疑的是, 最近几年所有这些领域都取得了明显的进展。

沸石合成方面的知识和技能迅速增长, 导致了新的越来越复杂的骨架结构的发现。例如, 超大孔沸石的合成, 10年前都被认为是非常困难的事情, 今天已成了成果颇丰的研究领域之一。最近又成功晶化出了ITQ-37, 这是第一个具有三十元环开口的晶态介孔材料。

把新材料的定义认为就是某种新的结晶结构太受局限了, 因为从组成和晶相方面改性一种材料的重要性以及通常存在的难度是众所周知的。TS-1的情况颇能说明这一概念。首先, Ti在全硅Silicate-1骨架上的成功结合是一个明确被证实的例子, 那就是沸石组成的改变可以带给材料前所未有的催化特性。其次, 晶相的优化及将这些聚积成具有层级孔结构的粒子的能力, 为开发淤浆相催化工艺提供了可能。层级孔结构的合成是当今研究领域的热门课题之一，因为它们代表的不仅是沸石工业制备过程中经常遇到的问题的解决方案，而且是抑制由反应物和产物的晶间扩散所引起的其他方式的严格限制的方法。最近这一概念在FCC催化剂上进行了应用，如果成功应用到工业化水平，将代表一项明显的突破。

但只把沸石当作是多相催化剂就受到一定局限了。事实上，其他重要的技术领域正受益于这些材料的特殊性质以及沸石科学的进步。气体分离领域就是这样，例如这一领域的技术方案要求提升从N_2、CO_2，尤其从H_2S中分离提纯天然气的能力和效率。一旦有了基于分子筛的应用的高效气体分离技术，能取代当前采用的其他成本高昂的低温蒸馏和化学处理方法，将使非甲烷气体含量高、经济上不划算的那些天然气气源的开发变得可能。

再者，沸石可以开发用于环境保护，特别是地下水有机污染物的治理。沸石系统的成本限制了其在那些更偏向于用GAC或ZVI等较便宜材料领域的实际应用。最近由埃尼公司完成的现场试验表明了使用沸石治理遭烃类，尤其是MTBE污染的地下水治理的优势，强调了其长时间将污染物浓度保持在法律规定的阈值以下的能力。因此，在这一领域，沸石证明了其高效性，在不久的将来可以期待令人感兴趣的发展。

然而，沸石在常规与新兴领域的应用需要其特征与性质的深度改变。通过有机基团的结合来实现对无机骨架的改性，制造出晶态硅基有机-无机混合材料，可以对这种需求作出回应。在近10年中，报道了多项在骨架上接枝或者在骨架里嵌入有机基团的部分成功的尝试，但是，这种改性的优点至今没有表现出来。近期关于ECS的报道较为清晰地表明了合成晶态硅基混合材料是可能的。尽管该材料属于非沸石性质，但这些材料是多孔性的，而且可以制成具有多种多样的有机基团。尽管对这些材料的研究仍在起步阶段，对其性质的了解还不足以明确其可能的应用。ECS的制备表明，在材料科学方面仍有大量待探索的领域期待着研究者们付出努力。

参考文献

[1] Marcilly, C. (2001) Oil Gas Sci. Technol.: Rev. IFP, 56 (5), 499–514.

[2] Bellussi, G. (2004) Stud. Surf. Sci. Catal., 154, 53–65.

[3] Bellussi, G. and Pollesel, P. (2005) Stud. Surf. Sci. Catal., 158, 1201–1212.

[4] Degnan, T.F. Jr. (2007) Stud. Surf. Sci. Catal., 170, 54–65.

[5] Perego, C. and Carati, A. (2008) Zeolites and zeolite-like materials in industrial catalysis, in Zeolites: from Model Materials to Industrial Catalysis (eds J. Čejka, J. Perez-Pariente, and W.J. Roth), Transworld Research Network, India, pp. 357–395.

[6] Corma, A. (2003) J. Catal., 216, 298–312.

[7] Petti, N., Hunt, L., and Yaluris, G. (2006) Petrol. Tech. Q., 11, 43–54.

[8] Xu, M. and Madon, R.J. (2005) Petrol. Tech. Q., Q2, 63–78.

[9] Sheldon, R.A. (1997) J. Chem. Technol. Biotechnol., 68, 381.

[10] Taramasso, M., Perego, G., and Notari, B. (1983) US Patent 4,410,501, assigned to Eni S.p.A.

[11] Perego, G., Millini, R., and Bellussi, G. (1998) Synthesis and characterization of molecular sieves containing transition metals in the framework, in Molecular Sieves. Science and Technology, Synthesis, Vol. 1 (eds H.G. Karge and J. Weitkamp), Springer-Verlag, Berlin, pp. 188–228.

[12] van der Pol, A.J.P.H. and van Hooff, J.H.C. (1992) Appl. Catal. A: Chem., 92, 113.

[13] Clerici, M.G., Bellussi, G., and Romano, U. (1991) J. Catal., 129, 159–167.

[14] Carati, A., Berti, D., Gagliardi, F., Stocchi, B., Bellussi, G., Mantegazza, M.A., and Rivetti, F. (2005) 3rd FEZA Conference, Book of Abstracts, PO 211.

[15] Buonomo, F., Bellussi, G., and Notari, B. (1983) Italian Patent 20115 MI A83, assigned to Eni S.p.A.

[16] Bellussi, G., Buonomo, F., Esposito, A., Clerici, M.G., Romano, U., and Notari, B. (1983) Italian Patent 20457 MI A85, assigned to Eni S.p.A.

[17] Bellussi, G., Buonomo, F., Esposito, A., Clerici, M.G., and Romano, U. (1986) Italian Patent 22075 MI A86, assigned to Eni S.p.A.

[18] Bellussi, G., Perego, C., Carati, A., Peratello, S., Previde Massara, E., and Perego, G. (1994) Stud. Surf. Sci. Catal., 84A, 85–92.

[19] Rizzo, C., Carati, A., Barabino, C., Perego, C., and Bellussi, G. (2001) Stud. Surf. Sci. Catal., 140, 401.

[20] Esposito, A., Neri, C., and Buonomo, F. (1982) Italian Patent 20262 MI A82, assigned to Eni S.p.A.

[21] Roffia, P., Padovan, M., Moretti, E., and De Alberti, G. (1985) Italian Patent 21511 MI A85, assigned to Eni S.p.A.

[22] Roffia, P., Leofanti, G., Cesana, A., Mantegazza, M., Padovan, M., Petrini, G., Tonti, S., and Gervasutti, P. (1990) Chim. Ind. (Milan), 72, 598–607.

[23] Neri, C., Anfossi, B., Esposito, A., and Buonomo, F. (1982) Italian Patent 22608 MI A82, assigned to Eni S.p.A.

[24] Clerici, M.G. and Ingallina, P. (1993) J. Catal., 140, 71–83.

[25] Esposito, A., Neri, C., and Buonomo, F. (1984) US Patent 4,480,135, assigned to Eni. S.p.A.
[26] Clerici, M.G. and Romano, U. (1987) European Patent 230,949, assigned to Eni S.p.A.
[27] Esposito, A., Taramasso, M., and Neri, C. (1983) US Patent 4,396,783, assigned to ANIC S.p.A.
[28] Roffia, P., Padovan, M., Moretti, E., and de Alberti, G. (1987) European Patent 208,311, assigned to Montedipe S.p.A.
[29] Gontier, S. and Tuel, A. (1994) Appl. Catal. A: Gen., 118, 173–186.
[30] Reddy, R.S., Kumar, R., and Ratnasamy, P. (1990) Appl. Catal. A: Gen., 58, L1–L4.
[31] Sasidharan, M., Suresh, S., and Sudalai, A. (1995) Tetrahedron Lett., 36, 9071–9072.
[32] Notari, B. (1996) Adv. Catal., 41, 253–334.
[33] Bianchi, D., D'Aloisio, R., and Tassinari, R. (2003) WO Patent 3,042,146, assigned to Polimeri Europa.
[34] Naqvi, S. PEP Review 2005-05 Lyondell Direct-Oxidation Propylene Oxide Technology, October 2005.
[35] Kustov, L.M., Bodgan, V., and Kazansky, V. (2002) US Patent 6,414,197, assigned to General Electric.
[36] Kustov, L.M., Tarasov, A.L., Bodgan, V.I., Tyrlov, A.A., and Fulmer, J.W. (2000) Catal. Today, 61, 123–128.
[37] Camblor, M.A., Corma, A., and Pérez-Pariente, J. (1992) J. Chem. Soc. Chem. Commun., 589–590.
[38] Valencia, S., Camblor, M.A., and Corma, A. (1997) WO Patent 97/33830, assigned to CSIC.
[39] Van der Waal, J.C., Lin, P., Rigutto, M.S., and Van Bekkum, H. (1997) Stud. Surf. Sci. Catal., 105, 1093–1100.
[40] Tuel, A. (1995) Zeolites, 15, 236–242.
[41] Díaz-Cabañas, M.J., Villaescusa, L.A., and Camblor, M.A. (2001) Chem. Commun., 761–762.
[42] Corma, A., Díaz-Cabañas, M.J., Domine, M.E., and Rey, F. (2000) Chem. Commun., 1725–1726.
[43] Sasidharan, M., Wu, P., and Tatsumi, T. (2002) J. Catal., 205, 332–338.
[44] Schmidt, I., Krogh, A., Wienberg, K., Carlsson, A., Brorson, M., and Jacobsen, C.J.H. (2000) Chem. Commun., 2157–2158.
[45] Venuto, P.B. (1997) Stud. Surf. Sci. Catal., 105, 811–852.
[46] Whitman, P.J., Miller, J.F., Speidel, J.H. Jr., and Cochran, R.N. (2006) US Patent 7,138,535, assigned to Lyondell Chemical Technology Limited.
[47] Chen, C.-Y., Burton, A.W. Jr., and Liang, A.J. (2006) US Patent 7,083,766, assigned to Chevron USA Inc.
[48] Zones, S.I. and Burton, A.W. Jr. (2006) US Patent 7,084,305, assigned to Chevron USA Inc.
[49] Chen, C.-Y., Burton, A.W. Jr., and Liang, A.J. (2006) US Patent 7,087,792, assigned to Chevron USA Inc.
[50] Chen, C.-Y., Burton, A.W. Jr., and Liang, A.J. (2006) US Patent 7,091,385, assigned to Chevron USA Inc.
[51] Müller, U., Ma, L., Feng-Shou, X., and Yang, X. (2007) US Patent 7,211,239, assigned to BASF AG.
[52] Strebelle, M. and Catinat, J.-P. (2008) US Patent 7,320,779, assigned to Solvay.
[53] Eimer, G.A., Díaz, I., Sastre, E., Casuscelli, S.G., Crivello, M.E., Herrero, E.R., and Perez-Pariente, J. (2008) Appl. Catal. A: Gen., 343, 77–86.
[54] Mazaj, M., Zabukovec Logar, N., Mali, G., Novak Tušar, N., ArČon, I., Ristić, A., ReČnik, A., and KauČiČ, V. (2007) Microporous Mesoporous Mater., 99, 3–13.
[55] Mazaj, M., Stevens, W.J.J., Zabukovec Logar, N., Ristić A., Novak Tušar, N., ArČon, I., Daneu, N., Meynen, V., Cool, P., Vansant, E.F., and KauČiČ, V. (2009) Microporous Mesoporous Mater., 117, 458–465.
[56] Fan, W., Wu, P., Namba, S., and Tatsumi, T. (2006) J. Catal., 243, 183–191.
[57] Song, F., Liu, Y., Wang, L., Zhang, H., He, M., and Wu, P. (2007) Appl. Catal. A: Gen., 327, 22–31.
[58] Song, F., Liu, Y., Wu, H., He, M., Wu, P., and Tatsumi, T. (2006) J. Catal., 237, 359–367.
[59] Wu, P., Nuntasri, D., Liu, Y., Wu, H., Jiang, Y., Fan, W., He, M., and Tatsumi, T. (2006) Catal. Today, 117, 199–205.
[60] Wang, L., Liu, Y., Xie, W., Zhang, H., Wu, H., Jiang, Y., He, M., and Wu, P. (2007) J. Catal., 246, 205–214.
[61] Moliner, M., Serna, P., Cantín, A., Sastre, G., Díaz-Cabañas, M.J., and Corma, A. (2008) J. Phys. Chem. C, 112, 19547–19554.
[62] de Jong, K.P., Mesters, C.M.A.M., Peferoen, D.G.R., van Brugge, P.T.M., and de Groot, C. (1996) Chem. Eng. Sci., 51 (10), 2053–2060.
[63] Botella, P., Corma, A., López-Nieto, J.M., Valencia, S., and Jacquot, R. (2000) J. Catal., 195, 161–168.
[64] Kantam, M.L., Ranganath, K.V.S., Sateesh, M., Kumar, K.B.S., and Choudary, B.M. (2005) J. Mol. Catal. A: Chem., 225, 15–20.
[65] Selvin, R., Hsu, H.-L., and Her, T.-M. (2008) Catal. Commun., 10, 169–172.
[66] Beers, A.E.W., Nijhuis, T.A., Kapteijn, F., and Moulijn, J.A. (2001) Microporous Mesoporous Mater., 48, 279–284.
[67] Johnston, D. (1996) Oil Gas J., 49.
[68] CONCAWE Report No. 8/08, p. 8. http://www.concawe.org/Content/Default.asp?PageID=31.
[69] Zhao, X., Cheng, W.C., and Rudesill, J.A. (2002) NPRA Annual Meeting, NPRA Ed. Paper AM-92-60, March 17–19, San Antonio.
[70] Spry, J.C. and Sawyer, W.H. (1975) AIChE 68th Annual Meeting, Paper 16-20, Los Angeles.
[71] McAfee, A.Mc.D. (1922) US Patent 1,405,054, assigned to Gulf Refining Co.
[72] Houdry, E. (1934) US Patent 1,957,648, assigned to Houdry Process Co.
[73] Houdry, E. (1937) US Patent 2,078,945, assigned to Houdry Process Co.
[74] Houdry, E. (1945) US Patent 2,387,267, assigned to Houdry Process Co.
[75] Campbell, D.L., Martin, H.Z., Murphree, E.V., and Summit, C.W.T. (1948) US Patent 2,451,804, assigned to Standard Oil Dev. Co.
[76] Plank, C.J. and Rosinski, E.J. (1964) US Patent 3,140,249, assigned to Socony Mobil Oil Co.
[77] Breck, D.W. (1964) US Patent 3,130,007, assigned to Union Carbide Co.
[78] Corma, A. (1992) in Zeolite Microporous Solids: Synthesis, Structure and Reactivity, NATO ASI Series, Vol. 352 (eds E.G. Derouane, F. Lemos, C. Naccache, and F. Ramoa Ribeiro), Kluwer Academic Publishers, pp. 373–436.
[79] O'Connor, P. and Humphries, A.P. Accessibility of functional sites in FCC (1993) Prepr.– Am. Chem. Soc. Div. Pet. Chem., 38, 598–603.
[80] Corma, A., Diaz-Cabanas, M.J., Martinez-Friguero, J., Rey, F., and Ruiz, J. (2002) Nature, 418, 514–517.
[81] McVicker, G.B., Daage, M., Touvelle, M.S., Hudson, W., Klein, D.P., Baird, W.C. Jr., Cook, B.R., Chen, J.C., Hantzer, S., Vaughan, D.E.W., Ellis, E.S., and Feeley, O.C. (2002) J. Catal., 210, 137–148.
[82] Du, H., Fairbridge, C., Yang, H., and Ring, Z. (2005) Appl. Catal. A: Gen., 294, 1–21.
[83] Santikunaporn, M., Herrera, J.E., Jongpatiwut, S., Resasco, D.E., Alvarez, W.E., and Sughrue, E.L. (2004) J. Catal., 228, 100–113.
[84] Arribas, M.A., Corma, A., Diaz-Cabanas, M.J., and Martinez, A. (2004) Appl. Catal. A: Gen., 273, 277–286.
[85] Hertl, G., Knözinger, H., Schüth, F., and Weitkamp, J. (eds) (2008) Handbook of Heterogeneous Catalysis, 2nd edn, vol. 7. Wiley-VCH Verlag GmbH, Weinheim, p. 3133.
[86] Calemma, V., Carati, A., Flego, C., Giardino, R., Gagliardi, F., Millini, R., and Bellussi, G. (2008) ChemSusChem, 1, 548–557.

[87] Murzin, D.Y., Kubicka, D., Simakova, I.L., Kumar, N., Lazuen, A., Mäki-Arvela, P., Tiitta, M., and Salmi, T. (2009) Petrol. Chem., 49, 90–93.
[88] Kumar, N., Kubicka, D., Garay, A.L., Mäki-Arvela, P., Heikkilä, T., Salmi, T., and Murzin, D.Y. (2009) Top. Catal., 52, 380–386.
[89] KubiŠka, D., Salmi, T., Tiitta, M., and Murzin, D.Y. (2009) Fuel, 88, 366–373.
[90] Shorey, S.W., Lomas, D.A., and Keesom, W.H. (1999) Hydrocarbon Process., 78, 43–51.
[91] Ipatieff, V. (1935) Ind. Eng. Chem., 1067–1071.
[92] Marcilly, C. (2006) Acido-basic Catalysis – Application to Refining and Petrochemistry, vol. 2, Technip, Paris, pp. 461–462.
[93] Peratello, S., Molinari, M., Bellussi, G., and Perego, C. (1999) Catal. Today, 52, 271–277.
[94] Tabak, S. and Krambek, F.J. (1985) Hydrocarbon Process., 64, 72–74.
[95] O'Connor, C.T. and Kojima, M. (1990) Catal. Today, 6, 329–349.
[96] Miller, S.J. (1987) in Catalysis (ed. J.W. Ward), Elsevier, Amsterdam, pp. 187–197.
[97] de Klerk, A. (2006) Energy Fuels, 20, 1799–1805.
[98] Humphrey, J.L., Seibert, F.A., and Goodpastor, C.V. (1991) U.S. DOE Report DOE/ID/12920-2.
[99] Radecki P.P., Crittenden J.C., Shonnard, D.R., and Bulloch, J.L. (eds) (1999) Emerging Separation and Separative Reaction Technologies for Waste Reduction – Adsorption and Membrane Systems, Center for Waste Reduction Technologies, AICHE Ed.
[100] Walton, K.S., Abney, M.B., and LeVan, M.D. (2006) Microporous Mesoporous Mater., 91, 78–84.
[101] Yang, R.T. (ed.) (2003) Adsorbents: Fundamentals and Applications, John Wiley & Sons, Inc., Hoboken, pp. 157–190.
[102] Granato, M.A., Vlugt, T.J.H., and Rodrigues, A.E. (2007) Ind. Eng. Chem. Res., 46, 7239–7245.
[103] Cosoli, P., Ferrone, M., Pricl, S., and Fermeglia, M. (2008) Chem. Eng. J., 145, 86–92.
[104] Rabo, J.A. and Schoonover, M.W. (2001) Appl. Catal. A: Gen., 222, 261–275.
[105] Sherman, J.D. (1999) Proc. Natl. Acad. Sci. U.S.A., 96, 3471–3478.
[106] Thomas, W.J. and Crittenden, B.D. (eds) (1998) Adsorption Technology and Design, Butterworth-Heinemann, Oxford, pp. 225–226.
[107] Mitariten, M.J. (2008) US Patent 7,442,233, assigned to Basf Catalyst LLC.
[108] Burras, R.J., Maritaten, M.J. (1994) University of Oklahoma Laurance Reid Gas Conditioning Conference, pp. 93–101.
[109] Kuznicki, S.M., Bell, V.A., Nair, S., Hillhouse, H.W., Jacubinas, R.M., Braunbarth, C.M., Toby, B.H., and Tsapatsis, M. (2001) Nature, 412, 720–724.
[110] Butwell, K.F., Dolan, W.B., and Kuznicki, S.M. (2001) US Patent 6,197,092, assigned to Engelhard Corp.
[111] Dolan, W.B. and Butwell, K.F. (2002) US Patent 6,444,012, assigned to Engelhard Corp.
[112] Dolan, W.B. and Mitariten, M.J. (2003) US Patent 6,610,124, assigned to Engelhard Corp.
[113] Jayaraman, A., Yang, R.T., Chinn, D., and Munson, C.L. (2005) Ind. Eng. Chem. Res., 44, 5184.
[114] Carluccio, L., Bellussi, G., and Millini, R. (1994) Italian Patent 002037 MI 94, assigned to Eni S.p.A.
[115] Campbell, B.J., Bellussi, G., Carluccio, L., Perego, G., Cheetham, A.K., Cox, D.E., and Millini, R. (1998) Chem. Commun., 1725–1726.
[116] Carati, A., Rizzo, C., Tagliabue, M., Carluccio, L., Flego, C., and Ciccarelli, L. (2006) Italian Patent 001231 MI A2006, assigned to Eni S.p.A.
[117] Connor, D.J., Doman, D.G., Jeziorowski, L., Keefer, B.G., Larisch, B., McLean, C., and Shaw, I. (2002) US Patent 6,406,523, assigned to QuestAir Technologies Inc.
[118] Dunne, S.R., Coughlin, P.K., and Sethna, R.H. (2007) US Patent 7,166,149, assigned to UOP.
[119] Belding, W.A., Holeman, W.D., Lavan, Z., and Jones, R.L. (1996) US Patent 5,580,369, assigned to LaRoche Ind.
[120] Belding, W.A., Lam, C., Holeman, W.D., and Janke, S.L. (1997) US Patent 5,660,048, assigned to LaRoche Ind.
[121] Belding, W.A., Delmas, M.P.F., Holeman, W.D., and McDonald, D.A. (1997) US Patent 5,685,897, assigned to LaRoche Ind.
[122] Oda, S., Kanayama, R., Mori, K., and Sugimoto, K. (1997) US Patent 5,660,221, assigned to Sintokogio Ltd.
[123] Jale, S.R., Fitch, F.R., and Shen, D. (2000) US Patent 6,436,173, assigned to BOC Group.
[124] Simon, F.-G., Meggyes, T., and Tünnermeier, T. (2002) Adsorption of MTBE from contaminated water by carbonaceous resins and mordenite zeolite, in Advanced Groundwater Remediation – Active and Passive Technologies (eds F.-G. Simon, T. Meggyes, and C. McDonald), Thomas Telford, London, pp. 3–34.
[125] Shih, T., Wangpaichitr, M., and Suffet, M. (2005) J. Environ. Eng., 131, 450–460.
[126] Schüth, F. (2002) in Handbook of Porous Solids (eds F. Schüth, K.S.W. Sing, and J. Weitkamp), Wiley-VCH Verlag GmbH, Weinheim, (BRD), pp. 2719–2745.
[127] Colella, C. (2007) Stud. Surf. Sci. Catal., 168, 999–1035.
[128] Bowman, R.S., Sullivan, E.J., and Li, Z. (2000) in Natural Zeolites for the Third Millennium (eds C. Colella and F.A. Mumpton), De Frede Editore, Naples, pp. 287–297.
[129] Bowman, R.S. (2003) Applications of sufactant – modified zeolites to environmental remediation Microporous Mesoporous Mater., 61, 43–56.
[130] Schulze-Makuch, D., Pillai, S.D., Guan, H., Bowman, R.S., Couroux, E., Hielscher, F., Totten, J., Espinosa, I.Y., and Kretzschmar, T. (2002) EOS, 83, 193–201.
[131] Vignola, R., Cova, U., Della Penna G., and Sisto, R. (2005) WO Patent 2005/063631, assigned to Eni S.p.A.
[132] Vignola, R., Cova, U., Fabiani, F., Grillo, G., Molinari, M., Sbardellati, R., and Sisto, R. (2008) Stud. Surf. Sci. Catal., 174A, 573–576.
[133] Vignola, R., Cova, U., Fabiani, F., Sbardellati, R., and Sisto, R. (2009) WO Patent 2009/000429, assigned to Eni S.p.A.
[134] Cundy, C.S. and Cox, P.A. (2003) Chem. Rev., 103, 663–702.
[135] Burton, A.W. and Zones, S.I. (2007) Stud. Surf. Sci. Catal., 168, 137–179.
[136] Paillaud, J.-L., Harbuzaru, B., Patarin, J., and Bats, N. (2004) Science, 304, 990–992.
[137] Corma, A., Diaz-Cabañas, M.J., Jordà, J.L., Martinez, C., and Moliner, M. (2006) Nature, 443, 842–845.
[138] Sun, J., Bonneau, C., Cantin, A., Corma, A., Diaz-Cabanas, M.J., Moliner, M., Zhang, D., Li, M., and Zou, X. (2009) Nature, 458, 1154–1157.
[139] Wagner, P., Yoshikawa, M., Lovallo, M., Tsuji, K., Taspatsis, M., and Davis, M.E. (1997) Chem. Commun., 2179–2180.
[140] Lobo, R.F., Tsapatsis, M., Freyhardt, C.C., Khodabandeh, S., Wagner, P., Chen, C.Y., Balkus, K.J., Zones, S.I., and Davis, M.E. (1997) J. Am. Chem. Soc., 119, 8474–8484.
[141] Strohmaier, K.G. and Vaughan, D.E.W. (2003) J. Am. Chem. Soc., 125, 16035–16039.
[142] Kresge, C.T., Leonowicz, M.E., Roth, W.J., Vartuli, J.C., and Beck, J.S. (1992) Nature, 359, 710–712.

[143] Corma, A. (1997) Chem. Rev., 97, 2373–2419.
[144] Hartmann, M. (2004) Angew. Chem. Int. Ed., 43, 5880–5882.
[145] Čejka, J. and Mintova, S. (2007) Chem. Rev., 49, 457–509.
[146] Meima, G.R., van der Aalst, M.J.M., Samson, M.S.U., Garces, J.M., and Lee, G.J. (1992) in Proceedings of the 9th International Zeolite Conference (eds R. von Ballmoos, J.B., Higgins, and M.M.J. Treacy), Butterworth-Heinemann, Boston, pp. 327–335.
[147] Chem. Eng. News, 1995, 12.
[148] Egeblad, K., Christensen, C.H., Kustova, M., and Christensen, C.H. (2008) Chem. Mater., 20, 946–960.
[149] Pérez-Ramirez, J., Christensen, C.H., Egeblad, K., Christensen, C.H., and Groen, J.C. (2008) Chem. Soc. Rev., 37, 2530–2542.
[150] Tosheva, L. and Valtchev, V.P. (2005) Chem. Mater., 17, 2494–2513.
[151] Serrano, D.P., Aguado, J., Escola, J.M., Rodriguez, J.M., and Peral, A. (2006) Chem. Mater., 18, 2462–2464.
[152] Serrano, D.P., Aguado, J., Escola, J.M., Rodriguez, J.M., and Peral, A. (2008) J. Mater. Chem., 18, 4210–4218.
[153] Aguado, J., Serrano, D.P., and Rodriguez, J.M. (2008) Microporous Mesoporous Mater., 115, 504–513.
[154] Aguado, J., Serrano, D.P., Escola, J.M., and Peral, A. (2009) J. Anal. Appl. Pyrol., 85, 352–358.
[155] Serrano, D.P., Aguado, J., Morales, G., Rodriguez, J.M., Peral, A., Thommes, M., Epping, J.D., and Chmelka, B.F. (2009) Chem. Mater., 21, 641–654.
[156] Larsen, S.C. (2007) J. Phys. Chem. C, 111, 18464–18474.
[157] Derouane, E.G. (1986) J. Catal., 100, 541–544.
[158] Hsu, C.-Y., Chiang, A.S.T., Selvin, R., and Thompson, R.W. (2005) J. Phys. Chem. B, 109, 18804–18814.
[159] Jaconbsen, C.J.H., Madsen, C., Houzvicka, J., Schmidt, I., and Carlsson, A. (2000) J. Am. Chem. Soc., 122, 7116–7117.
[160] Jacobsen, C.J.H., Houžvicka, J., Carlsson, A., and Schmidt, I. (2001) Stud. Surf. Sci. Catal., 135, Paper 03-O-02.
[161] Boisen, A., Schmidt, I., Carlsson, A., Dahl, S., Brorson, M., and Jacobsen, C.J.H. (2003) Chem. Commun., 958–959.
[162] Schmidt, I., Boisen, A., Gustavsson, E., Ståhl, K., Pehrson, S., Dahl, S., Carlsson, A., and Jacobsen, C.J.H. (2001) Chem. Mater., 13, 4416–4418.
[163] Janssen, A.H., Schmidt, I., Jacobsen, C.J.H., Koster, A.J., and de Jong, K.P. (2003) Microporous Mesoporous Mater., 65, 59–75.
[164] Kustova, M.Y., Kustov, A.L., and Christensen, C.H. (2005) Stud. Surf. Sci. Catal., 158, 255–262.
[165] Pavlackova, Z., Kosova, G., Zilkova, N., Zukal, A., and Čejka, J. (2006) Stud. Surf. Sci. Catal., 162, 905–912.
[166] Kustova, M.Y., Hasselriis, P., and Christensen, C.H. (2004) Catal. Lett., 96, 205–211.
[167] Wei, X. and Smirniotis, P.G. (2006) Microporous Mesoporous Mater., 89, 170–178.
[168] Houžvicka, J., Jacobsen, C.J.H., and Schmidt, I. (2001) Stud. Surf. Sci. Catal., 135, Paper 26-O-02.
[169] Johannsen, K., Boisen, A., Brorson, M., Schmidt, I., and Jacobsen, C.H. (2002) Stud. Surf. Sci. Catal., 142, 109–117.
[170] Christensen, Ch.H., Johannsen, K., Schmidt, I., and Christensen, C.H. (2003) J. Am. Chem. Soc., 125, 13370–13371.
[171] Kloetstra, K.R., van Bekkum, H., and Jansen, J.C. (1997) Chem. Commun., 2281–2282.
[172] Huang, L., Guo, W., Deng, P., Xue, Z., and Li, Q. (2000) J. Phys. Chem. B, 104, 2817–2823.
[173] Trong On, D., Lutic, D., and Kaliaguine, S. (2001) Microporous Mesoporous Mater., 44-45, 435–444.
[174] Trong On, D. and Kaliaguine, S. (2001) Angew. Chem. Int. Ed., 40, 3248–3251.
[175] Verhoef, M.J., Kooyman, P.J., van der Waal, J.C., Rigutto, M.S., Peters, J.A., and van Bekkum, H. (2001) Chem. Mater., 13, 683–687.
[176] Trong On, D. and Kaliaguine, S. (2002) Angew. Chem. Int. Ed., 41, 1036–1040.
[177] Trong On, D., Nossov, A., Springuel-Huet, M.-A., Schneider, C., Bretherton, J.L., Fyfe, C.A., and Kaliaguine, S. (2004) J. Am. Chem. Soc., 126, 14324–14325.
[178] Mavrodinova, V., Popova, M., Valchev, V., Nickolov, R., and Minchev, C. (2005) J. Colloid Interface Sci., 286, 268–273.
[179] Trong On, D. and Kaliaguine, S. (2003) J. Am. Chem. Soc., 125, 618–619.
[180] Choi, M., Cho, H.S., Srivastava, R., Venkatesan, C., Choi, D.-H., and Ryoo, R. (2006) Nat. Mater., 5, 718–723.
[181] Choi, M., Srivastava, R., and Ryoo, R. (2006) Chem. Commun., 4380–4381.
[182] Shetti, V.N., Kim, J., Srivastava, R., Choi, M., and Ryoo, R. (2008) J. Catal., 254, 296–303.
[183] Suzuki, K., Aoyagi, Y., Katada, N., Choi, M., Ryoo, R., and Niwa, M. (2008) Catal. Today, 132, 38–45.
[184] Choi, M., Srivastava, R., and Ryoo, R. (2006) Chem. Commun., 4489–4490.
[185] Lee, D.-H., Choi, M., Yu, B.-W., and Ryoo, R. (2009) Chem. Commun., 74–75.
[186] Garcia-Martinez, J. (2006) WO Patent 2006/031259, assigned to MIT.
[187] Ying, J.Y. and Garcia-Martinez, J. (2009) US Patent Application 2009/0005236, Applicant: MIT.
[188] Corma, A., Iglesias, M., del Pino, C., and Sanchez, F. (1991) J. Chem. Soc. Chem. Commun., 1253–1254.
[189] Sanchez, F., Iglesias, M., Corma, A., and del Pino, C. (1991) J. Mol. Catal., 70, 369–379.
[190] Carmona, A., Corma, A., Iglesias, M., San Jose, A., and Sanchez, F. (1995) J. Organomet. Chem., 492, 11–21.
[191] Chauvel, A., Brunel, D., Di Renzo, F., Moreau, P., and Fajula, F. (1994) Stud. Surf. Sci. Catal., 94, 286–294.
[192] Jones, C.W., Tsuji, K., and Davis, M.E. (1998) Nature, 393, 52–54.
[193] Jones, C.W., Tsuji, K., and Davis, M.E. (1999) Microporous Mesoporous Mater., 29, 339–349.
[194] Jones, C.W., Tsuji, K., and Davis, M.E. (1999) Microporous Mesoporous Mater., 33, 223–240.
[195] Jones, C.W., Tsuji, K., and Davis, M.E. (2001) Microporous Mesoporous Mater., 42, 21–35.
[196] Yamamoto, K., Nohara, Y., Domon, Y., Takahashi, Y., Sakata, Y., Plévert, J., and Tatsumi, T. (2005) Chem. Mater., 17, 3913–3920.
[197] Yamamoto, K. and Tatsumi, T. (2008) Chem. Mater., 20, 972–980.
[198] Díaz, U., Vídal-Moya, J.A., and Corma, A. (2006) Microporous Mesoporous Mater., 95, 180–186.
[199] Su, B.L., Roussel, M., Vause, K., Yang, X.Y., Gilles, F., Shi, L., Leonova, E., Edén, M., and Zou, X. (2007) Microporous Mesoporous Mater., 105, 49–57.
[200] Astala, R. and Auerbach, S.M. (2004) J. Am. Chem. Soc., 126, 1843–1848.
[201] Elanany, M., Su, B.-L., and Vercauteren, D.P. (2007) J. Mol. Catal. A: Chem., 263, 195–199.
[202] Bellussi, G., Carati, A., Di Paola, E., Millini, R., Parker, W.O. Jr., Rizzo, C., and Zanardi, S. (2008) Microporous Mesoporous Mater., 113, 252–260.
[203] Inagaki, S., Guan, S., Ohsuna, T., and Terasaki, O. (2002) Nature, 416, 304–307.

17 催化活性中心：产生与表征

Michael Hunger

17.1 引言

　　沸石的不同表面中心使这些材料成为了化学工艺中重要的催化剂。除应用于流化催化裂化(FCC)[1, 2]之外，酸性沸石催化剂还应用于石油炼制和基础石油化学的各种工艺中[3]，这些工艺包括轻汽油的异构化[4]、重石油馏分的加氢裂化[5]、催化脱蜡[5]、苯与乙烯或丙烯烷基化[6]、甲苯的歧化[7]、二甲苯异构化[7]以及其他很多工艺。在某些工艺中，沸石的Brønsted酸(以下简称"B酸")中心与加氢/脱氢组分——典型的是某种贵金属结合，形成了双功能催化剂[8]。另外，采用合适的改性技术可能制造出碱性的沸石[9]。然而，与酸性和双功能相比，碱性沸石迄今在化学工艺中没有获得重要的地位。

　　为了获得具有合适酸性、双功能或者碱性的沸石催化剂，其原始材料必须用正确的方式和按目的反应的要求进行改性。在酸性沸石的情形中，区分以下几点是很重要的：①沸石上酸中心的化学性质，也就是区分是B酸还是Lewis酸(下简称"L酸")；②它们各自的浓度或者密度；③它们的强度和强度分布；④所处位置决定的酸中心的可接近性，例如，在外表面还是在微孔或沸石骨架的大小笼中，对于催化作用是至关重要的。强度和可接近性也是沸石上碱中心的重要性质。在有金属簇存在时，取决于相应金属分散度的簇的大小，是除所处位置之外的重要性质。

　　本章介绍B酸中心、L酸中心、碱中心和金属簇的性质以及它们的形成与表征。要深入了解这一课题，请参阅文献[10~13]。

17.2 沸石上的酸中心

17.2.1 酸中心的性质

　　在硅酸铝型沸石中，四面体中心位置(T位置)上的骨架硅原子的4+电荷与配位的氧原子上的2-电荷形成中性的硅氧四面体$SiO_{4/2}$。当骨架上的硅原子被三价的金属原子——典型的就是铝原子替代，相应四面体的电荷就由中性变成了1-电荷($AlO_{4/2}^-$)。这些骨架负电荷要由骨架外的金属阳离子或者羟基质子来平衡，分别形成弱的L酸中心和强的B酸中心，这些中心就是沸石材料催化活性的来源[14~16]。羟基质子位于连接四面体配位骨架上的硅原子和铝原子的氧桥上(见图17.1a)。这些羟基通常标记为结构羟基基团或桥羟基基团(SiOHAl)[14, 15]。

除了硅酸铝型沸石外，基于桥羟基的B酸还出现在各种晶体材料中，这些晶体材料有可交换的阳离子，例如磷酸硅铝(SAPOs)[17]、铁硅分子筛[18, 19]、镓硅分子筛[20, 21]。在诸如MCM-41、MCM-48、SBA-15和FSM-16之类的具有无定形孔壁的介孔材料中，B酸中心似乎是由类似于沸石中氧桥的局部结构引起的[22~24]。对这些B酸中心的最佳描述是：在与邻近起L酸中心作用的原子相互作用的四面体本位的硅原子上，SiOH基团中束缚得较弱的质子，L酸中心意味着铝原子之类的电子对接受体。在沸石中，包括在材料的活化状态下Si-O-Al桥键是接近的。在有无定形孔壁的介孔材料中，上述桥形排列中的O-Al距离要比在晶型沸石中的大得多，特别在活化状态下导致具有邻近L酸中心的SiOH基团特征[25]。

对于用不同金属原子(SiOHT, T=Al、Ga、Fe等)替换到T位置的沸石，替代金属原子的化学性质以独特的方式影响着桥羟基质子的酸强度[26~28]。另外，Si-O-T键角取决于沸石的结构类型，影响着羟基质子的部分电荷和酸强度[29]。在ZSM-5中，Si-O-T键角在137°~177°内变化，丝光沸石为143°~180°，Y型沸石为138°~147°[30, 31]。另一方面，羟基质子常常倾向于连结到沸石结构中的特定氧原子上。例如，在Y型沸石中就连到O1位置的氧原子上[32]，限制了在桥羟基基团的局部结构中Si-O-Al的键角。

除上述局部效应外，沸石骨架的整体组成也影响沸石中桥羟基的酸强度。例如，骨架的平均电负性随铝的含量变化而变化。在一个晶胞中，沸石骨架的平均桑德森(Sanderson)电负性S^m定义为原子i的电负性S_i的几何平均值。H型沸石的S^m值可由下式计算[33, 34]：

$$S^m = (S_H^i S_{Si}^j S_{Al}^k S_O^l S_{Si}^m)^{1/(i+j+k+l+m)} \tag{17.1}$$

其中，$S_H=3.55$，$S_{Si}=2.84$，$S_{Al}=2.22$，$S_O=5.21$。S^m的值与任何长程有序结构无关，但可以用来将中心的化学性质与同一局部结构相关联，或者将这些中心的分析数据与所研究的材料的化学组成相关联。一般而言，沸石桥羟基的酸强度随沸石骨架的平均电负性S^m的增加而增加，也就是随铝含量的减少而增加。因此，沸石骨架脱铝导致沸石有更强的酸强度[32, 35]。与此类似的方式，还用到了次近邻(NNNs)的概念[36, 37]。例如，在八面沸石型分子筛中，每个骨架铝原子通过氧桥与4个硅原子相连[38]。这4个硅原子又与处在下一个配合范围的另外9个T位置的原子相连，这些T原子就叫做次近邻(NNNs)。按次近邻的概念，硅铝沸石中SiOHAl基团的酸强度取决于NNN位置上的铝(与硅相比电负性较低)原子数。一个完全隔绝的铝氧四面体AlO₄(最高的酸强度)其NNN位配置为0(硅铝比>>11)。一个具有最大骨架铝原子数的八面沸石(硅铝比约等于1)其NNN配置为9(最低的酸强度)[36, 37]。

沸石中第二重要羟基是硅醇基团(SiOH)，也称作末端羟基，其位置在晶粒的外表面或者骨架缺陷位置(见图17.1b)。通过焙烧、水热处理或者用强酸处理进行沸石骨架脱铝，是造成骨架缺陷和形成硅醇基团的最主要的原因。根据处理条件，可能发生通过硅迁移、形成硅醇基团或者在骨架外部铝上生成羟基(见图17.1c)来修复骨架缺陷的现象[16]。

通常，沸石骨架的脱铝伴随着在骨架外部铝原子上或者骨架缺陷处(见图17.1d)生成L酸中心。如果这些L酸中心位于桥羟基的附近，就会形成超强B酸中心[39, 40]，例如在轻微蒸汽处理的沸石骨架上就有这种现象。Lago等[41]发现H-ZSM-5在正己烷裂化反应中的催化活性显著增加，这是缓和蒸汽处理后形成的超强B酸中心作出的贡献。这些中心被解释为骨架铝原子部分水解充当位于桥羟基(SiOHAl)附近的L酸中心。骨架L酸中心对于邻近的桥羟基起强吸电子中心的作用，从而产生了具有超高强度的B酸中心。桥羟基位于骨架外部铝原子附近时也出现了类似的效果，该铝原子起L酸中心的作用[42]。

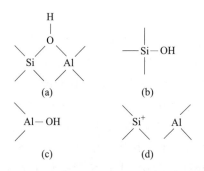

图17.1 沸石上不同类型羟基和酸中心的示意图

17.2.2 B酸中心与L酸中心的形成

式(17.2)和式(17.3)描述了在沸石上形成桥羟基的最重要的过程。这里，Z^-代表在四面体配位的骨架铝原子局部带负电荷的沸石[32, 43]。

$$NH_4^+ + Na^+Z^- \xrightarrow[-Na^+]{} NH_4 + Z^- \xrightarrow[-NH_3]{约573\sim673K} H + Z^- \tag{17.2}$$

$$[La(H_2O)_n]^{3+} + 3Na^+Z^- \xrightarrow[-3Na^+]{} [La(H_2O)_n]^{3+}(Z^-)_3 \xrightarrow[-(n-2)H_2O]{约573K}$$
$$[(LaOH)(H_2O)]^{2+}H^+(Z^-)_3 \rightarrow [La(OH)_2]^+(H^+)_2(Z^-)_3 \tag{17.3}$$

碱金属形态的沸石在水相中与铵盐进行离子交换，接着进行沸石内铵离子的热分解，导致氨的脱附和羟基质子在Si-O-Al的氧桥上结合。第二种过程从碱金属形态的沸石在水相中用多价金属阳离子(常用的阳离子是Mg^{2+}、Ca^{2+}、La^{3+}和Al^{3+}，或者混合稀土阳离子)交换开始，接着进行热处理[43~45]。

式(17.3)中的反应符合Hirschler-Plank机理[46, 47]：除去多价金属阳离子的水合层，例如通过热处理除去，这样就会使沸石孔道内产生强烈的静电场，因为这些阳离子必须平衡2个或者3个相互间有明显距离的骨架负电荷。在局部强电场作用下，残留的水分子分离并形成羟基质子连接到桥氧原子(SiOHAl)上，而羟基则与骨架外的阳离子连结。后一种类型的羟基是非酸性的。根据式(17.3)，通过离子交换引入的每个三价阳离子最多能形成两个B酸中心和两个金属羟基基团。

另一个过程是以无机酸直接进行离子交换[43]：

$$H^+ + Na^+Z^- \xrightarrow[-Na^+]{} H^+Z^- \tag{17.4}$$

然而，这一路线通常不采用，因为沸石暴露到强酸中常引起骨架脱铝，当沸石铝含量较高时，可能导致骨架的完全崩塌。然而，这是低铝含量的沸石，诸如丝光沸石、ZSM-5和MCM-22等制备H型沸石的合适方法。

最后，沸石上贵金属离子被氢分子还原导致桥羟基的形成[1, 2]：

$$[Pd(NH_3)_4]^{2+} + 2Na^+Z^- \xrightarrow[-2Na^+]{} [Pd(NH_3)_4](Z^-)_2 \xrightarrow[-4NH_3]{约573K} Pd^{2+}(Z^-)_2 \xrightarrow{+H_2} Pd^0(H^+)_2(Z^-)_2 \tag{17.5}$$

首先，金属络离子，如$[Pd(NH_3)_4]^{2+}$，比分子氢贵重，必须用Na型沸石通过离子交换才能引入。热处理使上述络离子转变成贵金属阳离子，阳离子在被氢气还原成零价贵金属的同时，伴随着带负电的骨架铝原子附近氧桥上羟基质子的形成。无论使B酸桥羟基形成所采用何种路线[式(17.2)~(17.5)]，其局部结构和化学性质是相同的。

对酸性沸石进行强热(温度≥500℃)处理或者蒸汽处理会引起B酸中心的脱水，在水分子分裂的同时形成L酸中心。由上述处理形成的沸石上的L酸中心的化学性质是一个值得研究的问题。在骨架脱铝的情况下，L酸中心可归因于骨架外处于八配位、五配位或者四配位铝组分[48~50]。Scherzer等[51]已经提出AlO+、Al(OH)2+和AlO(OH)是脱铝沸石中处于骨架外位置的铝组分。Kuehl[43, 52]从X射线光谱得出，[AlO]+单元从沸石骨架上脱除，转化成骨架外阳离子形态的组分，所起的作用就是充当所谓的真实L酸中心。脱水和脱铝的Y型沸石上阳离子型骨架外铝组分的存在，最近已获得高场^{27}Al固体核磁共振(NMR)光谱的支持[50]。在骨架脱铝过程中，铝原子的过渡态是扭曲的四面体配位的骨架铝原子，像部分移出的组分。对于H-Beta沸石，Grobet等[53]能够借助于固体NMR光谱观察到铝的这种过渡态。

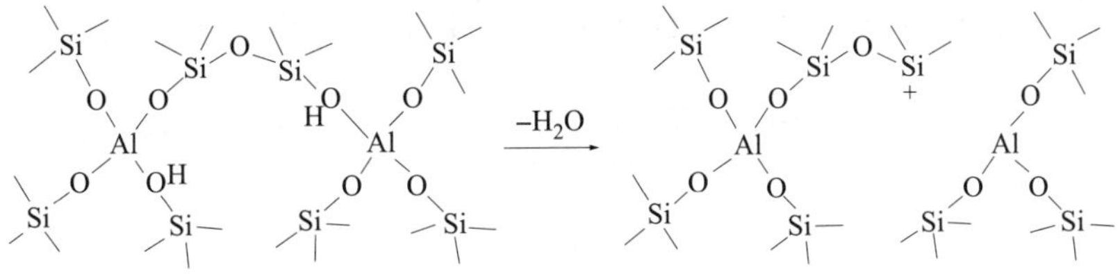

图17.2 沸石脱羟基与骨架L酸中心形成机理

讨论认为，骨架L酸中心由处于三配位铝原子附近的带正电的硅离子组成。Gonzales等[54]研究了骨架L酸中心的形成，例如通过图17.2所示的脱羟基路线。三配位的骨架硅组分是电子对接受体，起强L酸中心作用。密度函数理论(DFT)计算表明，这些骨架L酸中心的强度远比骨架外的AlO+、Al(OH)2+组分的强度高[16]。

17.3 酸中心的表征

17.3.1 催化测试反应

由于重石油馏分在酸性沸石催化剂上的裂化属于最重要的工业过程，这一反应也常常被用来表征催化活性。经常会发现烃类的裂化速率随与B酸中心密度相符合的骨架铝含量增加而呈线性增大。例如，在H-ZSM-5和H-Y沸石上，已经发现在较宽的骨架组成范围内，正己烷的裂化速率随铝含量呈线性增大[55~59]。频繁使用的alpha测试包括在特定条件下正己烷裂化速率的测定[59]。令人感兴趣的是，在经缓和蒸汽处理的H-ZSM-5沸石上，观察到正己烷裂化速率比在具有同样B酸密度但未经蒸汽处理的H-ZSM-5上的有明显增加[41]。这一增强的活性要归因于由处在桥羟基附近的L酸中心的协同作用所形成的超强B酸中心。此外，即使对于未经蒸汽处理的沸石，裂化速率也与沸石结构有关[60]。这些例子说明，当根据裂化反应结果对B酸中心密度下结论时必须非常小心。然而，由于大多数研究多相催化的研究小组为了进行烃类的裂化都装备有这些反应手段，这些反应还是非常普遍地用来表征沸石上的酸中心密度。

类似的，沸石乙苯歧化也可被用来表征B酸[61~66]。由于酸性沸石上B酸中心密度与其歧化反应活性间有良好的线性关系，这一反应被国际分子筛协会(IZA)的催化委员会建议作为测试反应[61]。反应产物中有苯，未反应的乙苯，邻、间和对二乙苯，在较高的转化率下，还有三乙苯。令人感兴趣的是，用大孔沸石(如酸性的Y型沸石)进行乙苯歧化时有一个诱导期出现。在这个期间内，运行中的催化剂活性增加。经过一段时间运行后，催化剂的活性变稳定，并可以用来表征B酸中心密度。Karge等[62~65]用大量的各种沸石进行了乙苯歧化的研究。他们发现诱导期只在大孔沸石上出现，而中孔沸石上不存在这种现象[64, 65]。另外，在中孔沸石上进行乙苯歧化比在大孔沸石上需要更高的反应温度。这已经由不同的歧化机理作出解释：①在中间沸石上为以游离的乙烯作为中间体的脱烷基/再烷基化路径；②与之对比，在大孔沸石上是经过二苯基甲烷中间体的机理，这一机理最近已经得到了原位[13]C MAS NMR研究[67]的支持。

其他的几个反应也被提议用于表征酸性沸石催化剂，例如甲苯和二甲苯的转化[68]以及环己醇的脱水[69]。用一系列需要不同活化能或者反应温度的反应来测定沸石催化剂的不同的酸强度见表17.1[70, 71]。然而，按Sigl等[72]的观点，乙苯的歧化对沸石上酸中心的强度也是敏感的。他们在标准化的条件下，用这个反应来研究具有几乎准确如一的酸中心密度的H-[Al]ZSM-5、H-[Ga]ZSM-5和H-[Fe]-ZSM-5沸石的酸性。在准同步的反应条件下，乙苯转化率反映出酸强度按H-[Al]ZSM-5>H-[Ga]ZSM-5>H-[Fe]-ZSM-5的顺序减小[72]。

表17.1 通过在不同温度下进行测试反应表征沸石B酸中心强度

反应物	反应	温度/℃
3, 3-二甲基-1-丁烯	碳链异构	200
环己烯	碳链异构, 氢转移①	200
2, 2, 4-三甲基戊烷	裂化	350
2, 4-二甲基戊烷	异构, 裂化	350
邻二甲苯	异构, 歧化①	350
1, 2, 4-三甲基苯	异构, 歧化①	350
2-甲基戊烷	异构, 裂化	400
正己烷	异构, 裂化	400

① 双分子反应。

17.3.2 碱滴定

Benesi[73~76], Hirschler和Schneider[77], Moscou和Mone[78]介绍了用碱和指示剂对酸中心进行滴定的方法。这一方法很早就被用来收集固体催化剂的酸中心强度和密度的信息。一般来说，表面中心用类似于正丁胺的一种有机胺来滴定，并且用到一系列具有不同电离常数(pK_a)的Hammett指示剂。一旦指示剂被所研究的沸石催化剂上的B酸中心质子化，就会观察到颜色变化。典型的哈密特指示剂汇总于表17.2。

表17.2 适合于无色固体酸(例如酸性沸石)滴定时指示终点的哈密特指示剂

指示剂	碱态色	酸态色	pK_a	酸强度, %(硫酸)
天然红	黄	红	+3.3	8×10^{-8}
苯基偶氮奈胺	黄	红	+4.0	5×10^{-5}
甲基黄	黄	红	+3.3	3×10^{-4}
4-苯基偶氮二苯胺	黄	紫	+1.5	0.02
二苯基壬四烯酮	黄	红	-3.0	48
苯亚甲基丙酮	无色	黄	-5.6	71
蒽醌	无色	黄	-8.2	90

另外，还使用了所谓希斯彻勒(Hirschler)指示剂，它是由芳基甲醇化合物所构成[77]。然

而，必须说明，常用的哈密特指示剂和希斯彻勒指示剂中没有一个是对B酸或者L酸中心具有选择性的。

在液相酸碱滴定中，颜色指示剂的应用是一种常规方法。它们在沸石表征中应用于酸中心的滴定，是一项要求很高的化学技术。一般而言，酸的强度就是将质子(H+)转移到电中性碱B上并使之结合形成BH+的能力。定量地说，质子转移可以用酸性函数H_0来描述[71]：

$$H_0 = -\log\left(\frac{a_{H+}f_B}{f_{BH+}}\right) \tag{17.6}$$

式中：a_{H+}为质子酸度；f_B和f_{BH+}分别是B和BH+的活度系数。

当处理液体酸时，下述假设必须满足：随时都达到化学平衡；并且，指示剂的用量很小，不足以影响化学平衡。然而，在滴定固体酸表面酸中心时，这些假定都受到严重质疑。另一个额外的话题就是，具有不同介电常数ε_r的各种非水溶剂的效果，因为分离带电组分所需的能量而与ε_r成反比例关系[15]。Streitwieser和Kim[79]对一系列胺在四氢呋喃(THF，ε_r=7.6)中的碱性与在二甲亚砜(DMSO，ε_r=46.7)和氰化甲烷(ε_r=35.9)中的碱性进行了比较。因为在低介电常数的介质中分离带电物种所需的能量太高，当在DMSO和氰化甲烷中胺通过质子化成为独立的离子时，在四氢呋喃中相应的质子化产物类似于离子对。最后，指示剂法在酸性沸石表征方面的应用受到碱分子大小的限制。在某些情况下，碱分子不能进入沸石的孔道或者空穴中，因而仅与外表面和孔口区域的中心反应[80]。

尽管有上述的局限，标准的哈密特指示剂法是有帮助的，例如用于介孔材料酸性的表征。对于一系列MCM-41材料，从无铝(MCM-41)到硅铝比为30(MCM-41/30)和硅铝比为10(MCM-41/10)，用正丁胺滴定所得酸密度分别为0.08mmol/g、0.22mmol/g和0.45mmol/g[81]。

最近，Wang等[82~84]对哈密特指示剂法进行改进，用于对诸如纳米级的H-ZSM-5的中等孔径的沸石进行表征。其过程不同之处在于采用了反滴定法和插入法。滴定前，样品在340℃下处理30~60min；冷却到200℃时加入石油醚接着加入特定量的正丁胺；利用超声振动器缩短平衡时间。另外，与传统的用中性红(pK_a=+2.27)、甲基红(pK_a=+4.8)、苯胺黄(pK_a=-3.0)作指示剂的滴定法比较，指示剂的重叠度减小到了最低程度[82]。为了研究酸中心总量和外部的酸中心量，分别用正丁胺和环己胺来滴定[83]。通过比较纳米H-ZSM-5在作为催化测试反应的甲苯歧化反应中的数据和其滴定数据可知，只有$H_0 \leqslant +2.27$的酸中心与对应材料的催化活性有关[83]。

17.3.3 碱的程序升温脱附

碱性分子的程序升温脱附(TPD)被用来测定沸石酸中心的密度和强度。该过程首先需要对所研究沸石抽真空，抽真空的温度通常为500℃。接着，某种气态碱(如氨或吡啶)通过气相吸附于沸石上，典型的吸附温度为100℃。测试开始，按温度程序对处于惰性气流中的吸附有碱的沸石加热，惰性气体通常为氦、氩或者氮。脱附的碱的量用气相色谱[86]或者质谱[87]进行重量和体积测定。脱附峰出现的温度对应于B酸中心的强度，如果存在L酸中心能够排除在外(见下文)。脱附峰下的面积与酸中心的数目相关联。在这样的情况下，总面积必须通过标准样品或者对脱附碱的总量进行滴定来校正。典型的TPD曲线如图17.3所示[88]。这些脱附曲线是氨从磷酸硅铝材料H-SAPO-5[$n_{Si}/(n_{Al}+n_P)$=0.076]、H-SAPO-11[$n_{Si}/(n_{Al}+n_P)$=0.068]和H-ZSM-5沸石(n_{Si}/n_{Al}=25.3)上程序升温脱附来获得的[88]。对于H-SAPO-5，脱附峰出现在165℃(0.35mmol/g)和240℃(0.4mmol/g)；对于H-SAPO-11，脱附峰出现在165℃(0.30mmol/g)和275℃(0.35mmol/g)，均分别归因于两种具有中等酸强度的B酸中心。对于H-ZSM-5，测试到的两个脱附峰出现在205℃(0.48mmol/g)和400℃(0.5mmol/g)，分别归因于中等强度和高酸强度的B酸中心;括号中的值是由相应脱附峰面积计算出的酸中心浓度。上述例子是很有代表性的,其中探针分子从酸中心脱附,酸中心的强度以定性方式简单地与脱附峰最高位置的温度相关联。一般而言,晶型SAPOs与硅铝型沸石H-ZSM-5相比,酸强度明显较低。

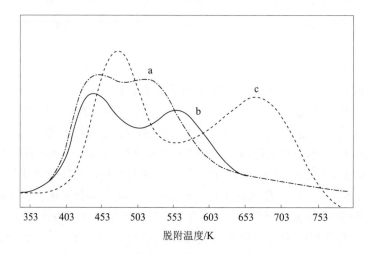

脱附温度/K

图17.3 不同材料上氨的程序升温脱附[88]

a—H-SAPO-5; b— H-SAPO-11; c—H-ZSM-5

尽管TPD法已经广泛用于沸石酸中心的表征,某些严重的局限不得不考虑。脱附谱线可能受脱附碱分子有妨碍的扩散和在孔道外再吸附的影响[89, 90]。这将影响到脱附峰在温度标尺上的位置。有一个最大的困难是氨与B酸中心和L酸中心都发生反应,因此不能分辨出脱附碱分子的酸中心的性质。因为焙烧过的沸石通常含有非骨架的铝组分和骨架缺陷,脱附的氨的量并不等于B酸中心的数量。Woolery等[91]建议对焙烧过并吸附有氨的沸石进行缓和的蒸汽处理。他们认为这一方法对于高硅沸石能消除脱附于L酸中心的氨,从而使TPD法获得的B酸中心密度与用其他方法获得的结果有更好的关联性。

一个选择性地测定沸石B酸中心密度的方法,是可反应的有机胺的程序升温脱附[92~95]。在沸石B酸中心上有机胺通过质子化生成烷基铵离子,铵离子在非常窄的温度范围内发生类似于Hofmann消去的反应[15, 95]:

$$R—CH_2—CH_2—NH_2+ZOH \longrightarrow R—CH_2—CH_2—NH_3^+ \cdots ZO^- \qquad (17.7)$$

$$R—CH_2—CH_2—NH_3^+ \cdots ZO^- \longrightarrow R—CH=CH_2+NH_3+ZOH \qquad (17.8)$$

室温下,活化过的沸石用胺吸附饱和后,抽真空1h,脱附掉除缚定于骨架铝原子上之外的所有分子。如果采用异丙基胺,当数量超过每个骨架铝原子对应一个时,该探针分子在227℃以下不发生反应,使样品的覆盖率达到1:1。在352~423℃的温度范围内,留下的探针分子按式(17.7)和式(17.8)分解,生成丙烯和氨,产物可以用质谱之类的手段检测到[15]。分解发生的温度取决于烷基的性质而与所研究的固体酸性质无关。这表明该技术不适合于测定B酸中心的强度[95]。

最近,Simon等[96]对H-ZSM-5(硅铝比为60~2000)的氨TPD曲线和阻抗测定结果进行了关联。他们发现,分别对应于氨脱附温度及样品上残留氨的数量,有多达4种类型的质子转移过程:①在第一个温度范围(不超过约120℃)内,一种格罗丢斯类(Grotthus-like)质子转移伴随着$(NH_3)_n$链的出现;②TPDA曲线上接近低温(LT)峰,约180℃,$(NH_3)_n$链断裂,上述质子转移机理需要更多热激活；③在达到350℃的高温(HT)峰之前，观察到了铵离子组分的转移过程；④在高于350℃的脱附温度下，导电性明显降低，此时导电性主要由中心间质子跳跃产生。

　　一个有趣的方法是将氨程序升温脱附(TPDA)与红外(IR)和质谱结合(见图17.4)[97~99]。研究者们采用这一技术研究了氨脱附时红外光谱的变化。他们分辨出了弱吸附于L酸中心的氨(低温峰位于1620cm⁻¹)、吸附于B酸中心的氨(高温峰位于1450cm⁻¹)和强吸附于骨架外的铝组分上的氨(高温峰以上位于1320cm⁻¹)。H-Beta沸石在辛烷裂化反应中的催化活性，可以与氨吸附热ΔH=140kJ/mol的强B酸中心的数量相关联[97]。采用类似的方式分析了钡(Ba)、钙(Ca)和镧(La)交换的Y型沸石在辛烷裂化反应中的活性的原因[99]。结果表明，Ba和Ca交换的样品与Na型材料相比，B酸中心强度是增加的(氨吸附热增加)，酸强度的增加可以用Ba-型沸石和Ca-型沸石中多价阳离子的极化效应来解释。系统研究探针分子和反应物的吸附能的合适技术是微热测量法。

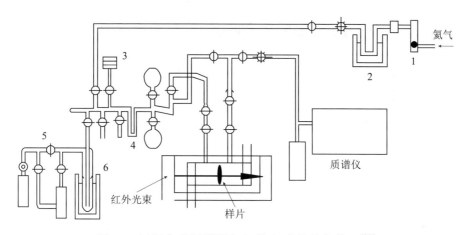

图17.4 氨程序升温脱附与红外和质谱联合装置[97]
1—流量计；2—带硅胶柱的液氮冷阱；3—真空计；4—样品校正管；5—真空泵；6—液氮阱

17.3.4 微热测量法

　　当探针分子或反应物与越强的酸中心作用时，吸附热越高。因此，探针分子或反应物在酸性沸石上的吸附热被用来表征B酸中心的化学性质。吸附热的测定通常通过如下方式来进行：通过在不同温度下测得的吸附等温线来计算等量吸附热，或者在给定温度下直接用量热计测量吸附热。对于酸性沸石，上述两种方法测得的吸附热有明显的不同。这种差异主要是来自基于实验曲线的演算过程，而通过克劳修斯-克拉贝龙(Clausius-Clapeyron)公式来计算等量吸附热所需要的曲线是难以获得的。与之相反，直接量热测定给出的结果更可靠[15, 100~105]。

　　用气相吸附微热测量法来测定固体催化剂表面中心上的吸附特性，需要能同时测定气体分子吸附量和吸附热的设备。通常，吸附热用等温示差微热量热计——卡氏(Tian-Calvet型)量热计来测量[100, 104]。这种型号的量热计内部有两个室，一个用来装吸附剂，另一个是空的，作为参比。此外，还有一台真空泵用来对样品和测量室抽真空，一套被吸附物计量系统。微热量热计能够通过与参比室比较测量出样品室中的吸附热。有了这台设备，就能在恒温下(通常接近于150℃)完成吸附实验。吸附探针分子的量由连在量热计上的压力计来测定。用这个压力计可测出吸附气体分子的量na。热传感器给出由吸附过程产生的热量Q_{int}。实际微分热通过$q_{diff}=dQ_{int}/dn_a$计算获得[103]。这个微分热q_{diff}可绘制成n_a的曲线。

一般而言，与酸中心覆盖率对应绘制的微分热曲线由4段组成：①具有由在L酸中心吸附引起的高吸附热的初始段；②由B酸中心产生的中等吸附热的平台；③由于不均匀中心产生的吸附热直线降低的一段；④高覆盖率下具有可逆吸附或物理吸附特征的低吸附热段。作为一个示例，图17.5显示了吡啶在铝含量分别为180μmol/g、370μmol/g、530μmol/g和600μmol/g的H-ZSM-5上微分吸附热[104]。与H-ZSM-5沸石上铝含量无关，微分吸附热恒定在约200kJ/mol(平台部分)，直到达到每个骨架铝原子对应一个探针分子的覆盖率为止。微分热直线下降的点与所测定的沸石中铝原子浓度吻合得很好。在起始部分(第一段)没有强吸附热，表明没有L酸中心存在。

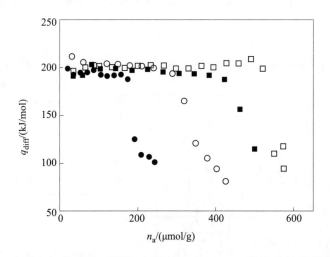

图17.5 吡啶在不同铝含量的H-ZSM-5上的微分吸附热[104]
● 铝含量为180μmol/g；○ 铝含量为370μmol/g；■ 铝含量为530μmol/g；□ 铝含量为600μmol/g

一般而言，沸石的铝含量越低，B酸中心的强度就越强，并且可以预见其在低覆盖率(平台部分)下的微分吸附焓就越高。由于在温度低于327℃时，碱分子在B酸中心上产生不可逆吸附，这些分子会与沸石孔道中首先接触的B酸中心相互作用。因此，为了允许在所有酸中心上达到吸附平衡并测定它们的差别，吸附温度不应当太低。要了解更多影响微热量热法测定结果的因素，请参见文献[106]。

微分热曲线的平台部分的恒定值反映了B酸中心的化学性质的特征。在沸石中，B酸中心的密度和强度取决于骨架中铝的含量(见17.2.1)。图17.6总结出了氨在具有不同结构和硅铝比的各种沸石和介孔材料上的微分吸附热[106]。有趣的是，具有相似铝含量但结构不同的酸性沸石，其吸附热差异可达50kJ/mol(例如硅铝比为12的针沸石与硅铝比为15的镁碱沸石)。这一发现表明桥羟基的局部几何结构对其酸强度的强烈影响。

从图17.6可以看出，氨吸附最大的微分吸附热出现在针沸石上(约195kJ/mol)。在最近的一项研究中，将MCM-22上氨吸附的微热量热法研究与以异丁腈和叔丁腈为探针分子的傅立叶变换红外(FTIR)光谱相结合[107]。初始吸附热(起始段)为364kJ/mol，表明强L酸中心的存在。随着氨吸附量的增加(平台段)，测定出的微分吸附热为分别为大于150kJ/mol、120～150kJ/mol和70～120kJ/mol。借助于吸附于MCM-22上的异丁腈和叔丁腈的FTIR，证明强L酸中心位于颗粒的外表面。

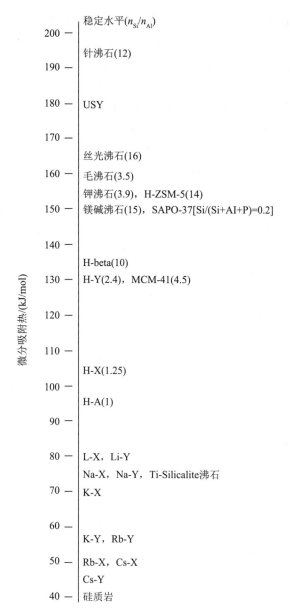

图17.6 氨在具有不同结构和硅铝比的各种沸石和介孔材料上的微分吸附热
(括号中的数据为硅铝比)

有研究采用微热量热法研究了正己烷、二甲基戊烷、2,2-二甲基丁烷和2,3-二甲基丁烷等反应物以气态吸附于硅铝比为50、100[108]的H-ZSM-5上吸附热。有趣的是,正己烷在硅铝比为100和1600的材料上的微分吸附热随吸附量增加而轻微地增加,而带支链的己烷却随吸附量增加而减小。与此相反,正己烷在硅铝比为50的H-ZSM-5上的吸附热在初始阶段是恒定的,然后在平台阶段反而增大并呈现出明显的峰。正己烷微分吸附热的这种明显增大可用吸附质之间的相互作用来解释,这种相互作用随着这些分子在孔道内堆积的紧密度增加而增强。

另一种量热法是将沸石置于溶液(例如溶解吡啶的环己烷溶液)中的液相量热法(量热吸附)[109~112]。在这种情况下,酸性沸石分散于低溶剂化程度的溶剂,如环己烷中,碱性分子的逐步加入而产生的热量被测定出来。测定的间隔以达到吸附平衡为原则来确定。通常，获得的量热数据可以用吡啶吸附于B酸或L酸中心的三种假定模型来解释[111, 112]。在H-USY沸石上，吡啶吸附于两种不同的B酸中心获得了-134.0kJ/mol和-101.5kJ/mol两个焓数据[111]。在浸有铈的USY沸石上，引入的L酸中心产生的吸附焓为-83.6kJ/mol[111]。对于在450℃活化过的H-Beta沸石(硅铝比=50)，-227.3kJ/mol和-93.3kJ/mol的焓数据分别属于吡啶在强B酸中心和在中等强度B酸中心的吸附，而-80.4kJ/mol的焓表明B酸与L酸结合的中心的存在[112]。在经550℃活化的H-Beta沸石上获得的-83.6kJ/mol和-62.8kJ/mol的焓数据，分别对应于L酸中心和弱B酸中心，这两种中心是由于骨架脱铝而形成的[112]。

17.3.5 傅立叶变换红外(FTIR)光谱

由于羟基的永久偶极矩，FTIR可以直接研究沸石上的B酸中心，而L酸中心的研究则需要借助于探针分子。为表征沸石的B酸中心，通常利用红外透射技术来研究羟基的基本伸缩振动[113~115]。这一技术需要将样品制成$10mg/cm^2$的薄片。这些薄片置于透射池中进行测定，透射池可以让沸石催化剂在真空条件下活化，探针分子的存在可有可无。在某些情况下，如果要研究的材料不能制成薄片，或者透射太弱，就要采用漫反射红外傅立叶变换(DRIFT)技术。有关这一技术的原理和优缺点，参见文献[114~117]。

表17.3是关于沸石上羟基的基本伸缩振动的一览表，该表覆盖了$3200\sim3800cm^{-1}$的波数范围。关于羟基的局部结构和特性的进一步信息可通过对弯曲振动、谐波以及各谱带的组合的分析获得[105, 113, 118]。文献[115]给出了对不同结构的氢型或阳离子交换沸石上羟基振动分布调查结果。一般而言，含有大小笼和孔的特定沸石，桥羟基的伸缩振动会分裂成两个特征范围，即高频(HF)谱带和低频(LF)谱带。出现在$3600\sim3660cm^{-1}$的高频谱带是由处在大笼或者由十元环或更大环构成的孔道中的无互相作用的SiOHAl基团产生的。实例就是处在八面沸石的超笼或其他沸石的十元环或十二元环孔道中的桥羟基。与此相反，出现在$3540\sim3580cm^{-1}$的低频谱带是由处在类似于八面沸石中的方钠石笼或者八元环孔道的小的结构单元上的SiOHAl基团引起的。后一种羟基质子与其附近的氧原子相互作用，例如通过氢键或者静电作用。对于固体水合物，已经发现在羟基质子离邻近的氧原子间的距离与羟基伸缩振动波数间的关系[119]。这一关系支持了上述对处于沸石小结构单元上的羟基伸缩振动存在低频波数迁移($\Delta\nu_{OH}$)的解释。

表17.3 脱水沸石羟基基本伸缩振动波数与对应羟基位置

ν_{OH}/cm^{-1}	OH基团	对应位置	参考文献
3780	MeOH	大笼或外表面末端金属羟基(如AlOH)	[113, 114, 120]
3720~3745	SiOH	外表面或晶格缺陷上末端硅醇基团	[113, 114, 121~123]
3665~3690	AlOH	骨架外铝组分上的羟基	[113, 114, 124, 125]
3570~3610	CaOH[①]、MgOH[①]、AlOH[①]	有氢键的阳离子羟基，位于Y型沸石的方钠石笼内或者ZSM-5的孔道中	[113, 126, 127]
3600~3660	SiOHAl	高频波带，位于大笼或沸石孔道内的桥羟基	[113, 114, 128, 129]
3540~3580	SiOH[①]Al	低频波带，位于沸石小笼中，羟基质子与骨架氧原子相互作用	[113, 114, 128, 129]
3470~3550	SiOH[①]	氢键合SiOH，内部的硅醇基	[130~132]
3250	SiOH[①]Al	在H-ZSM-5、H-Beta和H-MCM-22中，羟基质子与骨架氧原子相互作用，受干扰的桥羟基	[133]

① 表示氢键或静电作用。

影响沸石上无相互作用的桥羟基伸缩振动的一个重要参数是沸石骨架的平均桑德森电负性

S^m(见式17.1)[33, 34, 134]。平均电负性取决于沸石的硅铝比,随着骨架中铝含量的增加或者说硅含量的减小而降低,这是因为与铝原子相比,硅原子的电负性更高。相应的,在具有高硅铝比特征(高平均电负性)沸石上的SiOHAl基团与具有低硅铝比的沸石上的相比,其伸缩振动出现在较低的波数。Jacobs和Mortier[134]发现了在脱水沸石上多数无相互作用的桥羟基的伸缩振动与S^m间的线性关系。在相应的曲线图中,在沸石的较小结构单元上的羟基的波数呈现出平行漂移的曲线。

理论上,不同类型羟基的浓度可以通过其红外光谱的积分强度来测定。为计算羟基浓度,必须通过单独的实验测定出消光系数。消光系数是波数的函数并且随波数的漂移而变化(例如由于沸石骨架中铝含量的变化而引起的漂移)。文献[115, 135]给出了关于沸石羟基和吸附于沸石表面中心的探针分子伸缩振动的消光系数的研究,这些探针分子包括氨、一氧化碳、吡啶、苯、乙苯和甲基腈等。考虑到这些因素,在H-Y沸石超笼中的桥羟基的伸缩振动的消光系数ε在3.1~12.2cm/μmol内变化[115]。类似的,消光系数1.3~3.0cm/μmol和1.3~3.3cm/μmol分别被用来计算吡啶吸附于B酸中心(1540cm^{-1})和L酸中心(1450cm^{-1})获得的积分谱带强度[115, 135]。因此,通过红外谱带强度定量分析的表面中心浓度的准确性强烈地依赖于消光系数的选择或准确测定。

作为一个实例,图17.7给出了脱铝沸石H-FER(硅铝比=30)在进行于350℃下发生的丁烯转化反应前(见图17.7a)和反应后(见图17.7b)的伸缩振动谱[136]。

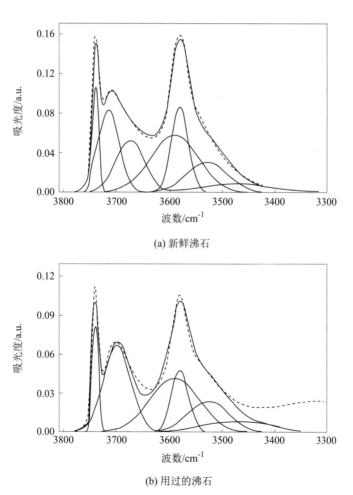

(a) 新鲜沸石

(b) 用过的沸石

图17.7 沸石的FTIR谱图(沸石为H-FER,硅铝比30,用过的沸石在350℃
暴露于正丁烯与总烃比为0.225的混合物中1h获得)

如图17.7中计算机模拟波谱所证明，出现了硅醇基的一个谱带(3740cm^{-1})，非骨架铝上AlOH的2个不同谱带(3715cm^{-1}和3673cm^{-1})和分别位于十元、八元、六元和五元氧环的桥羟基的4个谱带(3590cm^{-1}、3580cm^{-1}、3528cm^{-1}和3475cm^{-1})[136,137]。不同阳离子交换度的H-FER沸石(硅铝比=8)上羟基红外波谱积分强度的定量分析表明，桥羟基的生成首先在十元环的孔道内出现(见图17.8)[138]。随着阳离子交换度增加，在八元环和六元环内的桥羟基增加，直至在离子交换度100%时这些桥羟基的数目与十元环内的数目相当[138]。

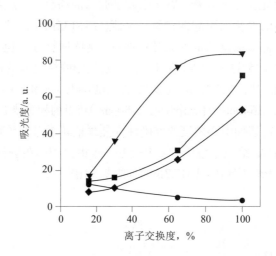

图17.8 硅铝比为8、离子交换为15%～100%的H-FER沸石的FTIR谱反褶积法获得的积分波带强度[138]

● 末端硅醇基；▼ 十元环内的桥羟基；■ 八元环内的桥羟基；◆ 六元环内的桥羟基

为深入了解不同类型的酸中心(亦即B酸和L酸中心)的性质及其在沸石上的分布，要用到探针分子。常用的探针分子是吡啶(见上文)和甲基腈[137,139～145]。与吡啶相比，甲基腈是一种弱碱，通过氰基基团中氮原子的孤对电子与酸中心相互作用。甲腈在酸中心上的吸附强度由氰基伸缩振动$v(C≡N)$向更高频漂移得到反映[137]。在液体中，$v(C≡N)$伸缩振动谱带位于约2254cm^{-1}。由于$v(C≡N)$伸缩振动与$\delta(CH_3)+v(C-C)$组合振动间的费米(Fermi)共振，这个振动谱带可分裂为波数为2294cm^{-1}和2254cm^{-1}的一对偶合振动[146]。与此相反，在甲基腈吸附于L酸和B酸中心之后，基本的$v_s(CH_3)$和$v_{as}(CH_3)$振动方式无明显变化[137]。一般来说，甲基腈在桥羟基上的吸附在FTIR谱图中给出所谓ABC谱型。这种谱型由位于2800cm^{-1}和2400cm^{-1}的两个强谱带和位于1600cm^{-1}的一个次强谱带组成。这种ABC谱型属于非常强的准对称氢连结，此时羟基质子只是部分而非完全转移到碱上[146]。

作为一个示例，图17.9分别显示了经397℃(见图17.9a)和717℃(见图17.9b)焙烧并吸附有甲基腈的H-FER沸石的典型FTIR谱图[143]。甲基腈吸附于所研究的沸石上出现的谱带汇总于表17.4。图17.9中的光谱是以吸附于L酸中心和B酸中心的甲基腈的$v(C≡N)$伸缩振动谱带为主，分别位于2325cm^{-1}和2297cm^{-1}。很明显，焙烧温度从397℃增加到717℃导致了吸附于B酸中心的甲基腈谱带的明显减少和吸附于L酸中心的探针分子谱带的增加。利用文献给出的消光系数ε(见表17.4)和这些谱带的积分强度，计算出了B酸中心(397℃：1.5mmol/g；717℃：0.2mmol/g)和L酸中心(397℃：0.08mmol/g；397℃：0.73mmol/g)的密度[143]。

在最近的一些研究中，利用略大一点的探针分子叔丁基腈(0.6nm[148])考察了在SSZ-33、

SSZ-35和MCM-22等沸石上的酸中心的性质和可接近性[107, 148]。吸附于SSZ-33上的叔丁基腈的FTIR谱图中，2239cm^{-1}和2253cm^{-1}处出现的两个谱带表明不同类型的SiOH基团的存在(3732cm^{-1}和3744cm^{-1})。在2305cm^{-1}处的一个谱带是属于AlOH基团(3670cm^{-1})，而最大的位于2295cm^{-1}的谱带则是由叔丁腈与酸性SiOHAl基团(3620cm^{-1})相互作用产生的。这些研究表明，在SSZ-33沸石上，位于十元环和十二元环孔道中的全部酸性桥羟基实际上对于相当大的探针分子都是可接近的[148]。在吸附有叔丁腈的MCM分子筛(0.41nm×0.51nm的十元环孔)的FTIR光谱上，与SiOHAl基团发生作用的探针分子形成了位于2269~2272cm^{-1}的谱带，而位于2295cm^{-1}的谱带可以用L酸中心上的吸附来解释[107]。

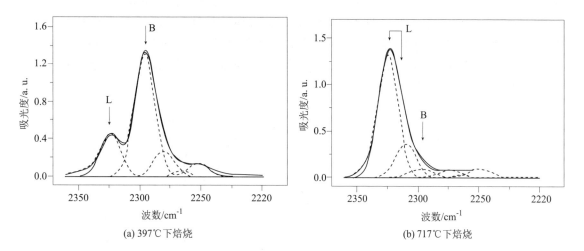

(a) 397℃下焙烧　　　　　　　　　(b) 717℃下焙烧

图17.9 H-FER沸石(1.65mmol Al/g干沸石)的FTIR光谱(L是指甲基腈吸附于L酸中心，
B是指甲基腈吸附于B酸中心)

表17.4 吸附于脱水沸石上的甲基腈的ν(C≡N)伸缩振动①

ν(C≡N)/cm^{-1}	对应基团位置	参考文献
2265	物理吸附甲基腈	[137]
2275~2280	吸附于末端SiOH上	[137, 144, 147]
2292~2297	吸附于桥羟基上(对于H-FER，ε=2.05±0.1cm/μmol)	[137, 144, 147]
2303	吸附于作为弱L酸中心的Fe(Ⅱ)离子上	[141]
2310	吸附于作为弱L酸中心的非骨架铝组分上(对于H-FER，ε=3.6±0.2cm/μmol)	[137]
2318~2325	吸附于作为强L酸中心的非骨架铝组分上(对于H-FER，ε=3.6±0.2cm/μmol)	[137, 144, 147]

① 消光系数ε对于常规的H-FER是有效的。

此外，探针分子的吸附也是研究沸石上B酸中心的一个重要方法。固体催化剂上的B酸中心强度与基于苯[149]、丙酮[150]、一氧化碳[151, 152]和乙烯[153]吸附引进的羟基伸缩振动的波数漂移$\Delta\nu_{OH}$之间存在线性关系。低温($T\approx-173$℃)下CO吸附于不同Y型沸石，观察到了如下酸强度顺序的桥羟基高频谱带的波数漂移：H、Li、Na-Y($\Delta\nu_{OH}$=302cm^{-1})>H、K、Na-Y($\Delta\nu_{OH}$=220cm^{-1})>H、Rb、Na-Y($\Delta\nu_{OH}$=168cm^{-1})>H、Cs、Na-Y($\Delta\nu_{OH}$=160cm^{-1})[150]。

吸附于L酸中心上时，CO和H$_2$的伸缩振动出现特征变化[154]。CO吸附于H-ZSM-5中骨架外铝组分的L酸中心时, 可观察到一对位于$v_{CO}=2230cm^{-1}$和$2220cm^{-1}$的耦合振动。这对耦合振动与孤立的CO的振动方式相比, 其高频谱带漂移ΔvCO分别为$+87cm^{-1}$和$+77cm^{-1}$。用H_2作探针分子, 波谱由一对位于$v_{HH}=4027cm^{-1}$和$4002cm^{-1}$的耦合振动组成, 对应的谱带漂移为Δv_{HH}分别为$-133cm^{-1}$和$-158cm^{-1}$。比较这些数据可知, 用于评价沸石上的L酸中心, H_2是比CO更好的探针分子, 因为其光谱响应是CO的近2倍[154]。

17.3.6 核磁共振(NMR)光谱

NMR光谱是通过探针分子吸附或者直接方式表征固体上B酸中心的合适的方法。为表征酸中心, 沸石样品经真空中升温脱水, 装入气密的魔角自旋(MAS)旋片上或者封入玻璃插片中[32, 35]。脱水的固体催化剂上羟基的^{1}H MAS NMR信号覆盖了化学位移$\delta_{1H}=0\sim16\times10^{-6}$的范围(见表17.5)[32, 155]。对于独立的金属或阳离子羟基, 如在脱水沸石的大笼或者固体颗粒外表面的AlOH、LaOH和MgOH等基团, 观察到了约为0的最低化学位移[32, 155]。而独立的SiOH基团的^{1}H MAS NMR信号出现在$1.3\times10^{-6}\sim2.2\times10^{-6}$, 强的氢键产生的信号在化学位移高达$16\times10^{-6}$的位置[156, 157]。

表17.5 脱水沸石上羟基产生的氢核核磁共振信号及其对应位置①

δ_{1H}	OH基团	对应位置	参考文献
$-0.5\times10^{-6}\sim0.5\times10^{-6}$	MeOH	沸石大笼或固体颗粒外表面金属或阳离子羟基(如AlOH, MgOH)	[32, 158]
$1.3\times10^{-6}\sim2.2\times10^{-6}$	SiOH	外表面或晶格缺陷上末端硅醇基团	[44, 45, 159~162]
$2.4\times10^{-6}\sim3.6\times10^{-6}$	MeOH②, AlOH②	带氢键的金属羟基, 如沸石骨架外的铝组分	[44, 45, 159~164]
$2.8\times10^{-6}\sim6.2\times10^{-6}$	阳离子羟基, CaOH②, LaOH②	带氢键的阳离子羟基, 如位于Y型沸石方钠石笼内的羟基	[32, 44, 45, 165]
$3.6\times10^{-6}\sim4.3\times10^{-6}$	SiOHAl, SiOHAl③	大结构单元上的桥羟基, 如Y型沸石的超笼中	[44, 45, 159~165]
$4.6\times10^{-6}\sim5.2\times10^{-6}$	SiOHAl, SiO3HAl③	小结构单元上的桥羟基, 如Y型沸石方钠石笼	[45, 159, 162, 164]
$5.2\times10^{-6}\sim8.0\times10^{-6}$	SiOHAl②	H-ZSM-5和H-Beta上与相邻骨架氧形成氢键而受干扰的桥羟基	[160, 161, 166~169]
$10\times10^{-6}\sim16\times10^{-6}$	SiOH②	带有强氢键的内部硅醇基	[156, 157]

① 共振位置以四甲基硅烷($\delta_{1H}=0$)为参考。
② 氢键或静电作用。
③ 指X和Y型沸石中的桥羟基。

脱铝沸石的^{1}H MAS NMR光谱含有$\delta_{1H}=2.4\times10^{-6}\sim3.6\times10^{-6}$的信号, 这些信号是由连结到骨架外铝组分(AlOH)的羟基质子引起的[45]。这一匹配得到了^{1}H/^{27}Al双谐振 NMR(TRAPDOR, Transfer of Populations in Double Resonance)实验的支持[162, 166, 170, 171]。该实验能检测^{1}H和^{27}Al两核间的偶极耦合。AlOH的共振位置在$2.4\times10^{-6}\sim3.6\times10^{-6}$表明其位于窄的孔道或者小笼内。探针分子吸附[32, 35, 155, 172, 173]与^{1}H/^{27}Al双谐振NMR技术的应用[162, 166, 171]证明, 出现在$\delta_{1H}=3.6\times10^{-6}\sim4.3\times10^{-6}$是由在脱水氢型沸石中未扰动的桥羟基引起的。在脱水的H、Na-Y沸石的^{1}H MAS NMR光谱中, 处于超笼中的桥羟基的信号在$\delta_{1H}=3.6\times10^{-6}\sim4.0\times10^{-6}$处, 而位于$\delta_{1H}=4.8\times10^{-6}\sim5.2\times10^{-6}$的信号是由处在小的方钠石笼中的桥羟基引起的[32, 55]。方钠石笼中桥羟基的较大的化学迁移可以用这些羟基质子与邻近的骨架氧原子间的相互作用来解释。

类似于桥羟基基团的伸缩振动波数(见17.3.5节), 处于大的结构单元, 诸如X和Y型沸石的超笼或者H-ZSM-5和H型丝光沸石的十元和十二元环孔道中的未受扰动的SiOHAl基团的^{1}H MAS NMR迁移值, 取决于骨架的硅铝比[32, 35, 155]。一般而言, 随着骨架铝含量的减小或者沸石骨架平均电负性S^m的增加，可观察到化学位移δ_{1H}的增加[32, 35, 155]。

作为一个示例，图17.10给出了脱水沸石的^{1}H MAS NMR光谱[165]。图17.10a是硅铝比为9.1的氢型镁碱沸石的^{1}H MAS NMR谱。它由位于1.8×10^{-6}和4.2×10^{-6}的两个信号组成，分别是由未扰动的硅醇基(SiOH)和桥羟基(SiOHAl)产生的，后者充当B酸中心。这个沸石用HCl处理脱铝后，在2.8×10^{-6}处出现了一个额外的信号(见图17.10b)，这应归属于缚定于骨架外铝组分(AlOH*)的羟基。位于6×10^{-6}位置的信号表明与邻近氧原子相互作用的硅醇基的存在(SiOH*)。

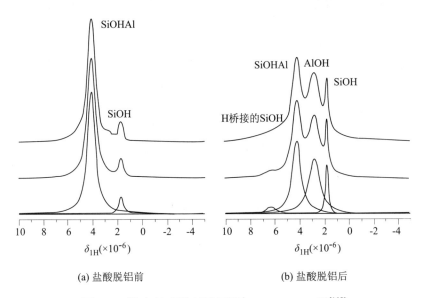

(a) 盐酸脱铝前　　　　　　　　(b) 盐酸脱铝后

图17.10 脱水氢型镁碱沸石的^{1}H MAS NMR谱[165]

因为^{1}H核有一个$I=1/2$的自旋，通过与外标的强度相比较，^{1}H MAS NMR强度能用来直接计算脱水沸石上羟基的浓度。外标就是一种表征好了的H型沸石。作为定量研究，脉冲实验的重复时间必须大于(约$3 \sim 5$倍)不同OH组分的自旋晶格驰豫时间T_1，T_1的值为$1 \sim 10$s[174]。测得的镁碱沸石母体中SiOHAl基团的浓度为1.4mmol H^+/g，骨架铝原子的酸浸导致这一浓度显著降低，达到0.4mmol H^+/g的水平(见图17.10b)[165]。

在沸石的小结构单元上，羟基基团的高场位移(较大的化学位移)是氢键或者所研究羟基质子与邻近骨架氧原子间的静电作用存在的迹象。在表17.5中，对应的羟基用"*"标出。将结构数据和呈$-O-H\cdots O-$排列的羟基质子的^{1}H NMR位移值相比较，导出了下列描述羟基质子低场共振位移与$O-O$距离d_{OH-O}之间关系的经验公式[175]。其中，d_{OH-O}单位为pm(pm是指皮米，1pm=10^{-12}m)。

$$\Delta\delta_{1H}=79.5-0.255d_{OH-O} \tag{17.9}$$

用有机季胺阳离子制备的硅基合成的ZSM-51、ZSM-58、ZSM-12、ZSM-24和ZSM-5的^{1}H MAS NMR光谱包含有一个位于10.2×10^{-6}的信号[156]。该信号的化学位移可用缺陷硅醇基团的羟基质子间的$\equiv$SiOH$\cdots$OSi$\equiv$氢键来解释，缺陷硅烷基团具有OOO距离为0.27nm的相邻骨架氧原子。按式17.9，RUB-18的^{1}H MAS NMR光谱中15.9×10^{-6}的信号表示硅醇基与一个OOO距离为0.25nm的氧之间强列的氢键[157]。与X型和Y型沸石的情形相似，在脱水的H-ZSM-5、H-Beta和H-MCM-22的^{1}H MAS NMR光谱中，能观察到桥羟基低场位移的信号[167, 169, 174, 176]。在这些沸石中，同样假定有桥羟基的羟基质子与相邻骨架氧原子间的相互作用(SiOH*Al)。

用固体NMR光谱研究B酸和L酸中心性质时，用到的最重要的探针分子列于表17.6。将诸如吡啶和二甲基膦(TMP)之类强碱性探针分子质子化的能力或者与这些分子形成氢键的能力，可用来区分酸性和非酸性表面羟基。用丙酮和甲基腈等弱碱性探针分子可以更加定量地比较酸性羟基的酸强度，这些弱碱性分子通过氢键发生相互作用。被吸附物质诱发的相互作用的羟基质子的NMR信号(^{1}H MAS NMR)的低场位移$\Delta\delta$，或者由于探针分子的官能团产生的NMR信号(^{13}C、^{15}N、或^{31}P MAS NMR)的低场位移$\Delta\delta$，是对应表面羟基的强度和可接近性的度量。

表17.6 适合于研究沸石上B酸与L酸中心的探针分子[①]

	探针分子	共振/观察	参考文献
B酸中心	吡啶-d_5	^{1}H: 氢键合吡啶$\delta_{1H}=10\times10^{-6}$(SiOH)，吡啶离子$\delta_{1H}=$ $12\times10^{-6}\sim20\times10^{-6}$(SiOHAl)	[22, 32, 44, 45, 66, 154]
	甲基氰-d_3	^{1}H: 吸附诱发的低场迁移$\Delta\delta_{1H}=3.6\times10^{-6}$(氢或钠X沸石)~$7.9\times10^{-6}$(H-ZSM-5)	[44, 45, 177~179]
	全氟三丁胺	^{1}H: 吸附诱发可接触羟基的低场迁移$\Delta\delta_{1H}=$ 0.25×10^{-6}(SiOH)~0.47×10^{-6}(AlOH)	[160, 161]
	氘化的烷烃和芳烃	^{1}H: 氢/氘交换活化能	[179~183]
	^{13}C-2-丙酮	^{13}C: 氢键合丙酮$\delta_{13C}=216.8\times10^{-6}$(H-SAPO-5)~ 225.4×10^{-6}(H-ZSM-22)	[184~186]
	三甲基膦(TMP)	^{31}P: 对于被强酸中心质子化的TMP，$\delta_{31P}=-2\times10^{-6}\sim-3\times10^{-6}$	[187~192]
	三甲基氧膦(TMPO)	^{31}P: 氢键合的TMPO，$\delta_{31P}=53\times10^{-6}$(H-Y)~$63\times10^{-6}$(USY)	[193~195]
	三苯基膦(PPh3)	^{31}P: PPh3在可接触到的酸中心上，$\delta_{31P}=11.1\times10^{-6}\sim14.8\times10^{-6}$	[196]
L酸中心	^{13}C-2-丙酮	^{13}C: USY上的丙酮$\delta_{13C}=233\times10^{-6}$	[185, 186]
	一氧化碳[②]	^{13}C: 脱铝的H-ZSM-5上CO，$\delta_{13C}\approx770\times10^{-6}$	[197, 198]
	三甲基膦(TMP)	^{31}P: 脱铝沸石上TMP，$\delta_{31P}=-32\times10^{-6}\sim-67\times10^{-6}$	[189, 190, 199]
	三甲基氧膦(TMPO)	^{31}P: 脱铝的Y型沸石和γ-氧化铝上的TMPO，$\delta_{31P}=37\times10^{-6}$	[194, 200]

① ^{1}H和^{13}C的NMR位移以四甲基硅烷为参照($\delta_{1H}=0$，$\delta_{13C}=0$)，而^{31}P以85%磷酸为参考($\delta_{31P}=0$)。
② 快速交换必须在低温下测定NMR(约120K)。

表17.6中列出的某些探针分子适合于探查羟基的位置，所探查羟基可以在沸石颗粒外表面或者在孔道和笼的内部。全氟三丁基胺(直径≈0.94nm)分子太大，不能进入沸石微孔(H-ZSM-5: 0.53nm×0.55nm; H-Y: 0.74nm[38])，可以探查沸石颗粒外表的羟基。全氟三丁胺吸附于SiOH和AlOH上，相应^{1}H MAS NMR信号的低场共振位移分别为$\Delta\delta_{1H}=0.25\times10^{-6}$和$\Delta\delta_{1H}=0.47\times10^{-6}$，表明这些羟基处在外表面或者在二次介孔中[160, 161]。另一种方法是用三苯基膦考察作为B酸中心的桥羟基的位置[196]。根据该方法，发现H-MCM-22分子筛的B酸中心有6%处于颗粒外表面。

在一些研究中，三甲基膦被用做探针分子以识别强B酸中心[187~192]。吸附于H、Na-Y沸石上的三甲基膦的^{31}P MAS NMR光谱以-2.5×10^{-6}的信号(参比85%的磷酸)为主。这个信号归属于由三甲基膦在B酸中心上的化学吸附所产生的$(CH_3)_3PH^+$[188]。经过焙烧后，在$-32\times10^{-6}\sim-67\times10^{-6}$的区域内出现了额外的信号，表明三甲基膦本位于L酸中心上[188]。随着焙烧温度升高，这些信号明显增加，表明制备具有更多L酸中心的沸石催化剂需要最佳的焙烧温度，例如H、Na-Y沸石应在600℃焙烧[188]。用^{31}P/^{27}Al TRAPDOR NMR 实验考察了由三甲基膦配位于脱水的H、Na-Y沸石的L酸中心上构成的被吸附物络合物的局部结构[201]。位于-47×10^{-6}的^{31}P MAS NMR信号可归属于直接缚定于铝L酸中心的三甲基膦。另外，^{31}P/^{27}Al极化转移增强的不灵敏核(insensitive nuclei enhanced by polarization transfer, INEPT)技术被用来测定^{31}P/^{27}Al的J耦合[201, 202]。当三甲基膦吸附于三氯化铝与H、Na-Y的混合物上，发现有两种不同的TMP-AlCl$_3$络合物[202]。测得了两组J耦合常数和核间距，分别为299.5Hz和0.258nm以及260Hz和0.296nm。这两组数据分别对应于AlCl$_3$分子与一个(四次配位铝)和两个(五次配位铝)三甲膦分子配位[202]。然而，当以三甲基膦作探针分子，必须考虑到这个分子体积庞大(动态直径约0.55nm[188])。因此，用三甲基膦来表征沸石表面中心受到所研究沸石的孔道系统最大吸附容量和孔径的限制[189]。类似的限制在以氧化三甲基膦(TMPO)作探针分子时也存在[193~195]。

当吡啶吸附于桥羟基基团上时，质子完全转移到探针分子上导致了吡啶正离子(PyrH$^+$)的形成。由在8T沸石簇上的桥羟基极化的PyrH$^+$的^{1}H MAS NMR位移的计算，给出了δ_{1H}值与对应酸中心的质子亲和度力之间的线性关系[203]。在质子完全转移到吡啶分子的情况下，因为对应于高酸强度的SiOHAl基团的质子亲和力较小，获得了较小的δ_{1H}值，反之亦然。全氟吡啶与SiOHAl基团相互作用的实验研究给出的PyrH$^+$的^{1}H NMR位移对于H、Na-Y沸石为16.5×10^{-6}，对于H-ZSM-5为15.5×10^{-6}~19.0×10^{-6}[22, 32, 35, 44, 45, 66, 155]。用固体NMR表征沸石上B酸中心强度，常用的一种探针分子是^{13}C-2-丙酮[184~186]。应用这一分子探针，Biaglow等[184]通过观察^{13}C-2-丙酮中羰基原子的^{13}C NMR迁移研究了酸性沸石上桥羟基的酸强度，获得的δ_{13C}值分别为：216.8×10^{-6}(H-SAPO-5)、219.6×10^{-6}(H-Y)、221.8×10^{-6}(H-MOR)、222.8×10^{-6}(H-[Ga]ZSM-5)、223.4×10^{-6}(H-ZSM-12)、223.6×10^{-6}(H-ZSM-5)和225.4×10^{-6}(H-ZSM-22)。这些化学位移值必须与溶解于CDCl$_3$和100%硫酸中的^{13}C-2-丙酮的羰基原子迁移值205×10^{-6}和245×10^{-6}相比较[183]。此外，引入了B酸强度标尺，此标尺基于溶解于不同浓度硫酸的^{13}C-2-丙酮上羰基原子的共振位置的实验测定[204]。按照这一标尺，H-ZSM-5($\delta_{13C}=223.6\times10^{-6}$)上桥羟基的酸强度相当于80%的硫酸水溶液[204]。丙酮用做探针分子的局限在于它的可反应性，当吸附于强酸中心时可导致亚异丙基丙酮(mesityl，分子式为CH$_3$C(O)CH=CH$_3$)的形成。

最近，弱碱甲基腈作为探针分子用于B酸中心强度的表征得到了广泛的应用，这是因为它非常灵敏且能用^{1}H MAS NMR光谱进行研究[44, 45, 177~179]。作为通过氢键的探针分子相互作用，吸附物诱导的沸石羟基的^{1}H MAS NMR信号的低场迁移越大，对应的酸强度就越高，反之亦然。作为示例，图17.11给出了镧交换的X型(硅铝比=1.3)和Y型(硅铝比=2.7)沸石在吸附甲基腈-d$_3$前(上部谱线)、后(底部谱线)的^{1}H MAS NMR光谱。在1.8×10^{-6}和3.6×10^{-6}~3.9×10^{-6}的信号分别由SiOH和桥羟基(SiOHAl)产生。上述桥羟基是位于超笼中，当位于方钠石笼中时就产生位于4.6×10^{-6}~4.8×10^{-6}的肩峰。镧阳离子上的羟基和位于方钠石笼中的氧化络合物产生了位于5.6×10^{-6}~6.3×10^{-6}的信号。La、Na-X/75的图谱中出现的位于2.5×10^{-6}的信号表明，在超笼中有La(OH)$_n$基团存在。

当吸附了氘化的甲基腈(见图17.11，底部谱线)，沸石La, Na-X/75和La, Na-X/74(镧交换度分别为75%和74%)超笼中可接近的桥羟基^{1}H MAS NMR信号的位移值分别为$\Delta\delta_{1H}=4.9\times10^{-6}$和$\Delta\delta_{1H}=5.7\times10^{-6}$，偏向更低磁场[44]。这些由吸附物诱发的共振位移必须与吸附有甲基腈的沸石上获得的如下低场位移$\Delta\delta_{1H}$相比较：H, Na-X/62(3.6×10^{-6}[45])；Al, Na-X/32(3.8×10^{-6}[45])；La, Na-X/42(3.8×10^{-6}[44])；Al, Na-X/61(4.4×10^{-6}[45])；H, Na-X/91(5.1×10^{-6}[179])；Al, Na-X/34(5.3×10^{-6}[45])；Al, Na-X/64(5.3×10^{-6}[45])；硅铝比=10的H-MOR(6.7×10^{-6}[177])；硅铝比=26的H-ZSM-5(7.9×10^{-6}[179])。上述被吸附物诱发的共振位移

$\Delta\delta_{1H}$值表明，阳离子类型、交换度、骨架硅铝比是调节分子筛酸强度的重要参数。

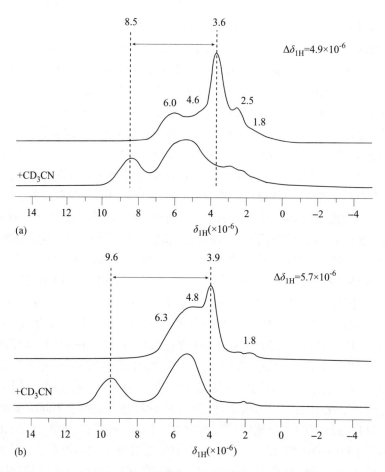

图17.11 La，Na-X沸石(a)和La，Na-Y沸石(b)吸附氘化丙酮前(上部)后(下部)的^{1}H MAS NMR光谱[44]

17.4 碱催化

17.4.1 碱中心的性质

尽管碱性材料的确在一些重要的工业反应中具有相当大的潜力[205]，与酸性沸石作为固体催化剂在化学工业得到广泛应用相比[1~7]，碱性微孔和介孔材料所受到的关注要少得多。对固体酸碱催化剂的工业应用的分析表明，仅有8%的工艺过程应用到固体碱，并且这些反应中没有一个是用碱性沸石催化剂来进行的[206]。只有在具有碱性的新微孔和介孔材料的制备、表征和催化研究方面做出更进一步的努力，才可能在其应用方面取得突破。沸石上碱中心的性质不如酸中心那么清楚，这与多数碱性沸石含有碱金属阳离子，既可作为弱的L酸中心又有碱性骨架氧原子存在的事实有关。在多数由碱沸石催化的反应中，L酸中心和碱中心两者都会涉及到。碱中心必须有足够强度，以稳定参与催化循环的阴离子或极化组分[9, 14]。

根据沸石骨架原子电负性的桑德逊平衡原理(见17.2.1节)，可计算出沸石中骨架原子或阳离子的部分电荷[33, 34]。Barthomeuf[207, 208]运用桑德逊原理估算了用不同碱金属阳离子交换的沸石上骨架氧原子的电荷($-qO$)。对于给定的骨架铝含量，Barthomeuf[207, 208]发现，由于碱强度按Li-<Na-<K-<Rb-<Cs-交换沸石的顺序增强，其骨架氧原子电荷$-q_0$增加。一般而言，骨架氧原子的碱性随阳离子电负性的减小而增加，并且在固定阳离子类型时，随骨架铝含量的增加而增

加。后者是因为与硅原子相比，铝有更低的电负性[33]。于是，具有最低电负性的阳离子——铯 (Cs)离子和最高骨架铝含量的沸石是具有最高碱强度的催化剂，譬如铯交换的X型沸石[208]。

17.4.2 碱中心的形成

在水溶液中或者通过固态离子交换制备的碱金属交换沸石材料具有相对低碱强度的碱性骨架氧原子。然而，在某些情况下，因为其对水和一氧化碳毒害有抵抗能力，并且产物分子脱附迅速，致使副反应受到抑制[9]，因而这种特性也是需要的。对于这些应用，不仅铯和铷 (Rb)交换的X型和Y型沸石[207]，而且Cs-ETS-10沸石都是合适的催化剂[209]。在其他情况下，碱金属交换的沸石的低碱强度限制了其在有机合成中的应用。在沸石上产生更强的碱中心的合适方法是用碱金属盐(如氢氧化铯)来浸渍。Hathway和Davis[201]通过铯交换X型和Y型沸石的浸渍，制备了沸石内碱金属氧化物簇(如CsO$_x$)，其碱性明显强于沸石骨架。通过钾交换X型沸石的浸渍制备沸石内KO$_x$簇，所得到的材料具有低碱性[211]。

另一个方法是用NaN$_3$浸渍Y型沸石，然后控制其热分解，在方钠石笼内生成四面体的Na$_4{}^{3+}$原子簇，在超笼中形成Na$_y{}^0$簇，在颗粒外表形成金属簇[212]。在烯烃异构化、甲苯支链烷基化、醛醇缩合反应中，观察到了超笼中Na$_y{}^0$含量与催化活性间的相关性。然而，这些材料与空气和水接触时非常敏感，限制了其在催化反应中的应用[9]。

Ono和Baba[213]开发了如下获得碱性沸石的工艺：碱金属交换的Y型沸石浸入金属Na、镱 (Yb)或者铕(Eu)的液氨溶液中，然后抽真空脱除溶剂；在真空中加热到约177℃，使沸石具有一定碱强度，碱强度强烈依赖于外加碱金属阳离子的类型以及客体分子的量。对于Eu/K-Y型沸石，烯烃异构反应的最大初始速率出现在Eu负载量为8%的样品上[213]。Yb/K-Y型沸石的EXAFS研究显示，Yb物种的局部结构在真空条件下于227℃发生剧烈变化，由高度分散的状态变为聚集的颗粒[214]。由于碱性沸石的微孔阻止体积大的分子到达活性中心，采用了介孔的MCM-41材料作为碱性客体组分的载体[215, 216]。通过用醋酸铯的水溶液或甲醇溶液浸渍MCM-22，接着进行焙烧，在铯含量不超过10%的前提下，在载体的介孔中获得了高度分散的氧化铯簇。然而，浸渍的材料没有好的热稳定性和化学稳定性。在重复焙烧或作为催化剂使用后，可以发现氧化铯颗粒的聚集和比表面积明显地减小。用醋酸铯和硝酸镧同时浸渍MCM-41得到了更稳定的材料[217, 218]。在这个例子中，在MCM-41的孔道内形成了一种CsLaO$_x$客体化合物，但其碱强度比客体氧化物CsO$_x$要低。

Yang等[219]考察了在骨架铝原子被硼(B)和镓(Ga)取代时，分别对β沸石和八面沸石的碱性的影响。观察到的碱性顺序是[B]-沸石<[Ga]-沸石<[Al]-沸石。NO$^+$离子结合能的量子化学计算得到了同样的顺序，NO$^+$离子被用做研究沸石碱强度的FTIR光谱探针。

一些基团可以通过沸石骨架来制备碱性催化剂，这些骨架被氮化的沸石包括硅酸铝型沸石[221, 222]、SAPO分子筛[223]和介孔材料[224]。标准的步骤是将Na型或者H型沸石或者硅质介孔材料在氨气流中于约800℃或者更高的温度处理5~72h。对不同的表面反应[见式(17.10)和(17.11)]和≡Si—(NH)—Si≡的形成进行了讨论[222]，发现氮化的β沸石与氨处理的磷酸铝、SAPO分子筛和介孔材料相比，在碱催化反应中有高得多的活性[222]。

$$\equiv Si—OH + NH_3 \longrightarrow \equiv Si—NH_2 + H_2O \tag{17.10}$$

$$\equiv Si—(OH)—Al\equiv + NH_3 \longrightarrow \equiv Si—(NH_2)—Al\equiv + H_2O \tag{17.11}$$

17.5 沸石上碱中心的表征

17.5.1 测试反应

几个反应的选择性被用来研究碱中心及其强度。因为与酸催化的反应相比，碱催化的反应速率较低,痕量的酸性质子(例如由硅醇基团产生的质子)可能显著地改变反应的选择性。为了克服这个问题,碱性催化剂常制备成具有稍微超量的碱金属阳离子。

2,3-二甲基-1-丁烯和1-正丁烯的双键异构化分别得到2,3-二甲基-2-丁烯和2-正丁烯,这一反应常用来在低温下表征固体强碱[211, 225~228]。Handa等[226]比较了在几种碱性催化剂上2,3-二甲基-1-丁烯在液相中异构成2,3-二甲基-2-丁烯的反应和2-甲基-3-丁炔-2-醇在气相中分解成丙酮和乙炔的反应。碱性催化剂包括氧化铝负载的碱金属化合物、金属氧化物、混合氧化物和K-Y沸石。他们发现,2-甲基-3-丁炔-2-醇分解的选择性可以用来区别酸性和碱性催化剂。1-丁烯的异构化(见图17.12)提供了一个碱强度的标尺,强碱中心获得的2-丁烯具有高的反式/顺式比[211, 225]。异构化反应是一个有用的测试反应,可用于确定诸如浸渍有碱金属氧化物的沸石之类固体强碱的相对活性,发现在碱金属交换的沸石上转化率极低甚至没有转化[211, 225]。

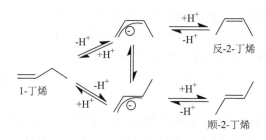

图17.12 固体催化剂上1-丁烯异构成顺-2-丁烯、反-2-丁烯[9]

20年前,Dessau[229]引入乙酰丙酮的脱水作为催化测试反应,在特定条件下,选择性生成甲基环戊酮和二甲基呋喃的比例被当作碱强度的度量。Alcaraz等[230]揭示,乙酰丙酮的脱水反应可以在一个较宽的酸碱强度范围内的酸性或碱性催化材料上进行。

最常用的碱性催化剂测试反应是克莱文盖尔(Knoevenagel)缩合反应(见图17.13)[221~223, 231~234]。这一液相反应重要的优点是可以由具有不同酸性的反应物进行反应。然而,扩散障碍的问题可能限制其在碱性沸石表征方面的应用。Corma等[231]研究了苯甲醛在碱金属交换的X与Y型沸石上与氰基乙酸酯、乙酰乙酸乙酯、丙二酸二乙酯的克莱文盖尔缩合反应。他们发现了一个反应活性的顺序,该顺序与借助于骨架电负性估计的沸石催化剂上骨架氧原子上电荷增加的顺序一致:Li-<Na-<K-<Cs-,且X型<Y型沸石。Corma等[231]的结论是碱金属交换的X型和Y型沸石上大多数碱中心的pK_b≤10.3,而pK_b≤13的碱中心仅存在于Cs-X沸石中。他们发现这个催化剂比吡啶(pK_b≤8.8)活性更高,但不如哌啶(pK_b≤11.1)活性高。通过比较在Na-X沸石和锗取代的八面沸石(铝锗比=1.03)上的克莱文盖尔缩合反应,结果发现后一种催化剂活性更高[235]。由此得出结论,在锗改性的沸石上有pK_b≈11.2和额外的pK_b≤13.3的中心存在。通过苯甲醛与丙二酸二乙酯的克莱文盖尔缩合反应,Ernst等[222]证明,经高温氨氮化处理的β沸石具有高的碱度[222]。最近,用克莱文盖尔缩合反应研究了烷基季铵离子交换的X型和Y型沸石,其活性比铯交换沸石更高[236, 237]。

17.5.2 分析与光谱方法

为了表征沸石上的碱中心,最重要的方法是使用分子探针,并借助于TPD[211, 238, 239]、FTIR光谱[240~243]和核磁共振光谱[9, 35, 172]对它们进行研究。Li和Davis[211, 239]利用逐步程序升温脱附(step-wise TPD)和CO_2吸附量热法确定CsO_x/Cs-X沸石和CsO_x/K-X沸石上的碱中心数目和强度。他们发现对于上述沸石在1-丁烯异构化反应中的活性，有80%来自那些对应于CO_2脱附温度在400～500℃范围内的碱中心。然而，这些中心含量仅占催化剂上碱中心总量的5%。一般来说，CO_2在碱金属交换沸石上的吸附并不总是直线形态的：可能出现不同的被吸附物结构，在强碱性的客体化合物上形成了表面碳酸盐[240]。这两种效应都使CO_2在碱性沸石的TPD曲线和FTIR光谱更加复杂[244]。

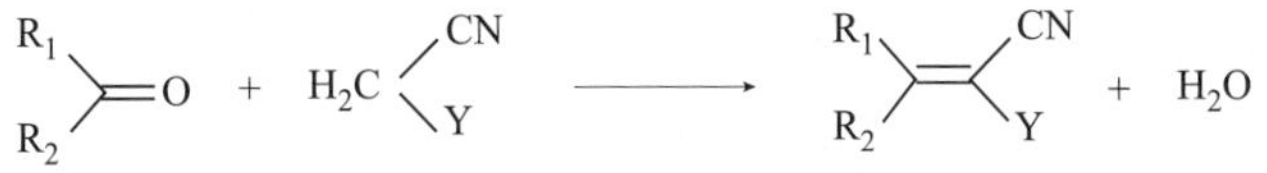

R_1=Ph，PhCH=CH，2-MeOC_6H_4，2-furyl
R_2=H，Me
Y=CN，CO_2Et

图17.13 碱催化剂上克莱文盖尔(Knoevenagel)缩合反应

Knoezinger和Hube[243]对一氧化碳、吡咯、乙炔和氘化的氯仿作为FTIR探针，对用于研究碱性固体的应用进行了考察。对于一氧化碳吸附于碱金属交换的Y型沸石，发现伸缩频率的波数位移$\Delta\nu_{CO}$与所交换阳离子的半径相关，这一关系与它们的电负性有相反的顺序[243]。C－H和N－H酸用做探针分子的主要缺点是在强碱性表面中心上C－H和N－H键可能离解，限制了强碱中心的探测。

用FTIR光谱与量子化学方法相结合，研究了吡咯在ZSM-5上的碱金属阳离子(Li^+、Na^+、K^+、Rb^+、Cs^+)上的吸附。结果发现这个探针分子通过环与金属阳离子作用，并且因NH基团与沸石骨架间的氢键得到了额外的加固。观察到了两种氢键分别与Si－O－Al和Si－O－Si中的氧原子连接，引起的谱带迁移分别为大于150cm^{-1}和80～150cm^{-1}。碱金属交换且吸附有吡咯的ZSM-5的FTIR光谱的基本形状取决于骨架硅铝比、碱金属阳离子的尺寸和吡咯的覆盖率[245]。

最近，由NO_2歧化或者N_2O_4吸附于碱性沸石上形成的NO_+离子的伸缩振动被用来表征一些材料的碱强度[220, 246, 247]。作为一个示例，图17.14a给出了NO_2吸附于Na-X、“Li, Na-X”、“K, Na-X”和“Rb, Na-X”沸石上形成的NO^+离子的FTIR光谱。取决于阳离子的类型，NO^+的伸缩振动覆盖了2083cm^{-1}(Li, Na-X)～1903cm^{-1}(Rb, Na-X)的范围。根据图17.14b，NO^+伸缩振动与碱金属阳离子的硬度η间有线性关系。硬原子和离子是更难极化的。与较软的阳离子(K^+, Rb^+)相比，较硬的碱金属离子(Li^+, Na^+)在骨架氧原子上感应的电荷较小[246]。这正是与Li, Na-X沸石相比，Rb, Na-X沸石具有更高的碱强度的原因。

在过去的几十年里，具有磁场强度高达B_0=22.3T(特拉斯)的超导磁体和高分辨率固体核磁技术的开发，给固体材料中^{17}O核的考察提供了可能[248～251]。利用高磁场、双向旋转(DOR)核磁共振(NMR)光谱和二维多量子魔角自旋(MQ-MAS)核磁共振光谱，具有I=5/2核自旋的^{17}O核的二阶四极作用所引起的强信号变宽可以被平均化[248～251]。对于只含Si－O－Al且硅铝比为1的低硅八面沸石(LSX)，由于氧原子处于4个不等价的晶体位置，其光谱显示4条线。然而，在局部结构中具有不同铝原子数的^{17}O核的化学位移分布，在硅铝比大于1的沸石的^{17}O DOR和MQMAS NMR信号中引起明显的残余线宽，这严重地限制了高清晰度光谱的获得[251]。

与FTIR光谱相似，有很多探针分子用于沸石碱中心的固体核磁研究(见表17.7)。探针分子最严重的缺陷就是其可能与存在的强碱中心反应，并形成不同的吸附结构，使对应的光谱复杂化。

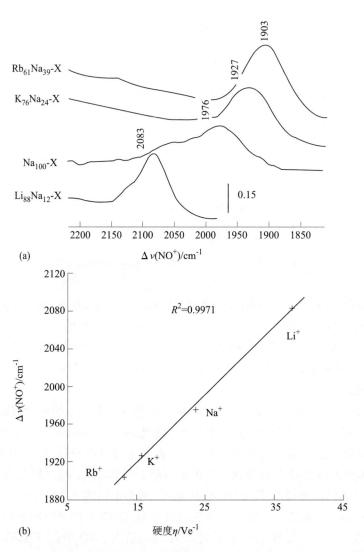

图17.14 NO_2吸附于碱金属形态的X沸石上形成的NO^+离子的伸缩振动的FTIR谱(a)，
波数对阳离子硬度η作图于(b)[246]

表17.7 用于沸石碱中心固体核磁研究的探针分子[①]

探针分子	共振/观察	参考文献
三氯甲烷	[1]H: 氢键合的三氯甲烷δ_{1H}=7.55×10[-6](Li-Y) ~ 8.23×10[-6](Cs, Na-Y); [1]H: 氢键合的三氯甲烷δ_{1H}=7.45×10[-6](H-Y) ~ 8.70×10[-6](Na, Ge-Y); [13]C: 氢键合三氯甲烷δ_{13C}=77.9×10[-6](H-Y) ~ 81.7×10[-6](Na, Ge-Y)	[252]; [253]; [253]
三氟甲烷	[1]H: 氢键合的三氟甲烷δ_{1H}=6.62×10[-6](Li-Y) ~ 7.6×10[-6](Cs, Na-Y)	[252]
一氯二氟甲烷	[1]H: 氢键合的一氯二氟甲烷δ_{1H}=7.5×10[-6](Li-Y) ~ 8.4×10[-6](Cs-Y); [19]F: 氢键合的一氯二氟甲烷δ_{19F}=-77.5×10[-6](Li-Y) ~ -72.5×10[-6](Cs-Y)	[254]; [254]
吡咯	[1]H: 氢键合的吡咯δ_{1H}=8.4×10[-6](Li-Y) ~ 11.5×10[-6](K-Y)	[255]
甲基吲哚	[13]C: 氢键合甲基吲哚δ_{13C}=58.5×10[-6](Na-ZSM-5) ~ 54.0×10[-6](Cs, Na-X)	[256~259]
硝基甲烷	[13]C: 硝基甲烷在混合镁铝氧化物上δ_{13C}=102×10[-6]–112×10[-6]	[260]

① [1]H和[13]C的核磁共振位移以四甲基硅烷为参照(δ_{1H}=0, δ_{13C}=0)。

有一种令人感兴趣的方法克服了这个问题，那就是使用甲氧基团作为光谱探针，通过甲基碘的转化直接在碱性骨架氧原子上形成。采用[13]C MAS NMR光谱，Bosacek等[256, 258]发现，缚定于氧桥位置的表面甲氧基各向同性的化学位移与沸石骨架的桑德逊平均电负性S^m间存在相关性(见图17.15)。根据这一关系，甲氧基的低[13]C NMR位移对应于骨架氧原子高的碱强度。缚定于碱金属交换的Y型和X型沸石的骨架氧原子上的甲氧基的[13]C NMR位移的范围为$54.0\times10^{-6} \sim 56.5\times10^{-6}$。对于用碱金属氢氧化物浸渍的Y型和X型沸石，观察到了缚定于强碱性客体化合物上的甲氧基的两个位于50.0×10^{-6}和52.3×10^{-6}的高场信号[259]。按照Krawietz等[261]的观点，通过氢氧化铯或醋酸铯浸渍沸石载体形成的客体化合物是氧化铯(Cs_2O)、过氧化铯(Cs_2O_2)和超氧化铯(CsO_2)的混合物。

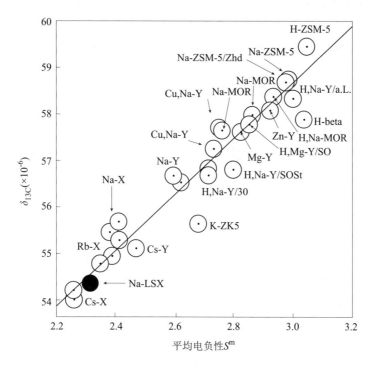

图17.15 与桥位置上骨架氧键合的甲氧基团的δ_{13C}与沸石骨架的S^m的关系[258]

Sanchez-Sanchez等[253~255]用三氯甲烷、三氟甲烷、一氯二氟甲烷和吡咯作为NMR探针研究碱性沸石。当吡咯吸附于K-X、Na-X、Cs-X、Li-X、K-Y、Na-Y和Li-Y沸石，环上的氢原子不受吸附剂的影响，并产生两个[1]H MAS NMR信号，分别位于$6\times10^{-6} \sim 7\times10^{-6}$处[255]。另一方面，位于N原子上的氢原子的[1]H NMR位移范围为：吡咯吸附于Li-Y上时的8.4×10^{-6}到吸附于K-X时的11.5×10^{-6}(所研究的多数沸石)。这一共振位移源自于各种沸石上骨架氧原子的不同碱强度对与吡咯分子形成的氢键的影响[255]。吡咯作为探针分子的重要优势是其突出的灵敏度和其MAS NMR光谱的良好分辨率。

最近，有论证[254]说明一氯二氟甲烷不仅对于FTIR而且在碱性X型和Y型沸石的固体NMR表征中是一种合适的探针分子。例如，当该探针分子吸附于Li-Y和Cs-Y沸石时，其C—H伸缩振动和[1]H MAS NMR信号变化分别为$3043\sim3020cm^{-1}$和$7.5\times10^{-6} \sim 8.4\times10^{-6}$。由于[19]F核和[1]H核间的自旋-自旋耦合，在不同碱性沸石上的一氯二氟甲烷的[19]F MAS NMR光谱会出现双重线。被吸附的一氯二氟甲烷的[19]F化学位移和耦合常数J(F, H)取决于所研究的X型和Y型沸石上碱金属阳离子的种类[254]。

17.6 沸石上的金属簇

17.6.1 金属簇的性质

最重要的工业应用的沸石催化剂中,有一些既有B酸中心又有贵金属原子或者原子簇。例如,这些双功能沸石作为催化剂用于择形加氢[262]、加氢烷基化、加氢异构化、加氢裂化、催化重整[263]和CO加氢[264]过程中。在可能用到的金属中,铂、钯和铑是双功能沸石中最重要的加氢/脱氢组分[8]。

上述金属在沸石的孔穴内形成纳米级的原子簇。电中性、负电性和正电性的Pd_n簇($n=1\sim13$)的密度泛函理论(DFT)计算表明,稳定的结构常与簇的电荷无关[265]。对于原子数小于6的簇($n<6$),阴离子和中性簇的稳定结构遵循配合原子数最大化的基本概念,然而,阳离子态的簇倾向于平面结构。对于原子数为$7\sim13$的簇($n=7\sim13$),无论是带电的还是中性的,其稳定结构都是聚敛的。当原子数为13时($n=13$),倾向于形成异形的立方八面体。铂和铑的情况是:最小的稳定簇是一个13原子的二十面体,一个原子处在中心,12个原子处在等价的位置围绕着中心原子;或者呈异形的立方八面体结构。当一个13原子的铂原子簇处于沸石笼中时,可以预计铂原子与笼壁间的相互作用要比Pt-Pt键弱得多[8]。

当金属簇的尺寸变得小于导电电子的平均自由行程或者铁磁畴尺寸时,集合电子特征,诸如导电性、导热性、铁磁磁化率变化明显。这些行为与电子带结构有关,电子带结构随簇大小而变化[266, 267]。例如,从一个小簇移走一个电子所需的能量比块状金属的逸出功大,但比金属原子的电离电势小。

与催化性能相对应的化学特征对于簇尺寸的敏感程度不如电子效应。然而,当孤立的原子处在载体上或者金属簇尺寸小到一个极限时,催化活性上的剧烈变化必须预计到。在催化作用上,载体上的金属簇被当作是一非常小片的金属,但暴露出高度不饱和的原子。宏观金属片上参与化学吸附的原子可能是配位不饱和的,但小簇的配位不饱和程度明显地要高。要更详细地了解关于沸石上金属簇的性质和作用,参见文献[8, 267~270]。

17.6.2 金属簇的形成

制备沸石上的金属簇最流行的做法是以离子交换开始的三步法(式17.5)。对于高催化活性的金属(如Pt、Pd和Rh),第一步是碱金属型的沸石用水溶液中的$[Pt(NH_3)_4]^{2+}$、$[Pd(NH_3)_4]^{2+}$和$[Rh(NH_3)_5(H_2O)]^{3+}$络离子交换。由于与上述络合物庞大的配位壳层相比,孔直径相对较小,交换过程常常要花数天时间,并且需要高于室温的温度。如果在达到平衡以前停止交换,颗粒上金属浓度会出现梯度,靠近颗粒表面的金属量会比内部的大。

第二步是焙烧,这是从交换的金属离子上除去水和络合剂所必需的。为了这一目的,交换好的沸石在大流量的空气或氧气中加热。在消除水和氨的过程中可能出现三个现象[8, 269]:

① 在胺络合剂分解的还原气氛中生成金属簇和沸石质子。金属离子还原成金属后,接着就是金属粒子的长大,并且取决于金属的种类,可能观察到金属氧化物颗粒的生成。

② 可能出现离子从沸石结构的大笼迁移到小笼,这可以通过限制焙烧温度来防止。其推动力是沸石笼中高的负电荷密度。提供有吸引力的络合剂(如氨),可以激发离子迁回大笼。

③ 金属离子水解可能导致正电荷数目的减少。多价金属离子(如Rh^{3+}),转变成单价的复合离子[如$(RhO)^+$],同时产生羟基质子。这些羟基质子补偿了骨架负电荷,那就意味着它们形成了桥羟基。

一般而言,不受控的自动还原是簇聚集并导致生成大金属颗粒的原因。通过在纯氧、高气流速度下焙烧,并采用缓慢的升温速度(如0.5K/min),可以使这种现象发生的可能性达到最小。

第三步是金属离子的控制还原，典型的还原过程在氢气流中完成[式(17.5)][8, 269]。这一过程除形成金属和金属簇外，还产生起B酸中心作用的桥羟基质子。可通过限制焙烧温度让足够多的残留氨络合剂留在沸石内，来使桥羟基质子的生成的可能性达到最小。在氧合离子，如(RhO)⁺存在时，一氧化碳用于还原。还原按如下方式进行：

$$(RhO)^+ + CO \longrightarrow Rh^+ + CO_2 \tag{17.12}$$

这一反应也用来分辨沸石上的裸离子和氧合离子[270]。

双金属沸石，如(Pt+Cu)[271]、(Pd+Co)[272]、(Pd+Ni)[273]，能用先前描述的步骤制备。关于(Pt+Re)和(Ph+Fe)的组合，第二种金属是通过可挥发羰基化合物的化学蒸汽沉积引入的[8]。例如，稳定的由Rh和Ir组成的单金属簇是分别通过前驱物$Rh(CO_2)(acac)$和$Ir(CO_2)(acac)$的化学蒸汽沉积，随后进行脱羰基来制备的[274, 275]。若要更深入了解沸石上双金属簇的制备，可参见文献[270]。

对于具有小孔，特别是那些具有八元氧环的沸石，固态离子交换是引入金属的合适方法[276, 277]。这主要是由于溶解的阳离子或者络离子，如$[Pt(NH_3)_4]^{2+}$存在几何限制，它们不能穿过沸石的窄孔。有研究者对在rho、ZK-5和SAPO-41等具有八元氧环的沸石上Pt、Pd和Rh的引入进行了研究[278, 279]。在这些研究中，首先将铵型沸石加热到500℃以得到氢型材料；接着，这些材料在手套箱内与预先计算好量的用于制备含有Pt、Pd和Rh的金属簇的$PtCl_2$、$PdCl_2$或$RhCl_3$分别混合。混合物的离子交换，例如$PtCl_2/2Z(OH)$在550～625℃下进行。

$$PtCl_2 + 2Z(OH) \longrightarrow 2HCl + 2(ZO)^- Pt^+ \tag{17.13}$$

通常，HCl的生成用质谱仪来检测。全面了解通过固态离子交换向八元、十元、十二元环沸石引入Pt、Pd和Rh的情况可参见文献[277]。

与制备过程及催化应用无关，沸石表面和内部的金属簇(M_n)尺寸可能在$n=1\sim1000$的宽广范围内变化。图17.16描述了聚集的不同步骤[270]：

① 原子数为$1<n<4$的非常小的簇在沸石小笼或者边袋孔道中，如型X和Y型沸石的方钠石笼中。

② 原子数$n<10\sim40$，直径达1.3nm的金属簇位于型X和Y型沸石的超笼或者孔道交叉位置。

③ 金属簇不受笼或孔限制，仅填满沸石晶体某一小部分的孔体积。

④ 金属簇长大到比笼和孔更大，但仍封闭于沸石颗粒内部。

⑤ 金属簇位于晶格缺陷上或者孪生晶粒的边界上。

⑥ 大金属簇位于晶粒外表面，通过原子或小簇沿孔道迁移形成，它们聚集和长大成为大颗粒。

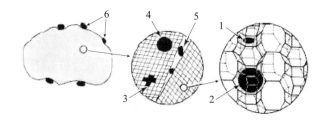

图17.16 沸石上金属簇的大小与位置示意[270]

17.7 沸石上金属簇的表征

17.7.1 测试反应

烃类在双功能沸石剂上的转化机理为：首先，饱和烃在贵金属组分上脱氢生成相应的烯烃，烯烃在作为B酸中心的桥羟基上质子化；产生的正碳离子进行骨架重排和β位断裂；最后，得到的新碳正离子从B酸中心脱附成为烯烃，该烯烃常在贵金属组分上被加氢。

有两个这种类型的测试反应能够深入研究双功能沸石的孔道特征：正癸烷[280, 281]或者碳链更长或更短的正构烃的异构化和加氢裂化；丁基环己烷或者具有10个碳原子的其他环烷烃的加氢裂化[284, 285]。

如果正构烷烃在双功能沸石上不存在择形选择性，也就是意味着在大孔沸石上反应物首先加氢异构生成具有一个支链的所有可能的烷烃混合物。例如，对于正癸烷，生成单支链的异构体：2-甲基壬烷、3-甲基壬烷、4-甲基壬烷、5-甲基壬烷、3-乙基辛烷、4-乙基辛烷和4-丙基庚烷。连续反应则会产生有两个支链的异构烷烃，如二甲基辛烷和乙基甲基庚烷。接着，这些化合物直接或者经过三支链的中间体进行加氢裂化反应[286]。在中等孔径的双功能沸石上，产品分布与大孔沸石比较出现了显著差别。大体积的乙基和丙基支链异构体不再生成。例如，在ZSM-5上，2-甲基壬烷是主要异构体产物。因此，正癸烷异构化获得的2-甲基壬烷与5-甲基壬烷的产率之比被用来计算改进抑制指数CI*[280]。该指数的范围是从Y型沸石(具有十二元环窗口的超笼)的1到ZSM-22(十元环孔)的约14[286]。

与上述异构化反应相反，C_{10}环烷烃在大孔沸石上的加氢裂化是很有选择性的，几乎只形成甲基环戊烷和异丁烷[287]。然而，能量优先的导致生成甲基环戊烷和异丁烷的反应路线需要大体积的中间体。在具有中等孔径的双功能沸石催化剂上，C_{10}环戊烷的加氢裂化导致多得多的加氢裂化产物生成[286]。因此，异丁烷与正丁烷的产率之比被用来计算空间指数SI[284, 285]。该指数的范围是从ZSM-5、ZSM-22和ZSM-23(十元环孔)的1到Y型沸石(具有十二元环窗口的超笼)的约22[286]。

在近期的研究中，正庚烷[288]、正辛烷[289, 290]、正癸烷[291, 292]和其他长链正构烷烃[293, 294]的加氢异构化，被用来表征双功能沸石催化剂的催化活性。在某些情况下，催化剂用诸如Ni、Cr、La、Ce、Al和Zn之类助剂改性[288, 289, 291]。通过对不同结构和粒子尺寸的双功能沸石进行比较发现，硅铝比为16的纳米晶粒(30nm的粒子尺寸)β沸石是从正癸烷生产多支链异构体的最佳催化剂[290]。若要全面了解用正构烷烃加氢异构来表征双功能沸石催化剂，请参见文献[295, 296]。

17.7.2 分析方法

许多理论研究运用扩展Huckel(EH)法或密度泛函数理论(DFT)计算，对贵金属簇的性质和化学行为进行了深入了解[265, 297~300]。ZSM-5中Pt_6原子簇的DFT计算表明，金属粒子的电子结构受其与沸石载体的骨架氧原子和B酸中心的相互作用的强烈影响[300]。Harmsen等[301]考察了单个Pd原子与沸石B酸中心间的相互作用，发现Pd^{2+}还原成Pd^0是强放热的，单个质子在Pd^0与沸石间的交换是接近热力学中立的。

研究沸石中贵金属及其原子簇的重要方法是透射电镜(TEM)[270, 302, 303]、扩展X射线吸收精细结构谱(EXAFS)[304, 305]、X射线吸收近边结构谱(XANES)[304~307]、电子顺磁共振(EPR)[308~310]和吸附/脱附法(例如H_2和CO的吸附/脱附[311, 312])。气体分子不可逆吸附单层的形成，是表征沸石上金属原子和金属簇最常用的方法。在单层覆盖率时，气体吸附量的定量测量给出了金属比表面积和金属分散度D。金属分散度D的定义[311]为：

$$D=N_s/N_T \tag{17.14}$$

式中：N_s为簇表面的金属原子数；N_T为金属原子总数。

通过气体化学吸附确定D需要该反应化学计量学方面的知识。

有多种方法测定气体的吸附量,例如基于体积和重量测量的静态方法,以及基于连续流动和脉冲技术的动态方法[311]。采用静态方法时,记录H_2或CO吸附等温线并进行分析。在这种情况下,样品必须脱水并用真空系统抽真空。通常,吸附在接近室温的条件下进行。流动技术比静态方法更快速和便捷,因为其不需要真空系统。在高温下于惰性气流中对催化剂进行预处理,然后降低温度至吸附温度,切换气流(例如切换成含2%体积氢的氩气),直到下游的检测器(通常是热导池)显示出稳定的气相组成。H_2的吸附量通过比较含金属簇和不含金属簇的催化剂所获得的曲线的差别来确定。在脉冲流实验中,吸附气体以已知体积小脉冲方式接连注入惰性气流中,同时测定达到完全覆盖的脉冲数。最近,H_2吸附被用来表征在LTL和Y-型沸石中的铂粒子[302, 312]。运用了一个三点吸附模型来深入探查Pt/Na-Y和Pt/H-USY上H_2覆盖率与温度、压力和载体离子性的关系[312]。

17.8 总结与展望

本章阐释了沸石催化剂的最重要的活性中心形成的基本原理,及其受结构类型与骨架化学组成影响的性质与化学行为。借助于示例,说明了现代分析方法能够提供关于沸石催化剂表面中心性质的重要且新奇的信息,增进了我们对其在多相催化反应中的行为的认识。近10年来,许多新技术的引入与应用,允许在接近反应条件下一步一步地深入探查沸石及其表面中心。考虑到催化活性中心的功能,探针分子的应用是一个考察表面中心性质、强度和可接近性的重要手段。这种探针分子已应用到吸附/脱附实验和多种光谱研究。获取相关信息必须选择合适的探针分子,其化学性质及分子大小应当与所研究的多相催化反应中转化的反应物接近。

过去几十年里,世界范围的广泛研究以及酸和双功能沸石在工业催化中的成功应用,形成了对这些催化材料中催化活性中心的一致理解。关于桥羟基的性质、形成与行为,以及在酸性和双功能催化剂上作为催化活性中心的作用,都有了一致的认识。迄今为止,我们关于在催化剂上L酸中心的知识是有限的,L酸中心取决于沸石的类型和形成的条件。在某些情况下,现代分析方法能够对L酸中心的性质与行为进行深入了解,但常局限于特定类型的沸石和特定的条件,而非普遍适应的方式。未来还需要开发沸石上碱中心的新的制备路线,需要开发新方法来深入了解这些中心和它们在多相催化中的作用。以后几年里可望在这些领域取得进展。

参考文献

[1] von Ballmoos, R., Harris, D.H., and Magee, J.S. (1997) Catalytic Cracking in Handbook of Heterogeneous Catalysis, vol. 4 (eds G. Ertl, H. Knoezinger, and J. Weitkamp), Wiley-VCH Verlag GmbH, Weinheim, pp. 1955–1986.

[2] Cheng, W.C., Habib, E.T. Jr., Rajagopalan, K., Roberie, T.G., Wormsbecher, R.F., and Ziebarth, M.S. (2008) Fluid catalytic craching in Handbook of Heterogeneous Catalysis, 2nd edn, vol. 6 (eds G. Ertl, H. Knoezinger, F. Schueth, and J. Weitkamp), Wiley-VCH Verlag GmbH, Weinheim, pp. 2741–2777.

[3] Blauwhoff, P.M.M., Gosselink, J.W., Kieffer, E.P., Sie, S.T., and Stork, W.H.J. (1999) Zedites as Catalysts in Industrial Processes in Catalysis and Zeolites – Fundamentals and Applications (eds J. Weitkamp and L. Puppe), Springer, Berlin, Heidelberg, New York, pp. 437–538.

[4] Sie, S.T. (2008) Isomerization in Handbook of Heterogeneous Catalysis, 2nd edn, vol. 6 (eds G. Ertl, H. Knoezinger, F. Schueth, and J. Weitkamp), Wiley-VCH Verlag GmbH, Weinheim, pp. 2809–2829.

[5] van Veen, J.A.R., Minderhoud, J.K., Huve, L.G., and Stork, W.H.J. (2008) Hydro Cracking and Catalytic Dewaxing in Handbook of Heterogeneous Catalysis, 2nd edn, vol. 6 (eds G. Ertl, H. Knoezinger, F. Schueth, and J. Weitkamp), Wiley-VCH Verlag GmbH, Weinheim, pp. 2778–2808.

[6] Clark, M.C., Smith, C.M., Stern, D.L., and Beck, J.S. (2008) Alkylation of Aromatics in Handbook of Heterogeneous Catalysis, 2nd edn, vol. 7 (eds G. Ertl, H. Knoezinger, F. Schueth, and J. Weitkamp), Wiley-VCH Verlag GmbH, Weinheim, pp. 3153–3167.

[7] Stern, D.L., Brown, S.H., and Beck, J.S. (2008) Isomerization and Transalkylation of Aromatics in Handbook of Heterogeneous Catalysis, 2nd edn, vol. 7 (eds G. Ertl, H. Knoezinger, F. Schueth, and J. Weitkamp), Wiley-VCH Verlag GmbH, Weinheim, pp. 3168–3193.

[8] Sachtler, W.M.H. and Zhang, Z.C. (2008) Metal Clusters in Zeolites in Handbook of Heterogeneous Catalysis, 2nd edn, vol. 1 (eds G. Ertl, H. Knoezinger, F. Schueth, and J. Weitkamp), Wiley-VCH Verlag GmbH, Weinheim, pp. 510–522.

[9] Weitkamp, J., Hunger, M., and Rymsa, U. (2001) Microporous Mesoporous Mater., 48, 255–270.
[10] Ertl, G., Knoezinger, H., and Weitkamp, J. (eds) (1999) Preparation of Solid Catalysts, Wiley-VCH Verlag GmbH.
[11] Weitkamp, J. and Puppe, L. (eds) (1999) Catalysis and Zeolites – Fundamentals and Applications, Springer, Berlin.
[12] Weitkamp, J. and Hunger, M. (2007) Acid and Base Catalysis on Zeolites in Introduction to Zeolite Molecular Sieves, Studies in Surface Science and Catalysis, Vol. 168 (eds J. Čejka, H. van Bekkum, A. Corma, and F. Schueth), Elsevier, Amsterdam, pp. 787–835.
[13] Ertl, G., Knoezinger, H., Schueth F., and Weitkamp, J. (eds) (2008) Handbook of Heterogeneous Catalysis, 2nd edn, Wiley-VCH Verlag GmbH, Weinheim.
[14] Lercher, J.A. and Jentys, A. (2002) Application of Microporous Solids as Catalysts in Handbook of Porous Solids, vol. 2 (eds F. Schueth, K.S.W. Sing, and J. Weitkamp), Wiley-VCH Verlag GmbH, Weinheim, pp. 1097–1145.
[15] Gorte, R.J. (2002) Surface Activity in Handbook of Porous Solids, vol. 1 (eds F. Schueth, K.S.W. Sing, and J. Weitkamp), Wiley-VCH Verlag GmbH, Weinheim, pp. 432–464.
[16] Elanany, M., Koyama, M., Kubo, M., Broclawik, E., and Miyamoto, A. (2005) Appl. Surf. Sci., 246, 96–101.
[17] Patton, E.M.R.L. and Wilson, S.T. (1988) Structural, Synthetic and Physiochemical Concepts in Aluminophosphate-Based Molecular Sieves in Innovation in Zeolite Materials Science, Studies in Surface Science and Catalysis, Vol. 37 (eds P.J. Grobet, W.J. Mortier, E.F. Vansant, and G. Schulz-Ekloff), Elsevier, Amsterdam, pp. 13–20.
[18] Chu, C.T.-W., Kuehl, G.H., Lago, R.M., and Chang, C.D. (1985) J. Catal., 93, 451–458.
[19] Szostak, R., Nair, V., and Thomas, T.L. (1987) J. Chem. Soc., Faraday Trans. 1, 83, 487–494.
[20] Chu, C.T.-W. and Chang, C.D. (1985) J. Phys. Chem., 89, 1569–1571.
[21] Gnep, N.S., Doyemet, J.Y., Seco, A.M., and Ribeiro, F.R. (1988) Appl. Catal., 43, 155–166.
[22] Hunger, M., Schenk, U., Breuninger, M., Glaeser, R., and Weitkamp, J. (1999) Microporous Mesoporous Mater., 27, 261–271.
[23] Hu, W., Luo, Q., Su, Y., Chen, L., Yue, Y., Ye, C., and Deng, F. (2006) Microporous Mesoporous Mater., 92, 22–30.
[24] Xie, X., Satozawa, M., Kunimori, K., and Hayashi, S. (2000) Microporous Mesoporous Mater., 39, 25–35.
[25] Corma, A. (2003) J. Catal., 216, 298–312.
[26] Kresnawahjuesa, O., Kuehl, G.H., Gorte, R.J., and Quierini, C.A. (2002) J. Catal., 210, 106–115.
[27] Wichterlova, B., Vorbeck, G., Fricke, R., Richtermendau, J., and Čejka, J. (1992) Collect. Czech Chem. Commun., 57, 799–808.
[28] Arnold, A., Hunger, M., and Weitkamp, J. (2004) Microporous Mesoporous Mater., 67, 205–213.
[29] Martens, J.A., Souverijns, W., Van Rhijn, W., and Jacobs, P.A. (1997) Acidity and Basicity in Zeolites in Handbook of Heterogeneous Catalysis, vol. 1 (eds G. Ertl, H. Knoezinger, and J. Weitkamp), Wiley-VCH Verlag GmbH, Weinheim, pp. 324–365.
[30] Chao, K.-J., Lin, J.-C., Wang, Y., and Lee, G.H. (1986) Zeolites, 6, 35–38.
[31] Olson, D.H. and Dempsey, E. (1969) J. Catal., 13, 221–231.
[32] Hunger, M. (1997) Catal. Rev.-Sci. Eng., 39, 345–393.
[33] Sanderson, R.T. (1976) Chemical Bonds and Bond Energy, 2nd edn, Academic Press, New York.
[34] Mortier, W.J. (1978) J. Catal., 55, 138–145.
[35] Hunger, M. (2008) NMR Spectroscopy for the Characterization of Surface Acidity and Basicity in Handbook of Heterogeneous Catalysis, 2nd edn, vol. 2 (eds G. Ertl, K. Knoezinger, F. Schueth, and J. Weitkamp), Wiley-VCH Verlag GmbH, Weinheim, pp. 1163–1178.
[36] Pine, L.A., Maher, P.J., and Wachter, W.A. (1984) J. Catal., 85, 466–476.
[37] Corma, A. (1989) Application of Zeolites in Fluid Catalytic Cracking and Related Processes in Zeolites: Facts, Figures, Future, Studies in Surface Science and Catalysis, Vol. 49 (eds P.A. Jacobs and R.A. van Santen), Elsevier, Amsterdam, pp. 49–56.
[38] Baerlocher, Ch., Meier, W.M., and Olson, D.H. (2001) Atlas of Zeolites Framework Types, 5th edn, Elsevier, Amsterdam.
[39] Shigeishi, R.A., Chiche, B.H., and Fajula, F. (2001) Microporous Mesoporous Mater., 43, 211–236.
[40] Szostak, R. (1991) Modified Zeolites in Introduction to Zeolite Science and Practice, Studies in Surface Science and Catalysis, Vol. 58 (eds H. van Bekkum, E.M. Flanigen, and J.C. Jansen), Elsevier, Amsterdam, pp. 153–200.
[41] Lago, R.M., Haag, W.O., Mikovski, R.J., Olson, D.H., Hellring, S.D., Schmidt, K.D., Kerr, G.T. (1986) The Nature of the Catalytic Sites in HZSM-5 Activity Enhancement in New Developments in Zeolite Science and Technology, Studies in Surface Science and Catalysis, Vol. 28 (eds Y. Murakami, A. Iijima, and J.W. Ward), Elsevier, Amsterdam, pp. 677–684.
[42] Brunner, E., Ernst, H., Freude, D., Hunger, M., Krause, C.B., Prager, D., Reschetilowski, W., Schwieger, W., and Bergk, K.H. (1989) Zeolites, 9, 282–286.
[43] Kuehl, G.H. (1999) Modification of Zeolites in Catalysis and Zeolites (eds Weitkamp J. and Puppe, L.), Springer, Berlin, pp. 81–197.
[44] Huang, J., Jiang, Y., Reddy Marthala, V.R., Ooi, Y.S., Weitkamp, J., and Hunger, M. (2007) Microporous Mesoporous Mater., 104, 129–136.
[45] Huang, J., Jiang, Y., Reddy Marthala, V.R., Thomas, B., Romanova, E., and Hunger, M. (2008) J. Phys. Chem. C, 112, 3811–3818.
[46] Hirschler, A.E. (1963) J. Catal., 2, 428–439.
[47] Plank, C.J. (1965) Discussion in Proceedings of the 3rd International Congress on Catalysis (eds W.M. Sachtler, G.C. Schuit, and P. Zwietering), North-Holland, Amsterdam, p. 727.
[48] Chen, F.R., Davis, J.G., and Fripiat, J.J. (1992) J. Catal., 133, 263–278.
[49] Altwasser, S., Jiao, J., Steuernagel, S., Weitkamp, J., and Hunger, M. (2004) Elucidating the Dealumination Mechanism of Zedite H-Y by solid-state NMR Spectroscopy in Recent Advances in the Science and Technology of Zeolites and Related Materials, Studies in Surface Science and Catalysis, Vol. 154 (eds E. van Steen, L.H. Callanan, and M. Claeys), Elsevier, Amsterdam, pp. 3098–3105.
[50] Jiao, J., Kanellopoulos, J., Wang, W., Ray, S.S., Foerster, H., Freude, D., and Hunger, M. (2005) Phys. Chem. Chem. Phys., 7, 3221–3226.
[51] Maher, P.K., Hunter, F.D., and Scherzer, J. (1971) Adv. Chem. Ser., 101, 266–274.
[52] Kuehl, G.H. (1977) J. Phys. Chem. Solids, 38, 1259–1263.
[53] Chen, T.-H., Houthoofd, K., and Grobet, P.J. (2005) Microporous Mesoporous Mater., 86, 31–37.
[54] Gonzales, N.O., Bell, A.T., and Chakraborty, A.K. (1997) J. Phys. Chem. B, 101, 10058–10064.
[55] Olson, D.H., Haag, W.O., and Lago, R.M. (1980) J. Catal., 61, 390–396.
[56] Haag, W.O., Lago, R.M., and Weisz, P.B. (1984) Nature, 309, 589–591.
[57] Haag, W.O. (1984) Catasysis by Zeolites-Science and Technology in Zeolites and Related Microporous Materials: State of the Art 1994, Studies in Surface Science and Catalysis, Vol. 84B (eds J. Weitkamp, H.G. Karge, H. Pfeifer, and W. Hoelderich), Elsevier, Amsterdam, pp. 1375–1394.
[58] DeCanio, S.J., Sohn, J.R., Fritz, P.O., and Lunsford, J.H. (1986) J. Catal., 101, 132–141.

[59] Miale, J.N., Chen, N.Y., and Weisz, P.B. (1966) J. Catal., 6, 278–287.

[60] Derouane, E.G. and Chang, C.D. (2000) Microporous Mesoporous Mater., 35-36, 425–433.

[61] De Vos, D.E., Ernst, S., Perego, C., O'Connor, C.T., and Stoecker, M. (2002) Microporous Mesoporous Mater., 56, 185–192.

[62] Karge, H.G., Ladebeck, J., Sarbak, Z., and Hatada, K. (1982) Zeolites, 2, 94–102.

[63] Karge, H.G., Hatada, K., Zhang, Y., and Fiedorow, R. (1983) Zeolites, 3, 13–21.

[64] Karge, H.G., Wada, Y., Weitkamp, J., Ernst, S., Girrbach, U., and Beyer, H.K. (1984) A Comparative Study of Pentasil Zeolites and Dealuminated Mordenites as Catalysts for the Disproportionation of Ethylbenzene in Catalysis on the Energy Scene, Studies in Surface Science and Catalysis, Vol. 19 (eds S. Kaliaguine and A. Mahay), Elsevier, Amsterdam, pp. 101–111.

[65] Karge, H.G., Ernst, S., Weihe, M., Weiß, U., and Weitkamp, J. (1994) in Zeolites and Related Microporous Materials: State of the Art 1994, Studies in Surface Science and Catalysis, Vol. 84C (eds J. Weitkamp, H.G. Karge, H. Pfeifer, and W. Hoelderich), Elsevier, Amsterdam, pp. 1805–1812.

[66] Weihe, M., Hunger, M., Breuninger, M., Karge, H.G., and Weitkamp, J. (2001) J. Catal., 198, 256–265.

[67] Huang, J., Jiang, Y., Reddy Marthala, V.R., Bressel, A., Frey, J., and Hunger, M. (2009) J. Catal. 263, 277–283.

[68] Guisnet, M.R. (1990) Acc. Chem. Res., 23, 392–398.

[69] Karge, H.G., Koesters, H., and Wada, Y. (1984) Dehydration of cyclohexanol as a Test Reaction for Zeolite Reactivity in Proceedings of the 6th International Zeolite Conference (eds D.H. Olson and A. Bisio), Butterfields, Guilford, pp. 308–316.

[70] Bourdillon, G., Gueguen, C., and Guisnet, M. (1990) Appl. Catal., 61, 123–139.

[71] Karge, H.G. (2008) Acidity and Basicity in Handbook of Heterogeneous Catalysis, 2nd edn, vol. 2 (eds G. Ertl, H. Knoezinger, F. Schueth, and J. Weitkamp), Wiley-VCH Verlag GmbH, Weinheim, pp. 1096–1122.

[72] Sigl, M., Ernst, S., Weitkamp, J., and Knoezinger, H. (1997) Catal. Lett., 45, 27–33.

[73] Benesi, H.A. (1956) J. Am. Chem. Soc., 78, 5490–5494.

[74] Benesi, H.A. (1957) J. Phys. Chem., 61, 970–973.

[75] Benesi, H.A. (1973) J. Catal., 28, 176–178.

[76] Benesi, H.A. and Winquist, B.H.C. (1979) Surface Acidity of Solid Catalysts in Advances in Catalysis, vol. 27 (eds D.D. Eley, H. Pines, and P.B. Weisz), Academic Press, New York, pp. 97–181.

[77] Hirschler, A.E. and Schneider, A. (1961) J. Chem. Eng. Data, 6, 313–318.

[78] Moscou, L. and Mone, R. (1973) J. Catal., 30, 417–422.

[79] Streitwieser, A. and Kim, Y.-J. (2000) J. Am. Chem. Soc., 122, 11783–11786.

[80] Jentys, A. and Lercher, J.A. (2001) Techniques of Zeolite Characterization in Introduction to Zeolite Science and Practice, Studies in Surface Science and Catalysis, Vol. 137 (eds H. van Bekkum, E.M. Flanigen, P.A. Jacobs, and J.C. Jansen), Elsevier, Amsterdam, pp. 345–386.

[81] Araujo, R.S., Azevedo, D.C.S., Cavalcante, C.L. Jr., Jimenez-Lopez, A., and Rodriguez-Castellon, E. (2008) Microporous Mesoporous Mater., 108, 213–222.

[82] Wang, K., Wang, X., and Li, G. (2006) Microporous Mesoporous Mater., 94, 325–329.

[83] Wang, K., Wang, X., and Li, G. (2007) Catal. Commun., 8, 324–328.

[84] Ding, C., Wang, X., Guo, X., and Zhang, S. (2007) Catal. Commun., 9, 487–493.

[85] Miradatos, C. and Barthomeuf, D. (1979) J. Catal., 57, 136–146.

[86] Cvetanovic, R.J. and Amenomiya, Y. (1967) Adv. Catal., 17, 103–118.

[87] Parker, M.L., Bibby, D.M., and Meinhold, R.H. (1985) Zeolites, 5, 384–388.

[88] Yang, L., Aizhen, Y., and Qinhua, X. (1991) Appl. Catal., 67, 169–177.

[89] Gorte, R.J. (1982) J. Catal., 75, 164–174.

[90] Demmin, R.A. and Gorte, R.J. (1984) J. Catal., 90, 32–39.

[91] Woolery, G.L., Kuehl, G.H., Timken, H.C., Chester, A.W., and Vartuli, J.C. (1997) Zeolites, 19, 288–296.

[92] Biaglow, A.I., Gittleman, C., Gorte, R.J., and Madon, R.J. (1991) J. Catal., 129, 88–93.

[93] Gricus Kofke, T.J., Gorte, R.J., Kokotailo, G.T., and Farneth, W.E. (1989) J. Catal., 115, 265–272.

[94] Biaglow, A.I., Parrillo, D.J., Kokotailo, G.T., and Gorte, R.J. (1994) J. Catal., 148, 213–223.

[95] Gorte, R.J. (1999) Catal. Lett., 62, 1–13.

[96] Rodriguez-Gonzalez, L., Rodriguez-Castellon, E., Jimenez-Lopez, A., and Simon, U. (2008) Solid State Ionics, 179, 1968–1973.

[97] Niwa, M., Nishikawa, S., and Katada, N. (2005) Microporous Mesoporous Mater., 82, 105–112.

[98] Niwa, M., Suzuki, K., Katada, N., Kanougi, T., and Atoguchi, T. (2005) J. Phys. Chem. B, 109, 18749–18757.

[99] Noda, T., Suzuki, K., Katada, N., and Niwa, M. (2008) J. Catal., 259, 203–210.

[100] Fubini, B. (1988) Thermochim. Acta, 135, 19–29.

[101] Cardona-Martinez, N. and Dumesic, J.A. (1992) Adv. Catal., 38, 149–244.

[102] Auroux, A. (1994) Thermal Methods: Calorimetry, Differential Thermal Analysis and Thermogravimetry in Catalyst Characterization: Physical Techniques for Solid Materials (eds B. Imelik and J.C. Vedrine), Plenum Press, New York, p. 611–650.

[103] Auroux, A. (1997) Top. Catal., 4, 71–89.

[104] Gorte, R.J. and White, D. (1997) Top. Catal., 4, 57–69.

[105] Zibrowius, B. and Loeffler, E. (2002) Characterization in Handbook of Porous Solids, vol. 2 (eds F. Schueth, K.S.W. Sing, and J. Weitkamp), Wiley-VCH Verlag GmbH, Weinheim, pp. 935–1015.

[106] Auroux, A. (2002) Top. Catal., 19, 205–213.

[107] Bevilacqua, M., Meloni, D., Sini, F., Monaci, R., Montanari, T., and Busca, G. (2008) J. Phys. Chem. C, 112, 9023–9033.

[108] Ferreira, A.F.P., Mittelmeijer-Hazeleger, M.C., Bliek, A., and Moulijn, J.A. (2008) Microporous Mesoporous Mater., 111, 171–177.

[109] Chronister, C.W. and Drago, R.S. (1993) J. Am. Chem. Soc., 115, 4793–4798.

[110] Drago, R.S., Dias, S.C., Trombetta, M., and Lima, L. (1997) J. Am. Chem. Soc., 119, 4444–4452.

[111] Ghesti, G.F., de Macedo, J.L., Parent, V.C.I., Dias, J.A., and Dias, S.C.L. (2007) Microporous Mesoporous Mater., 100, 27–34.

[112] de Macedo, J.L., Ghesti, G.F., Dias, J.A., and Dias, S.C.L. (2008) Phys. Chem. Chem. Phys., 10, 1584–1592.

[113] Ward, J.W. (1976) Infrared Spectroscopy of Zeolite Surfaces and Surface Reactions in Zeolite Chemistry and Catalysis, ACS, Monograph, Vol. 171 (ed. J.A. Rabo), American Chemical Society, Washington, DC, pp. 118–306.

[114] Karge, H.G., Hunger, M., and Beyer, H.K. (1999) Characterization of Zeolites – Infrared and Nuclear Magnetic Resonance Spectroscopy and X-Ray Diffraction in Catalysis and Zeolites (eds J. Weitkamp and L. Puppe), Springer, Berlin, pp. 198–326.

[115] Karge, H.G. and Geidel, E. (2004) Vibrational Spectroscopy in Molecular Sieves: Characterization I (eds H.G. Karge and J. Weitkamp), Springer, Berlin, pp. 1–200.

[116] Kustov, L.M. (1997) Top. Catal., 4, 131–144.

[117] Saussey, J. and Thibault-Starzyk, F. (2004) Infrared Spectroscopy Classical Methods in In situ Spectroscopy of Catalysts (ed. B.M. Weckhuysen), American Scientific Publishers, Stevenson Ranch, pp. 15–31.

[118] Beck, K., Pfeifer, H., and Staudte, B. (1993) Microporous Mater., 2, 1–6.

[119] Berglund, B., Lindgren, J., and Tegenfeld, J. (1978) J. Mol. Struct., 43, 179–191.

[120] Loeffler, E., Lohse, U., Peuker, Ch., Oehlmann, G., Kustov, L.M., Zholobenko, V.L., and Kazansky, V.B. (1990) Zeolites, 10, 266–271.

[121] Jacobs, P.A. and van Ballmoos, R. (1982) J. Phys. Chem., 86, 3050–3052.

[122] Datka, J. and Tuznik, T. (1985) Zeolites, 5, 230–232.

[123] Jentys, A., Mirth, G., Schwank, J., and Lercher, J.A. (1989) Interaction of Hydrocarbons and Water with ZSM-5 in Zeolites, Facts, Figures, Future, Studies in Surface Science and Catalysis, Vol. 49 (eds P.A. Jacobs and R.A. van Santen), Elsevier, Amsterdam, pp. 847–856.

[124] Kazansky, V.B., Minachev, K.M., Nefedov, B.F., Borovkov, V.Y., Kontratev, D.A., Chukin, G.D., Kustov, L.M., Bondarenko, T.N., and Konovalchikov, L.D. (1983) Kinet. Katal., 24, 679–682.

[125] Stepanova, E.A., Komarov, V.S., Sinilo, M.F., and Shirinskaya, L.P. (1989) Zh. Prikl. Spektrosk., 51, 950–956.

[126] Ward, J.W. (1968) J. Phys. Chem., 72, 4211–4223.

[127] Uytterhoeven, J.B., Schoonheydt, R., Liengme, B.V., and Hall, W.K. (1969) J. Catal., 13, 425–434.

[128] Uytterhoeven, J.B., Christner, L.C., and Hall, W.K. (1965) J. Phys. Chem., 69, 2117–2126.

[129] Hughes, T.R. and White, H.M. (1967) J. Phys. Chem., 71, 2112–2114.

[130] Zecchina, A., Bordiga, S., Spoto, G., Marchese, L., Petrini, G., Leofanti, G., and Petrini, M. (1992) J. Phys. Chem., 96, 4991–4997.

[131] Woolery, G.L., Alemany, L.B., Dessau, R.M., and Chester, A.W. (1986) Zeolites, 6, 14–16.

[132] Jentys, A., Rumplmayr, G., and Lercher, J.A. (1989) Appl. Catal., 53, 299–312.

[133] Zholobenko, V.L., Kustov, L.M., Borovkov, V.Y., and Kazansky, V.B. (1988) Zeolites, 8, 175–178.

[134] Jacobs, P.A. and Mortier, W.J. (1982) Zeolites, 2, 226–230.

[135] Makarova, M.A., Ojo, A.F., Karim, K., Hunger, M., and Dwyer, J. (1994) J. Phys. Chem., 98, 3619–3623.

[136] van Donk, S., Bus, E., Broersma, A., Bitter, J.H., and de Jong, K.P. (2002) Appl. Catal. A: Gen., 237, 149–159.

[137] Wichterlova, B., Tvaruzkova, Z., Sobalik, Z., and Sarv, P. (1998) Microporous Mesoporous Mater., 24, 223–233.

[138] Domokos, L., Lefferts, L., Seshan, K., and Lercher, J.A. (2000) J. Mol. Catal. A: Chem., 162, 147–157.

[139] Lercher, J.A., Gruendling, C., and Eder-Mirth, G. (1996) Catal. Today, 27, 353–376.

[140] Pieterse, J.A.Z., Veefkind-Reyes, S., Seshan, K., Domoskos, L., and Lercher, J.A. (1999) J. Catal., 187, 518–520.

[141] Kaucky, D., Sobalik, Z., Schwarze, M., Vondrova, A., and Wichterlova, B. (2006) J. Catal., 238, 293–300.

[142] Rakoczy, R.A., Breuninger, M., Hunger, M., Traa, Y., and Weitkamp, J. (2002) Chem. Eng. Technol., 25, 273–275.

[143] Wichterlova, B., Zilkova, N., Uvarova, E., Čejka, J., Sarv, P., Paganini, C., and Lercher, J.A. (1999) Appl. Catal. A: Gen., 182, 297–308.

[144] van Donk, S., Bus, E., Broersma, A., Bitter, J.H., and de Jong, K.P. (2002) J. Catal., 212, 86–93.

[145] Trombetta, M., Busca, G., Rossini, S., Piccoli, V., Cornaro, U., Guercio, A., Catani, R., and Willey, R.J. (1998) J. Catal., 179, 581–596.

[146] Resini, C., Montanari, T., Nappi, L., Bagnasco, G., Turco, M., Busca, G., Bregani, F., Notaro, M., and Rocchini, G. (2003) J. Catal., 214, 179–190.

[147] Belhekar, A.A., Ahedi, R.K., Kuriyavar, S., Shevade, S.S., Rao, B.S., Anand, R., and Tvaruzkova, Z. (2003) Catal. Commun., 4, 295–302.

[148] Gil, B., Zones, S.I., Hwang, S.-J., Bejblova, M., and Čejka, J. (2008) J. Phys. Chem. C, 112, 2997–3007.

[149] Tanabe, K. (1970) Solid Acids and Bases, Academic Press, New York.

[150] Tanabe, K. (1981) Solid Acid and Base Catalysts in Catalysis, Science and Technology, vol. 2 (eds J.R. Anderson and M. Boudard), Springer, Berlin, p. 231–273.

[151] Lavalley, J.-C., Anquetil, R., Czyzniewska, J., and Ziolek, M. (1996) J. Chem. Soc., Faraday Trans., 92, 1263–1266.

[152] Bevilacqua, M., Montanari, T., Finocchio, E., and Busca, G. (2006) Catal. Today, 116, 132–142.

[153] Janin, A., Lavalley, J.C., Benazzi, E., Schott-Darie, C., and H. Kessler (1995) Acidity of Cloverite in Catalysis by Microporous Materials, Studies in Surface Science and Catalysis, Vol. 94 (eds H.K. Beyer, H.G. Karge, I. Kiricsi, and J.B. Nagy), Elsevier, Amsterdam, pp. 124–130.

[154] Zecchina, A., Spoto, G., and Bordiga, S. (2005) Phys. Chem. Chem. Phys., 7, 1627–1642.

[155] Hunger, M. (1996) Solid State Nucl. Magn. Reson., 6, 1–29.

[156] Koller, H., Lobo, R.F., Burkett, S.L., and Davis, M.E. (1995) J. Phys. Chem., 99, 12588–12596.

[157] Wolf, I., Gies, H., and Fyfe, C.A. (1999) J. Phys. Chem. B, 103, 5933–5938.

[158] Mastikhin, V.M., Mudrakovsky, I.L., and Nosov, A.V. (1991) Prog. NMR Spectrosc., 23, 259–299.

[159] Deng, F., Yue, Y., and Ye, C. (1998) Solid State Nucl. Magn. Reson., 10, 151–160.

[160] Zhang, W., Ma, D., Liu, X., Liu, X., and Bao, X. (1999) Chem. Commun., 1091–1092.

[161] Zhang, W., Bao, X., Guo, X., and Wang, X. (1999) Catal. Lett., 60, 89–94.

[162] Simon, A., Gougeon, R.D., Paillaud, J.L., Valtchev, V., and Kessler, H. (2001) Phys. Chem. Chem. Phys., 3, 867–872.

[163] Hunger, M., Anderson, M.W., Ojo, A., and Pfeifer, H. (1993) Microporous Mater., 1, 17–32.

[164] Kao, H.M., Grey, C.P., Pitchumani, K., Lakshminarasimhan, P.H., and Ramamurthy, V. (1998) J. Phys. Chem. A, 102, 5627–5638.

[165] Rachwalik, R., Olejniczak, Z., Jiao, J., Huang, J., Hunger, M., and Sulikowski, B. (2007) J. Catal., 252, 161–170.

[166] Beck, L.W. and Haw, J.F. (1995) J. Phys. Chem., 99, 1076–1079.

[167] Brunner, E., Beck, K., Koch, M., Heeribout, L., and Karge, H.G. (1995) Microporous Mater., 3, 395–399.

[168] Freude, D. (1995) Chem. Phys. Lett., 235, 69–75.

[169] Hunger, M., Ernst, S., Steuernagel, S., and Weitkamp, J. (1996) Microporous Mater., 6, 349–353.

[170] Ma, D., Deng, F., Fu, R., Han, X., and Bao, X. (2001) J. Phys. Chem. B, 105, 1770–1779.

[171] Isobe, T., Watanabe, T., d'Espinose de la Caillerie, J.B., Legrand, A.P., and Massiot, D. (2003) J. Colloid Interface Sci., 261, 320–324.

[172] Hunger, M. and Weitkamp, J. (2004) Nuclear Magnetic Resonance in In Situ Spectroscopy of Catalysts (ed. B.M. Weckhuysen), American Scientific Publishers, Stevenson Ranch, pp. 177–218.

[173] Nesterenko, N.S., Thibault-Starzyk, F., Montouillout, V., Yuschenko, V.V., Fernandez, C., Gilson, J.P., Fajula, F., and Ivanova, I.I. (2004)

Microporous Mesoporous Mater., 71, 157–166.

[174] Kennedy, G.J., Afeworki, M., Calabro, D.C., Chase, C.E., and Smiley, R.J. Jr. (2004) Appl. Spectrosc., 58, 698–704.
[175] Yesinowski, J.P., Eckert, H., and Rossman, G.R. (1988) J. Am. Chem. Soc., 110, 1367–1375.
[176] Omegna, A., Vasic, M., van Bokhoven, J.A., Pirngruber, G., and Prins, R. (2004) Phys. Chem. Chem. Phys., 6, 447–452.
[177] Jaenchen, J., van Wolput, J.H.C.M., van de Ven, L.J.M., de Haan, J.W., and van Santen, R.A. (1996) Catal. Lett., 39, 147–152.
[178] Paze, C., Zecchina, A., Spera, S., Cosma, A., Merlo, E., Spano, G., and Girotti, G. (1999) Phys. Chem. Chem. Phys., 1, 2627–2629.
[179] Huang, J., Jiang, Y., Reddy Marthala, V.R., Wang, W., Sulikowski, B., and Hunger, M. (2007) Microporous Mesoporous Mater., 99, 86–90.
[180] White, J.L., Beck, L.W., and Haw, J.F. (1992) J. Am. Chem. Soc., 114, 6182–6189.
[181] Beck, L.W., Xu, T., Nicholas, J.B., and Haw, J.F. (1995) J. Am. Chem. Soc., 117, 11594–11595.
[182] Ernst, H., Freude, D., Mildner, T., and Pfeifer, H. (1999) High Temperature 1H MAS NMR Studies of the Proton Mobility in Zeolites in Proceedings of the 12th International Zeolite Conference Materials Research Society (eds M.M.J. Treacy, B.K. Marcus, M.E. Bisher, and J.B. Higgins), Warrendale, Pennsylvania, pp. 2955–2962.
[183] Haw, J.F. (2002) Phys. Chem. Chem. Phys., 4, 5431–5441.
[184] Biaglow, A.I., Gorte, R.J., Kokotailo, G.T., and White, D. (1994) J. Catal., 148, 779–786.
[185] Biaglow, A.I., Gorte, R.J., and White, D. (1994) J. Catal., 150, 221–224.
[186] Xu, M., Arnold, A., Buchholz, A., Wang, W., and Hunger, M. (2002) J. Phys. Chem. B, 106, 12140–12143.
[187] Ma, D., Han, X., Xie, S., Bao, X., Hu, H., and Au-Yeung, S.C.F. (2002) Chem. Eur. J., 8, 162–170.
[188] Lunsford, J.H., Rothwell, W.P., and Shen, W. (1985) J. Am. Chem. Soc., 107, 1540–1547.
[189] Lunsford, J.H., Tutunjian, P.N., Chu, P.J., Yeh, E.B., and Zalewski, D.J. (1989) J. Phys. Chem., 93, 2590–2595.
[190] Lunsford, J.H., Sang, H., Campbell, S.M., Liang, C.H., and Anthony, R.G. (1994) Catal. Lett., 27, 305–314.
[191] Luo, Q., Deng, F., Yuan, Z., Yang, J., Zhang, M., Yue, Y., and Ye, C. (2003) J. Phys. Chem. B, 107, 2435–2442.
[192] Zhang, W., Han, X., Liu, X., and Bao, X. (2003) J. Mol. Catal. A, 194, 107–113.
[193] Alonso, B., Klur, I., and Massiot, D. (2002) Chem. Commun., 804–805.
[194] Sutovich, K.J., Peters, A.W., Rakiewicz, E.F., Wormsbecher, R.F., Mattingly, S.M., and Mueller, K.T. (1999) J. Catal., 183, 155–158.
[195] Karra, M.D., Sutovich, K.J., and Mueller, K.T. (2002) J. Am. Chem. Soc., 124, 902–903.
[196] Wang, Y., Zhuang, J., Yang, G., Zhou, D., Ma, D., Han, X., and Bao, X. (2004) J. Phys. Chem. B, 108, 1386–1391.
[197] Brunner, E., Pfeifer, H., Wutscherk, T., and Zscherpel, D. (1992) Z. Phys. Chem., 178, 173–183.
[198] Zscherpel, D., Brunner, E., Koch, M., and Pfeifer, H. (1995) Microporous Mater., 4, 141–147.
[199] Zhao, B., Pan, H., and Lunsford, J.H. (1999) Langmuir, 15, 2761–2765.
[200] Rakiewicz, E.F., Peters, A.W., Wormsbecher, R.F., Sutovich, K.J., and Mueller, K.T. (1998) J. Phys. Chem. B, 102, 2890–2896.
[201] Kao, H.M. and Grey, C.P. (1997) J. Am. Chem. Soc., 119, 627–628.
[202] Chu, P.J., de Mallmann, A., and Lunsford, J.H. (1991) J. Phys. Chem., 95, 7362–7368.
[203] Zheng, A., Zhang, H., Chen, L., Yue, Y., Ye, C., and Deng, F. (2007) J. Phys. Chem. B, 111, 3085–3089.
[204] Haw, J.F., Nicholas, J.B., Xu, T., Beck, L.W., and Ferguson, D.B. (1996) Acc. Chem. Res., 29, 259–267.
[205] Feast, S. and Lercher, J.A. (1996) Synthesis of Intermediates and Fire Chemicals using Molecular Sieves in Recent Advances and New Horizons in Zeolite Science and Technology, Studies in Surface Science and Catalysis, Vol. 102 (eds H. Chon, S.I. Woo, and S.E. Park), Elsevier, Amsterdam, pp. 363–412.
[206] Tanabe, K. and Hoelderich, W.F. (1999) Appl. Catal. A: Gen., 181, 399–434.
[207] Barthomeuf, D. (1994) Basicity in Zeolites in Acidity and Basicity of Solids (eds J. Fraissard and L. Petrakis), Kluwer Academic Publishers, Dordrecht, pp. 181–197.
[208] Barthomeuf, D. (1991) Acidity and Basicity in Zeolites in Catalysis and Adsorption by Zeolites, Studies in Surface Science and Catalysis, Vol. 65 (eds G. Oehlmann, H. Pfeifer, and R. Fricke), Elsevier, Amsterdam, p. 157–169.
[209] Doskocil, E.J. (2004) Microporous Mesoporous Mater., 76, 177–183.
[210] Hathaway, P.E. and Davis, M.E. (1989) J. Catal., 116, 263–278.
[211] Li, J. and Davis, R.J. (2003) Appl. Catal. A: Gen., 239, 59–70.
[212] Martens, L.R.M., Grobet, P.J., Vermeiren, W.J.M., and Jacobs, P.A. (1986) Sodium Clusters in Zeolites as Active Sites for Carbanion Catalyzed Reactions in New Developments in Zeolite Science and Technology, Studies in Surface Science and Catalysis, Vol. 28 (eds Y. Murakami, A. Iijama, and J.W. Ward), Elsevier, Amsterdam, pp. 935–941.
[213] Baba, T., Kim, G.J., and Ono, Y. (1992) J. Chem. Soc., Faraday Trans., 88, 891–897.
[214] Yoshida, T., Tanaka, T., Yoshida, S., Hikita, S., Baba, T., and Ono, Y. (2000) Solid State Commun., 114, 255–256.
[215] Kloetstra, K.R. and van Bekkum, H. (1995) J. Chem. Soc., Chem. Commun., 1005–1006.
[216] Kloetstra, K.R. and van Bekkum, H. (1997) Solid Mesoporous Base Catalysts Comprising of MCM-41 Supported Infraporous Cesium Oxide in Progress in Zeolite and Microporous Materials, Studies in Surface Science and Catalysis, Vol. 105A (eds H. Chon, S.K. Ihm, and K.S. Uh), Elsevier, Amsterdam, pp. 431–438.
[217] Kloetstra, K.R., van Laren, M., and van Bekkum, H. (1997) J. Chem. Soc., Faraday Trans., 93, 1211–1220.
[218] Kloetstra, K.R., van den Broek, J., and van Bekkum, H. (1997) Catal. Lett., 47, 235–242.
[219] Yang, C., He, N.Y., and Xu, Q.H. (1999) Effect of Trivalent Elements in the Framework on the Basicity of Zeolites in Porous Materials in Environmentally Friendly Processes, Studies in Surface Science and Catalysis, Vol. 125 (eds I. Kiricsi, G. Pal-Borbely, J.B. Nagy, and H.G. Karge), Elsevier, Amsterdam, pp. 457–464.
[220] Mignon, P., Geerlings, P., and Schoonheydt, R. (2007) J. Phys. Chem. C, 111, 12376–12382.
[221] Ernst, S., Hartmann, M., Sauerbeck, S., and Bongers, T. (2000) Appl. Catal. A: Gen., 200, 117–123.
[222] Narasimharao, K., Hartmann, M., Thiel, H.H., and Ernst, S. (2006) Microporous Mesoporous Mater., 90, 377–383.
[223] Xiong, J., Ding, Y., Zhu, H., Yan, L., Liu, X., and Lin, L. (2003) J. Phys. Chem. B, 107, 1366–1369.
[224] El Haskouri, J., Cabrera, S., Sapina, F., Latorre, J., Guillem, C., Beltran-Porter, A., Betran-Porter, D., Marcos, M.D., and Amoros, P. (2001) Adv. Mater., 13, 192–195.
[225] Aramendia, M.A., Borau, V., Garcia, I.M., Jimenez, C., Marinas, A., Marinas, J.M., Porras, A., and Urbano, F.J. (1999) Appl. Catal. A: Gen., 184, 115–125.
[226] Handa, H., Fue, Y., Baba, T., and Ono, Y. (1999) Catal. Lett., 59, 195–200.
[227] Yamaguchi, T., Zhu, J.-H., Wang, Y., Komatsu, M.-A., and Ookawa, M. (1997) Chem. Lett., 26, 989–990.

[228] Stevens, M.G. and Foley, H.C. (1997) Chem. Commun., 519–520.

[229] Dessau, R.M. (1990) Zeolites, 10, 205–206.

[230] Alcaraz, J.J., Arena, B.J., Gillespie, R.D., and Holmgren, J.S. (1998) Catal. Today, 43, 89–99.

[231] Corma, A., Fornes, V., Martin-Aranda, R.M., Garcia, H., and Primo, J. (1990) Appl. Catal., 59, 237–248.

[232] Ernst, S., Bogers, T., Casel, C., and Munsch, S. (1999) Cesium-Modified Mesoporous Molecular Sieves as Basic Catalysts for Knoevenagel Condensations in Porous Materials in Environmentally Friendly Processes, Studies in Surface Science and Catalysis, Vol. 125 (eds I. Kiricsi, G. Pal-Borbely, J.B. Nagy, and H.G. Karge), Elsevier, Amsterdam, pp. 367–374.

[233] Kantam, M.L., Choudary, B.M., Reddy, C.V., Rao, K.K., and Figueras, F. (1998) Chem. Commun., 1033–1034.

[234] Delsarte, S., Auroux, A., and Grange, P. (2000) Phys. Chem. Chem. Phys., 2, 2821–2827.

[235] Corma, A., Martin-Aranda, R.M., and Sanchez, F. (1990) J. Catal., 126, 192–198.

[236] Martins, L., Hoelderich, W., and Cardoso, D. (2008) J. Catal., 258, 14–24.

[237] Martins, L., Vieira, K.M., Rios, L.M., and Cardoso, D. (2008) Catal.Today, 133, 706–710.

[238] Martinez, N.C. and Dumesic, J.A. (2008) Thermochemical Characterization in Handbook of Heterogeneous Catalysis, 2nd edn, Vol. 2 (eds G. Ertl, H. Knoezinger, F. Schueth, and J. Weitkamp), Wiley-VCH Verlag GmbH, Weinheim, pp. 1123–1135.

[239] Li, J. and Davis, R.J. (2005) J. Phys. Chem. B, 109, 7141–7148.

[240] Lavalley, J.C. (1996) Catal. Today, 27, 377–401.

[241] Barthomeuf, D. (1996) Catal. Rev., 38, 521–612.

[242] Knoezinger, H. (2008) Infrared Spectroscopy for the Characterzation of Surface Acidity and Basicity in Handbook of Heterogeneous Catalysis, 2nd edn, Vol. 2 (eds G. Ertl, H. Knoezinger, F. Schueth, and J. Weitkamp), Wiley-VCH Verlag GmbH, Weinheim, pp. 1135–1163.

[243] Knoezinger, H. and Huber, S. (1998) J. Chem. Soc., Faraday Trans., 94, 2047–2059.

[244] Yagi, F., Tsuji, H., and Hattori, H. (1997) Microporous Mater., 9, 237–245.

[245] Kucera, J. and Nachtigall, P. (2004) J. Phys. Chem. B, 108, 16012–16022.

[246] Marie, O., Malicki, N., Pommier, C., Massiani, P., Vos, A., Schoonheydt, R., Geerlings, P., Henriques, C., and Thibault-Starzyk, F. (2005) Chem. Commun., 1049–1051.

[247] Mignon, P., Pidko, E.A., van Santen, R.A., Geerlings, P., and Schoonheydt, R.A. (2008) Chem. Eur. J., 14, 5168–5177.

[248] Bull, L.M., Cheetham, A.K., Anupold, T., Reinhold, A., Samoson, A., Sauer, J., Bussemer, B., Lee, Y., Gann, S., Shore, J., Pines, A., and Dupree, R. (1998) J. Am. Chem. Soc., 120, 3510–3511.

[249] Pingel, U.-T., Amoureux, J.-P., Anupold, T., Bauer, F., Ernst, H., Fernandez, C., Freude, D., and Samoson, A. (1998) Chem. Phys. Lett., 294, 345–350.

[250] Freude, D., Loeser, T., Michel, D., Pingel, U., and Prochnow, D. (2001) Solid State Nucl. Magn. Reson., 20, 46–60.

[251] Schneider, D., Toufar, H., Samoson, A., and Freude, D. (2009) Solid State Nucl. Magn. Reson., 35, 87–92.

[252] Bosch, E., Huber, S., Weitkamp, J., and Knoezinger, H. (1999) Phys. Chem. Chem. Phys., 1, 579–581.

[253] Sanchez-Sanchez, M., Blasco, T., and Rey, F. (1999) Phys. Chem. Chem. Phys., 1, 4529–4535.

[254] Sanchez-Sanchez, M., Blasco, T., and Corma, A. (2008) J. Phys. Chem. C, 112, 16961–16967.

[255] Sanchez-Sanchez, M. and Blasco, T. (2000) Chem. Commun., 491–492.

[256] Bosacek, V. (1995) Z. Phys. Chem., 189, 241–250.

[257] Bosacek, V., Ernst, H., Freude, D., and Mildner, T. (1997) Zeolites, 18, 196–199.

[258] Bosacek, V., Klik, R., Genoni, F., Spano, G., Rivetti, F., and Figueras, F. (1999) Magn. Reson. Chem., 37, S135–S141.

[259] Schenk, U., Hunger, M., and Weitkamp, J. (1999) Magn. Reson. Chem., 37, S75–S78.

[260] Lima, E., de Menorval, L.C., Tichit, D., Lasperas, M., Graffin, P., and Fajula, F. (2003) J. Phys. Chem. B, 107, 4070–4073.

[261] Krawietz, T.R., Murray, D.K., and Haw, J.F. (1998) J. Phys. Chem. A, 102, 8779–8785.

[262] Dessau, R.M. (1982) J. Catal., 77, 304–306.

[263] (a) Ribeiro, F., Marcilly, C., and Guisnet, M. (1982) J. Catal., 78, 267–274; (b) Ribeiro, F., Marcilly, C., and Guisnet, M. (1982) J. Catal. 78, 275–280.

[264] Trevino, H. and Sachtler, W.M.H. (1994) Catal. Lett., 27, 251–258.

[265] Efremenko, I. and Sheintuch, M. (2000) J. Mol. Catal., 160, 445–451.

[266] Wertheim, G.K. (1989) Z. Phys. D: At., Mol. Clusters, 12, 319–326.

[267] Jena, P., Khanna, S.N., and Rao, B.K. (1992) Int. J. Mod. Phys. B, 6, 3657–3666.

[268] Sachtler, W.M.H. and Zhang, Z.C. (1993) Zeolite-Supported Transition Metal Catalysts in Advances in Catalysis, Vol. 39 (eds D.D. Eley, H. Pines, and P.B. Weisz), Academic Press, San Diego, pp. 129–220.

[269] Sachtler, W.M.H. (1999) Metal Clusters in Zeolites in Preparation of Solid Catalysts (eds G. Ertl, H. Knoezinger, and J. Weitkamp), Wiley-VCH Verlag GmbH, Weinheim, pp. 388–405.

[270] Gallezot, P. (2002) Preparation of Metal Clusters in Zeolites in Molecular Sieves:Post-synthesis Modification I, (eds H.G. Karge and J. Weitkamp), Springer, Berlin, pp. 257–305.

[271] Moretti, G. and Sachtler, W.M.H. (1989) J. Catal., 115, 205–216.

[272] Zhang, Z.C. and Sachtler, W.H.M. (1990) J. Chem. Soc., Faraday Trans., 86, 2313–2319.

[273] Feeley, J.S. and Sachtler, W.M.H. (1991) J. Catal., 131, 573–581.

[274] Weber, W.A. and Gates, B.C. (1998) J. Catal., 80, 207–217.

[275] Li, F. and Gates, B.C. (2003) J. Phys. Chem. B, 107, 11589–11596.

[276] Karge, H.G. and Beyer, H.K. (2002) Solid-state Ion Exchange in Microporous Materials in Molecular Sieves: Post-synthesis Modification I (eds H.G. Karge and J. Weitkamp), Springer, Berlin, pp. 43–201.

[277] Karge, H.G. (2008) Solid-state Ion Exchange in Zeolites in Handbook of Heterogeneous Catalysis, 2nd edn, Vol. 1 (eds G. Ertl, H. Knoezinger, F. Schueth, and J. Weitkamp), Wiley-VCH Verlag GmbH, Weinheim, pp. 484–510.

[278] Weitkamp, J., Ernst, S., Bock, T., Kiss, A., and Kleinschmidt, P. (1995) Introduction of Noble Metals into Small Pore Zeolites via Solid state Ion Exchange in Catalysis by Microporous Materials, Studies in Surface Science and Catalysis, Vol. 94 (eds H.K. Beyer, H.G. Karge, I. Kiricsi, and J.B. Nagy), Elsevier, Amsterdam, pp. 278–285.

[279] Weitkamp, J., Ernst, S., Bock, T., Kromminga, T., Kiss, A., and Kleinschmidt, P. (1996) US Patent No. 5,529,964, assigned to Degussa AG.

[280] Martens, J.A., Tielen, M., Jacobs, P.A., and Weitkamp, J. (1984) Zeolites, 4, 98–107.

[281] Martens, J.A. and Jacobs, P.A. (1986) Zeolites, 6, 334–348.

[282] Martens, J.A., Vanbutsele, G., and Jacobs, P.A. (1993) Characterization of Large and Extra-Large Zeolite Pores with the Heptadecane Test in Proceedings of the 9th International Zeolite Conference, Vol. 2 (eds R. von Ballmoos, J.B. Higgins, and M.M.J. Treacy), Butterworth-Heinemann, Stoneham, pp. 355–362.

[283] Feijen, E.J.P., Martens, J.A., and Jacobs, P.A. (1996) Isomerization and Hydrocracking of Decane and Hepta-decane on Cubic and Hexagonal Faujasite Zeolites and their Intergrowth Structures in 11th International Congress on Catalysis, Studies in Surface Science and Catalysis Vol. 101 (eds J.W. Hightower, W.N. Delgass, E. Iglesia, and A.T. Bell), Elsevier, Amsterdam, pp. 721–728.

[284] Weitkamp, J., Ernst, S., and Kumar, R. (1986) Appl. Catal., 27, 207–210.

[285] Weitkamp, J., Ernst, S., and Chen, C.Y. (1989) The Spaciousness Index: A Useful Catalytic Method for Probing the Effective Pore Width of Molecular Sieves in Zeolites, Facts, Figures, Future, Studies in Surface Science and Catalysis, Vol. 49B (eds P.A. Jacobs and R.A. van Santen), Elsevier, Amsterdam, pp. 1115–1122.

[286] Weitkamp, J., Ernst, S., and Puppe, L. (1999) Shape-selective Catalysis in Zeolites in Catalysis and Zeolites (eds J. Weitkamp and L. Puppe), Springer, Berlin, pp. 327–376.

[287] Weitkamp, J., Ernst, S., and Karge, H.G. (1984) Erd"ol Kohle Erdgas, Petrochem., 37, 457–462.

[288] Liu, P., Wang, J., Wie, R.P., Ren, X.Q., and Zhang, X.G. (2008) Catal. Lett., 126, 346–352.

[289] Karthikeyan, D., Lingappan, N., Sivasankar, B., and Jabarathinam, N.J. (2008) Ind. Eng. Chem., 47, 6538–6546.

[290] Chica, A. and Corma, A. (2007) Chem. Ing. Tech., 79, 857–870.

[291] Karthikeyan, D., Lingappan, N., Sivasankar, B., and Jabarathinam, N.J. (2008) Appl. Catal. A: Gen., 345, 18–27.

[292] Soualaha, A., Lemberton, J.L., Chater, M., Magnoux, P., and Moljord, K. (2007) React. Kin. Catal. Lett., 91, 307–313.

[293] Soualah, A., Lemberton, J.L., Pinard, L., Chater, M., Magnoux, P., and Mojord, K. (2008) Appl. Catal. A: Gen., 336, 23–28.

[294] Wang, G., Liu, Q., Su, W., Li, X., Jiang, Z., Fang, X., Han, C., and Li, C. (2008) Appl. Catal. A: Gen., 335, 20–27.

[295] Deldari, H. (2005) Appl. Catal. A: Gen., 293, 1–10.

[296] Jun, L. and Wang, E.P. (2008) Progr. Chem., 20, 457–463.

[297] Efremenko, I. and Sheintuch, M. (1998) Surf. Sci., 414, 148–158.

[298] German, E.D., Efremenko, I., and Sheintuch, M. (2001) J. Phys. Chem. A, 105, 11312–11326.

[299] Efremenko, I. and Sheintuch, M. (2005) Chem. Phys. Lett., 401, 232–240.

[300] Mikhailov, M.N., Kustov, L.M., and Kazansky, V.B. (2008) Catal. Lett., 120, 8–13.

[301] Harmsen, R., Bates, S., and van Santen, R.A. (1997) Faraday Discuss., 106, 443–450.

[302] Ji, Y.Y., van der Eeirden, A.M.J., Koot, V., Kooyman, P.J., Meeldijk, J.D., Weckhuysen, B.M., and Koningsberger, D.C. (2005) J. Catal., 234, 376–384.

[303] Datye, A.K., Hansen, P.L., and Helveg, S. (2008) Election Microscopy Techniques in Handbook of Heterogeneous Catalysis, 2nd edn, Vol. 2 (eds G. Ertl, H. Knoezinger, F. Schueth, and J. Weitkamp), Wiley-VCH Verlag GmbH, Weinheim, pp. 803–833.

[304] Koningsberger, D.C. and Ramaker, D.E. (2008) Applications of X-Ray Absorption Spectroscopy in Heterogeneous Catalysis: EXAFS Atomic XAFS and Delta XANES in Handbook of Heterogeneous Catalysis, 2nd edn, Vol. 2 (eds G. Ertl, H. Knoezinger, F. Schueth, and J. Weitkamp), Wiley-VCH Verlag GmbH, Weinheim, pp. 774–803.

[305] Davis, R.J. and Boudart, M. (1994) J. Phys. Chem., 98, 5471–5477.

[306] Asakura, K., Kubota, T., Chun, W.J., Iwasawa, Y., Ohtani, K., and Fujikawa, T. (1999) J. Synchrotron Radiat., 6, 439–441.

[307] Koningsberger, D.C., Oudenhuijzen, M.K., de Graaf, J., van Bokhoven, J.A., and Ramaker, D.E. (2003) J. Catal., 216, 178–191.

[308] Zheng, J., Schmauke, T., Roduner, E., Dong, J.L., and Xu, Q.H. (2001) J. Mol. Catal. A: Chem., 171, 181–190.

[309] Liu, X., Dilger, H., Eichel, R.-A., Kunstmann, J., and Roduner, E. (2006) J. Phys. Chem. B, 110, 2013–2023.

[310] Akdogan, Y., Anantharaman, S., Liu, X., Lahiri, G.K., Bertagnolli, H., and Roduner, E. (2009) J. Phys. Chem. C, 113, 2352–2359.

[311] Bergeret, G. and Gallezot, P. (2008) Particle Size Dispersion Measurements in Handbook of Heterogeneous Catalysis, 2nd edn, Vol. 2 (eds G. Ertl, H. Knoezinger, F. Schueth, and J. Weitkamp), Wiley-VCH Verlag GmbH, Weinheim, pp. 738–765.

[312] Ji, Y.Y., Koot, V., van der Eeirden, A.M.J., Weckhuysen, B.M., Koningsberger, D.C., and Ramaker, D.E. (2007) J. Catal., 245, 415–427.

18 裂化与加氢裂化

Marcello Rigutto

18.1 引言

通常,新技术在小的市场领域开发和涌现出来。与此相反,沸石催化首先征服了其最大的应用领域——裂化[1]和加氢裂化[2]。其冲击证明是巨大的。根据最近的一项调查[3]显示,2008年,全世界加氢裂化能力刚刚超过5Mbbl/d,催化裂化能力接近14.5Mbbl/d,这占总炼油能力85Mbbl/d[4]的23%。如此规模的全球生产,每年要消耗200kt以上的沸石[5],这些沸石催化剂价值数十亿美元[6~8]。

合成沸石首先是在Barrer的基础工作中发现的,然后从事吸附剂研究的林德(Linde)实验室也合成出了沸石,才使得所有这一切成为可能。由此可见,发明之路总是曲折的。此外,这样的说法也许并不失公正,那就是沸石在炼油中的应用不仅引发并支持了大量的应用研究,而且给予有关微孔和介孔材料的多个学科的基础研究极大的刺激,提供了一个应用与科学间正反馈的精细的例证[11][Mokyr认为用"规则性知识和命题性知识(prescriptive knowledge and propositional knowledge)"定义这种反馈更精确]。

18.1.1 炼油厂之所以是可找到沸石的地方,是因为它是加氢裂化和催化裂化所在的地方

每个炼油厂都是不同的——在规模、复杂度、原油品质、深层结构、环境、区域对其产品的需求以及历史等方面都有所不同。对于本章,首先设定一个世界规模的炼厂是有帮助的,比如说400kbbl/d,拥有最重要的转化工艺的最复杂的炼厂。图18.1描述了将各种蒸馏和转化工艺以简单的单元操作表示的草图(不消说,在现实中这样一个复杂工厂是紧密集成的)[12]。

流化催化裂化(FCC)、加氢裂化和渣油加氢处理的目的是将重馏分转化成液体燃料——清洁且无需可能的后处理。FCC是最适合生产汽油的,而加氢裂化允许有更多灵活性,在世界大多数地区主要用于生产清洁煤油和柴油燃料。但美国除外,在美国加氢裂化主要是为了生产石脑油做重整原料以生产汽油。加氢处理应用于全馏分处理,以去除硫、氮、芳烃,必要时包括烯烃。催化脱蜡通过异构化或者选择性裂化这一非优先选择的工艺,从润滑油和柴油中脱除正构烷烃。重整是将石脑油(主要是烷烃)经过环化脱氢转化成芳烃和氢气,以生产汽油。异构化和烷基化将轻组分(分别是$C_{5\sim6}$和C_4)转化成高辛烷值的支链烷烃汽油组分[9, 13]。

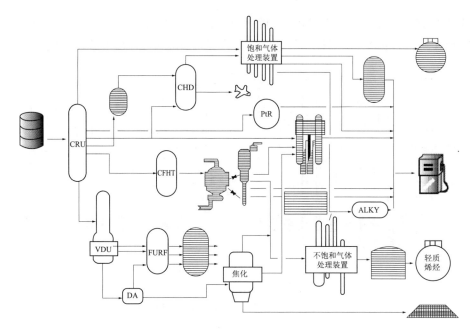

图18.1 参考文献[6]中假想的复杂炼油厂(阴影部分为沸石催化过程；CRU为原油蒸馏单元，
HDW为加氢脱蜡单元，CHD为催化加氢脱硫单元，PtR为重整单元，ISOM为异构化单元，
CFHT为催化原料加氢处理单元，FCC为流化催化裂化单元，HDC为加氢裂化单元，
ALKY为烷基化单元，VDU为减压蒸馏单元，FURF为糠醛抽提单元，DEWAX为
润滑油加氢脱蜡单元，DA为脱沥青单元)

沸石作为热稳定性好的强固体酸催化剂，首先应用到炼油厂。从第12章、15章和17章讨论的过程中列出的基本反应有：裂化烷烃、烯烃和烷基芳烃(在FCC、加氢裂化、渣油转化中)，异构化(在几乎所有过程中)，分子间氢转移(FCC中)，齐聚(刚生成的)烯烃(在烷基化和FCC中)。在所有应用中，择形选择性(参见第10章和第26章)起了某些作用：在某些工艺中是非常重要的，而在另一些工艺中是不得不接受的限制。历史上，在FCC中，或者更广泛点包括在加氢裂化中，沸石的高得多的活性(可解释为是由更高的酸度引起的，我们将看到只有现在才清楚这其中的意义)是其代替无定形硅铝的主要，甚至是唯一的原因。沸石更好的稳定性和可再生性，致使烷烃异构化过程中基于$AlCl_3$的催化剂逐步被沸石替代[14]。环保方面的原因，即避免使用HF和H_2SO_4，可能在催化烷基化方面为沸石提供机会。催化脱蜡是唯一的由于择形转化而启用的工艺。沸石催化剂在每个工艺中基于不同理由被采用。在炼油厂及相关行业中，沸石也被用于选择性吸附。

18.1.2 变化的炼油业环境

在炼油业所长期面对的趋势中，有些是长期存在的，更多是近期才确立的，它们是：

① 对各种产品需求的全面增长[15](见图18.2)。

② 所谓烃类需求的"白化"，也就是对馏分油(主要是汽油、煤油、柴油等运输燃料)需求的不断增长，并以减少重质产品(主要是用于海洋运输和发电厂的燃料油)为代价[16](见图18.2)。

③ 需求从汽油逐步转向柴油，特别是在美国以外的地区。

④ 对不断变重原油处理的需要的增加(尽管这种趋势被一次又一次中断)。

⑤ 在燃料的硫含量和其他指标上日益严格的法律规范。众所周知的例子是，在许多欧洲国家已经强制要求柴油中的硫含量非常低($10\mu g/g$)(见图18.3)。此外，对柴油的密度和其中

的多环芳烃以及对汽油中硫、芳烃和烯烃的严格规范[17]。北美的形势差别不大。亚洲、中东和南美国家正在仿效,虽有一定差距,但考虑到这些市场的规模,仍有相当大的影响。

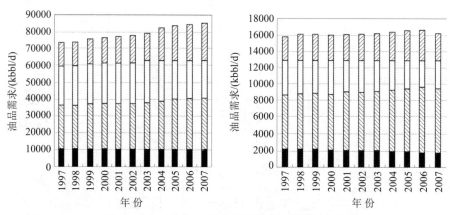

图18.2 1997~2007年全球油品需求与燃料油的分布

其他; 轻质馏分; 中间馏分; ■ 燃料油

欧盟、日本、美国——领先

燃料种类	欧 盟	日 本	美 国
柴油硫限制/(μg/g)	50(2005年),10(2009年以前)	50(2004年),10(2007年)	15(2006年)
汽油硫限制/(μg/g)	30(2006年)	10(2008年)	30(2007年)

澳大利亚、中国香港——首先跟进

燃料种类	澳大利亚	中国香港
柴油硫限制/(μg/g)	50(2000年)	50(2000年)
汽油硫限制/(μg/g)	150(2005年)	150(2001年)

巴西和印度——在主要城市推进

燃料种类	巴西(仅圣保罗)	印度(主要城市)
柴油硫限制/(μg/g)	50(2009年)	500, 50(2010年)
汽油硫限制/(μg/g)	80(2009)	500, 150(2010年)

中国、墨西哥——稍后跟进

燃料种类	中国	墨西哥
柴油硫限制/(μg/g)	2000	500
汽油硫限制/(μg/g)	800	300(墨西哥城), 900(其他地区)

图18.3 全球对于车用燃料硫含量限制的进展(国际清洁运输委员会)

简单点地说,在涉及沸石催化方面,这可以注释为如下几点:

① 加氢裂化的重要性提高[18,19]。以2003年250Mt/a为基础,近来增长速度为每年3%~5%。在当前形势下这个发展速度将要放缓,但长远来看这种趋势可能会保持不变。

② 一般来说,更强的经济诱因将驱使重质原料转化成运输燃料范围的产品。

③ 减轻FCC工艺限制的需要,即在不损失汽油辛烷值的情况下降低其硫含量和应对高芳烃的重质产品(循环油)的需要。

④ 应特别指出,原料持续变重,至少对FCC如此。

⑤ 对渣油、不可转化的原油、油砂等品质提升的持续的兴趣。

⑥ 天然气制油(GTL)工艺的重要性提高。

18.2 流化催化裂化(FCC)

18.2.1 FCC工艺

在许多炼油厂，FCC是核心工艺。该工艺以减压蜡油(有时用渣油)为原料，生产轻烯烃、高辛烷值汽油和芳烃中间馏分。FCC单元处理规模在2~10kt/d(约0.6~3Mt/a)。该工艺是炼油厂生产汽油的主要工艺：FCC汽油是C_5~C_{11}的烷烃、烯烃和芳烃的混合物，具有比较高的辛烷值(RON90~94)[20]。烷烃和烯烃大都带有支链，而支链烯烃和芳烃对辛烷值贡献最大。FCC产品组成如图18.4所示[21, 22]。

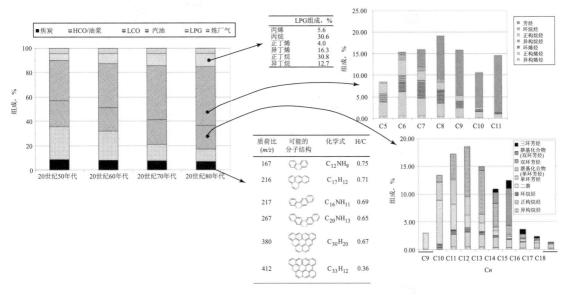

图18.4 FCC产品构成：通过改进催化剂带来的历史发展[12](左)，由PIONA族组成分析[21]、二维气相色谱和飞行时间分析[22]得出的一些详细的典型组成(右)

FCC单元操作面临变化的市场和变化的环境约束，此处列举一些与本章讨论相关的几方面：①相对于乙烯而言，丙烯的需求迅速增长，使FCC单元成了越来越具有吸引力的丙烯来源。预计到2015年FCC产丙烯的比例要由大致1/4提高到约1/3[23]；②FCC汽油可能含有1000μg/g以上的硫，按当前法律常需要进行单独的加氢处理[24]；③轻循环油(LCO，催化蜡油流程范围的产品)芳烃含量高，十六烷值非常低，同时硫含量也很高。如果不降级作为燃料油使用，就必须进行加氢处理。对于加氢处理和加氢裂化，轻循环油是"不好对付"的原料[25]。

FCC过程在很多方面是非常特别的。简而言之，借助于FCC单元的草图(见图18.5)对某些关键的方面进行深入讨论[26]。若要更详细地了解该工艺，可以参见文献[12]。

提升管就是实质上的反应器，在提升管中预热过的进料(约300℃)于相对低的0.2~0.3MPa的压力下与大量热的(>650℃)催化剂(位于底部的提升斗)接触；随着进料的气化和随后的转化，混合物体积膨胀并在几秒钟的时间内被推至提升管顶部。必须向提升管输进比进料多得多的催化剂以达到所需转化率：剂油比可改变但其值在6~9(质量比)之间。在提升管的长度范围内，发生吸热的裂化反应，形成一条温度分布曲线(见图18.6)。在产生较轻的产品的同时生成积炭[27, 28]，催化剂迅速失活[29, 30]。催化剂进入汽提塔，温度在500~540℃。汽提塔是为了减少催化剂与产物继续接触, 尽可能减少二次裂化而设计的。经抽提后, 仍含有一般为0.8%~1.3%的积炭的催化剂被送入再生器, 在这里积炭于约700℃下被烧掉。这需要数分钟的停留时间。积炭燃烧提供提升管中的裂化反应所需的热量, 这些热量贮藏在再生催化剂上。因为积炭中也含有一些氢, 再生过程也会产生蒸汽。然而, 积炭的生成也使产品的氢含量相对于进料更高。这在术语上叫做脱碳升级(upgrading by carbon rejection)。燃烧产生的蒸汽的分压一般能达到0.02MPa。这会产生不希望发生的沸石骨架脱铝的效果, 从而降低沸石的结晶度。造成的后果是必须连续向装置添加新鲜催化剂以取代部分用过的催化剂。因此, 在给定时间在装置内循环的所谓平衡剂, 是老化程度分布很广且性能也参差不齐的催化剂的混合物。

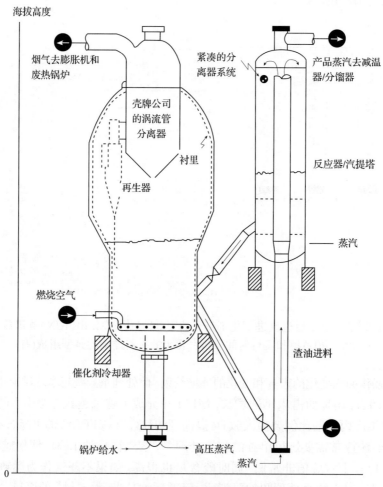

图18.5 壳牌公司的渣油FCC装置[26]

18.2.2 FCC催化剂和催化化学

新鲜FCC催化剂由喷雾干燥成型的球形、可流动、耐磨损的颗粒组成。典型FCC催化剂含有20%~40%的超稳Y(USY)型沸石和一种黏结剂, 有选择地含有一种有催化活性的酸性基质[31, 32], 以及提供不同功能的各种添加剂。其中的一些添加剂我们稍后讨论。沸石要么呈铵交换形态, 要么用镧系离子(一种市售混合物)交换, 产生稀土超稳Y型沸石(REUSY)(稍后进一步讨论)。沸石在制备过程中首先单独以粉末形态加入。在成型的高岭土粒子上原位晶化的Na-Y沸石也已经应用[31, 33, 34], 这种沸石在强度和可接近性方面具有额外的优势。基质的贡献在于进料中对最大分子的转化,而催化大多数转化过程的仍是沸石:沸石裂化了进料中的烷烃、烷基芳烃以及烯烃中间体。一个一般假定是:通过同一个单分子或双分子酸催化路径发生反应,这些路径已经在模型化合物的转化上确立(见图18.7,该过程的化学在下一章详细讨论)[35~39]。

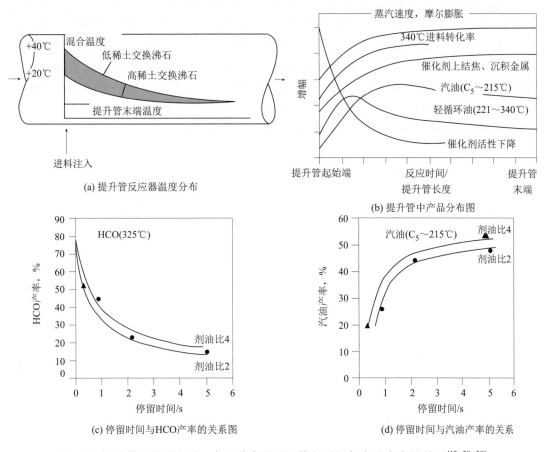

(a) 提升管反应器温度分布

(b) 提升管中产品分布图

(c) 停留时间与HCO产率的关系图

(d) 停留时间与汽油产率的关系

图18.6 提升管反应器温度、产品分布图以及停留时间与产品产率的关系[12, 29, 30]

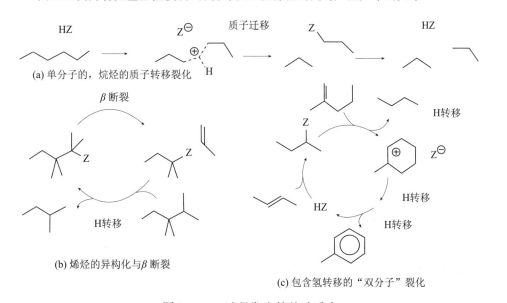

(a) 单分子的,烷烃的质子转移裂化

(b) 烯烃的异构化与β断裂

(c) 包含氢转移的"双分子"裂化

图18.7 FCC过程发生的基础反应

双分子路径涉及到氢转移反应，进一步导致烯烃歧化生成烷烃和芳烃。该反应也促进了积炭的生成。

FCC催化剂中沸石的一个关键特性是其晶胞常数，晶胞常数是沸石骨架铝含量的近似度量，因此也常用来近似衡量其酸度(见第10~12章)。如图18.8所示，晶胞常数对产品分布、积炭的形成和产品质量(例如，汽油的研究法辛烷值)有较大影响，并且非常明显的是，对活性的影响较小。正如读者可以从以上对工艺的描述推断得到，沸石的晶胞常数是平衡剂的一个平均特性，其操作历史与新鲜催化剂的特性在同样程度上决定了这一特性。然而，在平衡剂晶胞常数(当新鲜剂的值接近2.455nm时，通常在2.442~2.435nm之间)与沸石的稀土(RE)负载量之间有很强的相关性。至少部分由稀土离子电荷补偿的骨架铝中心脱除的速度，要比质子化的铝中心和由骨架外铝组分阳离子电荷补偿的铝中心慢得多[40]。

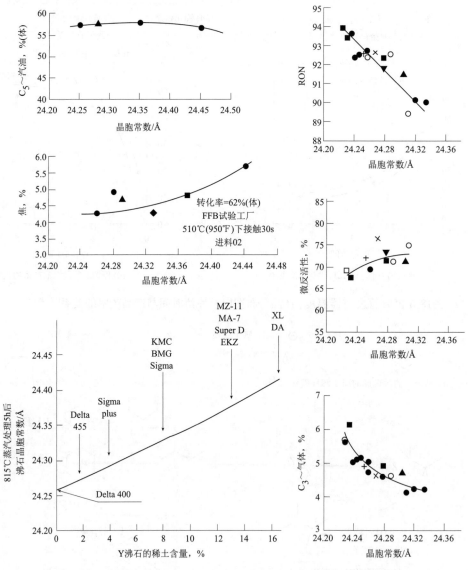

图18.8 晶胞尺寸对产率和活性的影响以及稀土含量对沸石晶胞常数的影响(1Å=0.1nm)[12]

设定新鲜剂的稀土含量，就间接控制了平衡沸石晶胞常数，因而就允许在两者之间做一个折衷：一方面是高活性和高汽油选择性，另一方面是高汽油辛烷值和低生焦[41][不消说，当催化剂供应商们声称将用各种方法来打破这种折衷，只存在唯一的一阶近似值(first-order approximation)]。高晶胞常数材料的高活性可以由较好的结晶保留度得到充分说明[42]，但一般也假定是由于较高的酸中心密度引起的[43](虽然已经明确可知，非脱铝RE-Y水解为$RE(OH)^{2+}$生成RE^{3+}离子，从而形成了B酸中心；同样的现象还没有在脱铝材料观察到，而这些材料典型存在于平衡FCC沸石催化剂中)。产率和选择性的影响更加复杂。它们是由于随着晶胞常数增加氢转移反应更广泛发生引起的，结果是烯烃产率更低，而烷烃、芳烃和焦炭产率更高[12, 44]。这种趋势通常依据基础本征动力学来讨论，氢转移是一个双分子反应。然而，没有令人信服的原理图说明这种过程需要多个沸石中心，并且在模型化合物裂化中确实不需要多中心[45]。依据烯烃在较高的晶胞常数时的选择吸附，也可能得出另一个解释[46]：相对于竞争的裂化反应，这种选择性吸附更倾向于促进进一步的双分子反应。

对沸石酸性作用的另一种说明是有道理的：一般观点认为，FCC中的裂化反应大多数是由沸石B酸中心催化的，人们的确希望将FCC平衡剂的活性通过某种方式与其酸性相关联。如前所述，也许令人吃惊的是，从可得到的实验数据来看，这一关系并不明显。确切地说，至少在减压蜡油的裂化中，平衡剂活性只与沸石含量相关，而决定选择性的晶胞常数对活性的影响要小得多(见图18.9及图18.8)[42]。这仍是对FCC催化作用机理理解方面尚未解决的疑惑。

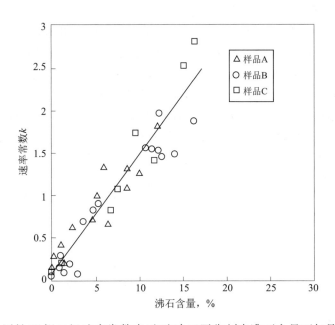

图18.9 VGO裂化活性(以假二级速率常数表示)取决于平衡剂中沸石含量而与晶胞尺寸关系不大

非骨架铝组分对FCC性能的影响仍有些难以捉摸[47, 48]，也许是因为这些组分只是脱铝过程中(蒸汽)的中间产物，存在时间过于短暂以至于对实际的平衡剂并不重要。酸强度的重要性得到了强调(例如在涉及到SAPO-37的研究中)，但考虑到实验的复杂性，仍没有最终答案。

18.2.3 渣油裂化和催化剂上沉积金属的影响

在催化剂方面的改进[51](更好的产率、更低的生焦率和活性基质)和在"硬件"方面的改进[52, 53][更好的进料气化效果、更好的抽提、外取热(催化剂冷却器)的引入]已使催化进料可以含有明显多的常压蒸馏渣油(简称常渣),允许处理康氏残炭(一个反映生焦倾向的常规指标)高达7%甚至更高的原料[12, 26, 54]。用于渣油裂化的短接触时间的新设计,如毫秒催化裂化工艺,也已经引入[29, 55]。过去的几十年,特别是20世纪80年代和90年代,对应于燃料油需求的减少,可以看到渣油加工比例的上升。渣油还含有相对较多的各种金属,其中,镍和钒(大多数以卟啉的形式存在[56])对FCC有特别的影响,因为它们作为脱氢催化剂能促进生焦[57]。钒更加有害,因为钒会通过钒酸中间体和可能存在的VO_2^+离子(当钒在再生器中被完全氧化时这种VO_2^+离子会交换到沸石上[58]),或者通过低熔点钒酸钠(当有钠离子存在时形成)催化沸石晶格的破坏过程[59],具体表现为容易发生硅基结构的脱铝和崩塌[60, 61]。铁也会通过降低催化剂孔道(也就是通往颗粒内部沸石晶体的位于黏结剂上的较大孔)的可接近性来损害催化剂的性能[62, 63]。镍可以通过向进料中加入很低量的锑[64]或者铋[65, 66]来钝化,而钒的影响却更难于补救,可通过向催化剂中加入捕钒"陷井",例如,优先与钒反应生成稳定的钒酸盐或者不可移动固溶体V(Ⅳ)的化合物[67]。

18.2.4 加入ZSM-5多产轻烯烃

向FCC装置催化剂中加入含有ZSM-5的第二催化剂明显会提高丙烯和丁烯的产率,但通常以牺牲汽油收率为代价,而汽油辛烷值会增加[68~70]。产率的变化意味着$C_6 \sim C_9$的直链和支链烯烃(乍一看也包括烷烃)转化为丙烯和丁烯,结果汽油馏分富含芳烃和异戊烯[21]。汽油产品中$C_6 \sim C_9$烷烃也会减少,但这是因为从首先生成的$C_6 \sim C_9$烯烃转化成烷烃的反应被抑制的缘故[71]。在ZSM-5添加剂藏量很高的情况下,丙烯产率大体上可以翻一番[72, 73]。考虑到这一点,在8%的高丙烯产率下,一套最大规模的FCC装置将年产丙烯200kt左右,这相当于一套小的石脑油裂解装置的产量。同时产出的丁烯的最重要的去向是烷基化。

首先,在FCC装置上使用ZSM-5的严重限制是其水热稳定性。ZSM-5结构本身要比Y型沸石更稳定,但很明显,如果不采取特殊措施,其活性会由于较快速的脱铝而以相对较快的速度丧失。人们发现用磷改性添加剂可以限制(相对的)活性损失,这已经成为标准的做法[68]。磷作用的机理并不十分清楚,但详细的NMR研究发现了一种骨架限定——分散的Al-O-P组分的形成。其形成过程可能是可逆的,可能这种组分阻止了富铝相和完全脱铝结构的形成(见图18.10)[74~76]。已有研究者声称用磷对USY沸石进行处理[77, 78](以及处理β沸石[79]和MCM-80),但据我们所知没有工业应用。

在未改进的FCC装置上所能达到的效果是有限的。一个办法是改进工艺[81, 82]和催化剂[83],如中国石化(Sinopec)和石韦(Stone & Webster)公司的深度催化裂化(DCC)工艺,在较长的停留时间(2~8s)和较高的反应器温度(高达580℃)下,可以达到更深的转化[84~86]。在典型的情况下,这可以实现约17%的丙烯产率,同时产出一定的乙烯(5%~6%)。因为重油裂化成馏分油与馏分油裂化成轻烯烃的理想条件是不一致的,将这两种操作分开是扩大后者产率的又一种方法。壳牌(Shell)公司开发了MILOS工艺,该工艺的特征之一是使用了分离的提升管和抽提塔用于循环汽油的转化,因而可以在更高的温度下(仍然足够低以减少热裂解)操作。采用该方法,在丙烯总产率同样为17%的情况下,比在较高温度下对完整进料进行深度裂化有较少的焦炭和干气生成[87]。提高丙烯产率的其他专门工艺有:美国环球油品(UOP)公司的petroFCC、凯洛格布朗路特(KBR)公司的Maxofin、印度石油公司/鲁玛斯(Indian Oil Corp./Lummus)的INDMAX、耐斯特公司(Neste Oy)NEXCC和日本石油能源中心(JPEC)的HS-FCC[72, 88~90]。

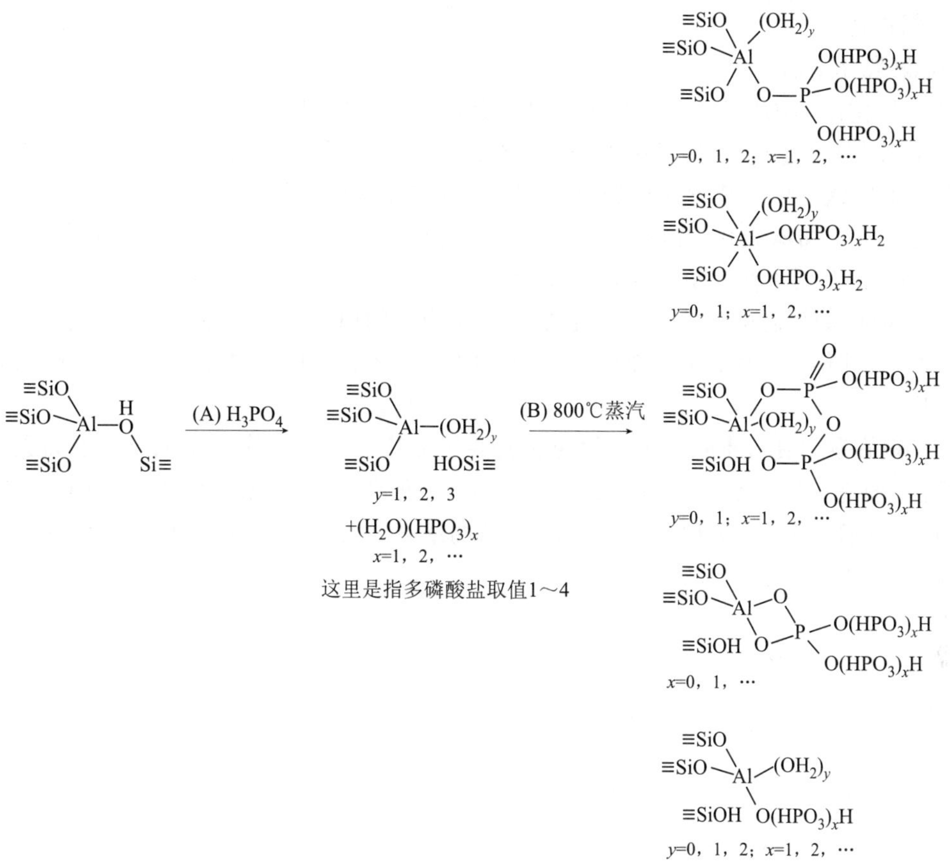

图18.10 在磷稳定的ZSM中形成的磷酸铝复合物骨架结构[74, 75]

18.2.5 其他沸石在FCC中的潜在应用

以增产异丁烷[91]或异丁烯[92]或者各种丁烯[79]为目的，β沸石作为裂化组分的可能应用得到了十分广泛的研究。与USY相比，β沸石水热稳定性较差[91]，这是似乎全都需要磷稳定化的原因；无论如何，已有人声称其是可行的[79]。ITQ-7，其孔尺寸与β沸石相似，但有不同形状的交叉口。由于ITQ-7有减少氢转移程度的功能，因此能产出较多烯烃含量高而芳烃含量低的汽油[93]。ZSM-20[94]和ITQ-21[95]都具有与USY相同的孔口尺寸。在产品分布上，除ITQ-21有较高的LPG产率(含明显较多的丙烯)外，与USY没有明显差别。ITQ-33具有神奇的1.22nm的十八元环孔口，已经证明在FCC中有活性。与USY相比，在给定转化率下，使用ITQ-33可从减压蜡油(VGO)产出更多柴油，这似乎可理解为ITQ-33对于较重的原料有更好的性能[96]。

除ZSM-5外，作为FCC添加剂考察的中等孔径的沸石包括MCM-22[97]和ITQ-13[98]。MCM-22与ZSM-5类似，可提高丙烯产率，但汽油的损失要低，这主要是因为同时生成的丙烷要少。ITQ-13具有特殊的九×十元环孔结构，其行为类似。

从FCC装置每天必须加入数吨新鲜剂的实际出发，FCC催化剂成本要低这一要求强烈地倾向于应用以Y型沸石和ZSM-5为基础的催化剂。许多新结构沸石需要相对昂贵的有机物和/或者更长的水热合成时间，尽管制备替代材料的低成本合成路线的开发并非不可思议，但成本似乎仍是明显的障碍。

18.3 加氢裂化

18.3.1 加氢裂化工艺

加氢裂化使VGO转化成中间馏分产品(柴油燃料、喷气燃料和煤油)、石脑油和LPG,同时实现加氢[99]。"氢加入"可以认为是与"碳脱除"(见16.2节)不同的一种质量升级措施,许多复杂的炼厂既有FCC装置又有加氢裂化,加氢裂化能使高质量柴油和煤油的产率更高。美国是首先引入加氢裂化的国家[100][加氢裂化的起源可追溯到20世纪20年代后期,当时法本(IG Farben)公司正在开发由褐煤转化成汽油的工艺]。在这里,加氢裂化原本是为了另一个不同的目的,即从低价值的芳烃流(包括从FCC出来的LCO)生产石脑油(作为汽油池的一部分)。但如今,即使在美国,加氢裂化正逐渐转向中间馏分的生产。加氢裂化可以达3Mt/a处理量的规模。

人们已开发出具有不同工艺配置的加氢裂化工艺[101~105]。大多数加氢裂化装置具有固定床反应器,液态的原料油与气态的氢从上往下通过催化剂床层(所谓滴流床),标准的的操作压力为8~20MPa,温度为300~450℃范围。有两条被广泛应用基本路线:两段加氢裂化和单段加氢裂化(见图18.11)。

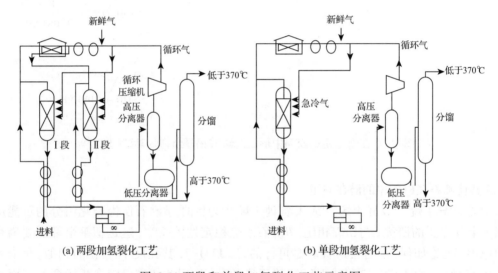

图18.11 两段和单段加氢裂化工艺示意图

两段加氢裂化运用分开的加氢处理段和裂化段,段与段之间设有产品与硫化氢和氨的分离器。有机氮化物和氨是酸性裂化催化剂的毒物,在这样的阵列中能够控制在较低水平。当裂化催化剂是以无定形硅铝为基础时(在沸石加氢裂化催化剂普及之前的20世纪70年代的标准做法),这也是必须的[106]。如果需要,裂化段硫化氢的分压能够控制到允许使用贵金属作加氢组分的较低水平。两段加氢裂化典型的单程裂化转化率保持在30%~70%之间,以达到良好的石脑油或者中间馏分选择性,也可以通过未转化物质的循环使总转化率达到接近100%。使用含有分开的预处理和裂化催化剂的叠加床层可以在第一段实现预裂化。

单段(有时候是串流)加氢裂化是没有段间分离器的简单阵列(见图18.11b)。沸石裂化催化剂引入之后,单段加氢裂化应用得更加广泛,沸石裂化催化剂不仅比无定形硅铝有更高活性,而且非常明显地对氨不敏感。单段加氢裂化存在有一次通过部分转化的装置和带有循环的装置。蜡油——部分转化的装置上未裂化的部分,倾向于用做乙烯和催化裂化以及生产润滑油基础油的原料。有可选择的各种阵列已经投入应用[101, 108]。其中重要的一种,即所谓的缓和加氢裂化(MHC)工艺,在较低的氢分压和适度的转化率下操作[109~111]。工业上采用MHC的主要原因是其较低的成本,以及其未转化馏分特别适合作为催化裂化的原料。MHC与各种来源蜡油的加氢处理的集成是非常有吸引力的方法,既可以弥补MHC柴油产品质量较低的固有缺陷,又可以将蜡油提升为满足超低硫含量要求的柴油[112]。

18.3.2 原料和产品

在北美以外,最普遍的原料是沸程一般为350~600℃的减压蜡油。在美国,一般处理更轻的原料,如直馏轻重蜡油、焦化蜡油(来自焦化工艺)和循环油(来自催化裂化)。在加拿大的阿尔伯塔省(Alberta),也有用来自沥青砂的合成原油的重质馏分和VGO作为加氢裂化原料[113]。其他可处理的原料有脱沥青油(DAOs)[114]和来自渣油转化装置的VGO[115]。通常,催化剂毒物(金属、芳香族焦炭前体、氮)随原料重度增加而增加[116]。多核芳烃通过吸附(最初是不可逆的)[117, 118]并且成为焦炭前体[119~121],从而妨碍催化剂活性。金属使第一段催化剂不可逆失活,而有机氮化合物必须在第一段深度转化[116],因为其具有强的吸附性(见表18.1[122]),会特别降低第二段酸性催化剂的活性。加氢裂化原料中典型的氮含量数据列于表18.2。

表18.1 原料中氮化合物和温度对加氢裂化转化率的影响[122]

加入原料中的氮	相对转化率,%	
	300℃	370℃
不加①	1	
1000μg/g氮以喹啉加入	0.05	1.10
1000μg/g氮以吲哚加入	0.07	1.15

① 原料中含2μg/g氮。

表18.2 第一段加氢裂化原料的典型氮含量

原料类型		氮含量/(μg/g)
直馏减压蜡油	阿拉伯轻质(Arabian Light)	1000
	伊朗重质(Iranian Heavy)	2000
	布伦特(Brent)	900
	Ria Juano Pesado	1700
	米纳斯(Minas)	700
阿拉伯轻减压渣油的脱沥青油		1500
重催化裂化循环油		2000
常渣热裂化后减压蜡油		3000
常渣加氢处理后减压蜡油		2000

尽管氨[由加氢脱氮(HDN)反应产生]对催化剂性能的影响在后面还要详细讨论,一般而言,氨对催化剂活性和选择性的影响是非常明显的。向进料中加入2000μg/g的氨会导致常规的二段催化剂的裂化活性极大的损失,其程度达到要维持同样活性反应温度要增加上百摄氏度[123]。同时,产品对于中间馏分的选择性也明显增强[123, 124]。可见,氨对催化剂性能的巨大影响,为平衡或调节活性和选择性以满足特定工艺需求提供了机会。

与催化裂化相比,加氢裂化最主要的优点之一是其产品分布的灵活性,例如,可以生产各种产品(见表18.3[125])。加氢裂化产品硫和芳烃含量低,无论从产品性能还是环保的角度来说(例如与FCC产品相比较[126]),都是高质量的。产品标准的日益严格,例如在美国和欧盟,甚至使加氢裂化的设计、催化剂和操作条件都更加苛刻。

表18.3 重油加氢裂化的产品产率[125]

原料性质	数 值			
密度/(g/cm³)	0.92			
硫含量, %	2.9			
氮含量/(μg/g)	820			
沸程/℃	316~538			
产出物名称	目的产物最大产率(相对于原料), %(体)			
	汽 油	航空燃料	柴 油	民用燃料
丁 烷	14.5	8.3	4.9	3.7
轻汽油	31.7	17.2	11.5	11.8
重汽油	78.9	28	19.6	13.8
喷气燃料		64.4		
柴 油			81.1	
民用燃料				87.4
化学氢耗	3.4[①]	2.8[①]	2.5[①]	2.3[①]

① 质量分数。

表18.4给出了由蜡油/脱沥青油一次通过加氢裂化获得的产品产率和性质的例子[114]。柴油燃料的点火性质(十六烷值)是产品的一个重要性质,通过加氢裂化可得到良好的结果。该性质得益于开环反应[127]。也希望加氢裂化催化剂能催化这一反应,但最近的一篇综述[128]详细描述了一个基本结论,传统的加氢裂化催化剂可能不是催化这一类特殊反应的最好选择。

18.3.3 加氢裂化催化剂体系和催化化学

预处理催化剂(在第一段)通常由负载于γ-Al₂O₃上的磷促进的硫化态镍钼组成。在反应温度在约380℃以下,有硫存在的情况下,没有发现比该体系更高加氢脱氮活性的其他体系[12]。合适的加氢裂化催化剂(在第二段)是双功能的,因此,必须选择适应的加氢和(酸)裂化功能。常见的双功能选择列于表18.5。一般采用的是Ni/Mo和Ni/W的混合硫化物,前者(见图18.12)用于需要突出的HDN活性的场合,而后者用在加氢功能最重要的场合。在某些硫浓度低的情况(也就是第二段的条件)下,可以采用像Pd之类的贵金属。贵金属是强有力的加氢催化剂,其弱点是对硫极其敏感和价格昂贵(以及保持很低的硫化氢分压要付出的成本)。

氧化铝,即使经过氟化[130],明显是裂化活性最低的,但作为一种酸裂化功能拥有独特的优点(例如在含氮高的原料的转化上),因为对于加氢处理功能,它同时是最好的载体。也有报道[131]称,在NiW/氧化铝上外露的W中心具有裂化活性(可能与B酸中心无关)。更强的酸性可由无定形硅铝(ASAs)提供。无定形硅铝可由多种方法制备,其铝含量也可以有一定范围,通常有相当高的比表面积(比如400~500m²/g)。其酸度首先随铝含量的增加而增加,但超过25%后,其裂化活性反而下降。对此Ward[132]已经进行了说明:因为随着铝含量变化,其分散加氢功能组分的能力也发生变化,从基本原理出发来定义最合适的无定形硅铝并不容易。改进金属定位路线也能带来催化剂的改进[133]。通常认为无定形硅铝上酸度较强的酸中心密度相当低(我们将在下文中讨论这一点),这使得其酸性不如沸石,且更易受毒害(例如,受含氮化合物的毒害)。沸石提供了迄今最高的裂化活性,与无定形硅铝相比也表现出更稳定的性能。另一方面,沸石本身负载NiMo和NiW加氢功能组分的能力很差,并且存在传质限制,导致对目的产物的选择性较差且增加了气体的生成。这个方面将在下文讨论。

表18.4 蜡油和脱沥青油一次通过加氢裂化的产品产率与性质[114]

原 料		数 值	
沸程/℃	10%	406	
	50%	559	
	终馏点	596	
回收率,%		68	
密度/(g/cm³)		900	
氮含量/(μg/g)		900	
硫含量,%		0.3	
操作条件		中等转化率	高转化率
转化率,%(体)		61	77
氢分压/MPa		14.8	14.8
裂化温度/℃		基 准	7
产品产率,%(体)	轻石脑油	13.3	24.1
	重石脑油(85~160℃)	21.1	19.4
	柴油(260~350℃)	9.2	6.9
	FCC原料(>350℃)	39.1	23.2
氢耗,%		1.88	2.31
轻石脑油产品性质	密度/(g/cm³)	0.654	0.654
	净RON	80	81
重石脑油产品性质	密度/(g/cm³)	0.739	0.735
	P/N/A(体积比)	47/49/4	47/49/4
航空燃料产品性质	密度/(g/cm³)	0.802	0.797
	烟点/mm	28	30
柴 油	十六烷值	65	66
FCC原料	密度/(g/cm³)	0.865	0.871
	氮含量/(μg/g)	<5	
	苯胺点[①]/℃	140	

① 按ASTM D611—82。

表18.5 双功能加氢裂化催化剂

加氢功能[①]		酸功能(载体)	
加氢能力增加 ↓	Ni/Mo Ni/W Pt/Pd	Al₂O₃ Al₂O₃/卤素 SiO₂/Al₂O₃ 沸石	酸性增加 ↓

① 低硫条件。

已有大量研究倾注于揭示加氢裂化过程的化学机理[99, 134]。一个简化的但足可以满足基础设计要求的机理图如图18.13所示。该图主要是从有关正构烷烃[135~140]、混合物和环烷烃[141, 142]加氢转化的模型研究得出的,包含了基础动力学的描述。该机理中的第一步是(正构)烷烃的脱氢生成烯烃中间体,其浓度非常低接近于平衡浓度,后续的反应在沸石的B酸中心上进行,生成与沸石相连的烷氧基,类似于往烯烃中加入硫酸(在该情况下,后续化学机理也在碳正离子化学机理的概述中有所表述)。然后,烷氧基发生常规的酸催化基本反应,即异构化和随后的β断裂反应。异构和/或裂化产物从酸中心上吸附并被加氢成相应烷烃。此外,烯烃中间体可以与环烷烃发生双分子氢转移反应,该过程最终导致积炭的生成[143, 144]。加氢裂化可以稳态运行(在炼厂允许数年为一周期),而FCC催化剂在数秒内就失活的事实最主要的原因是烯烃含量保持在非常低的水平。实际上,积炭量的多少以及积炭的速度随氢分压的升高而减小,这可以通过本机理解释;另外,氢分压升高也防止了多芳环分子的综合反应。结果,用"真"原料时,速率通常随氢分压增大而提高,这与在正构烷烃模型动力学基础上预计的负顺序形成了对比[110],仅有极少数例外。在生焦反应[145~148]受扩散限制的情况下,加氢中心与酸中心靠近会减少这类反应发生。

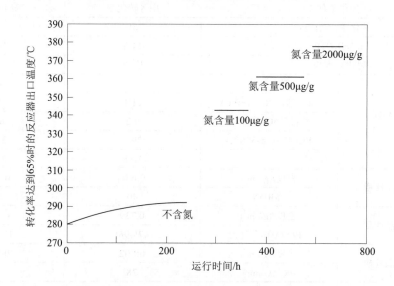

图18.12 不同氮含量下NiMo/沸石催化剂的活性[123]

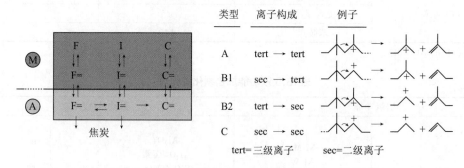

图18.13 (a)加氢裂化简化反应路线(F为原料分子, I为异构分子, C为裂化分子, M为金属中心,
A为酸中心, F=、I=、C=表示相应物料的烯烃衍生物); (b)某些异构体的β断裂
比另一些容易发生, 正碳离子稳定性很好地代表活化能

从图18.13的机理图可知,一个明显的设计参数是脱/加氢与裂化功能的相对重要性。当前者占主导地位,所谓"理想加氢裂化"条件存在,连续反应(异构与初级的裂化步骤之后)被

限制到最小程度。因为相对于初级裂化烯烃而言,高的加/脱氢速率增加了由原料演变而成的烯烃的浓度[149]。加氢中心与裂化中心应当互相接近,以便在酸中心上维持一个平衡的烯烃组成,不至于因扩散限制而产生扭曲[150, 151]。当加/脱氢速度与裂化相当时,将会发生多种裂化反应,生成更轻的产物。在这种情况下,在产物中可观察到比理想情况下更高的异构/正构比,这是因为二次异构反应(也就是初级裂解产物的异构)可能发生。理想条件与非理想条件下经典研究结果如图18.14所示[152]。这一定量模型有了很大进步[153~155]。定性地说,同样的原理在工业实践中也适应[106]。例如,高石脑油选择性需要加/脱氢功能相对较弱的强酸性催化剂,结果产生了高的异构/正构比,这对石脑油质量也是有益的(更高辛烷值)。与此相反,对于中间馏分选择性的催化剂,反过来也是成立的,产率和产品质量方面都需要相对较高的加/脱氢功能与酸功能的比。类似的,氨的抑制酸功能的影响会降低酸度并增加初级裂化产物的选择性,这在图18.15中[123]就可以看到。

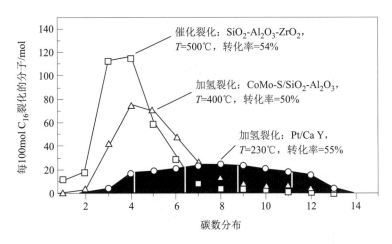

图18.14 当转化率为50%时,正十六烷催化裂化与加氢裂化摩尔碳数分布[149]

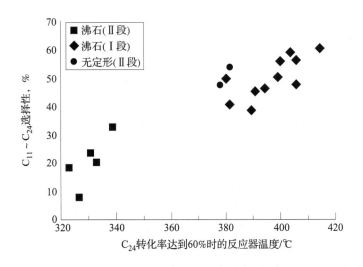

图18.15 中间馏分选择性对活性关系图[123]

18.3.4 加氢裂化中的Y型沸石

从表18.5可以看出,沸石一般显示出较高的酸度因而是优先选择的催化剂组分,特别是在需要高酸度水平的时候。尽管试用过许多其他材料,例如在1960年代后期的L沸石、丝光沸石、Ω沸石,后来的X沸石、β沸石和ZSM-5[156],到目前为止,几乎所有工业加氢裂化催化剂都是以Y型沸石[(USY或VUSY(very ultrastable Y)]为基础的。原因很简单,就是其拥有最可接近的孔道系统。就算是Y沸石也存在较高沸程范围内的分子的接近的问题[157, 158],正因为这个原因,有时要加入无定形硅铝[159]。其酸性要弱很多但不会引起任何扩散限制,可用来转化那些沸石对付不了的组分[160](见图18.16和图18.17)。Y型沸石可以用蒸汽处理和/或焙烧、离子交换、浸渍和各种化学处理的组合方法来改性。改性的目的是在保留高结晶度的同时,控制酸中心密度、非骨架铝组分和介孔[99, 163, 164]。由这些技术所设定实验空间(见图18.18)是如此巨大,以至于到今天,仍有新的、更高效的Y沸石改性方法被继续发明出来。

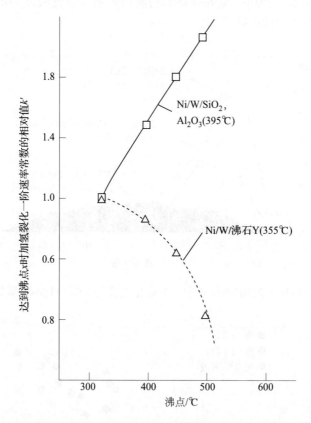

图18.16 中东闪蒸原料在NiW/Y沸石和NiW/ASA催化剂上时,加氢裂化一级速率常数
与沸点关系图[160]

Y型沸石的晶胞常数,是酸中心密度最原始的度量[162, 165],已经显示出其影响加氢裂化催化剂的中间馏分(煤油)选择性(见图18.19)[126]。正如所观察到的,保持加氢活性不变而减少酸中心密度会减少二次裂化。也许令人吃惊的是,尽管酸中心密度减小,催化剂的整体活性仍保持较高。这是可以理解的,至少部分可理解为这是由于减少了积炭生成的"补偿效应",因为此时的加氢功能势必让更少的中心闲置。反之,如果石脑油是目的产物,就需要高浓度的酸中心,而USY就是特别好的裂化组分。基于具有相似晶胞尺寸的Y型沸石的加氢裂化催化剂仍显示出明显不同的性能[165],很明显要获得更详细描述,NMR、FTIR、反交换实验等可提供帮助。

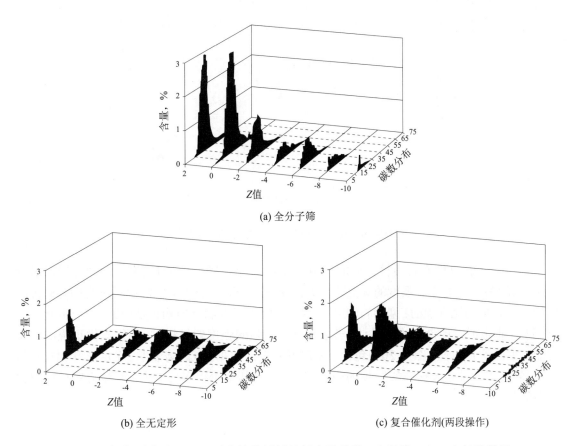

(a) 全分子筛

(b) 全无定形

(c) 复合催化剂(两段操作)

图18.17 加氢裂化处理VGO后未转化材料的场离子质谱(Z为烃类C_nH_{2n+z}中氢的数量)

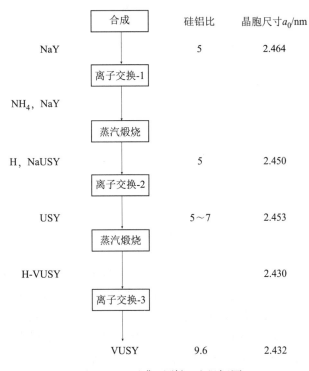

	合成	硅铝比	晶胞尺寸a_0/nm
NaY		5	2.464
	离子交换-1		
NH$_4$,NaY			
	蒸汽煅烧		
H,NaUSY		5	2.450
	离子交换-2		
USY		5~7	2.453
	蒸汽煅烧		
H-VUSY			2.430
	离子交换-3		
VUSY		9.6	2.432

图18.18 Y型沸石脱铝过程框图

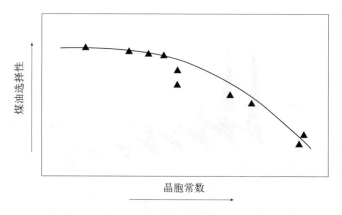

图18.19 晶胞常数对产品选择性的影响[126]

非骨架铝在改性沸石酸性方面的作用一直倍受关注[166]。我们赞同有一种非骨架铝组分增强沸石B酸中心本征酸强度的观点[167]：如图18.20所示，无非骨架铝的沸石所含中心的正庚烷加氢异构能力比常规的Y型沸石(USY)的要差，而正庚烷加氢异构正是一B酸中心催化的反应。这给催化剂设计带来的后果是：当采用具有增强酸强度的材料时，必须提供更强的加氢功能以平衡这种酸性。图18.20也包含了无定形硅铝的数据。有趋势表明，无定形硅铝拥有与"增强的"Y型沸石一样高酸强度的中心，但其数量却要少得多，这正好解释两种材料裂化活性的差异。

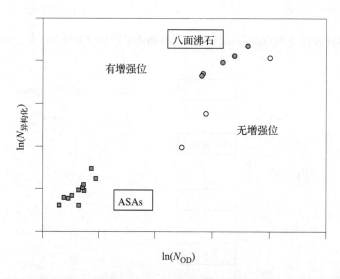

图18.20 正庚烷加氢异构化活性对强酸中心数的对数图(强酸中心数目由氢/氘交换法
估计，单位为mmol/g)[167]

在保留八面沸石结构的前提下，为了探索拥有比无非骨架铝Y型沸石上的还要低的酸强度的影响，可以评价像SAPO-37之类的材料，或者尝试并替换USY中的Fe^{3+}或Ga^{3+}[169]。然而，用SAPO-37的问题(除其水敏感性以外)是其晶粒太大，导致传质限制(见下文)。另外，尽管我们能合成出极好的RE-Ga-USY材料，这种材料却在加氢裂化试验条件下不稳定[170]。实际上，一点点的氢就足以将Ga^{3+}从八面沸石骨架上"赶出来"。

已有研究表明，由Y型沸石的超稳化造成的介孔[104](见图18.21)能减少传质限制，从而抑制二次裂化。对于重质原料，增加可接近性也就改善了活性，这一点已经通过最近对四氢萘与常渣的加氢裂化的比较得到了确认[171]。最近PQ公司的一份专利描述了稳定化的Y型沸石材料增加了许多介孔[172]，并且这种材料确实能使中间馏分的选择性提高。该公司甚至有声称介孔Y型沸石的选择性分布图形与无定形硅铝的接近[104]，尽管这还没有得到完全证实[148]。迄今为止，在模型研究中还没有考虑到Y型沸石介孔结构的影响。晶体中数百纳米的介孔的存在[173]也阻止人们去采用较小晶粒的Y型沸石，尽管有人声称在这方面获得了成功[174]。

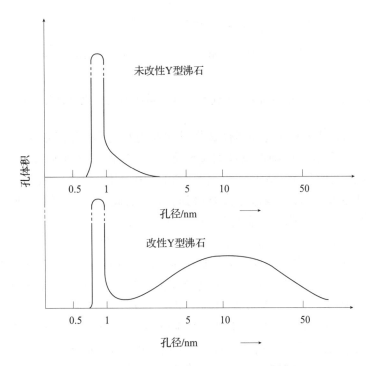

图18.21 由于脱铝形成二次孔结构[104]

贵金属在沸石上的分散是比较明确的[175]，但对于普通金属催化剂，第Ⅵ副族元素与沸石的结合是不融洽的：用于制备催化剂的水溶液的化学性质使W，特别是Mo强烈倾向于氧化铝或硅铝黏结剂，偏离于理想的均匀的双功能催化剂。如果Mo或W直接吸附于酸性载体，也就是沸石上，能进一步改善其自身的活性，正如报道的无定形硅铝的情况一样[177]。选用其他化学物质来应对这一问题在工业规模上还不太适应[178]。无论如何，其对催化剂稳定性的影响是有限的，因为沸石本身对生焦反应在空间上就有较好的阻滞作用。实际上，在工业条件下，沸石催化剂比无定形硅铝更加稳定(见图18.22)。最近，ZSM-12因在这方面特别有优势而被挑选出来[179]。

18.3.5 催化剂新进展

最近的进展主要是在无定形硅铝和Y型沸石材料上的逐渐改进和催化剂结构的控制上，有时扩大到改进金属定位方法。用这些方法仍可以得到更好的催化剂。同时，也在寻找通过助剂(如Nb)甚至替代(如以RuS$_x$体系)来改进传统的混合硫化物加氢功能，但迄今未取得明显的突破。有报道称，采用混合沸石(例如USY/VUSY)是有益处的[125]，同时也有推荐使用β沸石的[180]。另一项技术涉及到将一部分裂化功能移到第一段，是通过在第一段的底部装填沸石催化剂来实现的。在底部催化剂上使用NiMo而非NiW，对于改善脱氮活性有时更有优势。然而，这通常要以芳烃饱和性能的损失为代价[116]。

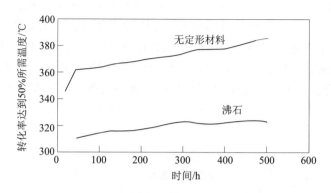

图18.22 无定形硅铝和沸石催化剂在减压蜡油加氢裂化中的失活速率[126]

为了让我们更清楚认识到提高活性选择性仍是有可能的,我们必须能测定原料的分子组成,并且在足够的程度上详细地设计加氢裂化工艺。这两方面都正取得良好进展[181~184],但还没有达到所预期的程度。大孔沸石是长期以来的希望,但在Y型沸石性能基础上进一步改善,假想的非常大孔的结构迄今没有得到。尽管如此,在这一领域还是有不少惊人的进展:产生了一维十四元环孔结构和最近的十八元×十元环孔的材料——ITQ-33[96]。也许,具有有效的一维孔道系统有可能只显示单向扩散,在加氢裂化中的潜力是有限的。具有2~10nm范围孔直径的硅酸铝介孔材料,如MCM-41/48和SBA-n[185],其短程是无序的。就加氢裂化而言,其表现仅仅是非常贵的无定形硅铝。然而,最近的一项进展,就是让规则的孔道壁由小晶核构成(β, Y)[186, 187]或者实际上就是更大的连续的晶体[188],这些材料肯定是值得仔细研究的。然而,无论十二元环沸石的晶粒多么小,其与更大介孔的结合,即使能获得更高的选择性,其稳定性不见得有多好。至于更小的介孔(如1~1.5nm)也可能是令人感兴趣的[189]。层柱黏土也引起了人们的关注[190],但还没出现相应的工业化催化剂,存在的一个问题是其相当容易生焦。

18.3.6 渣油转化的一些进展

将现在的加氢裂化工艺扩展到能使更重的原料更轻、生产价值更高的运输燃料,是很有经济诱惑力的,但是沸石催化剂所提供的最佳前景还不明朗。早期由Idemitsu所做的研究表明,当重油如常压渣油进行加氢处理时[9],铁改性的沸石催化剂能明显提高转化率。无论如何,当使用真正的重原料(终馏点高于620℃)时,高转化率和产品选择性是难于达到的。因为这种原料含有相当高浓度的多环芳烃和重质的含氮化合物,会导致催化剂严重失活,而更重的原料所需的更高的操作温度会使平衡向芳烃一边移动(这明显也不利于产品质量),这一事实还会使失活进一步加重。作为弥补,可采用更高的氢气分压,但这通常会带来严重的经济损失(如高于17.0MPa)。另外,虽然基于沸石的催化剂的生焦倾向,沸石催化剂能为重油转化提美好的前景,但其活性也会由于沸石孔道限制更重分子的接近而受到抑制。沸石孔道可接近性的限制也使产品选择性蒙受损失,因为目前的沸石裂化初始产物比裂化原料活性更高。答案只能寄希望于完全不同的工艺的设计,即在沸腾床上进行加氢裂化,在沸腾床上已经实现失活催化剂的连续卸出(例如LC-fine、H-oil、T-Star等工艺)。因为催化剂平均在线时间更短,该工艺更容易克服催化剂的失活。但是,这些工艺也得益于相当一部分热裂解,进一步的讨论超出了本章的范围[191]。

18.4 总结与展望

炼油技术的进步得益于沸石科学，同时又促进了沸石科学的发展。尽管甲醇制烯烃 (MTO)超出了我们讨论的范围，Haw等[192]关于MTO 的论述却恰当地描述了沸石科学与炼油技术的这种关系：MTO是一个催化中统一作用问题。MTO催化中的活性中心不是一片纯净黏土上的质子，它是一个有机-无机混合体。这种混合体将要通过结构活性与拓扑概念的融合才能理解。烃池(hydrocarbon pool)反应包含甲苯的烷基化和异构化、同质化、齐聚、裂化、烯烃异构化以及环化和歧化成芳烃和烷烃反应中固有的氢化物转移反应。因此，更全面了解MTO催化作用，必然有助于固体酸上烃催化的其他重要的基础问题的解决。MTO烃池机理包括具有清晰可定义化学特性的明显超分子组分。因此，MTO催化过程对于理论模型催化原位光谱的应用与修正，将是有吸引力的实验对象。MTO催化过程的分子集合需要均相与多相催化之间的协同作用。

有关工业问题的研究揭示了沸石催化体系难以想像的复杂性，虽然还没达到满意程度，但对某些情况有了详细了解，这在多相催化领域是非常难得的。那么，到底存在怎样的挑战？在一定科学水平上，希望将所有疑惑与理论、光谱、模型反应中的催化作用以及工业体系的催化作用联系起来。因为弄清什么限制着沸石上非常简单的烃的转化反应速率，也需要作出努力[193]，我们离此还有一定距离。在FCC催化作用中，更好地理解催化剂活性的本质，如16.2.2节所讨论的那样，将是有帮助的。加氢裂化理解得更透彻，因而联系到更基础的层次存在的疑问更少。

如本章开篇所述，FCC工艺面临着多项挑战，而与工艺的改进相呼应，催化剂的改良帮助将FCC从一个单纯生产汽油的装置转变成了更加灵活的装置，使全球需求从汽油转换到馏分燃料和稳定增长的石油化工原料成为可能。正如上文所强调的，FCC催化剂组分必须是低成本的，这仍是应用Y型与ZSM-5以外沸石结构的难以逾越的障碍。无论如何，具有非常大孔的结构材料数量的稳定增加，无疑将导致新的发现。通过低成本合成或者改善的稳定性，解决如何将这类材料应用于重油转化的问题，这才能激发进一步的研究以克服障碍。同样的研究无疑也会加氢裂化有所帮助，加氢裂化的条件更加宽容，因而跟着采用新材料的机会更大。

毫无疑问，因为面临尽最大可能利用常规油品、非常规油品和天然气资源的挑战，人们将需要进一步了解和掌握沸石和沸石催化。

参考文献

[1] Rosinski, E.J. (1992) The Origin and Development of the First Zeolite Catalyst for Petroleum Cracking in Inventive Minds: Creativity in Technology (eds R.J. Weber and D.N. Perkins), Oxford University Press, pp. 166–177.

[2] Rabo, J.A. and Schoonover, M.W. (2001) Appl. Catal. A, 222, 261.

[3] Nakamura, D. (2008) Oil Gas J., 106 (48), 46.

[4] BP Statistical Review of World Energy (2008), at www.bp.com/statisticalreview (accessed in 2009).

[5] (a) Maesen, Th. (2007) The Zeolite Scene–An Overview in Stud. Surf. Sci. Catal., vol. 168 (eds J. Čejka, H. van Bekkum, A. Corma, F. Schüth), Elsevier, Amsterdam, pp. 1–12.; (b) Lauriente, D.H. and Inoguchi, Y. in The Chemical Economics Handbook, SRI international, pp. 599.1000A–599.1002.K; see also online summaries of The Economics of Zeolites Roskill, (2003) on http://www.roskill.com/reports/zeolites and Zeolites – Industry Trends and Worldwide Markets in 2010, Hewin International Report (2001).

[6] Degnan, T.F. (2001) Top. Catal., 13, 349.

[7] Stell, J. (2005) Oil Gas J., 103 (47), 50.

[8] BCC Research (2007) Report Summary, Catalysts for Environmental and Energy Applications. http://www.bccresearch.com/report/CHM020C.html (accessed in 2008).

[9] Maxwell, I.E. and Stork, W.H.J. (1991) Stud. Surf. Sci Catal., 58, 571.

[10] Sherman, J.D. (1999) Proc. Natl. Acad. Sci. U.S.A., 96, 3471.

[11] Mokyr, J. (2002) Gifts of Athena, Princeton University Press, Princeton .

[12] Blauwhoff, P.M.M., Gosselink, J.W., Kieffer, E.P., Sie, S.T., and Stork, W.H.J. (1999) in Catalysis and Zeolites – Fundamentals and Applications (eds J.Weitkamp and L. Puppe), Springer, Berlin, p. 437.

[13] Maxwell, I.E. and Stork, W.H.J. (2001) Stud. Surf. Sci Catal., 137, 747.

[14] Weyda, H. and Köhler, E. (2003) Catal. Today, 81, 51.
[15] (a) International Energy Agency, Oil Market Report, Paris, France, May 2006, p. 14, http://omrpublic.iea.org/(accessed in 2008). (b) Energy Information Agency, U.S. Department of Energy (2006) International Energy Outlook 2006 . Report #:DOE/EIA-0484, http://www.eia.doe.gov/oiaf/ieo/index.html (accessed in 2008).
[16] Ross, J., Lepage, J.P., and Confuorto, N. (2003) Hydrocarbon Process., 82, 47.
[17] Directive 2003/17/EC of the European Parliament and of the Council, English Version, online on http://eur-lex.europa.eu/LexUriServ/site/en/oj/2003/l 076/l 07620030322en 00100019.pdf.
[18] Silvy, R.P. (2004) Oil Gas J., 102 (16), 58.
[19] Stell, J. (2004) Oil Gas J., 102 (16), 26.
[20] Scherzer, J. (1993) Stud. Surf. Sci. Catal., 76, 145.
[21] Adewuyi, Y.G. (1997) Appl. Catal. A, 163, 15.
[22] Cerqueira, H.S., Sievers, C., Joly, G., Magnoux, P., and Lercher, J.A. (2005) Ind. Eng. Chem. Res., 44, 2069.
[23] (2005) Europe/Middle East Report Olefins and Derivatives, vol. 224, CMAI, London, p. 14.
[24] Brunet, S., Mey, D., Pérot, G., Bouchy, C., and Diehl, F. (2005) Appl. Catal. A, 278, 143.
[25] Thakkar, V.P., Abdo, S.F., Gembicki, V.A., and McGehee, J.F. (2005) Petr. Quarterly, Q3, 41.
[26] Naber, J.E., Barnes, P.H., and Akbar, M. (1988) Japan Petroleum Institute, Petroleum Refining Conference, October 19-21, 1988, Tokyo.
[27] Cerqueira, H.S., Caeiro, G., Costa, L., and Ramôa Ribeiro, F. (2008) J. Mol. Catal. A, 292, 1.
[28] Nishihara, H., Yang, Q.H., Hou, P.X., Unno, M., Yamauchi, S., Saito, R., Paredes, J.I., Martínez-Alonso, A., Tasc'on, J.M.D., Sato, Y., Terauchi, M., and Kyotani, T. (2009) Carbon, 47, 1220.
[29] Harding, R.H., Peters, A.W., and Nee, J.R.D. (2001) Appl. Catal. A, 221, 389.
[30] Dupain, X. (2006) Fluid Catalytic Cracking – Feed Stocks and Reaction Mechanism, Ph.D. Thesis, Delft University of Technology, ISBN 90-902-0417-2, http://repository.tudelft.nl/file/96711/078220 (accessed in 2008).
[31] Scherzer, J. (1989) Catal. Rev. – Sci. Eng., 31, 215.
[32] Davison Catalagram, No 76 (1987).
[33] Stockwell, D.M., Liu, X., Nagel, P., Nelson, P.J., and Gegan, T.A. (2004) Stud. Surf. Sci. Catal., 149, 257.
[34] Liu, H., Ma, J., and Gao, X. (2006) Catal. Lett., 110, 229.
[35] Haag, W.O. and Dessau, R.M. (1984) Proceedings of the 8th International Congress on Catalysis, July 2–6, 1984, Berlin, Germany, vol. 2, Verlag Chemie, Weinheim, p. 305.
[36] Wojciechowski, B.W. and Corma, A. (1986) Catalytic Cracking, Marcel Dekker, New York.
[37] Abbott, J. and Wojciechowski, B.W. (1988) Can. J. Chem. Eng., 66, 817.
[38] Williams, B.A., Ji, W., Miller, J.T., Snurr, R.Q., and Kung, H.H. (2000) Appl. Catal. A, 203, 179.
[39] Kotrel, S., Knözinger, H., and Gates, B.C. (2000) Microporous Mesoporous Mater., 35-36, 11.
[40] Iyer, P.S., Scherzer, J., and Mester, Z.C. (1988) Perspectives in Molecular Sieve Science, ACS Symposium Series, Vol. 368, American Chemical Society, Washington, DC, pp. 48–65.
[41] van de Gender, P. (2005) Albemarle Catalyst Courier, 61, p. 8, http://www.albemarle.com/Products and services/Catalysts/Courier/ Catalysts Courier 61.pdf (accessed in 2009).
[42] Chen, N.Y., Mitchell, T.O., Olson, D.H., and Pelrine, B.P. (1977) Ind. Eng. Chem., Prod. Res. Dev., 16, 247.
[43] Bolton, A.P. (1971) J. Catal., 22, 9.
[44] There are many model studies, see e.g. Corma, A., Mocholi, F., Orchilles, V., Koermer, G.S., and Madon, R.J. (1991) Appl. Catal., 67, 307.
[45] Rigby, A.M., Kramer, G.J., and van Santen, R.A. (1997) J. Catal., 170, 1.
[46] (a) Effects of selective adsorption phenomena that are not based on shape selectivity on catalysis are surprisingly poorly documented. See for relevant adsorption studies and references: Papaioannou, C., Petroutsos, G., and Gunßer, W. (1997) Sol. St. Ionics, 101-103, 799; (b) Daems, I., Méthivier, A., Leflaive, P., Fuchs, A.H., Baron, G.V., and Denayer, J.F.M. (2005) J. Am. Chem. Soc., 117, 11600; (c) see for a discussion of selective adsorption in zeolite catalysis: Espeel, P.H.J., Parton, R., Toufar, H., Martens, J.A., Hölderich, W., and Jacobs, P.A. (1999) Zeolite Effects in Organic Catalysis in Catalysis and Zeolites – Fundamentals and Applications, Chapter 6 (eds J.Weitkamp and L. Puppe), Springer, Berlin, p. 377.
[47] Beyerlein, R.A., McVicker, G.B., Yacullo, L.N., and Ziemiak, J.J. (1988) J. Phys. Chem., 92, 1967.
[48] Corma, A., Fornés, V., Mocholí, F.A., Mont'on, J.B., and Rey, F. (1991) ACS Symp. Ser., 452, 12.
[49] Corma, A., Fornés, V., Franco, M.J., Mocholí, F.A., and Pérez-Pariente, J. (1991) ACS Symp. Ser., 452, 79.
[50] Corma, A. and Martinez- Triguero, J. (1994) Appl. Catal. A, 118, 153.
[51] Mitchell, M.M. Jr., Hoffman, J.F., and Moore, H.F. (1993) Stud. Surf. Sci. Catal., 76, 293.
[52] Dries, H., Muller, F., Willbourne, P., Fum, M., and Williams, C.P. (2005) Hydrocarbon Process., 82 (2), 69.
[53] (a) Tan, S. and Satbhai, P. (1998) Design and operation of residue catalytic crackers; paper presented at the Asia Pacific Refining Technology Conference (Singapore 4/20-20/98), Pet. Technol. Q., 3 (4), 47.
[54] Philips, G. and Liu, F. (2003) Hydrocarbon Eng., 8 (9), 69.
[55] UOP MSCC Process, Brochure, Available on http://www.uop.com UOP 4223–18 (2008). (Accessed in 2008).
[56] (a) Czernuszewicz, R.S. (2000) J. Porphyrins Phtalocyanines, 4, 426; (b) Mitchell, P.C.H., Scott, C.E., Bonnelle, J.P., and Grimblot, J.G. (1985) J. Chem. Soc., Faraday Trans., 81, 1047.
[57] Habib, E.T. Jr., Owen, H., Snyder, P.W., Streed, C.W., and Venuto, P.B. (1977) Ind. Eng. Chem., Prod. Res. Dev., 16, 291.
[58] Truhillo, C.A., Uribe, U.N., Knops-Gerrits, P.P., Oviedo, L.A., and Jacobs, P.A. (1997) J. Catal., 168, 1.
[59] Biswas, J. and Maxwell, I.E. (1990) Appl. Catal., 58, 1.
[60] Wormsbecher, R.F., Peters, A.W., and Maselli, J.M. (1986) J. Catal., 100, 130.
[61] Pine, L.A. (1990) J. Catal., 125, 514.
[62] Rainer, D.R., Vadovic, C., Rautiainen, E., Nelissen, B., and Imhof, P. (2004) Stud. Surf. Sci. Catal., 149, 165.
[63] Yaluris, G., Cheng, W.C., Peters, M., Hunt, M.L.J., and Boock, L.T. (2001)NPRA Annual Meeting Papers 2001, Annual Meeting – National Petrochemical and Refiners Association, New Orleans, p. 26.
[64] McKay, D.L. and Bertus, B.J. (1979) ACS Div. Pet. Chem. Prepr., 24, 645.
[65] Ramamoorthy, P. (1988)NPRA Annual Meeting, March 20-22, San Antonio.

[66] Heite, R.S., English, A.R., and Smith, G.A. (1990) Oil Gas J., 88 (23), 81.
[67] Nielsen, R.H. and Doolin, P.K. (1993) Stud. Surf. Sci. Catal., 76, 339.
[68] Degnan, T.F., Chitnis, G.K., and Schipper, P.H. (2000) Microporous Mesoporous Mater, 35-36, 245.
[69] Yanik, S.J., Demmel, E.J., Humphries, A.P., and Campagna, R.J. (1985) Oil Gas J., 83 (19), 108.
[70] Chen, N.Y., Degnan, T.F. Jr., and Smith, C.M. (1994) Molecular Transport and Reaction in Zeolites, VCH Publishers, New York.
[71] Buchanan, J.S. (2000) Catal. Today, 55, 207.
[72] O'Connor, P., Kuehler, C., and Imhof, P. (1983) Hydrocarbon Eng., 8 (1), 35.
[73] Zhao, X. and Roberie, T.G. (1999) Ind. Eng. Chem. Res., 38, 3847.
[74] Cabral de Menezes, S.M., Lam, Y.L., Damodaran, K., and Pruski, M. (2006) Microporous Mesoporous Mater., 95, 286.
[75] Damodaran, K., Wiench, J.W., Cabral de Menezes, S.M., Lam, Y.L., Trebosc, J., Amoureux, J.-P., and Pruski, M. (2006) Microporous Mesoporous Mater., 95, 296.
[76] The subject matter is further reviewed thoroughly in Blasco, T., Corma, A., and Martínez-Triguero, J. (2006) J. Catal., 237, 267.
[77] Corma, A., Fornes, V., Kolodziejski, W., and Martinez-Triguero, L.J. (1994) J. Catal., 145, 27.
[78] Pine, L.A. (1985) US Patent 4,504,382.
[79] Xie, C.X., Zhao, J., Pan, H.F., and Ning, S.-K. (2002) Petrochem. Technol., 31 (9), 691.
[80] Huang, L. and Li, Q. (1999) Chem. Lett. (8), 829.
[81] Li, Z., Liu, L.S., and Ge, X. (1988) European Patent Application 305,720(A2), to Research Institute of Petroleum, Processing SINOPEC.
[82] Letsch, W.S. and Earl, G. (1994) US Patent 5,662,868, to Stone & Webster Engineering Corporation.
[83] Shi, Z., Zhang, F., and Liu, S. (1998) European Patent Application 909,582(A1), to Research Institute of Petroleum, Processing SINOPEC.
[84] Hulet, C., Briens, C., Berruti, F., and Chan, E.W. (2005) Int. J. Chem. Reactor Eng., 3, 19.
[85] Meng, X., Gao, J., Li, L., and Xu, C. (2004) Petr. Sci. Technol., 22 (9-10), 1327.
[86] Bowen, C., Santner, C., and Dahria, D. (2008) AIChE Spring Meeting Proceedings, pp. 597–608.
[87] Nieskens, M. (2008) NPRA Annual Meeting, March 2008, Paper AM-08-54.
[88] Lauhresen, C.J., Clark, P.D., and Du Plessis, M.P. (2006) J. Can. Petr. Technol., 45 (8), 1.
[89] Tallman, M.J. and Eng, C.N. (2008) AIChE Spring Meeting Proceedings, pp. 584–596.
[90] Soni, D., Angevine, P.J., Rao, R., Saidulu, G., Battacharyya, D. and Krishnan, V. (2008) AIChE Spring Meeting Proceedings, pp. 575–583.
[91] Bonetto, L., Camblor, M.A., Corma, A., and Pérez-Pariente, J. (1992) Appl. Catal., 82, 37.
[92] Mavrovouniotis, G.M., Cheng, W.C., and Peters, A.W. (1994) ACS Symp. Ser., 571, 16.
[93] Corma, A., Martínez-Triguero, J., and Martínez, C. (2001) J. Catal., 197 (1), 151.
[94] Haas, A., Harding, D.A., and Nee, J.R.D. (1999) Microporous Mesoporous Mater., 28 (2), 325.
[95] (a) Corma, A., Diaz-Cabañas, M.J., Marti'nez-Triguero, J., and Rey, F. (2002) J. Rius Nat., 418 (6897) 514; (b) Corma, A., Diaz-Cabañas, M.J., Marti'nez-Triguero, J., and Rey, F. (2002) European Patent Application 1,445,297 A1.
[96] Corma, A., Díaz-Cabañas, M.J., Jordá, J.L., Martínez, C., and Moliner, M. (2006) Nature, 443, 842.
[97] Corma, A. and Martinez-Triguero, J. (1997) Appl. Catal. A, 165, 102.
[98] Castañeda, R., Corma, A., Fornes, V., Martinez-Triguero, J., and Valencia, S. (2006) J. Catal., 238, 79.
[99] Scherzer, J. and Gruia, A.J. (1996) Hydrocracking Science and Technology, Marcel Dekker, New York, 305 pp.
[100] Gary, J.H. and Handwerk, G.E. (2001) Petroleum Refining: Technology and Economics, 4th edn, Marcel Dekker, New York, 441 pp.
[101] Kalnes, T., Fleming, P., Wang, L., Thakkar, V., and Antos, G. (2001) NPRA Paper AM-01-30.
[102] Law, D.V. (2000/2001) Pet. Technol. Q, Winter, 55.
[103] Hagan, A.P., Ioannou, M.G., Cackett, S.J., and Shivaram, A. (1999) PetroTech-99, Paper presented at the 3rd International Petroleum Conference and Exhibition, January 9–12, 1999, New Delhi.
[104] Hennico, A., Billon, A., and Bigeard, P.-H. (1992) Hydrocarbon Technol. Int., 19.
[105] Chongren, H. and Xiangchen, F. (2002) Pet. Technol. Q., Autumn, 93.
[106] Sullivan, R.F. and Scott, J.W. (1983) Am. Chem. Soc. Symp. Ser., 222, 293.
[107] Esener, A.A. and Maxwell, I.E. (1989) Improved Hydrocracking Performance by Combining Conventional Hydrothreating and Zeolitic Catalysts in Stacked Bed Reactors in Advances in Hydrotreating Catalysts, Annual AIChE meeting, November 27 – December 2, 1988, Washington DC (eds M.L.Occelli and R.G. Anthony), Elsevier, Amsterdam, p. 263.
[108] Mukherjee, U., Mayer, J., and Srinivasan, B. (2005) Pet. Technol. Q. Catal., 10 (2), 49.
[109] Gosselink, J.W., Van De Paverd, A., and Stork, W.H.J. (1989) Stud. Surf. Sci. Catal., 53, 385.
[110] Dufresne, P., Bigeard, P.-H., and Billon, A. (1987) Catal. Today, 1, 367.
[111] Hunter, M.G., Pappal, D.A., and Pesek, C.L. (1994) NPRA Paper AM-94-21.
[112] Sarrazin, P., Bonnardot, J., Wambergue, S., Morel, F., and Gueret, C. (2005) Hydrocarbon Process., 85 (2), 57.
[113] Brunn, L.W., Karapakos, N.E., Plesko, R.W., and Schoenroth, B.E. (1984) Oil Gas J., 82 (13), 90.
[114] Frazer, S. and Shirley, W. (1999) Pet. Technol. Q., Autumn, 25.
[115] Ladeur, P. and Bijwaard, H. (1993) Oil Gas J., 91 (17), 64.
[116] Minderhoud, J.K. and van Veen, J.A.R. (1993) Fuels Process. Technol., 35, 87.
[117] Law, D.V. (1993) Paper presented at the 7th Refinery Technology Meeting, Bombay, December 6-8, 1993.
[118] Mignard, S. and Béroudiaux, O. (1998) React. Kinet. Catal. Lett., 65, 185.
[119] Boduszynski, M.M. (1988) Energy Fuels, 2 (6), 597.
[120] (a) Gruia, A.J. (1987) US Patent 4 698 146, assigned to UOP Inc.; (b) Gruia, A.J. (1990) US Patent 4 921 595, assigned to UOP Inc; (c) Gruia, A.J. (1990) US Patent 4 954 242, assigned to UOP Inc.
[121] Abdul Latif, N. (1989) Stud. Surf. Sci. Catal., 53, 349.
[122] Sie, S.T. (1994) Stud. Surf. Sci. Catal., 85, 587.
[123] Nat, P.J. (1989) Erdöl Kohle Erdgas Petrochem., 42, 447.
[124] Dufresne, P., Quesada, A., and Mignard, S. (1989) Stud. Surf. Sci. Catal., 53, 301.
[125] Ward, J.W. (1993) Fuels Process. Technol., 35, 55.
[126] Hoek, A., Huizinga, T., Esener, A.A., Maxwell, I.E., Stork, W.H.J., van de Meerakker, F.J., and Sy, O. (1991) Oil Gas J., 89 (16), 77.

[127] Santana, R.C., Do, P.T., Santikunaporn, M., Alvarez, W.E., Taylor, J.D., Sughrue, E.L., and Resasco, D.E. (2006) Fuel, 85, 643.
[128] Du, H., Fairbridge, C., Yang, H., and Ring, Z. (2005) Appl. Catal. A, 294, 1.
[129] Prins, R. (2001) Adv. Catal., 46, 299.
[130] Douwes, C.T. and T'Hart, M. (1968) Erdöl Kohle Erdgas Petrochem., 21, 202.
[131] (a) Roussel, M., Lemberton, J.L., Guisnet, M., Cseri, T., and Benazzi, E. (2003) J. Catal., 218, 427; (b) Roussel, M., Norsic, S., Lemberton, J.L., Guisnet, M., Cseri, T., and Benazzi, E. (2005) Appl. Catal. A, 279, 53.
[132] Ward, J.W. (1983) Stud. Surf. Sci. Catal., 16, 587.
[133] Minderhoud, J.K., van Veen, J.A.R., and Hagan, A.P. (1999) Stud. Surf. Sci. Catal., 127, 3.
[134] Gates, B.C., Katzer, J.R., and Schuit, G.C.A. (1979) Chemistry of Catalytic Processes, McGraw-Hill, New York, 464.
[135] Schulz, H. and Weitkamp, J. (1972) Ind. Eng. Prod. Res. Dev., 11, 46.
[136] Weitkamp, J. (1978) Erdöl Kohle Erdgas Petrochem., 31, 13.
[137] Weitkamp, J. and Dauns, H. (1987) Erdöl Kohle Erdgas Petrochem., 40, 111.
[138] (a) Martens, J.A., Jacobs, P.A., and Weitkamp, J. (1986) Appl. Catal., 20 239; (b) Martens, J.A., Jacobs, P.A., and Weitkamp, J. (1986) Appl. Catal., 20, 283; (c) Jacobs, P.A. and Martens, J.A. (1991) Stud. Surf. Sci. Catal. 58, 445.
[139] Jacobs, P.A. and Martens, J.A. (2001) Stud. Surf. Sci. Catal., 137, 633.
[140] Guisnet, M., Alvarez, F., Giannetto, G., and Perot, G. (1987) Catal. Today, 1, 415.
[141] (a) Denayer, J.F., Baron, G.V., Souverijns, W., Martens, J.A., and Jacobs, P.A. (1997) Ind. Eng. Chem. Res., 36, 3242; (b) Martens, G.G., Marin, G.B., Martens, J.A., Jacobs, P.A., and Baron, G.V. (2000) J. Catal., 195, 253.
[142] (a) Martens, G.G., Thybaut, J.W., and Marin, G.B. (2001) Ind. Eng. Chem. Res., 40, 1832; (b) Berger, R.J. (2001) CatTech, 5, 30, esp. Intermezzo 6.
[143] Sullivan, R.F., Boduszinski, M.M., and Fetzer, J.C. (1981) Energy Fuels, 3, 603.
[144] Guisnet, M. and Magnoux, P. (2001) Appl. Catal. A, 212, 83.
[145] Welters, W.J.J. (1994) Zeolite Supported Metal Sulfides as Catalysts for Hydrocracking, Ph.D. Thesis, Eindhoven.
[146] (a) Lemberton, J.L., Touzeyido, M., and Guisnet, M. (1989) Appl. Catal., 54, 101; (b) Lemberton, J.L.J.L., Touzeyido, M.M., and Guisnet, M.M. (1991) Appl. Catal. A, 79, 115.
[147] Sato, K., Iwata, Y., Miki, Y., and Shimada, H. (1999) J. Catal., 186, 45.
[148] Habib, M.M., Bezman, R.D., Dahlberg, A.J., and Krishna, A.S. (2000)Paper presented at The XIth Refinery Technology Meeting, February 9-11, 2000, Hyderabad.
[149] Weitkamp, J. and Ernst, S. (1990) Factors Influencing the Selectivity of Hydrocracking in Zeolites in Guidelines for Mastering the Properties of Molecular Sieves (eds E.G. Derouane, D. Barthomenf, and W., Hölderich), Plenum Press, New York, p. 343.
[150] Weisz, P.B. (1962) Adv. Catal., 13, 137.
[151] Cornet, D., El Qotbi, M., and Leglise, J. (1997) Stud. Surf. Sci. Catal., 106, 147.
[152] Sie, S.T. (1993) Ind. Eng. Chem. Res., 32, 403.
[153] Girgis, M.J. and Tsao, Y.P. (1996) Ind. Eng. Chem. Res., 35, 386.
[154] Thybaut, J.W., Laxmi Narasimhan, C.S., Denayer, J.F., Baron, G.V., Jacobs, P.A., Martens, J.A., and Marin, G.B. (2005) Ind. Eng. Chem. Res., 44, 5159.
[155] (a) Benazzi, E., Leite, L., Marchal-George, N., Toulhoat, H., Raybaud, P. (2003) J. Catal., 217, 376; (b) Toulhoat, H., Raybaud, P., and Benazzi, E. (2004) J. Catal., 221, 500.
[156] Ward, J.W. (1984) Molecular Sieve Catalysts in Applied Industrial Catalysis, vol. 3 (ed. B.E. Leach), Academic Press, Orlando, p. 272.
[157] (a) Reyes, S.C., Sinfelt, J.H., and DeMartin, G.J. (2000) J. Phys. Chem. B, 104, 5750; (b) Isoda, T., Maemoto, S., Kusakabe, K., and Morooka, S. (1999) Energy Fuels, 13, 617 (c) Kuehne, M.A., Babitz, S.M., Kung, H.H., and Miller, J.T. (1998) Appl. Catal. A, 166, 293.
[158] Yan, T. (1983) Ind. Eng. Chem. Proc. Res. Dev., 22, 154.
[159] Huizinga, T., Theunissen, J.M.H., Minderhoud, J.K., and van Veen, J.A.R. (1995) Oil Gas J., 93 (26), 40.
[160] Maxwell, I.E. (1987) Catal. Today, 1, 385.
[161] Scherzer, J. (1984) ACS Symp. Ser., 284, 157.
[162] Szostak, R. (2001) Stud. Surf. Sci. Catal., 137, 261.
[163] (a) Beaumont, R. and Barthomeuf, D. (1972) J. Catal., 26, 218 (b) Beaumont, R. and Barthomeuf, D. (1972) J. Catal., 27, 45; (c) Beaumont, R. and Barthomeuf, D. (1973) J. Catal., 30, 288.
[164] Wachter, W.A. (1990) The Role of Next Nearest Neighbours in Zeolite Acidity and Activity in Theoretical Aspects of Heterogeneous Catalysis (ed. J.B. Moffat), Van Nostrand Reinhold, New York, p. 10.
[165] Bezman, R. (1992) Catal. Today, 13, 143.
[166] van Bokhoven, J.A., Williams, B.A., Ji, W., Koningsberger, D.C., Kung, H.H., and Miller, J.T. (2004) J. Catal., 224, 50, references cited therein.
[167] Hensen, E.J.M., Poduval, D.G., Ligthart, D.A.J.M., van Veen, J.A.R., and Rigutto, M.S. J. Phys. Chem. C, submitted.
[168] Mostad, H.B., Stöcker, M., Karlsson, A., and Rørvik, T. (1996) Appl. Catal. A, 144, 305.
[169] (a) Chu, C.T.W. and Chang, C.D. (1985) J. Phys. Chem., 89, 1569; (b) Post, M.F.M., Huizinga, T., Emeis, C.A., Nanne, J.M., and Stork, W.H.J. (1989) Stud. Surf. Sci. Catal., 46, 365.
[170] Maesen, Th.L.M., van Veen, J.A.R., Cooper, D.A., van Vegchel, I.M., and Gosselink, J.W. (2000) J. Phys. Chem. B, 104, 716.
[171] (a) Sato, K., Nishimura, Y., and Shimada, H. (1999) Catal. Lett., 60, 83; (b) Sato, K., Nishimura, Y., Honna, K., Matsubayashi, N., and Shimada, H. (2001) J. Catal., 200, 288.
[172] Cooper, D.A., Hastings, T.W., and Hertzenberg, E.P. (1997)US Patent 5 601 798, assigned to ZI.
[173] Janssen, A.H., Koster, A.J., and de Jong, K.P. (2001) Angew. Chem. Int. Ed., 40, 1102.
[174] Krishna, R. (1989) Erdöl Kohle Erdgas Petrochem., 42, 194.
[175] Geus, J.W. and van Veen, J.A.R. (1999) Stud. Surf. Sci. Catal., 123, 459.
[176] Vissenberg, M.J., Joosten, L.J.M., Heffels, M.M.E.H., van Welsenes, A.J., de Beer, V.H.J., van Santen, R.A., and van Veen, J.A.R. (2000) J. Phys. Chem. B, 104, 8456.
[177] (a) Robinson, W.R.A.M., van Veen, J.A.R., de Beer, V.H.J., and van Santen, R.A. (1999) Fuel Proc. Technol., 61, 103; (b) Hensen, E.J.M., Kooyman, P.J., van der Meer, Y., van der Kraan, A.M., de Beer, V.H.J., van Veen, J.A.R., and van Santen, R.A. (2001) J. Catal., 199, 224.
[178] Hensen, E.J.M. and van Veen, J.A.R. (2003) Catal. Today, 86, 87.
[179] Zhang, W. and Smirniotis, P.G. (1999) J. Catal., 182, 400.

[180] Ward, J.W. (1993) Fuel Proc. Technol., 35, 55.

[181] Barman, B.N., Cebolla, V.L., Mehrotra, A.K., and Mansfield, C.T. (2001) Anal. Chem., 73, 2791.

[182] Martens, G.G. and Marin, G.B. (2001) AIChE J., 47, 1607.

[183] Laxmi Narasimhan, C.S. (2004) Ph.D. Thesis, Universiteit Gent, Chapter 8.

[184] Fu, J., Kim, S., Rodgers, R.P., Hendrickson, C.L., and Marshall, A.G. (2006) Energy Fuels, 20, 661.

[185] Schüth, F. (2001) Stud. Surf. Sci. Catal., 135, 1.

[186] (a) Lin, Y., Zhang, W., and Pinnavaia, T.J. (2000) J. Am. Chem. Soc., 122, 8791; (b) Lin, Y., Zhang, W., and Pinnavaia, T.J. (2001) Angew. Chem., 113, 1295.

[187] (a) Zhang, Z., Han, Y., Xiao, F.-S., Qiu, S., Zhu, L., Wang, R., Yu, Y., Zou, B., Wang, Y., Sun, H., Zhao, D., and Wei, Y. (2001) J. Am. Chem. Soc., 123, 5014; (b) Zhang, Z., Han, Y., Zhu, L., Wang, R., Yu, Y., Qiu, S., Zhao, D., and Xiao, F.-S. (2001) Angew. Chem., 113, 1298.

[188] Fang, Y. and Hu, H. (2006) J. Am. Chem. Soc., 128, 10636.

[189] Bagshaw, S.A. and Hayman, A.R. (2001) Adv. Mater., 13, 1011.

[190] Martens, J.A., Benazzi, E., Brendlé, J., Lacombe, S., and LeDred, R. (2000) Stud. Surf. Sci. Catal., 130, 293.

[191] (a) Chrones, J. and Germain, R.R. (1989) Fuel Sci. Technol. Int., 7, 783; (b) Eccles, R.M. (1993) Fuel Proc. Technol., 35, 21.

[192] (a) Marcus, D.M., McLachlan, K.A., Wildman, M.A., Ehresmann, J.O., Kletnieks, P.W., and Haw, J.F. (2006) Angew. Chem. Int. Ed., 45 (19), 3133; (b) Haw, J.F., Song, W., Marcus, D.M., and Nicholas, J.B. (2003) Acc. Chem. Res., 36, 317.

[193] Rigutto, M.S. (2008) Hydrocarbon Conversion with Zeolites: a Clair-obscur in Zeolites and Related Materials: Trends, Targets and Challenges, Studies in Surface Science and Catalysis, Elsevier, Amsterdam, Vol. 174(B), Proceeding of the 4th International FEZA Conference, 2–6 September 2008, Paris (eds A. Gédéon, F. Massiani, and F. Babonneau), p. 43 .

19 石脑油改质和柴油质量升级

Carlo Perego, Vincenzo Calemma, Paolo Pollesel

19.1 引言

目前,汽油和柴油是炼厂最重要、最有价值的产品。在过去的几年里,全球对汽油和柴油的需求迅猛增长,且柴油的增长速率是汽油的两倍(见图19.1)[1]。

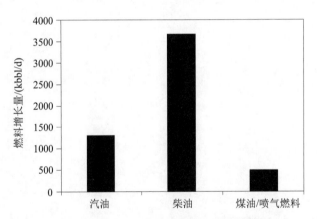

图19.1 2008~2015年交通运输用燃料增长量

自1995年以来,全球对石油产品的需求一直在增长,并且预计可一直维持到2015年(见图19.2)。尽管柴油和汽油的增长速率不同,但它们都是最重要的石油产品[2]。

全球对汽油需求的增长,预计从现在到2010年每年增长1.8%,2010~2015年[3]每年增长约1.3%。虽然催化重整是一个古老的炼油工艺,但它仍然是生产高辛烷值汽油、氢气、苯、甲苯、二甲苯混合物(BTXs)的重要方法。重整加工能力占世界原油加工能力的13%。全世界662座炼油厂中的70%都有重整装置[4],其中,96座有重整装置的炼油厂分布在北美,82座分布在西欧,102座分布在亚太地区(见表19.1)。

图19.3为一个现代化炼油厂的流程简图,包括石脑油升级,其产品为汽油。催化重整为最重要的一个单元。汽油产品是通过不同炼油工艺获得的一种混合物,涉及到的工艺单元包括:直馏、重整、催化裂化(FCC)、焦化、加氢裂化、异构化、烷基化、聚合、调和(添加丁

烷、醚类)。重整油在汽油中的含量,美国通常达到34%左右,西欧为40%。

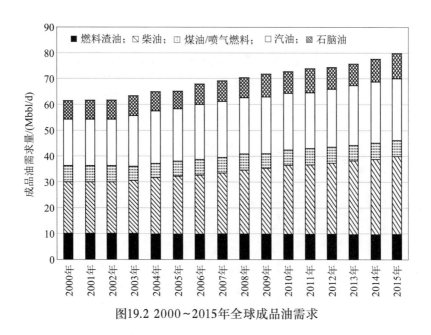

图19.2 2000~2015年全球成品油需求

表19.1 全球重整加工能力的地理分布

项 目	重整加工能力/(kbbl/d)	占世界重整加工能力的比例, %
北 美	4174	36.9
西 欧	2058	18.2
欧洲中部和东部	359	3.2
亚太地区	1974	17.4
南美洲和中部美洲	427	3.8
前苏联	1135	10
中 东	718	6.3
非 洲	476	4.2
总 计	11319	100

全球对BTX的需求增长速率将高于对汽油需求的增长,对苯的需求增长率为每年2.4%,对二甲苯的需求增长率为每年5.6%[3]。市场趋势和监管报告(例如限制苯含量的汽油)均显示,生产工艺过程和重整催化剂都需要进行技术创新。

柴油是市场需求增长速度最快的产品。最近,炼油厂的大部分投资主要用于改造生产流程,使装置具有合适的柴油比例。从图19.3可以看出,柴油产品主要由直馏柴油、FCC柴油馏分和焦化单元的产品组成。柴油馏分收率最大化和质量升级,极大地推动了加工工艺的创新和催化剂的发展。柴油升级是指柴油加氢精制的过程,旨在脱硫和降低柴油的芳烃含量,这是本书重点介绍的章节。在本章,我们着重介绍中间馏分油的催化脱蜡,这个过程比其他的油品升级涉及更多的基于硅基沸石的催化反应。在柴油的质量标准中,低温属性是指柴油在寒冷的天气条件下的使用性能。在低温情况下,高熔点的化合物会产生沉淀,从而影响柴油的流动性,最终可能导致其凝固。催化脱蜡是脱除蜡质组分(主要是直链烷烃和短支链烷烃)来改善柴油的低温性能。

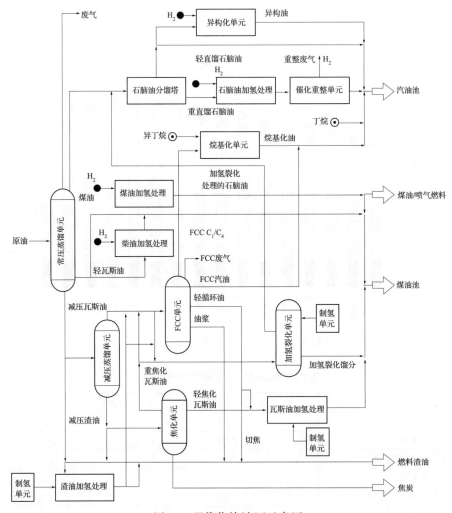

图19.3 现代化炼油厂示意图

19.2 催化重整

19.2.1 催化重整工艺流程

催化重整是最古老的炼油工艺之一，于1940年商业化。在一个现代化的炼油厂，催化重整有两项主要任务：生产高辛烷值汽油和氢气。

如图19.3所示，催化重整是将沸点为65~205℃的低辛烷值石脑油转化成高辛烷值的芳烃产品。重整也是从高芳香烃组分中获得BTXs的主要来源。芳烃的收率取决于原料组成、催化剂和反应程度。全世界大约60%的BTX产品来自于重整。在美国，有大约69%的BTX和70%的苯及甲苯来自催化重整[6]。全世界约70%的甲苯供应量、美国约88%的甲苯均来自于催化重整。全世界和美国80%的混合二甲苯都来自于催化重整。获取苯和对苯进行精制的最常见的方法是抽提。由石脑油经催化重整得到的重整汽油，含65%~82%的芳烃和18%~35%的由C_5~C_7所构成的烷烃，主要是异构烷烃。

首套重整装置采用的是非再生的反应工艺，使用的是氧化钼催化剂。催化剂失活后，催化剂被卸载，然后用新鲜催化剂替代。后来改进为半再生重整(SR)，其特点是周期性地关闭反应单元，使催化剂在反应器内就地再生。SR过程通常是以固定床反应器技术为基础。循环再生重整工艺也采用固定床催化剂，但是，自从发明了摇摆式反应器，催化剂在反应器中单独再生,且比SR工艺的再生周期短。循环再生重整工艺的特点是几个反应器中的一个连续再生,而其他反应器继续反应。

最新的进展是催化剂连续再生重整(CCR),在此过程中,铂催化剂从最后一个反应器床层连续卸出、再生、再返回第一个反应器床层,没有反应器停运。大多数新的工厂采用CCR工艺,最常见的重整装置仍然是SR工艺。目前,催化重整提供了35%~40%的汽油,更重要的是它为炼油厂的加氢处理和加氢裂化装置提供了大量的氢气。在相对不复杂的炼油厂,重整装置可以提供较高比率的汽油产品。图19.4为UOP的连续重整(CCR)工艺方案[7]。

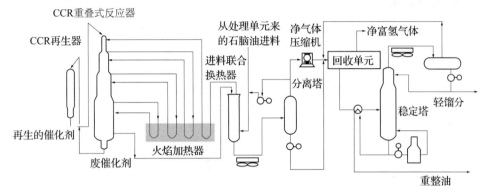

图19.4 UOP连续重整(CCR)工艺示意图

半再生重整(SR)、循环再生重整和连续重整(CCR)的典型操作条件见表19.2。

表19.2 催化重整操作条件

项 目	半再生重整	循环再生重整	连续重整
H_2/HC(摩尔比)	10	4~8	4~8
压力/MPa	1.5~3.5	0.7~3.5	0.3~0.4
温度/℃	470~510	470~510	495~535
催化剂寿命	0.5~1年	几天至几周	几天至几周

随着时间的推移,随着催化剂和炼油工艺不断创新,石脑油重整的业绩也不断增加,重整油和氢气收率也不断增加,辛烷值也不断提高(见图19.5[3])。

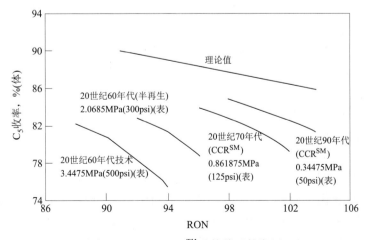

图19.5 Platforming™重整单元的发展

先进的汽油质量标准限制了辛烷值的几个主要来源，其中包括重整，主要是由于对苯和整个芳烃的要求更严格。欧洲汽油标准要求汽油中苯的含量最高为1%(体)，芳烃总量最高为35%。在美国，要求汽油中苯的含量最高为1%(体)(加利福尼亚为0.7%)，芳烃最高为20%。为了满足标准要求，重整工艺可以通过特殊的操作条件来生产汽油。脱除原料中的己烷，可以使重整油苯含量低于1%。降低重整油中苯含量，也可以通过重整分离器后的苯加氢来实现。例如，阿克森斯(Axens)公司的无苯工艺技术，将加氢和重整汽油裂解工艺进行集成，这与传统的反应蒸馏将催化剂装在塔盘上不同，它是将催化剂装填在一侧的固定床反应器内(见图19.6[9])。

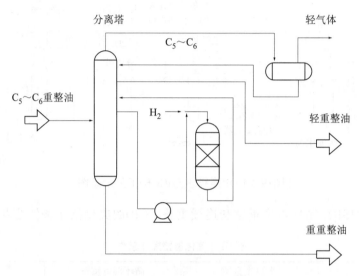

图19.6 Axens公司的Benfree^{TM}工艺

无论是来自半再生重整还是连续重整的全馏分重整料，都要通过拔头将C_6及比C_6沸点低的组分分离出来。一部分富含苯的轻组分从塔盘流出，然后泵入加氢反应器的顶部。加氢反应器的操作压力比分离塔高，以增加氢的溶解度。较低的氢气流量可使从气相损失的汽油减少到最少，反应后不含苯的物流回到分离塔。所用的催化剂是一种普通的非贵金属加氢催化剂。

原料油的馏程范围，是推动反应向首选产品进行的重要因素。进料可以是馏程范围在65~205℃的直馏、催化裂化或加氢裂化的石脑油。终馏点高于200℃的含有合适的长链石蜡(C_{10+})馏分，去加氢裂化单元加工成汽油，然后可异构成支链烷烃或脱氢环构成芳烃。然而，如果有205℃以上的多环芳烃，就可能导致重整催化剂结焦[10]。当重整目的产物为汽油混合料时，要尽量切去轻组分，避免苯的前驱体生成，可使用C_7~C_9组分(90~160℃)。当重整的主要目的产物是BTX等石油化工原料时，切去石脑油71~104℃的馏程，它富含苯的前驱体(例如含6个碳原子的分子)。就产氢而言，最佳切割点为C_6~C_9组分(60~160℃)，此切割点环烷烃的浓度最高。

19.2.2 重整工艺的化学反应机理

在氢气存在的条件下，催化重整将低辛烷值的石脑油转化为芳烃、高辛烷值的汽油混合物或BTX等石油化工原料。氢气是一种重要的副产品，理论上没有其他气体或焦炭产生。重整过程包括将石脑油和烷烃转化为芳烃的几个主反应和几个副反应。结焦是催化剂失活的主要原因。通过控制碳的燃烧，催化剂得到再生。

催化重整装置的原料是饱和烃，通常是来自常压蒸馏装置、FCC、加氢裂化、延迟焦化或其他单元的石脑油。无论来源如何，石脑油首先必须经过加氢处理，使焦炭前驱物——烯烃饱和，同时脱除使重整催化剂中毒的硫、氮化合物和金属。

重整的转化率和收率与原料组成、催化剂以及操作条件相关，这些因素还决定了反应的热力学和动力学。重整催化剂是同时含有金属和酸性中心的固体。

图19.7展示了一个简化了的、广义的重整反应网络，还标出了与催化剂活性中心的关系[11]。C_6碳氢化合物的反应网络如图19.8所示[12]。

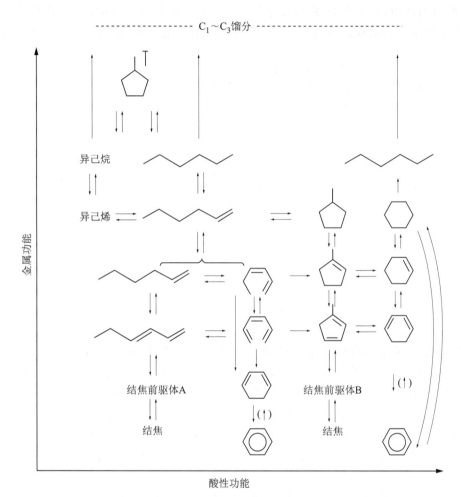

图19.7 重整反应网络图

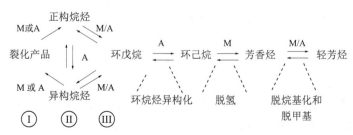

优势的活性位点：A=酸；M=金属；Ⅰ=加氢裂化和脱甲基；Ⅱ=烷烃异构化；Ⅲ=脱氢环化

图19.8 C_6碳氢化合物的反应网络

希望发生的主要反应有：石蜡通过脱氢环化转化成芳烃和氢气(吸热，缓慢的)；烷基环戊烷通过异构化转化成环己烷(大量吸热，快速)；环己烷通过脱氢生成芳烃和氢气(大量吸热，极快)；直链烷烃通过异构化生成类己烷(中等吸热，快速)。

主要的副反应如下：环烷烃和烷烃加氢裂化(大量吸热，最慢)；芳烃加氢脱烷基化；芳烃烷基化和烷基转移；生成焦炭。

希望发生的所有反应的产物辛烷值都得到提高(见图19.9)。每个过程的反应速度取决于催化剂，但它们通常都很快达到平衡。根据经典的双官能团反应机理，金属组分起催化加氢或脱氢的作用，而酸性组分结合金属中心，起异构化、脱氢环化和环化反应的催化作用。异构化反应和直链烷烃的环化反应，在金属活性中心开始，结束于酸性活性中心。

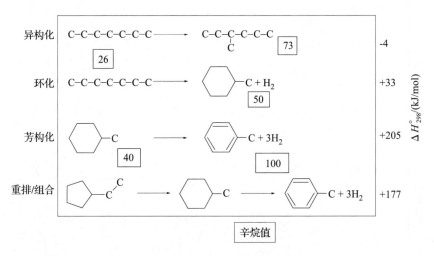

图19.9 辛烷值增加与重整反应

铂-氧化铝催化剂的重整机理的研究起步于20世纪50年代。该机理是在经典的酸-金属双官能活性中心机理上发展起来的。该机理认为，所有的脱氢反应由金属网格点起作用，所有的骨架正碳离子重排反应在酸性中心进行。金属中心的反应被认为是快反应，酸性中心上的反应是慢反应，反应速度决定了反应步骤。这种机理比较好理解，它促进了工艺的优化以及几种催化剂开发和工艺的创新[12]。到目前为止，还没有一种被广泛认可的关于重整过程的化学反应机理，可用一个包含几个参数的函数来对试验结果进行解释，而且缺乏被大家广泛接受的解释。

增加复杂的催化重整反应，可能需要不同的活性中心，来满足不同的骨架反应。当在中间和表面形成超过一个化学键时，活性中心的组成就需要超过一个原子。原子化需要3个贵金属原子提供的活性中心。C_5闭环异构化比转化异构需要更多的金属原子表面来提供活性中心。

此外，不仅活性中心的原子，而且其相邻的原子都有可能对重整反应是重要的。自然界的活性金属，特别是单原子金属，可以改变其催化性能[11]。

重整反应是在有氢气存在的条件下发生的。氢气可能通过诱导表面重建来影响催化剂(减少)，包括烧结、粒子迁移、生长或聚结以及颗粒形状的改变。大量氢的存在，可以防止快速结焦和催化剂失活。最优的氢分压通常是根据不同的反应而不同。更大的反应速度需要更高的氢分压和更高的温度。更高的氢分压有利于骨架异构化，而不是通常的C_5环中间体的形成；较低的氢分压有利于加氢裂化。表面氢的两种类型或许可以用来假设解释不同的氢反应：一种是深度裂解成苯的前驱体和焦炭；另一种是轻度裂解，经C_5环中间体生产饱和产品。

19.2.3 催化剂

第二次世界大战中发展起来的重整工艺，通过新催化剂的发展有了非常大的改进。成球或挤出的典型的催化剂尺寸为1mm或者稍微多一点。重整催化剂由单金属催化剂发展成为了双金属、三金属甚至多金属催化剂。重整催化剂是最复杂的催化剂之一。新的重整催化剂在生产重整汽油时，不仅要求具有更加合适的组分，满足生产苯含量更少、全部为芳烃的特种汽油的要求，还要满足通过降低重整反应器的温度和氢气压力来减少能源消耗的要求。

重整催化剂具有金属和酸性两种功能。铂是最好、最常用的金属组分，通常用铼(Re)、铱(Ir)或锡(Sn)改善其性能。氯化铝是常用的酸性组分，沸石也常用来辅助提供酸性[14]。铂所提供的合适的异构化和环化活性要比从其他过渡金属获得的要大。铂对不希望发生的氢解(C—C键断裂)反应也有更高的活性。铂的催化性能可以通过添加一种或几种金属得到提高。Re和Sn是最常用的金属助剂。Re和铜(Cu)在某些情况下对芳构化有催化作用。C_5环化和3-甲基戊烷异构化只用铂(Pt)、钯(Pd)、Ir和铑(Rh)提供催化作用。

重整催化剂根据它们所含的活性金属种类的数量，通常分类为单金属、双金属、三金属或多金属催化剂。为了减少因加氢裂化过程大量放热，造成温度上升而损坏反应器和催化剂，重整催化剂需要预硫化。预硫化的控制条件为：温度370℃左右，催化剂上的硫含量为0.025%左右[15]。

在催化剂的寿命之内，其金属功能和酸功能必须保持平衡。太强的金属功能，会促进加氢裂化生成$C_1 \sim C_4$气体，并会促进脱氢生成多链烯烃焦炭前驱体；金属功能太弱则会导致催化剂金属功能关闭，从而快速结焦。太强的酸功能导致过度加氢裂化；太弱的酸性功能使脱氢异构化和脱氢环化速度过于缓慢，导致轻气体增加，液体重整油品产量下降。在实际的重整条件下，Pt-氧化铝催化剂原料中的水和氯主要控制酸度。氯增强了铝的酸度。水可提高铝的B酸酸性，但也会使氯损失，特别是在再生过程中。商业上，氯的恢复是在循环开始时或过程中不断加入有机氯[13]。

单金属催化剂是历史上第一种商业化的催化剂，第一次用于重整过程的催化剂是氧化钼-氧化铝催化剂。该工艺于1939年由新泽西州标准公司[Standard Oil of New Jerse, 现在的埃克森-美孚(ExxonMobil)公司]、印第安纳州标准公司[Standard Oil of Indiana, 现在的BP-阿莫科(BP-Amoco)公司]和M. W. 凯洛格公司(M. W. Kellogg Company)开发。UOP公司于1949年推出了铂重整工艺，它最先使用Pt-氧化铝催化剂。氧化铝上的Pt(0.3% ~ 0.35%)可以耐更高的硫，但它要求更高的压力和氢/进料比。20世纪70年代，单金属催化剂被含有Re、Ir或Sn的双金属催化剂取代，其稳定性(Pt-Re催化剂可提高2 ~ 4倍)和选择性大幅度提高[3]。

双金属催化剂比单金属Pt催化剂产率更高、寿命更长。图19.10显示了Pt-Re双金属催化剂的重整汽油产率和寿命的提高[16]。

双金属催化剂含有一个改进或增加Pt活性的促进剂。与单金属催化剂相比，双金属催化剂的主要优点是改进了选择性和稳定性。有一个广泛系列的元素组合为重整催化剂活性提供金属功能。Pt的促进剂包括Re、Sn、Ge和Ir。通过添加促进剂，反应物的可接近性和Pt的反应性得到改进。促剂对金属功能和酸功能的影响主要有如下方面：

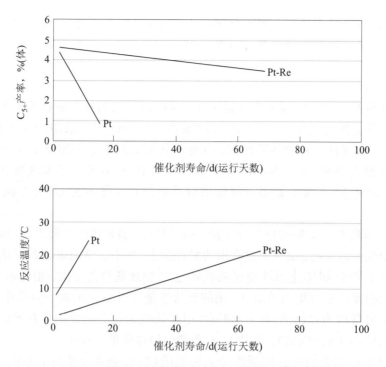

图19.10 Pt-Re催化剂与单金属Pt催化剂性能比较

① Pt的深度脱氢活性下降,从而形成不饱和的焦炭前驱体。

② 加氢裂化功能下降,从而降低了轻气体的产生。

③ 表面氢浓度改变,从而影响到不同反应中间体生成的相对速度和最终的选择性。

④ 通过更高氧化价态的金属添加剂,使所提供的酸性中心的数量和强度改变。

金属促剂改进Pt的活性和选择性的机理,是由于Pt原子被促剂原子稀释(几何效应),以及/或与促剂金属相关的电子受体或供体改变了Pt的电子结构(电子效应)。

三金属催化剂含有三种金属元素,而且已经广泛商业化。与双金属或单金属催化剂相比,三金属催化剂主要优点在于其选择性和稳定性增加。Pt是三金属催化剂的主要组成,提供金属功能;氧化铝是通常的酸性提供者。例如: Pt-Re-Sn; Pt-Ir-Sn; Pt-Sn-M,M为Bi、Te、Au、Ir或Pd;Pt-It-Ge;Pt-Re-Ge。第三种金属加入到Pt-Re催化剂中,是为了降低加氢裂化活性,从而控制轻质产品的产生。氧化铝减少裂化的作用是次要的。Ge、Sn和Pb的氧化物是非常耐热的,它们在重整过程中仅仅部分还原成金属,这些金属仅仅一部分与Pt相互作用。载体上较高的氧化物种浓度,可改善其酸性功能[17]。Pt、Re和Sn与氯化铝制成的三金属催化剂的催化活性和耐硫性能,通常比Pt的单金属催化剂以及它与这些金属形成的双金属催化剂的要低。Pt的活性按下列顺序依次减小:单金属催化剂>双金属催化剂>三金属催化剂。这说明了Re、Sn对Pt起到了添加剂的效果。在硫的增加过程中,三金属催化剂的失活速率介于双金属催化剂Pt-Re和Pt-Sn之间。这可以用Pt-Re和Pt-Sn催化剂活性中心的同步中毒来解释[18, 19]。一种氯化γ-Al$_2$O$_3$上含0.3% Pt、0.3% Re、0.6% Sn的催化剂,在重整正庚烷时,其活性和选择性与相同载体的最好的双金属催化剂(含0.3%Pt、0.3%Re、0.06%S),但它不需要预硫化。三金属催化剂用环戊烷和甲苯测试的结果表明,它的稳定性更好,并显示出较低的加氢裂化活性。锡同时影响了其金属和酸性功能,但抑制程度不同,从而提高了催化剂的活性、选择性和稳定性。三金属催化剂的这些特点在商业上非常有意义,因此,工业上大多数重整催化剂为三金属催化剂。

重整催化剂由于积炭造成的失效是可逆的。它们也会被一些元素造成永久性中毒(砷、铜、铅、钴、钼、钠、磷、硅),这些元素可能是自然原料包含的,也可能是上游的添加剂带入的。催化剂对硫特别敏感,它被金属吸附有可能不可逆,也可能是可逆的。有机氮化物会中和酸性中心。为保护催化剂,原料需经加氢脱硫到小于0.5μg/g或更少,这取决于催化剂。

催化重整对结焦不敏感。不同的催化剂形成的焦炭结构、性质不同。在金属中心生成两种不同形态的焦炭:可逆炭(H/C原子比为1.5~2.0)和更加石墨化、不可逆的炭(H/C原子比大约为0.2),不可逆的炭难以与氢气反应脱除。非常活泼、可逆的炭与金属中心结合,迅速燃烧干净。活泼性较低种类的炭,与酸性中心结合,在高温下燃烧。在工业上用单金属的Pt催化剂和双金属的Pt-Re催化剂,模拟实验室固定床反应器条件,比较焦炭的形态,发现主要的区别在其性质和构成,而不是其质量。金属中心和酸性中心的分布,也取决于催化剂的类型。双金属催化剂由微小的晶粒组成,细小的分散的"软"炭主要分布在载体上。这些炭不会影响到重整反应,正如已经证实的,活性没有明显下降,也不存在大量焦炭产生。双金属氧化铝催化剂比单金属Pt催化剂的抗焦炭性能强。在实验室的实验中,庚烷重整在第一个2h内,焦炭沉积的增加按下列顺序: Pt-Sn<Pt-Re<Pt-Ge<Pt-Ir<Pt。图19.11显示,双金属催化剂的存在提高了抗生焦的能力[15]。

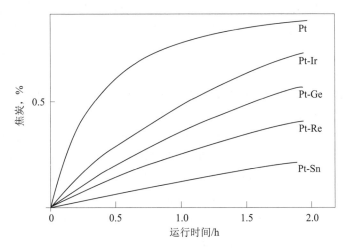

图19.11 金属促进剂对焦炭沉积的影响

商业化半再生重整催化剂的趋势是用三金属催化剂来降低Pt-Re的加氢裂化活性,改变载体酸性功能以减少裂解,分步装填复合催化剂以降低催化剂密度。连续重整的趋势包括提高芳烃的活性和选择性(允许降低反应堆压力),降低失活速度,实现较低的Pt负载和更高的耐磨性能。新的催化剂制备工艺使得Pt的分散度更高、更加可控。

19.2.3.1 沸石催化剂

各种分子筛与一个具有加氢-脱氢功能的金属结合,可以促进石脑油重整。具有加氢-脱氢功能的金属通常是贵金属Pt、Pd或Ir。

许多专利声称,沸石和/或类分子筛可以作为重整反应的载体。可考虑应用于这方面的沸石包括: 毛沸石、β沸石、MCM-22、SSZ系列(即SSZ-47、SSZ-53、SSZ-55、SSZ-57、SSZ-58、SSZ-59、SSZ-60、SSZ-63、SSZ-64)、SAPO-37、丝光沸石、ZSM-48、ZSM-5、ZSM-12、USY、L沸石(参见众多的专利[3])。

最先用于重整工艺的沸石是毛沸石(即具有8个环的微孔分子筛),它被放置在反应器的最后一层。这种过时的重整工艺称为选择性重整[Selectoforming,美孚(Mobil)公司]。只有普通的链烷烃能够在微孔中反应[反应物择形选择性(RSS)],其辛烷值增加是由于选择性裂化的LPG和异构烷烃、芳烃增加[14]。然而,与催化重整关系最大的沸石可能是L沸石(即大孔的十二元环沸石)[3]。Pt与K交换后的L沸石是一种商业化的催化剂,它对石蜡原料的芳构化活性较高[20]。一种使用L沸石、Pt和卤素元素的催化剂,其石脑油重整后至少含有25%的$C_6 \sim C_9$脂肪族和环脂肪族碳氢化合物的加工工艺,已经申请专利,其所用沸石的晶粒为圆柱形,平均尺寸为$0.6\mu m$或更小。重整汽油中$C_6 \sim C_9$轻芳烃含量较高,较重的C_9和C_{10}芳烃含量减少[21]。与孔隙大的沸石(如β沸石和USY[15])相比,L沸石在商业化的链烷烃重整过程中活性更高。

Pt与K交换后的L沸石(Pt/K-L沸石)催化剂在重整加工正己烷的过程中,对苯有很高的选择性。与Pt附着在氧化铝上的催化剂相比,它能有效地生成二甲苯以及从C_{8+}链烷烃到超过8个碳原子的其他芳烃。Pt/K-L沸石催化剂是通过改变碱金属或碱土金属含量来调节其酸性[22]。

典型的由HZSM-5沸石组成的复合型催化剂,使用Ga、Zn、Y或 Ag等金属组分改性,它们是石蜡芳构化的潜在的优良催化剂。这些复合催化剂对轻链烷烃和烯烃转换为芳烃有很高的选择性。竞争发生在裂化过程消耗氢气与脱氢反应产生氢气之间。从理论上讲,多产烯烃和芳烃是由于氢从沸石酸性中心长距离转移到金属中心,氢长距离反溢出。ZSM-5,一种具有十元环的中孔沸石,已被应用于美孚公司的 M-Forming工艺的重整催化剂上[23]。ZSM-5催化剂的通道尺寸,允许单独支链烷烃以及简单芳烃(如苯和甲苯)通过,辛烷值第二低的单支链烷烃都被加氢裂化。此外,芳香族都是裂化产品中的烯烃组分烷基化的产物。芳烃烷基化有助于辛烷值提高,并且减少产品裂解变成气体,从而增加液体产品产量[20]。

沸石催化剂也可以用来处理重整汽油,或改变重整液体产品的组成而稳定其质量。BTX的含量,可以通过裂解苯乙烷和重芳烃来提高。酸性沸石可以用于裂解芳烃生产BTX,但要考虑其经济性,因为伴随其反应的是汽油和氢气的减少。美孚公司最先提出了该工艺,命名为MRU(Mobil Reformate Upgrading)。在该工艺中,沸石装填在重整装置最后一个固定床反应器的底部,在这里,它与先前重整后分离出的轻质气体反应。M-Forming与重整的组合技术(BTXtra)已经由埃克森-美孚公司商业化:沸石催化剂装填在半再生重整装置最后一个反应器床层,用来提高产品质量,主要通过从C_9芳烃的苯环上转移甲基增加甲苯和二甲苯的浓度,一些多余的BTX会产生脱烷基化。这个工艺于1996年在隶属于埃克森-美孚的沙尔梅特(Chalmette)公司(位于美国路易斯安那州)得到应用[24]。

19.2.3.2 工业化催化剂

石脑油重整催化剂约占所有炼油催化剂的7%,加氢裂化催化剂所占比率同样如此[10]。石脑油重整催化剂含0.2%~0.6%的贵金属,Pt(有时是Re)负载在氧化铝或沸石载体上,铂的含量通常在0.25%~0.375%,有些配方使用Pt以及Pd、Ru或Ir。工业催化剂的表面积很大,大约为$200m^2/g$,仅仅只有$2\sim4m^2/g$是Pt或Pt-Re金属的表面积,其他都是氧化铝提供的。在催化剂工业制备过程中,固定床的催化剂载体可能是通过挤条成型的圆柱形。为降低磨损,移动床的氧化铝载体采用球形,通常用"油滴"法生产[13, 25]。

催化剂寿命通常很长,一般超过4年,有时可达到7~9年。连续重整装置的催化剂的磨损率小于2%/年[3]。无论是固定床还是移动床,当催化剂失活后都要更换,而Pt可以通过先进的金属回收技术回收。

重整催化剂的市场竞争非常激烈,有超过60个配方可供用户满足不同的需求。2005年,提供石脑油重整催化剂的公司如下:阿克森斯(Axens)、巴斯夫(BASF)、标准催化剂公司(Criterion Catalyst Co.LP)、埃克森-美孚(ExxonMobil)、印度石油化工有限公司(Indian Petrochemicals Corp. Ltd.)、中国石化催化剂分公司和UOP。

1997年石脑油重整催化剂供应商名单上共有22家也出现在2005年的名单上。他们开发了29个催化剂新配方,来满足汽油越来越严格的规范、重整装置的密相装填和现有重整装置的利润最大化等方面的需求。这些催化剂提高了辛烷值、重整汽油产量和氢气产率以及选择性,减少了连续重整(CCR)催化剂的磨损损失。

19.3 柴油馏分升级: 催化脱蜡

油品的"低温流动性"经常与词语"好"或"差"关联在一起,它指的是柴油发动机燃料在温度降低后的流动性能。换句话说,它指的是发动机在寒冷的气候条件下的运行能力。从化学的角度看,石油衍生产品是含有无数化合物的混合物,它分成不同的种类,如正构烷烃、异构烷烃、环烷烃和芳烃。其中,正构烷烃和短支链烷烃具有相对更高的熔点。就典型的切割点250～360℃而言,通常支链烷烃的熔点在10～40℃。而最重的甲基支链烷烃(C_{21})的熔点,取决于其支链的位置,在-4～13℃之间。图19.12显示了相对分子质量对正构和甲基支链烷烃熔点的关系[27]。

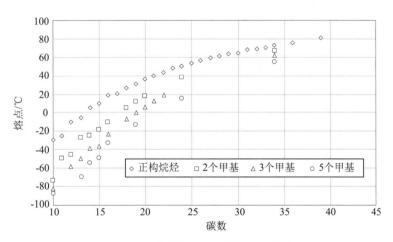

图19.12 正构烷烃及支链烷烃的熔点

熔点降低的程度取决于支链的角度、位置和长度,支链处于链的位置比处于末端影响程度更大,链长导致熔点下降的程度更大。

实际上,在寒冷的气候条件下,柴油发动机依然能够运行,温度可以达到远低于0℃。根据上述数据,很明显这样的温度可能会使这些化合物结晶,导致最高熔点的出现,从而影响流动性,最终可能导致产品凝固。

确定这些属性的标准方法是浊点(CP: ASTM D2500)、倾点(PP; ASTM D97)和冷滤点(CFPP; IP309)。CP是蜡状晶体形成的温度,PP是产品仍然流动的最高温度,而CFPP是蜡状晶体造成流经过滤器的流量极度减少的最高温度。

"低温流动性"的规范由于国家和周期的不同而变化。例如:冬天柴油的CFPP的最高允许值希腊为-5℃,意大利为-12℃,瑞典为-32℃[注:来源于欧洲议会和理事会2003/17/

EC20033指令和欧洲共同体的官方公报(L76/10, 2003年3月22日)中有关汽油和柴油燃料质量的98/70/EC修订指令]。

有不同的方案可用于提高油品的"低温流动性":

① 最简单的方法是减少后切割点以及增加煤油混合料的比例。这一方法消除了重质链烷烃,使产生沉淀的温度升高。然而,减少后切割点会导致从原油中获得的柴油产量显著降低。

② 通过将原料用合适的溶剂稀释以及冷冻产生结晶,消除蜡状物组分(即溶剂脱蜡)。这个方法仅仅是在原料中石蜡含量高时是经济的,主要用于生产润滑油基础油。

③ 使用低温添加剂,来满足柴油和燃料油在季节性低温时的可输送要求。

④ 催化脱蜡过程中,含蜡链烷烃选择性裂解或异构化。

催化剂、化学过程以及上面的脱蜡工艺是本章节的主题。催化脱蜡工艺是指通过蒸馏汽油和LPG,选择性裂解轻质化合物,去除使产品的低温流动性恶化的组分(即裂化脱蜡),或通过异构化变成更多分支的低熔点结构,同时尽可能地使裂化程度最小化(即同分脱蜡)。应该指出的是,按照前面的工艺和条件操作,部分原料将裂解为石脑油和LPG,从而导致收率降低,这与同质异构不同。同质异构化是将蜡状化合物变成更多支链的化合物,达到改善低温流动性的效果。在该过程中,化合物分子的碳原子数量相同。该工艺具有柴油收率较高的特性。

19.3.1 择形选择性

无论是通过选择性裂化还是异构化提高原料的低温流动性,都可能是基于所谓的合适的沸石材料的择形选择性特性,其大小和形状严重响分子的反应性能。

Weiz和Frilette[27, 29, 30]于19世纪60年代首次提出了择形选择性的概念,用来解释钙离子与沸石交换的意外结果。此后,在这一领域进行了大量的研究,发现了择形选择性的新形式,对沸石的多孔结构与反应系统之间的复杂交换有了更深刻的理解。

Weitkamp等[31]和Marcilly[32]清楚地描述、讨论和提出了目前的理论来解释不同的发现,Degna[33]最近对此重新进行了探讨。

最广为接受的解释择形选择性的理论主要有如下几种:

① 反应物择形选择性(RSS): 这一类型的选择性发生在两个相互竞争的反应物分子之间,由于其到达沸石内部活性中心的可接近性不同而引起的不同反应性能。当沸石的敞开的孔隙大小与反应物分子的大小相近时,会引起反应物分子"直径"的一个微小变化,因而导致其扩散发生数量级的改变,在极端的情况下,会阻碍其达到内表面[27, 34]。在这种情况下,正如图19.13所描述的,只有那些直径小到足以进入多孔结构内部的分子,才能发生反应。那些大的分子则绕过沸石的孔隙,离开反应系统,不发生变化。用ZSM-5型催化剂催化脱蜡的机理就是RSS。

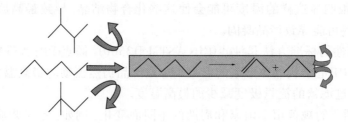

图19.13 反应物择形选择性示例: 正己烷选择性裂解成异构己烷

② 产品择形选择性(PSS): 在这种情况下, 反应物分子都足够小, 很容易通过沸石孔隙通道而扩散。但是只有那些分子尺寸与沸石孔隙相比足够小, 能迅速离开沸石的孔结构的产品, 才可以生成。图19.14报道了产品形态选择性的一个例子。

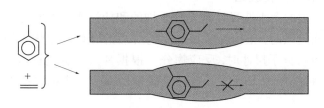

图19.14 产品择形选择性示例: 甲苯和乙烯生成仲己基苯[31]

③ 过渡择形选择性(TSS): 它指的是在活性中心周围缺乏空间, 妨碍了过渡状态的形成, 约束了通过它们的分子的大小和生成的取向。除了图19.15所报道的示例, 其他的示例有: ZSM-5[35, 36]抑制碳的形成和长链烷烃加氢异构化[36]。最有可能的例子是异构脱蜡[37]。

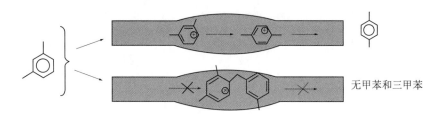

图19.15 过渡状态择形选择性示例: 间二甲苯异构化过程中对三甲苯的抑止作用

除了上面报道的古典的和普遍接受的概念以外, 新形式的择形选择性一直在改进, 用来解释不同的实验结果。这些概念包括: 分子通量控制、孔隙口、"钥匙"选择性、逆择形选择性、窗口或笼效应、巢效应等。Degna[33]和Weitkamp[31]等最近对相关理论做出了一个供讨论的清晰描述, 但它仍然存在争议。

在过去的几年中, 一个重要的有助于加深对择形选择性现象理解方法, 来自数值模拟的应用。通过程序研究了沸石分子的多孔结构的性质以及形成一个目标化合物的估算概率。了解沸石内孔的拓扑结构, 对正构烷烃和支链烷烃加氢裂化生成特殊的同分异构体的仿真学, 是一个非常活跃的领域。Smit和Maesen[38]最近发表的一篇综述, 描述了所谓自由能横向通道(Free-energy landscape approach)的最新进展(自由能横向通道包括在催化反应中, 沸石拓扑结构对形成各种分子的自由能的影响的计算值)。

该方法的一个核心前提是忽略沸石的详细化学特性, 简单量化其拓扑结构如何影响各种反应物、中间体、复杂产品自由能的形成(这是反应系统的横向自由能), 这可能能用于鉴别其主要相互影响和一个特定转化控制过程的择形选择性。

利用上述方法, 一些研究者[38, 39]就能解释用Y沸石、ZSM-5、ZSM-11、ZSM-22沸石加氢异构正癸烷[40]出现不同的产品分布, 以及将ZSM-11和ZSM-5沸石用于裂化时产品分布所表现出的异构C_4/正构C_4比的不同。通过这种方法, 不同情况下的择形选择性转化已经重新得到了验证(窗口效应、孔隙口、"钥匙-锁"选择性), 导致了最初提出不同的解释机理[41, 42]。在这种不同理论的争论中, 有一个特别有趣的案例: 用SAPO-11使正构链烷烃加氢异构化,其异构体的产品分布被假设为发生在孔隙口支化反应来解释[43]。然而,最近的文献[37, 44]已经质疑了这一假说:用几何形状约束内部通道,形成过渡状态的二倍分支同分异构体来解释同分异构体的分布。

19.3.1.1 择形选择性裂解催化脱蜡

当沸石具有的孔隙的大小选择性地允许正构的和接近于正构的链烷烃进入孔隙结构,而高度支链烷烃不能进入时,正构烷烃和短支链烷烃的轻化合物优先裂解[31, 32, 45, 46]。当沸石通道尺寸接近反应物分子尺寸时,反应物分子根据其大小迅速扩散。当形态扩散起控制作用时,分子的大小将按图19.16所显示规律随扩散的减少而小幅度增大。

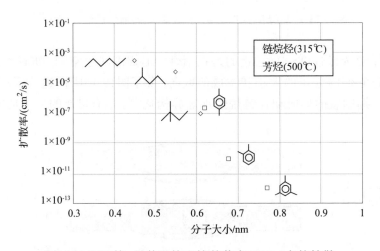

图19.16 正己烷、异构己烷和烷基苯在ZSM-5上的扩散

因此,烷烃的裂化速度主要取决于它的空间大小的阻力,如图19.17所示。Marcilly[32]观察到,直链烷烃的裂解速度和在ZSM-5沸石上的扩散速度的趋势与分支度的函数相似,但其裂解速度的相对差值比扩散速度的相对差值要低。这种解释源自于高反应性能的支链烷烃,这在一定程度上补充了对低扩散速度时的解释[27, 47]。

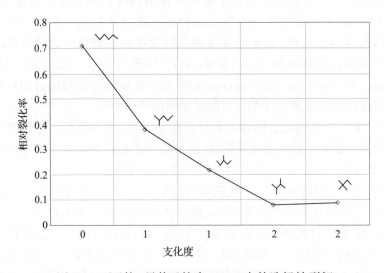

图19.17 正己烷、异构己烷在ZSM-5上的选择性裂解

瓦斯油的正构链烷烃通过选择性裂解催化脱蜡是一个明显的例子，其脱蜡前后的气相色谱图如图19.18[48]所示。

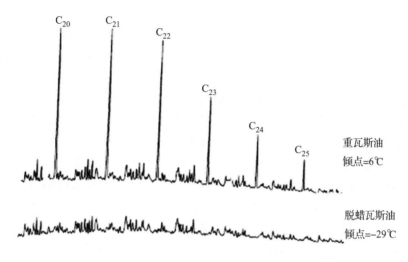

图19.18 正己烷在瓦斯油脱蜡时的选择性迁移[48]

由于正构链烷烃的选择性裂解的发生受形态扩散控制，观察到的反应速度和选择性应该受晶粒大小的影响，而活化能应该相对较低。Sivasanker和Kennedy等[49, 51]获得的研究结果证实了图19.18所示的谱图。减小晶粒大小，可以提高活性和选择性，这是由于减少了二次裂解。示例根据平均直径小至0.1的晶粒，充分利用有效的因素，对活性进行了描述。通过研究一个体积相对较大的含氮的分子的抑制作用，发现它的扩散远比正常的链烷烃扩散要慢，可以用一个收缩的核心模型进行很好的描述。

此外，人们发现脱铝盐和钝化的晶粒外表面导致活性较低而选择性较高。硅铝比在20~80之间改变，并不影响脱蜡性能，铝含量极低除外[49, 52]。

用同晶型的B、Fe和Ga替代ZSM-5中的Al，结果发现选择性显著增加。造成这一结果的主要原因是"替代"材料形成的酸性中心的酸性较低，导致二次裂解减少[46]。基于这一点，从另一方面来说，应该考虑铝的同晶替代物对晶胞体积乃至孔体积的影响。Tielen等[53]研究了同晶替代物对MFI类物质在正癸烷加氢裂化过程中择形选择性的影响。他们发现硅酸铍MFI会导致正癸烷加氢裂化生成异戊烷的收率严重下降。该研究结果表明，减小晶粒间空隙以及微孔尺寸，对催化活性有影响。然而，上述结果应该仔细验证，因为同晶替换对活性中心本身的影响也非常大。出于这个原因，很难区分择形选择性和同晶替代这两个因素的影响。

美孚(Mobil)[54]、阿莫科(Amoco)[55]和雪佛龙(Chevron)[56]公司对用硼替代铝的沸石[45, 46]表示出了兴趣。

ZSM-5类材料的性质，严格取决于它所具有的金属功能的类型[32]。催化剂如果不含金属相，生成的副产品——石脑油的烯烃、芳烃含量就高，因而辛烷值高。然而，在这样的操作条件下，由于焦炭的积累，催化剂的活性会或多或少下降。由于存在或多或少的加氢性能，使得催化剂更稳定，选择性增加，但会造成石脑油产品的辛烷值降低。

按照通常的观点，通过使蜡状化合物裂解，可以改善油品的低温流动性，但会导致柴油的产量和十六烷值降低。

19.3.1.2 异构脱蜡

在ZSM-5或类似分子筛起主导作用的情况下，其操作条件取决于进料的组成，或多或少会使轻质产品裂解[32, 45, 46]。

另一种可能更有效的改善柴油的低温流动性的方法是通过异构化，使高熔点化合物转变为有价值的产品，同时使因正构链烷烃以及异构链烷烃相应的裂解反应造成的产量损失最小。

在世界范围内，研究者们已进行了大量的工作，来克服像ZSM-5这类材料的内在局限性。一个可能的方法[32, 45]是使用具有更广泛孔结构的多孔材料，使得支链烷烃能够从材料的孔隙结构中更快速地扩散，从而防止后续裂解。事实上，目前大孔沸石比介孔沸石[57]表现出较高的异构选择性；然而，应该注意的是，材料的孔隙开放性越广泛，反应的选择性越低，但不阻碍多支链烷烃的形成，特别是倾向于通过β分裂机理进行的裂化反应[31, 32]。因此，它不能避免严重的裂解。在这种情况下，通过加入金属相来获得密度和酸性中心的理想选择，使之具有强加氢/脱氢活性，例如加入Pt或Pd。沿着这一思路，具有高硅铝比的不同材料[如β沸石(BEA)，MCM-22(MWW)]、介孔氧化硅铝(如MCM-44、HMS、MSA)、无定形硅铝、卤代氧化铝、硼硅酸盐、与β分子筛同型的硼铝硅酸盐进行了研究[55, 58~66]。

使正构链烷烃同分异构而裂解反应最少的另一个方法是利用过渡择形选择性，或者换句话说，适合进行异构反应的沸石具有拓扑结构。该方法允许正构链烷烃异构化，但制约那些多支链烷烃形成。这些多支链烷烃有一个结构(如α-α-γ)特别容易裂解[67]。

雪佛龙技术研究技术公司(Chevron Research and Technology Company)于1994年[68]开发了一个异构脱蜡工艺并已对其进行了商业化，该工艺最有可能是以SAPO-11沸石为基础的。在20世纪80年代末第一个专利[69~71]公布后，许多专利先后公布，都声称[46, 72~74]其标准重要的地方是考虑了催化剂的高性能。对于贵金属(Pt、Pd)加载在不同酸性载体(SAPO-11、SAPO-5、ZSM-5、HY和ASA)[75~77]上的双功能催化剂进行模型化合物(正辛烷和正十六烷)的加氢转换研究表明，异构选择性最好的材料是ASA和SAPO-11。然而，在转化率高于87%的材料中，SAPO-11可以维持高选择性而ASA的选择性却稳步下降。由Miller[75, 77]提出实验证据、Maesen采用计算机模型[37]所得到的结果十分清晰地表明，SAPO-11呈现出的高异构化选择性，主要是由于过渡状态选择性现象发生在孔隙结构内部。另外，高异构选择性及其分布可以用来解释"孔隙口"和"钥匙-锁"催化作用[43, 78]。异构化产品的一个明显的特征是其稀缺性或超过一个碳的甲基支链不能优先分裂成的大体积的双-二甲基支链。如果形成双-二甲基支链受阻，同分异构体的裂解速度会大大降低，这是由于如同下文所描述的"β分裂"的途径更少。

如图19.19所示的著名机理中，正构链烷烃在双功能催化剂上转换成烯烃首先是在金属中心生成正碳离子，随后在B酸性中心形成一个仲正碳离子；仲正碳离子重新排列，生成叔正碳离子；然后叔正碳离子解吸生成相应的异构烯烃，或通过β分裂生成更小的正碳离子和烯烃。烯烃和/或异构烯烃随后在金属中心被加氢，生成相应的烷烃或异构烷烃。从宏观上看，这个过程可以被看作为一系列的连锁反应，正链烷烃转化为单链烷烃，依次转化为双链烷烃等等(见图19.20)。

随着异构化反应的进行，反应物分子通过β分裂机理裂解，同时正链烷烃以相对增加的速度转化为多链烷烃的同分异构体。

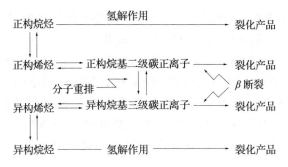

图19.19 双功能催化剂上发生的正构烷烃加氢异构化和加氢裂化反应路线

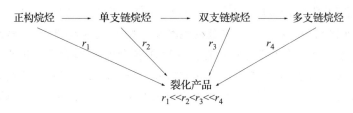

图19.20 同分异构和裂解产品构成的反应体系

　　表19.3中的β分裂的类型A,是目前为止速度最快的,它要求正碳离子的支链在链烷烃的α-α-γ位置。B1类型的裂解速度非常慢,这意味着存在孪生类型结构,相比类型A所通过的有效路线较少。其他类型的裂化是B2模式,通常按下列降序排列:带有单独支链的双支链烷烃、三支链烷烃,最后是正构链烷烃。

表19.3 正碳离子β分裂和相对分裂速度的不同

类　型	碳链结构	β分裂产品	涉及的碳正离子	相对反应性
A			叔碳正离子→叔碳正离子	1050(170①)
B1			仲碳正离子→叔碳正离子	2.8
B2			叔碳正离子→仲碳正离子	1
C			仲碳正离子→仲碳正离子	0.4
B2			仲碳正离子→伯碳正离子	约为0

① 数据来源为: Martens, J.A., Tielen, M., Jacobs, P.A. (1987) Cat. Today 1, 435。

　　在这种情况下,SAPO-11对双-二甲基类物质的选择性低,超过一个碳的甲基支链可以通过B2型或C型裂解模式优先裂解,这可以解释为这种催化剂的异构化选择性高。

19.3.2 商业应用

　　第一个工业水平的择形选择性应用示例,是美孚(现在的埃克森-美孚)公司为了提高辛烷值,从汽油中脱除正构烷烃和支链少的烷烃而开发的外形选择工艺(参见2.3.1节)[79]。使用的催化剂为含有少量镍[27]的择形选择性沸石——毛沸石。后来,它被命名为M-Forming

工艺。通过使用ZSM-5沸石,其性能得到了改进,它没有加氢功能但处于临氢状态。开发这两个工艺是用来提高汽油的辛烷值,但现在并不使用。

　　1970年,英国石油公司(BP)商业化了第一套基于丝光沸石的重质原料进料的工艺,选择性地裂解正构烷烃和支链少的烷烃。随后在1997年,美孚公司宣布开发出了瓦斯油催化脱蜡(MDDW)和使用以ZSM-5为基础的催化剂的重质原料进料催化脱蜡(MLDW)工艺。最近,在1996年,美孚公司开始许可美孚异构脱蜡(MIDW)工艺,它使用双重功能、贵金属、专有催化剂。该工艺改善冷流性能是通过异构化高熔点化合物,而不是使其裂解成更轻的产品。

　　雪佛龙公司于1993年最早引进异构脱蜡工艺,所用的催化剂有可能是以SAPO-11[80, 81]为基础的。阿克苏/菲那(Akzo/Fina)[79, 82]、UOP[83]、德国南方化工(Süd Chemie)[84]等公司开发了其他可以商业化的脱蜡技术,壳牌公司则提出了脱蜡整体解决方案/标准[85]。

　　从广义的角度来看,轻油催化脱蜡过程可以根据催化剂所含金属的类型分为两大类。耐硫催化剂的金属组分通常是镍或双金属(如Co/Mo或Ni/Mo),催化剂的工艺配置为单级(单一反应器)的叠层装填,装有加氢处理和脱蜡催化剂,加氢处理催化剂除去硫和氮(见图19.21)。

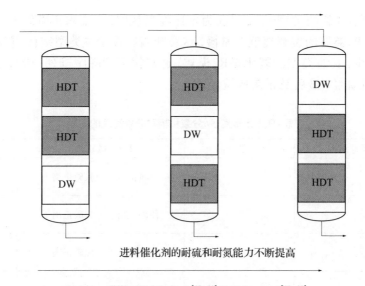

图19.21 脱蜡及深度脱硫[45, 48]的单级配置[45, 48]

　　由于贵金属催化剂要求原料的污染物(即硫和氮)含量水平较低,因此使用两段配置(双反应器)。在这种情况下,原料油首先深度加氢处理,生成的H$_2$S和NH$_3$被除去,形成的清洁原料油再送至催化脱蜡装置。一个简化的双级配置流程如图19.22所示。

　　比较了裂化和异构化催化剂脱蜡两个工艺路线。由于前者可以采用单级(单一反应器)的装填,所以很便宜,但是部分柴油馏分将被裂解成石脑油和液化石油气。另一方面,在采用两段配置时,需要采用加氢降凝过程除去H$_2$S和NH$_3$,为贵金属异构化催化剂在第二段反应器内提供一个清洁的环境。正构链烷烃异构化,导致较低的CFPP但不改变柴油的组成。此外,与比裂化脱蜡产生的轻油相比,其密度低、十六烷值高、多环芳烃含量低。图19.23比较了采用两种不同工艺的柴油产量增加和CFPP降低的情形[86]。

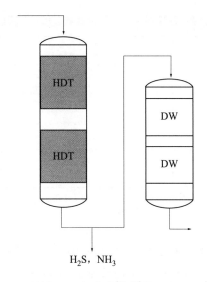

图19.22 脱蜡及深度脱硫[45, 48]的两段配置[45, 48]

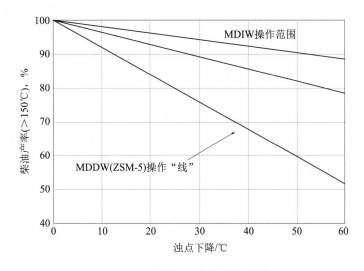

图19.23 内燃机冷流性能的改善

19.3.2.1 ABB鲁玛斯(ABB Lummus Global)集团、标准催化剂公司(Criterion Catalysts Company)、壳牌公司的整体SynFlow解决方案

Syn技术是一个加氢处理工艺的成套技术,它基于组合不同的催化剂来解决与中间馏分油升级[48, 79, 85, 87]相关的特殊问题。其中,SynFlow的目的是为了加氢脱硫生产超低硫柴油和满足(油品的)冷流性质的标准。SynFlow的SynCat催化剂可以被激活或不激活,这取决于炼油厂所需要的产品的特性 (见表19.4)。有3种催化剂可以用于提高(油品的)冷流性质。

① SDD-800是一个耐硫和氮的碱金属脱蜡催化剂,用于单段工艺,加氢脱硫催化剂和脱蜡催化剂以叠层装填的方式组合在反应器内。

② SDD-801是一种贵金属脱蜡催化剂,它兼有加氢脱蜡和对芳烃加氢的功能。它要求原料的硫含量低,因此在第一段反应器应组合使用加氢脱硫和加氢脱氮催化剂,以去除硫和氮。这样,H_2S和NH_3生成后被除去,清洁的原料被送至第二段反应器进行脱蜡和使芳烃部分饱和。

表19.4 单级配置操作条件下夏季和冬季的产品的特点[①]

操作模式		夏 季	冬 季
装载的催化剂		DN-190(HDT), SDD-800(DW)	DN-190(HDT), SDD-800(DW)
液体产率(C_{5+}), %(体)		>100	>100
柴油产率(>150℃), %		>100	>90
产品性质	硫含量/(μg/g)	<50	<50
	氮含量/(μg/g)	<1	<1
	浊点/℃	-6	-35
	倾点/℃	-9	-45

① 原料密度(15℃)为0.852g/cm³,十六烷指数为52,硫含量为7500μg/g,氮含量为121μg/g,浊点为-6℃,10%、50%和90%沸程(ASTM D-86)分别为233℃、288℃和353℃[48]。

③ SDD-821是一种贵金属脱蜡催化剂,它与SDD-801[85]相比,可显著地维持较高的产量。

19.3.2.2 阿克苏-菲那(Akzo-Fina)的CFI脱蜡技术(改善冷流性能)

雅宝(Albemarle)公司和Total Research公司一同提供了通过选择性裂解长链烷烃[79, 82]改进冷流性能(CFI)的技术。CFI技术结合了耐硫和择形选择性脱蜡催化剂,来提高冷流性能(倾点、浊点、冷滤点、冰点),它用于HDS来生产超低硫柴油。这项技术通常在温和的氢分压下操作,但可以通过选择适当的催化剂体系和操作条件量身定做,以满足炼油厂的特殊需求。有报告显示,在生产超低硫柴油时,倾点可以改善18℃,柴油产率高于90%。

19.3.2.3 埃克森-美孚公司的MDDW和MIDW技术

MDDW(催化脱蜡)工艺是在1978年实现商业化的,自此之后,在全世界[27, 79, 88]广泛应用。已有超过30个MDDW装置投入运行[32, 45, 79]。该工艺使用了单段反应器,装填以ZSM-5为基础的催化剂,用来改善中间馏分(MD)的冷流性能。催化剂可以根据要求量身定制,例如一系列硅/铝比、挤条过程或者是否需要金属相的存在。典型的操作条件是:温度为260~455℃;入口压力为20~50kgf/m²;LHSV(液体时空速)为1.0~2.5h⁻¹。中间馏分的总收率和取决于进料石蜡含量的最终产品的冷流特性见表19.5。

表19.5 商业化MDDW产品的产量和性能[79]

项 目		进料烷烃含量		
		低	中	高
产率, %	C_6+汽油	7.2	9.2	7.8
	馏分油	87.4	82.9	71.4
馏分油性质/℃	倾点	-31	-12	-12
	浊点	-28	-2	-6
	T_{95}	342	416	412

19.3.2.4 美孚公司的异构脱蜡(MIDW)技术

第一套MIDW装置于1990年在新加坡裕廊(Jurong)炼油厂新建,而技术许可于1996年[79, 89, 90]提供。该工艺第一段为传统的加氢裂化单元,转化率限制在60%以内,以避免轻组分过度裂化。第一段的底料被送至第二段的加氢异构和加氢裂化单元,以便使总转化率达到75%~80%。第二阶段的催化剂是一种贵金属负载在沸石载体上的双功能催化剂,通过高选择性的异构化除去中间馏分油的蜡状物组分。裕廊炼油厂的常压馏分油的特性见表19.6。

表19.6 通过两段处理后的常压馏分的性质[91]

项目	进料	石脑油	煤油	柴油	燃料油
沸程/℃	350~510	C₅~150	150~255	255~388	388
产率,%	100	22.9	21.5	19.2	36.8
API重度	32.0	73.0	49.5	34.7	29.5
硫含量/(μg/g)	260	<1	2	20	40
烟点/mm			32		
凝固点/℃			<-54		
倾点/℃	>38			-43	<-7
十六烷指数			52	56	
P/N/A(质量比)	44/39/17		无/无/10	45/31/24	36/42/22

根据进料特征和污染物水平(即硫、氮含量),可以使用不同的配置:①在一个MIDW装置直接转换,之前不做任何预处理;②紧随MIDW之后,增加一个单段堆叠床单元进行加氢处理;③加氢处理有限除去除H_2S和NH_3,再用一个MIDW单元[79]进行转换。

对原料而言,该工艺具有较高的灵活性,可以处理从煤油到加氢裂化装置底料的高石蜡含量的各种原料。典型的操作条件是:温度为260~440℃;进口氢分压为25~50kgf/cm²。

与MDDW相比,MIDW表现出保留更高的石蜡馏分,特别是对高石蜡的原料[45]而言,其转化收率更高。采用MDDW和MIDW工艺将LVGO转化为倾点为-7℃的脱蜡产品的对比见表19.7[79]。

表19.7 MDDW和MIDW产品性能对比①[79]

项目		MDDW	MIDW
催化剂活性		基准	基准~63℃
馏出油产率,%		55.5	95.0
产品性质	API重度	基准	基准+8
	运动黏度(40℃)/(mm²/s)	7.6	5.7
	十六烷指数	52	63
	T_{95}/℃	423	408
	硫含量/(μg/g)	1200	200

① 进料性质:API重度为36,运动黏度(40℃)为8.7mm²/s,倾点为32℃,硫含量为800μg/g,氮含量为140μg/g,总链烷烃含量63%;正构链烷烃含量为35%。

19.3.2.5 Unicracking/DW技术

UOP公司的催化脱蜡工艺是一个采用固定床使各种烃原料[79,92~94]提高冷流性能的工艺。该工艺使用两种类型的催化剂:第一类为一种高活性的加氢脱硫和加氢脱氮催化剂,而第二类是一种专有脱蜡催化剂。后者是一种双功能、非贵金属沸石催化剂,可选择性加氢裂化原料中的长链、高熔点石蜡组分。这种用于脱蜡的催化剂的沸石载体,最有可能是一种类似于ZSM-5的材料。减压汽油和柴油的典型数据见表19.8。

19.3.2.6 UOP公司的MDQ Unionfining技术

UOP公司已经开发出了MQD Uninonfining技术,以解决与中间馏分油升级相关的不同方面的问题,如加氢脱硫和减少芳烃等。

表19.8 UOP催化脱蜡工艺性能[79, 92]

项　目		VGO进料	柴油进料
进料性质	API重度	27.7	35.1
	硫含量/(μg/g)	9500	1.7
	氮含量/(μg/g)	690	1.0
	运动黏度(100℃)/(mm²/s)	4.25	
	倾点/℃	30	21
产品产率, %	$C_1 \sim C_3$	0.5	2.5
	$C_4 \sim 260℃$石脑油	24.5	24.5
	脱蜡产品	75.0	73.0
脱蜡产品性质	API重度	27.4	37.5
	硫含量/(μg/g)	20	1.0
	氮含量/(μg/g)	20	1.0
	运动黏度(40℃)/(mm²/s)	3.63	
	倾点/℃	-20.5	-12.0

对于改善冷流性能,有两种催化剂可以使用。HC-80是一种碱金属沸石催化剂,通过将石蜡组分选择性裂解生成石脑油以达到脱蜡的目的。它主要用于与HDS催化剂联合使用的单段模式(见图19.24),反应器内装填有两种催化剂。DW-10是一种贵金属负载在专有沸石载体上的催化剂,主要通过异构化石蜡组分改善冷流性能。由于贵金属的存在,要求使用清洁原料。这种催化剂通常装填在两段配置的第二段,如图19.25所示。在这种情况下,其使用周期高于单段配置。

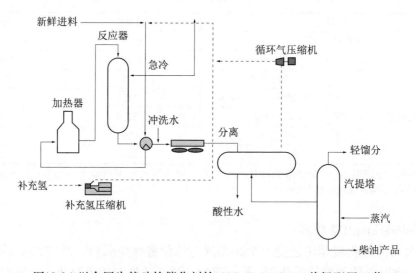

图19.24 以金属为基础的催化剂的MQD Unionfining单级配置工艺

19.3.2.7 雪佛龙公司的ICR 410催化剂

雪佛龙公司有一个特殊的柴油脱蜡工艺没有对外许可[95]。雪佛龙的异构脱蜡工艺是针对生产低倾点基础油产品,而高质量的中间馏分油是该工艺的副产品。

19.3.2.8 德国南方化工公司的Hydex-G催化剂

Hydex-G是一种汽油和中间馏分油脱蜡的耐硫型沸石催化剂[79]。它可以作为一种单独的催化剂或与加氢脱硫催化剂一起用于单段配置,反应器装填堆叠床的脱蜡和加氢脱硫催化剂。

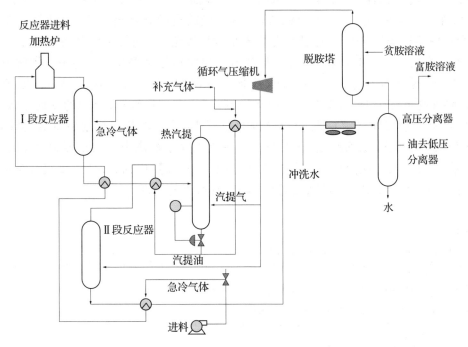

图19.25 贵金属催化剂体系的MQD Unionfining双级配置工艺

通过Hydex-G的不同配置,可以预测浊点的改进范围(见表19.9)。

表19.9 不同加氢处理设计的浊点改进[79]

应 用	浊点提高/℃
单独的脱蜡单元	20~50
使用脱蜡催化剂的加氢处理单元	5~20
使用脱蜡催化剂的温和加氢裂解处理单元	30~50
使用脱蜡催化剂的常规加氢裂解处理单元	>5

从该公司宣传册和公布的石脑油和保留收率数据可以推断,似乎所用的催化剂是一种类似ZSM-5的材料,不存在金属相。

19.4 总结和展望

石脑油组分的催化重整是一个成熟的技术,仍然广泛用于现代炼油厂。即使在未来几年,重整能力只会出现有限的增长(大约为目前能力的1%),该工艺将仍然是石油炼制行业的一个关键技术。改进催化体系以及使流程最优以获得总体效益最大化,将是主要的议题。

目前,石脑油催化重整的发展趋势是提高氢气产量、长周期运行并提高重整油辛烷值。最近的研究和开发的重点是催化剂和工艺改进,使催化剂的寿命、选择性、氢气产量、混合芳烃产量最大化。其他研究和开发方面包括:①重整加工超低硫、低含水量的石脑油,这要求特殊的工艺,同时要考虑(设备材料的)冶炼技术;②改进反应器内部的径向分布,以允许装填更多的催化剂;③改进再生过程;④改造现有装置以提高效率(例如占全球重整加工能力的55%的半再生装置,可以通过增加一个新的反应器实现连续再生)。

关于"优质柴油"技术，如上面所提到的燃料市场对柴油的需求增长速度超过了任何其他燃料，在欧洲柴油市场份额已经超过汽油。炼油厂投入大量资金和技术，来最大化生产柴油和优化流程来提高柴油馏分的质量，或升级低质量组分使它们适用于掺入柴油。最近，几套新的高压加氢裂化装置已经在几个炼油厂安装；旧加氢裂化装置已经被更新，以增加优质柴油的产量。加氢处理技术也扮演着重要的角色来提高轻质油组分的质量，以满足生产清洁交通运输燃料的日益增长的需求。在这种背景下，催化脱蜡结合深度脱硫、芳烃饱和，将发挥重要作用，以提供一种经济的方式，生产大量优质、环保的交通运输燃料。研究的目的在于更好地理解催化脱蜡领域的择形选择性，以及异构脱蜡肯定会导致选择性和产品特性的改进。如前所述，同分异构体的熔点完全取决于链的长度和分支的位置。在这方面[45]，有可能在选择性异构化概念的基础上，开发异构脱蜡的反应，也就是说，引导反应向这些特定化合物进行，可以使最终产品得到所需的特性。

参考文献

[1] (2006) Global Petroleum Market Outlook, Purvin & Gertz Inc.
[2] Hedrick, B.W., Seibert, K.D., and Crewe, C. (2006) New Approach to Heavy Oil and Bitumen Upgrading, Technology & More, www.UOP.com, Summer 2006.
[3] Nielsen, R. (2006) Advances in Catalytic Reforming. Report No. 129B, SRI Consulting, October.
[4] Stell, J. (2005) Oil Gas J. 103, 47–54.
[5] Marcilly, C. (2001) Oil Gas Sci. Technol.–Rev. IFP, 56 (5), 499–514.
[6] Netzer, D. and Ghalayini, O.J. (2003) NPRA Annual Meeting, March, San Antonio.
[7] CCR PlatformingTM www.uop.com
[8] Swaty, T.E. (2005) Hydrocarbon Process., 84 (9), 35.
[9] Benfree, T.M. (2004) Axens Brochure, August 2004.
[10] Silvy, R.P. (2004) Oil Gas J., 102 (16), 58.
[11] Paal, Z. (2004) Catalytic Naphtha Reforming, 2nd edn, Marcel Dekker Inc., New York, pp. 35–74.
[12] Lapinski, M.P., Baird, L., and James, R. (2004) in Handbook of Petroleum Refining Processes, 3rd edn, McGraw-Hill, New York, pp. 4.3–4.31.
[13] Menon, P.G. and Paal, Z. (1997) Ind. Eng. Chem. Res., 36, 3282.
[14] Perego, C. and Carati, A. (2008) in Zeolites: From Model Materials to Industrial Catalysts, Transworld Research Network (India) (eds J. Čejka, J. Perez-Pariente, and W.J. Roth), pp. 357–389.
[15] Novaro, O., Li, C.-L., and Wang, J.-A. (2004) Catalytic Naphtha Reforming, 2nd edn, Marcel Dekker Inc., New York, pp. 391–431.
[16] Antos, G.J., Moser, M.D., and Lapinski, M.P. (2004) Catalytic Naphtha Reforming, 2nd edn, Marcel Dekker Inc., New York, pp. 335–351.
[17] Mazzieri, V.A., Grau, J.M., Vera, C.R., Yori, J.C., Parera, J.M., and Pieck, C.L. (2005) Appl. Catal., 296, 216.
[18] Carvalho, L.S., Pieck, C.L., Rangel, M.C., F`ıgoli, N.S., Grau, J.M., Reyes, P., and Parera, J.M. (2004) Appl. Catal. A: Gen., 269, 91.
[19] Carvalho, L.S., Pieck, C.L., Rangel, M.C., F`ıgoli, N.S., Grau, J.M., Vera, C.R., and Parera, J.M. (2004) Appl. Catal. A: Gen., 269, 105.
[20] Corma, A. (1993) Catal. Lett., 22, 33.
[21] Kao, J.-L. and Ramsey, S.A. (1997) US 5980731, assigned to Exxon Chemical Patents Inc.
[22] Sugimoto, M., Murakawa, T., Hirano, T., and Ohashi, H. (1993) Appl. Catal. A:Gen., 95, 257.
[23] Bonacci, J.C. and Patterson, J.R. (1981) US 4,292,167, assigned to Mobil Co.
[24] Degnan, T.F. (2000) Top. Catal., 13, 349.
[25] Llorens, D. (2004) Hydrocarbon Eng., 9 (11), 75.
[26] OGJ–International Refining Catalyst Compilation (2005) Oil Gas J., 17.
[27] Chen, N.Y., Garwood, W.E., and Dwyer, F.G. (1989) Shape Selective Catalysis in Industrial Applications, Chapter 5, Marcel Dekker, p. 157.
[28] NIST http://webbook.nist.gov/chemistry/.
[29] Weiz, P.B. and Frilette, V.J. (1960) J. Phys. Chem., 64, 382.
[30] Weiz, P.B., Frilette, V.J., Maatman, R.W., and Mower, E.B. (1962) J. Catal., 1, 307.
[31] Weitkamp, J., Ernst, S., and Puppe, L. (2001) in Catalysis and Zeolites Fundamentals and Application (eds J. Weitkamp and L. Puppe), Springer, Berlin, pp. 327–376.
[32] Marcilly, C. (2003) Catalyse Acido-basique Application au Raffinage et à la Pétrochimie, Vol. 2, Chapter 12, 13, Editions Technip.
[33] Degnan, T.F. Jr. (2003) J. Catal., 216, 32.
[34] Olson, D.H., Kokotailo, G.T., Lawton, S.L., and Meier, W.M. (1981) J. Phys. Chem., 85, 2238.
[35] Buchanan, J.S. (2000) Catal. Today, 55, 207.
[36] Marcilly, C.R. (2000) Top. Catal., 13, 357.
[37] Maesen, T.L.M., Schenk, M., Vlugt, T.J.H., de Jonge, J.P., and Smit, B. (1999) J. Catal., 188, 403.
[38] Smit, B. and Maesen, T.L.M. (2008) Nature, 451, 671.
[39] Schenk, M., Smit, B., Vlugt, T.J.H., and Maesen, T.L.M. (2001) Angew. Chem. Int. Ed., 40, 736.
[40] Jacobs, P.A., Martens, J.A., Weitkamp, J., and Beyer, H.K. (1981) Faraday Discuss. Chem. Soc., 72, 353.
[41] Dubbelddam, D., Calero, S., Maesen, T.L.M., and Smit, B. (2003) Angew. Chem. Int. Ed., 42, 3624.
[42] Schenk, M., Calero, S., and Maesen, T.L.M. (2003) J. Catal., 214, 88.

[43] Souverijns, W., Martens, J.A., Uytterhoeven, L., Froment, G.F., and Jacobs, P.A. (1997) Studies in Surface Science and Catalysis, Vol. 105, Elsevier Science, p. 1285.

[44] Sastre, G., Chica, A., and Corma, A. (2000) J. Catal., 195, 227.

[45] van Veen, J.A.R., Minderhoud, J.K., Huve, L.G., and Stork, W.H.J. (2008) in Handbook of Heterogeneous Catalysis, Vol. 6 (eds G. Ertl, H. N¨ozinger, F. Schüth, J. Weitkamp), 2nd edn, Wiley-VCH Verlag GmbH & Co., p. 2794.

[46] Rigutto, M.S., van Veen, R., and Huve, L. (2007) in Introduction to Zeolite Science and Practice (eds J. Eejka, H. van Bekkum, A. Corma, and F. Schüth), 3rd revised edn, Elsevier, p. 855.

[47] Smith, K.W., Starr, W.C., and Chen, N.Y. (2005) Oil Gas J., May 26 (2005), 75–88.

[48] Huve, L.G. (2001) 2nd European Catalyst Technology Conference ECTC Antwerp, Belgium.

[49] Sivasanker, S., Waghmare, K.J., Reddy, K.M., Kothasthane, A.N., and Ratnasamy, P. (1990) J. Chem. Tech. Biotechnol., 48, 261.

[50] Sivasanker, S. and Reddy, K.M. (1989) Catal. Lett., 3, 49.

[51] Kennedy, C.R., LaPierre, R.B., Pereira, C.J., and Mikovsky, R.J. (1991) Ind. Eng. Chem. Res., 30, 12.

[52] Beyer, H.K., Feher, P., and Jakob, K. (1986) Hungarian J. Ind. Chem., 14, 345.

[53] Tielen, M., Geelen, M., and Jacobs, P.A. (1985) Acta Phys. Chem., 31, 1.

[54] Degnan, T.F., Hanlon, R.T., Mills, G., Karsner, G.G., and Mazzone, D.N. (2001) US 6,231,749, assigned to Exxon-Mobil.

[55] Unmuth, E.E., Bertolacini, R.J., and Mahoney, J.A. (1988) US 4,728,415, assigned to Amoco.

[56] Zones, S.I., Holtermann, D.L., Jossens, L.W., Santilli, D.S., Rainis, A., and Ziemer, J.N. (1997) US 5,693,215, assigned to Chevron.

[57] Soualah, A., Lemberton, J.L., Pinard, L., Charter, M., Magnoux, P., and Molijord, K. (2008) Appl. Catal. A: Gen., 336, 23.

[58] La Pierre, R.B., Partrige, R.D., Chen, N.Y., and Wong, S.S. (1983) US 4,419,220, assigned to Mobil.

[59] Degnan, T.F. and Le, Q.N. (1994) US 5,302,279, assigned to Mobil.

[60] Carati, A., Flego, C., and Calemma, V. (1999) EP 0635556 B1, assigned to Eni S.p.A.

[61] Degan, T.F. Jr., Hanlon, R.T., Karsner, G.G., and Mazzone, D.N. (1993) EP 0575077, assigned to Mobil.

[62] Perego, C., Bellussi, G., and Calemma, V. (1997) EP EP 0590714, assigned to Eni S.p.A.

[63] Perego, C., Flego, C., Delbianco, A., and Bellussi, G. (1996) EP 0582347, assigned to Eni S.p.A.

[64] Calemma, V., Peratello, S., and Perego, C. (2000) Appl. Catal. A: Gen., 190, 207.

[65] Corma, A., Martinez, A., Pergher, S., Peratello, S., Perego, C., and Bellussi, G. (1997) Appl. Catal. A: Gen., 152, 107.

[66] Calemma, V., Peratello, S., Perego, C., Moggi, A., and Giardino, R. (1999) Polym. Prepr. Am. Chem. Soc. Div. Polym. Chem., 44 (3), 241.

[67] Ref. 7, Vol. 1, Chapter 4, p. 211.

[68] Miller, S.J., Shippeyand, M.A., and Masada, G.M. (1992) NPRA National Fuels and Lubricants Meeting, November 5–6, Houston.

[69] Miller, S.J. (1987) US 4,689,138, assigned to Chevron.

[70] Miller, S.J. (1989) US 4,859, 311, assigned to Chevron.

[71] Miller, S.J. (1990) US 4,921,594, assigned to Chevron.

[72] Miller, S.J. (1992) US 5,135,638, assigned to Chevron.

[73] Miller, S.J. (1992) US 5,149,421, assigned to Chevron.

[74] Santilli, D., Habib, M.M., Harris, T.V., and Zones, S.I. (1994) US 5,282,958, assigned to Chevron.

[75] Miller, S.J. (1994) in Studies in Surface Science and Catalysis, Vol. 84 (eds J. Weitkamp, H.G. Karge, H. Pfeifer, and W. Holderich), p. 2319.

[76] Miller, S.J. (1993) Am. Chem. Soc. Div. Petr. Chem., 38 (4), 788.

[77] Miller, S.J. (1994) Microporous Mater., 2, 439.

[78] Martens, J.A., Souverijns, W., Verrelst, W., Parton, R., Froment, G.F., and Jacobs, P.A. (1995) Angew. Chem. Int. Ed. Engl., 34 (22), 2528.

[79] (2004) Advanced Hydrotreating and Hydrocracking Technologies to Produce Ultra-Clean Diesel Fuel, Chapter VII-233, Hydrocarbon Publishing Company.

[80] Zakarian, J.A., Robson, R.J., and Farrel, T.R. (1987) Energy Process, 1, 59.

[81] Wilson, M.W., Eiden, K.L., Mueller, T.A., Case, S.D., and Kraft, G.W. (1994) NPRA National Fuel and Lubricants Meeting, November 1994.

[82] Homan Free, H.W., Schockaert, T., and Sonnemans, J.W.M. (1993) Fuel Proc. Technol., 35, 111.

[83] Heckel, T., Thakkar, V., Behraz, E., Brierley, G., and Simpson, S. (1998) NPRA, Annual Meeting Paper AM-98-24.

[84] Weyda, H. and Koler, E. (2002) 12th Saudi Arabia–Japan Symposium on Catalyst in petroleum Refining and Petrochemicals, KFUPM Institute, Dharan, Saudi Arabia.

[85] Huve, L.G., Robertson, M., van der Linde, B., Pankratov, L., Kalospiros, N., and Gitau, M. (2006) RRTC, 27-28 September, 2006, Moscow.

[86] Kamienski, P.W., Hilbert, T.H., Novak, W.J., and Lewis, W.E. (2006) World Refining Association CE/EE 9nd Annual Round Table, Budapest, Hungary.

[87] van der Linde, B., Woolley, H., Swain, J., and High Allen, L.A. (2001) Syn- Flow/Syn Shift–Commercial Experience on European Diesel, European Refining Technology Conference, Madrid.

[88] Smith, F.A. and Bortz, R.W. (1990) Oil Gas J., Aug 13 (1990), 51.

[89] Tracy, W.J., Chitnis, G., Novak, W., Helton, T., Macris, A., Papal, D., and Nagel U. (2002) European Catalysis Technology Conference, Amsterdam.

[90] Mc Gihon, R.D., Hilbert, T.L., Patel, V., and Subramaniam, A. (2008) 9th Annual Middle East Refining Conference, Abu Dhabi, February 2008 (ExxonMobil website).

[91] Hilbert, T.L., Chitnis, G.K., Umansky, B.S., Kamienski, P.W., Patel, V., and Subramanian, A. (2008) Hydrocarbon Process., 47–56.

[92] Gala, H. (2004) in Handbook of Petroleum Refining Processes 3rd edn, Chapter 8.5 (ed. R.A. Meyers), Mc Graw-Hill, p. 53.

[93] Bertram, R. et al. (1994) Catalytic Dewaxing of VGO an Diesel at OMV's Schwechat Refinery, San Antonio, NPRA Papers AM-94-50.

[94] http://www.uop.com/refining/1060.html.

[95] http://www.chevron.com/products/sitelets/refiningtechnology.

20 沸石上芳烃转换研究的最新发展

Sulaiman Al-Khattaf, Mohammad Ashraf Ali, Jiří Čejka

20.1 引言

对生产许多重要产品而言,芳烃在化工、聚合、农业、香水、土木工程以及其他行业[1]是极其重要的原料。它们在沸石上的化学变化主要有三个主要的反应,即烷基化、异构化和歧化(烷基转移)[2~5]。为使反应能够有效进行,用沸石作为催化剂是第一选择,因为它们的活性高,对所需的产品具有极好的选择性,不易失活,可再生且环境友好[6~10]。对于沸石上芳烃转换的反应,最近的论文大多数都集中在甲苯烷基化与甲醇制二甲苯,包括选用不同类型的沸石[11]、改变沸石的特性[12~15],或改变工艺,旨在获取最大的对位选择性[16]。原则上,这些研究的大部分目标可以分为如下:

① 优化催化剂配方,包括沸石改性的不同方法;
② 改进过程参数,反应器类型,建立动力学参数模型;
③ 研究新型沸石的结构和化学参数。

20.2 沸石的研究进展

沸石对芳烃转换的主要优点在于其快速,它们是具有微孔的硅酸铝晶体,孔隙大小大约$0.4~1.0nm$,酸度可控[17, 18]。沸石的结构是由所谓的基本构件单位:SiO_4或AlO_4的四面体,通过一个氧桥连接。4个SiO_4可以连接到中间的SiO_4四面体,根据Loewenstein规则,AlO_4四面体直接连接是不允许的。AlO_4和SiO_4两个四面体进一步结合,导致二次结构的形成,并通过它们的连接,形成不同大小和形状的孔隙系统。这些孔隙经常由8、10、12、14个环组成,甚至还发现了[19]一些奇特的或大于14的环。

沸石的通道可以是一维(1D)、二维(2D)或三维(3D),这取决于它们的连通性[18]。有些沸石存在孔隙大小不同的通道,甚至通道交叉口或者一维通道[19]。对于沸石在吸附和催化方面的应用而言,通道的大小起着决定性的作用。对许多有机反应、产品或过渡状态的动力学直径而言,沸石通道的大小是相同的。因此,当反应物分子大小大于沸石通道的可用空间时,反应物无法渗透到沸石通道内部,过渡状态不能在内部形成,产品(如果已形成)不能离开通道。这种现象被称为择形选择性。有许多论文,尤其在涉及芳烃转换[20~24]方面对此进行了讨论。个别类型的择形选择性,可以显著控制活性,也可以控制沸石在不同的反应[23, 24]中的选择性。尽管大约有200种沸石和类沸石得到了IZA(国际分子筛协会)的认可,其中仅有少数被用于芳烃转换的研究。其中ZSM-5、丝光沸石、β沸石、Y沸石和MCM-22是最典型的沸石催化剂,而特殊沸石,诸如MCM-58、MCM-68[25, 26]、TUN-9[27]和IM-5[28]最近还进行了合成和测试。图20.1提供了这些沸石结构的一些示意照片,其结构特性见表20.1。

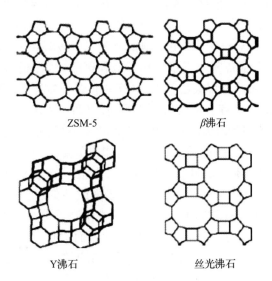

ZSM-5   β沸石

Y沸石   丝光沸石

图20.1 主要用于芳烃转换研究的分子筛的结构示意图

表20.1 芳烃转换反应中的分子筛结构特性

催化剂	代　号	通道结构	通道入口	通道直径/nm
β沸石	BEA	3D	12-12-12	0.64×0.76
				0.56×0.56
IM-5	IMF	3D	10-10-10	0.55×0.56
				0.53×0.54
				0.53×0.59
丝光沸石	MOR	2D	12-8	0.65×0.70
				0.26×0.57
MCM-22	MWW	3D	10-10-10	0.40×0.55
				0.41×0.51
MCM-58	IFR	1D	12	0.62×0.72
MCM-68	MSE	3D	12-10-10	0.64×0.68
				0.52×0.58
				0.52×0.52
SSZ-33	CON	3D	12-12-10	0.64×0.70
				0.59×0.70
				0.45×0.51
SSZ-35	STF	1D	10	0.54×0.57
TNU-9	TUN	3D	10-10-10	0.52×0.60
				0.51×0.55
ZSM-5	MFI	3D	10-10-10	0.53×0.56
				0.51×0.55

从催化的观点来看,除了结构特点,化学成分是至关重要的。AlO$_4$四面体的浓度决定了沸石框架整体的负电荷。至于固体酸,它提供了质子补偿。沸石在酸催化反应中的活性,则取决于酸的浓度、酸中心的类型[Brønsted酸和Lewis酸(以下简称B酸和L酸)]和酸强度[29]。

20.3 甲苯歧化

甲苯歧化是一个将价值较低的甲苯转换为二甲苯和苯的混合物的工业过程,其中所希望的是对二甲苯的最高选择性。二甲苯是一种重要的化工原料,可以用来生产大量有价值的商品,例如:邻二甲苯(o-xylene)可以用于制备邻苯二甲酸酐和邻苯二甲酸酯类增塑剂;间二甲苯(m-xylene)可以用于制备间苯二甲酸和不饱和聚酯树脂;还有最希望得到的对二甲苯(p-xylene),可用于制备聚对苯二甲酸乙二醇酯(PET)和聚丁烯对苯二酸酯(PBT)。一般来说,当甲苯歧化在没有择形催化剂存在的情况下进行时,各种二甲苯异构体的选择性大体为:对二甲苯约为25%,邻二甲苯约为25%,间二甲苯约为50%。这清楚地表明了为什么在损失间二甲苯的情况下,提高对二甲苯选择性的工艺技术是如此重要。

甲苯歧化主要是在酸性沸石ZSM-5、MCM-22、丝光沸石、USY存在的条件下进行,而选择性形成对二甲苯通常需要ZSM-5沸石,尤其是表面改性的ZSM-5。选择性形成对二甲苯的原因是由于降低了沸石中间孔隙的大小以及选择性阻断了沸石晶体[8]外表面的活性中心。在多数情况下,这两个因素同时起作用,虽不可能使表面中心全部消失,但至少会部分阻塞孔隙;反之亦然。控制二甲苯在沸石内部结构中的扩散度的一个方法,是使用晶体粒子大的ZSM-5沸石,它比使用小晶粒[30, 31]的沸石能生产数量更多的对二甲苯。基于甲苯歧化的机理,对二甲苯的生成发生在沸石的孔道内部,然后,对二甲苯从沸石孔隙向外扩散,因此对二甲苯的选择性在开始的时候比较高。而在沸石的外表面,对二甲苯经异构化生成间和邻的同分异构体。为了控制二次异构化,人们研究了许多方法,包括硅沉积、催化剂预结焦、表面活性中心选择性脱铝和在沸石上负载金属氧化物[8, 12, 13, 16]。

20.3.1 硅沉积改性沸石

沸石的外表面可以采用各种含硅化合物通过化学气相沉积或化学液相沉积进行改性。硅源(大于通道的尺寸)通过桥的反应,也可能是与沸石表面上的羟基团终端反应。在焙烧过程中,二氧化硅颗粒附着在沸石表面,导致在外表面形成一个湮没的酸性中心,部分或完全阻塞微孔的入口。相比之下,沸石的孔洞体积得到了保存。用Si(OEt)$_4$钝化所有的酸性中心[34],通过化学液体沉积对不同晶体大小的HZSM-5外表面和孔隙口部位进行改性,已经获得了成功。已经发现更有效的对大晶粒沸石样品改性的方法。前文所述的ZSM-5晶粒外表面脱铝,提高甲硅烷基化效果,主要是去除与酸性中心相连的多余的氧化铝骨架。有机硅化合物,诸如MePhSiOH、EtPhSiNH$_2$、MeNH$_2$SiOH、MePhSiNH$_2$已用于表面涂层来提高对二甲苯的选择性[35, 36]。Niwa小组[13]所提供的化学气相沉积制备条件,表明了采用原位法(in situ)和非原位法(ex situ)使用四甲基正硅酸盐的重要性。结果表明,当四甲基正硅酸盐采用原位法加入,可以得到范围更好的外表面,正如1、3、5-三异丙酯苯所证实的一样。

20.3.2 预结焦改性沸石

频繁对以沸石为基础的催化剂的预结焦进行讨论和研究,目的是如何提高对位异构体的选择性。尽管进行了许多非常仔细的研究,但了解这种影响还远未明确,许多结果都相当有争议。甲苯歧化过程对二甲苯选择性增强,是Haag等[37]发现的。此外,Ĉejka等[38]报道,用甲醇进行甲苯烷基化时,结焦并不增加对二甲苯的选择性。另一方面,预焙烧以前已成功应用于1、3、5-三异丙苯在ZSM-5催化剂上的反应。外表面失活的结果,不仅可显著提高对二甲苯的选择性，同时也降低了高芳烃如三甲酯苯[39]的形成。在甲苯岐化过程中，焦炭在ZSM-5上形成的速度随反应时间延长而降低，而焦炭的实际数量持续增加。较高的温度和较低的Si/Al比会加快焦炭形成的速度。在反应的早期阶段，发现焦炭的形成有利于甲苯岐化。一旦当焦炭积累起来后，甲苯转化和二甲苯的产率明显下降。这可能是在结焦周期的最初阶段，强B酸性中心的数量迅速下降；焦炭重量达到7%时，相当于酸性总量下降80%[40]。

20.3.3 脱铝改性沸石

使用ZSM-5沸石进行甲苯岐化时，有两种类型的铝会大大降低对二甲苯的选择型。存在多余的骨架铝，会提高对二甲苯的选择性，这是因为沸石的微孔被堵塞了，然而通常会导致碳的形成。另一方面，沸石催化剂外表面的铝同时提供B酸和L酸性中心，使反应速度持续提高（没有选择性）。对MCM-22进行脱铝，选择性脱除外表面的酸性中心，可抑制对二甲苯的二次异构，提高对位选择性。这表明脱铝后的MCM-22是一种非常有前途的催化剂，可用于甲苯岐化[41]过程，选择性地生成对二甲苯。MCM-22晶粒小，显示出它有较高的甲苯岐化活性；反之，晶粒较大的沸石在硼的有利影响下，对对二甲苯的生成有更高的选择性[42, 43]。Y沸石在高温和催化剂具有高酸性的情况下，有利于脱除烷基；而在低温和催化剂酸性中等时，有利于甲苯岐化[44]。TNU-9分子筛，最近有报道它具有3D介孔通道结构，它在甲苯岐化反应中，与ZSM-5、MCM-22、丝光沸石以及β沸石相比，表现出一种独特的择形选择性[45]。

20.3.4 金属沉积改性分子筛

使用负载一定限量金属的沸石，提高其L酸酸性[46]，能够提高甲苯岐化的转化率。一种含有经过CeNO₃处理的HZSM-5沸石，通过500℃焙烧的新型催化剂，其对二甲苯选择性提高了42.7%，转化率提高了12.4%[47]。经过Ni、Cr、Mg、Bi和Zn原子交换的，特别是经过Ni原子交换的ZSM-5沸石催化剂，在甲苯岐化过程中，其甲苯的转化率和对二甲苯的选择性一样会提高[48]。在550℃温度下，Ni交换过的催化剂的甲苯转换率为28.5%，对二甲苯的选择性为35%。反应过程形成的积炭会导致孔隙口减少，主要只允许小分子的对二甲苯通过。有多种以沸石为基础的催化剂已用于甲苯岐化，来提高对二甲苯的活性和选择性[49]。在LHSV为2h⁻¹和400℃条件下[50]，采用负载Ni、脱铝以及以硅铝比在10～50之间的丝光沸石为基础的催化剂，其甲苯转化率为46%。可以看到，当加入的金属或金属氧化物位于外表面时，HZSM-5的扩散限制增加，因而对二甲苯的选择性提高。用类似的方法，在500℃的温度下，采用固态反应，将锌的氧化物负载到HZSM-5晶粒的外表面。这种改性导致硅醇基团与沸石的羟基团发生强烈的相互作用。分散于HZSM-5表面的氧化锑完全消除了没有选择性的B酸酸性中心，提高了甲苯岐化[51]的对位选择性。

对在H-ZSM-5沸石上浸渍氧化钼用于甲苯岐化进行了彻底研究，它所提供的甲苯转换率和二甲苯选择性明显不同，它在存在氮气和氢气并且压力不同的条件下使用[52]。表20.2及表20.3列出了一些结果，可以从中看出：甲苯在氮气存在下的初始转化压力比在氢气存在的情况下的要高；在有压力情况下，随着压力和反应温度的提高，甲苯转换率也提高。在氢气存在的条件下，甲苯转换温度为375℃，比在氮气存在的条件下的要低。随着反应温度提高，在氮气和氢气存在下条件下的不同甲苯转换率都降低，到425℃时达到一个相同的值。甲苯转换率在氮气存在的条件下高于在氢气存在的条件下。甲苯转换率在氮气和氢气的条件下，从0.1～3MPa，都随压力增加而增加。同时增加反应压力3～5MPa，甲苯的转化率只有一个很小的变化。正如所预期的那样，ZSM-5沸石在氮气条件下比在氢气条件下失活要快，这表明甲苯转化率降低而积炭增加。

表20.2 不同温度下使用负载3%的钼的ZSM-5(13)催化剂的甲苯转换率结果[①]　　　　%(摩)

项目	氢气载气			氮气载气		
	375℃	400℃	425℃	375℃	400℃	425℃
苯	20.2	27.7	28.3	21.4	29.6	31.1
甲苯	61.8	47.0	44.0	56.7	48.9	47.6
乙苯	0.0	0.3	0.4	0.0	0.1	0.2
间二甲苯	8.8	11.9	12.5	11.2	11.2	10.3
对二甲苯	4.4	6	6.3	5.4	4.7	4.3
邻二甲苯	4.2	5.8	6.2	5.1	4.8	4.5
C₉芳烃	0.6	1.3	2.3	0.2	0.7	2.0
总二甲苯	17.4	23.7	25	21.7	20.7	19.1
二甲苯选择性	45.5	44.7	44.6	50.1	40.5	36.5
间二甲苯选择性	23.0	22.5	22.3	25.9	21.9	19.7
对二甲苯选择性	11.5	11.3	11.3	12.5	9.2	8.2
邻二甲苯选择性	11.0	10.9	11.1	11.8	9.4	8.6
苯选择性	52.9	52.3	50.5	49.4	57.9	59.4
甲苯选择性	38.2	53.0	56.0	43.3	51.1	52.4

① ZSM-5(13)硅铝比为13.5, 比表面积为600m²/g; 在氢气和氮气存在的情况下, 温度为375~425℃, 压力为3MPa。

表20.3 不同运行时间下使用负载3%的钼的ZSM-5(15)[①]催化剂的催化反应结果

项目	氢气载气					氮气载气				
运行时间/h	6	16	22	30	40	6	16	22	30	40
轻烃, %(摩)	1.7	2.6	2.4	0.0	1.7	0.3	2.0	2.6	0.9	4.1
苯, %(摩)	22.4	25.1	29.4	31.6	26.6	26.3	18.1	15.1	11.9	8.7
甲苯, %(摩)	46.6	47.3	46.9	48.6	47.7	51.3	60.3	64.9	72.8	77.4
乙苯, %(摩)	1.1	1.0	0.9	0.8	0.9	1.6	1.5	1.3	1	0.7
间二甲苯, %(摩)	13.5	11.6	9.8	9.3	11.0	9.6	7.8	6.6	4.9	3.1
对二甲苯, %(摩)	4.7	4.8	4.2	4.0	4.5	4.2	3.3	2.8	2.3	1.4
邻二甲苯, %(摩)	5.4	4.8	4.0	3.8	4.5	4	3.2	2.7	2.1	1.3
C₉芳烃, %(摩)	4.5	2.9	2.4	1.9	3.1	2.8	3.8	4.0	4.1	3.4
总二甲苯, %(摩)	23.6	21.2	18.0	17.2	19.9	17.8	14.3	12.1	9.3	5.8
苯选择性, %(摩)	42.0	47.6	55.4	61.4	51.0	54.0	45.6	43.0	43.8	38.5
二甲苯选择性, %(摩)	44.3	40.1	33.9	33.4	38.2	36.6	36.0	34.5	34.2	25.7
间二甲苯选择性, %(摩)	25.3	22.0	18.5	18.1	21.0	19.7	19.6	18.8	18.0	13.7
对二甲苯选择性, %(摩)	8.7	9.0	7.9	7.8	8.6	8.6	8.3	8.0	8.5	6.2
甲苯转化率, %(摩)	53.4	52.7	53.1	51.4	52.3	48.7	39.7	35.1	27.2	22.6

① ZSM-5(15)硅铝比为15, 比表面积为400m²/g; 操作时间为400h, 温度为400℃, LHSV为1.5h⁻¹, 压力为3MPa。

20.3.5 甲苯歧化的影响因素

在对甲苯歧化进行大量研究的基础上, 影响甲苯歧化过程中沸石催化剂活性和选择性的主要因素可以总结为以下几方面:

① 甲苯转化率随酸性中心(低硅铝比)浓度和反应温度的提高而增大; 反应温度的提高也引起甲苯脱烷基速度加快和积炭的增加。

② 铝骨架的存在以及将Si、P、Mg、Ce、Sb和B的氧化物负载到ZSM-5上, 会减小通道尺

寸,导致对二甲苯选择性提高。

③ 大晶粒ZSM-5沸石的应用,导致较高的对二甲苯选择性,其原因是由于扩散路径的延长;反之,小晶粒的应用导致较高的活性,这是由于外表面酸性中心浓度较高。对二甲苯在沸石内部通道形成,经异构化后在沸石外表面生成同分异构体。因此,通过钝化外表面的活性中心来提高对而甲苯选择性。

④ MCM-22和其他沸石选择性脱铝,去除表面酸性中心,可以提高对位选择性。这与用各种金属氧化物抑制酸性中心的效果类似。

⑤ 初期形成的积炭有利于甲苯岐化。然而,当焦炭积累起来后,甲苯的转化率和对二甲苯的产率将降低。

⑥ 用聚烷基硅氧烷改性ZSM-5沸石,使沸石外表面的微孔的活性中心失活,可以得到较高的对二甲苯选择性,但甲苯转化率较低。

⑦ 与氢气相比,在有氮气存在的条件下,ZSM-5可以得到较高的初始甲苯转化率。相比之下,在氮气中催化剂失活更快。

20.4 乙苯岐化

乙苯的岐化反应与甲苯岐化相类似,但乙苯更有活性。通过乙苯脱烷基,乙烯能够很容易生成。乙苯岐化产品的形成,是通过乙基从一个乙苯分子转移到另一个乙苯分子,生成二乙苯异构体(DEB)和苯的混合物。根据反应条件,一些不受欢迎的反应,如脱烷基生成气体或更进一步烷基交换作用生成芳香族化合物将会发生。p-DEB在对二甲苯生产装置被用做剥离剂。

乙苯岐化可以通过不同结构类型分子筛的酸性组分进行,如ZSM-5、丝光沸石、β沸石、YMCM-22、MCM-40以及它们的改性和饱和形态[53~56]。

20.4.1 晶粒的影响和表面改性

如同其他的岐化反应,在乙苯岐化过程中,乙苯的转化率和DEB产品的分布主要取决于与表面酸性[57]相关的晶粒的大小。在Melson和Schüth的研究过程中,曾试图将p-DEB选择性与晶粒大小在$0.1~80\mu$m的ZSM-5晶体的外表面的酸性中心的浓度相关联。在通常情况下,较大的晶粒呈现出很低的表面酸性,只有p-DEB能够生成。在晶粒大小减小的同时,外表面酸性增加,生成m-DEB和o-DEB。这些数据与甲苯岐化显示的结果相当一致,对位异构体几乎只在沸石通道内部生成;反之,则在位于外表面的自由酸性中心产生不希望的异构产品。

H-ZSM-沸石用于乙苯(EB)岐化的过程表明,随着反应温度升高,导致由多环芳烃复合物浓缩构成的焦炭生成。另一方面,空速和H_2/EB比的变化,不会导致焦炭组成的显著变化。然而,随着反应温度和空速的增大,或H_2/EB比的降低,H-ZSM-5沸石的对位选择性提高。由此产生的择形选择性与在H-ZSM-5晶粒外表面所形成的焦炭优先沉积紧密相关。因此,这清楚地证明了焦炭在乙苯岐化过程有ZSM-5沸石改性剂的作用[58]。

通过化学液相沉积和化学气相沉积负载SiO_2和MgO[59]来改性ZSM-5沸石,可提高乙苯岐化的p-DEB择形选择性。结果显示,ZSM-5沸石通过化学液相沉积比通过化学气相沉积的效果要好。用MgO改性可将p-DEB的选择性在乙苯转化率28.1%的情况下提高到98.6%。值得注意的是,用MgO改性对脱烷反应速度降低的影响。

20.4.2 乙苯岐化的动力学研究

采用实验和计算的方法,已经了解了HZSM-5沸石在乙苯岐化过程中的择形选择性特性。也研究了在HZSM-5沸石内部孔隙中形成p-DEB结构产品分子时的空间限制。Klemm等[60, 61]得出的结论为: 在选定的试验条件下, 对位异构体只能在孔结构中生成, 而随后的异构化反应只能在外表面发生。这些结果与Melson和Schüth[57]得到的结论非常一致。Sharanappa等[62]报道了在调整了孔径大小的HZSM-5催化剂上进行的, 前文已介绍过的乙苯转化为间二甲苯和对二甲苯的岐化反应。他们发现无论进料组成中二甲苯异构体的浓度如何不同, 产品都不会变化, 这表明在二甲苯和DEB之间没有烷基交换。

对在反应温度较低的状态下, 使用大孔沸石进行的乙苯岐化的动力学研究证实, 该反应速度很快, 但随着反应产物DEB的形成, 反应速度降低, 且反应是可逆的。相比之下, 在中孔ZSM-5沸石[63]上, 反应受到抑制, 没有产物生成。与上面论述的结果一致, DEB对位选择性的增加实质上是随着晶粒大小, 也随着反应温度的增大而增大, 直到p-DEB的产率达到100%。这些结果清楚地表明, 产品选择性[63]属扩散控制。大孔和中孔沸石对产品生成抑制的差异, 可以根据抑制产品生成的吸附常数和原料的吸附常数之间的差异来解释。预计这种差异在大孔沸石上比在中孔沸石[64]上更明显。当希望对DEB同分异构体的吸附更强时, 建议使用八面沸石, 而不用H-ZSM-5。采用原位红外光谱对乙苯的初始生成物和DEB的同分异构体在H-ZSM-5和Y沸石上的吸附作用进行了测量, 证实了随着孔径减小, 沸石通道对产品的吸附不如对原料的吸附强的假设。相反, Klemm等[60, 61]对傅立叶变换红外光谱(FTIR)的研究提供的证据表明, DEB异构化发生在H-ZSM-5内部, 因此, H-ZSM-5的对位选择性特性显示了催化反应和传质现象之间的相互作用。此外还表明, 与邻位异构体相比, p-DEB和m-DEB在H-ZSM-5上的吸附是可逆的, 它们在150~250℃的温度范围[65]内不能进入沸石的孔隙系统。影响乙苯岐化反应过程固定周期的因素之一是反应物吸附平衡的建立, 它受沸石孔道结构、催化活性以及反应条件的强烈影响, 即受反应温度、进料速度和浓度的影响[63]。

通过对乙苯岐化的认真研究, 影响沸石对产品催化活性和选择性的主要因素主要有如下几方面:

① 乙苯转换率主要取决于沸石晶粒的大小。晶粒越小, 乙苯转化率越高。

② 对位异构体唯一在中孔沸石的孔道结构中形成, 生成间位和邻位异构体的异构反应随后发生在沸石的外表面。

③ 乙苯岐化反应过程中的乙苯转化率和产品分布主要取决于外部酸性, 而外部酸性与离子大小又密切相关。

④ 脱铝的丝光沸石可以加快乙苯岐化反应的速度, 延长催化剂的寿命。

⑤ 将硅或MgO沉积到沸石的外表面改性ZSM-5, 可以提高p-DEB的选择性。采用化学液相沉积比采用化学气相沉积的选择性要高。

⑥ 在乙苯岐化反应中, 用焦炭作H-ZSM-5沸石选择性的改性剂, 可以提高对位选择性。这是由于焦炭最先沉积在H-ZSM-5晶粒的外表面。

20.5 三甲苯岐化与烷基转移

三甲苯经甲苯烷基转移或岐化进行转化的反应, 代表了将廉价的C_9组分提高价值的最重要的方法, C_9组分全部由三甲苯和乙基甲苯组成。在所有的反应中, 希望得到的产品是二甲苯, 对位和邻位异构体是首选。商业化的烷基转移工艺主要有: 美孚公司与中国台湾中国石油公司(Mobil-CPC)开发的TransPlus工艺、ARCO-IFP公司的Xylene-Plus^{SM}工艺、UOP公司的Tatoray^{SM}工艺。对于有石脑油裂解装置、有C_{9+}芳烃产品的炼厂而言, 烷基转移工艺非常有价值。三甲苯异构体主要作为原料使用, 在热力学平衡状态, 1, 2, 4-三甲苯组分约占三甲苯总量的60%[66]。

相比之下，甲苯和乙苯岐化使用ZSM-5沸石，而三甲苯的烷基转移选择大孔的沸石作为催化剂。其主要原因是中孔沸石的孔道太小，三甲苯异构体不能穿透，反应仅仅在沸石的外表面发生。这已经被NU-87沸石所证实，它只能容纳1，2，4-三甲苯；与1，3，5-三甲苯和1，2，3-三甲苯[67]相比，1，2，4-三甲苯的动力学直径更小。

改善烷基转移工艺的一个最重要的问题，是所用沸石催化剂的长期稳定性。据报道，USY沸石具有适当的初始转化率，但由于焦炭结构的产生，失活相当快。通过研究，在USY催化剂上负载1.4%的镍，可以显著提高催化活性[66, 68]。用Pt/La改性Y型沸石，在400℃的反应温度下，可以使三甲苯烷基转移反应的对二甲苯的产率达到17%～35%[69]。有报道显示转化率减小的顺序为：1，2，4-三甲苯>1，3，5-三甲苯>1，2，3-三甲苯。相比之下，Čejka等[70]的研究表明：在相同的反应条件下，1，2，4-三甲苯和1，3，5-三甲苯的转化率相同；三甲苯快速异构化变成混合物，其组成接近所希望的热力学分布。因此，所有同分异构体都是真正意义上的原料。

对三甲苯转化而言，丝光沸石、Y型和β沸石所拥有的孔道尺寸足够大。就三甲苯与甲苯之间的烷基转移而言，β沸石表现出卓越的稳定性和烷基转移选择性。与中孔沸石相比，使用β沸石，在400℃的温度、进料中[71, 72]甲苯和三甲苯的摩尔比为1∶1的情况下，可以获得较高的二甲苯产率。在三甲苯岐化过程中，将甲苯混入原料中，能够改变四甲苯(TeMB)生成二甲苯的产品选择性。反之，在甲苯岐化过程中，将三甲苯混入原料中，不仅可以降低反应温度，还可以提高二甲苯产率。

对β沸石、Y沸石和丝光沸石吸附1，2，4-三甲苯和1，3，5-三甲苯以及1，2，3，5-四甲苯的研究表明，特殊的沸石在获得酸性中心方面有本质的区别。获得B酸酸性中心容易程度降低的顺序为：Y沸石>β沸石>丝光沸石。发现无论用什么结构的沸石[70]，1，2，4-三甲苯的扩散系数是1，3，5-三甲苯和1，2，3，5-四甲苯的2倍。

有人提出，烷基转移和岐化反应发生在强酸性中心。而在弱酸性中心[73]，对二甲苯和三甲苯的异构化反应具有优势。在三甲苯和甲苯[74]之间的烷基转移反应中，酸性中心的浓度和沸石的结构对活性和选择性有非常大的影响。将甲苯加入三甲苯中，可以显著降低三甲苯的脱烷速度。此外，进料中甲苯/三甲苯的摩尔比等于1时，似乎对二甲苯的产量达到最高[71]。在H-beta沸石、丝光沸石和H-ZSM-5上负载6%的Mo、Pd或Ni时，对C_{9+}芳烃和甲苯混合物生产苯和对二甲苯混合物[74~76]具有高的烷基转移活性。在H型中孔沸石上加入少量Pd或Ge(0.2%)，会降低芳环饱和及轻组分产品生成[77, 78]。和Re一起引入Sn和Ge，也可以抑制不希望发生的反应如芳环饱和轻组分产品生成[79, 80]。

在最近的使用新型沸石SSZ-74和SSZ-75(STI拓扑结构)合成的研究中，采用四甲基-1，4-二-(N-甲基吡喏林)二-四价阳离子作为导向剂，它们显示出具有高的芳烃烷基转移活性[81, 83]。

影响催化剂甲苯岐化反应的主要因素主要有如下几方面：

① 大孔沸石(丝光沸石、USY、β沸石)比中孔沸石更适合烷基转移。

② 通常情况下，三甲苯和甲苯烷基转移反应的最高活性发生在400℃的温度下。

③ 烷基转移反应受热力学控制，因此，提高原料中三甲苯浓度可以提高对二甲苯产率。

④ 烷基转移反应优先发生在强酸性中心；反之，异构化反应在弱酸性中心有优势。

⑤ 在H_2压下，烷基转移反应使焦炭生成降至最低程度；同样，添加Pt、Rh或Sn可以降低失活速度。

20.6 芳烃烷基化

苯、甲苯和乙苯的烷基化是大规模的工业过程,烷基芳烃和二烷基芳烃是合成酚和生产聚合物的重要的中间体。苯与乙烯或与丙烯发生烷基化反应生成的是单烷基苯,而甲苯和乙苯的烷基化产品是二烷基苯,特别是希望得到的是对位异构体产品[3, 8, 9]。为此,在苯烷基化时,选用大孔径的沸石,因为它们的通道尺寸对反应物和产品的扩散大体上没有阻碍。相比之下,在高选择性且希望获得对位异构体(对二甲苯、对乙基甲苯)时,选择中孔沸石。

毋庸置疑,沸石是芳烃烷基化最重要的工业催化剂。然而,许多工业过程还在使用L酸,如AlCl$_3$[9]。L酸催化剂在烷基化反应中的主要缺点是对烷基芳烃产品造成污染和对操作单元造成腐蚀以及处理过程催化剂的损耗。

自开始对沸石在芳烃烷基化方面的研究以来,ZSM-5沸石就倍受关注[84]。其择形选择性可以增加所希望的对位异构体的形成,长时间的转化稳定性、低焦炭生成是这种沸石[8]的主要优点。Haag等[85]提出,ZSM-5沸石的活性与B酸酸性中心浓度成正比。尽管ZSM-5沸石对二烷基苯的对位异构体表现出高的选择性,但是在沸石孔道中选择性形成的数量相当大的这种异构体,在沸石晶粒外表面被异构化,生成了不受欢迎的间位和邻位异构体。因此,研究了很多方法来改性ZSM-5沸石。例如提出了增大晶粒大小[86]、用磷或硼[87]进行浸渍、高温热处理等多种方法,对这些工艺所使用的以ZSM-5沸石为基础的催化剂进行处理,提高其选择性。

20.6.1 苯乙基化

乙苯是一种用于生产苯乙烯的重要的石化工业原料,全世界每年苯乙烯的生产能力约为23Mt/a[88]。苯和乙烯在芳环上进行的烷基化反应是一个亲电子的替换反应。大多数最新的苯乙基化工艺用乙烯做为烷基化剂。在生物乙醇便宜的国家,直接用乙醇代替乙烯做为烷基化剂。苯与乙烯烷基化生产苯乙烯的反应机理,通常被认为是经过碳烯阳离子状态的原理,包括B酸酸性中心使乙烯质子化,提供活跃粒子[9]。而这些活跃粒子(最有可能是附着在表面的乙氧基团)对反应的选择性是极其重要的。它可以使烷基苯直接转化为乙苯,但也可以使乙苯转化为DEB或二聚化(寡聚体化)成大分子烯烃。大分子烯烃(最小为丁烯)能够异构化、寡聚化、烷基化或裂化,但在所有的情况下都会形成不希望得到的产品。

虽然大多数的研究都使用ZSM-5沸石,也有报道[8, 9]采用其他类型的沸石,如Y沸石、β沸石、丝光沸石、ZSM-12和MCM-22。已经表明,由于水的生成可以增加质子转移反应,当使用乙醇甚至是单烯烃做为烷化剂时,催化剂的寿命更长、更稳定。目前,最流行的基于沸石的乙苯质子转移工艺是美孚(Mobil)公司的Badger工艺,其苯的乙基化是在ZSM-5沸石上进行的。98%的苯转化反应的选择性最高能达到20%[90]。在用于苯烷基化的改性催化剂中,用Ca和Mg改性的ZSM-5催化剂(硅铝比75~100),在温度为370℃、WHSV为1.0h^{-1}的条件下[91],其对位选择性可以达到90%以上。苯和乙醇在用硼酸和Mg(NO$_3$)$_2$改性的ZSM-5沸石(硅铝比为100)乙基化时,在最佳温度400~450℃和高苯浓度条件下,对乙苯选择性较高。在相同的沸石催化剂的情况下,使用不纯的乙醇比使用纯净或含乙醇95%水溶液的活性要低[92, 93]。

影响沸石苯乙基化活性和产品选择性的主要因素主要如下几方面:①采用中孔沸石可以获得高的对位选择性,主要有ZSM-5;②使用乙醇而不用乙烯作烷化剂时,沸石催化剂的稳定性较高;③用B、Ca和Mg改性ZSM-5沸石,在高苯浓度和反应温度400~450℃情况下,其选择性大于90%。

20.6.2 甲苯甲基化

尽管由于甲醇的价格使得甲苯和二甲苯在混合状态的甲基化反应的工业潜力仍然相当

有限, 但是它们经常被当作一种反应模型来描述沸石催化剂的活性和选择性。目前甲苯岐化由于其经济性受到青睐。然而, 甲醇被期望成为未来的一种战略物质, 它可以在甲基反应中起作用[94]。

对ZSM-5沸石的研究主要针对甲苯甲基化, 然而有些改性是必要的, 可以提高对位选择性, 这是因为对二甲苯是3个二甲苯的异构体中最重要的。对二甲苯选择性的增加, 直接与ZSM-5沸石的择形选择性相关。在这种情况下, 是产品的择形选择性在起作用[4, 8]。哈格等[4, 95]经过认真讨论, 提出了3个二甲苯异构体全部是在ZSM-5沸石通道系统内部形成的假设。二甲苯的结构被假定为接近热力学分布的一种结构(25%对位, 50%间位, 25%邻位)。对二甲苯是动力学直径最小的异构体, 它的扩散系数比间位或邻位[32]异构体的大2~3个数量级。为了增加对二甲苯选择性, 需要采用两种方法(或它们的组合)。首先, 外表面的活性中心应加以钝化, 以防止对二甲苯继续异构化变成间二甲苯, 其至进一步经过1, 2-甲基转移变成邻二甲苯。其次, 孔隙入口大小应稍微减小, 以进一步增加个别二甲苯异构体的不同的动力学直径。实际上很难区分这两种方法, 因为在活性中心外表面湮灭的同时, 孔隙通道入口会部分或全部堵塞。

通常, 在甲苯和甲醇的烷化反应中, 沸石的活性和选择性取决于酸性中心的类型、数量和强度。然而, 沸石的活性对甲苯与甲醇烷基化反应影响的真正途径还不完全清楚。有文献报道, 有强酸性中心的催化剂通常显示出较高的活性和较低的选择性; 同时, 由于焦炭的形成导致失活, 造成装置运行的时间较短。沸石结构中的铝或其他三价阳离子的存在对沸石活性的抑制作用, 为调整其酸性提供了一个好方法, 如改变酸性中心浓度(通过改变铝的含量)或它的强度(通过用其他三价阳离子替代硅)。在对ZSM-5为基础的催化剂的催化性能和物化性能评估的基础上, 发现其酸性强度按下面的顺序排列: B<Fe<Ga<Al[63, 96, 97]。因此, 酸性弱的硼B酸虽然活性较低, 但可能有更高的选择性。在甲苯和甲醇的气相烷基化过程中, 当沸石的铝被硅取代时, 对二甲苯选择性增加[98]。甲苯岐化的副反应, 通常比甲苯甲基化(一般来说指芳烃烷基化)所需的酸性更强, 可以通过使用镧来有限地改变MCM-22的酸性强度[99]。

在375~450℃的温度和使用USY沸石为基础的催化剂的条件下, 甲苯和甲醇进行甲基化反应, 甲苯转化率在450℃时可以达到12%, 但对位选择性随温度上升而增大[100]。甲基化反应选用丝光沸石为基础的催化剂, 甲苯转化率可以达到30%, 二甲苯选择性可以达到81%, 在过程中也会生成一定数量的水。表20.4展示了反应物有机相的组成, 它显示生成了大量的C_{9+}芳烃和非芳烃。C_{9+}芳烃的生成是由于大孔道的丝光沸石的存在。

使用10%的硼和镁改性的ZSM-5(硅铝比为40), 甲苯和甲醇的甲基化反应在常压、温度为440℃并有氢气或氮气伴随的条件下进行, 其水蒸气与甲醇的比为9:1, 甲苯与甲醇的比为8:1, WHSV为11.1h^{-1}。经过一段小于0.3s的超短接触时间, 可以观察到对二甲苯的高选择性。并且发现, 进料采用高甲苯/甲醇比, 有利于将甲醇的脱水反应降到最低程度。用原位法将硼负载到ZSM-5上, 对二甲苯的选择性可以达到99.9%以上。接触时间和空速对对二甲苯选择性的影响已得到清楚的论证[16, 101, 102]。Niwa等[13]研究了在采用化学蒸汽沉淀法时, 用原位和非原位的方法来改性ZSM-5, 目的是提高对位选择性。他们认为, 用原位法进行改性, 可以得到好的外表面结构, 并有可能很好地限制通道入口大小。因此, 为了获得高的对二甲苯选择性, 采用原位化学蒸汽沉淀法是首选。Niwa的团队[103, 104]因于1982年提出化学蒸汽沉淀法而知名, 迄今为止, 在此领域它依然是新的、令人关注的。

Ghiaci等[105]研究了其他的方法。他们用磷酸调整酸性中心的强度来改性ZSM-5沸石。在

350~500℃的温度范围内，可以得到甲醇的最大转化率46%，对位选择性100%。

表20.4 甲苯甲基化反应结果[①]　　　　　　　　　　　　　　　　　%

非芳烃(烷烃和环烷烃)	6.9
苯	1.7
甲苯	50.0
乙苯	0.6
间二甲苯	13.6
对二甲苯	5.1
邻二甲苯	5.7
C_{9+}芳烃	16.3
总二甲苯	24.4
二甲苯选择性	81.5
甲苯转化率	30.0

① 催化剂为丝光沸石/氧化铝，丝光沸石含量为75%[硅/铝比为9.2，由日本东曹(Tosoh)株式会社生产]，氧化铝黏合剂为25%。反应温度为400℃，LHSV为$1.5h^{-1}$，氢气分压力3MPa。进料浓度：80%甲苯，20%甲醇。

改性ZSM-5的另一种方法是用硅溶胶AS-40二氧化硅进行膨化，用10%的聚合(甲苯基)硅氧烷和四乙基正硅酸盐甲硅烷基化。这种改性可以使甲醇转化率在100%的情况下，对二甲苯的选择性达到100%。这种甲基化反应的条件为：压力(表)为482.65~551.6MPa(70~80psi)，温度为600℃，甲苯与甲醇的摩尔比为20∶80，有氢气存在[106]。用磷改性的ZSM-5沸石催化剂是沙特基础工业公司(SABIC)拥有的一项专利[107]。该催化剂用于在氢气和水存在的情况下的甲苯与甲醇烷基化。

另外一种对甲苯甲基化所用的ZSM-5改性方法，是用1，3，5-三异丙苯预结焦。这种方法是在一个模拟装置进行的研究。反应条件为：温度为375~450℃，接触时间为3~15s，甲苯与甲苯的摩尔比为1∶1。获得的对二甲苯与邻二甲苯之比非常高(3.5~6.0)。在研究的反应条件下[100]，甲苯转化率可达16.8%，对位选择性很高。

除ZSM-5沸石以外，还有相当多的其他沸石被研究用于甲苯甲基化，包括丝光沸石、MCM-22或其他类型的沸石(例如SAPO-34、SAPO-11和SAPO-5)[108, 109]。甲基化反应是在常压、温度为440℃温度、WHSV为$2.0h^{-1}$、有氢气存在且氢气与反应物比为10∶1的条件下进行的。结果发现，催化反应活性与催化剂的酸性强度成比例[110]。研究者研究了MCM-22、层状ITQ-2分子筛在250℃、常压和甲苯与甲醇比为1∶1条件下的反应，可以获得74%的高对二甲苯选择性。因此，可得出结论，在MCM-22上的反应是在十元环内进行，这也是对位选择性提高[110]的原因。甲苯甲基化活性和选择性的影响因素主要如下几方面：

① 提高反应温度，可以提高甲苯转化率，同时降低了对位选择性。

② 大孔沸石(例如丝光沸石)比中孔沸石生成更多的C_{9+}碳氢化合物。

③ 有强酸性中心的催化剂通常有较高的甲苯甲基化活性，同时带来低的选择性和快速失活。

④ 含硼的ZSM-5在小于0.3s的超短接触时间下，对位选择性可以达到99%。

⑤ 在甲苯与甲醇的烷基化过程中，用镓替代沸石中的铝，可以提高对二甲苯选择性。

⑥ 用十六烷基表面活性剂对H_3PO_4/ZSM-5催化剂改性，可以使甲醇转化率达到46%，对位选择性达到100%，

⑦ ZSM-5沸石表面改性[例如用正硅酸乙酯(TEOS)、焦炭沉积、相对分子质量较大的有机复合物]通常可以提高对位选择性，但会降低甲苯转化率。

20.6.3 甲苯和乙苯乙基化

甲苯和乙苯与乙烯或乙醇烷基化是对工业非常重要的芳烃反应。甲苯乙基化生成的乙基甲苯的同分异构体，是生产一系列用途极其广泛的产品的重要前驱物。三种同分异构体中最重要的是对乙基甲苯，它是生产聚对甲基苯乙烯的单分子体。

同样，乙苯直接乙基化，会生成一种DEB同分异构体的混合物。二乙苯在树脂生产中被当作溶剂和反应初期的交叉耦合剂。在UOP公司的Parex工艺中，p-DEB被当作一种从二甲苯混合物中分离对二甲苯的重要的脱附剂。类似于其他芳烃反应，目前关注的焦点主要集中在以沸石为基础的催化剂上。主要的难点在于开发一种催化剂系统，既可以提高对乙基甲苯和p-DEB的产量，同时又可以维持合理水平的芳烃转化率。已有在这些烷基化反应中使用像X沸石、Y沸石和丝光沸石等大孔沸石的报道，但催化剂由于结焦而老化非常严重。相比之下，像ZSM-5等中孔沸石则显示出高稳定性、低焦炭生成和较长的寿命[111]。

在对十元环沸石(主要是ZSM-5)的选择性性能进行的比较中，对扩散系数和异构化速率的比较扮演着十分重要的角色，特别是比较三种基础同系物——二甲苯、乙苯和DEB[8, 9]。可以预计，同分异构体的动力学直径按以下顺序增加：二甲苯<乙基甲苯<二乙苯。这些二烷基苯的异构化速度也按同样的顺序增加，但扩散系数将按此顺序降低。在此基础上，由于没有对在中孔沸石上进行的烷基化反应的对位选择性进行详细的试验研究，因此没有得到明确的结论。Arsenova等[63]发现，与其他二甲苯异构体相比较，在乙苯与乙烯烷基化中，几乎完全不存在邻位异构体。在对吸附的研究中[65]，o-DEB显示出进入ZSM-5通道受到限制。另外，间位和对位异构体之间的差异，是比它们各自的二甲苯异构体要大。这清楚地表明了限制过渡状态选择性的重要性。在紧随其后的烷基化反应步骤中，单个的同分异构体从沸石通道出来的扩散速度不同。最后，必须考虑沸石晶体外表面的活性中心提供了一种无限制的反应环境，异构化反应的对位同分异构体离开分子筛通道，将导致无限制的乙基化和歧化反应。

甲苯乙基化的第一步认为是在通道内形成对乙基苯，而对乙基苯在外部酸性中心一定程度地异构为间位和邻位的同分异构体[112]。单个二烷基苯异构体的迁移速率和表面酸性中心的不同贡献程度，已有许多研究人员进行了分析[113, 114]。有人认为，沸石晶体内部的扩散控制和择形选择性迁移速度要比在不受控制的表面中心的低。因此，小晶粒具有相对高的表面酸性中心浓度，可以获得较低的选择性，而大晶粒产生高的对位选择性，但转化率低。

美孚石油(Mobil Oil)公司进行了大量的尝试，采用磷改性的ZSM-5浸渍锰、镁和硼盐，来提高沸石的对乙基甲苯选择性[115, 116]。对位选择性可以达到惊人的98%，主要原因是限制了沸石狭窄通道的空间，而不是沸石酸度的差异。因此，用TEOS选择性硅烷化H-ZSM-5的表面酸性中心，已经证明可以提高甲苯乙基化过程沸石的对位选择性(从32%提高到64%)[117]。相比原来的ZSM-5沸石，在表面酸性中心湮灭30%的情况下，对位选择性可以大幅度增加。通过研究，在甲苯和乙苯乙基化反应中，沸石结焦对对位选择性的影响与对对二甲苯的影响相似。焦炭优先在表面中心形成，它的聚集极可能使通道变窄。因此对对乙基苯和p-DEB的生产，焦炭起到了积极的作用，但到一定程度，转化率会大幅度降低。可以推断，在这一阶段，沸石的大部分表面都覆盖着焦炭，进入沸石通道的反应物非常有限。

最近，有针对提高甲苯和苯烷基化对位选择性的报道。乙苯与乙醇采用氮化的ZSM-5乙基化，比用原来的ZSM-5表现出更高的p-DEB选择性，并且显著提高了寿命。氮化是用氨在高温下进行的,对位选择性的改善归因于强酸性中心浓度引起的p-DEB异构化的降低[118]。在350～400℃的反应温度内,用锰取代硫酸铝分子筛,甲苯、乙苯与乙醇、异丙胺、甲醇和叔丁醇的气相烷基化,显示出高的初始活性。失活速度加速,碳链长度增加,生成相对分子质量庞大的烷基化产物[119]。

甲苯和乙苯烷基化的主要影响因素主要有如下几方面:①沸石在甲苯和乙苯乙基化中的活性,随着通道大小、维度以及酸性中心浓度的增大而增大。②甲苯乙基化采用用磷改性的ZSM-5浸渍锰、镁和硼,可以将对位选择性提高到98%。③甲苯乙基化采用用TEOS对ZSM-5硅烷化,对位选择性可以从32%增加到64%。④在乙苯乙基化过程中将ZSM-5沸石氮化,表现出高的选择性和稳定性。

20.7 其他

最近,对用钼和氧化铝黏结剂改性的SSZ-33(见图20.2)沸石为基础的催化剂,采用与ZSM-5沸石催化剂相同的条件,对甲苯的转换进行了长期的评估测试[120],达到了更高的甲苯转化率。SSZ-33催化剂是由12-12-10环组成,导致这种沸石具有高酸性,大通道中的传质速度得以提高。

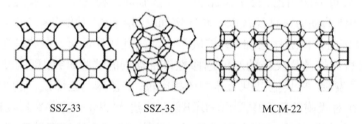

图20.2 新型沸石SSZ-33、SSZ-35和MCM-22的结构示意图

沸石除了越来越多的在芳烃化学上进行工业应用,越来越多的装置在运行,这些反应可以帮助我们理解新型沸石的结构特点,虽然这些新沸石的结构还尚未确定。早期的想法来自于Csicsery,他使用1-甲基-2-乙基苯的反应来区分大孔沸石和中孔沸石的不同通道结构[121]。这不仅对芳烃的转化,而且对它们的结构的形成非常有用,例如甲醇都可能对评估未知沸石的结构性能非常有用[122]。C_7～C_{10}芳烃在IM-5和SSZ-57沸石上的分布,与它们在ZSM-5沸石上的分布能够很好的相匹配。对2,2-二甲基丁烷[123]吸附的研究,证明了两种沸石都具有十元环通道系统。至于IM-5,其结构已经得到了验证[45]。

对二甲苯和乙丙醇烷基化不是一个被经常研究的反应,尽管它可以用做合成二甲酚的第一步,以及用于表征分子筛内部通道体积的模型反应[124]。特别是对新型沸石(SSZ-33和SSZ-35)以及传统沸石(ZSM-5、β沸石、丝光沸石)的架构和通道维数,应用此反应进行了研究。SSZ-35结构如图20.2所示。我们观察到,对二甲苯的转化率随着孔隙大小和个别沸石的通道系统连通性的增加而增加,但SSZ-35分子筛除外。SSZ-35分子筛具有一维十元环通道,可以周期性地打开成宽而浅的十八元环腔。在对二甲苯烷基化过程中(150℃的反应温度下),SSZ-35在所有的沸石中表现出最高的转化率,对1-异丙-2,5-二甲基苯也显示出最高的选择性。分子建模证实,十八元环笼的尺寸表现出一个最佳的形成1-异丙-2,5-二甲基苯的反应空间[125]。

20.8 总结与展望

采用种类繁多的以沸石为基础的催化剂,将低价值的芳烃转化为高附加值的芳烃非常有效。无论是中孔的还是大孔的沸石，都可以根据反应类型来应用。这些沸石包括：ZSM-5、丝光沸石、β沸石、Y沸石、MCM-22、SSZ-33和ISSZ-35。在测试的沸石中，含有十元和十二环通道的数量已大幅增加。对沸石的选择，取决于芳烃产物的类型。通常，对二烷基苯优先在中孔沸石(主要是ZSM-5)上形成，因为它具有对位择形选择性。这意味着对甲苯或乙苯的烷化反应或它们的歧化反应而言，ZSM-5沸石是首选。对位同分异构体的选择性的增大，是通过使位于沸石晶体外表面的活性中心失活以及使沸石通道收缩来实现的。活性中心的失活和孔隙收缩通常通过以下方法来实现：用金属物进行浸渍或离子交换；先加载高相对分子质量盐类复合物，再进行焙烧；催化剂预结焦或用蒸汽使分子筛脱铝。

影响对位选择性的其他因素主要有：沸石的晶粒尺寸；沸石存在额外的骨架铝；优化温度、压力、进料组成和空速等反应条件。

相比之下，当苯与乙烯或丙烯烷基化或三甲苯歧化反应/烷基转移反应时，非常适合采用大孔沸石。对于苯烷基化而言，快速扩散是最重要的，它甚至可以消除一些不受欢迎的产品生成(如正丙甲苯)，因为这些不受欢迎的产品是在中孔沸石的三维孔道中生成的。由于三甲苯类化合物的动力学直径使得它们无法渗透进入中孔沸石，因此，β和Y型沸石是这类反应的高活性催化剂。

近年来合成的新结构类型的沸石，为芳烃转化为新结构类型的反应条件的调整以及现有工艺的优化提供了相当有利的条件。目前，ZSM-5与其他十元环沸石，如TUN-9、IM-5、SSZ-74在标准上的竞争已经从结构上得到了解决。而另一个沸石SSZ-57(最有可能也是十元环)的结构仍然缺乏详细的信息。随着沸石新结构的增加，越来越多的示例表明了沸石的特殊催化行为与它们的结构的关系并不大。典型的例子是SSZ-35(十元环环沸石具有十八元环的浅笼)，它的催化行为与十二元环分子筛的非常近似，甚至其活性的长期稳定性都非常突出。SSZ-35的催化行为的一个特定的实例，是对二甲苯与乙丙醇烷基化生成2,5-三甲基乙丙苯的选择性，可以达到90%以上的高转化水平。这要归结于其产品在十八元环笼内容易形成和解吸，虽然它是位于十元环通道内。

为了更详细地了解沸石在芳烃转化过程的行为，需要解决有关沸石特性的几个关键问题。但至少以下3方面是特别重要的。

① 为了解通道的不同维度的结构，对沸石的通道系统的可接近性进行评价。当一维和三维沸石的晶粒大小相同时，其通道的可接近性是不同的，因为某些层面的一维分子筛具有通道入口。

② 酸性中心位于不同的位置，特别是当沸石具有大量的结晶中心时。这一点必须正确理解。

② 不同的合成条件提供的相同结构类型的沸石，其骨架上的铝的分布不同[129]。

因此，我们还远未理解在芳烃转化过程中影响和控制沸石活性和选择性的所有现象。另一方面，沸石在化学工业中是不可或缺的，这证明了目前的催化剂是成熟的。

致谢

作者非常感谢法赫德国王石油矿产大学(King Fahd University of Petroleum and Minerals, KFUPM)炼油和石化产品卓越研究中心(Center of Research Excellence in Petroleum Refining & Petrochemicals)提供的支持，感谢捷克共和国科学院(Academy of Sciences of the Czech Republic)对该项研究(1QS400400560)的资金支持。

参考文献

[1] Franck, H.G. and Stadelhofer, J.W. (1988) Industrial Aromatic Chemistry, Springer, Berlin.

[2] Kaeding, W.W., Barile, G.C., and Wu, M.M. (1984) Catal. Rev. – Sci. Eng., 26, 597–612.

[3] Meima, G.R. (1998) CATTECH, 3, 5–12.

[4] Hansen, N., Brüggemann, T., Alexis, T.B., and Frerich, J.K. (2008) J. Phys. Chem. C, 112, 15402.

[5] Tanabe, K. and Hölderich, W.F. (1999) Appl. Catal. A, 181, 399–434.

[6] Tsai, T., Liu, S., and Wang, I. (1999) Appl. Catal. A, 181, 355–398.

[7] Degnan, T.F. Jr. (2000) Top. Catal., 13, 274–279.

[8] Čejka, J. and Wichterlová, B. (2002) Catal. Rev. Sci. Eng., 44, 375.

[9] Perego, C. and Ingallina, G. (2004) Green Chem., 6, 274.

[10] (a) Bellussi, G. (2004) Proceedings of 14th International Conference on Zeolites, April, 2004, Cape Town, South Africa; (b) Bellusi, G. (2004) Zeolite catalysts for the production of chemical cammodities: BTX derivatives in Studies in Surface Science and Catalysis, 154 (1), 53–65.

[11] Inagaki, S., Kamino, K., Kikuchi, E., and Matsukata, M. (2007) Appl. Catal. A, 318, 22–27.

[12] Vu, D.V., Miyamoto, M., Nishiyama, N., Egashira, Y., and Ueyama, K. (2009) Catal. Lett., 127, 233–238.

[13] Vu, D.V., Miyamoto, M., Nishiyama, N., Ichikawa, S., Egashira, Y., and Ueyama, K. (2007) Microporous Mesoporous Mater., 115, 106–112.

[14] Tominaga, K., Maruoka, S., Gotoh, M., Katada, N., and Niwa, M. (2009) Microporous Mesoporous Mater., 117, 523–529.

[15] Joshi, P.N., Niphadkar, P.S., Desai, P.A., Patil, R., and Bokade, W. (2007) J. Nat. Gas Chem., 16, 37–41.

[16] Breen, J.P., Burch, R., Kulkarni, M., Mc Laughlin, D., Collier, P.J., and Golunski, S.E. (2007) Appl. Catal. A, 316, 53–60.

[17] Corma, A. (1995) Chem. Rev., 95, 559–614.

[18] Čejka, J., van Bekkum, H., Corma, A., and Schth, F. (eds) (2007) Introduction to Zeolite Science and Practice, Studies in Surface Science and Catalysis, Vol. 168, 3rd edn, Elsevier, Amsterdam.

[19] McCusker, L.B. and Baerlocher, C. (2007) Stud. Surf. Sci. Catal., 168, 13–38.

[20] Weisz, P.B. (1980) Pure Appl. Chem., 52, 2091–2103.

[21] Csicsery, S.M. (1984) Zeolites, 4, 202–213.

[22] Bejblová, M., Žilková, N., and Čejka, J. (2008) Res. Chem. Intermed., 34, 439–454.

[23] Venuto, P.B. (1994) Microporous Mater., 2, 297–411.

[24] De Vos, D.E. and Jacobs, P.A. (2005) Microporous Mesoporous Mater., 82, 293–304.

[25] Čejka, J., Krejčí, A., Žilková, N., Kotrla, J., Ernst, S., and Weber, A. (2002) Microporous Mesoporous Mater., 53, 121–130.

[26] Košová, G. (2005) Stud. Surf. Sci. Catal., 158, 59–66.

[27] Hong, S.B. (2008) Catal. Surv. Asia, 13, 131–144.

[28] Lee, S.H., Lee, D.K., Shin, C.H., Park, Y.K., Wright, P.A., Lee, W.M., and Hong, S.B. (2003) J. Catal., 215, 151–170.

[29] Gil, B., Zones, S.I., Hwang, S.J., Bejblová, M., and Čejka, J. (2008) J. Phys. Chem. C, 112, 2997–3007.

[30] Al-Khataff, S. and de Lasa, H. (1999) Ind. Eng. Chem. Res., 38, 1350–1356.

[31] Al-Khataff, S. and de Lasa, H. (2001) Can. Chem. Eng., 79, 341–348.

[32] Mirth, G., Čejka, J., and Lercher, J.A. (1993) J. Catal., 139, 24.

[33] Beck, J.S., Cheng, J.C., McCullen, S.B., Olson, D.H., and Stern, D.L. (2003) U.S. Patent 6,576,582.

[34] Heng, S., Heydenrych, H.R., Roeger, H.P., Jentys, A., and Lercher, J.A. (2003) Top. Catal., 22, 101–106.

[35] Xie, Z., Zhu, Z., Kong, D., Li, W., Yang, W., and Chen, Q. (2008) Chin. Patent CN101121139 A.

[36] Zhu, Z., Li, W., Kong, D., Chen, Q., Hou, M., and Zhang, H. (2008) Chin. Patent CN101121140 A.

[37] Haag, W.O., Olson, D.H., and Rodewald, P.G. (1985) US Patent 4,508,836.

[38] Čejka, J., Žilková, N., Wichterlová, B., Eder-Mirth, G., and Lercher, J.A. (1996) Zeolites, 17, 266.

[39] Rabiu, S. and Al-Khattaf, S. (2008) Ind. Eng. Chem. Res., 46, 39–47.

[40] Chen, W.H., Huang, S.J., Lai, C.S., Tsai, T.C., Lee, H.K., and Liu, S.B. (2003) Res. Chem. Intermed., 29, 761–772.

[41] Park, S.H. and Rhee, H.K. (2003) React. Kinet. Catal. Lett., 78, 81–89.

[42] Mihalyi, M.R., Kolev, I., Mavrodinova, V., Minchev, C., Kollar, M., and Valyon, J. (2007) React. Kinet. Catal. Lett., 92, 345–354.

[43] Kolev, I., Mavrodinova, V., Mihályi, M.R., and Kollár, M. (2009) Microporous Mesoporous Mater., 118, 258–266.

[44] Al-Khattaf, S. (2007) Energy Fuels, 21, 646–652.

[45] Hong, S.B., Min, H.K., Shin, C.H., Cox, P.A., Warrender, S.J., and Wright, P.A. (2007) J. Am. Chem. Soc., 129, 10870–10885.

[46] Holmgren, J.S., Galloway, D.B., Galperin, L.B., and Willis, R.R. (1999) US Patent 6,008,423.

[47] Sugi, Y., Kubota, Y., Hayashi, S., Sugiyama, N., and Tawada, S. (2003) Jap. Patent JP 2003292462.

[48] Kareem, M.A.A., Chand, S., and Mishra, I.M. (2002) J. Inst. Eng., Chem. Eng. Div., 83, 6–8.

[49] Verduijn, J.P., Mohr, G.D., Clem, K.R., Mortier, W.J., Mertens, M.M., and Bradford, M.C. (2003) US Patent 504,074.

[50] Kelly K.P. and Butler J.R. (2002) US Patent 6,462,247.

[51] Zheng, S., Jentys, A., and Lercher, J.A. (2003) J. Catal., 219, 310–319.

[52] Al-Khattaf, S., Ali, M.A., and Al-Amer, A. (2008) Energy Fuels, 22, 243–249.

[53] Pai, S.M., Sharanappa, N., Anilkumar, M., Kadam, S.T., and Bokade, V.V. (2004) Chem. Eng. Res. Des., 82, 1391–1396.

[54] Raj, K.J.A., Padma Mala, E.J., and Vijayaraghavan, V.R. (2006) J. Mol. Catal. A, 243, 99–105.

[55] Raj, K.J.A., Meenakshi, M.S., and Vijayaraghavan, V.R. (2007) J. Mol. Catal. A, 270, 195–200.

[56] Sharanappa, N., Pai, S., and Bokade, V.V. (2007) J. Mol. Catal. A, 217, 185–191.

[57] Melson, S. and Schüth, F. (1997) J. Catal., 170, 46–53.

[58] Pradhan, A., Liu, T.S., Chen, W.H., Jong, S.J., Wu, J.F., Chao, K.J., and Liu, S.B. (1999) J. Catal., 29, 184.

[59] Zhu, Z.R., Chen, Q.L., Xie, Z.K., Yang, W.M., Kong, D.J., and Li, C. (2006) J. Mol. Catal. A, 248, 152–158.

[60] Klemm, E., Scheidat, H., and Emig, G. (1997) Chem. Eng. Sci., 52, 2757–2768.

[61] Klemm, E., Wang, J.G., and Emig, G. (1997) Chem. Eng. Sci., 52, 3173–3182.

[62] Sharanappa, N., Pai, S., and Bokade, V.V. (2004) J. Mol. Catal. A, 217, 185–191.

[63] Arsenova, N., Haag, W.O., and Karge, H.G. (1997) Stud. Surf. Sci. Catal., 105, 1293–1300.

[64] Arsenova-Hartel, N., Bludau, H., Haag, W.O., and Karge, H.G. (2000) Microporous Mesoporous Mater., 35- 36, 113–119.

[65] Arsenova-Hartel, N., Bludau, H., Schumacher, R., Haag, W.O., Karge, H.G., Brunner, E., and Wild, U. (2000) J. Catal., 191, 326–331.
[66] Wang, I., Tsai, T.C., and Huang, S.T. (1990) Ind. Eng. Chem. Res., 29, 2005–2012.
[67] Park, S.H. and Rhee, K.H. (2000) Catal. Today, 63, 267–273.
[68] Shamshoum, E.S., Ghosh, A.K., and Butler, J.R. (1995) US Patent 5475180.
[69] Mikhail, S., Ayoub, S.M., and Barakat, Y. (1987) Zeolites, 7, 231–234.
[70] Čejka, J., Kotrla, J., and Krejčí, A. (2004) Appl. Catal. A, 277, 191–199.
[71] Das, J., Bhat, Y.S., and Halgeri, A. (1994) Ind. Eng. Chem. Res., 33, 246–250.
[72] Al-Khattaf, S. (2007) Energy Fuels, 21, 646–652.
[73] Dumitriu, E., Hulea, V., Kaliaguine, S., and Huang, M.M. (2002) Appl. Catal. A, 237, 211–221.
[74] Zhu, Z., Xie, Z., Qi, X., Kong, D., Yang, W., and Chen, Q. (2008 Chin. Patent CN 101121144.
[75] Zhu, Z., Xie, Z., Chen, Q., Kong, D., Li, W., Yang, W., and Li, C. (2007) Microporous Mesoporous Mater., 101, 169–175.
[76] Qi X., Xie Z., Zhu Z., Kong D., and Zuo Y. (2008) Chin. Patent, CN 101121132.
[77] Bricker M.L. and Modica F.S. (2008) US Patent 20080026930 A1.
[78] Bricker, M.L. and Modica, F.S. (2008) US Patent 20080027257.
[79] Boldingh, E.P., Negiz, A., Gregory, F., Bogdan, P.L., and Rende, D.E. (2007) US Patent 20070185356.
[80] Boldingh, E.P., Bricker, M.L., Larson, R.B., Modica, F.S., and Rekoske, J.E. (2008) Eur. Patent, EP 1882728.
[81] Zones, S.I., Burton, A.W., and Ong, K. (2007) World Patent WO2007079038.
[82] Zones, S.I., Burton, A.W., Maesen, T.L.M., Smit, B., and Beerdsen, E. (2007) US Patent 20070284284.
[83] Zones, S.I., Burton, A.W., Ong, K., Maesen, T.L.M., Smit, B., and Beerdsen, E. (2007) World Patent, WO 2007146622.
[84] Lee, C.S. and Park, T.J. (1993) Appl. Catal., 96, 151–161.
[85] Haag, W.O., Lago, R.M., and Weisz, P.B. (1984) Nature, 309, 589–591.
[86] Chen, N.Y., Keading, W.W., and Dwyer, F.G. (1979) J. Am. Chem. Soc., 101, 6783–6784.
[87] Young, L.B., Butter, S.A., and Keading, W.W. (1982) J. Catal., 76, 418–432.
[88] Degnan, T.F., Smith, C.M., and Venkat, C.R. Jr. (2001) Appl. Catal. A, 221, 283–294.
[89] Sridevi, U., Bhaskar Rao, B.K., and Pradhan, N.C. (2001) Chem. Eng. J., 83, 185–189.
[90] Beck, J.S. and Haag, W.O. (1997) Alkylation of Aromatics in Handbook of Heterogeneous Catalysis (eds G. Ertl, H. Knözinger, and J. Weitkamp), Wiley-VCH Verlag GmbH, New York, p. 2123.
[91] Pop, G.R., Ganea, R., Ivanescu, D., and Tamas, I. (1998) Progr. Catal., 7, 11–14.
[92] Jun-Jun, Y. and Boerje, G. (2006) Ind. J. Chem. Technol., 13, 334–340.
[93] Jun-Jun, Y. and Boerje, G. (2004) Ind. J. Chem. Technol., 11, 337–345.
[94] Olah, G.A., Goeppert, A., and Surya Prakash, G.K. (2006) Beyond Oil and Gas: The Methanol Economy, Wiley-VCH Verlag GmbH & Co KGaA, Weinheim.
[95] Olson, D.H. and Haag, W.O. (1984) ACS Symp. Ser., 248, 275–280.
[96] Chu, C.T.-W. and Chang, C.D. (1985) J. Phys. Chem., 89, 1569–1571.
[97] Čejka, J., Vondrová, A., Wichterlová, B., Vorbeck, G., and Fricke, R. (1994) Zeolites, 14, 147–153.
[98] Fechete, I., Caullet, P., Dumitriu, E., Hulea, V., and Kessler, H. (2005) Appl. Catal. A, 280, 245–254.
[99] Zhu, Z.R., Chen, Q.L., Xie, Z.K., Yang, W.M., Kong, D.J., and Li, C. (2006) J. Mol. Catal. A, 248, 152–158.
[100] Rabiu, S. and Al-Khattaf, S. (2008) Ind. Eng. Chem. Res., 46, 39–47.
[101] Breen, J.P., Burch, R., Kulkarni, M., McLaughlin, D., Collier, P.J., and Golunski, S.E. (2005) J. Am. Chem. Soc., 127, 5020–5021.
[102] Breen, J.P., Burch, R., Collier, P.J., and Golunski, S.E. (2008) US Patent 7,321,072 B2.
[103] Niwa, M., Itoh, H., Hattori, T., and Murakami, Y. (1982) J. Chem. Soc. Chem. Commun., 819–820.
[104] Niwa, M., Kato, S., Hattori, T., and Murakami, Y. (1984) J. Chem. Soc., Faraday Trans., 80, 3135–3145.
[105] Ghiaci, M., Abbaspur, A., Arshadi, M., and Aghabarari, B. (2007) Appl. Catal. A, 316, 32–46.
[106] Wu, H. and Drake, C.A. (2008) US Patent 7,323,430 B2.
[107] SABIC (2006) US Patent 7,060,864.
[108] Arandes, J.M., Abajo, I., Fernandez, I., Azkoiti, M.J., and Bilbao, J. (2000) Ind. Eng. Chem. Res., 39, 1917–1924.
[109] Zhu, Z. (2004) Catal. Today, 93, 321–325.
[110] Inagaki, S., Kamino, K., Kikuchi, E., and Matsukata, M. (2007) Appl. Catal. A, 318, 22–27.
[111] Bhandarkar, V. and Bhatia, S. (1994) Zeolites, 14, 439–449.
[112] Paparatto, G., Moretti, E., Leofanti, G., and Gatti, F. (1987) J. Catal., 105, 227–232.
[113] Shiralkar, V.P., Joshi, P.N., Eapen, M.J., and Rao, B.S. (1991) Zeolites, 11, 511–516.
[114] Beschman, K., Riekert, L., and Miller, V. (1994) J. Catal., 145, 243–253.
[115] Kaeding, W.W. (1985) J. Catal., 95, 512–519.
[116] Kaeding, W.W., Barile, G.C., and Wu, M.M. (1984) Catal. Rev. – Sci. Eng., 26, 597–603.
[117] Negiz, A., Boldingh, E.P., Gajda, G.J., and Gurevich, S.V. (2004) US Patent 6,815,570.
[118] Guan, X.X., Li, N., Wu, G.J., Chen, J.X., Zhang, F.X., and Guan, N.J. (2006) J. Mol. Catal. A, 248, 220–225.
[119] Raj, K.J.A., Meenakshi, M.S., and Vijayaraghavan, V.R. (2007) J. Mol. Catal. A, 270, 195–200.
[120] Al-Khattaf, S., Musilová-Pavlačková, Z., Ali, M.A., and Čejka, J. (2009) Top. Catal., 52, 140–147.
[121] Csicsery, S.M. (1987) J. Catal., 108, 433–443.
[122] Zones, S.I., Chen, C.Y., Corma, A., Cheng, M.T., Kibby, C.L., Chen, I.Y., and Burton, A.W. (2007) J. Catal., 250, 41–54.
[123] Chen, C.Y. and Zones, S.I. (2007) Microporous Mesoporous Mater., 104, 39–45.
[124] Musilová-Pavlačková, Z., Kubů, M., Burton, A.W., Zones, S.I., Bejblová, M., and Čejka, J. (2009) Catal. Lett., 131, 393–400.
[125] Patra, C.R. and Kumar, R. (2002) J. Catal., 212, 216–223.
[126] Serra, J.M., Guillon, E., and Corma, A. (2004) J. Catal., 227, 459–469.
[127] Llopis, F.J., Sastre, G., and Corma, A. (2004) J. Catal., 227, 227–241.
[128] Žilková, N., Bejblová, M., Gil, B., Zones, S.I., Burton, A.W., Chen, C.-Y., Musilová-Pavlačková, Z., Košová, G., and Eejka, J. (2009) J. Catal., 266, 79–91.
[129] Gábová, V., Dědeček, J., and Čejka, J. (2003) Chem. Commun., 1196–1197.

21 将天然气转化为燃料和化学品的基于微孔和中孔沸石的先进催化剂

Agustín Martínez, Gonzalo Prieto, Andrés García-Trenco, Ernest Peris

21.1 引言

全球已知的天然气的储藏量足以满足一个多世纪的需求，这预示着石油时代已经过去。甲烷(天然气)是一个非常有前途的燃料来源和(石油化工)化学品的增值平台。它的高C/H比和低杂质原子(O、N、S)含量，使它具有做为原料来生产清洁燃料的吸引力。而生产化学品的原料需要功能化。由于大部分丰富的天然气都位于偏远地区，而远离人口稠密的用户市场所在地，就地将天然气转换成可以运输的形态，是使这些天然气资源能够赚钱的最恰当的方法。激活甲烷非常困难，因为它具有稳定和对称的分子结构，它的C—H键化合能为425kJ/mol，其催化反应通常要求在有技术支持和花费较少的条件下进行。

图21.1是一个简图，主要有两种方法把甲烷催化转化为燃料和化学品。直接路线是将甲烷一步转化。而在间接路线中，甲烷中的碳先以一个更活跃的分子状态，如CO "储存"起来，在合成天然气或合成气($CO+H_2$)时再将其"释放"，参与范围更广泛的转化。

在直接转化路线中，甲烷经过无氧的途径直接转化为相对分子质量更高、C/H相对较低的产品。化合过程释放氢气，这是一种有价值的副产品。然而，在无氧途径时，不利的热力学妨碍了每一种路线获得高收率。为了提高转化率，连续有选择性地移除至少一种产物(通常是H_2)是必须的。甲烷脱氢芳构化(MDA)以及甲烷非氧化偶联(NOCM)是主要的无氧直接转化路线。作为另一种选择，直接氧化路线利用外部的氧化剂(通常是氧气)，通过生成水不断消耗氢提供一个驱动力，以避免热力学的局限性。然而在这种情况下，动力学因素也限制了获得最高产率，因为甲烷通常转化为不耐热的产物。而C—H结合力较弱，因此当反应在高转化速率下进行时，更容易完全氧化成CO_x。在这种情况下，为避免动力学限制，也需要"化学保护"，或选择性地从反应中间产物中移除生成的产品。甲烷氧化偶联(OCM)、甲烷氧化固定烷基化以及甲烷部分氧化(MPO)都包括在这些直接氧化转换路线中。一般说来，直接路线是节能的要求和成本收益率的要求，虽然目前没有经济效益。为了增加每一种路线的收益率，可行的改进是采用复杂的技术，使这些工艺在目前的发展水平下由于大规模生产而获得利润[1]。

另外，间接催化路线采用合成气中的活性CO作为构件，生产更复杂产品。甲烷可以与蒸汽反应转化为合成气，再通过干法重整(用CO_2作为共反应剂)，并与空气部分氧化。蒸汽重整工艺是被最广泛应用的工艺，它于20世纪30年代开始应用。蒸汽重整工艺需要大量吸热，与甲烷间接转化路线相比处于劣势。然而，它可以与放热的部分氧化路线相结合，组成一个复合工艺，这通常叫做自热重整。这有可能降低生产合成气的能耗。目前，间接(以合成气为基础)转化路线比类似路线发展更迅速，导致其产品范围更广。现在的两种工艺，如选择性合成甲醇和费-托合成(FTS)长链的碳氢化合物已经达到工业化规模并已盈利[2, 3]。用甲醇和费-托合成(FTS)的蜡油，经二次催化工艺使C-C键开裂，使其升级成燃料，或开创一系列合成气衍生物的化学产品平台。

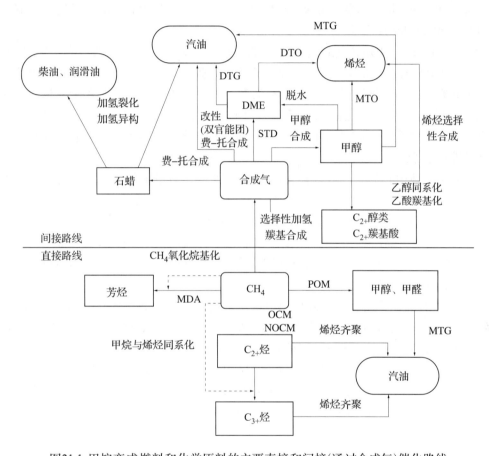

图21.1 甲烷变成燃料和化学原料的主要直接和间接(通过合成气)催化路线

图21.1所描述的所有催化路线，都将发生酸、碱和金属催化步骤。在过去的20年中，微孔和中孔分子筛在这些催化工艺的某些工艺中起着非常突出的作用。本章总结了沸石(和沸石类物质)的作用，以及整齐排列的有序的硅在催化路线中，将甲烷(直接路线)或合成气(间接路线)转化成清洁燃料和工业用化学品所提供的可知的活性和选择性的中心。本章还对微孔和中孔分子筛在无机结构不变的情况下，如何调整其活性中心的类型和空间位置，以增加甲烷转化工艺的选择性和/或产率进行了讨论。此外，尽管类沸石物质的催化作用特别是在"第二次转化"过程起关键作用，例如将甲醇转化为碳氢化合物或者将FTS的初级产品升级成燃料油，但这些工艺都不在本章节的讨论范围，因为有许多汇编和评论已经进行了总结。因此，本章只详细讨论一步合成工艺。

21.2 甲烷直接转化
21.2.1 氧化转化: 甲烷氧化偶联(OCM)以及甲醇烷基化

早在20世纪80年代,由于有Keller、Bashin[4]、Baerns等[5]以及Lunsford等[6]的研究,两个甲烷分子在氧化气氛下生成C_2产品的可能性变得清楚了。后者发表一系列论文来证明乙烷是通过氧气介导机理生成CH_3活性基团,随后在气相中结合,而乙烯的生成是乙烷通过二次氧气介导活性基团路线[7]。甲烷氧化偶联(OCM)的最佳催化剂呈强碱性,氧化物形成的碱、碱性稀土和镧系元素[7]通常不适用,在这一领域只有沸石和相关分子筛起着一个非常次要的作用。很少有对在OCM[8]过程使用负载基础氧化物的沸石进行研究。另一方面,OCM反应可以再加上酸催化步骤,用沸石将甲烷耦合得到的$C_2 \sim C_3$烯烃进行催化齐聚、异构化和/或脱氢环化,以生产汽油[9]或芳烃[10]。

除了氧化自耦合,甲烷还可以通过交叉耦合途径与烯烃和芳烃结合,由此产生的大量化学品,在工业上具有重要的意义。在这个意义上,特别令人感兴趣的是乙烯通过甲基化合成的丙烯和甲苯通过烷基化生成的乙苯和苯乙烯。为了获得大量的与乙苯和苯乙烯相关的工业产品,关于甲苯与甲烷氧化烷基化的研究一直都在进行。大约在1980年,由Khcheyan等[11]首先报道了最初的试验。不像在OCM工艺,基于沸石的催化剂在甲苯与甲烷氧化烷基化方面的应用已经进行了探讨。

为了满足活性中心的基本高性能,Kavacheva等[12~14]对甲苯与甲烷氧化烷基化所用的沸石和微孔磷酸铝加载碱进行了大量的探索。反应通常是按照顺流的模式,采用空气作为氧气载体,在常压和600~800℃的温度范围进行。有趣的是,在工业上重要的侧链烷基化产品,如乙苯、苯乙烯是主要产品。已经得出结论,非骨架的碱性物质(Li、Cs)活性最佳,在研究中发现$Cs/AlPO_5$是最合适的催化剂。乙苯和苯乙烯的选择性产率可以达到75%,虽然甲苯的转化率(<20%)还相对较低[14]。

许多研究人员[15, 16]还提出了芳烃与甲烷烷基化的另一个高压催化路线,它采用分子筛作为催化剂,CH_4严重过量,在高压(通常>4MPa)、400~500℃的温度条件下进行。一大批反应器都按上述条件配置。尽管最初这种高压反应器被认为是无氧的,但后来通过Adebajo等[17~19]的系统研究,强调了氧气起着至关重要的作用,这无意中介绍了反应物在高压釜中的反应机理。他们的试验数据很好地印证了这种反应机理,实际上,CH_4与氧气等反应物首先按理论配比通过部分氧化生成甲醇;随后,芳烃在酸性催化剂上发生原位烷基化生成甲醇(见图21.2)。

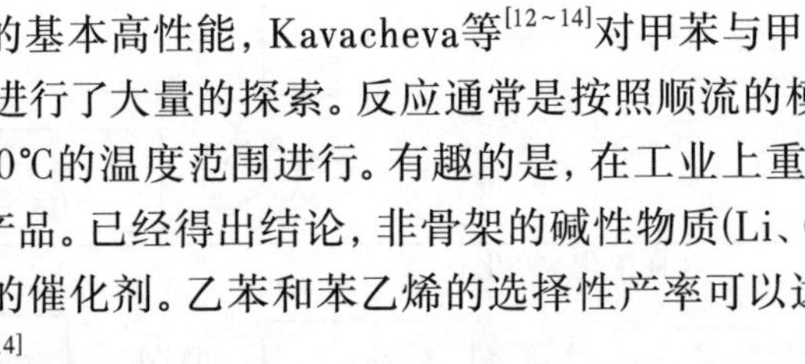

图21.2 苯和甲醇高压氧化烷基化的两步反应[17]

几种与质子和金属交换过的沸石以及有序的介孔硅酸盐,在苯和甲苯与甲烷[18~20]的高压氧化烷基化中经过了测试。对于苯,显示为中度酸性强度的沸石的酸性中心控制烷基化步骤,它利用内部生成的甲醇作为烷基化剂。相比之下,当强酸性起作用时,例如H-beta沸石,就有可能通过另一个反应途径，将苯裂化的产物作为烷基化剂。在这种情况下，反应可以在无氧的条件下进行[17]。

苯与CH_4烷基化的许多反应器是在6.9MPa的压力、400℃的反应温度下操作，从Adebajo等[19, 20]的评价结果看，需要一个中等强度的酸性。因此，MCM-41介孔二氧化硅在它的纯净态或含铜状态，不具有催化反应所需的酸性中心，而这些介孔分子筛在与硅铝酸盐合成时，由于存在Brønsted酸(以下简称B酸)酸性中心而变得具有活性(见表21.1)。在任何情况下，无定形的MCM-41所显示的催化活性都远远低于酸性更强的沸石催化剂(例如ZSM-5)，无论是在其质子(氢形)状态还是在与钴或铜交换以后。按照研究者所描述的情况，产物的最大部分将是乙苯。作为侧链烷基化的主要产品，甲苯不太可能通过酸催化产生。已经证明，这种产品实际上是由于苯烷基化过程中CP等级(>99%)的甲烷中存在污染物乙烯。事实上，当超高纯甲烷作为一个反应物时，乙苯的形成受到抑制(见表21.1)。最后，采用一个酸性更强的催化剂，如H-beta沸石，在与采用H-ZSM5相同的反应条件下，都可以获得较高的苯转化率和选择性，这可以解释为是通过另一个反应路径，而这个路径涉及苯与苯的酸催化裂解的裂解物的烷基化反应。

表21.1 苯与甲烷在几种分子筛为基础的催化剂下的氧化烷基化[①]

催化剂	苯转化率, %	产品选择性, %		
		甲苯	乙苯	二甲苯
H-ZSM-5[②]	9.3	65.7	17.4	15.5
Co/ZSM-5	8.1	48.1	31.5	18.5
Cu/ZSM-5	8.0	41.4	37.7	18.5
MCM-41	0.1	100		
AlMCM-41[③]	2.5	56.0	28.2	15.8
CuMCM-41[④]	0.1	75.9	24.1	
H-ZSM-5[⑤]	5.5	93.0	4.0	2.9
H-beta[⑥]	4.1	89.8	7.4	2.8

① 反应温度为400℃，压力为6.9MPa，CP级甲烷，反应时间为4h，反应物负载不去除的残余氧气[19, 20]。

② Si/Al=70。

③ Si/Al=30。

④ Si/Cu=30。

⑤ 用超高纯度的CH_4作为反应物。

⑥ Si/Al=56。

甲苯与甲烷的高压酸催化氧化烷基化也已有报道，虽然在这种情况下，相当一部分的苯和二甲苯是通过不希望的甲苯岐化获得的[21]。

另一种芳烃与甲烷烷基化的工艺[22]，有人声称它可以与传统的"绿色环保"的芳烃与甲醇的烷基化相媲美。然而，实际上，由于极难控制甲烷的质量，将导致其收率要比采用活性甲醇作为烷基化剂低数倍。甲烷衍生的芳烃(例如通过MDA获得的苯或萘)与甲烷通过氧化烷基化相结合，有可能形成一个全球性的催化路线，以获得重要的(石油化工)化学品，如甲苯和乙苯。然而，当前的收率还远没有竞争力。考虑到动物和植物新陈代谢所产生的甲烷等可再生能源可以降低氧化甲基化的成本，有可能实现可盈利的就地解决方案[22]。

21.2.2 甲烷的无氧同系化反应和烷基化过程

激活CH_4通常需要相对苛刻的条件(如高温)，因此，在无氧条件下操作是适宜的，这样可以避免副反应导致过渡氧化产品，如CO或CO_2的产生。

NOCM是一个两步工艺,在此过程中,甲烷首先在金属催化剂上于300~600℃的温度下分解,由此产生的被金属吸附的碳质物质随后在较低的温度下(通常低于200℃)被氢化,生成C_{2+}碳氢化合物[23]。这个循环过程需要确保的是,源自CH_4激活产生的CH_x(x=1~3)物质不能处于较高的老化温度下,这是因为在此温度下,将促使它们逐渐向糟糕(和无效)的形式演化。用于两步NOCM反应的负载金属的沸石,为它们提供非常高的金属表面积,同时协调在相对温和的条件[24~26]下,激活CH_4所需的不饱和表面中心。金属的性质(大小、组成、电子密度)与催化能力(C_{2+}选择性)两者之间的特殊联系,使NOCM反应可做为一种额外的沸石负载金属的表征技术。Shen和Ma[27]通过采用Co/NaY催化剂,揭示了金属的大小(即2个或3个Co原子)在确定催化选择性时起着关键的作用。因此,在Co_2上的配对物上的甲烷衍生物的吸附性比在Co_3上要不稳定,活性更强,表现为C_{2+}产品通过链增长的转化率和选择性增大。金属的化学组成,还可以极大地改善中间产物CH_x的吸附性能。在这一方面,Co比它同簇的Ru[28]更加有效,因为后者对"金属-碳"键的影响大,这抑制了CH_x在第二步重组成C_{2+}产品。同样,有关于双金属PtCo/NaY的Co和Pt的协同效应的报道[29],该效应有利于弱连接(更高的活性)中间物种CH_x的形成。最后,在甲烷的同系反应中[28],沸石主体中的金属由于多余配位体的影响,也可以改善其催化性能。一般说来,尽管在学术层面这非常有趣,但CH_4的两步无氧转化工艺不适合大规模运行。

除了CH_4的同系化反应(自耦合)外,甲烷与烯烃和芳烃的无氧交叉耦合是由金属分子筛催化剂催化。在这方面已经证明,在存在乙烯或苯的连续流系统中,在300~500℃的温度范围内,CH_4的转化可以通过使用银交换的NH_4-ZSM5催化剂来实现[30~32]。最近有人[33]提出了苯和甲烷的连续无氧烷基化,采用双功能的Pt/H-ZSM5催化剂,并且声称在甲苯的形成过程中,金属和酸性中心起协同作用。

21.2.3 甲烷无氧脱氢芳构化(MDA)

1993年,中国大连化学物理研究所的Wang的团队,首次报道了采用过渡金属实现甲烷向苯的无氧转化,特别是采用负载钼的酸性HZSM-5分子筛[34]。从那时起,该研究团队已经公开发表了一些有关这个课题的评论[35~38]。MDA工艺的一个额外的优势是联合生产,除了芳烃外,还产生氢气(例如可用于燃料电池)。

甲烷无氧转化为芳烃的工艺通常缩写为MDA,它受转化平衡的热力学限制,转化产物为浓度大约12%的由苯和萘近似等摩尔混合的混合物,其操作条件为温度700℃、常压——这是典型的MDA操作条件。在最初的有关MDA的报道中,甲烷转化达到平衡(6%~10%,在700℃温度下)时,苯的选择性几乎达到100%。据报道,MDA工艺最期望得到的产品芳烃,是在使用Mo/HZSM-5催化剂的情况下得到的。然而,通过改进反应物的分析方法,并且引入一种惰性气体作为内部参照物(通常为氮气),它连同甲烷气体作为进料,就可以发现苯的选择性要低于最初的报道(事实上以碳为基准约为60%~70%);同时,一部分甲烷的重要的碳原子(约20%~30%)变成碳质沉积物(焦炭)沉积到了催化剂表面[39,40]。事实上,催化剂的快速衰变,特别是在最初的反应阶段,由于碳在Mo/HZSM-5催化剂上的积累,是防碍MDA工艺商业化的的一个主要缺点。另一方面,MDA反应除了苯以外的另一个主要产品萘,由于受ZSM-5沸石十元环通道空间的强烈制约,产量远远低于其热力学预测。基于这些开创性的工作,研究者们在过去的几年里付出了大量的努力,来提高基于沸石的MDA催化剂的催化性能。这些努力主要集中在了解酸性中心的作用、本质和Mo所处的位置,沸石酸性中心的本质、位置的特殊相互影响,以及不同类型的碳沉积对失活的影响,从而尝试提高催化剂的使用寿命。

除了HZSM-5以外，其他结构的沸石也被用来为制备MDA催化剂，来提供酸性中心。通常，当采用的沸石具有二维孔隙系统，孔径大小接近于苯分子的动力学直径时，可以获得更好的催化性能，特别是MCM-22(MWW拓扑结构)。因此，已经证实Mo/MCM-22催化剂的苯的选择性要比Mo/ZSM-5更高，这是由于MCM-22特有的拓扑结构所具有的孔隙入口(0.40nm×0.59nm的正弦夹层十元环系统和0.40nm×0.54nm的包含十二元环超笼的通道)比ZSM-5要小。此外，Mo/MCM-22的耐焦炭的性能比Mo/HZSM-5在类似的反应条件下更好(导致寿命增加)，这与MCM-22所具有十二元环的大空腔可以储存焦炭有关[41, 42]。其他属于MWW型的沸石，如MCM-49[43]、MCM-56[44]和ITQ-2缓燃剂材料，特别是当外表面的酸性中心是用草酸[45]选择性脱铝获得的沸石，也一直在探索用于MDA反应，并有了一些有趣的结果。

通常情况下，含钼的MDA催化剂的制备是先用$(NH_4)_6Mo_7O_{24}$前驱体溶液进行浸渍，然后在500~700℃的温度下进行焙烧。在空气中将MoO_3和沸石进行物理混合，也可以观察到类似的催化性能。在焙烧这个步骤，"笨重"的钼盐最初在外表面分解成可迁移的MoO_x物质，其中至少有一部分通过表面和气相扩散分散到沸石的内部通道，与酸性中心进行交换，反应生成水[46]。除了要求电荷补偿外，通过仔细测量形成的水的数量，同时用氘气(D_2)进行同位素平衡检测羟基的残余量，Iglesia等[46]还提出了交换物包含$(Mo_2O_5)^{2+}$双四面体结构与两种阳离子交换中心的相互作用，如图21.3所示。

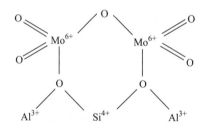

图21.3 Iglesia等提出的Mo在分子筛交换中心的结构[46]

当Mo/HZSM-5催化剂在MDA的操作条件下与甲烷进料接触时，交换的$(Mo_2O_5)^{2+}$减少，形成MoC_x/MoC_xO_x基团，这被认为是活性中心激活了甲烷，形成了C_2中间体(即乙烯)。在最初的反应阶段，观察到有一个诱导期(相当于Mo^{6+}的还原/碳化)，在此过程中，几乎没有芳烃产生。在这个周期，催化剂快速衰减，如图21.4所示[39]。诱导周期后，C_2H_4中间体在沸石的B酸酸性中心上，通过低聚、环化、脱氢反应，进一步转化为苯和萘。因此，Mo/HZSM-5催化剂在本质上是钼碳化物/碳氧化物的双功能催化剂，H^+是生产期望产品芳烃所需的。

B酸酸性中心在Mo/HZSM-5上参与芳烃形成的直接证据，已在反应条件下(700℃)[47]通过原位质子核共振光谱(^{1}H MAS NMR)获得。

通常，催化性能最好的HZSM-5样本的硅铝比大约在20~30，并负载适量的钼(2%~6%)。在这方面，Su等[48]发现每一单位晶格Mo/H^+比的最佳值大约为1，可以获得最大的甲烷转化率和芳烃产量。另一方面，Iglesia等[46]也找到了Mo/HZSM-5样本在最佳CH_4芳构率时，Mo/Al比大约为0.4。当负载的Mo超过所需要的量时，就会在分子筛的外表面形成单层的MoO_x，部分Mo钝化和/或取代沸石骨架上的Al，形成非骨架的$Al_2(MoO_4)_3$物质，它很容易通过^{27}Al核磁共振检测到[49]。这个过程也适用高温焙烧。除了Si/Al比和负载Mo以外，HZSM-5晶粒的大小[50]、形态[51]也在催化剂的性能上起一定作用。

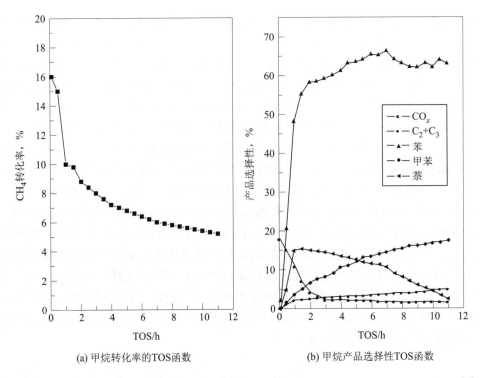

(a) 甲烷转化率的TOS函数   (b) 甲烷产品选择性TOS函数

图21.4 在2%的Mo/ZSM-5催化剂上MDA反应的甲烷转化率和产品选择性的TOS函数[39]

[温度700℃, 压力为101325Pa(1atm), GHSV为800h^{-1}]

    正如前面所提到的, 碳沉积在催化剂表面, 导致催化剂快速失活, 这是MDA反应的一个主要缺点。已经采取了许多办法来延长Mo/HZSM-5催化剂的寿命。其中一些方法是通过在甲烷进料中增加CO/CO$_2$[52, 53]、O$_2$[54]和水[55]来抑制焦炭的生成。这里值得一提的是, 在MDA的高温下加入水, 可能会导致沸石结构的破坏。其他的方法经常是加入一种金属助剂(如Pt[56]、Fe和Co[57]), 更常见的是采用未经处理的沸石或含Mo的催化剂来控制合成后的裂解, 目的是使双功能的Mo/沸石催化剂上的Mo和H$^+$的中心达到一个适当的平衡。事实上已经提出"过剩"的强B酸酸中心会促使沸石表面焦炭的形成, 中毒的酸性中心和阻塞的微孔入口, 将防碍反应物进入微孔内部的活性中心。有文献[58]报道, 有效控制合成后的裂解, 将降低焦炭生成的趋势从而延长催化剂的寿命, 例如, 用蒸汽脱铝, 用Al(NO$_3$)$_3$的水溶液[59]进行处理, 用基础液[60]进行处理, 特别是用碱金属阳离子(即Na$^+$、Cs$^+$)[61]部分交换HZSM-5中的H$^+$以及进行表面硅烷化[62]。最近, 有一篇关于改善催化剂稳定性的报道, Mo/HZSM-5催化剂中的沸石的合成采用碳模板路线, 使用大小均匀的"黑珍珠"(BP2000)作为碳的基本粒子, 在晶体内形成空隙(见图21.5a所示的典型TEM图片)[63]。在MDA工艺过程中使用稳定性经过改善的催化剂, 与类似的用商业沸石(见图21.5b)制备的Mo/ZSM-5相比, 可能在晶体内存在空隙, 作为焦炭的储存空间(类似于MCM-22的超笼), 使得独立窦状小管十元环系统中芳构化反应的活性通道的比例较高。

    尽管过去几年里, 对MDA反应所使用的两种Mo/沸石催化剂的性能和水平的观点有了一定的进步, 但更繁重的工作是要提高工艺过程中苯的单程收率和催化剂的稳定性, 并真正实现工业化。为了达到这个目标, 需要在催化剂的开发中进行改进, 同时设计出一体化的反应/再生器系统, 并使分离具有成本效益[38]。按照这一思路, 已经有了一个前途光明的初步的报告: 当一种选择性H$_2$渗透膜与Mo/ZSM-5催化剂一起使用时, 它允许H$_2$产品(即通过氧化变成水)移去, 从而克服形成芳烃的热力学限制[64], 尽管这种膜技术的应用离商业化还相当远。

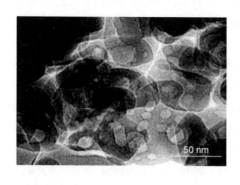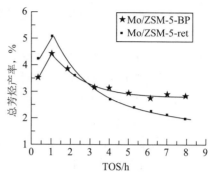

图21.5 用BP2000碳微粒合成的ZSM-5的典型TEM图片(左), 以及对应的用BP的Mo/ZSM-5催化剂生成的芳烃收率的TOS图和用类似Si/Al比(大约25)的分子筛(Mo负载量为3%)的催化剂样品的TOS图(右)

21.3 合成气转化工艺

21.3.1 选择性合成的短链(C$_2$~C$_4$)烯烃

轻质烯烃(C$_2$~C$_4$)是一个应用平台十分广泛的化学品, 它是许多大型石油化工工艺的基础原料, 用于生产衍生品, 如燃料、专用化学品和聚合物。世界乙烯产量从2000年的92.7Mt/a增长到了2006年的110Mt/a, 预计未来几年[65, 66]其增长速度大约为4%~5%。与此同时, 最近, 丙烯衍生品(主要是聚丙烯)的需求激增, 因此, 该行业必须面对丙烯在轻烯烃市场[65]越来越突出的局面。另一方面, 丁二烯在接下来的几年里产量也将增加, 虽然它的增长速度比乙烯和丙烯要低。

目前, 轻质烯烃是通过热裂解液化石油气(LPG)和流化催化裂化(FCC)减压蒸馏而产生。此外, 丙烯需求的日益增长, 促使了采用乙烯和丁烯而进行的烯烃复分解技术的开发, 以提高丙烯产量[67]。至于其他的基础化学品, 随着原油储量的逐年减少, 刺激了替代原料来源的找寻, 例如天然气, 预计其储量还可以使用超过一个世纪。然而, 大多数从天然气制烯烃的可能的工艺, 都要比与原油相关的常规技术逊色, 因此, 它们都没能大规模应用。有个例外, 就是被广泛认可的间接法路线, 通过甲醇[甲醇制烯烃(MTO)[68]]或二甲醚(DME)制备烯烃(DMO), 其成本和收率可与常规工艺相竞争。尽管沸石和相关的“类沸石”[如磷酸硅铝盐(SAPOs)]在MTO和DMO工艺中起着关键作用, 但这些课题已经有了广泛论述[69~71], 本章不再作详细研究。本章专注于从甲烷(直接路线)或合成气(间接路线), 用沸石或其他分子筛的一步催化工艺。从这个意义上来说, 可以实现从合成气直接到轻烯烃的选择性合成[72]。

费-托合成(FTS)工艺早在19世纪20年代就已众所周知, 作为天然气制油(GTL)工艺的核心, 最近它承担了重大的工业意义, 它可以将合成气转换为便携的燃料[73]。尽管GTL工艺的运行条件通常有利于生产液体产品, 也可以通过FTS生产低相对分子质量的烯烃。特定的FTS选择性地生产轻烯烃, 显示以天然气为基础的催化路线是可行的, 值得引起学术界和工业界的关注。作为事实, 合成气直接转化为轻烯烃, 最近已引起了一些主要化学公司的兴趣, 在这方面, 陶氏化学(Dow)和德国南方化学(Süd-Chemie)公司已经于2009年1月宣布成立一个合资企业, 进行合成气直接转化成烯烃的催化剂的开发和制备[74]。

FTS最大的局限性在于其聚合反应难以控制, 因此不可避免的造成产品分布太广, 即所谓的Anderson-Schulz-Flory(ASF)分布[75]，它既含烯烃，又含石蜡(O/P)，相对分子质量分布从甲烷一直到石蜡。此外，尽管α-烯烃是一种基础产品，它经过再吸附、链插入和二次加氢等反应，往往会降低烯烃的整体选择性，而生成长链的石蜡产品[76]。因此，改善CO加氢选择性生产轻烯烃的化学反应过程，需要绕过，或者至少限制链增长机理的反应，同时避免再吸附和缓和加氢功能。

以碱和/或锰为助剂的铁系FTS催化剂，无论是粉末状还是负载在合适的载体，如碳、MnO或SiO_2上，都因其具有高烯烃选择性[77]而被人们所了解。用碱作为助剂实际上是利用钾的特性，已被证明它不仅可以提高O/P比，而且由于加氢功能变得缓和[78,79]，使产品趋势向低相对分子质量的转移。将金属催化剂的大小减至亚纳米范围，可以限制反应的内空间[80]，使反应中间物在再吸附、链插入和加氢之前进行拦截[81]，这被认为是克服ASF产品分布、选择性合成轻烯烃的可行的方法。由于其水热稳定性、晶体的微孔结构、所显示的微孔和空腔尺寸以及其酸碱特性的可调性，沸石已被用于选择性将合成气转化为轻烯烃的多种催化剂。

由于其较高的内在烯烃选择性，铁是最广泛用于制备选择性生产轻烯烃(主要是$C_2 \sim C_5$)的沸石催化剂的活性金属。浸渍法是最普遍采用的制备路线[82,83]，而其他更复杂的方法，如气相羰基金属吸附法也在探讨之中，以提出易于辨认的负载于沸石的金属簇群[84,85]。大多数这些沸石金属催化剂的酸性中心都比较少，是为了避免烯烃的二次酸催化反应。因此制备沸石，要么以纯净的硅[例如硅质岩(silicalite-1, MFI)的形式]，要么以经碱交换的硅铝酸盐的形式，这是人们的首选。在这方面，Das等[86]使用(Mn)Fe和(Mn)Co负载在HZSM-5和silicalite-1上的催化剂，结果发现尽管反应速度较高，但是负载了MFI沸石的酸性催化剂在相同的反应条件下，显示出的O/P比要比类似物质负载在silicalite-1上要低两个数量级。与此相同，Calleja等[87]发现，随着MFI沸石的Si/Al比从29增加到∞(silicalite-1)，Fe/MFI催化剂的$C_2 \sim C_4$烯烃选择性同步提高。

有人认为，铁负载在沸石上的空间位置，同时决定了它的化学性质和催化性能。众所周知，铁碳化物的形成，是由于铁催化剂处于合成气的还原气氛中，并且它确实是FTS铁催化的活性物质[77]。典型的FTS反应除产生长链产品，导致低O/P比以外，还具有短链烯烃的高选择性，这表明了它存在不同的活性中心。Marchetti等[88,89]在使用Fe/K-LTL催化剂时发现，通过渗碳处理负载到沸石上的大颗粒铁物质位于沸石的外表面，表现出典型的FTS结果，产品呈ASF统计学分布；而相比之下，K作为Fe的助剂，附着在沸石微孔结构内部，它与Fe^0晶粒相比依然是非常小的，并显示出较高的轻烯烃选择性。他们发现，Fe/K-LTL催化剂的活性提高，对短链烯烃的选择性与负载在SiO_2、Al_2O_3或C上的催化剂相比，效果相当。他们还注意到，高转化率与短链烯烃产品选择性相互矛盾，所提供的活性中心可以很方便地特别制备。铁碳化物对轻烯烃的高选择性所带来的不足，也有其他研究[86]提出，不过在这种情况下，有人提出了用Mn为助剂的铁的氧化物(FeO_x)小晶体可以作为生产烯烃的选择性中心。

沸石载体不仅具有多孔结构，它对改善处于活性中心的铁的性质也有一定的促进作用，有助于提高其催化选择性。Gallegos等[83]发现，占据在线性时间逻辑(LTL)结构的六边棱形交换位置上的Cs^+离子与Fe之间的相互作用非常强烈，抑制了Cs^+离子流失，导致O/P比较原来使用K助剂高出8倍。然而这种选择性提高的同时，反应速率降低了4倍，使FeO_x烯烃选择性中心的活性更低。Ravichandran等[82]也注意到了Mn作为助剂对Fe/硅质岩-1催化剂所起的关键作用。Mn的增加提高了Fe的分散度，阻碍了渗碳。根据他们的Mössbauer光谱研究结果，Hägg态碳化铁(χ-Fe_5C_2)的比例较低，被Fe(III)O_x所取代，这些催化剂的短烯烃选择性增强。

用Mn作为Fe/硅质岩-1催化剂的助剂,会增加$C_2 \sim C_4$烯烃的选择性(20%~46%)和整体O/P比(高达50%),见表21.2。有趣的是,在Mn高负载(10%)的情况下,催化剂活性也同步提高(46%)。沸石载体的MFI(相对强弱指标)酸性的不良影响的评估结果也总结在表21.2。从中可以看出,当采用酸性ZSM-5沸石作为Mn-Fe双金属催化剂的载体时,产品中的烯烃含量会急剧下降。

表21.2 采用(Mn)Fe/MFI催化剂时,合成气转化的催化效果[①]

催化剂		10%Fe/Sil-1[②]	5%Mn-10%Fe/Sil-1[②]	10%Mn-10%Fe/Sil-1[②]	10%Mn-10%Fe/ZSM-5[③]
CO转化率,%		7.1	5.2	10.4	13.2
烃分布,%	CH_4	11.2	9.3	9.3	27.4
	$C_2 \sim C_4$烯烃	44.6	65.3	53.6	4.3
	$C_2 \sim C_4$烷烃	5.3	6.1	4.3	44.4
	C_{5+}烃类	39.0	19.4	32.7	23.9
	O/P比	8.4	10.7	12.5	0.1

① 反应温度为275℃,压力为2.1MPa,GHSV为1200h^{-1},H_2/CO为1[86]。
② 用硅质岩-1沸石作载体。
③ 用ZSM-5沸石作载体。

除了Fe以外,还有其他在CO加氢过程显示出活性的金属,已经用来制备沸石载体催化剂。因此,Co[84, 90]、Ru[91]、Ir[92]和Os[85]等金属已经通过羰基化合物吸附,或它们的氨复合物中通过离子交换负载到NaY沸石上,并在合成气转化反应中通过了测试。有报道称,在所有的情况下产品都是非ASF分布,同时短链($C_2 \sim C_4$)烯烃的选择性得到提高。特别是Nazar等[90]曾经报道,使用Co/NaY催化剂可获得丁烯的高选择性。

最后,其他的一些工作采用酸性沸石作为铁催化剂的载体,从合成气选择性生产短链烯烃。从概念上讲,这些催化系统应被视为改进的(双功能)FTS,它组合了FTS催化剂和负责二次反应,如(加氢)裂化、(加氢)异构化、环化反应等的酸性组分。在这里没有给出详细的资料,但作为本章的附加部分,一直在强调这一概念。这非常重要,然而在某些情况下,酸性催化剂可以被选择用来使产品[93]中的$C_2 \sim C_4$烯烃组分最大化。

一般来说,将合成气直接转化为烯烃可以被看作两步法的合适替代路线,两步法包含甲醇合成和随后的MTO工序。在后一种情况下,总成本的30%~35%产生于甲醇合成这个步骤[72],这些成本可以通过采用直接路线而避免。但是,从合成气直接合成轻烯烃的竞争力似乎还差得太远,主要是由于选择性的问题。通过采用特制的催化剂,已经获得希望的高烯烃选择性,但活性(低转化率)处于中等水平,这将使产品中的烯烃含量"变稀",造成循环量很大,令人无法接受。此外,CO加氢催化剂的活性寿命至少要有半年,目前还没有证据表明,选择性催化的分子筛负载的亚纳米金属具有足够的水热稳定性,在苛刻的反应条件下长时间保持其独特的位置和结构。因此,为一步路线开发的新型催化剂,具有高转化率下的高选择性是必须的,以使其变得经济和具有竞争力。要突破这一过程,需要获得更高的催化活性,同时保持所希望的轻烯烃的选择性。相应的,这一目标要求催化剂的活性中心具有高度的均一性,而且,沸石在找寻这个均一的中心的过程中,将起主要的作用。

21.3.2 费-托合成(FTS)

21.3.2.1 传统的费-托合成

众所周知,FTS工艺采用不同的过渡金属(Co、Fe和Ru,它们被认为是最活跃的)进行催化,产生的碳氢化合物液体混合物可以升级精制为高质量的合成燃料。特别是费-托(F-T)过程产生的柴油具有极好的调和性,因为它几乎不含硫和(聚合)芳烃。由于F-T过程产品为链烷烃,具有线性性质,它的十六烷值非常高(CN>70)。生产柴油的F-T过程通常在较低的温度(200~240℃)下操作,钴基催化剂的存在,是为了最大化的生产高相对分子质量的正构烷烃(石蜡),然后经过选择性加氢裂化升级精制为高质量的柴油。

传统的钴基催化剂通常采用无机氧化物,其中SiO_2、Al_2O_3和某种程度上较少的TiO_2最常使用,通过浸渍钴的初级盐(如硝酸钴),浸后的固体经干燥后再经过热活化(焙烧和还原或直接还原)获得分散在载体表面的金属钴(FTS的活化阶段)而制得。最近,有人发表了一篇关于钴基F-T催化剂的不同制备和表征方法的论文[94]。尽管Iglesia等在之前的研究中显示,Co^0中心的内在活性(通常称为换转频率或TOF)对大约大于9nm[95]的微粒来说保持不变;但最近的研究结果指出,当Co^0纳米粒子的尺寸小于大约8nm时[96, 97],其TOF出现戏剧性下降。这样一种非典型的粒子尺寸效应与在Co/载体界面的低活性(或无活性)的$Co^{\delta+}$中心有关,它在典型的合成气F-T反应温度下[97],Co^0纳米粒子不会长大。在de Jong团队最近的一篇论文中,通过采用稳态同位素瞬变动力学分析,并假设Co^0纳米粒子为八面立方体的几何模型,发现Co粒子小于6nm时,其TOF较低的原因为:处于边缘/角落的活性中心(其比例随粒子尺寸的减小而增大)的破裂以及处于小簇团[98]的Co^0原子的内在活性低。尽管同样的结论有两种不同的解释,但必须考虑他们在研究中所使用的Co催化剂模型以及所用的催化剂的热活化处理存在明显的不同,即Co/ITQ-2在还原[97]以前要在500℃温度下事先焙烧,而Co/CNF(CNF代表碳纳米纤维)是通过直接还原[98]获得的。无论如何,从使催化剂活性最大化的角度来看,制备催化剂时,在高金属上量的情况下,尽可能使Co^0的分散最佳,粒子大小均匀是理想的。采用常规结构的载体,由于其表面积相对较低,孔分布分散较宽,这个目标很难达到。因此,在过去的10年中,有序介孔二氧化硅(OMS)已引起了极大的兴趣。作为钴载体,希望Co^0纳米粒子能够高度分散,由于极高的表面积(>700m^2/g),其粒度和粒径分布可控。此外,它的孔径分布窄,并且可以通过事先仔细选择合成条件来调整介孔的大小[99, 100]。然而,人们很快就意识到要实现这一构想并不如最初看起来的那么简单,仔细控制制备和活化条件,是为了当OMS用做钴载体时有利于提供的特殊性能。更具体的说,影响钴分散的的相关参数包括:钴的吸收方法、钴中间体的性质、金属总负载量以及用来分解金属中间体[94, 101]的活化条件。

在OMS(有序介孔二氧化硅)中,采用了不同的复杂方法来实现Co^0纳米粒子的高分散,如直接在合成胶体的过程加入,用阳离子表面活性剂[103]进行离子交换,以及从羰基中间体[104]的原子层化学气相沉积(CDV),虽然在通常情况下很难达到合适的(>10%)Co负载量。此外,这些方法通常会导致非常小的Co纳米粒子与二氧化硅面之间显示出强烈的相互作用,往往形成不可还原的物种(即不同形式的硝酸钴盐)。因此,用含钴中间体的溶液浸渍(通常在湿润的最初阶段)OMS载体,是最简单、最广泛被采用的工序。然而,即使采用浸渍法,也必须考虑溶剂和钴中间体的性质,它们有可能影响钴的最终分散,并且间接影响负载的氧化钴的还原性能。例如,用水溶液浸渍有可能使纳米结构部分崩塌,特别是在使用像MCM-41这种水热稳定性差的材料[105]的情况下,这时采用极性较低的溶剂(如乙醇)是首选。相比之下,对水热稳定性较高的SBA-15二氧化硅介孔材料,它具有较厚的孔隙面[105],采用水溶液浸渍,孔隙不会有太大的损失。另一方面,浸渍液中钴中间体的性质对钴与载体之间的相互作用有影响,钴的分散度和还原能力决定了催化剂最终的Co^0活性中心的数量。用有机钴盐中间体溶液浸渍SBA-15二氧化硅(如醋酸钴和乙酰丙酮钴),导致形成非常小但几乎不能还原的Co纳米粒子，以及相同的钴负载量(20%)[106]。与从硝酸钴制备的催化剂相比，其F-T活性和C₅₊选择性较低[105]。浸渍和干燥之后，分解金属中间体的热活化条件最近被证明是至关重要的，它关系到在内部中间通道形成的氧化物相能否实现高度分散。因此，用硝酸盐中间体制备的Co/SBA-15(18% Co)，采用含有少量NO[1%(体)]的惰性气体(如He)进行热活化，会将小的纳米粒子留在中孔内部，导致催化剂的特定F-T反应速率，比在不流动的空气中焙烧、SBA-15外表面[107]含有大量金属粒子的相同样品明显提高。

除上述制备参数以外，OMS的孔径大小在很大程度上决定了受限制的钴粒子[108]的平均尺寸(因而分散)。作为整体趋势，采用大孔的OMS二氧化硅(如SBA-15)，将导致Co粒子更大、更具还原性，从而使催化剂比采用小孔有序结构的MCM-41[109]的F-T反应速率和C₅₊选择性更高。此外，Co负载在孔大小相似的一维MCM-41和三维MCM-48结构上，Co的分散也相似，因此，与其强调负载Co的载体的微孔大小的作用，还不如强调微孔的连通特性(Martinez和Lopez未发表研究结果)。中孔的OMS最终分散性和还原性的尺寸效应和连通性，以及Co/OMS(大约20%的Co负载量)的催化性能见表21.3。

表21.3 Co/OMS(20%Co)样品的物化性能和催化性能①

催化剂	S_{BET}/(m²/g)	PD(BJH)/nm	$d(Co^0)$②/nm	ER_{400}③, %	CO转化率, %	C₅₊选择性, %
Co/MCM-41a	711	3.2	4.1	38	25.6	51.3
Co/MCM-41b	563	3.6	6.3	54	17.5	46.7
Co/MCM-48	975	2.9	3.8	42	15.7	50.2
Co/SBA-15	508	8.2	8.5	62	27.7	65.5

① 反应温度为200，压力为2MPa，H_2/CO为2，GHSV为13.5L合成气/(g催化剂·h)。

② 从XRD获得的$d(Co_3O_4)$值。

③ 由H_2-TPR估计的样品在纯氢气中于400℃焙烧10h还原时的氢气减少程度。

从表21.3可以看出，与Co/SBA-15(PD-8nm)相比，Co/MCM-41和Co/MCM-48样品的孔较小(3~4nm)，活性和C₅₊选择性较低。这主要是基于两方面原因：负载的Co_3O_4(较低的ER值)还原性较低；前一个样品中极小的纳米粒子(<6~8nm)作用更大，表现出较低的TOF。Co/OMS的还原性可以通过采用不同的方法来提高，如将Zr加入二氧化硅结构中[110]，进行表面硅烷化[111]，以及加入少量易还原的贵金属或半贵金属，如Pt、Pd、Ru或Re。例如将1%的Re加入含钴20%的Co/SBA-15样品，其还原性(在400℃)可从62%提高到96%，同时对转化率(从23%提高到43%)和C₅₊选择性(从65%提高到74%)[106]有益。

正如Iglesia等[76]所报道的，在FTS过程中，除Co^0粒子的大小(以及还原性)以外，扩散问题非常重要。事实上，处于工况下的催化剂的微孔完全被液态碳氢化物(蜡)充满，这增加了反应物(特别是CO)和产物(α-烯烃)从气相到微孔内部Co^0活性中心的扩散障碍；反之亦然。由于催化剂颗粒的大小，使得它通常用于固定床反应器。CO通过液相的扩散速度，有可能通过改变Co^0粒子周围局部的H_2/CO比进而控制C₅₊碳氢化合物的选择性。而且，催化剂活性下降可能是由于要经历苛刻的CO扩散控制条件。因此，小孔的MCM类二氧化硅与SBA-15相比，CO扩散的障碍增大，导致前一个催化剂的活性和C₅₊选择性较低。甚至对于SBA-15而言，由于其介孔在介观尺度高度弯曲，使得其毛细孔长度几乎达到基本粒子的两倍。相对较大的CO的扩散路径有可能对催化剂的活性产生不利影响。因此，为了充分利用这些负载Co的介孔二氧化硅所提供的优良特性，需要将其合成为合适的孔大小(从TOF的观点来看，导致生成Co^0粒子的最佳尺寸大约在8~10nm)和较短孔道。由于在金属硝酸盐分解过程中的中间物NO_x快速扩散以及通过还原步骤生成水,这对Co的分散和还原有额外的好处;也可以分别假设为短孔道与传统的SBA-15二氧化硅的大孔以及高度弯曲的孔道相比较。事实上,我们最近的研究结果显示,当SBA-15孔道长度减少至恒定的11nm时,对扩散和F-T的催化活性明显有利[112]。图21.6显示了长而弯曲的和短孔隙的SBA-15二氧化硅的TEM(透射电子显微镜)图片,以及与FTS相应的CoRu/SBA-15催化剂中的Co^0粒子的平均直径和催化活性。值得一提的是,以短孔隙的SBA-15为基础,PD=11的催化剂的Co的时间收益率,是我们目前所知的报道中,在相似的FTS条件下最高的。

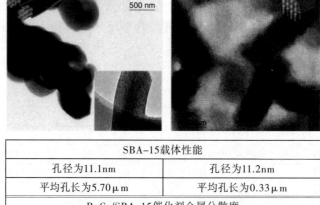

SBA-15载体性能	
孔径为11.1nm	孔径为11.2nm
平均孔长为5.70μm	平均孔长为0.33μm
RuCo/SBA-15催化剂金属分散度	
$d(Co^0)$为17.8nm	$d(Co^0)$为10.2nm
催化剂性能(温度为220℃,压力为2.0MPa,H_2/CO为2,X_{co}为55%)	
Co的产率为0.154mol CO/(g Co·h)	Co的产率为0.269mol CO/(g Co·h)
C_{5+}选择性为76.0%	C_{5+}选择性为81.9%

图21.6 长而弯曲的(左)和短(右)孔隙的SBA-15二氧化硅的结构表征TEM图,以及与FTS相应的CoRu/SBA-15催化剂中的Co^0粒子的大小和催化活性

与介孔二氧化硅相反,沸石不适合作为载体制备用于生产柴油的F-T工艺Co基催化剂,这是由于微孔内的非常小的纳米粒子受到限制很难减小。其原因主要为金属与载体间的相互影响非常强,即使减小,也因为要遵循前面所讨论过的粒子尺寸与TOF的关系,其显示的F-T活性非常弱。此外,由于介孔和B酸酸性中心的存在与骨架Al^{IV}相关,同时促进了裂解,这将限制链的增长,降低高质量柴油中间体长链碳氢化合物的选择性。但是有一种非常例外的情况:如众所周知的10年前由Corma等[113,114]开发的叠层或非叠层ITQ类沸石,其中ITQ-2和ITQ-6最具代表性。这些物质可以在纯硅状态合成(因此避免了酸性中心),具有非常高($>600m^2$/g)的可访问的表面积和开放的微粒间空隙,大部分在中孔范围,与个别纳米粒子随机排列有关。这些性质使得这些特殊种类的沸石非常适合作为催化剂载体,特别是用于Co基F-T催化剂制备。因此,Co/ITQ-2和Co/ITQ-6催化剂(20%的Co负载量)具有很好的金属分散,其金属粒子的平均粒径接近最佳。特别是Co/ITQ-6,由于其开放的空隙度,它的CO扩散路径短,以至于与Co负载在低表面积的商业SiO_2[115]相比,该催化剂的CO转化速度和C_{5+}选择性较高。

21.3.2.2 改进的(双功能)FTS

沸石在用合成气直接生产高质量的燃料方面,具有有趣的潜在用途,即所谓的改进FTS,它采用混合或复合催化剂。这些混合催化剂通常由一种FTS催化剂(无论是铁基或钴基)和一种固体酸(即一种沸石)机械混合而成,目的是为了促进FTS主要产品(主要为α-烯烃和正链烷烃)"原位"转化,即:通过在沸石的B酸酸性中心发生裂解、异构化、低聚化和环化反应,变成高辛烷值的汽油成分。改进FTS混合催化剂的概念说明如图21.7所示。

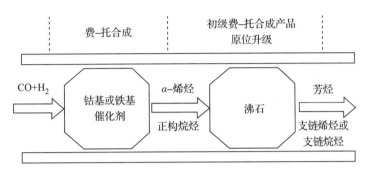

图21.7 主要FTS产品"原位"升级成高辛烷值汽油的介绍简图(即所谓的改进FTS)

尽管这个原理已经被证明是可行,但是这种方法的主要缺点是酸性组分寿命较短,这是由于在介孔[116]内部形成"软"的焦炭分子(主要是单和双烷基化物)而失活。尽管有事实表明,通过减小晶粒大小,或加入少量如Pt或Pd等贵金属,使焦炭前驱体[117, 118]快速加氢,可以显著改善沸石的稳定性,但是其寿命仍与那些典型的FTS催化剂相差甚远,而要使目前的FTS催化剂中失效的沸石有效再生并非易事。然而,必须要说的是,为了提高效率,酸性助催化剂在传统FTS的典型操作条件下,必须能够产生所期望的碳氢化合物重排。在这方面,铁基F-T催化剂的工作温度(250~350℃)要比钴基F-T催化剂(200~240℃)高,也许是从沸石活性的角度来看,它占有优势。除在用的FTS催化剂(Fe或Co)外,烃类产品的最终结构和碳分布,受沸石助剂的拓扑结构、酸度和晶粒大小的强烈影响。至于HZSM-5所显示出的酸重排反应的程度,随沸石酸度的增加而增加,也就是说,随骨架铝含量[117]的增加而增加。沸石的拓扑学结构对混合催化剂的性能有很大影响。至于KFeCo与沸石的混合催化剂,由于介孔HZSM-5,它与含十二元环或大的超环,诸如MCM-22以及与之相类似叠层ITQ-2和ITQ-22(包括相互联系的八元环、十元以及十二元通道)[119]相比,汽油选择性更高,失活速度更低。此外,在铁基F-T催化剂上发生的短链烯烃芳构化,采用HZSM-5比较有利,而汽油范围的异构链烷烃是在MCM-22和ITQ-2上最初形成的主要碳氢化合物重(C_{13+})正链烷烃裂化形成的。Co/SiO₂ F-T催化剂与酸性沸石通过物理混合,结果发现,与大孔的USY、β沸石和丝光沸石相比,介孔的HZSM-5的汽油选择性和异构/正链烷烃比高[116]。此外,复合IM-5沸石[120]由于有较高的稳定性,不容易由于结焦而失活。

在某种程度上,酸催化反应发生在沸石上,其稳定性和TOS取决于混合催化剂系统中F-T催化剂的相对空间位置以及沸石的组成。因此,沸石和F-T催化剂之间紧密接触,如在固体粉末成型之前通过物理混合,有可能通过阻止在F-T催化剂附近的酸性中心上形成基本的α-烯烃,从而改变了F-T过程本来的产品分布;在酸性中心发生异构反应和裂解反应,防止了在F-T催化剂金属中心[121]通过再吸附而进行链增长。最近有关于制备复杂的核壳型催化剂的报道[122]。在这种方法中,F-T催化剂(核)被一个沸石壳均匀地包裹,它通常是将F-T催化剂预成型为小球，再用水热合成的方法制成的。在催化剂的核上生成的F–T产品，不得不通过沸石壳扩散出来，因此进行二次酸催化反应的几率大大增加，见图21.8。核壳型混合催化剂由Co/Al$_2$O$_3$核和β沸石壳组成，它与物理混合的催化剂[122]相比，显示出较高的支链C$_{4+}$烷烃和轻产品分布。这种混合结构的核和壳的相对尺寸，也被证实对产品选择性有影响，它改变了产品通过F–T催化剂的核(α-烯烃再吸附并链增长)和通过沸石壳(受到酸催化的概率)[123]的停留时间。

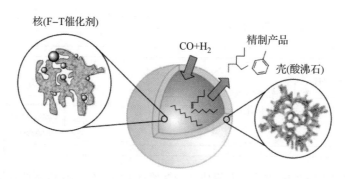

图21.8 核壳型混合F–T酸催化剂结构示意

21.3.3 氧化合成

21.3.3.1 一步法从合成气合成二甲醚(DME)

DME是生产重要化学品，诸如硫酸二甲酯、甲基醋酸酯(一种醋酸前驱体)和低烯烃的潜在中间体。此外，它也越来越多的被用做气溶胶推进剂替代有害的氯氟烃(CFCs)。氯氟烃被认为消耗大气中的臭氧，加剧全球变暖。DME还可以用做燃料添加剂和替代液化石油气(LPG)用于家庭取暖和烹饪，也可以作为氢燃料电池的载体。尽管如此，DME最近引起了人们的特殊兴趣，因为它可以作为压力燃烧式发动机的替代燃料，尤其是对于柴油发动机，由于它的十六烷值(CN)高，减少了污染物的排放[124, 125]。

传统上，DME是通过两步合成制得的：第一步，合成气在铜基催化剂上转化为甲醇；第二步，甲醇随后采用酸催化剂脱水变成DME。在第一步，由于受热力学的限制，合成的甲醇有限，并且变得只适合高压和低温状况。最近，一种直接(一步法)从合成气生产DME，一般被称为合成气制二甲醚(STD)的新路线，吸引了学术界和工业界的兴趣。这是一种比传统的两步工艺[126]经济效益更高的制备DME的可替代路径。STD的主要反应如下：

① 甲醇合成：

$$CO+2H_2 \longrightarrow CH_3OH \tag{21.1}$$

$$CO_2+3H_2 \longrightarrow CH_3OH+H_2O \tag{21.2}$$

(与从生物中获得合成气有关)

② 甲醇的脱水反应：

$$2CH_3OH \longrightarrow CH_3OCH_3+H_2O \tag{21.3}$$

③ 水-气变换反应(WGSR)：

$$CO+H_2O \longrightarrow CO_2+H_2 \tag{21.4}$$

因此，上述所有的反应可以改写成如下形式：

$$3CO+3H_2 \longrightarrow CH_3OCH_3+CO_2 \tag{21.5}$$

在STD过程中,反应式(21.1)和(21.2)形成的甲醇在通过反应式(21.3)生成DME和水时被消耗,化学平衡向右移动,使CO的单程转化率得以提高;此外,反应式(21.3)生成的水,将降低甲醇的脱水反应速度,同时在反应式(21.43)中被消耗,生成CO_2和H_2(WGSR),这是甲醇合成反应器的产物。整个STD过程放出大量的热量($\Delta H=-244.45kJ/mol$),这需要考虑设计合适的反应器,以便快速将反应热移除。尤其当采用固定床反应器时,有可能形成热点,将加快催化剂失活,这应该避免或使之最小化。从这个角度来看,悬浮床反应器的出现,似乎更适合STD,尽管它也显示出一些缺点(主要是扩散问题);同时,由于它更复杂,花费将更高。

根据STD过程的反应式(21.1~21.4),清楚地表明了STD的催化剂必须具备双功能,一个甲醇合成步骤的CO/CO_2加氢功能和一个甲醇脱水反应的功能。加氢功能一般由Cu基甲醇合成催化剂(MSC)提供,通常为$Cu-ZnO-Al_2O_3$;而酸性$\gamma-Al_2O_3$和沸石广泛应用的是其脱水功能。为了使STD过程的DME产率最大化,对于任何双功能的催化作用,两种催化功能都必须完全协同(即平衡)。通常,当STD催化剂是加氢和脱水功能的催化剂简单物理混合组成时,可以获得高催化活性。有报道称,当甲醇合成功能直接浸渍到酸性脱水组分,或两种共沉淀时,活性较低。然而,已有采用所谓共沉淀沉积方法制备的催化剂具有良好的催化性能的报道[127, 128]。简而言之,这个方法主要包括将事先通过同步共沉淀获得,包含MSC前驱体的悬浊液加入到另外一种含有固体酸性脱水组分的悬浊液中,然后混合物经过搅拌、过滤、干燥,最后经过焙烧[127]而制得。这种制备方法保证了两种催化功能紧密结合,提高了"协同效应",导致更高的CO加氢速度。

由于Cu基MSC已经工业化,并已高度优化,因此,大部分的致力于开发高活性、选择性和稳定性的STD催化剂的研究工作,都集中在甲醇脱水组分的优化。在这方面,沸石和相关微孔分子筛当在STD催化剂中作为脱水组分时,值得特别关注,因为它们与$\gamma-Al_2O_3$(携带弱酸性中心)相比,表现出更高的催化活性,可以在较低的反应温度下进行,这使得甲醇合成步骤[式(21.1)]在热力学上更加有利。此外,由于在氧化铝脱水催化剂上进行的合成气制二甲醚(STD)所需的温度,通常高于甲醇合成步骤所需的最佳温度,使得Cu基部分更容易失活,因此,通常采用烧结的方法,使双功能催化剂的整体活性降低[128]。

在不同的沸石中,到目前为止,HZSM-5一直被研究最广泛用于STD过程[127, 128, 130],虽然也有其他具有良好的催化性能的沸石的报道,如HY[127]、H型丝光沸石(HMOR)[131]、HMCM-22[132]、H型镁碱沸石(HFER)[133]以及微孔SAPO[134]。

虽然文献上有一个普遍的共识,即沸石的酸度是决定STD反应催化性能的关键参数;但是,对沸石脱水功能所需的酸性中心的数量和强度出现了差异。长时间以来大家都知道,对于氧化铝,乙醇的脱水反应[135]可以在氧化铝表面产生的Lewis酸(以下简称L酸)碱对上进行。至于沸石,有人提出了甲醇生成DME的不同机理,包括B酸酸性中心[136]机理或同时存在B酸性中心(H^+)和与之相邻近的Lewis碱性中心(O^{2-})[137]的机理。沸石酸性对STD活性的不确定的影响基于这样一个事实,即:有些研究认为合成气制DME反应的整体速度是由合成气生成甲醇的步骤控制的;而另外一些研究则认为,控制速度的是甲醇的脱水反应步骤。在第一种情况下,改变脱水反应催化剂的酸性,可能不会对CO的转化产生明显的影响,它主要影响产品的选择性;而在后一种情况,CO的转换水平受酸性的严重影响,通过改变合成气生成甲醇步骤反应方程式到右边[138]的平衡,最终决定了甲醇制DME的转化速率。然而,我们还是可以从公开发表的文献的结果中获得某些关于STD所需的沸石酸性的结论。例如,Kim等[130]发现,低Si/Al比(30)合成的NaZSM-5(自由H^+原理)有活性,虽然它的活性要比相同Si/Al的HZSM-5

的低很多。这表明B酸(与骨架铝的空间有关)和L酸(与阳离子Na^+有关)酸性中心对甲醇脱水有活性,虽然前者显示出高得多的内在活性。另一方面,按照NH_3随温度顺序(TPD)脱附的数据,这些研究者观察到,HZSM-5的活性随Si/Al比(在30~100的范围)的减小而增大,这与相伴发生的酸强度减弱有关。然而,HZSM-5的B酸酸性中心相对较强,当Si/Al比在30~100范围内变化时,其酸强度不可能发生强烈的变化,因为在这个结构范围内,所有的四面体Al在沸石骨架内被完全"孤立"。例如,Kim等的研究结果已经证明,HZSM-5的强B酸酸中心对合成气制DME的反应不利,因为这些中心会促进DME向烃类转化,随之发生甲醇制汽油(MTG)的反应,降低了整个STD过程[139~141]DME的选择性。因此并不奇怪,不同的合成后改进方法已经应用于降低H型沸石的B酸酸强度,作为提高DME选择性而不过多损害催化剂活性的尝试。在这个意义上,通过"干"浸渍引入适当的MgO(<5%)对HZSM-5(Si/Al=38)进行改性,可降低副产品(CO_2和烃类)形成的程度,同时提高DME选择性(见表21.4[142])。

表21.4 直接合成气制DME反应中,用MgO改性HZSM-5对Cu-Zn-Al/HZSM-5[2/1(质量比)]催化性能的影响[①]

MgO含量,%	X_{CO},%	选择性,%(摩)			
		DME	甲 醇	CO_2	烃 类
	95.8	49.1	4.5	37.1	9.30
0.5	96.3	64.5	4.6	30.5	0.37
1.25	96.0	64.4	4.8	30.7	0.08
2.5	95.6	64.1	4.8	30.9	0.12
5.0	67.6	21.4	48.9	29.4	0.32
10.0	64.7	15.5	53.3	30.9	0.19

① 反应温度为200℃,压力为4MPa,H_2/CO/CO_2为66/30/4(体积比),GHSV为1500mL/(g·h)。

DME选择性的提高,与催化DME二次反应的强酸性中心数量的减少有关,这取决于改性沸石所使用最佳MgO数量。非常有趣的是,一些研究者根据他们的研究结果,提出了一个甲醇在MgO改性的HZSM-5沸石上发生甲醇脱水的机理,包括作为最初的步骤:在酸性中心对甲醇的强吸附和邻近基础中心[142]对乙醇的弱吸附。用其他氧化物(例如CaO[143])对沸石改性,并且用含有某些过渡金属(例如Zr、Ni、Al)[131, 144, 145]的溶液进行浸渍,导致沸石酸性向较弱的中心迁移,同时DME选择性和运行的稳定性得以提高。其他已经应用的降低脱水反应的沸石组分的强酸性,并提高DME选择性(通过抑制二次反应)的方法包括采用蒸汽和酸处理[132]对原来的沸石进行脱铝。

作为这一部分的结尾可以进行总结,一步法从合成气制DME(STD)是一种有前途的替代目前两步法的工艺,沸石和沸石类物质是双功能STD催化剂脱水功能组成的良好备选材料。从对沸石的要求来看,其酸性与其拓扑结构相比,更是其决定因素。过大数量的强B酸酸性中心(与与骨架铝有关),从DME选择性的观点来看是有害的,因为它们对催化不希望发生的DME二次反应十分有效。然而,非骨架铝(也就是L酸酸性中心)可以通过合成沸石焙烧除去有机物的过程,或者在蒸汽脱铝的过程中形成。沸石在STD过程的催化作用还不十分清楚,在这个方向的更多、更系统的工作,将有助于获得最佳沸石脱水催化剂。事实上,甲醇在HZSM-5上的转化,对于无定形的Al的存在非常敏感,也许是通过Al_nOCH_3(用红外光谱检测)的形成,提高了形成烃的反应[136]。

21.3.3.2 合成气制含碳较高的(C_{2+})含氧化合物

通过催化转化合成气，选择性合成含碳更高(C_{2+})的含氧化合物(即醇类、醛类、羧酸等)需要相当复杂的活性中心(多点位排列)，来同时提供离解激活的CO和氢吸附到氢化烷基物C_xH_y，以及至少一个非游离的激活的CO分子连接到链上。众所周知，某些基于Co、Ru或Rh的有机金属复合物，能够有效地进行催化将合成气[146, 147]选择性地合成诸如甲醇、乙醇和乙酸甲酯等含氧化合物。在这些类似的催化系统中，阳离子金属中心通过有机配位体进行电性调整，来为在产品中接入含氧官能团提供所需的活性中心，而极其相似的活性中心具有高的选择性。制备活性尽管不一致，但能保持高效氧化功能的均匀有机金属催化，这在科学上仍是一个挑战。在模拟有机金属系统的高选择性金属中心的尝试中，载体和/或催化助剂能够被用于定制定义明确的金属中心的电子特性，因此可以了解它们与CO的相互作用。在这个意义上说，同时发生的两种CO的离解和非离解激活，受CO反应物在金属中心的吸附模式的影响。虽然已经有关于费-托合成钴基和铁基催化剂表面的线性和桥吸附模式的报道，但这些吸附模式似乎与CO[148]的离解有关；而CO的非离解吸附涉及到金属中心对吸附分子电子反馈作用的减少。这可以通过双金属合金的形成，使某些金属的d轨道产生再杂化，或由于附近存在缺电子的电荷极化的助剂而实现[149]。这些缺电子的邻近物种还可能充当L酸酸性中心的作用，也可能促使CO分子通过其稳定的氧供电子端向金属吸附倾斜。对于改进型的Rh催化剂[150, 151]，CO倾斜吸附已经通过原位FTIR光谱查明，它与选择性形成含碳较高的含氧化合物直接相关。

从合成气选择性合成含氧化合物所需的活性中心，在工程上可以通过使用沸石作为催化剂载体来获得。因此，金属簇必须有合适的大小、电荷特性和空间位置，以便能够负载到沸石晶体结构的有限微孔环境中。

Shen和Ichikawa[152]证实，金属簇的结构在CO选择性加氢过程中起决定作用。他们发现了一种提高含碳较高的含氧化合物(特别是乙醇)的选择性的协同效应，即：与单金属催化剂相比，双属Ru_xCo_y/NaY催化剂主要产生烃类。

除了载体的化学组成外，与沸石相关的B酸酸性中心对含氧化合物的选择性有不利影响，因为它们可以催化不希望发生的二次脱水反应[150, 153]。由于这一点，在将沸石制备为用于选择性合成含氧化合物的催化剂时，通常都要经过碱交换。然而在某些情况下，即在催化剂活化(还原)或反应条件下，L酸酸性中心(交换的金属阳离子)与水原位反应生成非故意的B酸酸性中心。在这种情况下，认真选择金属前驱物和热活化条件[153]，或在催化剂还原[150]后进行一步中和，是为含氧化合物提供高选择性所要求的。

合成催化剂所采用的方法路线，在空间位置、化学特性以及负载金属的沸石的最终催化性能方面起决定作用。在这种情况下，PdCo/NaY双金属催化剂[154]在热活化过程是否暴露在水蒸气中，以及在合成含铁[155]沸石的离子交换过程的pH值，已经被证明在很大程度上决定了催化剂是否具备FTS性能(对烃的高选择性)或在合成气催化转化过程中选择性合成含氧化合物的性能。

Rh是应用最广泛的用于制备含碳较高的含氧化合物的活性金属。为了确保对含碳较高的含氧化合物的高选择性，存在的金属氧化物助剂(Fe、Mn、Ce、V、Nb)与Rh紧密结合是必不可少的，这是因为一直认为，选择性中心是在Rh和受电子体的助剂之间的接触边界形成的[156]。这种促进作用局限在受限于诸如RhFe/NaY催化剂纳米沸石空腔的双金属上，它显示出对乙醇的适当高选择性[(高达15%(摩)]，而其CO转化率低到大约只有1%[157]。此外，不含助剂的Rh/NaY催化剂在反应条件下(250℃，10MPa，H₂/CO=1)能够形成Rh羰基簇，显示出对醋酸的高选择性(高至40%)，而通常的CO转化率低于2%[158]。因此，尽管在学术上主要关注的是含Rh沸石(起助剂作用)，其在理想状态下表现出确定的和非常均匀的活性中心(可以获得所需活性中心的基础知识)，但其催化活性适中，比不上Rh纳米粒子负载到非结晶的SiO₂[159]或CNTs[160]的其他催化体系，而这些催化体系对C₂₊含氧化物的时间收率较高。然而，到目前为止，还没有从合成气直接合成C₂₊含氧化物的多相催化的商业化装置在运行；同时，负载金属的沸石，也没有考虑在有前途的替代催化剂之列。

21.3.3.3 甲醇和DEM羰基化

全球大约有60%的乙酸在商业上都是通过甲醇羰基化来实现的，该过程采用Rh 或Ir复合物作为催化剂，并用碘作为助催化剂，在低温和常压下反应，如孟山都公司(Monsanto)和BP所采用的Cativa™工艺[161]。已经知道，在温和的条件[162~164]下，酸性沸石也可以对醇类和醚类进行催化羰基化，这促进了更加"绿色"的卤化物非均相催化路线来生产重要的化学品，如乙酸。DEM羰基化生产乙酸前驱体乙酸甲酯，比甲醇羰基化制备醋酸存在某些优势，部分是因为乙醇通过类似脱水反应生成的水，对羰基化过程有强烈的抑制作用；也可能是对CO吸附中心有竞争吸附作用。DEM在酸性沸石上羰基化的动力学步骤包括：气相反应和/或CO与甲基饱和物的吸附(DME与沸石的B酸酸性中心反应最初生成的)生成吸附乙酰中间体；然后，在最后的反应步骤，乙酰基团与DME反应生成乙酸甲酯并恢复表面甲基[165, 166]。有趣的是，H-MOR和H-FER虽然活性较低，但都具有八元环沸石通道，在低温下(150~190℃)[165]显示出对DME羰基化的卓越选择性(>99%)和稳定性。在上述观察报告之后，Iglesia等提出了明确的证据，证实了位于八元环通道内的沸石质子对于CH₃*-CO反应(与DME羰基化相关的动力学步骤)的反应性能，分别比H-MOR和H-FER的十二元和十元环通道内存在的H⁺的反应性能要高得多[167]。事实上，这些研究者发现了乙酸甲酯合成速率与单位质量MOR和FER中的八元环通道中H⁺中心数量，具有的很好的线性关系，但是他们认为H⁺的总数与各自沸石之间没有明显的相关性(见图21.9[167])。

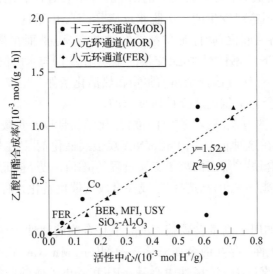

图21.9 单位质量的DME羰基化速率与单位质量的MOR(Si/Al=10, Z型)、FER
(Si/Al=33.5, Z型)八元环通道内以及MOR十二元环通道内的H⁺中心的数量曲线[167]
[反应温度为438K, 3.34cm³/(s·g)，CO分压为0.93MPa，DME分压为20kPa，Ar分压为50kPa]

八元环通道内的沸石质子对CH₃*-CO反应的这种独特的特性表明，当限制在有限的狭窄八元环微孔空间时，它们有稳定的类似于乙酰离子过渡状态的能力。然而，在最近的理论研究中，Corma的团队[168]提出，H-MOR对MeOH/DME羧基化的独特的选择性，不仅是由于八元环通道的尺寸，也由于通道内的特定的中心的特异性。特别是这些研究者提出，在两个可能的位置中(T_3-O_{31}和T_3-O_{33})，只有T_3-O_{33}对羧基化反应有选择性，这是因为甲氧基团的独特的排列方式与八元环通道的圆柱轴类似，如图21.10[168]所示。只有在这种情况下，激活CO到甲氧基团的吸附位形成的过渡状态，才与MOR内的八元环通道完全相适用，这可以看作沸石类似于酶的特异性的最显著的实例。

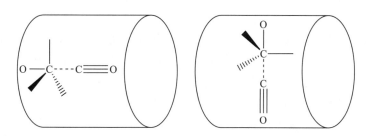

图21.10 $O_{骨架}-CH_3$结合物的相对位置以及MOR的通道轴在T_3-O_{33}的位置(左)和在八元环通道的任何其他位置(右)的示意图

从商业化的观点看，用甲醇直接羧基化制乙酸要比从DME制乙酸更具优势。然而，由于其反应性能比DME要低，以及前文提到过的水对速率的抑制效果，甲醇羧基化需要采用较高的反应温度，更有利于生成烃类，并且必然对乙酸选择性有负面影响[169]。非常有趣的是，Corma等发现，通过设计一种金属-酸性沸石双功能催化剂(Cu-HMOR)，可以提高甲醇羧基化速率。这种催化剂包含一个由两个相邻中心组成的活性中心、一个B酸酸性中心(桥接的羟基基团)和一个位于与相邻骨架铝最近的Cu^+中心[170]。通过使用红外operando和原位MAS核磁共振光谱分析，这些研究者提供实验证据表明，在Cu-HMOR上发生的反应符合双官能团的羧基化反应机理，甲醇被B酸性中心激活生成被吸附甲氧基，而CO则在相邻的Cu^+中心被激活。除了激活CO外，Cu^+中心也已证明对DME(由甲醇与沸石H^+反应生成)的吸附优先于甲醇和水。然后，Cu^+-CO复合体和相邻的甲氧基集团发生化学反应，形成一种被吸附的酰基阳离子中间体(CH_2CO^+)，随后与DME起反应生成作为主要羧基化产品的乙酸甲酯.相比之下，当反应是在纯净的酸性H-MOR[170]上进行时，优先生成乙酸。

尽管事实上，由Iglesia和Corma等团队所做的上述工作，可以看作是对沸石催化MeOH/DME羧基化反应所需要的有关活性中心和反应机理的基础知识的突出贡献，这为设计和改进催化剂提供了有价值的信息，但是所报道的活性，离商业化要求还相距甚远。

21.4 总结和展望

将甲烷直接催化转化为燃料和化学品需要有一个突破，使之变得对工业有吸引力。在以合成气为基础的间接化路线之前，很少有达到当前发展水平的具有竞争力的可能产品，收益率受到限制。结合反应和选择性膜分离技术，是一种很有前途的方向，它可能重启催化过程(如OCM或无氧MDA工艺)，使其在工业上具备竞争力。虽然沸石在无氧MDA工艺中起关键作用，但是其在甲烷直接转化的氧化过程中扮演次要角色。在过去10年中，这方面尽管已经得到见证，有关MDA所用催化剂要求实现高选择性和长寿命，对活性中心的严格要求等有关知识显著增加,但预计在过程中涉及进一步改善催化剂无法取得突破,而可以通过创新工艺设计,克服热力学的限制,提高单程收益率。

在其他一些甲烷直接转化过程中,分子筛可能会起到重要的作用,但还需要进一步发展,虽然时间可能会很长。在自然界中,在温和的条件下甲烷选择性转化成液体产品的范例,是通过酶[如甲烷单氧化酶素催化(MMO)]。MMO存在于甲烷氧化细菌的膜中,如甲基球菌荚膜(英国巴斯)。这些酶显示具有二价铁活性中心,能够在温和的条件下,使甲烷与分子氧通过选择性氧化转化成甲醇。科学家们已经开发出有机金属铁复合物,例如模拟MMO,在选择性氧化甲烷[171, 172],特别是固定在无机介孔固体[172]上时显示出活性。在未来,分子筛可能会帮助科学家弥合均相和非均相催化之间的分歧,因此制备的新型材料需要有明确的高密度、仿生以及属于晶体开放的多孔结构的有机金属活性中心,才可能在温和的条件下显示出选择性氧化甲烷的活性。事实上已有报道[173~176],通过将有机金属活性中心成功合并到金属有机物骨架(MOFs)的微孔结构上,已制备出理想的“一站式”多相催化剂。这种开发新奇的金属有机物或有机-无机分子筛混合物的密集工作,已在全世界范围进行。在某些情况下,其热稳定性增强,如最近发现的沸石咪唑酯骨架(ZIFs)[177],有可能在这种意义上,会设想开创一个丰富领域的可能性。此外,光催化路线也可以应用于将甲烷转化为有用的化学品,但是目前,这些工艺还处于研发的初级阶段[178]。分子筛的非凡特性,有可能在制备新型的具有明确活性中心的光催化剂方面非常有用。

另一方面,微孔和介孔分子筛一直在间接催化路线中唱主角,将天然气转换成燃料和化学原料。在这方面,已经对酸性沸石和其他Z型微孔晶体在一步混合过程(如改进FTS过程)的应用进行了探讨,来生产汽油馏程的支链烷烃或合成气制DME(STD)。未来的工作将致力于提高催化剂的选择性和耐久性等课题,这也是迄今为止一步工艺与传统的两步工艺相比存在的主要不足。除了久负盛名的FTS和甲醇工艺以外,其他有趣的从合成气出发的工艺路线,诸如选择性合成短烯烃、合成含碳较高的含氧化合物以及甲醇或DME与CO非均相选择性羰基化,在将来变成大规模的装置有希望成为可能。依据其短期和中期的发展,在大多数情况下,无机分子筛由于它们独特的一致性结构,可以将它们考虑为近似单活性中心选择性催化剂。特别是最近,发现了一个甲醇或DME在丝光沸石上羰基化的活性中心选择性的很好的实例。这些发现指出了一个非常独特的活性中心,这个中心位于八元环沸石通道内,它是唯一一个能够选择性进行双分子反应的中心。除了这些了解以外,正在进行的和未来需要发展的合成新的沸石结构或对已知沸石活性中心位置的控制,有可能驱动未来工艺过程的商业竞争。

本着这一概念,越来越多的沸石和相关Z型结构,将构成短期或中期的、发展新的、选择性更高的“后续”工艺的“驱动器”,使从合成气获得的初级产品,如甲醇(或DME)以及FTS的产品升级。最近的一个例子,有可能有助于解释这一预测,就是发现一些大孔的沸石(特别是H-BEA)显示出在固体酸催化非均相DME制备高辛烷值抗爆燃料(2, 2, 3-三甲基丁烷)[179]过程中具有显著的特性。阐述清楚如上述选择性转化所需的活性中心,有助于提升生产新型Z型结构的能力,将有可能导致新的或改进以合成气为基础的直接工艺路线,将天然气转化为液体燃料或化学品。

致谢

非常感谢西班牙Comisión Interministerial de Ciencia y Tecnología(CICYT)基金对CTQ2007-66614/PPQ项目提供的资金支持。Gonzalo Prieto和Andrés García-Trenco感谢西

班牙科学和创新部(Ministerio de Ciencia e Innovación)提供的奖学金。

参考文献

[1] (a) Lunsford, J.H. (2000) Catal. Today, 63, 165; (b) Holmen, A. (2009) Catal. Today, 142, 2.

[2] Tijm, P.J.A., Waller, F.J., and Brown, D.M. (2001) Appl. Catal. A, 221, 275.

[3] Dry, M.E. (2001) J. Chem. Technol. Biotechnol., 77, 43.

[4] Keller, G.E. and Bhasin, M.M. (1982) J. Catal., 73, 9.

[5] Hinsen, W., Bytyn, W., and Baerns, M. (1984) Proceedings 8th International Congress on Catalysis, Berlin, 3, p. 581.

[6] Ito, T., Wang, J.-X., Lin, C.-H., and Lunsford, J.H. (1985) J. Am. Chem. Soc., 109, 5062.

[7] Lunsford, J.H. (1995) Angew. Chem. Int. Ed., 34, 970.

[8] Kovacheva, P. and Davidova, N. (1994) React. Kinet. Catal. Lett., 53, 277.

[9] Choudhary, V.R., Sansare, S., and Chaudhari, S.T. (1994) US Patent 5336825.

[10] Qiu, P., Lunsford, J.H., and Rosynek, M.P. (1997) Catal. Lett., 48, 11.

[11] Khcheyan, K.E., Shatalova, A.N., Borisoglebskaya, A.V., and Fishman, L.I. (1976) Zh. Org. Khim., 12, 467.

[12] Arishtirova, K., Kovacheva, P., and Davidova, N. (1998) Appl. Catal. A, 167, 271.

[13] Kovacheva, P., Arishtirova, K., and Davidova, N. (1999) React. Kinet. Catal. Lett., 67, 261.

[14] Kovacheva, P., Arishtirova, K., and Davidova, N. (1999) Appl. Catal. A, 178, 111.

[15] He, S.J.X., Long, M.A., Attalla, M.I., and Wilson, M.A. (1992) Energy Fuels, 6, 498.

[16] He, S.J.X., Long, M.A., Wilson, M.A., Gorbaty, M.L., and Maa, P.S. (1995) Energy Fuels, 9, 616.

[17] Adebajo, M., Long, M.A., and Howe, R.F. (2000) Res. Chem. Intermed., 26, 185.

[18] Adebajo, M.O., Howe, R.F., and Long, M.A. (2001) Catal. Lett., 72, 221.

[19] Adebajo, M., Long, M.A., and Frost, R.L. (2004) Catal. Commun., 5, 125.

[20] Adebajo, M.O. and Frost, R.L. (2005) Energy Fuels, 19, 783.

[21] Adebajo, M.O., Howe, R.F., and Long, M.A. (2001) Energy Fuels, 15, 671.

[22] Adebajo, M.O. (2007) Green Chem., 9, 526.

[23] Koerts, T., Leclercq, P.A., and van Santen, R.A. (1992) J. Am. Chem. Soc., 114, 7272.

[24] Wei, J. and Iglesia, E. (2004) J. Catal., 225, 116.

[25] Wei, J. and Iglesia, E. (2004) Angew. Chem. Int. Ed., 43, 3685.

[26] Liu, Z. and Hu, P. (2003) J. Am. Chem. Soc., 125, 1958.

[27] Shen, J.G.C. and Ma, Q. (2004) Catal. Lett., 93, 19.

[28] Shen, J.G.C., Liu, A.M., Tanaka, T., and Ichikawa, M. (1998) J. Phys. Chem. B, 102, 7782.

[29] Guczi, L., Sarma, K.V., and Borkó, L. (1996) Catal. Lett., 39, 43.

[30] Baba, T. and Sawada, H. (2002) Phys. Chem. Chem. Phys., 4, 3919.

[31] Baba, T. and Abe, Y. (2003) Appl. Catal. A, 250, 265.

[32] Baba, T., Abe, Y., Nomoto, K., Inazu, K., Echizen, T., Ishikawa, A., and Murai, K. (2005) J. Phys. Chem. B, 109, 4263.

[33] Lukyanov, D.B. and Vazhnova, T. (2009) J. Mol. Catal. A, 305, 95.

[34] Wang, L., Tao, L., Xie, M., Xu, G., Huang, J., and Xu, Y. (1993) Catal. Lett., 21, 35.

[35] Xu, Y. and Lin, L. (1999) Appl. Catal. A, 188, 53.

[36] Xu, Y., Bao, X., and Lin, L. (2003) J. Catal., 216, 386.

[37] Shu, Y. and Ichikawa, M. (2001) Catal. Today, 71, 55.

[38] Skutil, K. and Taniewski, M. (2006) Fuel Process. Technol., 87, 511.

[39] Wang, D., Lunsford, J.H., and Rosynek, M.P. (1997) J. Catal., 169, 347.

[40] Wang, D., Lunsford, J.H., and Rosynek, M.P. (1996) Top. Catal., 3, 289.

[41] Ma, D., Shu, Y., Cheng, M., Xu, Y., and Bao, X. (2000) J. Catal., 194, 105.

[42] Shu, Y., Ma, D., Xu, L., Xu, Y., and Bao, X. (2000) Catal. Lett., 70, 67.

[43] Wang, D.Y., Kan, Q.B., Xu, N., Wu, P., and Wu, T.H. (2004) Catal. Today, 93-95, 75.

[44] Xing, H., Zhang, Y., Jia, M., Wu, S., Wang, H., Guan, J., Xu, L., Wu, T., and Kan, Q. (2008) Catal. Commun., 9, 234.

[45] Martínez, A., Peris, E., and Sastre, G. (2005) Catal. Today, 107-108, 676.

[46] Borry, R.W.III, Kim, Y.H., Huffsmith, A., Reimer, J.A., and Iglesia, E. (1999) J. Phys. Chem. B, 103, 5787.

[47] Ma, D., Shu, Y., Zhang, W., Han, X., Xu, Y., and Bao, X. (2000) Angew. Chem. Int. Ed., 39, 2928.

[48] Su, L., Yan, Z., Liu, X., Xu, Y., and Bao, X. (2002) J. Nat. Gas Chem., 11, 180.

[49] Liu, W., Xu, Y., Wong, S., Qiu, J., and Yang, N. (1997) J. Mol. Catal. A, 120, 257.

[50] Zhang, W., Ma, D., Han, X., Liu, X., Bao, X., Guo, X., and Wang, X. (1999) J. Catal., 188, 393.

[51] Sarioglan, A., Savasci, ¨O.T., Erdem-Senatalar, A., Tuel, A., Sapaly, G., and Ben Ta^arit, Y. (2007) J. Catal., 246, 35.

[52] Liu, S., Wang, L., Dong, Q., Ohnishi, R., and Ichikawa, M. (1998) Chem. Commun., 1217.

[53] Lacheen, H.S. and Iglesia, E. (2005) J. Catal., 230, 173.

[54] Yuan, S., Li, J., Hao, Z., Feng, Z., Xin, Q., Ying, P., and Li, C. (1999) Catal. Lett., 63, 73.

[55] Liu, S., Ohnishi, R., and Ichikawa, M. (2003) J. Catal., 220, 57.

[56] Chen, L., Lin, L., and Xu, Z. (1996) Catal. Lett., 39, 169.

[57] Liu, S., Dong, Q., Ohnishi, R., and Ichikawa, M. (1997) Chem. Commun., 1445.

[58] Lu, Y., Ma, D., Xu, Z., Tian, Z., Bao, X., and Lin, L. (2001) Chem. Commun., 2048.

[59] Song, Y., Sun, C., Shen, W., and Lin, L. (2007) Appl. Catal. A, 317, 266.

[60] Song, Y., Sun, C., Shen, W., and Lin, L. (2006) Catal. Lett., 109, 21.

[61] Martínez, A., Peris, E., and Vidal-Moya, A. (2008) Stud. Surf. Sci. Catal., 174B, 1075.

[62] Ding, W., Meitzner, G.D., and Iglesia, E. (2002) J. Catal., 206, 14.

[63] Derewinski, M., Burkat-Dulak, A., Martínez, A., and Peris, E. (2009) communication presented at the 6th World Congress on Catalysis by Acids and Bases (ABC-6), May 10–14, 2009, Genova .

[64] Kinage, A.K., Ohnishi, R., and Ichikawa, M. (2003) Catal. Lett., 88, 199.

[65] Plotkin, J.S. (2005) Catal. Today, 106, 10.
[66] Khadzhiev, S.N., Kolesnichenko, N.V., and Ezhova, N.N. (2008) Petrol. Chem., 58, 325.
[67] Mol, J.C. (2004) J. Mol. Catal. A: Chem., 213, 39.
[68] Kaeding, W.W. and Butter, S.A. (1975) US Patent 3911041, assigned to Mobil Oil.
[69] Chang, C.D. (1983) Catal. Rev., 25, 1.
[70] Hutchings, G.J. and Hunter, R. (1990) Catal. Today, 6, 279.
[71] Stöcker, M. (1999) Microporous Mesoporous Mater., 29, 3.
[72] Janardanarao, M. (1990) Ind. Eng. Chem. Res., 29, 1735.
[73] Dry, M.E. (2002) Catal. Today, 71, 227.
[74] http://www.sud-chemie.com (accessed January 2010).
[75] Friedel, R.A. and Anderson, R.B. (1950) J. Am. Chem. Soc., 72, 1212.
[76] Iglesia, E., Reyes, S.C., and Madon, R.J. (1991) J. Catal., 129, 238.
[77] de Smit, E. and Weckhuysen, B.M. (2008) Chem. Soc. Rev., 37, 2758.
[78] Dictor, R.A. and Bell, A.T. (1986) J. Catal., 97, 121.
[79] Li, S., Li, A., Krishnamoorthy, S., and Iglesia, E. (2001) Catal. Lett., 77, 197.
[80] Fraenkel, D. and Gates, B.C. (1979) J. Am. Chem. Soc., 102, 2478.
[81] Caesar, P.D., Brennan, J.A., Garwood, W.E., and Ciric, J. (1979) J. Catal., 56, 274.
[82] Ravichandran, G., Das, D., and Chakrabarty, D.K. (1994) J. Chem. Soc. Faraday Trans., 90, 1993.
[83] Gallegos, N.G., Álvarez, A.M., Cagnoli, M.V., Bengoa, J.F., Cano, L.A., Mercader, R.C., and Marchetti, S.G. (2005) Catal. Today, 107-108, 355.
[84] McMahon, K.C., Suib, S.L., Johnson, B.G., and Bartholomew, C.H. (1987) J. Catal., 106, 47.
[85] Zhou, P.L., Maloney, S.D., and Gates, B.C. (1991) J. Catal., 129, 315.
[86] Das, D., Ravichandran, G., and Chakrabarty, D.K. (1997) Catal. Today, 36, 285.
[87] Calleja, G., de Lucas, A., van Grieken, R., Peña, J.L., Guerrero-Ruiz, A., and Fierro, J.L.G. (1993) Catal. Lett., 18, 65.
[88] Marchetti, S.G., Alvarez, A.M., Bengoa, J.F., Cagnoli, M.V., Gallegos, N.G., Yeramián, A.A., and Mercader, R.C. (1999) Hyperfine Interact. C, 4, 61.
[89] Cagnoli, M.V., Gallegos, N.G., Alvarez, A.M., Bengoa, J.F., Yeramián, A.A., Schmal, M., and Marchetti, S.G. (2002) Appl. Catal. A, 230, 169.
[90] Nazar, L.F., Ozin, G., Hughes, F., Godber, J., and Rancourt, D. (1983) Angew. Chem. Int. Ed., 22, 624.
[91] Nijs, H.H., Jacobs, P.A., and Uytterhoeven, J.B. (1979) J. Chem. Soc. Chem. Commun., 180.
[92] Kawi, S., Chang, J.R., and Gates, B.C. (1993) J. Am. Chem. Soc., 115, 4830.
[93] Lee, Y.-J., Park, J.-Y., Jun, K.-W., Bae, J.W., and Viswanadham, N. (2008) Catal. Lett., 126, 149.
[94] Khodakov, A.Y., Chu, W., and Fongarland, P. (2007) Chem. Rev., 107, 1692.
[95] Iglesia, E., Soled, S.L., and Fiato, R.A. (1992) J. Catal., 137, 212.
[96] Bezemer, G.L., Bitter, J.H., Kuipers, H.P.C.E., Oosterbeek, H., Holewijn, J.E., Xu, X., Kapteijn, F., van Dillen, A.J. and de Jong, K.P. (2006) J. Am. Chem. Soc., 128, 3956.
[97] Prieto, G., Martínez, A., Concepción, P., and Moreno-Tost, R. (2009) J. Catal. 266, 129.
[98] den Breejen, J.P., Radstake, P.B., Bezemer, G.L., Bitter, J.H., Frøseth, V., Holmen, A., and de Jong, K.P. (2009) J. Am. Chem. Soc., 131, 7197.
[99] de Soler-Illia, G.J.A.A., Sanchez, C., Lebeau, B., and Patarin, J. (2002) Chem. Rev., 102, 4093.
[100] Taguchi, A. and Schueth, F. (2004) Microporous Mesoporous Mater., 77, 1.
[101] Martínez, A. and Prieto, G. (2009) Top. Catal., 52, 75.
[102] Vrålstad, T., Øye, G., Rønning, M., Glomm, W.R., Stöcker, M., and Sjöblom, J. (2005) Microporous Mesoporous Mater., 80, 291.
[103] Ohtsuka, Y., Takahashi, Y., Noguchi, M., Arai, T., Takasaki, S., Tsubouchi, N., and Wang, Y. (2004) Catal. Today, 89, 419.
[104] Suvanto, S., Hukkamäki, J., Pakkanen, T.T., and Pakkanen, T.A. (2000) Langmuir, 16, 4109.
[105] Khodakov, A.Y., Zholobenko, V.L., Bechara, R., and Durand, D. (2005) Microporous Mesoporous Mater., 79, 29.
[106] Martínez, A., López, C., Márquez, F., and Díaz, I. (2003) J. Catal., 220, 486.
[107] Sietsma, J.R.A., Meeldijk, J.D., den Breejen, J.P., Versluijs-Helder, M., Jos van Dillen, A., de Jongh, P.E. and de Jong, K.P. (2007) Angew. Chem., 119, 4631.
[108] Khodakov, A.Y., Griboval-Constant, A., Bechara, R., and Zholobenko, V.L. (2002) J. Catal., 206, 230.
[109] Khodakov, A.Y., Girardon, J.-S., Griboval-Constant, A., Lermontov, A.S., and Chernavskii, P.A. (2004) Stud. Surf. Sci. Catal., 147, 295.
[110] Wei, M., Okabe, K., Arakawa, H., and Teraoka, Y. (2004) Catal. Commun., 5, 597.
[111] Kim, D.J., Dunn, B.C., Cole, P., Turpin, G., Ernst, R.D., Pugmire, R.J., Kang, M., Kim, J.M., and Eyring, E.M. (2005) Chem. Commun., 1462.
[112] Prieto, G., Martínez, A., Murciano, R., and Arribas, M.A. (2009) Appl. Catal. A, 367, 146.
[113] Corma, A., Fornés, V., Martínez-Triguero, J., and Pergher, S.B. (1999) J. Catal., 186, 57.
[114] Corma, A., Diaz, U., Domine, M.E., and Fornés, V. (2000) Angew. Chem. Int. Ed., 39 (8), 1499.
[115] Concepción, P., López, C., Martínez, A., and Puntes, V. (2004) J. Catal., 228, 321.
[116] Martínez, A., Rollán, J., Arribas, M.A., Cerqueira, H.S., Costa, A.F., and Sousa-Aguiar, E.F. (2007) J. Catal., 249, 162.
[117] Martínez, A. and López, C. (2005) Appl. Catal. A, 294, 251.
[118] Tsubaki, N., Yoneyama, Y., Michiki, K., and Fujimoto, K. (2003) Catal. Commun., 4, 108.
[119] Martínez, A., López, C., Peris, E., and Corma, A. (2005) Stud. Surf. Sci. Catal., 158, 1327.
[120] Martínez, A., Valencia, S., Murciano, R., Cerqueira, H.S., Costa, A.F., and Sousa-Aguiar, E.F. (2008) Appl. Catal. A, 346, 117.
[121] Brennan, J.A., Caesar, P.D., Ciric, J., and Garwood, W.E. (1981) US Patent No. 4304871.
[122] Bao, J., He, J., Zhang, Y., Yoneyama, Y., and Tsubaki, N. (2007) Angew. Chem. Int. Ed., 47, 353.
[123] Yang, G., He, J., Yoneyama, Y., Tan, Y., Han, Y., and Tsubaki, N. (2007) Appl. Catal. A, 329, 99.
[124] Semelsberger, T.A., Borup, R.L., and Greene, H.L. (2006) J. Power Sources, 156, 497.
[125] Arcoumanis, C., Bae, C., Crookes, R., and Kinoshita, E. (2008) Fuel, 87, 1014.
[126] Shikada, T., Ohno, Y., Ogawa, T., Ono, M., Mizuguchi, M., Tomura, K., and Ujimoto, K. (1998) Stud. Surf. Sci. Catal., 119, 515.

[127] Ge, Q., Huang, Y., Qiu, F., and Li, S. (1998) Appl. Catal. A, 167, 23.
[128] Sun, K., Lu, W., Qiu, F., Liu, S., and Xu, X. (2003) Appl. Catal. A, 252, 243.
[129] Chen, J.G. and Niu, Y.Q. (1997) Nat. Gas Chem. Ind., 22, 6.
[130] Kim, J.-H., Park, M.J., Kim, S.J., Joo, O.-S., and Jung, K.-D. (2004) Appl. Catal. A, 264, 37.
[131] Khandan, N., Kazemeini, M., and Aghaziarati, M. (2009) Catal. Lett., 129, 111.
[132] Xia, J., Mao, D., Tao, W., Chen, Q., Zhang, Y., and Tang, Y. (2006) Microporous Mesoporous Mater., 91, 33.
[133] Sai Prasad, P.S., Bae, J.W., Kang, S.-H., Lee, Y.-J., and Jun, K.-W. (2008) Fuel Process Technol., 89, 1281.
[134] Yoo, K.S., Kim, J.-H., Park, M.-J., Kim, S.-J., Joo, O.-S., and Jung, K.-D. (2007) Appl. Catal. A, 330, 57.
[135] Jain, J.R. and Pillai, C.N. (1967) J. Catal., 9, 322.
[136] Kubelková, L., Nováková, J., and Nedomová, J. (1990) J. Catal., 124, 441.
[137] Bandiera, J. and Naccache, C. (1991) Appl. Catal., 69, 139.
[138] Ramos, F.S., Duarte de Farias, A.M., Borges, L.E.P., Monteiro, J.L., Fraga, M.A., Sousa-Aguiar, E.F., and Appel, L.G. (2005) Catal. Today, 101, 39.
[139] Wang, L., Qi, Y., Wei, Y., Fang, D., Meng, S., and Liu, Z. (2006) Catal. Lett., 106, 61.
[140] Takeguchi, T., Yanagisawa, K., Inui, T., and Inoue, M. (2000) Appl. Catal. A, 192, 201.
[141] Xu, M., Lunsford, J.H., Goodman, D.W., and Bhattacharyya, A. (1997) Appl. Catal. A, 149, 289.
[142] Mao, D., Yang, W., Xia, J., Zhang, B., and Song, Q. (2005) Q. Chen. J. Catal., 230, 140.
[143] Xu, Q.-L., Li, T.-C., and Yan, Y.-J. (2008) J. Fuel Chem. Technol., 36, 176.
[144] Fei, J., Hou, Z., Zhu, B., Lou, H., and Zheng, X. (2006) Appl. Catal. A, 304, 49.
[145] Kang, S.-H., Bae, J.W., Jun, K.-W., and Potdar, H.S. (2008) Catal. Commun., 9, 2035.
[146] Maitlis, T.M. (2003) J. Mol. Catal. A, 204-205, 55.
[147] Mahajan, D. (2005) Top. Catal., 32 (3-4), 209.
[148] Song, D., Li, J., and Cai, Q. (2007) J. Phys. Chem. C, 111, 18970.
[149] Guczi, L. (1990) Catal. Lett., 7, 205.
[150] Treviño, H., Lei, G.-D., and Sachtler, W.M.H. (1995) J. Catal., 154, 245.
[151] Sachtler, W.M.H. and Ichikawa, M. (1986) J. Phys. Chem., 90, 4752.
[152] Shen, J.G.C. and Ichikawa, M. (1998) J. Phys. Chem. B, 102, 5602.
[153] Cavalcanti, F.A.P., Stakheev, A.Y., and Sachtler, W.M.H. (1992) J. Catal., 134, 226.
[154] Yin, Y.-G., Zhang, Z., and Sachtler, W.M.H. (1993) J. Catal., 139, 444.
[155] Lázár, K., Manninger, I., and Choudary, B.M. (1991) Hyperfine Interact., 69, 747.
[156] Boffa, A., Lin, C., Bell, A.T., and Somorjai, G.A. (1994) J. Catal., 149, 149.
[157] Schünemann, V., Treviño, H., Lei, G.D., Tomczak, D.C., Sachtler, W.M.H., Fogash, K., and Dumesic, J.A. (1995) J. Catal., 153, 144.
[158] Xu, B.-Q. and Sachtler, W.M.H. (1998) J. Catal., 180, 194.
[159] Yin, H., Ding, Y., Luo, H., Zhu, H., He, D., Xiong, J., and Lin, L. (2003) Appl. Catal. A, 243, 155.
[160] Pan, X., Fan, Z., Chen, W., Ding, Y., Luo, H., and Bao, X. (2007) Nature Mater., 6, 507.
[161] Sunley, G.J. and Watson, D.J. (2000) Catal. Today, 58, 293.
[162] Xu, Q., Inoue, S., Tsumori, N., Mori, H., Kameda, M., Tanaka, M., Fujiwara, M., and Souma, Y. (2001) J. Mol. Catal. A, 170, 147.
[163] Stepanov, A.G., Luzgin, M.V., Romannikov, V.N., and Zamaraev, K.I. (1995) J. Am. Chem. Soc., 117, 3615.
[164] Smith, W.J. (1995) US Patent No. 5420345, assigned to BP Chemicals Limited.
[165] Cheung, P., Bhan, A., Sunley, G.J., and Iglesia, E. (2006) Angew. Chem. Int. Ed., 45, 1617.
[166] Cheung, P., Bhan, A., Sunley, G.J., Law, D.J., and Iglesia, E. (2007) J. Catal., 245, 110.
[167] Bhan, A., Allian, A.D., Sunley, G.J., Law, D.J., and Iglesia, E. (2007) J. Am. Chem. Soc., 129, 4919.
[168] Boronat, M., Martínez-Sanchez, C., Law, D., and Corma, A. (2008) J. Am. Chem. Soc., 130, 16316.
[169] Ellis, B., Joward, M.J., Joyner, R.W., Reddy, K.N., Padley, N.B., and Smith, W.J. (1996) Stud. Surf. Sci. Catal., 101, 771.
[170] Blasco, T., Boronat, M., Concepción, P., Corma, A., Law, D., and Vidal-Moya, J.A. (2007) Angew. Chem. Int. Ed., 46, 3938.
[171] Labinger, J.A. (2004) J. Mol. Catal. A, 220, 27.
[172] Knops-Gerrits, P.-P.H.J.M. and Goddard, W.A.III (2003) Catal. Today, 81, 263.
[173] Chui, S.S.Y., Lo, S.M.F., Charmant, J.P.H., Orpen, A.G., and Williams, I.D. (1999) Science, 283, 1148.
[174] Noro, S., Kitagawa, S., Yamashita, M., and Wada, T. (2002) Chem. Commun., 222, 41.
[175] Hwang, Y.K., Hong, D.Y., Chang, J.S., Jhung, S.H., Seo, Y.K., Kim, J., Vimont, A., Daturi, M., Serre, C., and Ferey, G. (2008) Angew. Chem. Int. Ed., 46, 4144.
[176] Zhang, X., Llabrés-i-Xamena, M., and Corma, A. (2009) J. Catal., 265, 155.
[177] Yaghi, O.M., O'Keeffe, M., Ockwig, N.W., Chae, H.K., Eddaoudi, M., and Kim, J. (2003) Nature, 423, 705.
[178] Yuliati, L. and Yoshida, H. (2008) Chem. Soc. Rev., 37, 1592.
[179] Ahn, J.H., Temel, B., and Iglesia, E. (2009) Angew. Chem. Int. Ed., 48, 1.

22 甲醇制烯烃和甲醇制汽油

Michael Stöcker

22.1 引言

  大量天然气(大约60%)在遥远的气田进行开采。考虑到与原油资源相比,全世界已知的天然气储量(大约$141×10^{12}m^3$)是非常可观的,人们可以理解,在过去几年中,大家都对天然气制油(GTL)和高附加值产品非常关注。这可以通过基于费-托合成技术的直接路线或间接路线来实现,包括从合成气(由天然气蒸汽重整,煤或生物木质纤维素气化制得)生产甲醇和继续生成烯烃和/或汽油。

  上世纪末,全世界探明的原油储量在145Gt范围内,而目前每年的消费量大约为每年3.4 Gt,考虑全世界每年的消费增长大约2%,这些储量大约从现在算起可以使用30年。包括与天然气伴生的液体,碳氢化合物的储量大致还可以使用100~150年。具体会是哪一种估计的情况,取决于国际能源署(IEA)或美国能源部(DOE)的预测[1]。

  上面提到的取代甲烷化学转化的路线,要么通过氧化耦合,但迄今为止,从工业化的观点来看是不成功的路线;要么通过直接耦合,然而从热力学的观点来看是不利的。对从天然气制备烯烃和汽油的兴趣,或多或少受直接应用这个技术的需求的驱动,例如,在遥远的天然气田,首先要考虑的是减少采收站的燃烧和运输成本。

  在开始阶段,甲醇制汽油(MTG)工艺,主要考虑的是将它作为将煤转化为高辛烷值汽油的重要技术。然而,这种概念后来扩大到了其他燃料和其他化学品的制备。这种发展受到了轻烯烃作为石化工业有价值的组分的重要性和对高质量汽油需求的影响。在某种意义上,利用这种技术几乎可以从任何一种原料——天然气、煤或者生物质木质纤维来生产原油。甲醇由合成气制备,而合成气由天然气或煤经蒸汽重整,或者由生物质木质纤维气化制得。甲醇然后被加工成甲醇、二甲醚和水的平衡混合物,它可以经过催化转化变成烯烃(MTO)或汽油(MTG),这取决于所采用的工艺条件和/或催化剂。尽管甲醇本身是一种潜在的汽车燃料,或者说可以与汽油混合,但是将甲醇直接当作燃料使用,需要花费大量的投资来克服技术上的问题。此外,对生物燃料(生物乙醇、生物柴油)的越来越多的关注,也意味着应对交通运输燃料市场重新考虑[1~4]。

  工业MTG过程使用ZSM-5催化剂,在大约400℃、甲醇分压约为几个大气压的压力下操作。这个处理条件是烯烃转化的最佳条件,烯烃在微孔沸石的微孔中形成,并转化为芳烃和石蜡。而在MTG过程中,产品混合物中轻烯烃的含量大约为40%。在早期,大家公认轻烯烃中间体的形成对MTG转化非常重要。因此,曾经进行过几次从甲醇选择性地生产轻烯烃的尝试,都是采用介孔和小孔的沸石以及SAPO类分子筛。在低碳烯烃的产量达到40%的点时中断反应,可以得到$C_2 \sim C_4$烯烃。通过调整反应条件(如将温度提高到500℃)以及所用的催化剂,可以显著提高烯烃的产量。这个发现导致了MTO工艺的发展,最主要的是生产丙烯和丁烯,而高辛烷值的汽油为副产品。通过改进催化剂,可以选择性地生产更多的烯烃[5]。

可以看到,对合成燃料和其他化学品的极大兴趣与1973年的世界能源危机有关。人们将关注点集中在甲醇制烯烃和汽油技术[6]的连续研究之中。MTG和MTO两个工艺过程都代表了同一类型的石油化工厂,当技术和/或经济的需求产生后,上述工艺才会投产。紧接着,人们可以将烯烃转化为一整套的产品。另一种基于ZSM-5的工艺为美孚(Mobil)公司的烯烃转化为汽油以及精馏工艺(MOGD)。该工艺最初是当作炼油工艺开发的,由于运行好,移植到了MTO工艺上。在MOGD工艺中,ZSM-5将来自炼油或MTO低碳烯烃原料寡聚,变成相对分子质量较高的重质烯烃。这些重质烯烃属于汽油、馏分油和润滑油范畴(见图22.1)[7]。

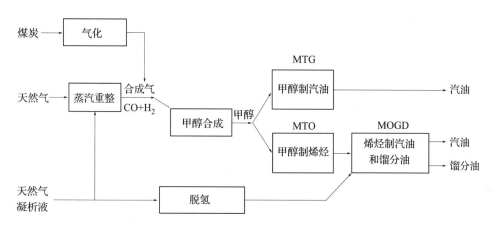

图22.1 美孚公司的用ZSM-5将甲醇转化为汽油以及精馏的技术(由Elsevier公司授权许可)

第一套工业化的MTG装置于1979年在新西兰建成,它与萨索尔(Sasol)公司的工艺(以费-托合成技术为基础)相竞争,将来自毛伊(Maui)油气田的天然气转化为汽油。当时,美孚公司的固定床MTG工艺还没有经过商业化验证,而萨索尔公司的技术已经商业化[7]。从1986年4月开始,新西兰的工厂每天生产大约14.5kbbl汽油,提供了全国汽油需求量的1/3[8]。目前,由于汽油的价格与甲醇的价格相比没有利润,工厂的汽油生产部分已经关闭,只有甲醇生产部分还在运行。

MTO工艺已经为商业化作好了准备。美国环球油品(UOP)公司声称他们已经与挪威海德罗公司(Norsk Hydro)合作,采用他们的基于SAPO-34的MTO工艺,建设一个250kt/a的以天然气作为原料生产乙烯的工厂。第一个商业化的工厂正在尼日利亚建设。挪威海德罗公司的一个0.5t/a的示范性装置已经验证了烯烃的收率和催化剂的性能。SAPO-34对生产乙烯和丙烯具有非常好的选择性,同时具有通过改变反应条件[8]来改变两种烯烃比例的灵活性。

ZSM-5和SAPO-34分别是甲醇转化为汽油或烯烃的主要代表沸石催化剂,这里简要介绍以下这两种沸石的结构。ZSM-5是介孔尺寸的沸石(三维十元环系统,孔径为

0.53～0.56nm，空间组为Pnma)，而SAPO-34是小孔尺寸的沸石(三维八元环系统，孔径为0.38nm，空间组为属R-3m)。它们的结构简图如图22.2所示。

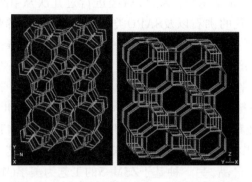

图22.2 ZSM-5(左)和SAPO-34(右)的结构简图

　　MTG反应的发现是一个意外。美孚公司的一组科研人员在使用ZSM-5催化剂试图将甲醇转化为含氧化合物时，得到了相反的不希望得到的碳氢化合物。稍后，美孚公司的另一组独立工作的科研人员，在试图用ZSM-5将异丁烷与甲醇烷基化时，发现了一种沸点在汽油范畴的石蜡和芳烃的混合物——都产自甲醇[5]。尽管MTG的发现是偶然的，但是它是多年对催化作用有条不紊的尝试的结果。MTO的反应似乎得益于上述研究，尽管它一直以来都在进行独立的研究。甲醇制烃类(MTHs)技术的形成，从它的发现、示范和/或商业化的实现，都伴随着对与C-C键的初始形成机理相关的基础问题的广泛研究。

22.2 MTO和MTC的反应机理和动力学

　　甲醇转化为烯烃、汽油和其他碳氢化合物的主要反应步骤可以总结如下：

$$2CH_3OH \underset{+H_2O}{\overset{-H_2O}{\rightleftharpoons}} CH_3OCH_3 \overset{-H_2O}{\longrightarrow} 低碳烯烃 \longrightarrow 正构/异构 \longrightarrow$$
$$石蜡、较低含碳烯烃、芳烃、环烷烃$$

(22.1)

　　甲醇首先脱水生成二甲醚(DME)。生成的达到平衡的混合物中含有甲醇、DME和水，接着转化成低碳烯烃。在此过程的最后一步，低碳烯烃转化成石蜡、芳烃、环烷烃，并经过烷基化和缩聚反应生成较高含碳的烯烃(见图22.3)。

　　有一个共识，甲醇在固体酸催化剂上进行脱水反应生成DME[式(22.1)的第一步]的中间体，是一个质子化了的表面甲氧基，它受到甲醇[5]亲质子作用的侵蚀。在随后进行的低碳烯烃转化为石蜡、芳烃、环烷烃和较高含碳烯烃[式(22.1)的第三步]的过程，是基于传统的碳正离子机理，同时发生氢转移，在酸性介质[8]上进行的烃类化学反应，这是众所周知的。然而，在式(22.1)的第二步，它代表了从C_1反应物生成初始的C-C键，这已经是好几年来[5]一直被广泛讨论的课题。对于第一个C-C键的形成，有大量的论文提出了超过20种可能的机理。最热门的讨论以及/或与之相关机理，可以按以下大致分类和简单总结[9～11]：人们一直对氧鎓炔化物(oxoniun ylide)机理[12]倾注了极大的关注，并假定DME与固体催化剂的Brønsted酸(以下简称B酸)酸性中心相互作用形成一个二甲基氧离子，它与另一个DME进一步反应，生成一个三甲基氧离子。这个三甲基氧离子随后通过基础中心(氧原子)去质子化，形成一个三甲基氧甲基物种[9, 10]。接下来的一步是，要么在分子内部进行Stevens重排[12]，导致甲、乙基醚的生成；要么进行分子间的甲基化，导致乙基二甲基氧的形成。在这两种情况下，乙烯都是通过β-消缺生成的[9]。

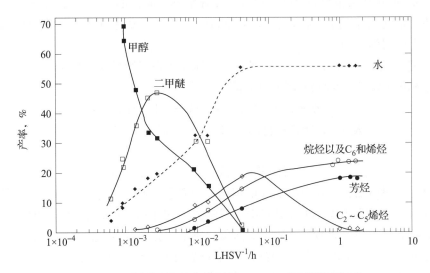

图22.3 甲醇制烃类反应路径(由Elsevier公司授权许可)

广泛的研究主要集中在与氧鎓炔化物的存在有关的问题上,它们可以按照Stevens重排,而沸石则可以从氧鎓离子分离质子,生成所希望的炔化物[5]。

通过不同的试验可以获得适当的信息,然而关于炔化物的问题,由于它们还存在不足,所以没有明确的答案。如果这些氧鎓炔化物确实存在,并且参与C—C键的形成,也仍然存在一个沸石从氧鎓离子分离质子生成所希望的炔化物的能力的问题。Chao和Huarng[13]研究了在ZSM-5上用标记的以及没有标记的甲醇和DME在高温度下的MTHs转化。他们的结果表明,乙烯是DME与有或者没有在催化剂表面的甲醇,通过双分子反应的主要烃类产物。C—C键是通过氧鎓离子与分子间迁移的氢(H)和氘(D)根据酸性机理形成的。对产品的同位素分布的分析表明,乙烯与来自吸附在ZSM-5表面[13]甲醇的C_1反应,丙烯是最有可能生成的产品。总之,氧鎓炔化物机理包括表面结合中间体的形成作为最初的反应步骤。沸石表面的羟基基团甲基化形成甲基氧鎓中间体,由于去质子化,引发了表面结合的甲基氧鎓炔化物的生成。表面结合的甲基氧鎓炔化物与表面相关的碳烯[14, 15]是等电子的。再进一步甲基化导致了初始C—C键的形成[9]。

碳烯-碳烯体(carbine-carbenoid)机理包含对从甲醇来的水的α-消缺,接着是要么合成的碳烯聚合成为烯烃,要么或者同时进行碳烯sp^3嵌入到甲醇或DME[16~18]。Swabb和Gates[18]提出,碳烯的形成是酸和丝光沸石的基本中心共同起作用的结果[5]:

$$[\text{Zeo}—\text{O}^-\leftarrow\text{H}—\text{CH}_2—\text{OH}\rightarrow\text{H}—\text{O}—\text{Zeo}]\longrightarrow\text{H}_2\text{O}+:\text{CH}_2 \qquad (22.2)$$

按照Salvador和(Kladnig[19]的观点,碳烯是沸石(Y型沸石)[5, 10]上的甲醇通过化学吸附生成的表面甲氧基,经分解而生成的。

迄今为止,有关中间体碳烯形成的证据都是间接的。例如,通过在ZSM-5上采用没有标记的丙烷,从^{13}C标记的甲醇分解中捕获活泼的C_1中间体,分析产物的异构体和同位素分布得出结论,活泼的C_1中间体是碳烯体,对丙烯的进攻方式为sp^3嵌入H—C键。支持在H-ZSM-5上进行的MTG转化过程中有碳烯中间体的证据是由Dass等[20]报道的。

Hutchings等[5, 21]撰写了大量应对MTH反应机理方面的论文,其中的反应为甲醇与加入的氢气反应,使用WO$_3$/铝和H-ZSM-5催化剂。它不会显著地改变正常的甲醇转化的产品分布。他们认为,研究结果清楚地表明,没有气相亚甲基中间体的参与。此外,对甲氧基甲基基团在气相的性能进行了研究。结果表明,在MTH反应[5, 21]过程中初始C—C键的形成,也没有这个物种作为中间体参与。

尽管氧鎓炔化物(oxoniun ylide)机理实际上涉及作为初始反应步骤的表面结合中间体的形成,而碳烯机理只涉及表面相关的中间体[5, 9]:

$$Z—OH+CH_3OH \rightarrow Z—O—CH_3+H_2O$$

表面-结合炔化物: $Z—O—CH_3 \rightarrow H^+ + Z—O—CH_2^-$

$$\updownarrow$$

表面-相关碳烯: $\qquad Z—O::CH_2 \qquad\qquad (22.3)$

正碳离子机理(carbocationic mechanism)一直受其他研究者[21~26]的赞同。按照Ono和Mori[22]的观点,表面甲氧基可能起到自由甲基阳离子的作用,它加入到DME的C—H键上,形成一个过渡状态的五价的正碳。这是一个抽象的质子的完全反应。然而,Ono和Mori[22]提出,人们可能会质疑,甲醇和DME的C—H键是否充分亲质子以经受替换作用。

作为对甲基氧鎓中间体形成机理的替代,自由基机理(free radical mechanism)[27]可以概括为:

$$Z—OH+CH_3OH \longrightarrow Z—O—CH_3+H_2O$$

$$Z—O—CH_3+R^\bullet \longrightarrow {}^\bullet CH_2O—Z+RH$$

$${}^\bullet CH_2O—Z+ZO \longrightarrow Z—O::CH_2$$

$$\updownarrow + ZO^{]\bullet}$$

$$Z—O—CH_2^-$$

$$HR+ZO^\bullet \longrightarrow R^\bullet + Z—OH \qquad\qquad (22.4)$$

Zatorski和Krzyzanowski[28]提出,自由基参与在自然丝光沸石上进行的MTH转化。然而,其他几个研究者对自由基途径进行了讨论,并且与试验证据一起得出结论,反对根基机理。

大多数对与MTH反应相关的机理研究,都是采用ZSM-5作为催化剂。到目前为止提出的机理大致可以分为两组:

① 连续型机理,意味着在每一步都加入一个来自甲醇的碳。烯烃分子的加成和裂解反应可能按以下反应进行[29]:

$$2C_1 \longrightarrow C_2H_4+H_2O$$

$$C_2H_4+C_1 \longrightarrow C_3H_6$$

$$C_3H_6+C_1 \longrightarrow C_4H_8 \cdots \qquad\qquad (22.5)$$

② 平行型机理,即Dahl和Kolboe[29, 30]提出的称为"烃池(hydrocarbon-pool)"的机理,他们研究了使用SAPO-34作为催化剂,^{13}C标示的甲醇作为进料[以及^{12}C标示的乙烯(由乙醇原位反应制得)](见图22.4)。

"烃池"=$(CH_2)_n$,代表一种被吸附物,它可能与普通的焦炭具有许多共同的特性。同时,它可能比表达式含有更少的氢,用$(CH_x)_n (0<n<2)$[30]来表示可能会更好。一旦C—C键的形成已经开始,就可以观察到一个烯烃形成的诱导期,因为齐聚环化已经产生了大量的芳烃(烃池)。烯烃的形成是闭环的前提条件,在此过程中,它们起催化剂的作用[31]。当在反应中使用SAPO-34时,例如与使用ZSM-5相比,生产方式变得如此简单,并发现了范围更广的产品。因此,使用SAPO-34有可能更容易获得一个反应途径图。达尔和科尔贝证明,连续机制就丙

烯形成而言是无效的。他们的结论是,将甲醇加入到乙烯中,只有一小部分的丙烯分子可能形成,这表明$^{12}C/^{13}C$的比值大于1。大多数的丙烯分子直接由甲醇转化形成[29, 30]。

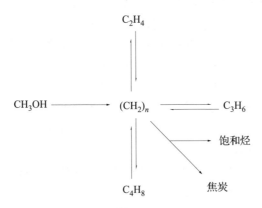

图22.4 烃池机理[5](由Elsevier授权许可)

在过去的几年中,甲苯在"烃池"机理扮演重要角色已逐渐变得清晰,它们被认为是重要物种参与反应过程。Maecus等[32]论证了仅有MTO转化途径是基于烃池机理。他们描述了在有机反应中心烯烃的初始合成,例如甲苯以及众所周知的烯烃的二次反应。Arstad等[33]使用沸石组模型来描述MTO反应的精确相对能量,再现甲苯烃池机理的试验性结构反应性能和结构选择性能数据。试验和理论工作已经非常确定了无机宿主的笼和通道中的循环有机物种——甲醇、二甲醚的反应。这些有机反应中心起装配轻烯烃的支架的作用,以避免所有直接机理[34]所需的能量非常高的中间体的形成。最近一系列的科学研究都集中在与烃池机理相关的甲苯的作用上。例如,当^{12}C甲醇进料切换成^{13}C甲醇后,人们发现在SAPO-34催化剂[35~38]内部捕获的有机物中,所有的多甲苯中的同位素陆续被发现。Arstad和Kolboe[37, 38]观察了同位素切换(^{12}C甲醇/^{13}C甲醇)后的烯烃分布。他们得出结论:多甲苯是SAPO-34的烃池中的活性物种。基于这样的事实,烯烃产品中同位素分布的改变是逐渐进行的。更进一步,聚甲苯作为主要的"烃池"物种,其作用似乎不受所使用的Z型催化剂的影响。对H-BEA沸石上聚甲苯的反应性能的详细研究一直都在进行,例如12-MR沸石允许聚甲苯直接进料。^{13}C甲醇和^{12}C苯在H-BEA沸石上反应的结果是形成的甲苯,它由^{12}C苯环和^{13}C甲基团组成,这表明"削减"型机理(通过环的收缩/扩张使烷基侧链增长)是烯烃在沸石上形成的原因。Svelle等[36]在H-ZSM-5催化剂上,对采用^{12}C乙烯、丙烯和丁烯与^{13}C甲醇处理进行了研究,结果证实甲基化、寡聚化、多甲苯的形成("烃池")和裂解反应同时进行,这也突出了MTH转化反应途径的复杂性。当^{12}C甲苯和^{13}C甲醇在H-ZSM-5[39]上同时进料时,Mikkelsen等[40]在烯烃产品中陆续观察到了同位素。采用H-Beta沸石也得出了类似的结论,这表明多甲苯是主要的烃池物种,它与所选用的沸石类型无关。

由于快速的二次反应以及适应该反应的技术的局限性,MTH反应的复杂性以及要找到甲醇转化是化学作用的确凿证据,一直是一个问题。除了关于第一个C-C键的形成的课题以外,中间体的数量和性质也一直让人们非常感兴趣。^{13}C固体核磁共振光谱学已经被证明是识别形成的中间体强大的工具,主要通过应用ZSM-5和SAPO-34催化剂[5]已经进行了大量的科学研究。除固体核磁共振光谱学以外,各种各样的其他技术,如原位红外光谱学、流动反应器/气相色谱-质谱光谱学、程序升温解吸(TPD)以及差示扫描热量测定法(DSC),已经被用来跟踪

MTH反应[5]的复杂性。有一篇关于光谱技术在MTG工艺应用的评论,引用的例子是关于催化剂的表征、第一个C-C键形成的研究、烯烃的齐聚以及焦炭的形成[41~43]造成的催化剂失活。

目前,初始C-C形成的重要性被认为是次要的,"烃池"机理已经被广泛接受。更多关于产品形成的详细信息,可以在Kvisel等[44]最近的评论中得到。

显然,为解决甲醇形成C-C键的问题进行了大量的试验。虽然答案依然难以捉摸,但是这些试验至少告诉我们什么有可能没有参与键的形成,尤其是在沸石催化剂[10]存在的情况下。最近,McCann等[45]对一项甲醇转化为烯烃的催化循环工作的进行了报道,试验和理论研究一致。每一个循环步骤都给出了一个速度常数,这些速度常数是通过对H-ZSM-5沸石和烃池物种助催化剂的超分子进行定量化学模拟得到的。这项工作不仅代表了对成功的MTO路线的最强劲的计算分析,也成功地将许多试验线索结合在一起。第一个线索是关于成功的烃池路线对烯烃和较高的甲苯起助催化作用的识别。将碳原子已作标示的甲醇与进料搅乱在一起加入到甲苯中,碳原子已作标示的甲醇也进入到了烯烃产品中,这进一步说明了甲苯池的催化活性。其他的线索由原位核磁共振光谱学提供,利用它可以识别至关重要的阳离子中间体。一个额外发现是,产品分布的大的变化取决于所使用的沸石催化剂。所有的试验线索因为理论上提出的催化循环而结合起来,它极大地增强了先前的研究和开发对从芳烃反应中心[45]生产烯烃的基本认识。

动态研究MTH的转化,通常将甲醇/DME的混合物当作一个单独的物种。通过观察证实,DME的形成要比随后的反应快很多,因此氧化物处于平衡状态。已有报道,在450℃温度下,SAPO-34用于MTO反应时,一个整体的一级速度常数大约为250m³气体/(m³催化剂·s)[9, 46]。根据甲醇在ZSM-5上自催化的性质,Chen等[9, 47]致力于动力学模型的建立。他们考虑了氧化物消失速度的加快是由于它们与烯烃的反应。在H-ZSM-5上用不同浓度的酸性中心获得的试验数据显示,氧化物与烯烃反应的速度常数与催化剂的内在酸活性呈线性关系。Ono和Mori[22]提出,Chen等[47]建立的模型的第一步是双分子反应。假定这个与氧化物浓度有关的反应是二级反应,而与氧化物和烯烃都有关的自催化反应为一级反应,在219℃和239℃的温度下获得了合理、合适的动力学模型,表明自催化效应有可能随温度[5, 9, 22]的升高而降低。Chang[48]通过添加一个双分子步骤将碳烯嵌入主要的烯烃中,对Chen等[47]的模型进行了改进。Chang[48]对将碳烯嵌入烯烃中的描述,预测了烯烃物种的再分配,但不是产生的烯烃的净增加。Sedran等[49]建议对Chang[48]改进的模型进行再改进,使之能够在不同的转化水平和温度下预测产品的分布。

根据碳烯机理,Mihail[50]开发了一个包含33个反应的MTO反应生成C_5H_{10}的动力学模型。从DME形成碳烯,在动力学参数品评估中已经被证明是速度控制步骤,这与Chen等[47]以及Ono和Mori[22]的发现一致。后来,该模型扩展到包含53个反应,包括芳烃和C_{5+}脂肪族化合物[5]的形成。一个甲醇转化为烯烃,而烯烃又与低转化数量下形成甲烷有关的动力学模型,已经在文献[51]中进行了讨论。Hutchings等[51]的研究显示,在低转化率情况下,在ZSM-5上进行的甲醇分解和水蒸气转移生成氢气的反应非常重要,因此,这些反应不应该包括在推导这个反应的动力学模型之中。鉴于此,他们认为主要通过碳烯中间体与氢分子[51]反应生成甲烷是不可能的。已经有焦炭生成积累在多孔的催化剂[46]结构中时,降低反应速度的报道。Gayubo等[52]提出了一个模拟在SAPO-18上进行MTO反应的动力学模型,它考虑了初始反应周期和烯烃的最大产量。Bos和Tromp[46]开发了不同的失活模型,观察到采用SAPO-34时,指数模型与试验得到的数据最相适用。然而,Chen等[44, 53]报道,线性关系与试验数据最相适用。

有一个关于在SAPO-34上产品的选择性是否受空间排列、扩散或者动力学因素控制的讨论。在晶粒尺寸大于2.5μm时晶内扩散、微粒大于1mm时[44]粒子内扩散受到限制已有报道。Dahl等[54]研究晶粒大小对乙醇和异丙醇在SAPO-34上转化的影响,分别得到了乙烯和丙烯。他们提出在SAPO-34上的产品选择性是受扩散限制[44]的控制。Song和Haw[55]对SAPO-34的笼作了改进,并且观察到乙烯的选择性得到了提高。Chen等[56]建议将此解释为过渡状态选择性,而Dahl等将此概述为强烈的扩散限制。

22.3 甲醇制烯烃

22.3.1 催化剂和反应条件

MTO反应所用的催化剂主要为ZSM-5和SAPO-34。尽管强酸性中心主要负责芳构化反应,MTO过程也需要适度的酸度。ZSM-5和SAPO-34由于有不同的组成和拓扑学结构,它们的特性和表现不同。ZSM-5是一种硅铝酸盐,拥有包含十元环开放孔(介孔沸石)的三维孔结构,而SAPO-34是一种小孔硅铝磷酸盐,由八元环系统和一个笼形结构组成。SAPO-34催化MTO的产品包括乙烯和丙烯,其重组分副产品的变化非常低(见图22.5)。MTO工艺可以设计成乙烯与丙烯的比值在0.75和1.5,在此条件下甲醇几乎完全转化,对乙烯的生成较为有利。

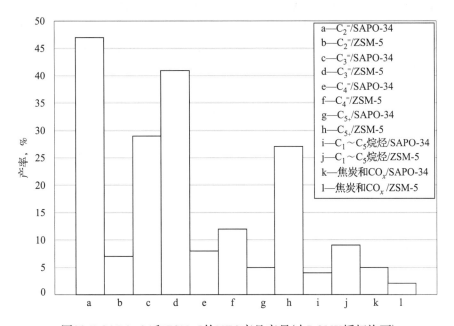

图22.5 SAPO-34和ZSM-5的MTO产品产量(由DGMK授权许可)

SAPO-34对乙烯的高选择性(48%),使得它相对于其他催化剂,诸如ZSM-5或SSZ-13(具有菱沸石结构的合成硅铝酸盐),具有非常大的优势。

22.3.2 失活

失活和焦炭形成的机理还没有得到完全的认可。Sassi等[40]在BEA沸石上进行的甲醇和不同的甲苯的共反应过程中,观察到了萘衍生物的形成。焦炭形成的速度随所使用的催化剂的不同而不同。已经对催化剂的拓扑结构、酸性中心的密度、酸强度的作用进行了研究[44]。Yuen等[59]采用具有CHA拓扑结构的不同的酸强度(分别用SAPO-34和SSZ-13)和酸性中心密度的催化剂进行了对比试验,他们认为SSZ-13内的中等酸性中心密度对催化剂的稳定性有利。具有相同结构但酸强度较低的SAPO-34催化剂与相应的CHA样品相比更加稳定。Yuen

等[44, 59]提出了氢化物转移能力和酸强度之间的关系。SAPO-34与其他具有相同酸性中心密度的催化剂相比，由于其形成焦炭的速度低，因此稳定性好。此外，催化剂最好在某一焦炭平衡水平下运行，这再次显示SAPO-34的稳定性得到了改善。除焦炭以外，重质烯烃也通过阳离子的聚合形成。生焦所造成的催化剂失活是可逆的，在诱导期其结焦速度要快好几倍，然后结焦降低到一个恒定的速度，大致与相关的空间速率成线性关系[44, 59]。基于这个事实，催化剂的寿命与全部甲醇进料量成反比。已有报道[44, 59]，不可恢复的失活主要是由于水的形成（脱铝）。失活的催化剂可以通过用空气燃烧再生，蒸汽相的反应温度在425~500℃之间，压力在0.1~0.3MPa之内。由于SAPO-34主要产生芳烃结焦，催化剂失活非常快。另外，SAPO-34对结焦的稳定性优于相应的小孔结构的沸石，而ZSM-5显示对芳烃结焦失活较慢。ZSM-5主要产生丙烯；然而，与SAPO-34[34]相比，它会产生大量的C_{5+}和芳烃副产品（见图22.4）[31]。

22.3.3 工艺技术和设计

对反应技术和工艺设计的选择，取决于所使用的催化剂的性能。因为MTO反应是一个放热反应，需要将大量的反应热移走，同时需要需要频繁再生，这导致了在流化床反应器和再生器的设计中，催化剂衰变的快速恢复是最重要的。反应的热量通过产生蒸汽来控制。催化剂被连续送往再生器，在这里，焦炭被烧掉，燃烧产生的热量由产生的蒸汽带走。热量移走后，反应器流出物被冷却，一些水被冷凝下来。经压缩后，流出物经过一个碱洗塔脱出二氧化碳，再经过一个干燥器脱除水[60]。乙烯（48%）和丙烯（33%）的选择性可以达到大约81%（如果将丁烯算在内可以达到90%）。SAPO-34对形成乙烯和丙烯的选择性非常高，同时可以通过改变反应器的条件[5]来改变两种烯烃之间的比例。挪威海德罗公司位于挪威波斯格伦（Porsgrunn）的一个0.5t/d的演示装置对烯烃产量和催化剂性能进行了验证（见图22.6）。

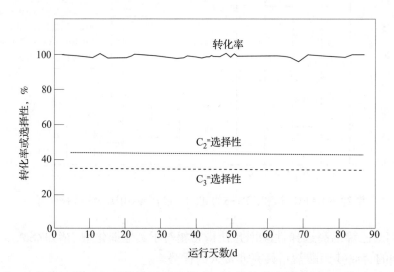

图22.6 从演示装置得到的使用甲醇的MTO工艺的稳定性（由DGMK授权许可）

流化床技术的优势在于产量高、质量更好以及非常高效的热量回收。UOP和海德罗公司公司已商业化生产以SAPO-34为基础的MTO催化剂（MTO-100TM），其表现出的耐磨性和稳定性，适应于复杂的再生步骤的处理和流化床的反应条件。MTO技术现在已可以投入商业化。1996年，UOP公司宣布，他们与海德罗公司合作的基于SAPO-34的MTO工艺变成了现实，建设了一个250kt/a的装置，以天然气为原料生产乙烯[5]。第一个商业化的装置计划在尼日利亚[31, 58]开始建设。UOP/海德罗公司的MTO工艺的工艺流程如图22.7所示。

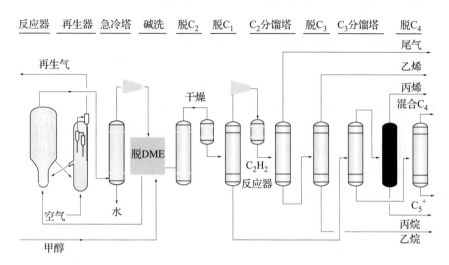

图22.7 UOP/海德罗公司的MTO工艺流程图(由DGMK授权许可)

UOP/海德罗公司的MTO工艺设计包括回收含氧化合物,但含氧化合物的产量很小[44]。最后,美孚公司、Union Rheinische Braunkohlen kraftstoff AG和德国伍德公司(Uhde GmbH)在德国韦瑟灵(wesseling)联合设计、监造和操作了一套4kt/a的示范装置,以验证流化床MTG工艺。而这个概念也通过使用ZSM-5沸石作为催化剂[60]验证了MTO工艺。

22.3.4 商业化形势/经济影响

工业上对MTO技术有很大的兴趣:除了UOP/海德罗公司拥有MTO工艺以外,埃克森-美孚(ExxonMobil)公司也拥有庞大的专利地位;然而,对埃克森-美孚公司在MTO技术上可得到的信息有限。此外,瑞士卡萨利(Casale Group)公司对罗马尼亚(Romanian)公司的MTO催化剂拥有所有权,同时阿托菲纳(Atofina)/UOP公司对中东的气体制烯烃还有某些看法。另外,鲁奇(Lurgi)公司开发了一种甲醇制丙烯(MTP)的工艺(见22.4节),并在试验性装置进行了成功展示。

对一个500kt/a的生产乙烯的MTO装置和一个石脑油裂解装置之间进行了经济评价:以甲醇的价格为90美元/t为基础,石脑油裂解和MTO装置之间的盈亏平衡点大约相当于石脑油的价格为150美元/t,对应的原油价格约15~16美元/bbl。这可以看作MTO装置对石脑油裂解具有竞争力的指标,此时甲醇的价格大约为90美元/t[61]。

22.3.5 未来远景

MTO工艺提供了一个在经济上具有吸引力、可替代石脑油裂解生产乙烯和丙烯的路线,与此相对应,从甲醇制聚烯烃(天然气制聚烯烃——GTP)可以以低成本生产,并且可以大量地从天然气或其他烃源制得。UOP/海德罗公司的MTO工艺和催化剂已经被证明是成功的,并可提供授权许可。将天然气货币化后,MTO/天然气制烯烃-GTO/GTP是最经济的替代方案,装置的生产能力可以根据气田的大小灵活变化。对乙烯/丙烯比而言,MTO非常灵活,同时未来对丙烯需求的增加可以得到满足,而不需要过度地与乙烯联合生产。烯烃的市场很大,将会健康地增长,可以消耗大量的天然气而不产生太大的影响[58]。

UOP/海德罗公司的MTO工艺在以下不同的情况下都具有经济价值:

① 甲醇的生产在偏远的气田(对石油的价格不敏感),甲醇输送到的MTO装置和其他下

游设施位于烯烃用户的区域。

② 在气田有完整的GTO合成装置，并可将烯烃或聚烯烃产品运送到客户手中。

③ 通过安装一个MTO反应器段并将出料进入改进的裂解分级分离段，可使现有的石脑油或乙烷-丙烷裂解设施增加烯烃产量和进料的灵活性。

④ 在一个单列的甲醇工厂建设一个较小的使用甲醇生产的MTO单元，来满足当地对烯烃或聚烯烃或两者的需求[58, 60]。

此外，MTO也被认为是储备[31]天然气、稳定物价的有价值的选择。

最后，乙烯和丙烯的市场比甲醇大，因此，甲醇MTO/GTO的影响可能很大。目前，正在研究几种替代MTO的方法。丰富的天然气和经济的大型甲醇装置将导致如下推论：MTO技术是一种可替代石脑油裂解生产乙烯和丙烯的有吸引力的技术。

22.4 甲醇制汽油

22.4.1 催化剂和反应条件

正如前文已经提到的，1979年，新西兰政府在费-托合成(萨索尔工艺)装置上选用了MTG工艺，来将他们广阔的Maui和Kapuni气田的天然气转化为汽油。当时美孚公司的固定床MTG工艺没有在商业上经过验证，而萨索尔公司的技术已经商业化。新西兰的工厂从1986年4月开始每天大约生产2kt(14.5kbbl)汽油，提供了该国1/3的汽油需求。生产汽油部分的装置后来由于汽油价格和甲醇价格的因素而关闭，但甲醇生产部分一直都在运行[5]。

商业化的MTG反应是在温度大约400℃、甲醇分压为几个大气压和使用ZSM-5催化剂的条件下进行，汽油产品与传统的汽油完全相容。MTH和水的转化几乎是完全的，并且基本按理论配比进行。反应是放热的。简化的MTG工艺的方块流程图如图22.8所示[60]。

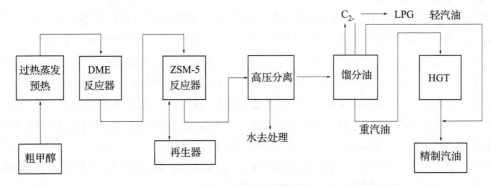

图22.8 固定床MTG工艺的流程图[60](由Elsevier授权许可)

22.4.2 失活

在MTG工艺中，ZSM-5催化剂由于以下3种催化剂的失活方式而效率降低：①含碳残渣在ZSM-5催化剂表面和内部沉积；②由于蒸汽对沸石结构的影响，造成活性不可逆的损失；③在再生过程中，当焦炭通过氧化去除时，高温有可能影响沸石结构。

这些过程可以通过使再生温度最小得到控制，控制反应温度和蒸汽分压以及调节操作过程，可以使焦炭的形成最少。对于MTG工艺，在新的ZSM-5催化剂装填之前所需要循环的总次数尚未公布，但是，催化剂的寿命似乎超过2年，使用周期好于预期[5]。

22.4.3 工艺技术

对MTG工艺的实验室规模的研究，在固定床和流化床反应器都已进行。因此演示装置的主要任务是验证实验室规模的结果。实验室规模的装置与商业化规模的反应器之间唯一不同的变量是反应物的线性速率。此外,流化床MTG工艺已经由位于德国韦瑟灵[60]的4kt/a的演示装置进行了验证。最后,美孚公司的固定床MTG工艺已于1986年4月在新西兰开始运行,正如前文所提到的,早些时候的产量是从2kt/d(14.5kbbl/d)的汽油开始。

22.5 甲醇制丙烯(MTP)

未来对丙烯的需求要比对乙烯的需求大很多,而这个缺口的消除有可能只能通过MTP技术的应用来解决。目前,全世界大约70%的丙烯是通过蒸汽裂解产生,接下来大约28%由催化裂化(FCC)得到(见图22.9)。

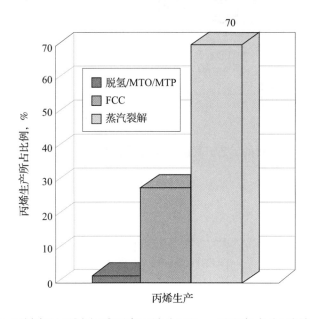

图22.9 丙烯产量图[由挪威国家石油公司(Statoil)和鲁奇公司授权许可]

然而,德国南方化学公司(Süd-Chemie)开发了一种以ZSM-5为基础的催化剂,应用在鲁奇公司的MTP工艺。这种催化剂的失活速度很慢,它允许在固定床反应器技术中使用,其操作是绝热的。在DME生产的中间步骤之后,DME、甲醇、水的混合物进入MTP部分,它包括3个反应器和中间冷却器(见图22.10)。其热力学似乎是平衡的。DME、甲醇、水的混合物直接进入MTP反应器,蒸汽和循环烯烃同时进入。

该工艺在450℃、0.15MPa的较低压力下操作,丙烯为主要产品(大约70%的产率以及97%的选择性),汽油范围的混合物为副产品——它是循环的。有两个反应器是并联操作,而第三个反应器作为备用或用于再生——它在操作500~600h后是必需的。低焦炭的生成,使得允许较长的循环时间,并且原位再生在近乎反应温度下使用空气进行稀释,因此避免催化剂受热量的影响。与挪威国家石油公司[31]合作,该工艺流程已经在位于挪威Tjeldbergodden地区的试验性工厂进行测试,经过了超过8000h的优化。

22.6 TIGAS工艺

在新西兰,MTG工厂已经与甲烷蒸汽重整装置相结合来生产合成气,甲醇工厂则从天然气来生产汽油。这个所谓的Topsøe一体化汽油合成(TIGAS)工艺[由托普索公司(Haldor Topsøe AG)开发],包含的甲醇合成和MTG两个工艺步骤,被集成到一个简单的合成循环回路,而没有将甲醇当作一个中间产品单独分离出来(见图22.11)。

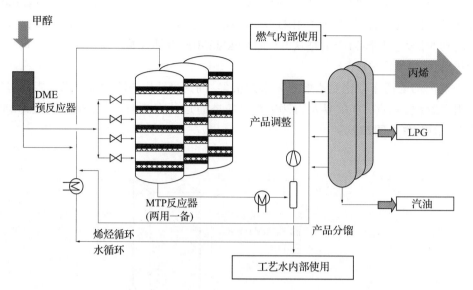

图22.10 MTP工艺简化的工艺流程图解(由挪威国家石油公司和鲁奇公司授权许可)

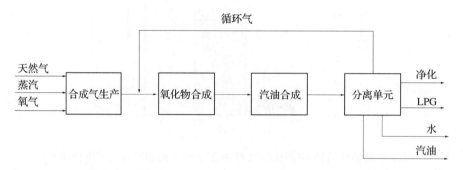

图22.11 托普索公司的TIGAS工艺[62](由Elsevier授权许可)

通过进行巧妙组合和对相互影响的不同步骤进行闭合,提高了工艺的经济性。一体化汽油合成工艺开发的目的是改善三个工艺步骤:合成气生产、氧化合成和MTG转化,也就是为了使所有的步骤能够在一个过程中进行操作,并使最后两个步骤合并到一个简单的合成循环回路中[60, 62~64]。

通过对合成气生产选择性组合蒸汽重整和自热重整,并通过采用多功能催化剂(不是基于沸石或相关多孔材料),产生的是一种氧化物的混合物,而不仅仅是甲醇,此过程能够在大约2MPa的相同压力下操作。

TIGAS工艺的开发是基于这样的事实,即未来的合成燃料工厂将建在偏远地区,那里天然气的价格非常低,并与汽油不相关联[60, 62~64]。

22.7 美孚公司的烯烃制汽油和馏分工艺(MOGD)

1973年标志着能源危机的开始,对合成燃料和其他化学品的新的兴趣,促成了MTH研究的持续进行。MTG和MTO工艺代表一种化工装置,因技术和/或经济需求的增长而投入生产。通过另一种基于ZSM-5的工艺,人们的步伐可以迈得更远,将烯烃转化成全范围的产品。美孚公司的烯烃制汽油和馏分工艺(MOGD),最初是作为炼油工艺来发展的,加上MTO工艺后,它运行得非常好。在MOGD反应中,ZSM-5寡聚轻烯烃,无论是炼厂,还是MTO过程的物流,都将转化成相对分子质量更高的重质烯烃,进入汽油、馏分油/柴油和润滑油的范畴(见图22.1)[5]。

22.7.1 催化剂和工艺操作

两种工艺都使用ZSM-5作为催化剂,而且合并后的MOGD工艺可以以不同的比例提供从轻烯烃($C_{3=} \sim C_{4=}$)到高价值汽油($C_5 \sim C_{10}$)和柴油($C_{10} \sim C_{20}$)的产品。该工艺受一种产品模式的控制,而产品模式受制于沸石催化剂的择形选择性以及寡聚反应的热力学调节。在MOGD工艺过程中,汽油和馏分油/柴油对烯烃进料的选择性高于95%,汽油/柴油的产量比在0.2~100之间。柴油产品几乎都是异构石蜡,它是一种非常好的调和料,因为它的十六烷值高,倾点低,硫含量微不足道。其物理性质,诸如闪点、沸程和黏度与传统的柴油相似。而ZSM-5的孔结构决定了产品的形式(带支链的碳氢化合物)反应条件(温度、压力、空速)对产品的相对分子质量有影响。通常,烯烃在ZSM-5上的反应窗口很大,显示的反应温度最低可以达到40℃,压力最低为7kPa,最高可以达到14MPa。虽然没有关于反应温度的上限,然而,大约330℃[60, 65, 66]时的平衡制约因素很重要。

商业上对这个反应的主要兴趣在于下列情况,即:本质上可以完全转化以及工艺变化的主要影响是改变产品的平均相对分子质量[66]。

22.7.2 热力学考察

可用于轻烯烃冷凝的条件与重石蜡或烯烃裂解的条件相同。因此,对化学平衡的考察,可以阐明工艺条件对可以获得的质重烃类产量的影响。计算平衡收率的问题主要是涉及极其大量的化合物,而且可获得的所必需的自由能数据非常少。基于以下事实,这种计算可以大大简化:当一组同分异构体相互之间处于平衡时,可以把它们当作单一的化合物来计算它们与其他化合物[66]之间的平衡。

22.7.3 技术过程

将这些烯烃反应转换成大型工艺,许多技术方面的问题需要考虑。MOGD过程主要需要关注的两方面是热量控制和汽油或馏分油/柴油产品收率的最大化。选择的解决方案包括4个固定床反应器——在技术操作过程中,3个在线使用,1个处于再生状态。3个在线的反应器与中间冷却器串联,冷凝液回收以控制反应热。烯烃进料与汽油循环物流混合后一起输送,经加热后通过3个反应器。设计概念允许预期得到最大的汽油产率以及最大的柴油产率两种模式,通过改变反应温度和循环组成来实现。为了形成汽油富积流循环到反应器,采用了分馏技术。循环也可以提高馏分油/柴油的选择性[60, 66]。

22.8 总结和展望

轻烯烃,诸如乙烯和丙烯是石油化工的关键原料,产量(2006年统计数据)分别为110Mt/a和65Mt/a。几乎所有的乙烯产量都来自石脑油蒸汽裂解和天然气凝析液,而大约有2/3的丙烯是从蒸汽裂解的副产物中得到的。丙烯的第二大来源还是作为副产物,来自炼油厂的FCC单元(见图22.9)。未来对乙烯和丙烯的需求预计还将增长,特别是丙烯。一个重大的挑战是原料的可用性以及这些原料是否能满足未来的需求,同样特别是对于丙烯。传统的石脑油蒸汽裂解和炼厂的FCC单元不能满足未来对丙烯的需求。这个缺口必须通过丙烷脱氢和MTO技术来消除。此外,传统的烯烃的原料成本与原油的价格[44]紧密相连。此外,木质纤维素物质和煤炭两者都可以成为潜在的原材料,可通过MTO来生产轻烯烃,因为这两者都可以作为生产甲醇[44]的原材料。

目前，一些商业化的MTP和MTO项目处于不同的发展水平。这些技术通常与偏远的天然气联系在一起，远离市场。因此，为了成本效益，这些气体必须转换成容易运输的产品。所以对MTO和MTP装置的操作而言，物流方面是重要的，特别是对UOP/海德罗公司的 MTO工艺和鲁奇公司的MTP技术更是如此。实现这些新技术的整体推动力是寻找替代方案，使生产烯烃的原料成本更低，将偏远的天然气"货币化"以及甲醇技术的发展。两种技术都建立在催化剂体系[44]创新的基础上。总之，肯定有从甲醇生产烃类的各种各样的好的技术，然而其未来远景，除与物流运输方面[60]以外，还与汽油、甲醇以及天然气的价格紧密相关。

对催化剂的研究，毫无疑问，ZSM-5和SAPO-34分别是MTP和MTO工艺迄今为止最好的催化剂。虽然SAPO-34的失活速度比ZSM-5快，然而它可以再生，比同晶型的沸石的失活抵抗力强，这是由于其酸强度和酸密度[44]较低。

此外对于MTO反应，测试了许多别的催化剂，包括β沸石、MeAPSOs、MeAPOs以及其他。然而，它们都没有呈现出商业上的重要性[44]。

不管怎样，通过现有的可用的技术，全世界对燃料和轻烯烃的需求以及能源的安全供应(等等)，将推动甲醇的转化，使天然气、原油、沥青砂、页岩沥青、煤以及可再生能源变成"货币"，正如G.A.Olah等在[67]其最近出版的一本专著《超越石油和天然气: 甲醇经济(Beyond Oil and Gas: The Methanol Economy)》中强调的那样。

22.9 展望

尽管上面所描述的MTG和MTO工艺的催化剂体系已经发展得很好，但是仍然有提升的空间，如通过氨处理[68]可提高SAPO-34的水热稳定性。全新的微孔材料正在开发之中，就像最近推出的无机/有机杂化材料(MOFs、COFs、ZIFs等)，改性这些新型的多孔材料(通过引入适量的酸性，水热化使之稳定等等)，使之适合在催化领域中应用，可能是未来的一个挑战，不一定就MTG和MTO反应而言。

参考文献

[1] Marcilly, C. (2001) Evolution of Refining and Petrochemicals. What is the place of zeolites in Studies in Surface Science and Catalysis, Vol. 135, Zeolites and Mesoporous Materials at the Dawn of the 21st Century (eds A. Galarneau, F. Di Renzo, F. Fajula, and J. Vedrine), Elsevier, Amsterdam, p. 37.

[2] Chheda, J.N., Huber, G.W., and Dumesic, J.A. (2007) Angew. Chem. Int. Ed. Engl., 46, 7164.

[3] Huber, G.W. and Corma, A. (2007) Angew. Chem. Int. Ed. Engl., 46, 7184.

[4] Stöcker, M. (2008) Angew. Chem. Int. Ed. Engl., 47, 9200.

[5] Stöcker, M. (1999) Micropor. Mesopor. Mater, 29, 3.

[6] Chang, C.D. and Silvestri, A.J. (1987) Chemtech, 10, 624.

[7] Meisel, S.L. (1988) Chemtech, 1, 32.

[8] Vora, B.V., Marker, T.L., Barger, P.T., Nilsen, H.R., Kvisle, S., and Fuglerud, T. (1997) Natural Gas Conversion in Studies in Surface Science and Catalysis, Vol. 107, Economic Route for Natural Gas Conversion to Ethylene and Propylene (eds M. de Pontes, R.L. Espinoza, C.P. Nicolaides, J.H. Scholz, and M.S. Scurrell), Elsevier, Amsterdam, p. 87.

[9] Froment, G.F., Dehertog, W.J.H., and Marchi, A.J. (1992) Catalysis. Rev. Lit., London, 9, 1.

[10] Chang, C.D. (1988) Mechanism of Hydrocarbon Formation from Methanol in Methane Conversion, Studies in Surface Science and Catalysis, Vol. 36 (eds D.M. Bibby, C.D. Chang, R.F. Howe, and S. Yurchak), Elsevier, Amsterdam, p. 127.

[11] Hutchings, G.H. and Hunter, R. (1990) Catal. Today, 6, 279.

[12] van den Berg, J.P., Wolthuizen, J.P., and van Hooff, J.H.C. (1980) The Conversion of Dimethylether to Hydrocarbons on Zeolite H-ZSM-5. The Reaction Mechanism for Formation of Primary Olefins in Proceedings 5th International Zeolite Conference (Naples) (ed. L.V. Rees), Heyden, London, p. 649.

[13] Chao, K.-J. and Huarng, L.-J. (1984) Proceedings 8th International Congress on Catalysis (Berlin), Verlag Chemie, Weinheim, p. V–667.

[14] Hutchings, G.J., Jansen van Rensburg, L., Pickl, W., and Hunter, R. (1988) J. Chem. Soc. Faraday Trans. I, 84, 1311.

[15] Hutchings, G.J., Gottschalk, F., Hall, M.V.M., and Hunter, R. (1987) J. Chem. Soc. Faraday Trans. I, 83, 571.

[16] Chang, C.D. and Silvestri, A.J. (1977) J. Catal., 47, 249.

[17] Venuto, P.B. and Landis, P.S. (1968) Adv. Catal., 18, 259.

[18] Swabb, F.A. and Gates, B.C. (1972) Ind. Eng. Chem. Fundam., 11, 540.

[19] Salvador, P. and Kladnig, W. (1977) J. Chem. Soc. Faraday Trans. I, 73, 1153.

[20] Dass, D.V., Martin, R.W., Odell, A.L., and Quinn, G.W. (1988) A re-examination of evidence for carbene (CH2:) as an intermediate in the conversion of methanol to gasoline. The effect of added propane in Methane Conversion, Studies in Surface Science and Catalysis,

Vol. 36 (eds D.M. Bibby, C.D. Chang, R.F. Howe, and S. Yurchak), Elsevier, Amsterdam, p. 177.

[21] Hutchings, G.J., Hunter, R., Pickl, W., and Jansen van Rensburg, L. (1988) Hydrocarbon formation from Methanol Using WO3/AL2 O3 and Zeolite ZSM-5 Catalyst: a Mechanistic study in Methane Conversion, Studies in Surface Science and Catalysis, Vol. 36 (eds D.M. Bibby, C.D. Chang, R.F. Howe., and S. Yurchak), Elsevier, Amsterdam, p. 183.
[22] Ono, Y. and Mori, T. (1981) J. Chem. Soc. Faraday Trans. I, 77, 2209.
[23] Nagy, J.B., Gilson, J.P., and Derouane, E.G. (1979) J. Mol. Catal., 5, 393.
[24] Kagi, D. (1981) J. Catal., 69, 242.
[25] Kolboe, S. (1988) On the mechanism of hydrocarbon formation from methanol over protonated zeolites in Methane Conversion, Studies in Surface Science and Catalysis, Vol. 36 (eds D.M. Bibby, C.D. Chang, R.F. Howe, and S. Yurchak), Elsevier, Amsterdam, p. 189.
[26] Mole, T. (1988) Isotopic and Mechanistic Studies of Methanol Conversion in Methane Conversion, Studies in Surface Science and Catalysis, Vol. 36 (eds D.M. Bibby, C.D. Chang, R.F. Howe, and S. Yurchak), Elsevier, Amsterdam, p. 145.
[27] Chang, C.D., Hellring, S.D., and Pearson, J.A. (1989) J. Catal., 115, 282.
[28] Zatorski, W. and Krzyzanowski, S. (1978) Acta Phys. Chem., 29, 347.
[29] Dahl, I.M. and Kolboe, S. (1994) J. Catal., 149, 458.
[30] Dahl, I.M. and Kolboe, S. (1993) Cat. Lett., 20, 329.
[31] Bellussi, G. and Pollesel, P. (2005) Industrial applications of zeolite catalysts: production and uses of light olefins in Molecular Sieves: From Basic Research to Industrial Applications, Studies in Surface Science and Catalysis, Vol. 158 (eds J. Čejka, N. Zilková, and P. Nachtigall), Elsevier, Amsterdam, p. 1201.
[32] Marcus, D.M., McLachlan, K.A., Wildman, M.A., Ehresmann, J.O., Kletnieks, P.W., and Haw, J.F. (2006) Angew. Chem. Int. Ed. Engl., 45, 3133.
[33] Arstad, B., Nicholas, J.B., and Haw, J.F. (2004) J. Am. Chem. Soc., 126, 2991.
[34] Haw, J.F., Song, W., Marcus, D.M., and Nicholas, J.B. (2003) Acc. Chem. Res., 36, 317.
[35] Olsbye, U., Bjørgen, M., Svelle, S., Lillerud, K.-P., and Kolboe, S. (2005) Catal. Today, 106, 108, references cited therein.
[36] Svelle, S., Rønning, P.O., and Kolboe, S. (2004) J. Catal., 224, 115.
[37] Arstad, B. and Kolboe, S. (2001) Catal. Lett., 71, 209.
[38] Arstad, B. and Kolboe, S. (2001) J. Am. Chem. Soc., 123, 8137.
[39] Mikkelsen, Ø., Rønning, P.O., and Kolboe, S. (2000) Micropor. Mesopor. Mater., 40, 95.
[40] Sassi, A., Wildman, M.A., Ahn, H.J., Prasad, P., Nicholas, J.B., and Haw, J.F. (2002) J. Phys. Chem. B, 106, 2294.
[41] Howe, R.F. (1988) Methanol to gasoline: spectroscopic studies of chemistry and catalyst in Methane Conversion, Studies in Surface Science and Catalysis, Vol. 36 (eds D.M. Bibby, C.D. Chang, R.F. Howe, and S. Yurchak), Elsevier, Amsterdam, p. 157.
[42] Hunger, M., Seiler, M., and Horvath, T. (1999) Catal. Lett., 57, 199.
[43] Seiler, M., Schenk, U., and Hunger, M. (1999) Catal. Lett., 62, 139.
[44] Kvisle, S., Fuglerud, T., Kolboe, S., Olsbye, U., Lillerud, K.P., and Vora, B.V. (2008) Methanol-to-Hydrocarbons in Handbook of Heterogeneous Catalysis, 2nd edn (eds E. Ertl., H. Knözinger., F. Schüth., and J., Weitkamp), Wiley-VCH Verlag GmbH & Co KGaA, Weinheim, p. 2950.
[45] McCann, D.M., Lesthaeghe, D., Kletnieks, P.W., Guenther, D.R., Hayman, M.J., Van Speybroeck, V., Waroquier, M., and Haw, J.F. (2008) Angew. Chem. Inter. Ed. Engl., 47, 5179.
[46] Bos, A.N.R. and Tromp, P.J.J. (1995) Ind. Eng. Chem. Res., 34, 3808.
[47] Chen, N.Y. and Reagan, W.J. (1979) J. Catal., 59, 123.
[48] Chang, C.D. (1980) Chem. Eng. Sci., 35, 619.
[49] Sedran, U., Mahay, A., and De Lasa, H.I. (1990) Chem. Eng. Sci., 45, 1161.
[50] Mihail, R., Straja, S., Maria, G., Musca, G., and Pop, G. (1983) Ind. Eng. Chem. Process Res. Div., 22, 532.
[51] Hutchings, G.J., Gottschalk, F., and Hunter, R. (1987) Ind. Eng. Chem. Res., 26, 637.
[52] Gayubo, A.G., Aguayo, A.T., Alonso, A., Atutxa, A., and Bilbao, J. (2005) Catal. Today, 106, 112.
[53] Chen, D., Rebo, H.P., Grønvold, A., Moljord, K., and Holmen, A. (2001) 6th World Congress of Chemical Engineering, September 23–27, Melbourne.
[54] Dahl, I.M., Wendelbo, R., Andersen, A., Akporiaye, D., and Mostad, H. (1999) Microporous Mesoporous Mater., 29, 159.
[55] Song, W. and Haw, J.F. (2003) Angew. Chem. Int. Ed. Engl., 42, 892.
[56] Chen, D., Moljord, K., Fuglerud, T., and Holmen, A. (1999) Microporous Mesoporous Mater., 29, 191.
[57] Barger, P. (2002) Methanol to olefins (MTO) and beyond in Zeolites for Cleaner Technologies, Catalysis Science Series, Vol. 3 (eds M. Guisnet and J.-P. Gilson), Imperial College Press, Danvers, p. 239.
[58] Kvisle, S., Nilsen, H.R., Fuglerud, T., Grønvold, A., Vora, B.V., Pujado, P.R., Barger, P.T., and Andersen, J.M. (2002) Erdöl Erdgas Kohle, 118, 361.
[59] Yuen, L.-T., Zones, S.I., Harris, T.V., Gallegos, E.J., and Auroux, A. (1994) Microporous Mater., 2, 105.
[60] Keil, F.J. (1999) Microporous Mesoporous Mater., 29, 49.
[61] Heber, J. (2000) 3rd Asia Olefins and Polyolefins Markets Conference 2000, January 20–21, Bangkok.
[62] Topp-Jørgensen, J. (1988) Topsøe Integrated gasoline synthesis – The TIGAS process in Methane Conversion, Studies in Surface Science and Catalysis, Vol. 36 (eds D.M. Bibby, C.D. Chang, R.F. Howe, and S. Yurchak), Elsevier, Amsterdam, p. 293.
[63] Maxwell, I.E. and Stork, W.H.J. (2001) Hydrocarbon processing with zeolites in Introduction to Zeolite Science and Practice, Studies in Surface Science and Catalysis, Vol. 137, 2nd edn (eds H. van Bekkum, E.M. Flanigen, P.A. Jacobs, and J.C. Jansen), Elsevier, Amsterdam, p. 747.
[64] Stöcker, M. (2005) Microporous Mesoporous Mater., 82, 257.
[65] Avidan, A.A. (1988) Gasoline and Distillate Fuels from methanol in Methane Conversion, Studies in Surface Science and Catalysis, Vol. 36 (eds D.M. Bibby, C.D. Chang, R.F. Howe, and S. Yurchak), Elsevier, Amsterdam, p. 307.
[66] Tabak, S.A., Krambeck, F.J., and Garwood, W.E. (1986) AIChE J., 32, 1526.
[67] Olah, G.A., Goeppert, A., and Surya Prakash, G.K. (2006) Beyond Oil and Gas: The Methanol Economy, Wiley-VCH Verlag GmbH & Co KGaA, Weinheim.
[68] Mees, F.D.P., Martens, L.R.M., Janssen, M.J.G., Verberckmoes, A.A., and Vansant, E.F. (2003) Chem. Commun., 44.

23 用于催化氧化反应的
分子筛中的金属

Takashi Tatsumi

23.1 引言

长期以来,沸石已被用做固体酸催化剂。重油流化催化裂化是世界上最普遍的催化工艺,而Y型沸石就是该工艺所用催化剂最重要的活性组分。酸性沸石已广泛替代矿物和Lewis酸(以下简称L酸)用于很多化学品的生产,例如:芳烃的烷基化和贝克曼(Beckmann)重排反应。通过引入各种金属,能赋予沸石氧化还原的性能,本章就涉及金属的引入及其相关的催化氧化反应。

沸石引入杂原子的途径有两条:其一是进入到沸石骨架中,其二是进入到沸石空隙中(如非骨架碎片)。大多数沸石具有阳离子交换能力[1],这种能力使得三价阳离子(如铝离子)或更低价阳离子可以同晶取代四价的骨架硅离子,在骨架上就形成了净负电荷。而这些负电荷能够被沸石孔道或笼中的阳离子所中和,阳离子可以是金属阳离子、金属化合物或烷基铵盐阳离子。如果阳离子是一些具有氧化还原性质的过渡金属,它们就能作为氧化反应的活性中心。采用离子交换法获得的含Pd^{2+}、Cu^{2+}的Y沸石能够催化Wacker型反应,就是一项开拓性的工作[2]。

关于沸石配位化学的研究始于20世纪70年代,Lunsford[3]总结了早期的研究工作。合适尺寸的金属络合物能够被封装在沸石中,它们被视为均相与多相系统间的桥梁。尺寸比沸石孔道、笼孔径小的化合物可进入沸石孔道或笼中;反之,尺寸比沸石孔道、笼孔径大的化合物只能原位合成。含过渡金属的沸石可通过配体的吸附或配体的合成来原位合成化合物[4~6]。Herron等[8]首次将此类化合物称为"瓶中造船(ship-in-a-bottle)"配合物[7]。靠静电相互作用,阳离子化合物可吸附在沸石中。即使"瓶中造船(ship-in-a-bottle)"配合物是中性的,也能在沸石孔中固定住。这种配合物的封装不需要沸石和它们之间的相互作用,其催化性能接近均相络合物。自从1977年首次报道在NaY中合成金属酞菁络合物以来,众多的金属酞菁络合物封装材料已经出现。相关的血红素型、多氮杂型和N, N-双(亚水杨基)乙二亚胺(SALEN)的配合物也被封装在沸石孔腔中。这些瓶中造船的典型例子,都是分子氧、加氧酶和光合体系的仿生模型[9]。

引入杂原子的另一种方法,类似于铝的同晶取代,杂原子同晶取代骨架中的硅。在水热合成中,受合成混合物中四面体(T)原子前驱体化合物溶解性能及其特殊化学行为的影响,能进入沸石骨架的非硅杂原子的种类和数量是有限的。Breck[10]综述了早期的文献,采用基本的合成路线,Ga、P、Ge离子具有进入到一些沸石结构中的潜能。然而,直到20世纪70年代末,研究者的主攻方向是可交换的阳离子和非骨架物种。

Taramasso等[11]在1983年就提出钛可同晶取代硅,得到骨架含Ti的silicalite-1(纯硅MFI)结构的材料,并命名为钛硅分子筛-1或TS-1,并声称怀疑其他金属能进入沸石晶格中。Ione等[12]应用Pauling规则,预测了金属离子(M^{n+})同晶取代的可能性及其在与氧原子相连的四面体中的稳定性。以阳离子和阴离子半径的比例ρ为基础,Ti和O离子半径的比值($\rho=0.515$)超出了四面体结构所要求的范围($\rho=0.225 \sim 0.414$)[13],符合要求的阳离子可能仅包括Al^{3+}、Mn^{4+}、Ge^{4+}、V^{5+}、Cr^{6+}、Si^{4+}、P^{5+}、Se^{6+}和Be^{2+}。据推测,这些类型的估计肯定是有效的,这可以解释B^{3+}在三角配合体中的优先选择以及由此产生的在沸石中B^{3+}的不稳定性。然而,这是很浅显的解释,因为T—O键离子实际的形状并不是像假设的那样完美的圆形。

本章主要讨论沸石骨架中金属的催化氧化作用。已证实,TS-1是一种以双氧水为氧化剂,用于很多有机物液相氧化的优异催化剂。应用TS-1作为催化剂的几个工业过程正在运行[14]。本章大部分内容涉及到含钛沸石,也简要地提到含钒、铬、钴和锡的沸石。TS-1的成功合成,激发了研究者们去合成具有不同结构钛硅沸石的热情,特别是去合成大孔钛硅沸石的兴趣,这是由于TS-1是具有十元环中孔的沸石,不适用于大分子反应。表23.1列出了不同方法制备的典型钛硅沸石。

表23.1 典型的钛硅沸石

材料	结构代码	孔道体系	制备方法①	参考文献
TS-1	MFI	10–10	HTS	[10]
TS-2	MEL	10–10	HTS	[13]
Ti-ZSM-48	N.A.②	10	HTS	[14]
Ti-beta	*BEA	12–12–12	HTS, F⁻, DGC	[15~17]
TAPSO-5	AFI	12	HTS	[18]
Ti-ZSM-12	MTW	12	HTS	[19]
Ti-MOR	MOR	12–8–8	PS	[20]
Ti-ITQ-7	ISV	12–12–12	HTS	[21, 22]
Ti-MWW	MWW	10, 10	HTS, PS	[23, 24]
T-YNU-2	MSE	12–10–10	PS	[25]

① HTS是指在碱性介质中水热合成;DGC是指干胶法;PS是指后合成;F⁻是指氟介质法。
② 未指定。

23.2 含钛沸石

23.2.1 TS-1

有人对TS-1及其他含钛分子筛进行了全面的研究综述[26]。由$Si(OC_2H_5)_4$和$Ti(OC_2H_5)_4$制成的凝胶再经水热晶化即可合成TS-1[11, 27](Enichem法,以下简称方法A)。用XRD测定沸石的晶胞尺寸,发现晶胞尺寸增大,说明钛进入到了MFI结构的骨架中(见图23.1[28])。通过紫外可见光反射光谱(UV-vis)也检测到了四面体钛物种的存在,能进入到骨架钛的极限$x=Ti/(Ti+Si)=0.025$。

在温和的条件下,以双氧水为氧化剂,TS-1可作为很多有机物氧化的高效催化剂,例如:

烷烃、烯烃、醇和芳烃的氧化[15, 29~32]。在温和条件下，在稀释的水溶液或甲醇溶液中，TS-1也能催化环氧化反应。双氧水中的活性氧的含量高达47%，比有机过酸和氢过氧化物高很多，并且水是唯一的副产物。除了环氧化反应外，以双氧水为氧化剂，表23.2列出了TS-1能催化氧化的很多反应。

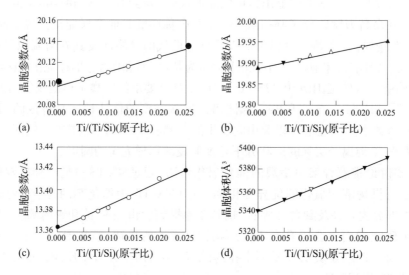

图23.1 MFI结构沸石骨架中的Ti含量与晶胞尺寸关系图(1Å=0.1nm)[26]

表23.2 TS-1沸石的催化化学反应

底　物	产　物
烯　烃	环氧化物
烯烃和甲醇	乙二醇单甲醚
二烯烃	单环氧化物
苯　酚	对苯二酚和邻苯二酚
苯	苯　酚
链烷烃	醇类和酮类
伯　醇	醛
仲　醇	酮
环己酮氨肟化反应	肟
N, N-二烷基氨	N, N-二烷基羟胺
硫　醚	亚砜

值得注意的是，碱金属的存在，会形成非骨架钛物种，导致其催化性能变差[15]。普遍认为，即使微量的碱金属，也会造成TS-1氧化活性的降低，这是因为碱金属可阻碍钛进入沸石骨架。然而，Khouw和Davis[33]报道，碱金属离子对已形成的TS-1的活性没有大的影响。虽然，含有可交换钠的TS-1和在高碱金属浓度(Si/Na<20)下合成的TS-1对烷烃的氧化都没有活性，但是，通过酸洗可恢复活性。活性的恢复归因于含可交换钠的TS-1转化成它的初始形态(见图23.2)，除此之外，还没有更令人满意的解释。假如这种酸处理的方法能够推广，那么，对于合成那些在高碱金属离子条件下才能晶化的钛硅沸石将是非常有利的。

TS-1的催化性能取决于骨架中的钛含量，它通常少于2%[34, 35]，如何有效地增加骨架中的钛含量仍是一个大的挑战。据Thangaraj和Sivasanker[36]报道,采用改进的方法B,每个晶胞的晶格位置可纳入8个Ti离子进入(Si/Ti=10)。在方法B中,为避免二氧化钛沉淀的形成,首先把四正丁氧基钛溶解在异丙醇中,然后再加入到硅酸四乙酯水溶液中,以减少醇盐的水解率。但是,Schuchardt等[37]并不能重复这一结果,发现方法A与方法B对骨架中的钛含量影响并无差别。

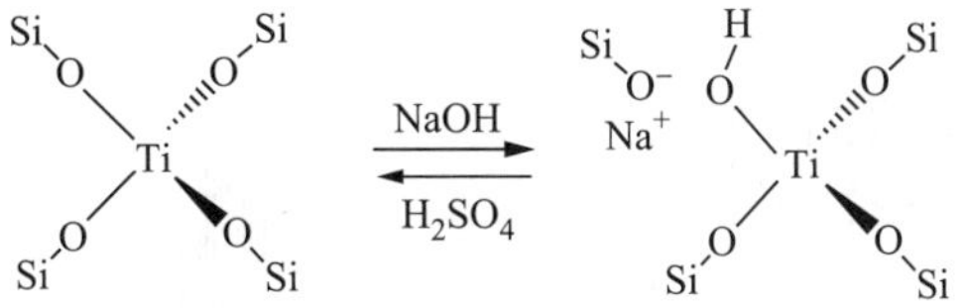

图23.2 TS-1和钠交换TS-1之间可能的相互转换

为了合成富钛的TS-1,有必要弄清其晶化机理,但这方面的研究报道很少[38]。钛硅沸石的晶化过程比铝硅沸石要复杂得多,因为Ti^{4+}离子的结构定向能力较弱,比Al^{3+}离子难于进入骨架。金属原子同晶取代沸石中的硅不仅与沸石的结构、骨架的柔韧性以及金属的化学性质有关,而且还与晶化机理有很大关系。从化学角度来看,骨架的柔韧性是很重要的。Ti K-edge EXAFS研究表明,四面体Ti(OSi)$_4$物种Ti−O键长大约为0.180nm,而Si−O键长是0.161nm[39, 40]。Ti−O键要比Si−O键长,可能会造成Ti周围的结构发生大的扭曲,这就导致Ti比Si难于进入骨架中。晶化速度太快,Ti离子就没有足够的时间进入到晶格中,晶化速度太慢,会导致钛金属氧化物的生成,阻碍金属阳离子进入骨架中。另外,由于可溶性硅酸盐离子与母液以及缩合的硅酸根离子之间存在强有力的相互作用的竞争,也可能导致晶化过程困难。第三,Ti和Si醇盐水解的不匹配、Ti^{4+}和/或Si^{4+}离子的聚合、成核及其晶体生长都会导致Ti较难进入骨架中。既然Ti的化学性质和TS-1的骨架坚硬性不能改变,那么,找到一种有效晶化调解剂,使得Ti醇盐的水解速度以及成核、晶体长大速度与硅酸盐的相一致,将是增加TS-1中晶格Ti含量的唯一方法。

在这方面,日本横浜国立大学(Yokohama National University)用碳酸铵做晶化调节剂,研发了一种新的TS-1合成路线(简称YNU法)[41]。通过该法能明显提高骨架钛含量,而不产生非骨架钛碎片。该法制备的催化剂的Si/Ti比能低至34,而在相同条件下,采用方法A[27]和方法B[36]制备的Si/Ti比只能达到58。YNU样品结晶完整,与其他两种方法合成的样品相比,缺陷位要少。^{29}Si NMR图谱表明,YNU样品的Q^4/Q^{3}比值为23.1,比样品A-50要大,说明样品A中存在较多的缺陷位。也有人发现YNU样品中的骨架钛比样品A要多。同时,钛具有矿物化效应,因此,硅烷醇基团或缺陷位随着骨架中钛含量的增加而减少[34, 39]。与方法A相比,YNU法合成的TS-1样品(晶化后)在晶化条件下具有更强的抗水解能力而更稳定,这也许与进入骨架的钛越多,缺陷位越少,疏水性越强有关。^{1}H和^{29}Si MAS NMR图谱也证明,缺陷位上的与硅氧烷基相连的甲硅烷醇中的质子随晶胞中钛原子数的增加而线性下降[42]。

因此,与YNU样品相比较,样品A不仅亲水性强,而且含有较多的(SiO)$_3$TiOH物种。150℃以下的脱水失重也进一步证实了这一点,合成态的样品A-50的失重为1.0%,而合成态的YNU-50样品的失重只有0.3%。

钛硅沸石的催化性能与其晶体结构特征有关。以下事实表明,因缺陷位引起的亲水性就不利于碳氢化合物的氧化反应:①与TS-1相比,具有较多缺陷位的Ti-MWW和Ti-beta,对己烷、苯乙烯和苯的氧化反应活性很低；②低Q^4/Q^3比的Ti-MCM-41对己烷和1-己烯的氧化反应活性很低，然而，甲硅烷基化后能显著提高其氧化活性[43]。另外，已经证明：对于TS-1上发生的有机物液相氧化反应而言，$(SiO)_3TiOH$物种的活性较$(SiO)_4Ti$低很多[44, 45]。因此，与样品A相比，高疏水性的YNU样品对很多有机物氧化反应的活性高很多，如：直链烷烃、直链烯烃、醇类、苯乙烯以及苯的氧化反应，图23.3的实验结果就表明了这一点。然而，值得注意的是，Thomson等[46]基于DFT的研究对$(SiO)_3TiOH$物种的活性提出了相反的观点。

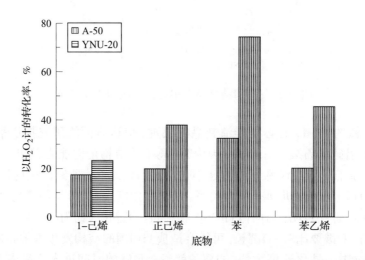

图23.3 YUN-20和A-50催化氧化系列有机底物的结果(反应条件：对于1-己烯，0.05g催化剂，10mL甲醇，10mmol底物，10mmol H_2O_2，60℃，2h；对于正己烯，0.1g催化剂，10mL甲醇，10mmol底物，20mmol H_2O_2，60℃，4h；对于苯，0.1g催化剂，10mL甲醇，10mmol底物，环丁砜，1mmol H_2O_2，100℃，2h；对于苯乙烯，0.1g催化剂，10mL丙酮，5mmol底物，2.5mmol H_2O_2，60℃，4h)

图23.4给出了在整个晶化过程中固体样品Si/Ti比的变化情况。在YNU合成过程中，Si/Ti比几乎保持不变，在48~50.5之间。这个比值与SiO_2-TiO_2润湿凝胶法及无水固相合成的TS-1沸石的硅钛比近似[38, 47]。另外，以加入的SiO_2和TiO_2为基准，所有的YNU样品经焙烧后，其固体收率均大于95%，与固相合成的沸石的情况一致。这有利于Ti阳离子进入骨架，因为在成核及晶体长大过程中发生的主要是离解、化合与重组。

另一方面，图23.4表明：在晶化过程中，采用方法A合成的样品的Si/Ti比大幅度增加。因诱导期无固体物产生，固体样品是通过液体在100℃下干燥直接获得的。这说明，在方法A体系晶体快速生长期间，$\equiv Si-OH$、$\equiv Si-O^-$物种间以很快的速度发生聚合，这种速度远大于$\equiv Si-OH$、$\equiv Si-O^-$物种与$\equiv Ti-OH$、$\equiv Ti-O^-$物种缩聚成TS-1的速度。当样品的结晶度达到最大时，钛含量就大幅度增加。在方法A合成体系中，晶化是通过均相成核机制发生的，尽管在成核前会生成一些聚集体前驱物。从图23.4还能看出：YNU样品中的钛含量较样品A要高，表明更多的钛阳离子进入了骨架。

通过对比发现，在整个晶化过程中，母液中的Ti/Si比的变化规律与固体样品的变化规律一致。在方法A体系中，成核开始时，液相中的Ti/Si比突然增加，在晶化结束时达到最大值。这也表明，在方法A体系中，沸石结构开始形成后，Ti阳离子就已进入骨架中。然而，对于YNU体系而言，在诱导期液相中的Ti/Si比几乎是一个常数(约0.02)，且与固体样中的比值一样。

在合成TS-1的方法A体系中，四丙基氢氧化铵(TPAOH)中的氢氧根离子，对加速硅源和钛醇盐的水解以及Si—OH和Ti—OH物种的聚合起着重要作用[见式(23.1)]。这些过程能降低pH值,所以高的pH值能促进这些过程,缩短可溶性硅、钛物种达到合成沸石所需临界浓度的时间。但是,强碱性条件会使合成凝胶失活,促进反应从右向左进行[见式(23.2)],并且使硅酸盐/钛硅沸石物种溶解,导致在方法A体系中产生结晶度较低并且有缺陷位的产品。然而,在YNU体系中,添加$(NH_4)_2CO_3$后,合成凝胶能快速固化。这样,大量的TPA^+物种包埋在固体中,造成自由OH^-大幅度减少,母液的pH值降低。pH值越低,就越有利于缩聚反应从左向右进行[见式(23.2)],晶体的产率就越高,质量也就更好。这就是通过YNU法合成的TS-1样品的结晶度比方法A合成的高的原因。

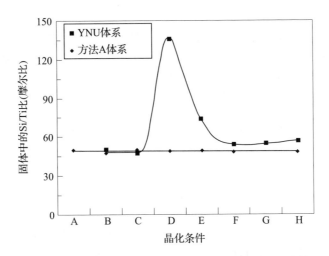

图23.4 结晶条件对YNU和方法A晶化产物Si/Ti的影响

A—30℃, 1d; B—60℃, 1d; C—80℃, 1d; D—100℃, 1d; E—140℃, 1d; F—170℃, 1d;
G—170℃, 2d; H—170℃, 3d

$$x(TPA+OH^-)+T(OR)_4+(4-x)H_2O \longleftrightarrow [(TPA^+)_x(^-O)_x-T](OR)_{4-x}+xROH+(4-x)H_2O \longleftrightarrow$$
$$[(TPA^+)_x(^-O)_x-T](OH)_{4-x}+(4-x)ROH(T=Si, Ti) \tag{23.1}$$
$$\equiv Si-O^-+\equiv TOH \longleftrightarrow \equiv Si-O-T \equiv +OH^-(T=Si, Ti) \tag{23.2}$$

正如预期的那样,在YNU体系和方法A体系中,在晶体生长期间都观察到了pH值增加,但增加的程度是很不一样的。对于方法A体系pH值从11.9增加到12.8,而对于YNU体系pH值只有略微增加,从10.4增加到10.7。pH值增加是硅酸盐物种进入TS-1骨架释放自由OH^-的结果[见式(23.2)],这个增加过程直至晶体生长完成为止。在方法A体系中,高OH^-浓度加速了晶体的生长,而如此高的晶化速率是不利于Ti进入骨架的,因为这个过程会引起Ti周围的结构发生扭曲。另外,液相的高碱度也不利于Ti—OH与硅酸盐物种的缩聚。相反,碳酸铵能适当降低pH值,明显减慢晶化速率,缓冲了凝胶生成的速度。在水溶液中引了起结构破坏性作用的NH_4^+离子[48],相应地减少了硅/硅酸盐/钛/钛酸盐物种间的聚合速度。在晶化过程中,这将为Ti物种进入晶格提供足够的时间。在晶体生长期间,YNU体系与方法A体系相比较,前者得到固体的Si/Ti比要比后者低很多,就充分说明了这一点。

因此,可以得出如下结论:碳酸铵不仅能大幅度降低pH值,减慢晶化速度,有利于Ti进入骨架、成核和晶体生长,而且能改变晶化机理。对于YNU体系而言,在晶体生长期间,尽管有少量的非凝胶Ti转移到固体中,但起主要作用的是固相转移机理,即:固化凝胶的解离、重组和再聚合。相反,在方法A体系中发生的是典型的均相成核机理。

普遍认同的TS-1催化的环氧化反应机理是类似过酸机理,它涉及到的是氢过氧化物(HO_2)而不是过氧物种以及醇或水分子的配位(见图23.5)[26, 31]。相比无定形二氧化硅上的Ti物种,同晶取代沸石骨架四面体中Si的Ti更不易发生水解。相比无定形二氧化硅上的Ti物种,在液相氧化反应中从TS-1骨架上析出的Ti物种可忽略不计。TS-1沸石的典型特征是它具有相当高的疏水性,更有利于吸附烷烃及其他碳氢化合物,在催化剂上低浓度的过氧化氢自始至终都能得到有效利用。强疏水性也使含氧化合物产物快速脱附。所以,氧化反应能达到高转化率、H_2O_2的高选择性及其高利用率。

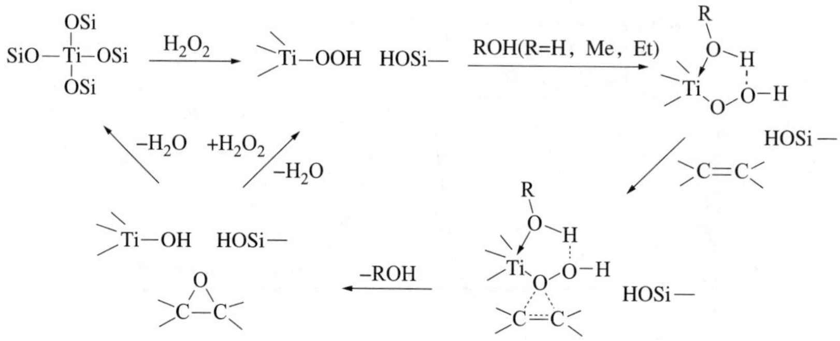

图23.5 钛硅沸石环氧化机理

TS-1沸石具有MFI结构和十元环的中孔孔道,这种结构能阻挡横截面大于0.55nm的分子进入其孔道内发生反应,也可防止大分子对发生在Ti活性位上反应的干扰,因此,TS-1表现出了很强的择形选择性。支链烷烃或环烷烃的氧化速度较直链烷烃要慢很多[29, 49]。Hayashi等[50]报道,1-丙醇对发生在TS-1上的2-丙醇的氧化反应有很大的阻碍作用,这是因为1-丙醇与活性位的配位能力很强,氧化反应慢;而2-丙醇正相反,配位能力弱,但氧化反应快。分子内或分子间的竞争氧化反应表明,在有空间位阻的沸石孔内,待氧化基团与活性位的配位能力是很重要的[51]。原则上讲,氧化反应是不可逆的,通常不会伴随生成物的相互转化。实际上,只有反应的选择性和受限过渡态的选择性才是重要的。

23.2.2 Ti-Beta

因为TS-1属于中孔沸石,其骨架孔径限制了它的应用范围,即使对一些简单环烯烃亦是如此。这样,在TS-1成功用做液相氧化催化剂后,人们努力合成骨架含Ti的具有不同结构的沸石。其中,一个令人感兴趣的含钛大孔沸石是Ti-beta(BEA*),它是以四乙基氢氧化铵(TEAOH)为结构导向剂(SDA),通过凝胶水热合成[52]。由于它的孔径大,相对TS-1而言,Ti-beta对环状、支链等大体积分子表现出更高的氧化活性[53]。

相对于TS-1而言,Ti-beta合成收率较低[53];另外,Ti-beta骨架上的铝能使其催化行为在Ti-beta和TS-1之间调整。相对于TS-1的疏水性而言,Ti-beta上的铝以及内部和外部高浓度硅羟基的存在使其具有非常明显的亲水性。因此,人们积极开发新的制备方法,来获得Al含量低且收率高的Ti-beta。Ti-beta合成方法不断完善、改进,出现了很多新的合成方法,例如:利用特殊结构导向剂[54]、氟化物法[55]和干凝胶转化法[56]。采用新方法制备的Ti-beta,其收率高,具有H_2O_2氧化活性。采用季铵离子交换法可选择性地使沸石的酸功能中毒,而不损害其氧化活性,这样,就提高了环氧化物的选择性[57]。值得注意的是,H_2O_2的存在促进了环氧乙烷的开环, 这说明Ti活性位与H_2O_2的接触使得钛硅沸石产生了酸性[57]。

氟化物法合成的Ti-beta不含骨架Al和硅羟基缺陷, 疏水性很强。人们预计这种材料具有很高的催化活性, 但在烯烃的环氧化反应中, 其转化数仅与水热法合成的Ti-beta相当。这可能是由于氟化物法合成的Ti-beta晶粒大, 减少了固体催化剂的利用效率。据Koller[58]等报道, 采用^{19}F MAS NMR和$^{29}Si\{^{19}F\}$CP MAS NMR技术证实了氟化物法合成的高硅沸石(MFI、BEA、MTW等)中存在五配位的硅物种$(SiO)_4SiF^-$。已经证实, 附着在沸石骨架上的F对Ti-beta的催化活性是有害的[59]。氟化物法合成的Ti-beta用碱性的季铵盐溶液处理后, 再进行焙烧, 其环氧化活性可得到提高, 这似乎与催化剂中所含F的减少有关。红外光谱(FT-IR)、紫外-可见光谱结果表明, Ti-beta经过上述处理后, Si-OH和Si-O-Ti基团增加, 高配位的Ti物种减少。

金属原子取代进入沸石骨架有另外一个途径, 即二次合成法或后合成法。对于采用含有其他金属原子的凝胶晶化法或直接合成法不能合成的金属硅酸盐沸石, 采用这种方法有特殊的效果。实际上, Ti取代Al可以追溯到20世纪80年代, 在相对温和的条件下, 沸石用含Ti或Fe的氟化铵溶液反应就制得这种脱Al、含Fe或Ti且无缺陷的材料[60]。然而, 对于Ti的进入, 没有提供足够的证据。

有人用草酸钛铵溶液液相处理β沸石, 采用后合成法制取了Ti-beta沸石[61]。用含有溶解状态钛的高浓度高氯酸或硝酸处理含Al的β沸石, 可制备Ti-beta沸石[62]。尽管$Ti(OBu)_4$和TiF_4是插入四面体Ti的有效钛源, 但用TiO_2做钛源时, 则形成八面体钛和四面体钛, 同时发生铝的抽提, 得到无Al的Ti-beta。

有人采用气-固同晶取代的后合成法制取了Ti-beta沸石[63]。不含三价金属的Ti-beta可通过B-beta制取。然而, 气相法对Ti的插入是无效的; 同时, 还有一些缺点, 例如产生TiO_2沉淀等[64]。

23.2.3 Ti-MWW

MWW型的硅铝沸石(一般称为MCM-22)容易通过水热合成得到。然而, MWW型的钛硅沸石(Ti-MWW)的合成一直是个挑战, 直到在合成介质中添加硼酸才第一次有效地解决了Ti插入MWW骨架的问题[22a]。

相对于硅沸石、硅酸铝沸石而言, 钛硅沸石的合成一般需要特殊的合成条件, 因此, 付出了大量的努力来合成多种结构的钛硅沸石, 但收获甚微。MWW型沸石的情况也是如此。尽管在无碱金属的介质中, 采用特殊的有机结构导向剂(金刚烷基三甲基氢氧化铵)通过水热合成就可制取MWW型硅沸石, 但在合成凝胶中添加诸如Al、Ti等金属离子就导致失败[65]。向由气相法白炭黑和环状胺化物[如: 六亚甲基亚胺(HM)或哌啶(PI)]结构导向剂组成的凝胶中加入Ti源和硼酸, 且硼酸的量大于硅, 在403~443K下高压处理凝胶就能顺利地晶化制得Ti-MWW沸石[22a, b], 分别标记为Ti-MWW-HM或Ti-MWW-PI。

上述合成态的Ti-MWW-PI和Ti-MWW-HM的XRD图谱与具有MWW拓扑结构[一般标记为MCM-22(P)]的片状前驱体的图谱完全一致[66, 67]。这些样品经过803K的焙烧后, 其结构转变为多孔的三维(3D)MWW, 并且质量很好。B插入产物中的量为: Si/B比为11~13, 远少于凝胶中的量(Si/B为0.75); 相反, 凝胶与固体产物中的Si/Ti比差异很少(Si/Ti比为100的凝胶除外), 这说明该合成体系对于Ti的插入是非常有效的。

未经焙烧的Ti-MWW-PI样品的紫外-可见光谱(UV-visible)图谱如图23.6a所示。从图23.6a可以看出: 即使是在高含量Ti的情况下, 在330nm处也没有观察到明显的谱带, 这说明在晶化过程中几乎没有锐钛型的钛相生成。另外, Ti-MWW-PI样品的图谱与TS-1、Ti-beta的也很不一样，后者仅在210nm处有一窄的峰，而前者不管Si/Ti比如何，或使用那种结构导向剂(SDA)，所有样品在260nm处都有一主峰，在220nm附近有一弱的肩峰。对于Ti取代的沸石在220nm处已普遍观察到吸收峰的存在，它归因于电荷从O^{2-}到Ti^{4+}的转移，是高度分散在骨架中四面体配位的钛物种的特征峰[30]。260nm处的吸收峰归因于骨架外八面体的Ti物种，可能与Ti-beta中的Ti-O-Ti键有关。

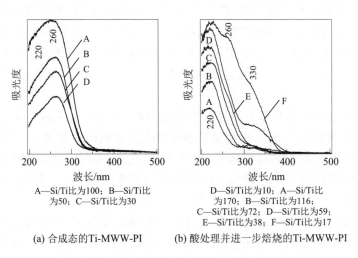

A—Si/Ti比为100；B—Si/Ti比为50；C—Si/Ti比为30

D—Si/Ti比为170；A—Si/Ti比为116；C—Si/Ti比为72；B—Si/Ti比为59；E—Si/Ti比为38；F—Si/Ti比为17

(a) 合成态的Ti-MWW-PI   (b) 酸处理并进一步焙烧的Ti-MWW-PI

图23.6 Ti-MWW材料的紫外-可见光谱(UV-visible)

焙烧时，层与层之间发生了脱羟基作用，这样就形成了MWW结构。再晶化过程也导致了Ti物种性质的变化，330nm附近新出现的吸收峰(见图23.6b)归因于锐钛型结构。这种锐钛型的Ti物种是没有活性的，但当其用做氧化催化剂时能引起氧化剂H_2O_2的无效分解。一旦八面体的Ti物种转化为锐钛型，在硝酸或硫酸的逆流洗涤下也不能去除；然而，上述合成态的Ti-MWW经酸液逆流洗涤再焙烧后，八面体Ti物种就选择性地消失了(见图23.6b)，Si/Ti比为30~100的前驱物经酸处理后制得的样品，仅在220nm处观察到一窄的吸收峰，它是四面体Ti物种所引起的。骨架外钛物种，不论是八面体型的还是锐钛矿型的，因为它们含有的八面体的Ti的浓度非常高，仍然与Si/Ti为20和10的前驱物得到的样品的水平差不多。因此，应该强调的是，预处理程序对于制取具有四面体Ti的Ti-MWW沸石是十分重要的。与骨架外Ti一起，一部分骨架B也会被抽提掉，使Si/B比达到30左右。

继TS-1之后，大孔的钛硅沸石(例如Ti-beta和Ti-ITQ-7[17~19, 68])和介孔钛硅沸石Ti-MCM-41和Ti-MCM-48[69]也被开发出来，因其孔径较大，被认为对大分子烯烃的氧化有优势。然而，对于那些在中孔范围内没有明显扩散限制的小分子反应而言，大孔、中孔钛硅沸石的活性均低于TS-1。所以，与开发大孔钛硅沸石一样，寻找比TS-1活性更高的沸石也是一个相当重要的研究课题。表23.2列出了1-己烯和双氧水分别在Ti-MWW、TS-1和Ti-beta上的氧化反应的结果。结果与其他的研究报道[17~19]相一致，TS-1比含Ti量相当的Ti-beta有更高的转化率，而Ti-MWW上单位Ti的转化率为TS-1的3倍。

Ti-MWW更为独特的性质是它对烯烃几何异构体的环氧化具有择形选择性。表23.3是顺式/反式比为41:59的2-己烯在各种钛硅沸石上环氧化反应的结果，反应产物是顺/反-2,3-环氧己烷以及由环氧化物在酸性位上继续水解得到的二元醇。表23.3清楚地表明，虽然各种钛硅沸石的钛含量变化很大，但Ti-MWW在2-己烯环氧化反应中表现出了最高的比活性和高的双氧水利用率。更有趣的是，Ti-MWW表现出了完全不一样的环氧化产物选择性，对反式环氧化物的选择性高达81%。相反，其他钛硅沸石则有利于顺式环氧化物的生成，导致产物中顺式环氧化物的含量大于反应物中顺式2-己烯的含量。一般来说，对立体异构烯烃的氧化反应而言，以TS-1为催化剂，有利于生成顺式环氧化物，如在顺/反-2-丁烯或顺/反-2-己烯与双氧水的反应中都选择性生成顺式环氧化物[70]。如此看来，在顺/反-烯烃环氧化反应中，Ti-MWW与其他普通的钛硅沸石相比，在产物几何构型选择性方面有着本质区别。

表23.3 2-己烯异构体与双氧水在系列钛硅沸石上的环氧化反应结果①

催化剂	Si/Ti	转化率，%(摩)	产品选择性，%(摩)		环氧化合物选择，%(摩)		H₂O₂	
			环氧化合物	二元醇	顺式	反式	转化率，%(摩)	效率，%(摩)
Ti-MWW	46	50.8	99	1	19	81	55.1	92
TS-1	42	29.1	96	4	66	34	32.5	89
TS-2	95	13.6	96	4	67	33	18.0	77
Ti-beta	40	15.9	91	9	73	27	35.8	45
Ti-MOR	79	2.6	99	1	52	48	3.9	66
Ti-Y	43	3.8	40	60	55	45	8.4	46
Ti-MCM-41	50	3.1	36	64	62	38	21.0	15
SiO₂-TiO₂	85	0.8	37	63	61	39	7.6	10

① 催化剂，0.05g；2-己烯(顺式/反式比=41:59)，10mmol；H₂O₂，10mmol；乙腈，10mL；温度为333K；时间2h。

如上文所述，尽管骨架中含B量较高(Si/B比一般为30)，水热合成的Ti-MWW被证实是对烯烃环氧化反应具有很高活性的催化剂。然而，据预测，不含B的Ti-MWW比含B的Ti-MWW具有更高的活性。既然不使用硼酸作结构支撑剂直接合成Ti-MWW仍是一个挑战，那么采用后合成法制备无B的Ti-MWW就不失为一个好的选择。用TiCl₄蒸汽在高温下处理就是一种通常的做法，它已被很好地应用于具有十二元环孔的MOR、BEA沸石的改性中[20, 59]。实际上，已有专利[71]表明，MCM-22与TiCl₄蒸汽发生脱Al反应来制备Ti-MCM-22。因此，MWW沸石经TiCl₄处理是无效的这个观点是值得怀疑的。该观点认为，TiCl₄的分子截面为0.67nm×0.67nm，它穿越MWW的十元环孔(0.40nm×0.59nm，0.40nm×0.5nm)时会遇到严重的空间位阻限制，会产生不均匀的Ti分布。

一种以MWW结构特征为基础的完全不同的后合成法被研发出来，即通过三维的MWW型硅酸盐沸石与其相应的二维层状前驱体MWW(P)间的可逆结构转化，就能在骨架中引入高活性的Ti物种[72]。该后合成法(可逆结构转化)的原则过程如图23.7所示。首先，水热合成MWW硅酸硼沸石经焙烧、酸处理后制得高硅的MWW；其次，制得的MWW硅酸盐沸石经HM或PI与Ti源水溶液处理后，碱性胺提供的OH⁻催化了Si-O-Si键的氢解，伴随着胺的嵌入，MWW就转化为其相应的层状前驱体可逆结构。

合成态的MWW型硼硅沸石经焙烧、酸处理后，不仅去除了骨架中的硼，而且将层状前驱体转化成MWW型的沸石(Si/B>500)。在HM或PI存在的条件下，脱硼的MWW经Ti(OBu)₄(钛酸四丁酯，TBOT)处理，Ti的插入就完成了。更有趣的是，薄层结构同时也恢复了，也就是说，通过扩大了的孔口，Ti直接进入了夹层空间，填补像羟基这样的缺陷。通过酸处理脱出非骨架Ti，接着进行焙烧使层间脱羟基，就生成了无B的Ti-MWW。对于Si/Ti比在20~100的初始凝胶，几乎所有的Ti被结合在固体产物中，这说明后合成方法对于引入Ti是非常有效的。值得注意的是，这种结构的变化，仅当HM或PI这两种典型的MWW沸石结晶化结构导向剂(SDA)存在时才发生，而具有相似的环状分子结构的嘧啶和哌嗪不能引起这种结构的转变。这意味着层状的MWW薄片赋予了胺分子"分子识别"功能，HM或PI分子稳定了MWW(P)的薄片结构。

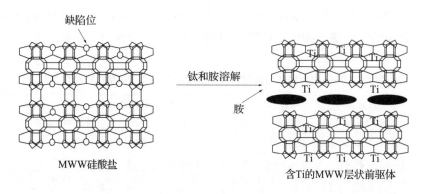

图23.7 后合成的Ti-MWW前驱体从MWW到MWW(P)的可逆结构转换

图23.8给出了以H_2O_2为氧化剂，后合成的PS-Ti-MWW与直接水热合成的 HTS-Ti-MWW和TS-1，催化2-己烯环氧化反应的性能差异。为了合理地比较两种钛硅沸石的催化性能，把它们分别置于最合适的溶液中。对于2-己烯的环氧化反应，把Ti-MWW置于乙腈溶液中，把TS-1置于甲醇溶液中。结果表明，HTS-Ti-MWW比TS-1表现出了更高的活性；PS-Ti-MWW的活性是 HTS-Ti-MWW的2倍；PS-Ti-MWW催化反应的H_2O_2的利用率同样也很高。迄今为止，根据活性、环氧化选择性和H_2O_2的利用率，对于线型烯烃在液相中的环氧化反应，PS-Ti-MWW是最有效的催化剂。

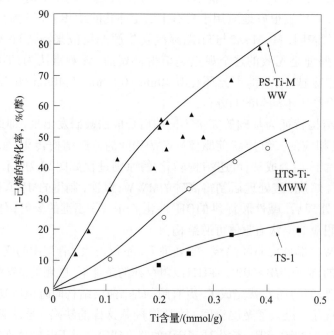

图23.8 以H_2O_2为氧化剂，后合成的PS-Ti-MWW、直接水热法合成的HTS-Ti-MWW和TS-1催化1-己烯环氧化反应的性能

PS-Ti-MWW与HTS-Ti-MWW 沸石之间最大的差别似乎是硼含量。用2mol/L HNO$_3$回流处理以脱出HTS-Ti-MWW中的B，可以得到Si/B>500的几乎无B的样品，同时，Ti物种的损失很少。然而，这并没有引起转化数(TON)的显著增加。因此，B含量低并不能解释PS-Ti-MWW沸石的活性高，因为用硼酸作为结构支撑剂来制备的HTS-Ti-MWW沸石，共存的B优先占据骨架位置，这将阻碍Ti的插入。另一方面，脱除PS-Ti-MWW中的B原子，用Ti来插入其空位，这样，用Ti占据了晶格不同的四面体位置，可以解释PS-Ti-MWW和HTS-Ti-MWW 催化性能的差异。

在其他的氧化反应催化性能方面，Ti-MWW催化剂比传统钛硅沸石TS-1和Ti-beta同样也表现出了特殊的优势，如把烯丙醇环氧化为环氧丙醇[73]，把二烯丙基醚环氧化为烯丙基缩水甘油醚[74]，把烯丙基氯环氧化为表氯醇[75]，把2, 5-二氢呋喃环氧化为3, 4-环氧四氢呋喃[76]，把1, 4-二氧六环羟基化为1, 4-二氧六环-2-醇[77]，把环己酮氨肟化为环己酮肟[78]。操作条件，特别是H$_2$O$_2$的加入方式，对于Ti-MWW液相催化环己酮氨肟化为环己酮肟的影响非常大。只有当缓慢加入H$_2$O$_2$时，才能得到高收率的环己酮肟。环己酮氨肟化为环己酮肟的反应过程为：NH$_3$和H$_2$O$_2$生成羟胺，羟胺和环己酮反应得到环己酮肟。在H$_2$O$_2$过量的条件下，具有非常强氧化作用的Ti-MWW的Ti物种使得羟胺具有强大的氧化作用，这样，在最优化的条件下，Ti-MWW催化环己酮氨肟化为环己酮肟的选择性大于99%，比现在工业应用的TS-1的催化性能更高。

合成态的Si/Ti>100的Ti-MWW(P)样品，经过焙烧并用2mol/L HNO$_3$洗涤处理后，结构将不会发生可逆变化。这样得到的与MWW先驱体结构相似的新的钛硅沸石，被称为Ti-YNU-1，它具有更高的氧化能力和环氧化选择性，并且在氧化大分子环烯烃时比Ti-beta更稳定[79, 80]。Ti-YNU-1还被证实存在与十二元环孔径相同的层间孔[81]，然而直接缩合，产生了含有十元环孔径的MWW；接着缩合，显然硅物种已被插入夹层，形成了十二元环孔。由于没有添加硅源，人们认为是部分MWW的层分解形成的二氧化硅的碎片作为了硅源。

通过向合成态的MWW(P)添加硅源证明了这个假设。利用硅烷化试剂，如SiMe$_2$(OR)$_2$和SiMe$_2$Cl$_2$，亚甲硅基可以插入层间，去除有机部分后，就得到了与Ti-YNU-1非常相似的材料。此外，据透露，这种把单体硅源插在夹层空间的方法，可以广泛应用于各种二维层状前驱体转化为新的具有扩大了层间孔隙孔径的三维金属硅酸盐沸石[82, 83]的合成。图23.9为扩大层间孔隙的示意图。

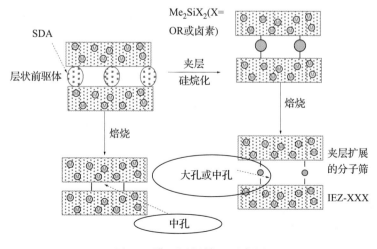

图23.9 沸石层间扩展示意图

在此知识基础上，制备出了ITQ-2[65]，本来就由薄层构成的层状Del-Ti-MWW钛硅沸石就合成出来了[84]。经过酸处理的Ti-MWW前驱体，再用四丙基氢氧化铵(TPAOH)和十六烷基三甲基溴化铵(CTMABr)碱性溶液处理，可以把层撑开，使表面活性剂分子容易进入，插入层间。这就形成了一种层间距d=3.9nm的层间膨胀材料，该材料在2θ=2°附近有一个衍射峰。这种膨胀材料经过超声处理和823K焙烧之后，膨胀层就崩塌了，产生了一个具有宽阔的衍射弱峰MWW结构的样品。然而，这个样品与Ti-MWW相比，具有超过1000m²/g的放大了的比表面积。红外光谱显示在3742cm⁻¹有很强的吸收峰，说明含有大量硅烷醇基团，²⁹Si MAS NMR光谱也证明了这一点。

表23.4给出了Del-Ti-MWW与其他钛硅沸石的环烯烃环氧化催化活性。随着环状烯烃分子尺寸的增加，TS-1、Ti-beta和3D Ti-MWW的转化数(TON)急剧降低。另一方面，由于Ti-MCM-41具有中孔，与这些钛硅沸石相比，在环氧化环辛烯和环十二碳烯时具有较高的转化数(TON)。这意味着对于大分子而言，反应空间是极为重要的。不论是环戊烯，还是分子体积更大的环烯，层状的Ti-MWW大大增加了其转化数(TON)。尤其是，Del-Ti-MWW催化环辛烯和环十二碳烯的活性比Ti-MWW高约6倍。Del-Ti-MWW的横空出世，在环氧化庞大的分子时，甚至优于Ti-MCM-41。这是因为Del-Ti-MWW中的Ti活性位具有高的可接近性。因而，层间扩展能够使Ti-MWW变为适用于庞大分子反应的有效催化剂。

表23.4 以H_2O_2为氧化剂，系列钛硅沸石环氧化环烯烃的催化性能①

催化剂	Si/Ti 比	比表面积/ (m^2/g)	烯烃环氧化					
			环戊烯		环辛烯		环十二烯	
			转化率, %(摩)	TON/(mol/ mol Ti)	转化率, %(摩)	TON/(mol/ mol Ti)	转化率, %(摩)	TON/(mol/ mol Ti)
Del-Ti-MWW	42	1075	58.9	306	28.2	147	20.7	57
3D PS-Ti-MWW	46	520	15.7	89	4.3	24	3.3	9
TS-1	34	525	16.3	69	1.6	7	1.2	3
Ti-beta	35	621	9.9	43	4.6	20	1.9	4
Ti-MCM-41	46	1144	3.5	20	5.1	29	4.1	12

① 反应条件：催化剂，10~25mg；烯烃和H_2O_2，2.5~10mmol；CH_3CN，5~10ml；环戊烯温度为313K，其他底物温度为333K；时间为2h。

23.2.4 其他含钛沸石

直接将Ti插入到其他沸石的骨架中是可能的。UTD-1的结构具有一维超大的由十四元环构成的椭圆形孔(0.75nm×1.0nm)[85]，它可以使用双(五甲基环戊二烯)合钴(Ⅲ)的氢氧化物Cp*2CoOH作为结构导向剂合成。尽管存在超大孔，它的骨架还具有非常高的热稳定性。向合成UTD-1的凝胶中加入Ti，就可以合成相同结构的钛硅分子筛Ti-UTD-1[86]。用叔丁基过氧化氢(TBHP)为氧化剂，在室温下Ti-UTD-1沸石可以把环己烷氧化，得到环己酮和较少量的环己醇和己二酸。用H_2O_2氧化环己烯发生烯丙基氧化和环氧化，然后发生水解[87]。Tuel使用双季铵结构导向剂$(Et_2MeN^+C_3H_6)_2$已合成出了Ti-ZSM-12[21]。Ti-ZSM-48[16]、TAPSO-5[20]、Ti-ITQ-7[23, 24]也相继被合成出来了，并被用做氧化催化剂。

后合成修饰的方法已经成功用于制备具有氧化作用的含钛分子筛，利用后合成法把Ti引入β沸石的方法同样被用于合成含Ti的MOR和FAU沸石[62]。

在用卤化铝在内部的硅醇基团插入铝的铝化反应的基础上，Yashima等[88]提出了"原子播种"法，通过使用其他金属的卤化物，已经制备出含Ga、In、Sb、As和Ti的MFI结构的沸石和含Ga、Sb、Ti的具有MOR结构的金属硅酸盐沸石。红外光谱的特定吸收带证实了掺入的Ti进入了MOR结构[20]。最近，Kubota等[89]以具有大量的缺陷点的YNU-2(P)[90]为基础，采用后合成法合成出了Ti-YNU-2(MSE)。在液相氧化中使用H_2O_2作为氧化剂，已证明Ti-YNU-2是一种非常活泼的催化剂[89]。

23.2.5 溶剂效应和反应中间体

溶剂的作用是复杂的：极性，反应物和产物的溶解度，扩散和相互扩散效应，并且还有与活性中心的相互作用[91]。在没有助溶剂的情况下使用固-液-液三相体系，可大大提高各种与水不混溶的有机化合物(甲苯、茴香醚、苄醇等)的转化率[92]。据报道，在没有助溶剂的情况下，同样提高了苯氧化转化率[93, 94]。溶剂可能与反应物竞争TS-1催化剂的扩散通道和活性中心。已证明，在乙腈这种极性和非质子溶剂中，Ti-beta催化氧化1-己烯和环己醇的活性最高[95]。这与观察到的在质子溶剂甲醇中TS-1的活性增加形成了对比[70]。这些差异归因于Ti-beta比TS-1具有更强的亲水性。Ti-beta含有的铝以及内部和外部大量存在的硅烷醇基赋予其亲水性(beta是由A和B两种晶型组成的)。Corma等[95]指出，在乙腈溶剂中，对于1-己烯的氧化反应，Ti-beta比TS-1活性更高，这表明Ti-beta的活性物种是环形的，与Ti原子结合的是水分子而不是醇分子。

物种 I 具有一个由ROH与Ti中心通过氢键键合的钛的过氧化配合体形成的稳定五元环结构。在质子性醇溶剂中，它被认为是活性中间体(见图23.10)；而在非质子溶剂中，推测物种 II 有助于底物的氧化。最近，Lamberti等[39, 96, 97]发现，在无水H_2O_2环境中，Ti-O-Si键桥可能发生可逆破裂，生成Ti-O-O-H配合体的端点η^2(二合配位)。加入水后，这个配合体可逆转变为钛的过氧化配合体η^2，这说明在工作催化剂上水分子起到了决定钛的过氧化配合体和钛的过氢氧化配合体物种相对浓度的积极作用。尽管有这样的发现和解释，据报道，在非质子的丙酮溶剂中，TS-1催化苯乙烯和烯丙醇的环氧化反应的活性和选择性最高[98, 99]。

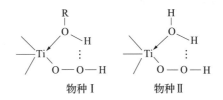

物种 I　　　物种 II

图23.10 Ti物种中间体结构示意图

全面研究溶剂效应对三种典型的钛硅沸石TS-1、Ti-MWW和Ti-beta催化剂性能的影响，发现溶剂效应高度依赖于底物[100]。图23.11给出了1-己烯在TS-1上的催化氧化反应结果。与文献[25c, 27, 95]报道的结果一致。以甲醇为溶剂与用乙腈为溶剂相比，催化活性显著地增强。正如预期的那样，随着Ti含量的减少，活性中心的数量减少，活性差异也变小。然而，对于环己烯的氧化反应，观察到一种逆溶剂效应(见图23.12)。用乙腈为溶剂的转化率为用甲醇作溶剂的近4倍，当Ti/(Ti+Si)的摩尔比大于0.0086时，观察到转化率几乎不依赖Ti含量。这可能是由于反应主要发生在外表面和孔口附近，内表面的Ti含量对于环己烯氧化活性增加的贡献并不显著。

与物种II(见图23.10)相比，物种I更可能在TS-1上形成。据信这是因为TS-1具有疏水性[101]，甲醇比水更易接近Ti，以至于形成了大量的物种I活性位[101]。因此，当1-己烯在TS-1上发生氧化反应时,应该选用甲醇做溶剂。可是,因为环己烯的分子大,它的氧化反应主要发生在外表面和/或孔口附近,这里比孔中有更多的Si-OH和的Ti-OH基团的存在,使其表现出相对的亲水性。为了证实这一假说,向反应混合物中加入2,4-二甲基喹啉使TS-1样品中毒。在乙腈溶剂中环己烯的转化率急剧下降,而在甲醇溶剂中1-己烯的转化率没有显著变化。这表明对于环己烯的氧化反应,确实是外表面和/或孔口附近的Ti起了主要催化作用。

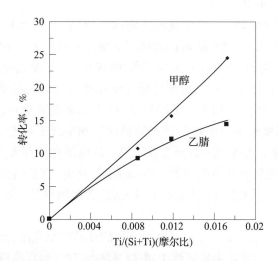

图23.11 在甲醇和乙腈溶剂中,TS-1的Ti含量与1-己烯的氧化转化率的关系[反应条件: 60℃, 2h, 0.05g催化剂, 10mL溶剂, 10mmol底物, 10mmol H$_2$O$_2$(31%水溶液)]

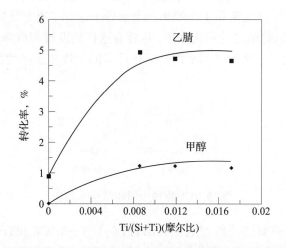

图23.12 在甲醇和乙腈溶剂中,TS-1的Ti含量与环己烯的氧化转化率的关系[反应条件: 60℃, 4h, 0.05g催化剂, 10mL溶剂, 10mmol底物, 10mmol H$_2$O$_2$(31%水溶液)]

以乙腈为溶剂,在外表面上更容易形成物种Ⅱ,使其更好地起到活性中间体的作用[95]。此外,由于物种Ⅱ比物种Ⅰ具有较高的亲电子性,使其具有较高的活性[95]。与1-己烯相比,环己烯主要在TS-1的外表面上发生氧化反应,这使得乙腈成为更好的溶剂,使用甲醇作为溶剂,甲硅烷基化作用只是略微提高了环己烯在TS-1上的转化率的事实,也支持了以上结论。大分子的1,1,1,3,3,3-六甲基二硅氮烷发生在TS-1外表面上的选择性甲硅烷基化作用,可以增加疏水性,有利于物种Ⅰ的形成。结果表明,Ti-MCM-41的甲硅烷基化导致Q^4/Q^{3}的比例显着增加，显著增加了其疏水性，并提高了1-己烯和己烷的氧化活性[43]。然而，发生甲硅烷基化后，相当大量的羟基基团仍然存于于TS-1的外表面，对于大分子的1，1，1，3，3，3-六甲基二硅氮烷仍有空间位阻。这使得TS-1即使甲硅烷基化后，其外表面仍然具有相当的亲水性。以甲醇为溶剂，因为在数量上它是占优势，比水会更强烈地吸附在Ti上，从而造成活性比以乙腈作为溶剂低。

　　与TS-1相比，对于1-己烯的氧化，Ti-MWW在乙腈中比其在甲醇中表现出高得多的活性；然而，对于环己烯的氧化，以乙腈为溶剂的活性只是稍高于甲醇。由于Ti-MWW具有亲水性[80, 102]，其催化1-己烯的环氧化反应，在乙腈中比在甲醇中活性更高(见图23.13)。由于反应主要发生在扭曲的十元环孔的孔道内，甲硅烷基化作用对催化结果没有显着的影响；大分子的1，1，1，3，3，3-六甲基二硅氮烷难引起内部钛物种的甲硅烷基化。据信，环己烯在Ti-MWW和在TS-1上发生的环氧化反应的方式类似，主要发生在它的外部表面上，因为MWW结构比MFI结构材料的孔口稍小[103]。由2，4-二甲基喹啉引起的中毒，导致对环己烯的氧化活性急剧降低，不管用什么溶剂，都没有显着影响1-己烯的环氧化反应活性。

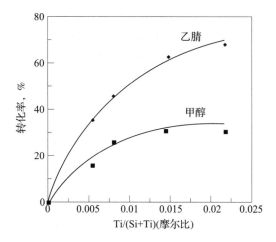

图23.13 在甲醇和乙腈溶剂中，Ti-MWW的Ti含量与1-己烯的氧化转化率的关系[反应条件：
60℃，2h，0.05g催化剂，10mL溶剂，10mmol底物，10mmol H$_2$O$_2$(31%水溶液)]

　　由于Ti-MWW的外表面上有大量的由十二元环形成的开口向外的侧袋，由其催化的环己烯转化比在TS-1和Ti-beta上更温和。侧袋内的Ti物种位于晶体表面上，因此具有类似于TS-1上Ti物种的环境状态，这些钛物种是相对疏水的。其结果是，以甲醇为溶剂或以乙腈为溶剂，活性几乎是相同的，可能是因为不论是在外表面上的亲水性钛物种，还是在侧袋内的疏水性的钛物种，都可以作为环己烯环氧化反应的活性位。因为1，1，1，3，3，3-六甲基二硅氮烷分子太大，进不去十元环的孔道，硅烷醇的甲硅烷基化只能发生在Ti-MWW的外表面，因此，环己烯环氧化的活性中心全部成为疏水性的，甲醇成为选择的溶剂。不过，由于大分子有相当大的空间位阻，限制了流入和流出这些侧袋的底物和产物分子的扩散，甲硅烷基化发生在侧袋的入口，从而使活性略有下降。

　　Ti-beta氧化1-己烯的活性，在乙腈溶剂中大约是在甲醇中所达到的2倍。然而，对于环己烯的氧化，甲醇是比乙腈好得多的溶剂，这与Corma等[95]报告的结果冲突。但与我们以前的研究结果[57]是一致的。

我们早就知道，1-己烯在Ti-beta和Ti-MWW上的氧化，乙腈应该是优选的溶剂。对于TS-1来讲，甲醇是优选的。与此相反，对环己烯氧化反应，Ti-beta为催化剂，甲醇是最好的溶剂，而乙腈是TS-1和Ti-MWW做催化剂的最好溶剂。因此，一系列的催化结果无疑地证明了亲水性/疏水性的效果，但是，这不能解释Ti-beta氧化环己烯的溶剂效应。

23.3 其他含金属的沸石

钒进入MEL沸石的框架得到VS-2[104]。VS-2的突出特点是：以H_2O_2为氧化剂，它可以催化氧化链烷烃的末端甲基，生成1-链烷醇和醛类，而TS-1和TS-2只能催化氧化内部的碳原子(亚甲基)[29]。对VS-2和TS-2氧化烷烃的机理已经进行了比较研究[105]。自旋捕获实验表明，VS-2-H_2O_2-己烷体系的产物主要是己基物种，这是在TS-2体系中观察不到的。这说明内部碳原子和终端碳原子的氧化机理不同。基于末端甲基C—H键与Ti^{4+}之间未知的相互作用，Gallot等[106]解释了末端碳没有被氧化的原因。

有人详细研究了V-MEL上钒物种的形态[107]。合成态的V-MEL中含有两个不同的V物种，一种是在扭曲的四面体骨架上的V^{5+}，另外一种是在八面体骨架外的V^{4+}。焙烧后，V^{4+}物种转变成两种类型的V^{5+}物种。然而，这些V^{5+}物种很容易被醋酸铵洗去，残留的钒物种才对甲苯和苯酚的氧化有活性。可以用类似两步法的方式制备V-beta：首先，用硝酸处理β沸石，脱铝产生空穴；然后再用NH_4VO_3溶液处理[108]。Reddy等[109]使用双季铵离子$(Et_3N^+C_3H_6)_2$制备出了V-NCL-1。但是，在H_2O_2的利用效率和抗浸出方面，所合成的钒硅沸石不如钛硅沸石。

已经合成出来含锡的silicalite-2、Sn-Sil-2[110]。通过^{119}Sn NMR研究发现，大部分Sn^{4+}离子位于八面体配位。

业已发现，Sn-beta可以催化Baeyer-Villiger氧化反应，不使用过酸，仅使用H_2O_2把环酮转化为内酯[111]。值得注意的是，当底物包含除了羰基之外的碳-碳双键时，这种Sn-beta催化剂可以选择性地催化Baeyer-Villiger氧化反应。可能的反应机理有以下两种：①Sn活化了羰基；②H_2O_2被活化形成锡-氢过氧化物的中间体。通过计算和动力学的研究得知，反应是按第一种机理进行的。催化活性位由两个中心构成：与酮相配位的Lewis酸Sn原子和通过氢键与H_2O_2相连的Sn—OH基团上的氧原子[112]。Sn-beta也可用于催化芳香醛的Baeyer-Villiger氧化反应[113]；醛中含有的4-或2-烷氧基取代基被氧化成相应的甲酸酯，它可以水解为相应的酚。

含铬的silicalite-2、CrS-2也合成出来了，使用叔丁基氢过氧化物(TBHP)为氧化剂，也可催化类似的反应[114]。值得注意的是，有报道[26]认为，对于TS-1催化的氧化反应，TBHP是一个无效的氧化剂。然而，TS-1-TBHP体系可把烯醇硅醚的C=C双键氧化为二元酸[115]。

Lempers和Sheldon[116]报道，CrAPO-5、CrAPO-11可被浸出少量的铬。以TBHP为氧化剂，在液相中CrS-1可催化氧化大分子烯烃。铬似乎是被TBHP从沸石微孔中浸出的。他们强调，没有一个明确的实验表明，非均相催化剂可以回收和再利用而无明显失活。

铁离子容易进入沸石。铁硅沸石和亚铁硅沸石常被用做酸催化剂，使用N_2O作为氧化剂，Fe-MFI沸石直接把苯氧化为苯酚的过程已进行了工业化应用(AlphOx过程)[117]。这个过程适用于处理己二酸厂排出的高浓度N_2O(20%~40%)气体。在严格的环保形势下，这将有助于减排N_2O。然而，活性Fe的位置仍有争议，目前还不清楚沸石骨架上的Fe物种是否是活性位。

23.4 结论

具有氧化还原作用的金属杂原子同晶取代沸石骨架上的硅原子，使沸石具有了催化氧化活性。目前，新的金属取代沸石领域已取得重大进展，金属取代沸石可用于重要的工业催化过程。不论是直接合成的或金属改性的沸石,新的制备方法对于氧化反应是非常有用的。

以H_2O_2为氧化剂、钛硅沸石液相催化氧化各种有机化合物的领域取得了很大的发展。到目前为止,钛硅沸石的催化氧化性能比其他任何金属取代沸石更优异。将金属硅酸盐沸石投入实际使用,除了考虑氧化反应的高活性和选择性之外,H_2O_2的利用率和金属的抗流失性能是极为重要的。TS-1沸石已用于环己酮氨肟化反应生产环己酮肟的工业过程。自2008年以来,以H_2O_2为氧化剂,钛硅沸石催化氧化丙烯制环氧丙烷也已工业化。Ti-beta、Ti-MWW(MCM-22)以及TS-1均被证实是各种氧化反应的有前途的催化剂。

这里,指出了金属硅酸盐沸石研究的方向。虽然H_2O_2是一种优良的氧化剂,具有活性氧含量高、副产物是水等优点,但分子氧是氧化反应的理想选择。因此,努力利用O_2分子作为氧化剂是必要的。一种方法是利用O_2和H_2原位制备H_2O_2,然而,利用O_2和H_2催化合成H_2O_2是非常困难的。

直接合成金属取代沸石是一种理想的方法。然而,采用后合成修饰的方法比直接合成沸石的条件(温度、溶剂、压力、pH值等)更加宽泛,沸石的修饰为我们提供了一种强大的间接改变其性能的方法。因此,可以相信,就像开发各种各样的沸石合成技术一样,可以通过一系列的后合成修饰技术来微调沸石的性能。

从应用的角度来看,在液相氧化反应中,溶剂往往是极为重要的,如果产品和溶剂的沸点或溶解度只有一个小的差异,把产品从溶剂中分离出来可能只是能量的消耗。溶剂可能会影响催化剂的寿命。不论是催化剂活性组分的流失,或者是由于积炭造成的催化剂失活,都可以通过选择合适的溶剂来避免。因此,必须更加注意溶剂的选择和金属硅酸盐沸石的修饰,使其与反应组分和沸石相匹配。

为了克服扩散限制/晶体内的活性位点不易接近的问题,将继续探究合成含有十二元环和更大的环构成的孔的金属硅酸盐沸石的可行性。在这种情况下,对含有活性金属元素的"介孔沸石"的研究无疑是在增加。然而,结晶良好的沸石和介孔沸石在与金属相结合的微环境结构和催化性能方面可能会有一些差异。另一种方法是尝试合成纳米金属硅酸盐沸石,以解决扩散限制的问题。"全表面"的ITQ-2型沸石薄片[65]是有前途的材料,虽然大规模的合成可能是困难的。

烷烃的活化,特别是CH_4,是一个重要的课题。对于工业上重要的氧化还原催化过程,择形选择性的应用尚未被开发出来。应当再次强调的是,在液相氧化反应过程中,亲水性/疏水性和晶体的大小以及作为活性物种的数目,对催化性能有很大的影响。由于结构崩溃、浸出、高相对分子质量产物导致的阻塞/积炭等导致的稳定性问题必须解决。计算机模拟和量子化学计算正在迅猛发展,这将为设计合成路线、结构分析、金属硅酸盐沸石催化作用的设计、沸石上反应机理的研究创造良好条件。

参考文献

[1] Kühl, G.H. (1999) in Catalysis and Zeolites, chapter 3 (eds J.Weitkamp and L. Puppe), Springer, Berlin, p. 81.
[2] Kubo, T., Arai, H., and Tominaga, H. (1971) Bull. Chem. Soc. Jpn., 44, 2297.
[3] Lunsford, J. (1977) ACS Symp. Ser., 40, 473.
[4] Weitkamp, J. (1993) in Proceedings from the Ninth International Zeolite Conference, vol. 1 (eds R. von Ballmoos, J.B. Higgins, and M.M.J. Treacy), Buttherworth-Heinemann, Boston, p. 13.
[5] Balkus, K.J. Jr. and Gabrielov, A.G. (1995) J. Inclusion Phenom. Mol. Recognit. Chem., 21, 159.
[6] Schulz-Ekloff, G. and Ermst, S. (1999) in Preparation of Solid Catalysts (eds G.Ertl, K. Knözinger, and J. Weitkamp), Wiley-VCH Verlag GmbH, Weinheim, p. 405.
[7] Herron, N., Stucky, G.D., and Tolman, C.A. (1985) Inorg. Chim. Acta, 100, 135.
[8] McMorn, P. and Hutchings, G.J. (2004) Chem. Soc. Rev., 33, 108.

[9] Dioos, B.M.L., Sels, B.F., and Jacobs, P.A. (2007) Stud. Surf. Sci. Catal., 168, 915.

[10] Breck, D.W. (1974) in Zeolite Molecular Sieves, chapter 4 John Wiley & Sons, Inc., New York, p. 320.

[11] Taramasso, M., Perego, G., and Notari, B. (1983) US Patent 4,401,051.

[12] Ione, K.G., Vostrikova, L.A., and Mastikhin, V.M. (1985) J. Mol. Catal., 31, 355.

[13] Tielen, M., Geelen, M., and Jacobs, P.A. (1985) Acta Phys. Chem., 31, 1.

[14] Ylimaz, B. and Mueller, U. (2009) Top. Catal. 52, 888, doi: 10.1007/s11244-009-9226-0.

[15] Reddy, J.S., Kumar, R., and Ratnasamy, P. (1990) Appl. Catal., 58, L1.

[16] Serrano, D.P., Li, H.-X., and Davis, M.E. (1992) J. Chem. Soc., Chem. Commun., 745.

[17] (a) Camblor, M.A., Corma, A., Martínez, A., and Pérez-Pariente, J. (1992) Chem. Commun., 589; (b) Camblor, M.A., Constantini, M., Corma, A., Gilbert, L., Esteve, P., Martínez, A., and Valencia, S. (1996) Chem. Commun., 1339.

[18] (a) Blasco, T., Camblor, M.A., Corma, A., Esteve, P., Martínez, A., Prieto, C., and Valencia, S. (1996) Chem. Commun., 2367; (b) Blasco, T., Camblor, M.A., Corma, A., Esteve, P., Guil, J.M., Martínez, A., Perdigon-Melon, J.A., and Valencia, S. (1998) J. Phys. Chem. B, 102, 75.

[19] Jappar, N., Xia, Q., and Tatsumi, T. (1998) J. Catal., 180, 132–141.

[20] Tuel, A. (1995) Zeolites, 15, 228.

[21] Tuel, A. (1995) Zeolites, 15, 236.

[22] (a) Wu, P., Komatsu, T., and Yashima, T. (1996) J. Phys. Chem., 100, 10316; (b) Wu, P., Komatsu, T., and Yashima, T. (1997) J. Catal., 168, 400; (c) Wu, P., Komatsu, T., and Yashima, T. (1997) Stud. Surf. Sci. Catal., 105, 663; (d) Wu, P., Komatsu, T., and Yashima, T. (1998) J. Phys. Chem. B, 102, 9297.

[23] Díaz-Cabañas, M.J., Villaescusa, L.A., and Camblor, M.A. (2000) Chem. Commun., 761.

[24] Corma, A., Díñaz-Cabañas, M.J., Domine, M.E., and Rey, F.Z. (2000) Chem. Commun., 1725.

[25] (a) Wu, P., Tatsumi, T., Komatsu, T., and Yashima, T. (2000) Chem. Lett., 774; (b) Wu, P., Tatsumi, T., Komatsu, T., and Yashima, T. (2001) J. Phys. Chem. B, 105, 289; (c) Wu, P., Tatsumi, T., Komatsu, T., and Yashima, T. (2001) J. Catal., 202, 245; (d) Wu, P. and Tatsumi, T. (2001) Chem. Commun., 897; (e) Wu, P. and Tatsumi, T. (2002) J. Phys. Chem. B, 106, 748.

[26] Notari, B. (1996) in Advances in Catalysis, vol. 41 (eds D.D.Eley, W.O. Haag, and B.C. Gates), Academic Press, San Diego, p. 253.

[27] Clerici, M.G., Bellussi, G., and Romano, U. (1991) J. Catal., 129, 159.

[28] Millini, R., Previde-Massara, E., Perego, G., and Bellussi, G. (1992) J. Catal., 137, 497.

[29] Tatsumi, T., Nakamura, M., Negishi, S., and Tominaga, H. (1990) J. Chem. Soc., Chem. Commun., 476.

[30] Bellussi, G. and Rigutto, M.S. (1994) Stud. Surf. Sci. Catal., 105, 177.

[31] Ratnasamy, P. (2004) in Advances in Catalysis, vol. 48 (eds B.C.Gates and H. Knoezinger), Elsevier, Amsterdam, pp. 1–179.

[32] Perego, G., Bellussi, G., Corno, C., Taramasso, M., Buomono, F., and Esposito, A. (1986) Stud. Surf. Sci. Catal., 28, 129.

[33] Khouw, C.B. and Davis, M.E. (1995) J. Catal., 151, 77.

[34] Lamberti, C., Bordiga, S., Zecchina, A., Artioli, G., Marra, G., and Spano, G. (2001) J. Am. Chem. Soc., 123, 2204.

[35] Bordiga, S., Damin, A., Bonino, F., Ricchiardi, G., Zecchina, A., Tagliapietra, R., and Lamberti, C. (2003) Phys. Chem. Chem. Phys., 5, 4390.

[36] Thangaraj, A. and Sivasanker, S. (1992) J. Chem. Soc., Chem. Commun., 123.

[37] Schuchardt, U., Pastore, H.O., and Spinace, E.V. (1994) Stud. Surf. Sci. Catal., 84, 1877.

[38] Serrano, D.P., Uguina, M.A., Ovejero, G., van Grieken, R., and Camacho, M. (1996) Microporous Mater., 7, 309.

[39] Bordiga, S., Bonino, F., Damin, A., and Lamberti, C. (2007) Phys. Chem. Chem. Phys., 9, 4854.

[40] Thomas, J.M. and Sankar, G. (2001) Acc. Chem. Res., 34, 571.

[41] Fan, W., Duan, R.G., Yokoi, T., Wu, P., Kubota, Y., and Tatsumi, T. (2008) J. Am. Chem. Soc., 130, 10150.

[42] Parker, W.O. and Millini, R. (2006) J. Am. Chem. Soc., 128, 1450.

[43] Tatsumi, T., Koyano, K.A., and Igarashi, N. (1998) Chem. Commun., 325.

[44] Srinivas, D., Manikandan, P., Laha, S.C., Kumar, R., and Ratnasamy, P. (2003) J. Catal., 217, 160.

[45] Zhuang, J., Ma, D., Yan, Z., Deng, F., Liu, X., Han, X., Bao, X., Guo, X., and Wang, X. (2004) J. Catal., 221, 670.

[46] Wells, D.H. Jr., Delgass, W.N., and Thomson, K.T. (2004) J. Am. Chem. Soc., 126, 2956.

[47] Fan, W., Li, R., Ma, J., Fan, B., Dou, T., and Cao, J. (1997) Microporous Mater., 8, 131.

[48] Gabelica, Z., Blom, N., and Derouane, E.G. (1983) Appl. Catal., 5, 227.

[49] Tatsumi, T., Nakamura, M., Yuasa, K., and Tominaga, H. (1990) Chem. Lett., 297.

[50] Hayashi, H., Kizawa, K., Murei, U., Shigemoto, N., and Sugiyama, S. (1996) Catal. Lett., 36, 99.

[51] Tatsumi, T., Yako, M., Nakamura, M., Yuhara, H., and Tominaga, H. (1993) J. Mol. Catal., 78, L41.

[52] Camblor, M.A., Corma, A., and Perez-Pariente, J. (1993) Zeolites, 13, 82.

[53] Corma, A., Esteve, P., Martinez, A., and Valencia, S. (1995) J. Catal., 152, 18.

[54] van del Waal, J.C., Lin, P., Rigutto, M.S., and van Bekkum, H. (1997) Stud. Surf. Sci. Catal., 105, 1093.

[55] Camblor, M.A., Corma, A., and Valencia, S. (1998) J. Phys. Chem. B, 102, 75.

[56] Tatsumi, T. and Jappar, N. (1998) J. Phys. Chem. B, 102, 7126.

[57] (a) Goa, Y., Wu, P., and Tatsumi, T. (2001) Chem. Commun., 1714; (b) Goa, Y., Wu, P., and Tatsumi, T. (2004) J. Phys. Chem. B, 108, 8401.

[58] Koller, H., Woelker, A., Villaescusa, L.A., Diaz-Cabanas, M.J., Valencia, S., and Camblor, M.A. (1999) J. Am. Chem. Soc., 121, 3368.

[59] Goa, Y., Wu, P., and Tatsumi, T. (2004) J. Phys. Chem. B, 108, 4242.

[60] Skeels, G.W. and Flanigen, E.M. (1989) ACS Symp. Ser., 398, 420.

[61] Reddy, J.S. and Sayari, A. (1995) Stud. Surf. Sci. Catal., 94, 309.

[62] Di Renzo, F., Gomez, S., Teissier, R., and Fajula, F. (2000) Stud. Surf. Sci. Catal., 130, 1631.

[63] Rigutto, M.S., de Ruiter, R., Niederer, J.P.M., and van Bekkum, H. (1994) Stud. Surf. Sci. Catal., 84, 2245.

[64] Tatsumi, T., Nakamura, M., Yuasa, K., and Tominaga, H. (1991) Catal. Lett., 10, 259.

[65] Camblor, M.A., Corma, A., Díaz-Cabanas, M.J., and Baerlocher, C. (1998) J. Phys. Chem. B, 102, 44.

[66] Roth, W.J., Kresge, C.T., Vartuli, J.C., Leonowicz, M.E., Fung, A.S., and McCullen, S.B. (1995) Stud. Surf. Sci. Catal., 94, 301.

[67] Corma, A., Fornés, V., Pergher, S.B., Maesen, Th.L.M., and Buglass, G. (1998) Nature, 396, 353.

[68] Blasco, T., Navarro, M.T., Corma, A., and Pérez-Pariente, J. (1995) J. Catal., 156, 65.

[69] Koyano, A.K. and Tatsumi, T. (1997) Chem. Commun., 145.

[70] Clerici, M.G. and Ingallina, P. (1993) J. Catal., 140, 71.
[71] Levin, D., Chang, A.D., Luo, S., Santiestebana, G., and Vartuli, J.C. (2000) US Patent 6,114,551.
[72] Wu, P. and Tatsumi, T. (2004) Catal. Surv. Asia, 8, 137.
[73] Wu, P. and Tatsumi, T. (2003) J. Catal., 214, 317.
[74] Wu, P., Liu, Y., He, M., and Tatsumi, T. (2004) J. Catal., 228, 183.
[75] Wang, L., Liu, Y., Xie, W., Zhang, H., Wu, H., Jiang, Y., He, M., and Wu, P. (2007) J. Catal., 246, 205.
[76] Wu, H., Wang, L., Zhang, H., Liu, Y., Wu, P., and He, M. (2006) Green Chem., 8, 78.
[77] Fan, W., Kubota, Y., and Tatsumi, T. (2008) ChemSusChem, 1, 175.
[78] (a) Song, F., Liu, Y., Wu, H., He, M., Wu, P., and Tatsumi, T. (2005) Chem. Lett., 34, 1436; (b) Song, F., Liu, Y., Wu, H., He, M., Wu, P., and Tatsumi, T. (2006) J. Catal., 237, 359.
[79] Fan, W., Wu, P., Namba, S., and Tatsumi, T. (2003) Angew. Chem. Int. Ed., 43, 236.
[80] Fan, W., Wu, P., Namba, S., and Tatsumi, T. (2006) J. Catal., 243, 183.
[81] Ruan, J., Wu, P., Slater, B., and Terasaki, O. (2005) Angew. Chem. Int. Ed., 44, 6719.
[82] Wu, P., Ruan, J., Wang, L., Wu, L., Wang, Y., Liu, Y., Fan, W., He, M., Terasaki, O., and Tatsumi, T. (2008) J. Am. Chem. Soc., 130, 8178.
[83] Inagaki, S., Yokoi, T., Kubota, Y., and Tatsumi, T. (2007) Chem. Commun., 5188.
[84] Wu, P., Nuntasri, D., Ruan, J., Liu, Y., He, M., Fan, W., Terasaki, O., and Tatsumi, T. (2004) J. Phys. Chem. B, 108, 19126.
[85] Freyhardt, C.C., Tsapatsis, M., Lobo, R.F., Balkus, K.J., and Davis, M.E. (1996) Nature, 381, 295.
[86] Balkus, K.J., Gavrielov, A.G., and Zones, S.I. (1995) in Zeolites: A Refined Tool for Designing Catalytic Sites (eds L.Bonneviot and S. Kalliaguine), Elsevier, Amsterdam, pp. 519–525.
[87] Balkus, K.J., Khanmamedova, A., Gavrielov, A.G., and Zones, S.I. (1996) in 11th International Congress on Catalysis (eds J.W.Hightower, W.N. Delgass, and E. Iglesia), Elsevier, Amsterdam, pp. 1341–1348.
[88] Yashima, T., Yamagishi, K., and Namba, S. (1991) Stud. Surf. Sci. Catal., 60, 171.
[89] Kubota, Y., Koyama, Y., Yamada, T., Inaki, S., and Tatsumi, T. (2008) Chem. Commun., 6224.
[90] Koyama, Y., Ikeda, T., Tatsumi, T., and Kubota, Y. (2008) Angew. Chem. Int. Ed., 47, 1042.
[91] Clerici, M.G. (2001) Top. Catal., 15, 257.
[92] Bhaumik, A. and Kumar, R. (1995) J. Chem. Soc., Chem. Commun., 349.
[93] Tatsumi, T., Asano, K., and Yanagisawa, K. (1994) Stud. Surf. Sci. Catal., 84, 1861.
[94] Tatsumi, T., Yanagisawa, K., Asano, K., Nakamura, M., and Tominaga, H. (1994) Stud. Surf. Sci. Catal., 83, 417.
[95] Corma, A., Esteve, P., and Martinez, A. (1996) J. Catal., 161, 11.
[96] Bonino, F., Damin, A., Ricchiardi, G., Ricci, M., Spanò, G., D'Aloisio, R., Zecchina, A., Lamberti, C., Prestipino, C., and Bordiga, S. (2004) J. Phys. Chem. B, 108, 3575.
[97] Prestipino, C., Bonino, F., Usseglio, S., Damin, A., Tasso, A., Clerici, M.G., Bordiga, S., D'Acapito, F., Zecchina, A., and Lamberti, C. (2004) ChemPhysChem, 5, 1799.
[98] Bhaumik, A., Kumar, R., and Ratnasamy, P. (1994) Stud. Surf. Sci. Catal., 84, 1883.
[99] Kumar, S.B., Mirajkar, S.P., Pais, G.C.G., Kumar, P., and Kumar, R. (1995) J. Catal., 156, 163–166.
[100] Fan, W., Peng, W., and Tatsumi, T. (2008) J. Catal., 256, 62.
[101] Bellussi, G., Carati, A., Clerici, M.G., Maddinelli, G., and Millini, R. (1992) J. Catal., 133, 220.
[102] Wu, P. and Tatsumi, T. (2002) Chem. Commun., 1026.
[103] Baerlocher, Ch., McCusker, L.B., and Olson, D.H. (2007) Atlas of Zeolite Framework Types, 6th Revised edn, Elsevier, p. 213–235.
[104] Hari Prasad Rao, P.R., Kumar, R., Ramaswany, A.V., and Ratnasamy, P. (1992) J. Catal., 137, 225.
[105] Tatsumi, T., Hirasawa, Y., and Tsuchiya, J. (1996) ACS Symp. Ser., 638, 374–383.
[106] Gallot, J.E., Fu, H., Kapoor, M.P., and Kaliaguine, S. (1996) J. Catal., 161, 798–809.
[107] Sen, T., Ramaswamy, V., Ganapathy, S., Rajamohanan, P.R., and Sivasanker, S. (1996) J. Phys. Chem., 100, 3809–3817.
[108] Dzwigaj, S., Peltre, M.J., Massiani, P., Davidson, A., Che, M., Sen, T., and Sivasanker, S. (1998) Chem. Commun., 87.
[109] Reddy, K.R., Ramaswany, A.V., and Ratnasamy, P. (1992) J. Chem. Soc., Chem. Commun., 1613.
[110] Mal, N.K., Ramaswany, V., Ganapathy, S., and Ramaswamy, A.V. (1995) Appl. Catal., A, 125, 233.
[111] Corma, A., Nemeth, L.T., Renz, M., and Valencia, S. (2001) Nature, 412, 423–425.
[112] Boronat, M., Corma, A., Rez, M., Gastre, S., and Valencia, S. (2005) Chem. Eur. J., 11, 6905.
[113] Bare, S.R., Kelly, S.D., Sinker, W., Low, J.J., Modica, F.S., Valencia, S., Corma, A., and Nemeth, L.T. (2005) J. Am. Chem. Soc., 127, 12924.
[114] Jayachandran, B., Sasidhran, M., Sudalai, A., and Ravindranathan, T. (1995) J. Chem. Soc., Chem. Commun., 1341.
[115] Raju, S.V.N., Upadhya, T.T., Ponrathanam, S., Daniel, T., and Sudalei, A. (1996) J. Chem. Soc., Chem. Commun., 1969.
[116] Lempers, H.E.B. and Sheldon, R.A. (1997) Stud. Surf. Sci. Catal., 105, 1061.
[117] Kharitonov, A.S., Sheveleva, G.A., Panov, G.I., Sobolev, V.I., Paukshtis, Y.A., and Romannikov, V.N. (1993) Appl. Catal. A, 98, 33.

24 沸石环保催化剂

Gabriele Centi, Siglinda Perathoner

24.1 引言

20世纪90年代初,第一次大型环保催化剂会议的召开,预示着催化剂及催化技术在环境保护领域得到广泛应用[1~6]。最初的环境催化作用的概念仅限于减少环境污染物释放的技术。然而,现在环境催化作用的应用有了更广泛的寓意:

① 静态污染源催化净化技术,用于催化净化静态污染源释放出的气体,主要是脱除氮氧化物、挥发性有机化合物(VOCs)和液体污染物(脱除硝酸盐、有毒物以及难处理的化合物等);

② 动态污染源催化净化技术(清洁燃料,减少NO_x、CO、HC、尤其是交通产生的污染颗粒等);

③ 用于转化或循环利用固体废弃物的催化净化技术(例如废弃聚合物的转化、工业固体废弃物的循环利用等);

④ 减少温室气体释放的催化剂技术(例如减少N_2O、CH_4、CO_2和氟碳化合物的释放);

⑤ 室内应用的催化剂(例如提高空气和水的质量、进行表面自清洁的设备等);

⑥ 清洁能源生产的催化方法(例如氢气生产,利用可再生能源、生物质、燃料电池和蓄电池等);

⑦ 具有可持续产品和生物相容性技术的新催化流程。

然而,由于大部分在本书的其他章节已进行了分析,本章仅讨论基本意义上的环保催化剂。本章所讨论的大部分环保催化剂都是沸石及其相关材料的催化剂,尤其是关注沸石在脱除NO_x和VOC方面的应用。

24.2 机遇与问题一瞥

激发这个领域研究的最早发现之一,是发现在NO分解反应中,Cu离子交换进入FAU和MFI微观结构后比金属离子交换进入沸石表现出更好的活性[7~9],尤其是过度交换的Cu/MFI($Cu^{2+}/Al > 0.5$)活性更高。但是在有氧气和水蒸气时活性受到严重的抑制,因此这些材料从未得到实际应用。然而,在这一领域的研究依然很活跃。

Kustova等[10, 11]近来报道,介孔Cu/ZSM-11(由二维的十元环气孔结构构成的MEL结构)和Cu/ZSM-12(由一维的十二元环气孔构成的MTW结构),与原研究最多的Cu/ZSM-5(MFI结构,与MEL结构相似，但是其中一组气孔是锯齿形或者正弦形状的)对NO的直接催化分解都具有催化活性。他们还报道，虽多年来Cu/ZSM-5一直被认为是NO直接催化分解的唯一有效催化剂，但是他们发现"Cu-ZSM-11和Cu/ZSM-12大约具有Cu-ZSM-5的两倍活性"，这意味着Cu-ZSM-5特殊的孔隙结构并不是NO分解催化剂活性的决定性因素。

Cu/沸石的根本问题是，大家关注的是以沸石作为主体材料的作用，而不是含过渡金属-离子沸石在环境中的应用对所有领域的广泛意义。问题是沸石只是为金属离子提供一个好的分散作用而已(这种特殊物质在别的氧化物上无法形成)，还是沸石孔径结构具有特殊效应("择型催化"或类似的方面)。

着手研究10多年前就有专利报道的，使用这些沸石制备NO分解催化剂，对讨论这些问题与Christensen等[10, 11]最近的结果之间的关系，有着非常重要的意义。例如，Price和Kanazirev[12]认为这种沸石最好是ZSM-5、ZSM-11或ZSM-12沸石，Kagawa和Teraok[13]同样认为ZSM-11和ZSM-12是NO分解反应的有效沸石，许多其他的专利也指出这些沸石和其他的沸石结构与制备活性催化剂有着一定的关系。然而，就ZSM-5而言，这些材料在测试过程中表现出的低活性性能与Christensen等[10, 11]近来的研究成果是相悖的。

要想澄清这点，有必要回到这个基本思想，即利用含有过渡金属沸石，方能实现单个活性组分在沸石孔隙中的极好分散[14]。然而，很快发现多种物质的形成及其性质在很大程度上取决于制备方法。这些物质的分布除取决于沸石自身的结构外，还取决于很多参数，例如制备形态(包括化合物前驱体)、沸石Si/Al比、热处理方式等。当制备方法发生变化时，沸石的级联结构经常出现不同的反应顺序。我们知道这种活性中心的物质(过渡金属离子)表现出的特有性质与其在负载型氧化物催化剂上表现出的性质是不一样的，所以即使Cu/MFI(ZSM-5)催化剂在这个反应中表现出了特有的行为，这也与沸石孔隙结构相关的物质特征无关(一维或三维空间、线性或正弦孔道、孔道的大小等)[16]。

事实上，与孔道和笼的尺寸比较起来，NO是一个小分子，可能出现的反应中间体(如二聚物)的尺寸也很小。因此，择型效应不存在。沸石内静电场(沸石系列结构如ZSM-5、ZSM-11和ZSM-12)对反应中间体稳定性可能存在的影响，或者沸石孔隙结构对分子(NO、N_2)扩散系数的影响也很小。因此，沸石的孔隙结构特征(对于同等性质的活性位点)在NO分解过程中不起主要作用，尽管它们可能在其他氮氧化物的转换反应中起主要作用，如选择性还原含碳氢化合物的NO。

另一方面，10年前人们就已经知道过渡金属离子孤立物种的不同位点，在沸石结构中可能不同[17~19]。金属离子交换沸石中阳离子位置电荷平衡在以下情况可以发生：

① 裸露的阳离子只与骨架氧原子配位，因此表现出开放的内配位层；

② 金属氧物种连接沸石结构，但同时仍有非骨架氧原子结构；

③ 类金属氧物种分布在沸石体内或者大部分在晶体的表层。

金属中心的结构取决于金属离子的类型、阳离子引入沸石的过程以及沸石主体矩阵(Si/Al比和Al离子的位置)。过渡态金属离子(例如Cu^{2+}或Co^{2+}等)二价阳离子主要只和氧骨架结合。对于更高价态的离子如铁的物种，由于缺少局部负电荷骨架结构，尤其是在高硅沸石中，平衡三价阳离子可能引起铁离子结构接受一个非骨架氧配体，即FeO^+或双原子核$Fe-O-Fe$类化合物。

沸石中不同金属离子的位点，由裸露的阳离子确定。它们已被界定为α、β和γ型(如图24.1b)[17~19]。前两种位点(α和β型)中，二价金属离子取决于Si/Al比、沸石的类型、制备方法(包括沸石本身及其负载金属离子)等等。

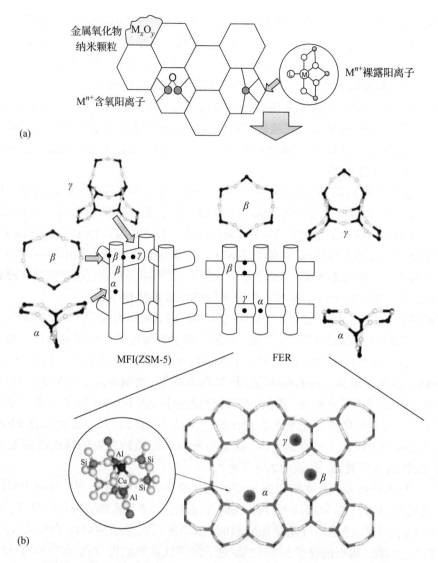

图24.1 沸石中阳离子位置模型示意图；(a)MFI和FER沸石中α、β和γ型甲基二价离子[Me(II)ions]
位置和局部骨架结构简化图[19]；(b)铜离子在沸石(FER)中的定位模型[33]

众所周知，一方面，在离子交换过程中，沸石中的静电场使金属氢氧化物沉淀形成更大的沸石。这些前驱体在热处理时可能形成孤立的铜离子、含氧离子或金属氧化物纳米颗粒[20]；另一方面，通过传统浸渍法，沸石内低扩散速率，使这些金属氢氧化物优先选择沉降在沸石晶体的表面。因此，最近的发现得知采用浸渍法制备的Cu/MFI催化剂主要在沸石的表层形成氧化铜粒子[21]。

因此，制备方法是影响活性铜物种浓度最大化及其分解NO能力的关键因素[22~25]。然而，自身的高敏感性和沸石制备过程中活性物质的分布及其特征，以及沸石中低含量的过渡金属离子(典型的为百分比之几或者更少)难于表征，导致在文献中经常能发现矛盾的观点，这些问题一直没有得到很好地解决。

由于这个原因，长期以来都在对活性位点的本质识别进行研究讨论。Miyamoto等[26]利用分子动力学模型(MDs)和分子轨道(MO)计算得出，当两个Al原子占据六元环中的T8位时会出现Cu(Ⅱ)—O—Cu(Ⅱ)活性中心物质；然而，高石规则(Takaishi rule)则表明两个Al原子不会同时出现在一个五元环中。Catlow等[28, 29]同样通过计算表明Cu/MFI催化剂的活性位与非骨架羟基桥连起来的两个铜离子有关系。图24.2是Catlow等提出的活性位模型。

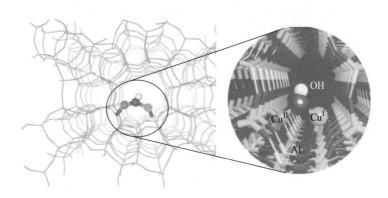

图24.2 Catlow等[29]提出的Cu/MFI催化分解NO的活性位模型图

Wichterlová等[30]用Cu⁺发致发光(PL)和红外(IR)光谱鉴定了两个主要位置的铜(定义为Cu$_\alpha$和Cu$_\beta$)。Cu$_\beta$优先占据铜低负载区，使低负载区更加紧密且具有更高的正电荷。Cu$_\alpha$分布在整个浓度范围内，但是优先占据高负载区，接近甚至超过100%的离子交换，它有着更开放的配位体、更低的正电荷，它将通过单个铝原子结构达到平衡，而不是Cu$_\beta$的双铝原子结构。这些Cu位点的还原能力互不不同，主要取决于局部负电荷结构。Cu$_\beta$取决于紧邻铜离子的局部Si-Al排序以及Si/Al比产生的整体骨架电荷。

通过对Cu$_\alpha$、Cu$_\beta$的布居函数与催化活性与还原能力分析，认为Cu$_\alpha$是NO分解的活性中心。Wichterlová等[30]的研究表明，单个的裸露阳离子是NO分解的活性位。

许多其他研究者通过瞬态反应性研究、光谱分析以及理论模拟，对催化剂活性位的本质及其在铜基沸石上NO分解的机理(见Centi和Perathoner关于氮氧化物在铜基催化剂上的转化的综述[31])进行了研究。Pietrzyk和Sojka[32]、McMillan[33]、Schneider最近对关于NO在金属交换沸石上反应理论研究进行了专题报道。Busca[35]、Centi和Perathoner[36]进行了关于氮氧化物转换机理在各层面上的研究。Pulido和Nachtigall[37]最近的理论研究表明，环状二亚硝基化合物(类连二次硝酸盐)是主要的中间体。模型如图24.3所示。Pulido和Nachtigall[37]认为，与Cu⁺离子相配位的二亚硝基化合物有三种类型[37]：四面体、平面四方形和平面三角形。当两个NO分子通过N原子与Cu⁺离子结合，形成四面体构型时可得到最稳定的二亚硝基化合物。环状硝基化合物，有一个四方形排列配体通过O原子作用在Cu⁺离子上，该化合物的结合能仅仅几千卡每摩尔，远没有二亚硝基化合物下的氮稳定。这种环状二亚硝基化合物被认为是在Cu/沸石脱硝过程中最重要的中间体。

该模型指出孤立的Cu⁺离子是活性位点。早期就已通过红外光谱研究得知，孤立的铜离子上偕二硝基的形成是其主要特性。然而，对于它们在反应过程中的作用，各研究者却发表了不同见解。Bell等[38]通过红外光谱证明随着Cu²⁺(NO)和Cu²⁺(O⁻)(NO)的形成，逐步取代Cu⁺(NO)₂双氮氧化物，同时也取代了Cu²⁺(NO₂)和Cu²⁺(NO₃⁻)，其机理如图24.2a所示。依据Bell等[38]的理论，主要的中间体是Cu²⁺(NO₂⁻)(NO)或Cu⁺(N₂O₃)，这与Li和Hall[39]最初的理论一致。他们认为从NO分解动力学上来说，NO被含有非晶格氧(ELO)位(如Cu²⁺O⁻)吸附是速率决定步骤。

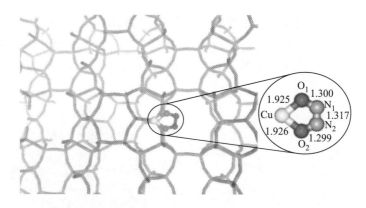

图24.3 Pulido和Nachtigall提出的在Cu/FER上的脱硝反应的关键活性中间体

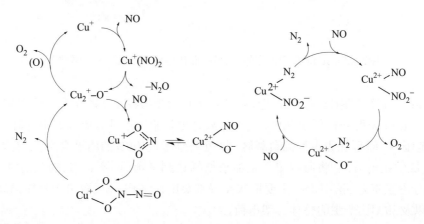

图24.4 Bell等[38](左)和Zecchina等[40](右)提出的NO在Cu/沸石上的分解反应机理

Zecchina等[40]基于单个铜的作用和$Cu^{2+}(NO_2^-)(NO)$中间体的主要结构,提出了一种略有不同的反应机理(如图24.4b),完全排除了铜二聚体的作用。Schay等[41]同样认为$Cu^{2+}(O)(NO)$ (NO_2)是NO分解过程中的关键中间体。与这种理论相一致的是,Ramprasad等[42]认为,密度泛函理论(DFT)结果表明,沸石中铜离子位点附近的单级、对称、协同NO分解反应,被对称轨道阻止。相反的,亚稳定的连二次硝酸盐复合物具有N−N耦合作用,可能是NO多步反应的起始物。

Schneider[34]发现,在"连二次硝酸盐"结构(见图24.5)中,由于Cu上的电荷转移至吸附物上,形成键合作用,驱使形成短的N—N键,进而形成N_2O和ZCuO铜氧化物,其中Z代表沸石。

按照以下机理,铜氧化物可能与N_2O进一步发生深度氧化:

$$ZCuO+N_2O \longrightarrow [ZCuOO-NN]^{\ddagger} \longrightarrow ZCuO_2+N_2 \qquad (24.1)$$

随后O_2从ZCu解吸将完成整个循环。第二个O原子转移反应能垒约为150.696kJ/mol (36kcal/mol),因此反应更加困难。

然而,Pietrzyk和Sojka[32]研究发现,瞬态$\{Cu^IN_2O_2\}Z$转化受到系间窜越的动力学限制,因为自旋单重态$\{^1Cu^IN_2O_2\}Z$中间体转化为具有自旋三重态基态的$\{^3CuO\}Z$中心。

这种外层耦合形成二聚$\{Cu^IN_2O_2\}Z$中间体的另一种可能机理是内层亚硝翁离子路线。氧化吸附,形成$NO^{\delta-}$键,定义为活化亚硝基路径;然而还原吸附,形成$NO^{\delta+}$,定义为活化亚硝翁离子路径。在后一种情况,M−N−O部分高度弯曲(130°~140°)。而N−O键键长缩短,与自由态的NO分子相比,键的极化增强大约3倍。第二个NO分子可与金属中心发生配位作用,当自旋密度大部分在金属上时,二亚硝基化合物可能热分解通过内层路径形成N₂O。

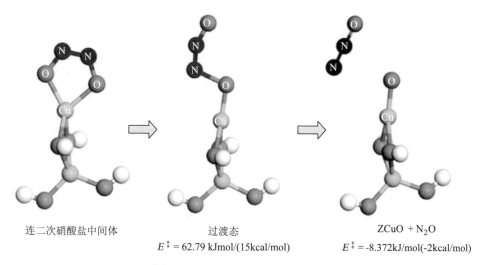

连二次硝酸盐中间体   过渡态   ZCuO + N₂O
$E^{\ddagger} = 62.79\ kJmol/(15kcal/mol)$ $E^{\ddagger} = -8.372kJ/mol(-2kcal/mol)$

图24.5 Schneider[34]提出的连二次硝酸盐中间体转化为(ZCuO)和N₂O

因此,这两条路径在很大程度上取决于二亚硝基结构的特征,而它又取决于金属及其电荷的特性。如同Pietrzyk和Sojka[32]在分析单亚硝基化合物在不同的过渡金属离子交换沸石中的特性所进行的详细讨论一样,NO的配位作用使电荷和自旋密度进行明显地再次分配,伴随着N—O键顺序及其极性的改变,沸石骨架参与电荷密度和自旋密度的再次分配。因此,不仅过渡金属离子的种类及其化合价决定NO配位化合物(而且可能包含转化途径)的特征,而且沸石中过渡金属离子的位置以及沸石的骨架结构,也可调控沸石的活性和自旋密度的再分配。

因此,情况比我们通常依据理论模型考虑的更复杂。此外,问题在于单一的金属离子化合物模型对这种催化剂是否适用。一个很明显的问题,即多铜位的存在会尽可能地通过电子相互作用改变电荷和自旋密度再分配。此外,一个尚未解决的问题还是耦合作用,即化学吸附的影响。正如前面指出的那样,单亚硝基化合物的结构与沸石自身的结构有着一定的相关性。通过红外研究表明,NO化学吸附在Cu/MFI上,改变了沸石的骨架振动。由于化学吸附有松弛效应,也就是低化学吸附覆盖率时的位点的构型与高化学吸附覆盖率时是不完全一致的。还有一个未解决的问题,就是这种缓和作用能否在反应机理中起重大作用。

除了单个铜位,多核铜位可能出现而且成为活性位。尤其是,存在两个足够接近的铜离子同时起催化作用的可能性引起了众多关注[43]。通过理论模型可以发现可能存在大量的单氧桥和双氧桥铜对[34]化学键强作用力(如图24.6):

$$ZCuO + ZCu \longrightarrow ZCu-O-CuZ \quad \Delta E = 251.16kJ/mol(-60kcal/mol) \quad (24.2)$$

$$ZCuO_2 + ZCu \longrightarrow ZCu-O_2-CuZ \quad \Delta E = 167.44\ kJ/mol(-40kcal/mol) \quad (24.3)$$

氧的解吸是NO分解的速率限制步骤,铜离子对将对反应起促进作用。Kuroda等[44, 45]通过研究NO吸附在Cu/MFI上氧化还原过程的X射线吸收光谱,认为当沸石拥有恰当的Si/Al比时,其铜离子可能以二聚物的形式存在,在NO分解中起催化作用,并在铜离子氧化还原反应中起关键作用。Cu/MFI催化剂中活性铜中心的多铜离子结构所起的作用在近年来也备受关注[46]。

深入研究NO分解反应机理中不同的观点和结论超出了本章的范畴。针对有序环境(沸石主体)中定义明确的铜离子在NO分解如此简单的反应中的作用,多年后仍在继续讨论,这足以证明问题的复杂性。

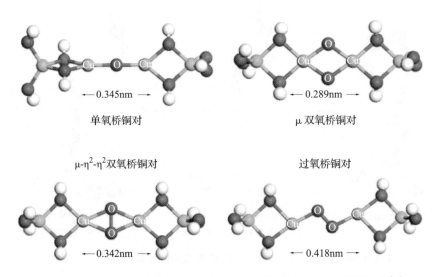

单氧桥铜对 ←0.345nm

μ 双氧桥铜对 ←0.289nm

μ-η²-η²双氧桥铜对 ←0.342nm

过氧桥铜对 ←0.418nm

图24.6 氧桥Cu对的自旋极化局域密度,以单T位(AlO₄四面体)计算[34]

在大多数有关反应机理的假说和多种理论研究的激励下形成的观点是:Cu/沸石中存在一个非常明确的位点。正如上观点所述,存在不同的铜离子位,它们能在催化反应或特征描述的多步过程中进行可逆的变化。众所周知,铜离子的重新定位取决于温度和气体组成,以及铜离子自发还原的难易程度。此外,铜离子的位置还取决于化学吸附分子的配位作用。

例如,红外光谱(IR)测试结果表明,NO对Cu^+的协同作用使得它们移向笼中更开阔的位置。Broclawik等[47]近来报道,Cu^+在Ⅱ位对NO分子的作用力比在Ⅲ位更弱。这是因为在Ⅱ位与O原子形成了非常稳定的平面三配位体。然而,第二个NO分子在Ⅲ位的吸附热仅仅略高于Ⅱ位,因为第一个NO分子吸附在Ⅱ位之后,Cu(Ⅰ)离子迁移至与Ⅲ位更接近的位置。同样的,ZSM-5催化剂中CO与Cu^+的配位使得一个铜离子被取代,NO氧化Cu^+的协调/配位作用与观察到的一致[48]。

如前所述,通过IR测试可知,沸石结构骨架振动的倍频峰取决于化学吸附的覆盖率,表明分子在铜位的吸收不仅仅受局部的(短期的)影响。铜离子的局部配位将取决于化学吸附的覆盖率。

所有这些迹象针对于铜离子在沸石中的高活性位置,因此使我们仅限于考虑理论方法制备的定义明确的铜类。其实我们还需考虑可能存在的不同铜类间的协同作用。比如,众所周知非骨架铝离子影响附近Brønsted酸(以下简称B酸)的酸性。骨架外的铜离子可能因此直接(例如参与反应机理)或间接地(例如成为电荷轨迹和自旋密度,因此影响不同氮氧化物的稳定性,或者通过调停氧的解吸而加速速率限制步骤)影响孤立铜离子的行为。

在讨论反应机理时,所有这些方面都需要进行考虑。如前文所述,从反应性能测试开始的观察表明,在过饱和交换的Cu/MFI催化剂中活性更高,例如,当铜离子的数量高于相应铝离子(1个Cu^{2+}对应2个铝离子)的数量时。当交换范围在100%~140%时能观察到最佳活性,这是假定二聚铜离子(与一个或两个桥连氧原子)为活性位的根本原因。在过饱和交换的沸石中，[CuOH]⁺等在离子交换过程中发生沉淀。这些[CuOH]⁺可以由氧铜桥或氧铜链脱水而成。然而，问题是它们是否是活性位。事实上，其他因素可以解释为什么需要进行过饱和交换：①多环铜类(例如图24.6所示的铜对)是活性位，它们主要在Cu/沸石的过饱和交换过程中形成；②在更多空位(Cu$_\alpha$位)上的孤立铜离子，这些铜离子比其他孤立铜类具有更高的活性，它们仅当其他位置都被占据且处于高交换程度时才会形成；③当孤立铜和多环铜足够接近(例如发生在过饱和交换中的样品)时，它们之间具有协同作用。可能还存在着很多其他的解释，但是目前仅这三种理由难以形成统一的结论。

正如常说的那样，我们可以推断，这些在非骨架位置含有金属离子的沸石可看成类酶材料。这是因为其存在一个被三维(3D)环境包围的孤立金属离子，该3D环境是介入分子的化学反应和定向吸附所形成的。上述简短的讨论和报道表明情况要复杂得多，由于在一个动态平衡中可能存在多个位置，从定性的角度来说，体系远比想象中的要复杂。这是为何像NO分解如此简单的反应机理迄今尚无定论的原因之一。

从应用的角度而言，主要的特征是可能存在孤立和易接近的金属离子，但最典型的还是其低负载量，它能使每单位质量的催化剂低产。然而，这些金属离子的氧化还原能力和反应特性，与传统氧化物(硅、铝等)上的金属离子不同。相对高的迁移率决定了它的低稳定性，尤其是在水热环境中。

就NO在Cu/MFI催化剂上发生分解反应而言，氧气会降低反应速率，这是由于氧气与NO在被还原的铜离子上发生化学吸附竞争所致。因此，铜离子的自还原是速率限制步骤。然而，近来，其他供选择的沸石材料被认为已经明显地克服了这个问题。Shi等[49]研究了在氧气存在时，NO在一系列Mn/Fe比为1的Fe-Mn/H-beta催化剂上发生直接催化分解的情况。当Mn进入Fe/H-beta位时，NO$_x$转换率增加，活化温度窗降低，Fe(5%)-Mn(5%)/H-beta位表现出最高活性，O$_2$和CO$_2$都不对反应起抑制作用。因此，这些结果表明，发展改进的用于NO分解的Me-沸石催化剂仍具有广阔的研究空间。

24.3 应用领域

含过渡金属的沸石已非常成功地应用在石油炼制和石油化工领域，另一个应用领域是在环境保护方面。从这些催化剂的研究数量可知，尽管它们在环保方面的实际应用仍然受到很大限制，但是重大的利益关系提升了它们在环境保护方面的应用价值。

在本章引言中所限定的讨论范围内，沸石在环保催化剂方面的两个主要应用领域为：氮氧化物(NO$_x$和N$_2$O)的转化和VOCs的转化。其他应用领域包括废水治理、污染物的光催化转化、空气净化和土地治理，虽然与替代催化剂材料(例如支撑氧化物材料)相比，沸石催化剂具有明显的优势，这一点还没有得到很好的证实。Larsen[50]和早先的Delahay与Coq[51]对沸石在环境催化方面的应用进行了综述报道。更多专题报道主要有以下几方面：沸石催化剂在脱卤素过程中的应用[52]；金属沸石[尤其是Co/MFI、Fe/MFI镁碱沸石(FER)、丝光沸石(MOR)]在碳氢化合物选择性催化还原(SCR)NO$_x$上的应用[19]；金属离子交换沸石作为脱硝(DeNO$_x$)催化剂在稀薄燃烧发动机上的应用[53]；稀薄燃烧碳氢化合物SCR技术在沸石催化剂上的反应机理研究[54]，以及沸石在脱除一氧化氮领域的应用[55, 56]；沸石中过渡金属离子的量子机械模型特性，尤其是涉及NH$_3$存在下氮氧化物的催化还原[57]；沸石在污染控制中的应用，尤其是减少固定源中NO$_x$和N$_2$O的排放[58]；Cu I /Cu II-Y沸石的表征、建模与性能研究(尤其是硝酸厂的尾气治理)[59]；金属交换沸石(尤其是Fe/MFI)通过NH$_3$-SCR技术选择性催化还原NO$_x$在柴油机尾气净化技术中的应用[60]；沸石骨架中引入过渡金属氧化物(Ti、V、Mo、Cr)，以及过渡金属离子(Cu^+、Ag^+)在沸石孔隙中进行交换,在光催化转化NO_x(NO, N_2O)、H_2O还原CO_2[61]或作为光电阳极[62]方面的应用;采用多微孔和介孔材料制备单点光催化剂[63, 64],或通过控制空间结构和颗粒尺寸提高TiO_2的光催化活性[65]方面的应用;沸石和其他新材料在废水治理方面的应用[66];天然环保沸石在水净化[67]和"灰水(家庭污水)"处理[68]中的应用;沸石在用过氧化氢湿式催化氧化技术处理农产品和工业物流有机废弃物中的应用[69];沸石薄膜在脱除空气中微量污染物和其他领域中的应用[70]。

几条沸石作为环保催化剂的报道见表24.1中,显示了材料的丰富多样以及环保催化剂广阔地应用范围。然而,必须注意的是,它们的商业应用仍取决于它们的吸附性质而不是它们作为催化剂的应用[71],至少在生态应用上如此,虽然我们很可能即将发现它们的大型应用。比如说,分子筛国际(Zeolyst International)公司(全球沸石催化剂生产商领头羊之一)在其网站(www.zeolyst.com)上报道了沸石在环境废物减排和废水二次处理(减少NO_x和VOCs,包括汽车冷启动排放),以及脱除汽车燃烧产品(尤其是稀燃NO_x)方面的应用,即使表现出来的只有它们的"潜在"应用。

表24.1 沸石作为环保催化剂的实例[①]

催化剂	应用	参考文献
Cu/FAU	硝酸厂尾气去除氮氧化物	[51]
Fe/MFI	消除硝酸厂一氧化二氮	[72]
Cu/MFI	一氧化氮--一氧化二氮协同分解	[73]
Cu/BEA	用丙烷转化氮氧化物	[74, 75]
Cu/MFI	用癸烷转化氮氧化物	[76]
Fe/MFI、Cu/MFI	尿素选择性还原技术(Urea-SCR)(柴油发动机)	[77]
Ag/MFI、Ag/BEA	加氢条件下用丙烷还原一氧化氮	[78]
Ag/FAU	用氧化物转化氮氧化物	[79]
Ir/MFI	同时去除烟尘和氮氧化物	[80]
沸石(作为添加剂)	用于在存储还原催化剂上的暂储氨强化氮氧化物转化	[81]
Co、Mn/FER	在甲烷存在下的氮氧化物择性还原技术	[82]
Pd/MCM-41	CO、HC低温催化燃烧	[83]
堇青石上的Cu/MF或Pt/MFI	去除VOC	[84]
CeO_2/FAU	1, 2-二氯乙烷深度氧化	[85]
Pt/P-MCM-41	三氯乙烯催化燃烧	[86]
沸石和MCM-41	甲苯的催化臭氧氧化	[87]
Pd/BEA、Pd/FAU	VOC催化臭氧氧化	[88]
Fe/MFI、Cu/MFI	在双氧水存在下的污染物湿法氧化	[69, 89~92]
Pd/疏水的FAU	氯代烃在水中加氢脱卤素	[52]
自然沸石	土壤改良剂、废水净化	[93]
Fe/MFI	对六价铬污染的水和土壤修复的光致还原作用	[94]
钛和二氧化钛微观和介孔材料	光催化消除空气中的污染物	[62~64, 95, 96]
FAU、MFI	消除香烟烟雾中的亚硝胺	[97, 98]
Fe/MFI	用双氧水氧化木质素(纸浆和造纸厂的废水)	[99]
Ag/斜发沸石	净化水	[100]

① 包括Y沸石,FAU结构;ZSM-5,MFI结构;β沸石,BEA结构;镁碱沸石,FER结构。

巴斯夫(BASF)催化剂公司(www.catalyst.basf.com,全球催化剂制造界的巨头)近来(2008年11月)在芝加哥SAE(美国汽车工程师学会)国际商用车代表大会上宣布了一种新的铜沸石SCR催化剂,这种催化剂能使路面和越野重型柴油车辆减少90%以上的NO$_x$(氮氧化物)排放。其催化活性成分覆膜在一种蜂窝陶瓷上,并与尿素一起作为还原剂。2009年1月,该公司宣布成立了一个新的研发中心,该研发中心专注研究比传统沸石更能提高汽油和柴油产量的新沸石催化剂的商业化应用。

SAE(这个领域最重要的学会)会议上大量来自于领先汽车制造商的论文指出,Cu/MFI或Fe/MFI沸石即将在柴油的排放控制上进行商业应用。比如,美国福特汽车公司(Ford Motor Co.)的研究者报道[101],使用尿素作还原剂进行选择性催化还原来控制柴油发动机NO$_x$排放,是一个切实可行的选择,尤其是它能达到美国Tier 2 Bin 5排放标准[客车和轻型柴油车要求NO$_x$转化率超过美国联邦试验规范(FTP)90%以上]。

目前,铜/沸石(Cu/zeolite)SCR催化剂适用于大多数操作条件下(废气温度低于450℃)使用,而Fe/沸石SCR催化剂更适用于NO$_x$在450℃以上发生转化的情况下使用。

控制轻型柴油车NO$_x$排放的关键是:催化剂在非常低的温度下仍具有催化活性(大多数排放循环的催化转化温度在350℃以下)。而在重型柴油车中,高温下的催化活性和稳定性更为关键。

Cu/沸石或Fe/沸石SCR催化剂的选择,取决于两种催化剂的不同特性。Cu/沸石催化剂通常是在只有少量或没有NO$_2$存在的情况下使用,在低温下能有效减少NO$_x$;在400℃以上它们都可选择性氧化NH$_3$为N$_2$,使之在升高的温度下转化为极少量的NO$_x$;在温度高达600℃甚至更高时,Fe/沸石催化剂对NO$_x$的转化非常有效,但其低温催化效果不及Cu/沸石催化剂在没有NO$_2$存在时那样有效。一个由Cu/沸石催化剂和Fe/沸石催化剂共同构成的SCR体系能够扩大SCR催化剂的适用温度范围。在低温下,相对于仅含Fe/沸石的体系,Cu/沸石的加入能有效提高NO$_x$的转化效率;在高温下,Fe/沸石催化剂更有活性。此外,混合体系在高温下能通过键合的Fe-Cu体系将过量的NH$_3$吸附来防止NH$_3$的流失,而仅有Fe/沸石的体系在NH$_3$过量时会造成大量的NH$_3$流失。

催化剂性能的一个关键问题是沸石材料储存烃和氨的能力[102]。氨储存于沸石中对NO$_x$的转化有利;然而,烃与氨竞争储存位,可能使其进入沸石内部受阻,沸石内部进行着大量的催化过程。

另一问题是水热稳定性。由于必须对柴油机微粒过滤器进行积极地再生,并清除SCR催化剂的硫和烃污染物,高温SCR催化剂的失活不可避免。为了防止无意的热损坏,有必要对这些温度进行准确的控制,然而有时候控制也是有难度的。因此,有必要发展热稳定性好的SCR催化剂。Fe/沸石剂型比Cu/沸石剂型具有更好的水热稳定性[103]。然而,目前的Fe/沸石剂在预期的200~350℃温度和低NO$_2$/NO$_x$比时,NO$_x$的转化活性不高;而Cu/沸石则可能稳定。最新的技术研究表明,Cu/沸石剂即使在950℃高温也表现出很好的水热稳定性,同时还在低温时保持了稳定的NO$_x$活性[103]。

还有一个问题是硫造成的失活[104]。对于碱金属/沸石SCR催化剂而言,即使使用超低硫燃料,硫中毒仍是一个持久性的问题。硫在Cu/沸石SCR催化剂上对NO$_x$活性的影响远比Fe/沸石严重,但是热老化状态对硫中毒影响的敏感程度不一样[104]。耐热性最好的SCR催化剂并不一定抗硫中毒能力最强。控制硫中毒和脱SO$_x$的方案会依据剂型和热老化的状态而有所不同。

尿素-SCR选择催化系统是基于二氧化钛的钒氧化物,SCR催化剂在欧洲重型车辆的大量产品中应用。SCR活性材料可以用做惰性蜂窝载体的涂层或逐渐挤压成同类窝蜂，均质挤出的催化剂具有包含100%活性材料的优势，尤其是在低温范围内，比涂覆体系具有更高的NO_x转化率。此外，它们具有更好地抗中毒(例如硫中毒)特征。

然而，为了建立一种包含颗粒过滤器技术的新US2010和EURO6体系，以及能满足美国市场对催化剂中不含钒的要求，需要使用可替代的沸石催化剂。在未来的体系中不再使用钒的原因是，钒的再生要求SCR催化剂具有高温稳定性，而且担心在操作过程中伴随有钒的流失。

$SINO_x$ Emission Control[前身是雅佶隆有限公司(Argillon GmbH)，现在是德国庄信万丰催化剂公司(Johnson Matthey Catalysts)]的研究者们[105]已经发明了一种蜂窝型均相催化剂，该催化剂沸石含有100%的活性材料且不含钒。该催化剂具有更好的低温活性和高温稳定性，以抵抗颗粒过滤再生器排气装置中的逆流。此外，低堆积密度有助于减少装罐和系统设计中的转向力。

沸石作为环保催化剂(在不久的将来可能成为主要应用)的另一个相关应用是减少硝酸生产过程中的N_2O排放。在硝酸工业生产中，用空气氧化NH_3法在Pt/Rh网触媒催化剂作用下生产氮氧化物。这个过程先产生NO，然后与氧气和水作用形成硝酸。然而，同时也会产生一种不希望得到的副产物N_2O——一种强劲的温室气体和臭氧层杀手(N_2O比CO_2的温室效应高出大约300倍[106])。与NO不同，N_2O不参与HNO_3生产过程中，它随尾气排入大气中。

依据硝酸生产厂的类型，硝酸生产厂中N_2O的排放范围，少则每吨硝酸产生3~4kg N_2O多则每吨硝酸产生20kg N_2O。全世界的硝酸厂每年大约会产生400kt N_2O。硝酸厂是目前工业生产厂中最大的温室气体排放源。尽管仅有很少量的国家限制硝酸厂N_2O的排放，但是目前达成的温室气体排放协议会迅速地将这些限制标准推广至更多的国家，或许有必要将N_2O的排放纳入京都议定书(Kyoto Protocol——排污权交易、联合履行机制和清洁发展机制)的执行范围。

德国伍德(Uhde)公司(硝酸工艺的世界巨头)与德国南方化学(Süd-Chemie AG)公司(专用沸石制造的世界巨头)基于Fe/MFI催化剂的应用[107, 108](还可见伍德公司no.5000008.00出版物——$EnviNOx^®$硝酸厂排放标准，可从www.uhde.eu下载)，联合发明了一种脱除硝酸生产过程(尤其是尾气)中N_2O的技术。Fe/MFI催化剂的活性要么是将N_2O分解成N_2和O_2——尾气中NO_x的出现能显著地提高效果(助催化NO_x效果；NO_x起清道夫的作用清除N_2O分解而残留在铁位上的氧气，加速反应速率，因为氧的解吸是反应的速率限制步骤)；要么是通过采用各种还原剂(如碳氢化合物)来还原N_2O[109, 110]。此外，铁沸石是一种温度窗宽的优良脱硝(DeNO$_x$)催化剂。$EnviNOx^®$工艺使用的特定铁交换沸石催化剂是$EnviCat^®$-N_2O和$EnviCat^®$-NO_x，而且都已经以小球形式商业化了。

与传统脱硝催化剂相比，这些沸石催化剂的优势是抗常规中毒(如硫或氯)的能力更强，且具有更宽的温度窗操作范围，大约为200~600℃。

可能存在不同的$EnviNOx^®$工艺变量：①催化分解N_2O以及催化还原NO_x；②催化还原N_2O和NO_x；③催化分解N_2O。图24.7展示了前两个过程变量的简易流程图[111]。在第一个单元，反应器一般位于最后的尾气加热单元和尾气涡轮机之间，具有两个催化床。两个催化床装有的沸石催化剂在同温、同压下运行，还有一个在两个催化床中添加NH_3的设备。在第一个O阶段，N_2O的减少仅受N_2O催化分解成N_2和O_2的影响。由于NO_x能提升N_2O的分解，所以脱除NO_x是下一个阶段。这个转化过程特别适合于尾气温度在425~520℃之间的情况。使用该工艺的第一个规模商业化的装置于2003年建成，该装置是奥地利AMI公司在位于奥地利林茨

(Linz)地区的硝酸工厂采用德国伍德公司的技术建成的。该装置每天能生产约1000t硝酸，且在430℃下其尾气流量能达到$12 \times 10^4 m^3$(标)/h，转化率能达到98%～99%。

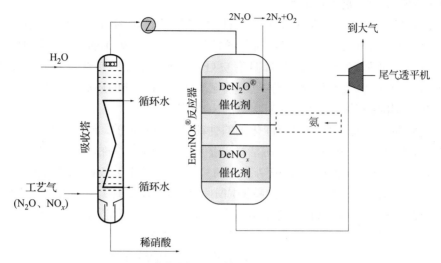

(a) 催化分解N_2O和催化还原NO_x工艺

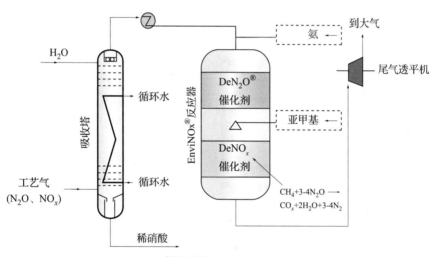

(b) 催化还原N_2O和NO_x工艺

图24.7 EnviNOx®(伍德公司)催化分解N_2O和催化还原NO_x工艺以及催化还原N_2O和NO_x工艺[111]
(DeN_2O催化剂为Fe/MFI, $DeNO_x$催化剂为Fe/MFI或$V_2O_5/TiO_2/WO_3$)

第二个转化阶段，碳氢化合物(例如天然气或丙烷)催化还原脱除N_2O。与N_2O的分解不同，尾气中NO_x的存在会抑制N_2O的还原反应。因此，有必要彻底脱除尾气中的NO_x。根据尾气的组成和特定操作条件，可以在位于脱除$N_2O(DeN_2O)$阶段上游的脱除$NO_x(DeNO_x)$单元，或者更好的是，与N_2O的还原在一个阶段完成脱除。共同的过程单元或两个过程单元的碳氢化合物还原剂混合单元设置在同一反应容器中。依据硝酸厂不同的反应条件，在300～520℃之间选择合适的条件。2006年，埃及阿布吉尔(Abu Qir)化肥厂首先成功实现使用该单元进行商业化。该厂使用氨进行NO_x选择性催化还原，使用甲烷进行N_2O选择性催化还原。该厂每天生产1870t硝酸，尾气流量达$22.5 \times 10^4 m^3$(标)/h(温度=410℃)。当NO_x排放浓度低于$1\mu L/L$时，N_2O的

485

转化率为99%。

伍德公司/南方化学公司(Uhde/SCAG)还成立了数家工厂,每年可脱除8Mt CO$_2$,其他工厂使用Fe/沸石催化剂也发展了相似的工艺。

碳氢化合物选择脱除N$_2$O取决于各种条件[112]:①脱除N$_2$O的活性和操作温度;②碳氢化合物的利用率,也就是O$_2$过量时与N$_2$O的选择性反应;③CO与CO$_2$的释放;④对NO和NH$_3$的敏感性;⑤成本。通常烷烃比非饱和烃具有更好的还原性。尤其是炔烃需要更高的温度活化N$_2$O且没有选择性,因为它们更易与O$_2$反应。乙烷是一种最佳的还原剂,具有高脱除N$_2$O活性、高选择性,与甲烷相比,乙烷还具有更低的NO抑制程度。

通常,使用蒸汽活化提高Fe/MFI催化剂的性能是很有必要的,但是制备方法也具有相关的影响。其他沸石结构在反应中也具有活性。近来,Sobalik[113]等指出,当NO存在时,在N$_2$O的分解中,Fe/FER催化剂相对于Fe/BEA催化剂和Fe/Al比低于0.15的Fe/MFI催化剂而言,具有一定优势。这种高活性暂归因于独特的FER结构,因在FER阳离子的位置包含两个紧密协同的Fe(Ⅱ)阳离子。这种具有独特的空间属性的局部结构,由于它们的距离和方位,通过Fe/FER的两个相邻铁离子的相互作用使N$_2$O分裂。这些孤立阳离子位于两个相邻的β位,跨越通道"对峙"(见图24.8)。两个铁阳离子之间的位置大约为0.75nm,可以想像到Fe⋯NNO化合物的氧原子与相邻铁阳离子(O⋯Fe距离<0.3nm)之间强吸引力作用。

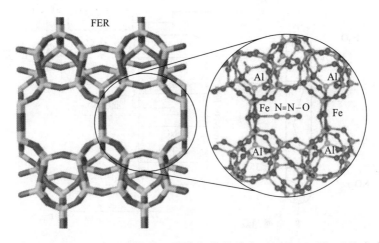

图24.8 Fe/FER(存在N$_2$O与两占据相邻β阳离子位的Fe离子间的相互作用)的密度泛函理论优化的周期性结构[113]

考虑到可能存在紧密排列的Fe(Ⅱ)阳离子活性位,二价阳离子占据了各种阳离子的位置,这意味着在FER框架中,最多的情况是两个靠近的Al原子形成主要的β位[114]。如果铁交换随机占据阳离子位,那么相邻晶胞在β位调节Fe(Ⅱ)阳离子的情况中,至少5%的情形包含两个β位的Al原子平衡Fe(Ⅱ),从而阳离子位置形成了包括两个紧密协同Fe(Ⅱ)阳离子的活性位。

位于相邻晶胞中β位的两个Fe(Ⅱ)阳离子,可以在Fe⋯Fe阳离子对中形成独特的协同Fe(Ⅱ)阳离子,这仅在使用FER的样品中存在,主要有两方面的原因:一是Al原子在FER结构中的分布情况;二是在FER结构中β位的最优构型排列。

Sobalik等[113]指出,在高负荷的Fe/沸石和NO$_x$协同的N$_2$O分解反应中,催化活性能与其他类型的铁位进行连接。与Fe/MFI和Fe/BEA相比,Pérez-Ramírez等[115]称,多微孔模型在N$_2$O

的分解中并没有起到决定性作用，在最终的催化剂中是以相同的形式出现的。然而，结果并不是那么地令人信服，但是在此详细探讨活性位中心的性质并不是本章的目的。需要提及的是，许多人发现在MFI和沸石结构中有铁。最近，Nováková和Sobalík发表了各种沸石结构中铁的性质的综述[122]。

Pirngruber[123]最近的一篇文章仔细比较了含铁沸石和含铜沸石在N_2O和NO分解及其他反应中的性能。事实上，不同反应机理的相同处也在这进行了讨论，即Me-O活性物质的形成，这在选择性氧化反应中能得到有效的应用，如苯羟基化为苯酚、甲烷生成甲醇的反应。

Pirngruber[123]发现在低铁浓聚物下的铁沸石具有最佳的选择性氧化催化效果。此外，选择氧化反应的活性位明显是与N_2O而不是与O_2反应。这表明，要获得选择性铁沸石催化剂，孤立位的存在是重要前提，虽然这点与上文Sobalik等[113]报道的相悖。蒸汽预处理后，铁沸石的活性增加，这使得部分Fe^{3+}还原成Fe^{2+}，而且可能形成晶格缺陷。晶格缺陷周围Fe^{2+}最可能在表层氧原子(N_2O的分解过程中产生)处以高活性形式存在。与此结论相同，在我们早先报道[124]苯羟基化中的活性位模型(见图24.9)中，$(-Si-O)_2Fe^{2+}$位于沸石缺陷位，与N_2O反应形成$(-Si-O)_2Fe^{4+}=O$与$(-Si-O)_2Fe^{3+}-O^-$平衡，被证实是有效的羟基化物种。

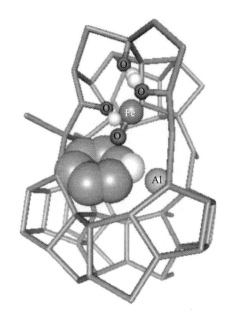

图24.9 Fe/MFI中的铁活性位[沸石缺陷处的$(-Si-O)_2Fe^{2+}$]催化苯羟基化的模型[124]

Pirngruber[123]还发现铜沸石与其铁衍生物催化具有相似的反应，但是又有着一些明显的不同。在高负荷情况下，Cu沸石具有最好的效果，其催化活性与二聚铜的形成有着非常密切的关系。他指出，活性位是Cu^+与N_2O、NO、O_2发生二聚反应产生的多(μ-oxo)双铜类。然而，如前所述，这个判断缺少有说服力的证据。然而，铜沸石活性位与O_2反应的能力明显地区别于铁沸石的选择性氧化位与O_2反应的能力。在作为催化剂使用时，必须考虑到这两个体系相似但又有区别。

除了Cu/沸石和Fe/沸石外，人们还研究了多种用于氮氧化物转化的沸石(见表24.1)。为了解这些体系的普遍兴趣所在，表24.2报道了使用SCI-Finder并以"Zeolites and…"为关键词对过去10年发表的论文(仅限英文学术期刊和综述)数量进行调研的结果。从中可以发现，使用沸石作环保催化剂受到广泛的关注，占了文献的主要部分。然而，更新、更准确的名词"微孔材料"使用得少很多。

表24.2 1999～2009年期间发表的文献(仅限英文学术期刊/综述)的第二关键词统计
(关键词为"沸石"或"微孔材料")[①]

关键词	第二关键词	都有这两个概念	做为输入
沸石(Zeolite)	NO_x	867	6
	N_2O	633	5
	氮氧化物(Nitrogen Oxides)	1270	1
	$DeNO_x$	112	9
	选择性催化还原(SCR)	552	48
	VOC	272	1
	催化燃烧(Catalytic Combustion)	565	1
	脱卤素(Dehalogenation)或加氢脱卤素(Hydrodehalogenation)	62	5
	废水(Wastewater)	1124	69
	水处理(Water Treatment)	1424	1
	湿法氧化(Wet Oxidation)	84	
	湿法预氧化(Wet Peroxidation)	47	
	光催化(Photocatalytic)或光催化剂(Photocatalyst)	989	112
	光降解(Photodegradation)	88	1
	光作用(Photo)	1848	2
	臭氧(Ozone)	108	9
	硝酸盐(Nitrate)	1367	11
	膜(Membrane)	1662	747
	有机污染物(Organic Pollutants)	95	
	低温等离子体(Non Thermal Plasma)	41	
	环保催化(Environmental Catalysis)或环保催化剂(Environmental Catalyst)	688	3
	催化作用(Catalysis)	14944	123
	催化的(Catalytic)	14640	211
	催化剂(Catalyst)	14640	3856
微孔材料(Microporous materials)	催化作用(Catalysis)	813	11
	催化的(Catalytic)	756	6
	催化剂(Catalyst)	751	1
	环保催化(Environmental Catalysis)或环保催化剂(Environmental Catalyst)	38	

① 表中的检索结果包括以其中一个或者两个为关键词的文献。数据分析于2010年1月25日更新。

　　虽然大部分的研究是在2000年前完成的，但是氮氧化物的转化在环境催化研究领域中现在仍然占据着主要地位。VOC和催化燃烧是第二大领域，但其得到实际应用的潜力却受到了很大的限制，这将在后文进行讨论。

　　从文献数量上可知，常规的水处理领域(包括湿法氧化、过氧化反应等)同样非常重要。然而，必须注意到，大部分的文献把沸石(合成的和天然的)用做吸附剂而不是催化剂。

　　在这方面的两个主要应用领域为：

① 使用Cu/沸石或Fe/沸石作为异相Fenton催化剂去活化H_2O_2，将有机污染物(染料、难分解、或有毒有机物等)转化为CO_2。尤其值得注意的是，该技术能用于预处理脱除有毒化学物质，促进连续的生物处理(有氧、厌氧)或作为生物后处理使水脱色[69, 91, 125]。然而，在应用方面主要的限制是过渡金属的浸提。沸石的优势是能较好地保护活性中心免受污染物和其他大分子物质的腐蚀，但一般来说，氧化物催化剂的优势是有限的。

② 环保中使用Pd(或其他贵金属)沸石进行有机卤化物的加氢脱卤烷基化反应[52]。与其他Pd基催化剂比起来，Pd/沸石可能具有更好的疏水性(在高Si/Al比材料中)，使之在抵抗离子中毒方面具有更高稳定性。如使用Pd-ZSM-23(1% Pd)用于溴苯的催化脱卤[126]，活性与可循环性都好，但是使用这些催化剂没有成本效益。强碱性离子的存在对活性非常重要。Kanyi等[127]讨论了在NaX沸石(八面沸石)中，卤代烷烃中脱卤与脱卤化氢反应的比较。取代反应和消除反应的平衡可在多种因素下得到体现：C−X(X=Cl、Br、I)键和C−H键断裂的相对速率。当C−X键断裂的速率远大于C−H键的断裂速率时，取代反应占主要作用。C−X键的断裂速度按I>Br>Cl的顺序依次降低。由于沸石中空间位阻效应导致的烷基烃骨架的相对稳定性。其稳定性顺序为伯碳>仲碳>叔碳。

微孔和介孔材料[包括孤立离子(例如Ti)或纳米氧化物微粒(例如TiO_2)]的应用领域是一个有趣的快速增长的领域。关于该课题，出现了许多的综述[61~65, 95, 96, 128~130]，且文献的数量也迅速增加(见表24.2)。然而，从应用角度而言，大家表现出的浓厚兴趣与这些体系提供的明显优势不一致。

沸石晶体内的间隔密封孔隙结构，确实使得可用做光催化剂的感光性材料结合、组织有机化。除无机金属氧化物簇外，自从沸石客体通过组合变得非常稳定后，沸石作为主体还特别倾向于制造有机光催化剂[96]。然而，这种作为催化剂进行实际应用的潜能仍有待验证。

此外，光催化固形物的材料也有很大相关性，光催化固形物的吸附发生在孤立的、空间分散好的中心，例如微孔或介孔材料(单中心位光催化剂)中孤立的Ti离子[63]。它们在将NO分解成N_2和O_2中的应用，以及在H_2存在下CO的选择性氧化中的应用已进行了广泛的讨论[95]。然而，由于反应速率太慢，它们没能提供比选择性光催化材料更明显的优势。需要注意的是，孤立Ti离子在紫外区进行吸附，这些体系与目前大力研究的可见光区光催化活性研究方向相反。当TiO_2颗粒的尺寸通过微孔和介孔的加入而减少时也同样适用[65]。增大比表面积具有优势，但是吸收带发生蓝移通常是首要优势。

然而，在有序多孔基质中包含光活性中心可能使催化剂具有择型催化性。典型的事例是微孔钛硅ETS-10的应用[131, 132]。光活化的ETS-10表明反应物的尺寸与极性驱动催化活性有关。ETS-10能有效催化的反应物尺寸要大于ETS-10的孔径。与此相反，小尺寸反应物的活性在很大程度上取决于反应物的极性；少量极性反应物在ETS-10上表现出高活性。大尺寸反应物或少量极性反应物很难在ETS-10的高极性微孔内扩散，因此，它们多在ETS-10的表层与羟基自由基高效反应形成Ti−OH基团。相反，小极性反应物在ETS-10微孔内能轻松扩散，很难与羟基自由基发生反应，导致反应活性低。ETS-10的光催化反应可能应用于大反应物或少量极性反应物选择性转变成低极性产物，促进芳烃的高选择性脱卤素和羟基化反应。

Zecchina等[133]仔细研究了如何通过修饰表面形态和电子结构来调整Ti基光催化剂(TiO_2、微孔ETS-10和ETS-4)的选择性。微孔ETS-4和ETS-10在使用紫外光(UV)和可见光进行光降解各种分子时具有明显的选择性，然而，TiO_2仅在可见光下具有选择性。这意味着，除了已在微孔材料中观察到的反择形选择性效应外[132]，通过选择激发光与吸附分子的电子跃迁能形成选择性。在这种情况下，如果Ti基材料的导带正好与吸附分子的最低分子轨道(LUMO)相当，致使其能接受激发物质的电子(能带排列的概念)，则可能发生光降解。

因此，在溶液中，这些材料为一些特殊有机化合物的选择性降解提供了有趣的机会。但是就可选择的溶液(如使用选择性吸附脱除、过滤膜等)而言，能使这些特性以成本效益较好的方式进行应用的实际情况是非常有限的。

因此，虽然微孔和介孔材料的光催化剂在环境保护方面的应用引起了研究者广泛的兴趣，但是，至少在当前技术条件下，研究的付出与应用前景这两方面还不太成比例。

从气体挥发物中脱除VOCs是另一个领域。在这个领域中，研究的付出与应用前景这两方面也完全不成比例。但是，在这种情况下，仍有一些商业应用的实例。在此，我们仅讨论沸石(或其他材料)作为催化剂，而不是作为吸附剂的情况。

沸石在许多应用中都是非常好的吸附剂，包括从污染的水或污染的空气中吸附VOCs。除了高比表面积和可控制孔隙度外，其主要特征是可以根据在特定化学环境中的应用调整其疏水基/亲水基的比例。如，MFI可与八甲基硅烷共同作用使其疏水性激增，并且可大幅提高芳烃在水溶液中的吸附作用。沸石浓缩转轮通过在疏水性沸石上进行吸附，从气流中脱除VOCs，这已进行了商业化应用，例如蒙特公司(Munters, www.Munters.us)。通过转轮后，清洁空气排入大气。转轮以每小时数转的速率连续不断地转动。将满载VOC的沸石输送至再生区，再生沸石再返回加工区域。

在单独的再生部分，一股小而热的气流穿过转轮，将沸石中的VOC解吸下来，形成一股高浓度的VOC满载气流。这股气流一般仅占处理气体的5%~10%，通常被送往一个小的氧化器。

沸石仅仅作为一种吸附剂。虽然，从原则上来说，它可能引入一种催化活性组分(如使用Pd-MFI)，但是解吸速率比加热速率明显更快，因此，无法躲避下游单元的氧化器(通常是催化反应器)。

关于使用沸石或相关材料作为催化剂在VOC脱除方面进行商业化应用，这明显不利于成本的控制。然而，其疏水性(在高硅材料中)在某些情况下可能用处很大。例如，虽然各种强疏水性的高硅沸石主要用于再生吸附器系统，但Zeochem公司(www.zeochem.ch)使其在脱除空气中的VOC方面得以商业应用。

为增加VOC氧化活性，沸石中最常引入的金属(一般是通过离子交换)是贵金属(Pt和Pd)和一些过渡金属(Sr、Co、Cu、Fe、Mn和V)，但其活性随VOC种类不同有很大的不同。由于沸石为金属氧化物提供了更好的分散性，因此，如沸石中负载的贵金属量明显低于材料中负载当量金属氧化物的量。这有一定的优势，但是载体费用高，难以制备出满足技术要求的形式(如在蜂窝陶瓷上沉淀)，使得沸石催化剂经济效益不明显。然而，在有些情况下，沸石催化剂比氧化物催化剂具有更高的抗失活能力。

一个非常有趣的领域是含氯挥发性有机物的脱除。关于这些化合物催化氧化过程中质子沸石的失活问题[135]，一般来说，结焦是沸石催化剂失活的主要原因，而焦炭在反应中间过程中不断生成(例如，氯乙烯产生于1, 2-二氯乙烯的第一步脱氯化氢过程[135])。反应必须具有强酸的B酸酸性中心。在Y沸石中，脱铝产生的强酸使得其活性大幅增强[136]。同样的，50%的脱铝样品在脱除其他典型氯化污染物[即二氯甲烷(DCM)和三氯乙烯(TCE)]的催化能力上有所提升。易脱除顺序为: 1, 2-二氯乙烷>二氯甲烷>三氯乙烯[136]。

24.4 总结与展望

大量的沸石材料，从过渡金属交换沸石上的氮氧化物的转化，到含贵金属或非贵金属的微孔或介孔材料(典型的疏水性),都被研究用于环境应用。尽管大多数期望界定清晰的(模拟酶)材料不得不重新考虑,但是清晰的孔隙结构和拓扑结构确实为催化剂提供了独特的环境。对于一些关于活性位的性质和反应机理的问题和争论点进行讨论,并不是为了提出一个完整的观点或达到一个确定的结论,而是为了体现出问题的复杂性和一些结论的限制性。

在应用方面,Cu/沸石和Fe/沸石(MFI、FER)是最有趣和相关的,很快它们在控制轻型柴油发动机NO$_x$排放上将得到广泛的应用。第二个重要领域是它们在脱除硝酸厂尾气中N$_2$O或同时脱除N$_2$O和NO$_x$方面的应用。该技术已经得到应用,但随着对温室气体排放的日益关注和排放标准的提升,该技术期望得到更加广泛地推广。

虽然某些发展与强疏水性的高硅沸石材料有着相当大的关系,但限制更大的是这些材料在VOC燃烧方面的应用。尽管付出了很大的研究努力,但其作为光催化剂的前景不容乐观。

研究范围与更有前景的应用范围之间的不协调,成为一种普遍现象。在氮氧化物脱除方面,虽然研究者们在活性位的鉴别和反应机理的研究方面做出了极大地努力,但是从这些基础研究到改性催化剂的开发转化之间,还有相当远的距离。

参考文献

[1] Armor, J.N. (ed.) (1994) Environmental Catalysis, ACS Symposium Series, Vol. 552, ACS Publications, Washington, DC.

[2] Centi, G., Cristiani, P., Forzatti,P., and Perathoner, S. (eds) (1995) Environmental Catalysis, Societ`a Chimica Italiana (SCI) Publications, Rome.

[3] Centi, G. and Forzatti, P. (eds) (1996) Catal. Today (special issue on Environmental Catalysis), 27 (1–319).

[4] Cheng, S. and Wan, B.-Z. (eds) (1995) Catal. Today (special issue on Catalysis in Environmental Applications), 26 (1–96).

[5] Misono, M. and Kikuchi, E. (eds) (1996) Pure Appl. Chem. (special issue on Second International Forum on Environmental Catalysis), 68 (357–385).

[6] Ruiz, P., Thyrion, F., and Delmon, B. (eds) (1993) Catal. Today (special issue on Environmental Industrial Catalysis), 17 (1–390).

[7] Yahiro, H. and Iwamoto, M. (2001) Appl. Catal. A: Gen., 222, 163.

[8] Iwamoto, M., Furukawa, H., Mine, Y., Uemura, F., Mikuriya, S., and Kagawa, S. (1986) J. Chem. Soc., Chem. Commun., 1272.

[9] Iwamoto, M., Yahiro, H., Tanda, K., Mizuno, N., Mine, Y., and Kagawa, S. (1991) J. Phys. Chem., 95, 3727.

[10] Kustova, M., Kustov, A., Christiansen, S.E., Leth, K.T., Rasmussen, S.B., and Christensen, C.H. (2006) Catal. Commun., 7 (9), 705.

[11] Kustova, M., Rasmussen, S.B., Kustov, A.L., and Christensen, C.H. (2006) Appl. Catal. B: Environ., 67, 60.

[12] Price, G.L. and Kanazirev, V. (1996) US Patent 5583081.

[13] Kagawa, S. and Teraoka, Y. (1992) US Patent 5078981.

[14] Bell, A., Centi, G., and Wichterlowa, B. (2001) Catalysis by Unique Ion Structures in Solid Matrices, NATO Science Series II: Mathematics, Physics and Chemistry, Vol. 13, Kluwer/Academic Press (Springer) Publishers, New York.

[15] Hidenori, Y. and Iwamoto, M. (2003) Catal. Catal., 45 (1), 26.

[16] Shelef, M. (1992) Catal. Lett., 15 (3), 305.

[17] Wichtelová, B., Děděcek, J., and Sobalìk, Z. (2001) Single metal ions is Host zeolite Matricles structure-Activity-selectivity in Catalysis by Unique Ion Structures in Solid Matrices, Chapter 1 (eds A. Bell, G. Centi, and B. Wichterlowa), Kluwer/Academic Press (Springer) Publishers, New York, p. 31.

[18] Děděcek, J. and Wichterlová, B. (1999) J. Phys. Chem. B, 103, 1462.

[19] Wichtelová, B., Sobalìk, Z., and Děděcek, J. (2003) Appl. Catal. B: Environ., 41, 97.

[20] Beutel, T., Sárkány, J., Lei, G.-D., Yan, J.Y., and Sachtler, W.M.H. (1996) J. Phys. Chem., 100 (2), 845.

[21] Ali, I.O. (2007) Mater. Sci. Eng., 459 (1-2), 294.

[22] Moretti, G. (1994) Catal. Lett., 28 (2-4), 143.

[23] Centi, G., Nigro, C., and Perathoner, S. (1994) React. Kinet. Catal. Lett., 53, 79.

[24] Centi, G., Nigro, C., and Perathoner, S. (1994) Mater. Eng., 5, 223.

[25] Moretti, G. (1994) Catal. Lett., 23 (1-2), 135.

[26] Teraishi, K., Ishida, M., Irisawa, J., Kume, M., Takahashi, Y., Nakano, T., Nakamura, H., and Miyamoto, A. (1997) J. Phys. Chem. B, 101 (41), 8079.

[27] Takaishi, T. and Kato, M. (1995) Zeolites, 15, 689.

[28] Sayle, D.C., Catlow, C.R.A., Gale, J.D., Perrin, M.A., and Nortier, P. (1997) J. Phys. Chem. A, 101 (18), 3331.

[29] Sayle, D.C., Catlow, C.R.A., Gale, J.D., Perrin, M.A., and Nortier, P. (1997) J. Mater. Chem., 7 (8), 1635.

[30] Wichterlová, B., Děděcek, J., Sobalìk, Z., Vondrová, A., and Klier, K. (1997) J. Catal., 169 (1), 194.

[31] Centi, G. and Perathoner, S. (1995) Appl. Catal. A: Gen., 132, 179.

[32] Pietrzyk, P. and Sojka, Z. (2007) DFT Modeling an Spectroscopic Investigation into Molecular Aspects of DeNOx Catalysis in Past and Present in DeNOx Catalysis, Chapter 2 (eds P. Grange and V.I. Parvulescu), Elsevier Science Publishers, Amsterdam, p. 27.

[33] McMillan, S.A., Broadbelt, L.J., and Snurr, R.Q. (2005) Theoretical modeling of zeolite catalysis: Nitrogen oxide catalysis over metal-exchanged zeolites in Environmental Catalysis, Chapter 12 (ed. V.H.Grassian), CRC Press (Taylor & Francis Group), Boca Raton, p. 287.

[34] Schneider, W.F. (2005) Fundamental Concepts in Molecular Simulation of NOx Catalysis in Environmental Catalysis, Chapter 10 (ed. V.H.Grassian), CRC Press (Taylor & Francis Group), Boca Raton, p. 233.

[35] Busca, G., Larrubia, M.A., Arrighi, L., and Ramis, G. (2005) Catal. Today, 107-108, 139.

[36] Centi, G. and Perathoner, S. (2007) Introduction: State of the Art in the Development of Catalytic Reduction of NOx into N2 in Past and Present in De- NOx catalysis, Chapter 1 (eds P. Grange and V.I. Parvulescu), Elsevier Science Publishers, Amsterdam, p. 1.

[37] Pulido, A. and Nachtigall, P. (2009) Phys. Chem. Chem. Phys., 11, 1447.

[38] Aylor, A.W., Larsen, S.C., Reimer, J.A., and Bell, A.T. (1995) J. Catal., 157, 592.

[39] Li, Y. and Hall, W.K. (1991) J. Catal., 129, 202.

[40] Lamberti, C., Bordiga, S., Salvalaggio, M., Spoto, G., Zecchina, A., Geobaldo, F., Vlaic, G., and Bellatreccia, M. (1997) J. Phys. Chem. B, 101, 344.

[41] Schay, Z., Knözinger, H., Guczi, L., and Pal-Borbely, G. (1998) Appl. Catal. B: Environ., 18 (3-4), 263.

[42] Ramprasad, R., Hass, K.C., Schneider, W.F., and Adams, J.B. (1997) J. Phys. Chem. B, 101, 6903.

[43] Beutel, T., Sarkany, J., Lei, G.D., Yan, J.Y., and Sachtler, W.M.H. (1996) J. Phys. Chem., 10, 845.

[44] Kuroda, Y., Kumashiro, R., Yoshimoto, T., and Nagao, M. (1999) Phys. Chem. Chem. Phys., 1, 649.

[45] Kuroda, Y., Mori, T., Yoshikawa, Y., Kittaka, S., Kumashiro, R., and Nagao, M. (1999) Phys. Chem. Chem. Phys., 1, 3807.

[46] Lisi, L., Pirono, R., Ruoppolo, G., and Russo, G. (2008) Kinet. Catal., 49 (3), 421.

[47] Rejmak, P., Broclawik, E., Gora-Marek, K., Rado, M., and Datka, J. (2008) J. Phys. Chem. C, 112 (46), 17998.

[48] Prestipino, C., Berlier, G., Llabres, I.X., Spoto, G., Bordiga, S., Zecchina, A., Turnes Palomino, G., Yamamoto, T., and Lamberti, C. (2002) Chem. Phys. Lett., 363 (3-4), 389.

[49] Shi, Y., Pan, H., Li, Z., Zhang, Y., and Li, W. (2008) Catal. Commun., 9 (6), 1356.

[50] Larsen, S.C. (2005) Application of Zeolites in Environmental Catalysis in Environmental Catalysis, Chapter 11 (ed. V.H.Grassian), CRC Press (Taylor & Francis Group), Boca Raton, p. 269.

[51] Delahay, G. and Coq, B. (2002) Zeolites for Cleaner Technologies, Catalytic Science Series, Imperial college Press, London, Vol. 3, p. 345.

[52] Howe, R.F. (2004) Appl. Catal. A: Gen., 271 (1-2), 3.

[53] Choi, B.-C. and Foster, D.E. (2005) J. Ind. Eng. Chem. (Seoul, Republic of Korea), 11 (1), 1.

[54] Brosius, R. and Martens, J.A. (2004) Top. Catal., 28 (1-4), 119.

[55] Iwamoto, M. and Yahiro, H. (2003) Zeolites in the Science and Technology of Nitrogen Monoxide Removal in Handbook of Zeolite Science and Technology (eds S.M. Auerbach, K.A. Carrado, and P.K. Dutta), Marcel Dekker, Inc., New York, p. 951.

[56] Satsuma, A., Shichi, A., and Hattori, T. (2003) CATTECH, 7 (2), 42.

[57] Goursot, A., Coq, B., and Fajula, F. (2003) J. Catal., 216 (1-2), 324.

[58] Delahay, G., Berthomieu, D., Goursot, A., and Coq, B. (2003) Interfacial Applications in Environmental Engineering, Surfactant Science Series, Vol. 108, Marcel Dekker Inc., New York, p. 1.

[59] Berthomieu, D. and Delahay, G. (2006) Catal. Rev. Sci. Eng., 48 (3), 269.

[60] Brandenberger, S., Krocher, O., Tissler, A., and Althoff, R. (2008) Catal. Rev. Sci. Eng., 50 (4), 492.

[61] Matsuoka, M. and Anpo, M. (2003) J. Photochem. Photobiol. C: Photochem. Rev., 3 (3), 225.

[62] Calzaferri, G., Leiggener, C., Glaus, S., Schuerch, D., and Kuge, K. (2003) Chem. Soc. Rev., 32 (1), 29.

[63] Anpo, M. and Matsuoka, M. (2008) Recent Advances in Single-site Photocatalysts Constructed within Microporous and Mesoporous Materials in Turning Points in Solid-State, Materials and Surface Science (eds K.D.M. Harris and P.P. Edwards), Royal Society of Chemistry Publisher, Cambridge, p. 492.

[64] Yamashita, H. and Mori, K. (2007) Chem. Lett., 36 (3), 348.

[65] Aprile, C., Corma, A., and Garcia, H. (2008) Phys. Chem. Chem. Phys., 10 (6), 769.

[66] Hernandez-Ramirez, O. and Holmes, S.M. (2008) J. Mater. Chem., 18 (24), 2751.

[67] Apreutesei, R.E., Catrinescu, C., and Teodosiu, C. (2008) Environ. Eng. Manage. J., 7 (2), 149.

[68] Widiastuti, N., Wu, H., Ang, M., and Zhang, D.-k. (2008) Desalination, 218 (1-3), 271.

[69] Perathoner, S. and Centi, G. (2005) Top. Catal., 33 (1-4), 207.

[70] Coronas, J. and Santamaria, J. (2004) Chem. Eng. Sci., 59 (22-23), 4879.

[71] Unger, B., Brandt, A., and Tschritter, H. (2001) Chem. Ing. Tech., 73 (6), 723.

[72] Hevia, M.A.G. and Perez-Ramirez, J. (2008) Appl. Catal. B: Environ., 77 (3-4), 248.

[73] Smeets, P.J., Groothaert, M.H., van Teeffelen, R.M., Leeman, H., Hensen, E.J.M., and Schoonheydt, R.A. (2007) J. Catal., 245 (2), 358.

[74] Tabata, T., Kokitsu, M., Othsuka, H., Okada, T., Sabatino, L.F.M., and Bellussi, G. (1996) Catal. Today, 27, 91.

[75] Othsuka, H., Tabata, T., Okada, T., Sabatino, L.F.M., and Bellussi, G. (1997) Catal. Lett., 44, 265.

[76] Dedecek, J., Capek, L., and Wichterlova, B. (2006) Appl. Catal. A: Gen., 307 (1), 156.

[77] Krocher, O. (2007) Past and Present in DeNOx Catalysis, Studies in Surface Science and Catalysis, Vol. 171, Elsevier, Amsterdam, p. 261.

[78] Shibata, J., Takada, Y., Shichi, A., Satokawa, S., Satsuma, A., and Hattori, T. (2004) Appl. Catal. B: Environ., 54 (3), 137.

[79] Yeom, Y., Li, M., Savara, A., Sachtler, W., and Weitz, E. (2008) Catal. Today, 136 (1-2), 55.

[80] Zhu, R., Guo, M., and Ouyang, F. (2008) Catal. Today, 139 (1-2), 146.

[81] Nakatsuji, T., Matsubara, M., Rouistenmaeki, J., Sato, N., and Ohno, H. (2007) Appl. Catal. B: Environ., 77 (1-2), 190.

[82] Ciambelli, P., Sannino, D., Palo, E., and Ruggiero, A. (2007) Top. Catal., 42/43, 177.

[83] Liu, S., Kong, L., Yan, X., Li, Q., and He, A. (2005) Nanoporous Materials IV, Studies in Surface Science and Catalysis, Vol. 156, Elsevier, Amsterdam, p. 379.

[84] Silva, E., Catalao, R., Silva, J., Vaz, F., Oliveira, F., Ribeiro, F.R., Magnoux, P., Belin, T., and Ribeiro, F. (2008) Zeolites and Related Materials, Studies in Surface Science and Catalysis, Elsevier, Amsterdam Vol 174B, p. 1195.

[85] Zhou, J., Zhao, L., Huang, Q., Zhou, R., and Li, X. (2009) Catal. Lett., 127 (3-4), 277.

[86] Li, D., Zheng, Y., and Wang, X. (2007) Catal. Commun., 8 (11), 1583.

[87] Kwong, C.W., Chao, C.Y.H., Hui, K.S., and Wan, M.P. (2008) Environ. Sci. Technol., 42 (22), 8504.

[88] Tidahy, H.L., Siffert, S., Lamonier, J.-F., Cousin, R., Zhilinskaya, E.A., Aboukais, A., Su, B.-L., Canet, X., De Weireld, G., Frere, M., Giraudon, J.-M., and Leclercq, G. (2007) Appl. Catal. B: Environ., 70 (1-4), 377.

[89] Zrncevic, S. and Gomzi, Z. (2005) Ind. Eng. Chem. Res., 44 (16), 6110.

[90] Centi, G., and Perathoner, S. (2005) Use of solid catalysts in promoting water treatment and remediation technologies, Catalysis, Vol. 18, J.J. Spirey Ed., Royal Society of chemistry pub., Cambridge U.K., 46–71.

[91] Giordano, G., Perathoner, S., Centi, G., De Rosa, S., Granato, T., Katovic, A., Siciliano, A., Tagarelli, A., and Tripicchio, F. (2007) Catal. Today, 124 (3-4), 240.
[92] Kasiri, M.B., Aleboyeh, H., and Aleboyeh, A. (2008) Appl. Catal. B: Environ., 84 (1-2), 9.
[93] Colella, C. (1999) Porous Materials in Environmentally Friendly Processes, Studies in Surface Science and Catalysis, Vol. 125, Elsevier, Amsterdam, p. 641.
[94] Larsen, S.C. (2007) J. Phys. Chem. C, 111 (50), 18464.
[95] Anpo, M. and Thomas, J.M. (2006) Chem. Commun. (Cambridge, UK), (31), 3273.
[96] Corma, A. and Garcia, H. (2004) Chem. Commun. (Cambridge, UK), (13), 1443.
[97] Wu, Z.Y., Wang, H.J., Ma, L.L., Xue, J., and Zhu, J.H. (2008) Microporous Mesoporous Mater., 109 (1-3), 436.
[98] Yang, J., Zhou, Y., Wang, H.J., Zhuang, T.T., Cao, Y., Yun, Z.Y., Yu, Q., and Zhu, H. (2008) J. Phys. Chem. C, 112 (17), 6740.
[99] Makhotkina, O.A., Preis, S.V., and Parkhomchuk, E.V. (2008) Appl. Catal. B: Environ., 84 (3-4), 821.
[100] De la Rosa-Gomez, I., Olguin, M.T., and Alcantara, D. (2008) J. Environ. Manage., 88 (4), 853.
[101] Girard, J., Cavataio, G., Snow, R., and Lambert, C. (2008)SP-2154(Diesel Exhaust Emission Control), Society of Automotive Engineers Publisher, p. 523.
[102] Montreuil, C. and Lambert, C. (2008)SP-2154(Diesel Exhaust Emission Control), Society of Automotive Engineers Publisher, p. 497.
[103] Cavataio, G., Jen, H.-W., Warner, J.R., Girard, J.W., Kim, J.Y., and Lambert, C.K. (2008)SP-2154(Diesel Exhaust Emission Control), Society of Automotive Engineers Publisher, p. 451.
[104] Cheng, Y., Montreuil, C., Cavataio, G., and Lambert, C. (2008) SP-2154(Diesel Exhaust Emission Control), Society of Automotive Engineers Publisher, p. 437.
[105] Muench, J., Leppelt, R., and Dotzel, R. (2008)SP-2154(Diesel Exhaust Emission Control), Society of Automotive Engineers Publisher, p. 443.
[106] Centi, G., Perathoner, S., and Vazzana, F. (1999) Chem. Tech., 29 (12), 48.
[107] Schwefer, M., Groves, M., and Maurer, R. (2001) Chem. Ing. Tech., 73 (6), 603.
[108] Groves, M., Maurer, R., Schwefer, M., and Siefert, R. (2006) Abatement of N2O and NOX emissions from nitric acid plants with the Uhde EnviNOx process. presented at NITROGEN 2006 International Conference Vienna, Austria – March 14th, 2006.
[109] Centi, G. and Vazzana, F. (1999) Catal. Today, 53, 683.
[110] Hevia, M.A.G. and Pérez-Ramírez, J. (2008) Appl. Catal. B: Environ., 77 (3-4), 24.
[111] Morrill, M. (2007) New süd-chemie off-gas catalysts for the reduction of NO and N2O from nitric acid plants. presented at Chem Show, New York City, October 31, 2007.
[112] Hevia, M.A.G. and Perez-Ramirez, J. (2008) Environ. Sci. Technol., 42 (23), 8896.
[113] Jíša, K., Nováková, J., Schwarze, M., Vondrová, A., Sklenák, S., and Sobalik, Z. (2009) J. Catal., 262, 27.
[114] Kaucký, D., Dědeček, J., and Wichterlová, B. (1999) Microporous Mesoporous Mater., 31, 75.
[115] Pérez-Ramírez, J., Groen, J.C., Brückner, A., Kumar, M.S., Bentrup, U., Debbagh, M.N., and Villaescusa, L.A. (2005) J. Catal., 232, 318.
[116] Parmon, V.N., Panov, G.I., Uriarte, A., and Noskov, S. (2005) Catal. Today, 100, 115.
[117] Hansen, N., Heyden, A., Bell, A.T., and Keil, F.J. (2007) J. Catal., 248, 213.
[118] Pirngruber, G.D., Roy, P.K., and Prins, R. (2007) J. Catal., 246, 147.
[119] Roy, P.K., Prins, R., and Pirngruber, G.D. (2008) Appl. Catal. B: Environ., 80, 226.
[120] Melián-Cabrera, I., Mentruit, C., Pieterse, J.A.Z., van den Brink, R.W., Mul, G., Kapteijn, F., and Moulijn, J.A. (2005) Catal. Commun., 6, 301.
[121] Oygarden, A.H. and Pérez-Ramírez, J.P. (2006) Appl. Catal. B: Environ., 65, 163.
[122] Nováková, J. and Sobalík, Z. (2007) Curr. Top. Catal., 6, 55.
[123] Pirngruber, G.D. (2009) The fascination chemistry of iron- and coppercontaining zeolites in Ordered Porous Solids: Recent Advances and Prospects (eds V.Valtchev, S. Mintova, and M. Tsapatsis), Elsevier S&T, Oxford, p. 749.
[124] Centi, G., Perathoner, S., Pino, F., Arrigo, R., Giordano, G., Katovic, A., and Pedulà, V. (2005) Catal. Today, 110, 211.
[125] Caudo, S., Centi, G., Genovese, C., and Perathoner, S. (2006) Top. Catal., 40 (1-4), 207.
[126] Yang, K., Wang, B., Chen, L., and Wang, X. (2008) Catal. Commun., 9 (3), 431.
[127] Kanyi, C.W., Doetschman, D.C., Yang, S.-W., Schulte, J., and Jones, B.R. (2008) Microporous Mesoporous Mater., 108 (1-3), 103.
[128] Chretien, M.N. (2007) Pure Appl. Chem., 79 (1), 1.
[129] Yamashita, H. and Anpo, M. (2003) Curr. Opin. Solid State Mater. Sci., 7 (6), 471.
[130] Corma, A. and Garcia, H. (2004) Eur. J. Inorg. Chem., Vol. 2004 (6), 1143.
[131] Shiraishi, Y., Tsukamoto, D., and Hirai, T. (2008) Langmuir, 24 (21), 12658.
[132] Llabrés i Xamena, F., Calza, P., Lamberti, C., Prestipino, C., Damin, A., Bordiga, S., Pelizzetti, E., and Zecchina, A. (2003) J. Am. Chem. Soc., 125 (8), 2264.
[133] Usseglio, S., Calza, P., Damin, A., Minero, C., Bordiga, S., Lamberti, C., Pelizzetti, E., and Zecchina, A. (2006) Chem. Mater., 18 (15), 3412.
[134] Niu, G., Huang, Y., Chen, X., He, J., Liu, Y., and He, A. (1999) Appl. Catal. B: Environ., 21, 63.
[135] Aranzabal, A., González-Marcos, J.A., Romero-Sáez, M., González-Velasco, J.R., Guillemot, M., and Magnoux, P. (2009) Appl. Catal. B: Environ., 88 (3-4), 53.
[136] López-Fonseca, R., de Rivas, B., Gutiérrez-Ortiz, J.I., Aranzabal, A., and González-Velasco, J.R. (2003) Appl. Catal. B: Environ., 41 (1-2), 31.

25 沸石催化剂在精细化学品合成中的应用

Maria J. Climent, Avelino Corma, Sara Iborra

25.1 前言

作为一种结晶微孔材料,沸石广泛用于石油炼油以及化学品和石油化工产品的生产[1]。作为固体酸碱催化材料,这些材料的优点已在文献中得到了广泛的讨论。特别是由于这些材料优异的催化性能、可替代有害酸、减少盐和其他废物排放以及防止设备腐蚀的作用,这些沸石作为酸性催化材料广泛应用于炼油和石化工业。

在过去的几年中,使用酸性沸石催化剂合成化工中间体和精细化学品的工作得到了很大的进展[2~6]。经过调整酸度(或碱)和再生等,具有各种拓扑结构和各种孔径的沸石材料在非均相催化合成精细化学品工艺中得到了应用。在这一章中,我们将讨论一些相关领域中的应用例子。这些研究表明沸石作为催化剂,在精细化学品合成方面是特别有用的。

25.2 酸催化反应

25.2.1 傅-克(Friedel-Crafts)酰基化

芳香烃作为中间体和产品在精细化学品产业中发挥着重要作用。应当知道:虽然芳烃只占这一领域全部化合物分子的2%~3%,但它们是非常重要的物质,广泛应用于医药、农业、香料及香水工业中。在这一节,我们讨论傅-克酰基化反应,其中沸石作为酸催化剂广泛应用于芳香族化合物合成中。

Venuto和Landis[2]于1968年首次报道了使用沸石催化芳酰基化反应,当时使用酸性八面沸石作为酸催化剂获得成功。20年后,Chiche[7]等以Ce^{3+}交换的NaY沸石作为催化剂,进行了酯肪酸($C_2 \sim C_{22}$)与甲苯的酰基化反应。最有意义的结果是:当增加酸的链长时,可以提高芳酮的收率和对位选择性(94%)。此后,沸石被作为非均相催化剂应用到以羧酸、酸酐和酰氯为酰化剂各种酰基化过程中[8~10]。

由于对甲氧基苯基甲基甲酮是重要的精细化工中间体,苯甲醚酰基化也是酸催化研究的一个重要反应[11~24](见图25.1)。

对于这一反应,考察的固体酸催化剂包括磺酸树脂、非晶氧化物、黏土和沸石。考察结果表明:对于傅-克酰化反应的催化活性顺序为非晶氧化物<黏土<沸石<酸性树脂;在沸石材料中,活性顺序为 HZSM5=HM>HY>H-Beta、HY,特别是H-Beta,由于它的择形选择性作用而得到了最广泛的研究。对于酰化剂,乙酰氯和乙酸酐是最有效的酰化剂,转化率和对位选择性最高。Smith等[21]研究了用H-Beta沸石作为催化剂,在120℃和乙酸酐稍过量的条件下的反应,苯甲醚全部转化,得到了对位产物选择性达到98%的结果。在这种情况下,得到高的对位产物选择性是沸石催化剂的择形选择性作用的体现[25]。而从相对应的甲氧基化合物中通过甲基消除方法得到苯酚和甲酚却不可能实现[16, 25]。有报道指出,用酸酐作为酰化剂时,β沸石和Y型沸石的硅/铝比对催化活性有一定的影响。然而,当使用醋酸基和苯乙酰作为酰化剂时,由于受吸附控制的影响,随着沸石中铝含量的增加,反应速度降低[17, 25]。此外,还有研究发现,当用苯乙酰氯酰化苯甲醚时,反应速度与HY沸石中Na$^+$的交换量呈线性关系。这表明所有酸性中心,无论它的酸性强弱,对于反应均有活性。这进一步表明在以酰氯用为酰化剂时,反应并不需要强酸就能表现出较高的反应活性[25]。催化剂的寿命研究表明,对于苯甲醚酰化过程,沸石催化剂主要失活原因是由于相对分子质量较大的高极性对甲氧基苯乙酮在酸性中心上的强吸附造成的[15, 20]。通过通入富苯甲醚物料,可以减少吸附于催化剂表面的对位产物,对位产品可以很容易地通过溶剂洗涤带出反应体系。据此,罗地亚(Rhodia)公司开发了一种工艺,在固定床反应器中用H-Beta沸石催化苯甲醚与乙酸酐的酰化反应。这一工艺过程不但简单,而且与Lewis酸(以下简称L酸)酸性催化剂(也就是三氯化铝)催化的传统工艺相比,更加环保和经济[22]。罗地亚公司将这一工艺推广,用HFAU沸石作为催化剂,合成罂粟碱的中间体3,4-二甲氧基苯乙酮(见图25.2)[18, 22]。

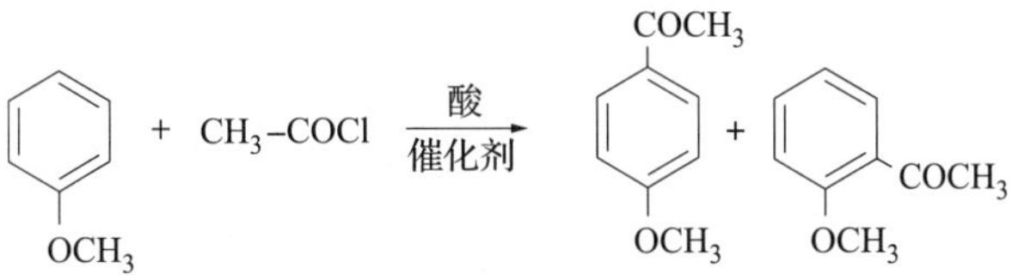

图25.1 苯甲醚化

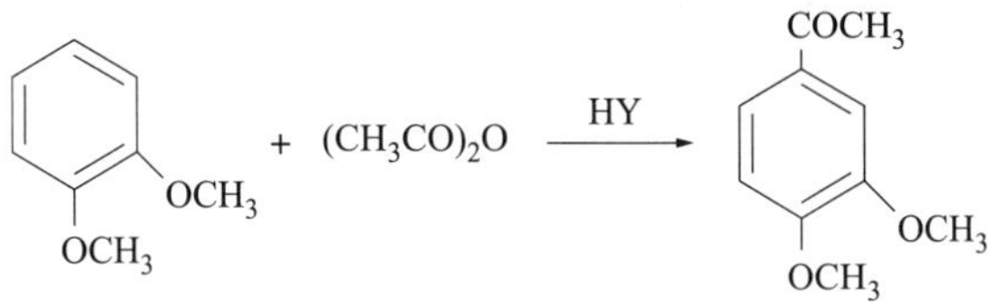

图25.2 罂粟碱的合成

最近,有用三维硅铝酸盐AL-KIT-5型和六角沸石AL-SBA-15通过藜芦醚与乙酸酐酰化合成乙酰藜芦酮的报道[26, 27]。反应温度为60℃时,在AL-SBA-15沸石上,醋酸酐的转化率达到92%,生成乙酰藜芦酮的选择性达到100%。

另一个广泛研究的是萘甲醚(2-MN)在沸石催化下的酰化反应[18](见图25.3)。酰化反应条件决定了不同取代位异构体的比例。其中,1-乙酰基2-萘甲醚的生成是动力学控制,而2,6-异构体和2,8-异构体则由热力学因素影响,反应条件决定生成速度。2-乙酰基6-萘甲醚是目标的异构体,这种异构体是合成消炎药萘普生的重要中间体。

与苯甲醚的酰化不同,2-MN酰化选择性主要由所使用的沸石或介孔催化剂决定。由于反应物和产物的熔点较高,2-MN的酰化过程是在溶剂存在下进行的。乙酸酐是很好的酰化剂,由于2-MN和2-AMN的相对分子质量较高,所以反应最好在大孔的沸石(例如HY、IIM或

H-Beta和IRQ-7等沸石[28~35])中进行。其中, H-Beta是研究最多的沸石。使用这种分子筛时, 由于结构原因, 2-AMN的选择性一般高于其他大孔的沸石。Botella等[36]的研究表明: 当使用孔径略小于β沸石的β同质体(ITQ-17)时, 无论在间歇反应器中, 还是固定床反应器中, 生成2-MN的反应活性均较低, 而生成2-AMN的选择性则高。很显然, 这种生成2-AMN选择性的提高与沸石表面处理时增加了硅相关[28]。

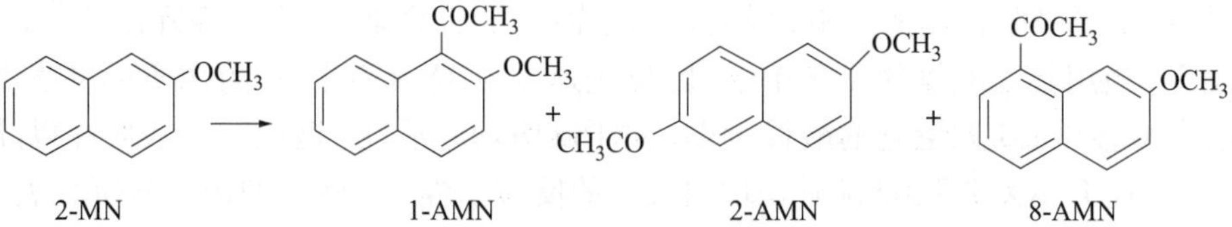

图25.3 萘甲醚(2-MN)乙酰化得到的可能的异构体

2, 6-萘二酸(2, 6-NDCA)是合成药物、农用化学品、染料、液晶和发光材料的重要中间体, 同是也是合成聚萘二甲酸乙二醇酯(PEN)的重要单体。合成2, 6-NDCA的方法是氧化2, 6-二甲基萘或氧化2-甲基-6-乙酰基萘(2, 6-AMN)。将2-甲基萘(2-MeN)进行傅-克酰基化反应是合成NDCA的一种最有前景的方法。最近, Yuan[37]等人研究了使用各种酰化剂在不同的沸石催化剂(HY、β沸石、HZSM-5和HUSY)作用下进行对2-甲基萘的酰化, 酰化过程没有使用溶剂。在用醋酸酐作酰化剂时, HY、HZSM-5、HM或HUSY催化剂在140℃条件下对2-MeN的酰化没有活性。使用正丁酸酐作为酰化剂, 用H-Beta沸石对2-MEN进行酰化处理, 在优化的条件下可得到2-甲基-6-丁基萘; 在190℃条件下, 丁酸酐的转化率78.3%, 产物选择性53.1%。

沸石也可用于杂环化合物的选择性酰化。吡咯(pyrrole)、噻吩(thiophene)可以在温和酸性催化剂B-ZSM-5[38]作用下, 以乙酸酐作酰化剂, 在气相中发生邻位酰化。甲基呋喃和苯并呋喃可在HY沸石作用下, 用乙酸酐在邻位和间位进行酰基化[39]。在固定床反应器中, 苯并呋喃酰化的催化剂失活很快, 转化率从95%很快降低到20%; 另一方面, 2-甲基呋喃酰化的反应动力学速度很快, 催化剂失活较慢, 反应转化率大于95%的情况可保持近2h; 少量的2-甲基呋喃聚合是催化剂失活的原因。

噻吩、吡啶和呋喃可在温和的反应条件下, 在液相中以改性或没有改性处理的H-Beta沸石作为催化剂, 用乙酸酐为酰化剂进行酰化反应, 在较短的反应时间内(10min)可以得到较高的收率。铟改性的催化剂对于吡啶的酰化反应可提供较高的活性[40]。在气相[38, 41]和液相[42, 43]中, 噻吩可以用酰氯进行酰化选择性地合成乙酰噻吩。

对乙酰基异丁基苯(见图25.4)是合成消炎药布洛芬(Ibuprofen)的重要中间体。以乙酸酐作为酰化剂, 在H^+、Ce^{3+}、Zn^{2+}和La^{3+}交换的沸石催化下, 对异丁基苯进行酰化, 得到的产品中对位产物选择性较高, 例如, 用CE^{3+}交换的BETA作为催化剂, 在130℃下进行异丁基苯的酰化, 可得到30%的对位产物。当用H-Beta[24, 44]沸石催化时, 在140℃反应1h, 可以得到高达80%的对位产物。

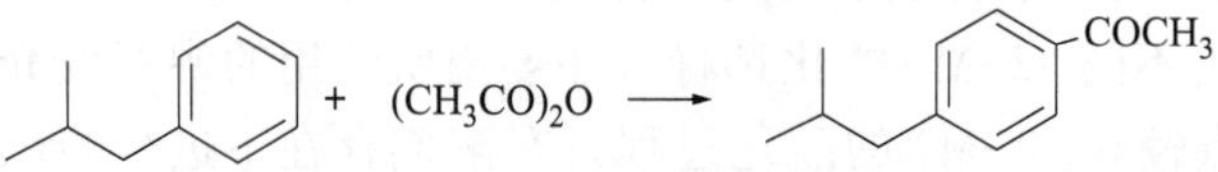

图25.4 对异丁基苯进行酰化

酚酰化是另一个有意义的反应,例如,对羟基乙酰苯酚(p-hydroxyacetophenol)用于合成扑热息痛(对乙酰胺基酚),而邻羟基乙酰苯酚(o-hydroxyacetophenol)是合成抗凝剂药物对羟基氧杂萘邻酮(p-hydroxycumarin)和华法令(warfarin)的重要中间体。用乙酸酐作酰化剂在介孔分子筛和HY或HZSM-5沸石催化下,在气相中可进行酚的酰基化。两种沸石对于酚的酰化均表现出活性,反应产物有酚直接C-酰基化生成的邻羟基乙酰苯酚,也有酚O-酰基化形成的中间体乙酸苯酯。HZSM-5表现出较好的抗结焦稳定性,这种稳定性源于孔结构对于结焦前体生成的限制作用。

用Y沸石、β沸石和ZSM-S沸石催化合成邻羟基芳酮和对羟基芳酮涉及酚与乙酸的酯化,生成酚酯,然后酚酯进行FRIES重排生成邻位芳酮和对位芳酮[47](见图25.5)。研究发现在液相反应(在回流条件下)中,芳酯的收率达到26%~80%;而在气相反应中,用乙酸作为酰化剂进行反应时,形成芳酯后就发生了FRIES重排反应,邻羟基芳酮的收率达40%,邻羟基芳酮/芳酯的摩尔比由于ZSM5沸石的择形选择性作用而非常高。

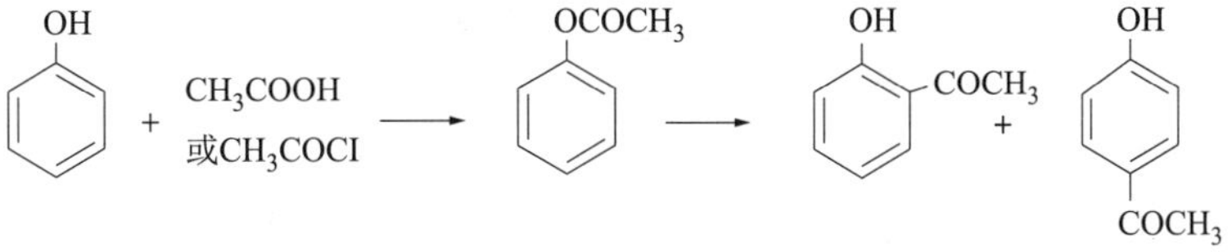

图25.5 苯酚乙酰化所得到的产品

间苯二酚的苯甲酰化可用于合成2,4-二羟基苯甲酮(见图25.6),这是4-羟基醚类UV吸收剂前体。Van Bekkum等[48,48]用诸如磺酸树酯和沸石类的强固体酸催化剂在液相中催化了间苯二酚和苯甲酸的酰化反应。虽然直接的酚C-酰化反应没有发生,但过程中形成了酯,而后酯发生了FRIES重排反应得到了产物。使用β沸石为催化剂,以高沸点的溶剂(正丁基苯、4-氯甲苯),通过共沸方式除水,在大量催化剂(30%)存在的条件下,得到2,4-二羟基苯甲酮的收率和选择性都较高。

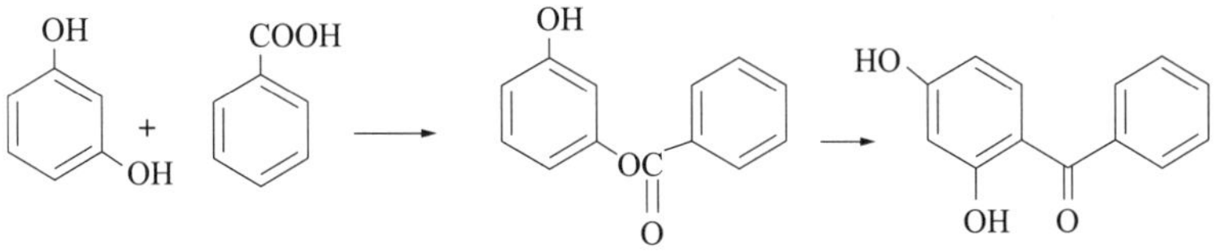

图25.6 间苯二酚的苯甲酰化获得2,4-二羟基苯甲酮

25.2.2 芳族的羟烷基化

在精细化工中,芳环上的功能基团可以用来合成大量的有用化合物,因此芳族化合物与醛类化合物的羟烷基化成为一类重要的反应(见图25.7)。然而这类反应也是不好控制的,由于醛和酮的温和亲电性,导致芳环的活化,羟烷基化的产物有各种位置异构体(邻位和对位),最终导致不需要的串级反应的发生(见图25.8)。

1966年,Venuto和Landis[50]首次研究了非均相的羟烷基化反应。他们在180℃条件下,用HY沸石进行了苯酚和各种醛的羟烷基化,得到的主要产物是相应的二芳基甲烷的加成物,产物的收率和位置选择性与涉及反应的醛类相关。上世纪80年代,Climent等[51~53]以及后来

Burgers等[54]用各种沸石作为催化剂,用甲醛的水溶液[51]、乙醛[52]、苯甲醛和苯已酮[53]对苯酚、甲苯和苯甲醚进行了羟烷基化。在这些研究中,所有的过程的主要产物均为二芳基甲烷的加成物。另外,对于这些反应,反应物在疏水性的催化剂(使用HY沸石)表面上的吸附和脱附性、动力学行为对催化剂的活性衰减[51]都有决定性的作用。

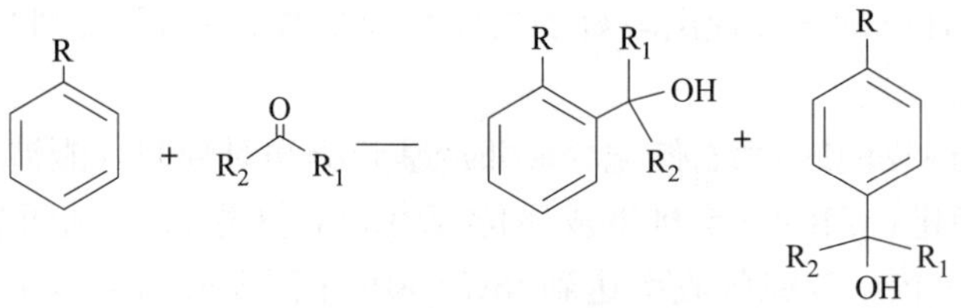

图25.7 芳烃与羰基化合物的羟烷基化

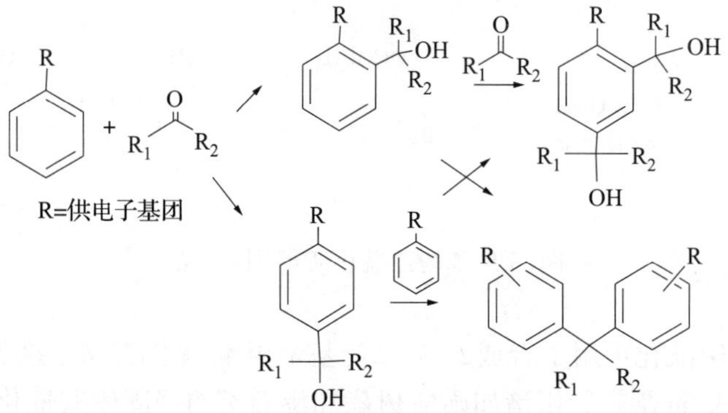

图25.8 芳烃羟烷基化过程中不需要的串级反应

另外一个有意义的羟烷基化反应是愈创木酚(邻甲氧基苯酚)和甲醛的反应,反应产物是对羟甲基邻甲氧基苯酚,它是合成食品添加剂香草醛(见图25.9)的前体。Moreau等[55]研究了在H型丝光沸石上进行这一反应,在很好地平衡了沸石的疏水性(Si/Al=18)和酸性后,在40℃条件下,反应物转化率达33%,对位产物选择性最高可达到83%。

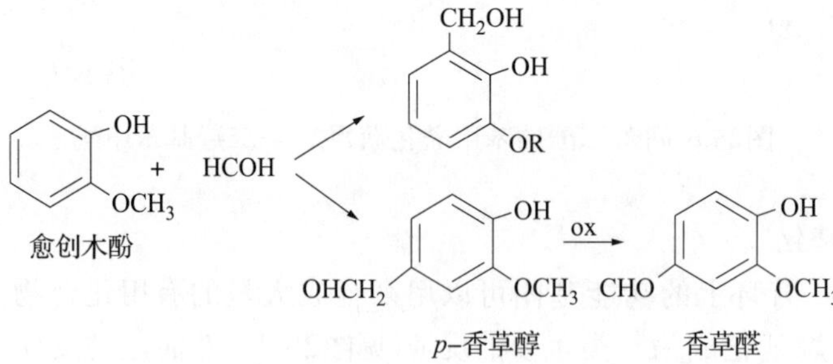

图25.9 愈创木酚和甲醛的羟烷基化反应

最近,Cavani等[56~58]研究了在丝光沸石上催化邻甲氧基苯酚和福尔马林的羟烷基化合成香草醛前体的反应,反应温度80℃。研究表明,福尔马林水溶液中的甲醇不但降低了邻甲氧基苯酚的转化率,而且单芳基的副产物转化成了双芳基的产物。另一方面,调整沸石的硅/

铝比，在硅铝比为10~58范围内进行反应研究，结果表明沸石的疏水性影响催化性能，提高酸性中心的浓度会降低了催化活性。在丝光沸石上进行邻甲氧基苯酚羟烷基化的过程也可以发现，在许多脱铝催化剂中脱铝形成的次级结构介孔与疏水性的影响相叠加，与中等硅/铝比的丝光沸石相比，反应更趋于形成双芳环结构的副产品。当使用硅/铝比在12~25的丝光沸石作催化时，反应转化率大约为20%，香草醛前体生成的选择性为60%；而使用高硅/铝比(30~35)沸石催化时，生成香草醛前体的选择性低于40%，而生成的双芳环副产物超过60%。

愈创木酚的烯丙基化[59]在商业上有重要作用，可以用来生产丁子香酚、丁香油酚和萎叶酚(对烯丙基苯酚)。这些酚类在香水、调味品、精油、昆虫引诱剂以及诸如止痛、防腐和紫外线吸收等方面均有使用。愈创木酚与醇的烯丙基化可用沸石(HY、H-Beta、ZSM-5、丝光沸石)催化，可得到5种单烯丙基化产物：烯丙基-2-甲氧基苯基醚、丁子香酚(4-烯丙基-6-甲氧基苯酚)、丁香油酚(2-烯丙基-6-甲氧基苯酚)、佳味备醇(5-烯丙基-2-甲氧基苯酚)和3-烯丙基-2-甲氧基苯酚。此外，还有少量的二烯丙基愈创木酚(见图25.10)。经过2h的反应，愈创木酚的转化率为4%~61%，转化成单烯丙基愈创木酚的选择性在47%~94%之间。K-10黏土相对于沸石而言，有较高的催化活性(61%的转化率)，但单烯丙基愈创木酚的选择性则较低(47%)。在沸石中，HY催化时最大转化率为46%，单烯丙基愈创木酚的选择性为85%，二烯丙基化物的选择性为9%，其他为6%；催化剂循环使用3次后，反应物的转化率仅有一点降低。

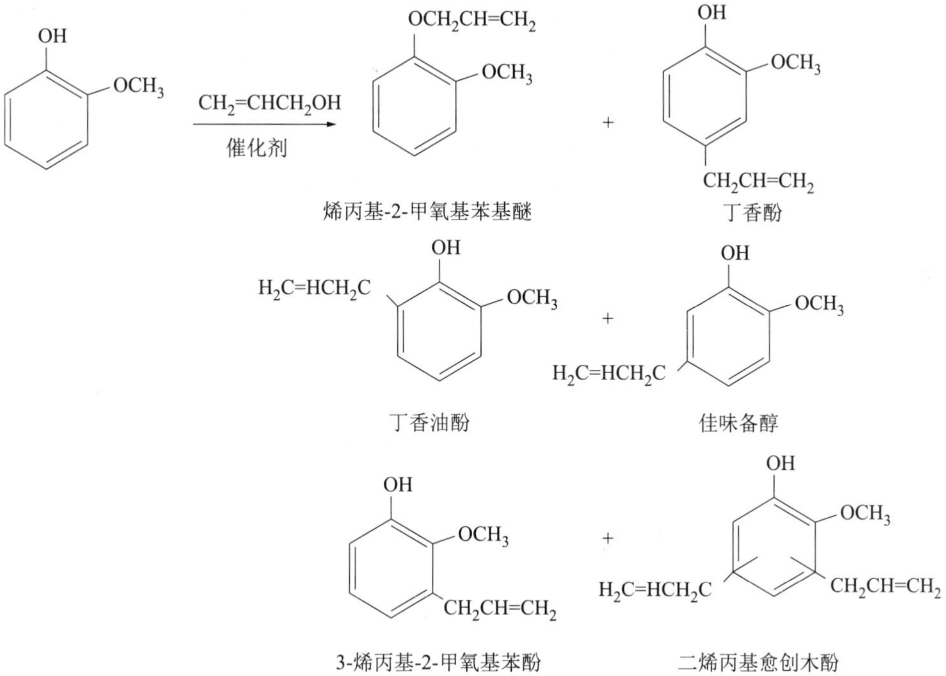

图25.10 愈创木酚烯丙基化反应

2，5-二甲羟基呋喃是呋喃族中非常有用的化合物，可用于合成药品、冠状醚及聚合物，该化合物可以通过糠醇与甲醛来合成(见图25.11)。Lecomte等[60~63]在较低的温度下(40~50℃)，用硅/铝比为100的疏水性丝光沸石催化糠醇与甲醛水溶液的反应，在糠醇转化率达到80%~90%时，2，5-二甲羟基呋喃的选择性达到了95%。后来相同的研究者研究了糠醇与乙醛在与甲醛反应相同的反应条件下，得到目的产物1-(5-甲羟基-2-呋喃基)-乙醇的收率和选择性则大幅度地下降了[64]。

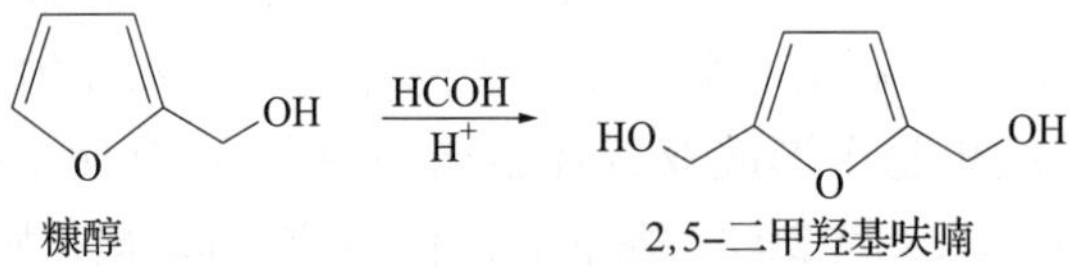

图25.11 2，5-二甲羟基呋喃合成

25.2.3 迪尔斯-阿尔德(Diels-Alder)反应

在精细化工和制药中，烯烃(亲二烯体)与共轭二烯烃的迪尔斯-阿尔德反应(以下简称"迪-阿反应")广泛应用于合成六元环骨架结构[65]。从原子经济来看，这是一个理想的反应。当使用手性L酸进行催化时，这一反应有很好的区域和立体选择性，而且对映选择性也很高[66]。虽然很多的迪-阿反应在较低或温和的条件下不需要催化剂就可以进行，但当涉及到一些反应物的活性不高或有热敏性物质存在时，使用催化可以使反应在温和条件下进行。传统的迪-阿反应的催化剂是诸如三氯化铝、三氟化硼醚化物的L酸，这些酸的加入量要按化学计量要求加入，因此会产生影响环境的废物。

沸石可催化精细化工过程中的迪-阿反应，早在1968年，Landis[67]就研究了用含有稀土阳离子或质子酸中心的X沸石催化丁二烯和顺丁烯二酸酐的反应。在60℃条件下，经过3h的反应后，迪-阿反应加合物的收率达到了93%。呋喃衍生物也是重要的亲二烯体，在制药工艺中可以用来合成一些有用生物活性基团。然而，呋喃是酸敏感物质，当使用均相酸催化时，收率较低。Ipaktschi[68]用铜离子交换的Y型沸石有效地催化了呋喃与丙烯醛和丁烯酮等共轭二烯烃的迪-阿反应(见图25.12)。反应可在0℃进行，目的加成物的收率分别为31%和73%。Narayana等[69]用铈和锌交换的Y型沸石作催化剂取得了相似的结果，只是这种催化剂的活性和立体选择性稍低。

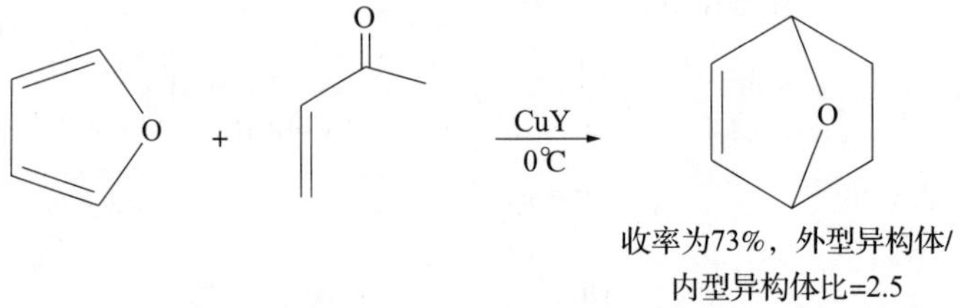

收率为73%，外型异构体/
内型异构体比=2.5

图25.12 呋喃与丁烯酮的迪-阿反应

Pindur等[70]报道，惰化的4-A分子筛对于N-苯甲酰-2，3-二氢-2，3-双亚甲基吲哚和不同的烃基亲二烯体的环加成反应在50~55℃时有较高的活性(见图25.13)，虽然这些反应加成物在温度较高时难以得到，但在使用分子筛催化时收率却达到了10%~63%。

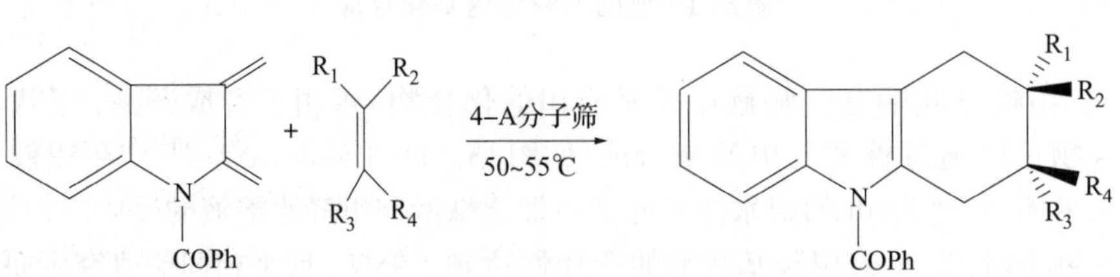

图25.13 N-苯甲酰-2，3-二氢-2，3-双亚甲基吲哚和不同的烃基亲二烯体的迪-阿反应

H型沸石在0℃和无溶剂的情况下可催化二氢吡喃和丙烯醛的杂环迪-阿反应(见图25.14)[71]。在研究的沸石中，催化效果最好的是硅/铝比为25的H-Beta和硅/铝为15的脱铝HY型的沸，目的加合物的收率分别为65%和62%。这一结果与在较高温度下(150℃)这一迪-阿反应仅5%的收率形成了鲜明的对比。

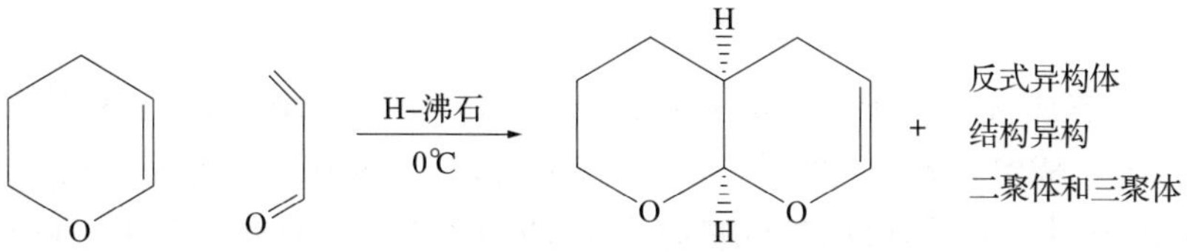

顺式1，8-Dioxaoctahydronaphtalene

图25.14 二氢吡喃和丙烯醛的杂环迪-阿反应

Yin等[72]报道了使用无水氯化锌改性的HY沸石催化月桂烯和丙烯醛的迪-阿反应，反应得到了对位和间位的柑青醛(见图25.15)。

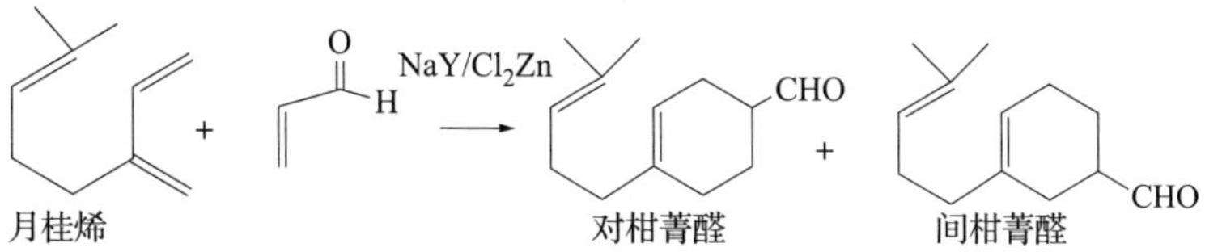

图25.15 柑青醛合成

柑青醛类化合物对于香水制造业有用。特别是对位杂环加成物4-(4′-甲基-3′-戊烷基)-Δ^3-环己基甲醛，对其环化可生产有木香和果味的龙涎香。这种物质广泛应用于香水和化妆品生产中，因此提高对位选择性对这一反应有重要的意义。最近，相同的研究者[73]使用微波辐射在交互作用下使NaY沸石上负载氯化锌，得到对于这一反应有高活性和高选择性的催化剂。在二氯甲烷为溶剂时，反应可在30℃下进行。研究者给出了控制催化剂性能的重要参数(见表25.1)。用微波制备的氯化锌/NaY催化剂有高的位置选择性，这种高选择性源于形成了新的具有温和酸性的"-O-Zn-Cl"L酸酸性中心。

表25.1 用于月桂烯与丙烯醛迪-阿反应的不同催化剂比较①

催化剂	$ZnCl^2$/(mmol/g)	制备方法	转化率,%	选择性,%	位置选择性(对位∶间位)
无			6.6	98.8	72∶28
NaY	0		6.7	97.8	72∶28
ZnNaY	0.62	离子交换	13.8	96.2	77∶23
$ZnCl_2$	2.75		89.9	76.7	92∶8
$ZnCl_2$/NaY	2.75	物理混合	90.2	77.2	92∶8
$ZnCl_2$/NaY	2.75	加热200℃，1h			
$ZnCl_2$/NaY	2.75	微波	90	92.6	93∶7
$ZnCl_2$/NaY	1.84	微波	64	93	92∶8
$ZnCl_2$/NaY	0.92	微波	15	96	83∶17
$ZnCl_2$/HY	2.75	微波	95.8	50.1	92∶8

① 反应于30℃在$ZnCl_2$溶液中反应6h。

Onaka等[74, 75]发现,脱铝HY沸石和H-Beta沸石置于已烷溶剂中和反应温度-1℃的条件下可催化2-甲基-1, 3-丁二烯与α-不饱合酯、β-不饱合酯进行迪-阿缩合反应,反应具有非常好的对位选择性(对位/间位比为98:2),但迪-阿反应加合物的收率较低(11%~62%)。而富铝的介孔硅铝盐(ALHMS)按铝原子计的活性要高于常规的沸石,在相似的位置选择性下,产物的收率达到87%~94%;另外,ALHMS是可以循环利用的,活性和选择性也优于均相L酸三氯化铝催化剂。

利用微波固态或液态离子交换方法可制备的过渡金属/Y型沸石,这种沸石可催化环戊二烯与顺丁二烯二酸酐以及蒽与顺丁二烯二酸酐的迪-阿反应[76]。研究者发现,无论制备方法如何,这类沸石对于迪-阿反应加成物收率增加的顺序为:NaY<Fe^{2+}Y<Fe^{3+}Y<MnY<CuY≈NiY=CoY≈CrY<ZnY。由于金属阳离子在水分子作用下形成质子酸中心的原因,离子交换的沸石具有较高的反应收率,对于像Zn^{2+}离子直径较小的阳离子,可以得到较高的离子交换度,相应地也可以得到较高的质子酸中心浓度。在这种情况下,混合物的收率高达65%~70%,另外反应有内消旋体-选择性(见图25.16)。

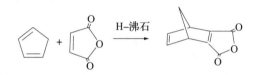

图25.16 环戊二烯与顺丁烯二酸酐的迪-阿反应

介孔MCM-41分子筛也可以催化不同双烯与亲二烯体的迪-阿反应。例如,Kugita等[77]发现,对于环戊二烯与α-不饱合醛、β-不饱合醛的迪-阿反应,AL-MCM-41的催化活性取决于其制备过程。通过接枝法制备的催化剂活性高于用溶胶法、水热法、模板阳离子交换法制备的催化剂,这主要是因为前者样品具有高酸性。例如,在37℃下进行环戊二烯与丁烯醛的环化加成反应时发现,与介孔材料SBA-15、介孔HZSM5、HY沸石、无定形硅铝、大孔树脂、均相对甲基苯磺酸和三氯化铝等相比,用接枝法合成的催化材料有较高的活性(最大的丁烯醛转化率达到76.3%)。然而,所有的催化材料(均相和非均相)有相似的选择性,内消旋体与外消旋体的比例近似等于1。

Satsuma等[78]发现,使用铝和镓对MCM-41、无定形硅铝和沸石(HY和H型丝光沸石)进行掺杂处理的材料,可催化二甲基丁二烯与对苯醌的反应。所有催化剂都对迪-阿反应加合物表现出优良的选择性,改性的MCM-41的催化活性最高(对应的生成迪-阿反应加合物的选择性达80%~63%),沸石材料活性最低。

在对环戊二烯与苯醌的环化加成反应(见图25.17)的研究中[79],考察了无定形硅、不同类型的ITQ-2以及全硅MCM-41和金属改性MCM-41的催化性能。结果表明,无定形的硅对于迪-阿反应没有任何活性,而使用全硅层状剥离的ITQ-2和介孔MCM-41时反应速度明显增加。由于硅羟基对于这一反应没有作用,所以是催化材料对反应物的吸附限定作用造成了上述结果。事实上,减小全硅MCM-41的孔径可以明显提高反应的转化率,反应的转化率可达90%,"内-反-内"加成产物的选择性达到91%。当向MCM-41的四面体骨架中引入钛或锡时,反应速度变得很快。另外,还发现Sn-MCM-41可以催化逆迪-阿反应,其结果是增加了"内-反-外"产物的选择性,这主要是由于锡羟基酸性位增加造成的。当用AL-MCM-41这种酸性更强的催化剂时,逆迪-阿反应速度增加得更多,"内-反-外"产物的选择性提高了4倍。

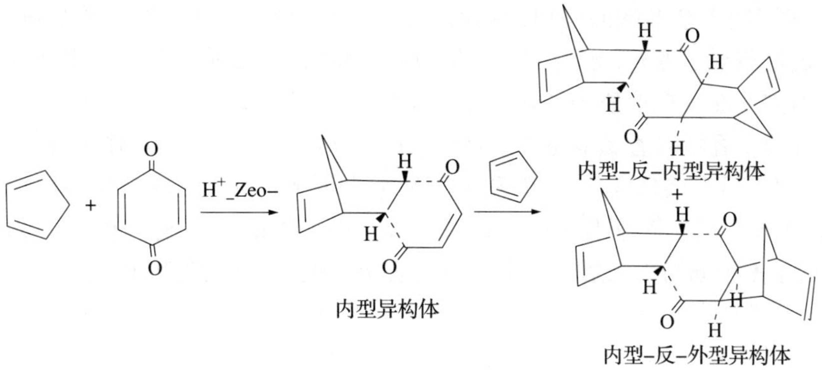

图25.17 环戊二烯与顺丁烯二酸酐的迪-阿反应

25.2.4 羰基化合物的缩合反应

在合成多种基团的有机化合物时过程中,当有其他功能性基团时,缩醛反应常用来选择性地保护羰基[80]。缩醛反应除了具有基团保护的作用外,也可用于合成大量精细化学品。这些化学品作为香料和香味剂,广泛应用于化妆品、食品、饮料添加剂、制药、洗涤剂及油漆等行业[81]。一般来说,缩合反应是羰基化合物与醇或酯在酸性催化剂中进行的。醛在弱酸中就能缩合,而酮类则要在强酸(例如磺酸、盐酸和对甲基苯磺酸)中缩合。沸石和介孔硅铝盐材料可催化不同醛或酮与甲酸二甲酯或甲醇的缩合反应,得到二甲基缩醛,反应收率也较好[82~88]。

最近,使用介孔材料AL-MCM-41、沸石和负载于MCM-41上的12-磷钨酸催化不同的羰基化合物与季戊四醇的反应,在制备缩醛方面获得成功。这种缩醛可用做塑化剂或硫化剂使用[89, 90]。以下给出了一些使用沸石作为酸催化剂制备缩醛的例子,这些缩醛类化合物广泛应用于香味剂和香料中

苹果酯(ethyl 3, 3-ethylendioxybutyrate)是一种有苹果香味的香料,在均相强酸的作用下通过乙酰乙酸乙酯和乙二醇的缩合反应制得(见图25.18)。均相强酸催化过程的缺点,是酸能催化酯的水解,水解作用生成3, 3-乙基二氧丁烷(3, 3- ethylendioxybutyrate),这不但降低了苹果酯的收率,而且当副产物含量大于3%时,将改变最终产品的气味。Climent等[91]研究了使用酸性沸石(H-Beta、HY、HZSM-5、HMor)和介孔硅铝MCM-41催化合成苹果酯的反应。

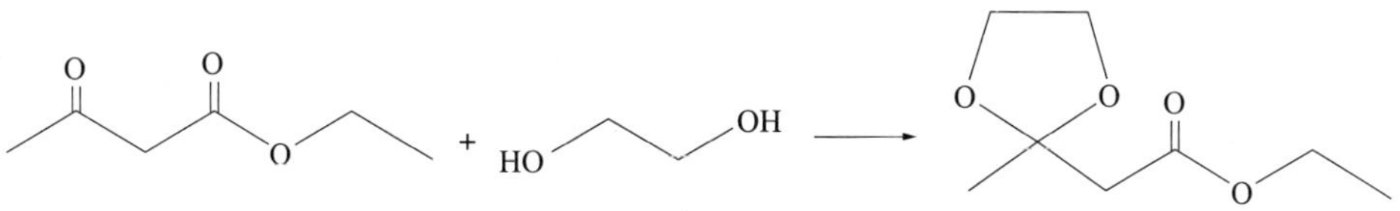

图25.18 苹果酯合成

反应在两种情况下进行:一种是在甲苯溶剂中,于甲苯回流温度下,用共沸蒸馏除去生成的水;另一种是在无溶剂的情况下,于40℃下,用1066.4Pa(8Torr)的真空除去水。结果表明,三维沸石(β沸石和Y沸石)活性最高,通过改变硅/铝比可以优化沸石的吸附性能。对于硅/铝比为25的β沸石和硅/铝比为20的HY沸石,进行1h的反应,反应转化率和苹果酯的选择性接近100%。最近,有报道将12-磷钨酸和12-磷钨酸铯负载在诸如硅胶、介孔硅SBA-15、超稳Y(USY)和脱铝超稳Y沸石等各种多孔载体上,催化苹果酸的合成过程。当将12-磷钨酸负载于

超稳Y沸石上时，由于杂多酸的浸出，催化活性缺乏稳定性；而当用杂多酸盐进行负载时，催化活性和稳定性得到了改善，进行90min的反应，于90℃下，反应的转化率和苹果酯的选择性接近100%，但需要在反应介质中加入脱水剂(40%的环乙烷)。

具有风信子、香草及香橙花香味缩醛类化合物合成也有用沸石作催化剂的报道[94, 95](见图25.19)。风信子味缩醛由苯乙醛和丙三醇缩合而成，缩合形成二氧环戊烷基及二噁烷基类缩醛异构体的混合物(见图25.19a)。香草醛与丙二醇缩合形成具有香草味的缩醛(见图25.19b)。最后是萘甲酮与丙二醇缩合形成具有香橙味的缩醛(见图25.19c)。

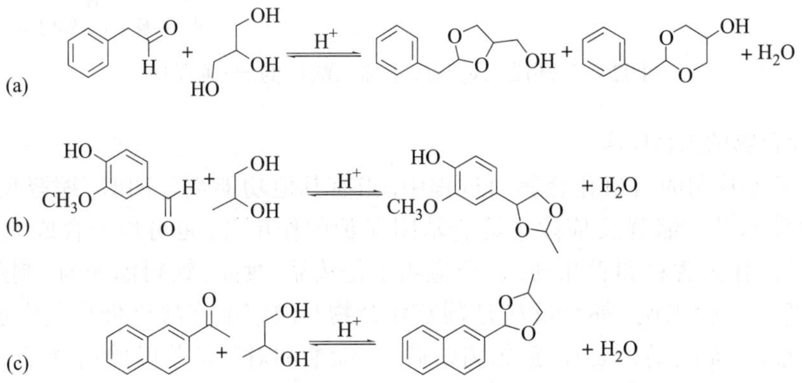

图25.19 风信子(a)、香草(b)及香橙花(c)香味缩醛类化合物合成

用共沸精馏的方式，通过甲苯的回流脱出反应过程中的水，考察了不同种类的沸石(HY、HB、HMor、HZSM-5)与ITQ-2沸石催化上述过程。研究表明，对于像苯乙醛和香草醛这样的小分子醛的缩合，三维结构的沸石较脱铝ITQ-2更有活性，在较短的反应时间内，相应产物的收率很高(88%~96%)。然而，对于像萘甲酮与丙二醇这样的分子醛进行缩合时，几何限制性降低了反应产物在沸石三维结构中的扩散速率，相应地降低了反应的速度。在这种情况下，脱铝ITQ-2就成为了活性较好的催化剂。正如苹果酯的合成过程沸石亲水性有重要作用，在上述的3个反应中，反应物(醛和丙二醇)也有不同的极性，控制沸石中酸性中心和亲水性的硅/铝比对于催化性能的影响是很大的。

25.2.5 Fischer糖苷化反应

在酸催化作用下的Fischer糖苷化反应是一类重要的缩醛反应。该反应涉及到糖和乙醇的缩醛反应，生成相应的乙缩醛和烷基糖苷。从脂肪酸醇中派生的烷基苷是十分有用的，由于这类化合物有亲水部(糖配基)和憎水部(脂肪醇配基)组成，从而使其有了表面活性剂的特性。今天，基于这类化合物的日常生产，烷基苷已经成为一种重要的糖基表面活性剂。

Fischer苷糖化反应是生成烷基呋喃糖苷和烷基吡喃糖苷(α、β同分异构体)的平衡反应(见图25.20)。

呋喃糖苷是动力学控制的初级产物，异构化后形成吡喃糖苷。在进行葡萄糖苷化时，如果反应达到热力学平衡状态，吡喃葡萄糖/呋喃葡萄糖的比约为95:5，α/β的摩尔比为65:35。这一反应的副反应是糖的齐聚形成多聚糖，从而使用反应产物为复杂的混合物。

酸性沸石已经应用于催化合成烷基葡萄糖苷。Corma等[98]研究表明：诸如β沸石和Y沸石等三维十二元环结构沸石对于催化合成烷基糖苷有很好的稳定性和选择性。在110℃，用β沸石和Y沸石催化合成丁基葡萄糖苷，丁基糖苷的收率(α, β-丁基吡喃糖苷加上α, β-丁基呋喃糖苷)分别达到了70%和98%。更有意义的是，当使用沸石作为酸性催化剂时，反应过程中形成的低聚糖比均相反应明显减少，这是因为沸石的择形选择性作用限制了低聚物的生成。择形选择性作用也得到了用HY型沸石催化丁醇和葡萄糖的反应研究[99]的证实。对于β沸石晶粒大小优化的研究表明，当晶粒小于$0.35\mu m$时，反应效果最好。这表明在这一尺寸范围内，沸石内反应物的扩散对于反应没有控制作用[100]。由于极性不同，两种反应物(糖和丁醇)在沸石上的吸附和脱附性能对催化活性起着重要的作用，因此，优化沸石的硅铝比就能影响催化性能的两个关键方面，换句话说，就是可以影响催化活性点和吸附性能；更进一步地讲，就是沸石的疏水性高，催化剂失活就慢。Chapat等[101]在研究脱铝HY沸石催化丁醇葡萄糖苷化过程中也发现了相同的结果。另外，有研究者[99, 101]也发现，当使用微孔催化剂时，可以明显增加丁基-β-葡萄吡喃糖苷的空间选择性。

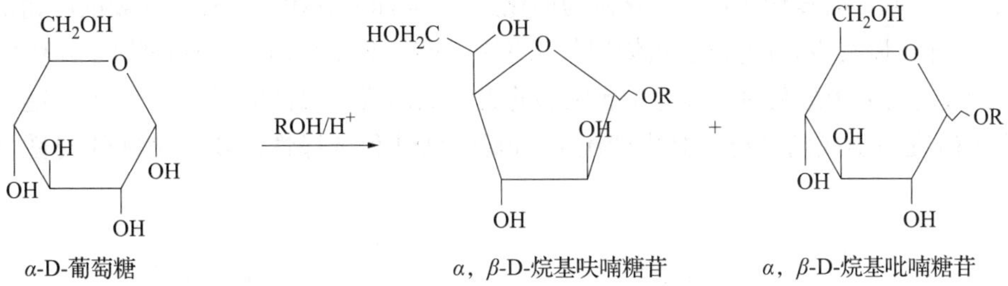

α-D-葡萄糖　　　　　　α，β-D-烷基呋喃糖苷　　　　α，β-D-烷基吡喃糖苷

图25.20 Fischer糖苷化反应

制备长链烷基糖苷经过二步转缩过程实现：过程的第一步是糖和短链的醇(通常是丁醇)制备相应的丁基糖苷，第二步是脂肪醇和丁基糖苷在用蒸馏的方式除去短链醇并通过转缩形成长链糖苷。研究表明[102]，在120℃和53.320kPa(400Torr)的条件下，用辛醇和丁基糖苷进行转缩过程最好的催化剂是β沸石，辛基糖苷异构体α，β-辛基葡萄呋喃糖苷和α，β-辛基葡萄吡喃糖苷在产物中分别占10%和80%。一般情况下，当脂肪醇/丁基糖苷的比为4时，可以得到较好的反应速度和较少的副产物。

H-Beta沸石可以催化长链醇与葡萄糖直接反应合成葡萄糖苷[102]的反应。由于葡萄糖在长链醇(辛醇和十二烷醇)中的溶解度较低，β沸石的催化反应要用过量醇，反应温度为120℃。将糖加入过量的醇中，用1-辛醇反应，糖完全转化时，辛基糖苷的收率为99%；当用1-十二烷醇时，烷基糖苷的收率稍有降低(80%)，但也明显高于转缩过程的收率。

与沸石相比，有序介孔硅铝材料MCM-41酸性较弱，但孔径明显较大，也是一种对糖苷化过程有很好收率的催化材料[103, 104]。特别是利用MCM-41温和酸性，可以很好地催化合成2-烷基乙酮糖苷(果糖和山梨醇)[105]。果糖苷化主要得到3种产物：β-果糖吡喃苷和α，β-果糖呋喃苷。研究表明，生成的吡喃/呋喃的比与催化材料MCM-41的硅铝比有关(见图25.21)。果糖中的二糖也可以在MCM-41温和酸性催化下苷化，例如丁基麦牙糖、丁基蔗糖苷、丁基乳果糖苷可以用MCM-41催化相应的糖与丁醇反应[106]，收率接近100%。

25.2.6 异构化反应：α-蒎烯和α-环氧蒎烷的异构化

α-蒎烯和α-环氧蒎烷类的萜烯异构化是精细化工的一个重要反应，这类反应用来生产一些诸如茨烯、柠檬烯、龙脑烯醛(CPA)等高价值的化合物。这些化合物经常作为香料添加剂用于洗洁剂、化妆品、香料、食品及制药工业中。

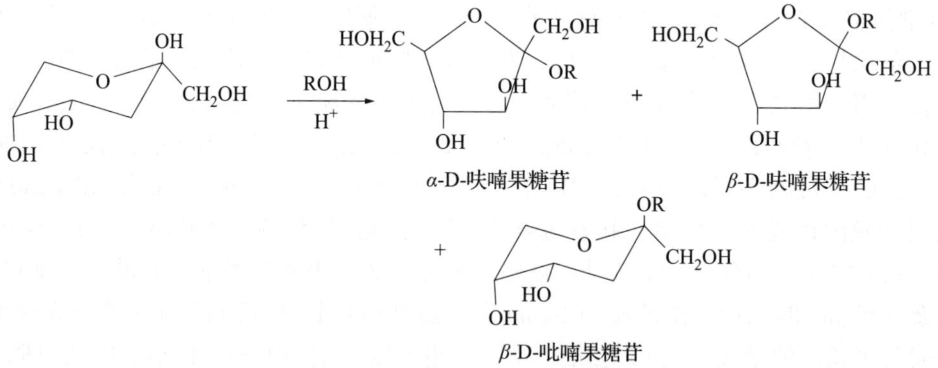

图25.21 果糖的Fischer糖苷化反应

在工业上, 蒎烯的异构化是以氧化钛为催化剂, 在常压和200℃下进行, 主要的产物是茨烯、柠檬烯、三环萜, 以及少量的油脂和冰片烯, 收率在75%~80%。在这种催化剂上, 异构化的速度较慢, 氧化钛还需要用酸处理, 从而在催化剂的表面上形成一层钛酸膜[107, 108]。由于这一缺点, 目前有许多研究希望找到具有较高生产茨烯/柠檬烯活性和选择性的新催化材料(见图25.22)。

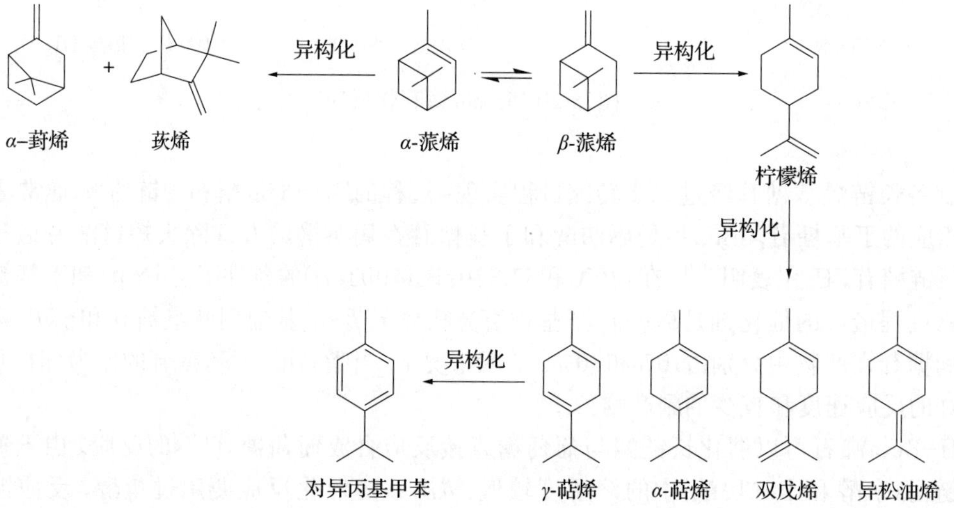

图25.22 蒎烯异构化的可能的产品分布

沸石和改性黏土作为固体酸, 由于其酸性中心适合和结构的择形选择性作用, 在需要酸催化的蒎烯异构化过程中得到了广泛应用。最近, Yilmaz等[109]用不同硅铝比的β沸石负载B、Ti、V原子作为催化剂, 在273℃进行蒎烯的液相异构化, H-Beta沸石(硅铝比=27-33)表现出高的催化活性, 对茨烯和萜品烯的选择性分别为27.5%和13%。沸石用硼、钛和钒处理后, 催化活性明显提高。Gunduz等[110, 111]在相同温度下的研究了蒎烯的异构化反应, 催化剂为沸石和Brønsted酸(以下简称B酸), 在转化率很高的情况下, 茨烯的收率达到最大(25%~27%), 产物中萜品烯的选择性达到了8%~20%。其他诸如萜品油烯和重组分也可见于产物中。最近, 同一研究小组报道用ZSM-5、β沸石、丝光沸石和介孔材料MCM-41催化了蒎烯的异构化反应。他们发现在200℃液相条件下, 用硅铝比55的β沸石在很好地平衡了酸度和孔径后, 当反应转化率达99%时, 生成茨烯的选择性为27%。Lopez等[113]在120℃考察了脱铝丝光沸石和Y型沸石对蒎烯异构化的催化作用,当使用脱铝丝光沸石催化时,反应的主要产物为莰烯和柠檬烯,混合物的最大收率达到68%。当使用Y型沸石催化时,容易生成了一些不需要的化合物,但以莰烯/(莰烯+柠檬烯)计的选择性与使用用丝光沸石近似一致。他们认为,当反应转化率低于90%时,反应选择性的变化不明显,当使用大孔径沸石时,生产的副产物较多。Akpolat等[114]报道在155℃进行蒎烯异构化反应,使用天然沸石(斜发沸石)作为催化材料,沸石的焙烧温度影响其催化活性。研究表明,焙烧温度升高,催化活性降低。这是由于B酸酸中心破坏的原因。另外,莰烯选择性不随反应转化率变化而保持恒定(30%),柠檬烯选择性在转化率高于80%~85%时从20%降低到接近5%。Allahverdiev等[115~117]用斜发沸石在120~160℃、1.1MPa的条件下,催化了蒎烯的异构化反应。莰烯和柠檬烯是主要产物,在转化率80%~85%时,莰烯加上柠檬烯的选择性达到70%。Findik和Gunduz[118]用斜发沸石在155℃进行催化反应,莰烯的收率为43%。Ozkan等[119]将斜发沸石用NH$_4^+$、Ba^{2+}、Pb^{2+}交换用于催化蒎烯异构化,不处理的沸石由于较低的扩散速度而有更高的柠檬烯选择性,交换的沸石则生成更多莰烯。

在L酸和B酸催化下环氧蒎烷的异构化[120]主要生成CPA,生成的其他化合物有松香芹醇(PCV)、反式香苇醇(TCV)、反式山梨醇、异蒎茨酚(IPC)和伞花烃(见图25.23)。L酸催化容易生成CPA和PCV,而B酸催化容易生成TCV、反式山梨醇、IPC和伞花烃。从工业角度来看,最重要的反应是由环氧蒎烷异构化生产CPA。CPA是合成檀香香味剂的中间体,也经常用于香水制备和药物制造中的香味添加剂(绿色草本木质琥珀)。

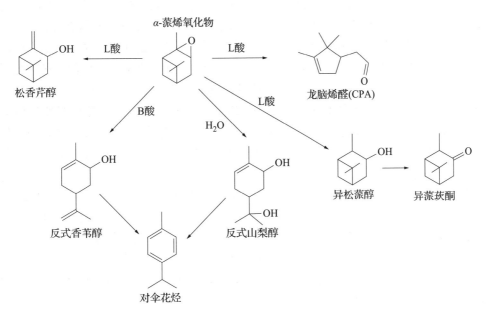

图25.23 α-蒎烯氧化物异构化产生的化合物

使用诸如氯化锌和溴化锌的均相L酸催化合成CPA的最高选择性据报道是85%[122, 123]。然而,使用卤化锌催化有许多的缺点,例如:催化剂的失活较快;由于这类反应速度较慢,反应过程中要求的催化剂/反应物料比较高;催化剂的循环使用次数低于20[124];最终的催化剂需要用水从反应产物中浸出,产生了大量的含重金属的污水。在其他酸性催化剂中,沸石可以克服均相催化的这些缺点,表现出较好的替代性。

Holderich等[123]将酸处理的HUSY沸石用于催化环氧蒎烷的异构化。他们使用甲苯作溶剂，在0℃下反应24h，反应的转化率达到100%，生成CPA的选择性达到75%。高选择性归因于通过酸的预处理，酸性中心在基质硅中得到了很好的分散。Kunkeler等[125]在气相和液相中用钛-β沸石催化环氧蒎烷的异构化反应，在-15℃下反应24h，反应的转化率达到90%，生成CPA的选择性为78%。在连续反应器中，进行环氧蒎烷的异构化反应，在90℃下，以二氯乙烷作为溶剂，转化率达到95%，生成CPA的选择性为78%。也可使用烷烃作为溶剂，反应转化率可达100%，生成CPA的选择性达89%，但当使用烷烃作溶剂时，催化剂在5~6h后迅速失活。

Ravindra等[126]研究了氧化硼负载于氧化硅上的催化作用并与HY、Al-MCM-41、Zn-MCM-41和Al-MSU[带有多孔壁的介孔结构(以八面沸石为晶种)]的催化作用进行了比较。在25℃时，二氧化硅上负载15%的氧化硼的催化活性最高，生成CPA的选择性(约70%)不随氧化硼的负载量而变化。HY和Al-MCM-41表现出较好的转化率和选择性(小于66%)，而Al-MSU在54%的转化率下，对CPA的选择性为86%。他们认为这类催化剂良好的活性和选择性主要归因于在骨架结构中同时存在微孔和介孔。

25.2.7 氧化还原反应

25.2.7.1 环氧化反应

环氧化合物一般通过氧化C=C键获得，用于生产各种醇、羰基化合物、醚类和氨基等。常规的合成环氧化合物的方法是用有机超氧酸进行氧化反应。考虑到使用超氧酸的安全问题，已经开发出了使用过氧化氢、特丁基氧化氢(TBHP)、过氧化氢异丙苯(CHP)作为氧化剂环氧化工艺。这种工艺过程中副产物为水、叔丁醇和过氧化氢异丙苯醇，都是易回收的物质。

文献中已经报道了很多不同环氧化反应多相催化剂的例子，其中有负载在微孔、介孔材料和钛硅酸盐上的金属络合物作为催化剂的报道[127]。从环保的角度来看，环氧化反应中最方便的氧化剂是过氧化氢。对于包括过氧化氢水溶液中的环氧化反应在内的各种氧化反应，钛硅-1(TS-1)催化材料都有显著活性，已经成为了环氧化催化剂的研究重点[128~132]。然而，由于钛硅酸盐的孔径限制了大体积分子的氧化，因此在大孔分子筛中负载钛基团的研究也已经展开。Corma等[133, 134]首次制备的Ti-β沸石催化剂材料，相对于TS-1，该催化剂可以催化一些较大分子的氧化。1994年，Corma等[133, 135]在介孔材料MCM-41上负载Ti基团，在催化环氧化反应中表现得很成功。此外，当介孔固体的亲水性是由硅烷化控制时，可以选择性地用有机过氧化物对大分子进行环氧化[136~138]。另一项新的进展是Valencia和Sumitomo开发的ITQ，ITQ的开发形成了丙烯环氧化制备环氧丙烷的新住友工艺。在下文中，我们将列出了一些使用绿色氧化剂和分子筛作为催化剂来获得高价值萜烯环氧化化合物的例子。

α-蒎烯在非均相催化下的环氧化反应催化剂已得到了广泛的研究[139]。α-蒎烯的环氧化反通常形成不同化合物的复杂混合物，有时甚至因为异构化、加氢、脱氢和水化反应的竞争而无法确认反应产物(见图25.24)。

因此，Chiker等[140, 141]制备了用于蒎烯环氧化反应的钛官能化介孔SBA-15催化材料，以TBHP为氧化剂，用乙腈作为回流物，催化蒎烯的环氧化。使用孔直径为6.1nm和硅铝比为17.8的Ti-SBA 15作为催化剂，当反应物转化率达91%时，产物选择性达到100%，氧化剂的利用率达到93%。在循环反应几次后，他们观察到在液相中有钛物种。在70℃使用双氧水氧化，反应的选择性是恒定的，但是反应转化率降到35%，氧化剂利用率降低到19%。Kapoor等[142]报道了在氟化物介质中通过水热结晶制备六元介孔钛磷酸铝分子筛(TAP)。该催化剂对于α-蒎烯的环氧化反应是有活性的，在72%的转化率下能得到67%的产率。但是再生催化剂的活性下降很大。On等[143]使用不同的三价离子(B³⁺、Al³⁺或Fe³⁺等)制备了双官能钛介孔分子筛MCM-41材料。双官能催化剂上有酸中心和氧化中心存在，在生产α-蒎烯环氧化物时同时产生大量的相应的二醇，而钛介孔材料对环氧化则有100%的选择性。当使用H_2O_2或者TBHP作为氧化剂时，对于蒎烯环氧化反应所有的催化剂都显示出很低的转化率(4%~10%)。

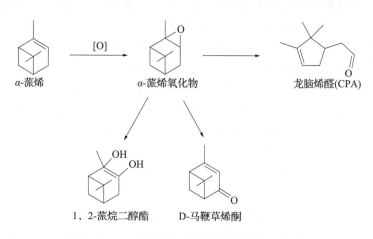

图25.24 α-蒎烯氧化物环氧化产生的化合物

Such等[144, 145]尝试着在75℃下和用Ti交换的介孔分子筛单活性中心材料催化蒎烯环氧化合成CPA。24h后仅获得35%的蒎烯转化率，并且该催化剂对于CPA和蒎烯氧化物具有非常低的选择性，而最大的朝向选择性为马鞭草烯酮(50%)。当氧化剂(TBHP)中的水预先脱除后，在35%的α-蒎烯转化率下，CPA的选择性增加到55%。

柠檬烯氧化物可以从天然物质中得到并且可以应用于香水中，由于在柠檬烯环氧化反应(见图25.25)中可以发生各种各样的反应，因此有可能找到一个适用于高转化、高选择性生产柠檬烯氧化物的催化剂。

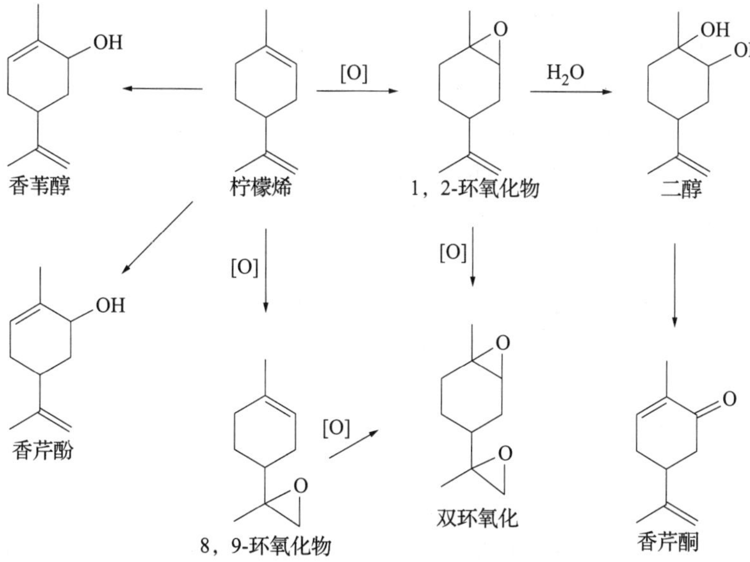

图25.25 柠檬烯环氧化产生的化合物

Prada等[146]报道使用Fe^{2+}、Co^{2+}、Mn^{2+}或 Mo^{2+}对NaY沸石进行交换,得到的催化材料可催化以氧气作为氧化剂的柠檬烯环氧化反应。最好的结果是用NaCoMoY沸石得到的,对于生成1,2-环氧苎烯的反应,在57%的转化率时,选择性达53%。

鉴于钛-沸石和钛-介孔材料在柠檬烯环氧化反应中的成功应用,Hutter等[149]研究了采用不同结构的钛硅材料催化包括柠檬烯在内的几个环烯的环氧化反应。研究发现,相对于钛-沸石和硅负载的钛材料,超临界干燥的二氧化钛凝胶表现出更好的催化性能。使用过氧化氢异丙苯作为氧化剂,柠檬烯环氧化物收率达到87%。有两个方法可以提高Ti-MCM-41催化烯烃环氧化催化活性和选择性:第一种方法是用硅烷化处理Ti-MCM-41的表面,使其成为疏水性催化材料;第二个方法基于用反应介质脱除水。催化剂活性的提高并不是由于钛活性位的内在活性变化,而是因为通过环氧化合物开环形成二醇造成催化剂失活减缓。例如,当硅改性的Ti-MCM-41材料催化TBHP氧化柠檬烯的环氧化反应时,柠檬烯环氧化物产量可达80%。

莰烯可以通过蒎烯的异构化获得,并且能够通过官能化来扩大它的潜在应用。其中一种可能的官能化方法就是环氧化反应,它能生成氧化物以及醇和羰基衍生物。

Van der waal等[151]以H_2O_2为氧化剂并采用Ti-β无铝沸石催化氧化反应。莰烯环氧化物在弱酸性的TiOOH中是不稳定的并且重排形成CPA,因此,在低的转化率(4%)下,仅有1%的选择性而形成相应的环氧化合物,而92%的选择性形成了CPA。在任何情况下,这是一个有意思的结果,因为它表明该催化剂能够进行环氧化反应并且能够异构化形成醛(见图25.26)。

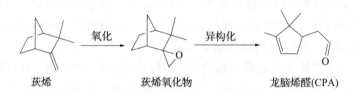

图25.26 莰烯的环氧化反应和莰烯氧化物重排

不论是均相体系,还是负载于NaY分子筛[152]上的多相催化体系,甲基三氧化铼(MTO)都是一种很好的莰烯环氧化催化剂。当在含有NaY/MTO和85% H_2O_2的水溶液中进行莰烯环氧化反应时,莰烯转化率达到89%时,环氧化物选择性大于95%,质量收率大于79%。

6,7-环氧酯沉香醇被认为是呋喃和吡喃羟基醚的天然前体(见图25.27)。它们拥有强烈的玫瑰气味,可以有选择地通过酶的环氧化形成沉香醇。Corma等[153]报道称,双功能催化剂Ti-Al-β和Ti-Al-MCM-41能够将沉香醇转化为羟基醚。这些催化材料中包含Ti^{4+}作为氧化位以及与H^+相关联的Al^{3+}作为互补阳离子。80℃下,用TBHP作为氧化剂,以Ti-Al-β和Ti-Al-MCM-41作为催化剂能够分别获得73%和80%的沉香醇转化率,羟基醚选择性为100%。

使用TS-1/H_2O_2反应体系,顺式-香叶醇和反式-香叶醇在2,3位上能够环氧化形成相应的顺式和反式环氧化合物,但是在最容易反应的双键位[154]上没有发生任何反应。在Ti-沸石上的烯丙基醇环氧化反应中的立体和区域选择性,主要可归因于醇官能团在氧转移过程中的作用(见图25.28)。

25.2.7.2 Baeyer-Villiger氧化

Baeyer-Villiger反应是将酮氧化成内酯或酯[155](见图25.29)广泛使用的方法。这种转化在大宗化学和精细化学以及制造较少使用的过氧羧酸或间-氯过苯甲酸(m-CPBA)[155]中也有大量的应用。

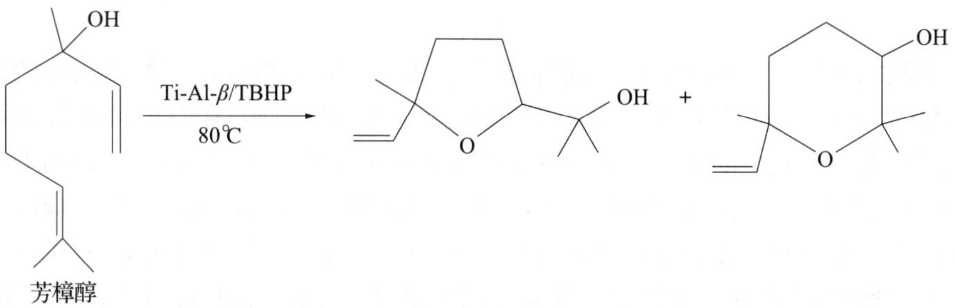

图25.27 芳樟醇环氧化反应得到的呋喃、吡喃羟基醚

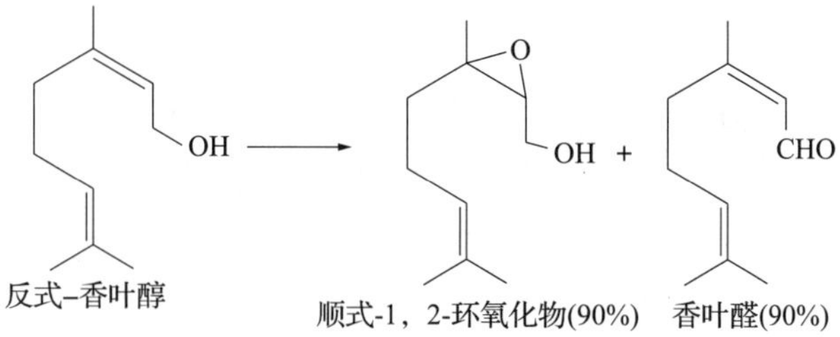

图25.28 反式-香叶醇选择性环氧化作用

图25.29 Baeyer-Villiger氧化反应

　　由于使用了有机过氧化物，至少生成了一个要被分离或深度氧化形成过氧酸的酸分子，这是常规酮氧化过程的一个缺点。另外，有机过氧化物具有爆炸性，因此避免使用过氧化物的路线是非常有用的。这种替代路线可以用过氧化氢作为氧化剂，沸石或者其他的固体作为非均相催化剂[156]。在环酮的Baeyer-Villiger反应中曾经使用了几种酸性沸石[157, 158]和TS-1[159]作为催化剂，实现了适度的转化率和相应内酯的选择性。Wang等[160]报道了使用HZSM-5沸石催化环戊酮和双氧水的氧化反应。因为反应通常发生在B酸酸性中心，他们发现沸石的疏水性在其中起了重要的作用。与TS-1相比，对于在水介质中的Baeyer-Villager 氧化反应，HZSM-5是一个更好的催化剂，因为对于δ-戊内酯的氧化反应，TS-1的催化活性低，产物选择性也不高(<65%)[159]。Lenarda等[158]对β沸石时进行热处理脱铝，用于研究环己酮和过氧化氢的Beayer-Village反应，结果发现ε-己内酯的转化率和选择性非常差，但随着反应温度的增加，转化率和选择性有所增加。

　　在合成沸石的过程中一个重要的成就，就是将像钛[161, 162]和锡[163]这样的不相容金属原子插入到十二元环的大孔沸石形成介孔分子筛中，以克服TS-1[164, 165]孔径小的问题。特别是具有孤立四面体Sn位的β-Sn沸石在Baeyer-Villager氧化反应中显示出奇特的活性。据研究，在β-Sn沸石上Baeyer-Villager氧化反应的活性中心是部分水解的Sn—OH基团。通过光谱测量、同位素标记和理论方法[166~172]表征这一催化材料活性中心和反应机理的研究正在广泛地进行中。

对于以双氧水[163, 172]作为氧化剂的环酮氧化反应，Sn-β沸石是一种高氧化活性和高选择性的催化剂。使用这种催化剂，环酮(例如金刚烷酮和环己酮)在35%的双氧水和温和温度条件下被氧化形成相应的内酯，反应可获得高产率和高选择性(>98%)。催化剂可以再生4次，催化活性几乎恒定。该催化剂被证明在不饱和酮的Baeyer-Villager氧化反应(见图25.30)中有很高的化学选择性。表25.2对使用不同催化剂，在56℃下使用甲基叔丁基醚作为溶剂氧化二氢香芹酮的结果进行了比较。从表25.2可以看出，Sn-β沸石对于内酯的选择性为100%；Ti-β沸石对于双键的环氧化反应显示出活性；而使用m-CPBA作为氧化剂，内酯的选择性非常低。

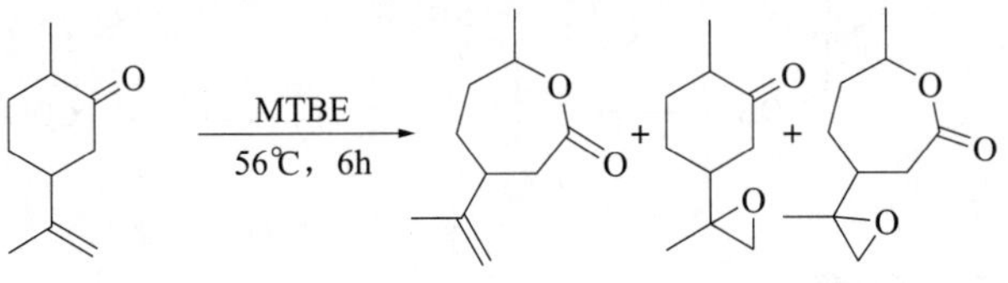

1　　2　　3

图25.30 二氢香芹酮经Baeyer-Villiger氧化反应所得到的可能产物

表25.2 用不同氧化剂的二氢香芹酮的Baeyer-Villiger氧化反应

氧化剂	反应物转化率，%	产品选择性，%		
结构式	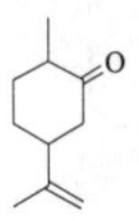	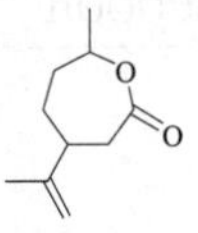	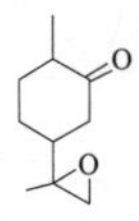	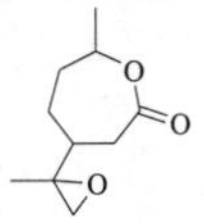
Sn-β/H_2O_2	68	100	0	0
MCPBA	85	11	71	18
Ti-β/H_2O_2	48	0	79	0

4-烷氧基酚是非常重要的有机化合物，因为它是药物、农用化学品及燃料的中间体。H_2O_2/Sn-β体系也用来从苯甲醛衍生物[173]中合成相应的取代4-烷氧基酚。这种合成4-烷氧基酚的路线包含两个连续的步骤，即：苯甲醛衍生物通过Baeyer-Villager氧化反应得到相应的甲酸酯；然后，通过水解甲酸酯得到相应的酚(见图25.31)。

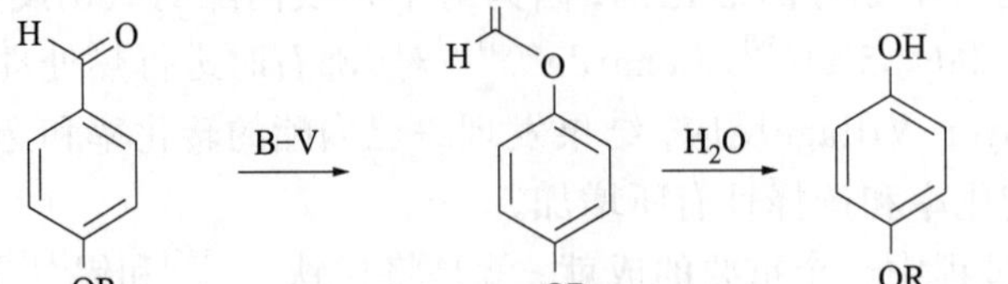

4-烷氧基苯甲醛　　甲酸酯　　4-烷氧基苯酚

图25.31 4-烷氧基苯甲醛经Baeyer-Villiger氧化反应得到4-烷氧基苯酚

通过选择和优化反应条件可以得到预选的反应产物，当使用乙醇或乙腈溶液作为溶剂时可以选择性得到4-烷氧基酚(见表25.3)。然而，使用二恶烷作为溶剂，在不足量的双氧水条件下，反应先形成甲酸酯。另外，该催化剂可以在空气中煅烧再生恢复初始的活性和选择性。

表25.3 溶剂对酯水解生成醇的影响[①]

项 目	水/mg	溶 剂	TON(转化数)	转化率，%	产品分布，%		
					2-酯	4-醇	其他
1		乙 腈	317	56	54	46	0
2	500	乙 腈	327	59	4	96	0
3		二恶烷	259	46	77	23	0
4	500	二恶烷	106	19	54	46	0
5		乙 醇	317	57	1	99	0
6	500	乙 醇	244	44	5	95	0

① 反应条件：0.5g对甲氧基苯甲醛，0.3g 50%的双氧水，3.0g溶剂，水(不标注)，50mg催化剂(Sn-β沸石)，80℃，搅拌反应7h。

Al-β沸石具有B酸酸性中心，也可以作为环酮环氧化的催化剂，选择性比Sn-β沸石低。但是对于Baeyer-Villager氧化反应和酯水解，Al-β催化剂由于可以有效吸附烯基，因此，当醛衍生物拥有烯烃取代基时(见图25.32)，Al-β沸石没有表现出反应活性，但Sn-β沸石却可以促进相应不饱和酚以高选择性生成。对于传统的氧化物(m-CPBA)，这种催化剂的选择性也非常差。

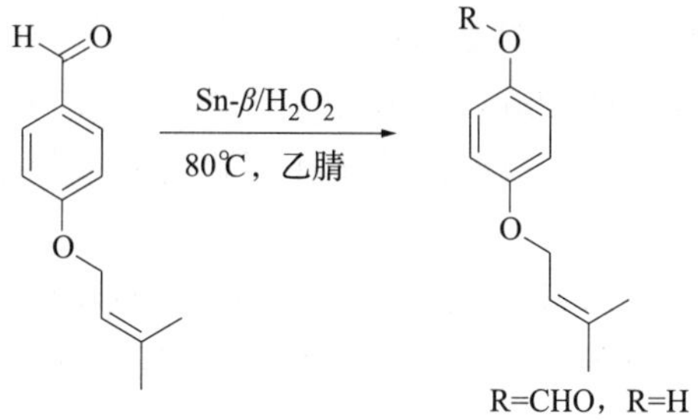

图25.32 Sn-β催化下的Baeyer-Villiger选择性氧化反应

甜瓜醛(2，6-二甲基-5-庚烯-1-基)拥有绿瓜和黄瓜的气味，可用于香水中[174]。它们的常规合成涉及使用卤代酯的Darzens反应，其次是皂化和脱羧反应[175]。使用Sn-β/H$_2$O$_2$体系，一种新型的无卤素的合成方案已经开发出来，它包括柠檬醛(3，7-二甲基-6-辛烯-1-醛)的Baeyer-Villager氧化反应形成甲酸酯，随后水解为甜瓜醛(见图25.33)。

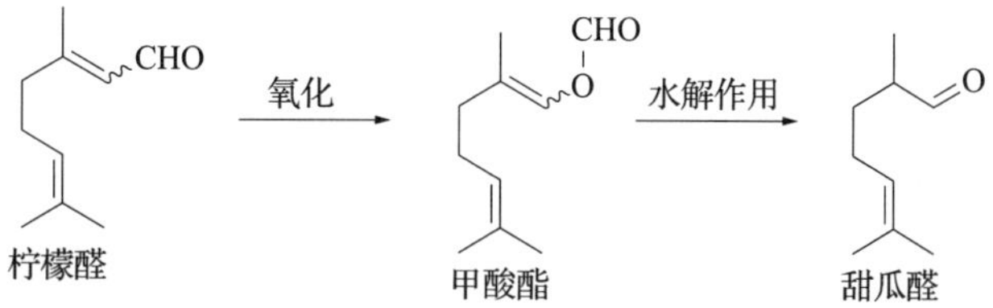

图25.33 柠檬醛通过Baeyer-Villiger选择性氧化反应得到甜瓜醛

对Sn-β沸石的催化性能与其他的潜在的非均相催化材料, 诸如Al-β、Ti-β、Zr-Beta以及介孔材料Sn-MCM-41进行对比实验。实验在100℃和使用叔戊醇作为溶剂的条件下进行。实验结果表明, Sn-β和Sn-MCM-41对于Baeyer-Villager氧化反应具有更高的选择性(95%), 而Al-β、Ti-β、Zr-β的收率和选择性较低(66%～48%)。用Ti-β进行催化, 检测到相当数量的环氧化副产物。

Sn-β/H_2O_2体系也可应用于通过烷基戊内酮(见图25.34)的Baeyer-Villager氧化反应合成烷基-δ-癸内酯的工艺。烷基-δ-癸内酯是一种有奶油和桃子香气的重要工业用香料。以对映体富集的烷基戊内酮进行重排反应, 反应过程中对映结构得以保留, 得到对映体富集的(R)-δ-癸内酯。在60℃和无溶剂的条件下, 采用0.5%催化剂进行反应, 在优化的条件下, 内酯收率为86%, 催化剂的活性可以保持很长一段时间, 活性倍数(每摩尔锡活性中心转化为产物的摩尔数)为10000倍。

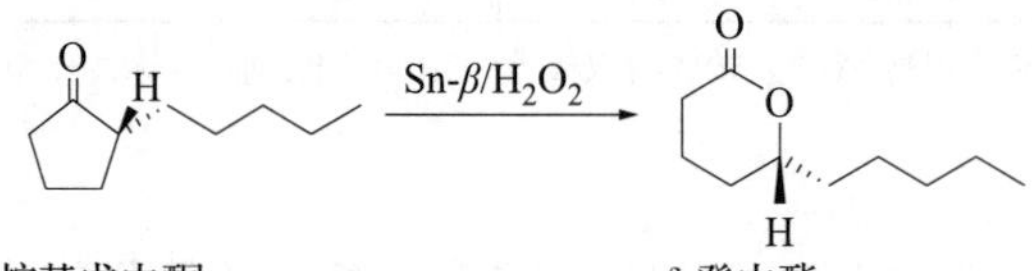

图25.34 柠檬醛通过Baeyer-Villiger选择性氧化反应得到甜瓜醛

最后, 观察到当Baeyer-Villager反应中包含有大分子时, Sn-β沸石的性能会被自身的微孔结构限制。在这种情况下, 已证明使用锡-介孔材料(Sn-MCM-41和Sn-MCM-48)能够克服这种限制[165, 178~180]。其他的金属(例如Fe(Ⅲ)[181, 182]和Nb[183])也可以用于诸如MCM-41和的MCM-48介孔材料中。对于环酮的Baeyer-Villager氧化反应, Fe-MCM-41是有活性的, 但是活性低于Sn-MCM-41。而对于含有双键的分子在促进特定双键的氧化时, Nb-MCM-41没有化学选择性。

25.2.7.3 Meerwein-Ponndorf Verley还原反应和Oppenauer氧化反应(MPVO)

醛和酮的Meerwein-Ponndorf Verley(MPV)还原反应以及它们相应醇的Oppenauer氧化反应是一种高选择性的合成方法, 这一方法可避免其他诸如C=C和C-卤素键等可还原基团发生转化。MPV还原和Oppenauer氧化(MPVO)反应是氢转移过程, 普遍认为该过程中醛醇基团产生了过渡态复合物, 其中羰基、醇和L酸金属中心配位并与氢反应生成醇(见图25.35)。常用的醇铝催化剂有异丙醇铝和叔丁醇铝, 通常以化学计量量加入。在过去的15年里, 许多用于MPV还原反应的催化剂已经开发了出来, 这些催化剂包括沸石多相催化剂。

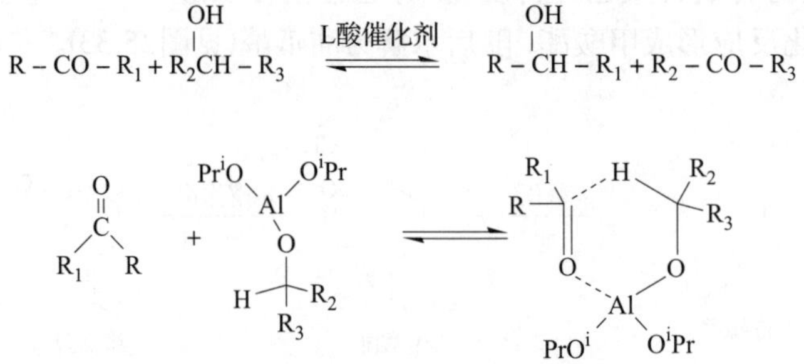

图25.35 MPVO反应的氢转移过程

Al-沸石和Ti-沸石是MPVO反应的优良催化剂, L酸酸性中心是催化剂的活性中心。Creyghton等[188, 189]报道在液相中使用β沸石可催化4-叔丁基环己酮选择性还原为顺-4-叔丁基环己醇(>95%)(见图25.36), 该化合物为一种化学香料的中间体。

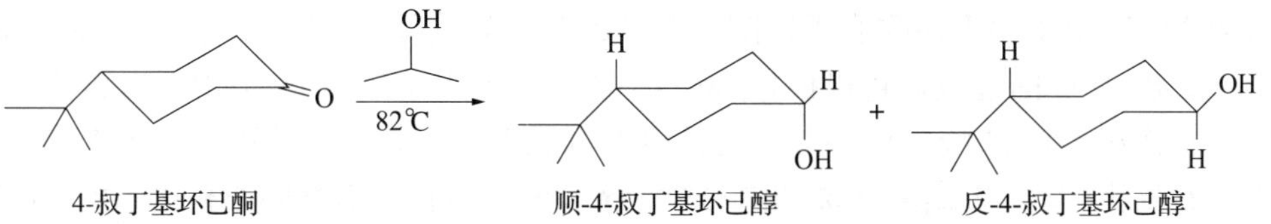

图25.36 4-叔丁基环己酮的MPVO反应

研究发现, 高温煅烧能够提高β沸石的催化活性, 这主要是由于高温下有较高的骨架脱铝程度[190]。事实上, 红外光谱研究表明, 这种催化活性与部分水解骨架铝的数量有直接的关系, 这就提出了醇和酮在L酸金属中心上配位作用的机理(见图25.37), 顺式醇的高选择性归因于沸石的择形选择性作用。择形选择性有利于顺式异构体产生的过渡态的形成。这个过渡态尺寸小, 能够更好地配位于β沸石的孔中。

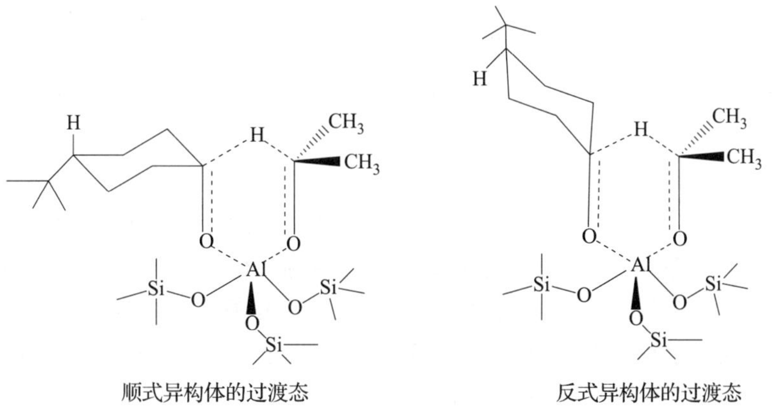

图25.37 4-叔丁基环己酮在Lewis酸金属活性中心上进行MPVO反应的过渡态

对于MPVO反应, 无铝的Ti-β沸石相对于含有Al的沸石虽然呈现出较低的活性[190, 191], 但是对于顺式异构体却具有良好的选择性(>98%), 这表明反应基于类似的机理。根据这种机理, L酸性的四面体Ti原子配位体与醇的形成相关。

4-甲基环己酮和异丙醇在100℃下气相还原反应表明: B酸酸性中心的存在可导致甲基环己醇脱水, 这样甲基环己烷就成为了主要产物, 从而造成Al-β沸石催化的选择性比较差。然而Ti-β除了失活速率较低外, 对顺式醇和反式醇的生成都有作用[192]。

Al-β和Ti-β沸石对于手性苯基丙酮和(S)-2-丁醇的还原反应有活性[193], 优先得到的对映体是(S)-(+)-1-苯基-2-丙醇, 得到的相应对映体总量大于34%。(S)对映异构体的形成同样归因于过渡态时微孔沸石的择形选择性效应。

最近, Alata等[194]使用钛硅分子筛ETS-10催化4-叔丁基环己烷和异丙醇的MPV还原反应。反应在100℃的固定床反应器中进行, 相对于Al-β, ETS-10对反-4-丁基环己醇显示出更高的热力学选择性(76%), 这主要是由于ETS-10的孔更大。

Corma等[195, 196]报道Sn-β沸石对于几个酮的MPV还原和相应反向醇的Oppenauer氧化显示出优异的活性和选择性。与Al-β和Ti-β沸石相比，Sn-β沸石表现出更好的活性、选择性和稳定性，即使在经过4个反应循环后，催化剂依然保持活性。在100℃下，在4-叔丁基环己酮和异丙醇的还原反应在达到97.3%的转化率时，顺-4-叔丁基环己醇的立体选择性仍很好(99%)。此外，还观察到手性酮和手性醇有合理的对映体选择性(50%)。对于不同结构的酮和醇，研究表明，反应的过渡态可以根据β沸石中的微孔的大小来调节，但由于相邻骨架中的氧原子的屏蔽作用，在L酸酸性中心上形成过渡态可能很困难。Sn-β沸石与同样负载了钛和铝的同系沸石相比，具有较高的活性和选择性。这主要与Ti和Al活性中心相比，由于羰基与Sn活性中心有较强的选择性交互作用，而环己酮作为探针分子在Sn-β沸石上的红外光谱研究证实了这一点。此外，Sn-β沸石相对于Ti-β沸石或者Al-β沸石有更好的抗反应介质水的作用(见表25.4)，从而成为一种可以替代高水灵敏度烷氧基铝的催化剂。

表25.4 水的加入对不同沸石催化环己酮MPV还原的活性的影响[①]

催化剂	TOF/[mol/(mol·h)]		
	加水量为0g	加水量为0.2g	加水量为0.5g
Ti-β	1.2	0.7	0.7
Al-β	7.0	0.1	0.1
Sn-β	109.0	17.8	3.8
Sn-β-Sil[②]	108.0	56.7	48.0

① 反应条件：100℃，1h，1mmol环己酮，60mmol丁醇，75mg催化剂。
② 硅烷化样品。

Zhu等[197]使用不含铝的Zr-β沸石和其类似的Ti-β沸石、Al-β沸石和Sn-β沸石，在82℃下催化4-叔丁基环己酮的MPV还原反应，比较这些沸石催化剂的活性和选择性。结果显示Zr-β沸石比Al-β沸石和Ti-β沸石的活性更高，甚至都稍好于Sn-β沸石。当沸石中Si/Zr=75时，对于顺式异构体能够得到97.3%的最大转化率和大于99%的选择性。有意义的是，实验观察到Zr-β沸石对于水分有很高的耐受性(见表25.5)。

表25.5 水存在下Zr-β沸石和Sn-β沸石的活性[①]

加入的水量	Zr-β沸石		Sn-β沸石	
	TOF[②]/[mol/(mol·min)]	转化率[③]，%	TOF[②]/[mol/(mol·min)]	转化率[③]，%
0	632	99	425	81
0.6	447	97	251	60
2.9	410	95	86	29
9.1	304	84	21	7

① 反应条件：1.3mmol叔丁基环己酮，83mmol异丙醇，100mg催化剂，回流操作，搅拌，82℃。
② 反应开始后5min的转化频率。
③ 反应30min后的转化率。

对于Sn-β沸石和Zr-β沸石催化2-丁醇和环己酮的MPV还原反应，DFT计算研究表明：Sn-β和Zr-β的催化机制是类似的，第一步都涉及到L酸酸性中心上酮和醇的吸附；其次是醇的去质子化，然后是碳到碳氢化合物的转移(通过一个六元过渡态)；最后是催化剂中质子的传递和最终的产品取代[198]。

有研究者[199]使用催化剂催化诸如苯基和环状酮与异丙醇的MPV还原反应,得到了很好的产率和选择性。此外,使用Zr-β沸石催化各种α,β-不饱和醛还原成相应的醇的反应,也得到了很高的产物选择性,而转化率则取决于醛的分子结构[200, 201]。

最近,van Bekkum等[202]报道在Zr-β沸石上负载铑催化4-叔丁基苯酚和对-甲酚的立体选择还原及级联加氢反应。在超过0.5%的Rh/Zr-β沸石作用下,4-叔丁基苯酚和对-甲酚在金属催化加氢作用下转化成相应的中间体4-烷基酮,随后中间体与异丙醇通过在锆酸性中心上的MPV还原反应,立体定向性还原得到4-叔丁基环己醇。在优化的反应条件下,4h内就能以100%的转化率和5%的选择性形成产物(见图25.38)。

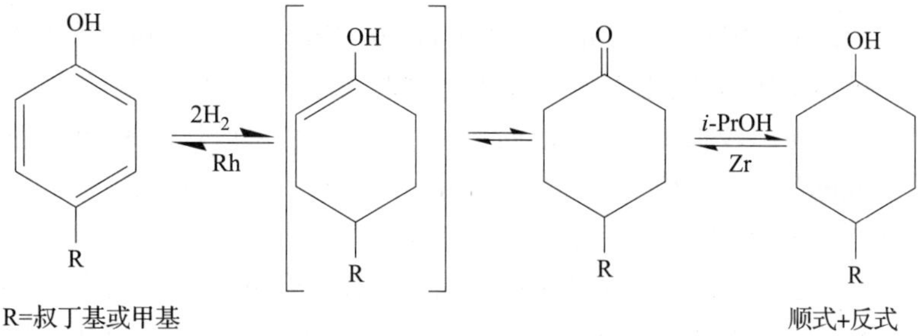

图25.38 4-烷基酚转换成烷基环己醇类的级联反应

Corma和Renz[203]最近报道了使用Sn-β沸石和Zr-β沸石作为L酸催化剂的级联过程的例子。4-甲氧基苄基-1-甲丙基醚具有果味梨气味,它的工业制备包括两步:第一步是4-甲氧基苯甲醛还原为相应的醇,而醇在进入第二步醚化前要进行分离和纯化。现在,还原(氢化)-醚化两步反应已经被集成到一个级联过程中。这是一个有意义的替代的过程,该过程涉及到4-甲氧基苯甲醛与2-丁醇通过MPV反应得到相应的醇,然后苄基醇中间体与过量2-丁醇的醚化得到产物(见图25.39)。

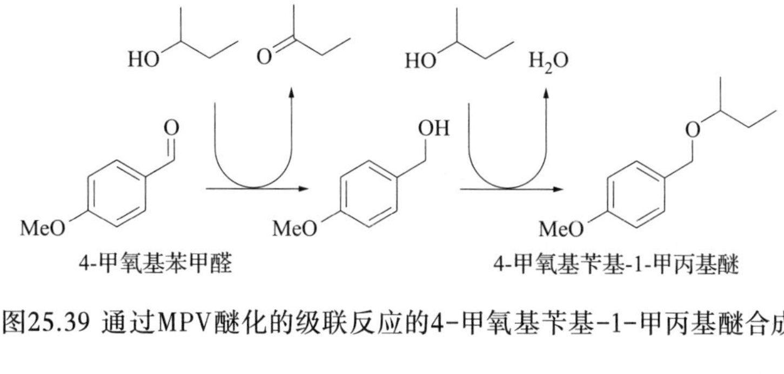

图25.39 通过MPV醚化的级联反应的4-甲氧基苄基-1-甲丙基醚合成

对于上述级联过程,以Sn-β沸石和Zr-β沸石作为催化剂进行测试(见表25.5)。表25.5的测试结果表明,两种催化剂都是有活性,能够以高收率得到所需香料。对于整个过程来说,Zr-β沸石活性更高。因为在醚化过程中产生水,这限制了传统L酸催化剂的使用。因此,这两种催化材料的抗水性也是其能使用到这一级联过程的原因之一。过程的高选择性对于合成香料是有意义的,因为其中副产物的形成在很大程度上改变了化合物的感官特性。

最近Corma等[204]报道了Nb-β沸石和Ta-β沸石的合成,这些材料用于催化前面所介绍的4-甲氧基苄基-1-甲基醚的一步法合成反应(见表25.6)。Ta-β沸石表现出与Sn-β沸石相似的活性,而Nb-β沸石对于目标分子只有很低的选择性。

表25.6 采用固体L酸催化剂催化水解/醚化过程对合成4-甲氧基苄基-1-甲基醚的影响[203]①

催化剂/mg	t/h	总转化率,%	醚的选择性,%
Sn-β(50)	8	71	100
Sn-β(100)	24	99	99
Zr-β(50)	8	100	100

① 反应条件:1.1mmol对甲氧基苯甲醛,3g 2-丁醇,100℃

据报道[196, 205],Sn-MCM-41、Sn-MCM-48和Sn-SBA-15等硅基介孔材料可催化 MPV 还原反应。采用Sn-MCM-41催化不同羰基化合物的还原反应的研究结果表明,这种材料相对于Sn-β沸石[196]表现出较低的还原反应活性,特别是催化取代环酮类的还原反应,对于热力学上易于生成的反式异构体选择性则非常高[205]。在SBA-15上接枝正丙烷氧基锆催化MPV还原反应也有很高的活性和选择性。研究发现,活性的提高与单层负载于基质表面上锆的量有关,超过一定量后,进一步增加负载量不会提高催化活性。此外,有研究者[206]发现以异丙烷氧基锆作为均相催化剂催化上述反应体系时,在水存在下,催化剂并不会失活。De Bruyn等[207]报道了锚定于介孔材料MCM-41和MCM-48表面的Zr和铪(Hf)能催化不饱和酮与醇的MPV还原反应。

Liu等[208]发现接枝在MCM-41和硅胶上的上的正丙烷氧基锆,对于香叶醇与糠醛的Oppenauer氧化反应有催化活性并以很高的选择性生成所需的柠檬醛。然而,当采用诸如Al-MCM-41酸性基质作载体时,由于酸性造成香叶醇脱水和异构化,所需产物的选择性则非常低(图25.40)。

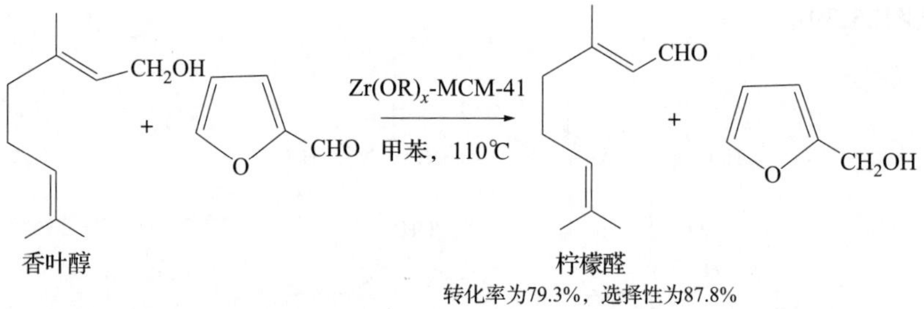

图25.40 通过MPV醚化的级联反应的4-甲氧基苄基-1-甲丙基醚合成

25.3 碱催化反应

碱性沸石主要通过两种方法合成:一是对沸石进行碱金属阳离子交换[209, 210],二是在沸石细孔内生成碱金属簇或碱金属氧化物-碱土金属氧化物簇。第一种方法产生弱碱性的中心,第二种方法产生强碱性中心。在金属离子取代沸石中,碱度与Lewis活性中心相关,对应的是骨架氧原子。非骨架补偿阳离子电负性的递减使氧负电荷增强,因此离子交换沸石碱性随着阳离子而增加的顺序为Li<Na<K<Rb<Cs[210, 211]。根据Barthomeuf理论[212],在氧原子上的电子密度还取决于其他因素,例如沸石的结构和化学组成。一般情况下,系统中的Sanderson

电负性越低，沸石的碱度越高[213~215]。

为了提高沸石的碱性，已经合成了两种类型的材料：一种是将碱金属簇包埋在沸石孔隙中，另一种是将碱性氧化物高度分散在沸石封闭通道和空穴中。这两种材料的合成是通过用碱金属[216~219]或碱土金属盐[220, 221]对沸石进行过量交换，然后再进行热分解完成的。尽管这些材料相对于离子取代沸石具有高的碱度，但也有很大的缺点，例如对于暴露在二氧化碳和水中高度敏感，二氧化碳、水强吸附于活性中心上导致催化活性损失。这些缺点限制了它们在有机合成中的应用，相比之下，交换沸石却可以在大气环境中使用，它们对于二氧化碳和水的吸附并不是太强，而且可以通过高温处理移除。尽管交换沸石有这些优势，但利用其催化精细化学品合成还是相当有限的。这主要是由于它们碱性较弱，而且有微孔结构，微孔结构限制了它们在大分子参与反应过程中的使用。不过，交换沸石的碱性强度在有些情况下足以催化反应像Knoevenagel反应、醛醇缩合及Michael加成反应。在本节中，我们列出了一些阳离子交换和过交换碱性沸石催化材料工业应用的实例。

25.3.1 Knoevenagel缩合反应

Knoevenagel反应[222]是一种形成C—C键的重要反应，被广泛应用于精细化学品行业，合成重要中间体或最终产品。缩合反应涉及形式诸如$Z-CH_2-Z'$或$Z-CHR-Z'$的亚甲基-活性化合物与醛或酮的反应(见图25.41)，反应通常通过用胺、二胺及其盐来催化[223]。

图25.41 Knoevenagel缩合反应

活性亚甲基基团化合物有不同的pK_a，例如氰基乙酸乙酯的pK_a值为9.0，乙酰乙酸乙酯的pK_a值为10.7，乙基丙二酸单乙酯的pK_a值13.3。它们与苯甲醛的Knoevenagel缩合反应可作为一个测试反应，不仅用来测量催化材料总的碱活性点数，而且用来测量活性中心的强度分布[214, 244]。这种测定是基于碱金属交换沸石中有大量的碱性中心，在pK_a值范围($9<pK_a<13.3$)内，这些碱性中心按pK_a值吸附有机分子中的质子[224]。此外，人们还发现在非均相催化剂中的反应机理与在均相催化剂中是相同的，在碱性沸石上缩合反应的控制步骤是羰基基团上的碳负离子中间体攻击而不是质子吸附，这也是在其他碱性催化剂中首先发现的[175, 223]。

对Knoevenagel缩合反应[214]，用Ge代替八面沸石骨架中的Si可以显著地提高催化活性。NaGeX八面沸石已经用来作为制备二氢吡啶中间体的催化剂。苯甲醛衍生物和乙酰乙酸乙酯的Knoevenagel缩合反应可生成2-乙酰基-3-苯基丙烯酸酯衍生物，然后用氨基酸衍生物处理就能得到二氢吡啶衍生物(见图25.42)。这些化合物在临床上作为强钙通道阻滞剂使用，具有抗高血压活性。作为碱性催化剂，NaX 沸石和NaGeX可催化2-硝基苯甲醛和2-三氟甲基苯甲醛与乙酰乙酸乙酯的Knoevenagel缩合反应。将反应结果与在均相碱(例如吡啶和哌啶)催化反应的结果进行比较。比较结果表明，在NaGeX八面沸石上的活性大约是在NaX上的3倍以上，选择性大体相同，Knoevenagel加成物的最大的产率在32%~37%之间；而NaGeX八面沸石的活性大于吡啶，小于哌啶，均相和非均相催化剂的选择性是相同的。

将Cs交换的X型沸石涂覆在微型反应器和微膜反应器的微通道上，研究苯甲醛与氰基乙酸乙酯的Knoevenagel缩合反应。两种类型的微型反应器的转化率都比传统填充床和填充膜反应器要好。最近，有研究者[228]使用Cs交换的NaX和NaA膜在微型反应器上进行苯甲醛和乙酰乙酸乙酯的Knoevenagel缩合反应研究。研究表明，当使用粉末催化剂时，如果微型反应器中的物流是层流或扩散速度较慢，产物的选择性很差，这主要是因为Knoevenagel加成物进一步转化为了副产物。然而，当使用催化膜而不是粉末时，由于只有很少的催化剂外表面与反应溶液接触，副反应被抑制，再加上膜渗透蒸发的除水作用，反应的转化率明显增加。

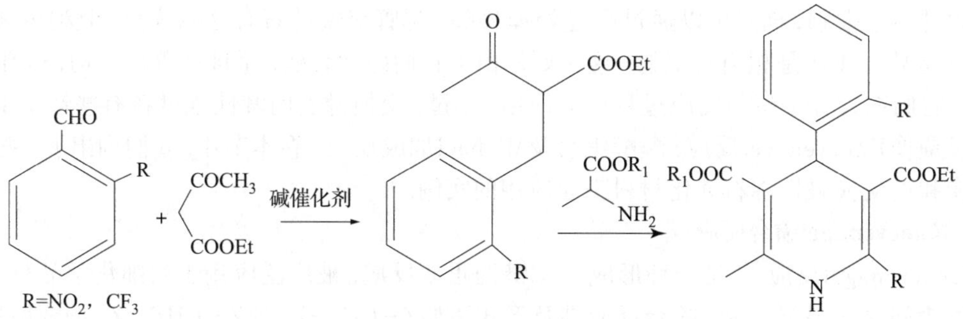

图25.42 二氢吡啶衍生物的合成

最近有人[229]将碱金属负载于Nb-MCM-41上，催化合成1，4-二氢吡啶中间体。该研究者发现位于介孔材料MCM-41上的铌有重要作用，铌能阻止用碱金属溶液处理介孔材料时介孔材料结构的无序化。用碱金属处理Nb-MCM-41与用碱金属处理硅基MCM-41得到的催化材料性能不同。例如，使用Nb-MCM-41载体负载Rb，催化苯甲醛与乙酰乙酸乙酯的Knoevenagel缩合反应，在140℃下反应4h可以得到接近85%（100%的选择性）的转化率，而使用MCM-41负载的Rb只能获得50%的转化率。

使用碱金属交换沸石催化丙二腈与不同的酮（包括二苯甲酮环己烷和对-氨基苯乙酮）的Knoevenagel缩合反应，催化活性取决于催化剂和酮的结构。例如，CsY沸石催化丙二腈和环己酮的缩合反应转化率很低。而对于CsX沸石，由于拥有相当数量的碱性中心，能够在$9<pK_a<10.7$的pKa值范围，甚至能在$10.7<pK_a<13.3$的pK_a值范围吸附氢原子，因此能够在相同的反应的条件下得到很高的收率（82%）[230]。

柠檬腈（5-苯基-3-甲基-2-戊烯腈）是具有柑橘气味的化合物，因而在化妆品和香水工业中有重要用途。柠檬腈合成的第一步是苄基丙腈和氰乙酸乙酯的Knoevenagel缩合反应，在第二步中缩合加成物水解，然后脱羧得到产物（见图25.43）。使用Cs交换的X沸石和海泡石催化苄基丙酮和氰乙酸乙酯之间的Knoevenagel缩合反应，并与使用诸如MgO和Al/Mg的混合氧化物催化剂进行对比。研究结果表明：在沸石和海泡石催化下，Knoevenagel加成物的收率分别是39%和49%；而在金属氧化物催化下，产率更高（70%～75%）。这表明该反应需要的碱性中心的强度大于Cs交换沸石和海泡石的碱强度[231]。

Re交换的NaY沸石也被用来作为各种取代的芳香醛与亚甲基化合物的Knoenvenagel缩合反应的催化剂。芳香醛包括对-硝基苯甲醛、溴苯甲醛和草香醛，亚甲基化合物包括丙二腈、氰乙酸乙酯和2-氰基乙酰胺[232]。这类缩合反应在乙腈溶剂中进行，在20～60℃的反应温度下反应8～12h可得到62%～87%的Knoevenagel加成产物。据推测，存在于沸石内部超笼中的复合催化活性中心的作用，是通过碱性中心将质子从活泼的亚甲基化合物中分离；而L酸酸性中心主要负责通过与氧的协同作用使羰基化合物上产生局部正电荷,从而促进C-C键的形成。

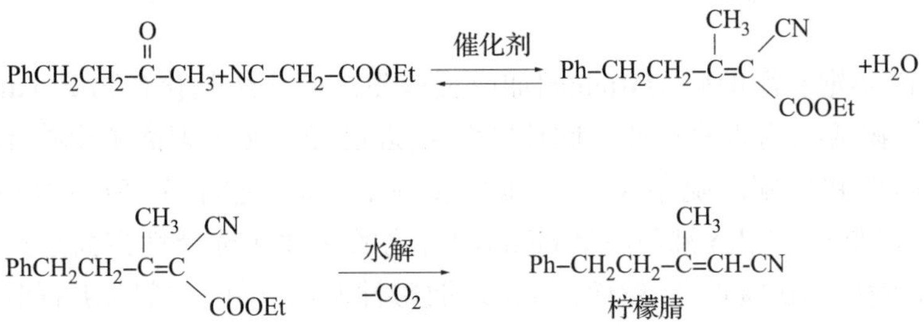

图25.43 柠檬腈的合成

最近,Martins等[233, 234]使用甲基胺阳离子对Y沸石和X沸石进行离子交换制备了新的碱性沸石催化剂[235]。他们发现通过对Y沸石和X沸石中的钠进行甲基铵阳离子交换,催化剂的微孔体积减小,但碱性增加。与Cs八面体沸石相比,改性后的沸石对于Knoevenagel缩合反应显示出特别高的活性。比如,使用甲基铵交换的X沸石催化苯甲醛和乙酰乙酸乙酯的Knoevenagel缩合反应中,在60℃下反应3h,反应转化率达到83%,缩合产物的选择性达到99%,而在相同的条件下使用Cs取代的X沸石只能获得50%的转化率(100%选择性)。与这项研究相关,最近有研究者报道[236]一些使用导向剂合成的分子筛对Knoevenagel缩合反应有催化活性,这是因为有机结构模板剂仍然保留在分子筛的空隙中。使用无铝大孔径分子筛(MCM-41、MCM-48和MCM-50)催化丁醛和氰基乙酸乙酯的Knoevenagel缩合反应能够获得97%的转化率。而铝沸石则表现出较低的活性,这暗示着纯硅分子筛拥有大量的硅氧负离子,有很强的碱性。

Lasperas等[237~239]研究了过量交换的CsY沸石催化苯甲醛与氰基乙酸乙酯之间的Knoevenagel缩合反应。反应在氮气氛中进行,使用二甲亚砜作为溶剂,Knoevenagel缩合产物的选择性(90%的转化率下为95%)很高。反应结果与TPD(程序升温脱附)的结果相吻合,过量Cs交换X沸石比过量Cs交换的Y沸石的活性更高,这是由于分子筛孔有不同铯氧化物物种存在的结果[237, 238]。

25.3.2 Michael加成

Michael加成是另一重要的合成C—C键的有机合成反应。该反应涉及碳负离子与α,β-不饱和醛、酮类、酯类、腈类和砜[240]等的共轭或1,4-亲核加成(见图25.44)。碱性催化剂通过从活性亚甲基(供体)中吸附质子,攻击烯烃(受体)来形成碳负离子。强碱也经常用于催化这类反应,这也导致一些诸如二聚和重排类的副反应发生而产生副产物。

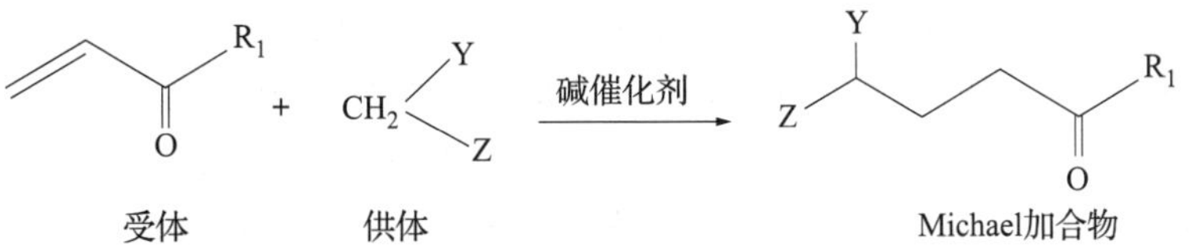

图25.44 Michael加成反应

Na交换的Y沸石和β沸石在二酮(乙酰丙酮、甲基-2-氧代环己烷羧酸)、亚甲基活性化合物(丙二酸二乙酯、乙酰乙酸乙酯)、硫醇(甲基巯基乙酸酯)、甲基乙烯基酮、丙烯醛和丙烯酸甲酯的Michael加成中有很高的催化效率,能以高收率(70%～80%)得到Michael加成产物。相反,当用HY代替NaY沸石时,则得到很少的Michael加成物。此时,Michael受体的聚合反应成为主反应[241]。

硫醇与α,β-不饱和酮的硫杂Michael加成反应生成硫络羰基化合物(β-sulfidocarbonyl),它是合成许多生物活性物质的重要中间体[242]。最近已经有使用阳离子交换不同Si/Al比的丝光沸石催化苯硫酚和环酮的硫杂Michael加成反应的实验(见图25.45)。反应在0℃的己烷溶液中进行,结果表明NaY和KY沸石在Michael加合物的活性和选择性方面是最好的(转化率为90%～93%,选择性为100%)[243]。然而,与大多数碱性沸石一样,尽管X沸石对于Michael加成表现出很好的活性,但是也伴随着显著的副反应,即硫醇被氧化成二硫化合物。研究者建议对于同时涉及酸和碱的双官能团催化剂,酸碱中心的强度应当进行很好的平衡,因为过量的碱性或者酸性对于反应都是有害的。

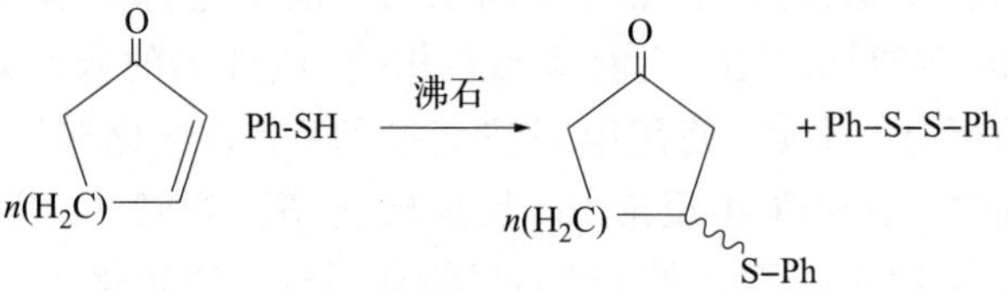

图25.45 丝光沸石催化苯硫酚和环酮的硫杂Michael加成反应

锂交换的X沸石作为碱性催化剂已经用来制备有生物活性的1,3-硫杂前列腺素[244],这种化合物通过取代的3-芳氧基-2-羟基-1-丙硫醇和2-取代-4-羟基环戊烯酮的Michael加成反应制备(见图25.46)。反应在0℃中的无水氯仿中进行,相应的3-硫杂前列腺素的收率为60%～80%。

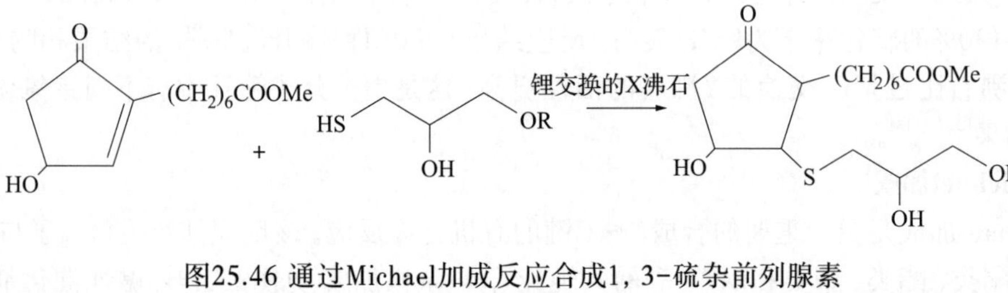

图25.46 通过Michael加成反应合成1,3-硫杂前列腺素

Baba等[245]通过浸渍向碱金属离子交换Y沸石中引入少量Yb或Eu制备了碱性沸石。浸渍液是Yb或Eu溶解在液氨中形成的,浸渍后在真空和197℃下加热,就得到了碱性材料。这种负载了Yb或Eu物种的沸石对环戊-2-烯酮与丙二酸二甲酯的Michael加成具有催化活性。在303K、无溶剂条件下,反应进行20h后Michael加成产物收率为81%,选择性为100%[246, 247]。

作为碱性催化剂,过量交换的Cs-β沸石已用于萜类化合物与活性亚甲基化合物的Michael加成反应[248, 249]。反应产物是典型的Michael反应和Knoevenagel反应产物的串联转化物。这主要取决于萜类化合物的结构。比如,当5,5,8-三甲氧基-3,7-二烯-2-酮与丙二腈在交换Cs-β沸石存在下反应时,Knoevenagel反应与Michael加成反应相竞争(见图25.47)。其中,Michael加合物会进一步进行串级反应生成多官能团化合物。这种多官能团化合物是两个非对映异构体的混合物。此外,使用L-甲基二磺酸对Cs-β沸石沸石进行手性改性,虽然萜类化合物的转化率很高，但是最终化合物的对映体过量(ee)却非常低(6%)[250]。

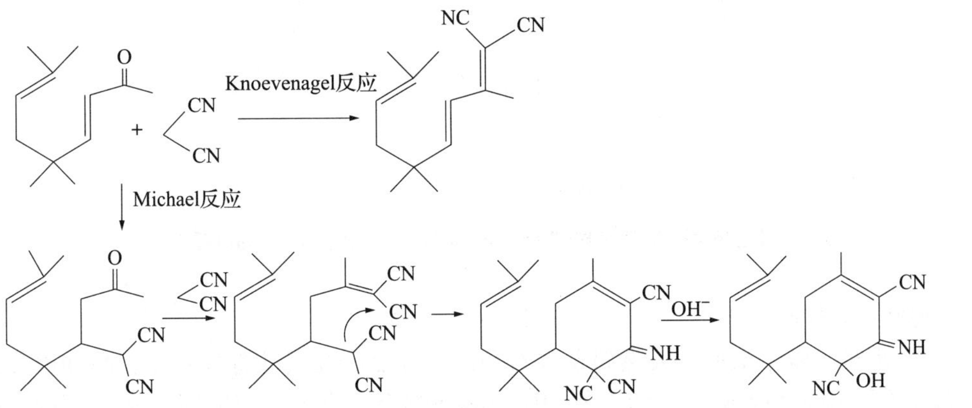

图25.47 萜类化合物与活性亚甲基化合物的Michael加成反应

对于Michael加成反应，在MCM-41上负载金属也被当作碱性催化剂使用。Kloestra等[251]报道了通过给MCM-41浸渍乙酸铯，随后通过热处理产生高度分散的Cs$_2$O颗粒制备了强的碱性材料。用该材料催化戊二醇二丙烯酸酯与丙二酸二乙酯的Michael加成反应。反应物拥有两个独立的活化双键，能够分别产生一个单加成物和一个双加成物(见图25.48)。MCM-41载体的介孔骨架对于Michael加成反应的影响体，现为产物的高区域选择性。在室温下单加成物的选择性能够高达98%，而大块的Cs$_2$O更利于双加合物的生成(100%选择性)。

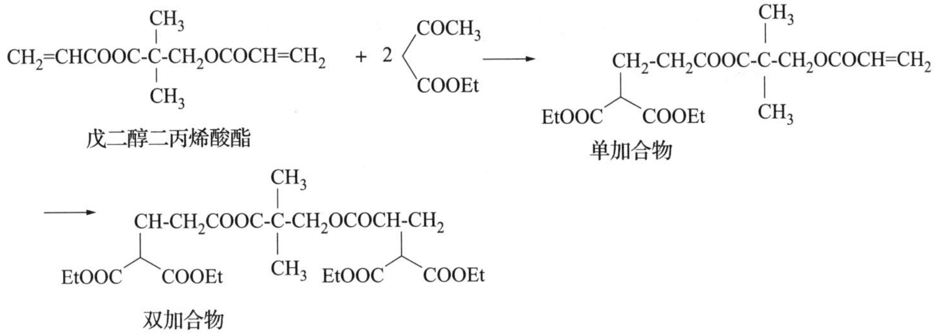

图25.48 戊二醇二丙烯酸酯与丙二酸二乙酯的Michael加成反应

在150℃和无溶剂存在时，负载Cs的MCM-41催化剂也作为碱性催化剂，用于催化丙二酸二乙酯通过Michael加成反应生成查尔酮[252]。30min内反应的转化率为87%，生成Michael加合物的选择性为91%。该材料的缺点是再生能力差，再生使材料比表面积和孔体积急剧减少。

同一研究者报道称，负载在MCM-41上的铯-镧二元氧化物对Knoevenagel和Michael反应有催化活性[253]。CsLa-MCM-41催化氰基乙酸乙酯转化为丙烯酸乙酯的Michael反应(见图25.49)，得到相应的单加成物，随后单加成物经过Michael加成形成双加合物，从而造成单加合物选择性下降。有人发现CsLa-MCM-41的碱度相当的弱，在相同的条件下不能催化丙二酸二乙酯的Michael加成。

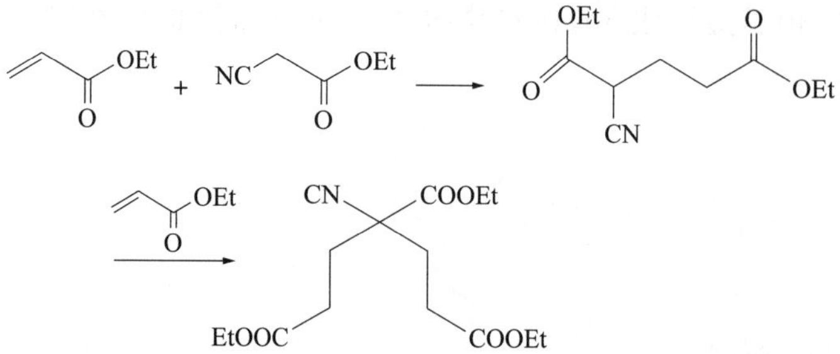

图25.49 氰基乙酸乙酯转化为丙烯酸乙酯的Michael反应

25.3.3 醇醛缩合反应

用酸处理或离子交换的天然斜发沸石和改性样品已经成功地应用于乙醛和甲醛的醇醛缩合反应[254]。甲醛和乙醛的溶液在气相中的醇醛缩合反应生成丙烯醛(一种重要的有机化学中间体)、巴豆醛(来自乙醛的自缩合)和各种副产物,例如轻质烃类、乙醇和一氧化碳。研究结果表明:酸-碱特性和催化活性有直接关系,尽管酸和碱中心都可以激活羰基基团,但碱性活性中心对反应起着控制作用。对于这类缩合反应,Ca交换的碱性沸石是最活泼、选择性最好和最稳定的催化剂。在350℃下进行反应时,乙醛的转化率能够达到75%,丙烯醛、巴豆醛、轻质芳烃的选择性分别为70%、25%和5%。

甘油醛丙酮化合物(2,3-异亚丙基甘油醛)是一种天然的化合物,在有机合成领域有着很广泛的应用。在CsX负载的沸石存在时,其与丙酮缩合可得到相应的α,β-不饱和羰基化合物[255](见图25.50)。在液相中进行醇醛缩合反应,丙酮/甘油醛丙酮摩尔比为30,在50℃的反应温度下反应4h,反应转化率可达到50.7%,相应缩合产物的选择性为93.9%。使用Mg-Al混合氧化物作为碱性催化剂能够得到相同的转化率,但缩合产物的选择性很低(65.8%),反应中形成了大量的双丙酮醇化合物。

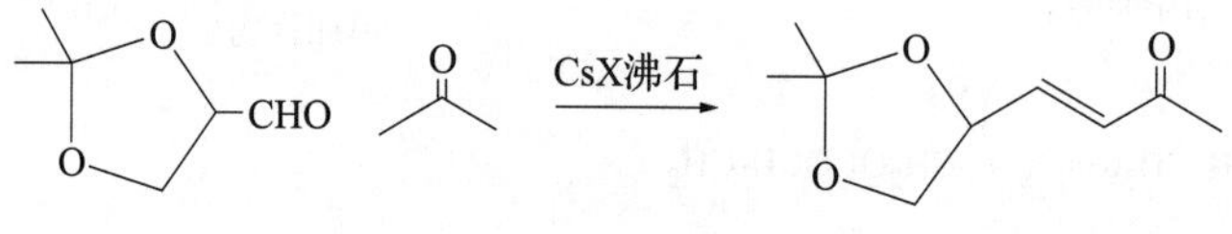

图25.50 甘油醛与丙酮的醇醛缩合

黄酮类化合物是一类重要的天然化合物,在药物中有很多的应用,例如抗炎、抗菌、抗癌和抗AIDS。其中,黄烷酮是合成很多药品的中间体,首先通过2-羟基苯乙酮和苯甲醛之间的Claisen-Schmidt缩合反应得到2-羟基查尔酮,然后再进行分子内环化反应得到黄烷酮(见图25.51)。这两步反应都能用酸和碱进行催化。Saravanamurugan等[256]以酸沸石(HZSM-5)作为酸性催化剂,以离子取代的Mg-ZSM-5和Ba-ZSM-5作为碱性催化剂,研究了2-羟基苯乙酮和苯甲醛在液相中的缩合反应。研究表明,上述分子筛的催化活性顺序是Mg-ZSM-5>Ba-ZSM-5>HZSM-5。在140℃下,以二甲基亚砜作为溶剂,他们考察了所有的催化剂转化率。结果表明:2-羟基苯乙酮有最大转化率(40%~50%);所有催化剂都有相似的2′-羟基查尔酮和黄烷酮的选择性;反应温度提高到160℃,2′-羟基查尔酮的转化率达到85%,而2-羟基查尔酮和黄烷酮的选择性分别是65%和30%。Kloestra等[252]考察了Na取代的MCM-41的催化作用。对于苯甲醛和不同大分子酮的缩合反应,包括苯甲醛和2′-羟基苯乙酮的Claisen-

Schmitd缩合反应,这一催化体系都表现出催化活性。

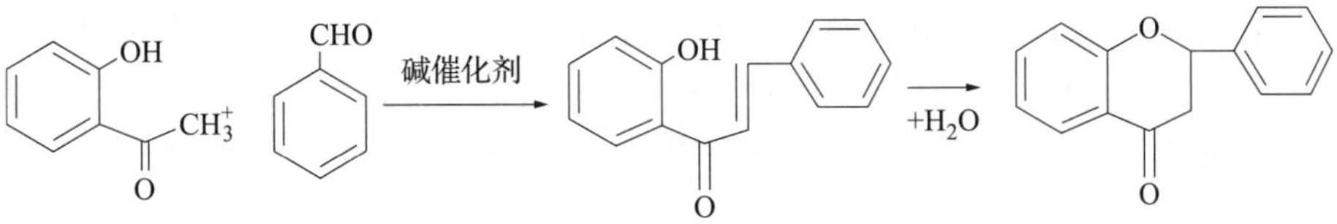

图25.51 苯甲醛与2′-羟基苯乙酮的Claisen-Schmitd缩合反应

最近有研究使用甲基铵阳离子对Y和X八面沸石进行离子交换制备碱性催化材料,并将其用于催化苯甲醛和苯乙酮之间的Claisen-Schmitd缩合反应。结果表明,甲基铵交换的X沸石显示出适度的活性,在140℃下反应6h,苯甲醛转化率为32%(100%的选择性)。这一结果优于Cs交换的同类沸石[235]。

2-甲基戊烯醛是一种重要的化学物质,在香水、香料和化妆品中有很多的应用,它还是很多药理学活泼化合物合成的中间体。目前,它通过丙酸在液体碱(如KOH或NaOH)按化学计量关系存在时发生自缩合来合成。最近的研究方向是开发一个催化过程,能够使用多相碱性材料催化丙醛转化直接产生2-甲基戊烯醛。Sharma等[275]等研究了使用碱金属离子交换的沸石(CsX、RbX、KX、NaX)、碱金属处理过的氧化铝和无水滑石等作为催化剂,催化丙醛醇醛缩合反应,以制备2-甲基戊烯醛。所有催化过程都检测到了2-甲基戊烯醛和3-羟基-2甲基戊烯醛(见图25.52)。不经过任何处理或在450℃下活化处理的碱金属离子交换沸石作催化剂时,丙醛的转化率为22%~42%,2-甲基戊烯醛产物选择性为92%~94%。催化剂的活性顺序为CsX>RbX>KX>NaX,这与文献报道的碱性强弱顺序相吻合。在450℃下活化的CsX沸石,由于拥有较低的极性阳离子,反应转化率达38%,2-甲基戊烯醛的选择性达99%。

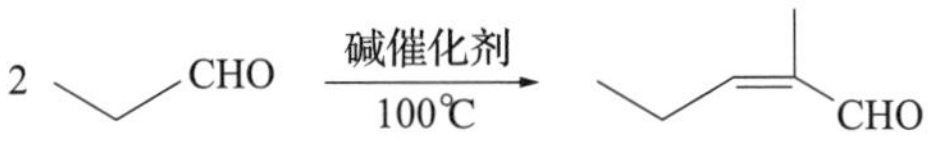

图25.52 丙醛的醇醛缩合反应

茉莉醛是一种具有强烈气味的化合物,广泛应用于化妆品和香水工业中。在介孔Al-MCM-41材料上负载MgO,催化苯甲醛和正庚醛的交叉羟醛缩合可以得到这种醛(见图25.53)。反应在搅拌高压釜中进行,温度为100~175℃,苯甲醛/庚醛摩尔比为10[258]。结果显示,该材料表现出催化活性,活性随着MgO的沉积量增加而显著增加。尽管Al-MCM-41上增加的MgO数量加强了催化剂的活性,但茉莉醛的选择性保持不变。

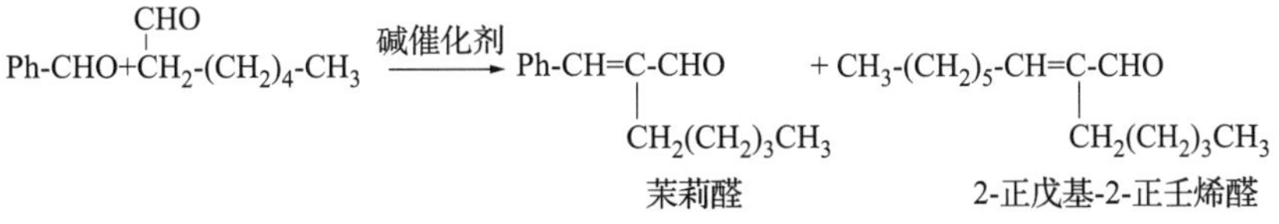

图25.53 苯甲醛与正庚醛的交叉羟醛缩合反应

对于相同的反应,Jaenicke等[259]在140℃和苯甲醛/庚醛摩尔比为1.5的条件,考察了K₂O、

BaO和K_2O/La_2O_3负载到MCM-41中的催化作用。最好的结果是碱性最强的催化剂，即二元无机催化剂K_2O/La_2O_3-MCM-41。反应2h后，庚醛转化率达到61.9%，茉莉醛选择性为53%。他们认为稀土的存在不仅改善了材料的热稳定性，而且对于产物的选择性有很积极的影响。当使用Al-MCM-41进行催化时，制备产物的中间体2-甲基乙醛发生了原位水解，这对于一锅法合成是十分有意义[260]。在100℃下和苯甲醛/庚醛的摩尔比为1.5时，反应转化率大于80%，产物选择性达到了90%。

25.4 总结和展望

我们已经看到酸性沸石(B酸或者L酸)已经被大量地应用于精细化工有机合成领域内的碳离子反应和氧化反应。这个事实说明单个、独立、可调的酸性中心可以为反应提供独特的可能性。另外，在一些情况下制备可控极性的沸石，可以避免溶剂的使用并促进产品的解吸。具有明确定义维度和拓扑结构的沸石孔有优点也有弱点。事实上，明确定义形状的孔能够稳定某些过渡状态，从而提高反应活性和形成择形选择性作用；而同时反应形成的大体积产物以较慢的速度扩散出孔，尤其是在低的反应温度下导致微孔闭塞以及催化剂的快速失活。这就需要频繁再生，甚至有时候需要将催化剂排出固定床及连续反应器并进行再生后才能使用。在这种情况下，使用纳米晶体和剥层沸石是有意义的。也可使用特大孔径的分子筛，从而有助于大体积反应物和产品的扩散。

就碱性沸石催化剂而言，问题是与之竞争的催化剂是NaOH和KOH，它们价格便宜而且残留物(盐)很容易除掉。沸石的机会只会因特殊的选择效果而增大。

最后，我们相信，通过对沸石结构分子筛进行设计，多用途的催化剂仍有开发的可能性，这将会使级联反应和一锅法合成成为可能。

参考文献

[1] Corma, A. (1995) Chem. Rev., 95, 559.
[2] Venuto, P.B. and Landis, P.S. (1968) Adv. Catal., 8, 259.
[3] Venuto, P.B. (1994) Microporous Mater., 2, 297.
[4] Corma, A. and Garcia, H. (1997) Catal. Today, 38, 257.
[5] Sheldon, R.A. and Downing, R.S. (1999) Appl. Catal., 189, 163.
[6] Derouan, E.G. (ed.) (2006) Catalysis for Fine Chemicals: Microporous and Mesoporous Solid Catalysts, John Wiley & Sons, Ltd, Chichester.
[7] Chiche, B., Finiels, A., Gauthier, C., Geneste, P., Graille, J., and Pioch, D. (1986) J. Org. Chem., 51, 2128.
[8] Bejblova, M., Prochazkova, D., and Č ejka, J. (2009) ChemSusChem, 2, 486.
[9] Sartori, G. and Maggi, R. (2006) Chem. Rev., 106, 1077.
[10] Sun, Y. and Prins, R. (2008) Appl. Catal., A, 336, 11.
[11] Ji, X., Qin, Z., Dong, M., Wang, G., Dou, T., and Wang, J. (2007) Catal. Lett., 117, 171.
[12] Wine, G., Pham-Huu, C., and Ledoux, M.J. (2006) Catal. Commun., 7, 768.
[13] Zhao, D., Wang, J., and Zhang, J. (2008) Catal. Lett., 126, 188.
[14] Choudary, B.M., Sateesh, M., Kantam, M.I., and Prasad, K.V.R. (1998) Appl. Catal., A, 171, 155.
[15] Derouane, E.G., Dillon, C.J., Bethell, D., and Derouane-Abd Hamid, S.B. (1999) J. Catal., 187, 209.
[16] Freese, U., Heinrich, F., and Roessner, F. (1999) Catal. Today, 49, 237.
[17] Gaare, K. and Akporiaye, D. (1996) J. Mol. Catal. A, 109, 177.
[18] Guisnet, M. and Guidotti, G. (2006) Aromatic Acetylation in Catalysis for Fine Chemicals Synthesis: Microporous and Mesoporous Solid Catalysts, Vol. 4 (ed. E.G. Derouan), John Wiley & Sons, Inc., pp. 69–94.
[19] Harvey, G., Vogt, A., Kouwenhoven, H.W., and Prins, R. (1993) Performance of zeolite Beta in Friedel-Crafts reactions of functionalized aromatics in Proceedings of the 9th International Zeolite Conference (eds R. Von Ballmoos, J.B. Higgins, and M.M.J. Treacy), Butterworth-Heinemann, Boston.
[20] Rohan, D., Canaff, C., Formentin, E., and Guisnet, M. (1998) J. Catal., 177, 296.
[21] Smith, K., Zhenhua, Z., and Hodgson, P.K.G. (1998) J. Mol. Catal., 134, 121.
[22] Spagnol, M., Benazzi, E., and Marcilly, C. (1998) US Patent 5817878 (Rhone-Polenc).
[23] Wang, Q.L., Ma, Y.D., Ji, X.D., Yan, H., and Qiu, Q. (1995) Chem. Commum., 2307.
[24] Kantam, M.L., Ranganath, K.V.S., Sateesh, M., Kumar, K.B.S., and Choudary, B.M. (2005) J. Mol. Catal. A: Chem., 225, 15.
[25] Corma, A., Climent, M.J., Garcia, H., and Primo, J. (1989) Appl. Catal. A, 49, 109.
[26] Balasubramanian, V.V., Srinivasu, P., Anand, C., Pal, R.R., Ariga, K., Velmathi, S., Alam, S., and Vinu, A. (2008) Microporous Mesoporous Mater., 114, 303.

[27] Vinu, A., Justus, J., Anand, C., Sawant, D.P., Ariga, K., Mori, T., Srinivasu, P., Balasubramanian, V.V., Velmathi, S., and Alam, S. (2008) Microporous Mesoporous Mater., 116, 115.
[28] Andy, P., Garcia-Martinez, J., Lee, G., Gonzalez, H., Jones, C.W., and Davis, M.E. (2000) J. Catal., 192, 215.
[29] Botella, P., Corma, A., and Sastre, G. (2001) J. Catal., 197, 81.
[30] Fromentin, E., Coustard, J.M., and Guisnet, M. (2000) J. Catal., 190, 433.
[31] Fromentin, E., Coustard, J.M., and Guisnet, M. (2000) J. Mol. Catal. A, 159, 377.
[32] Heinichen, H.K. and Holderich, W.F. (1999) J. Catal., 185, 408.
[33] Hwang, K.Y. and Rhu, H.K. (2003) React. Kinet. Catal. Lett., 79, 189.
[34] Moreau, P., Finiels, A., Meric, P., and Fajula, F. (2003) Catal. Lett., 85, 199.
[35] Guidotti, M., Canaff, C., Coustard, J.M., Magnoux, P., and Guisnet, M. (2005) J. Catal., 230, 375.
[36] Botella, P., Corma, A., Navarro, M.T., Rey, F., and Sastre, G. (2003) J. Catal., 217, 406.
[37] Yuan, B., Li, Z., Liu, Y., and Zhang, S. (2008) J. Mol. Catal. A: Chem., 280, 210.
[38] Holderich, W.F., Hesse, M., and Naumann, F. (1988) Angew. Chem. Int., 27, 226.
[39] Richard, F., Carreyre, H., and Perot, G. (1996) J. Catal., 159, 427.
[40] Alvaro, V.F.D., Brigas, A.F., Derouane, E.G., Lourenco, J.P., and Santos, B.S. (2009) J. Mol. Catal. A: Chem., 305, 100.
[41] Lerner, H., Holderich, W.F., and Schwarzmann, M. (1987) DE 3618964.
[42] Finiels, A., Calmette, A., Geneste, P., and Moreau, P. (1993) Stud. Sci. Catal., 83, 379.
[43] Isaev, Y. and Fripiat, J.J. (1999) J. Catal., 182, 257.
[44] Vogt, A. and Pfenninger, A. (1996) EP 0701987A1.
[45] Padro, C.L. and Apesteguia, C.R. (2004) J. Catal., 226, 308.
[46] Padro, C.L. and Apesteguia, C.R. (2005) Catal. Today, 107-108, 258.
[47] Kuriakose, G., Nagy, J.B., and Nagaraju, N. (2004) Stud. Surf. Sci. Catal., 154C, 2803.
[48] Hoefnagel, A.J. and van Bekkum, H. (1993) Appl. Catal., A, 97, 87.
[49] van Bekkum, H., Hoefnagel, A.J., Vankoten, M.A., Gunnewegh, E.A., Vogt, A.H.G., and Kouwenhoven, H.W. (1994) in Zeolites and Microporous Crystals, Studies in Surface Science Catalysis, Vol. 83 (eds T. Hattori and T. Yashima), Elsevier, Amsterdam, p. 379.
[50] Venuto, P.B. and Landis, P.S. (1966) J. Catal., 6, 237.
[51] Climent, M.J., Corma, A., Garcia, H., and Primo, J. (1989) Appl. Catal., A, 51, 113.
[52] Climent, M.J., Corma, A., Garcia, H., and Primo, J. (1991) J. Catal., 130, 138.
[53] Climent, M.J., Corma, A., Garcia, H., Iborra, S., and Primo, J. (1995) Appl. Catal., 130, 5.
[54] Burgers, M.H.V. and van Bekkum, H. (1993) Stud. Surf. Sci. Catal., 78, 567.
[55] Moreau, C., Fajula, F., Finiels, A., Razigade, S., Gilbert, L., Jacquot, R., and Spagnol, M. (1998) Chemical Industries, 75, 51.
[56] Armandi, M., Bonelli, B., Garrone, E., Ardizzi, M., Cavani, F., Dal Pozzo, L., Maselli, L., Mezzogori, R., and Calestani, G. (2007) Appl. Catal., B, 70, 585.
[57] Bolognini, M., Cavani, F., Dal Pozzo, L., Maselli, L., Zaccarelli, F., Bonelli, B., Armandi, M., and Garrone, E. (2004) Appl. Catal., A, 272, 115.
[58] Cavani, F., Corrado, M., and Mezzogori, R. (2002) J. Mol. Catal. A: Chem., 182-183, 447.
[59] Kumbar, S.M., Shanbhag, G.V., and Halligudi, S.B. (2006) J. Mol. Catal. A: Chem., 244, 278.
[60] Boulet, O., Emo, R., Faugeras, P., Jobelin, I., Laport, F., Lecomte, J., Moreau, C., Roux, M.C., Roux, G., and Simminger J. (1995) FR, 9513829.
[61] Lecomte, J., Finiels, A., Geneste, P., and Moreau, C. (1998) J. Mol. Catal. A, 133, 283.
[62] Lecomte, J., Finiels, A., Geneste, P., and Moreau, C. (1998) Appl. Catal. A: Gen., 168, 235.
[63] Lecomte, J., Finiels, A., Geneste, P., and Moreau, C. (1999) J. Mol. Catal. A, 140, 157.
[64] Finiels, A., Balmer, W., and Moreau, C. (2001) Stud. Surf. Sci. Catal., 135, 230.
[65] March, J. and Smith, K. (2001) Advanced Organic Chemistry, John Wiley & Sons, Inc., New York.
[66] Ishihara, K. and Yamamoto, H. (1997) Cattech, 51.
[67] Landis, P.S. (1968) US Patent 3359285 (Mobil Oil Corp).
[68] Ipaktschi, J. (1986) Z. Naturforsch. B, 41, 496.
[69] Narayana Murthy, Y.V.S. and Pillai, C.N. (1991) Synth. Commun., 21, 783.
[70] Pindur, U. and Haber, M. (1991) Heterocycles, 32, 1463.
[71] Durand, R., Geneste, P., Joffre, J., and Moreau, C. (1993) Stud. Surf. Sci. Catal., 78, 647.
[72] Yin, D.H., Yin, D.L., and Li, Q.H. (1996) Chin. Chem. Lett., 7, 697.
[73] Liu, J., Yin, D., Yin, D., Fu, Z., Li, Q., and Lu, G. (2004) J. Mol. Catal. A: Chem., 209, 171.
[74] Onaka, M., Hashimoto, N., Yamasaki, R., and Kitabata, Y. (2002) Chem. Lett., 166.
[75] Onaka, M., Hashimoto, N., Kitabata, Y., and Yamasaki, R. (2003) Appl. Catal., A, 241, 307.
[76] Zendehdel, M., Far, N.F., and Gaykani, Z. (2005) J. Inclusion Phenom. Macrocyclic Chem., 53, 47.
[77] Kugita, T., Jana, S.K., Owada, T., Hashimoto, M., Onaka, M., and Namba, S. (2003) Appl. Catal., A, 245, 353.
[78] Satsuma, A., Segawa, Y., Yoshida, H., and Hattori, T. (2004) Appl. Catal., A, 264, 229.
[79] Gomez, M.V., Cantin, A., Corma, A., and de la Hoz, A. (2005) J. Mol. Catal. A: Chem., 240, 16.
[80] Green, T.W. and Wuts, P.G.M. (1991) Protective Groups in Organic Synthesis, John Wiley & Sons, Inc., New York.
[81] Bauer, K., Garbe, D., and Surburg, H. (1990) Common Fragrances and Flavors Materials, Wiley-VCH Verlag GmbH, New York.
[82] Climent, M.J., Corma, A., Garcia, H., and Primo, J. (1990) Appl. Catal., 59, 333.
[83] Climent, M.J., Corma, A., Iborra, S., Navarro, M.C., and Primo, J. (1996) J. Catal., 161, 783.
[84] Rodriguez, I., Climent, M.J., Iborra, S., Fornes, V., and Corma, A. (2000) J. Catal., 192, 441.
[85] Thomas, B., Prathapan, S., and Sugunan, S. (2004) Appl. Catal., A, 277, 247.
[86] Thomas, B. and Sugunan, S. (2005) Indian J. Chem. A: Inorg., Bio-inorg., Phys., Theor. Anal. Chem., 44A, 1345.
[87] Thomas, B., Prathapan, S., and Sugunan, S. (2005) Microporous Mesoporous Mater., 80, 65.
[88] Thomas, B. and Sugunan, S. (2006) J. Porous Mater., 13, 99.
[89] Jermy, B.R. and Pandurangan, A. (2005) Appl. Catal., A, 295, 185.
[90] Jermy, B.R. and Pandurangan, A. (2006) J. Mol. Catal. A: Chem., 256, 184.
[91] Climent, M.J., Corma, A., Velty, A., and Susarte, M. (2000) J. Catal., 196, 345.

[92] Yuan, C., Zhang, F., Wang, J., and Ren, X. (2005) Catal. Commun., 6, 721.

[93] Zhang, F., Yuan, C., Wang, J., Kong, Y., Zhu, H., and Wang, C. (2006) J. Mol. Catal. A: Chem., 247, 130.

[94] Climent, M.J., Velty, A., and Corma, A. (2002) Green Chem., 4, 565.

[95] Climent, M.J., Corma, A., and Velty, A. (2004) Appl. Catal., A, 263, 155.

[96] Corma, A., Fornes, V., Pergher, S.B., Maesen, T.L.M., and Bugglas, J.G. (1998) Nature, 376, 353.

[97] Corma, A., Diaz, U., Fornes, V., Guil, J.M., Martinez-Triguero, J., and Creyghton, E.J. (2000) J. Catal., 191, 218.

[98] Corma, A., Iborra, S., Miquel, S., and Primo, J. (1996) J. Catal., 161, 713.

[99] Chapat, J.F. and Moreau, C. (1998) Carbohydr. Lett., 3, 25.

[100] Camblor, M.A., Corma, A., Iborra, S., Miquel, S., Primo, J., and Valencia, S. (1997) J. Catal., 172, 76.

[101] Chapat, J.F., Finiels, A., Joffre, J., and Moreau, C. (1999) J. Catal., 185, 445.

[102] Corma, A., Iborra, S., Miquel, S., and Primo, J. (1998) J. Catal., 180, 218.

[103] Climent, M.J., Corma, A., Iborra, S., Miquel, S., Primo, J., and Rey, F. (1999) J. Catal., 183, 76.

[104] de Goede, T.J.W., van der Leij, Y.G., van der Heijden, A.M., van Rantwijk, F., and van Bekkum, H. (1996) WO, 9636640.

[105] van der Heijden, A.M., van Rantwijk, F., and van Bekkum, H. (1999) J. Carbohydr. Chem., 18, 131.

[106] van der Heijden, A.M., Lee, T.C., van Rantwijk, F., and van Bekkum, H. (2002) Carbohydr. Res., 337, 1993.

[107] Rudakov, G.A., Ivanova, L.S., Pisareva, T.N., and Borovskaya, A.G. (1975) Gidroliz. Lesokhim. Prom-st, 4, 7.

[108] Severino, A., Vital, J., and Lobo, L.S. (1993) Stud. Surf. Sci. Catal., 78, 685.

[109] Yilmaz, S., Ucar, S., Artok, L., and Gulec, H. (2005) Appl. Catal. A: Gen., 287, 261.

[110] Gunduz, G., Dimitrova, R., Yilmaz, S., and Dimitrov, L. (2005) Appl. Catal. A: Gen., 282, 61.

[111] Gunduz, G., Dimitrova, R., Yilmaz, S., Dimitrov, L., and Spassova, M. (2005) J. Mol. Catal. A, 225, 253.

[112] Dimitrova, R., Gunduz, G., and Spassova, M. (2006) J. Mol. Catal. A, 243, 17.

[113] Lopez, C.M., Machado, F.J., Rodriguez, K., Mendez, B., Hasegawa, M., and Pekerar, S. (1998) Appl. Catal. A: Gen., 173, 75.

[114] Akpolat, O., Gunduz, G., Ozkan, F., and Besun, N. (2004) Appl. Catal. A: Gen., 265, 11.

[115] Allahverdiev, A.I., Gunduz, G., and Murzin, D.Y. (1998) Ind. Eng. Chem. Res., 37, 2373.

[116] Allahverdiev, A.I., Irandoust, S., and Murzin, D.Y. (1999) J. Catal., 185, 352.

[117] Allahverdiev, A.I., Irandoust, S., Andersson, B., and Murzin, D.Y. (2000) Appl. Catal. A: Gen., 198, 197.

[118] Findik, S. and Gunduz, G. (1997) J. Am. Oil Chem. Soc., 74, 1145.

[119] Ozkan, F., Gunduz, G., Akpolat, O., Besun, N., and Murzin, D.Y. (2003) Chem. Eng. J., 91, 257.

[120] Kaminska, J., Schwegler, M.A., Hoefnagel, A.J., and Vanbekkum, H. (1992) Rec. Trav. Chim. Pays-Bas, 111, 432.

[121] Schulte, E., Karl, H.Dr., and Muller, B. (1988) EP, 155591.

[122] Arbusow, B. (1935) Chem. Ber., 68, 1430.

[123] Holderich, W.F., Roseler, J., Heitmann, G., and Liebens, A.T. (1997) Catal. Today, 37, 353.

[124] Lewis, J.B. and Hedrick, G.W. (1965) J. Org. Chem., 30, 4271.

[125] Kunkeler, P.J., van der Waal, J.C., Bremmer, J., Zuurdeeg, B.J., Downing, R.S., and van Bekkum, H. (1998) Catal. Lett., 53, 135.

[126] Ravindra, D.B., Nie, Y.T., Jaenicke, S., and Chuah, G.K. (2004) Catal. Today, 96, 147.

[127] Sheldon, R.A. and Van Vliet, M.C.A. (2001) Oxidation in Fine Chemicals through Heterogeneous Catalysis (eds R.A. Sheldon and H. van Bekkum), Wiley-VCH Verlag GmbH, New York, p. 473.

[128] Clerici, M.G. and Ingallina, P. (1993) J. Catal., 140, 71.

[129] Clerici, M.G. and Ingallina, P. (1998) Catal. Today, 41, 351.

[130] Notari, B. (1993) Catal. Today, 18, 163.

[131] Notari, B. (1996) Adv. Catal., 41, 253.

[132] Tarramasso, M., Perego, G., and Notari, B. (1983) US Patent 4410501.

[133] Corma, A., Navarro, M.T., and Pariente, J.P. (1994) J. Chem. Soc., Chem. Commun., 147.

[134] Blasco, T., Camblor, M.A., Corma, A., Esteve, P., Guil, J.M., Martinez, A., Perdigon-Melon, J.A., and Valencia, S. (1998) J. Phys. Chem. B, 102, 75.

[135] Blasco, T., Corma, A., Navarro, M.T., and Pariente, J.P. (1995) J. Catal., 156, 65.

[136] Tatsumi, T., Koyano, K.A., and Igarashi, N. (1998) Chem. Commun., 325.

[137] Pena, M.L., Dellarocca, V., Rey, F., Corma, A., Coluccia, S., and Marchese, L. (2001) Microporous Mesoporous Mater., 44, 345.

[138] Corma, A., Jordá, J.L., Navarro, M.T., Perez-Pariente, J., Rey, F., and Tsuji, J. (2000) Stud. Surf. Sci. Catal., 129, 169.

[139] Corma, A., Iborra, S., and Velty, A. (2007) Chem. Rev., 107, 2411.

[140] Chiker, F., Nogier, J.P., Launay, F., and Bonardet, J.L. (2003) Appl. Catal. A: Gen., 243, 309.

[141] Chiker, F., Launay, F., Nogier, J.P., and Bonardet, J.L. (2003) Green Chem., 5, 318.

[142] Kapoor, M.P. and Raj, A. (2000) Appl. Catal. A: Gen., 203, 311.

[143] On, D.T., Kapoor, M.P., Joshi, P.N., Bonneviot, L., and Kaliaguine, S. (1997) Catal. Lett., 44, 171.

[144] Suh, Y.W., Kim, N.K., Ahn, W.S., and Rhee, H.K. (2001) J. Mol. Catal. A, 174, 249.

[145] Suh, Y.W., Kim, N.K., Ahn, W.S., and Rhee, H.K. (2003) J. Mol. Catal. A, 198, 309.

[146] Prada, N.Q., Stashenko, E., Paez, E.A., and Martinez, J.R. (1999) Rev. Colomb. Quim., 28, 45.

[147] Adam, W., Corma, A., Reddy, T.I., and Renz, M. (1997) J. Org. Chem., 62, 3631.

[148] Clerici, M.G., Bellussi, G., and Romano, U. (1991) J. Catal., 129, 159.

[149] Hutter, R., Mallat, T., and Baiker, A. (1995) J. Catal., 153, 177.

[150] Corma, A., Domine, M., Gaona, J.A., Jorda, J.L., Navarro, M.T., Rey, F., Perez-Pariente, J., Tsuji, J., McCulloch, B., and Nemeth, L.T. (1998) Chem. Commun., 2211.

[151] van der Waal, J.C., Rigutto, M.S., and van Bekkum, H. (1998) App. Catal. A: Gen., 167, 331.

[152] Adam, W., Saha-Moller, C.R., and Weichold, O. (2000) J. Org. Chem., 65, 2897.

[153] Corma, A., Iglesias, M., and Sanchez, F. (1995) J. Chem. Soc., Chem. Commun., 1653.

[154] Kumar, R., Pais, G.C.G., Pandey, B., and Kumar, P. (1995) J. Chem. Soc., Chem. Commun., 1315.

[155] Krow, G.C. (1993) Org. React., 43, 251.

[156] Jimenez-Sanchidrian, C. and Ruiz, J.R. (2008) Tetrahedron, 64, 2011.

[157] Fischer, J. and Holderich, W.F. (1999) Appl. Catal., A, 180, 435.

[158] Lenarda, M., Da Ros, M., Casagrande, M., Storaro, L., and Ganzerla, R. (2003) Inorg. Chim. Acta, 349, 195.

[159] Bhaumik, A., Kumar, P., and Kumar, R. (1996) Catal. Lett., 40, 47.
[160] Wang, Z.B., Mizusaki, T., Sano, T., and Kawakami, Y. (1997) Bull. Chem. Soc. Jpn., 70, 2567.
[161] Corma, A. and Garcia, H. (2002) Chem. Rev., 102, 3837.
[162] Wu, P., Liu, Y., He, M., and Tatsumi, T. (2004) J. Catal., 228, 183.
[163] Corma, A., Nemeth, L.T., Renz, M., and Valencia, S. (2001) Nature, 412, 423.
[164] Corma, A., Jorda, J.L., Navarro, M.T., and Rey, F. (1998) Chem. Commun., 1899.
[165] Corma, A., Navarro, M.T., Nemeth, L., and Renz, M. (2001) Chem. Commun., 2190.
[166] Bare, S.R., Kelly, S.D., Sinkler, W., Low, J.J., Modica, F.S., Valencia, S., Corma, A., and Nemeth, L.T. (2005) J. Am. Chem. Soc., 127, 12924.
[167] Boronat, M., Corma, A., Renz, M., Sastre, G., and Viruela, P.M. (2005) Chem. Eur. J., 11, 6905.
[168] Boronat, M., Concepcion, P., Corma, A., Renz, M., and Valencia, S. (2005) J. Catal., 234, 111.
[169] Boronat, M., Corma, A., Renz, M., and Viruela, P.M. (2006) Chem. Eur. J., 12, 7067.
[170] Boronat, M., Concepcion, P., Corma, A., Navarro, M.T., Renz, M., and Valencia, S. (2009) Phys. Chem. Chem. Phys., 11, 2876.
[171] Corma, A. and Renz, M. (2005) Collect. Czech. Chem. Commun., 70, 1727.
[172] Renz, M., Blasco, T., Corma, A., Fornes, V., Jensen, R., and Nemeth, L. (2002) Chem. Eur. J., 8, 4708.
[173] Corma, A., Fornes, V., Iborra, S., Mifsud, M., and Renz, M. (2004) J. Catal., 221, 67.
[174] Bauer, K., Garbe, D., and Surburg, H. (1997) Common Fragrances and Flavors Materials, Wiley-VCH Verlag GmbH, New York.
[175] March, J. (1992) Advanced Organic Chemistry, John Wiley & Sons, Inc., New York.
[176] Corma, A., Iborra, S., Mifsud, M., and Renz, M. (2005) J. Catal., 234, 96.
[177] Corma, A., Iborra, S., Mifsud, M., Renz, M., and Susarte, M. (2004) Adv. Synth. Catal., 346, 257.
[178] Corma, A., Navarro, M.T., and Renz, M. (2003) J. Catal., 219, 242.
[179] Corma, A., Iborra, S., Mifsud, M., and Renz, M. (2005) ARKIVOC, Vol. 9, 124.
[180] Nekoksova, I., Zilkova, N., Zukal, A., and Č ejka, J. (2005) Stud. Surf. Sci. Catal., 156, 779.
[181] Kawabata, T., Ohishi, Y., Itsuki, S., Fujusaki, N., Shisido, T., Takaki, K., Zhang, Q., Wang, Y., and Takejira, K. (2005) J. Mol. Catal. A, 236, 99.
[182] Subramanian, H. and Koodali, R.T. (2008) React. Kinet. Catal. Lett., 95, 239.
[183] Nowak, I., Feliczak, A., Nekoksova, I., and Čejka, J. (2007) Appl. Catal., A, 321, 40.
[184] Graauw, C.F., Peters, J.A., van Bekkum, H., and Huskens, J. (1994) Synthesis, 10, 1007.
[185] Chuah, G.K., Jaenicke, S., Zhu, Y.Z., and Liu, S.H. (2006) Curr. Org. Chem., 10, 1639.
[186] Creyghton, E.J. and van der Waal, J.C. (2001) Meerwein-Ponndorf-Verley Reduction, Oppenauer Oxidation, and related reactions, in Fine Chemicals through Heterogenous Catalysis (eds R.A. Sheldon, and H. van Bekkum, Wiley-VCH Verlag GmbH, New York. 438.
[187] Ruiz, J.R. and Jimenez-Sanchidrian, C. (2007) Curr. Org. Chem., 11, 1113.
[188] Creyghton, E.J., Ganeshie, S.D., Downing, R.S., and van Bekkum, H. (1995) J. Chem. Soc., Chem. Commun. 1859–1860.
[189] Creyghton, E.J., Ganeshie, S.D., Downing, R.S., and van Bekkum, H. (1997) J. Mol. Catal. A: Chem., 115, 457.
[190] Kunkeler, P.J., Zuurdeeg, B.J., van der Waal, J.C., van Bokhoven, J.A., Koningsberger, D.C., and van Bekkum, H. (1998) J. Catal., 180, 234.
[191] van der Waal, J.C., Tan, K., and van Bekkum, H. (1996) Catal. Lett., 41, 63.
[192] van der Waal, J.C., Kunkeler, P.J., Tan, K., and van Bekkum, H. (1998) J. Catal., 173, 74.
[193] van der Waal, J.C., Creyghton, E.J., Kunkeler, P.J., Tan, K., and van Bekkum, H. (1998) Top. Catal., 4, 261.
[194] Akata, B., Yilmaz, B., and Sacco, A. Jr. (2008) J. Porous Mater., 15, 351.
[195] Corma, A., Domine, M.E., Nemeth, L., and Valencia, S. (2002) J. Am. Chem. Soc., 124, 3194.
[196] Corma, A., Domine, M.E., and Valencia, S. (2003) J. Catal., 215, 294.
[197] Zhu, Y., Chuah, G., and Jaenicke, S. (2003) Chem. Commun., 2734.
[198] Boronat, M., Corma, A., and Renz, M. (2006) J. Phys. Chem. B, 110, 21168.
[199] Zhu, Y., Chuah, G., and Jaenicke, S. (2004) J. Catal., 227, 1.
[200] Zhu, Y., Liu, S., Jaenicke, S., and Chuah, G. (2004) Catal. Today, 97, 249.
[201] Zhu, Y., Chuah, G.K., and Jaenicke, S. (2006) J. Catal., 241, 25.
[202] Nie, Y., Jaenicke, S., van Bekkum, H., and Chuah, G.K. (2007) J. Catal., 246, 223.
[203] Corma, A. and Renz, M. (2007) Angew. Chem. Int. Ed., 46, 298.
[204] Corma, A., Xamena, F.X., Prestipino, C., Renz, M., and Valencia, S. (2009) J. Phys. Chem. C, 113, 11306.
[205] Samuel, P.P., Shylesh, S., and Singh, A.P. (2007) J. Mol. Catal. A: Chem., 266, 11.
[206] Zhu, Y., Jaenicke, S., and Chuah, G.K. (2003) J. Catal., 218, 396.
[207] De Bruyn, M., Limbourg, M., Denayer, J., Baron, G.V., Parvulescu, V., Grobet, P.J., De Vos, D.E., and Jacobs, P.A. (2003) Appl. Catal., A, 254, 189.
[208] Liu, S.H., Chuah, G.K., and Jaenicke, S. (2004) J. Mol. Catal. A: Chem., 220, 267.
[209] Barthomeuf, D. (1996) Catal. Rev., 38, 521.
[210] Joshi, U.D., Joshi, P.N., Tamhankar, V.V., Joshi, C.V., Rode, V., and Shiralkar, P. (2003) Appl. Catal., A, 239, 209.
[211] Barthomeuf, D. (1984) J. Phys. Chem., 88, 42.
[212] Barthomeuf, D. (2003) Microporous Mesoporous Mater., 66, 1.
[213] Barthomeuf, D. (1991) Stud. Surf. Sci. Catal., 65, 157.
[214] Corma, A., Fornes, V., Martin-Aranda, R.M., Garcia H., and Primo, J. (1990) Appl. Catal., 59, 237.
[215] Mortier, W.J. (1978) J. Catal., 55, 138.
[216] Hathaway, P.A. and Davis, M.E. (1989) J. Catal., 116, 263.
[217] Hathaway, P.A. and Davis, M.E. (1989) J. Catal., 116, 279.
[218] Lasperas, M., Cambon, H., Brunel, D., Rodriguez, I., and Geneste, P. (1995) Microporous Mater., 1, 343.
[219] Yagi, F. and Hattori, H. (1997) Microporous Mater., 9, 237.
[220] Brownscombe, T.F. and Slaugh, I.H. (1989) EU Patent 370553.
[221] Brownscombe, T.F. (1991) US Patent 5053372.
[222] Knoevenagel, L. (1898) Ber. 31, 258.
[223] Jones, G. (1967) Organic Reactions, 15, 204.

[224] Corma, A. (1991) Mat. Res. Soc. Symp. Proc., 233, 17.

[225] Lai, S.M., Martin-Aranda, R., and Yeung, K.L. (2003) Chem. Commum., 218.

[226] Lai, S.M., Ng, C.P., Martin-Aranda, R., and Yeung, K.L. (2003) Microporous Mesoporous Mater., 66, 239.

[227] Zhang, X.F., Lai, S.M., Martin-Aranda, R., and Yeung, K.L. (2004) Appl. Catal., A, 261, 109.

[228] Lau, W.N., Yeung, K.L., and Martin-Aranda, R. (2008) Microporous Mesoporous Mater., 115, 156.

[229] Zienkiewicz, Z., Calvino-Casilda, V., Sobczak, I., Ziolek, M., Martin-Aranda, R., and Lopez-Peinado, A.J. (2009) Catal. Today, 142, 303.

[230] Corma, A. and Martin-Aranda, R.N. (1993) Appl. Catal., A, 105, 271.

[231] Corma, A., Iborra, S., Primo, J., and Rey, F. (1994) Appl. Catal., A, 114, 215.

[232] Reddy, T. and Varma, R.S. (1997) Tetrahedron Lett., 38, 1721.

[233] Martins, L., Boldo, R.T., and Cardoso, D. (2007) Microporous Mesoporous Mater., 98, 166.

[234] Martins, L., Vieira, K.M., Rios, D., and Cardoso, D. (2008) Catal. Today, 706, 133.

[235] Martins, L., Holderich, W.F., and Cardoso, D. (2008) J. Catal., 258, 14.

[236] Oliveira, A.C., Martins, L., and Cardoso, D. (2009) Microporous Mesoporous Mater., 120, 206.

[237] Lasperas, M., Rodriguez, I., Brunel, D., Cambon, H., and Geneste, P. (1995) Stud. Surf. Sci. Catal., 97, 319.

[238] Rodriguez, I., Cambon, H., Brunel, D., Lasperas, M., and Geneste, P. (1993) Stud. Surf. Sci. Catal., 78, 623.

[239] Rodriguez, I., Cambon, H., Brunel, D., and Lasperas, M. (1998) J. Mol. Catal. A, 130, 95.

[240] Bergmann, E.D., Ginsburg, D., and Pappo, R. (1959) Org. React., 10, 179.

[241] Sreekumar, R., Rugmini, P., and Padmakumar, R. (1997) Tetrahedron Lett., 38, 6557.

[242] Trost, B.M. and Keeley, D.E. (1975) J. Org. Chem., 40, 2013.

[243] Kumarraja, M. and Pitchumani, K. (2006) J. Mol. Catal. A: Chem., 256, 138.

[244] Shinde, P.D., Mahajan, V.A., Borate, H.B., Tillu, V.H., Bal, R., Chandwadkar, A., and Wakharkar, R.D. (2004) J. Mol. Catal. A: Chem., 216, 115.

[245] Baba, T., Kim, G.C., and Ono, Y. (1992) J. Chem. Soc. Faraday Trans., 88, 891.

[246] Baba, T., Satoru, H., Ryutaro, K., and Yoshio, O. (1993) J. Chem. Soc., Faraday Trans., 89, 3177.

[247] Baba, T., Satoru, H., Yishio, O., Tomoko, Y., Tsunehiro, T., and Satohiro, Y. (1995) J. Mol. Catal., 98, 49.

[248] Volcho, K.P., Kurbakova, S.Yu., Korchagina, D.V., Suslov, E.V., Salakhutdinov, N.F., Toktarev, A.V., Echevskii, G.V., and Barkhash, V.A. (2003) J. Mol. Catal. A: Chem., 195, 263.

[249] Volcho, K.P., Suslov, E.V., Kurbakova, S.Yu., Korchagina, D.V., Salakhutdinov, N.F., and Barkhash, V.A. (2004) Russ. J. Org. Chem., 40, 659.

[250] Suslov, E.V., Korchagina, D.V., Komarova, N.I., Volcho, K.P., and Salakhutdinov, N.F. (2006) Mendeleev Commun., Vol. 4, 202.

[251] Kloestra, K.R. and van Bekkum, H. (1997) Stud. Surf. Sci. Catal., 105, 431.

[252] Kloestra, K.R. and van Bekkum, H. (1995) J. Chem. Soc., Chem. Commun., 1005.

[253] Kloestra, K.R., Van Laren, M., and van Bekkum, H. (1997) J. Chem. Soc., Faraday Trans., 93, 1211.

[254] Cobzaru, C., Oprea, S., Dumitriu, E., and Hulea, V. (2008) Appl. Catal., A, 351, 253.

[255] Veloso, C.O., Henriques, C.A., Dias, A.G., and Monteiro, J.L. (2005) Catal. Today, 107-108, 294.

[256] Saravanamurugan, S., Palanichamy, M., Arabindoo, B., and Murugesan, V. (2004) J. Mol. Catal. A: Chem., 218, 101.

[257] Sharma, S.K., Parikh, P.A., and Jasra, R.V. (2007) J. Mol. Catal. A: Chem., 278, 135.

[258] Yu, J.I., Shiau, S.Y., and Ko, A.N. (2001) React. Kinet. Catal. Lett., 72, 365.

[259] Jaenicke, S., Chuah, G.K., Lin, X.H., and Hu, X.C. (2000) Microporous Mesoporous Mater., 35-36, 143.

[260] Climent, M.J., Corma, A., Guil-Lopez, R., Iborra, S., and Primo, J. (1998) J. Catal., 175, 70.

26 沸石和分子筛在燃料电池中的应用

King Lun Yeung, Wei Han

26.1 序言

沸石和分子筛是一类天然和合成的重要多孔材料,它在包括化学品分离和纯化、化学合成、燃料转换、污染治理和消减等工业过程中有着很重要的应用[1~4]。1992年发现了MCM-41[5,6]材料,这种材料已经吸引了很多研究者进行大孔分子筛及有序介孔材料合成与应用的研究。相对于典型的沸石和分子筛,介孔材料在孔径大小和组成上有更宽的范围。研究显示,它们是很好的催化剂、吸附剂和膜材料,不仅在传统的化学过程中有很多的应用,而且在微电子、传感器和农业上具有潜在用途[7~10]。

燃料电池可以为固定的、移动的以及便携的设备提供干净和有效的能源供应[11]。沸石及介孔材料越来越多地应用于改进燃料电池的性能,使用这些材料能增加质子的输送能力、降低燃料交叉、改善电解质膜的进出水控制。同时,沸石和介孔材料也在燃料电池中作为电极和电催化材料使用,应用于燃料的转化、重整和存储等方面。在文献中有大量的关于燃料电池电解质膜材料[12~17]和电极材料[18,19]的精彩的综述,但还没有关于沸石和分子筛新用途的综述。本章将综述沸石和分子筛材料在燃料电池中的使用,主要分为三个部分:①沸石在电解质膜中的应用;②沸石在燃料电池催化剂中的应用;③沸石在燃料电池燃料处理过程中的应用。

26.2 沸石在电解质膜中的应用

在燃料电池中,电解质膜通过快速及选择性传导离子来隔离阳极和阴极反应物、调整电极上的电化学反应。全氟磺酸聚合物(PFSA,包括杜邦公司生产的Nafion聚合物)是质子交换膜燃料电池(PEMFC)经常使用的膜材料。这种材料在完全水化条件下表现出很高的质子导电率(约0.1S/cm),在燃料电池运行中也有极佳的长期稳定性(约6000h)。表26.1列出了由杜邦(DuPont)、朝日(Asahi)和陶氏(Dow)等公司工业生产的PFSA聚合物的参数。

由于PFSA材料玻璃化转化温度低(353K≤T_g≤393K),当在高于353K使用时,PFSA材料将失去机械性能及三维(3D)稳定性[21],因此,使用PFSA聚合物材料作为交换膜的质子燃料电池的操作温度要低于353K。较低的操作温度也给质子交换膜燃料电池的操作带来其他的难题。例如,由于湿度降低,PFSA膜会由于水化程度低出现质子导电性能的急剧下降。低温还使交换膜对于燃料中的杂质(例如CO、H₂S)高度敏感。同时，燃料电池中的热量和水的控制也更加复杂[11]。PFSA膜也限制了电池的燃料类型.在使用甲醇做燃料的电池(DMFC)中使用PFSA，燃料交叉是一个问题，由于甲醇很容易和质子溶剂一起穿过膜从而导致电池性能的降低[22, 23]。

表26.1 商业PFSA膜[13]

结构参数	生产商	商品名称和牌号	当量/(g干燥聚合物/mol SO₃)	厚度/μm
m=1; x=5~13.5; n=2; y=1	杜邦(DuPont)	Nafion 120	1200	260
		Nafion 117	1100	175
		Nafion 115	1100	125
		Nafion 112	1100	80
m=0, 1; n=1~5	朝日玻璃(Asahi Glass)	Flemion-T	1000	120
		Flemion-S	1000	80
		Flemion-R	1000	50
m=0; x=1.5~14; n=2~5	朝日化工(Asahi Chemicals)	Aciplex-S	1000~1200	25~100
m=0; x=3.6~10; n=2	陶氏化工(Dow Chemical)	Dow	800	125
化学式	$-(CF_2-CF_2)_x-(CF_2-CF)_y-$ $(O-CF_2-CF)_m-O-(CF_2)_n-SO_3H$ CF			

这些问题激励了人们寻找在较高的操作温度下保持较低的燃料渗透和较高质子导电率的新型质子膜材料。在文献中报道了三类新材料可以实现目标：①基于聚苯并咪唑(PBI)、聚苯基喹噁啉(PPQ)、聚醚醚酮(PEEK)的质子导电聚合物膜[12~17, 21]；②无机质子导电膜，包括CsHSO₄[24]、介孔氧化锆和钛磷酸盐[25, 26]以及负载在SiO₄的介孔杂多酸[27]；③含有无机固体酸的有机/无机复合膜，这些固体酸包括各种氧化物、锆基固体酸、杂多酸、酸改性黏土及沸石。沸石和分子筛是提高质子交换膜燃料电池和直接甲醇燃料电池膜性能的最常用的材料之一。

26.2.1 沸石电导率

沸石是由SiO₄和AlO₄四面体作为构成单元组成的三维骨架式的晶状微孔无机固体。[AlO₄]⁵⁻插入到[SiO₄]⁴⁺结构中产生了一个多余的负电荷，这个负电荷必须用质子、碱性阳离子、碱土阳离子或有机阳离子抵消，所以沸石通道和内笼中经常被阳离子、水或其他溶剂分子所占据。位于骨架位置外的阳离子通常是可交换，它们迁移形成了沸石的离子导电。已经有大量的实验和计算用来确定不同条件的沸石的离子导电性能。表26.2列出了一些通过实验和理论计算出的不同沸石的离子导电数据。

典型的沸石(例HZSM-5、HY、发光沸石)的电导率很少会高于1×10^{-4}S/cm，远远低于PFSA的电导率聚合物(即0.1S/cm)。然而，Knudsen等[36, 37]报道了一些沸石，例如水合的锡丝光沸石，却可以有很高的离子电导率(例如0.1S/cm)。Saad等[28]使用复阻抗谱观察到，含有不同阳离子(例如Co、Ni、Cu)的Y沸石和丝光沸石的离子电导率随着第二种阳离子浓度的增加而提高。基于过渡态理论(SC-TST)[32]、QM-Pot理论[33]和密度泛函理论的计算结果表明：在不同的沸石(例如HY、H-菱沸石、HZSM-5)中，HZSM-5因其骨架的最大灵活性而有最高的质子流动速率。

测量和计算表明：沸石的离子传导活化能数据在40~130kJ/mol之间(见表26.2)，远远低于1300kJ/mol的去质子化能量。这意味着常温下在沸石中长距离传输质子是不可能的。各种研究表明,室温下铵交换沸石显示出的离子电导率高于1×10^{-4}S/cm。Moroz等[29]采用宽线路的核磁共振来研究水合NH_4-菱沸石和NH_4-斜发沸石中非骨架物质的质子转移速率,他们报道NH_4-沸石电导率较水合NH_4-沸石低2%,这主要是由于因质子运输产生的电导率在水合沸石中主要以NH_4^+为导体。Freud等[38]发现H-沸石有NH_4^+存在且NH_4^+浓度大于每笼0.1个时,也有铵离子导体的存在。这表明在沸石中关于离子的传导有几种可能的机理。

表26.2 沸石的电导和活化能数据

沸石类型	Si/Al	电导率/(S/cm)	测量条件	测量方法	E_a/(kJ/mol)	参考文献
Ni-Y	2.3	$(0.1 \sim 1) \times 10^{-8}$	脱水样品,803~873K	阻抗谱	96.3	[28]
Cu-Y	2.3	$(0.89 \sim 2.77) \times 10^{-8}$	脱水样品,718~873K		84.8	
Cu-发光沸石	5	$(1.12 \sim 4.25) \times 10^{-8}$	脱水样品,823~923K		文献中无数据	
NH_4-菱沸石	2.2	无数据	水合样品,300~400K	质谱	40	[29]
NH_4-斜发沸石	4.5		水合样品,200~300K		60	
HZSM-5	15	无数据	脱水样品,N_2干燥,423~773K	阻抗谱	89.8	[30]
	25	$(0.01 \sim 1) \times 10^{-5}$			89.9	
	40	文献中无数据			96.4	
	75	$(0.1 \sim 1) \times 10^{-6}$			100.4	
	140	无数据			101.4	
	500	$(0.1 \sim 1) \times 10^{-7}$			126.4	
HZSM-5	15	$(0.1 \sim 1) \times 10^{-5}[(0.1 \sim 1) \times 10^{-4}]$	水合样品,干N_2,393~473K(613~773K)	阻抗谱	39(77)	[31]
	25	无数据			49(87)	
	40	无数据			40(92)	
HZSM-5	15	$(0.1 \sim 1) \times 10^{-5}[(0.1 \sim 1) \times 10^{-4}]$	NH_3水合样品,N_2干燥393~473K(613~773K)	阻抗谱	49(74)	[31]
	25	无数据			59(85)	
	40	无数据			53(89)	
HY	2	无数据	无数据	SC-TST	97.1	[32]
H-菱沸石	11	无数据	无数据	QM-Pot,方法	70~102	[33]
HY	47				68~106	
HZSM-5	95				52~98	
HZSM-5	95	无数据	无数据	DFT方法	127	[34]
H-Beta	25	1.47×10^{-4}	水浸泡的样品,室温	阻抗谱	无数据	[35]

Simon等[30, 31]对比了不同温度下无溶剂和溶剂化HZSM-5中质子的运输,发现在NH_3和H_2O存在下质子电导率得到加强;同时指出在溶剂化沸石中,质子传输的活化能明显降低。这意味着低温下溶剂对沸石中质子传输起到关键的作用。Grotthuss传输机理[40~42]是公认的解释液体电解质中质子传输的理论,能够解释低温下在溶剂化沸石中观察到的快速质子传输。质子沿着溶剂分子的链移动如图26.1a所示。在水合沸石中,质子通过氢键从一个水合氢离子转移到临近的水分子,紧跟是水分子(例如前面所提到的水合氢离子)快速调整以容纳下一个质子。

Rabenau等[29, 39]提出的媒介传输机理(见图26.1b)解释了在NH_4-沸石中,质子传输贡献的电导率相对小于总体电导率的现象。该机理假设质子不会以H^+的形式而是以H_3O^+或者NH_4^+

的形式迁移，从而形成一个像H_2O或NH_3一样的媒介；"空载"的媒介向相反的方向移动，质子的传导通过媒介的扩散速率来确定。Simon等[31]观察到：在HZSM-5(Si/Al≤40)中，溶剂质子的传输同时遵循Grotthuss和媒介传输机理。他们报道说，Grotthuss传输机理在温度低于393K时起主导作用，而媒介机理在更高温度(像393~473K)时显得更重要。Freude等观察到质子传输媒介的形成，主要取决于沸石中水和氨的含量以及脱水温度。

图26.1 中质子沸石的机理Grotthuss(上)和媒介传输机理(下)[43]

对于在高温下运行并能防止燃料交叉的质子导电膜，沸石有很好的应用前景[50]。但相对于PFSA材料，沸石主要缺点是其质子电导率较低。沸石经常作为无机填料添加到质子导电膜中，以提高高温下质子传导率和降低甲醇渗透。最近的研究进展表明，高的电导率可以通过在沸石和分子筛中加入杂多酸或加入磺酸基团功能化材料来获得(见表26.3)。新的微孔材料，诸如ICF-5和ICF-21显示出接近于PFSA材料的质子电导率。

表26.3 具有高质子电导率的沸石和介孔材料

样品名称	Si/Al	电导率/(S/cm)	测定条件	参考文献
磷钼杂多酸负载型分子筛	文献中无数据	$5.1×10^{-5}$	Y含有10%的水，室温	[44]
		0.011	Y含有40%的水室温	
磺酸官能化测试	50	$1.17×10^{-3}$	水浸泡样品，室温	[35]
	25	$2.96×10^{-3}$		
	12.5	0.0115		
磺酸官能化测试	25	$4.9×10^{-3}$	水浸泡样品，室温	[45]
	50	$6.7×10^{-3}$		
	200	$6.8×10^{-3}$		
	500	$4.5×10^{-3}$		
磺酸功能化的MCM-41	∞	$2.4×10^{-3}$	水浸泡样品，室温	[46]
磺酸功能化的MCM-48	∞	$3.9×10-3$		
含聚苯胺的SBA-15	∞	$(1~16.7)×10^{-3}$	水浸泡样品，室温	[47]
磺酸功能化的MCM-41	∞	0.01	100%RH，室温	[48]
ICF-5 CuInS-Na	无Si和Al元素	$0.0001~0.01$	0.2%~90%RH，291K	[49]
ICF-21 InSe-Na		$0.001~0.01$	7%~100%RH，294K	

26.2.2 沸石/聚合物复合膜

图26.2列出了制备沸石/聚合物复合膜的最普通的方法。沸石悬浮液或粉末与聚合物溶液通过快速搅拌或超声波振动得到均匀的沸石和聚合物的混合物。诸如DMF和DMSO等高沸点溶剂用做膜的重塑，可使膜具有良好的机械性能。此外，溶液的高黏度阻止了沸石的聚集

和沉淀，使其均匀分布在膜中。然后，沸石-聚合物悬浮物沉积在一个清洁的表面上并且在较低的温度和惰性气氛中使溶剂挥发。这可以防止强酸性的沸石使聚合物和溶剂氧化。

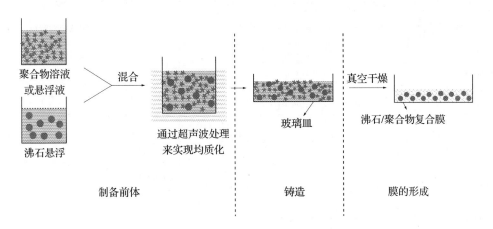

图26.2 沸石/聚合物复合膜的制备原理

这个方法可以用来制备不同的沸石/聚合物复合膜。表26.4中列出了已经研究的案例，总结了这些复合膜的质子电导率和甲醇渗透率，以及相应的燃料电池的最大功率密度(MPD)。从表26.4中可以看出，沸石/聚合物复合物在高温下具有较低的甲醇渗透率和较高的质子电导率。这要归功于沸石优良的化学性能、热学性能、机械稳定性、高保水性、微孔大小可调节性及吸附性能。表26.4也包括了含有杂多酸、杂多阳离子负载型沸石和磷酸盐复合膜的比较。

表26.4 复合膜和相应的燃料电池的性能

膜	厚度/μm	操作温度/K	电导率/(S/cm)	甲醇渗透率/(cm²/s)	甲醇渗透的测试条件	MPD/(mW/cm²)	参考文献
Beta/壳聚糖	35~45	室温	$(1.10~1.55)\times10^{-2}$ (10%~50%RH)	$(5.80~9.55)\times10^{-7}$ (壳聚糖: 1.17×10^{-6})	2mol/L甲醇, 室温	文献中无数据	[51]
Beta/Nafion	175	353	$(4.8~6.7)\times10^{-2}$ (100%RH)	$(3.63~5.86)\times10^{-6}$ (Nafion117: 5.07×10^{-6})	8%(体)甲醇, 353K	文献中无数据	[52]
Beta/SPEEK	131~150	353, 393	文献中无数据			285(SPEEK180) (293K下的湿H_2、O_2)	[53]
(A、丝光沸石、X、ZSM-5)/壳聚糖	50~90	室温	$(1.7~2.2)\times10^{-2}$(在硫酸中浸泡24h)	$(6.24~12.2)\times10^{-7}$ (壳聚糖: 1.15×10^{-6})	5mol/L甲醇, 室温	文献中无数据	[54]
Y/壳聚糖	文献中无数据	室温	$(1.51~2.58)\times10^{-2}$ (在硫酸中浸泡24h)	9.04×10^{-7} (Nafion117: 2.71×10^{-6})	5mol/L甲醇, 室温	文献中无数据	[55]
丝光沸石/壳聚糖	50~80	室温	文献中无数据	4.9×10^{-7}	5mol/L甲醇, 室温	文献中无数据	[56]
A/Nafion	文献中无数据	308	$(1.4~3.6)\times10^{-3}$(硼酸溶液, pH值4.7)	$(1.03~1.12)\times10^{-6}$ (Nafion117: 7.4×10^{-6})	1mol/L甲醇, 308K	文献中无数据	[57]
Fe-硅质岩-1/Nafion	文献中无数据	323	$(0.13~3.4)\times10^{-3}$(水中浸泡45h)	$(0.04~7.3)\times10^{-7}$ (Nafion115: 2.5×10^{-6})	1mol/L甲醇, 323K	文献中无数据	[58]

膜	厚度/μm	操作温度/K	电导率/(S/cm)	甲醇渗透率/(cm²/s)	甲醇渗透的测试条件	MPD/(mW/cm)	参考文献
ETS–10/PVDF	文献中无数据	293~423	$(0.8~10)\times10^{-3}$			文献中无数据	[59]
NaA/PVDF			$(0.2~2)\times10^{-3}$			文献中无数据	[60]
Umbite/PVDF			$(0.2~2)\times10^{-4}$				[61]
丝光沸石/PVDF			$(1~6)\times10^{-5}$ $(43\%~100\%RH)$				[62]
ZSM–5/Nafion	100~150	室温	0.07~0.12	$(1.0-1.6)\times10^{-6}$ (Nafion115: 1.4×10^{-6})	16%甲醇,室温		[60]
Beta/Nafion	151	343	0.088	1.40×10^{-6} (Nafion115: 2.36×10^{-6})	8%(体)甲醇,室温		[61]
Y/SPEEK	100~220	293~413	0.0072~0.0096				[62]
菱沸石(斜发沸石)/Nafion	70	363~413	文献中无数据	文献中无数据	文献中无数据		[63]
菱沸石/Nafion	156	295, 333	0.0408(295K)	5.75×10^{-6}(333K)	8%(体)甲醇,333K		[64]
斜发沸石/Nafion	文献中无数据		0.0489(295K)(在1×10^{-5}mol/L H_2SO_4中)	5.93×10^{-6}(333K)			
丝光沸石/PVA	100~300	室温	0.013~0.03 (硫酸浸泡)	$(3.13~11.3)\times10^{-8}$ (PVA: 3×10^{-7})	1mol/L甲醇室温		[65]
(X、Y、ZSM–5、丝光沸石、A)/PTFE	196~860	348~423	$1.3\times10^{-7}~$ 0.002(80%RH)			文献中无数据	[66]
丝光沸石/PTFE	300~400	293~373	$4\times10^{-6}~0.001$ (室温)	文献中无数据	文献中无数据	4(甲醇O_2在343K)	[678]
锆	165, 90	403	文献中无数据			450(165μm), 680(90μm)(Nafion115: 110)(403K下的湿H_2、O_2)	[68]
SiO_2/SPEEK	29	328	文献中无数据	610g/(h·m²)	20%甲醇,328K	文献中无数据	[69]
ZrO_2/SPEEK	24~73			70~480g/(h·m²) (SPEEK: 1300)			
HPA/Nafion	文献中无数据	393	0.015(35%RH)			文献中无数据	[70]
SiO_2/PEG	文献中无数据	308	0.001~0.01 (水中浸泡)	$(0.78~2.1)\times10^{-8}$ [Nafion117: $(7.5~2.3)\times10^{-6}$]	3%甲醇,308K	文献中无数据	[71]
TiO_2/Nafion	文献中无数据	418	文献中无数据	文献中无数据		350(2mol/L甲醇,O_2在418K)	[72]

复合膜中的沸石阻止了甲醇传输从而防止了燃料的交叉。然而,如果膜中沸石的质子导电性能远远低于连续基质中的聚合物(见图26.3的案例1),那么复合膜的整体电导率将低于纯高分子膜。如果沸石的质子导电性能大于或者接近聚合物基质(见图26.3的案例2),可以在防止甲醇交叉的同时,保持甚至提高复合膜的导电率。虽然绝大多数沸石的电导率低于PFSA,但人们最近已经成功地制备出了质子电导率接近PFSA的沸石和分子筛复合膜材料

(见表26.3)。

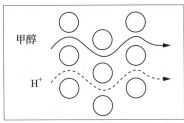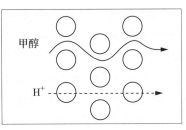

(a) 案例1: σ(连续基质) > > σ(球体)　　　(b) 案例2: σ(球体) > > σ(连续基质)

图26.3 复合膜中的传质机理

26.2.2.1 沸石/聚四氟乙烯复合膜

早期的研究人员成功制备了沸石/聚四氟乙烯(PTFE)复合膜[66, 67]。PTFE是惰性不导电的, 因此该复合膜的电导率应该主要是沸石的贡献。Yahiro团队[66]和Poltarzewshi团队[67]研究了沸石类型、沸石中的平衡离子、沸石含量以及温度对复合膜电导率的影响。与含有NaA、NaZSM-5和Na-丝光沸石的PTFE复合膜相比, 含有X沸石和Y沸石的PTFE复合膜有更高的电导率。LiY/PTFE复合膜的电导率在348K时能够达到0.002S/cm, 而丝光沸石/PTFE膜的稳定温度可以高达623K。使用丝光沸石/PTFE膜(80%的丝光沸石)组成的ADMFC(碱性直接甲醇燃料电池)在343K下操作可以产生电流密度为50mA/cm^{2}的电流, 功率密度达4mW/cm^2。

26.2.2.2 沸石/全氟磺酸复合膜

沸石/全氟磺酸复合膜是研究最多的沸石复合膜。Kim等[60]用100nm大小的HZSM-5分子筛晶体制备了HZSM-5/Nafion复合膜。这种膜在质子电导率与甲醇渗透比等参数上表现良好。在制膜条件优化后, 与Nafion 115相比, 这种膜显示出更好的选择性。通常将膜的质子电导率与甲醇渗透率之比定义为膜的选择性。Bagho等[63]利用菱沸石和斜发沸石制备了用于高温直接甲醇燃料电池的沸石/Nafion复合膜。这种使用6%(体)沸石的复合膜, 以纯氧为进料, 在413K下获得的功率密度最大为370mW/cm^2。该值大于具有相同厚度的重塑Nafion膜的功率密度(大约为 270mW/cm^2)。

沸石颗粒和Nafion聚合物表面相容性较差, 这导致复合膜中出现针孔并降低了膜的质子电导率。Roberts等[57]在制备沸石/Nafion复合膜前, 在沸石(如NaA)上嫁接有机化合物(例如3-胺丙基三甲氧基硅烷)来改善沸石和聚合物的界面结合能力。与用没有进行表面改性处理的NaA制备的沸石/Nafion复合膜相比, 用表面改性的NaA制备的沸石/Nafion复合膜甲醇渗透率更低。这意味着在沸石表面改性后, 沸石与聚合物的界面结合能力增大了。与商品膜Nafion 117相比, 使用表面改性的NaA作为填充物制备的复合膜甲醇渗透率最多降低了86%, 但这种改性也极大地降低了膜的质子电导率。Yushan Yan的团队[52]通过在膜中添加磺酸基表面改性β沸石(AFB)解决了导电率降低的问题, 在沸石复合膜中添加5%的AFB得到的膜材料与Nafion117具有相似的质子电导率和更高的选择性(即质子电导率/甲醇渗透率)。复合膜在294K和353K时选择性分别比Nafion 117高93%和63%。与使用Nafion膜材料相比较, 直接燃料电池使用这种沸石/Nafion复合膜材料具有更大的输出功率。

沸石/PFSA膜除了图26.2显示的溶液浇铸法外, 还可以通过其他的方法制备。Gribov等[58]在超临界二氧化碳预处理的Nafion膜上浸渍沸石晶体的胶体悬浮液, 制备了Fe-硅质-1/Nafion

复合膜。超临界预处理改变了Nafion的孔道结构，从而允许沸石晶体扩散到聚合物孔中。他们还证明，将合成沸石的胶体及晶种加入膜中，在水热晶化条件下可实现沸石晶体在膜中的原位合成，这样合成的复合膜选择性是相同厚度下Nafion膜(例如Nafion 115)的6~19倍。Yan等[61]也采用原位晶化技术制备了AFB/Nafion膜。这种复合膜在室温下的质子电导率为0.088S/cm，与Nafion膜相似。使用这种复合膜组装的直接燃料电池，在343K的温度下操作，最大功率密度为120mW/cm^{2}的，远远超过使用Nafion 115组装成的直接燃料电池的功率密度(即62mW/cm^2)。

26.2.2.3 沸石/壳聚糖复合膜和其他复合膜

沸石/壳聚糖复合膜在燃料电池中的应用，受到了越来越多的关注。壳聚糖源自甲壳类动物的壳，被认为是绿色、环保、生物相容性的材料。它显示出低渗透率和良好的力学性能，而且廉价易得。壳聚糖具有高的溶胀度和低质子电导率，但这个问题可以通过使用适当的无机填料以及使用硫酸作为交联剂来解决[55]。

Jiang等[51, 54~56]对沸石/壳聚糖复合膜进行了一个系统的研究。他们报道加入丝光沸石可提高膜的刚性(即高的T_g值)。但由于沸石和壳聚糖相容性差，在成膜中容易产生针孔和缺陷。通过在成膜过程中加入山梨醇作为增塑剂可以改善这一情况。在12mol/L甲醇中，改性壳聚糖膜的性能可与Nafion 117膜相比。在室温下的改性丝光沸石/壳聚糖复合膜[56]甲醇渗透率相当低，仅为4.9×10^{-7}cm^2/s。他们还用3A、4A、13X和HZSM-5沸石制备了不同类型的沸石/壳聚糖复合膜。据测定，具有疏水性的高Si/Al比(即丝光沸石和HZSM-5)沸石能够更有效地降低甲醇的传输[54]。Jiang等还报道了膜的溶胀可以通过使用有机胺、巯基、磺酸基等表面基团对沸石进行改性来解决。他们发现使用磺酸基团改性的Y-沸石作为填充物制备的膜质子电导率提高到了0.03S/cm。其他的沸石/聚合物复合膜的制备，在很大程度上取决于成本，因为PFSA聚合物价格昂贵。人们已经研究了包括Beta/聚醚醚酮(SPEEK)[53]、杂多酸负载Y/SPEEK[62]、(ETS-10、NaA、Umbite和丝光沸石)/聚偏氟乙烯(PVDF)[59]、丝光沸石/聚偏二乙烯(PVA)[65]以及CaY/水合丁苯橡胶(HSBR)[73]复合膜，这些复合膜都已经总结在表26.4中了。

26.2.2.4 自增湿复合膜

PFSA膜的质子电导率对水合作用敏感，高温下性能容易受到湿度的影响。外部加湿设备使系统设计和运行复杂化并降低了系统的总体能效。因此，开发有自增湿功能，以保留和控制水的膜材料是很活跃的研究领域。Kim等使用PtY沸石催化剂来制备沸石/PFSA膜。Pt在沸石吸收水的过程中为水提供吸附点，从而有助于保持水合膜在高温燃料电池中的操作性能。

26.2.3 沸石和介孔无机膜

有很多关于如何制作不同沸石/聚合物复合膜的文献，其中大量报道了沸石/聚合物复合膜的质子电导率和甲醇渗透率，但是涉及这种材料在高温燃料电池[53, 63]中的性能研究并不多。沸石材料和聚合物材料在机械及热性能上有很大的差异，复合膜处于高温环境下的耐久性也尚未得到很好的研究。此外，复合膜中沸石和聚合物的不均匀分布是不可避免的，这在一定程度上限制了复合膜中沸石添加量的提高。Yan等[61]观察到对于AFB/Nafion膜，膜厚度方向上Si/F比在0.01~0.10间变化，这会大大影响膜的高温性能

由于以上问题，使用纯无机沸石膜作为质子导电膜具有相当大的优势。尽管多数的沸石材料的质子电导率比工业用的PFSA材料低，但是它有更好的机械强度，可以制成超薄膜。最近Yeung的团队研究了HZSM-5的微晶水合，制备了PEMFCs[75]和DMFCs[76]质子导电膜并研究了使用情况。他们选择HZSM-5作为实验模型，计算表明ZSM-5中的质子移动速度在沸石中是最高的[33, 38, 77]。而且ZSM-5独立式沸石微膜也是非常容易制备的，适合小型化和深

加工[78~93]。图26.4a所示的独立式沸石微膜是采用标准的微细加工技术制备的,每个微膜面积是250μm×250μm,厚度是6μm(见图26.4c)。6μm是HZSM-5膜最有效的防止燃料交叉的厚度。在潮湿空气中,空气中的水与膜水合后,在473K和0.3MPa下不渗透H₂;但由于该膜足够薄,具有与相同厚度的Nafion 117 膜相媲美的质子电导率。使用沸石微膜组装的燃料电池与Nafion 117 MEA 组装的电池性能相同(见图26.4d)。

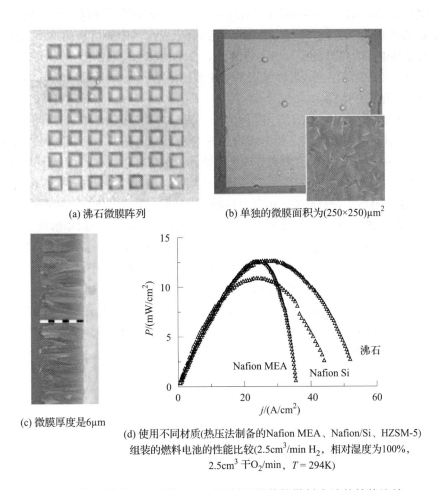

(a) 沸石微膜阵列 (b) 单独的微膜面积为(250×250)μm²

(c) 微膜厚度是6μm

(d) 使用不同材质(热压法制备的Nafion MEA、Nafion/Si、HZSM-5)
组装的燃料电池的性能比较(2.5cm³/min H₂, 相对湿度为100%,
2.5cm³ 干O₂/min, T = 294K)

图26.4 沸石微膜SEM图像和用不同材质组装的燃料电池的性能比较

在2008年的电化学会(Electrochemical Society)年会上,Jiang等报道了介孔杂多酸(HPW)/二氧化硅电解质膜的性能。HPW是具有Keggin结构的超强酸,在573K下仍能保持水合状态,可以作为燃料电池的非贵金属催化剂使用。这一研究为一种使用该膜和GaFeCu阴极材料的电池提供了技术依据,这种电池在573K下的输出功率密度可达105mW/cm²。

26.3 沸石催化剂

负载在碳上的铂和铂钌合金是典型的在质子交换膜燃料电池和直接甲醇燃料电池中经常使用的催化剂。Yasumoto等[94]在他们的一项专利中声称在燃料电池中使用沸石作为金属催化剂的载体,能够产生较低的阻抗和较少的电阻功率损耗。Samant和Fernandes[95]研究了使用HY沸石负载铂和铂钌作为甲醇燃料电池中氧化反应的催化剂。研究结果表明,用HY沸石负载贵金属制备的催化剂显示出显著的电催化活性,催化活性甚至可以和负载在碳上的Pt催化剂(即Vulcan XC-72)相媲美。这种催化活性的增强被认为完全来自于预先形成的具有空间位阻限制的CO簇,它很容易通过与沸石孔的相互作用被氧化成二氧化碳。Pang等[96]对于使用Pt/ZSM-5-C做催化剂的乙醇电氧化反应进行了相同的工作。他们使用Si/Al比超过300的商品ZSM-5作为载体,制备的催化剂显示出较高的活性,并且相对Pt/C催化剂的稳定性更好。

尽管取得了这些令人鼓舞的结果,但是由于沸石导电性差并不适合做电催化剂材料[97]。桑迪亚国家实验室(Sandia National Laboratories)的Coker等[98, 99]开发了一个使用沸石模板制备碳负载铂纳米粒子的方法:先在沸石胞腔内交换形成一个清晰可辨的纳米级的Pt簇,含有Pt簇的沸石使用具有导电性的碳填充;随着沸石主体的移去,便获得了一个具有Pt簇大小可控的微孔/介孔-Pt/C电催化剂。这种电化学催化剂的电活性比表面积为112m^2/g,比工业用的Pt/C催化剂具有更好的性能。

Woo等[100]最近采用相似的方法,以介孔分子筛SBA-15为模版合成了两种新的高抗甲醇的阴极催化剂。他们使用Pt和碳前驱体渗入到SBA-15中,获得了一个具有介孔(2.9nm)和微孔结构(0.5~1.3nm)的Pt/C纳米复合材料。在密闭空间形成的Pt/C,防止了高温碳化过程中的金属烧结。相对于已经商品化的催化剂,以这种Pt/C纳米复合材料作为阴极催化剂的直接甲醇燃料电池,在操作温度313~353K之间有很高的开路电压、电流密度和耐甲醇度。Li[101]也制备了含有核/壳结构Pt纳米粒子的介孔碳催化材料,该材料显示出高的耐甲醇度。他们将Pt纳米粒子置于SBA-15通道,然后在水热条件下催化聚合葡萄糖得到核/壳结构材料。这种材料拥有633m^2/g的超大比表面积和3.5nm的微孔,负载有3nm的Pt纳米粒子。

26.4 沸石和分子筛在燃料处理中的作用

沸石和分子筛在质子膜交换电池中可以作为燃料处理的催化剂和吸附剂(见图26.5)。沸石已应用于除了电解和发酵之外的所有工艺中。本节将介绍沸石和分子筛在燃料的精制和调质,燃料的转换和重整以及氢的生产、净化、存储中的最新的应用。

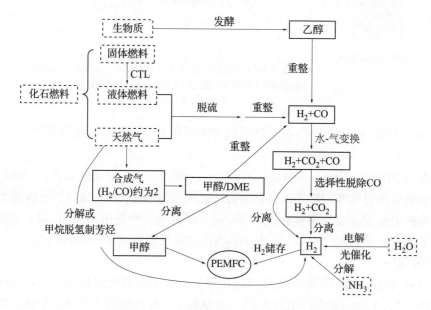

图26.5 在PEMFCs中各种燃料工艺的示意图[102]

26.4.1 燃料中硫化物的移除

天然气和液体燃料中的有机硫化合物容易使燃料重整催化剂和燃料电池电化学过程催

化剂中毒。就脱硫而言,与加氢脱硫相比,吸附脱硫具有很大的优势。吸附脱硫过程可以在室温下进行并且不需要氢气。表26.5列出了用于去除硫化合物的沸石和分子筛吸附剂。

表26.5 在去除硫化物过程中使用的含有沸石和介孔材料的一些吸附剂

材料	硫化合物或燃料	温度/K	硫含量/($\mu g/g$)	吸收容量/(mg硫/g)	再生方法	参考文献
Cu₂O/MCM-41	JP-5轻馏分	室温	841→50	12.8	723K下空气中焙烧,973K He中焙烧	[103]
Ni/SBA-15	工业用柴油	室温~473	240→10;11.7→0.1	1.7(250μg/g时),47(11.7μg/g时)	文献中无数据	[104]
AgY CuZnY	二苯并噻吩,4,6-二甲基苯并噻吩	293~353	700→22(AgY);700→36(CuZnY)	44.9(1500μg/g时,17.5(500μg/g时)	723K下空气中焙烧	[105]
Ga/AlY	噻吩,四氢噻吩,4,6-二甲基苯并噻吩	293~333	500→15	7.0, 17.4, 14.5	573K下空气中焙烧,623K下氮气中焙烧	[106]
CuCl(PdCl₂)/MCM-41(SBA-15)	JP-5轻馏分	室温	841→50(PdCl₂/SBA-15)	38.4(PdCl₂/SBA-15)	343K下苯中清洗	[107]
AgNO₃/BEA, AgNO₃/MCM-41, AgNO₃/SBA-15	四氢噻吩,叔丁基硫醇	室温~353	80→0.1	41.1(Ag/BEA)	文献中无数据	[108]
Cu(I)/介孔硅铝酸盐	柴油	303	315→54	文献中无数据	文献中无数据	[109]
AgNO₃/介孔氧化硅	苯并噻吩,二苯并噻吩,4,6-二甲基苯并噻吩	室温	文献中无数据	20.5	乙醚中清洗	[110]
CuY, NiY, NaY和USY	苯并噻吩	303	文献中无数据	54.1(NaY),53.8(USY),57.6(NiY), 63(CuY)	文献中无数据	[111]
Ce(Ⅳ)Y	加氢脱硫处理的原油	363	1.87→<0.01	文献中无数据	文献中无数据	[112]
Ni/KY	苯并噻吩,2-甲基苯并噻吩,5-甲基苯并噻吩	室温和353	510→<1	5	573K下空气中焙烧	[114]
Cu(I)Y	工业用喷气燃料	室温	364→0.071	25.5	623K下空气中焙烧;504K下在5%(体)H₂/He中焙烧	[115]
Cu(I)Y/ZSM-5	工业用柴油	室温	297→0.06(AC/Cu(I)Y)	12.2(Cu(I)Y), 2.6(Cu(I)Y/ZSM-5)	700~923K下空气中焙烧	[116]
Ni(Ⅱ)X, Ni(II)Y	工业用柴油	室温和353	297→0.22	10.6	623K下空气中焙烧	[117]
Cu(I)Y, AgY	工业用柴油	室温	430→<0.2	文献中无数据	在623K和723K下空气中焙烧,用二甲基甲酰胺或四氯化碳冲洗	[118]
Cu(I)Y	工业用汽油	室温	335→<0.28	12.5	文献中无数据	[119]

Yang等[118, 119]制备了Ag和Cu离子交换NaY沸石。该沸石通过噻吩的π-轨道与交换金属离子的空轨道结合形成硫化物π-络合,从而选择性吸附硫化物。据报道,1g这种超深度脱硫剂在室温下能够生产超过30g的清洁柴油,硫含量从原来的430μg/g降低到小于0.2μg/g。吸附剂通过煅烧可以再生使用,每次再生吸附能力损失不到5%。

其他的吸附脱硫研究涉及到Ni/KY[114]、AgNO₃/Beta[108]和CuZu/Y[105]对于不同燃料的吸附脱硫。Feng等[112]报道使用Ce(IV)Y沸石能够获得前所未有的超低硫(硫含量<0.01μg/g)柴油。负载在介孔材料的金属氧化物和盐也可用来脱硫,但脱硫效果不如超深度脱硫好[103, 107, 109]。

26.4.2 氢气的生产和净化

26.4.2.1 碳氢化合物的重整

迄今为止,90%氢是由天然气或轻油馏分经高温蒸汽重整产生的[120]。蒸汽转化基本反应为:

$$CH_4+H_2O \longrightarrow CO+3H_2 \quad \Delta H=206kJ/mol$$

$$C_nH_m+nH_2O \longrightarrow nCO+(m/2+n)H_2$$

转化反应的温度通常高于773K。反应产生氢气、一氧化碳和二氧化碳的混合物,催化剂中加入少量贵金属用来防止在较高反应温度下[121]由于CO产生造成的金属尘化。虽然在使用相对便宜的镍催化剂时出现严重的焦化问题,但它仍然是首选的重整制氢催化剂。氧化铝依旧是使用最广泛的镍活性组分载体。最近Wang等[122]的一份研究报告表明,负载在ZSM-5上的Ni、Ni-Co、Ni-Mo、Ni-稀土催化剂在甲基环己烷蒸汽重整中具有较好的活性和抗硫性。其他主要生产氢气的工艺路线是化石燃料的部分氧化和热重整。Lee等[123]使用稀土交换的NaY负载铑(镧、铈、钐、钆、镝和铒),用于催化含有1096μg/g硫的军用喷气燃料JP8的热重整,在1173K生产出了氢气和一氧化碳。

26.4.2.2 醇的蒸汽重整

使用碳氢化合物生产氢气消耗了宝贵的化石燃料,同时还造成温室气体的排放,而醇类可以从生物质中产生,被认为是更环保和可持续的干净的氢气来源。直到最近,最常见的乙醇蒸汽重整催化剂是负载在氧化物上的贵金属催化剂。Cantao等[124]基于Rh和Rh-K的催化作用,开发出了一种负载于NaY上的催化剂。这种催化剂活性更高,乙醇在低温(即573K与773K)就有很高的蒸汽重整转化率(即99%)和氢气产率(即70%)。

26.4.2.3 CH₄和NH₃的分解

甲烷和氨是所有化合物中含氢最高的物质,它们分解是产生氢的无CO$_x$路线。

$$CH_4 \longrightarrow C+2H_2 \quad \Delta H=75.6kJ/mol$$

$$NH_3 \longrightarrow {}^1/_2N_2+{}^3/_2H_2 \quad \Delta H=46.4kJ/mol$$

甲烷催化分解还可以产生有价值的副产品,像碳纳米管或纳米纤维。当然碳副产物地形成也导致了催化剂失活。Goodman等[125]观察用Ni/HZSM-5和Ni/C催化甲烷分解的反应,催化剂迅速失活(约1h);然而,用Ni/HY催化甲烷分解反应,催化剂却很稳定(即长达数小时)。分析数据显示,在反应过程中,丝状碳在Ni/HY上形成,而Ni/HZSM-5则完全被碳包覆。Subrahmanyam等[126, 127]研究了823K时使用Ni/HY、Ni/USY、Ni/SiO₂和Ni/SBA-15催化甲烷分解反应,他们发现Ni/HY催化剂表现出高达955mol H₂/mol Ni的氢气产率。

虽然氨是有毒的,但它仍被视为一个有前途氢气的载体,主要是因为它来源广泛。氨在室温、0.8MPa压力下是液态的,所以存储和运输也很方便。很多材料,包括铁、镍、钌、铱、铂、钴、铑、合金(Zr$_{1-x}$Ti$_x$M₁M₂; M₁、M₂=Cr、Mn、Fe、Co、Ni; x=0~1)和氮化物以及碳化物(MoN$_x$、VN$_x$、VC$_x$和MoC$_x$)能够催化氨的分解反应[128]。Hashimoto等[129]报道了Ru-CeO₂/Y催化剂在573K就表现出对于氨分解反应的高活性。使用这一催化剂时,反应速率是传统氮化钒催化剂的100倍,反应一阶活化能仅为67kJ/mol,这远低于使用Ru/Al₂O₃、Ru/SiO₂和Ru/C催化剂时的反应活化能(76~96kJ/mol)[125]。

26.4.2.4 富氢气体中CO的去除

在燃料电池中,氢气是通过燃料的联合重整、水-气变换反应产生的。由于高温不利于水-

气变换反应，因此通过重整反应中得到较高的一氧化碳转化率是不可能的。通常情况下，当氢气离开水-气变换反应器时约含有1%(体)的CO[130]。然而，对于PEMFC电池，在Pt阳极上可接受的CO浓度是很低的，一般为10μL/L；而在抗CO合金阳极上，这个值大约为100μL/L。因此，剩余的CO必须从富氢气体中去除。目前，除去CO主要有三种方法：氢分离、甲烷化和一氧化碳的选择性氧化。这些方法均已成功地用于降低氢燃料中的CO浓度。然而，考虑到钯膜低的氢分离效率和CO甲烷化的氢消耗。CO的选择性氧化是目前去除富氢气体中CO的首选方法。

表26.6列出了一些在CO选择性氧化反应使用的沸石催化剂以及它们的操作条件和性能。Watanabe等[147]制备的Pt/NaA材料表现出的催化活性与Pt/Al$_2$O$_3$材料相似，但CO氧化选择性提高了10倍。经过这几年的改进，已经开发出了更高CO转化率和选择性的选择性氧化催化剂材料：Pt/丝光沸石[146]和Pt-Fe/丝光沸石[141, 144]。即使是在极高的空速(约100%的选择性，空速约为1×10^5h^{-1})和低温下(即323K)，后者也展示出非凡的CO氧化选择性。据分析，高的催化活性是由于铂作为CO的吸附点而铁作为游离氧的吸附点，从而提高了催化反应的选择性。Luengnaruemitchai等[131, 138]制备的Au-Pt/NaA催化剂，性能堪比Pt-Fe/丝光沸石。金的加入改善了低温条件下CO的选择性，即：在373K下，Au-Pt/NaA为100%，而Pt/NaA则为约65%)。

表26.6 不同沸石催化剂对于CO氧化反应的催化性能比较

催化剂	进料组合	温度/K	CO转化率①, %	CO选择性①, %	CO出口浓度/(μL/L)	参考文献
Au-Pt/NaA	1%CO, 1%O$_2$, 40%H$_2$, 0~10%H$_2$O, He做平衡气	323~573	99.8	58.0	文献中无数据	[131]
Pt/NaY膜	1%CO, 1%(1.5%)O$_2$, 50(60)%H$_2$, 0(15)%CO$_2$, N$_2$做平衡气	473~493	100	50	10~50	[132]
Rh/KA, NaA, CaA	1%CO, 2%O$_2$, 37%H$_2$, 18%CO$_2$, 5%H$_2$O, He做平衡气	353~413	100	约50	<10	[133, 134]
Pt-Fe/丝光沸石	1%CO, 1%O$_2$, H$_2$做平衡气	373~403	100	约60	<10	[135]
Pt/NaA	1%CO, 1%O2, 40%H2, 0~10%CO$_2$, 0~10%H$_2$O, He做平衡气	373~593	95	80	文献中无数据	[136]
Pt/KA	0.5%CO, 1%O$_2$, 37%H$_2$, 18%CO$_2$, 5%H$_2$O, He做平衡气	393~573	100	文献中无数据	<10	[137]
Au-Pt/NaA	1%CO, 1%O$_2$, 40%H$_2$, He做平衡气	323~583	100	100(<373K)	N	[138]
Pt/NaY膜	10.5%CO, 8.7%O$_2$, H$_2$做平衡气	433~513	98	62	<50	[139]
Pt-Fe/丝光沸石	1%CO, 1%O$_2$, 20%CO$_2$, 20%H$_2$O, He做平衡气	373~573	100	75	文献中无数据	[140]
Pt-Fe/丝光沸石	1%CO, 0.5%O$_2$, H$_2$做平衡气	323~573	100	100	文献中无数据	[141]
Pt/ZSM-5	1%CO, 0.5%O$_2$, H$_2$做平衡气	473	约60	约70	文献中无数据	[142]
Ru/KA, NaA, CaA	0.5%CO, 1%O$_2$, 37%H$_2$, 18%CO$_2$, 5%H$_2$O, He做平衡气	373~573	100	50	10	[143]
Pt-Fe/丝光沸石	1%CO, 0.5%O$_2$, H$_2$做平衡气	353~573	100	100	文献中无数据	[144]
Pt/NaY膜	0.5%CO, 0.6%O$_2$, 48.6%H$_2$, 0.6%CO$_2$, He做平衡气	523	文献中无数据	文献中无数据	<8	[145]
Pt/NaA, NaX和丝光沸石	1%CO, 0.5%~2.0%O$_2$, H$_2$做平衡气	423~623	88(Pt/NaA), 66(Pt/NaX), 79(Pt/丝光沸石)	39(Pt/NaA), 64(Pt/NaX), 84(Pt/丝光沸石)	文献中无数据	[146, 147]

① 除非另有说明，此数据为最高转换浓度。

26.4.3 氢气的存储

对于交通工具和便携式设备中PEMFCs的使用而言,氢气的存储是一个重要而迫切的问题。美国能源部(U.S. Department of Energy)已经制定了一个电池储氢能力标准,储氢材料要求达到62kg/cm^{3}和6.5%的储氢能力。

表26.7列出了一些使用沸石和分子筛作为氢存储工具的文献报道。通常情况下,材料的储氢能力与材料的比表面积呈正比关系。然而介孔二氧化硅和硅铝酸盐[156, 157]的氢存储容量却很低,小于0.5%。沸石[148~151]和介孔碳材料[158, 160]有中等的储氢能力但仍低于6.5%的目标。Mokaya等[152, 154, 155]制备了具有特殊储氢能力的沸石模板碳。他们使用β沸石模板和乙腈制备的碳材料,比表面积达到3200m^2/g,孔容达2.41cm^3/g,在77K和2MPa下储氢能力达到6.9%,远远超过那些最好的碳纳米管和金属有机骨架(MOF)材料[161~163]。

表26.7 沸石和介孔材料作为氢存储介质的性能比较

材料	制备方法	S_{BET}/(m²/g)	温度/K	压力/MPa	H₂存储容量,%	参考文献
AlPO4-5	水热法合成	文献中无数据	77.195	1.7	1.0(77K), 0.50(195)K	[148]
AlPO4-53					1.30(77K), 0.48(195)K	
SAPO-34					1.42(77K), 0.55(195)K	
NaA	工业用	文献中无数据	77	1.51	1.54	[149]
NaX				1.49	1.74	
Na-LEV	水热作用			1.6	2.07	
H-OFF				1.6	1.75	
Na-MAZ				1.6	1.64	
Li-ABW				1.6	1.02	
LiX, NaX, KX	离子交换	717, 642, 570	77	0.1	1.50, 1.46, 1.33	[150]
Na, Mg, K, Ca, Rb, Sr, CsY	NaX(水热法合成), 其他(离子交换NaX)	447~669(Cs<Rb<Sr <Mg<K<Na<Ca)	77	1.5	1.32~2.19(Cs<Rb <Mg<Sr<Na<K<Ca)	[151]
Na, Mg, K, Ca, Rb, Sr, CsY	NaY(工业用沸石), 其他(离子交换NaX)	470~725(Cs<Rb<Sr <K<Mg<Ca<Na)			1.33~1.87(Cs<Rb <Sr<Mg<Na<Ca<K)	
沸石矿模版碳	β沸石作为模版,乙腈作为碳前驱体,CVD方法	2.536(CVD在1073K)	77	0.172	2.3(0.1MPa), 5.3(2MPa)	[152]
		2.479(CVD在1123K)			2.0(0.1MPa), 5.2(2MPa)	
		2.72(CVD在1173K)			1.2(0.1MPa), 3.3(2MPa)	
沸石矿模版碳	NaY作为模版,丙烯/丁烯为碳前驱体,CVD方法	2.117	77	0.1	2	[153]
沸石矿模版碳	β沸石作为模版,乙腈为碳前驱体,CVD方法	3.18	77	2	6.0	[154]
		2.61			5.5	
		3.15			6.9	
石矿模版碳	13X沸石或Y沸石作为模版,乙腈为碳前驱体,CVD方法	1.58(13X作为模版)	77	2	3.4	[155]
		1.82(Y作为模版)			4.5	
Ni/MCM-41	微波合成	1.324(Ni/Si=0), 1188(0.02), 1060(0.06), 858(0.1)	77	0.1	0.44(0), 0.53(0.02), 0.36(0.06), 0.33(0.1)	[156]
Al-MCM-41	水热法合成	986	室温	15	0.07	[157]
Ni/Al-MCM-41		文献中无数据			0.09~0.19	
介孔碳载体	介孔氧化硅载体为模板,乙腈为碳前驱体,CVD方法	1090	77	2	3.4	[158]

Pd/二氧化硅纳米管	溶胶凝胶法	264.3	室温	约3.5	1.85	[159]
单壁碳纳米管	酸处理的商业碳纳米管	1300	77	0.1	1.8	[160]
活性炭泡沫	酚醛树脂碳化	2320			2.3	
MOF–5	溶剂热合成	2500~3000	78, 298	0.07, 2	4.5, 1.0	[161, 62]
IRMOF–8		文献中无数据	298	1	2.0	
MOF–505	溶剂热合成	1830	77	0.1	2.47	[163]

26.5 总结和展望

本章总结了在使用清洁能源发电的燃料电池中应用沸石和分子筛的一些令人激动的研究。沸石能在燃料的精炼和重整以及氢气的生产、净化、调节和存储上起到重要的作用。近期的研究还表明，使用沸石作为电解质膜材料，在高温质子交换膜燃料电池上应用时，性能要优于PFSA膜。此外，沸石能够改善直接甲醇燃料电池中的燃料交叉问题，但在制备具有较高质子传导率的新型沸石分子筛方面，仍然存在着挑战。虽然低的导电性性阻碍了沸石分子筛在电催化剂中的应用，但几项令人振奋的研究显示，沸石催化剂在甲醇和乙醇电氧化方面有很高的效率，沸石模板碳材料在电催化反应方面取得了很好的结果。

沸石将会继续在固定的、移动的、便携的电池装备上发挥重要作用。虽然在近期关于沸石的质子导电膜的研究主要集中在聚合物复合膜上，但是预计将会有越来越多的关于沸石膜质子导体的研究。从沸石合成、组装到制造复合结构上取得的进展，将会对质子导电膜材料产生重大的影响，从而影响燃料电池的发展。超薄沸石薄膜和微细加工的研究开发，对于便携式能源发电的设备小型化具有重要作用。沸石膜的设计需要在比表面积、强度和可移植性方面还需要进行优化。在未来，将催化剂载体、燃料阻隔和导电质子膜优化整合在一起，形成由不同沸石层组成的混合膜，使用这种混合膜将组装出性能更加优越的燃料电池。

致谢

作者衷心感谢香港研究资助局(Hong Kong Research Grant Council)提供的经费支持。

参考文献

[1] Sing, K.S.W., Everett, D.H., Haul, R.A.W., Moscou, L., Pierotti, R.A., Rouquerol, J., and Siemieniewska, T. (1985) Pure Appl. Chem., 57, 603–619.

[2] Beck, J.S., Vartuli, J.C., Roth, W.J., Leonowicz, M.E., Kresge, C.T., Schmitt, K.D., Chu, C.T.W., Olson, D.H., Sheppard, E.W., Mccullen, S.B., Higgins, J.B., and Schlenker, J.L. (1992) J. Am. Chem. Soc., 114, 10834–10843.

[3] Kresge, C.T., Leonowicz, M.E., Roth, W.J., Vartuli, J.C., and Beck, J.S. (1992) Nature, 359, 710–712.

[4] Cundy, C.S. and Cox, P.A. (2003) Chem. Rev., 103, 663–701.

[5] Tosheva, L. and Valtchev, V.P. (2005) Chem. Mater., 17, 2494–2513.

[6] Cundy, C.S. and Cox, P.A. (2005) Microporous Mesoporous Mater., 82, 1–78.

[7] Corma, A. (1997) Chem. Rev., 97, 2373–2419.

[8] Davis, M.E. (2002) Nature, 417, 813–821.

[9] Taguchi, A. and Schuth, F. (2005) Microporous Mesoporous Mater., 77, 1–45.

[10] Čejka, J. (2003) Appl. Catal. A, 254, 327–338.

[11] Shao, Y.Y., Yin, G.P., Wang, Z.B., and Gao, Y.Z. (2007) J. Power Sources, 167, 235–242.

[12] Roziere, J. and Jones, D.J. (2003) Ann. Rev. Mater. Res., 33, 503–555.

[13] Li, Q.F., He, R.H., Jensen, J.O., and Bjerrum, N.J. (2003) Chem. Mater., 15, 4896–4915.

[14] Zhang, J.L., Xie, Z., Zhang, J.J., Tanga, Y.H., Song, C.J., Navessin, T., Shi, Z.Q., Song, D.T., Wang, H.J., Wilkinson, D.P., Liu, Z.S., and Holdcroft, S. (2006) J. Power Sources, 160, 872–891.

[15] Hogarth, W.H.J., da Costa, J.C.D., and Lu, G.Q. (2005) J. Power Sources, 142, 223–237.

[16] Curtin, D.E., Lousenberg, R.D., Henry, T.J., Tangeman, P.C., and Tisack, M.E. (2004) J. Power Sources, 131, 41–48.

[17] Alberti, G. and Casciola, M. (2003) Ann. Rev. Mater. Res., 33, 129–154.

[18] Litster, S. and McLean, G. (2004) J. Power Sources, 130, 61–76.
[19] Antolini, E. (2004) J. Appl. Electrochem., 34, 563–576.
[20] Kreuer, K.D., Paddison, S.J., Spohr, E., and Schuster, M. (2004) Chem. Rev., 104, 4637–4678.
[21] Hickner, M.A., Ghassemi, H., Kim, Y.S., Einsla, B.R., and McGrath, J.E. (2004) Chem. Rev., 104, 4587–4611.
[22] Heinzel, A. and Barragan, V.M. (1999) J. Power Sources, 84, 70–74.
[23] Ravikumar, M.K. and Shukla, A.K. (1996) J. Electrochem. Soc., 143, 2601–2606.
[24] Haile, S.M., Boysen, D.A., Chisholm, C.R.I., and Merle, R.B. (2001) Nature, 410, 910–913.
[25] Hogarth, W.H.J. (2006) PEM fuel cells: from inorganic proton conducting membranes to process design. Ph.D. thesis, University of Queensland.
[26] Hogarth, W.H.J., da Costa, J.C.D., Drennan, J., and Lu, G.Q. (2005) J. Mater. Chem., 15, 754–758.
[27] Tang, H.L. and Jiang, S.P. (2008) Inorganic proton conducting membranes for high temperature PEM fuel cell: concept, synthesis and performance. 214th ECS Meeting.
[28] Ben Saad, K., Hamzaoui, H., and Mohamed, M.M. (2007) Mater. Sci. Eng. B, 139, 226–231.
[29] Afanassyev, I.S. and Moroz, N.K. (2003) Solid State Ionics, 160, 125–129.
[30] Franke, M.E. and Simon, U. (1999) Solid State Ionics, 118, 311–316.
[31] Franke, M.E. and Simon, U. (2004) Chemphyschem, 5, 465–472.
[32] Fermann, J.T. and Auerbach, S. (2000) J. Chem. Phys., 112, 6787–6794.
[33] Sierka, M. and Sauer, J. (2001) J. Phys. Chem. B, 105, 1603–1613.
[34] Franke, M.E., Sierka, M., Simon, U., and Sauer, J. (2002) Phys. Chem. Chem. Phys., 4, 5207–5216.
[35] Holmberg, B.A., Hwang, S.J., Davis, M.E., and Yan, Y.S. (2005) Microporous Mesoporous Mater., 80, 347–356.
[36] Knudsen, N., Andersen, E.K., Andersen, I.G.K., and Skou, E. (1989) Solid State Ionics, 35, 51–55.
[37] Knudsen, N., Andersen, E.K., Andersen, I.G.K., and Skou, E. (1988) Solid State Ionics, 28, 627–631.
[38] Kanellopoulos, J., Gottert, C., Schneider, D., Knorr, B., Prager, D., Ernst, H., and Freude, D. (2008) J. Catal., 255, 68–78.
[39] Simon, U. and Franke, M.E. (2005) Host-guest-systems Based on Nanoporous Crystals, Chapter 19, Wiley-VCH Verlag GmbH & Co. KgaA, pp. 364–378.
[40] Kreuer, K.D., Rabenau, A., and Weppner, W. (1982) Angew. Chem. Int. Ed., 21, 208–209.
[41] Howe, A.T. and Shilton, M.G. (1979) J. Solid State Chem., 23, 345.
[42] Howe, A.T. and Shilton, M.G. (1980) J. Solid State Chem., 34, 149.
[43] Bernard, L., Fitch, A., Wright, Af., Fender, B.E.F., and Howe, A.T. (1981) Solid State Ionics, 5, 459.
[44] Sancho, T., Lemus, J., Urbiztondo, M., Soler, J., and Pina, M.P. (2008) Microporous Mesoporous Mater., 115, 206–213.
[45] Ahmad, M.I., Zaidi, S.M.J., Rahman, S.U., and Ahmed, S. (2006) Microporous Mesoporous Mater., 91, 296–304.
[46] Mckeen, J.C., Yan, Y.S., and Davis, M.E. (2008) Chem. Mater., 20, 3791–3793.
[47] Mckeen, J.C., Yan, Y.S., and Davis, M.E. (2008) Chem. Mater., 20, 5122–5124.
[48] Coutinho, D., Yang, Z.W., Ferraris, J.P., and Balkus, K.J. (2005) Microporous Mesoporous Mater., 81, 321–332.
[49] Marschall, R., Rathousky, J., and Wark, M. (2007) Chem. Mater., 19, 6401–6407.
[50] Zheng, N.F., Bu, X.H., and Feng, P.Y. (2003) Nature, 426, 428–432.
[51] Wang, Y.B., Yang, D., Zheng, X.H., Jiang, Z.Y., and Li, J. (2008) J. Power Sources, 183, 454–463.
[52] Holmberg, B.A., Wang, X., and Yan, Y.S. (2008) J. Membr. Sci., 320, 86–92.
[53] Carbone, A., Sacca, A., Gatto, I., Pedicini, R., and Passalacqua, E. (2008) Int. J. Hydrogen Energy, 33, 3153–3158.
[54] Wang, J.T., Zheng, X.H., Wu, H., Zheng, B., Jiang, Z.Y., Hao, X.P., and Wang, B.Y. (2008) J. Power Sources, 178, 9–19.
[55] Wu, H., Zheng, B., Zheng, X.H., Wang, J.T., Yuan, W.K., and Jiang, Z.Y. (2007) J. Power Sources, 173, 842–852.
[56] Yuan, W.K., Wu, H., Zheng, D., Zheng, X.H., Jiang, Z.Y., Hao, X.P., and Wang, B.Y. (2007) J. Power Sources, 172, 604–612.
[57] Li, X., Roberts, E.P.L., Holmes, S.M., and Zholobenko, V. (2007) Solid State Ionics, 178, 1248–1255.
[58] Gribov, E.N., Parkhomchuk, E.V., Krivobokov, I.M., Darr, J.A., and Okunev, A.G. (2007) J. Membr. Sci., 297, 1–4.
[59] Sancho, T., Soler, J., and Pina, M.P. (2007) J. Power Sources, 169, 92–97.
[60] Byun, S.C., Jeong, Y.J., Park, J.W., Kim, S.D., Ha, H.Y., and Kim, W.J. (2006) Solid State Ionics, 177, 3233–3243.
[61] Chen, Z.W., Holmberg, B., Li, W.Z., Wang, X., Deng, W.Q., Munoz, R., and Yan, Y.S. (2006) Chem. Mater., 18, 5669–5675.
[62] Ahmad, M.I., Zaidi, S.M.J., and Rahman, S.U. (2006) Desalination, 193, 387–397.
[63] Baglio, V., Di Blasi, A., Arico, A.S., Antonucci, V., Antonucci, P.L., Nannetti, F., and Tricoli, V. (2005) Electrochim. Acta, 50, 5181–5188.
[64] Tricoli, V. and Nannetti, F. (2003) Electrochim. Acta, 48, 2625–2633.
[65] Libby, B., Smyrl, W.H., and Cussler, E.L. (2003) AIChE J., 49, 991–1001.
[66] Yahiro, H., Konda, Y., and Okada, G. (2003) Phys. Chem. Chem. Phys., 5, 620–623.
[67] Poltarzewski, Z., Wieczorek, W., Przyluski, J., and Antonucci, V. (1999) Solid State Ionics, 119, 301–304.
[68] Costamagna, P., Yang, C., Bocarsly, A.B., and Srinivasan, S. (2002) Electrochim. Acta, 47, 1023–1033.
[69] Nunes, S.P., Ruffmann, B., Rikowski, E., Vetter, S., and Richau, K. (2002) J. Membr. Sci., 203, 215–225.
[70] Ramani, V., Kunz, H.R., and Fenton, J.M. (2004) J. Membr. Sci., 232, 31–44.
[71] Chang, H.Y. and Lin, C.W. (2003) J. Membr. Sci., 218, 295–306.
[72] Baglio, V., Arico, A.S., Di Blasi, A., Antonucci, V., Antonucci, P.L., Licoccia, S., Traversa, E., and Fiory, F.S. (2005) Electrochim. Acta, 50, 1241–1246.
[73] Takami, M., Yamazaki, Y., and Hamada, H. (2001) Electrochemistry, 69, 98–103.
[74] Son, D.H., Sharma, R.K., Shul, Y.G., and Kim, H. (2007) J. Power Sources, 165, 733–738.
[75] Kwan, S.M. and Yeung, K.L. (2008) Chem. Commun., 3631–3633.
[76] Yeung, K.L., Kwan, S.M., and Lau, W.N. (2009) Topic Catal., 52, 101–110.
[77] Sarv, P., Tuherm, T., Lippmaa, E., Keskinen, K., and Root, A. (1995) J. Phys. Chem. B, 99, 13763.
[78] Caro, J. and Noack, M. (2008) Microporous Mesoporous Mater., 115, 215–233.
[79] Lai, S.M., Au, L.T.Y., and Yeung, K.L. (2002) Microporous Mesoporous Mater., 54, 63–77.
[80] Wong, W.C., Au, L.T.Y., Tellez, C., and Yeung, K.L. (2001) J. Membr. Sci., 191, 143–163.
[81] Wong, W.C., Au, L.T.Y., Lau, P.S., and Tellez, C. (2001) J. Membr. Sci., 193, 141–161.
[82] Au, L.T.Y. and Yeung, K.L. (2001) J. Membr. Sci., 194, 33–55.

[83] Au, L.T.Y., Mui, W.Y., Lau, P.S., Tellez, C., and Yeung, K.L. (2001) Microporous Mesoporous Mater., 47, 203–216.
[84] Wan, Y.S.S., Chau, J.L.H., Gavriilidis, A., and Yeung, K.L. (2001) Microporous Mesoporous Mater., 42, 157–175.
[85] Chau, J.L.H., Wan, Y.S.S., Gavriilidis, A., and Yeung, K.L. (2002) Chem. Eng. J., 88, 187–200.
[86] Wan, Y.S.S., Chau, J.L.H., Gavriilidis, A., and Yeung, K.L. (2002) Chem. Commun., 878–879.
[87] Chau, J.L.H. and Yeung, K.L. (2002) Chem. Commun., 960–961.
[88] Lai, S.M., Martin-Aranda, R., and Yeung, K.L. (2003) Chem. Commun., 218–219.
[89] Lai, S.M., Ng, C.P., Martin-Aranda, R., and Yeung, K.L. (2003) Microporous Mesoporous Mater., 66, 239–252.
[90] Zhang, X.F., Lai, S.M., Martin-Aranda, R., and Yeung, K.L. (2004) Appl. Catal. A, 261, 109–118.
[91] Chau, J.L.H., Leung, Y.L.A., and Yeung, K.L. (2003) Lab Chip, 3, 53–55.
[92] Yeung, Y.L.A. and Yeung, K.L. (2004) Chem. Eng. Sci., 59, 4809–4817.
[93] Chau, J.L.H., Leung, A.Y.L., Shing, M.B., Yeung, K.L., and Chan, C.M. (2003) Hydrogen and proton transport properties of nanoporous zeolite micromembranes, in Nano Science and Technology: Novel Structure and Phenomena (eds Z. Tang and P. Sheng), Taylor and Francis, London, pp. 228–232.
[94] Yasumoto, E., Hatoh, K., and Gamou, T., (1997) US Patent No. 5,702,838, December 30, 1997.
[95] Samant, P. and Fernades, J.B. (2004) J. Power Sources, 125, 172–177.
[96] Pang, H., Chen, J., Yang, L., Liu, B., Zhong, X., and Wei, X. (2008) J. Solid State Electrochem., 12, 237–243.
[97] Alvaro, M., Cabeza, J.F., Fabuel, D., Garcia, H., Guijarro, E., and Martinez de Juan, J.L. (2006) Chem. Mater., 18, 26–33.
[98] Coker, E.N., Steen, W.A., and Miller, J.E. (2007) Microporous Mesoporous Mater., 104, 236–247.
[99] Coker, E.N., Steen, W.A., Miller, J.T., Kropf, A.J., and Miller, J.E. (2007) J. Mater. Chem., 17, 3330–3340.
[100] Choi, W.C., Woo, S.I., Jeon, M.K., Sohn, J.M., Kim, M.R., and Jeon, H.J. (2005) Adv. Mater., 17, 446–451.
[101] Wen, Z.H., Liu, J., and Li, J.H. (2008) Adv. Mater., 20, 743–747.
[102] Song, C.S. (2002) Catal. Today, 77, 17–49.
[103] Wang, Y.H., Yang, R.T., and Heinzel, J.M. (2009) Ind. Eng. Chem. Res., 48, 142–147.
[104] Park, J.G., Ko, C.H., Yi, K.B., Park, J.H., Han, S.S., Cho, S.H., and Kim, J.N. (2008) Appl. Catal. B, 81, 244–250.
[105] Zhang, Z.Y., Shi, T.B., Jia, C.Z., Ji, W.J., Chen, Y., and He, M.Y. (2008) Appl. Catal. B, 82, 1–10.
[106] Tang, K., Song, L.J., Duan, L.H., Li, X.Q., Gui, J.Z., and Sun, Z.L. (2008) Fuel Process. Technol., 89, 1–6.
[107] Wang, Y., Yang, R.T., and Heinzel, J.M. (2008) Chem. Eng. Sci., 63, 356–365.
[108] Ko, C.H., Song, H.I., Park, J.H., Han, S.S., and Kim, J.N. (2007) Korean J. Chem. Eng., 24, 1124–1127.
[109] Li, W.L., Liu, Q.F., Xing, J.M., Gao, H.S., Xiong, X.C., Li, Y.G., Li, X., and Liu, H.Z. (2007) AIChE J., 53, 3263–3268.
[110] Yang, L.M., Wang, Y.J., Huang, D., Luo, G.S., and Dai, Y.Y. (2007) Ind. Eng. Chem. Res., 46, 579–583.
[111] Jiang, M. and Ng, F.T.T. (2006) Catal. Today, 116, 530–536.
[112] Xue, M., Chitrakar, R., Sakane, K., Hirotsu, T., Ooi, K., Yoshimura, Y., Toba, M., and Feng, Q. (2006) J. Colloid Interface Sci., 298, 535–542.
[113] Jayaraman, A., Yang, F.H., and Yang, R.T. (2006) Energy Fuels, 20, 909–914.
[114] Velu, S., Song, C.S., Engelhard, M.H., and Chin, Y.H. (2005) Ind. Eng. Chem. Res., 44, 5740–5749.
[115] Hernandez-Maldonado, A.J., Yang, R.T., and Cannella, W. (2004) Ind. Eng. Chem. Res., 43, 6142–6149.
[116] Hernandez-Maldonado, A.J. and Yang, R.T. (2004) AIChE J., 50, 791–801.
[117] Hernandez-Maldonado, A.J. and Yang, R.T. (2004) Ind. Eng. Chem. Res., 43, 1081–1089.
[118] Yang, R.T., Hernandez-Maldonado, A.J., and Yang, F.H. (2003) Science, 301, 79–81.
[119] Hernandez-Maldonado, A.J. and Yang, R.T. (2003) Ind. Eng. Chem. Res., 42, 3103–3110.
[120] Haryanto, A., Fernando, S., Murali, N., and Adhikari, S. (2005) Energy Fuels, 19, 2098–2106.
[121] Armor, J.N. (1999) Appl. Catal. A, 176, 159–176.
[122] Wang, L.S., Murata, K., and Inaba, M. (2004) Appl. Catal. A, 257, 43–47.
[123] Lee, I.C. (2008) Catal. Today, 136, 258–265.
[124] Campos-Skrobot, F.C., Rizzo-Domingues, R.C.P., Fernandes-Machado, N.R.C., and Cantao, M.P. (2008) J. Power Sources, 183, 713–716.
[125] Choudhary, T.V. and Goodman, D.W. (2002) Catal. Today, 77, 65–78.
[126] Ashok, J., Kumar, S.N., Venugopal, A., Kumari, V.D., and Subrahmanyam, M. (2007) J. Power Sources, 164, 809–814.
[127] Ashok, J., Subrahmanyam, M., and Venugopal, A. (2008) Catal. Surv. Asia, 12, 229–237.
[128] Li, L., Zhu, Z.H., Yan, Z.F., Lu, G.Q., and Rintoul, L. (2007) Appl. Catal. A, 320, 166–172.
[129] Hashimoto, K. and Toukai, N. (2000) J. Mol. Catal. A., 161, 171–178.
[130] Park, E.D., Lee, D., and Lee, H.C. (2009) Catal. Today, 130, 280–290.
[131] Luengnaruemitchai, A., Naknam, P., and Wongkasemjit, S. (2008) Ind. Eng. Chem. Res., 47, 8160–8165.
[132] Bernardo, P., Algieri, C., Barbieri, G., and Drioli, E. (2008) Sep. Purif. Technol., 62, 629–635.
[133] Galletti, C., Specchia, S., Saracco, G., and Specchia, V. (2008) Ind. Eng. Chem. Res., 47, 5304–5312.
[134] Galletti, C., Fiorot, S., Specchia, S., Saracco, G., and Specchia, V. (2007) Top. Catal., 45, 15–19.
[135] 135. Maeda, N., Matsushima, T., Uchida, H., Yamashita, H., and Watanabe, M. (2008) Appl. Catal. A, 341, 93–97.
[136] 136. Luengnaruemitchai, A., Nimsuk, M., Naknam, P., Wongkasemjit, S., and Osuwan, S. (2008) Int. J. Hydrogen Energy, 33, 206–213.
[137] Rosso, I., Galletti, C., Fiorot, S., Saracco, G., Garrone, E., and Specchia, V. (2007) J. Porous Mater., 14, 245–250.
[138] Naknam, P., Luengnaruemitchai, A., Wongkasemjit, S., and Osuwan, S. (2007) J. Power Sources, 165, 353–358.
[139] Bernardo, P., Algieri, C., Barbieri, G., and Drioli, E. (2006) Catal. Today, 118, 90–97.
[140] Kotobuki, M., Watanabe, A., Uchida, H., Yamashita, H., and Watanabe, M. (2006) Appl. Catal. A, 307, 275–283.
[141] Kotobuki, M., Watanabe, A., Uchida, H., Yamashita, H., and Watanabe, M. (2005) J. Catal., 236, 262–269.
[142] Kotobuki, M., Watanabe, A., Uchida, H., Yamashita, H., and Watanabe, M. (2005) Chem. Lett., 34, 866–867.
[143] Rosso, I., Antonini, M., Galletti, C., Saracco, G., and Specchia, V. (2004) Top. Catal., 30-31, 475–480.
[144] Watanabe, M., Uchida, H., Ohkubo, K., and Igarashi, H. (2003) Appl. Catal. B, 46, 595–600.
[145] Sotowa, K.I., Hasegawa, Y., Kusakabe, K., and Morooka, S. (2002) Int. J. Hydrogen Energy, 27, 339–346.
[146] Igarashi, H., Uchida, H., Suzuki, M., Sasaki, Y., and Watanabe, M. (1997) Appl. Catal. A, 159, 159–169.
[147] Watanabe, M., Uchida, H., Igarashi, H., and Suzuki, M. (1995) Chem. Lett., 21–22.

[148] Dong, J.X., Ban, G.Z., Zhao, Q., Liu, L., and Li, J.P. (2008) AIChE J., 54, 3017–3025.

[149] Dong, J.X., Wang, X.Y., Xu, H., Zhao, Q., and Li, J.P. (2007) Int. J. Hydrogen Energy, 32, 4998–5004.

[150] Li, Y.W. and Yang, R.T. (2006) J. Phys. Chem. B, 110, 17175–17181.

[151] Langmi, H.W., Book, D., Walton, A., Johnson, S.R., Al-Mamouri, M.M., Speight, J.D., Edwards, P.P., Harris, I.R., and Anderson, P.A. (2005) J. Alloys Compd., 404, 637–642.

[152] Pacula, A. and Mokaya, R. (2008) J. Phys. Chem. C, 112, 2764–2769.

[153] Chen, L., Singh, R.K., and Webley, P. (2007) Microporous Mesoporous Mater., 102, 159–170.

[154] Yang, Z.X., Xia, Y.D., and Mokaya, R. (2007) J. Am. Chem. Soc., 129, 1673–1679.

[155] Yang, Z.X., Xia, Y.D., Sun, X.Z., and Mokaya, R. (2006) J. Phys. Chem. B, 110, 18424–18431.

[156] Wu, C.D., Gao, Q.M., Hu, J., Chen, Z., and Shi, W. (2009) Microporous Mesoporous Mater., 117, 165–169.

[157] Ramachandran, S., Ha, J.H., and Kim, D.K. (2007) Catal. Commun., 8, 1934–1938.

[158] Xia, Y. and Mokaya, R. (2007) J. Phys. Chem. C, 111, 10035–10039.

[159] Jung, J.H., Rim, J.A., Lee, S.J., Cho, S.J., Kim, S.Y., Kang, J.K., Kim, Y.M., and Kim, Y.J. (2007) J. Phys. Chem. C, 111, 2679–2682.

[160] Takagi, H., Hatori, H., Soneda, Y., Yoshizawa, N., and Yamada, Y. (2004) Mater. Sci. Eng. B, 108, 143–147.

[161] Li, H., Eddaoudi, M., O'Keeffe, M., and Yaghi, O.M. (1999) Nature, 402, 276–279.

[162] Rosi, N.L., Eckert, J., Eddaoudi, M., Vodak, D.T., Kim, J., O'Keeffe, M., and Yaghi, O.M. (2003) Science, 300, 1127–1129.

[163] Chen, B.L., Ockwig, N.W., Millward, A.R., Contreras, D.S., and Yaghi, O.M. (2005) Angew. Chem. Int. Ed., 44, 4745–4749.